无线电测向与定位理论及方法

王鼎　吴瑛　张莉　杨宾　编著

国防工业出版社
·北京·

内 容 简 介

无线电测向与目标定位是无线电监测的重要内容，是对无线电信号进行分选和识别的重要依据。本书系统地介绍了无线电测向定位中的相关理论与方法，分为基础篇、测向方法篇、定位方法篇3大部分，共计9章。内容主要包括：绪论，数学预备知识，测向天线阵列信号模型及其基本特性简介，传统无线电测向理论与方法，超分辨率测向理论与方法，基于测向信息的静止目标定位理论与方法，基于测向信息的运动目标跟踪理论与方法，基于阵列信号数据域的目标位置直接估计理论与方法。

从本书的使用范畴来看，本书既可以作为高等院校通信与电子工程、信号与信息处理、控制科学与工程等专业的高年级本科生或研究生教材，也可以作为从事通信、雷达、电子、航空航天等领域的科学工作者和工程技术人员自学或研究的参考资料。

图书在版编目（CIP）数据

无线电测向与定位理论及方法/ 王鼎等编著. —北京：国防工业出版社，2016.6

ISBN 978-7-118-10747-0

Ⅰ.①无… Ⅱ.①王… Ⅲ.①无线电技术－测向 ②无线电定位 Ⅳ.①TN965 ②TN95

中国版本图书馆 CIP 数据核字（2016）第 134741 号

※

国防工业出版社 出版发行

（北京市海淀区紫竹院南路 23 号 邮政编码 100048）

三河市鼎鑫印务有限公司印刷

新华书店经售

*

开本 787×1092 1/16 印张 20¾ 字数 496 千字

2016 年 6 月第 1 版第 1 次印刷 印数 1—2000 册 **定价** 88.00 元

国防书店：(010) 88540777　　发行邮购：(010) 88540776

发行传真：(010) 88540755　　发行业务：(010) 88540717

前　　言

众所周知，无线电测向与目标定位是无线电监测的重要内容，是对无线电信号进行分选和识别的重要依据。无线电测向定位与雷达定位有着本质区别，雷达定位属于有源定位体制，它通过自身发射的电磁波信号来确定目标的位置坐标；而无线电测向定位则属于无源定位体制，它是利用目标发射的电磁波信号来确定目标的位置坐标。由于无线电测向具有作用距离远、定位精度高、隐蔽性能强、受气候条件限制小等优点，因此被广泛应用于通信侦察、电子对抗、航天航空、射电天文、地震勘探等多个工程应用领域。

本书旨在系统地介绍无线电测向定位中的相关理论与方法，全书共分为基础篇、测向方法篇、定位方法篇 3 大部分，共计 9 章。内容主要包括：绪论，数学预备知识，测向天线阵列信号模型及其基本特性简介，传统无线电测向理论与方法，超分辨率测向理论与方法，基于测向信息的静止目标定位理论与方法，基于测向信息的运动目标跟踪理论与方法，基于阵列信号数据域的目标位置直接估计理论与方法。

第 1 部分为基础篇，该部分由第 1～3 章组成。第 1 章是绪论，内容包括无线电测向定位基本原理简介、无线电测向定位方法简介、无线电测向系统的基本组成及其技术指标。第 2 章是数学预备知识，内容包括矩阵理论中的若干预备知识、多维函数分析和优化理论中的若干预备知识、统计信号处理中的若干预备知识、线性离散和连续时间系统中的若干预备知识。第 3 章是测向天线阵列信号模型及其基本特性简介，内容包括测向天线阵列及其接收信号的相关假设、测向天线阵列接收信号模型、几种特殊阵型的阵列流形响应、阵列方向图、阵列波束宽度和角度分辨力。

第 2 部分为测向方法篇，该部分由第 4～6 章组成。第 4 章是传统无线电测向理论与方法，内容包括基于艾德考克天线阵的测向方法、基于乌兰韦伯尔天线阵的测向方法、基于数字波束形成的测向方法、相位干涉仪测向方法、相关干涉仪测向方法。第 5 章是超分辨率测向理论与方法Ⅰ——基础篇，内容包括阵列信号模型与方位估计方差的克拉美罗界、多重信号分类算法的基本原理及其理论性能分析、最大似然估计算法的基本原理及其理论性能分析、子空间拟合估计算法的基本原理及其理论性能分析、基于旋转不变技术的测向算法的基本原理及其理论性能分析。第 6 章是超分辨率测向理论与方法Ⅱ——推广篇，内容包括相干信号方位估计方法、信号二维到达角度估计方法、乘性阵列误差存在条件下的信号方位估计方法、联合信号复包络先验信息的方位估计方法。

第 3 部分为定位方法篇，该部分由第 7～9 章组成。第 7 章是基于测向信息的静止目标定位理论与方法，内容包括基于电离层反射的单站定位理论与方法、双站二维交汇定位理论与方法、多站（多于两站）交汇定位理论与方法。第 8 章是基于测向信息的运动目标跟踪理论与方法，内容包括基于测向信息的运动目标可观测性分析、基于单站测向信息的运动目标跟踪方法、基于多站测向信息的渐近无偏跟踪方法。第 9 章是基于阵列信号数据域的目标位置直接估计理论与方法，内容包括基于单个可移动阵列的信号数据域目标位置直接估计方法、基于多个静止阵列的信号数据域目标位置直接估计方法。

本书由解放军信息工程大学信息系统工程学院王鼎、吴瑛、张莉、杨宾共同执笔完成，并最终由王鼎对全书进行统一校对和修正，写作历经2年多时间，在编著过程中参阅了大量著作和论文，在此向这些材料的原著作者表示诚挚的谢意。

本书得到了国家自然科学基金—青年科学基金（项目编号：61201381）和解放军信息工程大学“2110工程”（项目编号102063和102106）的资助。此外，本书的出版还得到了学院各级领导和国防工业出版社的支持，在此一并感谢。

由于无线电测向定位处于快速发展之中，新理论和新方法不断涌现，因此本书仅做抛砖引玉之用。限于作者水平，书中也难免有疏漏和不妥之处，恳请读者批评指正，以便于今后纠正。

作　者

2016年5月于解放军信息工程大学信息系统工程学院

符　号　表

$\boldsymbol{A}^{\mathrm{T}}$	矩阵 $\boldsymbol{A}$ 的转置
$\boldsymbol{A}^*$	矩阵 $\boldsymbol{A}$ 的共轭
$\boldsymbol{A}^{\mathrm{H}}$	矩阵 $\boldsymbol{A}$ 的共轭转置
$\boldsymbol{A}^{-1}$	矩阵 $\boldsymbol{A}$ 的逆
$\boldsymbol{A}^{\dagger}$	矩阵 $\boldsymbol{A}$ 的 Moore-Penrose 逆
$\boldsymbol{A}^{1/2}$	矩阵 $\boldsymbol{A}$ 的平方根
$\mathrm{rank}[\boldsymbol{A}]$	矩阵 $\boldsymbol{A}$ 的秩
$\det[\boldsymbol{A}]$	矩阵 $\boldsymbol{A}$ 的行列式
$\mathrm{null}\{\boldsymbol{A}\}$	矩阵 $\boldsymbol{A}$ 的零空间
$\mathrm{range}\{\boldsymbol{A}\}$	矩阵 $\boldsymbol{A}$ 的列空间
$\mathrm{range}^{\perp}\{\boldsymbol{A}\}$	矩阵 $\boldsymbol{A}$ 的列补空间
$\mathrm{tr}(\boldsymbol{A})$	矩阵 $\boldsymbol{A}$ 的迹
$\boldsymbol{\Pi}[\boldsymbol{A}]$	矩阵 $\boldsymbol{A}$ 列空间的正交投影矩阵
$\boldsymbol{\Pi}^{\perp}[\boldsymbol{A}]$	矩阵 $\boldsymbol{A}$ 列补空间的正交投影矩阵
$\mathrm{vec}(\boldsymbol{A})$	矩阵 $\boldsymbol{A}$ 按字典顺序排列形成的列向量
$\mathrm{Re}\{\boldsymbol{A}\}$	矩阵 $\boldsymbol{A}$ 中元素实部构成的矩阵
$\mathrm{Im}\{\boldsymbol{A}\}$	矩阵 $\boldsymbol{A}$ 中元素虚部构成的矩阵
$\boldsymbol{A}\otimes\boldsymbol{B}$	矩阵 $\boldsymbol{A}$ 和 $\boldsymbol{B}$ 的 Kronecker 积
$\boldsymbol{a}\otimes\boldsymbol{b}$	向量 $\boldsymbol{a}$ 和 $\boldsymbol{b}$ 的 Kronecker 积
$\boldsymbol{A}\bullet\boldsymbol{B}$	矩阵 $\boldsymbol{A}$ 和 $\boldsymbol{B}$ 的 Hadamard 积（即对应元素相乘）
$\boldsymbol{A}\circ\boldsymbol{B}$	矩阵的 Column-wise Kronecker 积（即相对应的列向量进行 Kronecker 乘积）
$\mathrm{diag}[\cdot]$	由向量元素构成的对角矩阵
$\mathrm{blkdiag}[\cdot]$	由矩阵或向量作为对角元素构成的块状对角矩阵
$\mathrm{vecd}[\cdot]$	由矩阵对角元素构成的列向量
$\boldsymbol{O}_{n\times m}$	$n\times m$ 阶全零矩阵
$\boldsymbol{1}_{n\times m}$	$n\times m$ 阶全 1 矩阵
$\boldsymbol{I}_n$	$n\times n$ 阶单位矩阵

$<\boldsymbol{a}>_n$	向量 $\boldsymbol{a}$ 中的第 n 个元素
$<\boldsymbol{A}>_{nm}$	矩阵 $\boldsymbol{A}$ 中的第 n 行、第 m 列元素
$o(x)$	满足 $\lim\limits_{x\to 0}\dfrac{o(x)}{x}=0$
$O(x)$	满足 $\lim\limits_{x\to 0}\dfrac{O(x)}{x}=$ 常数

目　录

第1章　绪　　论

无线电测向与目标定位是无线电监测的重要内容，是对无线电信号进行分选和识别的重要依据。无线电测向定位与雷达定位有着本质区别，雷达定位属于有源定位体制，它通过自身发射的电磁波信号来确定目标的位置坐标；而无线电测向定位则属于无源定位体制，它是利用目标发射的电磁波信号来确定目标的位置坐标。由于无线电测向具有作用距离远、定位精度高、隐蔽性能强、受气候条件限制小等优点，因此被广泛应用于通信侦察、电子对抗、航天航空、射电天文、地震勘探等多个工程应用领域。

本章将对无线电测向定位基本原理、无线电测向定位方法以及无线电测向系统的基本组成及其技术指标进行简要讨论，并介绍全书结构和内容安排。

1.1　无线电测向定位基本原理简介

无线电测向是指利用无线电测向系统确定辐射源信号来波方向（或称到达方向）的过程，这一过程通常也被称为波达方向（DOA，Direction of Arrival）估计[1-3]。当考虑二维空间时，测向系统仅需要测量信号方位即可，当考虑三维空间时，测向系统就需要同时测量信号方位角和仰角。在测向过程中，人们习惯将通过测向站地球子午线指北的方向（即正北方向）作为参考方向，而目标方位则是指参考方向旋转到辐射源信号入射方向的夹角，在实际工程应用中将这一测向结果称为示向度。图 1.1 给出了示向度示意图，图中测向站 A 点的地球子午线指北的方向 AN 作为参考方向，然后作出从 A 点到 B 点的连线 AB，于是∠NAB 就是指测向站 A 测得目标辐射源 B 的示向度。

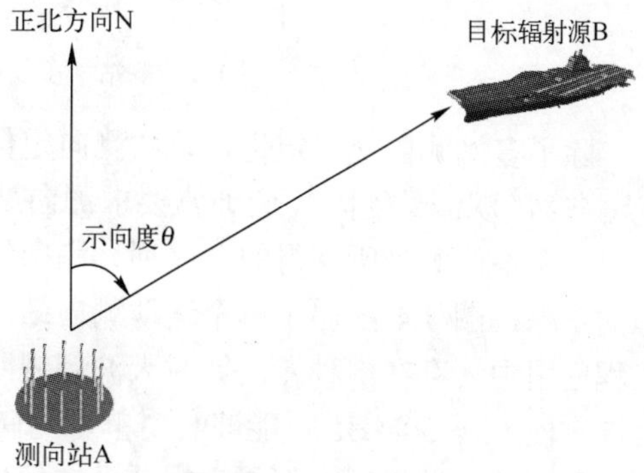

图 1.1　示向度示意图

测向站给出测向结果的最终目的是要确定目标的位置坐标（即目标定位），但仅仅只靠一个测向站给出的单次测向结果是无法实现目标定位的，还需要更多信息[1-3]。为了能够获得目标的位置坐标，最直接的方法是利用多个不同测向站给出的角度定位线进行交汇定位。图 1.2 是双站交汇定位原理示意图，由于图中考虑的是二维定位场景，因此通过求解两条角度定位线的交点坐标即可获得目标的位置信息。然而，当测向站个数大于两个时，由于测向误差的因素，不同的定位线往往无法相交于同一点（图 1.3），此时就需要根据测向误差的统计特性设计合理的优化准则，并通过优化算法求解在统计意义上较优的定位结果。

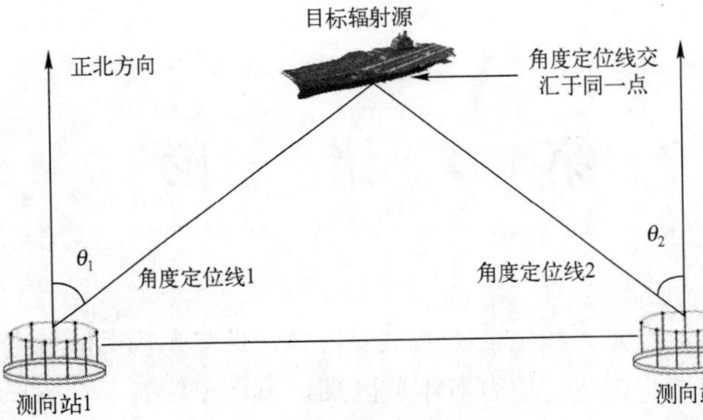

图 1.2　双站测向交汇定位示意图

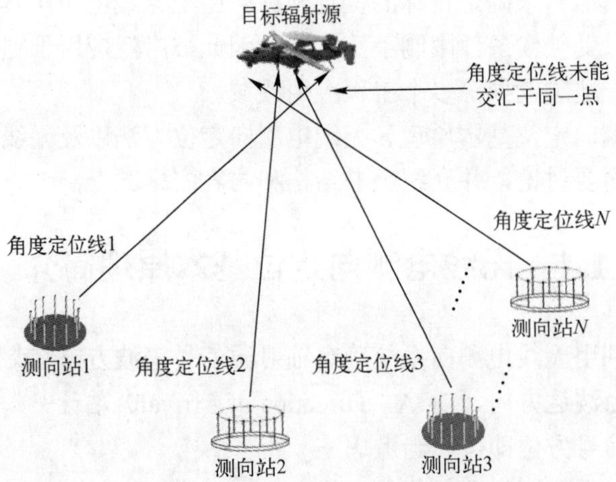

图 1.3　多站（多于两站）测向交汇定位示意图

除了多站测向交汇定位，单站测向定位也是一种常用的无线电定位体制。由于仅存在单个测向站（观测量受限），它通常要求测向站与目标之间处于（相对）运动状态，通过利用（单）测向站在不同时刻所获得的（序列）测向结果就可以实现对静止目标的定位或者是对运动目标的跟踪，图 1.4 给出了单个运动测向站对静止和运动目标的定位示意图。另一方面，实际工程应用中还存在一种专门针对天波超视距信号的测向定位体制，该类定位系统主要应用于短波频段（3～30MHz），能够利用单个测向站给出的单次二维测向结果（包括方位角和仰角）获得目标的位置坐标，但是它需要已知信号反射点的电离层高度参数，如图 1.5 所示。

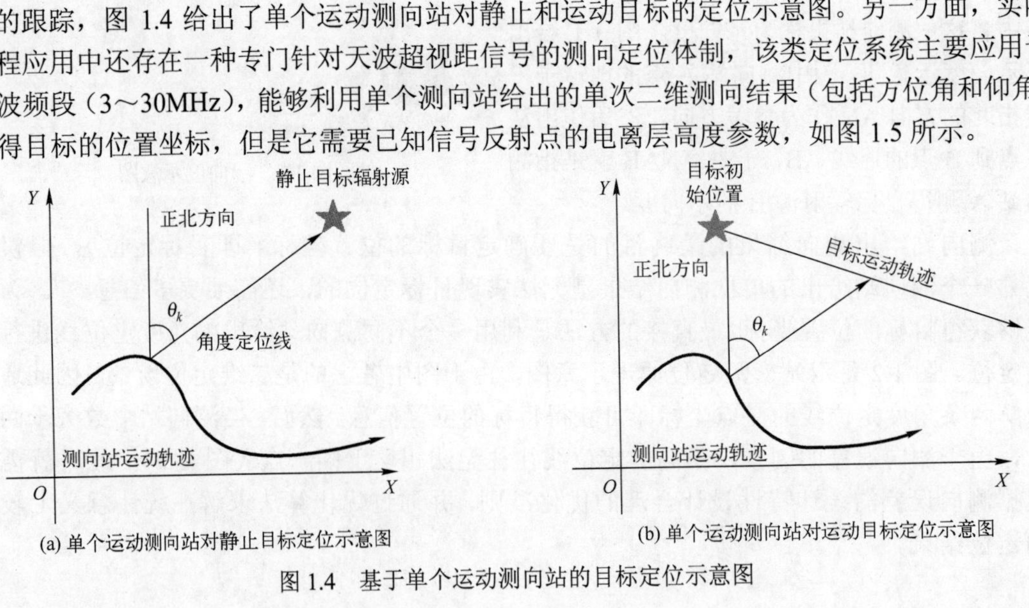

图 1.4　基于单个运动测向站的目标定位示意图

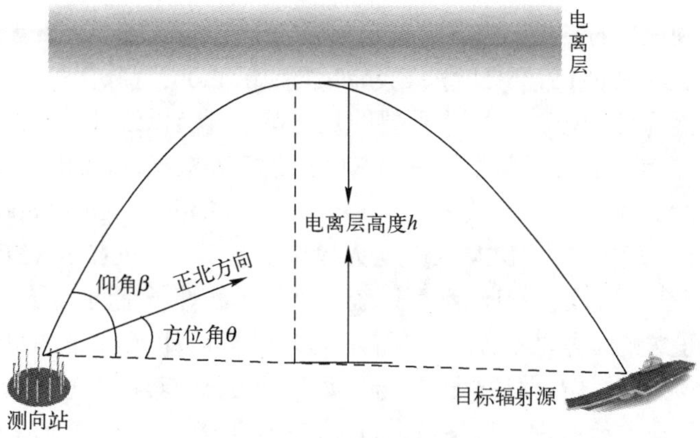

图 1.5　短波单站天波超视距定位示意图

无论上述哪种定位方式，采用无线电信号对目标进行测向定位的依据是无线电波具有以下传播特性：

① 无线电波在理想均匀媒质中按照直线（或者最短路径）传播。

② 无线电波经过电离层反射后，入射波与反射波在同一铅垂面内。

③ 无线电波在传播路径中，若遇到不连续媒质时会产生反射或绕射。

④ 在理想均匀媒质中，无线电波传播速度为恒定常数。

根据①和②两个特性可以测定无线电波的传播方向，从而确定目标相对于测向站的方向。根据①和④两个特性可以测定无线电波在目标与测向站之间的传播时间，从而确定目标与测向站之间的斜距。

1.2　无线电测向定位方法简介

下面将对无线电测向定位领域中已有的方法进行简要概述，其中包括无线电测向方法，基于测向信息的目标定位方法以及基于信号数据域的目标位置直接估计方法。

1.2.1　无线电测向方法简介

无线电测向技术的应用开始于第一次世界大战初期，在第二次世界大战之后日臻完善，发展至今已经形成了一套较为完备的理论体系，人们称其为无线电测向学。

从机理上分析，目标信号的来波方向信息不是寄载在天线接收信号的振幅上就是蕴含在其相位中，因此，现有的测向方法大体上可以分为：①基于幅度测量的测向法；②基于相位测量的测向法；③基于复向量测量的测向法。具体地说，第一种测向方法包括基于艾德考克（Adcock）天线阵的测向法[4, 5]（也称为瓦特森—瓦特测向法），基于乌兰韦伯尔天线阵的测向法[6, 7]等；第二种测向方法包括相位干涉仪测向法[8-11]，多普勒测向法[1, 2]等；第三种测向方法包括相关干涉仪测向法[12-15]，基于数字波束形成的测向法[2]等。此外，若从模拟和数字的角度进行划分，现有的测向方法可以分为模拟测向法和数字测向法，不过很多模拟测向方法也可以通过数字化的方式加以实现。

对于任意一种测向方法，除了测向精度以外，角度分辨率也是衡量其性能优劣的一项重要指标。传统测向方法很多是无法分辨出多个信号的，即便能够分辨多个信号，其角度分辨能力也会受到“瑞利限”的制约。为了突破瑞利限的限制，R.O.Schmidt 于 20 世纪 70 年代末提出了多重信号分类（MUSIC，Multiple Signal Classification）算法[16, 17]，该算法的意义不仅仅在于提供了一种新型测向方法，更为重要的是开辟了一类以线性子空间为基石的现代超分辨率测向理论，其中首次建立了信号子空间和噪声子空间的概念。随后，R.Roy 等人又相继提出了基于旋转不变技术的信号参数估计（ESPRIT，Estimation Signal Parameter via Rotational Invariance Technique）算法[18-20]，M.Viberg 等人提出了基于子空间拟合（SF，Subspace Fitting）的信号参数估计算法[21-23]，这些算法都可以统一到基于线性子空间的测向理论框架之下，因此可统称为子空间类测向方法。另一方面，最大似然估计（MLE，Maximum Likelihood Estimation）算法作为一类具有普适性的信号参数估计方法，其在信号测向领域也发挥着重要作用[24-27]，其参数估计方差通常可以渐近逼近相应的克拉美罗界（CRB，Cramér-Rao Bound）。值得一提的是，在一些条件下最大似然方位估计算法和子空间类测向算法具有相同的渐近估计方差，甚至是渐近一致的。总体而言，上述测向算法不仅在参数估计方差上可以渐近逼近其克拉美罗界，角度分辨能力也都能够突破瑞利限，因此又可统称为（现代）超分辨率测向方法。

1.2.2 基于测向信息的目标定位方法简介

基于测向信息的目标定位技术是无源定位领域中的一个重要研究方向，也是最常见的定位手段之一。当目标与测向站位于同一平面时（即考虑二维空间定位），需要利用测向站获得的方位信息估计目标的二维位置坐标，但是当目标与测向站不在同一平面时（即考虑三维空间定位），就需要同时利用测向站获得的方位角和仰角信息估计目标的三维位置坐标。

利用测向结果实现目标定位的方式有很多，其中最为常见的是多站测向交汇定位，它利用了不同测向站所获得的角度定位线进行交汇定位，可以应用于包括短波（3～30MHz）和超短波（30～300MHz）在内的多种通信频段。在双站二维定位场景下，直接解算出两条定位直线的交点即可确定目标的位置坐标，但是在多站（多于两站）定位问题中，则需要合理设计优化准则，并进行优化计算以取得统计最优的定位精度。目前已有的目标位置解算方法种类繁多，这里不再一一例举，但值得一提的是，这些方法大都可以归结为某种类型的最小二乘估计问题，笔者曾在文献[28]中总结了无源定位中的八大类最小二乘估计问题（统称为广义最小二乘估计问题），并针对每类最小二乘估计问题给出了相应的求解算法。

除了多站交汇定位，利用单个测向站也可以对目标的位置参数进行估计，但是一般要求目标与测向站之间处于相对运动状态，并且需要利用测向站在不同时刻所获得的（序列）测向结果完成目标的定位或跟踪。这一过程既可以是对静止目标的位置估计，也可以是对运动目标的航迹跟踪。一般而言，单站测向定位问题通常可以归结为非线性状态滤波问题[29, 30]，因此需要利用滤波型算法进行求解。众所周知，卡尔曼滤波（KF，Karlman Filter）算法是求解状态滤波问题的最经典算法[31, 32]，但它主要是针对线性问题所提出的，对于非线性问题则需要对标准卡尔曼滤波算法进行修正，其中最具代表性的非线性滤波算法包括扩展卡尔曼滤波（EKF，Extended Karlman Filter）算法[33]，伪线性卡尔曼滤波（PLKF，Pseudo Linear Karlman Filter）算法[34]，无迹卡尔曼滤波（UKF，Unscented Karlman Filter）算法[35, 36]以及粒子滤波（PF，Particle Filter）算法[37, 38]等。

在单站测向定位问题中，还存在一类针对天波超视距信号的定位体制和方法[39, 40]，其目标信号的通信频率主要集中在短波波段。该类方法虽然仅需要单次二维测向结果（包括方位角和仰角）即可估计目标的位置参数，但是其求解过程中需要已知信号的（电离层）反射点距离地球表面的高度，并且其定位数学模型中还对电离层反射点、目标位置以及测向站位置三者的几何关系做出一定约束限制，最后需要结合地球曲面方程方可解算出目标的经纬度。不难想象，这种定位体制主要是面向中远距离（通常距离测向站 500～1000km 以内）目标的，而且在定位模型中做了一些近似假设，所以很难要求其在实际工程应用中会具有很高的定位精度。一般而言，较高精度的短波单站测向定位系统的目标位置估计精度可达观测距离的 5%左右，这意味着距离测向站 1000km 远的目标定位误差约为 50km。

1.2.3 基于信号数据域的目标位置直接估计方法简介

无论在无线电测向定位系统中采用何种测向算法和目标位置估计算法，其定位过程都可以归纳为两步估计方式，即每个测向站先独立地进行测向（第一步），然后再利用测向结果进行交汇定位（第二步）。从整个过程中不难发现，测向往往并不是最终目的，而仅仅给出了中间参数，目标位置估计才是最终所要的结果。因此，一种很自然的想法就是，能否避免测向这一环节，而直接从信号数据域中提取目标的位置参数，即单步估计（这里也称为直接估计）方式。基于这一理念，A.J.Weiss 等人针对现有的各种无线电信号定位体制，提出了相应的目标位置直接估计（PDE，Position Direct Estimation）方法，其中主要包括基于宽带信号时/频差信息的目标位置直接估计方法[41]、基于窄带信号多普勒频偏的目标位置直接估计方法[42]、基于信号方位和时差信息的目标位置直接估计方法[43-47]等。此外，M.Oispuu 等人提出了基于单个运动阵列（即单个运动测向站）的目标位置直接估计方法[48]，张敏等人提出了基于单个运动长基线干涉仪的目标位置直接估计方法[49, 50]。

事实上，无论是两步先测向再定位方式还是单步直接定位方式都有其各自的优缺点。两步定位方式的优势主要体现在计算过程简单，对测向站之间的通信带宽和同步精度要求不高，便于工程实现，而其不足之处可以归纳为以下四点：首先，从信息论的角度来看，两步定位方式难以获得渐近最优的估计精度，这是因为从原始数据到最终估计结果之间每增加一步处理环节，就会损失一部分信息，从而影响最终的定位精度（在低信噪比和小样本数条件下该现象尤为明显）；接着，两步定位方式存在门限效应，例如，当两个信号的方位间隔小于某个测向站的角度分辨门限时，该测向站会将其错判为单一信号，如果该测向站将这一错误信息传送至中心站时很可能会导致中心站的误判；其次，两步定位方式中的第一步往往是各个测向站利用其采集到的信号数据独立地进行参数估计，这很容易损失各个测向站所采集数据之间的相关性，而丢失掉的信息在第二步定位环节中是无法得到弥补的；最后，当有多个目标同时存在时，两步定位方式存在“目标—量测”数据关联问题，即如何将信号测量参数和目标进行正确关联，从而完成后续的多目标定位。仔细研究不难发现，单步直接定位体制正好可以解决上述四点不足，但是这种定位方式需要各个测向站的信号采集数据全部集中到中心站统一进行处理，因此对于测向站的通信带宽和同步精度要求较高，其计算过程也较为复杂。然而，随着信息传输带宽和计算能力的提升，有理由相信单步定位方式将会在实际工程应用中发挥重要作用。

1.3 无线电测向系统的基本组成及其技术指标

本节将讨论无线电测向系统的基本组成及其技术指标，这里的技术指标主要是面向实际工程应用而言的。

1.3.1 无线电测向系统的基本组成

本小节将分别讨论传统模拟测向系统和现代数字测向系统的基本组成。

（一）传统模拟测向系统的基本组成

传统无线电模拟测向技术的物理实现包括测向天线对目标来波信号的接收、测向信道对天线接收信号的变换处理以及测向终端对来波方位信息的提取与显示三个环节。因此传统模拟测向系统应由测向天线模块、测向信道接收机和测向终端三大部分组成，如图 1.6 所示。

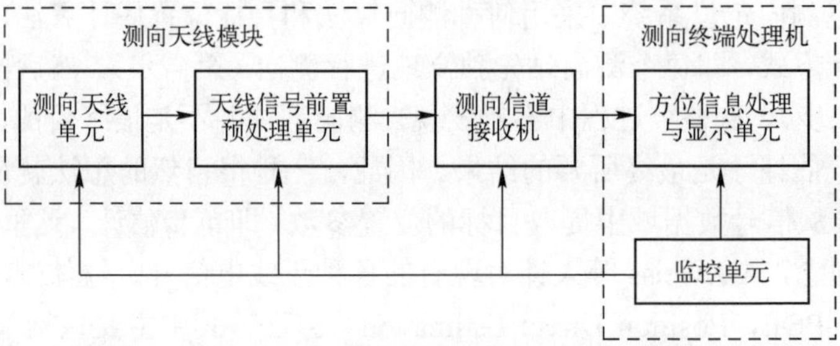

图 1.6 传统模拟测向系统的基本组成框图

（1）测向天线模块

测向天线模块包括测向天线单元和天线信号前置预处理单元两部分。

测向天线单元可以是单元定向天线，也可以是多元全向或者定向天线阵列。天线接收来波信号，并使得信号的幅度或者是相邻天线接收信号的相位差中包含信号的方位信息。

天线信号前置预处理单元是对测向天线单元中每根天线输出的射频信号进行预处理，预处理方式依据测向方式的不同而不同，但归结到一起，都是要保证测向天线单元的输出信号和信号来波方位之间存在稳定且确定的函数关系。此外，该单元还包含天线控制、自动匹配以及宽带低噪声放大等环节。

（2）测向信道接收机

测向信道接收机用于对测向天线输出信号进行选择、放大、变换等，使之适应后面测向终端处理机对信号的接口要求。根据测向方法的不同和特殊需求，测向信道接收机可以选择单信道、双信道或者多信道接收机。通常双信道和多信道接收机采用共用本振的方式，以确保多信道之间相位特性的一致性。

（3）测向终端处理机

测向终端处理机包括方位信息处理与显示单元和监控单元两部分。

方位信息处理与显示单元将测向信道接收机的输出信号中所包含的方位信息提取出来，并进行分析和处理，最后按照指定的格式和方式显示出来。监控单元则是对测向天线模块、测向信道接收机、方位信息处理与显示单元等各部分的工作状态进行监视与控制。

（二）现代数字测向系统的基本组成

现代数字测向系统一般由天线阵、天线共用器、天线切换器、多信道宽/窄带接收机、宽/窄带测向服务器、用户终端等部分组成，其基本组成框图如图 1.7 所示。

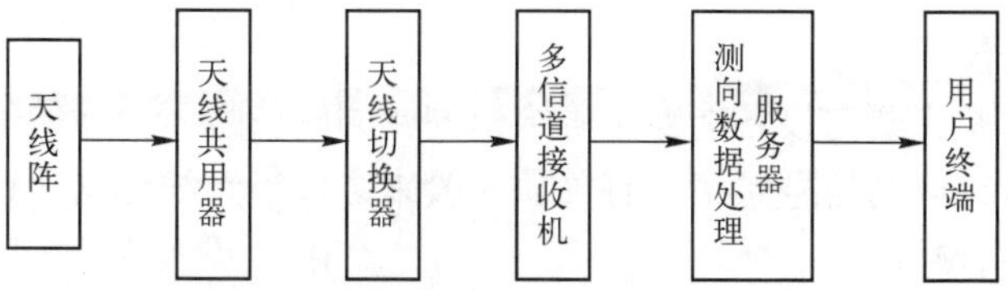

图 1.7 现代数字测向系统的基本组成框图

1.3.2 无线电测向系统的技术指标

对于不同类型的无线电测向系统来说，存在一些相同的技术指标来衡量系统的优劣，实际工程应用中常用的技术指标包括工作频段、系统处理带宽、测向灵敏度、测向准确度、同频角度分辨率、带内测向抗扰度、系统时间特性、系统可靠性等指标，下面将介绍这些指标的具体含义。

（1）工作频段

工作频段是指测向设备在正常工作条件下从最低工作频率到最高工作频率的整个频率覆盖范围。目前对测向设备工作频率范围的要求是能够覆盖某个完整的波段，并且对相邻波段有一定扩展。例如，对于短波测向系统通常要求其能够覆盖 10kHz～30MHz 的整个中长波到短波的频率范围，并与超短波的低波段在工作频率上有重叠；对于超短波测向系统通常要求能够覆盖 20～1000MHz 的整个 VHF 和 UHF 波段。

测向设备的工作频率范围主要取决于测向天线的频率响应特性和信道接收机的工作频率范围。

（2）系统处理带宽

由于不同体制和调制方式的无线通信信号占据的信号带宽不同，这就要求测向接收机能够选择不同的处理带宽与之相适应。测向设备的处理带宽主要取决于信道接收机的中频选择性，也就是中频滤波器的带宽。目前短波波段测向接收主要分为窄带（带宽包括 1kHz，3kHz，6kHz，10kHz，12kHz 等多个挡次）和宽带（带宽包括 1MHz，2MHz，4MHz 等多个挡次）接收两大类。

（3）测向灵敏度

测向灵敏度也称为测向接收灵敏度，它是指在规定的测向误差范围内（通常为±3°），测向设备或系统能够测定目标方位的最小信号场强或功率，它表征了测向系统对小（弱）信号的测向能力。测向灵敏度主要依赖于测向天线、天线阵的孔径、阵列形式、测向算法以及设计水平等诸多因素。

（4）测向准确度

测向准确度是指测向设备所测得的来波方位（或称示向度）与目标真实方位之间的误差，通常用均方根值来进行统计。由于测向误差的数值既与工作频率有关，又与信号来波方位有关，因此实际应用中需要用不同频率、不同方位测得的测向误差来表述系统的测向准确度，这实际上也是衡量示向度可信度的技术指标。系统测向准确度可以表示为

$$\Delta\theta=\sqrt{\frac{\sum_{n=1}^{N}\sum_{m=1}^{M}\Delta\theta_{nm}^{2}}{NM}} \tag{1.1}$$

式中 $n=1,2,\cdots,N$ 对应各个测试频点；$m=1,2,\cdots,M$ 对应各个测试方位；$\Delta\theta_{nm}$ 为每个示向度与真实方位的误差值。

（5）同频角度分辨率

同频角度分辨率是指测向设备能够正确给出同频同时信号示向度的信号最小角度间隔。角度分辨率与信号方位以及信号频率都有关，一般来讲，当天线阵物理尺寸一定时，频率越高，同频角度分辨率就越高。

（6）带内测向抗扰度

测向设备的抗扰度表征了测向设备在系统处理带宽内遇到干扰信号时的测向能力，该指标反映出测向设备在干扰环境中抑制干扰的能力。

（7）系统时间特性

测向设备的时间特性指标一般包括三个，分别为测向时间、取向时间和方向信息获取时间。测向时间是考察系统从下达频率直至返回示向度所需要的时间；取向时间是指系统设置在等待信号的状态（即频率已设定好）中完成测向所需要的最短时间；方向信息获取时间是指信号建立时间与获取方位数据所需要的最短采样时间。

（8）系统可靠性

系统可靠性是衡量测向设备在各种恶劣自然环境下无故障正常工作的质量指标，它包括对工作温度范围的要求、对湿度的要求、对冲击振动的要求等，此外，它还包括对测向设备的平均故障间隔时间的要求。

1.4　全书结构和内容安排

全书内容可以划分为三大部分：第 1 部分是基础篇，第 2 部分是测向方法篇，第 3 部分是定位方法篇。

第 1 部分是由“绪论”（第 1 章），“数学预备知识”（第 2 章），“测向天线阵列信号模型及其基本特性简介”（第 3 章）共三章构成。第 1 章对“无线电测向定位基本原理”和“无线电测向定位方法”进行了简要概述，并对无线电测向系统的基本组成及其技术指标进行了讨论。第 2 章介绍了全书中涉及的若干数学预备知识，其中包括矩阵理论、多维函数分析、优化理论、统计信号处理以及线性离散和连续时间系统中的若干重要结论，本章内容可以作为全书后续章节的数学基础。第 3 章讨论了测向天线阵列信号模型和相关假设，并给出了几种特殊阵型的阵列流形响应及相应的阵列方向图，此外，还介绍了阵列波束宽度和角度分辨率的概念。第 1 部分的结构示意图如图 1.8 所示。

第 2 部分是由“传统无线电测向理论与方法”（第 4 章）和“超分辨率测向理论与方法”（第 5 章和第 6 章）共 3 章构成。第 4 章是对一些传统的无线电测向方法进行讨论，其中包括基于艾德考克天线阵的测向方法、基于乌兰韦伯尔天线阵的测向方法、基于数字波束形成的测向方法、相位干涉仪测向方法以及相关干涉仪测向方法。之所以称上述方法为传统测向方法，主要是为了将它们与第 5 章和第 6 章的（现代）超分辨率测向方法区分开来。第 5 章和第 6 章是对超分辨率测向方法进行讨论，第 5 章是超分辨率测向方法的基础篇，第 6 章是超分辨率测向方法的推广篇。第 5 章主要讨论了最为经典的超分辨率测向方法，其中包括多重信号分类算法、最大似然估计算法、子空间拟合估计算法、基于旋转不变技术的测向算法。第 6 章则是将这些算法推广应用于一些更为复杂的场景中，主要讨论了 4 种场景，其中包括相干信号方位估计方法、信号二维到达角度估计方法、乘性阵列误差存在条件下的信号方位估计方法以及联合信号复包络先验信息的方位估计方法。第 2 部分的结构示意图如图 1.9 所示。

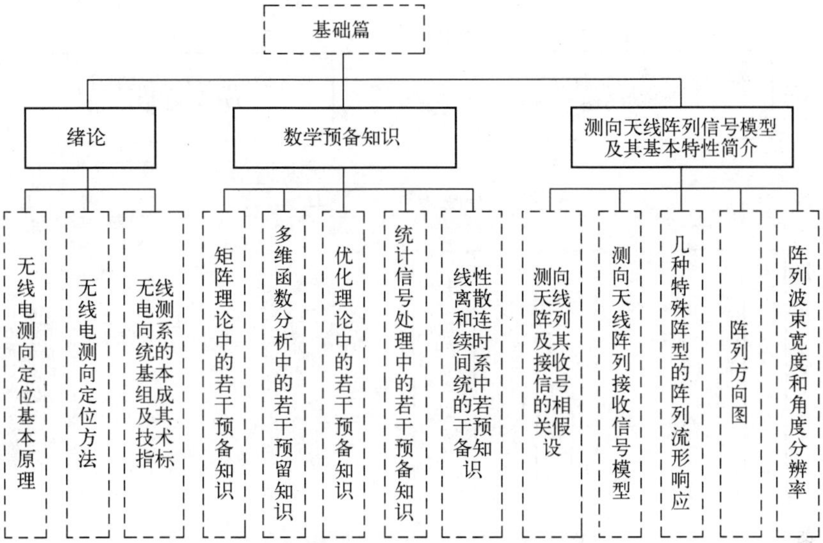

图 1.8　全书第 1 部分结构示意图

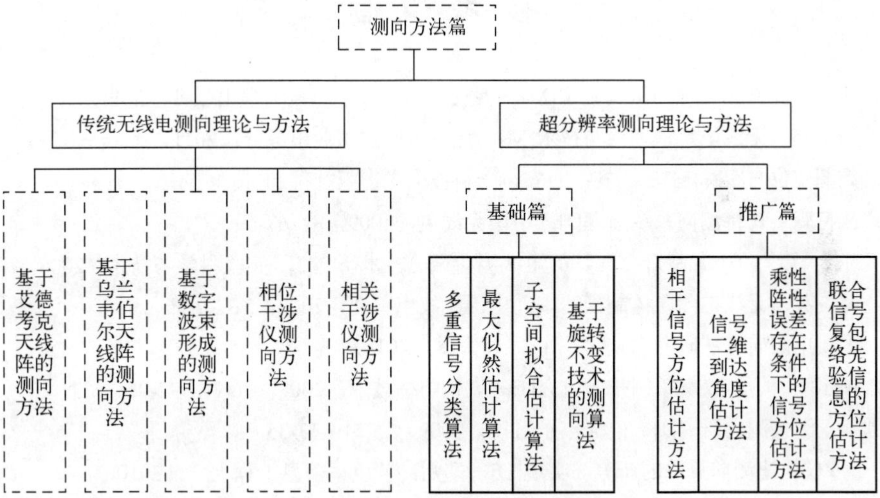

图 1.9　全书第 2 部分结构示意图

第 3 部分是由“基于测向信息的目标定位理论与方法”（第 7 章和第 8 章）和“基于阵列信号数据域的目标位置直接估计理论与方法”（第 9 章）共 3 章构成。第 7 章讨论了基于测向信息的静止目标定位方法，其中包括短波单站测向定位方法、双站二维交汇定位方法以及多站（多于两站）交汇定位方法。第 8 章讨论了基于测向信息的运动目标跟踪方法，其中包括基于测向信息的运动目标可观测性分析、基于单站测向信息的目标跟踪方法以及基于多站测向信息的渐近无偏跟踪方法。第 9 章讨论了基于阵列信号数据域的目标位置直接估计方法，其中包括基于单个可移动阵列的信号数据域目标位置直接估计方法和基于多个静止阵列的信号数据域目标位置直接估计方法。第 3 部分的结构示意图如图 1.10 所示。

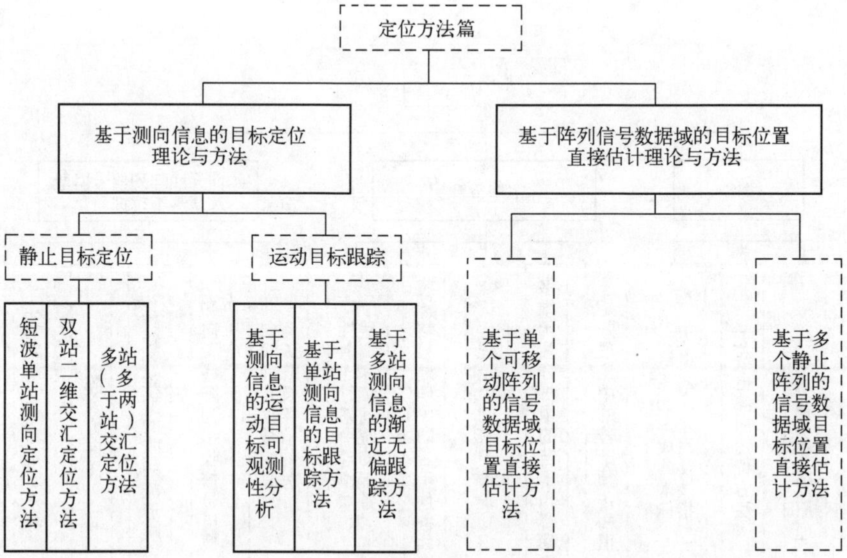

图 1.10　全书第 3 部分结构示意图

参 考 文 献

[1] 张洪顺，王磊．无线电监测与测向定位[M]．西安：西安电子科技大学出版社，2011.

[2] 田孝华，周义建．无线电定位理论与技术[M]．北京：国防工业出版社，2011.

[3] 刘聪锋．无源定位与跟踪[M]．西安：西安电子科技大学出版社，2011.

[4] 杜龙先．瓦特森—瓦特测向系统原理[J]．中国无线电，2009，8：67-69.

[5] 陈瞻，王雪松，唐雪飞．瓦特森—瓦特的短波测向试验技术研究[J]．实验科学与技术，2006，2(1)：33-34.

[6] 徐子久，韩俊英．无线电测向体制概述[J]．中国无线电管理，2002，3：29-35.

[7] 刘满超．无线电测向方法研究[D]．兰州：兰州大学，2013.

[8] 李兴华，顾尔顺．干涉仪解模糊技术研究[J]．现代防御技术，2008，36(3)：92-96.

[9] 王琦．圆阵干涉仪测向研究[J]．航天电子对抗，2009，25(5)：33-35.

[10] 韩广．干涉仪快速测向算法的研究与实现[D]．郑州：解放军信息工程大学，2010.

[11] 罗贤欣，刘光斌，王忠．干涉仪测向技术研究[J]．舰船电子工程，2012，32(8)：74-76.

[12] 杜龙先．单通道相关干涉仪测向原理[J]．中国无线电管理，2000，1：41-42.

[13] 王崇厚．相关干涉仪及其应用[J]．中国无线电管理，2001，8：28-30.

[14] 张清清．基于相关干涉的测向技术研究[D]．成都：电子科技大学，2013.

[15] 刘宝平，叶李超．干涉仪测向中二维拟合算法研究[J]．通信对抗，2014，33(3)：31-34.

[16] Schmidt R O. Multiple emitter location and signal parameter estimation[A]. Proceedings of RADC Spectral Estimation Workshop[C]. Rome: IEEE Press, 1979: 243-258.

[17] Schmidt R O. Multiple emitter location and signal parameter estimation[J]. IEEE Transactions on Antennas and Propagation, 1986, 34(3): 267-280.

[18] Roy R, Kailath T. ESPRIT—estimation of signal parameters via rotational invariance techniques[J]. IEEE Transactions on Acoustics, Speech and Signal Processing, 1989, 37(7): 984-995.

[19] Rao B D, S.Hari K V. Performance ananlysis of ESPRIT and TAM in determining the direction of arrival of plane waves in noise[J]. IEEE Transactions on Acoustics, Speech and Signal Processing, 1989, 40(12): 1990-1995.

[20] Stoica P, Nehorai A. Performance Comparison of Subspace Rotation and MUSIC Methods for Direction Estimation[J]. IEEE Transactions on Signal Processing, 1991, 39(2): 446-453.

[21] Viberg M, Ottersten B. Sensor array processing based on subspace fitting[J]. IEEE Transactions on Signal Processing, 1991, 39(5): 1110-1121.

[22] Viberg M, Ottersten B, Kailath T. Detection and estimation in sensor arrays using weighted subspace fitting[J]. IEEE Transactions on Signal Processing, 1991, 39(12): 2436-2449.

[23] Ottersten B, Viberg M, Kailath T. Analysis of subspace fitting and ML techniques for parameter estimation from sensor array data[J]. IEEE Transactions on Signal Processing, 1992, 40(3): 590-600.

[24] Ziskind T, Wax M. Maximum likelihood localization of multiple sources by alternating projections[J]. IEEE Transactions on Acoustics, Speech and Signal Processing, 1988, 36(10): 1553-1560.

[25] Jaffer A G. Maximum likelihood direction finding of stochastic sources: a separable solution[A]. Proceedings of the IEEE International Conference on Acoustics, Speech and Signal Processing[C]. New York: IEEE Press, April 1988: 2893-2896.

[26] Bresler Y. Maximum likelihood estimation of linearly structured convariance with application to antenna array processing[A]. Proceedings of Acoustics, Speech and Signal Processing Workshop Spectrum Estimation Modeling[C]. Minneapolis: IEEE Press, August 1988: 172-175.

[27] Stoica P, Sharman K C. Maximum likelihood methods for direction-of-arrival estimation[J]. IEEE Transactions on Acoustics, Speech and Signal Processing, 1990, 38(7): 1132-1143.

[28] 王鼎．无源定位中的广义最小二乘估计理论与方法[M]．北京：科学出版社，2015.

[29] 孙仲康，周一宇，何黎星．单多基地有源无源定位技术[M]．北京：国防工业出版社，1996.

[30] 刘忠，周丰，石章松，等．纯方位目标运动分析[M]．北京：国防工业出版社，2009.

[31] Dan Simon.最优状态估计——卡尔曼，H_{∞}及非线性滤波[M]．张勇刚，李宁，奔粤阳，译．北京：国防工业出版社，2013.

[32] 韩崇昭，朱洪艳，段战胜．多源信息融合[M]．北京：清华大学出版社，2006.

[33] 李炳荣，丁善荣，马强．扩展卡尔曼滤波在无源定位中的应用研究[J]．中国电子科学研究院学报，2011，6(6)：622-625.

[34] 郭福成，孙仲康，安玮．对运动辐射源的单站无源伪线性定位跟踪算法[J]．宇航学报，2002，23(5): 28-31.

[35] Julier S J, Uhlmann J K, Durrant-Whyte H F. A new method for the nonlinear transformation of means and covariances in filters and estimators[J]. IEEE Transactions on Automatic Control, 2000, 45(3): 477-482.

[36] Julier S J, Uhlmann J K. Unscented filtering and nonlinear estimation[J]. Proceedings of the IEEE, 2004, 92(3): 401-422.

[37] 胡士强，敬忠良．粒子滤波算法综述[J]．控制与决策，2005，20(4)：361-365.

[38] A.J.Haug. 贝叶斯估计与跟踪实用指南[M]．王欣，于晓，译．北京：国防工业出版社，2014.

[39] 张君毅．短波单站定位[J]．无线电定位技术，2000，26(5)：20-21.

[40] 吴川，吴瑛．短波单站定位原理及其软件实现[J]．微计算机信息，2008，24(12)：150-151.

[41] Weiss A J. Direct geolocation of wideband emitters based on delay and Doppler[J]. IEEE Transactions on

Signal Processing, 2011, 59(6): 2513-5520.
[42] Amar A, Weiss A J. Localization of narrowband radio emitters based on Doppler frequency shifts[J]. IEEE Transactions on Signal Processing, 2008, 56(11): 5500-5508.
[43] Weiss A J. Direct position determination of narrowband radio frequency transmitters[J]. IEEE Signal Processing Letters, 2004, 11(5): 513-516.
[44] Amar A, Weiss A J. Advances in direct position determination[A]. Proceeding of third IEEE Sensor Array Multichannel Signal Processing Workshop[C]. Barcelona, Spain: IEEE Press, July 2004: 584-588.
[45] Amar A, Weiss A J. Direct position determination of multiple radio signals[J]. EURASIP Journal on Applied Signal Processing, 2005, 1: 37-49.
[46] Amar A, Weiss A J. Direct position determination in the presence of model errors—known waveforms[J]. Digital Signal Processing, 2006, 16(1): 52-83.
[47] Huang L, Lu Y L. Performance analysis of direct position determination for emitter source positioning[J]. American Journal of Signal Processing, 2012, 2(3): 41-45.
[48] Oispuu M, Nickel U. Direct detection and position determination of multiple sources with intermittent emission[J]. Signal Processing, 2010, 90(12): 3056-3064.
[49] 张敏，郭福成，周一宇. 基于单个长基线干涉仪的运动单站直接定位[J]. 航空学报，2013，34(2): 378-386.
[50] 张敏，郭福成，周一宇，等. 运动单站干涉仪相位差直接定位方法[J]. 航空学报，2013，34(9): 2185-2193.

第 2 章　数学预备知识

本章将介绍全书中涉及的若干预备知识，其中包括矩阵理论、多维函数分析、优化理论、统计信号处理以及线性离散和连续时间系统中的若干重要结论。本章的内容可作为全书后续章节的数学基础。

2.1　矩阵理论中的若干预备知识

本节将介绍矩阵理论中的若干预备知识[1-5]，其中涉及到矩阵求逆计算公式、（半）正定矩阵、矩阵分解、Moore-Penrose 广义逆矩阵和正交投影矩阵以及矩阵 Hadamard 积和 Kronecker 积等相关内容。

2.1.1　矩阵求逆计算公式

本小节将介绍几个重要的矩阵求逆计算公式。

（一）矩阵和求逆公式

命题 2.1： 设矩阵 $\boldsymbol{A}\in\mathbf{C}^{m\times m}$，$\boldsymbol{B}\in\mathbf{C}^{m\times n}$，$\boldsymbol{C}\in\mathbf{C}^{n\times n}$ 和 $\boldsymbol{D}\in\mathbf{C}^{n\times m}$，并且矩阵 $\boldsymbol{A}$，$\boldsymbol{C}$ 和 $\boldsymbol{C}^{-1}-\boldsymbol{D}\boldsymbol{A}^{-1}\boldsymbol{B}$ 均可逆，则下面的等式成立

$$(\boldsymbol{A}-\boldsymbol{B}\boldsymbol{C}\boldsymbol{D})^{-1}=\boldsymbol{A}^{-1}+\boldsymbol{A}^{-1}\boldsymbol{B}(\boldsymbol{C}^{-1}-\boldsymbol{D}\boldsymbol{A}^{-1}\boldsymbol{B})^{-1}\boldsymbol{D}\boldsymbol{A}^{-1} \tag{2.1}$$

证明： 根据矩阵的乘法运算法则可得

$$\begin{aligned}&(\boldsymbol{A}^{-1}+\boldsymbol{A}^{-1}\boldsymbol{B}(\boldsymbol{C}^{-1}-\boldsymbol{D}\boldsymbol{A}^{-1}\boldsymbol{B})^{-1}\boldsymbol{D}\boldsymbol{A}^{-1})(\boldsymbol{A}-\boldsymbol{B}\boldsymbol{C}\boldsymbol{D})\\&=\boldsymbol{I}_m-\boldsymbol{A}^{-1}\boldsymbol{B}\boldsymbol{C}\boldsymbol{D}+\boldsymbol{A}^{-1}\boldsymbol{B}(\boldsymbol{C}^{-1}-\boldsymbol{D}\boldsymbol{A}^{-1}\boldsymbol{B})^{-1}\boldsymbol{D}-\boldsymbol{A}^{-1}\boldsymbol{B}(\boldsymbol{C}^{-1}-\boldsymbol{D}\boldsymbol{A}^{-1}\boldsymbol{B})^{-1}\boldsymbol{D}\boldsymbol{A}^{-1}\boldsymbol{B}\boldsymbol{C}\boldsymbol{D}\end{aligned} \tag{2.2}$$

将矩阵 $(\boldsymbol{C}^{-1}-\boldsymbol{D}\boldsymbol{A}^{-1}\boldsymbol{B})^{-1}$ 表示为

$$(\boldsymbol{C}^{-1}-\boldsymbol{D}\boldsymbol{A}^{-1}\boldsymbol{B})^{-1}=((\boldsymbol{I}_n-\boldsymbol{D}\boldsymbol{A}^{-1}\boldsymbol{B}\boldsymbol{C})\boldsymbol{C}^{-1})^{-1}=\boldsymbol{C}(\boldsymbol{I}_n-\boldsymbol{D}\boldsymbol{A}^{-1}\boldsymbol{B}\boldsymbol{C})^{-1} \tag{2.3}$$

将式（2.3）代入式（2.2）中可得

$$\begin{aligned}&(\boldsymbol{A}^{-1}+\boldsymbol{A}^{-1}\boldsymbol{B}(\boldsymbol{C}^{-1}-\boldsymbol{D}\boldsymbol{A}^{-1}\boldsymbol{B})^{-1}\boldsymbol{D}\boldsymbol{A}^{-1})(\boldsymbol{A}-\boldsymbol{B}\boldsymbol{C}\boldsymbol{D})\\&=\boldsymbol{I}_m-\boldsymbol{A}^{-1}\boldsymbol{B}\boldsymbol{C}\boldsymbol{D}+\boldsymbol{A}^{-1}\boldsymbol{B}\boldsymbol{C}(\boldsymbol{I}_n-\boldsymbol{D}\boldsymbol{A}^{-1}\boldsymbol{B}\boldsymbol{C})^{-1}\boldsymbol{D}-\boldsymbol{A}^{-1}\boldsymbol{B}\boldsymbol{C}(\boldsymbol{I}_n-\boldsymbol{D}\boldsymbol{A}^{-1}\boldsymbol{B}\boldsymbol{C})^{-1}\boldsymbol{D}\boldsymbol{A}^{-1}\boldsymbol{B}\boldsymbol{C}\boldsymbol{D}\\&=\boldsymbol{I}_m-\boldsymbol{A}^{-1}\boldsymbol{B}\boldsymbol{C}\boldsymbol{D}+\boldsymbol{A}^{-1}\boldsymbol{B}\boldsymbol{C}((\boldsymbol{I}_n-\boldsymbol{D}\boldsymbol{A}^{-1}\boldsymbol{B}\boldsymbol{C})^{-1}-(\boldsymbol{I}_n-\boldsymbol{D}\boldsymbol{A}^{-1}\boldsymbol{B}\boldsymbol{C})^{-1}\boldsymbol{D}\boldsymbol{A}^{-1}\boldsymbol{B}\boldsymbol{C})\boldsymbol{D}\\&=\boldsymbol{I}_m-\boldsymbol{A}^{-1}\boldsymbol{B}\boldsymbol{C}\boldsymbol{D}+\boldsymbol{A}^{-1}\boldsymbol{B}\boldsymbol{C}\boldsymbol{D}\\&=\boldsymbol{I}_m\end{aligned} \tag{2.4}$$

由式（2.4）可知式（2.1）成立。

命题 2.1 得证。 □

根据命题 2.1 可以直接得到如下两个推论。

推论 2.1： 设矩阵 $\boldsymbol{A}\in\mathbf{C}^{m\times m}$，$\boldsymbol{B}\in\mathbf{C}^{m\times n}$，$\boldsymbol{C}\in\mathbf{C}^{n\times n}$ 和 $\boldsymbol{D}\in\mathbf{C}^{n\times m}$，并且矩阵 $\boldsymbol{A}$，$\boldsymbol{C}$ 和 $\boldsymbol{C}^{-1}+\boldsymbol{D}\boldsymbol{A}^{-1}\boldsymbol{B}$

均可逆，则下面的等式成立

$$(\boldsymbol{A}+\boldsymbol{BCD})^{-1}=\boldsymbol{A}^{-1}-\boldsymbol{A}^{-1}\boldsymbol{B}(\boldsymbol{C}^{-1}+\boldsymbol{DA}^{-1}\boldsymbol{B})^{-1}\boldsymbol{DA}^{-1} \tag{2.5}$$

推论 2.2： 设矩阵 $\boldsymbol{A}\in\mathbf{C}^{m\times m}$，向量 $\boldsymbol{b}$，$\boldsymbol{d}\in\mathbf{C}^{m\times 1}$ 以及标量 $c\in\mathbf{C}$，并且矩阵 $\boldsymbol{A}$ 可逆，标量 c 和 $c^{-1}+\boldsymbol{d}^{\mathrm{H}}\boldsymbol{A}^{-1}\boldsymbol{b}$ 均不为零，则下面的等式成立

$$(\boldsymbol{A}+\boldsymbol{b}c\boldsymbol{d}^{\mathrm{H}})^{-1}=\boldsymbol{A}^{-1}-\frac{\boldsymbol{A}^{-1}\boldsymbol{b}\boldsymbol{d}^{\mathrm{H}}\boldsymbol{A}^{-1}}{c^{-1}+\boldsymbol{d}^{\mathrm{H}}\boldsymbol{A}^{-1}\boldsymbol{b}} \tag{2.6}$$

（二）分块矩阵求逆公式

命题 2.2： 设如下分块矩阵

$$\boldsymbol{U}=\begin{bmatrix}\underbrace{\boldsymbol{A}}_{n\times n} & \underbrace{\boldsymbol{B}}_{n\times m}\\ \underbrace{\boldsymbol{C}}_{m\times n} & \underbrace{\boldsymbol{D}}_{m\times m}\end{bmatrix} \tag{2.7}$$

并且矩阵 $\boldsymbol{A}$，$\boldsymbol{D}$，$\boldsymbol{A}-\boldsymbol{BD}^{-1}\boldsymbol{C}$ 和 $\boldsymbol{D}-\boldsymbol{CA}^{-1}\boldsymbol{B}$ 均可逆，则下面的等式成立

$$\boldsymbol{V}=\boldsymbol{U}^{-1}=\begin{bmatrix}\underbrace{(\boldsymbol{A}-\boldsymbol{BD}^{-1}\boldsymbol{C})^{-1}}_{n\times n} & \underbrace{-(\boldsymbol{A}-\boldsymbol{BD}^{-1}\boldsymbol{C})^{-1}\boldsymbol{BD}^{-1}}_{n\times m}\\ \underbrace{-(\boldsymbol{D}-\boldsymbol{CA}^{-1}\boldsymbol{B})^{-1}\boldsymbol{CA}^{-1}}_{m\times n} & \underbrace{(\boldsymbol{D}-\boldsymbol{CA}^{-1}\boldsymbol{B})^{-1}}_{m\times m}\end{bmatrix} \tag{2.8}$$

证明： 首先将矩阵 $\boldsymbol{V}$ 分块表示成如下形式

$$\boldsymbol{V}=\boldsymbol{U}^{-1}=\begin{bmatrix}\underbrace{\boldsymbol{X}}_{n\times n} & \underbrace{\boldsymbol{Y}}_{n\times m}\\ \underbrace{\boldsymbol{Z}}_{m\times n} & \underbrace{\boldsymbol{W}}_{m\times m}\end{bmatrix} \tag{2.9}$$

根据逆矩阵的基本定义可得

$$\boldsymbol{VU}=\begin{bmatrix}\boldsymbol{X} & \boldsymbol{Y}\\ \boldsymbol{Z} & \boldsymbol{W}\end{bmatrix}\cdot\begin{bmatrix}\boldsymbol{A} & \boldsymbol{B}\\ \boldsymbol{C} & \boldsymbol{D}\end{bmatrix}=\begin{bmatrix}\boldsymbol{I}_n & \boldsymbol{O}_{n\times m}\\ \boldsymbol{O}_{m\times n} & \boldsymbol{I}_m\end{bmatrix} \tag{2.10}$$

基于式（2.10）可以得到如下四个等式

$$\begin{cases}\boldsymbol{XA}+\boldsymbol{YC}=\boldsymbol{I}_n & \text{(a)}\\ \boldsymbol{XB}+\boldsymbol{YD}=\boldsymbol{O}_{n\times m} & \text{(b)}\\ \boldsymbol{ZA}+\boldsymbol{WC}=\boldsymbol{O}_{m\times n} & \text{(c)}\\ \boldsymbol{ZB}+\boldsymbol{WD}=\boldsymbol{I}_m & \text{(d)}\end{cases} \tag{2.11}$$

利用式（2.11）中的式（b）可知 $\boldsymbol{Y}=-\boldsymbol{XBD}^{-1}$，将其代入式（2.11）中的式（a）可得

$$\boldsymbol{XA}-\boldsymbol{XBD}^{-1}\boldsymbol{C}=\boldsymbol{I}_n\Rightarrow\boldsymbol{X}=(\boldsymbol{A}-\boldsymbol{BD}^{-1}\boldsymbol{C})^{-1} \tag{2.12}$$

进一步可知

$$\boldsymbol{Y}=-(\boldsymbol{A}-\boldsymbol{BD}^{-1}\boldsymbol{C})^{-1}\boldsymbol{BD}^{-1} \tag{2.13}$$

再由式（2.11）中的式（c）可知 $\boldsymbol{Z}=-\boldsymbol{WCA}^{-1}$，将其代入式（2.11）中的式（d）可得

$$-\boldsymbol{WCA}^{-1}\boldsymbol{B}+\boldsymbol{WD}=\boldsymbol{I}_m\Rightarrow\boldsymbol{W}=(\boldsymbol{D}-\boldsymbol{CA}^{-1}\boldsymbol{B})^{-1} \tag{2.14}$$

进一步可知

$$Z = -(D - CA^{-1}B)^{-1}CA^{-1} \tag{2.15}$$

由式（2.12）至式（2.15）可知式（2.8）成立。

命题 2.2 得证。

□

命题 2.3：设任意可逆矩阵 $A \in \mathbf{C}^{n \times n}$，则下面的等式成立

$$\begin{bmatrix} \mathrm{Re}\{A\} & -\mathrm{Im}\{A\} \\ \mathrm{Im}\{A\} & \mathrm{Re}\{A\} \end{bmatrix}^{-1} = \begin{bmatrix} \mathrm{Re}\{A^{-1}\} & -\mathrm{Im}\{A^{-1}\} \\ \mathrm{Im}\{A^{-1}\} & \mathrm{Re}\{A^{-1}\} \end{bmatrix} \tag{2.16}$$

证明：利用分块矩阵乘法法则可知

$$\begin{aligned} & \begin{bmatrix} \mathrm{Re}\{A\} & -\mathrm{Im}\{A\} \\ \mathrm{Im}\{A\} & \mathrm{Re}\{A\} \end{bmatrix} \cdot \begin{bmatrix} \mathrm{Re}\{A^{-1}\} & -\mathrm{Im}\{A^{-1}\} \\ \mathrm{Im}\{A^{-1}\} & \mathrm{Re}\{A^{-1}\} \end{bmatrix} \\ & = \left[\begin{array}{c|c} \mathrm{Re}\{A\}\cdot\mathrm{Re}\{A^{-1}\} - \mathrm{Im}\{A\}\cdot\mathrm{Im}\{A^{-1}\} & -\mathrm{Re}\{A\}\cdot\mathrm{Im}\{A^{-1}\} - \mathrm{Im}\{A\}\cdot\mathrm{Re}\{A^{-1}\} \\ \hline \mathrm{Re}\{A\}\cdot\mathrm{Im}\{A^{-1}\} + \mathrm{Im}\{A\}\cdot\mathrm{Re}\{A^{-1}\} & \mathrm{Re}\{A\}\cdot\mathrm{Re}\{A^{-1}\} - \mathrm{Im}\{A\}\cdot\mathrm{Im}\{A^{-1}\} \end{array}\right] \\ & = \left[\begin{array}{c|c} \mathrm{Re}\{AA^{-1}\} & -\mathrm{Im}\{AA^{-1}\} \\ \hline \mathrm{Im}\{AA^{-1}\} & \mathrm{Re}\{AA^{-1}\} \end{array}\right] = I_{2n} \end{aligned} \tag{2.17}$$

由式（2.17）可知式（2.16）成立。

命题 2.3 得证。

□

2.1.2 半正定矩阵和正定矩阵的若干性质

本小节将介绍半正定矩阵和正定矩阵的定义和性质。

定义 2.1：设 Hermitian 矩阵 $A \in \mathbf{C}^{n \times n}$，若对于任意非零向量 $x \in \mathbf{C}^{n \times 1}$ 均满足 $x^{\mathrm{H}}Ax \geqslant 0$，则称 A 为半正定矩阵，记为 $A \geqslant O$；若对于任意非零向量 $x \in \mathbf{C}^{n \times 1}$ 均满足 $x^{\mathrm{H}}Ax > 0$，则称 A 为正定矩阵，记为 $A > O$。

定义 2.2：设有两个 Hermitian 矩阵 $A, B \in \mathbf{C}^{n \times n}$，若 $A - B$ 为半正定矩阵，则记为 $A \geqslant B$ 或者 $B \leqslant A$；若 $A - B$ 为正定矩阵，则记为 $A > B$ 或者 $B < A$。

半正定矩阵和正定矩阵的特征值和对角元素均为非负数（对于半正定矩阵）和正数（对于正定矩阵）。因此，若 $A \geqslant B$，则有 $\lambda\{A - B\} \geqslant 0$ 和 $\mathrm{tr}(A) \geqslant \mathrm{tr}(B)$；若 $A > B$，则有 $\lambda\{A - B\} > 0$ 和 $\mathrm{tr}(A) > \mathrm{tr}(B)$。需要指出的是，正定矩阵一定是可逆矩阵，并且其逆矩阵也是正定的，但半正定矩阵却可以是奇异矩阵。除此以外，这两类矩阵还有其它一些重要性质，具体可见下面一系列命题。

命题 2.4：设 $A \in \mathbf{C}^{m \times m}$ 为半正定矩阵，并令 $B \in \mathbf{C}^{m \times n}$ 为任意矩阵，则 $B^{\mathrm{H}}AB$ 是半正定矩阵。

证明：设任意非零向量 $x \in \mathbf{C}^{n \times 1}$，并令 $y = Bx$，则根据 A 是半正定矩阵这一性质可知

$$y^{\mathrm{H}}Ay = x^{\mathrm{H}}B^{\mathrm{H}}ABx \geqslant 0 \tag{2.18}$$

基于式（2.18）以及向量 x 的任意性可知，$B^{\mathrm{H}}AB$ 是半正定矩阵。

命题 2.4 得证。

□

根据命题 2.4 可以直接得到如下两个推论。

推论 2.3：设任意矩阵 $B \in \mathbf{C}^{m \times n}$，则 $B^{\mathrm{H}}B$ 是半正定矩阵。

推论 2.4：设 Hermitian 矩阵 $A_1, A_2 \in \mathbf{C}^{m \times m}$ 满足 $A_1 \geqslant A_2$，并令 $B \in \mathbf{C}^{m \times n}$ 为任意矩阵，则有 $B^{\mathrm{H}}A_1B \geqslant B^{\mathrm{H}}A_2B$。

命题 2.5：设 $A=\begin{bmatrix}\underbrace{A_{11}}_{n\times n} & \underbrace{A_{12}}_{n\times m}\\ \underbrace{A_{12}^{\mathrm{H}}}_{m\times n} & \underbrace{A_{22}}_{m\times m}\end{bmatrix}$ 为半正定矩阵，其中 A_{22} 是正定矩阵，则 $A_{11}-A_{12}A_{22}^{-1}A_{12}^{\mathrm{H}}$ 是半正定矩阵。

证明：首先对矩阵 A 进行如下分解

$$A=\begin{bmatrix}I_n & A_{12}A_{22}^{-1}\\ O_{m\times n} & I_m\end{bmatrix}\cdot\begin{bmatrix}A_{11}-A_{12}A_{22}^{-1}A_{12}^{\mathrm{H}} & O_{n\times m}\\ O_{m\times n} & A_{22}\end{bmatrix}\cdot\begin{bmatrix}I_n & O_{n\times m}\\ A_{22}^{-1}A_{12}^{\mathrm{H}} & I_m\end{bmatrix} \tag{2.19}$$

利用式（2.19）可以进一步推得

$$\begin{bmatrix}A_{11}-A_{12}A_{22}^{-1}A_{12}^{\mathrm{H}} & O_{n\times m}\\ O_{m\times n} & A_{22}\end{bmatrix}=\begin{bmatrix}I_n & -A_{12}A_{22}^{-1}\\ O_{m\times n} & I_m\end{bmatrix}\cdot A\cdot\begin{bmatrix}I_n & O_{n\times m}\\ -A_{22}^{-1}A_{12}^{\mathrm{H}} & I_m\end{bmatrix}\geqslant O \tag{2.20}$$

由式（2.20）可知，$A_{11}-A_{12}A_{22}^{-1}A_{12}^{\mathrm{H}}$ 是半正定矩阵。

命题 2.5 得证。 □

命题 2.6：设 $A\in\mathbf{C}^{n\times n}$ 为半正定矩阵，则其实部 $\mathrm{Re}\{A\}$ 也是半正定矩阵。

证明：由于 A 和 A^* 均为半正定矩阵，于是 $\mathrm{Re}\{A\}=(A+A^*)/2$ 也是半正定矩阵。

命题 2.6 得证。 □

为了得到正定矩阵的另一个重要性质，下面首先给出如下引理。

引理 2.1：设 $A\in\mathbf{C}^{n\times n}$ 为正定矩阵，$B\in\mathbf{C}^{n\times n}$ 为半正定矩阵，则 $A\geqslant B$ 的充要条件是 $\lambda_{\max}\{BA^{-1}\}\leqslant 1$。

证明：由命题 2.4 可知

$$A\geqslant B\Leftrightarrow A-B\geqslant O\Leftrightarrow A^{-1/2}(A-B)A^{-1/2}\geqslant O\Leftrightarrow I_n-A^{-1/2}BA^{-1/2}\geqslant O \tag{2.21}$$

式中 $A^{-1/2}$ 的含义见 2.1.3 节。由式（2.21）可知，矩阵 $I_n-A^{-1/2}BA^{-1/2}$ 的所有特征值均大于等于零，所以矩阵 $A^{-1/2}BA^{-1/2}$ 的所有特征值均小于等于 1，于是有 $\lambda_{\max}\{A^{-1/2}BA^{-1/2}\}=\lambda_{\max}\{BA^{-1}\}\leqslant 1$。

引理 2.1 得证。 □

命题 2.7：设 $A,B\in\mathbf{C}^{n\times n}$ 均为正定矩阵，则 $A\geqslant B$ 的充要条件是 $A^{-1}\leqslant B^{-1}$。

证明：根据引理 2.1 可知

$$A\geqslant B\Leftrightarrow\lambda_{\max}\{BA^{-1}\}\leqslant 1\Leftrightarrow\lambda_{\max}\{A^{-1}B\}\leqslant 1\Leftrightarrow A^{-1}\leqslant B^{-1} \tag{2.22}$$

命题 2.7 得证。 □

2.1.3 三种矩阵分解

本小节将介绍三种重要的矩阵分解，分别为特征值分解、奇异值分解和平方根分解。

（一）特征值分解

下面首先给出矩阵特征值和特征向量的定义。

定义 2.3：设任意矩阵 $A\in\mathbf{C}^{n\times n}$，若存在标量 λ 和非零向量 u 满足等式

$$Au=\lambda u \tag{2.23}$$

则称 λ 和 u 为矩阵 A 的一对特征值和特征向量，特别地，若向量 u 满足 $\|u\|_2=1$，则称其为单

位特征向量，若向量 $\boldsymbol{u}$ 中的第一个元素满足 $<\boldsymbol{u}>_1=1$，则称其为首一特征向量。

根据定义 2.3 可知，矩阵特征值 λ 是 n 阶多项式 $\det[\boldsymbol{A}-\lambda\boldsymbol{I}_n]$ 的根，因此对于任意的 $n\times n$ 阶矩阵，它都存在 n 个特征值（可能相等）。下面将介绍几个关于 Hermitian 矩阵特征值和特征向量的重要结论。

命题 2.8：任意 Hermitian 矩阵 $\boldsymbol{A}\in\mathbf{C}^{n\times n}$ 的特征值都是实数。

证明：设 λ 和 $\boldsymbol{u}$ 是矩阵 $\boldsymbol{A}$ 的任意一对特征值和特征向量，则有

$$\boldsymbol{A}\boldsymbol{u}=\lambda\boldsymbol{u} \tag{2.24}$$

利用向量 $\boldsymbol{u}^{\mathrm{H}}$ 左乘以式（2.24）两边可得

$$\boldsymbol{u}^{\mathrm{H}}\boldsymbol{A}\boldsymbol{u}=\lambda\cdot\|\boldsymbol{u}\|_2^2\Rightarrow\lambda=\frac{\boldsymbol{u}^{\mathrm{H}}\boldsymbol{A}\boldsymbol{u}}{\|\boldsymbol{u}\|_2^2} \tag{2.25}$$

由于 $\boldsymbol{A}$ 是 Hermitian 矩阵，所以 $\boldsymbol{u}^{\mathrm{H}}\boldsymbol{A}\boldsymbol{u}$ 一定是实数，因此由式（2.25）可知 λ 也是实数。

命题 2.8 得证。 □

命题 2.9：任意 Hermitian 矩阵 $\boldsymbol{A}\in\mathbf{C}^{n\times n}$ 的不同特征值所对应的特征向量在酉空间 $\mathbf{C}^n$ 中都是相互正交的。

证明：假设 λ 和 η 是矩阵 $\boldsymbol{A}$ 的不同（实）特征值（即 $\lambda\neq\eta$），它们相对应的特征向量分别为 $\boldsymbol{u}$ 和 $\boldsymbol{v}$，于是有

$$\begin{cases}\boldsymbol{A}\boldsymbol{u}=\lambda\boldsymbol{u}\\ \boldsymbol{A}\boldsymbol{v}=\eta\boldsymbol{v}\end{cases}\Rightarrow\begin{cases}\boldsymbol{v}^{\mathrm{H}}\boldsymbol{A}\boldsymbol{u}=(\boldsymbol{v}^{\mathrm{H}}\boldsymbol{u})\lambda\\ \boldsymbol{u}^{\mathrm{H}}\boldsymbol{A}\boldsymbol{v}=(\boldsymbol{u}^{\mathrm{H}}\boldsymbol{v})\eta\end{cases} \tag{2.26}$$

由于 $\boldsymbol{A}$ 是 Hermitian 矩阵，η 又是实数，于是有

$$\boldsymbol{u}^{\mathrm{H}}\boldsymbol{A}\boldsymbol{v}=(\boldsymbol{u}^{\mathrm{H}}\boldsymbol{v})\eta\Leftrightarrow\boldsymbol{v}^{\mathrm{H}}\boldsymbol{A}\boldsymbol{u}=(\boldsymbol{v}^{\mathrm{H}}\boldsymbol{u})\eta \tag{2.27}$$

比较式（2.26）和式（2.27），并结合 $\lambda\neq\eta$ 可知

$$(\boldsymbol{v}^{\mathrm{H}}\boldsymbol{u})\eta=(\boldsymbol{v}^{\mathrm{H}}\boldsymbol{u})\lambda\Rightarrow\boldsymbol{v}^{\mathrm{H}}\boldsymbol{u}=0 \tag{2.28}$$

根据式（2.28）可知，向量 $\boldsymbol{u}$ 和 $\boldsymbol{v}$ 在酉空间 $\mathbf{C}^n$ 中是相互正交的。

命题 2.9 得证。 □

命题 2.10：设任意 Hermitian 矩阵 $\boldsymbol{A}\in\mathbf{C}^{n\times n}$，则存在酉矩阵 $\boldsymbol{V}\in\mathbf{C}^{n\times n}$（即 $\boldsymbol{V}^{\mathrm{H}}\boldsymbol{V}=\boldsymbol{I}_n$）满足

$$\boldsymbol{V}^{\mathrm{H}}\boldsymbol{A}\boldsymbol{V}=\boldsymbol{\Sigma} \tag{2.29}$$

式中 $\boldsymbol{\Sigma}=\mathrm{diag}[\lambda_1\ \ \lambda_2\ \ \cdots\ \ \lambda_n]$（其中 $\{\lambda_p\}_{1\leqslant p\leqslant n}$ 是矩阵 $\boldsymbol{A}$ 的特征值），矩阵 $\boldsymbol{V}$ 中的列向量是矩阵 $\boldsymbol{A}$ 的单位特征向量。

证明：采用数学归纳法进行证明。当 $n=1$ 时命题显然成立，现假设若对于正整数 $n-1$ 命题成立，则对于正整数 n 来说命题也成立。假设 λ_1 是矩阵 $\boldsymbol{A}$ 的一个特征值，它所对应的单位特征向量为 $\boldsymbol{u}_1$，由 $\boldsymbol{u}_1$ 可以扩充到酉空间 $\mathbf{C}^n$ 上的标准正交基 $\boldsymbol{u}_1,\boldsymbol{u}_2,\cdots,\boldsymbol{u}_n$。若记 $\boldsymbol{U}_1=[\boldsymbol{u}_1\ \boldsymbol{u}_2\ \cdots\ \boldsymbol{u}_n]$，则 $\boldsymbol{U}_1$ 是酉矩阵，并且满足

$$\boldsymbol{U}_1^{\mathrm{H}}\boldsymbol{A}\boldsymbol{U}_1=<\boldsymbol{u}_i^{\mathrm{H}}\boldsymbol{A}\boldsymbol{u}_j>_{n\times n} \tag{2.30}$$

当 $i=1$ 时满足

$$\boldsymbol{u}_1^{\mathrm{H}}\boldsymbol{A}\boldsymbol{u}_j=\lambda_1\boldsymbol{u}_1^{\mathrm{H}}\boldsymbol{u}_j=\lambda_1\delta_{1j} \tag{2.31}$$

当 $j=1$ 时满足

$$\boldsymbol{u}_i^{\mathrm{H}}\boldsymbol{A}\boldsymbol{u}_1=\lambda_1\boldsymbol{u}_i^{\mathrm{H}}\boldsymbol{u}_1=\lambda_1\delta_{i1} \tag{2.32}$$

根据式（2.31）和式（2.32）可知，矩阵 $\boldsymbol{U}_1^{\mathrm{H}}\boldsymbol{A}\boldsymbol{U}_1$ 具有如下分块形式

$$\boldsymbol{U}_1^{\mathrm{H}}\boldsymbol{A}\boldsymbol{U}_1=\begin{bmatrix}\lambda_1 & \boldsymbol{O}_{1\times(n-1)}\\ \boldsymbol{O}_{(n-1)\times 1} & \boldsymbol{B}\end{bmatrix} \tag{2.33}$$

式中 $\boldsymbol{B}$ 是 $(n-1)\times(n-1)$ 阶 Hermitian 矩阵，根据归纳假设可知，存在酉矩阵 $\boldsymbol{U}_2\in\mathbf{C}^{(n-1)\times(n-1)}$ 满足

$$\boldsymbol{U}_2^{\mathrm{H}}\boldsymbol{B}\boldsymbol{U}_2=\boldsymbol{\Gamma} \tag{2.34}$$

式中 $\boldsymbol{\Gamma}=\mathrm{diag}[\lambda_2\ \ \lambda_3\ \ \cdots\ \ \lambda_n]$（其中 $\{\lambda_p\}_{2\leqslant p\leqslant n}$ 是矩阵 $\boldsymbol{B}$ 的特征值，也是矩阵 $\boldsymbol{A}$ 的特征值）。若记 $\boldsymbol{V}=\boldsymbol{U}_1\cdot\mathrm{blkdiag}[1\ \ \boldsymbol{U}_2]$，则 $\boldsymbol{V}$ 是 $n\times n$ 阶酉矩阵，并且满足

$$\begin{aligned}\boldsymbol{V}^{\mathrm{H}}\boldsymbol{A}\boldsymbol{V}&=\begin{bmatrix}1 & \boldsymbol{O}_{1\times(n-1)}\\ \boldsymbol{O}_{(n-1)\times 1} & \boldsymbol{U}_2^{\mathrm{H}}\end{bmatrix}\cdot\boldsymbol{U}_1^{\mathrm{H}}\boldsymbol{A}\boldsymbol{U}_1\cdot\begin{bmatrix}1 & \boldsymbol{O}_{1\times(n-1)}\\ \boldsymbol{O}_{(n-1)\times 1} & \boldsymbol{U}_2\end{bmatrix}\\ &=\begin{bmatrix}\lambda_1 & \boldsymbol{O}_{1\times(n-1)}\\ \boldsymbol{O}_{(n-1)\times 1} & \boldsymbol{U}_2^{\mathrm{H}}\boldsymbol{B}\boldsymbol{U}_2\end{bmatrix}=\begin{bmatrix}\lambda_1 & \boldsymbol{O}_{1\times(n-1)}\\ \boldsymbol{O}_{(n-1)\times 1} & \boldsymbol{\Gamma}\end{bmatrix}\\ &=\mathrm{diag}[\lambda_1\ \ \lambda_2\ \ \cdots\ \ \lambda_n]=\boldsymbol{\Sigma}\end{aligned} \tag{2.35}$$

由式（2.35）可知，命题结论对于正整数 n 来说也是成立的。

命题 2.10 得证。 □

根据命题 2.10 可知，任意 Hermitian 矩阵 $\boldsymbol{A}\in\mathbf{C}^{n\times n}$ 都可以分解为如下形式

$$\boldsymbol{A}=\boldsymbol{V}\boldsymbol{\Sigma}\boldsymbol{V}^{\mathrm{H}} \tag{2.36}$$

式中矩阵 $\boldsymbol{V}$ 和 $\boldsymbol{\Sigma}$ 的含义同命题 2.10，式（2.36）称为矩阵特征值分解。需要指出的是，并不是所有的矩阵都存在特征值分解形式，但是对于任意（半）正定矩阵而言，其特征值分解一定是存在的。

另一方面，若将式（2.36）中的矩阵 $\boldsymbol{V}$ 按列分块表示为 $\boldsymbol{V}=[\boldsymbol{v}_1\ \boldsymbol{v}_2\ \cdots\ \boldsymbol{v}_n]$，则可将矩阵 $\boldsymbol{A}$ 表示成如下形式

$$\boldsymbol{A}=\sum_{p=1}^{n}\lambda_p\boldsymbol{v}_p\boldsymbol{v}_p^{\mathrm{H}} \tag{2.37}$$

对于半正定矩阵而言，其秩等于所有非零特征值的个数，若令其秩为 $\mathrm{rank}[\boldsymbol{A}]=r$，则其特征值满足

$$\lambda_1\geqslant\lambda_2\geqslant\cdots\geqslant\lambda_r\geqslant\lambda_{r+1}=\lambda_{r+2}=\cdots=\lambda_n=0 \tag{2.38}$$

此时可将式（2.37）修改为

$$\boldsymbol{A}=\sum_{p=1}^{r}\lambda_p\boldsymbol{v}_p\boldsymbol{v}_p^{\mathrm{H}}=\sum_{p=1}^{r}\overline{\boldsymbol{v}}_p\overline{\boldsymbol{v}}_p^{\mathrm{H}} \tag{2.39}$$

式中 $\overline{\boldsymbol{v}}_p=\sqrt{\lambda_p}\cdot\boldsymbol{v}_p\ (1\leqslant p\leqslant r)$。由式（2.39）可知，秩为 r 的半正定矩阵可以分解为 r 个秩 1 半正定矩阵 $\overline{\boldsymbol{v}}_p\overline{\boldsymbol{v}}_p^{\mathrm{H}}$ 之和，式（2.39）中的第二个等式也称为半正定矩阵的秩 1 分解。

（二）奇异值分解

与矩阵特征值分解不同的是，任意矩阵都存在奇异值分解，具体可见下述命题。

命题 2.11：设任意矩阵 $\boldsymbol{A}\in\mathbf{C}^{m\times n}$，并且其秩为 $r=\text{rank}[\boldsymbol{A}]$，则存在两个酉矩阵 $\boldsymbol{U}\in\mathbf{C}^{m\times m}$ 和 $\boldsymbol{V}\in\mathbf{C}^{n\times n}$ 满足

$$\boldsymbol{U}^{\mathrm{H}}\boldsymbol{A}\boldsymbol{V}=\begin{bmatrix}\boldsymbol{\Sigma} & \boldsymbol{O}_{r\times(n-r)}\\ \boldsymbol{O}_{(m-r)\times r} & \boldsymbol{O}_{(m-r)\times(n-r)}\end{bmatrix}\tag{2.40}$$

式中 $\boldsymbol{\Sigma}=\text{diag}[\sigma_1\ \ \sigma_2\ \ \cdots\ \ \sigma_r]$（其中 $\{\sigma_p>0\}_{1\leqslant p\leqslant r}$ 称为奇异值），矩阵 $\boldsymbol{U}$ 和 $\boldsymbol{V}$ 中的向量分别称为左和右奇异向量。

证明：由于 $\boldsymbol{A}^{\mathrm{H}}\boldsymbol{A}$ 是半正定矩阵，其秩满足 $\text{rank}[\boldsymbol{A}^{\mathrm{H}}\boldsymbol{A}]=\text{rank}[\boldsymbol{A}]=r$，因此矩阵 $\boldsymbol{A}^{\mathrm{H}}\boldsymbol{A}$ 的特征值中包含 r 个正值和 $n-r$ 个零值，于是可将其全部特征值设为

$$\lambda_1\geqslant\lambda_2\geqslant\cdots\geqslant\lambda_r>\lambda_{r+1}=\lambda_{r+2}=\cdots=\lambda_n=0$$

不妨令 $\boldsymbol{\Sigma}=\text{diag}[\sigma_1\ \ \sigma_2\ \ \cdots\ \ \sigma_r]$，其中 $\sigma_p=\sqrt{\lambda_p}\,(1\leqslant p\leqslant r)$。根据命题 2.10 可知，存在酉矩阵 $\boldsymbol{V}\in\mathbf{C}^{n\times n}$ 满足

$$\boldsymbol{V}^{\mathrm{H}}\boldsymbol{A}^{\mathrm{H}}\boldsymbol{A}\boldsymbol{V}=\begin{bmatrix}\boldsymbol{\Sigma}^2 & \boldsymbol{O}_{r\times(n-r)}\\ \boldsymbol{O}_{(n-r)\times r} & \boldsymbol{O}_{(n-r)\times(n-r)}\end{bmatrix}\tag{2.41}$$

利用式（2.41）可以进一步推得

$$\boldsymbol{A}^{\mathrm{H}}\boldsymbol{A}\boldsymbol{V}=\boldsymbol{V}\cdot\begin{bmatrix}\boldsymbol{\Sigma}^2 & \boldsymbol{O}_{r\times(n-r)}\\ \boldsymbol{O}_{(n-r)\times r} & \boldsymbol{O}_{(n-r)\times(n-r)}\end{bmatrix}\tag{2.42}$$

将矩阵 $\boldsymbol{V}$ 按列分块表示为 $\boldsymbol{V}=\begin{bmatrix}\underbrace{\boldsymbol{V}_1}_{n\times r} & \underbrace{\boldsymbol{V}_2}_{n\times(n-r)}\end{bmatrix}$，于是有

$$\boldsymbol{A}^{\mathrm{H}}\boldsymbol{A}\boldsymbol{V}_1=\boldsymbol{V}_1\boldsymbol{\Sigma}^2\ ,\ \boldsymbol{A}^{\mathrm{H}}\boldsymbol{A}\boldsymbol{V}_2=\boldsymbol{O}_{n\times(n-r)}\tag{2.43}$$

进一步可以推得

$$\boldsymbol{V}_1^{\mathrm{H}}\boldsymbol{A}^{\mathrm{H}}\boldsymbol{A}\boldsymbol{V}_1=\boldsymbol{\Sigma}^2\ ,\ \boldsymbol{V}_2^{\mathrm{H}}\boldsymbol{A}^{\mathrm{H}}\boldsymbol{A}\boldsymbol{V}_2=\boldsymbol{O}_{(n-r)\times(n-r)}\tag{2.44}$$

于是有

$$(\boldsymbol{A}\boldsymbol{V}_1\boldsymbol{\Sigma}^{-1})^{\mathrm{H}}(\boldsymbol{A}\boldsymbol{V}_1\boldsymbol{\Sigma}^{-1})=\boldsymbol{I}_r\ ,\ \boldsymbol{A}\boldsymbol{V}_2=\boldsymbol{O}_{m\times(n-r)}\tag{2.45}$$

若令 $\boldsymbol{U}_1=\boldsymbol{A}\boldsymbol{V}_1\boldsymbol{\Sigma}^{-1}$，则根据式（2.45）可知，矩阵 $\boldsymbol{U}_1$ 中的列向量是酉空间 $\mathbf{C}^m$ 中相互正交的单位向量，将其按列分块表示为 $\boldsymbol{U}_1=[\boldsymbol{u}_1\ \ \boldsymbol{u}_2\ \ \cdots\ \ \boldsymbol{u}_r]$，并扩充 $m-r$ 个列向量 $\boldsymbol{u}_{r+1},\boldsymbol{u}_{r+2},\cdots,\boldsymbol{u}_m$ 构造矩阵 $\boldsymbol{U}_2=[\boldsymbol{u}_{r+1}\ \ \boldsymbol{u}_{r+2}\ \ \cdots\ \ \boldsymbol{u}_m]$，使得 $\boldsymbol{U}=[\boldsymbol{U}_1\ \ \boldsymbol{U}_2]$ 为酉矩阵，于是有

$$\boldsymbol{U}^{\mathrm{H}}\boldsymbol{A}\boldsymbol{V}=\begin{bmatrix}\boldsymbol{U}_1^{\mathrm{H}}\\ \boldsymbol{U}_2^{\mathrm{H}}\end{bmatrix}\cdot[\boldsymbol{A}\boldsymbol{V}_1\ \ \boldsymbol{A}\boldsymbol{V}_2]=\begin{bmatrix}\boldsymbol{U}_1^{\mathrm{H}}\boldsymbol{U}_1\boldsymbol{\Sigma} & \boldsymbol{O}_{r\times(n-r)}\\ \boldsymbol{U}_2^{\mathrm{H}}\boldsymbol{U}_1\boldsymbol{\Sigma} & \boldsymbol{O}_{(m-r)\times(n-r)}\end{bmatrix}=\begin{bmatrix}\boldsymbol{\Sigma} & \boldsymbol{O}_{r\times(n-r)}\\ \boldsymbol{O}_{(m-r)\times r} & \boldsymbol{O}_{(m-r)\times(n-r)}\end{bmatrix}\tag{2.46}$$

命题 2.11 得证。 □

根据命题 2.11 可知，任意矩阵 $\boldsymbol{A}\in\mathbf{C}^{m\times n}$ 都可以分解成如下形式

$$\boldsymbol{A}=\boldsymbol{U}\cdot\begin{bmatrix}\boldsymbol{\Sigma} & \boldsymbol{O}_{r\times(n-r)}\\ \boldsymbol{O}_{(m-r)\times r} & \boldsymbol{O}_{(m-r)\times(n-r)}\end{bmatrix}\cdot\boldsymbol{V}^{\mathrm{H}}\tag{2.47}$$

式中矩阵 $\boldsymbol{U}$，$\boldsymbol{V}$ 和 $\boldsymbol{\Sigma}$ 的含义同命题 2.11。式（2.47）称为矩阵奇异值分解，该分解形式对于

任意矩阵都是存在的。

（三）平方根分解

平方根分解是针对半正定矩阵和正定矩阵而言的一种矩阵分解形式，具体可见下述命题。

命题 2.12：若 $\boldsymbol{A}\in\mathbf{C}^{n\times n}$ 为（半）正定矩阵，则存在（半）正定矩阵 $\boldsymbol{B}\in\mathbf{C}^{n\times n}$ 满足 $\boldsymbol{A}=\boldsymbol{B}^2=\boldsymbol{B}\boldsymbol{B}^{\mathrm{H}}$。

证明：由于 $\boldsymbol{A}$ 为（半）正定矩阵，因此其存在特征分解 $\boldsymbol{A}=\boldsymbol{V}\boldsymbol{\Sigma}\boldsymbol{V}^{\mathrm{H}}$，其中 $\boldsymbol{V}$ 为特征向量矩阵，它是酉矩阵，对角矩阵 $\boldsymbol{\Sigma}$ 的对角元素为矩阵 $\boldsymbol{A}$ 的特征值（均为非负数），现将矩阵 $\boldsymbol{\Sigma}$ 中的正对角元素开根号，零元素保持不变，并将由此得到的矩阵记为 $\boldsymbol{\Sigma}^{1/2}$，然后令 $\boldsymbol{B}=\boldsymbol{V}\boldsymbol{\Sigma}^{1/2}\boldsymbol{V}^{\mathrm{H}}$，则 $\boldsymbol{B}$ 也是（半）正定矩阵，并且满足 $\boldsymbol{A}=\boldsymbol{B}^2=\boldsymbol{B}\boldsymbol{B}^{\mathrm{H}}$。

命题 2.12 得证。 □

本书将命题 2.12 中的矩阵 $\boldsymbol{B}$ 记为 $\boldsymbol{B}=\boldsymbol{A}^{1/2}$（称为矩阵 $\boldsymbol{A}$ 的平方根），若该矩阵可逆，则将其逆矩阵 $\boldsymbol{B}^{-1}$ 记为 $\boldsymbol{B}^{-1}=\boldsymbol{A}^{-1/2}$。

2.1.4 Moore-Penrose 广义逆矩阵和正交投影矩阵

本小节将介绍 Moore-Penrose 广义逆矩阵和正交投影矩阵的相关结论，它们在最小二乘估计理论与方法中发挥着重要作用。

（一）Moore-Penrose 广义逆矩阵

Moore-Penrose 广义逆是一种十分重要的广义逆，通过该矩阵可以构造矩阵列空间或其列补空间上的正交投影矩阵，其基本定义如下。

定义 2.4：设任意矩阵 $\boldsymbol{A}\in\mathbf{C}^{m\times n}$，若矩阵 $\boldsymbol{X}\in\mathbf{C}^{n\times m}$ 满足以下四个矩阵方程

$$\boldsymbol{AXA}=\boldsymbol{A}\ ,\ \boldsymbol{XAX}=\boldsymbol{X}\ ,\ (\boldsymbol{AX})^{\mathrm{H}}=\boldsymbol{AX}\ ,\ (\boldsymbol{XA})^{\mathrm{H}}=\boldsymbol{XA} \tag{2.48}$$

则称 $\boldsymbol{X}$ 是矩阵 $\boldsymbol{A}$ 的 Moore-Penrose 广义逆，并将其记为 $\boldsymbol{X}=\boldsymbol{A}^{\dagger}$。

根据上述定义可知，若 $\boldsymbol{A}$ 是可逆方阵，则有 $\boldsymbol{A}^{\dagger}=\boldsymbol{A}^{-1}$。另一方面，满足式（2.48）的 Moore-Penrose 逆矩阵存在并且唯一，它可以通过矩阵 $\boldsymbol{A}$ 的奇异值分解获得，具体可见下述命题。

命题 2.13：任意矩阵 $\boldsymbol{A}\in\mathbf{C}^{m\times n}$ 的 Moore-Penrose 广义逆存在并且唯一。

证明：首先证明存在性。假设矩阵 $\boldsymbol{A}$ 的秩为 $\mathrm{rank}[\boldsymbol{A}]=r$，若 $r=0$，则 $\boldsymbol{A}$ 是 $m\times n$ 阶零矩阵，此时不难验证 $n\times m$ 阶零矩阵满足式（2.48）。若 $r>0$，则根据式（2.47）可将矩阵 $\boldsymbol{A}$ 进行如下奇异值分解

$$\boldsymbol{A}=\boldsymbol{U}\cdot\begin{bmatrix}\boldsymbol{\Sigma} & \boldsymbol{O}_{r\times(n-r)}\\ \boldsymbol{O}_{(m-r)\times r} & \boldsymbol{O}_{(m-r)\times(n-r)}\end{bmatrix}\cdot\boldsymbol{V}^{\mathrm{H}} \tag{2.49}$$

式中 $\boldsymbol{\Sigma}=\mathrm{diag}[\sigma_1\ \sigma_2\ \cdots\ \sigma_r]$（其中 $\{\sigma_p>0\}_{1\leqslant p\leqslant r}$ 称为奇异值）。若令

$$\boldsymbol{X}=\boldsymbol{V}\cdot\begin{bmatrix}\boldsymbol{\Sigma}^{-1} & \boldsymbol{O}_{r\times(m-r)}\\ \boldsymbol{O}_{(n-r)\times r} & \boldsymbol{O}_{(n-r)\times(m-r)}\end{bmatrix}\cdot\boldsymbol{U}^{\mathrm{H}} \tag{2.50}$$

式中 $\boldsymbol{\Sigma}^{-1}=\mathrm{diag}[\sigma_1^{-1}\ \sigma_2^{-1}\ \cdots\ \sigma_r^{-1}]$，则不难验证矩阵 $\boldsymbol{X}$ 满足式（2.48），因此 $\boldsymbol{A}^{\dagger}$ 是存在的。

接着证明唯一性，假设存在两个矩阵 $\boldsymbol{X}$ 和 $\boldsymbol{Y}$ 均满足式（2.48），则根据 Moore-Penrose 广义逆的定义可知

$$
\begin{aligned}
X &= XAX = X(AX)^{\mathrm{H}} = XX^{\mathrm{H}}A^{\mathrm{H}} = XX^{\mathrm{H}}(AYA)^{\mathrm{H}} \\
&= X(AX)^{\mathrm{H}}(AY)^{\mathrm{H}} = XAXAY = XAY = (XA)^{\mathrm{H}}YAY \\
&= (XA)^{\mathrm{H}}(YA)^{\mathrm{H}}Y = (YA)^{\mathrm{H}}Y = YAY = Y
\end{aligned}
\tag{2.51}
$$

由式（2.51）可知，X 和 Y 是同一个矩阵，因此唯一性得证。

命题 2.13 得证。 □

对于列满秩矩阵和行满秩矩阵而言，Moore-Penrose 逆矩阵具有更加显式的表达式，具体可见下述命题。

命题 2.14：设矩阵 $A \in \mathbf{C}^{m \times n}$，若 A 为列满秩矩阵，则有 $A^{\dagger} = (A^{\mathrm{H}}A)^{-1}A^{\mathrm{H}}$；若 A 为行满秩矩阵，则有 $A^{\dagger} = A^{\mathrm{H}}(AA^{\mathrm{H}})^{-1}$。

证明：若 A 为列满秩矩阵，则 $A^{\mathrm{H}}A$ 是可逆矩阵，现将 $A^{\dagger} = (A^{\mathrm{H}}A)^{-1}A^{\mathrm{H}}$ 代入式（2.48）中的四个等式可得

$$
\begin{cases}
AA^{\dagger}A = A(A^{\mathrm{H}}A)^{-1}A^{\mathrm{H}}A = A \\
A^{\dagger}AA^{\dagger} = (A^{\mathrm{H}}A)^{-1}A^{\mathrm{H}}A(A^{\mathrm{H}}A)^{-1}A^{\mathrm{H}} = (A^{\mathrm{H}}A)^{-1}A^{\mathrm{H}} = A^{\dagger} \\
(AA^{\dagger})^{\mathrm{H}} = (A(A^{\mathrm{H}}A)^{-1}A^{\mathrm{H}})^{\mathrm{H}} = A(A^{\mathrm{H}}A)^{-1}A^{\mathrm{H}} = AA^{\dagger} \\
(A^{\dagger}A)^{\mathrm{H}} = ((A^{\mathrm{H}}A)^{-1}A^{\mathrm{H}}A)^{\mathrm{H}} = I_n^{\mathrm{H}} = I_n = A^{\dagger}A
\end{cases}
\tag{2.52}
$$

由式（2.52）可知，$A^{\dagger} = (A^{\mathrm{H}}A)^{-1}A^{\mathrm{H}}$ 满足 Moore-Penrose 广义逆的四个条件。

若 A 为行满秩矩阵，则 AA^{H} 是可逆矩阵，现将 $A^{\dagger} = A^{\mathrm{H}}(AA^{\mathrm{H}})^{-1}$ 代入式（2.48）中的四个等式可得

$$
\begin{cases}
AA^{\dagger}A = AA^{\mathrm{H}}(AA^{\mathrm{H}})^{-1}A = A \\
A^{\dagger}AA^{\dagger} = A^{\mathrm{H}}(AA^{\mathrm{H}})^{-1}AA^{\mathrm{H}}(AA^{\mathrm{H}})^{-1} = A^{\mathrm{H}}(AA^{\mathrm{H}})^{-1} = A^{\dagger} \\
(AA^{\dagger})^{\mathrm{H}} = (AA^{\mathrm{H}}(AA^{\mathrm{H}})^{-1})^{\mathrm{H}} = I_m^{\mathrm{H}} = I_m = AA^{\dagger} \\
(A^{\dagger}A)^{\mathrm{H}} = (A^{\mathrm{H}}(AA^{\mathrm{H}})^{-1}A)^{\mathrm{H}} = A^{\mathrm{H}}(AA^{\mathrm{H}})^{-1}A = A^{\dagger}A
\end{cases}
\tag{2.53}
$$

由式（2.53）可知，$A^{\dagger} = A^{\mathrm{H}}(AA^{\mathrm{H}})^{-1}$ 满足 Moore-Penrose 广义逆的四个条件。

命题 2.14 得证。 □

（二）正交投影矩阵

正交投影矩阵在矩阵理论中具有十分重要的作用，其基本定义如下。

定义 2.5：设 S 是酉空间 $\mathbf{C}^n$ 中的一个线性子空间，$\mathrm{S}^{\perp}$ 是其正交补空间，则对于任意向量 $x \in \mathbf{C}^{n \times 1}$，若存在某个 $n \times n$ 阶矩阵 P 满足

$$
x = x_1 + x_2 = Px + (I_n - P)x \tag{2.54}
$$

式中 $x_1 = Px \in \mathrm{S}$ 和 $x_2 = (I_n - P)x \in \mathrm{S}^{\perp}$，则称 P 是线性子空间 S 上的正交投影矩阵，$I_n - P$ 是线性子空间 S 的正交补空间 $\mathrm{S}^{\perp}$ 上的正交投影矩阵。若 S 表示矩阵 A 的列空间（即 $\mathrm{S} = \mathrm{range}\{A\}$），则本书将该空间上的正交投影矩阵记为 $\mathbf{\Pi}[A]$，同时将其补空间上的正交投影矩阵记为 $\mathbf{\Pi}^{\perp}[A]$。

下面的命题给出了正交投影矩阵的一个基本性质。

命题 2.15：设 S 是酉空间 $\mathbf{C}^n$ 中的任意线性子空间，则该子空间上的正交投影矩阵 P 是唯一的，并且它是 Hermitian 幂等矩阵，即满足 $P^{\mathrm{H}} = P$ 和 $P^2 = P$。

证明：对于非零任意向量 $\boldsymbol{x}\in\mathbf{C}^{n\times 1}$，根据正交投影矩阵的定义可知

$$0=(\boldsymbol{P}\boldsymbol{x})^{\mathrm{H}}(\boldsymbol{I}_n-\boldsymbol{P})\boldsymbol{x}=\boldsymbol{x}^{\mathrm{H}}(\boldsymbol{P}^{\mathrm{H}}-\boldsymbol{P}^{\mathrm{H}}\boldsymbol{P})\boldsymbol{x} \tag{2.55}$$

由向量 $\boldsymbol{x}$ 的任意性可得

$$\boldsymbol{P}^{\mathrm{H}}-\boldsymbol{P}^{\mathrm{H}}\boldsymbol{P}=\boldsymbol{O}_{n\times n}\Leftrightarrow \boldsymbol{P}^{\mathrm{H}}=\boldsymbol{P}^{\mathrm{H}}\boldsymbol{P}\Rightarrow \boldsymbol{P}=\boldsymbol{P}^{\mathrm{H}}=\boldsymbol{P}^2 \tag{2.56}$$

由式（2.56）可知，$\boldsymbol{P}$ 是 Hermitian 幂等矩阵。

接着证明唯一性，假设存在子空间 S 上的另一个正交投影矩阵 $\boldsymbol{Q}$（它也是 Hermitian 幂等矩阵），则对于任意向量 $\boldsymbol{x}\in\mathbf{C}^{n\times 1}$ 满足

$$\|(\boldsymbol{P}-\boldsymbol{Q})\boldsymbol{x}\|_2^2=\boldsymbol{x}^{\mathrm{H}}(\boldsymbol{P}-\boldsymbol{Q})(\boldsymbol{P}-\boldsymbol{Q})\boldsymbol{x}=(\boldsymbol{P}\boldsymbol{x})^{\mathrm{H}}(\boldsymbol{I}_n-\boldsymbol{Q})\boldsymbol{x}+(\boldsymbol{Q}\boldsymbol{x})^{\mathrm{H}}(\boldsymbol{I}_n-\boldsymbol{P})\boldsymbol{x}=0 \tag{2.57}$$

而由向量 $\boldsymbol{x}$ 的任意性可知 $\boldsymbol{P}=\boldsymbol{Q}$，由此可以证得唯一性。

命题 2.15 得证。 □

根据命题 2.15 可以得到如下推论。

推论 2.5：任意正交投影矩阵都是半正定矩阵。

证明：设 $\boldsymbol{P}$ 为某个正交投影矩阵，根据命题 2.15 可将其表示为 $\boldsymbol{P}=\boldsymbol{P}\boldsymbol{P}=\boldsymbol{P}^{\mathrm{H}}\boldsymbol{P}$，再利用推论 2.3 可知，$\boldsymbol{P}$ 是半正定矩阵。

推论 2.5 得证。 □

正交投影矩阵可以利用 Moore-Penrose 逆矩阵来表示，具体可见下述命题。

命题 2.16：设任意矩阵 $\boldsymbol{A}\in\mathbf{C}^{m\times n}$，则其列空间和列补空间上的正交投影矩阵可以分别表示为

$$\boldsymbol{\Pi}[\boldsymbol{A}]=\boldsymbol{A}\boldsymbol{A}^{\dagger}\ ,\ \boldsymbol{\Pi}^{\perp}[\boldsymbol{A}]=\boldsymbol{I}_m-\boldsymbol{A}\boldsymbol{A}^{\dagger} \tag{2.58}$$

证明：对于任意向量 $\boldsymbol{x}\in\mathbf{C}^{m\times 1}$ 都可以进行如下分解

$$\boldsymbol{x}=\boldsymbol{x}_1+\boldsymbol{x}_2=\boldsymbol{A}\boldsymbol{A}^{\dagger}\boldsymbol{x}+(\boldsymbol{I}_m-\boldsymbol{A}\boldsymbol{A}^{\dagger})\boldsymbol{x}=\boldsymbol{\Pi}[\boldsymbol{A}]\cdot\boldsymbol{x}+\boldsymbol{\Pi}^{\perp}[\boldsymbol{A}]\cdot\boldsymbol{x} \tag{2.59}$$

式中 $\boldsymbol{x}_1=\boldsymbol{\Pi}[\boldsymbol{A}]\cdot\boldsymbol{x}$ 和 $\boldsymbol{x}_2=\boldsymbol{\Pi}^{\perp}[\boldsymbol{A}]\cdot\boldsymbol{x}$。下面仅需要证明 $\boldsymbol{x}_1\in\mathrm{range}\{\boldsymbol{A}\}$ 和 $\boldsymbol{x}_2\in\mathrm{range}^{\perp}\{\boldsymbol{A}\}$。根据式（2.58）可知

$$\boldsymbol{x}_1=\boldsymbol{\Pi}[\boldsymbol{A}]\cdot\boldsymbol{x}=\boldsymbol{A}(\boldsymbol{A}^{\dagger}\boldsymbol{x})=\boldsymbol{A}\boldsymbol{y}\in\mathrm{range}\{\boldsymbol{A}\} \tag{2.60}$$

式中 $\boldsymbol{y}=\boldsymbol{A}^{\dagger}\boldsymbol{x}$。另一方面，对于任意 $\boldsymbol{z}\in\mathrm{range}\{\boldsymbol{A}\}$，存在向量 $\boldsymbol{u}\in\mathbf{C}^{n\times 1}$ 满足 $\boldsymbol{z}=\boldsymbol{A}\boldsymbol{u}$，利用 Moore-Penrose 逆矩阵的性质可得

$$\begin{aligned}\boldsymbol{x}_2^{\mathrm{H}}\boldsymbol{z}&=\boldsymbol{x}^{\mathrm{H}}(\boldsymbol{\Pi}^{\perp}[\boldsymbol{A}])^{\mathrm{H}}\boldsymbol{A}\boldsymbol{u}=\boldsymbol{x}^{\mathrm{H}}(\boldsymbol{I}_m-\boldsymbol{A}\boldsymbol{A}^{\dagger})^{\mathrm{H}}\boldsymbol{A}\boldsymbol{u}\\&=\boldsymbol{x}^{\mathrm{H}}(\boldsymbol{A}-\boldsymbol{A}\boldsymbol{A}^{\dagger}\boldsymbol{A})\boldsymbol{u}=\boldsymbol{x}^{\mathrm{H}}(\boldsymbol{A}-\boldsymbol{A})\boldsymbol{u}=0\\&\Rightarrow \boldsymbol{x}_2\in\mathrm{range}^{\perp}\{\boldsymbol{A}\}\end{aligned} \tag{2.61}$$

命题 2.16 得证。 □

根据命题 2.16 可以得到如下五个推论。

推论 2.6：设 $\boldsymbol{A}\in\mathbf{C}^{m\times n}$ 为列满秩矩阵，其列空间和列补空间上的正交投影矩阵可以分别表示为

$$\boldsymbol{\Pi}[\boldsymbol{A}]=\boldsymbol{A}(\boldsymbol{A}^{\mathrm{H}}\boldsymbol{A})^{-1}\boldsymbol{A}^{\mathrm{H}}\ ,\ \boldsymbol{\Pi}^{\perp}[\boldsymbol{A}]=\boldsymbol{I}_m-\boldsymbol{A}(\boldsymbol{A}^{\mathrm{H}}\boldsymbol{A})^{-1}\boldsymbol{A}^{\mathrm{H}} \tag{2.62}$$

推论 2.6 可以直接由命题 2.14 和命题 2.16 证得，限于篇幅这里不再阐述。

推论 2.7：设任意矩阵 $\boldsymbol{A}\in\mathbf{C}^{m\times n}$，并令 $\boldsymbol{B}\in\mathbf{C}^{n\times n}$ 是正定矩阵，若记 $\boldsymbol{C}=\boldsymbol{A}\boldsymbol{B}\boldsymbol{A}^{\mathrm{H}}$，则有

$$\mathbf{\Pi}[\boldsymbol{C}]=\boldsymbol{C}\boldsymbol{C}^{\dagger}=\boldsymbol{A}\boldsymbol{A}^{\dagger}=\mathbf{\Pi}[\boldsymbol{A}] \tag{2.63}$$

证明： 由于 $\boldsymbol{B}$ 是正定矩阵，因此其平方根 $\boldsymbol{B}^{1/2}$ 也是正定矩阵，于是有

$$\text{range}\{\boldsymbol{A}\}=\text{range}\{\boldsymbol{A}\boldsymbol{B}^{1/2}\} \tag{2.64}$$

另一方面，根据矩阵 $\boldsymbol{C}$ 的表达式可知

$$\text{range}\{\boldsymbol{C}\}\subseteq\text{range}\{\boldsymbol{A}\} \tag{2.65}$$

又因为

$$\text{rank}[\boldsymbol{C}]=\text{rank}[\boldsymbol{A}\boldsymbol{B}^{1/2}(\boldsymbol{A}\boldsymbol{B}^{1/2})^{\mathrm{H}}]=\text{rank}[\boldsymbol{A}\boldsymbol{B}^{1/2}] \tag{2.66}$$

结合式（2.64）至式（2.66）可得 $\text{range}\{\boldsymbol{C}\}=\text{range}\{\boldsymbol{A}\}$，再根据正交投影矩阵的唯一性可知式（2.63）成立。

推论 2.7 得证。 □

推论 2.8： 设任意矩阵 $\boldsymbol{A}\in\mathbf{C}^{m\times n}$ 和向量 $\boldsymbol{a}\in\mathbf{C}^{m\times 1}$，则矩阵 $\boldsymbol{B}=[\boldsymbol{A}\ \vdots\ \boldsymbol{a}]$ 和 $\overline{\boldsymbol{B}}=[\boldsymbol{A}\ \vdots\ \mathbf{\Pi}^{\perp}[\boldsymbol{A}]\cdot\boldsymbol{a}]$ 具有相同的列空间，即有

$$\text{range}\{\boldsymbol{B}\}=\text{range}\{\overline{\boldsymbol{B}}\} \tag{2.67}$$

证明： 由于

$$\boldsymbol{a}=\mathbf{\Pi}^{\perp}[\boldsymbol{A}]\cdot\boldsymbol{a}+\mathbf{\Pi}[\boldsymbol{A}]\cdot\boldsymbol{a}=\mathbf{\Pi}^{\perp}[\boldsymbol{A}]\cdot\boldsymbol{a}+\boldsymbol{A}\boldsymbol{A}^{\dagger}\boldsymbol{a}\in\text{range}\{\overline{\boldsymbol{B}}\} \tag{2.68}$$

于是有

$$\text{range}\{\boldsymbol{B}\}\subseteq\text{range}\{\overline{\boldsymbol{B}}\} \tag{2.69}$$

另一方面

$$\mathbf{\Pi}^{\perp}[\boldsymbol{A}]\cdot\boldsymbol{a}=\boldsymbol{a}-\boldsymbol{A}(\boldsymbol{A}^{\dagger}\boldsymbol{a})\in\text{range}\{\boldsymbol{B}\} \tag{2.70}$$

于是有

$$\text{range}\{\overline{\boldsymbol{B}}\}\subseteq\text{range}\{\boldsymbol{B}\} \tag{2.71}$$

结合式（2.69）和式（2.71）可知式（2.67）成立。

推论 2.8 得证。 □

推论 2.9： 设列满秩矩阵 $\boldsymbol{A}\in\mathbf{C}^{m\times n}$ 和向量 $\boldsymbol{a}\in\mathbf{C}^{m\times 1}$，并记矩阵 $\boldsymbol{B}=[\boldsymbol{A}\ \vdots\ \boldsymbol{a}]$，则下面的等式成立

$$\mathbf{\Pi}^{\perp}[\boldsymbol{B}]=\mathbf{\Pi}^{\perp}[\boldsymbol{A}]-\frac{\mathbf{\Pi}^{\perp}[\boldsymbol{A}]\cdot\boldsymbol{a}\boldsymbol{a}^{\mathrm{H}}\cdot\mathbf{\Pi}^{\perp}[\boldsymbol{A}]}{\boldsymbol{a}^{\mathrm{H}}\cdot\mathbf{\Pi}^{\perp}[\boldsymbol{A}]\cdot\boldsymbol{a}} \tag{2.72}$$

证明： 根据推论 2.8 可知，矩阵 $\boldsymbol{B}=[\boldsymbol{A}\ \vdots\ \boldsymbol{a}]$ 和 $\overline{\boldsymbol{B}}=[\boldsymbol{A}\ \vdots\ \mathbf{\Pi}^{\perp}[\boldsymbol{A}]\cdot\boldsymbol{a}]$ 具有相同的列空间，并且矩阵 $\overline{\boldsymbol{B}}$ 是列满秩的，于是利用正交投影矩阵的唯一性可得

$$\begin{aligned}
\mathbf{\Pi}^{\perp}[\boldsymbol{B}]&=\mathbf{\Pi}^{\perp}[\overline{\boldsymbol{B}}]=\boldsymbol{I}_m-\overline{\boldsymbol{B}}(\overline{\boldsymbol{B}}^{\mathrm{H}}\overline{\boldsymbol{B}})^{-1}\overline{\boldsymbol{B}}^{\mathrm{H}}\\
&=\boldsymbol{I}_m-[\boldsymbol{A}\ \vdots\ \mathbf{\Pi}^{\perp}[\boldsymbol{A}]\cdot\boldsymbol{a}]\cdot\begin{bmatrix}\boldsymbol{A}^{\mathrm{H}}\boldsymbol{A} & \boldsymbol{O}_{n\times 1}\\ \boldsymbol{O}_{1\times n} & \boldsymbol{a}^{\mathrm{H}}\cdot\mathbf{\Pi}^{\perp}[\boldsymbol{A}]\cdot\boldsymbol{a}\end{bmatrix}^{-1}\cdot\begin{bmatrix}\boldsymbol{A}^{\mathrm{H}}\\ \boldsymbol{a}^{\mathrm{H}}\cdot\mathbf{\Pi}^{\perp}[\boldsymbol{A}]\end{bmatrix}\\
&=\boldsymbol{I}_m-\boldsymbol{A}(\boldsymbol{A}^{\mathrm{H}}\boldsymbol{A})^{-1}\boldsymbol{A}^{\mathrm{H}}-\frac{\mathbf{\Pi}^{\perp}[\boldsymbol{A}]\cdot\boldsymbol{a}\boldsymbol{a}^{\mathrm{H}}\cdot\mathbf{\Pi}^{\perp}[\boldsymbol{A}]}{\boldsymbol{a}^{\mathrm{H}}\cdot\mathbf{\Pi}^{\perp}[\boldsymbol{A}]\cdot\boldsymbol{a}}\\
&=\mathbf{\Pi}^{\perp}[\boldsymbol{A}]-\frac{\mathbf{\Pi}^{\perp}[\boldsymbol{A}]\cdot\boldsymbol{a}\boldsymbol{a}^{\mathrm{H}}\cdot\mathbf{\Pi}^{\perp}[\boldsymbol{A}]}{\boldsymbol{a}^{\mathrm{H}}\cdot\mathbf{\Pi}^{\perp}[\boldsymbol{A}]\cdot\boldsymbol{a}}
\end{aligned} \tag{2.73}$$

推论 2.9 得证。 □

推论 2.10：设列满秩矩阵 $\boldsymbol{A}\in\mathbf{C}^{m\times n}$ 和向量 $\boldsymbol{a}\in\mathbf{C}^{m\times 1}$，并记矩阵 $\boldsymbol{B}=[\boldsymbol{A}\mid\boldsymbol{a}]$，则下面的等式成立

$$\boldsymbol{\Pi}[\boldsymbol{B}]=\boldsymbol{\Pi}[\boldsymbol{A}]+\frac{\boldsymbol{\Pi}^{\perp}[\boldsymbol{A}]\cdot\boldsymbol{a}\boldsymbol{a}^{\mathrm{H}}\cdot\boldsymbol{\Pi}^{\perp}[\boldsymbol{A}]}{\boldsymbol{a}^{\mathrm{H}}\cdot\boldsymbol{\Pi}^{\perp}[\boldsymbol{A}]\cdot\boldsymbol{a}} \tag{2.74}$$

推论 2.10 可以直接由推论 2.9 证得，限于篇幅这里不再阐述。

2.1.5 矩阵 Hadamard 积和 Kronecker 积

（一）矩阵 Hadamard 积

矩阵的 Hadamard 积也称为 Schur 积，它是指两个矩阵的对应元素相乘。若设任意矩阵 $\boldsymbol{A}\in\mathbf{C}^{m\times n}$ 和 $\boldsymbol{B}\in\mathbf{C}^{m\times n}$，则 $\boldsymbol{A}$ 和 $\boldsymbol{B}$ 的 Hadamard 积记为 $\boldsymbol{A}\bullet\boldsymbol{B}$，并且该矩阵中的元素可以表示为

$$<\boldsymbol{A}\bullet\boldsymbol{B}>_{ij}=<\boldsymbol{A}>_{ij}\cdot<\boldsymbol{B}>_{ij}\quad(1\leqslant i\leqslant m\;;\;1\leqslant j\leqslant n) \tag{2.75}$$

既然 Hadamard 积表示矩阵对应元素相乘，因此它具备两数相乘的所有性质，下面列举出 Hadamard 积的一些基本性质。

（1）若矩阵 $\boldsymbol{A},\boldsymbol{B}\in\mathbf{C}^{m\times n}$，则有

$$\boldsymbol{A}\bullet\boldsymbol{B}=\boldsymbol{B}\bullet\boldsymbol{A}\;,\;(\boldsymbol{A}\bullet\boldsymbol{B})^{\mathrm{T}}=\boldsymbol{A}^{\mathrm{T}}\bullet\boldsymbol{B}^{\mathrm{T}}\;,\;(\boldsymbol{A}\bullet\boldsymbol{B})^{\mathrm{H}}=\boldsymbol{A}^{\mathrm{H}}\bullet\boldsymbol{B}^{\mathrm{H}} \tag{2.76}$$

（2）若矩阵 $\boldsymbol{A},\boldsymbol{B},\boldsymbol{C},\boldsymbol{D}\in\mathbf{C}^{m\times n}$，则有

$$\begin{cases}\boldsymbol{A}\bullet(\boldsymbol{B}\bullet\boldsymbol{C})=(\boldsymbol{A}\bullet\boldsymbol{B})\bullet\boldsymbol{C}=\boldsymbol{A}\bullet\boldsymbol{B}\bullet\boldsymbol{C}\\(\boldsymbol{A}\pm\boldsymbol{B})\bullet\boldsymbol{C}=(\boldsymbol{A}\bullet\boldsymbol{C})\pm(\boldsymbol{B}\bullet\boldsymbol{C})\\(\boldsymbol{A}+\boldsymbol{B})\bullet(\boldsymbol{C}+\boldsymbol{D})=\boldsymbol{A}\bullet\boldsymbol{C}+\boldsymbol{A}\bullet\boldsymbol{D}+\boldsymbol{B}\bullet\boldsymbol{C}+\boldsymbol{B}\bullet\boldsymbol{D}\end{cases} \tag{2.77}$$

下面的命题给出了矩阵 Hadamard 积的一个重要性质。

命题 2.17：设 $\boldsymbol{A},\boldsymbol{B}\in\mathbf{C}^{n\times n}$ 均为（半）正定矩阵，则 $\boldsymbol{A}\bullet\boldsymbol{B}$ 也是（半）正定矩阵。

证明：首先假设 $\boldsymbol{A}$ 和 $\boldsymbol{B}$ 均为半正定矩阵，并将它们的秩分别设为 $\mathrm{rank}[\boldsymbol{A}]=r$ 和 $\mathrm{rank}[\boldsymbol{B}]=s$，则可将矩阵 $\boldsymbol{A}$ 和 $\boldsymbol{B}$ 分别表示成如下秩 1 分解的形式

$$\begin{cases}\boldsymbol{A}=\boldsymbol{u}_1\boldsymbol{u}_1^{\mathrm{H}}+\boldsymbol{u}_2\boldsymbol{u}_2^{\mathrm{H}}+\cdots+\boldsymbol{u}_r\boldsymbol{u}_r^{\mathrm{H}}\\\boldsymbol{B}=\boldsymbol{v}_1\boldsymbol{v}_1^{\mathrm{H}}+\boldsymbol{v}_2\boldsymbol{v}_2^{\mathrm{H}}+\cdots+\boldsymbol{v}_s\boldsymbol{v}_s^{\mathrm{H}}\end{cases} \tag{2.78}$$

进一步可得

$$\boldsymbol{A}\bullet\boldsymbol{B}=\sum_{p=1}^{r}\sum_{q=1}^{s}(\boldsymbol{u}_p\boldsymbol{u}_p^{\mathrm{H}})\bullet(\boldsymbol{v}_q\boldsymbol{v}_q^{\mathrm{H}})=\sum_{p=1}^{r}\sum_{q=1}^{s}(\boldsymbol{u}_p\bullet\boldsymbol{v}_q)(\boldsymbol{u}_p\bullet\boldsymbol{v}_q)^{\mathrm{H}}=\sum_{p=1}^{r}\sum_{q=1}^{s}\boldsymbol{w}_{pq}\boldsymbol{w}_{pq}^{\mathrm{H}} \tag{2.79}$$

式中 $\boldsymbol{w}_{pq}=\boldsymbol{u}_p\bullet\boldsymbol{v}_q$。式(2.79)表明，矩阵 $\boldsymbol{A}\bullet\boldsymbol{B}$ 是若干个秩 1 半正定矩阵 $\boldsymbol{w}_{pq}\boldsymbol{w}_{pq}^{\mathrm{H}}$ 之和，因此 $\boldsymbol{A}\bullet\boldsymbol{B}$ 是半正定矩阵。

再假设 $\boldsymbol{A}$ 和 $\boldsymbol{B}$ 均为正定矩阵，此时有 $\mathrm{rank}[\boldsymbol{A}]=\mathrm{rank}[\boldsymbol{B}]=n$，于是矩阵 $\boldsymbol{A}$ 和 $\boldsymbol{B}$ 的秩 1 分解形式为

$$\begin{cases}\boldsymbol{A}=\boldsymbol{u}_1\boldsymbol{u}_1^{\mathrm{H}}+\boldsymbol{u}_2\boldsymbol{u}_2^{\mathrm{H}}+\cdots+\boldsymbol{u}_n\boldsymbol{u}_n^{\mathrm{H}}\\\boldsymbol{B}=\boldsymbol{v}_1\boldsymbol{v}_1^{\mathrm{H}}+\boldsymbol{v}_2\boldsymbol{v}_2^{\mathrm{H}}+\cdots+\boldsymbol{v}_n\boldsymbol{v}_n^{\mathrm{H}}\end{cases} \tag{2.80}$$

式中 $\{\boldsymbol{u}_p\}_{1\leqslant p\leqslant n}$ 和 $\{\boldsymbol{v}_q\}_{1\leqslant q\leqslant n}$ 都是酉空间 $\mathbf{C}^n$ 中的正交基，下面采用反证法进行证明。若 $\boldsymbol{A}\bullet\boldsymbol{B}$ 不是正定矩阵，则 $\boldsymbol{A}\bullet\boldsymbol{B}$ 一定是奇异矩阵，于是存在某个 n 维非零向量 $\boldsymbol{x}$ 满足

$$(\boldsymbol{A}\bullet\boldsymbol{B})\boldsymbol{x}=\boldsymbol{O}_{n\times1}\Rightarrow\boldsymbol{x}^{\mathrm{H}}(\boldsymbol{A}\bullet\boldsymbol{B})\boldsymbol{x}=0 \tag{2.81}$$

将式（2.79）代入式（2.81）中可得

$$\boldsymbol{x}^{\mathrm{H}}(\boldsymbol{A}\bullet\boldsymbol{B})\boldsymbol{x}=\sum_{p=1}^{n}\sum_{q=1}^{n}\boldsymbol{x}^{\mathrm{H}}\boldsymbol{w}_{pq}\boldsymbol{w}_{pq}^{\mathrm{H}}\boldsymbol{x}=\sum_{p=1}^{n}\sum_{q=1}^{n}|\boldsymbol{x}^{\mathrm{H}}\boldsymbol{w}_{pq}|^2=0 \tag{2.82}$$

由式（2.82）可知

$$0=|\boldsymbol{x}^{\mathrm{H}}\boldsymbol{w}_{pq}|^2=|\boldsymbol{x}^{\mathrm{H}}(\boldsymbol{u}_p\bullet\boldsymbol{v}_q)|^2=|(\boldsymbol{x}\bullet\boldsymbol{u}_p^*)^{\mathrm{H}}\boldsymbol{v}_q|^2\quad(1\leqslant p,q\leqslant n) \tag{2.83}$$

由于 $\{\boldsymbol{v}_q\}_{1\leqslant q\leqslant n}$ 是酉空间 $\mathbf{C}^n$ 中的正交基，于是有

$$\boldsymbol{x}\bullet\boldsymbol{u}_p^*=\boldsymbol{O}_{n\times1}\quad(1\leqslant p\leqslant n) \tag{2.84}$$

又因为 $\{\boldsymbol{u}_p\}_{1\leqslant p\leqslant n}$ 也是酉空间 $\mathbf{C}^n$ 中的正交基，由式（2.84）易知 $\boldsymbol{x}$ 为零向量，这与其为非零向量相矛盾，所以 $\boldsymbol{A}\bullet\boldsymbol{B}$ 一定是正定矩阵。

命题 2.17 得证。 □

根据命题 2.17 可以得到如下推论。

推论 2.11：设 $\boldsymbol{A}\in\mathbf{C}^{m\times m}$ 为半正定矩阵，$\boldsymbol{C}\in\mathbf{C}^{m\times m}$ 是正定矩阵，而且矩阵 $\mathrm{Re}\{\boldsymbol{A}\bullet\boldsymbol{C}\}$ 可逆，再设 $\boldsymbol{B}\in\mathbf{C}^{m\times m}$ 为任意 Hermitian 矩阵，并且矩阵 $\mathrm{Re}\{\boldsymbol{A}\bullet\boldsymbol{B}\}$ 可逆，则有

$$(\mathrm{Re}\{\boldsymbol{A}\bullet\boldsymbol{B}\})^{-1}\cdot\mathrm{Re}\{\boldsymbol{A}\bullet\boldsymbol{C}\}\cdot(\mathrm{Re}\{\boldsymbol{A}\bullet\boldsymbol{B}\})^{-1}\geqslant(\mathrm{Re}\{\boldsymbol{A}\bullet(\boldsymbol{B}\boldsymbol{C}^{-1}\boldsymbol{B})\})^{-1} \tag{2.85}$$

证明：利用命题 2.7 可知，式（2.85）等价于证明

$$\mathrm{Re}\{\boldsymbol{A}\bullet(\boldsymbol{B}\boldsymbol{C}^{-1}\boldsymbol{B})\}\geqslant\mathrm{Re}\{\boldsymbol{A}\bullet\boldsymbol{B}\}\cdot(\mathrm{Re}\{\boldsymbol{A}\bullet\boldsymbol{C}\})^{-1}\cdot\mathrm{Re}\{\boldsymbol{A}\bullet\boldsymbol{B}\} \tag{2.86}$$

根据命题 2.5 可知，下面仅需要证明

$$\mathrm{Re}\left\{\left[\begin{array}{c:c}\boldsymbol{A}\bullet(\boldsymbol{B}\boldsymbol{C}^{-1}\boldsymbol{B}) & \boldsymbol{A}\bullet\boldsymbol{B}\\ \hdashline \boldsymbol{A}\bullet\boldsymbol{B} & \boldsymbol{A}\bullet\boldsymbol{C}\end{array}\right]\right\}=\mathrm{Re}\left\{\left[\begin{array}{c:c}\boldsymbol{A} & \boldsymbol{A}\\ \hdashline \boldsymbol{A} & \boldsymbol{A}\end{array}\right]\bullet\left[\begin{array}{c:c}\boldsymbol{B}\boldsymbol{C}^{-1}\boldsymbol{B} & \boldsymbol{B}\\ \hdashline \boldsymbol{B} & \boldsymbol{C}\end{array}\right]\right\}\geqslant\boldsymbol{O} \tag{2.87}$$

又由于

$$\left[\begin{array}{c:c}\boldsymbol{A} & \boldsymbol{A}\\ \hdashline \boldsymbol{A} & \boldsymbol{A}\end{array}\right]=\begin{bmatrix}\boldsymbol{I}_m\\ \boldsymbol{I}_m\end{bmatrix}\cdot\boldsymbol{A}\cdot[\boldsymbol{I}_m\ \ \boldsymbol{I}_m]\geqslant\boldsymbol{O}\ ,\ \left[\begin{array}{c:c}\boldsymbol{B}\boldsymbol{C}^{-1}\boldsymbol{B} & \boldsymbol{B}\\ \hdashline \boldsymbol{B} & \boldsymbol{C}\end{array}\right]=\begin{bmatrix}\boldsymbol{B}\boldsymbol{C}^{-1}\\ \boldsymbol{I}_m\end{bmatrix}\cdot\boldsymbol{C}\cdot[\boldsymbol{C}^{-1}\boldsymbol{B}\ \ \boldsymbol{I}_m]\geqslant\boldsymbol{O} \tag{2.88}$$

于是根据命题 2.6 和命题 2.17 可得

$$\left[\begin{array}{c:c}\boldsymbol{A} & \boldsymbol{A}\\ \hdashline \boldsymbol{A} & \boldsymbol{A}\end{array}\right]\bullet\left[\begin{array}{c:c}\boldsymbol{B}\boldsymbol{C}^{-1}\boldsymbol{B} & \boldsymbol{B}\\ \hdashline \boldsymbol{B} & \boldsymbol{C}\end{array}\right]\geqslant\boldsymbol{O}\Rightarrow\mathrm{Re}\left\{\left[\begin{array}{c:c}\boldsymbol{A} & \boldsymbol{A}\\ \hdashline \boldsymbol{A} & \boldsymbol{A}\end{array}\right]\bullet\left[\begin{array}{c:c}\boldsymbol{B}\boldsymbol{C}^{-1}\boldsymbol{B} & \boldsymbol{B}\\ \hdashline \boldsymbol{B} & \boldsymbol{C}\end{array}\right]\right\}\geqslant\boldsymbol{O} \tag{2.89}$$

推论 2.11 得证。 □

（二）矩阵 Kronecker 积

矩阵的 Kronecker 积也称为直积。设任意矩阵 $\boldsymbol{A}\in\mathbf{C}^{m\times n}$ 和 $\boldsymbol{B}\in\mathbf{C}^{p\times q}$，则它们的 Kronecker 积可以表示为

$$
\boldsymbol{A}\otimes\boldsymbol{B}=\begin{bmatrix} <\boldsymbol{A}>_{11}\cdot\boldsymbol{B} & <\boldsymbol{A}>_{12}\cdot\boldsymbol{B} & \cdots & <\boldsymbol{A}>_{1n}\cdot\boldsymbol{B} \\ <\boldsymbol{A}>_{21}\cdot\boldsymbol{B} & <\boldsymbol{A}>_{22}\cdot\boldsymbol{B} & \cdots & <\boldsymbol{A}>_{2n}\cdot\boldsymbol{B} \\ \vdots & \vdots & \ddots & \vdots \\ <\boldsymbol{A}>_{m1}\cdot\boldsymbol{B} & <\boldsymbol{A}>_{m2}\cdot\boldsymbol{B} & \cdots & <\boldsymbol{A}>_{mn}\cdot\boldsymbol{B} \end{bmatrix}\in\mathbf{C}^{mp\times nq} \tag{2.90}
$$

根据式（2.90）不难看出，Kronecker 积并没有交换律，即 $\boldsymbol{A}\otimes\boldsymbol{B}\neq\boldsymbol{B}\otimes\boldsymbol{A}$。尽管如此，Kronecker 积还是有很多性质，下面列举出 Kronecker 积的一些基本性质。

（1）$(\boldsymbol{A}\otimes\boldsymbol{B})\otimes\boldsymbol{C}=\boldsymbol{A}\otimes(\boldsymbol{B}\otimes\boldsymbol{C})$。

（2）$(\boldsymbol{A}\otimes\boldsymbol{C})(\boldsymbol{B}\otimes\boldsymbol{D})=(\boldsymbol{AB})\otimes(\boldsymbol{CD})$。

（3）$(\boldsymbol{A}\otimes\boldsymbol{B})^{\mathrm{T}}=\boldsymbol{A}^{\mathrm{T}}\otimes\boldsymbol{B}^{\mathrm{T}}$，$(\boldsymbol{A}\otimes\boldsymbol{B})^{\mathrm{H}}=\boldsymbol{A}^{\mathrm{H}}\otimes\boldsymbol{B}^{\mathrm{H}}$。

（4）$(\boldsymbol{A}\otimes\boldsymbol{B})^{\dagger}=\boldsymbol{A}^{\dagger}\otimes\boldsymbol{B}^{\dagger}$。

（5）$\mathrm{tr}(\boldsymbol{A}\otimes\boldsymbol{B})=\mathrm{tr}(\boldsymbol{A})\cdot\mathrm{tr}(\boldsymbol{B})$。

（6）$\mathrm{rank}[\boldsymbol{A}\otimes\boldsymbol{B}]=\mathrm{rank}[\boldsymbol{A}]\cdot\mathrm{rank}[\boldsymbol{B}]$。

根据 Kronecker 积的上述性质，可以得到如下一个重要结论。

命题 2.18：设任意矩阵 $\boldsymbol{A},\boldsymbol{B}\in\mathbf{C}^{m\times n}$，则下面的等式成立

$$
\boldsymbol{\Pi}^{\perp}[\boldsymbol{A}\otimes\boldsymbol{B}]=\boldsymbol{\Pi}^{\perp}[\boldsymbol{A}]\otimes\boldsymbol{I}_m+\boldsymbol{I}_m\otimes\boldsymbol{\Pi}^{\perp}[\boldsymbol{B}]-\boldsymbol{\Pi}^{\perp}[\boldsymbol{A}]\otimes\boldsymbol{\Pi}^{\perp}[\boldsymbol{B}] \tag{2.91}
$$

证明：根据命题 2.16 和 Kronecker 积的性质可得

$$
\begin{aligned}
\boldsymbol{\Pi}^{\perp}[\boldsymbol{A}\otimes\boldsymbol{B}]&=\boldsymbol{I}_{m^2}-(\boldsymbol{A}\otimes\boldsymbol{B})(\boldsymbol{A}\otimes\boldsymbol{B})^{\dagger}=\boldsymbol{I}_{m^2}-(\boldsymbol{A}\otimes\boldsymbol{B})(\boldsymbol{A}^{\dagger}\otimes\boldsymbol{B}^{\dagger})\\
&=\boldsymbol{I}_{m^2}-(\boldsymbol{AA}^{\dagger})\otimes(\boldsymbol{BB}^{\dagger})=\boldsymbol{I}_{m^2}-\boldsymbol{\Pi}[\boldsymbol{A}]\otimes\boldsymbol{\Pi}[\boldsymbol{B}]\\
&=\boldsymbol{I}_{m^2}-(\boldsymbol{I}_m-\boldsymbol{\Pi}^{\perp}[\boldsymbol{A}])\otimes(\boldsymbol{I}_m-\boldsymbol{\Pi}^{\perp}[\boldsymbol{B}])\\
&=\boldsymbol{\Pi}^{\perp}[\boldsymbol{A}]\otimes\boldsymbol{I}_m+\boldsymbol{I}_m\otimes\boldsymbol{\Pi}^{\perp}[\boldsymbol{B}]-\boldsymbol{\Pi}^{\perp}[\boldsymbol{A}]\otimes\boldsymbol{\Pi}^{\perp}[\boldsymbol{B}]
\end{aligned} \tag{2.92}
$$

命题 2.18 得证。 □

为了给出 Kronecker 积的其它重要性质，下面引出矩阵向量化的概念。

定义 2.6：设任意矩阵 $\boldsymbol{A}=<a_{ij}>_{m\times n}$，则其向量化函数定义为

$$
\mathrm{vec}(\boldsymbol{A})=[a_{11}\ a_{21}\ \cdots\ a_{m1}\ \vdots\ a_{12}\ a_{22}\ \cdots\ a_{m2}\ \vdots\ \cdots\cdots\ \vdots\ a_{1n}\ a_{2n}\ \cdots\ a_{mn}]^{\mathrm{T}}\in\mathbf{C}^{mn\times 1} \tag{2.93}
$$

根据上述定义可知，矩阵向量化是将矩阵按照字典顺序排列成列向量。根据该定义可以得到如下等式

$$
\begin{cases}\mathrm{vec}(\boldsymbol{ab}^{\mathrm{T}})=\boldsymbol{b}\otimes\boldsymbol{a}\ ,\ \mathrm{vec}(\boldsymbol{ab}^{\mathrm{H}})=\boldsymbol{b}^{*}\otimes\boldsymbol{a}\\ \mathrm{tr}(\boldsymbol{AB})=(\mathrm{vec}(\boldsymbol{A}^{\mathrm{H}}))^{\mathrm{H}}\cdot\mathrm{vec}(\boldsymbol{B})=(\mathrm{vec}(\boldsymbol{A}^{\mathrm{T}}))^{\mathrm{T}}\cdot\mathrm{vec}(\boldsymbol{B})\end{cases} \tag{2.94}
$$

利用矩阵的向量化函数可以得到 Kronecker 积的一个重要性质，具体可见下述命题。

命题 2.19：设任意矩阵 $\boldsymbol{A}\in\mathbf{C}^{m\times r}$，$\boldsymbol{B}\in\mathbf{C}^{r\times s}$ 和 $\boldsymbol{C}\in\mathbf{C}^{s\times n}$，则有 $\mathrm{vec}(\boldsymbol{ABC})=(\boldsymbol{C}^{\mathrm{T}}\otimes\boldsymbol{A})\cdot\mathrm{vec}(\boldsymbol{B})$。

证明：首先将矩阵 $\boldsymbol{B}$ 按列分块表示为 $\boldsymbol{B}=[\boldsymbol{b}_1\ \boldsymbol{b}_2\ \cdots\ \boldsymbol{b}_s]$，基于此可以将其进一步表示为

$$
\boldsymbol{B}=\sum_{p=1}^{s}\boldsymbol{b}_p\boldsymbol{i}_s^{(p)\mathrm{T}} \tag{2.95}
$$

于是有

$$\begin{aligned}\text{vec}(\boldsymbol{ABC}) &= \text{vec}\left(\sum_{p=1}^{s}\boldsymbol{Ab}_p\boldsymbol{i}_s^{(p)\text{T}}\boldsymbol{C}\right) = \sum_{p=1}^{s}\text{vec}((\boldsymbol{Ab}_p)(\boldsymbol{C}^{\text{T}}\boldsymbol{i}_s^{(p)})^{\text{T}}) \\ &= \sum_{p=1}^{s}(\boldsymbol{C}^{\text{T}}\boldsymbol{i}_s^{(p)})\otimes(\boldsymbol{Ab}_p) = (\boldsymbol{C}^{\text{T}}\otimes\boldsymbol{A})\cdot\left(\sum_{p=1}^{s}\boldsymbol{i}_s^{(p)}\otimes\boldsymbol{b}_p\right) \\ &= (\boldsymbol{C}^{\text{T}}\otimes\boldsymbol{A})\cdot\text{vec}\left(\sum_{p=1}^{s}\boldsymbol{b}_p\boldsymbol{i}_s^{(p)\text{T}}\right) = (\boldsymbol{C}^{\text{T}}\otimes\boldsymbol{A})\cdot\text{vec}(\boldsymbol{B})\end{aligned} \tag{2.96}$$

命题 2.19 得证。 □

根据命题 2.19 可以得到如下推论。

推论 2.12：设任意矩阵 $\boldsymbol{A}\in\mathbf{C}^{m\times r}$， $\boldsymbol{B}\in\mathbf{C}^{r\times s}$， $\boldsymbol{C}\in\mathbf{C}^{s\times n}$ 和 $\boldsymbol{D}\in\mathbf{C}^{n\times m}$ ，则有

$$\text{tr}(\boldsymbol{ABCD}) = (\text{vec}(\boldsymbol{D}^{\text{H}}))^{\text{H}}\cdot(\boldsymbol{C}^{\text{T}}\otimes\boldsymbol{A})\cdot\text{vec}(\boldsymbol{B}) \tag{2.97}$$

证明：根据式（2.94）和命题 2.19 可得

$$\begin{aligned}\text{tr}(\boldsymbol{ABCD}) &= \text{tr}(\boldsymbol{D}(\boldsymbol{ABC})) = (\text{vec}(\boldsymbol{D}^{\text{H}}))^{\text{H}}\cdot\text{vec}(\boldsymbol{ABC}) \\ &= (\text{vec}(\boldsymbol{D}^{\text{H}}))^{\text{H}}\cdot(\boldsymbol{C}^{\text{T}}\otimes\boldsymbol{A})\cdot\text{vec}(\boldsymbol{B})\end{aligned} \tag{2.98}$$

推论 2.12 得证。 □

2.2 多维函数分析和优化理论中的若干预备知识

本节将介绍多维函数分析和优化理论[6-8]中的若干预备知识，其中涉及多维（标量）函数的梯度向量和 Hessian 矩阵，无约束优化问题的最优性条件及其数值优化算法以及多维（向量）函数的 Jacobi 矩阵和 Taylor 级数展开。

2.2.1 多维（标量）函数的梯度向量和 Hessian 矩阵

本小节将介绍多维（标量）函数的梯度向量和 Hessian 矩阵的概念。

定义 2.7：假设 $f(\boldsymbol{x})$ 是关于 n 维实向量 $\boldsymbol{x}=[x_1\ \ x_2\ \ \cdots\ \ x_n]^{\text{T}}$ 的连续且一阶、二阶可导实函数，则其梯度向量和 Hessian 矩阵分别定义为

$$\boldsymbol{h}(\boldsymbol{x}) = \frac{\partial f(\boldsymbol{x})}{\partial \boldsymbol{x}} = \begin{bmatrix}\dfrac{\partial f(\boldsymbol{x})}{\partial x_1} \\ \dfrac{\partial f(\boldsymbol{x})}{\partial x_2} \\ \vdots \\ \dfrac{\partial f(\boldsymbol{x})}{\partial x_n}\end{bmatrix}\in\mathbf{R}^{n\times 1}\ ,\ \boldsymbol{H}(\boldsymbol{x}) = \frac{\partial^2 f(\boldsymbol{x})}{\partial\boldsymbol{x}\partial\boldsymbol{x}^{\text{T}}} = \begin{bmatrix}\dfrac{\partial^2 f(\boldsymbol{x})}{\partial x_1\partial x_1} & \dfrac{\partial^2 f(\boldsymbol{x})}{\partial x_1\partial x_2} & \cdots & \dfrac{\partial^2 f(\boldsymbol{x})}{\partial x_1\partial x_n} \\ \dfrac{\partial^2 f(\boldsymbol{x})}{\partial x_2\partial x_1} & \dfrac{\partial^2 f(\boldsymbol{x})}{\partial x_2\partial x_2} & \cdots & \dfrac{\partial^2 f(\boldsymbol{x})}{\partial x_2\partial x_n} \\ \vdots & \vdots & \ddots & \vdots \\ \dfrac{\partial^2 f(\boldsymbol{x})}{\partial x_n\partial x_1} & \dfrac{\partial^2 f(\boldsymbol{x})}{\partial x_n\partial x_2} & \cdots & \dfrac{\partial^2 f(\boldsymbol{x})}{\partial x_n\partial x_n}\end{bmatrix}\in\mathbf{R}^{n\times n} \tag{2.99}$$

假设 $\boldsymbol{A}(\boldsymbol{x})\in\mathbf{C}^{m\times n}$ 是关于实向量 $\boldsymbol{x}$ 的矩阵函数，而 $\boldsymbol{B}\in\mathbf{C}^{m\times m}$ 是任意 Hermitian 矩阵，则不难证明 $f(\boldsymbol{x})=\text{tr}(\boldsymbol{\Pi}^{\perp}[\boldsymbol{A}(\boldsymbol{x})]\cdot\boldsymbol{B})$ 是关于向量 $\boldsymbol{x}$ 的实函数，并且其梯度向量和 Hessian 矩阵中的元素可以分别表示为[9]

$$<\boldsymbol{h}(\boldsymbol{x})>_i=\frac{\partial f(\boldsymbol{x})}{\partial x_i}=-2\cdot\mathrm{Re}\left\{\mathrm{tr}\left(\boldsymbol{\Pi}^{\perp}[\boldsymbol{A}(\boldsymbol{x})]\cdot\frac{\partial \boldsymbol{A}(\boldsymbol{x})}{\partial x_i}\cdot\boldsymbol{A}^{\dagger}(\boldsymbol{x})\boldsymbol{B}\right)\right\} \tag{2.100}$$

$$<\boldsymbol{H}(\boldsymbol{x})>_{ij}=\frac{\partial^2 f(\boldsymbol{x})}{\partial x_i \partial x_j}=2\cdot\mathrm{Re}\left\{\mathrm{tr}\left(\begin{aligned}&\boldsymbol{\Pi}^{\perp}[\boldsymbol{A}(\boldsymbol{x})]\cdot\frac{\partial \boldsymbol{A}(\boldsymbol{x})}{\partial x_j}\cdot\boldsymbol{A}^{\dagger}(\boldsymbol{x})\cdot\frac{\partial \boldsymbol{A}(\boldsymbol{x})}{\partial x_i}\cdot\boldsymbol{A}^{\dagger}(\boldsymbol{x})\boldsymbol{B}\\&+\boldsymbol{A}^{\dagger\mathrm{H}}(\boldsymbol{x})\cdot\frac{\partial \boldsymbol{A}^{\mathrm{H}}(\boldsymbol{x})}{\partial x_j}\cdot\boldsymbol{\Pi}^{\perp}[\boldsymbol{A}(\boldsymbol{x})]\cdot\frac{\partial \boldsymbol{A}(\boldsymbol{x})}{\partial x_i}\cdot\boldsymbol{A}^{\dagger}(\boldsymbol{x})\boldsymbol{B}\\&-\boldsymbol{\Pi}^{\perp}[\boldsymbol{A}(\boldsymbol{x})]\cdot\frac{\partial^2 \boldsymbol{A}(\boldsymbol{x})}{\partial x_i \partial x_j}\cdot\boldsymbol{A}^{\dagger}(\boldsymbol{x})\boldsymbol{B}\\&-\boldsymbol{\Pi}^{\perp}[\boldsymbol{A}(\boldsymbol{x})]\cdot\frac{\partial \boldsymbol{A}(\boldsymbol{x})}{\partial x_i}\cdot(\boldsymbol{A}^{\mathrm{H}}(\boldsymbol{x})\boldsymbol{A}(\boldsymbol{x}))^{-1}\cdot\frac{\partial \boldsymbol{A}^{\mathrm{H}}(\boldsymbol{x})}{\partial x_j}\cdot\boldsymbol{\Pi}^{\perp}[\boldsymbol{A}(\boldsymbol{x})]\cdot\boldsymbol{B}\\&+\boldsymbol{\Pi}^{\perp}[\boldsymbol{A}(\boldsymbol{x})]\cdot\frac{\partial \boldsymbol{A}(\boldsymbol{x})}{\partial x_i}\cdot\boldsymbol{A}^{\dagger}(\boldsymbol{x})\cdot\frac{\partial \boldsymbol{A}(\boldsymbol{x})}{\partial x_j}\cdot\boldsymbol{A}^{\dagger}(\boldsymbol{x})\boldsymbol{B}\end{aligned}\right)\right\}$$

（2.101）

2.2.2 无约束优化问题的最优性条件及其数值优化算法

无约束优化问题是指优化模型中仅包含目标函数，而无需对优化参量施加约束，其数学模型可以表示为

$$\min_{\boldsymbol{x}\in\mathbf{R}^{n\times 1}} f(\boldsymbol{x}) \tag{2.102}$$

下面介绍无约束优化问题的局部最优点和全局最优点的概念。

定义 2.8：若存在 $\boldsymbol{x}^*$ 的某个 ε-领域 $\mathbf{S}_{\varepsilon}(\boldsymbol{x}^*)=\{\boldsymbol{x}:\|\boldsymbol{x}-\boldsymbol{x}^*\|_2\leqslant\varepsilon\}$，使得对于任意 $\boldsymbol{x}\in\mathbf{S}_{\varepsilon}(\boldsymbol{x}^*)$ 都满足 $f(\boldsymbol{x}^*)\leqslant f(\boldsymbol{x})$，则称 $\boldsymbol{x}^*$ 是 $f(\boldsymbol{x})$ 的局部最优点。

定义 2.9：若对于任意 $\boldsymbol{x}\in\mathbf{R}^{n\times 1}$ 都满足 $f(\boldsymbol{x}^*)\leqslant f(\boldsymbol{x})$，则称 $\boldsymbol{x}^*$ 是 $f(\boldsymbol{x})$ 的全局最优点。

关于局部最优点有一些重要性质，具体可见下面两个命题。

命题 2.20：若 $f(\boldsymbol{x})$ 在 $\boldsymbol{x}^*$ 处一阶可导，并且 $\boldsymbol{x}^*$ 是 $f(\boldsymbol{x})$ 的局部最优点，则 $f(\boldsymbol{x})$ 在 $\boldsymbol{x}^*$ 处的梯度向量 $\boldsymbol{h}(\boldsymbol{x})$ 满足 $\boldsymbol{h}(\boldsymbol{x}^*)=\boldsymbol{O}$。

证明：采用反证法进行证明。假设 $\boldsymbol{h}(\boldsymbol{x}^*)\neq\boldsymbol{O}$，不妨定义一元函数 $\phi(\lambda)=f(\boldsymbol{x}^*+\lambda\boldsymbol{p})$，其中 $\boldsymbol{p}=-\boldsymbol{h}(\boldsymbol{x}^*)$，现将 $\phi(\lambda)$ 在零点进行一阶 Taylor 级数展开可得

$$\phi(\lambda)=f(\boldsymbol{x}^*+\lambda\boldsymbol{p})=f(\boldsymbol{x}^*)+\lambda\boldsymbol{h}^{\mathrm{T}}(\boldsymbol{x}^*)\boldsymbol{p}+o(\lambda)=f(\boldsymbol{x}^*)-\lambda\cdot\|\boldsymbol{h}(\boldsymbol{x}^*)\|_2^2+o(\lambda) \tag{2.103}$$

式中 $\lim\limits_{\lambda\to 0}\frac{o(\lambda)}{\lambda}=0$，由此可知，一定存在 $\delta>0$，使得当 $0<\lambda<\delta$ 时满足 $o(\lambda)-\lambda\cdot\|\boldsymbol{h}(\boldsymbol{x}^*)\|_2^2<0$，再结合式（2.103）可得 $f(\boldsymbol{x}^*+\lambda\boldsymbol{p})<f(\boldsymbol{x}^*)$，这显然与 $\boldsymbol{x}^*$ 是 $f(\boldsymbol{x})$ 的局部最优点矛盾，于是有 $\boldsymbol{h}(\boldsymbol{x}^*)=\boldsymbol{O}$。

命题 2.20 得证。 □

命题 2.21：若 $f(\boldsymbol{x})$ 在 $\boldsymbol{x}^*$ 处二阶可导，并且 $\boldsymbol{x}^*$ 是 $f(\boldsymbol{x})$ 的局部最优点，则其 Hessian 矩阵 $\boldsymbol{H}(\boldsymbol{x}^*)$ 是半正定矩阵。

证明：定义一元函数 $\phi(\lambda)=f(\boldsymbol{x}^*+\lambda\boldsymbol{p})$，其中 $\boldsymbol{p}$ 为任意非零向量，现将 $\phi(\lambda)$ 在零点处进行二阶 Taylor 级数展开，并利用命题 2.20 中的结论可得

$$\begin{aligned}\phi(\lambda)&=f(\boldsymbol{x}^*+\lambda\boldsymbol{p})=f(\boldsymbol{x}^*)+\lambda\boldsymbol{h}^{\mathrm{T}}(\boldsymbol{x}^*)\boldsymbol{p}+\lambda^2\boldsymbol{p}^{\mathrm{T}}\boldsymbol{H}(\boldsymbol{x}^*)\boldsymbol{p}/2+o(\lambda^2)\\&=f(\boldsymbol{x}^*)+\lambda^2\boldsymbol{p}^{\mathrm{T}}\boldsymbol{H}(\boldsymbol{x}^*)\boldsymbol{p}/2+o(\lambda^2)\end{aligned}\tag{2.104}$$

式中$\lim\limits_{\lambda\to 0}\dfrac{o(\lambda^2)}{\lambda^2}=0$。由于$\boldsymbol{x}^*$是$f(\boldsymbol{x})$的局部最优点，于是有

$$\lim_{\lambda\to 0}\frac{f(\boldsymbol{x}^*+\lambda\boldsymbol{p})-f(\boldsymbol{x}^*)}{\lambda^2}=\boldsymbol{p}^{\mathrm{T}}\boldsymbol{H}(\boldsymbol{x}^*)\boldsymbol{p}/2+\lim_{\lambda\to 0}\frac{o(\lambda^2)}{\lambda^2}=\boldsymbol{p}^{\mathrm{T}}\boldsymbol{H}(\boldsymbol{x}^*)\boldsymbol{p}/2\geqslant 0\tag{2.105}$$

结合式（2.105）以及向量$\boldsymbol{p}$的任意性可知，$\boldsymbol{H}(\boldsymbol{x}^*)$是半正定矩阵。

命题 2.21 得证。 □

基于命题 2.20 和命题 2.21 可以得到求解无约束优化问题的两种经典迭代算法，分别为最速下降算法和 Newton 迭代算法，相应的算法形式可归纳在表 2.1 中[6-8]。

表 2.1　最速下降算法和 Newton 迭代算法

最速下降算法	Newton迭代算法
步骤1：选择初始值$\boldsymbol{x}_0$； 步骤2：令$k:=0$并设置误差$\varepsilon>0$； 步骤3：计算$\boldsymbol{p}_k=-\boldsymbol{h}(\boldsymbol{x}_k)$，若$\lVert\boldsymbol{h}(\boldsymbol{x}_k)\rVert_2\leqslant\varepsilon$则停止计算；否则转至步骤4； 步骤4：选择$\alpha_k$使得$f(\boldsymbol{x}_k+\alpha_k\boldsymbol{p}_k)\leqslant f(\boldsymbol{x}_k)$； 步骤5：计算$\boldsymbol{x}_{k+1}=\boldsymbol{x}_k+\alpha_k\boldsymbol{p}_k$，并令$k:=k+1$，再转至步骤3。	步骤1：选择初始值$\boldsymbol{x}_0$； 步骤2：令$k:=0$并设置误差$\varepsilon>0$； 步骤3：计算$\boldsymbol{p}_k=-\boldsymbol{H}^{-1}(\boldsymbol{x}_k)\boldsymbol{h}(\boldsymbol{x}_k)$，若$\lVert\boldsymbol{h}(\boldsymbol{x}_k)\rVert_2\leqslant\varepsilon$则停止计算；否则转至步骤4； 步骤4：选择$\alpha_k$使得$f(\boldsymbol{x}_k+\alpha_k\boldsymbol{p}_k)\leqslant f(\boldsymbol{x}_k)$； 步骤5：计算$\boldsymbol{x}_{k+1}=\boldsymbol{x}_k+\alpha_k\boldsymbol{p}_k$，并令$k:=k+1$，再转至步骤3。

值得注意的是，并不是所有的无约束优化问题都需要迭代运算，有些优化问题的最优解是存在闭式形式的，最具有代表性的问题是线性最小二乘估计问题：[10]

$$\min_{\boldsymbol{x}\in\mathbf{R}^{n\times 1}}f(\boldsymbol{x})=\min_{\boldsymbol{x}\in\mathbf{R}^{n\times 1}}\lVert\boldsymbol{y}-\boldsymbol{A}\boldsymbol{x}\rVert_2^2\tag{2.106}$$

式中$\boldsymbol{A}\in\mathbf{R}^{m\times n}$和$\boldsymbol{y}\in\mathbf{R}^{m\times 1}$。关于式（2.106）的最优闭式解的表达式可见如下命题。

命题 2.22： 线性最小二乘估计问题式（2.106）的最优解集可以表示为

$$\boldsymbol{x}_{\mathrm{opt}}=\boldsymbol{A}^{\dagger}\boldsymbol{y}+\boldsymbol{\Pi}^{\perp}[\boldsymbol{A}^{\mathrm{T}}]\cdot\boldsymbol{z}\tag{2.107}$$

式中$\boldsymbol{z}$表示任意n维列向量。当$\boldsymbol{A}$为列满秩矩阵时，式（2.106）存在唯一最优闭式解，其表达式为

$$\tilde{\boldsymbol{x}}_{\mathrm{opt}}=\boldsymbol{A}^{\dagger}\boldsymbol{y}=(\boldsymbol{A}^{\mathrm{T}}\boldsymbol{A})^{-1}\boldsymbol{A}^{\mathrm{T}}\boldsymbol{y}\tag{2.108}$$

证明： 将向量$\boldsymbol{y}$进行如下分解

$$\boldsymbol{y}=\boldsymbol{\Pi}[\boldsymbol{A}]\cdot\boldsymbol{y}+\boldsymbol{\Pi}^{\perp}[\boldsymbol{A}]\cdot\boldsymbol{y}=\boldsymbol{A}\boldsymbol{A}^{\dagger}\boldsymbol{y}+(\boldsymbol{I}_m-\boldsymbol{A}\boldsymbol{A}^{\dagger})\boldsymbol{y}\tag{2.109}$$

于是有

$$\begin{aligned}f(\boldsymbol{x})&=\lVert\boldsymbol{y}-\boldsymbol{A}\boldsymbol{x}\rVert_2^2=\lVert(\boldsymbol{A}\boldsymbol{A}^{\dagger}\boldsymbol{y}-\boldsymbol{A}\boldsymbol{x})+(\boldsymbol{I}_m-\boldsymbol{A}\boldsymbol{A}^{\dagger})\boldsymbol{y}\rVert_2^2\\&=\lVert\boldsymbol{A}(\boldsymbol{A}^{\dagger}\boldsymbol{y}-\boldsymbol{x})\rVert_2^2+\lVert(\boldsymbol{I}_m-\boldsymbol{A}\boldsymbol{A}^{\dagger})\boldsymbol{y}\rVert_2^2\end{aligned}\tag{2.110}$$

由于式（2.110）中的第三个等号右边第二项与$\boldsymbol{x}$无关，因此仅需要考虑其中第一项即可。

不难证明，为了使 $f(\boldsymbol{x})$ 取最小值，需要满足如下等式

$$\boldsymbol{A}(\boldsymbol{A}^{\dagger}\boldsymbol{y}-\boldsymbol{x})=\boldsymbol{O}_{m\times 1} \tag{2.111}$$

显然，式（2.111）的解集应为向量 $\boldsymbol{A}^{\dagger}\boldsymbol{y}$ 加上矩阵 $\boldsymbol{A}$ 的零空间 $\text{null}\{\boldsymbol{A}\}$ 上任意向量（该向量可以表示为 $\boldsymbol{\Pi}^{\perp}[\boldsymbol{A}^{\text{T}}]\cdot\boldsymbol{z}$），于是式（2.107）得证。进一步，当矩阵 $\boldsymbol{A}$ 列满秩时，$\text{null}\{\boldsymbol{A}\}$ 为零空间，由此可知式（2.108）成立。

命题 2.22 得证。 □

需要指出的是，由于向量 $\boldsymbol{A}^{\dagger}\boldsymbol{y}$ 与 $\boldsymbol{\Pi}^{\perp}[\boldsymbol{A}^{\text{T}}]\cdot\boldsymbol{z}$ 是相互正交的，因此 $\tilde{\boldsymbol{x}}_{\text{opt}}=\boldsymbol{A}^{\dagger}\boldsymbol{y}$ 也是解空间式（2.107）中具有最小 2-范数的解。

下面讨论优化模型式（2.106）的两种变形形式，并给出相应的闭式解。

（1）假设矩阵 $\boldsymbol{A}$ 和向量 $\boldsymbol{y}$ 均属于复数域，即有 $\boldsymbol{A}\in\mathbf{C}^{m\times n}$ 和 $\boldsymbol{y}\in\mathbf{C}^{m\times 1}$，而优化参量 $\boldsymbol{x}$ 仍属于实数域，即有 $\boldsymbol{x}\in\mathbf{R}^{n\times 1}$，此时可将目标函数 $f(\boldsymbol{x})$ 表示为

$$f(\boldsymbol{x})=\left\|\begin{bmatrix}\text{Re}\{\boldsymbol{y}\}\\ \text{Im}\{\boldsymbol{y}\}\end{bmatrix}-\begin{bmatrix}\text{Re}\{\boldsymbol{A}\}\\ \text{Im}\{\boldsymbol{A}\}\end{bmatrix}\cdot\boldsymbol{x}\right\|_2^2=\|\overline{\boldsymbol{y}}-\overline{\boldsymbol{A}}\boldsymbol{x}\|_2^2 \tag{2.112}$$

式中 $\overline{\boldsymbol{A}}=\begin{bmatrix}\text{Re}\{\boldsymbol{A}\}\\ \text{Im}\{\boldsymbol{A}\}\end{bmatrix}\in\mathbf{R}^{2m\times n}$ 和 $\overline{\boldsymbol{y}}=\begin{bmatrix}\text{Re}\{\boldsymbol{y}\}\\ \text{Im}\{\boldsymbol{y}\}\end{bmatrix}\in\mathbf{R}^{2m\times 1}$。当矩阵 $\overline{\boldsymbol{A}}$ 列满秩时，根据式（2.108）可知，使 $f(\boldsymbol{x})$ 取最小值的参量 $\boldsymbol{x}$ 的唯一最优闭式解为

$$\boldsymbol{x}_{\text{opt}}=\overline{\boldsymbol{A}}^{\dagger}\overline{\boldsymbol{y}}=(\overline{\boldsymbol{A}}^{\text{T}}\overline{\boldsymbol{A}})^{-1}\overline{\boldsymbol{A}}^{\text{T}}\overline{\boldsymbol{y}}=(\text{Re}\{\boldsymbol{A}^{\text{H}}\boldsymbol{A}\})^{-1}\cdot\text{Re}\{\boldsymbol{A}^{\text{H}}\boldsymbol{y}\} \tag{2.113}$$

（2）假设矩阵 $\boldsymbol{A}$ 和向量 $\boldsymbol{y}$ 均属于复数域，即有 $\boldsymbol{A}\in\mathbf{C}^{m\times n}$ 和 $\boldsymbol{y}\in\mathbf{C}^{m\times 1}$，并且优化参量 $\boldsymbol{x}$ 也属于复数域，即有 $\boldsymbol{x}\in\mathbf{C}^{n\times 1}$，此时可将目标函数 $f(\boldsymbol{x})$ 表示为

$$f(\boldsymbol{x})=\left\|\begin{bmatrix}\text{Re}\{\boldsymbol{y}\}\\ \text{Im}\{\boldsymbol{y}\}\end{bmatrix}-\left[\begin{array}{c:c}\text{Re}\{\boldsymbol{A}\} & -\text{Im}\{\boldsymbol{A}\}\\ \hdashline \text{Im}\{\boldsymbol{A}\} & \text{Re}\{\boldsymbol{A}\}\end{array}\right]\cdot\begin{bmatrix}\text{Re}\{\boldsymbol{x}\}\\ \text{Im}\{\boldsymbol{x}\}\end{bmatrix}\right\|_2^2=\|\overline{\boldsymbol{y}}-\overline{\boldsymbol{A}}\overline{\boldsymbol{x}}\|_2^2 \tag{2.114}$$

式中 $\overline{\boldsymbol{A}}=\left[\begin{array}{c:c}\text{Re}\{\boldsymbol{A}\} & -\text{Im}\{\boldsymbol{A}\}\\ \hdashline \text{Im}\{\boldsymbol{A}\} & \text{Re}\{\boldsymbol{A}\}\end{array}\right]\in\mathbf{R}^{2m\times 2n}$，$\overline{\boldsymbol{y}}=\begin{bmatrix}\text{Re}\{\boldsymbol{y}\}\\ \text{Im}\{\boldsymbol{y}\}\end{bmatrix}\in\mathbf{R}^{2m\times 1}$ 和 $\overline{\boldsymbol{x}}=\begin{bmatrix}\text{Re}\{\boldsymbol{x}\}\\ \text{Im}\{\boldsymbol{x}\}\end{bmatrix}\in\mathbf{R}^{2n\times 1}$。当矩阵 $\overline{\boldsymbol{A}}$ 列满秩时，根据式（2.108）可知，使 $f(\boldsymbol{x})$ 取最小值的参量 $\overline{\boldsymbol{x}}$ 的唯一最优闭式解为

$$\begin{aligned}\overline{\boldsymbol{x}}_{\text{opt}}=\overline{\boldsymbol{A}}^{\dagger}\overline{\boldsymbol{y}}&=\left[\begin{array}{c:c}\text{Re}\{\boldsymbol{A}^{\text{H}}\}\cdot\text{Re}\{\boldsymbol{A}\}-\text{Im}\{\boldsymbol{A}^{\text{H}}\}\cdot\text{Im}\{\boldsymbol{A}\} & -\text{Re}\{\boldsymbol{A}^{\text{H}}\}\cdot\text{Im}\{\boldsymbol{A}\}-\text{Im}\{\boldsymbol{A}^{\text{H}}\}\cdot\text{Re}\{\boldsymbol{A}\}\\ \hdashline \text{Im}\{\boldsymbol{A}^{\text{H}}\}\cdot\text{Re}\{\boldsymbol{A}\}+\text{Re}\{\boldsymbol{A}^{\text{H}}\}\cdot\text{Im}\{\boldsymbol{A}\} & \text{Re}\{\boldsymbol{A}^{\text{H}}\}\cdot\text{Re}\{\boldsymbol{A}\}-\text{Im}\{\boldsymbol{A}^{\text{H}}\}\cdot\text{Im}\{\boldsymbol{A}\}\end{array}\right]^{-1}\\&\quad\times\begin{bmatrix}\text{Re}\{\boldsymbol{A}^{\text{H}}\}\cdot\text{Re}\{\boldsymbol{y}\}-\text{Im}\{\boldsymbol{A}^{\text{H}}\}\cdot\text{Im}\{\boldsymbol{y}\}\\ \text{Re}\{\boldsymbol{A}^{\text{H}}\}\cdot\text{Im}\{\boldsymbol{y}\}+\text{Im}\{\boldsymbol{A}^{\text{H}}\}\cdot\text{Re}\{\boldsymbol{y}\}\end{bmatrix}\\&=\left[\begin{array}{c:c}\text{Re}\{\boldsymbol{A}^{\text{H}}\boldsymbol{A}\} & -\text{Im}\{\boldsymbol{A}^{\text{H}}\boldsymbol{A}\}\\ \hdashline \text{Im}\{\boldsymbol{A}^{\text{H}}\boldsymbol{A}\} & \text{Re}\{\boldsymbol{A}^{\text{H}}\boldsymbol{A}\}\end{array}\right]^{-1}\cdot\begin{bmatrix}\text{Re}\{\boldsymbol{A}^{\text{H}}\boldsymbol{y}\}\\ \text{Im}\{\boldsymbol{A}^{\text{H}}\boldsymbol{y}\}\end{bmatrix}=\left[\begin{array}{c:c}\text{Re}\{(\boldsymbol{A}^{\text{H}}\boldsymbol{A})^{-1}\} & -\text{Im}\{(\boldsymbol{A}^{\text{H}}\boldsymbol{A})^{-1}\}\\ \hdashline \text{Im}\{(\boldsymbol{A}^{\text{H}}\boldsymbol{A})^{-1}\} & \text{Re}\{(\boldsymbol{A}^{\text{H}}\boldsymbol{A})^{-1}\}\end{array}\right]\cdot\begin{bmatrix}\text{Re}\{\boldsymbol{A}^{\text{H}}\boldsymbol{y}\}\\ \text{Im}\{\boldsymbol{A}^{\text{H}}\boldsymbol{y}\}\end{bmatrix}\\&=\begin{bmatrix}\text{Re}\{(\boldsymbol{A}^{\text{H}}\boldsymbol{A})^{-1}\boldsymbol{A}^{\text{H}}\boldsymbol{y}\}\\ \text{Im}\{(\boldsymbol{A}^{\text{H}}\boldsymbol{A})^{-1}\boldsymbol{A}^{\text{H}}\boldsymbol{y}\}\end{bmatrix}\end{aligned} \tag{2.115}$$

式（2.115）中的第四个等式利用了命题 2.3。根据式（2.115）可知，使 $f(\boldsymbol{x})$ 取最小值的参量 $\boldsymbol{x}$ 的唯一最优闭式解为

$$\boldsymbol{x}_{\text{opt}} = \text{Re}\{(\boldsymbol{A}^{\text{H}}\boldsymbol{A})^{-1}\boldsymbol{A}^{\text{H}}\boldsymbol{y}\} + \text{j}\cdot\text{Im}\{(\boldsymbol{A}^{\text{H}}\boldsymbol{A})^{-1}\boldsymbol{A}^{\text{H}}\boldsymbol{y}\} = (\boldsymbol{A}^{\text{H}}\boldsymbol{A})^{-1}\boldsymbol{A}^{\text{H}}\boldsymbol{y} = \boldsymbol{A}^{\dagger}\boldsymbol{y} \tag{2.116}$$

值得一提的是，线性最小二乘估计问题的未知参量也可以是矩阵，其数学模型为

$$\min_{\boldsymbol{X}\in\mathbf{C}^{n\times r}} f(\boldsymbol{X}) = \min_{\boldsymbol{X}\in\mathbf{C}^{n\times r}} \|\boldsymbol{Y}-\boldsymbol{A}\boldsymbol{X}\|_{\text{F}}^2 \tag{2.117}$$

式中 $\boldsymbol{A}\in\mathbf{C}^{m\times n}$ 和 $\boldsymbol{Y}\in\mathbf{C}^{m\times r}$。尽管式（2.117）中的优化参量是矩阵，但是通过向量化函数也可将其优化参量转化为向量，根据命题 2.19 可知

$$f(\boldsymbol{X}) = \|\text{vec}(\boldsymbol{Y}) - \text{vec}(\boldsymbol{A}\boldsymbol{X})\|_2^2 = \|\boldsymbol{y} - (\boldsymbol{I}_r\otimes\boldsymbol{A})\cdot\boldsymbol{x}\|_2^2 \tag{2.118}$$

式中 $\boldsymbol{y}=\text{vec}(\boldsymbol{Y})\in\mathbf{C}^{mr\times 1}$ 和 $\boldsymbol{x}=\text{vec}(\boldsymbol{X})\in\mathbf{C}^{nr\times 1}$。根据式(2.118)可知，当矩阵 $\boldsymbol{A}$ 列满秩时，使 $f(\boldsymbol{X})$ 取最小值的参量 $\boldsymbol{x}$ 的唯一最优闭式解为

$$\boldsymbol{x}_{\text{opt}} = (\boldsymbol{I}_r\otimes\boldsymbol{A})^{\dagger}\boldsymbol{y} = (\boldsymbol{I}_r\otimes\boldsymbol{A}^{\dagger})\cdot\text{vec}(\boldsymbol{Y}) = \text{vec}(\boldsymbol{A}^{\dagger}\boldsymbol{Y}) = \text{vec}((\boldsymbol{A}^{\text{H}}\boldsymbol{A})^{-1}\boldsymbol{A}^{\text{H}}\boldsymbol{Y}) \tag{2.119}$$

由式（2.119）可知，使 $f(\boldsymbol{X})$ 取最小值的参量 $\boldsymbol{X}$ 的唯一最优闭式解为

$$\boldsymbol{X}_{\text{opt}} = \boldsymbol{A}^{\dagger}\boldsymbol{Y} = (\boldsymbol{A}^{\text{H}}\boldsymbol{A})^{-1}\boldsymbol{A}^{\text{H}}\boldsymbol{Y} \tag{2.120}$$

2.2.3 多维（向量）函数的 Jacobi 矩阵和 Taylor 级数展开

（一）多维（向量）函数的 Jacobi 矩阵

定义 2.10： 假设有 m 个实函数构成向量函数 $\boldsymbol{f}(\boldsymbol{x})=[f_1(\boldsymbol{x})\ \ f_2(\boldsymbol{x})\ \cdots\ f_m(\boldsymbol{x})]^{\text{T}}$（其中 $\boldsymbol{x}=[x_1\ \ x_2\ \cdots\ x_n]^{\text{T}}$），则其 Jacobi 矩阵定义为

$$\boldsymbol{F}(\boldsymbol{x}) = \frac{\partial \boldsymbol{f}(\boldsymbol{x})}{\partial \boldsymbol{x}^{\text{T}}} = \begin{bmatrix} \dfrac{\partial f_1(\boldsymbol{x})}{\partial x_1} & \dfrac{\partial f_1(\boldsymbol{x})}{\partial x_2} & \cdots & \dfrac{\partial f_1(\boldsymbol{x})}{\partial x_n} \\ \dfrac{\partial f_2(\boldsymbol{x})}{\partial x_1} & \dfrac{\partial f_2(\boldsymbol{x})}{\partial x_2} & \cdots & \dfrac{\partial f_2(\boldsymbol{x})}{\partial x_n} \\ \vdots & \vdots & \ddots & \vdots \\ \dfrac{\partial f_m(\boldsymbol{x})}{\partial x_1} & \dfrac{\partial f_m(\boldsymbol{x})}{\partial x_2} & \cdots & \dfrac{\partial f_m(\boldsymbol{x})}{\partial x_n} \end{bmatrix} \in \mathbf{R}^{m\times n} \tag{2.121}$$

根据定义 2.10 可知，任意多维（标量）函数的 Hessian 矩阵是其梯度向量的 Jacobi 矩阵。下面的命题给出了关于复合函数 Jacobi 矩阵的形式。

命题 2.23： 设有两个向量函数 $\boldsymbol{f}_1(\boldsymbol{y})$ 和 $\boldsymbol{f}_2(\boldsymbol{x})$，其中 $\boldsymbol{x}\in\mathbf{R}^{n\times 1}$，$\boldsymbol{f}_2(\boldsymbol{x})\in\mathbf{R}^{m\times 1}$，$\boldsymbol{f}_1(\boldsymbol{y})\in\mathbf{R}^{r\times 1}$，若令 $\boldsymbol{y}=\boldsymbol{f}_2(\boldsymbol{x})$，并定义复合函数 $\boldsymbol{f}(\boldsymbol{x})=\boldsymbol{f}_1(\boldsymbol{f}_2(\boldsymbol{x}))$，则复合向量函数 $\boldsymbol{f}(\boldsymbol{x})$ 关于向量 $\boldsymbol{x}$ 的 Jacobi 矩阵可以表示为

$$\boldsymbol{F}(\boldsymbol{x}) = \frac{\partial \boldsymbol{f}(\boldsymbol{x})}{\partial \boldsymbol{x}^{\text{T}}} = \boldsymbol{F}_1(\boldsymbol{y})\boldsymbol{F}_2(\boldsymbol{x}) \in \mathbf{R}^{r\times n} \tag{2.122}$$

式中 $\boldsymbol{F}_1(\boldsymbol{y}) = \dfrac{\partial \boldsymbol{f}_1(\boldsymbol{y})}{\partial \boldsymbol{y}^{\text{T}}} \in \mathbf{R}^{r\times m}$ 和 $\boldsymbol{F}_2(\boldsymbol{x}) = \dfrac{\partial \boldsymbol{f}_2(\boldsymbol{x})}{\partial \boldsymbol{x}^{\text{T}}} \in \mathbf{R}^{m\times n}$ 分别表示向量函数 $\boldsymbol{f}_1(\boldsymbol{y})$ 和 $\boldsymbol{f}_2(\boldsymbol{x})$ 的 Jacobi 矩阵。

证明： 根据复合函数的链式求导法则可知

$$\frac{\partial \boldsymbol{f}(\boldsymbol{x})}{\partial <\boldsymbol{x}>_p}=\sum_{q=1}^{m}\frac{\partial \boldsymbol{f}_1(\boldsymbol{y})}{\partial <\boldsymbol{y}>_q}\cdot\frac{\partial <\boldsymbol{f}_2(\boldsymbol{x})>_q}{\partial <\boldsymbol{x}>_p}=\boldsymbol{F}_1(\boldsymbol{y})\boldsymbol{F}_2(\boldsymbol{x})\boldsymbol{i}_n^{(p)} \tag{2.123}$$

根据式（2.123）可知式（2.122）成立。

命题 2.23 得证。 □

（二）多维（向量）函数的 Taylor 级数展开

设实向量函数 $\boldsymbol{y}=\boldsymbol{f}(\boldsymbol{x})\in\mathbf{R}^{m\times 1}$，其自变量 $\boldsymbol{x}$ 为 n 维实参量，并且该函数存在无穷阶导数，现将其在向量 $\bar{\boldsymbol{x}}$ 处进行 Taylor 级数展开可得

$$\boldsymbol{y}=\boldsymbol{f}(\boldsymbol{x})=\boldsymbol{f}(\bar{\boldsymbol{x}})+D_{\delta x}\boldsymbol{f}(\bar{\boldsymbol{x}})+\frac{1}{2!}\cdot D_{\delta x}^2\boldsymbol{f}(\bar{\boldsymbol{x}})+\frac{1}{3!}\cdot D_{\delta x}^3\boldsymbol{f}(\bar{\boldsymbol{x}})+\frac{1}{4!}\cdot D_{\delta x}^4\boldsymbol{f}(\bar{\boldsymbol{x}})+\cdots \tag{2.124}$$

式中

$$D_{\delta x}^k\boldsymbol{f}(\bar{\boldsymbol{x}})=\left(\sum_{i=1}^{n}<\boldsymbol{\delta x}>_i\cdot\frac{\partial}{\partial <\boldsymbol{x}>_i}\right)^k\boldsymbol{f}(\boldsymbol{x})\Bigg|_{x=\bar{x}} \tag{2.125}$$

式中 $\boldsymbol{\delta x}=\boldsymbol{x}-\bar{\boldsymbol{x}}$。

若向量 $\boldsymbol{x}$ 是随机变量，其概率密度函数具有对称性，并且其均值为 $\bar{\boldsymbol{x}}$，协方差矩阵为 $\boldsymbol{R}_{xx}$，则 $\boldsymbol{y}=\boldsymbol{f}(\boldsymbol{x})$ 的均值为

$$\begin{aligned}\bar{\boldsymbol{y}}=\mathrm{E}[\boldsymbol{y}]=\mathrm{E}[\boldsymbol{f}(\boldsymbol{x})]&=\boldsymbol{f}(\bar{\boldsymbol{x}})+\mathrm{E}[D_{\delta x}\boldsymbol{f}(\bar{\boldsymbol{x}})]+\frac{1}{2!}\cdot\mathrm{E}[D_{\delta x}^2\boldsymbol{f}(\bar{\boldsymbol{x}})]+\frac{1}{3!}\cdot\mathrm{E}[D_{\delta x}^3\boldsymbol{f}(\bar{\boldsymbol{x}})]+\frac{1}{4!}\cdot\mathrm{E}[D_{\delta x}^4\boldsymbol{f}(\bar{\boldsymbol{x}})]+\cdots\\&=\boldsymbol{f}(\bar{\boldsymbol{x}})+\frac{1}{2!}\cdot\mathrm{E}[D_{\delta x}^2\boldsymbol{f}(\bar{\boldsymbol{x}})]+\frac{1}{4!}\cdot\mathrm{E}[D_{\delta x}^4\boldsymbol{f}(\bar{\boldsymbol{x}})]+\cdots\end{aligned} \tag{2.126}$$

根据式（2.124）和式（2.126）可知

$$\begin{aligned}\boldsymbol{y}-\bar{\boldsymbol{y}}=\boldsymbol{y}-\mathrm{E}[\boldsymbol{y}]&=\left(D_{\delta x}\boldsymbol{f}(\bar{\boldsymbol{x}})+\frac{1}{2!}\cdot D_{\delta x}^2\boldsymbol{f}(\bar{\boldsymbol{x}})+\frac{1}{3!}\cdot D_{\delta x}^3\boldsymbol{f}(\bar{\boldsymbol{x}})+\frac{1}{4!}\cdot D_{\delta x}^4\boldsymbol{f}(\bar{\boldsymbol{x}})+\cdots\right)\\&\quad-\left(\frac{1}{2!}\cdot\mathrm{E}[D_{\delta x}^2\boldsymbol{f}(\bar{\boldsymbol{x}})]+\frac{1}{4!}\cdot\mathrm{E}[D_{\delta x}^4\boldsymbol{f}(\bar{\boldsymbol{x}})]+\cdots\right)\end{aligned} \tag{2.127}$$

由式（2.127）可以推得向量 $\boldsymbol{y}$ 的协方差矩阵为

$$\begin{aligned}\boldsymbol{R}_{yy}&=\mathrm{E}[(\boldsymbol{y}-\bar{\boldsymbol{y}})(\boldsymbol{y}-\bar{\boldsymbol{y}})^{\mathrm{T}}]=\mathrm{E}[(\boldsymbol{y}-\mathrm{E}[\boldsymbol{y}])(\boldsymbol{y}-\mathrm{E}[\boldsymbol{y}])^{\mathrm{T}}]\\&=\mathrm{E}[D_{\delta x}\boldsymbol{f}(\bar{\boldsymbol{x}})\cdot(D_{\delta x}\boldsymbol{f}(\bar{\boldsymbol{x}}))^{\mathrm{T}}]\\&\quad+\mathrm{E}\left[\frac{1}{3!}\cdot D_{\delta x}\boldsymbol{f}(\bar{\boldsymbol{x}})\cdot(D_{\delta x}^3\boldsymbol{f}(\bar{\boldsymbol{x}}))^{\mathrm{T}}+\frac{1}{2!\cdot 2!}\cdot D_{\delta x}^2\boldsymbol{f}(\bar{\boldsymbol{x}})\cdot(D_{\delta x}^2\boldsymbol{f}(\bar{\boldsymbol{x}}))^{\mathrm{T}}+\frac{1}{3!}\cdot D_{\delta x}^3\boldsymbol{f}(\bar{\boldsymbol{x}})\cdot(D_{\delta x}\boldsymbol{f}(\bar{\boldsymbol{x}}))^{\mathrm{T}}\right]\\&\quad+\frac{1}{2!\cdot 2!}\cdot\mathrm{E}[D_{\delta x}^2\boldsymbol{f}(\bar{\boldsymbol{x}})]\cdot(\mathrm{E}[D_{\delta x}^2\boldsymbol{f}(\bar{\boldsymbol{x}})])^{\mathrm{T}}+\cdots\end{aligned} \tag{2.128}$$

2.3 统计信号处理中的若干预备知识

本节将介绍统计信号处理[11-13]中的若干预备知识，其中涉及未知参量估计方差的克拉美罗界定理，最大似然估计及其渐近统计最优性分析（即在大样本条件下）以及加权最小二乘

估计及其与最大似然估计的等价性。

2.3.1 未知参量估计方差的克拉美罗界

本小节将推导未知参量估计方差的克拉美罗界。在不做特殊说明的条件下，这里的未知参量均为实参量。

（一）经典的克拉美罗界定理

克拉美罗界给出了任意无偏估计（即估计均值等于真实值）所能够获得的估计方差的理论下界。为了给出克拉美罗界定理，这里首先介绍著名的Cauchy-Schwarz不等式。

引理 2.2： 设有三个连续可积的标量函数 $w(\boldsymbol{x})$，$g(\boldsymbol{x})$ 和 $h(\boldsymbol{x})$，其中 $w(\boldsymbol{x})\geqslant 0$，则有如下不等式关系

$$\left(\int w(\boldsymbol{x})g(\boldsymbol{x})h(\boldsymbol{x})\mathrm{d}\boldsymbol{x}\right)^2 \leqslant \int w(\boldsymbol{x})g^2(\boldsymbol{x})\mathrm{d}\boldsymbol{x}\cdot\int w(\boldsymbol{x})h^2(\boldsymbol{x})\mathrm{d}\boldsymbol{x} \tag{2.129}$$

当且仅当存在常数 c 满足 $g(\boldsymbol{x})=ch(\boldsymbol{x})$ 时，式（2.129）中的等式成立。

基于引理 2.2 可以得到如下命题。

命题 2.24： 假设 m 维随机观测向量 $\boldsymbol{y}$ 受到 $n(n\leqslant m)$ 维未知参量 $\boldsymbol{x}$ 的支配，并且其概率密度函数 $p(\boldsymbol{y}\,|\,\boldsymbol{x})$ 满足下面的“正则”条件

$$\mathrm{E}\left[\frac{\partial\ln(p(\boldsymbol{y}\,|\,\boldsymbol{x}))}{\partial\boldsymbol{x}}\right]=\boldsymbol{O}_{n\times 1}\quad(\forall\boldsymbol{x}) \tag{2.130}$$

则关于 $\boldsymbol{x}$ 的任意无偏估计值 $\hat{\boldsymbol{x}}$ 的协方差矩阵满足

$$\mathbf{cov}(\hat{\boldsymbol{x}})=\mathrm{E}[(\hat{\boldsymbol{x}}-\boldsymbol{x})(\hat{\boldsymbol{x}}-\boldsymbol{x})^{\mathrm{T}}]\geqslant(\mathbf{FISH}(\boldsymbol{x}))^{-1}=\mathbf{CRB}(\boldsymbol{x}) \tag{2.131}$$

式中

$$<\mathbf{FISH}(\boldsymbol{x})>_{kl}=-\mathrm{E}\left[\frac{\partial^2\ln(p(\boldsymbol{y}\,|\,\boldsymbol{x}))}{\partial<\boldsymbol{x}>_k\partial<\boldsymbol{x}>_l}\right]=\mathrm{E}\left[\frac{\partial\ln(p(\boldsymbol{y}\,|\,\boldsymbol{x}))}{\partial<\boldsymbol{x}>_k}\cdot\frac{\partial\ln(p(\boldsymbol{y}\,|\,\boldsymbol{x}))}{\partial<\boldsymbol{x}>_l}\right] \tag{2.132}$$

并且当满足

$$\frac{\partial\ln(p(\boldsymbol{y}\,|\,\boldsymbol{x}))}{\partial\boldsymbol{x}}=\mathbf{FISH}(\boldsymbol{x})\cdot(\hat{\boldsymbol{x}}-\boldsymbol{x}) \tag{2.133}$$

时，式（2.131）中的等式成立。

证明： 首先分析“正则”条件，注意到

$$\mathrm{E}\left[\frac{\partial\ln(p(\boldsymbol{y}\,|\,\boldsymbol{x}))}{\partial\boldsymbol{x}}\right]=\int\frac{\partial\ln(p(\boldsymbol{y}\,|\,\boldsymbol{x}))}{\partial\boldsymbol{x}}\cdot p(\boldsymbol{y}\,|\,\boldsymbol{x})\mathrm{d}\boldsymbol{y}=\int\frac{\partial p(\boldsymbol{y}\,|\,\boldsymbol{x})}{\partial\boldsymbol{x}}\mathrm{d}\boldsymbol{y}=\boldsymbol{O}_{n\times 1} \tag{2.134}$$

式（2.134）若想对任意的 $\boldsymbol{x}$ 都成立，必须满足

$$\int\frac{\partial p(\boldsymbol{y}\,|\,\boldsymbol{x})}{\partial\boldsymbol{x}}\mathrm{d}\boldsymbol{y}=\frac{\partial}{\partial\boldsymbol{x}}\int p(\boldsymbol{y}\,|\,\boldsymbol{x})\mathrm{d}\boldsymbol{y}=\frac{\partial l}{\partial\boldsymbol{x}}=\boldsymbol{O}_{n\times 1} \tag{2.135}$$

即求导和积分可以互换次序。下面将利用“正则”条件证明式（2.132）中的第二个等式成立，根据“正则”条件可知

$$\mathrm{E}\left[\frac{\partial\ln(p(\boldsymbol{y}\,|\,\boldsymbol{x}))}{\partial<\boldsymbol{x}>_k}\right]=\int\frac{\partial\ln(p(\boldsymbol{y}\,|\,\boldsymbol{x}))}{\partial<\boldsymbol{x}>_k}\cdot p(\boldsymbol{y}\,|\,\boldsymbol{x})\mathrm{d}\boldsymbol{y}=0 \tag{2.136}$$

将式（2.136）两边再对 $<\boldsymbol{x}>_l$ 求偏导可得

$$\frac{\partial}{\partial<\boldsymbol{x}>_l}\int\frac{\partial\ln(p(\boldsymbol{y}|\boldsymbol{x}))}{\partial<\boldsymbol{x}>_k}\cdot p(\boldsymbol{y}|\boldsymbol{x})\mathrm{d}\boldsymbol{y}=\int\left(\frac{\partial^2\ln(p(\boldsymbol{y}|\boldsymbol{x}))}{\partial<\boldsymbol{x}>_k\partial<\boldsymbol{x}>_l}\cdot p(\boldsymbol{y}|\boldsymbol{x})+\frac{\partial\ln(p(\boldsymbol{y}|\boldsymbol{x}))}{\partial<\boldsymbol{x}>_k}\cdot\frac{\partial p(\boldsymbol{y}|\boldsymbol{x})}{\partial<\boldsymbol{x}>_l}\right)\mathrm{d}\boldsymbol{y}$$
$$=\int\frac{\partial^2\ln(p(\boldsymbol{y}|\boldsymbol{x}))}{\partial<\boldsymbol{x}>_k\partial<\boldsymbol{x}>_l}\cdot p(\boldsymbol{y}|\boldsymbol{x})\mathrm{d}\boldsymbol{y}+\int\frac{\partial\ln(p(\boldsymbol{y}|\boldsymbol{x}))}{\partial<\boldsymbol{x}>_k}\cdot\frac{\partial\ln(p(\boldsymbol{y}|\boldsymbol{x}))}{\partial<\boldsymbol{x}>_l}\cdot p(\boldsymbol{y}|\boldsymbol{x})\mathrm{d}\boldsymbol{y}=0$$
（2.137）

由式（2.137）可知，式（2.132）中的第二个等式成立。

基于上述分析，并利用“正则”条件可得

$$\begin{aligned}\int(\hat{\boldsymbol{x}}-\boldsymbol{x})\cdot\frac{\partial\ln(p(\boldsymbol{y}|\boldsymbol{x}))}{\partial\boldsymbol{x}^{\mathrm{T}}}\cdot p(\boldsymbol{y}|\boldsymbol{x})\mathrm{d}\boldsymbol{y}&=\int\hat{\boldsymbol{x}}\cdot\frac{\partial\ln(p(\boldsymbol{y}|\boldsymbol{x}))}{\partial\boldsymbol{x}^{\mathrm{T}}}\cdot p(\boldsymbol{y}|\boldsymbol{x})\mathrm{d}\boldsymbol{y}-\int\boldsymbol{x}\cdot\frac{\partial\ln(p(\boldsymbol{y}|\boldsymbol{x}))}{\partial\boldsymbol{x}^{\mathrm{T}}}\cdot p(\boldsymbol{y}|\boldsymbol{x})\mathrm{d}\boldsymbol{y}\\&=\int\hat{\boldsymbol{x}}\cdot\frac{\partial p(\boldsymbol{y}|\boldsymbol{x})}{\partial\boldsymbol{x}^{\mathrm{T}}}\mathrm{d}\boldsymbol{y}-\boldsymbol{x}\cdot\int\frac{\partial p(\boldsymbol{y}|\boldsymbol{x})}{\partial\boldsymbol{x}^{\mathrm{T}}}\mathrm{d}\boldsymbol{y}=\frac{\partial}{\partial\boldsymbol{x}^{\mathrm{T}}}\int\hat{\boldsymbol{x}}p(\boldsymbol{y}|\boldsymbol{x})\mathrm{d}\boldsymbol{y}\\&=\frac{\partial\mathrm{E}[\hat{\boldsymbol{x}}]}{\partial\boldsymbol{x}^{\mathrm{T}}}=\frac{\partial\boldsymbol{x}}{\partial\boldsymbol{x}^{\mathrm{T}}}=\boldsymbol{I}_n\end{aligned}$$
（2.138）

现假设有任意 n 维向量 $\boldsymbol{a}$ 和 $\boldsymbol{b}$，则根据式（2.138）可知

$$\boldsymbol{a}^{\mathrm{T}}\left(\int(\hat{\boldsymbol{x}}-\boldsymbol{x})\cdot\frac{\partial\ln(p(\boldsymbol{y}|\boldsymbol{x}))}{\partial\boldsymbol{x}^{\mathrm{T}}}\cdot p(\boldsymbol{y}|\boldsymbol{x})\mathrm{d}\boldsymbol{y}\right)\boldsymbol{b}=\int(\boldsymbol{a}^{\mathrm{T}}(\hat{\boldsymbol{x}}-\boldsymbol{x}))\left(\frac{\partial\ln(p(\boldsymbol{y}|\boldsymbol{x}))}{\partial\boldsymbol{x}^{\mathrm{T}}}\cdot\boldsymbol{b}\right)p(\boldsymbol{y}|\boldsymbol{x})\mathrm{d}\boldsymbol{y}=\boldsymbol{a}^{\mathrm{T}}\boldsymbol{b}\quad(2.139)$$

若令

$$g(\boldsymbol{y})=\boldsymbol{a}^{\mathrm{T}}(\hat{\boldsymbol{x}}-\boldsymbol{x})\text{，}h(\boldsymbol{y})=\frac{\partial\ln(p(\boldsymbol{y}|\boldsymbol{x}))}{\partial\boldsymbol{x}^{\mathrm{T}}}\cdot\boldsymbol{b}\text{，}w(\boldsymbol{y})=p(\boldsymbol{y}|\boldsymbol{x})\geqslant0\quad(2.140)$$

则根据引理 2.2 给出的 Cauchy-Schwarz 不等式可以证得

$$\begin{aligned}(\boldsymbol{a}^{\mathrm{T}}\boldsymbol{b})^2&\leqslant\int(\boldsymbol{a}^{\mathrm{T}}(\hat{\boldsymbol{x}}-\boldsymbol{x})(\hat{\boldsymbol{x}}-\boldsymbol{x})^{\mathrm{T}}\boldsymbol{a})p(\boldsymbol{y}|\boldsymbol{x})\mathrm{d}\boldsymbol{y}\cdot\int\left(\boldsymbol{b}^{\mathrm{T}}\cdot\frac{\partial\ln(p(\boldsymbol{y}|\boldsymbol{x}))}{\partial\boldsymbol{x}}\cdot\frac{\partial\ln(p(\boldsymbol{y}|\boldsymbol{x}))}{\partial\boldsymbol{x}^{\mathrm{T}}}\cdot\boldsymbol{b}\right)p(\boldsymbol{y}|\boldsymbol{x})\mathrm{d}\boldsymbol{y}\\&=(\boldsymbol{a}^{\mathrm{T}}\cdot\mathbf{cov}(\hat{\boldsymbol{x}})\cdot\boldsymbol{a})(\boldsymbol{b}^{\mathrm{T}}\cdot\mathbf{FISH}(\boldsymbol{x})\cdot\boldsymbol{b})\end{aligned}$$
（2.141）

由于向量 $\boldsymbol{b}$ 的任意性，不妨令 $\boldsymbol{b}=(\mathbf{FISH}(\boldsymbol{x}))^{-1}\boldsymbol{a}$，并将其代入式（2.141）中可得

$$(\boldsymbol{a}^{\mathrm{T}}(\mathbf{FISH}(\boldsymbol{x}))^{-1}\boldsymbol{a})^2\leqslant(\boldsymbol{a}^{\mathrm{T}}\cdot\mathbf{cov}(\hat{\boldsymbol{x}})\cdot\boldsymbol{a})(\boldsymbol{a}^{\mathrm{T}}(\mathbf{FISH}(\boldsymbol{x}))^{-1}\boldsymbol{a})\quad(2.142)$$

因为 $\mathbf{FISH}(\boldsymbol{x})$ 是正定矩阵，所以 $\boldsymbol{a}^{\mathrm{T}}(\mathbf{FISH}(\boldsymbol{x}))^{-1}\boldsymbol{a}\geqslant0$，结合式（2.142）可得 $\boldsymbol{a}^{\mathrm{T}}(\mathbf{cov}(\hat{\boldsymbol{x}})-(\mathbf{FISH}(\boldsymbol{x}))^{-1})\boldsymbol{a}\geqslant0$，再利用向量 $\boldsymbol{a}$ 的任意性可知式（2.131）成立。

根据引理 2.2 可知，式（2.141）中等号成立的条件是存在常数 c 满足

$$g(\boldsymbol{y})=ch(\boldsymbol{y})\Rightarrow\boldsymbol{a}^{\mathrm{T}}(\hat{\boldsymbol{x}}-\boldsymbol{x})=c\cdot\frac{\partial\ln(p(\boldsymbol{y}|\boldsymbol{x}))}{\partial\boldsymbol{x}^{\mathrm{T}}}\cdot\boldsymbol{b}=c\cdot\frac{\partial\ln(p(\boldsymbol{y}|\boldsymbol{x}))}{\partial\boldsymbol{x}^{\mathrm{T}}}\cdot(\mathbf{FISH}(\boldsymbol{x}))^{-1}\boldsymbol{a}\quad(2.143)$$

于是有

$$\frac{\partial\ln(p(\boldsymbol{y}|\boldsymbol{x}))}{\partial\boldsymbol{x}}=\frac{1}{c}\cdot\mathbf{FISH}(\boldsymbol{x})\cdot(\hat{\boldsymbol{x}}-\boldsymbol{x})\quad(2.144)$$

利用式（2.144）可以进一步推得

$$\frac{\partial^2 \ln(p(\boldsymbol{y}|\boldsymbol{x}))}{\partial \boldsymbol{x}\partial \boldsymbol{x}^{\mathrm{T}}}=\frac{1}{c}\cdot((\hat{\boldsymbol{x}}-\boldsymbol{x})^{\mathrm{T}}\otimes \boldsymbol{I}_n)\cdot\frac{\partial \mathrm{vec}(\mathbf{FISH}(\boldsymbol{x}))}{\partial \boldsymbol{x}^{\mathrm{T}}}-\frac{1}{c}\cdot\mathbf{FISH}(\boldsymbol{x}) \tag{2.145}$$

两边取数学期望可得

$$\mathbf{FISH}(\boldsymbol{x})=c\cdot\mathbf{FISH}(\boldsymbol{x})\Rightarrow c=1 \tag{2.146}$$

由式（2.144）和式（2.146）可知，当等式（2.133）满足时，式（2.131）中的等号成立。命题 2.24 得证。 □

需要指出的是，命题 2.24 中的 $\mathbf{FISH}(\boldsymbol{x})$ 称为未知参量 $\boldsymbol{x}$ 的费希尔信息矩阵，而 $\mathbf{CRB}(\boldsymbol{x})$ 称为未知参量 $\boldsymbol{x}$ 的估计方差的克拉美罗界矩阵，这两个矩阵是互逆的关系，即有 $\mathbf{CRB}(\boldsymbol{x})=(\mathbf{FISH}(\boldsymbol{x}))^{-1}$。

根据命题 2.24 可以得到如下推论。

推论 2.13：假设未知参量 $\boldsymbol{x}$ 的估计方差的克拉美罗界矩阵为 $\mathbf{CRB}(\boldsymbol{x})$，若定义一个新的参量 $\bar{\boldsymbol{x}}=\boldsymbol{F}\boldsymbol{x}$，其中 $\boldsymbol{F}$ 为可逆矩阵，则关于未知参量 $\bar{\boldsymbol{x}}$ 的估计方差的克拉美罗界矩阵为 $\mathbf{CRB}(\bar{\boldsymbol{x}})=\boldsymbol{F}\cdot\mathbf{CRB}(\boldsymbol{x})\cdot\boldsymbol{F}^{\mathrm{T}}$。

证明：假设观测向量 $\boldsymbol{y}$ 的概率密度函数为 $p(\boldsymbol{y}|\boldsymbol{x})$，由于未知参量 $\boldsymbol{x}$ 是 $\bar{\boldsymbol{x}}$ 的函数，因此也可以将观测向量 $\boldsymbol{y}$ 的概率密度函数看成是关于 $\bar{\boldsymbol{x}}$ 的函数，不妨将其记为 $\bar{p}(\boldsymbol{y}|\bar{\boldsymbol{x}})$，于是有

$$\frac{\partial \bar{p}(\boldsymbol{y}|\bar{\boldsymbol{x}})}{\partial \bar{\boldsymbol{x}}^{\mathrm{T}}}=\frac{\partial p(\boldsymbol{y}|\boldsymbol{x})}{\partial \boldsymbol{x}^{\mathrm{T}}}\cdot\frac{\partial \boldsymbol{x}}{\partial \bar{\boldsymbol{x}}^{\mathrm{T}}}=\frac{\partial p(\boldsymbol{y}|\boldsymbol{x})}{\partial \boldsymbol{x}^{\mathrm{T}}}\cdot\boldsymbol{F}^{-1}\Rightarrow\frac{\partial \bar{p}(\boldsymbol{y}|\bar{\boldsymbol{x}})}{\partial \bar{\boldsymbol{x}}}=\boldsymbol{F}^{-\mathrm{T}}\cdot\frac{\partial p(\boldsymbol{y}|\boldsymbol{x})}{\partial \boldsymbol{x}} \tag{2.147}$$

根据命题 2.24 可知

$$\begin{aligned}\mathbf{FISH}(\bar{\boldsymbol{x}})&=\mathrm{E}\left[\frac{\partial \ln(\bar{p}(\boldsymbol{y}|\bar{\boldsymbol{x}}))}{\partial \bar{\boldsymbol{x}}}\cdot\frac{\partial \ln(\bar{p}(\boldsymbol{y}|\bar{\boldsymbol{x}}))}{\partial \bar{\boldsymbol{x}}^{\mathrm{T}}}\right]=\boldsymbol{F}^{-\mathrm{T}}\cdot\mathrm{E}\left[\frac{\partial \ln(p(\boldsymbol{y}|\boldsymbol{x}))}{\partial \boldsymbol{x}}\cdot\frac{\partial \ln(p(\boldsymbol{y}|\boldsymbol{x}))}{\partial \boldsymbol{x}^{\mathrm{T}}}\right]\cdot\boldsymbol{F}^{-1}\\&=\boldsymbol{F}^{-\mathrm{T}}\cdot\mathbf{FISH}(\boldsymbol{x})\cdot\boldsymbol{F}^{-1}\end{aligned} \tag{2.148}$$

由式（2.148）可以进一步推得

$$\mathbf{CRB}(\bar{\boldsymbol{x}})=(\mathbf{FISH}(\bar{\boldsymbol{x}}))^{-1}=\boldsymbol{F}\cdot(\mathbf{FISH}(\boldsymbol{x}))^{-1}\cdot\boldsymbol{F}^{\mathrm{T}}=\boldsymbol{F}\cdot\mathbf{CRB}(\boldsymbol{x})\cdot\boldsymbol{F}^{\mathrm{T}} \tag{2.149}$$

推论 2.13 得证。 □

（二）高斯观测条件下的未知参量估计方差的克拉美罗界

所谓高斯观测是指观测误差（或噪声）服从高斯分布。下面将讨论高斯观测条件下的未知参量估计方差的克拉美罗界，具体可见下面两个命题。

命题 2.25：假设 m 维实高斯观测向量 $\boldsymbol{y}$ 受到未知参量 $\boldsymbol{x}$ 的支配，其均值和协方差矩阵分别为 $\boldsymbol{\mu}(\boldsymbol{x})$ 和 $\boldsymbol{C}(\boldsymbol{x})$，则关于未知参量 $\boldsymbol{x}$ 的估计方差的克拉美罗界矩阵满足

$$<(\mathbf{CRB}(\boldsymbol{x}))^{-1}>_{kl}=\frac{1}{2}\cdot\mathrm{tr}\left((\boldsymbol{C}(\boldsymbol{x}))^{-1}\cdot\frac{\partial \boldsymbol{C}(\boldsymbol{x})}{\partial<\boldsymbol{x}>_k}\cdot(\boldsymbol{C}(\boldsymbol{x}))^{-1}\cdot\frac{\partial \boldsymbol{C}(\boldsymbol{x})}{\partial<\boldsymbol{x}>_l}\right)+\frac{\partial \boldsymbol{\mu}^{\mathrm{T}}(\boldsymbol{x})}{\partial<\boldsymbol{x}>_k}\cdot(\boldsymbol{C}(\boldsymbol{x}))^{-1}\cdot\frac{\partial \boldsymbol{\mu}(\boldsymbol{x})}{\partial<\boldsymbol{x}>_l} \tag{2.150}$$

证明：m 维实高斯观测向量 $\boldsymbol{y}$ 的概率密度函数可以表示为

$$p(\boldsymbol{y}|\boldsymbol{x})=\frac{1}{(2\pi)^{m/2}\cdot(\det[\boldsymbol{C}(\boldsymbol{x})])^{1/2}}\cdot\exp\{-(\boldsymbol{y}-\boldsymbol{\mu}(\boldsymbol{x}))^{\mathrm{T}}(\boldsymbol{C}(\boldsymbol{x}))^{-1}(\boldsymbol{y}-\boldsymbol{\mu}(\boldsymbol{x}))/2\} \tag{2.151}$$

根据式（2.151）可知，其对数似然函数为

$$\ln(p(\boldsymbol{y}|\boldsymbol{x}))=-m\cdot\ln(2\pi)/2-\ln(\det[\boldsymbol{C}(\boldsymbol{x})])/2-(\boldsymbol{y}-\boldsymbol{\mu}(\boldsymbol{x}))^{\mathrm{T}}(\boldsymbol{C}(\boldsymbol{x}))^{-1}(\boldsymbol{y}-\boldsymbol{\mu}(\boldsymbol{x}))/2 \tag{2.152}$$

于是有

$$\begin{aligned}\frac{\partial\ln(p(\boldsymbol{y}\,|\,\boldsymbol{x}))}{\partial<\boldsymbol{x}>_k}&=-\frac{1}{2}\cdot\frac{\partial\ln(\det[\boldsymbol{C}(\boldsymbol{x})])}{\partial<\boldsymbol{x}>_k}-\frac{1}{2}\cdot\frac{\partial(\boldsymbol{y}-\boldsymbol{\mu}(\boldsymbol{x}))^{\mathrm{T}}(\boldsymbol{C}(\boldsymbol{x}))^{-1}(\boldsymbol{y}-\boldsymbol{\mu}(\boldsymbol{x}))}{\partial<\boldsymbol{x}>_k}\\&=-\frac{1}{2}\cdot\mathrm{tr}\left((\boldsymbol{C}(\boldsymbol{x}))^{-1}\cdot\frac{\partial\boldsymbol{C}(\boldsymbol{x})}{\partial<\boldsymbol{x}>_k}\right)-\frac{1}{2}\cdot(\boldsymbol{y}-\boldsymbol{\mu}(\boldsymbol{x}))^{\mathrm{T}}\cdot\frac{\partial(\boldsymbol{C}(\boldsymbol{x}))^{-1}}{\partial<\boldsymbol{x}>_k}\cdot(\boldsymbol{y}-\boldsymbol{\mu}(\boldsymbol{x}))\\&\quad+\frac{\partial\boldsymbol{\mu}^{\mathrm{T}}(\boldsymbol{x})}{\partial<\boldsymbol{x}>_k}\cdot(\boldsymbol{C}(\boldsymbol{x}))^{-1}(\boldsymbol{y}-\boldsymbol{\mu}(\boldsymbol{x}))\\&=-\frac{1}{2}\cdot\mathrm{tr}\left((\boldsymbol{C}(\boldsymbol{x}))^{-1}\cdot\frac{\partial\boldsymbol{C}(\boldsymbol{x})}{\partial<\boldsymbol{x}>_k}\right)+\frac{1}{2}\cdot(\boldsymbol{y}-\boldsymbol{\mu}(\boldsymbol{x}))^{\mathrm{T}}(\boldsymbol{C}(\boldsymbol{x}))^{-1}\cdot\frac{\partial\boldsymbol{C}(\boldsymbol{x})}{\partial<\boldsymbol{x}>_k}\cdot(\boldsymbol{C}(\boldsymbol{x}))^{-1}(\boldsymbol{y}-\boldsymbol{\mu}(\boldsymbol{x}))\\&\quad+\frac{\partial\boldsymbol{\mu}^{\mathrm{T}}(\boldsymbol{x})}{\partial<\boldsymbol{x}>_k}\cdot(\boldsymbol{C}(\boldsymbol{x}))^{-1}(\boldsymbol{y}-\boldsymbol{\mu}(\boldsymbol{x}))\end{aligned}\tag{2.153}$$

式（2.153）利用了下面的两个等式

$$\begin{cases}\dfrac{\partial\ln(\det[\boldsymbol{C}(\boldsymbol{x})])}{\partial<\boldsymbol{x}>_k}=\mathrm{tr}\left((\boldsymbol{C}(\boldsymbol{x}))^{-1}\cdot\dfrac{\partial\boldsymbol{C}(\boldsymbol{x})}{\partial<\boldsymbol{x}>_k}\right)\\\dfrac{\partial(\boldsymbol{C}(\boldsymbol{x}))^{-1}}{\partial<\boldsymbol{x}>_k}=-(\boldsymbol{C}(\boldsymbol{x}))^{-1}\cdot\dfrac{\partial\boldsymbol{C}(\boldsymbol{x})}{\partial<\boldsymbol{x}>_k}\cdot(\boldsymbol{C}(\boldsymbol{x}))^{-1}\end{cases}\tag{2.154}$$

式（2.154）的证明见附录 A1。利用命题 2.24 可得

$$\begin{aligned}&<(\mathbf{CRB}(\boldsymbol{x}))^{-1}>_{kl}=\mathrm{E}\left[\frac{\partial\ln(p(\boldsymbol{y}|\boldsymbol{x}))}{\partial<\boldsymbol{x}>_k}\cdot\frac{\partial\ln(p(\boldsymbol{y}|\boldsymbol{x}))}{\partial<\boldsymbol{x}>_l}\right]\\&=\mathrm{E}\left[\begin{array}{l}\left(\begin{array}{l}-\dfrac{1}{2}\cdot\mathrm{tr}\left((\boldsymbol{C}(\boldsymbol{x}))^{-1}\cdot\dfrac{\partial\boldsymbol{C}(\boldsymbol{x})}{\partial<\boldsymbol{x}>_k}\right)+\dfrac{1}{2}\cdot(\boldsymbol{y}-\boldsymbol{\mu}(\boldsymbol{x}))^{\mathrm{T}}(\boldsymbol{C}(\boldsymbol{x}))^{-1}\cdot\dfrac{\partial\boldsymbol{C}(\boldsymbol{x})}{\partial<\boldsymbol{x}>_k}\cdot(\boldsymbol{C}(\boldsymbol{x}))^{-1}(\boldsymbol{y}-\boldsymbol{\mu}(\boldsymbol{x}))\\+\dfrac{\partial\boldsymbol{\mu}^{\mathrm{T}}(\boldsymbol{x})}{\partial<\boldsymbol{x}>_k}\cdot(\boldsymbol{C}(\boldsymbol{x}))^{-1}(\boldsymbol{y}-\boldsymbol{\mu}(\boldsymbol{x}))\end{array}\right)\\\times\left(\begin{array}{l}-\dfrac{1}{2}\cdot\mathrm{tr}\left((\boldsymbol{C}(\boldsymbol{x}))^{-1}\cdot\dfrac{\partial\boldsymbol{C}(\boldsymbol{x})}{\partial<\boldsymbol{x}>_l}\right)+\dfrac{1}{2}\cdot(\boldsymbol{y}-\boldsymbol{\mu}(\boldsymbol{x}))^{\mathrm{T}}(\boldsymbol{C}(\boldsymbol{x}))^{-1}\cdot\dfrac{\partial\boldsymbol{C}(\boldsymbol{x})}{\partial<\boldsymbol{x}>_l}\cdot(\boldsymbol{C}(\boldsymbol{x}))^{-1}(\boldsymbol{y}-\boldsymbol{\mu}(\boldsymbol{x}))\\+\dfrac{\partial\boldsymbol{\mu}^{\mathrm{T}}(\boldsymbol{x})}{\partial<\boldsymbol{x}>_l}\cdot(\boldsymbol{C}(\boldsymbol{x}))^{-1}(\boldsymbol{y}-\boldsymbol{\mu}(\boldsymbol{x}))\end{array}\right)\end{array}\right]\end{aligned}\tag{2.155}$$

若令 $\boldsymbol{\varepsilon}=\boldsymbol{y}-\boldsymbol{\mu}(\boldsymbol{x})$，则有

$$\begin{cases}\mathrm{E}[\boldsymbol{\varepsilon}]=\mathrm{E}[\boldsymbol{y}]-\boldsymbol{\mu}(\boldsymbol{x})=\boldsymbol{O}_{m\times1}\\\mathrm{E}[\boldsymbol{\varepsilon}\boldsymbol{\varepsilon}^{\mathrm{T}}]=\boldsymbol{C}(\boldsymbol{x})\end{cases}\tag{2.156}$$

将式（2.156）代入式（2.155）中可得

$$\begin{aligned}&<(\mathbf{CRB}(\boldsymbol{x}))^{-1}>_{kl}=-\frac{1}{4}\cdot\mathrm{tr}\left((\boldsymbol{C}(\boldsymbol{x}))^{-1}\cdot\frac{\partial\boldsymbol{C}(\boldsymbol{x})}{\partial<\boldsymbol{x}>_k}\right)\cdot\mathrm{tr}\left((\boldsymbol{C}(\boldsymbol{x}))^{-1}\cdot\frac{\partial\boldsymbol{C}(\boldsymbol{x})}{\partial<\boldsymbol{x}>_l}\right)+\frac{\partial\boldsymbol{\mu}^{\mathrm{T}}(\boldsymbol{x})}{\partial<\boldsymbol{x}>_k}\cdot(\boldsymbol{C}(\boldsymbol{x}))^{-1}\cdot\frac{\partial\boldsymbol{\mu}(\boldsymbol{x})}{\partial<\boldsymbol{x}>_l}\\&+\frac{1}{4}\cdot\mathrm{E}\left[\boldsymbol{\varepsilon}^{\mathrm{T}}(\boldsymbol{C}(\boldsymbol{x}))^{-1}\cdot\frac{\partial\boldsymbol{C}(\boldsymbol{x})}{\partial<\boldsymbol{x}>_k}\cdot(\boldsymbol{C}(\boldsymbol{x}))^{-1}\boldsymbol{\varepsilon}\boldsymbol{\varepsilon}^{\mathrm{T}}(\boldsymbol{C}(\boldsymbol{x}))^{-1}\cdot\frac{\partial\boldsymbol{C}(\boldsymbol{x})}{\partial<\boldsymbol{x}>_l}\cdot(\boldsymbol{C}(\boldsymbol{x}))^{-1}\boldsymbol{\varepsilon}\right]\end{aligned}\tag{2.157}$$

另一方面，附录 A2 中将证明如下等式

$$\mathrm{E}[\boldsymbol{\varepsilon}^{\mathrm{T}}\boldsymbol{A}\boldsymbol{\varepsilon}\boldsymbol{\varepsilon}^{\mathrm{T}}\boldsymbol{B}\boldsymbol{\varepsilon}]=\mathrm{tr}(\boldsymbol{A}\cdot\boldsymbol{C}(\boldsymbol{x}))\cdot\mathrm{tr}(\boldsymbol{B}\cdot\boldsymbol{C}(\boldsymbol{x}))+2\cdot\mathrm{tr}(\boldsymbol{A}\cdot\boldsymbol{C}(\boldsymbol{x})\cdot\boldsymbol{B}\cdot\boldsymbol{C}(\boldsymbol{x})) \tag{2.158}$$

于是有

$$\begin{aligned}&\mathrm{E}\left[\boldsymbol{\varepsilon}^{\mathrm{T}}(\boldsymbol{C}(\boldsymbol{x}))^{-1}\cdot\frac{\partial\boldsymbol{C}(\boldsymbol{x})}{\partial<\boldsymbol{x}>_k}\cdot(\boldsymbol{C}(\boldsymbol{x}))^{-1}\boldsymbol{\varepsilon}\boldsymbol{\varepsilon}^{\mathrm{T}}(\boldsymbol{C}(\boldsymbol{x}))^{-1}\cdot\frac{\partial\boldsymbol{C}(\boldsymbol{x})}{\partial<\boldsymbol{x}>_l}\cdot(\boldsymbol{C}(\boldsymbol{x}))^{-1}\boldsymbol{\varepsilon}\right]\\&=\mathrm{tr}\left((\boldsymbol{C}(\boldsymbol{x}))^{-1}\cdot\frac{\partial\boldsymbol{C}(\boldsymbol{x})}{\partial<\boldsymbol{x}>_k}\right)\cdot\mathrm{tr}\left((\boldsymbol{C}(\boldsymbol{x}))^{-1}\cdot\frac{\partial\boldsymbol{C}(\boldsymbol{x})}{\partial<\boldsymbol{x}>_l}\right)+2\cdot\mathrm{tr}\left((\boldsymbol{C}(\boldsymbol{x}))^{-1}\cdot\frac{\partial\boldsymbol{C}(\boldsymbol{x})}{\partial<\boldsymbol{x}>_k}\cdot(\boldsymbol{C}(\boldsymbol{x}))^{-1}\cdot\frac{\partial\boldsymbol{C}(\boldsymbol{x})}{\partial<\boldsymbol{x}>_l}\right)\end{aligned} \tag{2.159}$$

将式（2.159）代入式（2.157）中可知式（2.150）成立。

命题 2.25 得证。 □

下面考虑将命题 2.25 中的结论推广至复高斯观测的情形。关于复高斯观测向量最直接的定义就是其实部和虚部服从联合高斯分布。然而，在信号处理领域中，由于其特殊的应用背景，通常需要将复高斯观测向量限定为实部和虚部的协方差矩阵相同，并且实部和虚部之间的互协方差矩阵具有反对称性（即该矩阵与其转置矩阵相加等于零矩阵）[12]。若无特殊说明，本书所假设的复高斯观测向量均具有这两个性质。关于复高斯观测条件下未知参量估计方差的克拉美罗界可见下述命题。

命题 2.26：假设 m 维复高斯观测向量 $\boldsymbol{y}$ 受到未知参量 $\boldsymbol{x}$ 的支配，其均值和协方差矩阵分别为 $\boldsymbol{\mu}(\boldsymbol{x})$ 和 $\boldsymbol{C}(\boldsymbol{x})$，则关于未知参量 $\boldsymbol{x}$ 的估计方差的克拉美罗界矩阵满足

$$<(\mathbf{CRB}(\boldsymbol{x}))^{-1}>_{kl}=\mathrm{tr}\left((\boldsymbol{C}(\boldsymbol{x}))^{-1}\cdot\frac{\partial\boldsymbol{C}(\boldsymbol{x})}{\partial<\boldsymbol{x}>_k}\cdot(\boldsymbol{C}(\boldsymbol{x}))^{-1}\cdot\frac{\partial\boldsymbol{C}(\boldsymbol{x})}{\partial<\boldsymbol{x}>_l}\right)+2\cdot\mathrm{Re}\left\{\frac{\partial\boldsymbol{\mu}^{\mathrm{H}}(\boldsymbol{x})}{\partial<\boldsymbol{x}>_k}\cdot(\boldsymbol{C}(\boldsymbol{x}))^{-1}\cdot\frac{\partial\boldsymbol{\mu}(\boldsymbol{x})}{\partial<\boldsymbol{x}>_l}\right\} \tag{2.160}$$

证明：附录 A3 中将证明，m 维复高斯观测向量 $\hat{\boldsymbol{y}}$ 的概率密度函数可以表示为

$$p(\boldsymbol{y}\,|\,\boldsymbol{x})=\frac{1}{\pi^m\cdot\det[\boldsymbol{C}(\boldsymbol{x})]}\cdot\exp\{-(\boldsymbol{y}-\boldsymbol{\mu}(\boldsymbol{x}))^{\mathrm{H}}(\boldsymbol{C}(\boldsymbol{x}))^{-1}(\boldsymbol{y}-\boldsymbol{\mu}(\boldsymbol{x}))\} \tag{2.161}$$

根据式（2.161）可知，其对数似然函数为

$$\ln(p(\boldsymbol{y}\,|\,\boldsymbol{x}))=-m\cdot\ln(\pi)-\ln(\det[\boldsymbol{C}(\boldsymbol{x})])-(\boldsymbol{y}-\boldsymbol{\mu}(\boldsymbol{x}))^{\mathrm{H}}(\boldsymbol{C}(\boldsymbol{x}))^{-1}(\boldsymbol{y}-\boldsymbol{\mu}(\boldsymbol{x})) \tag{2.162}$$

结合式（2.154）和式（2.162）可得

$$\begin{aligned}\frac{\partial\ln(p(\boldsymbol{y}\,|\,\boldsymbol{x}))}{\partial<\boldsymbol{x}>_k}&=-\frac{\partial\ln(\det[\boldsymbol{C}(\boldsymbol{x})])}{\partial<\boldsymbol{x}>_k}-\frac{\partial(\boldsymbol{y}-\boldsymbol{\mu}(\boldsymbol{x}))^{\mathrm{H}}(\boldsymbol{C}(\boldsymbol{x}))^{-1}(\boldsymbol{y}-\boldsymbol{\mu}(\boldsymbol{x}))}{\partial<\boldsymbol{x}>_k}\\&=-\mathrm{tr}\left((\boldsymbol{C}(\boldsymbol{x}))^{-1}\cdot\frac{\partial\boldsymbol{C}(\boldsymbol{x})}{\partial<\boldsymbol{x}>_k}\right)-(\boldsymbol{y}-\boldsymbol{\mu}(\boldsymbol{x}))^{\mathrm{H}}\cdot\frac{\partial(\boldsymbol{C}(\boldsymbol{x}))^{-1}}{\partial<\boldsymbol{x}>_k}\cdot(\boldsymbol{y}-\boldsymbol{\mu}(\boldsymbol{x}))\\&\quad+(\boldsymbol{y}-\boldsymbol{\mu}(\boldsymbol{x}))^{\mathrm{H}}(\boldsymbol{C}(\boldsymbol{x}))^{-1}\cdot\frac{\partial\boldsymbol{\mu}(\boldsymbol{x})}{\partial<\boldsymbol{x}>_k}+\frac{\partial\boldsymbol{\mu}^{\mathrm{H}}(\boldsymbol{x})}{\partial<\boldsymbol{x}>_k}\cdot(\boldsymbol{C}(\boldsymbol{x}))^{-1}(\boldsymbol{y}-\boldsymbol{\mu}(\boldsymbol{x}))\\&=-\mathrm{tr}\left((\boldsymbol{C}(\boldsymbol{x}))^{-1}\cdot\frac{\partial\boldsymbol{C}(\boldsymbol{x})}{\partial<\boldsymbol{x}>_k}\right)+(\boldsymbol{y}-\boldsymbol{\mu}(\boldsymbol{x}))^{\mathrm{H}}(\boldsymbol{C}(\boldsymbol{x}))^{-1}\cdot\frac{\partial\boldsymbol{C}(\boldsymbol{x})}{\partial<\boldsymbol{x}>_k}\cdot(\boldsymbol{C}(\boldsymbol{x}))^{-1}(\boldsymbol{y}-\boldsymbol{\mu}(\boldsymbol{x}))\\&\quad+(\boldsymbol{y}-\boldsymbol{\mu}(\boldsymbol{x}))^{\mathrm{H}}(\boldsymbol{C}(\boldsymbol{x}))^{-1}\cdot\frac{\partial\boldsymbol{\mu}(\boldsymbol{x})}{\partial<\boldsymbol{x}>_k}+\frac{\partial\boldsymbol{\mu}^{\mathrm{H}}(\boldsymbol{x})}{\partial<\boldsymbol{x}>_k}\cdot(\boldsymbol{C}(\boldsymbol{x}))^{-1}(\boldsymbol{y}-\boldsymbol{\mu}(\boldsymbol{x}))\end{aligned} \tag{2.163}$$

于是有

$$<(\mathbf{CRB}(\boldsymbol{x}))^{-1}>_{kl}=\mathrm{E}\left[\frac{\partial\ln(p(\boldsymbol{y}\,|\,\boldsymbol{x}))}{\partial<\boldsymbol{x}>_k}\cdot\frac{\partial\ln(p(\boldsymbol{y}\,|\,\boldsymbol{x}))}{\partial<\boldsymbol{x}>_l}\right]$$

$$=\mathrm{E}\left[\begin{array}{l}\left(\begin{array}{l}-\mathrm{tr}\left((\boldsymbol{C}(\boldsymbol{x}))^{-1}\cdot\dfrac{\partial\boldsymbol{C}(\boldsymbol{x})}{\partial<\boldsymbol{x}>_k}\right)+(\boldsymbol{y}-\boldsymbol{\mu}(\boldsymbol{x}))^{\mathrm{H}}(\boldsymbol{C}(\boldsymbol{x}))^{-1}\cdot\dfrac{\partial\boldsymbol{C}(\boldsymbol{x})}{\partial<\boldsymbol{x}>_k}\cdot(\boldsymbol{C}(\boldsymbol{x}))^{-1}(\boldsymbol{y}-\boldsymbol{\mu}(\boldsymbol{x}))\\ \qquad+(\boldsymbol{y}-\boldsymbol{\mu}(\boldsymbol{x}))^{\mathrm{H}}(\boldsymbol{C}(\boldsymbol{x}))^{-1}\cdot\dfrac{\partial\boldsymbol{\mu}(\boldsymbol{x})}{\partial<\boldsymbol{x}>_k}+\dfrac{\partial\boldsymbol{\mu}^{\mathrm{H}}(\boldsymbol{x})}{\partial<\boldsymbol{x}>_k}\cdot(\boldsymbol{C}(\boldsymbol{x}))^{-1}(\boldsymbol{y}-\boldsymbol{\mu}(\boldsymbol{x}))\end{array}\right)\\ \times\left(\begin{array}{l}-\mathrm{tr}\left((\boldsymbol{C}(\boldsymbol{x}))^{-1}\cdot\dfrac{\partial\boldsymbol{C}(\boldsymbol{x})}{\partial<\boldsymbol{x}>_l}\right)+(\boldsymbol{y}-\boldsymbol{\mu}(\boldsymbol{x}))^{\mathrm{H}}(\boldsymbol{C}(\boldsymbol{x}))^{-1}\cdot\dfrac{\partial\boldsymbol{C}(\boldsymbol{x})}{\partial<\boldsymbol{x}>_l}\cdot(\boldsymbol{C}(\boldsymbol{x}))^{-1}(\boldsymbol{y}-\boldsymbol{\mu}(\boldsymbol{x}))\\ \qquad+(\boldsymbol{y}-\boldsymbol{\mu}(\boldsymbol{x}))^{\mathrm{H}}(\boldsymbol{C}(\boldsymbol{x}))^{-1}\cdot\dfrac{\partial\boldsymbol{\mu}(\boldsymbol{x})}{\partial<\boldsymbol{x}>_l}+\dfrac{\partial\boldsymbol{\mu}^{\mathrm{H}}(\boldsymbol{x})}{\partial<\boldsymbol{x}>_l}\cdot(\boldsymbol{C}(\boldsymbol{x}))^{-1}(\boldsymbol{y}-\boldsymbol{\mu}(\boldsymbol{x}))\end{array}\right)\end{array}\right] \tag{2.164}$$

若令 $\boldsymbol{\varepsilon}=\boldsymbol{y}-\boldsymbol{\mu}(\boldsymbol{x})$，则根据复高斯观测向量的定义可得

$$\begin{cases}\mathrm{E}[\boldsymbol{\varepsilon}]=\mathrm{E}[\boldsymbol{y}]-\boldsymbol{\mu}(\boldsymbol{x})=\boldsymbol{O}_{m\times 1}\\ \mathrm{E}[\boldsymbol{\varepsilon}\boldsymbol{\varepsilon}^{\mathrm{H}}]=\boldsymbol{C}(\boldsymbol{x}),\ \mathrm{E}[\boldsymbol{\varepsilon}\boldsymbol{\varepsilon}^{\mathrm{T}}]=\boldsymbol{O}_{m\times m}\end{cases} \tag{2.165}$$

将式（2.165）代入式（2.164）中可得

$$\begin{aligned}<(\mathbf{CRB}(\boldsymbol{x}))^{-1}>_{kl}=&-\mathrm{tr}\left((\boldsymbol{C}(\boldsymbol{x}))^{-1}\cdot\frac{\partial\boldsymbol{C}(\boldsymbol{x})}{\partial<\boldsymbol{x}>_k}\right)\cdot\mathrm{tr}\left((\boldsymbol{C}(\boldsymbol{x}))^{-1}\cdot\frac{\partial\boldsymbol{C}(\boldsymbol{x})}{\partial<\boldsymbol{x}>_l}\right)\\ &+\frac{\partial\boldsymbol{\mu}^{\mathrm{H}}(\boldsymbol{x})}{\partial<\boldsymbol{x}>_l}\cdot(\boldsymbol{C}(\boldsymbol{x}))^{-1}\cdot\frac{\partial\boldsymbol{\mu}(\boldsymbol{x})}{\partial<\boldsymbol{x}>_k}+\frac{\partial\boldsymbol{\mu}^{\mathrm{H}}(\boldsymbol{x})}{\partial<\boldsymbol{x}>_k}\cdot(\boldsymbol{C}(\boldsymbol{x}))^{-1}\cdot\frac{\partial\boldsymbol{\mu}(\boldsymbol{x})}{\partial<\boldsymbol{x}>_l}\\ &+\mathrm{E}\left[\boldsymbol{\varepsilon}^{\mathrm{H}}(\boldsymbol{C}(\boldsymbol{x}))^{-1}\cdot\frac{\partial\boldsymbol{C}(\boldsymbol{x})}{\partial<\boldsymbol{x}>_k}\cdot(\boldsymbol{C}(\boldsymbol{x}))^{-1}\boldsymbol{\varepsilon}\boldsymbol{\varepsilon}^{\mathrm{H}}(\boldsymbol{C}(\boldsymbol{x}))^{-1}\cdot\frac{\partial\boldsymbol{C}(\boldsymbol{x})}{\partial<\boldsymbol{x}>_l}\cdot(\boldsymbol{C}(\boldsymbol{x}))^{-1}\boldsymbol{\varepsilon}\right]\end{aligned} \tag{2.166}$$

另一方面，附录 A4 中将证明如下等式

$$\mathrm{E}[\boldsymbol{\varepsilon}^{\mathrm{H}}\boldsymbol{A}\boldsymbol{\varepsilon}\boldsymbol{\varepsilon}^{\mathrm{H}}\boldsymbol{B}\boldsymbol{\varepsilon}]=\mathrm{tr}(\boldsymbol{A}\cdot\boldsymbol{C}(\boldsymbol{x}))\cdot\mathrm{tr}(\boldsymbol{B}\cdot\boldsymbol{C}(\boldsymbol{x}))+\mathrm{tr}(\boldsymbol{A}\cdot\boldsymbol{C}(\boldsymbol{x})\cdot\boldsymbol{B}\cdot\boldsymbol{C}(\boldsymbol{x})) \tag{2.167}$$

于是有

$$\begin{aligned}&\mathrm{E}\left[\boldsymbol{\varepsilon}^{\mathrm{H}}(\boldsymbol{C}(\boldsymbol{x}))^{-1}\cdot\frac{\partial\boldsymbol{C}(\boldsymbol{x})}{\partial<\boldsymbol{x}>_k}\cdot(\boldsymbol{C}(\boldsymbol{x}))^{-1}\boldsymbol{\varepsilon}\boldsymbol{\varepsilon}^{\mathrm{H}}(\boldsymbol{C}(\boldsymbol{x}))^{-1}\cdot\frac{\partial\boldsymbol{C}(\boldsymbol{x})}{\partial<\boldsymbol{x}>_l}\cdot(\boldsymbol{C}(\boldsymbol{x}))^{-1}\boldsymbol{\varepsilon}\right]\\ &=\mathrm{tr}\left((\boldsymbol{C}(\boldsymbol{x}))^{-1}\cdot\frac{\partial\boldsymbol{C}(\boldsymbol{x})}{\partial<\boldsymbol{x}>_k}\right)\cdot\mathrm{tr}\left((\boldsymbol{C}(\boldsymbol{x}))^{-1}\cdot\frac{\partial\boldsymbol{C}(\boldsymbol{x})}{\partial<\boldsymbol{x}>_l}\right)+\mathrm{tr}\left((\boldsymbol{C}(\boldsymbol{x}))^{-1}\cdot\frac{\partial\boldsymbol{C}(\boldsymbol{x})}{\partial<\boldsymbol{x}>_k}\cdot(\boldsymbol{C}(\boldsymbol{x}))^{-1}\cdot\frac{\partial\boldsymbol{C}(\boldsymbol{x})}{\partial<\boldsymbol{x}>_l}\right)\end{aligned} \tag{2.168}$$

将式（2.168）代入式（2.166）中可知式（2.160）成立。

命题 2.26 得证。

□

基于命题 2.26 中的结论，下面将给出两种常见复观测模型中的未知参量估计方差的克拉美罗界。

第一种复观测模型为

$$\boldsymbol{z}_1=\boldsymbol{A}(\boldsymbol{\theta})\cdot\boldsymbol{s}_1+\boldsymbol{\varepsilon}_1 \tag{2.169}$$

式中 $\boldsymbol{z}_1\in\mathbf{C}^{m\times 1}$ 表示观测向量；$\boldsymbol{s}_1\in\mathbf{C}^{n\times 1}$ 表示未知复参量；$\boldsymbol{A}(\boldsymbol{\theta})\in\mathbf{C}^{m\times n}$ 表示观测矩阵，它是关于未知实参量 $\boldsymbol{\theta}$ 的矩阵函数；$\boldsymbol{\varepsilon}_1\in\mathbf{C}^{m\times 1}$ 表示观测误差向量，它服从零均值复高斯分布，实部和虚部互不相关，并且实部和虚部的协方差矩阵均为 $\sigma_{\varepsilon_1}^2\boldsymbol{I}_m/2$，由此可知，$\boldsymbol{\varepsilon}_1$ 的协方差矩阵

为 $\sigma_{\varepsilon_1}^2 \boldsymbol{I}_m$。基于上述假设，复观测向量 $\boldsymbol{z}_1$ 的均值和协方差矩阵分别为

$$\begin{cases}\boldsymbol{\mu}_{z_1} = \mathrm{E}[\boldsymbol{z}_1] = \boldsymbol{A}(\boldsymbol{\theta}) \cdot \boldsymbol{s}_1 \\ \boldsymbol{C}_{z_1} = \mathrm{cov}(\boldsymbol{z}_1) = \mathrm{E}[(\boldsymbol{z}_1 - \boldsymbol{\mu}_{z_1})(\boldsymbol{z}_1 - \boldsymbol{\mu}_{z_1})^{\mathrm{H}}] = \mathrm{E}[\boldsymbol{\varepsilon}_1 \boldsymbol{\varepsilon}_1^{\mathrm{H}}] = \mathrm{cov}(\boldsymbol{\varepsilon}_1) = \sigma_{\varepsilon_1}^2 \boldsymbol{I}_m\end{cases} \tag{2.170}$$

若将向量 $\boldsymbol{A}(\boldsymbol{\theta}) \cdot \boldsymbol{s}_1$ 中所包含的全部未知参量所形成的实向量记为 $\boldsymbol{x}_1$（其中包括 $\boldsymbol{\theta}$ 以及 $\boldsymbol{s}_1$ 的实部和虚部），则根据命题 2.26 中的结论可知，关于未知参量 $\boldsymbol{x}_1$ 的估计方差的克拉美罗界矩阵为

$$\mathbf{CRB}(\boldsymbol{x}_1) = \frac{\sigma_{\varepsilon_1}^2}{2} \cdot \left(\mathrm{Re}\left\{ \left(\frac{\partial \boldsymbol{\mu}_{z_1}}{\partial \boldsymbol{x}_1^{\mathrm{T}}} \right)^{\mathrm{H}} \cdot \frac{\partial \boldsymbol{\mu}_{z_1}}{\partial \boldsymbol{x}_1^{\mathrm{T}}} \right\} \right)^{-1} \tag{2.171}$$

第二种复观测模型为

$$\boldsymbol{z}_2 = \boldsymbol{A}(\boldsymbol{\theta}) \cdot \boldsymbol{s}_2 + \boldsymbol{\varepsilon}_2 \tag{2.172}$$

式中 $\boldsymbol{z}_2 \in \mathbf{C}^{m\times 1}$ 表示观测向量；$\boldsymbol{s}_2 \in \mathbf{C}^{n\times 1}$ 服从零均值复高斯分布，其协方差矩阵为 $\boldsymbol{R}_{ss}$；$\boldsymbol{A}(\boldsymbol{\theta}) \in \mathbf{C}^{m\times n}$ 表示观测矩阵，它是关于未知实参量 $\boldsymbol{\theta}$ 的矩阵函数；$\boldsymbol{\varepsilon}_2 \in \mathbf{C}^{m\times 1}$ 表示观测误差向量，它也服从零均值复高斯分布，实部与虚部互不相关，并且实部和虚部的协方差矩阵均为 $\sigma_{\varepsilon_2}^2 \boldsymbol{I}_m / 2$，由此可知，$\boldsymbol{\varepsilon}_2$ 的协方差矩阵为 $\sigma_{\varepsilon_2}^2 \boldsymbol{I}_m$。基于上述假设，复观测向量 $\boldsymbol{z}_2$ 的均值和协方差矩阵分别为

$$\begin{cases}\boldsymbol{\mu}_{z_2} = \mathrm{E}[\boldsymbol{z}_2] = \boldsymbol{O}_{m\times 1} \\ \boldsymbol{C}_{z_2} = \mathrm{cov}(\boldsymbol{z}_2) = \mathrm{E}[(\boldsymbol{z}_2 - \boldsymbol{\mu}_{z_2})(\boldsymbol{z}_2 - \boldsymbol{\mu}_{z_2})^{\mathrm{H}}] = \boldsymbol{A}(\boldsymbol{\theta}) \boldsymbol{R}_{ss} \boldsymbol{A}^{\mathrm{H}}(\boldsymbol{\theta}) + \sigma_{\varepsilon_2}^2 \boldsymbol{I}_m\end{cases} \tag{2.173}$$

若将矩阵 $\boldsymbol{C}_{z_2}$ 中所包含的全部未知参量所形成的实向量记为 $\boldsymbol{x}_2$（其中包括 $\boldsymbol{\theta}$，$\sigma_{\varepsilon_2}^2$ 以及 $\boldsymbol{R}_{ss}$ 中的元素），则根据命题 2.26 中的结论可知，关于未知参量 $\boldsymbol{x}_2$ 的估计方差的克拉美罗界矩阵为

$$<(\mathbf{CRB}(\boldsymbol{x}_2))^{-1}>_{kl} = \mathrm{tr}\left(\boldsymbol{C}_{z_2}^{-1} \cdot \frac{\partial \boldsymbol{C}_{z_2}}{\partial <\boldsymbol{x}_2>_k} \cdot \boldsymbol{C}_{z_2}^{-1} \cdot \frac{\partial \boldsymbol{C}_{z_2}}{\partial <\boldsymbol{x}_2>_l} \right) \tag{2.174}$$

再利用推论 2.12 可将矩阵 $\mathbf{CRB}(\boldsymbol{x}_2)$ 表示为

$$\mathbf{CRB}(\boldsymbol{x}_2) = \left(\left(\frac{\partial \boldsymbol{c}_{z_2}}{\partial \boldsymbol{x}_2^{\mathrm{T}}} \right)^{\mathrm{H}} \cdot (\boldsymbol{C}_{z_2}^{-\mathrm{T}} \otimes \boldsymbol{C}_{z_2}^{-1}) \cdot \frac{\partial \boldsymbol{c}_{z_2}}{\partial \boldsymbol{x}_2^{\mathrm{T}}} \right)^{-1} \tag{2.175}$$

式中 $\boldsymbol{c}_{z_2} = \mathrm{vec}(\boldsymbol{C}_{z_2})$。

2.3.2 最大似然估计及其渐近统计最优性分析

假设 m 维复（或实）观测向量 $\boldsymbol{y}$ 受到 $n(n \leqslant m)$ 维未知参量 $\boldsymbol{x}$ 的支配，并且其概率密度函数为 $p(\boldsymbol{y}\,|\,\boldsymbol{x})$，则最大似然估计是通过寻找 $\hat{\boldsymbol{x}}_{\mathrm{Ml}}$，使得 $p(\boldsymbol{y}\,|\,\boldsymbol{x})$ 取最大值，即有

$$\hat{\boldsymbol{x}}_{\mathrm{Ml}} = \arg\max_{\boldsymbol{x}\in\mathbf{R}^{n\times 1}} p(\boldsymbol{y}\,|\,\boldsymbol{x}) = \arg\max_{\boldsymbol{x}\in\mathbf{R}^{n\times 1}} \ln(p(\boldsymbol{y}\,|\,\boldsymbol{x})) \tag{2.176}$$

下面的命题给出了最大似然估计的渐近统计最优性的分析。

命题 2.27：假设 m 维复（或实）观测向量 $\boldsymbol{y}$ 受到 $n(n \leqslant m)$ 维未知参量 $\boldsymbol{x}$ 的支配，其概率密度函数 $p(\boldsymbol{y}\,|\,\boldsymbol{x})$ 的对数函数 $\ln(p(\boldsymbol{y}\,|\,\boldsymbol{x}))$ 的一阶和二阶导数都存在，并且满足式（2.130）所

示的“正则”条件，则其最大似然估计 $\hat{\boldsymbol{x}}_{\text{Ml}}$ 服从渐近高斯分布，其均值为参量 $\boldsymbol{x}$ 的真实值，协方差矩阵等于其克拉美罗界矩阵 $\mathbf{CRB}(\boldsymbol{x})$。

证明：为了简化证明，这里假设观测向量 $\boldsymbol{y}$ 由 K 个序列观测向量 $\{\boldsymbol{y}_k\}_{k=1}^K$ 构成，并且 $\{\boldsymbol{y}_k\}_{k=1}^K$ 服从独立同分布，相应的概率密度函数为 $p_k(\boldsymbol{y}_k|\boldsymbol{x})$，于是有

$$p(\boldsymbol{y}|\boldsymbol{x})=\prod_{k=1}^K p_k(\boldsymbol{y}_k|\boldsymbol{x}) \Rightarrow \ln(p(\boldsymbol{y}|\boldsymbol{x}))=\sum_{k=1}^K \ln(p_k(\boldsymbol{y}_k|\boldsymbol{x})) \tag{2.177}$$

根据命题 2.24 可知，关于未知参量 $\boldsymbol{x}$ 的 Fisher 信息矩阵 $\mathbf{FISH}(\boldsymbol{x})$ 可以表示为如下形式

$$\begin{aligned}\mathbf{FISH}(\boldsymbol{x})&=-\mathrm{E}\left[\sum_{k=1}^K \frac{\partial^2 \ln(p_k(\boldsymbol{y}_k|\boldsymbol{x}))}{\partial\boldsymbol{x}\partial\boldsymbol{x}^{\mathrm{T}}}\right]=-K\cdot\mathrm{E}\left[\frac{\partial^2 \ln(p_k(\boldsymbol{y}_k|\boldsymbol{x}))}{\partial\boldsymbol{x}\partial\boldsymbol{x}^{\mathrm{T}}}\right]\\&=K\cdot\mathrm{E}\left[\frac{\partial \ln(p_k(\boldsymbol{y}_k|\boldsymbol{x}))}{\partial\boldsymbol{x}}\cdot\frac{\partial \ln(p_k(\boldsymbol{y}_k|\boldsymbol{x}))}{\partial\boldsymbol{x}^{\mathrm{T}}}\right]\end{aligned} \tag{2.178}$$

根据最大似然准则式（2.176）可知，$\hat{\boldsymbol{x}}_{\text{Ml}}$ 满足如下等式

$$\left.\frac{\partial \ln(p(\boldsymbol{y}|\boldsymbol{x}))}{\partial\boldsymbol{x}}\right|_{\boldsymbol{x}=\hat{\boldsymbol{x}}_{\text{Ml}}}=\boldsymbol{O}_{n\times 1} \tag{2.179}$$

利用一阶 Taylor 级数展开以及中值定理可得

$$\boldsymbol{O}_{n\times 1}=\left.\frac{\partial \ln(p(\boldsymbol{y}|\boldsymbol{x}))}{\partial\boldsymbol{x}}\right|_{\boldsymbol{x}=\hat{\boldsymbol{x}}_{\text{Ml}}}=\frac{\partial \ln(p(\boldsymbol{y}|\boldsymbol{x}))}{\partial\boldsymbol{x}}+\left.\frac{\partial^2 \ln(p(\boldsymbol{y}|\boldsymbol{x}))}{\partial\boldsymbol{x}\partial\boldsymbol{x}^{\mathrm{T}}}\right|_{\boldsymbol{x}=\bar{\boldsymbol{x}}}\cdot(\hat{\boldsymbol{x}}_{\text{Ml}}-\boldsymbol{x}) \tag{2.180}$$

式中 $\bar{\boldsymbol{x}}=\boldsymbol{x}+\xi(\tilde{\boldsymbol{x}}_{\text{Ml}}-\boldsymbol{x})$（其中 $0<\xi<1$）。由式（2.180）可以进一步推得

$$\sqrt{K}(\hat{\boldsymbol{x}}_{\text{Ml}}-\boldsymbol{x})=-\left(\frac{1}{K}\cdot\left.\frac{\partial^2 \ln(p(\boldsymbol{y}|\boldsymbol{x}))}{\partial\boldsymbol{x}\partial\boldsymbol{x}^{\mathrm{T}}}\right|_{\boldsymbol{x}=\bar{\boldsymbol{x}}}\right)^{-1}\cdot\left(\frac{1}{\sqrt{K}}\cdot\frac{\partial \ln(p(\boldsymbol{y}|\boldsymbol{x}))}{\partial\boldsymbol{x}}\right) \tag{2.181}$$

根据 $\{\boldsymbol{y}_k\}_{1\leqslant k\leqslant K}$ 的独立同分布性和大数定理可知

$$\lim_{K\to+\infty}\frac{1}{K}\cdot\left.\frac{\partial^2 \ln(p(\boldsymbol{y}|\boldsymbol{x}))}{\partial\boldsymbol{x}\partial\boldsymbol{x}^{\mathrm{T}}}\right|_{\boldsymbol{x}=\bar{\boldsymbol{x}}}=\lim_{K\to+\infty}\frac{1}{K}\cdot\sum_{k=1}^K\frac{\partial^2 \ln(p_k(\boldsymbol{y}_k|\boldsymbol{x}))}{\partial\boldsymbol{x}\partial\boldsymbol{x}^{\mathrm{T}}}=\mathrm{E}\left[\frac{\partial^2 \ln(p_k(\boldsymbol{y}_k|\boldsymbol{x}))}{\partial\boldsymbol{x}\partial\boldsymbol{x}^{\mathrm{T}}}\right]=-\frac{1}{K}\cdot\mathbf{FISH}(\boldsymbol{x}) \tag{2.182}$$

另一方面，利用式（2.177）可以推得

$$\frac{1}{\sqrt{K}}\cdot\frac{\partial \ln(p(\boldsymbol{y}|\boldsymbol{x}))}{\partial\boldsymbol{x}}=\frac{1}{\sqrt{K}}\cdot\sum_{k=1}^K\frac{\partial \ln(p_k(\boldsymbol{y}_k|\boldsymbol{x}))}{\partial\boldsymbol{x}}=\frac{1}{\sqrt{K}}\cdot\sum_{k=1}^K\boldsymbol{\varepsilon}_k \tag{2.183}$$

式中 $\boldsymbol{\varepsilon}_k=\dfrac{\partial \ln(p_k(\boldsymbol{y}_k|\boldsymbol{x}))}{\partial\boldsymbol{x}}$。根据 $\{\boldsymbol{y}_k\}_{1\leqslant k\leqslant K}$ 的独立同分布性可知，$\{\boldsymbol{\varepsilon}_k\}_{1\leqslant k\leqslant K}$ 也是独立同分布序列，基于此并利用中心极限定理可知，式（2.183）服从渐近高斯分布，其均值和协方差矩阵分别为

$$\begin{cases}\mathrm{E}\left[\dfrac{1}{\sqrt{K}}\cdot\displaystyle\sum_{k=1}^K\boldsymbol{\varepsilon}_k\right]=\dfrac{1}{\sqrt{K}}\cdot\displaystyle\sum_{k=1}^K\mathrm{E}[\boldsymbol{\varepsilon}_k]=\boldsymbol{O}_{n\times 1}\\ \mathrm{E}\left[\left(\dfrac{1}{\sqrt{K}}\cdot\displaystyle\sum_{k=1}^K\boldsymbol{\varepsilon}_k\right)\left(\dfrac{1}{\sqrt{K}}\cdot\displaystyle\sum_{k=1}^K\boldsymbol{\varepsilon}_k\right)^{\mathrm{T}}\right]=\dfrac{1}{K}\cdot\mathrm{E}\left[\displaystyle\sum_{k=1}^K\boldsymbol{\varepsilon}_k\boldsymbol{\varepsilon}_k^{\mathrm{T}}\right]=\dfrac{1}{K}\cdot\mathbf{FISH}(\boldsymbol{x})\end{cases} \tag{2.184}$$

综合式（2.181）至式（2.184）可知

$$\begin{cases} \mathrm{E}[\sqrt{K}(\hat{\boldsymbol{x}}_{\mathrm{Ml}}-\boldsymbol{x})]=\boldsymbol{O}_{n\times 1} \\ \mathrm{E}[K(\hat{\boldsymbol{x}}_{\mathrm{Ml}}-\boldsymbol{x})(\hat{\boldsymbol{x}}_{\mathrm{Ml}}-\boldsymbol{x})^{\mathrm{T}}]=K(\mathbf{FISH}(\boldsymbol{x}))^{-1} \Rightarrow \mathrm{E}[(\hat{\boldsymbol{x}}_{\mathrm{Ml}}-\boldsymbol{x})(\hat{\boldsymbol{x}}_{\mathrm{Ml}}-\boldsymbol{x})^{\mathrm{T}}]=\mathbf{CRB}(\boldsymbol{x}) \end{cases} \tag{2.185}$$

命题 2.27 得证。 □

根据命题 2.27 中的证明过程可知，最大似然估计的统计最优性是在大样本数或是小观测误差条件下才能成立（因为忽略了误差的二阶及其以上各项），随着样本数的减少或是观测误差的增大直至某个阈值时，一阶误差分析方法将会失效，此时其参数估计误差会出现“陡增”现象，这一现象也称为“门限效应”。

2.3.3 加权最小二乘估计及其与最大似然估计的等价性

加权最小二乘估计是在高斯观测误差条件下最常使用的参数估计方法之一，它与最大似然估计是等价的。考虑如下实观测模型

$$\boldsymbol{y}=\boldsymbol{f}(\boldsymbol{x})+\boldsymbol{\varepsilon} \tag{2.186}$$

式中 $\boldsymbol{y}\in\mathbf{R}^{m\times 1}$ 表示观测向量；$\boldsymbol{x}\in\mathbf{R}^{n\times 1}$ 表示未知参量；$\boldsymbol{\varepsilon}\in\mathbf{R}^{m\times 1}$ 表示观测误差，假设它服从零均值高斯分布，其协方差矩阵为 $\boldsymbol{R}_{\varepsilon\varepsilon}=\mathrm{E}[\boldsymbol{\varepsilon}\boldsymbol{\varepsilon}^{\mathrm{T}}]$。基于观测模型式（2.186），加权最小二乘估计的优化模型为

$$\hat{\boldsymbol{x}}_{\mathrm{Wls}}=\arg\min_{\boldsymbol{x}\in\mathbf{R}^{n\times 1}} J_{\mathrm{Wls}}(\boldsymbol{x})=\arg\min_{\boldsymbol{x}\in\mathbf{R}^{n\times 1}}(\boldsymbol{y}-\boldsymbol{f}(\boldsymbol{x}))^{\mathrm{T}}\boldsymbol{R}_{\varepsilon\varepsilon}^{-1}(\boldsymbol{y}-\boldsymbol{f}(\boldsymbol{x})) \tag{2.187}$$

式中加权矩阵 $\boldsymbol{R}_{\varepsilon\varepsilon}^{-1}$ 的作用是为了抑制观测误差的影响。根据式（2.187）可以证明，加权最小二乘估计与最大似然估计是等价的，具体可见下述命题。

命题 2.28：当观测误差 $\boldsymbol{\varepsilon}$ 服从零均值高斯分布时，加权最小二乘估计值 $\hat{\boldsymbol{x}}_{\mathrm{Wls}}$ 与最大似然估计值 $\hat{\boldsymbol{x}}_{\mathrm{Ml}}$ 是等价的。

证明：当观测误差 $\boldsymbol{\varepsilon}$ 服从高斯分布时，可以得到观测向量 $\boldsymbol{y}$ 的概率密度函数为

$$p(\boldsymbol{y}\,|\,\boldsymbol{x})=\frac{1}{(2\pi)^{m/2}\cdot(\det[\boldsymbol{R}_{\varepsilon\varepsilon}])^{1/2}}\cdot\exp\{-(\boldsymbol{y}-\boldsymbol{f}(\boldsymbol{x}))^{\mathrm{T}}\boldsymbol{R}_{\varepsilon\varepsilon}^{-1}(\boldsymbol{y}-\boldsymbol{f}(\boldsymbol{x}))/2\} \tag{2.188}$$

根据式（2.188）可知，其对数似然函数为

$$\ln(p(\boldsymbol{y}\,|\,\boldsymbol{x}))=-m\cdot\ln(2\pi)/2-\ln(\det[\boldsymbol{R}_{\varepsilon\varepsilon}])/2-(\boldsymbol{y}-\boldsymbol{f}(\boldsymbol{x}))^{\mathrm{T}}\boldsymbol{R}_{\varepsilon\varepsilon}^{-1}(\boldsymbol{y}-\boldsymbol{f}(\boldsymbol{x}))/2 \tag{2.189}$$

相应的最大似然估计值可以表示为

$$\hat{\boldsymbol{x}}_{\mathrm{Ml}}=\arg\max_{\boldsymbol{x}\in\mathbf{R}^{n\times 1}}\ln(p(\boldsymbol{y}\,|\,\boldsymbol{x}))=\arg\min_{\boldsymbol{x}\in\mathbf{R}^{n\times 1}}(\boldsymbol{y}-\boldsymbol{f}(\boldsymbol{x}))^{\mathrm{T}}\boldsymbol{R}_{\varepsilon\varepsilon}^{-1}(\boldsymbol{y}-\boldsymbol{f}(\boldsymbol{x}))=\hat{\boldsymbol{x}}_{\mathrm{Wls}} \tag{2.190}$$

命题 2.28 得证。 □

命题 2.27 和命题 2.28 联合表明，在高斯误差条件下加权最小二乘估计的渐近统计最优性，其估计方差等于相应的克拉美罗界。另一方面，当式（2.186）中的 $\boldsymbol{f}(\boldsymbol{x})$ 是关于 $\boldsymbol{x}$ 的非线性函数时（即非线性观测模型），式（2.187）通常需要通过数值迭代的方式进行优化求解，但当 $\boldsymbol{f}(\boldsymbol{x})$ 是关于 $\boldsymbol{x}$ 的线性函数时（即线性观测模型），式（2.187）则存在最优闭式解。

下面考虑如下实线性观测模型

$$\boldsymbol{y}=\boldsymbol{f}(\boldsymbol{x})+\boldsymbol{\varepsilon}=\boldsymbol{A}\boldsymbol{x}+\boldsymbol{\varepsilon} \tag{2.191}$$

式中 $\boldsymbol{A}\in\mathbf{R}^{m\times n}$ 为列满秩矩阵。基于观测模型式（2.191），加权最小二乘估计的优化模型为

$$
\begin{aligned}
\hat{\boldsymbol{x}}_{\mathrm{Wls}} &= \arg\min_{\boldsymbol{x}\in\mathbf{R}^{n\times 1}} J_{\mathrm{Wls}}(\boldsymbol{x}) = \arg\min_{\boldsymbol{x}\in\mathbf{R}^{n\times 1}} (\boldsymbol{y}-\boldsymbol{A}\boldsymbol{x})^{\mathrm{T}} \boldsymbol{R}_{\varepsilon\varepsilon}^{-1} (\boldsymbol{y}-\boldsymbol{A}\boldsymbol{x}) \\
&= \arg\min_{\boldsymbol{x}\in\mathbf{R}^{n\times 1}} \| \boldsymbol{R}_{\varepsilon\varepsilon}^{-1/2}\boldsymbol{y} - \boldsymbol{R}_{\varepsilon\varepsilon}^{-1/2}\boldsymbol{A}\boldsymbol{x} \|_2^2
\end{aligned} \tag{2.192}
$$

根据命题 2.22 可知，当矩阵 $\boldsymbol{A}$ 列满秩时，式（2.192）存在唯一的最优闭式解为

$$
\hat{\boldsymbol{x}}_{\mathrm{Wls}} = (\boldsymbol{R}_{\varepsilon\varepsilon}^{-1/2}\boldsymbol{A})^{\dagger} \boldsymbol{R}_{\varepsilon\varepsilon}^{-1/2} \boldsymbol{y} = (\boldsymbol{A}^{\mathrm{T}} \boldsymbol{R}_{\varepsilon\varepsilon}^{-1} \boldsymbol{A})^{-1} \boldsymbol{A}^{\mathrm{T}} \boldsymbol{R}_{\varepsilon\varepsilon}^{-1} \boldsymbol{y} \tag{2.193}
$$

基于式（2.193）还可以得到如下命题。

命题 2.29：在线性观测模型条件下，加权最小二乘估计值 $\hat{\boldsymbol{x}}_{\mathrm{Wls}}$ 是 $\boldsymbol{x}$ 的无偏估计，并且其协方差矩阵等于

$$
\mathbf{cov}(\hat{\boldsymbol{x}}_{\mathrm{Wls}}) = \mathrm{E}[(\hat{\boldsymbol{x}}_{\mathrm{Wls}} - \boldsymbol{x})(\hat{\boldsymbol{x}}_{\mathrm{Wls}} - \boldsymbol{x})^{\mathrm{T}}] = (\boldsymbol{A}^{\mathrm{T}} \boldsymbol{R}_{\varepsilon\varepsilon}^{-1} \boldsymbol{A})^{-1} \tag{2.194}
$$

证明：将式（2.191）代入式（2.193）中可得

$$
\begin{aligned}
\hat{\boldsymbol{x}}_{\mathrm{Wls}} &= (\boldsymbol{A}^{\mathrm{T}} \boldsymbol{R}_{\varepsilon\varepsilon}^{-1} \boldsymbol{A})^{-1} \boldsymbol{A}^{\mathrm{T}} \boldsymbol{R}_{\varepsilon\varepsilon}^{-1} (\boldsymbol{A}\boldsymbol{x} + \boldsymbol{\varepsilon}) = \boldsymbol{x} + (\boldsymbol{A}^{\mathrm{T}} \boldsymbol{R}_{\varepsilon\varepsilon}^{-1} \boldsymbol{A})^{-1} \boldsymbol{A}^{\mathrm{T}} \boldsymbol{R}_{\varepsilon\varepsilon}^{-1} \boldsymbol{\varepsilon} \\
&\Rightarrow \boldsymbol{\delta x}_{\mathrm{Wls}} = \hat{\boldsymbol{x}}_{\mathrm{Wls}} - \boldsymbol{x} = (\boldsymbol{A}^{\mathrm{T}} \boldsymbol{R}_{\varepsilon\varepsilon}^{-1} \boldsymbol{A})^{-1} \boldsymbol{A}^{\mathrm{T}} \boldsymbol{R}_{\varepsilon\varepsilon}^{-1} \boldsymbol{\varepsilon}
\end{aligned} \tag{2.195}
$$

根据式（2.195）可以进一步推得

$$
\begin{cases}
\mathrm{E}[\hat{\boldsymbol{x}}_{\mathrm{Wls}}] = \boldsymbol{x} + (\boldsymbol{A}^{\mathrm{T}} \boldsymbol{R}_{\varepsilon\varepsilon}^{-1} \boldsymbol{A})^{-1} \boldsymbol{A}^{\mathrm{T}} \boldsymbol{R}_{\varepsilon\varepsilon}^{-1} \cdot \mathrm{E}[\boldsymbol{\varepsilon}] = \boldsymbol{x} \\
\mathbf{cov}(\hat{\boldsymbol{x}}_{\mathrm{Wls}}) = \mathrm{E}[\boldsymbol{\delta x}_{\mathrm{Wls}} \cdot \boldsymbol{\delta x}_{\mathrm{Wls}}^{\mathrm{T}}] = (\boldsymbol{A}^{\mathrm{T}} \boldsymbol{R}_{\varepsilon\varepsilon}^{-1} \boldsymbol{A})^{-1} \boldsymbol{A}^{\mathrm{T}} \boldsymbol{R}_{\varepsilon\varepsilon}^{-1} \boldsymbol{R}_{\varepsilon\varepsilon} \boldsymbol{R}_{\varepsilon\varepsilon}^{-1} \boldsymbol{A} (\boldsymbol{A}^{\mathrm{T}} \boldsymbol{R}_{\varepsilon\varepsilon}^{-1} \boldsymbol{A})^{-1} = (\boldsymbol{A}^{\mathrm{T}} \boldsymbol{R}_{\varepsilon\varepsilon}^{-1} \boldsymbol{A})^{-1}
\end{cases} \tag{2.196}
$$

命题 2.29 得证。 □

根据命题 2.28 和命题 2.29 可以直接得到如下推论。

推论 2.14：在线性观测模型条件下，当观测误差 $\boldsymbol{\varepsilon}$ 服从零均值高斯分布时（协方差矩阵为 $\boldsymbol{R}_{\varepsilon\varepsilon}$），加权最小二乘估计值 $\hat{\boldsymbol{x}}_{\mathrm{Wls}}$ 的协方差矩阵等于克拉美罗界矩阵，并且有 $\mathbf{CRB}(\boldsymbol{x}) = (\boldsymbol{A}^{\mathrm{T}} \boldsymbol{R}_{\varepsilon\varepsilon}^{-1} \boldsymbol{A})^{-1}$。

需要指出的是，本小节的结论虽然是在实观测模型下推导的，但可以很容易推广至复观测模型，限于篇幅这里不再阐述。

2.4 线性离散和连续时间系统中的若干预备知识

本节将讨论线性离散时间随机系统的卡尔曼滤波算法以及线性连续时间系统的可观测性分析。

2.4.1 线性离散时间随机系统的卡尔曼滤波算法

为了引出线性离散时间随机系统的卡尔曼滤波算法，下面首先介绍一个关于贝叶斯估计的重要结论。

命题 2.30：设 n 维未知参量 $\boldsymbol{x}$ 和 m 维观测向量 $\boldsymbol{z}$ 服从联合高斯分布，其均值和协方差矩阵分别为

$$
\mathrm{E}\begin{bmatrix} \boldsymbol{x} \\ \boldsymbol{z} \end{bmatrix} = \begin{bmatrix} \mathrm{E}[\boldsymbol{x}] \\ \mathrm{E}[\boldsymbol{z}] \end{bmatrix} = \begin{bmatrix} \bar{\boldsymbol{x}} \\ \bar{\boldsymbol{z}} \end{bmatrix}, \quad \boldsymbol{R} = \mathrm{E}\left[\begin{bmatrix} \boldsymbol{x} - \bar{\boldsymbol{x}} \\ \boldsymbol{z} - \bar{\boldsymbol{z}} \end{bmatrix} \cdot \begin{bmatrix} \boldsymbol{x} - \bar{\boldsymbol{x}} \\ \boldsymbol{z} - \bar{\boldsymbol{z}} \end{bmatrix}^{\mathrm{T}} \right] = \begin{bmatrix} \boldsymbol{R}_{xx} & \boldsymbol{R}_{xz} \\ \boldsymbol{R}_{zx} & \boldsymbol{R}_{zz} \end{bmatrix} \tag{2.197}
$$

若矩阵 $\boldsymbol{R}$ 和 $\boldsymbol{R}_{zz}$ 均可逆，则当观测向量 $\boldsymbol{z}$ 给定时，未知参量 $\boldsymbol{x}$ 服从条件高斯分布，并且其最小均方误差（亦即最大后验）估计值为

$$\hat{\boldsymbol{x}}_{\text{mmse}} = \mathrm{E}[\boldsymbol{x}|\boldsymbol{z}] = \bar{\boldsymbol{x}} + \boldsymbol{R}_{xz}\boldsymbol{R}_{zz}^{-1}(\boldsymbol{z}-\bar{\boldsymbol{z}}) \tag{2.198}$$

该估计值的协方差矩阵等于

$$\boldsymbol{S} = \mathrm{E}[(\hat{\boldsymbol{x}}_{\text{mmse}}-\boldsymbol{x})(\hat{\boldsymbol{x}}_{\text{mmse}}-\boldsymbol{x})^{\mathrm{T}}] = \boldsymbol{R}_{xx} - \boldsymbol{R}_{xz}\boldsymbol{R}_{zz}^{-1}\boldsymbol{R}_{zx} \tag{2.199}$$

证明： 首先对矩阵 $\boldsymbol{R}$ 进行如下变换使其具有块状结构

$$\begin{aligned}\begin{bmatrix}\boldsymbol{I}_n & -\boldsymbol{R}_{xz}\boldsymbol{R}_{zz}^{-1}\\ \boldsymbol{O}_{m\times n} & \boldsymbol{I}_m\end{bmatrix}\cdot\boldsymbol{R}\cdot\begin{bmatrix}\boldsymbol{I}_n & \boldsymbol{O}_{n\times m}\\ -\boldsymbol{R}_{zz}^{-1}\boldsymbol{R}_{zx} & \boldsymbol{I}_m\end{bmatrix} &= \begin{bmatrix}\boldsymbol{I}_n & -\boldsymbol{R}_{xz}\boldsymbol{R}_{zz}^{-1}\\ \boldsymbol{O}_{m\times n} & \boldsymbol{I}_m\end{bmatrix}\cdot\begin{bmatrix}\boldsymbol{R}_{xx} & \boldsymbol{R}_{xz}\\ \boldsymbol{R}_{zx} & \boldsymbol{R}_{zz}\end{bmatrix}\cdot\begin{bmatrix}\boldsymbol{I}_n & \boldsymbol{O}_{n\times m}\\ -\boldsymbol{R}_{zz}^{-1}\boldsymbol{R}_{zx} & \boldsymbol{I}_m\end{bmatrix}\\ &= \begin{bmatrix}\boldsymbol{R}_{xx}-\boldsymbol{R}_{xz}\boldsymbol{R}_{zz}^{-1}\boldsymbol{R}_{zx} & \boldsymbol{O}_{n\times m}\\ \boldsymbol{O}_{m\times n} & \boldsymbol{R}_{zz}\end{bmatrix}\end{aligned} \tag{2.200}$$

根据式（2.200）可知

$$\begin{cases}\det[\boldsymbol{R}] = \det[\boldsymbol{R}_{xx}-\boldsymbol{R}_{xz}\boldsymbol{R}_{zz}^{-1}\boldsymbol{R}_{zx}]\cdot\det[\boldsymbol{R}_{zz}]\\ \boldsymbol{R}^{-1} = \begin{bmatrix}\boldsymbol{I}_n & \boldsymbol{O}_{n\times m}\\ -\boldsymbol{R}_{zz}^{-1}\boldsymbol{R}_{zx} & \boldsymbol{I}_m\end{bmatrix}\cdot\begin{bmatrix}(\boldsymbol{R}_{xx}-\boldsymbol{R}_{xz}\boldsymbol{R}_{zz}^{-1}\boldsymbol{R}_{zx})^{-1} & \boldsymbol{O}_{n\times m}\\ \boldsymbol{O}_{m\times n} & \boldsymbol{R}_{zz}^{-1}\end{bmatrix}\cdot\begin{bmatrix}\boldsymbol{I}_n & -\boldsymbol{R}_{xz}\boldsymbol{R}_{zz}^{-1}\\ \boldsymbol{O}_{m\times n} & \boldsymbol{I}_m\end{bmatrix}\end{cases} \tag{2.201}$$

由于向量 $\boldsymbol{x}$ 和 $\boldsymbol{z}$ 服从联合高斯分布，并且其联合概率密度函数为

$$p(\boldsymbol{x},\boldsymbol{z}) = \frac{1}{(2\pi)^{(m+n)/2}\cdot(\det[\boldsymbol{R}])^{1/2}}\cdot\exp\left\{-\frac{1}{2}\cdot\begin{bmatrix}\boldsymbol{x}-\bar{\boldsymbol{x}}\\ \boldsymbol{z}-\bar{\boldsymbol{z}}\end{bmatrix}^{\mathrm{T}}\cdot\boldsymbol{R}^{-1}\cdot\begin{bmatrix}\boldsymbol{x}-\bar{\boldsymbol{x}}\\ \boldsymbol{z}-\bar{\boldsymbol{z}}\end{bmatrix}\right\} \tag{2.202}$$

而向量 $\boldsymbol{z}$ 的概率密度函数为

$$p(\boldsymbol{z}) = \frac{1}{(2\pi)^{m/2}\cdot(\det[\boldsymbol{R}_{zz}])^{1/2}}\cdot\exp\{-(\boldsymbol{z}-\bar{\boldsymbol{z}})^{\mathrm{T}}\boldsymbol{R}_{zz}^{-1}(\boldsymbol{z}-\bar{\boldsymbol{z}})/2\} \tag{2.203}$$

于是有

$$p(\boldsymbol{x}|\boldsymbol{z}) = \frac{p(\boldsymbol{x},\boldsymbol{z})}{p(\boldsymbol{z})} = \frac{(2\pi)^{-(n+m)/2}\cdot(\det[\boldsymbol{R}])^{-1/2}\cdot\exp\left\{-\frac{1}{2}\cdot\begin{bmatrix}\boldsymbol{x}-\bar{\boldsymbol{x}}\\ \boldsymbol{z}-\bar{\boldsymbol{z}}\end{bmatrix}^{\mathrm{T}}\cdot\boldsymbol{R}^{-1}\cdot\begin{bmatrix}\boldsymbol{x}-\bar{\boldsymbol{x}}\\ \boldsymbol{z}-\bar{\boldsymbol{z}}\end{bmatrix}\right\}}{(2\pi)^{-m/2}\cdot(\det[\boldsymbol{R}_{zz}])^{-1/2}\cdot\exp\{-(\boldsymbol{z}-\bar{\boldsymbol{z}})^{\mathrm{T}}\boldsymbol{R}_{zz}^{-1}(\boldsymbol{z}-\bar{\boldsymbol{z}})/2\}} \tag{2.204}$$

将式（2.201）代入式（2.204）中可得

$$\begin{aligned}p(\boldsymbol{x}|\boldsymbol{z}) = \frac{p(\boldsymbol{x},\boldsymbol{z})}{p(\boldsymbol{z})} &= (2\pi)^{-n/2}\cdot(\det[\boldsymbol{R}_{xx}-\boldsymbol{R}_{xz}\boldsymbol{R}_{zz}^{-1}\boldsymbol{R}_{zx}])^{-1/2}\\ &\times\exp\{-(\boldsymbol{x}-\bar{\boldsymbol{x}}-\boldsymbol{R}_{xz}\boldsymbol{R}_{zz}^{-1}(\boldsymbol{z}-\bar{\boldsymbol{z}}))^{\mathrm{T}}\cdot(\boldsymbol{R}_{xx}-\boldsymbol{R}_{xz}\boldsymbol{R}_{zz}^{-1}\boldsymbol{R}_{zx})^{-1}\cdot(\boldsymbol{x}-\bar{\boldsymbol{x}}-\boldsymbol{R}_{xz}\boldsymbol{R}_{zz}^{-1}(\boldsymbol{z}-\bar{\boldsymbol{z}}))/2\}\end{aligned} \tag{2.205}$$

根据式（2.205）可知，当观测向量 $\boldsymbol{z}$ 给定时，未知参量 $\boldsymbol{x}$ 服从条件高斯分布，并且其均值和协方差分别由式（2.198）和式（2.199）给出。

另一方面，根据贝叶斯估计理论可知[12]，在联合高斯分布条件下，最小均方误差估计值和最大后验估计值是相同的，并且其估计值为条件概率密度函数 $p(\boldsymbol{x}|\boldsymbol{z})$ 的均值，由式（2.198）给出，而估计协方差矩阵由式（2.199）给出。

命题 2.30 得证。 □

基于命题 2.30，下面将推导线性离散时间随机系统的卡尔曼滤波算法。首先给出线性离散时间随机系统的数学模型为

$$\begin{cases} \boldsymbol{x}_k = \boldsymbol{\Phi}_{k,k-1}\boldsymbol{x}_{k-1} + \boldsymbol{\varepsilon}_{k-1} \\ \boldsymbol{z}_k = \boldsymbol{H}_k\boldsymbol{x}_k + \boldsymbol{\xi}_k \end{cases} \tag{2.206}$$

式中 $\boldsymbol{x}_k$ 表示第 k 个时刻的系统状态向量，$\boldsymbol{\Phi}_{k,k-1}$ 表示状态转移矩阵，$\boldsymbol{\varepsilon}_{k-1}$ 表示状态扰动向量（服从零均值高斯分布），$\boldsymbol{z}_k$ 表示第 k 个时刻关于状态向量的观测向量，$\boldsymbol{H}_k$ 表示观测矩阵，$\boldsymbol{\xi}_k$ 表示观测误差向量（服从零均值高斯分布，并且与 $\boldsymbol{\varepsilon}_{k-1}$ 统计独立）。

若将直至 k 个时刻所获得的全部观测量信息表示为

$$\boldsymbol{Z}_k = \{\boldsymbol{z}_1, \boldsymbol{z}_2, \cdots, \boldsymbol{z}_k\} \tag{2.207}$$

则状态滤波问题可以归纳为，基于观测量信息 $\boldsymbol{Z}_k$ 实现对系统状态向量 $\boldsymbol{x}_k$ 的最小均方误差估计。根据命题 2.30 可知，最小均方误差估计值可以表示为

$$\hat{\boldsymbol{x}}_{k,k} = \mathrm{E}[\boldsymbol{x}_k | \boldsymbol{Z}_k] \tag{2.208}$$

卡尔曼滤波算法就是实现上述估计值的最优滤波算法[14]，具体可见下述命题。

命题 2.31：对于式（2.206）所描述的系统，假设误差向量 $\boldsymbol{\varepsilon}_k$ 和 $\boldsymbol{\xi}_k$ 彼此间统计独立，并且均服从零均值高斯分布，其协方差矩阵分别为 $\boldsymbol{P}_k = \mathrm{E}[\boldsymbol{\varepsilon}_k\boldsymbol{\varepsilon}_k^{\mathrm{T}}]$ 和 $\boldsymbol{Q}_k = \mathrm{E}[\boldsymbol{\xi}_k\boldsymbol{\xi}_k^{\mathrm{T}}]$，系统状态初始向量 $\boldsymbol{x}_0$ 也服从高斯分布，其均值和协方差矩阵分别为 $\bar{\boldsymbol{x}}_0$ 和 $\boldsymbol{S}_0$，并且与 $\boldsymbol{\varepsilon}_k$ 和 $\boldsymbol{\xi}_k$ 均统计独立，则关于系统状态向量的最小均方误差估计值可由下式递推公式获得

（1）初始条件：$\hat{\boldsymbol{x}}_{0,0} = \bar{\boldsymbol{x}}_0$，$\boldsymbol{S}_{0,0} = \mathrm{E}[(\hat{\boldsymbol{x}}_{0,0} - \boldsymbol{x}_0)(\hat{\boldsymbol{x}}_{0,0} - \boldsymbol{x}_0)^{\mathrm{T}}]$。

（2）在仅有观测量信息 $\boldsymbol{Z}_{k-1} = \{\boldsymbol{z}_1, \boldsymbol{z}_2, \cdots, \boldsymbol{z}_{k-1}\}$ 的条件下，关于系统状态向量 $\boldsymbol{x}_k$ 的最优预测值及其预测误差的协方差矩阵为

$$\begin{cases} \hat{\boldsymbol{x}}_{k,k-1} = \mathrm{E}[\boldsymbol{x}_k | \boldsymbol{Z}_{k-1}] = \boldsymbol{\Phi}_{k,k-1}\hat{\boldsymbol{x}}_{k-1,k-1} \\ \boldsymbol{S}_{k,k-1} = \mathrm{E}[(\hat{\boldsymbol{x}}_{k,k-1} - \boldsymbol{x}_k)(\hat{\boldsymbol{x}}_{k,k-1} - \boldsymbol{x}_k)^{\mathrm{T}}] = \boldsymbol{\Phi}_{k,k-1}\boldsymbol{S}_{k-1,k-1}\boldsymbol{\Phi}_{k,k-1}^{\mathrm{T}} + \boldsymbol{P}_{k-1} \end{cases} \tag{2.209}$$

（3）在获得观测向量 $\boldsymbol{z}_k$ 以后，关于系统状态向量 $\boldsymbol{x}_k$ 的最优滤波值及其滤波误差的协方差矩阵为

$$\begin{cases} \hat{\boldsymbol{x}}_{k,k} = \hat{\boldsymbol{x}}_{k,k-1} + \boldsymbol{K}_k(\boldsymbol{z}_k - \boldsymbol{H}_k\hat{\boldsymbol{x}}_{k,k-1}) \\ \boldsymbol{S}_{k,k} = \boldsymbol{S}_{k,k-1} - \boldsymbol{S}_{k,k-1}\boldsymbol{H}_k^{\mathrm{T}}(\boldsymbol{H}_k\boldsymbol{S}_{k,k-1}\boldsymbol{H}_k^{\mathrm{T}} + \boldsymbol{Q}_k)^{-1}\boldsymbol{H}_k\boldsymbol{S}_{k,k-1} = (\boldsymbol{I} - \boldsymbol{K}_k\boldsymbol{H}_k)\boldsymbol{S}_{k,k-1} \end{cases} \tag{2.210}$$

式中

$$\boldsymbol{K}_k = \boldsymbol{S}_{k,k-1}\boldsymbol{H}_k^{\mathrm{T}}(\boldsymbol{H}_k\boldsymbol{S}_{k,k-1}\boldsymbol{H}_k^{\mathrm{T}} + \boldsymbol{Q}_k)^{-1} \tag{2.211}$$

证明：在获得观测向量 $\boldsymbol{z}_k$ 以前，关于状态向量 $\boldsymbol{x}_k$ 的最优预测值为

$$\begin{aligned} \hat{\boldsymbol{x}}_{k,k-1} &= \mathrm{E}[\boldsymbol{x}_k | \boldsymbol{Z}_{k-1}] = \mathrm{E}[\boldsymbol{\Phi}_{k,k-1}\boldsymbol{x}_{k-1} + \boldsymbol{\varepsilon}_{k-1} | \boldsymbol{Z}_{k-1}] \\ &= \mathrm{E}[\boldsymbol{\Phi}_{k,k-1}\boldsymbol{x}_{k-1} | \boldsymbol{Z}_{k-1}] + \mathrm{E}[\boldsymbol{\varepsilon}_{k-1} | \boldsymbol{Z}_{k-1}] = \boldsymbol{\Phi}_{k,k-1}\hat{\boldsymbol{x}}_{k-1,k-1} \end{aligned} \tag{2.212}$$

该预测误差的协方差矩阵为

$$
\begin{aligned}
\boldsymbol{S}_{k,k-1} &= \mathrm{E}[(\hat{\boldsymbol{x}}_{k,k-1}-\boldsymbol{x}_k)(\hat{\boldsymbol{x}}_{k,k-1}-\boldsymbol{x}_k)^{\mathrm{T}}] \\
&= \mathrm{E}[(\boldsymbol{\Phi}_{k,k-1}(\hat{\boldsymbol{x}}_{k-1,k-1}-\boldsymbol{x}_{k-1})-\boldsymbol{\varepsilon}_{k-1})(\boldsymbol{\Phi}_{k,k-1}(\hat{\boldsymbol{x}}_{k-1,k-1}-\boldsymbol{x}_{k-1})-\boldsymbol{\varepsilon}_{k-1})^{\mathrm{T}}] \\
&= \boldsymbol{\Phi}_{k,k-1}\cdot \mathrm{E}[(\hat{\boldsymbol{x}}_{k-1,k-1}-\boldsymbol{x}_{k-1})(\hat{\boldsymbol{x}}_{k-1,k-1}-\boldsymbol{x}_{k-1})^{\mathrm{T}}]\cdot\boldsymbol{\Phi}_{k,k-1}^{\mathrm{T}}+\boldsymbol{P}_{k-1} \\
&= \boldsymbol{\Phi}_{k,k-1}\boldsymbol{S}_{k-1,k-1}\boldsymbol{\Phi}_{k,k-1}^{\mathrm{T}}+\boldsymbol{P}_{k-1}
\end{aligned} \tag{2.213}
$$

在获得观测向量 $\boldsymbol{z}_k$ 以前，关于该向量的最优预测值为

$$
\begin{aligned}
\hat{\boldsymbol{z}}_{k,k-1} &= \mathrm{E}[\boldsymbol{H}_k\boldsymbol{x}_k+\xi_k|\boldsymbol{Z}_{k-1}]=\mathrm{E}[\boldsymbol{H}_k\boldsymbol{x}_k|\boldsymbol{Z}_{k-1}]+\mathrm{E}[\xi_k|\boldsymbol{Z}_{k-1}] \\
&= \boldsymbol{H}_k\cdot\mathrm{E}[\boldsymbol{x}_k|\boldsymbol{Z}_{k-1}]=\boldsymbol{H}_k\hat{\boldsymbol{x}}_{k,k-1}
\end{aligned} \tag{2.214}
$$

该预测误差的协方差矩阵为

$$
\begin{aligned}
\boldsymbol{R}_{k,k-1} &= \mathrm{E}[(\hat{z}_{k,k-1}-z_k)(\hat{z}_{k,k-1}-z_k)^{\mathrm{T}}] \\
&= \mathrm{E}[(\boldsymbol{H}_k(\hat{\boldsymbol{x}}_{k,k-1}-\boldsymbol{x}_k)-\xi_k)(\boldsymbol{H}_k(\hat{\boldsymbol{x}}_{k,k-1}-\boldsymbol{x}_k)-\xi_k)^{\mathrm{T}}] \\
&= \boldsymbol{H}_k\cdot\mathrm{E}[(\hat{\boldsymbol{x}}_{k,k-1}-\boldsymbol{x}_k)(\hat{\boldsymbol{x}}_{k,k-1}-\boldsymbol{x}_k)^{\mathrm{T}}]\cdot\boldsymbol{H}_k^{\mathrm{T}}+\boldsymbol{Q}_k \\
&= \boldsymbol{H}_k\boldsymbol{S}_{k,k-1}\boldsymbol{H}_k^{\mathrm{T}}+\boldsymbol{Q}_k
\end{aligned} \tag{2.215}
$$

根据式（2.212）和式（2.214）可知，两个预测值 $\hat{\boldsymbol{x}}_{k,k-1}$ 和 $\hat{z}_{k,k-1}$ 之间的互协方差矩阵为

$$
\begin{aligned}
\boldsymbol{W}_{k,k-1} &= \mathrm{E}[(\hat{\boldsymbol{x}}_{k,k-1}-\boldsymbol{x}_k)(\hat{z}_{k,k-1}-z_k)^{\mathrm{T}}] \\
&= \mathrm{E}[(\hat{\boldsymbol{x}}_{k,k-1}-\boldsymbol{x}_k)(\boldsymbol{H}_k(\hat{\boldsymbol{x}}_{k,k-1}-\boldsymbol{x}_k)-\xi_k)^{\mathrm{T}}] \\
&= \mathrm{E}[(\hat{\boldsymbol{x}}_{k,k-1}-\boldsymbol{x}_k)(\hat{\boldsymbol{x}}_{k,k-1}-\boldsymbol{x}_k)^{\mathrm{T}}]\cdot\boldsymbol{H}_k^{\mathrm{T}} \\
&= \boldsymbol{S}_{k,k-1}\boldsymbol{H}_k^{\mathrm{T}}
\end{aligned} \tag{2.216}
$$

根据命题 2.30 可知，关于系统状态向量 $\boldsymbol{x}_k$ 的最优滤波值为

$$
\begin{aligned}
\hat{\boldsymbol{x}}_{k,k} &= \hat{\boldsymbol{x}}_{k,k-1}+\boldsymbol{W}_{k,k-1}\boldsymbol{R}_{k,k-1}^{-1}(z_k-\hat{z}_{k,k-1}) \\
&= \hat{\boldsymbol{x}}_{k,k-1}+\boldsymbol{S}_{k,k-1}\boldsymbol{H}_k^{\mathrm{T}}(\boldsymbol{H}_k\boldsymbol{S}_{k,k-1}\boldsymbol{H}_k^{\mathrm{T}}+\boldsymbol{Q}_k)^{-1}(z_k-\boldsymbol{H}_k\hat{\boldsymbol{x}}_{k,k-1}) \\
&= \hat{\boldsymbol{x}}_{k,k-1}+\boldsymbol{K}_k(z_k-\boldsymbol{H}_k\hat{\boldsymbol{x}}_{k,k-1})
\end{aligned} \tag{2.217}
$$

该滤波值的协方差矩阵为

$$
\begin{aligned}
\boldsymbol{S}_{k,k} &= \boldsymbol{S}_{k,k-1}-\boldsymbol{W}_{k,k-1}\boldsymbol{R}_{k,k-1}^{-1}\boldsymbol{W}_{k,k-1}^{\mathrm{T}} \\
&= \boldsymbol{S}_{k,k-1}-\boldsymbol{S}_{k,k-1}\boldsymbol{H}_k^{\mathrm{T}}(\boldsymbol{H}_k\boldsymbol{S}_{k,k-1}\boldsymbol{H}_k^{\mathrm{T}}+\boldsymbol{Q}_k)^{-1}\boldsymbol{H}_k\boldsymbol{S}_{k,k-1} \\
&= (\boldsymbol{I}-\boldsymbol{K}_k\boldsymbol{H}_k)\boldsymbol{S}_{k,k-1}
\end{aligned} \tag{2.218}
$$

命题 2.31 得证。 □

命题 2.31 中给出的递推过程即为卡尔曼滤波算法。

2.4.2 线性连续时间系统的可观测性分析

考虑如下形式的线性连续时间系统

$$
\begin{cases}
\dot{\boldsymbol{x}}(t)=\boldsymbol{A}(t)\boldsymbol{x}(t)+\boldsymbol{B}(t)\boldsymbol{u}(t) \\
z(t)=\boldsymbol{H}(t)\boldsymbol{x}(t)
\end{cases}
\quad t\in[t_0,t_1] \tag{2.219}
$$

式中 $\boldsymbol{x}(t)$ 为系统状态向量，$\boldsymbol{u}(t)$ 为控制向量，$z(t)$ 为观测向量，$\boldsymbol{A}(t)$ 为状态矩阵，$\boldsymbol{B}(t)$ 为控制矩阵，$\boldsymbol{H}(t)$ 为观测矩阵，假设该连续时间系统在初始时间 t_0 的状态向量为 $\boldsymbol{x}(t_0)$。

式（2.219）中的第一个微分方程的解为

$$\boldsymbol{x}(t)=\boldsymbol{\Phi}(t,t_0)\boldsymbol{x}(t_0)+\boldsymbol{v}(t) \tag{2.220}$$

式中 $\boldsymbol{\Phi}(t,t_0)$ 称为状态转移矩阵，它满足下面的两个性质

$$\begin{cases}\dfrac{\partial\boldsymbol{\Phi}(t,t_0)}{\partial t}=\boldsymbol{A}(t)\boldsymbol{\Phi}(t,t_0)\\ \boldsymbol{\Phi}(t_0,t_0)=\boldsymbol{I}\end{cases} \tag{2.221}$$

向量 $\boldsymbol{v}(t)$ 的表达式为

$$\boldsymbol{v}(t)=\int_{t_0}^{t}\boldsymbol{\Phi}(t,\tau)\boldsymbol{B}(\tau)\boldsymbol{u}(\tau)\cdot\mathrm{d}\tau \tag{2.222}$$

结合式（2.219）中的第二式和式（2.220）可得

$$\boldsymbol{H}(t)\boldsymbol{\Phi}(t,t_0)\boldsymbol{x}(t_0)=\boldsymbol{z}(t)-\boldsymbol{H}(t)\boldsymbol{v}(t) \tag{2.223}$$

根据文献[15]中的定义，对于式（2.219）给出的线性连续时间系统，在时间区间 $[t_0,t_1]$ 内，若能够利用 $\boldsymbol{A}(t)$、$\boldsymbol{B}(t)$、$\boldsymbol{H}(t)$ 和 $\boldsymbol{z}(t)$ 唯一地确定出向量 $\boldsymbol{x}(t_0)$ 或者是其等价的向量，则称该系统在该区间内是可观测的。基于该定义，下面的命题给出了该系统具有可观测性的一个充要条件。

命题 2.32： 式（2.219）给出的线性连续时间系统在时间区间 $[t_0,t_1]$ 内是可观测的充要条件是：对于任意的非零 n 维向量 $\boldsymbol{y}$，存在某个时间 $t\in[t_0,t_1]$，使得 $\boldsymbol{H}(t)\boldsymbol{\Phi}(t,t_0)\boldsymbol{y}\neq\boldsymbol{O}$。

证明： 由于式（2.223）对于任意时间 $t\in[t_0,t_1]$ 都成立，于是有

$$\left(\int_{t_0}^{t_1}\boldsymbol{\Phi}^{\mathrm{T}}(t,t_0)\boldsymbol{H}^{\mathrm{T}}(t)\boldsymbol{H}(t)\boldsymbol{\Phi}(t,t_0)\cdot\mathrm{d}t\right)\boldsymbol{x}(t_0)=\int_{t_0}^{t_1}\boldsymbol{\Phi}^{\mathrm{T}}(t,t_0)\boldsymbol{H}^{\mathrm{T}}(t)(\boldsymbol{z}(t)-\boldsymbol{H}(t)\boldsymbol{v}(t))\cdot\mathrm{d}t \tag{2.224}$$

根据式（2.224）可知，当且仅当半正定矩阵 $\int_{t_0}^{t_1}\boldsymbol{\Phi}^{\mathrm{T}}(t,t_0)\boldsymbol{H}^{\mathrm{T}}(t)\boldsymbol{H}(t)\boldsymbol{\Phi}(t,t_0)\cdot\mathrm{d}t$ 可逆，或等价的该矩阵是正定矩阵时，系统在时间区间 $[t_0,t_1]$ 内是可观测的，因此其充要条件又可描述为

$$\boldsymbol{y}^{\mathrm{T}}\left(\int_{t_0}^{t_1}\boldsymbol{\Phi}^{\mathrm{T}}(t,t_0)\boldsymbol{H}^{\mathrm{T}}(t)\boldsymbol{H}(t)\boldsymbol{\Phi}(t,t_0)\cdot\mathrm{d}t\right)\boldsymbol{y}=\int_{t_0}^{t_1}\|\boldsymbol{H}(t)\boldsymbol{\Phi}(t,t_0)\boldsymbol{y}\|_2^2\cdot\mathrm{d}t>0\qquad(\forall\boldsymbol{y}\neq\boldsymbol{O}) \tag{2.225}$$

式（2.225）又等价于存在某个时间 $t\in[t_0,t_1]$，使得 $\boldsymbol{H}(t)\boldsymbol{\Phi}(t,t_0)\boldsymbol{y}\neq\boldsymbol{O}$。

命题 2.32 得证。 □

根据命题 2.32 可以直接得到如下推论。

推论 2.15： 式（2.219）给出的线性连续时间系统在时间区间 $[t_0,t_1]$ 内是可观测的充要条件是：对于任意的时间 $t\in[t_0,t_1]$，若等式 $\boldsymbol{H}(t)\boldsymbol{\Phi}(t,t_0)\boldsymbol{y}=\boldsymbol{O}$ 都成立，则必有 $\boldsymbol{y}=\boldsymbol{O}$。

参 考 文 献

[1] 张贤达．矩阵分析与应用[M]．北京：清华大学出版社，2004．

[2] 程云鹏，张凯院，徐仲．矩阵论[M]．西安：西北工业大学出版社，2006．

[3] 胡茂林．矩阵计算与应用[M]．北京：科学出版社，2008．

[4] 周杰．矩阵分析及应用[M]．四川：四川大学出版社，2008．

[5] 张跃辉．矩阵理论与应用[M]．北京：科学出版社，2011．

[6] 袁亚湘，孙文瑜．最优化理论与方法[M]．北京：科学出版社，1997.
[7] 徐成贤，陈志平，李乃成．近代优化方法[M]．北京：清华大学出版社，2001.
[8] 赖炎连，贺国平．最优化方法[M]．北京：清华大学出版社，2008.
[9] Golub G H, Pereyra V. The differentiation of pseudoinverses and nonlinear least squares problem whose variables separate[J]. Siam Journal on Numerical Analysis, 1973, 10(2): 413-432.
[10] 魏木生．广义最小二乘问题的理论和计算[M]．北京：科学出版社，2006.
[11] 张贤达．现代信号处理[M]．北京：清华大学出版社，2002.
[12] Steven M. Kay.统计信号处理基础—估计与检测理论[M]．罗鹏飞，张文明，刘忠，译．北京：电子工业出版社，2006.
[13] 张贤达．信号分析与处理[M]．北京：清华大学出版社，2011.
[14] 韩崇昭，朱洪艳，段战胜．多源信息融合[M]．北京：清华大学出版社，2006.
[15] Jauffret C, Pillon D. Observability in passive target motion analysis[J]. IEEE Transactions on Aerospace and Electronic Systems, 1996, 32(4): 1290-1300.
[16] Hanssen P H M, Stoica P. On the expectation of the product of four matrix-valued Gaussian random variables[J]. IEEE Transactions on Automatic Control, 1988, 33(9): 867-870.

附录 A　第 2 章所涉及的复杂数学推导

附录 A1　证明式（2.154）

首先证明第一式。根据矩阵行列式的定义可知

$$\det[\boldsymbol{C}(\boldsymbol{x})]=\sum_{p=1}^{m}<\boldsymbol{C}(\boldsymbol{x})>_{pq}\cdot<\boldsymbol{M}(\boldsymbol{x})>_{pq}\quad(1\leqslant q\leqslant m)\tag{A.1}$$

式中 $\boldsymbol{M}(\boldsymbol{x})$ 表示矩阵 $\boldsymbol{C}(\boldsymbol{x})$ 的代数余子式矩阵，q 可以取 1 至 m 之间的任意整数。根据式（A.1）可得

$$\frac{\partial\det[\boldsymbol{C}(\boldsymbol{x})]}{\partial<\boldsymbol{C}(\boldsymbol{x})>_{pq}}=<\boldsymbol{M}(\boldsymbol{x})>_{pq}\Rightarrow\frac{\partial\det[\boldsymbol{C}(\boldsymbol{x})]}{\partial\boldsymbol{C}(\boldsymbol{x})}=\boldsymbol{M}(\boldsymbol{x})\tag{A.2}$$

根据矩阵行列式和矩阵求逆之间的关系式可知

$$(\boldsymbol{C}(\boldsymbol{x}))^{-1}=\frac{\boldsymbol{M}^{\mathrm{T}}(\boldsymbol{x})}{\det[\boldsymbol{C}(\boldsymbol{x})]}\Rightarrow\boldsymbol{M}(\boldsymbol{x})=\det[\boldsymbol{C}(\boldsymbol{x})]\cdot(\boldsymbol{C}(\boldsymbol{x}))^{-\mathrm{T}}=\det[\boldsymbol{C}(\boldsymbol{x})]\cdot(\boldsymbol{C}(\boldsymbol{x}))^{-1}\tag{A.3}$$

式（A.3）利用了 $\boldsymbol{C}(\boldsymbol{x})$ 的对称性。将式（A.3）代入式（A.2）中可得

$$\frac{\partial\det[\boldsymbol{C}(\boldsymbol{x})]}{\partial\boldsymbol{C}(\boldsymbol{x})}=\det[\boldsymbol{C}(\boldsymbol{x})]\cdot(\boldsymbol{C}(\boldsymbol{x}))^{-1}\tag{A.4}$$

另一方面，根据求导的链式法则可知

$$\begin{aligned}\frac{\partial\det[\boldsymbol{C}(\boldsymbol{x})]}{\partial<\boldsymbol{x}>_k}&=\sum_{p=1}^{m}\sum_{q=1}^{m}\frac{\partial\det[\boldsymbol{C}(\boldsymbol{x})]}{\partial<\boldsymbol{C}(\boldsymbol{x})>_{pq}}\cdot\frac{\partial<\boldsymbol{C}(\boldsymbol{x})>_{pq}}{\partial<\boldsymbol{x}>_k}=\mathrm{tr}\left(\frac{\partial\det[\boldsymbol{C}(\boldsymbol{x})]}{\partial\boldsymbol{C}(\boldsymbol{x})}\cdot\frac{\partial\boldsymbol{C}^{\mathrm{T}}(\boldsymbol{x})}{\partial<\boldsymbol{x}>_k}\right)\\&=\mathrm{tr}\left(\frac{\partial\det[\boldsymbol{C}(\boldsymbol{x})]}{\partial\boldsymbol{C}(\boldsymbol{x})}\cdot\frac{\partial\boldsymbol{C}(\boldsymbol{x})}{\partial<\boldsymbol{x}>_k}\right)\end{aligned}\tag{A.5}$$

将式（A.4）代入式（A.5）中可得

$$\frac{\partial \det[\boldsymbol{C}(\boldsymbol{x})]}{\partial <\boldsymbol{x}>_k} = \det[\boldsymbol{C}(\boldsymbol{x})] \cdot \mathrm{tr}\left((\boldsymbol{C}(\boldsymbol{x}))^{-1} \cdot \frac{\partial \boldsymbol{C}(\boldsymbol{x})}{\partial <\boldsymbol{x}>_k} \right) \tag{A.6}$$

由式（A.6）可以进一步推得

$$\frac{\partial \ln(\det[\boldsymbol{C}(\boldsymbol{x})])}{\partial <\boldsymbol{x}>_k} = \frac{1}{\det[\boldsymbol{C}(\boldsymbol{x})]} \cdot \frac{\partial \det[\boldsymbol{C}(\boldsymbol{x})]}{\partial <\boldsymbol{x}>_k} = \mathrm{tr}\left((\boldsymbol{C}(\boldsymbol{x}))^{-1} \cdot \frac{\partial \boldsymbol{C}(\boldsymbol{x})}{\partial <\boldsymbol{x}>_k} \right) \tag{A.7}$$

至此，式（2.154）中的第一式得证。

接着证明第二式。根据逆矩阵的定义可知

$$(\boldsymbol{C}(\boldsymbol{x}))^{-1} \cdot \boldsymbol{C}(\boldsymbol{x}) = \boldsymbol{I}_m \tag{A.8}$$

对式（A.8）两边求导数可得

$$\frac{\partial (\boldsymbol{C}(\boldsymbol{x}))^{-1}}{\partial <\boldsymbol{x}>_k} \cdot \boldsymbol{C}(\boldsymbol{x}) + (\boldsymbol{C}(\boldsymbol{x}))^{-1} \cdot \frac{\partial \boldsymbol{C}(\boldsymbol{x})}{\partial <\boldsymbol{x}>_k} = \boldsymbol{O}_{m\times m} \Rightarrow \frac{\partial (\boldsymbol{C}(\boldsymbol{x}))^{-1}}{\partial <\boldsymbol{x}>_k} = -(\boldsymbol{C}(\boldsymbol{x}))^{-1} \cdot \frac{\partial \boldsymbol{C}(\boldsymbol{x})}{\partial <\boldsymbol{x}>_k} \cdot (\boldsymbol{C}(\boldsymbol{x}))^{-1} \tag{A.9}$$

至此，式（2.154）中的第二式得证。另一方面，不难证明，若 $\boldsymbol{C}(\boldsymbol{x})$ 是 Hermitian 矩阵，式（2.154）仍然成立。

附录 A2　证明式（2.158）

为了证明式（2.158），下面首先介绍第 2 章文献[16]中的一个重要结论。

引理 A.1：假设矩阵 $\boldsymbol{X}$ 和 $\boldsymbol{Y}$ 以及向量 $\boldsymbol{x}$ 和 $\boldsymbol{y}$ 中的元素服从联合高斯分布，则有如下关系式

$$\begin{aligned} \mathrm{E}[\boldsymbol{X}\boldsymbol{x}\boldsymbol{y}^{\mathrm{T}}\boldsymbol{Y}] &= \mathrm{E}[\boldsymbol{X}\boldsymbol{x}] \cdot \mathrm{E}[\boldsymbol{y}^{\mathrm{T}}\boldsymbol{Y}] + \mathrm{E}[\boldsymbol{y}^{\mathrm{T}} \otimes \boldsymbol{X}] \cdot \mathrm{E}[\boldsymbol{Y} \otimes \boldsymbol{x}] + \mathrm{E}[\boldsymbol{X} \cdot \mathrm{E}[\boldsymbol{x}\boldsymbol{y}^{\mathrm{T}}] \cdot \boldsymbol{Y}] \\ &\quad -2 \cdot \mathrm{E}[\boldsymbol{X}] \cdot \mathrm{E}[\boldsymbol{x}] \cdot \mathrm{E}[\boldsymbol{y}^{\mathrm{T}}] \cdot \mathrm{E}[\boldsymbol{Y}] \end{aligned} \tag{A.10}$$

根据式（A.10）可以推得

$$\begin{aligned} \mathrm{E}[\boldsymbol{\varepsilon}^{\mathrm{T}}\boldsymbol{A}\boldsymbol{\varepsilon}\boldsymbol{\varepsilon}^{\mathrm{T}}\boldsymbol{B}\boldsymbol{\varepsilon}] &= \mathrm{E}[\boldsymbol{\varepsilon}^{\mathrm{T}}\boldsymbol{A}\boldsymbol{\varepsilon}] \cdot \mathrm{E}[\boldsymbol{\varepsilon}^{\mathrm{T}}\boldsymbol{B}\boldsymbol{\varepsilon}] + \mathrm{E}[(\boldsymbol{\varepsilon}^{\mathrm{T}}\boldsymbol{B}) \otimes \boldsymbol{\varepsilon}^{\mathrm{T}}] \cdot \mathrm{E}[\boldsymbol{\varepsilon} \otimes (\boldsymbol{A}\boldsymbol{\varepsilon})] + \mathrm{E}[\boldsymbol{\varepsilon}^{\mathrm{T}} \cdot \mathrm{E}[\boldsymbol{A}\boldsymbol{\varepsilon}\boldsymbol{\varepsilon}^{\mathrm{T}}\boldsymbol{B}] \cdot \boldsymbol{\varepsilon}] \\ &= \mathrm{tr}(\boldsymbol{A} \cdot \mathrm{E}[\boldsymbol{\varepsilon}\boldsymbol{\varepsilon}^{\mathrm{T}}]) \cdot \mathrm{tr}(\boldsymbol{B} \cdot \mathrm{E}[\boldsymbol{\varepsilon}\boldsymbol{\varepsilon}^{\mathrm{T}}]) + \mathrm{tr}(\boldsymbol{A} \cdot \mathrm{E}[\boldsymbol{\varepsilon}\boldsymbol{\varepsilon}^{\mathrm{T}}] \cdot \boldsymbol{B} \cdot \mathrm{E}[\boldsymbol{\varepsilon}\boldsymbol{\varepsilon}^{\mathrm{T}}]) + \mathrm{E}[(\boldsymbol{\varepsilon}^{\mathrm{T}}\boldsymbol{B}) \otimes \boldsymbol{\varepsilon}^{\mathrm{T}}] \cdot \mathrm{E}[\boldsymbol{\varepsilon} \otimes (\boldsymbol{A}\boldsymbol{\varepsilon})] \\ &= \mathrm{tr}(\boldsymbol{A} \cdot \boldsymbol{C}(\boldsymbol{x})) \cdot \mathrm{tr}(\boldsymbol{B} \cdot \boldsymbol{C}(\boldsymbol{x})) + \mathrm{tr}(\boldsymbol{A} \cdot \boldsymbol{C}(\boldsymbol{x}) \cdot \boldsymbol{B} \cdot \boldsymbol{C}(\boldsymbol{x})) + \mathrm{E}[(\boldsymbol{\varepsilon}^{\mathrm{T}}\boldsymbol{B}) \otimes \boldsymbol{\varepsilon}^{\mathrm{T}}] \cdot \mathrm{E}[\boldsymbol{\varepsilon} \otimes (\boldsymbol{A}\boldsymbol{\varepsilon})] \end{aligned} \tag{A.11}$$

又因为

$$\mathrm{E}[(\boldsymbol{\varepsilon}^{\mathrm{T}}\boldsymbol{B}) \otimes \boldsymbol{\varepsilon}^{\mathrm{T}}] \cdot \mathrm{E}[\boldsymbol{\varepsilon} \otimes (\boldsymbol{A}\boldsymbol{\varepsilon})] = \mathrm{tr}(\boldsymbol{A} \cdot \boldsymbol{C}(\boldsymbol{x}) \cdot \boldsymbol{B} \cdot \boldsymbol{C}(\boldsymbol{x})) \tag{A.12}$$

将式（A.12）代入式（A.11）中可知式（2.158）成立。

附录 A3　证明式（2.161）

首先将复高斯观测向量 $\boldsymbol{y}$ 的实部（或虚部）协方差矩阵记为 $\boldsymbol{A}(\boldsymbol{x})$，实部与虚部之间的互协方差矩阵记为 $\boldsymbol{B}(\boldsymbol{x})$，则根据 2.3.1 节对复高斯观测向量的限制条件可知

$$\begin{aligned} \boldsymbol{A}(\boldsymbol{x}) &= \mathrm{E}[(\mathrm{Re}\{\boldsymbol{y}\} - \mathrm{Re}\{\boldsymbol{\mu}(\boldsymbol{x})\}) \cdot (\mathrm{Re}\{\boldsymbol{y}\} - \mathrm{Re}\{\boldsymbol{\mu}(\boldsymbol{x})\})^{\mathrm{T}}] \\ &= \mathrm{E}[(\mathrm{Im}\{\boldsymbol{y}\} - \mathrm{Im}\{\boldsymbol{\mu}(\boldsymbol{x})\}) \cdot (\mathrm{Im}\{\boldsymbol{y}\} - \mathrm{Im}\{\boldsymbol{\mu}(\boldsymbol{x})\})^{\mathrm{T}}] = \boldsymbol{A}^{\mathrm{T}}(\boldsymbol{x}) \end{aligned} \tag{A.13}$$

$$\begin{aligned}\boldsymbol{B}(\boldsymbol{x})&=\mathrm{E}[(\mathrm{Re}\{\boldsymbol{y}\}-\mathrm{Re}\{\boldsymbol{\mu}(\boldsymbol{x})\})\cdot(\mathrm{Im}\{\boldsymbol{y}\}-\mathrm{Im}\{\boldsymbol{\mu}(\boldsymbol{x})\})^{\mathrm{T}}]\\&=-\mathrm{E}[(\mathrm{Im}\{\boldsymbol{y}\}-\mathrm{Im}\{\boldsymbol{\mu}(\boldsymbol{x})\})\cdot(\mathrm{Re}\{\boldsymbol{y}\}-\mathrm{Re}\{\boldsymbol{\mu}(\boldsymbol{x})\})^{\mathrm{T}}]=-\boldsymbol{B}^{\mathrm{T}}(\boldsymbol{x})\end{aligned} \tag{A.14}$$

于是关于复高斯观测向量 $\boldsymbol{y}$ 的协方差矩阵为

$$\begin{aligned}\boldsymbol{C}(\boldsymbol{x})&=\mathrm{E}[(\boldsymbol{y}-\boldsymbol{\mu}(\boldsymbol{x}))\cdot(\boldsymbol{y}-\boldsymbol{\mu}(\boldsymbol{x}))^{\mathrm{H}}]\\&=\mathrm{E}[(\mathrm{Re}\{\boldsymbol{y}\}-\mathrm{Re}\{\boldsymbol{\mu}(\boldsymbol{x})\})\cdot(\mathrm{Re}\{\boldsymbol{y}\}-\mathrm{Re}\{\boldsymbol{\mu}(\boldsymbol{x})\})^{\mathrm{T}}]\\&\quad+\mathrm{E}[(\mathrm{Im}\{\boldsymbol{y}\}-\mathrm{Im}\{\boldsymbol{\mu}(\boldsymbol{x})\})\cdot(\mathrm{Im}\{\boldsymbol{y}\}-\mathrm{Im}\{\boldsymbol{\mu}(\boldsymbol{x})\})^{\mathrm{T}}]\\&\quad+\mathrm{j}\cdot\mathrm{E}[(\mathrm{Im}\{\boldsymbol{y}\}-\mathrm{Im}\{\boldsymbol{\mu}(\boldsymbol{x})\})\cdot(\mathrm{Re}\{\boldsymbol{y}\}-\mathrm{Re}\{\boldsymbol{\mu}(\boldsymbol{x})\})^{\mathrm{T}}]\\&\quad-\mathrm{j}\cdot\mathrm{E}[(\mathrm{Re}\{\boldsymbol{y}\}-\mathrm{Re}\{\boldsymbol{\mu}(\boldsymbol{x})\})\cdot(\mathrm{Im}\{\boldsymbol{y}\}-\mathrm{Im}\{\boldsymbol{\mu}(\boldsymbol{x})\})^{\mathrm{T}}]\\&=2\boldsymbol{A}(\boldsymbol{x})-2\mathrm{j}\cdot\boldsymbol{B}(\boldsymbol{x})\end{aligned} \tag{A.15}$$

显然，m 维复高斯观测向量 $\boldsymbol{y}$ 可以等效为如下形式的 $2m$ 维实高斯观测向量

$$\bar{\boldsymbol{y}}=[(\mathrm{Re}\{\boldsymbol{y}\})^{\mathrm{T}}\ \ (\mathrm{Im}\{\boldsymbol{y}\})^{\mathrm{T}}]^{\mathrm{T}}\in\mathbf{R}^{2m\times 1} \tag{A.16}$$

并且实观测向量 $\bar{\boldsymbol{y}}$ 的均值和协方差矩阵分别为

$$\begin{cases}\bar{\boldsymbol{\mu}}(\boldsymbol{x})=\mathrm{E}[\bar{\boldsymbol{y}}]=\begin{bmatrix}\mathrm{Re}\{\boldsymbol{\mu}(\boldsymbol{x})\}\\\mathrm{Im}\{\boldsymbol{\mu}(\boldsymbol{x})\}\end{bmatrix}\\\bar{\boldsymbol{C}}(\boldsymbol{x})=\mathrm{E}[(\bar{\boldsymbol{y}}-\bar{\boldsymbol{\mu}}(\boldsymbol{x}))\cdot(\bar{\boldsymbol{y}}-\bar{\boldsymbol{\mu}}(\boldsymbol{x}))^{\mathrm{T}}]=\begin{bmatrix}\boldsymbol{A}(\boldsymbol{x})&\boldsymbol{B}(\boldsymbol{x})\\-\boldsymbol{B}(\boldsymbol{x})&\boldsymbol{A}(\boldsymbol{x})\end{bmatrix}=\begin{bmatrix}\boldsymbol{A}(\boldsymbol{x})&\boldsymbol{B}(\boldsymbol{x})\\\boldsymbol{B}^{\mathrm{T}}(\boldsymbol{x})&\boldsymbol{A}(\boldsymbol{x})\end{bmatrix}\end{cases} \tag{A.17}$$

实观测向量 $\bar{\boldsymbol{y}}$ 的概率密度函数为

$$p(\bar{\boldsymbol{y}}\,|\,\boldsymbol{x})=\frac{1}{(2\pi)^{m}\cdot(\det[\bar{\boldsymbol{C}}(\boldsymbol{x})])^{1/2}}\cdot\exp\{-(\bar{\boldsymbol{y}}-\bar{\boldsymbol{\mu}}(\boldsymbol{x}))^{\mathrm{T}}\cdot(\bar{\boldsymbol{C}}(\boldsymbol{x}))^{-1}\cdot(\bar{\boldsymbol{y}}-\bar{\boldsymbol{\mu}}(\boldsymbol{x}))/2\} \tag{A.18}$$

根据命题 2.2 可知

$$\begin{aligned}(\bar{\boldsymbol{C}}(\boldsymbol{x}))^{-1}&=\begin{bmatrix}\boldsymbol{A}(\boldsymbol{x})&\boldsymbol{B}(\boldsymbol{x})\\-\boldsymbol{B}(\boldsymbol{x})&\boldsymbol{A}(\boldsymbol{x})\end{bmatrix}^{-1}\\&=\left[\begin{array}{c:c}(\boldsymbol{A}(\boldsymbol{x})+\boldsymbol{B}(\boldsymbol{x})\cdot(\boldsymbol{A}(\boldsymbol{x}))^{-1}\cdot\boldsymbol{B}(\boldsymbol{x}))^{-1}&-(\boldsymbol{A}(\boldsymbol{x})+\boldsymbol{B}(\boldsymbol{x})\cdot(\boldsymbol{A}(\boldsymbol{x}))^{-1}\cdot\boldsymbol{B}(\boldsymbol{x}))^{-1}\cdot\boldsymbol{B}(\boldsymbol{x})\cdot(\boldsymbol{A}(\boldsymbol{x}))^{-1}\\\hdashline(\boldsymbol{A}(\boldsymbol{x})+\boldsymbol{B}(\boldsymbol{x})\cdot(\boldsymbol{A}(\boldsymbol{x}))^{-1}\cdot\boldsymbol{B}(\boldsymbol{x}))^{-1}\cdot\boldsymbol{B}(\boldsymbol{x})\cdot(\boldsymbol{A}(\boldsymbol{x}))^{-1}&(\boldsymbol{A}(\boldsymbol{x})+\boldsymbol{B}(\boldsymbol{x})\cdot(\boldsymbol{A}(\boldsymbol{x}))^{-1}\cdot\boldsymbol{B}(\boldsymbol{x}))^{-1}\end{array}\right]\\&=\begin{bmatrix}\boldsymbol{E}(\boldsymbol{x})&\boldsymbol{F}(\boldsymbol{x})\\-\boldsymbol{F}(\boldsymbol{x})&\boldsymbol{E}(\boldsymbol{x})\end{bmatrix}\end{aligned} \tag{A.19}$$

下面证明矩阵 $(\boldsymbol{E}(\boldsymbol{x})-\mathrm{j}\cdot\boldsymbol{F}(\boldsymbol{x}))/2$ 是矩阵 $\boldsymbol{C}(\boldsymbol{x})=2\boldsymbol{A}(\boldsymbol{x})-2\mathrm{j}\cdot\boldsymbol{B}(\boldsymbol{x})$ 的逆。由于

$$\begin{aligned}\bar{\boldsymbol{C}}(\boldsymbol{x})\cdot(\bar{\boldsymbol{C}}(\boldsymbol{x}))^{-1}&=\begin{bmatrix}\boldsymbol{A}(\boldsymbol{x})&\boldsymbol{B}(\boldsymbol{x})\\-\boldsymbol{B}(\boldsymbol{x})&\boldsymbol{A}(\boldsymbol{x})\end{bmatrix}\cdot\begin{bmatrix}\boldsymbol{E}(\boldsymbol{x})&\boldsymbol{F}(\boldsymbol{x})\\-\boldsymbol{F}(\boldsymbol{x})&\boldsymbol{E}(\boldsymbol{x})\end{bmatrix}\\&=\left[\begin{array}{c:c}\boldsymbol{A}(\boldsymbol{x})\cdot\boldsymbol{E}(\boldsymbol{x})-\boldsymbol{B}(\boldsymbol{x})\cdot\boldsymbol{F}(\boldsymbol{x})&\boldsymbol{A}(\boldsymbol{x})\cdot\boldsymbol{F}(\boldsymbol{x})+\boldsymbol{B}(\boldsymbol{x})\cdot\boldsymbol{E}(\boldsymbol{x})\\\hdashline-\boldsymbol{A}(\boldsymbol{x})\cdot\boldsymbol{F}(\boldsymbol{x})-\boldsymbol{B}(\boldsymbol{x})\cdot\boldsymbol{E}(\boldsymbol{x})&\boldsymbol{A}(\boldsymbol{x})\cdot\boldsymbol{E}(\boldsymbol{x})-\boldsymbol{B}(\boldsymbol{x})\cdot\boldsymbol{F}(\boldsymbol{x})\end{array}\right]\\&=\begin{bmatrix}\boldsymbol{I}_m&\boldsymbol{O}_{m\times m}\\\boldsymbol{O}_{m\times m}&\boldsymbol{I}_m\end{bmatrix}\end{aligned} \tag{A.20}$$

于是有

$$\begin{cases} \boldsymbol{A}(\boldsymbol{x}) \cdot \boldsymbol{E}(\boldsymbol{x}) - \boldsymbol{B}(\boldsymbol{x}) \cdot \boldsymbol{F}(\boldsymbol{x}) = \boldsymbol{I}_m \\ \boldsymbol{A}(\boldsymbol{x}) \cdot \boldsymbol{F}(\boldsymbol{x}) + \boldsymbol{B}(\boldsymbol{x}) \cdot \boldsymbol{E}(\boldsymbol{x}) = \boldsymbol{O}_{m\times m} \end{cases} \tag{A.21}$$

进一步可得

$$\begin{aligned} \boldsymbol{C}(\boldsymbol{x}) \cdot (\boldsymbol{E}(\boldsymbol{x}) - \mathrm{j} \cdot \boldsymbol{F}(\boldsymbol{x}))/2 &= (\boldsymbol{A}(\boldsymbol{x}) - \mathrm{j} \cdot \boldsymbol{B}(\boldsymbol{x}))(\boldsymbol{E}(\boldsymbol{x}) - \mathrm{j} \cdot \boldsymbol{F}(\boldsymbol{x})) \\ &= \boldsymbol{A}(\boldsymbol{x}) \cdot \boldsymbol{E}(\boldsymbol{x}) - \boldsymbol{B}(\boldsymbol{x}) \cdot \boldsymbol{F}(\boldsymbol{x}) - \mathrm{j} \cdot (\boldsymbol{A}(\boldsymbol{x}) \cdot \boldsymbol{F}(\boldsymbol{x}) + \boldsymbol{B}(\boldsymbol{x}) \cdot \boldsymbol{E}(\boldsymbol{x})) = \boldsymbol{I}_m \\ &\Rightarrow (\boldsymbol{C}(\boldsymbol{x}))^{-1} = (\boldsymbol{E}(\boldsymbol{x}) - \mathrm{j} \cdot \boldsymbol{F}(\boldsymbol{x}))/2 \end{aligned} \tag{A.22}$$

由式（A.22）可以进一步推得

$$\begin{aligned} &(\boldsymbol{\xi} - \boldsymbol{\mu}(\boldsymbol{x}))^{\mathrm{H}} \cdot (\boldsymbol{C}(\boldsymbol{x}))^{-1} \cdot (\boldsymbol{\xi} - \boldsymbol{\mu}(\boldsymbol{x})) \\ &= (\mathrm{Re}\{\boldsymbol{\xi}\} - \mathrm{Re}\{\boldsymbol{\mu}(\boldsymbol{x})\})^{\mathrm{T}} \cdot \boldsymbol{E}(\boldsymbol{x}) \cdot (\mathrm{Re}\{\boldsymbol{\xi}\} - \mathrm{Re}\{\boldsymbol{\mu}(\boldsymbol{x})\})/2 - (\mathrm{Im}\{\boldsymbol{\xi}\} - \mathrm{Im}\{\boldsymbol{\mu}(\boldsymbol{x})\})^{\mathrm{T}} \cdot \boldsymbol{F}(\boldsymbol{x}) \cdot (\mathrm{Re}\{\boldsymbol{\xi}\} \\ &\quad - \mathrm{Re}\{\boldsymbol{\mu}(\boldsymbol{x})\})/2 + (\mathrm{Re}\{\boldsymbol{\xi}\} - \mathrm{Re}\{\boldsymbol{\mu}(\boldsymbol{x})\})^{\mathrm{T}} \cdot \boldsymbol{F}(\boldsymbol{x}) \cdot (\mathrm{Im}\{\boldsymbol{\xi}\} - \mathrm{Im}\{\boldsymbol{\mu}(\boldsymbol{x})\})/2 + (\mathrm{Im}\{\boldsymbol{\xi}\} - \mathrm{Im}\{\boldsymbol{\mu}(\boldsymbol{x})\})^{\mathrm{T}} \\ &\quad \cdot \boldsymbol{E}(\boldsymbol{x}) \cdot (\mathrm{Im}\{\boldsymbol{\xi}\} - \mathrm{Im}\{\boldsymbol{\mu}(\boldsymbol{x})\})/2 \\ &= (\bar{\boldsymbol{\xi}} - \bar{\boldsymbol{\mu}}(\boldsymbol{x}))^{\mathrm{T}} (\bar{\boldsymbol{C}}(\boldsymbol{x}))^{-1} (\bar{\boldsymbol{\xi}} - \bar{\boldsymbol{\mu}}(\boldsymbol{x}))/2 \end{aligned} \tag{A.23}$$

另一方面，根据式（2.19）和式（A.19）可知

$$\det[\bar{\boldsymbol{C}}(\boldsymbol{x})] = \det[\boldsymbol{A}(\boldsymbol{x})] \cdot \det[\boldsymbol{A}(\boldsymbol{x}) + \boldsymbol{B}(\boldsymbol{x}) \cdot (\boldsymbol{A}(\boldsymbol{x}))^{-1} \cdot \boldsymbol{B}(\boldsymbol{x})] \tag{A.24}$$

利用等式 $\boldsymbol{C}(\boldsymbol{x}) = 2\boldsymbol{A}(\boldsymbol{x}) - 2\mathrm{j} \cdot \boldsymbol{B}(\boldsymbol{x})$ 可以推得

$$\begin{aligned} \boldsymbol{C}(\boldsymbol{x}) \cdot (\boldsymbol{A}(\boldsymbol{x}))^{-1} \cdot \boldsymbol{C}^*(\boldsymbol{x}) &= (2\boldsymbol{A}(\boldsymbol{x}) - 2\mathrm{j} \cdot \boldsymbol{B}(\boldsymbol{x})) \cdot (\boldsymbol{A}(\boldsymbol{x}))^{-1} \cdot (2\boldsymbol{A}(\boldsymbol{x}) + 2\mathrm{j} \cdot \boldsymbol{B}(\boldsymbol{x})) \\ &= (2\boldsymbol{I}_m - 2\mathrm{j} \cdot \boldsymbol{B}(\boldsymbol{x}) \cdot (\boldsymbol{A}(\boldsymbol{x}))^{-1}) \cdot (2\boldsymbol{A}(\boldsymbol{x}) + 2\mathrm{j} \cdot \boldsymbol{B}(\boldsymbol{x})) \\ &= 4\boldsymbol{A}(\boldsymbol{x}) + 4\boldsymbol{B}(\boldsymbol{x}) \cdot (\boldsymbol{A}(\boldsymbol{x}))^{-1} \cdot \boldsymbol{B}(\boldsymbol{x}) \end{aligned} \tag{A.25}$$

于是有

$$\frac{\det[\boldsymbol{C}(\boldsymbol{x})] \cdot \det[\boldsymbol{C}^*(\boldsymbol{x})]}{\det[\boldsymbol{A}(\boldsymbol{x})]} = \frac{(\det[\boldsymbol{C}(\boldsymbol{x})])^2}{\det[\boldsymbol{A}(\boldsymbol{x})]} = 4^m \cdot \det[\boldsymbol{A}(\boldsymbol{x}) + \boldsymbol{B}(\boldsymbol{x})(\boldsymbol{A}(\boldsymbol{x}))^{-1}\boldsymbol{B}(\boldsymbol{x})] \tag{A.26}$$

结合式（A.24）和式（A.26）可知

$$(\det[\boldsymbol{C}(\boldsymbol{x})])^2 = 4^m \cdot \det[\bar{\boldsymbol{C}}(\boldsymbol{x})] \Rightarrow \det[\boldsymbol{C}(\boldsymbol{x})] = 2^m \cdot (\det[\bar{\boldsymbol{C}}(\boldsymbol{x})])^{1/2} \tag{A.27}$$

将式（A.23）和式（A.27）代入式（A.18）中可得

$$p(\bar{\boldsymbol{y}} \mid \boldsymbol{x}) = \frac{1}{\pi^m \cdot \det[\boldsymbol{C}(\boldsymbol{x})]} \cdot \exp\{-(\boldsymbol{\xi} - \boldsymbol{\mu}(\boldsymbol{x}))^{\mathrm{H}} \cdot (\boldsymbol{C}(\boldsymbol{x}))^{-1} \cdot (\boldsymbol{\xi} - \boldsymbol{\mu}(\boldsymbol{x}))\} = p(\boldsymbol{y} \mid \boldsymbol{x}) \tag{A.28}$$

至此，式（2.161）得证。

附录 A4　证明式（2.167）

根据式（A.10）可以推得

$$\begin{aligned} \mathrm{E}[\boldsymbol{\varepsilon}^{\mathrm{H}}\boldsymbol{A}\boldsymbol{\varepsilon}\boldsymbol{\varepsilon}^{\mathrm{H}}\boldsymbol{B}\boldsymbol{\varepsilon}] &= \mathrm{E}[\boldsymbol{\varepsilon}^{\mathrm{H}}\boldsymbol{A}\boldsymbol{\varepsilon}] \cdot \mathrm{E}[\boldsymbol{\varepsilon}^{\mathrm{H}}\boldsymbol{B}\boldsymbol{\varepsilon}] + \mathrm{E}[(\boldsymbol{\varepsilon}^{\mathrm{H}}\boldsymbol{B}) \otimes \boldsymbol{\varepsilon}^{\mathrm{H}}] \cdot \mathrm{E}[\boldsymbol{\varepsilon} \otimes (\boldsymbol{A}\boldsymbol{\varepsilon})] + \mathrm{E}[\boldsymbol{\varepsilon}^{\mathrm{H}} \cdot \mathrm{E}[\boldsymbol{A}\boldsymbol{\varepsilon}\boldsymbol{\varepsilon}^{\mathrm{H}}\boldsymbol{B}] \cdot \boldsymbol{\varepsilon}] \\ &= \mathrm{tr}(\boldsymbol{A} \cdot \mathrm{E}[\boldsymbol{\varepsilon}\boldsymbol{\varepsilon}^{\mathrm{H}}]) \cdot \mathrm{tr}(\boldsymbol{B} \cdot \mathrm{E}[\boldsymbol{\varepsilon}\boldsymbol{\varepsilon}^{\mathrm{H}}]) + \mathrm{tr}(\boldsymbol{A} \cdot \mathrm{E}[\boldsymbol{\varepsilon}\boldsymbol{\varepsilon}^{\mathrm{H}}] \cdot \boldsymbol{B} \cdot \mathrm{E}[\boldsymbol{\varepsilon}\boldsymbol{\varepsilon}^{\mathrm{H}}]) \\ &= \mathrm{tr}(\boldsymbol{A} \cdot \boldsymbol{C}(\boldsymbol{x})) \cdot \mathrm{tr}(\boldsymbol{B} \cdot \boldsymbol{C}(\boldsymbol{x})) + \mathrm{tr}(\boldsymbol{A} \cdot \boldsymbol{C}(\boldsymbol{x}) \cdot \boldsymbol{B} \cdot \boldsymbol{C}(\boldsymbol{x})) \end{aligned} \tag{A.29}$$

式（A.29）利用了等式 $\mathrm{E}[\boldsymbol{\varepsilon}\boldsymbol{\varepsilon}^{\mathrm{T}}] = \boldsymbol{O}_{m\times m}$。至此，式（2.167）得证。

第 3 章　测向天线阵列信号模型及其基本特性简介

本章将首先介绍测向天线阵列信号模型和相关假设，然后给出几种特殊阵型的阵列流形响应及其相应的阵列方向图，最后讨论阵列波束宽度和角度分辨率的概念。

3.1　测向天线阵列及其接收信号的相关假设

众所周知，信号通过无线信道的传输过程是非常复杂的，因此其严格数学模型的建立需要完整描述信号传输信道的物理环境，但是这种做法往往过于复杂。为了得到一个较为实用化的参数模型，需要简化信号传输的假设。下面是关于对测向天线阵列及其接收信号的基本假设，在不做其它特殊说明的情况下，这些假设对于本书后续章节所阐述的测向方法都具有约束力。

首先是关于理想测向天线阵列的假设：

① 测向天线阵列是由位于空间已知坐标处的若干个天线按照一定的结构排列而形成的。

② 阵元的接收特性仅仅与其位置有关，而与其尺寸无关（即认为其是空间中的一个点）。

③ 测向天线是全向天线，各个阵元的复增益均相等，并且相互之间的耦合效应忽略不计，即不考虑阵列误差。

④ 阵元接收信号所产生的噪声服从零均值复高斯分布，并且不同阵元上的噪声统计独立，而且噪声与信号也是统计独立的。

需要特别说明的是，当考虑阵列误差时，假设③就不再成立了。其次是关于信号模型的假设：

① 信号的传播介质是均匀且各向同性的，即信号在介质中按照直线传播。

② 阵列天线位于目标辐射源的远场中，所以信号到达阵列时可以看作是一束平行的平面波。

③ 空间信号到达阵列各阵元上的不同时延可以由阵列的几何结构和信号的来向所决定。

另一方面，在建立测向天线阵列接收信号模型时，还需要区分辐射源信号是窄带还是宽带信号。所谓窄带信号是指相对于信号的载波频率而言，信号复包络的带宽很窄（即变化很缓慢），信号的调制部分在各个天线阵元间所产生的波程差可以忽略不计，一些文献将窄带信号定义为

$$\max_{m,n}\{\Delta f\cdot\|\boldsymbol{z}_m-\boldsymbol{z}_n\|_2/c\}\ll 1 \tag{3.1}$$

式中 $\boldsymbol{z}_m$ 和 $\boldsymbol{z}_n$ 表示任意两阵元的位置向量，Δf 表示信号带宽，c 表示电磁波传播速度（一般假设为光速）。

假设窄带信号到达某一阵元的复包络为

$$s(t)=u(t)\cdot \mathrm{e}^{\mathrm{j}(\omega_0 t+\varphi(t))} \tag{3.2}$$

并且该信号经过时延τ到达另一阵元，相应的复包络变为

$$s(t-\tau)=u(t-\tau)\cdot \mathrm{e}^{\mathrm{j}(\omega_0(t-\tau)+\varphi(t-\tau))}\approx u(t)\cdot \mathrm{e}^{\mathrm{j}(\omega_0(t-\tau)+\varphi(t))}=s(t)\cdot \mathrm{e}^{-\mathrm{j}\omega_0\tau} \tag{3.3}$$

式（3.3）之所以能够近似成立是由于在窄带信号假设条件下，调制信息$u(t)$和$\varphi(t)$经过时延τ的变化非常缓慢，可以认为保持不变，因此对于同一窄带信号而言，其到达不同阵元的波形差异性是由载波引起的相位来决定的。与窄带信号相反的宽带信号则不满足上述条件，本书讨论的测向方法主要是针对窄带信号所提出的。

3.2 测向天线阵列接收信号模型

本节将描述测向天线阵列的接收信号模型。如图 3.1 所示，假设某测向阵列中共有M个阵元按照一定的几何规则排列，与此同时有D个远场窄带信号（中心角频率均为ω_0）入射至该阵列，其中第d个信号的方位角和仰角分别为θ_d和β_d。需要指出的是，若仅考虑对二维平面内的目标进行测向，就无需考虑仰角了。

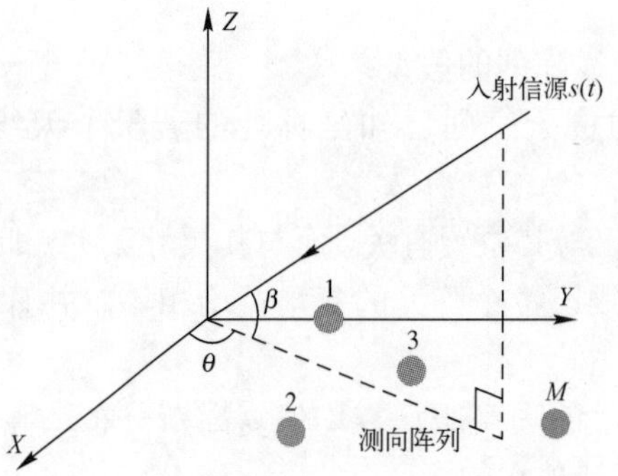

图 3.1　天线阵列与信号波达方向示意图

基于上述讨论可知，第m个阵元的输出响应可以表示为

$$x_m(t)=\sum_{d=1}^{D}s_d(t-\tau_m(\theta_d,\beta_d))+n_m(t)\qquad (1\leqslant m\leqslant M) \tag{3.4}$$

式中$s_d(t)$表示第d个信号到达相位参考点的复包络，$\tau_m(\theta_d,\beta_d)$表示第d个信号到达第m个阵元时，相对于相位参考点的时延，$n_m(t)$表示第m个阵元上的复高斯随机噪声。在窄带信号假设下，式（3.4）可以进一步表示为

$$x_m(t)=\sum_{d=1}^{D}s_d(t)\mathrm{e}^{-\mathrm{j}\omega_0\tau_m(\theta_d,\beta_d)}+n_m(t)\qquad (1\leqslant m\leqslant M) \tag{3.5}$$

若分别记

$$\begin{cases}\boldsymbol{x}(t)=[x_1(t)\ x_2(t)\ \cdots\ x_M(t)]^{\mathrm{T}}\\ \boldsymbol{n}(t)=[n_1(t)\ n_2(t)\ \cdots\ n_M(t)]^{\mathrm{T}}\\ \boldsymbol{s}(t)=[s_1(t)\ s_2(t)\ \cdots\ s_D(t)]^{\mathrm{T}}\end{cases} \tag{3.6}$$

则可将式（3.5）表示为如下矩阵形式

$$
\boldsymbol{x}(t)=\begin{bmatrix} \mathrm{e}^{-\mathrm{j}\omega_0\tau_1(\theta_1,\beta_1)} & \mathrm{e}^{-\mathrm{j}\omega_0\tau_1(\theta_2,\beta_2)} & \cdots & \mathrm{e}^{-\mathrm{j}\omega_0\tau_1(\theta_D,\beta_D)} \\ \mathrm{e}^{-\mathrm{j}\omega_0\tau_2(\theta_1,\beta_1)} & \mathrm{e}^{-\mathrm{j}\omega_0\tau_2(\theta_2,\beta_2)} & \cdots & \mathrm{e}^{-\mathrm{j}\omega_0\tau_2(\theta_D,\beta_D)} \\ \vdots & \vdots & \ddots & \vdots \\ \mathrm{e}^{-\mathrm{j}\omega_0\tau_M(\theta_1,\beta_1)} & \mathrm{e}^{-\mathrm{j}\omega_0\tau_M(\theta_2,\beta_2)} & \cdots & \mathrm{e}^{-\mathrm{j}\omega_0\tau_M(\theta_D,\beta_D)} \end{bmatrix}\cdot \boldsymbol{s}(t)+\boldsymbol{n}(t) \tag{3.7}
$$

$$
=[\boldsymbol{a}(\theta_1,\beta_1)\ \boldsymbol{a}(\theta_2,\beta_2)\ \cdots\ \boldsymbol{a}(\theta_D,\beta_D)]\cdot\boldsymbol{s}(t)+\boldsymbol{n}(t)=\boldsymbol{A}(\boldsymbol{\theta},\boldsymbol{\beta})\boldsymbol{s}(t)+\boldsymbol{n}(t)
$$

式中$\boldsymbol{A}(\boldsymbol{\theta},\boldsymbol{\beta})=[\boldsymbol{a}(\theta_1,\beta_1)\ \boldsymbol{a}(\theta_2,\beta_2)\ \cdots\ \boldsymbol{a}(\theta_D,\beta_D)]$表示阵列流形矩阵，其中$\boldsymbol{a}(\theta_d,\beta_d)$表示对应于$d$个信号的阵列流形向量，相应的表达式为

$$
\boldsymbol{a}(\theta_d,\beta_d)=[\mathrm{e}^{-\mathrm{j}\omega_0\tau_1(\theta_d,\beta_d)}\ \ \mathrm{e}^{-\mathrm{j}\omega_0\tau_2(\theta_d,\beta_d)}\ \cdots\ \mathrm{e}^{-\mathrm{j}\omega_0\tau_M(\theta_d,\beta_d)}]^{\mathrm{T}} \quad (1\leqslant d\leqslant D) \tag{3.8}
$$

不难看出，阵列流形向量$\boldsymbol{a}(\theta,\beta)$取决于阵列几何结构，信号来波方向以及信号载波频率（或波长）。在实际工程应用中，阵列几何结构一旦固定就不会随意改变，因此$\boldsymbol{a}(\theta,\beta)$通常与信号来波方向和信号载波频率（或波长）密切相关。

需要指出的是，式（3.7）描述的是理想条件下的阵列信号模型，在实际工程应用中，其阵列流形还会受到一些误差的影响从而导致其偏离理想值。实际中的阵列误差主要包括幅相误差（可以是阵元幅相误差或是通道幅相误差）、互耦以及阵元位置误差，当它们同时存在时，阵列输出响应可以表示为

$$
\tilde{\boldsymbol{x}}(t)=\boldsymbol{C}\boldsymbol{\Gamma}\cdot[\tilde{\boldsymbol{a}}(\theta_1,\beta_1)\ \tilde{\boldsymbol{a}}(\theta_2,\beta_2)\ \cdots\ \tilde{\boldsymbol{a}}(\theta_D,\beta_D)]\cdot\boldsymbol{s}(t)+\boldsymbol{n}(t)=\boldsymbol{C}\boldsymbol{\Gamma}\tilde{\boldsymbol{A}}(\boldsymbol{\theta},\boldsymbol{\beta})\boldsymbol{s}(t)+\boldsymbol{n}(t) \tag{3.9}
$$

式中$\boldsymbol{\Gamma}$表示幅相误差矩阵（通常建模为对角矩阵），$\boldsymbol{C}$表示互耦矩阵（通常建模为复对称矩阵），$\tilde{\boldsymbol{a}}(\theta_D,\beta_D)$与$\boldsymbol{a}(\theta,\beta)$的区别在于前者包含了阵元位置误差参数，$\tilde{\boldsymbol{A}}(\boldsymbol{\theta},\boldsymbol{\beta})=[\tilde{\boldsymbol{a}}(\theta_1,\beta_1)\ \tilde{\boldsymbol{a}}(\theta_2,\beta_2)\ \cdots\ \tilde{\boldsymbol{a}}(\theta_D,\beta_D)]$则表示阵元位置误差存在条件下的阵列流形矩阵。不难想象，阵列误差对于很多测向方法是有着较大影响的。

3.3 几种特殊阵型的阵列流形响应

在实际工程应用中，较为常用的测向阵列包括：均匀线阵，均匀圆阵，均匀 L 阵和均匀矩形阵。下面将分别给出它们的阵列流形向量$\boldsymbol{a}(\theta,\beta)$的表达式[1-4]。

3.3.1 均匀线阵

图 3.2 给出了均匀线阵示意图，其中相邻阵元间距为d。对于均匀线阵而言，它无法分辨仰角，只能对方位角θ进行估计，这里的θ是指信号入射方向与线阵法线方向的夹角。

对于均匀线阵，人们通常将相位参考点设置在第一个阵元上（图 3.2），于是其阵列流形向量$\boldsymbol{a}(\theta)$的表达式为

$$
\boldsymbol{a}(\theta)=\begin{bmatrix} 1 \\ \exp\{-\mathrm{j}2\pi d\cdot\sin(\theta)/\lambda\} \\ \exp\{-\mathrm{j}4\pi d\cdot\sin(\theta)/\lambda\} \\ \vdots \\ \exp\{-\mathrm{j}2\pi(M-1)d\cdot\sin(\theta)/\lambda\} \end{bmatrix} \tag{3.10}
$$

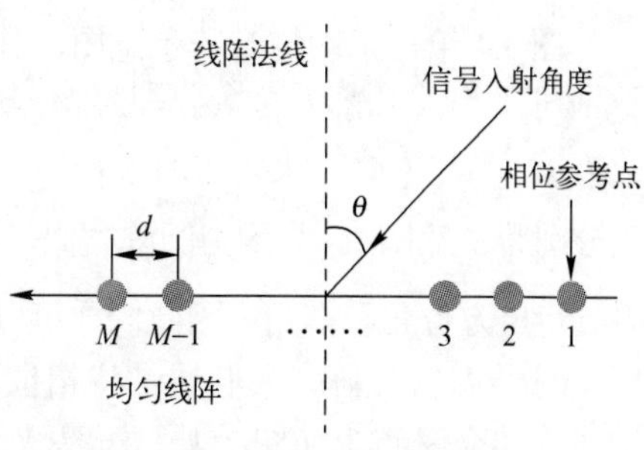

图 3.2　均匀线阵示意图

式中d/λ表示相邻阵元间距与信号波长的比值。根

据式（3.10）可知，均匀线阵的阵列流形向量具有 Vandermonde 结构，利用这一性质可以设计出一些特殊的测向算法。

3.3.2 均匀圆阵

图 3.3 给出了均匀圆阵示意图，其中阵元均匀分布在 XOY 平面内的某个圆环上，并且圆环的圆心在坐标系的原点处，而圆环的半径为 r。与均匀线阵不同的是，均匀圆阵可以同时分辨出方位角和仰角，因此可以进行二维测向。

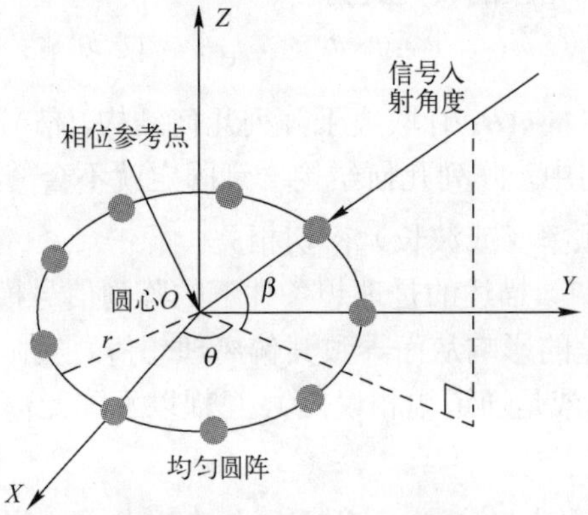

图 3.3　均匀圆阵示意图

对于均匀圆阵，人们通常将相位参考点设置在均匀圆周的圆心上（图 3.3），于是其阵列流形向量 $\boldsymbol{a}(\theta,\beta)$ 的表达式为

$$\boldsymbol{a}(\theta,\beta)=\begin{bmatrix}\exp\{\mathrm{j}2\pi r\cdot\cos(\beta)\cdot\cos(\theta-\phi_0)/\lambda\}\\ \exp\{\mathrm{j}2\pi r\cdot\cos(\beta)\cdot\cos(\theta-\phi_1)/\lambda\}\\ \vdots\\ \vdots\\ \exp\{\mathrm{j}2\pi r\cdot\cos(\beta)\cdot\cos(\theta-\phi_{M-1})/\lambda\}\end{bmatrix}\tag{3.11}$$

式中 ϕ_m 表示天线与圆心所在直线的方位，对于均匀圆阵而言满足 $\phi_m=2\pi m/M\ \ (0\leqslant m\leqslant M-1)$，而 r/λ 表示圆阵半径与信号波长的比值。需要指出的是，虽然均匀圆阵的阵列流形向量不具有 Vandermonde 结构，但是通过一些预处理变换也可以将其转化成 Vandermonde 结构（具体见第 6 章）。

3.3.3 均匀 L 阵

图 3.4 给出了均匀 L 阵示意图，其中阵元均匀分布在 X 轴和 Y 轴上，阵元个数分别为 M_x 和 M_y（总的阵元个数为 $M=M_x+M_y-1$），并且在两个坐标轴上相邻阵元间距分别为 d_x 和 d_y。与均匀圆阵类似，均匀 L 阵也可以同时分辨出方位角和仰角，因此同样可以进行二维测向。

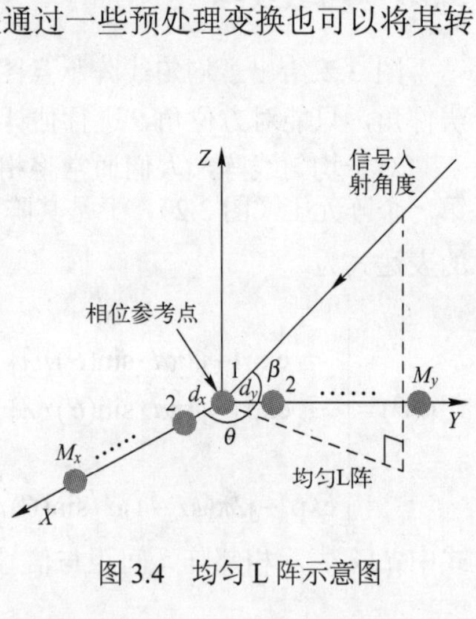

图 3.4　均匀 L 阵示意图

对于均匀 L 阵，人们通常将相位参考点设置在两个子线阵的交叉点上（图 3.4），于是 X 轴方向和 Y 轴方向上的阵列流形向量的表达式分别为

$$
\boldsymbol{a}_x(\theta,\beta)=\begin{bmatrix}1\\ \exp\{\mathrm{j}2\pi d_x\cdot\cos(\beta)\cdot\cos(\theta)/\lambda\}\\ \exp\{\mathrm{j}4\pi d_x\cdot\cos(\beta)\cdot\cos(\theta)/\lambda\}\\ \vdots\\ \exp\{\mathrm{j}2\pi(M_x-1)d_x\cdot\cos(\beta)\cdot\cos(\theta)/\lambda\}\end{bmatrix},\ \boldsymbol{a}_y(\theta,\beta)=\begin{bmatrix}1\\ \exp\{\mathrm{j}2\pi d_y\cdot\cos(\beta)\cdot\sin(\theta)/\lambda\}\\ \exp\{\mathrm{j}4\pi d_y\cdot\cos(\beta)\cdot\sin(\theta)/\lambda\}\\ \vdots\\ \exp\{\mathrm{j}2\pi(M_y-1)d_y\cdot\cos(\beta)\cdot\sin(\theta)/\lambda\}\end{bmatrix} \tag{3.12}
$$

而整个均匀 L 阵的阵列流形向量 $\boldsymbol{a}(\theta,\beta)$ 是将上面两个阵列流形向量进行合并，限于篇幅这里不再赘述。

3.3.4 均匀矩形阵

图 3.5 给出了均匀矩形阵示意图，其中阵元分别沿 X 轴方向和 Y 轴方向均匀分布，总的阵元个数为 $M=M_x\times M_y$，并且在两个坐标轴上相邻阵元间距分别为 d_x 和 d_y。与均匀圆阵和均匀 L 阵类似，均匀矩形阵也可以同时分辨出方位角和仰角，因此同样可以进行二维测向。

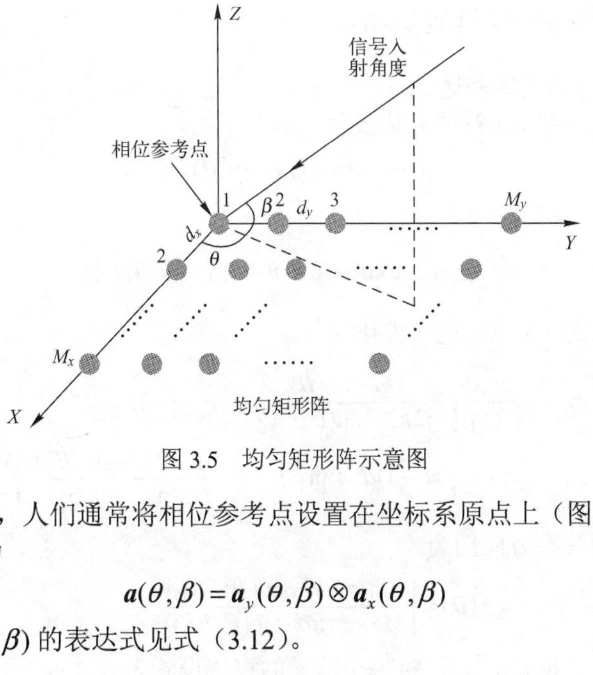

图 3.5　均匀矩形阵示意图

对于均匀矩形阵，人们通常将相位参考点设置在坐标系原点上（图 3.5），其阵列流形向量 $\boldsymbol{a}(\theta,\beta)$ 的表达式为

$$
\boldsymbol{a}(\theta,\beta)=\boldsymbol{a}_y(\theta,\beta)\otimes\boldsymbol{a}_x(\theta,\beta) \tag{3.13}
$$

式中 $\boldsymbol{a}_x(\theta,\beta)$ 和 $\boldsymbol{a}_y(\theta,\beta)$ 的表达式见式（3.12）。

3.4 阵列方向图

所谓阵列方向图是指阵列输出响应与信号来波方向之间的函数关系。阵列方向图一般分为两大类：第一类是阵列输出的直接相加，即静态方向图（或称固有方向图），此时各个阵元的权值均设置为 1；第二类是指具有特定空域滤波性能的方向图，其主波束或零陷的对准方向是通过控制各个阵元的加权值来实现的，并且在不同的应用背景下，阵元的权值设置方法是不同的，在单信号存在条件下，为了将阵列的输出主波束对准某一特定方向，阵元的权值可设为所指方向的阵列流形向量的复共轭，或者是通过增加延迟线的方式实现模拟波束合成。

根据前面给出的阵列信号模型可知，对于某一确定的 M 元阵列，在忽略噪声的条件下，

第 m 个阵元的输出响应可以表示为

$$x_m = g_0 \cdot \mathrm{e}^{-\mathrm{j}\omega_0 \tau_m(\theta,\beta)} \qquad (1 \leqslant m \leqslant M) \tag{3.14}$$

式中 g_0 表示信号的复振幅。若假设第 m 个阵元的复权值为 w_m，则所有阵元的加权输出之和为

$$z_0 = \sum_{m=1}^{M} g_0 w_m \cdot \mathrm{e}^{-\mathrm{j}\omega_0 \tau_m(\theta,\beta)} \tag{3.15}$$

对式（3.15）取绝对值，并进行归一化处理后就可以得到阵列方向图为

$$G(\theta,\beta) = \frac{|z_0|}{\max\{|z_0|\}} \tag{3.16}$$

根据前面的讨论可知，如果将式（3.15）中的所有权值均设置为 1，则可以得到静态方向图；如果需要将阵列的输出主波束对准某一特定的方向，则阵元的权值可以设为该方向所对应的阵列流形向量的复共轭，下面将针对这两种权值设置方式，给出几种常用阵型的阵列方向图。

3.4.1 均匀线阵方向图及其基本特性

（一）均匀线阵方向图的表达式

对于均匀线阵，时延 $\tau_m(\theta)$ 的表达式为

$$\tau_m(\theta) = (m-1)d \cdot \sin(\theta)/c \tag{3.17}$$

将式（3.17）代入式（3.15）中可得

$$z_0 = \sum_{m=1}^{M} g_0 w_m \cdot \exp\{-\mathrm{j}2\pi(m-1)d \cdot \sin(\theta)/\lambda\} \tag{3.18}$$

若令 $w_m = 1$，则可将式（3.18）进一步化简为

$$\begin{aligned} z_0 &= g_0 \cdot \frac{1-\exp\{-\mathrm{j}2\pi Md \cdot \sin(\theta)/\lambda\}}{1-\exp\{-\mathrm{j}2\pi d \cdot \sin(\theta)/\lambda\}} \\ &= g_0 \cdot \exp\{-\mathrm{j}\pi(M-1)d \cdot \sin(\theta)/\lambda\} \cdot \frac{\sin(\pi Md \cdot \sin(\theta)/\lambda)}{\sin(\pi d \cdot \sin(\theta)/\lambda)} \end{aligned} \tag{3.19}$$

于是可得均匀线阵的静态方向图为

$$G_{静态}(\theta) = \left| \frac{\sin(\pi Md \cdot \sin(\theta)/\lambda)}{M \cdot \sin(\pi d \cdot \sin(\theta)/\lambda)} \right| \tag{3.20}$$

若希望最大波束指向方位 θ_0，则可将每个阵元的权值设置为

$$w_m = \exp\{\mathrm{j}2\pi(m-1)d \cdot \sin(\theta_0)/\lambda\} \qquad (1 \leqslant m \leqslant M) \tag{3.21}$$

将式（3.21）代入式（3.18）中可以得到主波束方位为 θ_0 时的阵列方向图为

$$G(\theta) = \left| \frac{\sin(\pi Md(\sin(\theta)-\sin(\theta_0))/\lambda)}{M \cdot \sin(\pi d(\sin(\theta)-\sin(\theta_0))/\lambda)} \right| \tag{3.22}$$

比较式（3.20）和式（3.22）可知，静态方向图即为主波束指向 $\theta_0 = 0°$ 时的阵列方向图。

（二）均匀线阵方向图的基本特性

下面将通过若干数值实验说明均匀线阵方向图的一些基本特性。需要指出的是，下面的阵列方向图是以极坐标的形式给出的，其中最外圈表示输出增益为（归一化）0dB，内圈依次降低 20dB，具体数值见图中所表示，本章的其它图类似。

数值实验 1——阵列方向图与波束指向角度的关系

考虑 9 元均匀线阵，相邻阵元间距等于半波长（即$d/\lambda=0.5$），图 3.6 和图 3.7 分别给出了波束指向为$\theta_0=0°$（阵列法线方向）和$\theta_0=80°$（接近阵列轴线方向）时的阵列方向图。

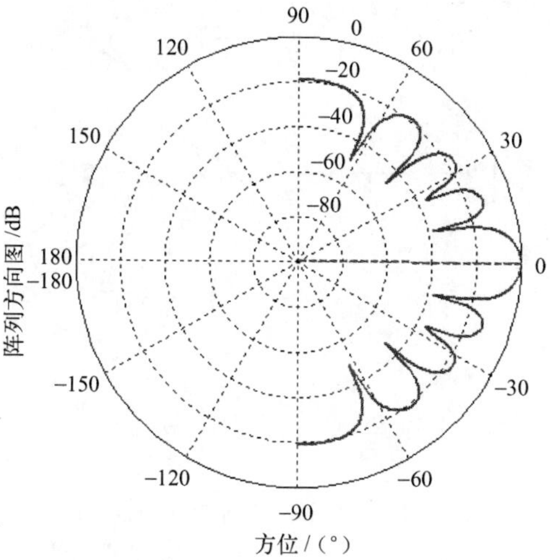

图 3.6　波束指向为$\theta_0=0°$时的阵列方向图

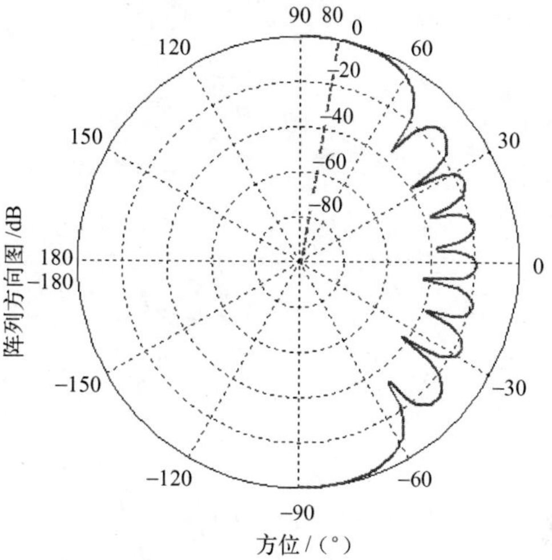

图 3.7　波束指向为$\theta_0=80°$时的阵列方向图

从图 3.6 和图 3.7 中可以看出：方位越接近阵列法线方向，其主瓣宽度越窄；方位越接近阵列轴线方向，其主瓣宽度越宽。

数值实验 2——阵列方向图与阵元个数的关系

考虑某均匀线阵，相邻阵元间距等于半波长（即$d/\lambda=0.5$），波束指向为$\theta_0=30°$，图 3.8 和图 3.9 分别给出了阵元个数为$M=7$和$M=17$时的阵列方向图。

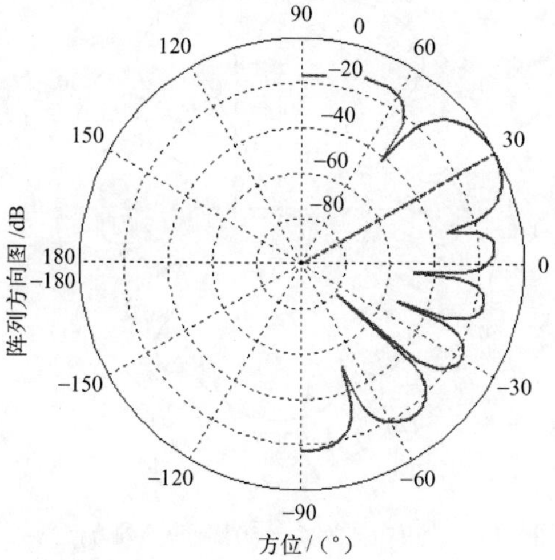

图 3.8　$M=7$时的阵列方向图

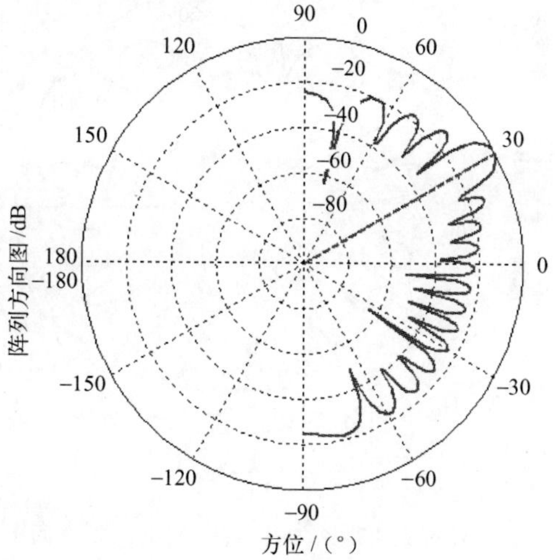

图 3.9　$M=17$时的阵列方向图

从图 3.8 和图 3.9 中可以看出：在d/λ保持不变的情况下，阵元个数越多（阵列孔径越大），其主瓣宽度越窄。

数值实验 3——阵列方向图与 d/λ 的关系

考虑 9 元均匀线阵，波束指向为$\theta_0=30°$，图 3.10 和图 3.11 分别给出了相邻阵元间距与

波长比为 $d/\lambda = 0.5$ 和 $d/\lambda = 1.2$ 时的阵列方向图。

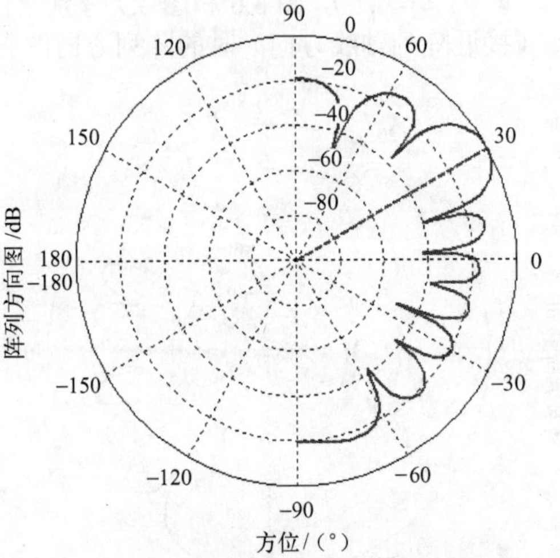

图 3.10　$d/\lambda = 0.5$ 时的阵列方向图

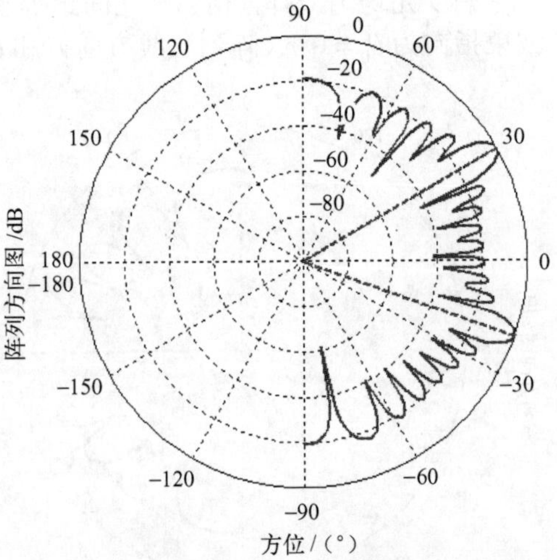

图 3.11　$d/\lambda = 1.2$ 时的阵列方向图

从图 3.10 和图 3.11 中可以看出：在阵元个数保持不变的情况下，d/λ 越大（阵列孔径越大），其主瓣宽度越窄，但当 $d/\lambda > 0.5$ 时，阵列方向图中将出现栅瓣效应，即出现多个主波束。

数值实验 4——均匀线阵无法定单向

考虑 9 元均匀线阵，相邻阵元间距等于半波长（即 $d/\lambda = 0.5$），图 3.12 和图 3.13 分别给出了波束指向为 $\theta_0 = 30°$ 和 $\theta_0 = 60°$ 时的阵列方向图。

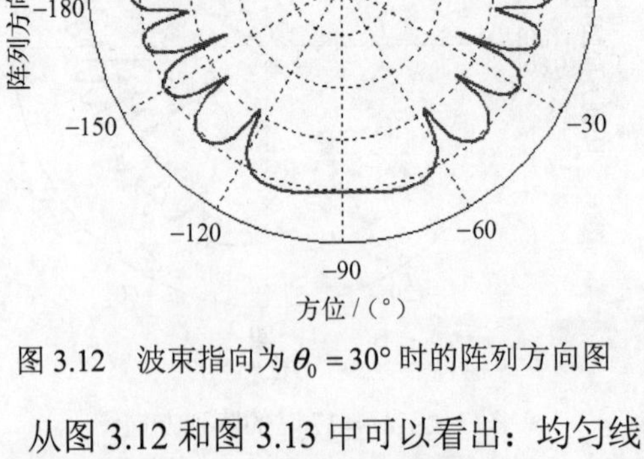

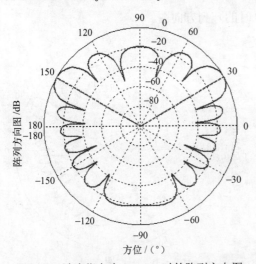

图 3.12　波束指向为 $\theta_0 = 30°$ 时的阵列方向图

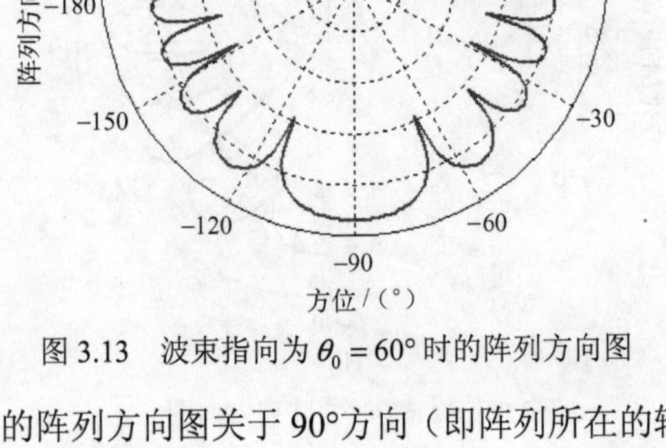

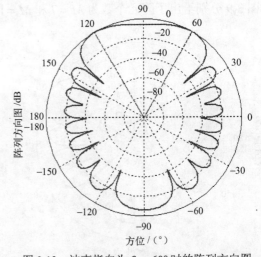

图 3.13　波束指向为 $\theta_0 = 60°$ 时的阵列方向图

从图 3.12 和图 3.13 中可以看出：均匀线阵的阵列方向图关于 90°方向（即阵列所在的轴线方向）呈现轴对称现象，也就是说均匀线阵无法定单向，这也是均匀线阵的一个劣势。

数值实验 5——特殊角度的栅瓣现象

考虑 9 元均匀线阵，波束指向为 $\theta_0 = 90°$，图 3.14 和图 3.15 分别给出了相邻阵元间距与波长比为 $d/\lambda = 0.3$ 和 $d/\lambda = 0.5$ 时的阵列方向图。

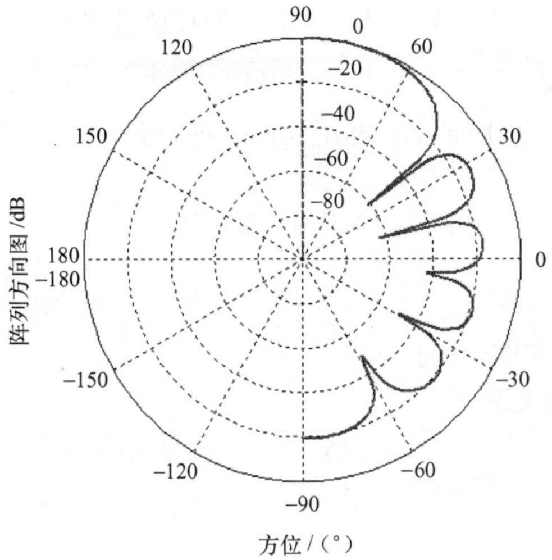

图 3.14　$d/\lambda=0.3$ 时的阵列方向图

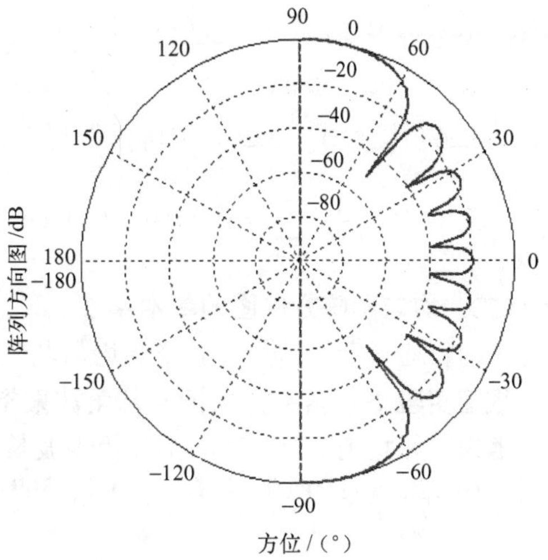

图 3.15　$d/\lambda=0.5$ 时的阵列方向图

从图 3.14 和图 3.15 中可以看出：当且仅当 $d/\lambda=0.5$ 时，均匀线阵对于其轴线方向上入射的信号会产生栅瓣效应，并在其 180°反方向上产生主瓣，此时，均匀线阵对于其轴线方向上入射的信号将难以分辨其方向。

综上所述，均匀线阵的阵列方向图具备如下一些重要特性：

① 阵列方向图在法线方向上的主瓣宽度最窄，在水平方向上的主瓣宽度最宽，因此对于均匀线阵而言，其主要作用空域为法线方向±60°以内的区域。

② 当 d/λ 保持不变时，阵元个数越多（阵列孔径越大），其主瓣宽度越窄。

③ 当阵元个数保持不变时，d/λ 越大（阵列孔径越大），其主瓣宽度越窄，但是当 $d/\lambda>0.5$ 时，阵列方向图中会出现栅瓣效应，因此对于均匀线阵而言，其作用频段通常较窄，在实际中可适用于超短波频段中的某一指定较窄的频率段。

④ 均匀线阵的阵列方向图关于 90°方向（即阵列所在的轴线方向）呈现轴对称现象，也就是说均匀线阵无法定出单向。

⑤ 当且仅当 $d/\lambda=0.5$ 时，均匀线阵对于其轴线方向上入射的信号会产生栅瓣效应，并在其 180°反方向上产生主瓣。

3.4.2　均匀圆阵方向图及其基本特性

（一）均匀圆阵方向图的表达式

对于均匀圆阵，时延 $\tau_m(\theta,\beta)$ 的表达式为

$$\tau_m(\theta,\beta)=-r\cdot\cos(\beta)\cdot\cos(\theta-\phi_{m-1})/c \tag{3.23}$$

将式（3.23）代入式（3.15）中可得

$$z_0=\sum_{m=1}^{M}g_0w_m\cdot\exp\{\mathrm{j}2\pi r\cdot\cos(\beta)\cdot\cos(\theta-\phi_{m-1})/\lambda\} \tag{3.24}$$

于是可得均匀圆阵的静态方向图为

$$G_{静态}(\theta,\beta)=\left|\frac{1}{M}\cdot\sum_{m=1}^{M}\exp\{\mathrm{j}2\pi r\cdot\cos(\beta)\cdot\cos(\theta-\phi_{m-1})/\lambda\}\right| \tag{3.25}$$

若希望最大波束所指向的方位角和仰角分别为 θ_0 和 β_0，则可将每个阵元的权值设置为

$$w_m = \exp\{-\mathrm{j}2\pi r \cdot \cos(\beta_0) \cdot \cos(\theta_0 - \phi_{m-1}) / \lambda\} \qquad (1 \leqslant m \leqslant M) \tag{3.26}$$

将式（3.26）代入式（3.24）中可以得到主波束二维指向为 θ_0 和 β_0 时的阵列方向图为

$$G(\theta,\beta) = \left| \frac{1}{M} \cdot \sum_{m=1}^{M} \exp\{\mathrm{j}2\pi r(\cos(\beta)\cdot\cos(\theta-\phi_{m-1}) - \cos(\beta_0)\cdot\cos(\theta_0-\phi_{m-1}))/\lambda\} \right| \tag{3.27}$$

（二）均匀圆阵方向图的基本特性

下面将通过若干数值实验说明均匀圆阵方向图的一些基本特性。

数值实验 1——阵列方向图与仰角波束指向的关系

考虑 9 元均匀圆阵，圆阵半径等于波长（即 $r/\lambda = 1$），图 3.16 和图 3.17 分别给出了波束指向为 $(\theta_0, \beta_0) = (150°, 0°)$ 和 $(\theta_0, \beta_0) = (150°, 60°)$ 时的阵列方向图。

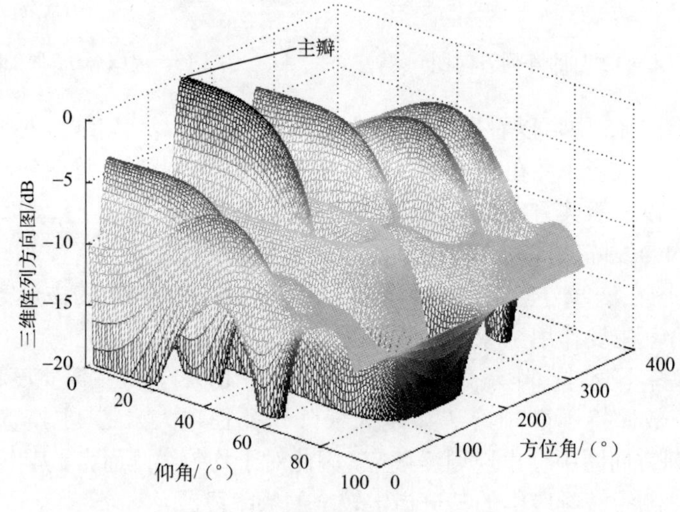

(a) 三维阵列方向图

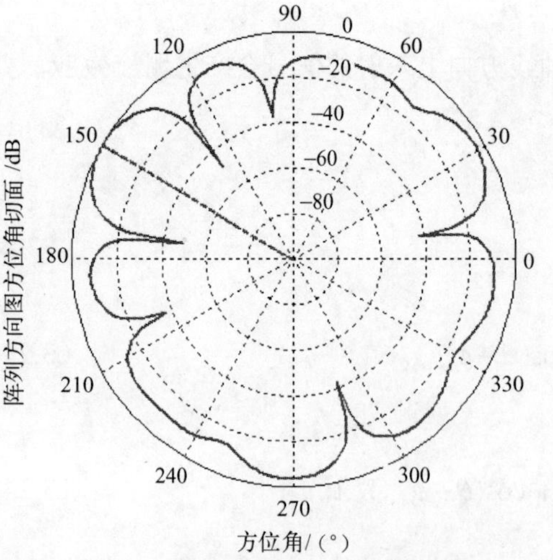

(b) 阵列方向图主位角切面

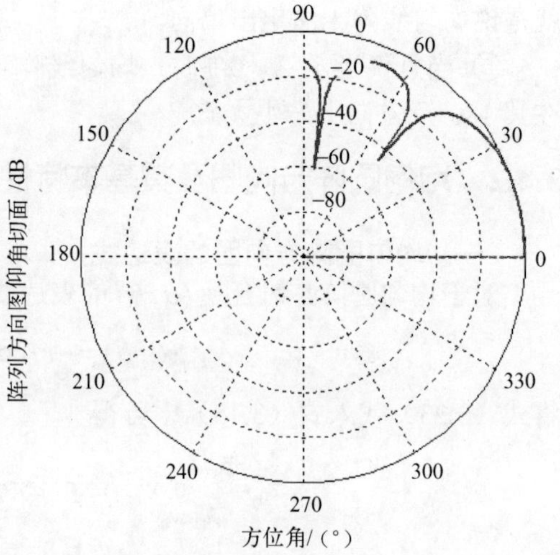

(c) 阵列方向图仰角切面

图 3.16　波束指向为 $(\theta_0 = 150°, \beta_0 = 0°)$ 时的阵列方向图

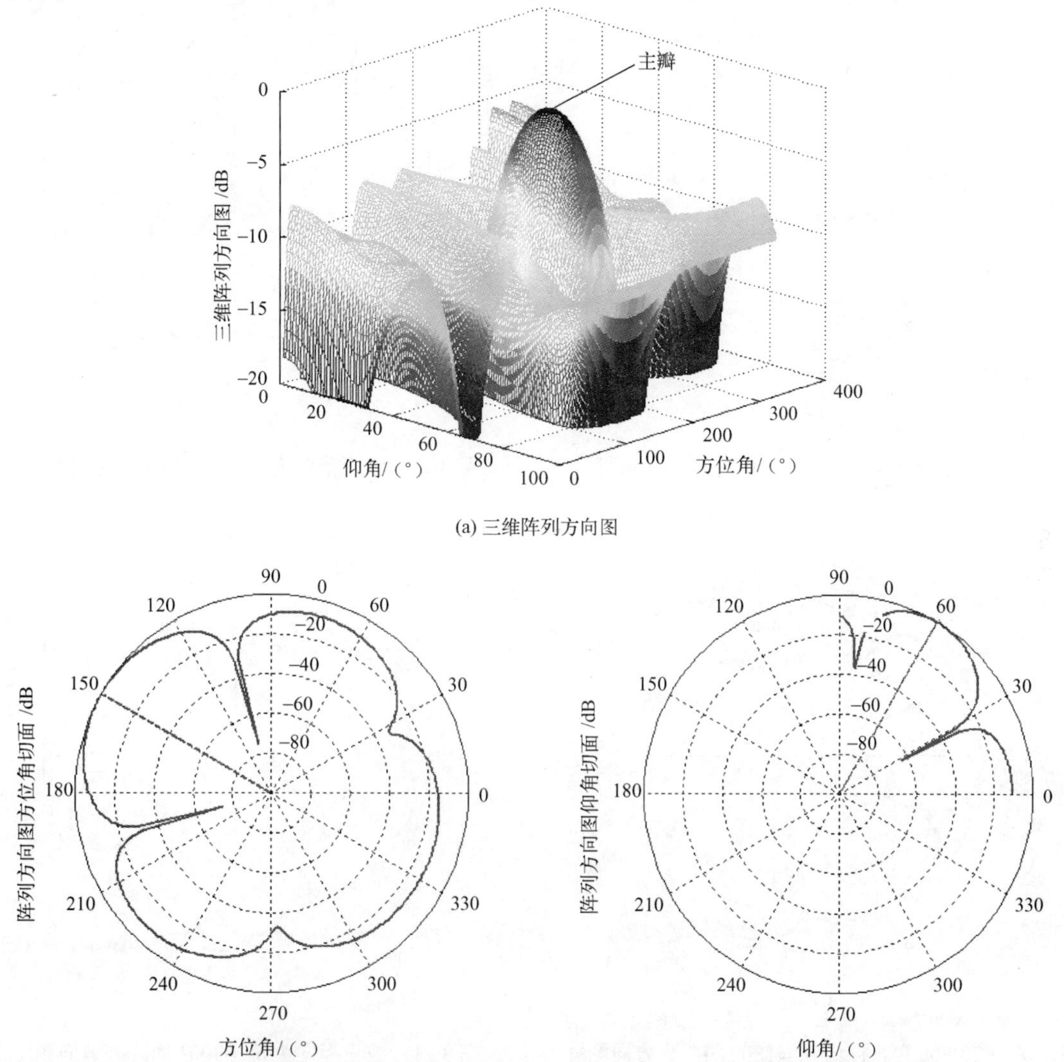

(a) 三维阵列方向图

(b) 阵列方向图方位角切面

(c) 阵列方向图仰角切面

图 3.17　波束指向为 $(\theta_0=150°,\beta_0=60°)$ 时的阵列方向图

从图 3.16 和图 3.17 中可以看出：

① 仰角越接近均匀圆阵法线方向（即垂直于圆阵平面的方向），其仰角主瓣宽度越窄，方位角主瓣宽度越宽。

② 仰角越接近均匀圆阵水平方向（即仰角 $\beta_0=0°$），其仰角主瓣宽度越宽，方位角主瓣宽度越窄。

数值实验 2——阵列方向图与方位角波束指向的关系

这里仅考虑均匀圆阵在其水平方向上的阵列方向图，假设 9 元均匀圆阵，圆阵半径等于波长（即 $r/\lambda=1$），图 3.18～图 3.21 分别给出了波束指向为 $\theta_0=30°,90°,180°,300°$ 时的阵列方向图。

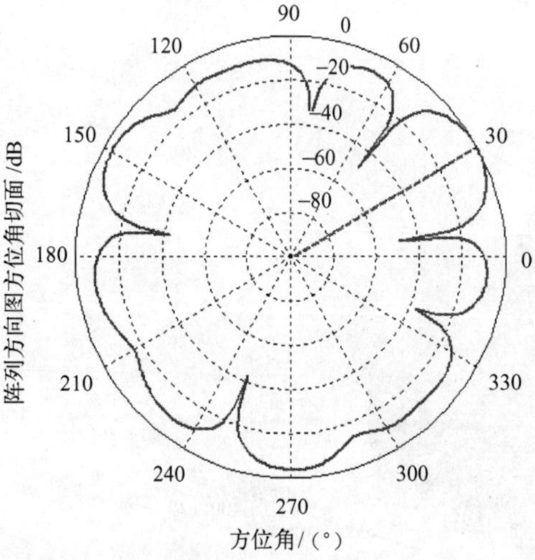

图 3.18　波束指向为 $\theta_0 = 30°$ 的阵列方向图

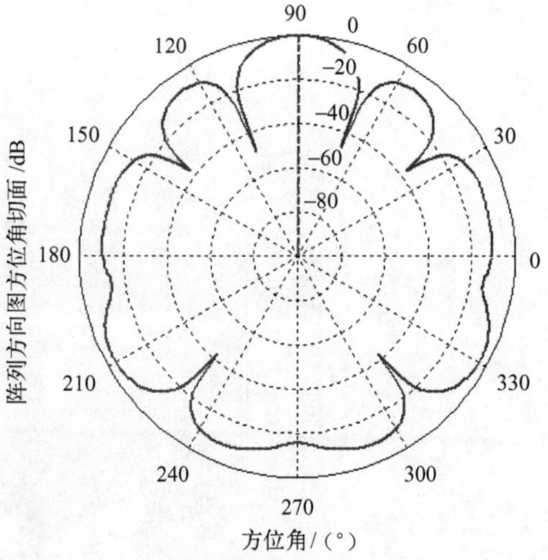

图 3.19　波束指向为 $\theta_0 = 90°$ 的阵列方向图

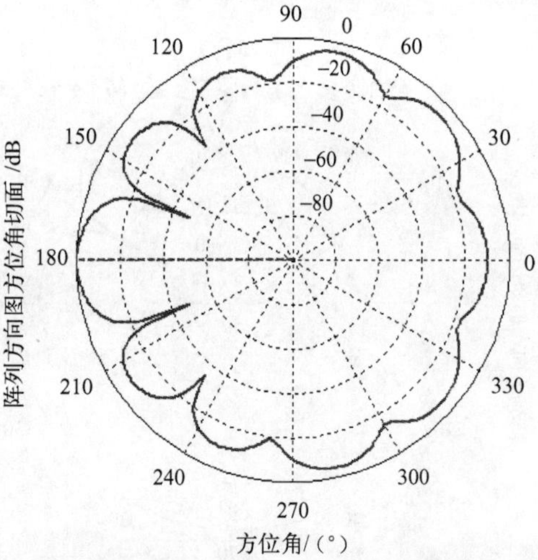

图 3.20　波束指向为 $\theta_0 = 180°$ 的阵列方向图

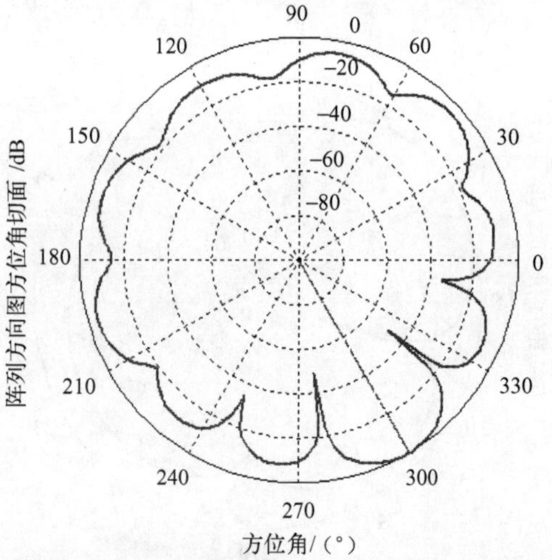

图 3.21　波束指向为 $\theta_0 = 300°$ 的阵列方向图

从图 3.18～图 3.21 中可以看出：对于均匀圆阵而言，其主瓣宽度与方位角基本无关。

数值实验 3——阵列方向图与 r/λ 的关系

考虑 9 元均匀圆阵，波束指向为$(\theta_0 = 150°, \beta_0 = 30°)$，图 3.22 和图 3.23 分别给出了圆阵半径与波长比为$r/\lambda = 1$和$r/\lambda = 2$时的阵列方向图。

从图 3.22 和图 3.23 中可以看出：

① r/λ 越大（即阵列孔径越大），其主瓣宽度越窄。

② 随着r/λ的增加，其旁瓣会有所增加，但是一般不会出现明显的珊瓣效应（理论上奇数大于等于 5，偶数大于等于 6 的圆阵不会出现珊瓣现象），因此其所适用的频段范围要比均匀线阵宽很多。

数值实验 4——阵列方向图与阵元个数的关系

考虑某均匀圆阵，圆阵半径等于波长的两倍（即$r/\lambda = 2$），波束指向为$(\theta_0 = 150°, \beta_0 = 60°)$，图 3.24 和图 3.25 分别给出了阵元个数为$M = 7$和$M = 17$时的阵列方向图。

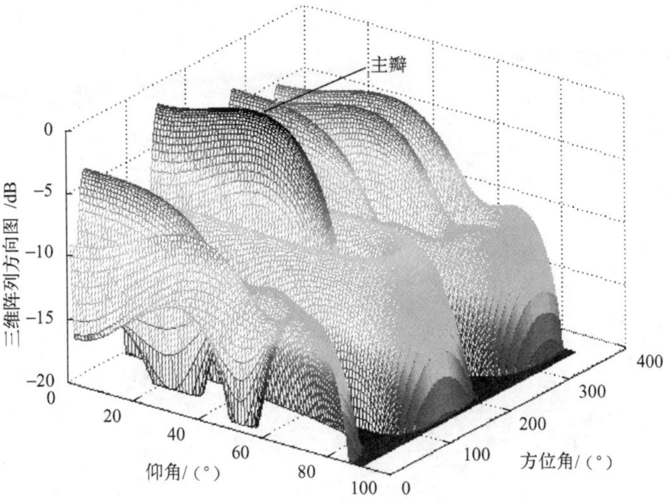

图 3.22　$r/\lambda=1$ 时的阵列方向图

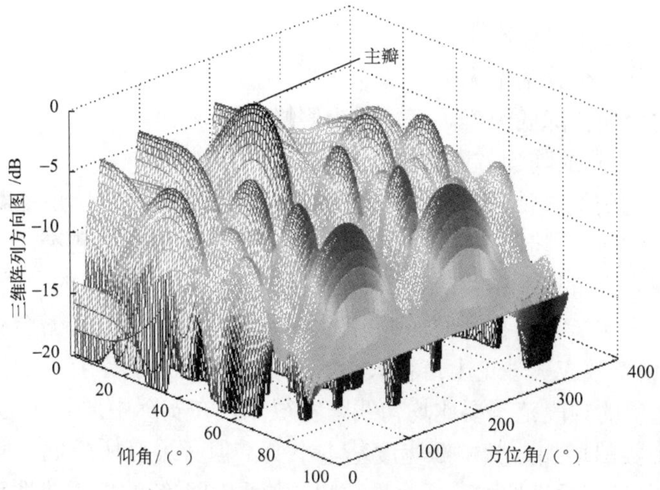

图 3.23　$r/\lambda=2$ 时的阵列方向图

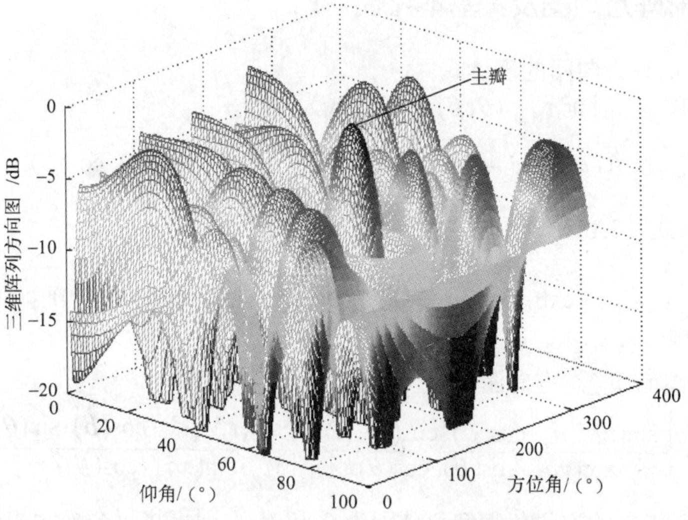

图 3.24　$M=7$ 时的阵列方向图

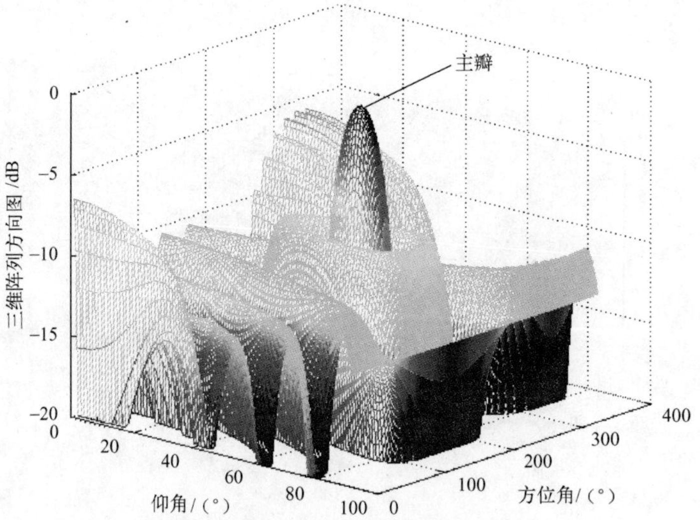

图 3.25 $M=17$ 时的阵列方向图

从图 3.24 和图 3.25 中可以看出：

① 主瓣宽度与阵元个数基本无关。

② 阵元个数的增加会降低旁瓣高度，减少假峰个数。

综上所述，均匀圆阵的阵列方向图具备如下一些重要特性：

① 仰角越接近均匀圆阵法线方向，其仰角主瓣宽度越窄，方位角主瓣宽度越宽；仰角越接近均匀圆阵水平方向，其仰角主瓣宽度越宽，方位角主瓣宽度越窄。

② 主瓣宽度与方位角基本无关，这是均匀圆阵区别于均匀线阵的一个重要特征。

③ 随着 r/λ 的增加（阵列孔径增加），其主瓣宽度变窄，并且旁瓣会有所增加，但是一般不会出现明显的珊瓣效应（理论上奇数大于等于 5，偶数大于等于 6 的圆阵不会出现珊瓣现象），因此其所适用的频段范围要比均匀线阵宽很多，在实际中通常应用于短波频段。

④ 随着阵元个数的增加，其主瓣宽度基本不变，但旁瓣有所降低，假峰有所减少，因此，当阵列孔径一定时，适当增加阵元个数可以提高测向系统的抗干扰性和测向灵敏度。

3.4.3 均匀矩形阵方向图及其基本特性

（一）均匀矩形阵方向图的表达式

对于均匀矩形阵，时延 $\tau_{m_x m_y}(\theta,\beta)$ 的表达式为

$$\tau_{m_x m_y}(\theta,\beta)=-((m_x-1)d_x\cdot\cos(\theta)+(m_y-1)d_y\cdot\sin(\theta))\cdot\cos(\beta) \tag{3.28}$$

将式（3.28）代入式（3.15）中可得

$$z_0=\sum_{m_x=1}^{M_x}\sum_{m_y=1}^{M_y}g_0 w_{m_x m_y}\cdot\exp\{\mathrm{j}2\pi((m_x-1)d_x\cdot\cos(\theta)+(m_y-1)d_y\cdot\sin(\theta))\cdot\cos(\beta)/\lambda\} \tag{3.29}$$

于是可得均匀矩形阵的静态方向图为

$$G_{静态}(\theta,\beta)=\left|\frac{\sin(\pi M_x d_x\cdot\cos(\beta)\cdot\cos(\theta)/\lambda)}{M_x\cdot\sin(\pi d_x\cdot\cos(\beta)\cdot\cos(\theta)/\lambda)}\right|\cdot\left|\frac{\sin(\pi M_y d_y\cdot\cos(\beta)\cdot\sin(\theta)/\lambda)}{M_y\cdot\sin(\pi d_y\cdot\cos(\beta)\cdot\sin(\theta)/\lambda)}\right| \tag{3.30}$$

若希望最大波束所指向的方位角和仰角分别为 θ_0 和 β_0，则可将每个阵元的权值设置为

$$w_{m_x m_y} = \exp\{-\mathrm{j}2\pi((m_x-1)d_x \cdot \cos(\theta_0) + (m_y-1)d_y \cdot \sin(\theta_0)) \cdot \cos(\beta_0)/\lambda\} \tag{3.31}$$

将式（3.31）代入式（3.29）中可以得到主波束二维指向为 θ_0 和 β_0 时的阵列方向图为

$$\begin{aligned} G(\theta,\beta) = & \left| \frac{\sin(\pi M_x d_x(\cos(\beta)\cdot\cos(\theta)-\cos(\beta_0)\cdot\cos(\theta_0))/\lambda)}{M_x\cdot\sin(\pi d_x(\cos(\beta)\cdot\cos(\theta)-\cos(\beta_0)\cdot\cos(\theta_0))/\lambda)} \right| \\ & \times \left| \frac{\sin(\pi M_y d_y(\cos(\beta)\cdot\sin(\theta)-\cos(\beta_0)\cdot\sin(\theta_0))/\lambda)}{M_y\cdot\sin(\pi d_y(\cos(\beta)\cdot\sin(\theta)-\cos(\beta_0)\cdot\sin(\theta_0))/\lambda)} \right| \end{aligned} \tag{3.32}$$

（二）均匀矩形阵方向图的基本特性

下面将通过若干数值实验说明均匀矩形阵方向图的一些基本特性。

数值实验 1——阵列方向图与仰角波束指向的关系

考虑 5×5 阶均匀矩形阵，阵元间距与波长比为 $d_x/\lambda = d_y/\lambda = 0.5$，图 3.26 和图 3.27 分别给出了波束指向为 $(\theta_0,\beta_0)=(150°,0°)$ 和 $(\theta_0,\beta_0)=(150°,60°)$ 时的阵列方向图。

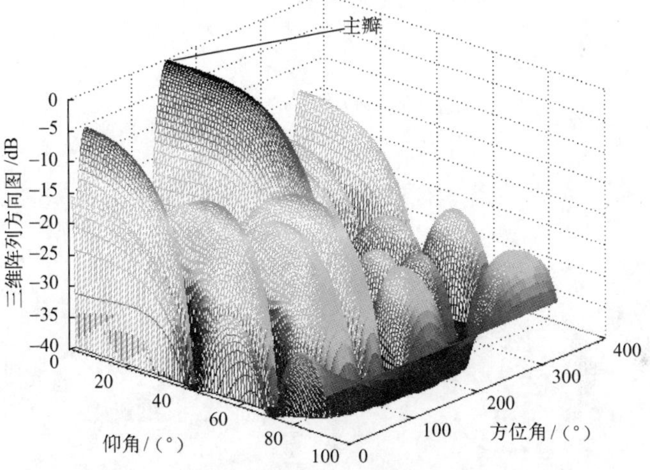

(a) 三维阵列方向图

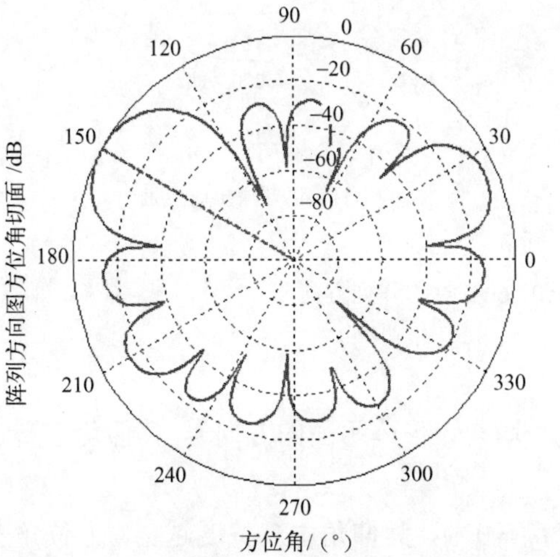

(b) 阵列方向图方位角切面

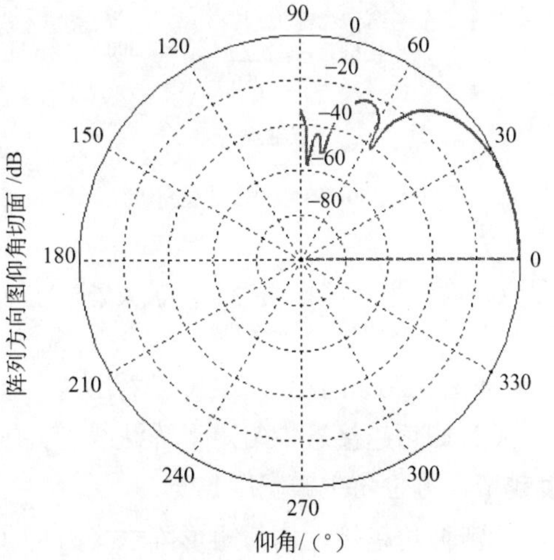

(c) 阵列方向图仰角切面

图 3.26　波束指向为 $(\theta_0,\beta_0)=(150°,0°)$ 时的阵列方向图

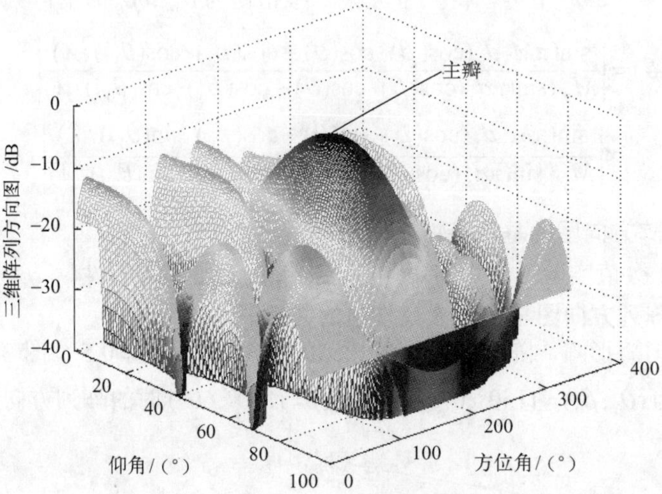

(a) 三维阵列方向图

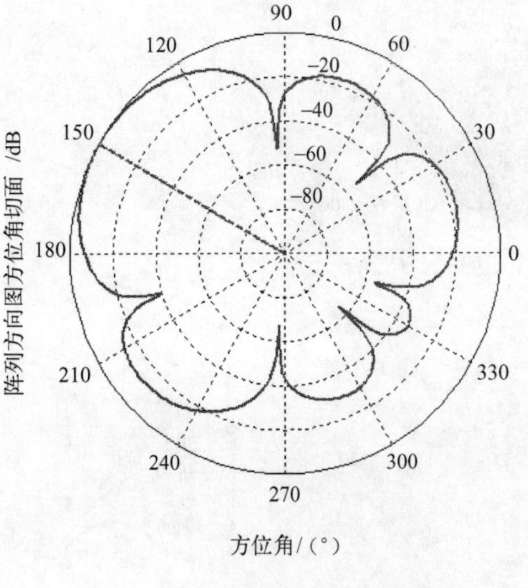

(b) 阵列方向图方位角切面

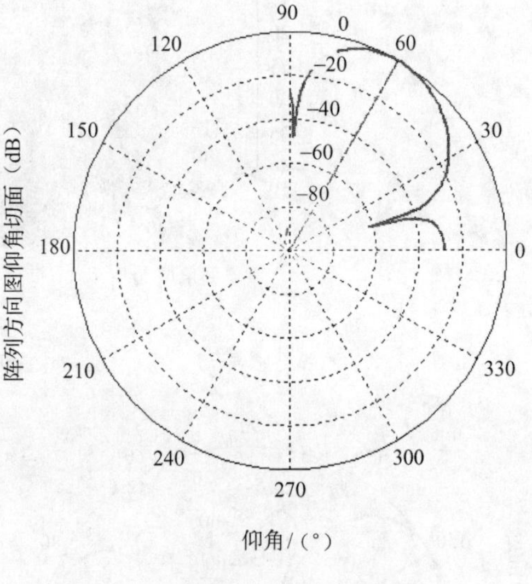

(c) 阵列方向图仰角切面

图 3.27　波束指向为 $(\theta_0, \beta_0) = (150°, 60°)$ 时的阵列方向图

从图 3.26 和图 3.27 中可以看出：

① 仰角越接近均匀矩形阵法线方向（即垂直于均匀矩形阵平面的方向），其仰角主瓣宽度越窄，方位角主瓣宽度越宽。

② 仰角越接近均匀矩形阵水平方向（即仰角 $\beta_0 = 0°$），其仰角主瓣宽度越宽，方位角主瓣宽度越窄。

数值实验 2——阵列方向图与 d_x/λ 和 d_y/λ 的关系

考虑 5×5 阶均匀矩形阵，波束指向为$(\theta_0=120°,\beta_0=45°)$，图 3.28 和图 3.29 分别给出了阵元间距与波长比为$d_x/\lambda=d_y/\lambda=0.5$和$d_x/\lambda=d_y/\lambda=1.2$时的阵列方向图。

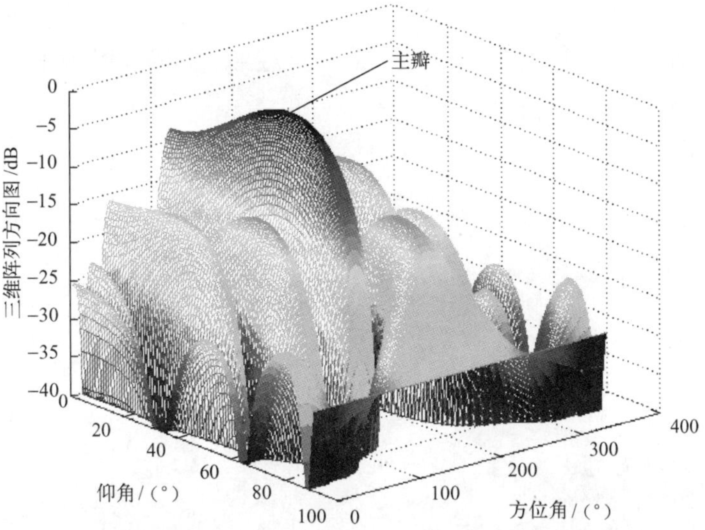

图 3.28　$d_x/\lambda=d_y/\lambda=0.5$时的阵列方向图

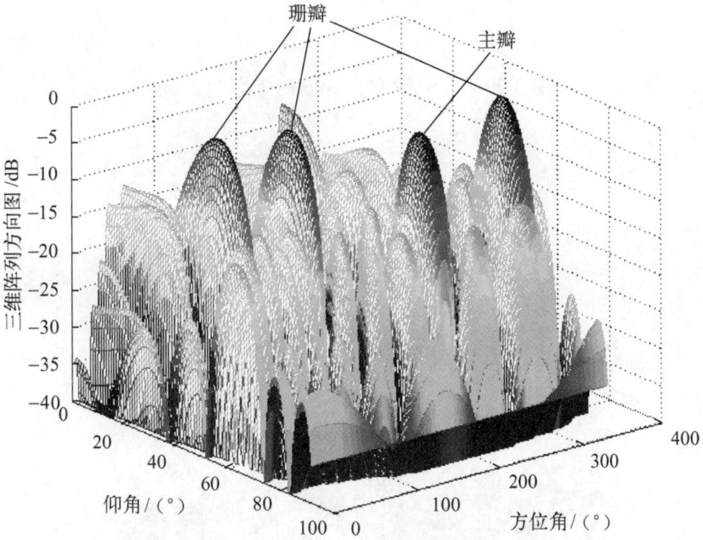

图 3.29　$d_x/\lambda=d_y/\lambda=1.2$时的阵列方向图

从图 3.28 和图 3.29 中可以看出：在阵元个数保持不变的情况下，d_x/λ和d_y/λ越大（阵列孔径越大），其主瓣宽度越窄，并且与均匀线阵相似，当$d_x/\lambda>0.5$和$d_y/\lambda>0.5$时，阵列方向图将出现栅瓣效应，即出现多个主波束。

数值实验 3——阵列方向图与阵元个数的关系

考虑某均匀矩形阵，阵元间距与波长比为 $d_x/\lambda = d_y/\lambda = 0.5$，波束指向为 $(\theta_0 = 120°, \beta_0 = 60°)$，图 3.30 和图 3.31 分别给出了阵列阶数为 5×5 和 9×9 时的阵列方向图。

从图 3.30 和图 3.31 中可以看出：在 d_x/λ 和 d_y/λ 保持不变的情况下，阵元个数越多（即阵列孔径越大），其主瓣宽度越窄。

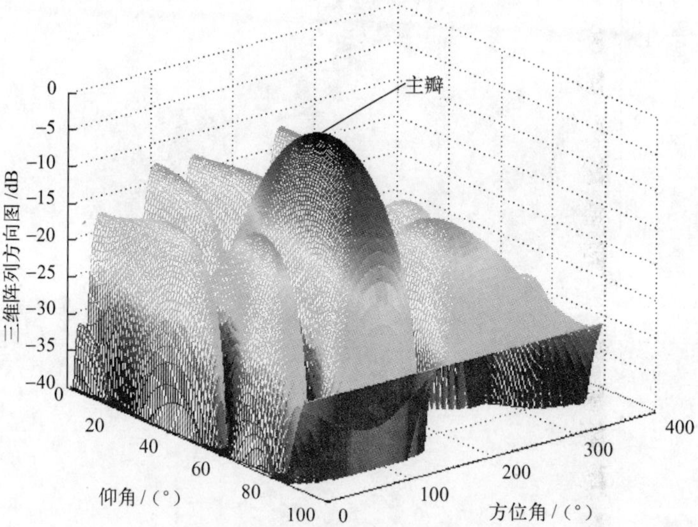

图 3.30　阵列阶数为 5×5 时的阵列方向图

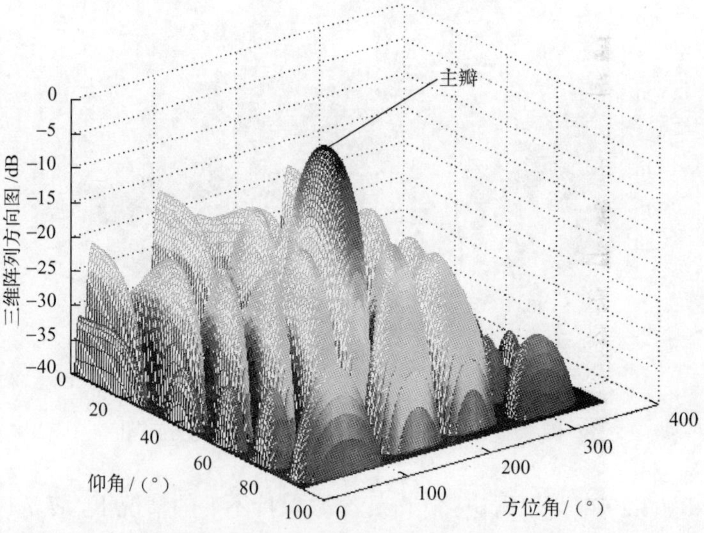

图 3.31　阵列阶数为 9×9 时的阵列方向图

数值实验 4——特殊角度的珊瓣现象

这里仅考虑均匀矩形阵在其水平方向上的阵列方向图，假设 5×5 阶均匀矩形阵，阵元间距与波长比为 $d_x/\lambda = d_y/\lambda = 0.25$ 或 $d_x/\lambda = d_y/\lambda = 0.5$，图 3.32 和图 3.33 分别给出了波束指向为 $\theta_0 = 0°, 90°$ 时的阵列方向图。

从图 3.32 和图 3.33 中可以看出：当且仅当 $d_x/\lambda = d_y/\lambda = 0.5$ 时，从 0°，90°两个方向上入射的信号会产生珊瓣效应（该性质对于 180°和 270°方向上入射的信号也适用），并在其 180°反方向上会产生主瓣，因此均匀矩形阵在 $d_x/\lambda = d_y/\lambda = 0.5$ 时对于上述四个方向上入射的信号难以分辨其方向。

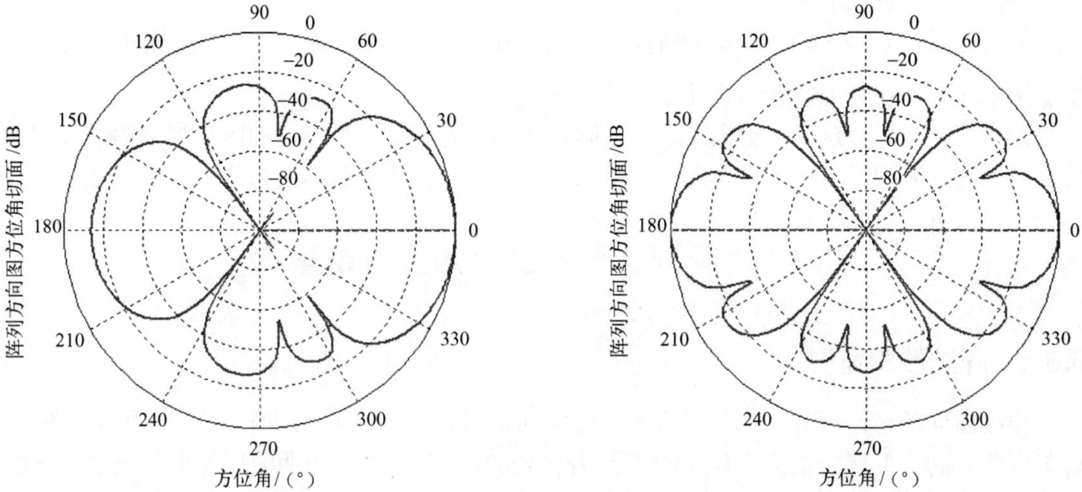

(a) $d_x/\lambda=d_y/\lambda=0.25$时的阵列方向图　　(b) $d_x/\lambda=d_y/\lambda=0.5$时的阵列方向图

图 3.32　波束指向为 $\theta_0 = 0°$ 时的阵列方向图

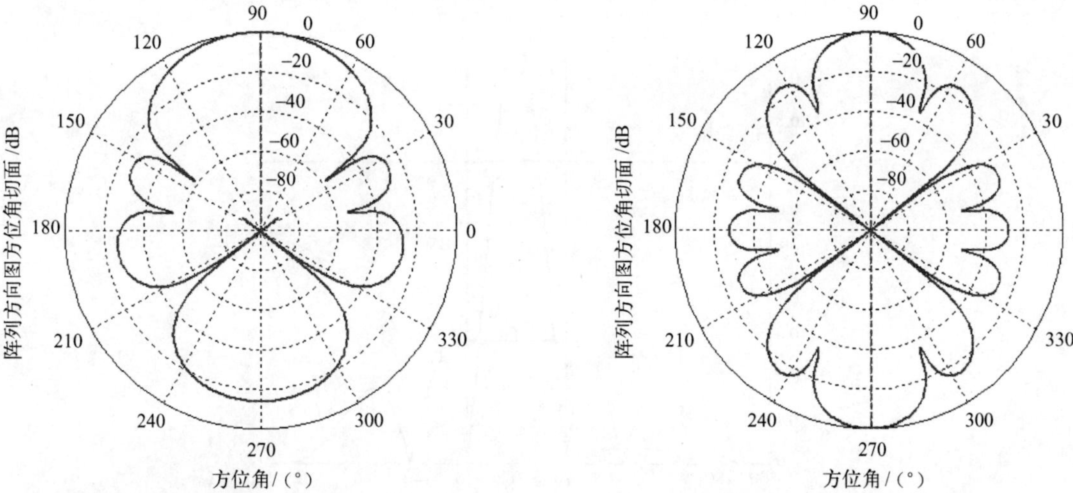

(a) $d_x/\lambda=d_y/\lambda=0.25$时的阵列方向图　　(b) $d_x/\lambda=d_y/\lambda=0.5$时的阵列方向图

图 3.33　波束指向为 $\theta_0 = 90°$ 时的阵列方向图

综上所述，均匀矩形阵的阵列方向图具备如下重要特性：

① 仰角越接近均匀矩形阵法线方向，其仰角主瓣宽度越窄，方位角主瓣宽度越宽；仰角越接近均匀矩形阵水平方向，其仰角主瓣宽度越宽，方位角主瓣宽度越窄，该特征与均匀圆阵一致，并且适用于所有平面阵列。

② 当阵元个数保持不变时，d_x/λ 和 d_y/λ 越大（阵列孔径越大），其主瓣宽度越窄，并且与均匀线阵相似，当 $d_x/\lambda>0.5$ 和 $d_y/\lambda>0.5$ 时，阵列方向图中将出现栅瓣效应，即出现多个主波束，因此对于均匀矩形阵而言，其作用频段通常较窄，在实际中也可适用于超短波频段中的某一指定的较窄频段，这一特征与均匀线阵类似。

③ 当 d_x/λ 和 d_y/λ 保持不变时，阵元个数越多（阵列孔径越大），其主瓣宽度越窄。

④ 当且仅当 $d_x/\lambda=d_y/\lambda=0.5$ 时，从 0°，90°，180°，270°四个方向上入射的信号会产生栅瓣效应，并在其 180°反方向上会产生主瓣。

限于篇幅考虑，这里仅给出了均匀线阵，均匀圆阵和均匀矩形阵的阵列方向图的基本特性，对于其它阵型而言，其方向图也会呈现出一些重要特征，具体可参阅相关文献。

3.5 阵列波束宽度和角度分辨率

3.5.1 阵列波束宽度

根据前面的讨论可知，均匀线阵的方位测向范围为 $[-90°,90°]$，而一般二维面阵（例如均匀圆阵）的方位测向范围为 $[0°,360°]$ 或者 $[-180°,180°]$，为了说明波束宽度的概念，下面仅以均匀线阵为例进行讨论。

这里以静态方向图为例说明波束宽度，并且定义两种波束宽度，分别为零点波束宽度 BW_0 和半功率点波束宽度 $BW_{0.5}$，其中 BW_0 定义为主波束两边的最近邻两个零点之间的角度宽度，而 $BW_{0.5}$ 定义为主波束下降 3dB 时的角度宽度，如图 3.34 所示。

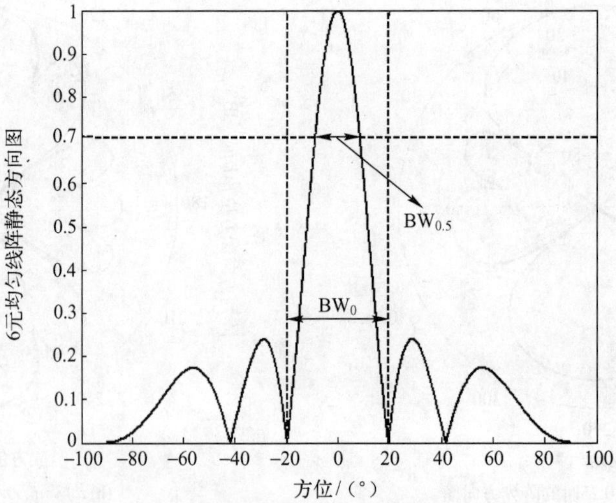

图 3.34　零点波束宽度与半功率点波束宽度示意图

根据式（3.20）可知，M 元均匀线阵的静态方向图为

$$G_{静态}(\theta)=\left|\frac{\sin(\pi Md\cdot\sin(\theta)/\lambda)}{M\cdot\sin(\pi d\cdot\sin(\theta)/\lambda)}\right| \tag{3.33}$$

由式（3.33）可以求得离主波束最近邻的两个零点分别为

$$\theta_0=\pm\arg\sin\left(\frac{\lambda}{Md}\right) \tag{3.34}$$

所以零点波束宽度 BW_0 等于

$$\mathrm{BW}_0=2\cdot\arg\sin\left(\frac{\lambda}{Md}\right) \tag{3.35}$$

而由等式 $|G_{静态}(\theta)|=\sqrt{2}/2$ 可知，半功率点波束宽度 $\mathrm{BW}_{0.5}$ 在 $Md\gg\lambda$ 的条件下近似为[1-4]

$$\mathrm{BW}_{0.5}\approx 0.886\cdot\lambda/Md \tag{3.36}$$

图 3.34 给出了 6 元均匀线阵的静态方向图，相邻阵元间距与波长比为 $d/\lambda=0.5$，从图中可以看出零点波束宽度 BW_0 与半功率点波束宽度 $\mathrm{BW}_{0.5}$ 之间的关系。

关于波束宽度，还有如下一些重要结论：

① 波束宽度与测向天线阵列的有效孔径成反比，一般而言，天线阵列的半功率点波束宽度 $\mathrm{BW}_{0.5}$ 与天线有效孔径之间满足如下关系式

$$\mathrm{BW}_{0.5}\approx(40^\circ\sim 60^\circ)\cdot\frac{\lambda}{L} \tag{3.37}$$

式中 L 表示阵列的有效孔径，对于均匀线阵而言，满足 $L=(M-1)d$。

② 对于某些阵列（例如均匀线阵），天线的波束宽度与波束指向有着密切关系，例如，对于均匀线阵，若主波束的方位指向为 θ_0，则其阵列波束宽度为

$$\begin{cases}\mathrm{BW}_0=\arg\sin\left(\dfrac{\lambda}{Md}+\sin(\theta_0)\right)-\arg\sin\left(\sin(\theta_0)-\dfrac{\lambda}{Md}\right)\\ \mathrm{BW}_{0.5}\approx 0.886\cdot\dfrac{\lambda}{Md}\cdot\dfrac{1}{\cos(\theta_0)}\end{cases} \tag{3.38}$$

从式（3.38）中可以看出，波束指向 θ_0 越接近法线方向，波束宽度越窄，越接近线阵轴线方向，波束宽度越宽。

③ 波束宽度越窄，阵列的方向指向性就越好，这说明阵列分辨空间信号的能力越强。

3.5.2 角度分辨率

在阵列测向中，在某方向上对信源的分辨率与在该方向附近阵列流形向量的变化率直接相关。在阵列流形向量变化较快的方向附近，随着信源到达角度的变化，阵列快拍数据的变化也大，相应的角度分辨率就高。因此，表征角度分辨率的参量可以定义为

$$\gamma(\theta)=\left\|\frac{\mathrm{d}\boldsymbol{a}(\theta)}{\mathrm{d}\theta}\right\|_2\propto\left|\frac{\mathrm{d}\tau}{\mathrm{d}\theta}\right| \tag{3.39}$$

显然，$\gamma(\theta)$ 越大表明在该方向上的角度分辨率就越高。

对于均匀线阵，不难证明

$$\gamma(\theta)\propto\cos(\theta) \tag{3.40}$$

这说明阵列在 0°方向上（即法线方向上）的角度分辨率最高，而在 60°方向上的分辨率已经下降了一半，因此均匀线阵的测向范围主要分布在区间[−60°, 60°]之内。

参 考 文 献

[1] 王德树．空间谱估计及其应用[M]．合肥：中国科学技术大学出版社，1997.

[2] 王永良，陈辉，彭应宁，等．空间谱估计理论与算法[M]．北京：清华大学出版社，2004.

[3] 张小飞，汪飞，徐大专．阵列信号处理的理论和应用[M]．北京：国防工业出版社，2010.

[4] 张小飞，陈华伟，仇小锋，等．阵列信号处理及 MATLAB 实现[M]．北京：电子工业出版社，2015.

第4章　传统无线电测向理论与方法

无线电测向的目的就是要测定无线电信号的来波方向（或到达方向），人们也称该过程为波达方向（DOA，Direction of Arrival）估计。当考虑二维空间时，测向系统仅仅需要测量信号方位，但是当考虑三维空间时，测向系统就需要同时测量信号方位角和仰角。为了实现对目标辐射源来波方向的测量，测向系统需要利用天线输出信号的振幅或相位，因为其中蕴含了信号的来波方向信息。从测向原理上进行划分，传统上习惯将无线电测向技术分为幅度测向法、相位测向法以及复向量测向法[1-5]。从模拟和数字的角度进行划分，又可将无线电测向系统分为模拟测向系统和数字测向系统，事实上一些模拟测向系统的测向原理也可以通过数字化的方式加以实现。

本章将讨论几类传统的无线电测向方法，其中包括基于艾德考克天线阵的测向方法、基于乌兰韦伯尔天线阵的测向方法、基于数字波束形成的测向方法、相位干涉仪测向方法以及相关干涉仪测向方法。之所以称上述方法为传统测向方法，主要是为了将它们与第5章和第6章的现代超分辨率测向方法[6]区分开来。

4.1　基于艾德考克天线阵的测向方法

基于艾德考克（Adcock）天线阵的测向方法也被称为瓦特森—瓦特（Watson-Watt）测向法[7, 8]，该方法要求天线间距相对较小，属于模拟测向体制，但是也可以通过数字化的方式加以实现。本节将对其测向原理进行分析。

4.1.1　基于艾德考克天线阵的模拟测向原理

（一）艾德考克天线阵模拟测向系统的基本组成

Adcock天线是由英国人F.Adcock为克服环天线水平的“极化效应”所发明的天线形式，其基本单元是由两个“间开放置”的垂直天线元构成，并将其中一个反向180°后合成输出（即差接输出），当两个阵元间距小于半倍波长时，它具有“8”字形方向图，而由若干差接天线对构成的测向天线阵则称为Adcock天线阵。

最早期的Adcock天线阵是由两个正交放置的Adcock天线对（U型天线或H型天线）构成。如图4.1所示，图中天线N与天线S进行差接输出，天线E与天线W进行差接输出。

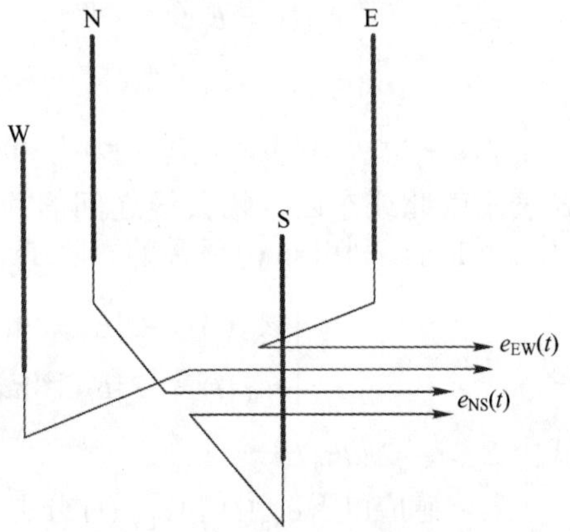

图4.1　4元Adcock天线阵列示意图

基于Adcock天线阵的测向方法是以“最小信号法”为基本原理。在早期的测向系统中，必须先将天线旋转到使其平面的法线方向对准信号的来波方向，然后再根据天线平面所处的方向确定信号方位。因此，要求天线阵能够绕其中心轴旋转，这势必会使得天线阵的机械结构较复杂，工作效率也较差。为了避免这一问题，可以在测向系统中设置角度计天线，如图 4.2 所示。

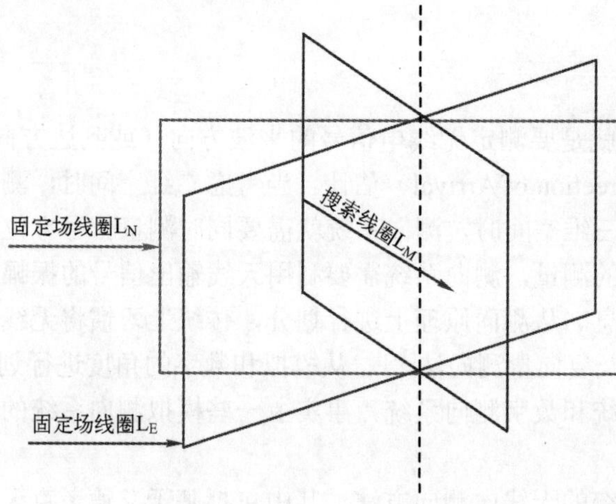

图 4.2　角度计天线结构示意图

角度计天线结构中包含三个线圈，外层是两个正交放置且固定的场线圈 L_N 和 L_E，内层是一个可以绕中心轴旋转的搜索线圈 L_M，图 4.1 中两个天线对的差接输出会被分别输送到角度计中两个对应的场线圈 L_N 和 L_E 中，搜索线圈 L_M 会因两个场线圈感应电流的不同而发生旋转，并且根据搜索线圈的旋转角度即可确定信号方位。需要说明的是，虽然图 4.2 中的线圈都是空心结构，但在实际系统中，三个线圈都绕在磁环上，从而能够增加其磁感应系数。

在上述测向系统中，天线和场线圈 L_N 和 L_E 都是固定不变的，仅搜索线圈 L_M 会绕中心轴旋转，下面将对该系统的测向原理进行定量的数学分析。

（二）基于艾德考克天线阵的模拟测向原理

假设信号的来波方向与南北天线对之间的夹角为 θ，与东西天线对之间的夹角为 $\pi/2-\theta$，如图 4.3（a）所示，于是南北和东西两幅天线上所产生的感应电压可以分别表示为

$$\begin{cases} e_{\text{NS}}(t)=E_0\text{e}^{\text{j}\omega t}(\text{e}^{-\text{j}\varphi_{\text{NS}}}-\text{e}^{\text{j}\varphi_{\text{NS}}})=-2\text{j}E_0\text{e}^{\text{j}\omega t}\cdot\sin(\pi d\cdot\cos(\theta)/\lambda) \\ e_{\text{EW}}(t)=E_0\text{e}^{\text{j}\omega t}(\text{e}^{-\text{j}\varphi_{\text{EW}}}-\text{e}^{\text{j}\varphi_{\text{EW}}})=-2\text{j}E_0\text{e}^{\text{j}\omega t}\cdot\sin(\pi d\cdot\sin(\theta)/\lambda) \end{cases} \tag{4.1}$$

式中 $\varphi_{\text{NS}}=\pi d\cdot\cos(\theta)/\lambda$，$\varphi_{\text{EW}}=\pi d\cdot\sin(\theta)/\lambda$，$E_0$ 是由信号场强和天线有效高度决定的参量，d 表示南北或东西两幅天线之间的间距，λ 表示信号波长，ω 表示信号模拟角频率。当 $d/\lambda\ll 1$ 时，利用 $\sin(\cdot)$ 函数的一阶 Taylor 级数展开可以近似推得

$$\begin{cases} e_{\text{NS}}(t)\approx -2\text{j}E_0\text{e}^{\text{j}\omega t}\pi d\cdot\cos(\theta)/\lambda=E_m\cdot\cos(\theta)\cdot\text{e}^{\text{j}\omega t} \\ e_{\text{EW}}(t)\approx -2\text{j}E_0\text{e}^{\text{j}\omega t}\pi d\cdot\sin(\theta)/\lambda=E_m\cdot\sin(\theta)\cdot\text{e}^{\text{j}\omega t} \end{cases} \tag{4.2}$$

式中 $E_m=-\text{j}2\pi dE_0/\lambda$。

若将感应电压 $e_{\text{NS}}(t)$ 和 $e_{\text{EW}}(t)$ 分别送到场线圈 L_N 和 L_E，则会在这两个场线圈中形成感应电流，感应电流又会使得线圈中产生交变磁场，其方向可由右手螺旋法则决定，如图 4.3（b）

所示。若假设两个线圈的回路阻抗以及磁感应系数完全一致，则两个线圈中的磁场强度可以分别表示为

$$\begin{cases} h_{\mathrm{NS}}(t) \approx (KE_m / |Z|) \cdot \cos(\theta) \cdot \mathrm{e}^{\mathrm{j}(\omega t-\beta)} = H_m \cdot \cos(\theta) \cdot \mathrm{e}^{\mathrm{j}(\omega t-\beta)} = H_{\mathrm{NS}} \mathrm{e}^{\mathrm{j}(\omega t-\beta)} \\ h_{\mathrm{EW}}(t) \approx (KE_m / |Z|) \cdot \sin(\theta) \cdot \mathrm{e}^{\mathrm{j}(\omega t-\beta)} = H_m \cdot \sin(\theta) \cdot \mathrm{e}^{\mathrm{j}(\omega t-\beta)} = H_{\mathrm{EW}} \mathrm{e}^{\mathrm{j}(\omega t-\beta)} \end{cases} \tag{4.3}$$

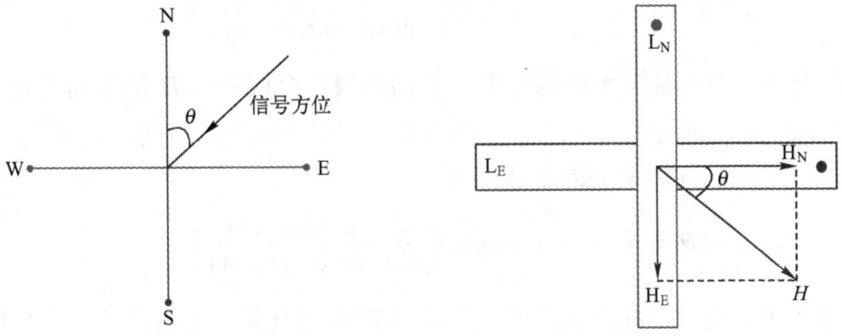

(a) 4元U型Adcock天线阵示意图　　(b) 角度计磁场分析

图 4.3　4 元 U 型 Adcock 天线阵及其角度计磁场分析

式中 $H_m = KE_m / |Z|$，Z 表示场线圈的回路阻抗，K 表示磁感应系数，β 表示相应的相角。根据式（4.3）可知，合成磁场的幅度为 H_m，而合成磁场的方向与场线圈 $\mathrm{L_E}$ 平面之间的夹角 α 可以表示为

$$\alpha = \arctan\left(\frac{H_{\mathrm{EW}}}{H_{\mathrm{NS}}}\right) = \arctan\left(\frac{H_m \cdot \sin(\theta)}{H_m \cdot \cos(\theta)}\right) = \arctan(\tan(\theta)) = \theta \tag{4.4}$$

由式（4.4）可知，合成磁场方向与 $\mathrm{L_E}$ 平面之间的夹角即为信号方位，因此，只要能够确定合成磁场方向，就可以估计信号方位。

为了更好地理解基于 Adcock 天线阵的模拟测向原理，下面不妨对搜索线圈 $\mathrm{L_M}$ 的输出感应电压的方向特征进行定量分析。假设搜索线圈 $\mathrm{L_M}$ 平面与场线圈 $\mathrm{L_E}$ 平面之间的夹角为 ϕ，信号方位为 θ，则根据上述分析可知，合成磁场方向与场线圈 $\mathrm{L_E}$ 平面之间的夹角亦为 θ，若将合成磁场 $\boldsymbol{H}$ 分解为与搜索线圈 $\mathrm{L_M}$ 平面正交的分量 $\boldsymbol{H}_1$ 和与其平行的分量 $\boldsymbol{H}_2$，则仅有 $\boldsymbol{H}_1$ 才会使得搜索线圈 $\mathrm{L_M}$ 产生感应电压，而 $\boldsymbol{H}_1$ 的磁场幅度为 $H_1 = H_m \cdot \sin(\phi - \theta)$，其在搜索线圈 $\mathrm{L_M}$ 中所引起的感应电压为

$$e_{\mathrm{M}}(t) = (|Z_{\mathrm{M}}| H_m K_{\mathrm{M}}) \cdot \sin(\phi - \theta) \cdot \mathrm{e}^{\mathrm{j}(\omega t - \beta_{\mathrm{M}})} \tag{4.5}$$

式中 K_{M} 表示电流感应系数，Z_{M} 为阻抗，β_{M} 为相应的相角。因此，搜索线圈 $\mathrm{L_M}$ 输出感应电压的方向函数为

$$F(\phi) = \sin(\phi - \theta) \tag{4.6}$$

不难发现，$F(\phi)$ 是以 $\phi = \theta$ 和 $\phi = \pi + \theta$ 为零点，并且具有“8”字形变化规律，通过旋转搜索线圈 $\mathrm{L_M}$ 即可确定信号方位所在的直线方向，但是存在 180°模糊问题，即无法定出单向。为了去除 180°模糊问题，有时也会考虑在中心点额外再安装一根天线。

（三）测向误差分析

根据式（4.2）至式（4.4）可知，只有在满足 $d / \lambda \ll 1$ 的条件下，才能保证合成磁场 $\boldsymbol{H}$ 的

方向与场线圈 L_E 平面之间的夹角等于信号方位 θ。然而，在实际工程应用中，为了保证测向灵敏度，并且避免天线间的互耦效应，需要适当增加阵元间距 d，此时式（4.2）中的近似将会引起较大偏差，而合成磁场 $\boldsymbol{H}$ 的方向与场线圈 L_E 平面之间的夹角也将偏离 θ，其真实夹角应为

$$\alpha = \arctan\left(\frac{H_{EW}}{H_{NS}}\right) = \arctan\left(\frac{\sin(\pi d \cdot \sin(\theta)/\lambda)}{\sin(\pi d \cdot \cos(\theta)/\lambda)}\right) \neq \theta \tag{4.7}$$

显然，在天线间距不足够小的情况下，若仍然根据合成磁场 $\boldsymbol{H}$ 的方向与场线圈 L_E 平面之间的夹角进行测向，则必然会产生一定的误差，而这种误差称为间距误差[1]。

根据式（4.7）可知间距误差的表达式为

$$\Delta\theta_d = \theta - \alpha = \theta - \arctan\left(\frac{\sin(\pi d \cdot \sin(\theta)/\lambda)}{\sin(\pi d \cdot \cos(\theta)/\lambda)}\right) \tag{4.8}$$

由式（4.8）不难发现，间距误差不仅与 d/λ 的取值有关，还与信号方位 θ 有关，图 4.4 给出了在不同 d/λ 的取值条件下，间距误差 $\Delta\theta_d$ 随着信号方位 θ 的变化曲线。

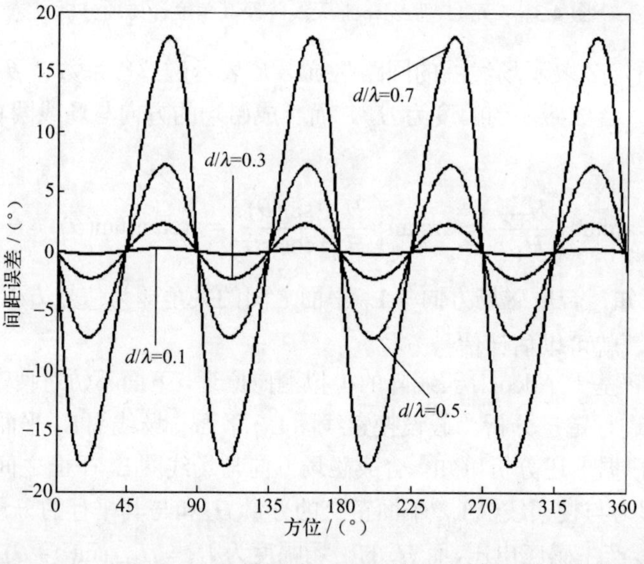

图 4.4　4 元 U 型 Adcock 天线阵的间距误差随着信号方位的变化曲线

从图 4.4 中可以看出：

① 随着 d/λ 的增加，$|\Delta\theta_d|$ 的最大值会显著增加。

② 在 0°～360°全方位上，间距误差 $\Delta\theta_d$ 呈现正弦起伏变化，并且在 45°整数倍的方位上（包括 0°，45°，90°，135°，180°，225°，270°，315°），间距误差 $\Delta\theta_d$ 为零，基于这一特征，该误差曲线也称为 8 分圆误差曲线。

（四）改进型艾德考克天线阵模拟测向系统及其测向原理

根据上述分析可知，基于 4 元天线阵的 Adcock 测向系统的测向误差会随 d/λ 的增加而急剧增大，当 $d/\lambda = 0.3$ 时，最大测向误差会大于 2°，而当 $d/\lambda = 0.5$ 时，其最大测向误差会大于 7°，由此可知，该测向系统对于天线间距是有较大限制的。为了解决这一问题，下面将介绍基于 8 元 Adcock 天线阵的模拟测向系统，其天线组成和角度计磁场特征如图 4.5 所示。

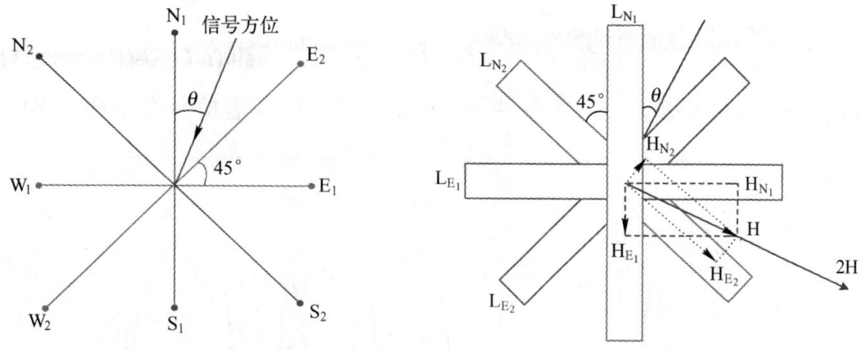

(a) 8元U型Adcock天线阵示意图　　(b) 角度计磁场分析

图 4.5　8 元 U 型 Adcock 天线阵及其角度计磁场分析

如图 4.5 所示，改进型 Adcock 天线阵是由两幅 Adcock 天线 $N_1S_1E_1W_1$ 和另外两幅 Adcock 天线 $N_2S_2E_2W_2$ 相交 45°所构成，而两个场线圈 L_{N_1} 和 L_{E_1} 与另外两个场线圈 L_{N_2} 和 L_{E_2} 在结构上也偏离 45°。当以天线 $N_1S_1E_1W_1$ 为参考时，若信号方位为 θ，则其相对于天线 $N_2S_2E_2W_2$ 的方位为 $\theta+\pi/4$，于是当 $d/\lambda \ll 1$ 时，场线圈 L_{N_1} 和 L_{E_1} 以及 L_{N_2} 和 L_{E_2} 上的磁场幅度分别为

$$\begin{cases} H_{E_1W_1} = H_m \cdot \sin(\theta) \\ H_{N_1S_1} = H_m \cdot \cos(\theta) \end{cases} \tag{4.9}$$

$$\begin{cases} H_{E_2W_2} = H_m \cdot \sin(\theta+\pi/4) \\ H_{N_2S_2} = H_m \cdot \cos(\theta+\pi/4) \end{cases} \tag{4.10}$$

因此场线圈 L_{N_1} 和 L_{E_1} 的合成磁场方向与场线圈 L_{E_1} 平面之间的夹角为 θ，而场线圈 L_{N_2} 和 L_{E_2} 的合成磁场方向与场线圈 L_{E_2} 平面之间的夹角为 $\theta+\pi/4$。由于 L_{E_2} 平面与 L_{E_1} 平面之间的夹角为 $\pi/4$，因此场线圈 L_{N_2} 和 L_{E_2} 的合成磁场方向与场线圈 L_{E_1} 平面之间的夹角亦为 θ，也就是说两个合成磁场的方向一致，这导致总的合成磁场幅度增加了一倍，这有助于提高测向系统的灵敏度。

基于 8 元 Adcock 天线阵的模拟测向系统同样会存在间距误差。当条件 $d/\lambda \ll 1$ 无法满足时，场线圈 L_{N_1} 和 L_{E_1} 的合成磁场方向与场线圈 L_{E_1} 平面之间的真实夹角为

$$\alpha_1 = \arctan\left(\frac{H_{E_1W_1}}{H_{N_1S_1}}\right) = \arctan\left(\frac{\sin(\pi d \cdot \sin(\theta)/\lambda)}{\sin(\pi d \cdot \cos(\theta)/\lambda)}\right) \tag{4.11}$$

而场线圈 L_{N_2} 和 L_{E_2} 的合成磁场方向与场线圈 L_{E_1} 平面之间的真实夹角为

$$\alpha_2 = \arctan\left(\frac{H_{E_2W_2}}{H_{N_2S_2}}\right) = \arctan\left(\frac{\sin(\pi d \cdot \sin(\theta+\pi/4)/\lambda)}{\sin(\pi d \cdot \cos(\theta+\pi/4)/\lambda)}\right) - \frac{\pi}{4} \tag{4.12}$$

而两者合成方向与场线圈 L_{E_1} 平面之间的夹角为

$$\alpha = (\alpha_1+\alpha_2)/2 = \frac{1}{2}\cdot\arctan\left(\frac{\sin(\pi d \cdot \sin(\theta)/\lambda)}{\sin(\pi d \cdot \cos(\theta)/\lambda)}\right) + \frac{1}{2}\cdot\arctan\left(\frac{\sin(\pi d \cdot \sin(\theta+\pi/4)/\lambda)}{\sin(\pi d \cdot \cos(\theta+\pi/4)/\lambda)}\right) - \frac{\pi}{8} \tag{4.13}$$

根据式（4.13）可将间距误差表示为

$$\Delta\theta_d=\theta-\alpha=\theta+\frac{\pi}{8}-\frac{1}{2}\cdot\arctan\left(\frac{\sin(\pi d\cdot\sin(\theta)/\lambda)}{\sin(\pi d\cdot\cos(\theta)/\lambda)}\right)-\frac{1}{2}\cdot\arctan\left(\frac{\sin(\pi d\cdot\sin(\theta+\pi/4)/\lambda)}{\sin(\pi d\cdot\cos(\theta+\pi/4)/\lambda)}\right) \quad (4.14)$$

图 4.6 给出了在不同 d/λ 的取值条件下，间距误差 $\Delta\theta_d$ 随着信号方位 θ 的变化曲线。

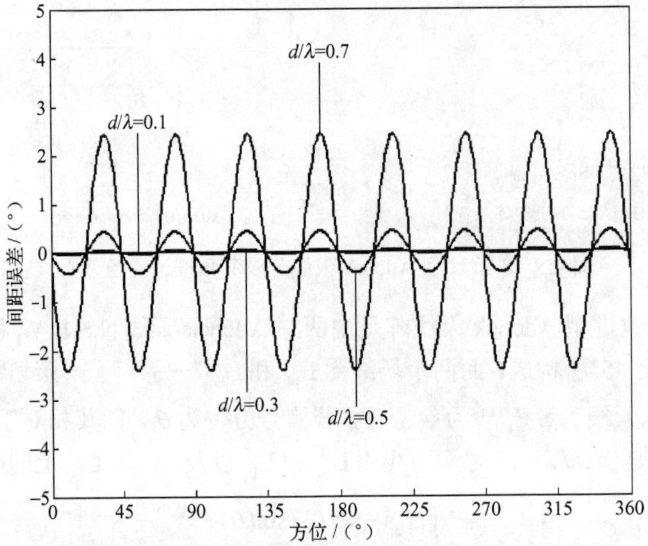

图 4.6　8 元 U 型 Adcock 天线阵的间距误差随着信号方位的变化曲线

比较图 4.4 和图 4.6 可以看出：

① 随着 d/λ 的增加，$|\Delta\theta_d|$ 的最大值仍然会增加，但与 4 元 Adcock 天线阵相比，这里 $|\Delta\theta_d|$ 的幅度要明显降低。

② 在 0°～360°全方位上，间距误差 $\Delta\theta_d$ 呈现正弦起伏变化，并且在 22.5°的整数倍方位上（包括 0°，22.5°，45°，67.5°，90°，112.5°，135°，157.5°，180°，202.5°，225°，247.5°，270°，292.5°，315°，337.5°），间距误差 $\Delta\theta_d$ 为零，基于这一特征，该误差曲线也称为 16 分圆误差曲线。

4.1.2　瓦特森—瓦特测向法的数字实现原理

这里将 Adcock 天线阵替换成全向天线，从而构成一个全向天线阵列，然后通过数字化的方式实现上述模拟测向过程。在数字测向系统中，信号方位不再是通过搜索线圈的旋转角度来获得，而是对阵列输出进行数字加权合成，并根据加权输出的结果确定信号方位。

（一）基于 4 元天线阵的数字测向原理

假设信号入射方位角和仰角分别为 θ 和 β，信号在相位参考点的复包络为 $s(t)$，则图 4.3（a）中天线 N～S 的输出响应可以分别表示为

$$\begin{cases} X_{\mathrm{N}}(t)=s(t)\cdot\exp\{\mathrm{j}\pi d\cdot\cos(\beta)\cdot\cos(\theta)/\lambda\} \\ X_{\mathrm{S}}(t)=s(t)\cdot\exp\{\mathrm{j}\pi d\cdot\cos(\beta)\cdot\cos(\theta-\pi)/\lambda\} \\ \quad\quad\;\; =s(t)\cdot\exp\{-\mathrm{j}\pi d\cdot\cos(\beta)\cdot\cos(\theta)/\lambda\} \\ X_{\mathrm{E}}(t)=s(t)\cdot\exp\{\mathrm{j}\pi d\cdot\cos(\beta)\cdot\cos(\theta-\pi/2)/\lambda\} \\ \quad\quad\;\; =s(t)\cdot\exp\{\mathrm{j}\pi d\cdot\cos(\beta)\cdot\sin(\theta)/\lambda\} \\ X_{\mathrm{W}}(t)=s(t)\cdot\exp\{\mathrm{j}\pi d\cdot\cos(\beta)\cdot\cos(\theta-3\pi/2)/\lambda\} \\ \quad\quad\;\; =s(t)\cdot\exp\{-\mathrm{j}\pi d\cdot\cos(\beta)\cdot\sin(\theta)/\lambda\} \end{cases} \quad (4.15)$$

利用式（4.15）可以推得

$$\begin{aligned}Y_{\mathrm{NS}}(t)&=X_{\mathrm{N}}(t)-X_{\mathrm{S}}(t)\\&=s(t)(\exp\{\mathrm{j}\pi d\cdot\cos(\beta)\cdot\cos(\theta)/\lambda\}-\exp\{-\mathrm{j}\pi d\cdot\cos(\beta)\cdot\cos(\theta)/\lambda\})\\&=\mathrm{j}2s(t)\cdot\sin(\pi d\cdot\cos(\beta)\cdot\cos(\theta)/\lambda)\end{aligned}\tag{4.16}$$

$$\begin{aligned}Y_{\mathrm{EW}}(t)&=X_{\mathrm{E}}(t)-X_{\mathrm{W}}(t)\\&=s(t)(\exp\{\mathrm{j}\pi d\cdot\cos(\beta)\cdot\sin(\theta)/\lambda\}-\exp\{-\mathrm{j}\pi d\cdot\cos(\beta)\cdot\sin(\theta)/\lambda\})\\&=\mathrm{j}2s(t)\cdot\sin(\pi d\cdot\cos(\beta)\cdot\sin(\theta)/\lambda)\end{aligned}\tag{4.17}$$

当满足$d/\lambda\ll 1$时，利用$\sin(\cdot)$函数的一阶 Taylor 级数展开可以近似推得

$$\begin{cases}Y_{\mathrm{NS}}(t)\approx \mathrm{j}2\pi ds(t)\cdot\cos(\beta)\cdot\cos(\theta)/\lambda=C\cdot\cos(\beta)\cdot\cos(\theta)\\Y_{\mathrm{EW}}(t)\approx \mathrm{j}2\pi ds(t)\cdot\cos(\beta)\cdot\sin(\theta)/\lambda=C\cdot\cos(\beta)\cdot\sin(\theta)\end{cases}\tag{4.18}$$

式中C表示与信号到达方向无关的常量。若将$Y_{\mathrm{NS}}(t)$和$Y_{\mathrm{EW}}(t)$分别乘以$\sin(\phi)$和$\cos(\phi)$，并将两者相减可以得到数字合成输出为

$$Z(t)=Y_{\mathrm{NS}}(t)\cdot\sin(\phi)-Y_{\mathrm{EW}}(t)\cdot\cos(\phi)\approx C\cdot\cos(\beta)\cdot\sin(\phi-\theta)\tag{4.19}$$

由式（4.19）可知，当$\phi=\theta$时，数字合成输出近似为零，在实际测向系统中将该输出称为小音点，小音点对应的方向即为信号方位估计值。

（二）基于 8 元天线阵的数字测向原理

为了扩大信号频率范围，并提高测向系统的抗噪声性能，可以采用 8 元天线阵进行测向（如图 4.5（a）所示）。假设信号到达方位角和仰角分别为θ和β，信号在相位参考点的复包络为$s(t)$，则图 4.5（a）中天线$\mathrm{N_1}$～$\mathrm{S_1}$和天线$\mathrm{N_2}$～$\mathrm{S_2}$的输出响应可以分别表示为

$$\begin{cases}X_{\mathrm{N_1}}(t)=s(t)\cdot\exp\{\mathrm{j}\pi d\cdot\cos(\beta)\cdot\cos(\theta)/\lambda\}\\X_{\mathrm{S_1}}(t)=s(t)\cdot\exp\{\mathrm{j}\pi d\cdot\cos(\beta)\cdot\cos(\theta-\pi)/\lambda\}\\\qquad\quad=s(t)\cdot\exp\{-\mathrm{j}\pi d\cdot\cos(\beta)\cdot\cos(\theta)/\lambda\}\\X_{\mathrm{E_1}}(t)=s(t)\cdot\exp\{\mathrm{j}\pi d\cdot\cos(\beta)\cdot\cos(\theta-\pi/2)/\lambda\}\\\qquad\quad=s(t)\cdot\exp\{\mathrm{j}\pi d\cdot\cos(\beta)\cdot\sin(\theta)/\lambda\}\\X_{\mathrm{W_1}}(t)=s(t)\cdot\exp\{\mathrm{j}\pi d\cdot\cos(\beta)\cdot\cos(\theta-3\pi/2)/\lambda\}\\\qquad\quad=s(t)\cdot\exp\{-\mathrm{j}\pi d\cdot\cos(\beta)\cdot\sin(\theta)/\lambda\}\end{cases}\tag{4.20}$$

$$\begin{cases}X_{\mathrm{N_2}}(t)=s(t)\cdot\exp\{\mathrm{j}\pi d\cdot\cos(\beta)\cdot\cos(\theta-7\pi/4)/\lambda\}\\\qquad\quad=s(t)\cdot\exp\{\mathrm{j}\pi d\cdot\cos(\beta)\cdot\cos(\theta+\pi/4)/\lambda\}\\X_{\mathrm{S_2}}(t)=s(t)\cdot\exp\{\mathrm{j}\pi d\cdot\cos(\beta)\cdot\cos(\theta-3\pi/4)/\lambda\}\\\qquad\quad=s(t)\cdot\exp\{-\mathrm{j}\pi d\cdot\cos(\beta)\cdot\cos(\theta+\pi/4)/\lambda\}\\X_{\mathrm{E_2}}(t)=s(t)\cdot\exp\{\mathrm{j}\pi d\cdot\cos(\beta)\cdot\cos(\theta-\pi/4)/\lambda\}\\\qquad\quad=s(t)\cdot\exp\{\mathrm{j}\pi d\cdot\cos(\beta)\cdot\sin(\theta+\pi/4)/\lambda\}\\X_{\mathrm{W_2}}(t)=s(t)\cdot\exp\{\mathrm{j}\pi d\cdot\cos(\beta)\cdot\cos(\theta-5\pi/4)/\lambda\}\\\qquad\quad=s(t)\cdot\exp\{-\mathrm{j}\pi d\cdot\cos(\beta)\cdot\sin(\theta+\pi/4)/\lambda\}\end{cases}\tag{4.21}$$

基于式（4.16），式（4.17）和式（4.20）可得

$$Y_{\mathrm{N_1S_1}}(t)=X_{\mathrm{N_1}}(t)-X_{\mathrm{S_1}}(t)=\mathrm{j}2s(t)\cdot\sin(\pi d\cdot\cos(\beta)\cdot\cos(\theta)/\lambda)\tag{4.22}$$

$$Y_{E_1W_1}(t) = X_{E_1}(t) - X_{W_1}(t) = j2s(t)\cdot\sin(\pi d\cdot\cos(\beta)\cdot\sin(\theta)/\lambda) \tag{4.23}$$

类似地，利用式（4.21）可以推得

$$\begin{aligned} Y_{N_2S_2}(t) &= X_{N_2}(t) - X_{S_2}(t) \\ &= s(t)(\exp\{j\pi d\cdot\cos(\beta)\cdot\cos(\theta+\pi/4)/\lambda\} - \exp\{-j\pi d\cdot\cos(\beta)\cdot\cos(\theta+\pi/4)/\lambda\}) \\ &= j2s(t)\cdot\sin(\pi d\cdot\cos(\beta)\cdot\cos(\theta+\pi/4)/\lambda) \end{aligned} \tag{4.24}$$

$$\begin{aligned} Y_{E_2W_2}(t) &= X_{E_2}(t) - X_{W_2}(t) \\ &= s(t)(\exp\{j\pi d\cdot\cos(\beta)\cdot\sin(\theta+\pi/4)/\lambda\} - \exp\{-j\pi d\cdot\cos(\beta)\cdot\sin(\theta+\pi/4)/\lambda\}) \\ &= j2s(t)\cdot\sin(\pi d\cdot\cos(\beta)\cdot\sin(\theta+\pi/4)/\lambda) \end{aligned} \tag{4.25}$$

当满足 $d/\lambda \ll 1$ 时，利用 $\sin(\cdot)$ 函数的一阶 Taylor 级数展开可以近似推得

$$\begin{cases} Y_{N_1S_1}(t) \approx j2\pi ds(t)\cdot\cos(\beta)\cdot\cos(\theta)/\lambda = C\cdot\cos(\beta)\cdot\cos(\theta) \\ Y_{E_1W_1}(t) \approx j2\pi ds(t)\cdot\cos(\beta)\cdot\sin(\theta)/\lambda = C\cdot\cos(\beta)\cdot\sin(\theta) \\ Y_{N_2S_2}(t) \approx j2\pi ds(t)\cdot\cos(\beta)\cdot\cos(\theta+\pi/4)/\lambda = C\cdot\cos(\beta)\cdot\cos(\theta+\pi/4) \\ Y_{E_2W_2}(t) \approx j2\pi ds(t)\cdot\cos(\beta)\cdot\sin(\theta+\pi/4)/\lambda = C\cdot\cos(\beta)\cdot\sin(\theta+\pi/4) \end{cases} \tag{4.26}$$

式中 C 表示与信号到达方向无关的常量。若将 $Y_{N_1S_1}(t)$，$Y_{E_1W_1}(t)$，$Y_{N_2S_2}(t)$ 和 $Y_{E_2W_2}(t)$ 分别乘以 $\sin(\phi)$，$\cos(\phi)$，$\sin(\phi+\pi/4)$ 和 $\cos(\phi+\pi/4)$，并进行如下数字合成输出可得

$$\begin{aligned} Z(t) &= Y_{N_1S_1}(t)\cdot\sin(\phi) - Y_{E_1W_1}(t)\cdot\cos(\phi) + Y_{N_2S_2}(t)\cdot\sin(\phi+\pi/4) - Y_{E_2W_2}(t)\cdot\cos(\phi+\pi/4) \\ &\approx 2C\cdot\cos(\beta)\cdot\sin(\phi-\theta) \end{aligned} \tag{4.27}$$

由式（4.27）可知，当 $\phi=\theta$ 时，数字合成输出近似为零，在实际测向系统中将该输出称为小音点，小音点对应的方向即为信号方位估计值。

（三）数值实验

下面将针对上述数字测向方法进行数值实验，从而较全面地说明其测向性能。

数值实验 1——基于 4 元天线阵的方位角估计性能

假设信号方位角为 $\theta=100°$，仰角为 $\beta=0°$，信噪比为 20dB，样本点数为 500，图 4.7 和图 4.8 分别给出当天线间距与波长比为 $d/\lambda=0.2$ 和 $d/\lambda=0.6$ 时的阵列数字合成输出变化曲线。

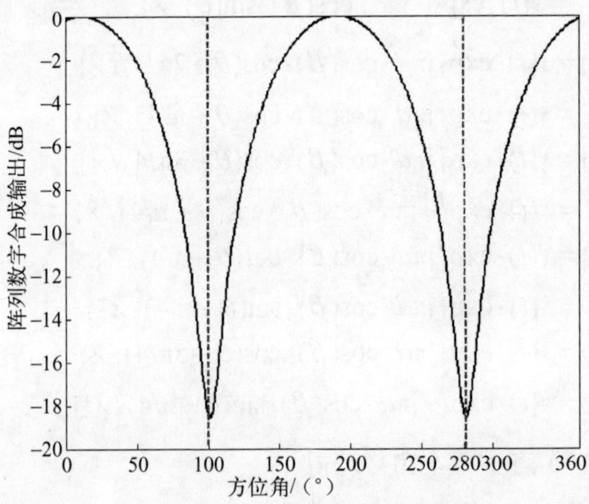

图 4.7　阵列数字合成输出变化曲线（d/λ=0.2）

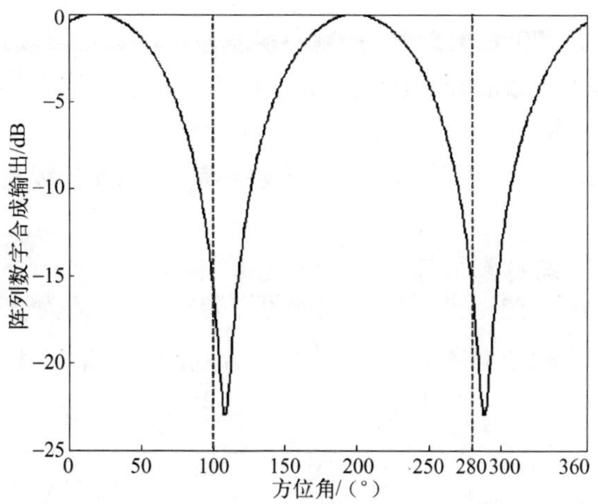

图 4.8 阵列数字合成输出变化曲线（d/λ=0.6）

从图 4.7 和图 4.8 中可以看出：

① 当 d/λ 足够小时，阵列数字合成输出曲线会在信号真实方位角附近形成极小值，但是随着 d/λ 的增大，极小值对应的方位角会偏离信号真实方位角（当 $d/\lambda=0.6$ 时，其测向误差已经大于 5°），这种估计偏差主要是由于 Taylor 级数展开所引起的。

② 阵列数字合成输出曲线在信号真实方位角的 180°反方向上也会形成极小值，这说明该测向方法存在 180°模糊问题，不能定出信号单向。

根据上述分析可知，这里的测向误差除了源自阵元噪声以外，还与 Taylor 级数展开的舍入误差有关，而后者不仅与阵列孔径大小有关，还与信号方位角有关，下面的数值实验将对此进行说明。

假设不考虑噪声的影响，信号仰角固定为 $\beta=0°$，天线间距与波长比分别设为 $d/\lambda=0.2$，$d/\lambda=0.4$ 和 $d/\lambda=0.6$ 三种情况，图 4.9 给出了测向均方根误差随着信号方位角的变化曲线。

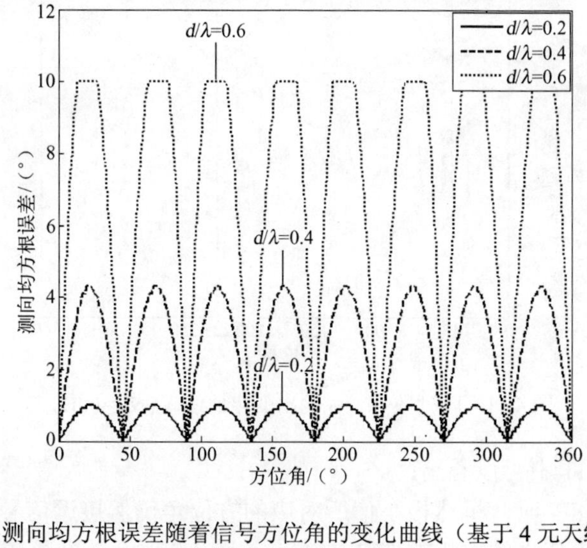

图 4.9 测向均方根误差随着信号方位角的变化曲线（基于 4 元天线阵列）

从图 4.9 中可以看出：

① 测向误差与信号方位角之间呈现明显的规律性，在 45°整数倍的方位上（包括 0°，45°，

90°，135°，180°，225°，270°，315°），其测向误差最小，甚至可以达到 0°，也就是说在这些方位上基本不受 Taylor 级数展开的影响，而上述各个方位角度中间值的测向误差最大，该结论与图 4.4 中的结论一致。

② d/λ 越大，其最大测向误差也越大，该误差是由 Taylor 级数展开所引起的，与阵元噪声无关。

下面再通过数值实验说明该测向方法的抗噪声性能。

假设信号方位角为 $\theta=45°$（此时间距误差可以忽略），仰角为 $\beta=0°$，样本点数为 500，天线间距与波长比为 $d/\lambda=0.2$，图 4.10 和图 4.11 分别给出当信噪比为 5dB 和 0dB 时的阵列数字合成输出变化曲线。

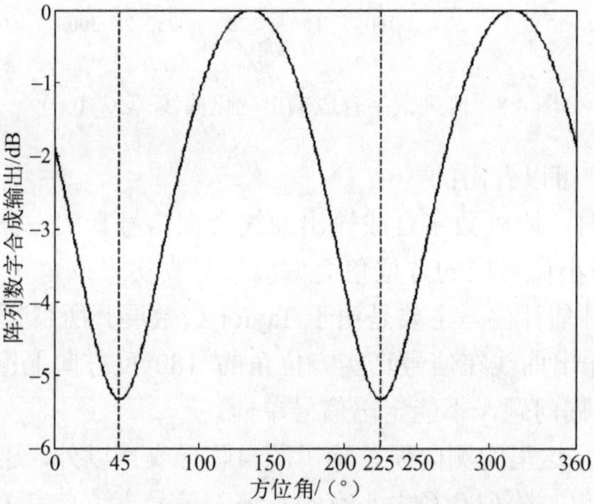

图 4.10　阵列数字合成输出变化曲线（SNR=5dB）

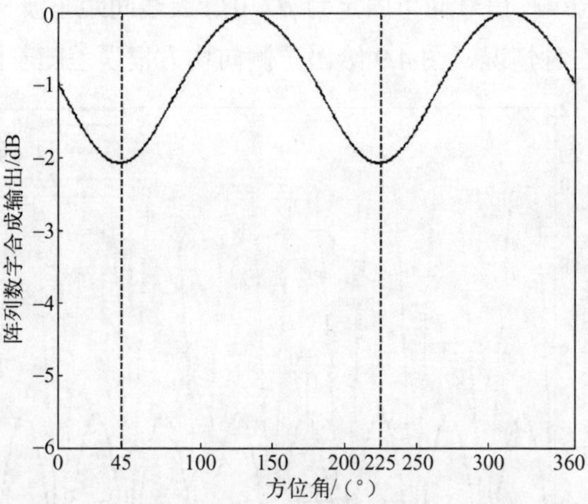

图 4.11　阵列数字合成输出变化曲线（SNR=0dB）

从图 4.10 和图 4.11 中可以看出：

① 当信噪比为 5dB 时，虽然极小值所对应的方位角仍然接近信号真实方位角，但是合成输出的最小值与最大值之间仅相差 5dB 左右，与图 4.7 所示的结果相差甚远。

② 当信噪比为 0dB 时，其小音点区域变宽，深度变浅（仅与最大值相差 2dB 左右），并且极小值所对应的方位角已经开始偏离信号真实方位角，总体而言，基于 4 元天线阵的测向

抗噪声能力是较弱的。

数值实验 2——基于 8 元天线阵的方位角估计性能

假设信号方位角为$\theta = 100°$，仰角为$\beta = 0°$，信噪比为 20dB，样本点数为 500，图 4.12 和图 4.13 分别给出当天线间距与波长比为$d/\lambda = 0.4$和$d/\lambda = 0.8$时的阵列数字合成输出变化曲线。

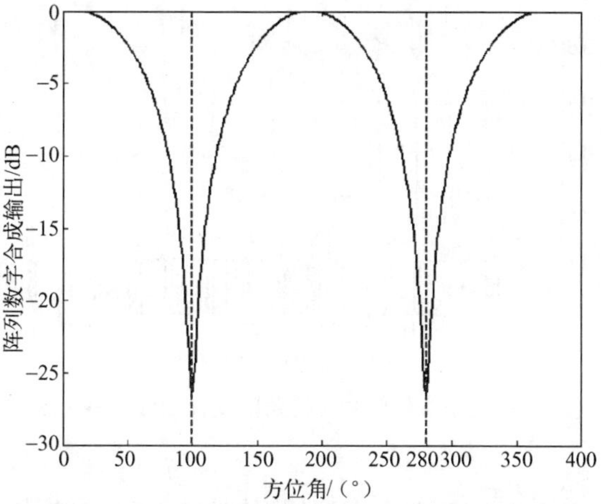

图 4.12　阵列数字合成输出变化曲线（d/λ=0.4）

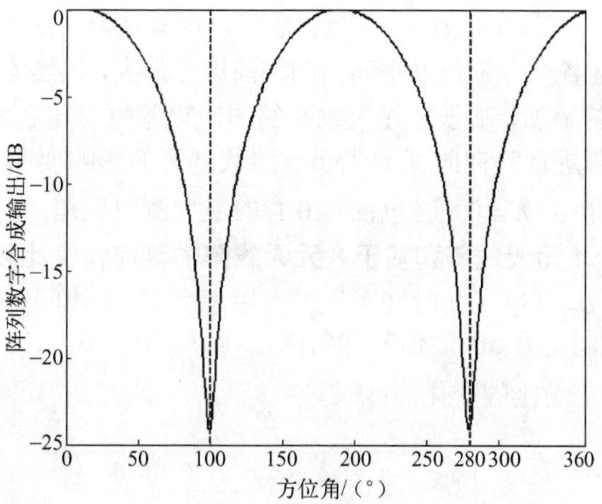

图 4.13　阵列数字合成输出变化曲线（d/λ=0.8）

从图 4.12 和图 4.13 中可以看出：

① 阵列数字合成输出曲线在信号真实方位角附近会形成极小值，并且随着d/λ的增大（即使增至 0.8），极小值所对应的方位角也不会明显偏离信号真实方位角（与图 4.8 相比，其优势是显著的），因此，利用 8 元天线阵进行测向可以允许更大的阵列孔径和信号频率范围。

② 基于 8 元天线阵的数字合成输出曲线在信号真实方位角的 180°反方向上也会形成极小值，这再次说明该测向方法存在 180°模糊问题，不能定出信号单向。

虽然利用 8 元天线阵能够在一定程度上抑制 Taylor 级数展开所引起的误差，但是其测向误差仍然与信号方位角有关，下面的数值实验将对此进行验证。

假设不考虑噪声的影响，将天线间距与波长比分别设为$d/\lambda = 0.6$，$d/\lambda = 0.8$和$d/\lambda = 1$

三种情况，图 4.14 给出了测向均方根误差随着信号方位角的变化曲线。

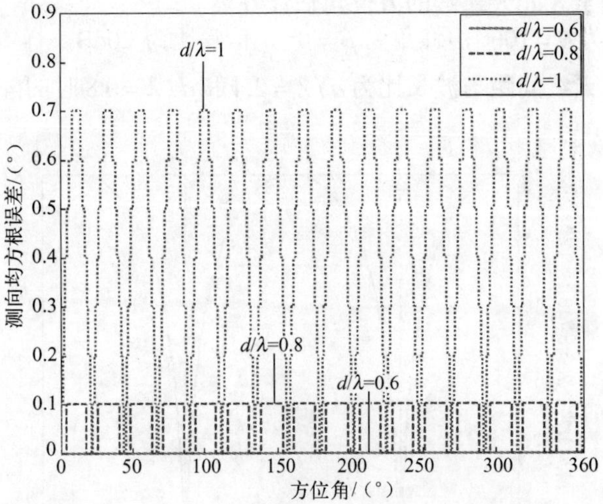

图 4.14　测向均方根误差随着信号方位角的变化曲线（基于 8 元天线阵列）

从图 4.14 中可以看出：

① 测向误差与信号方位角之间呈现明显的规律性，在 22.5°整数倍的方位上（包括 0°，22.5°，45°，67.5°，90°，112.5°，135°，157.5°，180°，202.5°，225°，247.5°，270°，292.5°，315°，337.5°），其测向误差最小，甚至可以达到 0°，也就是说在这些方位上基本不受 Taylor 级数展开的影响，而上述各个方位角度中间值的测向误差最大，该结论与图 4.6 中的结论一致。

② 尽管随着 d/λ 的增加，基于 8 元天线阵的测向误差也会随之增大，但与图 4.9 相比不难发现，利用 8 元天线阵进行测向时受到 Taylor 级数展开的影响要明显小很多，当 $d/\lambda \leqslant 0.6$ 时，基本不受其影响，当 $d/\lambda = 0.8$ 时也仅有 0.1°的最大测向误差。

数值实验 3——基于 4 元天线阵和基于 8 元天线阵的测向精度比较

假设信号方位角为 $\theta = 45°$（此时间距误差可以忽略），天线间距与波长比为 $d/\lambda = 0.2$。

首先，将样本点数固定为 500，信号仰角固定为 $\beta = 0°$，图 4.15 给出了基于两种天线阵的测向均方根误差随着信噪比的变化曲线。

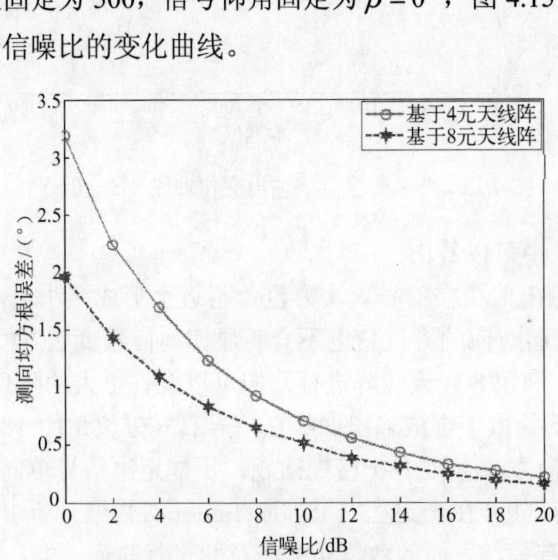

图 4.15　测向均方根误差随着信噪比的变化曲线

接着，将信噪比固定为 10dB，信号仰角固定为 $\beta = 0°$，图 4.16 给出了基于两种天线阵的测向均方根误差随着样本点数的变化曲线。

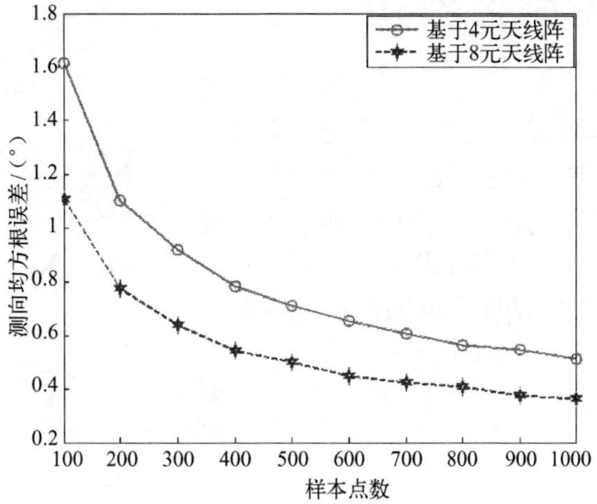

图 4.16 测向均方根误差随着样本点数的变化曲线

最后，将信噪比固定为 10dB，样本点数固定为 500，图 4.17 给出了基于两种天线阵的测向均方根误差随着信号仰角的变化曲线。

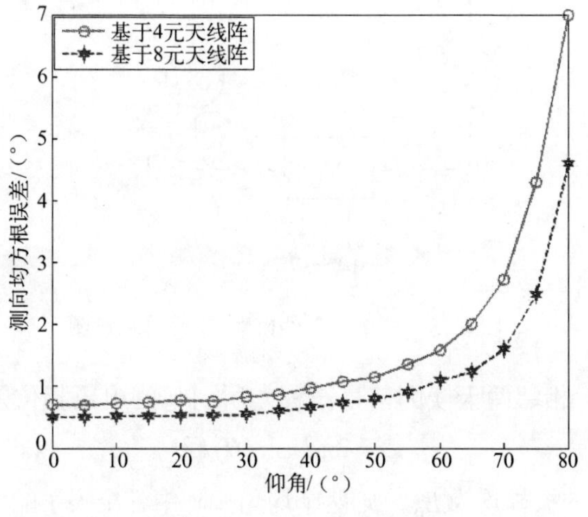

图 4.17 测向均方根误差随着信号仰角的变化曲线

从图 4.15 至图 4.17 中可以看出：

① 基于 8 元天线阵的测向精度要明显优于基于 4 元天线阵的测向精度，这说明前者的抗噪声性能要强。

② 随着信号仰角的增加，测向均方根误差会逐渐增大，但需要指出的是，这里的测向误差是指方位角估计误差。

4.2 基于乌兰韦伯尔天线阵的测向方法

基于乌兰韦伯尔天线阵的测向系统是第二次世界大战期间以“乌兰韦伯尔”为代号制定

并实施的一项研究计划，主要用于对短波频段的远距离信号进行测向定位，后来也应用于其它频段的测向定位中[1, 4, 5]，本节将对其测向原理进行讨论。

4.2.1 均匀线阵和/差方向图的特性

基于乌兰韦伯尔天线阵的测向方法是基于均匀线阵的和/差方向图的尖锐特性所设计的，下面将首先对均匀线阵和/差方向图的特性进行讨论。

（一）均匀线阵和/差方向图函数

图 4.18 是由 $2M$ 个相同垂直振子以间距 d 排列成的均匀线阵，它可以前后等分成两个 M 元均匀子阵（分别称为子阵 A 和子阵 B），其中子阵 A 由阵元 $1,2,\cdots,M$ 组成，子阵 B 由阵元 $M+1,M+2,\cdots,2M$ 组成，两个子阵的间距为 Md。

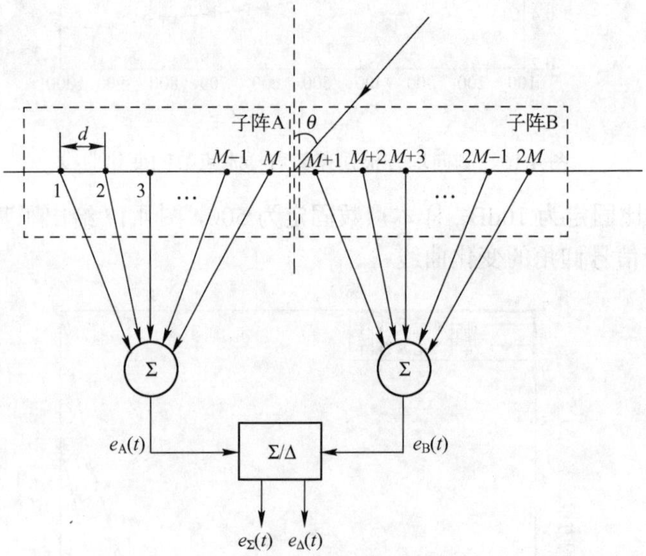

图 4.18　两个均匀线阵和/差输出示意图

根据图 4.18 可知，相邻两天线因信号波程差所引起的电压相位差为

$$\varphi = 2\pi d \cdot \sin(\theta)/\lambda \tag{4.28}$$

若各振子感应电压的振幅均为 E_0，则两个均匀线阵中各个振子的感应电压可以分别表示为

$$\begin{cases} e_{A1}(t) = E_0 e^{j\omega t} \\ e_{A2}(t) = E_0 e^{j(\omega t-\varphi)} \\ e_{A3}(t) = E_0 e^{j(\omega t-2\varphi)} \\ \quad\cdots \\ e_{AM}(t) = E_0 e^{j(\omega t-(M-1)\varphi)} \end{cases}, \quad \begin{cases} e_{B1}(t) = E_0 e^{-jM\varphi} e^{j\omega t} \\ e_{B2}(t) = E_0 e^{-jM\varphi} e^{j(\omega t-\varphi)} \\ e_{B3}(t) = E_0 e^{-jM\varphi} e^{j(\omega t-2\varphi)} \\ \quad\cdots \\ e_{BM}(t) = E_0 e^{-jM\varphi} e^{j(\omega t-(M-1)\varphi)} \end{cases} \tag{4.29}$$

这两个线阵全部振子的感应电压之和可以分别表示为

$$\begin{aligned} e_A(t) &= e_{A1}(t) + e_{A2}(t) + \cdots + e_{AM}(t) = E_0 e^{j\omega t}(1 + e^{-j\varphi} + \cdots + e^{-j(M-1)\varphi}) \\ &= E_0 e^{j(\omega t-(M-1)\varphi/2)} \cdot \frac{\sin(M\varphi/2)}{\sin(\varphi/2)} \end{aligned} \tag{4.30}$$

$$
\begin{aligned}
e_{\mathrm{B}}(t) &= e_{\mathrm{B1}}(t)+e_{\mathrm{B2}}(t)+\cdots+e_{\mathrm{B}M}(t)=E_0\mathrm{e}^{\mathrm{j}(\omega t-M\varphi)}(1+\mathrm{e}^{-\mathrm{j}\varphi}+\cdots+\mathrm{e}^{-\mathrm{j}(M-1)\varphi}) \\
&= E_0\mathrm{e}^{\mathrm{j}(\omega t-(3M-1)\varphi/2)}\cdot\frac{\sin(M\varphi/2)}{\sin(\varphi/2)}
\end{aligned} \tag{4.31}
$$

于是它们的和与差分别为

$$
\begin{aligned}
e_{\Sigma}(t) &= e_{\mathrm{A}}(t)+e_{\mathrm{B}}(t)=E_0\mathrm{e}^{\mathrm{j}(\omega t-(2M-1)\varphi/2)}\cdot\frac{\sin(M\varphi/2)}{\sin(\varphi/2)}\cdot(\mathrm{e}^{\mathrm{j}M\varphi/2}+\mathrm{e}^{-\mathrm{j}M\varphi/2}) \\
&= E_0\mathrm{e}^{\mathrm{j}(\omega t-(2M-1)\varphi/2)}\cdot\frac{\sin(M\varphi)}{\sin(\varphi/2)}
\end{aligned} \tag{4.32}
$$

$$
\begin{aligned}
e_{\Delta}(t) &= e_{\mathrm{A}}(t)-e_{\mathrm{B}}(t)=E_0\mathrm{e}^{\mathrm{j}(\omega t-(2M-1)\varphi/2)}\cdot\frac{\sin(M\varphi/2)}{\sin(\varphi/2)}\cdot(\mathrm{e}^{\mathrm{j}M\varphi/2}-\mathrm{e}^{-\mathrm{j}M\varphi/2}) \\
&= 2\mathrm{j}E_0\mathrm{e}^{\mathrm{j}(\omega t-(2M-1)\varphi/2)}\cdot\frac{(\sin(M\varphi/2))^2}{\sin(\varphi/2)}
\end{aligned} \tag{4.33}
$$

根据式（4.32）和式（4.33）可知，$e_{\Sigma}(t)$ 和 $e_{\Delta}(t)$ 之间存在 90°相位差，它们所对应的方向图函数分别为

$$
f_{\Sigma}(\theta)=\frac{\sin(M\varphi)}{\sin(\varphi/2)}=\frac{\sin(2\pi Md\cdot\sin(\theta)/\lambda)}{\sin(\pi d\cdot\sin(\theta)/\lambda)} \tag{4.34}
$$

$$
f_{\Delta}(\theta)=\frac{(\sin(M\varphi/2))^2}{\sin(\varphi/2)}=\frac{(\sin(\pi Md\cdot\sin(\theta)/\lambda))^2}{\sin(\pi d\cdot\sin(\theta)/\lambda)} \tag{4.35}
$$

（二）均匀线阵和/差方向图函数的极值分析

下面将对 $f_{\Sigma}(\theta)$ 和 $f_{\Delta}(\theta)$ 的取极值情况进行数学分析。为了便于推导，这里令 $x=\pi d\cdot\sin(\theta)/\lambda$，并记

$$
\begin{cases}
F_1(x)=f_{\Sigma}(\theta)=\dfrac{\sin(2Mx)}{\sin(x)} \\
F_2(x)=f_{\Delta}(\theta)=\dfrac{(\sin(Mx))^2}{\sin(x)}
\end{cases} \tag{4.36}
$$

首先对 $F_1(x)$ 的极值情况进行分析。对函数 $F_1(x)$ 求一阶导数可得

$$
\frac{\mathrm{d}F_1(x)}{\mathrm{d}x}=\frac{2M\cdot\cos(2Mx)\cdot\sin(x)-\sin(2Mx)\cdot\cos(x)}{(\sin(x))^2}=0 \tag{4.37}
$$

由式（4.37）可知

$$
2M\cdot\cos(2Mx)\cdot\sin(x)-\sin(2Mx)\cdot\cos(x)=0\Rightarrow\tan(2Mx)=2M\cdot\tan(x) \tag{4.38}
$$

式（4.38）的一组解为

$$
x=\pi d\cdot\sin(\theta)/\lambda=k\pi\qquad(k=0,\pm1,\pm2,\cdots) \tag{4.39}
$$

对于均匀线阵而言通常满足 $d/\lambda<1$，于是由式（4.39）不难推得 $f_{\Sigma}(\theta)$ 在 $\theta=0°$ 或 $\theta=180°$ 方向（即法线方向）上取到极值，通过分析 $F_1(x)$ 的二阶导数可知其为最大值，并且该最大值为

$$
\begin{aligned}
\lim_{\theta\to0\text{或}\pi}f_{\Sigma}(\theta) &= \lim_{\theta\to0\text{或}\pi}\frac{\sin(2\pi Md\cdot\sin(\theta)/\lambda)}{\sin(\pi d\cdot\sin(\theta)/\lambda)} \\
&= \lim_{\theta\to0\text{或}\pi}\frac{\cos(2\pi Md\cdot\sin(\theta)/\lambda)\cdot(2\pi Md\cdot\cos(\theta)/\lambda)}{\cos(\pi d\cdot\sin(\theta)/\lambda)\cdot(\pi d\cdot\cos(\theta)/\lambda)}=2M
\end{aligned} \tag{4.40}
$$

式（4.40）中的第二个等式利用了洛必达法则。

接着对 $F_2(x)$ 的极值情况进行分析。对函数 $F_2(x)$ 求一阶导数可得

$$\frac{\mathrm{d}F_2(x)}{\mathrm{d}x}=\frac{2M\cdot\sin(Mx)\cdot\cos(Mx)\cdot\sin(x)-(\sin(Mx))^2\cdot\cos(x)}{(\sin(x))^2}=0 \tag{4.41}$$

由式（4.41）可知

$$\begin{aligned}&2M\cdot\sin(Mx)\cdot\cos(Mx)\cdot\sin(x)-(\sin(Mx))^2\cdot\cos(x)=0\\&\Rightarrow\sin(Mx)=0\text{或者}\tan(Mx)=2M\cdot\tan(x)\end{aligned} \tag{4.42}$$

式（4.42）的一组解为

$$x=\pi d\cdot\sin(\theta)/\lambda=k\pi \qquad (k=0,\pm1,\pm2,\cdots) \tag{4.43}$$

对于均匀线阵而言通常满足 $d/\lambda<1$，于是由式（4.43）不难推得 $f_\Delta(\theta)$ 在 $\theta=0°$ 或 $\theta=180°$ 方向（即法线方向）上取到极值，通过分析 $F_2(x)$ 的二阶导数可知其为最小值，并且其最小值为

$$\begin{aligned}\lim_{\theta\to0\text{或}\pi}f_\Delta(\theta)&=\lim_{\theta\to0\text{或}\pi}\frac{(\sin(\pi Md\cdot\sin(\theta)/\lambda))^2}{\sin(\pi d\cdot\sin(\theta)/\lambda)}\\&=\lim_{\theta\to0\text{或}\pi}\frac{2\cdot\sin(\pi Md\cdot\sin(\theta)/\lambda)\cdot\cos(\pi Md\cdot\sin(\theta)/\lambda)\cdot(\pi Md\cdot\cos(\theta)/\lambda)}{\cos(\pi d\cdot\sin(\theta)/\lambda)\cdot(\pi d\cdot\cos(\theta)/\lambda)}=0\end{aligned} \tag{4.44}$$

式（4.44）中的第二个等式利用了洛必达法则。

图 4.19 和图 4.20 分别给出了两个 6 元均匀线阵取“和”方向图与取“差”方向图，其中相邻阵元间距与波长比为 $d/\lambda=0.5$。

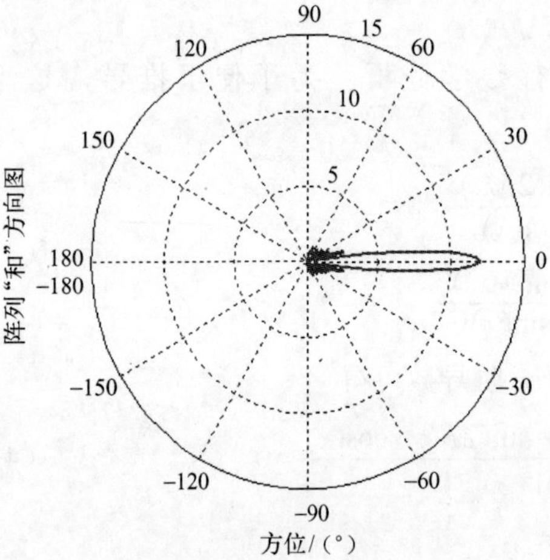

图 4.19 两个 6 元均匀线阵取“和”方向图

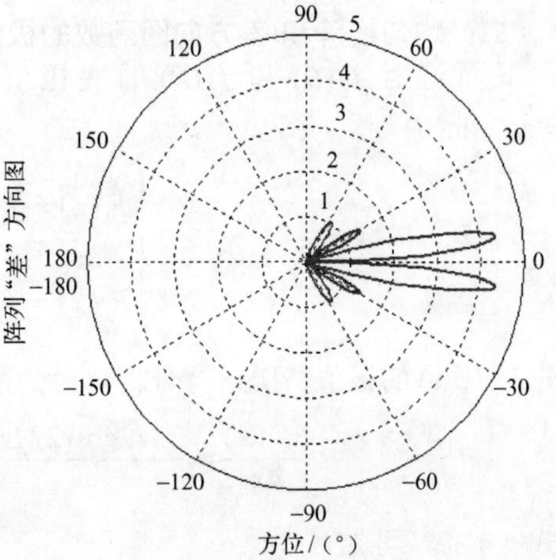

图 4.20 两个 6 元均匀线阵取“差”方向图

从图 4.19 和图 4.20 中可以看出：

① 两个均匀线阵取“和”方向图 $f_\Sigma(\theta)$ 在法线方向上形成主波束。

② 两个均匀线阵取“差”方向图 $f_\Delta(\theta)$ 中将取“和”方向图 $f_\Sigma(\theta)$ 中的主瓣分裂成两个波瓣，这两个波瓣之间有一个零点，并且该零点附近有非常陡峭的变化率，这一特性可有利于进行听觉测向。

4.2.2 基于乌兰韦伯尔天线阵的测向原理

根据上述分析可知，当信号到达均匀线阵的法线方向时，阵列“和”输出和“差”输出将分别取到最大值和最小值，基于这一特性，实际中可以通过旋转阵列天线的方式测量信号

方位。然而，对于均匀线阵而言，其阵列孔径较大（尤其在短波频段），若将其在整个空域范围内进行旋转势必要求较复杂的旋转伺服系统，从而会消耗大量电源功率，而且均匀线阵的转速也十分受限，从而制约系统测向速度的提升。乌兰韦伯尔天线阵的出现正是为了解决天线阵的旋转问题，其最早是在第二次世界大战期间以“乌兰韦伯尔”为代号制定并实施的一项研究课题，主要对短波频段的远距离信号进行测向定位，现已被移植到其它频段中。

图 4.21 给出了乌兰韦伯尔天线阵的平面分布原理示意图，图中共有 40 根垂直天线均匀分布在一个圆周上构成圆形阵列，每次测向可以选用天线阵中的一部分阵元，通常选择 12 根天线可以取得较满意的测向精度。如图 4.21 所示，每次测向选用两组天线，其中 A_1 至 A_6 为一组，B_1 至 B_6 为另一组。当信号从这两组天线的对称轴方向传播时，需要将各天线元接收到的电压进行适当延时或相位补偿，使其等效为弦 AB 上排列的天线元所接收到的电压（即 $\overline{A}_1 \sim \overline{A}_6$ 和 $\overline{B}_1 \sim \overline{B}_6$），然后分别将两组天线的阵元输出进行同相相加得到两组电压 U_A 和 U_B，根据均匀线阵和/差方向图的性质可知，$U_\Sigma = U_A + U_B$ 会在信号方位上取得最大值，$U_\Delta = U_A - U_B$ 会在信号方位上取得最小值。

在乌兰韦伯尔测向系统中，各天线的延时是由电容角度计来实现的，如图 4.22 所示。电容角度计由定子、转子、相位补偿器、和差器和方位盘所构成。下面分别阐述各个单元的组成和功能。

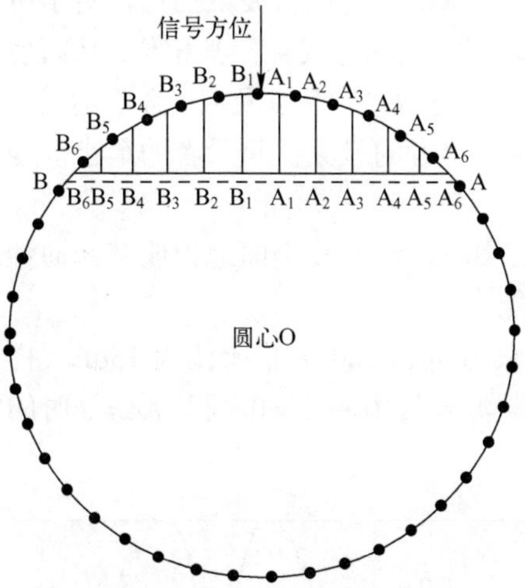

图 4.21　乌兰韦伯天线阵结构示意图

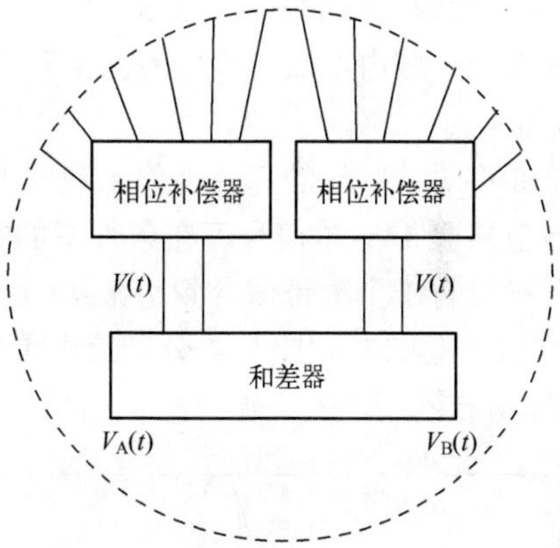

图 4.22　电容角度计示意图

（1）定子

定子为圆盘形，其圆周上均匀地装有与天线数目相同的耦合电容定片，各天线元接收到的电势通过馈线送到定子的各个耦合电容定片上。

（2）转子

转子也呈现圆盘形，其圆周上装有耦合电容动片，但与定片不同的是它仅仅分布在某一扇面的圆周上，并且要求定片与动片之间有良好的电气耦合，以便定片上接收到的电势能够顺利地耦合到与之相对应的动片上。转子可由马达带动或人工旋转，并将 12 个动片耦合来的电势等分为两组送到对应的两组相位补偿器中进行处理。

（3）相位补偿器

由于天线阵元是分布在圆周上，因此直接取和或取差时，其输出电压无法取到最大值或最小值，此时就需要相位补偿器将各个动片耦合来的电压分别经过一个移相电路，补偿由于天线元沿圆周排列而引起的波程差，这相当于将排列在圆周上的各个天线阵元等效排列在一条直线上。由于天线元排列的对称性，相位补偿器也对称地分为两组，每组由 6 个 L-C 移相器或延迟线构成，分别对 6 个动片耦合来的电压进行相位补偿。

（4）和差器

和差器的作用是将相位补偿后的两组电压进行取“和”运算和取“差”运算，从而分别得到“和”电压 U_{Σ} 与“差”电压 U_{Δ}。

（5）方位盘

方位盘中含有指针，该指针与转子同轴旋转，它指示出等效直线阵的法线方位。在测向时，如果“和”方向图主瓣的最大值点与“差”方向图的最小值点对准了信号方向，则方位盘指针所示的值就是信号方位。

根据电容角度计的工作原理可知，乌兰韦伯尔测向系统是通过电容角度计转子的旋转代替天线阵的旋转，从而解决了天线阵的旋转问题。

4.2.3 数值实验

尽管上述基于乌兰韦伯尔天线阵的测向方法属于模拟测向体制，但依据其测向原理也可以通过数字化的方式加以实现。其实现方法是在整个空域范围内进行波束扫描，对于所扫描的方位可选择与其方位最邻近的 12 个阵元，并采用数字加权的方式补偿其相位，从而使其等效为 12 元均匀线阵的输出，然后再将两组天线的输出进行取“和”以及取“差”运算，这样就会在整个空域内形成“和”方向图和“差”方向图，前者的最大值和后者的最小值均对应信号方位。

下面将对数字化的乌兰韦伯尔测向方法进行数值实验，从而较全面地说明其测向性能。

数值实验 1——单信号存在条件下的方位估计性能

假设仅有 1 个窄带信号到达某 40 元均匀圆阵，其方位为 200°，信噪比为 15dB，样本点数为 500，图 4.23 和图 4.24 分别给出了当圆阵半径与波长比为 $r/\lambda = 0.8$ 和 $r/\lambda = 2$ 时的阵列“和”输出与阵列“差”输出变化曲线。

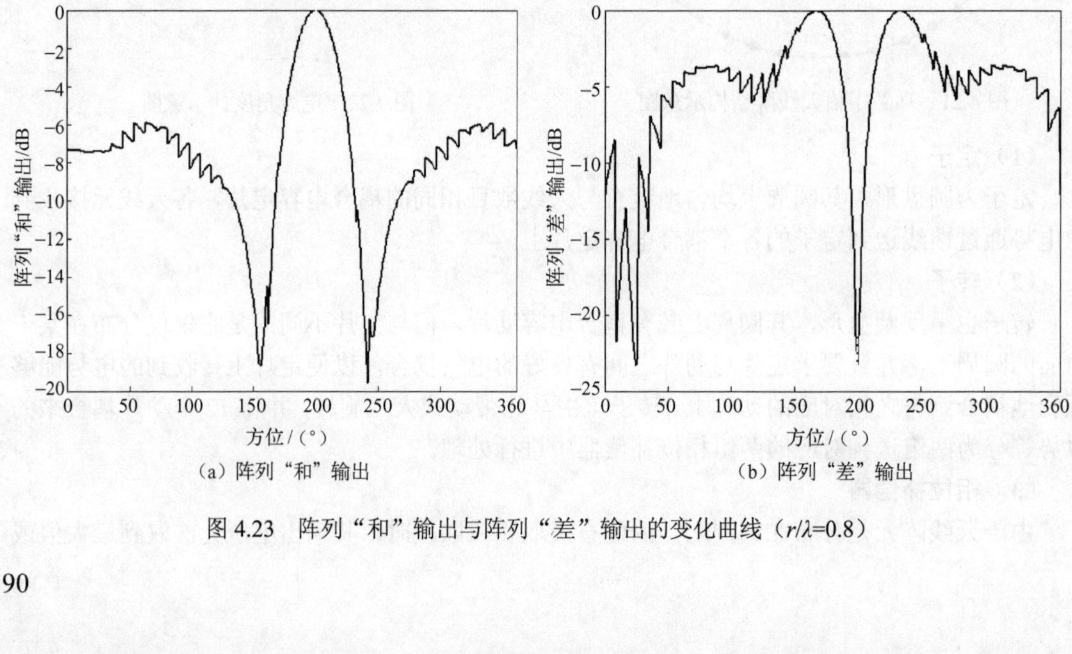

(a) 阵列“和”输出　　(b) 阵列“差”输出

图 4.23　阵列“和”输出与阵列“差”输出的变化曲线（r/λ=0.8）

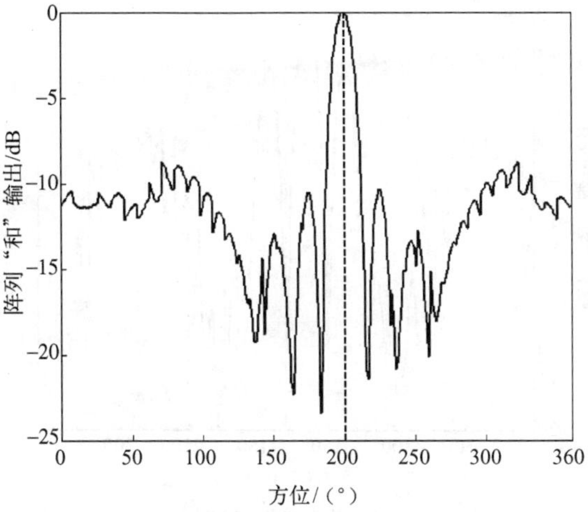

（a）阵列“和”输出

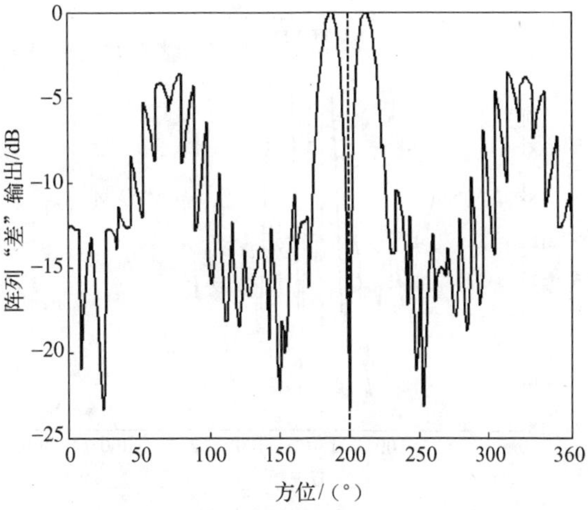

（b）阵列“差”输出

图 4.24 阵列“和”输出与阵列“差”输出的变化曲线（r/λ=2）

从图 4.23 和图 4.24 中可以看出：

① 阵列“差”输出曲线在信号方位处会形成一个零陷，并且在其左右临近处各有一个明显的峰值，这便于从听觉上捕获信号方位。

② 阵列“和”输出曲线在信号方位处形成一个主瓣。

③ 随着r/λ的增加，阵列“和”输出曲线的主瓣宽度会变窄，这在多个信号存在条件下便于提高角度分辨率，而且阵列“差”输出曲线的零陷宽度变窄，并且其左右峰值更加明显，这有益于听觉测向。

数值实验 2——两信号存在条件下的方位估计性能

假设有 2 个等功率窄带独立信号到达某 40 元均匀圆阵，圆阵半径与波长比为$r/\lambda=2$，信号 1 的方位为 150°，信噪比为 15dB，样本点数为 500，图 4.25 和图 4.26 分别给出了信号 2 的方位为 160°和 180°时的阵列“和”输出与阵列“差”输出变化曲线。

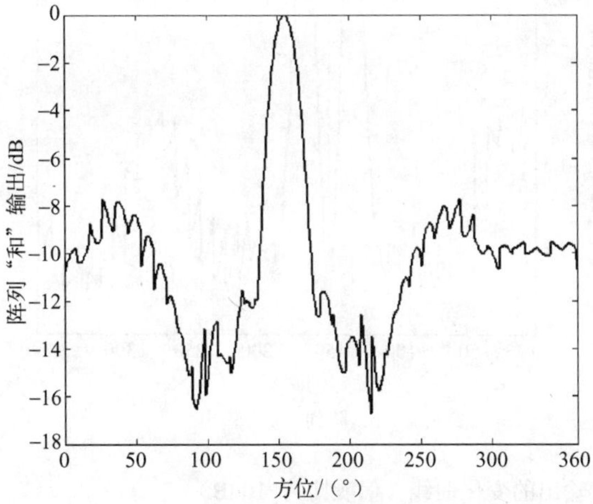

（a）阵列“和”输出

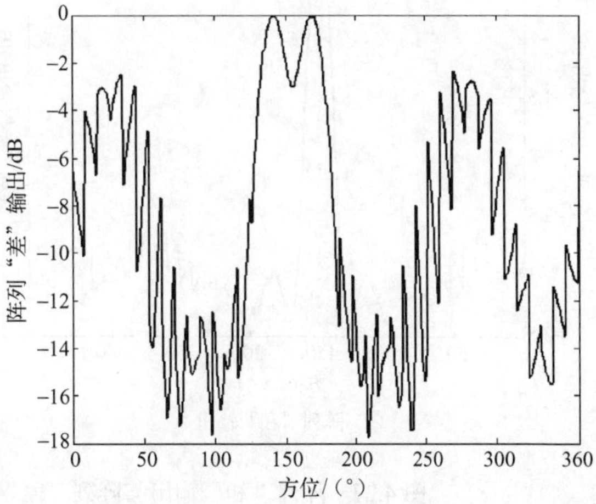

（b）阵列“差”输出

图 4.25 阵列“和”输出与阵列“差”输出的变化曲线（信号 2 的方位为 160°）

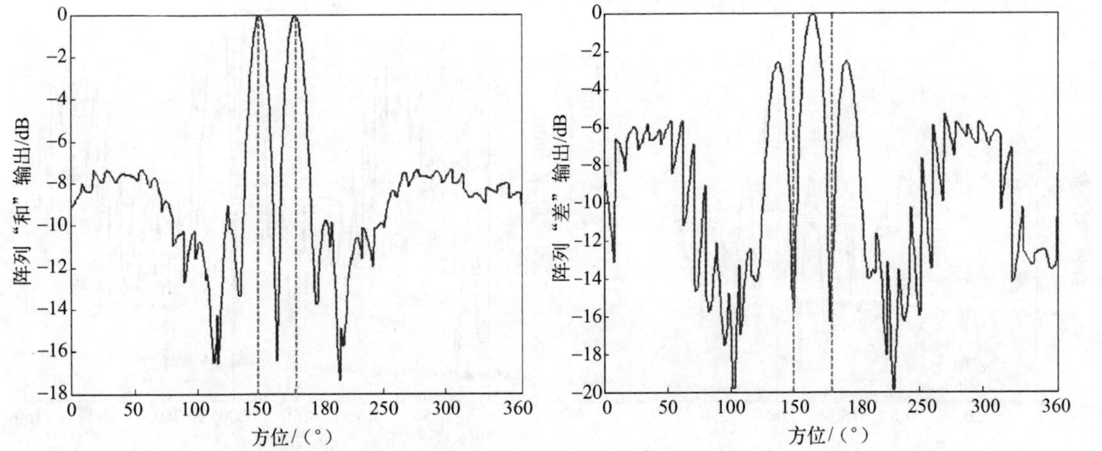

（a）阵列“和”输出　　（b）阵列“差”输出

图 4.26　阵列“和”输出与阵列“差”输出的变化曲线（信号 2 的方位为 180°）

从图 4.25 和图 4.26 中可以看出：

① 当两信号的方位位于同一波束范围内时，无论是阵列“和”输出还是阵列“差”输出都难以分辨出两信号。

② 当两信号的方位不在同一波束范围内时，阵列“和”输出中会有两个主瓣，阵列“差”输出中有两个零陷，通过它们都可以估计出信号方位。

数值实验 3——针对弱信号的方位估计性能

假设仅有 1 个窄带信号到达某 40 元均匀圆阵，圆阵半径与波长比为 $r/\lambda = 1.5$，方位为 150°，信噪比为-10dB，样本点数为 500，图 4.27 给出了阵列“和”输出与阵列“差”输出变化曲线。

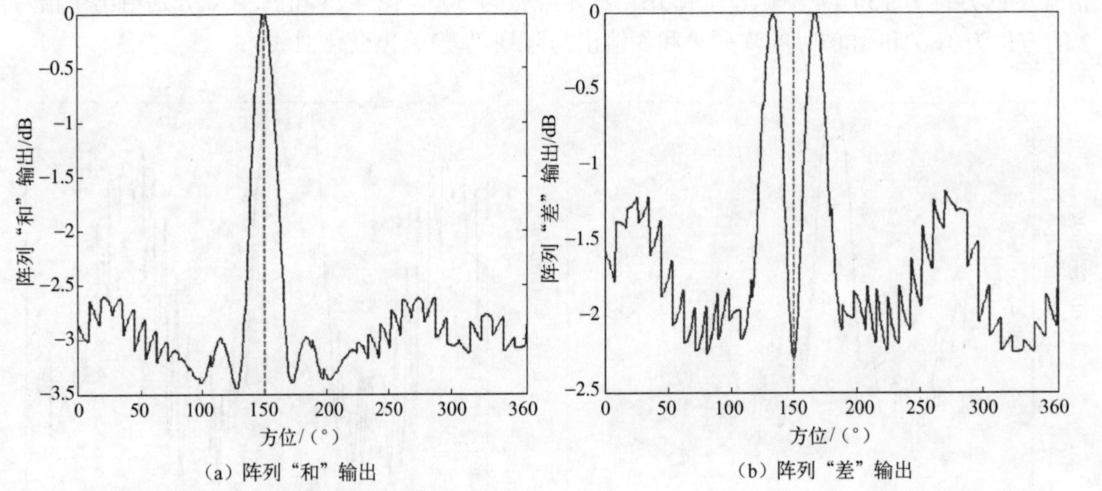

（a）阵列“和”输出　　（b）阵列“差”输出

图 4.27　阵列“和”输出与阵列“差”输出的变化曲线（信噪比为-10dB）

从图 4.27 中可以看出：即使是对于信噪比为-10dB 的弱信号，根据阵列“和”输出与阵列“差”输出仍然可以进行测向（只是主瓣相对高度变低，零陷深度变浅），从而说明其具有较高的测向灵敏度。

总体而言，基于乌兰韦伯尔天线阵的大基础测向体制的优势在于测向灵敏度高，对微弱信号有效，零陷宽度窄（频率越高，宽度越窄），两边峰值明显，通过人耳监听可以在复杂噪声背景条件下发现微弱信号，并且能够同时分辨出多个信号。其不足之处在于占地面积较大，智能化程度较低，测向时间较长，并且角度分辨率受到瑞利限的制约。

4.3 基于数字波束形成的测向方法

虽然上述两类测向方法最初都源自模拟测向体制，但都可以通过数字化的方式加以实现，并且其实现方式都是在每个扫描方位上设置与方位相关的权向量，并对阵列进行数字合成，合成输出的最大值或最小值所对应的方向即为信号方位，该类测向方法通常称为基于数字波束形成的测向方法。值得一提的是，上述两种测向方法都对阵型有一定要求，本节将介绍两种与阵型无关的波束形成测向方法，分别称为“延时—相加法”和“Capon 最小方差法”。

4.3.1 延时—相加法

延时—相加法是最直接的波束形成方法，下面将介绍其基本原理。假设对某 M 元阵列数据进行加权合成的权向量为 $\boldsymbol{w}$，则对阵列进行加权合成后的输出响应可以表示为

$$y(t)=\boldsymbol{w}^{\mathrm{H}}\boldsymbol{x}(t)=\boldsymbol{w}^{\mathrm{H}}(\boldsymbol{A}(\boldsymbol{\theta})\boldsymbol{s}(t)+\boldsymbol{n}(t)) \tag{4.45}$$

于是阵列输出功率等于

$$\begin{aligned}P_y&=\mathrm{E}[|y(t)|^2]=\boldsymbol{w}^{\mathrm{H}}\cdot\mathrm{E}[\boldsymbol{x}(t)\boldsymbol{x}^{\mathrm{H}}(t)]\cdot\boldsymbol{w}=\boldsymbol{w}^{\mathrm{H}}\boldsymbol{R}_{xx}\boldsymbol{w}\\&=\boldsymbol{w}^{\mathrm{H}}(\boldsymbol{A}(\boldsymbol{\theta})\boldsymbol{R}_{ss}\boldsymbol{A}^{\mathrm{H}}(\boldsymbol{\theta})+\sigma_n^2\boldsymbol{I}_M)\boldsymbol{w}\end{aligned} \tag{4.46}$$

式中

$$\boldsymbol{R}_{xx}=\mathrm{E}[\boldsymbol{x}(t)\boldsymbol{x}^{\mathrm{H}}(t)]=\boldsymbol{A}(\boldsymbol{\theta})\boldsymbol{R}_{ss}\boldsymbol{A}^{\mathrm{H}}(\boldsymbol{\theta})+\sigma_n^2\boldsymbol{I}_M \tag{4.47}$$

表示阵列输出自相关矩阵，$\boldsymbol{R}_{ss}=\mathrm{E}[\boldsymbol{s}(t)\boldsymbol{s}^{\mathrm{H}}(t)]$ 表示信号自相关矩阵，$\mathrm{E}[\boldsymbol{n}(t)\boldsymbol{n}^{\mathrm{H}}(t)]=\sigma_n^2\boldsymbol{I}_M$ 表示阵元噪声自相关矩阵，这里假设阵元噪声服从零均值复高斯分布。

若仅有 1 个窄带信号到达该阵列，其方位为 θ_0，则阵列输出功率等于

$$P_y(\theta_0)=\mathrm{E}[|y(t)|^2]=\sigma_s^2\cdot|\boldsymbol{w}^{\mathrm{H}}\boldsymbol{a}(\theta_0)|^2+\sigma_n^2\cdot\|\boldsymbol{w}\|_2^2 \tag{4.48}$$

式中 $\sigma_s^2=\mathrm{E}[|s(t)|^2]$ 表示信号功率。根据式（4.48）可知，在满足“$\|\boldsymbol{w}\|_2=$常数”的条件下，当 $\boldsymbol{w}=c\boldsymbol{a}(\theta_0)$ 时（c 是使 $\|\boldsymbol{w}\|_2$ 为特定常数的复常量），阵列输出功率能够取到最大值，这是因为各个阵元信号分量经过该权值移相后会产生同相叠加效应。

根据上述分析可将“延时—相加法”的方位估计准则表示为

$$\max_{\theta} f_{\text{延时-相加法}}(\theta)=\max_{\theta}\boldsymbol{a}^{\mathrm{H}}(\theta)\boldsymbol{R}_{xx}\boldsymbol{a}(\theta) \tag{4.49}$$

需要指出的是，在实际计算中阵列输出自相关矩阵 $\boldsymbol{R}_{xx}$ 是无法获知的，只能利用有限样本获得其最大似然估计值 $\hat{\boldsymbol{R}}_{xx}$。假设共有 K 个数据样本可以使用，则 $\hat{\boldsymbol{R}}_{xx}$ 的计算公式为

$$\hat{\boldsymbol{R}}_{xx}=\frac{1}{K}\cdot\sum_{k=1}^{K}\boldsymbol{x}(t_k)\boldsymbol{x}^{\mathrm{H}}(t_k) \tag{4.50}$$

于是式（4.49）应该修改为

$$\max_{\theta} \hat{f}_{\text{延时-相加法}}(\theta) = \max_{\theta} \boldsymbol{a}^{\mathrm{H}}(\theta)\hat{\boldsymbol{R}}_{xx}\boldsymbol{a}(\theta) \tag{4.51}$$

延时—相加法虽然计算简便，但却存在很多缺点，尤其当多个信号存在时，该方法会受到波束宽度和旁瓣高度的限制，其角度分辨率是较低的，无法突破瑞利限。虽然实际中可以通过增加阵元个数来提高角度分辨能力，但这会增加接收机的通道数目和数据存储要求。

4.3.2 Capon 最小方差法

（一）Capon 最小方差法的基本原理

为了克服延时—相加法的缺陷，J.Capon 于 20 世纪 60 年代提出了最小方差测向法[9, 10]，该方法使用部分权向量自由度在期望方向上形成恒定增益的波束，并利用其它权向量自由度在其余方向上形成零陷，从而保证在期望方向输出功率一定的条件下，尽可能地抑制掉其余方向上的输出功率。

Capon 最小方差法的权向量设计可以根据下面的约束优化模型来获得

$$\begin{cases} \min\limits_{\boldsymbol{w}\in \mathbf{C}^{M\times 1}} \boldsymbol{w}^{\mathrm{H}}\boldsymbol{R}_{xx}\boldsymbol{w} \\ \text{s.t.}\ \ \boldsymbol{w}^{\mathrm{H}}\boldsymbol{a}(\theta_0) = 1 \end{cases} \tag{4.52}$$

式（4.52）可以利用拉格朗日乘子法进行求解，其拉格朗日函数为

$$J(\boldsymbol{w},\lambda) = \boldsymbol{w}^{\mathrm{H}}\boldsymbol{R}_{xx}\boldsymbol{w} + \lambda(1-\boldsymbol{w}^{\mathrm{H}}\boldsymbol{a}(\theta_0)) \tag{4.53}$$

现将 $J(\boldsymbol{w},\lambda)$ 分别对 $\boldsymbol{w}$ 和 λ 求偏导数可以推得

$$\begin{cases} \dfrac{\partial J(\boldsymbol{w},\lambda)}{\partial \boldsymbol{w}} = \boldsymbol{R}_{xx}\boldsymbol{w} - \lambda\boldsymbol{a}(\theta_0) = \boldsymbol{O}_{M\times 1} \\ \dfrac{\partial J(\boldsymbol{w},\lambda)}{\partial \lambda} = 1 - \boldsymbol{w}^{\mathrm{H}}\boldsymbol{a}(\theta_0) = 0 \end{cases} \tag{4.54}$$

联立方程式（4.54）可以解得最优权向量的表达式为

$$\boldsymbol{w}_{\text{opt}} = \frac{\boldsymbol{R}_{xx}^{-1}\boldsymbol{a}(\theta_0)}{\boldsymbol{a}^{\mathrm{H}}(\theta_0)\boldsymbol{R}_{xx}^{-1}\boldsymbol{a}(\theta_0)} \tag{4.55}$$

式（4.55）所构成的波束形成器也称为最小方差无畸变响应（MVDR，Minimum Variance Distortionless Response）波束形成器，其基本原理是使来自非期望方向上的任何干扰所贡献的功率最小，但又能保持在期望方向上的功率不变，从某种意义上来说，它可以认为是一个尖锐的空域带通滤波器。

利用式（4.55）给出的最优权向量可以得到阵列输出功率为

$$P_y = \boldsymbol{w}_{\text{opt}}^{\mathrm{H}}\boldsymbol{R}_{xx}\boldsymbol{w}_{\text{opt}} = \frac{1}{\boldsymbol{a}^{\mathrm{H}}(\theta_0)\boldsymbol{R}_{xx}^{-1}\boldsymbol{a}(\theta_0)} \tag{4.56}$$

于是 Capon 最小方差法的方位估计准则为

$$\min_{\theta} \hat{f}_{\text{Capon}}(\theta) = \min_{\theta} \boldsymbol{a}^{\mathrm{H}}(\theta)\hat{\boldsymbol{R}}_{xx}^{-1}\boldsymbol{a}(\theta) \tag{4.57}$$

式中 $\hat{\boldsymbol{R}}_{xx}$ 由式（4.50）获得。

从上述数学分析过程中不难看出，Capon 最小方差法具有一定的自适应能力，比延时—

相加法具有更高的角度分辨能力，但与此同时，Capon 最小方差法也存在若干缺点。首先，它需要矩阵求逆运算，因此当阵元个数较大时，其计算量较大；接着，当信号的时域相关性较大时，Capon 最小方差法的性能会严重恶化；最后，该方法的角度分辨性能与第 5 章的超分辨率测向算法相比仍有一定差距。

（二）Capon 最小方差法的理论性能分析

下面将推导 Capon 最小方差法的方位估计方差[10]。首先定义两个信号方位函数

$$\begin{cases}\hat{f}_{\text{Capon}}(\theta)=\boldsymbol{a}^{\text{H}}(\theta)\hat{\boldsymbol{R}}_{xx}^{-1}\boldsymbol{a}(\theta)\\ f_{\text{Capon}}(\theta)=\boldsymbol{a}^{\text{H}}(\theta)\boldsymbol{R}_{xx}^{-1}\boldsymbol{a}(\theta)\end{cases}\tag{4.58}$$

则 $f_{\text{Capon}}(\theta)$ 与 $\hat{f}_{\text{Capon}}(\theta)$ 之间满足

$$f_{\text{Capon}}(\theta)=\lim_{K\to+\infty}\hat{f}_{\text{Capon}}(\theta)\tag{4.59}$$

假设待测信号的真实方位为 θ_d，在有限样本条件下 Capon 最小方差法对于该信号的方位估计值为 $\hat{\theta}_d$，而在无限样本条件下 Capon 最小方差法对于该信号的方位估计值为 $\bar{\theta}_d$（在低信噪比等较差条件下 $\bar{\theta}_d$ 未必严格等于 θ_d），在大样本条件下 $\hat{\theta}_d$ 会以 $\bar{\theta}_d$ 为均值。根据上述假设可知

$$\begin{cases}\bar{\theta}_d=\arg\min\limits_{\theta}f_{\text{Capon}}(\theta)=\arg\min\limits_{\theta}\boldsymbol{a}^{\text{H}}(\theta)\boldsymbol{R}_{xx}^{-1}\boldsymbol{a}(\theta)\\ \hat{\theta}_d=\arg\min\limits_{\theta}\hat{f}_{\text{Capon}}(\theta)=\arg\min\limits_{\theta}\boldsymbol{a}^{\text{H}}(\theta)\hat{\boldsymbol{R}}_{xx}^{-1}\boldsymbol{a}(\theta)\end{cases}\tag{4.60}$$

于是有

$$0=\dot{\hat{f}}_{\text{Capon}}(\hat{\theta}_d)=\dot{\boldsymbol{a}}^{\text{H}}(\hat{\theta}_d)\hat{\boldsymbol{R}}_{xx}^{-1}\boldsymbol{a}(\hat{\theta}_d)+\boldsymbol{a}^{\text{H}}(\hat{\theta}_d)\hat{\boldsymbol{R}}_{xx}^{-1}\dot{\boldsymbol{a}}(\hat{\theta}_d)=2\cdot\text{Re}\{\dot{\boldsymbol{a}}^{\text{H}}(\hat{\theta}_d)\hat{\boldsymbol{R}}_{xx}^{-1}\boldsymbol{a}(\hat{\theta}_d)\}\tag{4.61}$$

利用一阶误差分析可得

$$0=\dot{\hat{f}}_{\text{Capon}}(\hat{\theta}_d)\approx\dot{\hat{f}}_{\text{Capon}}(\bar{\theta}_d)+\ddot{\hat{f}}_{\text{Capon}}(\bar{\theta}_d)(\hat{\theta}_d-\bar{\theta}_d)\approx\dot{\hat{f}}_{\text{Capon}}(\bar{\theta}_d)+\ddot{f}_{\text{Capon}}(\bar{\theta}_d)(\hat{\theta}_d-\bar{\theta}_d)\tag{4.62}$$

式中

$$\ddot{f}_{\text{Capon}}(\bar{\theta}_d)=2\cdot\text{Re}\{\ddot{\boldsymbol{a}}^{\text{H}}(\bar{\theta}_d)\boldsymbol{R}_{xx}^{-1}\boldsymbol{a}(\bar{\theta}_d)\}+2\dot{\boldsymbol{a}}^{\text{H}}(\bar{\theta}_d)\boldsymbol{R}_{xx}^{-1}\dot{\boldsymbol{a}}(\bar{\theta}_d)\tag{4.63}$$

利用式（4.62）可以进一步推得

$$\delta\theta_d=\hat{\theta}_d-\bar{\theta}_d\approx-\frac{\dot{\hat{f}}_{\text{Capon}}(\bar{\theta}_d)}{\ddot{f}_{\text{Capon}}(\bar{\theta}_d)}\tag{4.64}$$

另一方面，根据式（4.60）中的第一式可知

$$\dot{f}_{\text{Capon}}(\bar{\theta}_d)=2\cdot\text{Re}\{\dot{\boldsymbol{a}}^{\text{H}}(\bar{\theta}_d)\boldsymbol{R}_{xx}^{-1}\boldsymbol{a}(\bar{\theta}_d)\}=0\tag{4.65}$$

于是有

$$\dot{\hat{f}}_{\text{Capon}}(\bar{\theta}_d)=2\cdot\text{Re}\{\dot{\boldsymbol{a}}^{\text{H}}(\bar{\theta}_d)\hat{\boldsymbol{R}}_{xx}^{-1}\boldsymbol{a}(\bar{\theta}_d)\}=2\cdot\text{Re}\{\dot{\boldsymbol{a}}^{\text{H}}(\bar{\theta}_d)(\hat{\boldsymbol{R}}_{xx}^{-1}-\boldsymbol{R}_{xx}^{-1})\boldsymbol{a}(\bar{\theta}_d)\}\tag{4.66}$$

再利用一阶误差分析方法可知

$$\hat{\boldsymbol{R}}_{xx}^{-1}-\boldsymbol{R}_{xx}^{-1}\approx-\boldsymbol{R}_{xx}^{-1}\cdot\delta\boldsymbol{R}_{xx}\cdot\boldsymbol{R}_{xx}^{-1}\tag{4.67}$$

将式（4.67）代入式（4.66）中可得

$$\dot{\hat{f}}_{\text{Capon}}(\bar{\theta}_d) \approx -2 \cdot \text{Re}\{\dot{\boldsymbol{a}}^{\text{H}}(\bar{\theta}_d)\boldsymbol{R}_{xx}^{-1} \cdot \boldsymbol{\delta R}_{xx} \cdot \boldsymbol{R}_{xx}^{-1}\boldsymbol{a}(\bar{\theta}_d)\} \tag{4.68}$$

将式（4.63）和式（4.68）代入式（4.64）中可以进一步推得

$$\delta\theta_d = \hat{\theta}_d - \bar{\theta}_d \approx \frac{\text{Re}\{\dot{\boldsymbol{a}}^{\text{H}}(\bar{\theta}_d)\boldsymbol{R}_{xx}^{-1} \cdot \boldsymbol{\delta R}_{xx} \cdot \boldsymbol{R}_{xx}^{-1}\boldsymbol{a}(\bar{\theta}_d)\}}{\text{Re}\{\ddot{\boldsymbol{a}}^{\text{H}}(\bar{\theta}_d)\boldsymbol{R}_{xx}^{-1}\boldsymbol{a}(\bar{\theta}_d)\} + \dot{\boldsymbol{a}}^{\text{H}}(\bar{\theta}_d)\boldsymbol{R}_{xx}^{-1}\dot{\boldsymbol{a}}(\bar{\theta}_d)} \tag{4.69}$$

利用式（4.69）可知，$\hat{\theta}_d$ 的估计方差为

$$\begin{aligned}\text{var}(\hat{\theta}_d) = \text{E}[(\delta\theta_d)^2] &= \frac{\text{E}[\text{Re}\{\dot{\boldsymbol{a}}^{\text{H}}(\bar{\theta}_d)\boldsymbol{R}_{xx}^{-1} \cdot \boldsymbol{\delta R}_{xx} \cdot \boldsymbol{R}_{xx}^{-1}\boldsymbol{a}(\bar{\theta}_d)\} \cdot \text{Re}\{\dot{\boldsymbol{a}}^{\text{H}}(\bar{\theta}_d)\boldsymbol{R}_{xx}^{-1} \cdot \boldsymbol{\delta R}_{xx} \cdot \boldsymbol{R}_{xx}^{-1}\boldsymbol{a}(\bar{\theta}_d)\}]}{(\text{Re}\{\ddot{\boldsymbol{a}}^{\text{H}}(\bar{\theta}_d)\boldsymbol{R}_{xx}^{-1}\boldsymbol{a}(\bar{\theta}_d)\} + \dot{\boldsymbol{a}}^{\text{H}}(\bar{\theta}_d)\boldsymbol{R}_{xx}^{-1}\dot{\boldsymbol{a}}(\bar{\theta}_d))^2} \\ &= \frac{\text{Re}\{\dot{\boldsymbol{a}}^{\text{H}}(\bar{\theta}_d)\boldsymbol{R}_{xx}^{-1} \cdot \text{E}[\boldsymbol{\delta R}_{xx} \cdot \boldsymbol{R}_{xx}^{-1}\boldsymbol{a}(\bar{\theta}_d)\dot{\boldsymbol{a}}^{\text{H}}(\bar{\theta}_d)\boldsymbol{R}_{xx}^{-1} \cdot \boldsymbol{\delta R}_{xx}] \cdot \boldsymbol{R}_{xx}^{-1}\boldsymbol{a}(\bar{\theta}_d)\}}{2(\text{Re}\{\ddot{\boldsymbol{a}}^{\text{H}}(\bar{\theta}_d)\boldsymbol{R}_{xx}^{-1}\boldsymbol{a}(\bar{\theta}_d)\} + \dot{\boldsymbol{a}}^{\text{H}}(\bar{\theta}_d)\boldsymbol{R}_{xx}^{-1}\dot{\boldsymbol{a}}(\bar{\theta}_d))^2} \\ &+ \frac{\text{Re}\{\dot{\boldsymbol{a}}^{\text{H}}(\bar{\theta}_d)\boldsymbol{R}_{xx}^{-1} \cdot \text{E}[\boldsymbol{\delta R}_{xx} \cdot \boldsymbol{R}_{xx}^{-1}\boldsymbol{a}(\bar{\theta}_d)\boldsymbol{a}^{\text{H}}(\bar{\theta}_d)\boldsymbol{R}_{xx}^{-1} \cdot \boldsymbol{\delta R}_{xx}] \cdot \boldsymbol{R}_{xx}^{-1}\dot{\boldsymbol{a}}(\bar{\theta}_d)\}}{2(\text{Re}\{\ddot{\boldsymbol{a}}^{\text{H}}(\bar{\theta}_d)\boldsymbol{R}_{xx}^{-1}\boldsymbol{a}(\bar{\theta}_d)\} + \dot{\boldsymbol{a}}^{\text{H}}(\bar{\theta}_d)\boldsymbol{R}_{xx}^{-1}\dot{\boldsymbol{a}}(\bar{\theta}_d))^2}\end{aligned} \tag{4.70}$$

式（4.70）中的第三个等式利用了下面的恒等式

$$\text{Re}\{z_1\} \cdot \text{Re}\{z_2\} = (\text{Re}\{z_1 z_2\} + \text{Re}\{z_1 z_2^*\})/2 \tag{4.71}$$

再利用文献[11]中给出的结论可知

$$\text{E}[\boldsymbol{\delta R}_{xx} \cdot \boldsymbol{X} \cdot \boldsymbol{\delta R}_{xx}] = \text{tr}(\boldsymbol{R}_{xx}\boldsymbol{X}) \cdot \boldsymbol{R}_{xx} / K \tag{4.72}$$

将式（4.72）代入式（4.70）中可得

$$\text{var}(\hat{\theta}_d) = \frac{\text{Re}\{(\dot{\boldsymbol{a}}^{\text{H}}(\bar{\theta}_d)\boldsymbol{R}_{xx}^{-1}\boldsymbol{a}(\bar{\theta}_d))^2\}}{2K(\text{Re}\{\ddot{\boldsymbol{a}}^{\text{H}}(\bar{\theta}_d)\boldsymbol{R}_{xx}^{-1}\boldsymbol{a}(\bar{\theta}_d)\} + \dot{\boldsymbol{a}}^{\text{H}}(\bar{\theta}_d)\boldsymbol{R}_{xx}^{-1}\dot{\boldsymbol{a}}(\bar{\theta}_d))^2} + \frac{(\dot{\boldsymbol{a}}^{\text{H}}(\bar{\theta}_d)\boldsymbol{R}_{xx}^{-1}\dot{\boldsymbol{a}}(\bar{\theta}_d)) \cdot (\boldsymbol{a}^{\text{H}}(\bar{\theta}_d)\boldsymbol{R}_{xx}^{-1}\boldsymbol{a}(\bar{\theta}_d))}{2K(\text{Re}\{\ddot{\boldsymbol{a}}^{\text{H}}(\bar{\theta}_d)\boldsymbol{R}_{xx}^{-1}\boldsymbol{a}(\bar{\theta}_d)\} + \dot{\boldsymbol{a}}^{\text{H}}(\bar{\theta}_d)\boldsymbol{R}_{xx}^{-1}\dot{\boldsymbol{a}}(\bar{\theta}_d))^2} \tag{4.73}$$

利用式（4.65）可以进一步推得

$$\text{var}(\hat{\theta}_d) = \frac{(\dot{\boldsymbol{a}}^{\text{H}}(\bar{\theta}_d)\boldsymbol{R}_{xx}^{-1}\dot{\boldsymbol{a}}(\bar{\theta}_d)) \cdot (\boldsymbol{a}^{\text{H}}(\bar{\theta}_d)\boldsymbol{R}_{xx}^{-1}\boldsymbol{a}(\bar{\theta}_d)) - |\dot{\boldsymbol{a}}^{\text{H}}(\bar{\theta}_d)\boldsymbol{R}_{xx}^{-1}\boldsymbol{a}(\bar{\theta}_d))|^2}{2K(\text{Re}\{\ddot{\boldsymbol{a}}^{\text{H}}(\bar{\theta}_d)\boldsymbol{R}_{xx}^{-1}\boldsymbol{a}(\bar{\theta}_d)\} + \dot{\boldsymbol{a}}^{\text{H}}(\bar{\theta}_d)\boldsymbol{R}_{xx}^{-1}\dot{\boldsymbol{a}}(\bar{\theta}_d))^2} \tag{4.74}$$

式（4.74）即为 Capon 最小方差法的渐近估计理论方差。

4.3.3 数值实验

下面将通过若干数值实验比较“延时—相加法”和“Capon 最小方差法”的角度分辨能率和测向精度。

数值实验 1——单信号存在条件下的方位估计性能

假设有 1 个窄带信号到达某 8 元均匀线阵，相邻阵元间距与波长比为 $d/\lambda = 0.5$，信噪比为 15dB，样本点数为 500，图 4.28 和图 4.29 分别给出了信号方位为 5°（接近线阵法线方向）和 85°（接近线阵轴线方向）时两种测向方法的归一化阵列输出功率。

从图 4.28 和图 4.29 中可以看出：

① 延时—相加法和 Capon 最小方差法的主峰位置都对应信号真实方位。

② 相比较而言，Capon 最小方差法的主峰较尖锐，而延时—相加法的主峰则具有较宽的波束，不难想象，当存在多个信号时，Capon 最小方差法比延时—相加法具有更高的角度分辨能力。

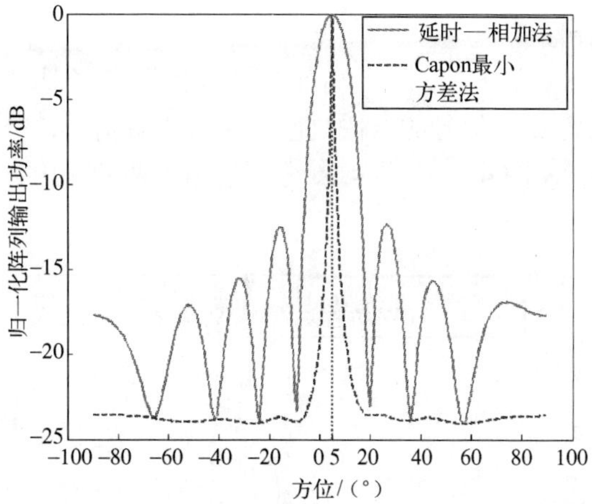

图 4.28　归一化阵列输出功率（信号方位为 5°）

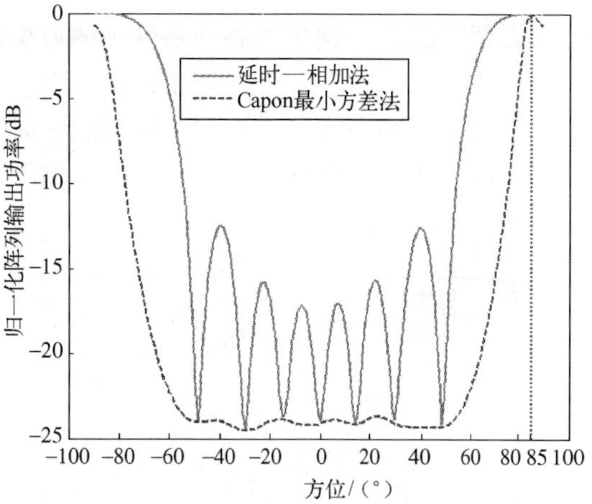

图 4.29　归一化阵列输出功率（信号方位为 85°）

下面比较两种测向方法的方位估计性能，数值实验条件基本同上，仅仅改变信噪比和样本点数。

首先，将样本点数固定为 500，图 4.30 给出了两种方法的测向均方根误差随着信噪比的变化曲线。

接着，将信噪比固定为 10dB，图 4.31 给出了两种方法的测向均方根误差随着样本点数的变化曲线。

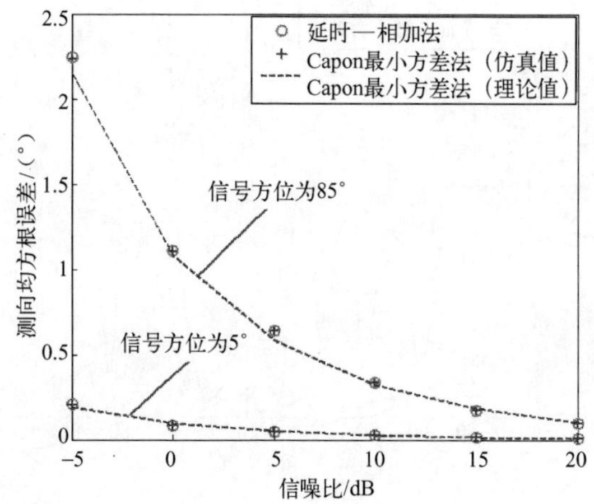

图 4.30　测向均方根误差随着信噪比的变化曲线

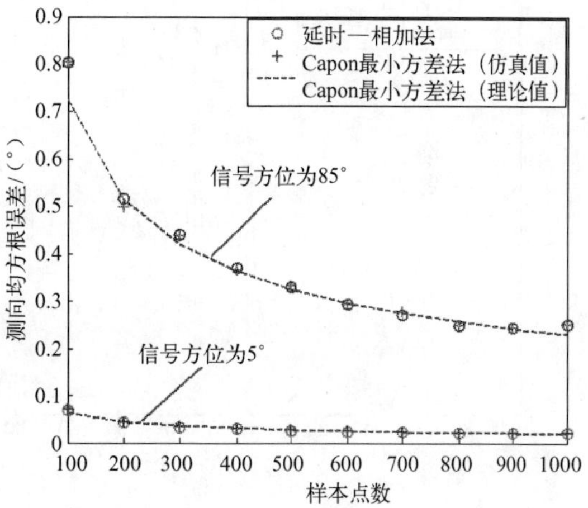

图 4.31　测向均方根误差随着样本点数的变化曲线

从图 4.30 和图 4.31 中可以看出：

① 在单信号存在条件下，延时—相加法和 Capon 最小方差法几乎具有相同的测向精度，因此可以说两种方法在单信号存在条件下具有相同的抗噪声性能。

② 对于均匀线阵，接近法线方向上（图中的信号方位为 5°）的测向精度要高于接近轴线方向上（图中的信号方位为 85°）的测向精度。

③ Capon 最小方差法的测向均方根误差的仿真值与理论值吻合得较好，从而验证文中理论分析的有效性。

数值实验 2——两信号存在条件下的方位估计性能

假设有 2 个等功率窄带独立信号到达某 8 元均匀线阵，相邻阵元间距与波长比为 $d/\lambda=0.5$，信噪比为 15dB，样本点数为 500，将 2 个信号的方位数值设置为 4 种情形，分别为 10°和 15°，10°和 20°，10°和 30°，10°和 40°，图 4.32 至图 4.35 分别给出了两种测向方法的归一化阵列输出功率。

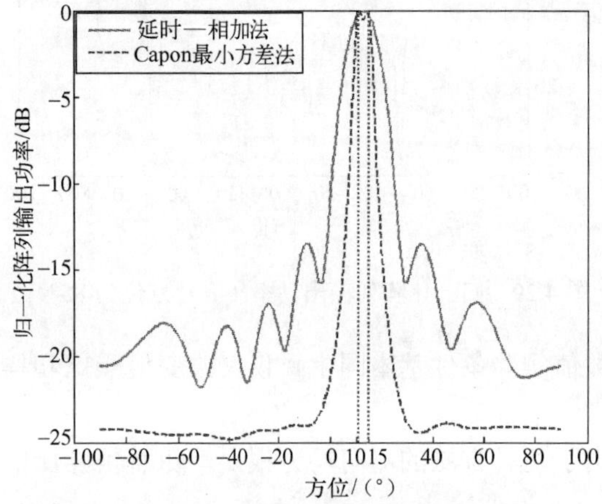

图 4.32 归一化阵列输出功率（两信号方位为 10°和 15°）

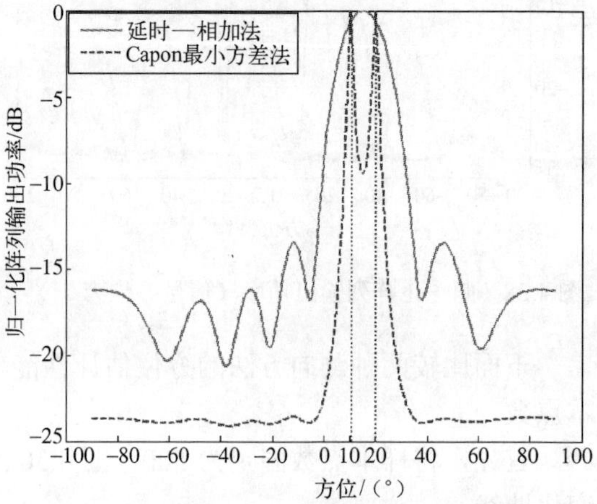

图 4.33 归一化阵列输出功率（两信号方位为 10°和 20°）

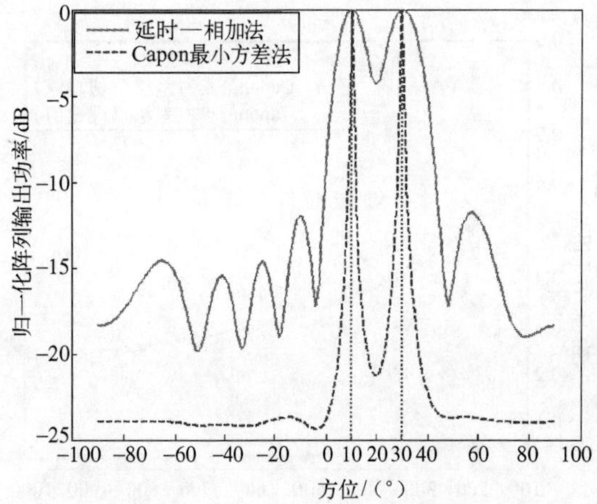

图 4.34 归一化阵列输出功率（两信号方位为 10°和 30°）

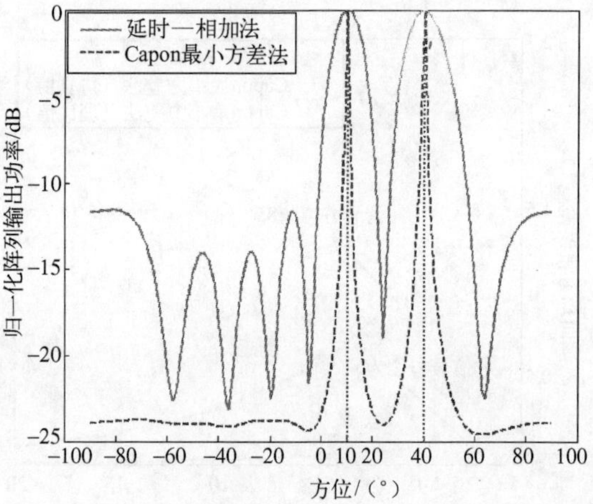

图 4.35 归一化阵列输出功率（两信号方位为 10°和 40°）

从图 4.32 至图 4.35 中可以看出：当两信号存在时，Capon 最小方差法的角度分辨能力明显优于延时—相加法，由于前者的主峰较为尖锐，它可以分辨出方位较接近的信号，而后者由于其主峰具有较宽的波束，因此要求两信号的方位足够远（大于瑞利限）才能够进行有效分辨。

接着比较两种测向方法的角度分辨概率，关于角度分辨概率的定义可见文献[12]。假设有 2 个等功率窄带独立信号到达某 8 元均匀线阵，相邻阵元间距与波长比为 $d/\lambda=0.5$，信噪比为 5dB，样本点数为 200。

首先，将信号 1 的方位固定为 10°，并且改变信号 2 的方位（数值上大于信号 1 的方位），从而改变两信号的方位间隔，图 4.36 给出了两种方法的角度分辨概率随着两信号方位间隔的变化曲线。

接着，将两信号方位间隔固定为 14°，并且信号 2 的方位数值始终大于信号 1 的方位，图 4.37 给出了两种方法的角度分辨概率随着信号 1 方位的变化曲线。

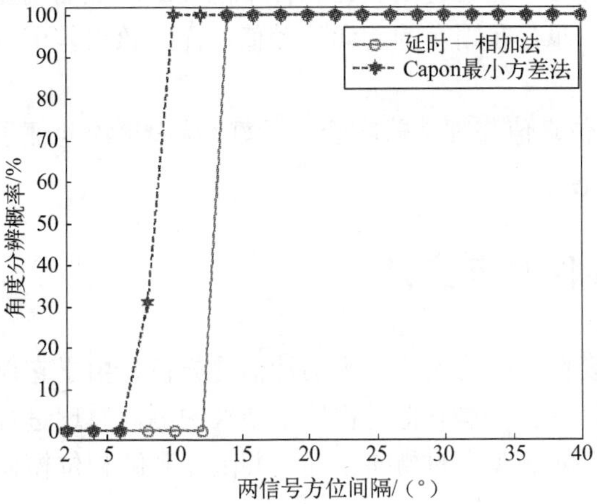

图 4.36　角度分辨概率随着两信号方位间隔的变化曲线

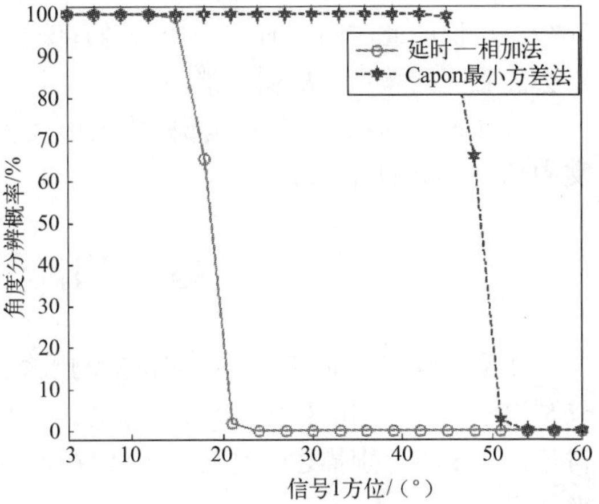

图 4.37　角度分辨概率随着信号 1 方位的变化曲线

从图 4.36 和图 4.37 中可以看出：

① 两信号的方位间隔越大，两种测向方法的角度分辨概率越大。

② 信号方位越接近阵列法线方向，两种测向方法的角度分辨概率越大；信号方位越接近阵列轴线方向，两种测向方法的角度分辨概率越小。

③ Capon 最小方差法的角度分辨概率始终高于延时—相加法。

最后比较两种测向方法的方位估计性能。假设有 2 个等功率窄带独立信号到达某 8 元均匀线阵，相邻阵元间距与波长比为 $d/\lambda=0.5$，信号方位分别为 10°和 30°。

首先，将样本点数固定为 500，图 4.38 给出了两种方法的测向均方根误差随着信噪比的变化曲线。

接着，将信噪比固定为 10dB，图 4.39 给出了两种方法的测向均方根误差随着样本点数的变化曲线。

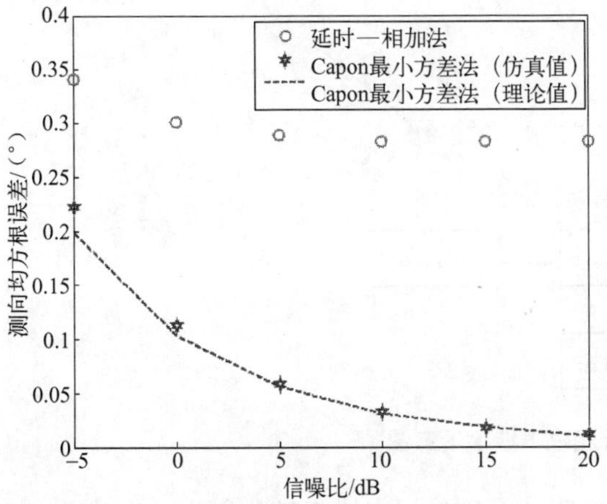

图 4.38　测向均方根误差随着信噪比的变化曲线

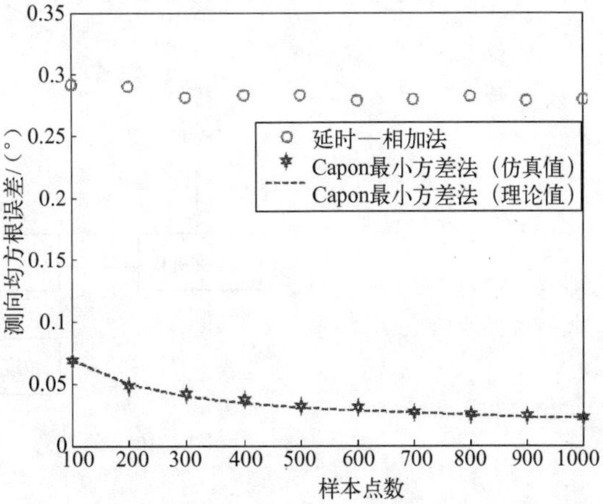

图 4.39　测向均方根误差随着样本点数的变化曲线

从图 4.38 和图 4.39 中可以看出：

① 当有两信号存在时，Capon 最小方差法的测向精度一般会明显高于延时—相加法。

② 当有两信号存在时，Capon 最小方差法的测向均方根误差会随着信噪比和样本点数的增加而减少，但延时—相加法的测向均方根误差并不能随着信噪比和样本点数的增加而明显减少，这说明此时的延时—相加法是有偏估计，即存在固有的测向误差值，而且该误差值并不会随着阵元噪声的减弱而消除。

③ Capon 最小方差法的测向均方根误差的仿真值与理论值吻合得较好，从而再次验证了文中理论分析的有效性。

4.4 相位干涉仪测向方法

相位干涉仪是通过测量不同位置的天线所接收信号的相位差来估计信号方位，由于它仅仅利用了天线阵列的相位信息，因此属于相位测向法。本节将对相位干涉仪的测向原理进行讨论，文中将分别描述一维相位干涉仪和二维相位干涉仪的测向原理，并阐述其解相位模糊方法。

4.4.1 一维相位干涉仪测向原理

图 4.40 是单基线一维相位干涉仪示意图，假设有 1 个信号从方位θ到达天线 1 和天线 2，则两根天线接收到的信号相位差为

$$\phi = 2\pi d \cdot \sin(\theta) / \lambda \tag{4.75}$$

式中λ表示信号波长，d表示两根天线之间的距离（也称为基线长度）。如果两根天线的幅相特性完全一致，并且信号的频率也已知，则利用鉴相器测量出相位差ϕ以后，便可以确定出信号方位，其计算公式为

$$\theta = \arg\sin\left(\frac{\lambda\phi}{2\pi d}\right) \tag{4.76}$$

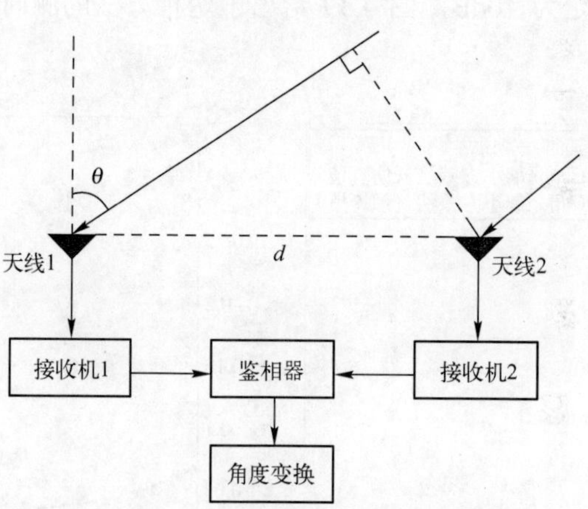

图 4.40 单基线一维相位干涉仪示意图

显然，单基线一维相位干涉仪仅仅能够测量信号方位角，无法测量其仰角。另一方面，

由于鉴相器相位检测范围为$[-\pi,\pi)$，所以单基线相位干涉仪测向很可能会带来相位模糊问题。为了避免该问题，需要限制信号方位θ的取值范围，以满足$-\pi \leqslant \phi < \pi$，根据式（4.75）可以推得最大的无模糊测向范围为

$$-\arg\sin(\lambda/2d) \leqslant \theta < \arg\sin(\lambda/2d) \tag{4.77}$$

从式（4.77）中不难看出，d/λ取值越大，其无模糊测向范围就越小。关于相位干涉仪的相位模糊问题，将在4.4.3节和4.4.4节中进行详细分析。

下面推导相位干涉仪的测向误差，为此需要对式（4.75）两边求全微分可得

$$\delta\phi = 2\pi d \cdot \cos(\theta) \cdot \delta\theta/\lambda - 2\pi d \cdot \sin(\theta) \cdot \delta\lambda/\lambda^2 \Rightarrow \delta\theta = \frac{\lambda}{2\pi d} \cdot \frac{\delta\phi}{\cos(\theta)} + \frac{\delta\lambda}{\lambda} \cdot \tan(\theta) \tag{4.78}$$

式中$\delta\phi$表示鉴相器的相位测量误差，$\delta\lambda/\lambda$表示信号的波长（或频率）偏移。从式（4.78）中可以看出：

① 测向误差主要源自鉴相器相位测量误差$\delta\phi$和信号的波长偏移$\delta\lambda/\lambda$。

② 测向误差与信号方位θ有关，在天线法线方向上（即$\theta = 0°$时）的误差最小，在天线基线方向上（即$\theta = \pi/2$时）的误差最大，以至无法进行测向，所以实际中需要将单基线的测向范围限制在天线法线方向附近（通常在$[-\pi/3,\pi/3]$以内）。

③ 鉴相器相位测量误差$\delta\phi$对测向误差的影响与d/λ成反比，所以要想获得较高的测向精度，必须尽可能提高d/λ的数值。然而，如前面所述，d/λ取值越大，其无模糊测向范围就越小，因此，想要同时满足较大的无模糊测向范围和较高的测向精度，对于单基线相位干涉仪而言是难以实现的。

4.4.2 二维相位干涉仪测向原理

（一）基本测向原理

为了能够同时测量信号方位角和仰角，至少需要三根天线接收信号，下面将给出其测向原理。如图4.41所示，在XOY平面内有3个不共线阵元（分别记为A，B和C），其坐标分别为(x_A, y_A)，(x_B, y_B)和(x_C, y_C)。

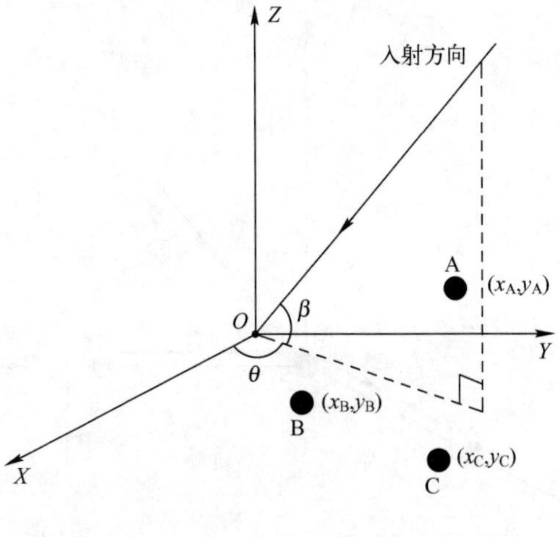

图4.41　二维相位干涉仪测向阵列示意图

假设信号方位角为θ（在 XOY 平面内与 X 轴正方向之间的夹角），仰角为β（与 XOY 平面之间的夹角），其波长为λ，若以坐标原点 O 为相位参考点，则信号在 3 个阵元上的相位可以分别表示为

$$\begin{cases} \phi_{\mathrm{A}} = -\dfrac{2\pi}{\lambda} \cdot (x_{\mathrm{A}} \cdot \cos(\theta) + y_{\mathrm{A}} \cdot \sin(\theta)) \cdot \cos(\beta) \\ \phi_{\mathrm{B}} = -\dfrac{2\pi}{\lambda} \cdot (x_{\mathrm{B}} \cdot \cos(\theta) + y_{\mathrm{B}} \cdot \sin(\theta)) \cdot \cos(\beta) \\ \phi_{\mathrm{C}} = -\dfrac{2\pi}{\lambda} \cdot (x_{\mathrm{C}} \cdot \cos(\theta) + y_{\mathrm{C}} \cdot \sin(\theta)) \cdot \cos(\beta) \end{cases} \tag{4.79}$$

根据式（4.79）可知，阵元 B 和阵元 A 之间的相位差以及阵元 B 和阵元 C 之间的相位差可以分别为

$$\begin{cases} \phi_{\mathrm{BA}} = \dfrac{2\pi}{\lambda} \cdot (x_{\mathrm{BA}} \cdot \cos(\theta) + y_{\mathrm{BA}} \cdot \sin(\theta)) \cdot \cos(\beta) \\ \phi_{\mathrm{BC}} = \dfrac{2\pi}{\lambda} \cdot (x_{\mathrm{BC}} \cdot \cos(\theta) + y_{\mathrm{BC}} \cdot \sin(\theta)) \cdot \cos(\beta) \end{cases} \tag{4.80}$$

式中 $x_{\mathrm{BA}} = x_{\mathrm{A}} - x_{\mathrm{B}}$，$x_{\mathrm{BC}} = x_{\mathrm{C}} - x_{\mathrm{B}}$，$y_{\mathrm{BA}} = y_{\mathrm{A}} - y_{\mathrm{B}}$ 和 $y_{\mathrm{BC}} = y_{\mathrm{C}} - y_{\mathrm{B}}$。若相邻阵元之间的距离小于半倍波长，则根据式（4.80）可以推得信号方位角和仰角的计算公式分别为

$$\theta = \arctan\left(\left(\frac{\dfrac{\phi_{\mathrm{BA}}}{x_{\mathrm{BA}}} - \dfrac{\phi_{\mathrm{BC}}}{x_{\mathrm{BC}}}}{\dfrac{y_{\mathrm{BA}}}{x_{\mathrm{BA}}} - \dfrac{y_{\mathrm{BC}}}{x_{\mathrm{BC}}}} \right) \middle/ \left(\frac{\dfrac{\phi_{\mathrm{BA}}}{y_{\mathrm{BA}}} - \dfrac{\phi_{\mathrm{BC}}}{y_{\mathrm{BC}}}}{\dfrac{x_{\mathrm{BA}}}{y_{\mathrm{BA}}} - \dfrac{x_{\mathrm{BC}}}{y_{\mathrm{BC}}}} \right) \right) \tag{4.81}$$

$$\beta = \arccos\left(\frac{\lambda}{2\pi} \cdot \sqrt{ \left(\frac{\dfrac{\phi_{\mathrm{BA}}}{x_{\mathrm{BA}}} - \dfrac{\phi_{\mathrm{BC}}}{x_{\mathrm{BC}}}}{\dfrac{y_{\mathrm{BA}}}{x_{\mathrm{BA}}} - \dfrac{y_{\mathrm{BC}}}{x_{\mathrm{BC}}}} \right)^2 + \left(\frac{\dfrac{\phi_{\mathrm{BA}}}{y_{\mathrm{BA}}} - \dfrac{\phi_{\mathrm{BC}}}{y_{\mathrm{BC}}}}{\dfrac{x_{\mathrm{BA}}}{y_{\mathrm{BA}}} - \dfrac{x_{\mathrm{BC}}}{y_{\mathrm{BC}}}} \right)^2 } \right) \tag{4.82}$$

在实际工程应用中，通常考虑一种具有特殊形式的三通道二维相位干涉仪，其阵元分布如图 4.42 所示，其中阵元 B 位于坐标原点，阵元 A 和阵元 C 分别位于 X 轴和 Y 轴上，并且与阵元 B 的间距相等（均设为 d），该相位干涉仪也称为正交基线二维相位干涉仪。

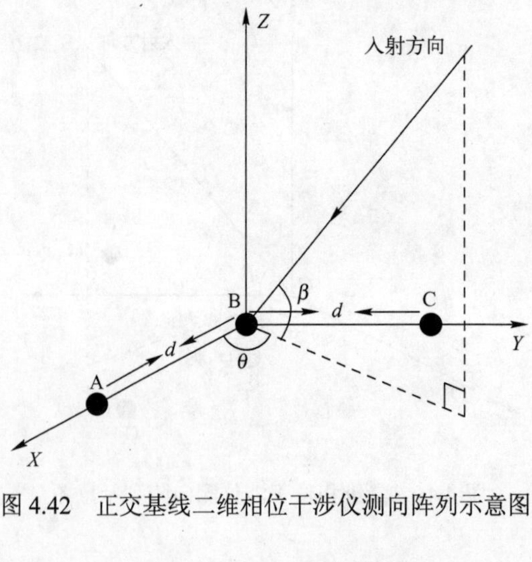

图 4.42 正交基线二维相位干涉仪测向阵列示意图

根据图 4.42 可知，阵元 B 和阵元 A 之间的相位差以及阵元 B 和阵元 C 之间的相位差可以分别表示为

$$\begin{cases}\phi_{\mathrm{BA}}=\dfrac{2\pi d}{\lambda}\cdot\cos(\theta)\cdot\cos(\beta)\\ \phi_{\mathrm{BC}}=\dfrac{2\pi d}{\lambda}\cdot\sin(\theta)\cdot\cos(\beta)\end{cases} \tag{4.83}$$

根据式（4.83）可以推得信号方位角与仰角的计算公式分别为

$$\begin{cases}\theta=\arctan(\phi_{\mathrm{BC}}/\phi_{\mathrm{BA}})\\ \beta=\arccos\left(\dfrac{\lambda}{2\pi d}\cdot\sqrt{\phi_{\mathrm{BA}}^2+\phi_{\mathrm{BC}}^2}\right)\end{cases} \tag{4.84}$$

下面定量推导二维相位干涉仪的测向误差，为此需要对式（4.83）两边求全微分（这里忽略波长或频率的偏移）可得

$$\begin{cases}\delta\phi_{\mathrm{BA}}=-\dfrac{2\pi d}{\lambda}\cdot\sin(\theta)\cdot\cos(\beta)\cdot\delta\theta-\dfrac{2\pi d}{\lambda}\cdot\cos(\theta)\cdot\sin(\beta)\cdot\delta\beta\\ \delta\phi_{\mathrm{BC}}=\dfrac{2\pi d}{\lambda}\cdot\cos(\theta)\cdot\cos(\beta)\cdot\delta\theta-\dfrac{2\pi d}{\lambda}\cdot\sin(\theta)\cdot\sin(\beta)\cdot\delta\beta\end{cases} \tag{4.85}$$

根据式（4.85）可以进一步推得

$$\begin{cases}\delta\theta=\dfrac{\lambda}{2\pi d}\cdot\dfrac{\delta\phi_{\mathrm{BC}}\cdot\cos(\theta)-\delta\phi_{\mathrm{BA}}\cdot\sin(\theta)}{\cos(\beta)}\\ \delta\beta=-\dfrac{\lambda}{2\pi d}\cdot\dfrac{\delta\phi_{\mathrm{BA}}\cdot\cos(\theta)+\delta\phi_{\mathrm{BC}}\cdot\sin(\theta)}{\sin(\beta)}\end{cases} \tag{4.86}$$

式中 $\delta\phi_{\mathrm{BA}}$ 和 $\delta\phi_{\mathrm{BC}}$ 分别表示鉴相器的相位测量误差。若假设 $\delta\phi_{\mathrm{BA}}$ 和 $\delta\phi_{\mathrm{BC}}$ 均服从独立的零均值高斯分布，并且其方差均为 σ_ϕ^2，则根据式（4.86）可知

$$\begin{cases}\mathrm{E}[(\delta\theta)^2]=\dfrac{\lambda^2}{4\pi^2d^2}\cdot\dfrac{\sigma_\phi^2}{(\cos(\beta))^2}\\ \mathrm{E}[(\delta\beta)^2]=\dfrac{\lambda^2}{4\pi^2d^2}\cdot\dfrac{\sigma_\phi^2}{(\sin(\beta))^2}\end{cases} \tag{4.87}$$

从式（4.87）中可以得到如下结论：

① 信号仰角越小，其方位角估计精度越高，仰角估计精度越低。

② 信号仰角越大，其方位角估计精度越低，仰角估计精度越高。

③ 鉴相器相位测量误差 $\delta\phi_{\mathrm{BA}}$ 和 $\delta\phi_{\mathrm{BC}}$ 对测向误差的影响与 d/λ 成反比，所以要想获得较高的测向精度，必须尽可能地提高 d/λ 的数值。然而，当 $d/\lambda>0.5$ 时，二维相位干涉仪同样会存在相位模糊问题。

需要指出的是，相位干涉仪也可以通过数字化的方式加以实现。图 4.43 给出了基于三通道的二维数字相位干涉仪测向系统，该系统中三通道接收机及 A/D 采样使用同一本振源和采样时钟，并且本振和采样时钟应采用同一频率源。

（二）数值实验

下面将对数字化的二维相位干涉仪测向方法进行数值实验，从而较全面地说明其测向性能。

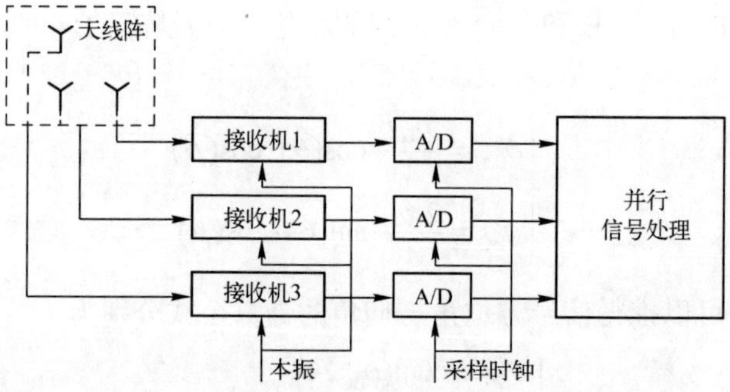

图 4.43　三通道二维数字相位干涉仪测向系统

数值实验 1——二维相位干涉仪抗噪声性能

假设有 1 个窄带信号到达图 4.42 所示的三元直角阵，两个垂直方向上的基线长度相等，方位角为 45°。

首先，将样本点数固定为 200，基线长度固定为半倍波长，图 4.44 和图 4.45 分别给出了方位角和仰角估计均方根误差随着信噪比的变化曲线。

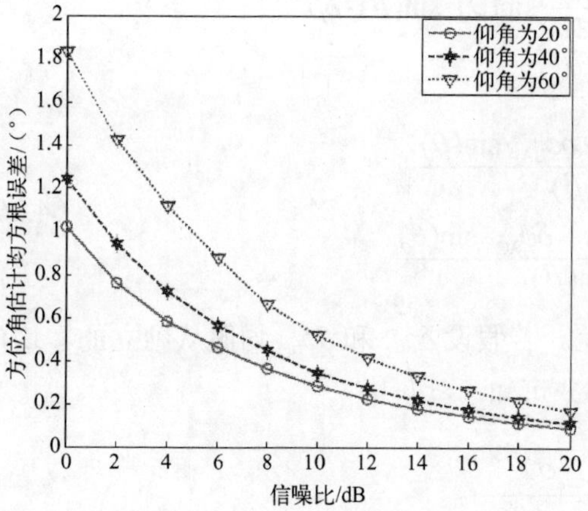

图 4.44　方位角估计均方根误差随着信噪比的变化曲线

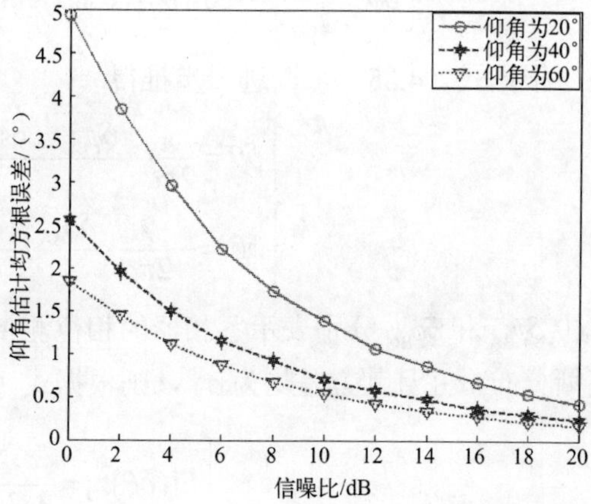

图 4.45　仰角估计均方根误差随着信噪比的变化曲线

接着，将信噪比固定为 10dB，基线长度固定为半倍波长，图 4.46 和图 4.47 分别给出了方位角和仰角估计均方根误差随着样本点数的变化曲线。

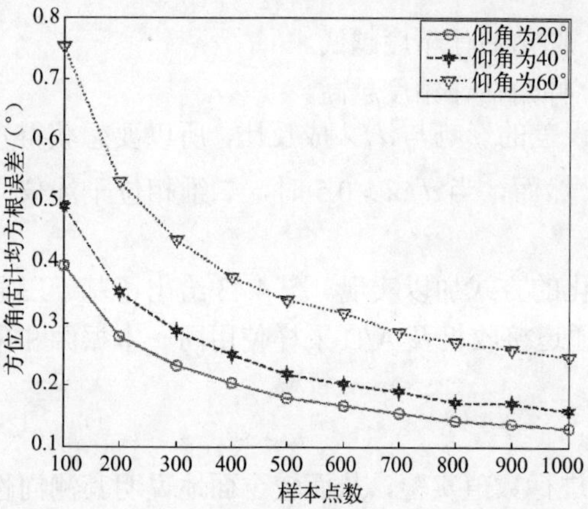

图 4.46　方位角估计均方根误差随着样本点数的变化曲线

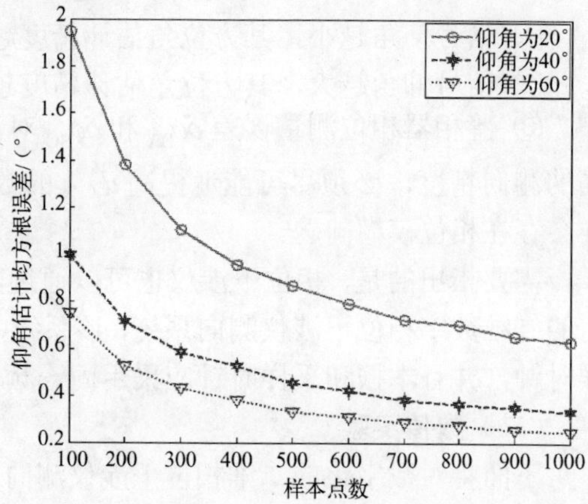

图 4.47　仰角估计均方根误差随着样本点数的变化曲线

最后，将信噪比固定为 10dB，样本点数固定为 200，图 4.48 和图 4.49 分别给出了方位角和仰角估计均方根误差随着基线长度与波长比的变化曲线。

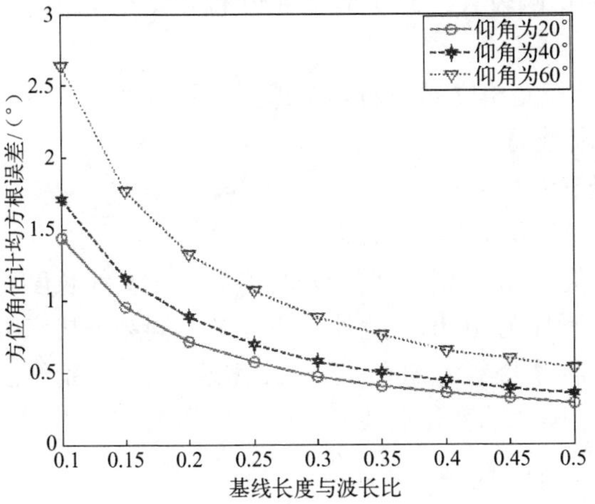

图 4.48 方位角估计均方根误差随着基线长度与波长比的变化曲线

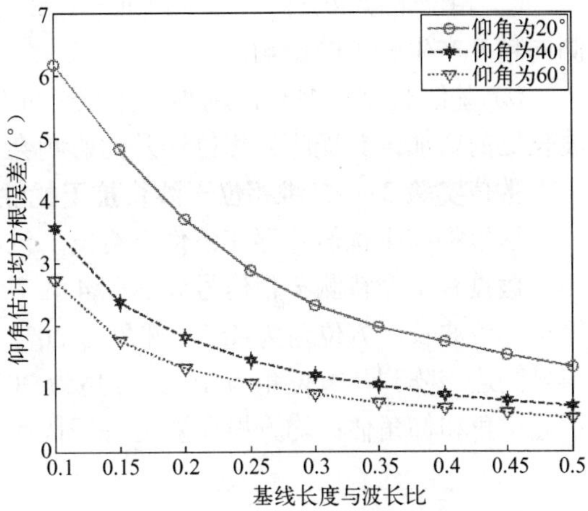

图 4.49 仰角估计均方根误差随着基线长度与波长比的变化曲线

从图 4.44 至图 4.49 中可以看出：

① 相位干涉仪测向均方根误差随着信噪比、样本点数和基线长度与波长比的增加而减少。

② 相位干涉仪测向的方位角估计精度随着信号仰角的增加而降低，仰角估计精度则会随着信号仰角的增加而提高。

数值实验 2——二维相位干涉仪抗阵元相位误差性能

这里将在阵元相位误差存在条件下给出二维相位干涉仪的测向性能，并且假设阵元误差服从零均值均匀分布。

假设有 1 个窄带信号到达图 4.42 所示的三元直角阵，两个垂直方向上的基线长度相等，方位角为 45°，仰角为 20°，信噪比为 10dB，样本点数为 500，图 4.50 和图 4.51 分别给出了方位角和仰角估计均方根误差随着基线长度与波长比的变化曲线。

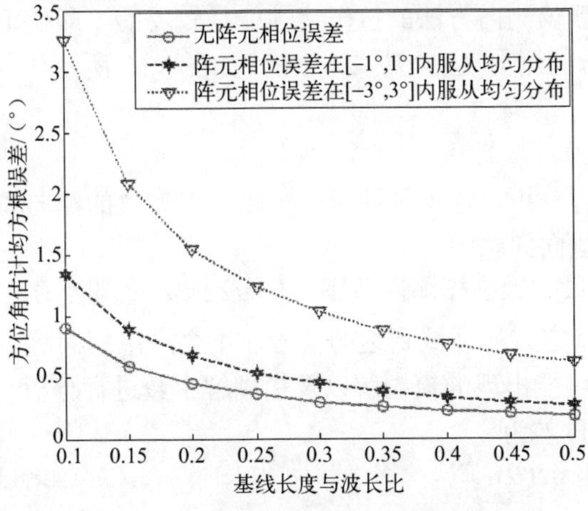

图 4.50 方位角估计均方根误差随着基线长度与波长比的变化曲线

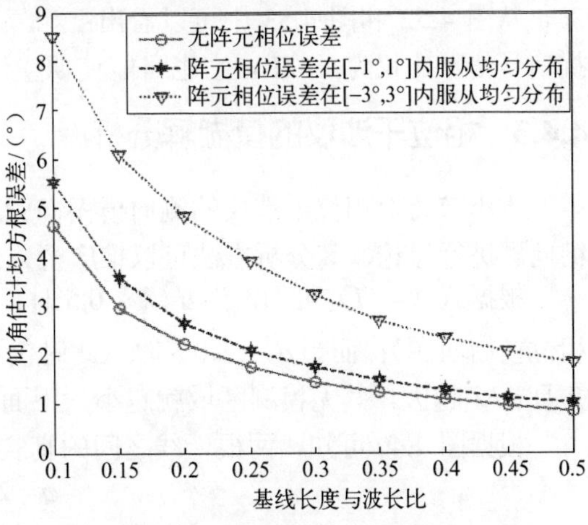

图 4.51 仰角估计均方根误差随着基线长度与波长比的变化曲线

从图 4.50 和图 4.51 中可以看出：

① 相位干涉仪测向方法受阵元相位误差的影响较大，即使是 3°的相位误差也可能对其测向精度产生较大的影响。

② 基线长度与波长比越小，相位干涉仪受阵元相位误差的影响越大，随着基线长度与波长比的增加，其受阵元相位误差的影响会逐渐减弱。

数值实验 3——二维相位干涉仪抗干扰性能

这里将在干扰信号存在条件下给出二维相位干涉仪的测向性能。

假设有 1 个待测窄带信号到达图 4.42 所示的三元直角阵，两个垂直方向上的基线长度均等于半倍波长，方位角为 45°，仰角为 20°，信噪比为 10dB，此外，还有 1 个同频干扰窄带信号到达该阵列，方位角为 10°，仰角为 30°，样本点数为 500，图 4.52 和图 4.53 分别给出了方位角和仰角估计均方根误差随着干扰信号信噪比的变化曲线。

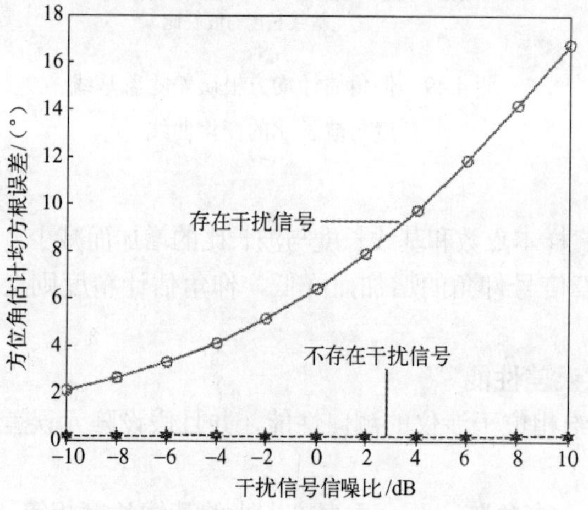

图 4.52 方位角估计均方根误差随着干扰信号信噪比的变化曲线

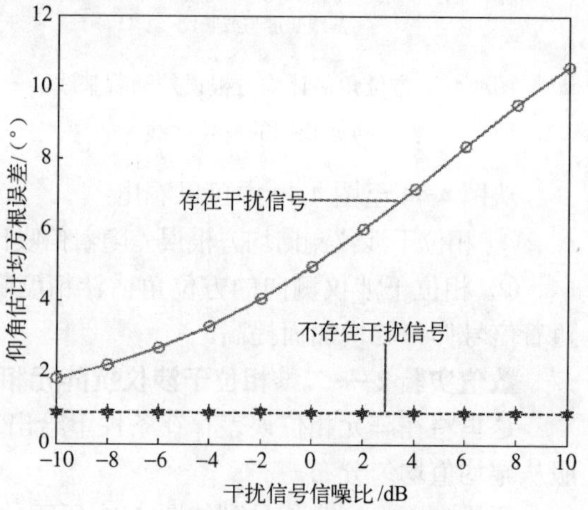

图 4.53 仰角估计均方根误差随着干扰信号信噪比的变化曲线

从图 4.52 和图 4.53 中可以看出：相位干涉仪测向方法的抗干扰性能是较弱的，即使干扰信号信噪比仅为-10dB，它也可能使期望信号的测向误差增加 2°左右，如图 4.52 所示。

4.4.3 相位干涉仪的模糊解分析

本小节将对相位干涉仪的测向模糊问题进行分析，这里仅针对一维相位干涉仪的测向模糊问题进行讨论，其分析方法可以推广至二维测向问题中。

根据式（4.77）可知，当 $d/\lambda \leqslant 0.5$ 时，其最大无模糊测向范围为 $[-\pi/2, \pi/2)$（即不存在相位模糊问题）；而当 $d/\lambda > 0.5$ 时，此时仅从特定方位区域到达的信号才不会产生模糊解，并且 d/λ 越大，其无模糊区域就越小，下面对可能出现的模糊解以及模糊解个数进行分析。

根据图 4.40 可知，两根天线之间的真实相位差为

$$\phi = 2\pi d \cdot \sin(\theta) / \lambda \tag{4.88}$$

当 $d/\lambda > 0.5$ 时，ϕ 的值可能并不会出现在区间 $[-\pi, \pi)$ 内。若令鉴相器输出相位为 ϕ_0（$\phi_0 \in [-\pi, \pi)$），则它与 ϕ 之间应满足如下关系

$$\phi = \phi_0 + 2k\pi \quad (k = 0, \pm 1, \pm 2, \cdots) \tag{4.89}$$

假设由 ϕ_0 确定的相位差为 θ_0，则根据式（4.76）可知

$$\theta_0 = \arg\sin\left(\frac{\lambda\phi_0}{2\pi d}\right) \tag{4.90}$$

而由 $\phi_0 \in [-\pi, \pi)$ 可得

$$-\frac{\lambda}{2d} \leqslant \sin(\theta_0) < \frac{\lambda}{2d} \tag{4.91}$$

根据式（4.89）可知，两根天线之间所有可能的相位差 ϕ_p 用 θ_0 可以表示为

$$\phi_p = 2\pi d \cdot \sin(\theta_0)/\lambda + 2k\pi \quad (k = 0, \pm 1, \pm 2, \cdots) \tag{4.92}$$

于是所有可能的方位 θ_p 为

$$\theta_p = \arcsin(\sin(\theta_0) + k\lambda/d) \quad (k = 0, \pm 1, \pm 2, \cdots) \tag{4.93}$$

由于反正弦函数 $\arcsin(\cdot)$ 的定义域为 $[-1, 1]$，由此可知 k 的取值范围应满足

$$-1 \leqslant \sin(\theta_0) + k\lambda/d \leqslant 1 \Leftrightarrow -\frac{d}{\lambda}\cdot(1 + \sin(\theta_0)) \leqslant k \leqslant \frac{d}{\lambda}\cdot(1 - \sin(\theta_0)) \tag{4.94}$$

再结合式（4.91）可知，所有可能的方位数目 N 最多由下式来确定

$$N = \mathrm{int}(2d/\lambda) + 1 \tag{4.95}$$

图 4.54 和图 4.55 分别给出了当 $d/\lambda = 1.6$ 和 $d/\lambda = 2.7$ 时，相位干涉仪可能测出的方位与信号真实方位之间的变化规律曲线。根据式（4.95）可知，当 $d/\lambda = 1.6$ 时，可能测出的信号方位最多有 4 个，从图 4.54 中可以看出，在线 1 和线 2 间、线 3 和线 4 间、线 5 和线 6 间、线 7 和线 8 间共 4 个区域内，通过相位干涉仪可能测出的方位个数为 4 个，而在其它区域内均为 3 个。当 $d/\lambda = 2.7$ 时，所有可能测出的信号方位最多有 6 个，从图 4.55 中可以看出，在线 1 和线 2，线 3 和线 4，线 5 和线 6，线 7 和线 8，线 9 和线 10，线 11 和线 12 间共 6 个区域内，通过相位干涉仪可能测出的方位个数为 6 个，而在其它区域内均为 5 个。

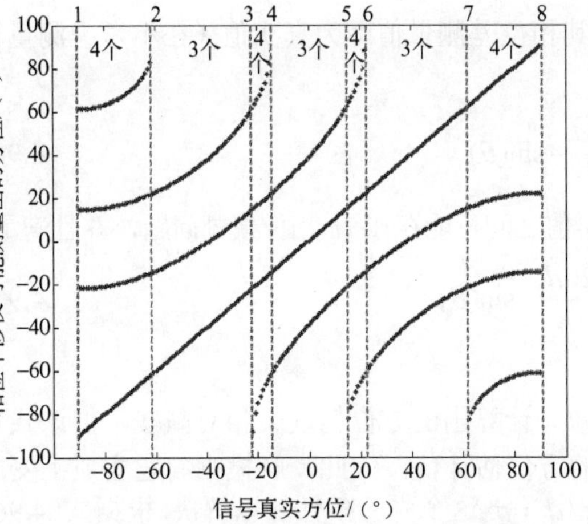

图 4.54　相位干涉仪可能测出的方位随着信号真实方位的变化规律示意图（d/λ=1.6）

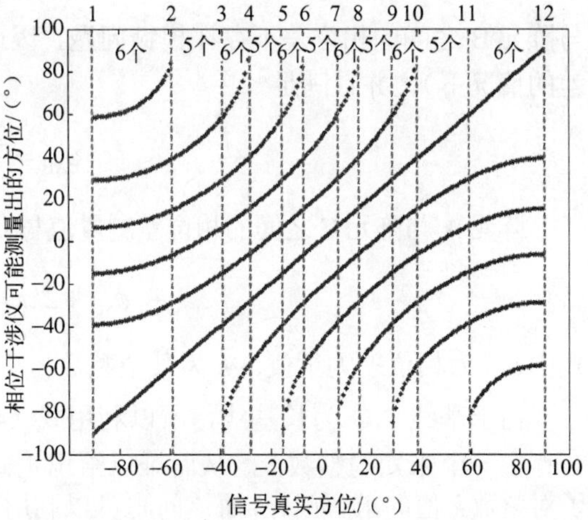

图 4.55　相位干涉仪可能测出的方位随着信号真实方位的变化规律示意图（d/λ=2.7）

从图 4.54 和图 4.55 中还可以看出：

① d/λ 取值越大，模糊解个数就越多。

② 模糊解个数与信号方位有关。

4.4.4 相位干涉仪的解模糊方法

针对相位干涉仪的测向模糊问题，本小节将给出两种常用的解模糊方法，分别为长短基线法和立体基线法[13-16]。

（一）长短基线法

（1）基本原理

长短基线法是最常用的相位干涉仪解模糊方法，该方法的主要设计思想是对某个指定的工作频率，利用“长基线”保证测向精度，而通过“短基线”来解相位模糊。下面以一维测向为例阐述其解模糊原理，该方法可以推广应用至二维测向问题中。

图 4.56 为长短基线解相位模糊示意图，图中的三个阵元分别记为 A，B 和 C，其中阵元 A 为相位参考点，阵元 B 与阵元 A 之间的基线长度为 d_1，阵元 C 与阵元 A 之间的基线长度为 d_2，并且满足 $d_2/d_1=p$（其中 p 为正整数）。

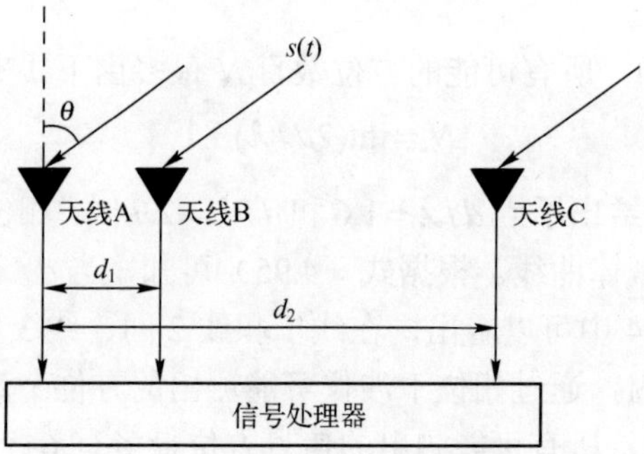

图 4.56　长短基线解相位模糊示意图

假设信号方位为 θ，波长为 λ，并且满足 $d_1/\lambda<0.5$ 和 $d_2/\lambda>0.5$。在该条件下，阵元 A 与阵元 B 之间的相位差不存在模糊问题，因此其相位差测量值即为真实值（在不考虑测量误差的情况下），并且满足

$$\phi_{AB}=\frac{2\pi d_1}{\lambda}\cdot\sin(\theta) \tag{4.96}$$

阵元 A 与阵元 C 之间的相位差测量值与真实值之间可能存在 2π 相位模糊问题，并且满足

$$\phi_{AC}+2k\pi=\frac{2\pi d_2}{\lambda}\cdot\sin(\theta) \tag{4.97}$$

式中 ϕ_{AC} 为相位差测量值，k 为某个整数。

由于基线 AC 为长基线，所以利用式（4.97）计算出的方位精度会相对高些，但该式中会存在一个未知的整数 k，从而难以给出正确的方位估计值。因此，解模糊问题实质上变成了对整数 k 值的求解问题，而该问题可以利用 $d_2/d_1=p$ 这个先验条件加以解决。根据式（4.96）和式（4.97）可以推得

$$\phi_{AC}+2k\pi=p\phi_{AB} \tag{4.98}$$

由式（4.98）可知

$$k=\frac{p\phi_{\mathrm{AB}}-\phi_{\mathrm{AC}}}{2\pi} \tag{4.99}$$

显然，将相位差测量值ϕ_{AB}和ϕ_{AC}代入式（4.99）中，就可以计算出整数k值，再将求出的k值代入式（4.98）中，即可利用长基线解出信号方位θ。

（2）解相位模糊成功概率

需要指出的是，实际中获得的相位差测量值ϕ_{AB}和ϕ_{AC}都包含测量误差，因此需要对所计算出的k值进行取整数运算（通常为四舍五入运算），这在相位差测量误差较大的情况下会导致k的计算结果偏离其真实值，从而使得解相位模糊失效，下面对解相位模糊成功概率进行定量推导。

假设ϕ_{AB}和ϕ_{AC}的实际测量值为$\hat{\phi}_{\mathrm{AB}}$和$\hat{\phi}_{\mathrm{AC}}$，相应的测量误差分别为$\delta\phi_{\mathrm{AB}}=\hat{\phi}_{\mathrm{AB}}-\phi_{\mathrm{AB}}$和$\delta\phi_{\mathrm{AC}}=\hat{\phi}_{\mathrm{AC}}-\phi_{\mathrm{AC}}$，根据式（4.99）可知，实际计算出的$k$值应为

$$\hat{k}=\frac{p\hat{\phi}_{\mathrm{AB}}-\hat{\phi}_{\mathrm{AC}}}{2\pi}=\frac{p\phi_{\mathrm{AB}}-\phi_{\mathrm{AC}}}{2\pi}+\frac{p\cdot\delta\phi_{\mathrm{AB}}-\delta\phi_{\mathrm{AC}}}{2\pi}=k+\delta k \tag{4.100}$$

式中$\delta k=(p\cdot\delta\phi_{\mathrm{AB}}-\delta\phi_{\mathrm{AC}})/2\pi$。显然，为了使相位测量误差不影响解模糊的正确性，需要满足$|\delta k|<1/2$，于是解相位模糊成功概率应为

$$P=\Pr\{|\delta k|<0.5\}=\Pr\left\{\left|\frac{p\cdot\delta\phi_{\mathrm{AB}}-\delta\phi_{\mathrm{AC}}}{2\pi}\right|<0.5\right\} \tag{4.101}$$

为了给出更为闭式的概率表达式，需要对测向误差$\delta\phi_{\mathrm{AB}}$和$\delta\phi_{\mathrm{AC}}$进行统计假设。不失一般性，这里假设$\delta\phi_{\mathrm{AB}}$和$\delta\phi_{\mathrm{AC}}$服从相互独立的零均值高斯分布，并且其方差均为σ_{ϕ}^{2}，于是δk也服从零均值高斯分布，并且其方差为$(p^{2}+1)\sigma_{\phi}^{2}/4\pi^{2}$，于是解相位模糊成功概率应为

$$P=\Pr\{|\delta k|<0.5\}=\boldsymbol{\Phi}\left(\frac{\pi}{\sigma_{\phi}\cdot\sqrt{1+p^{2}}}\right)-\boldsymbol{\Phi}\left(\frac{-\pi}{\sigma_{\phi}\cdot\sqrt{1+p^{2}}}\right) \tag{4.102}$$

式中$\boldsymbol{\Phi}(u)=\frac{1}{\sqrt{2\pi}}\int_{-\infty}^{u}\mathrm{e}^{-x^{2}/2}\mathrm{d}x$，它的数值可以通过查表获得。

（3）多基线逐次解相位模糊

根据式（4.102）可知，$p=d_2/d_1$的数值越大，解模糊成功概率就越低，针对该问题，实际中还可以通过增加基线个数的方式进行逐次解相位模糊，从而提高解相位模糊的成功概率。

图 4.57 为多基线解相位模糊示意图，假设天线 A_i 与天线 A_0 之间的相位差为ϕ_i，则有

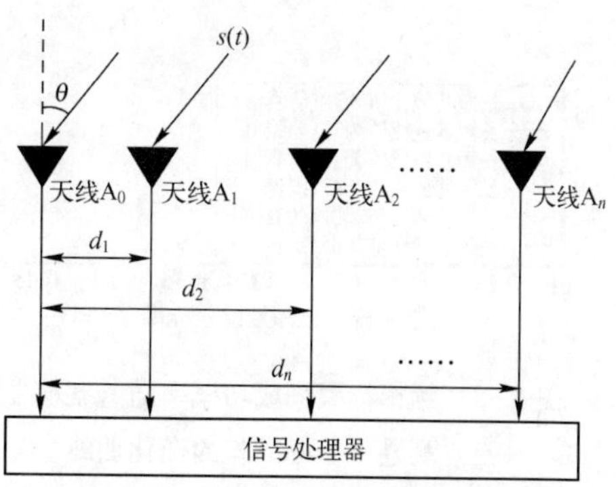

图 4.57　多基线解相位模糊示意图

$$\phi_i=2\pi d_i\cdot\sin(\theta)/\lambda=2\pi m_i\cdot\sin(\theta)=2\pi k_i+\overline{\phi}_i\quad(1\leqslant i\leqslant n) \tag{4.103}$$

式中$m_i=d_i/\lambda$，$\overline{\phi}_i$为鉴相器给出的相位差测量值，其值满足$\overline{\phi}_i\in[-\pi,\pi)$，而$k_i$是待确定的整数。需要指出的是，为了解相位模糊，需要满足$d_1<\lambda/2$，于是经过简单的推演不难得到如

下递推公式

$$\begin{cases} k_1 = 0\,, \phi_1 = \bar{\phi}_1 \\ k_2 = \dfrac{m_2\phi_1 / m_1 - \bar{\phi}_2}{2\pi}\,, \phi_2 = 2\pi k_2 + \bar{\phi}_2 \\ k_3 = \dfrac{m_3\phi_2 / m_2 - \bar{\phi}_3}{2\pi}\,, \phi_3 = 2\pi k_3 + \bar{\phi}_3 \\ \vdots \\ k_n = \dfrac{m_n\phi_{n-1} / m_{n-1} - \bar{\phi}_n}{2\pi}\,, \phi_n = 2\pi k_n + \bar{\phi}_n \end{cases} \tag{4.104}$$

通过上述递推公式获得最长基线相位差所对应的整数 k_n 之后，便可以利用其相位差测量值确定信号方位。

（4）数值实验

下面将首先通过数值实验给出两基线解相位模糊成功概率。假设短基线与信号波长比为 $d_1/\lambda = 0.45$，信号方位为 45°，并且鉴相器相位测量误差服从独立的零均值高斯分布，图 4.58 给出了解相位模糊成功概率随着鉴相器相位测量误差标准差的变化曲线，图中分别给出了长短基线比值 d_2/d_1 为 2，4 和 6 三种情形下的性能曲线，图 4.59 给出了解相位模糊成功概率随着长短基线比值 d_2/d_1 的变化曲线，图中分别给出了鉴相器相位测量误差标准差为 0.2rad，0.4rad 和 0.6rad 三种情况下的性能曲线。

需要指出的是，图中的仿真值曲线是根据式（4.99）进行 2000 次蒙特卡洛独立实验计算所得，而理论值曲线则是根据式（4.102）计算所得。

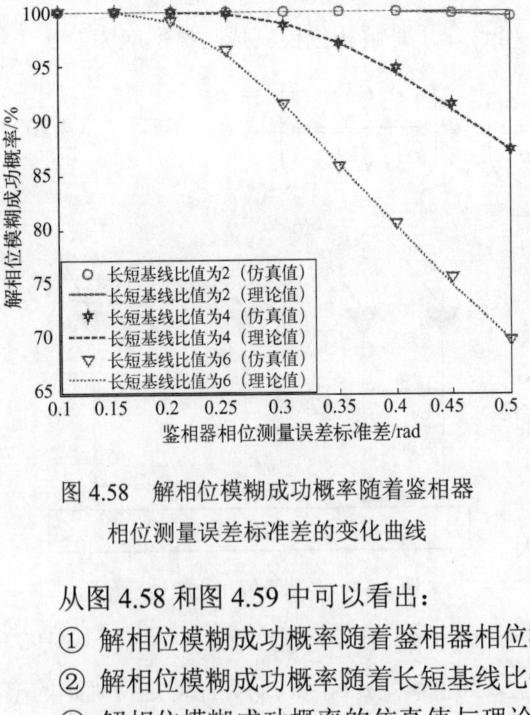

图 4.58　解相位模糊成功概率随着鉴相器相位测量误差标准差的变化曲线

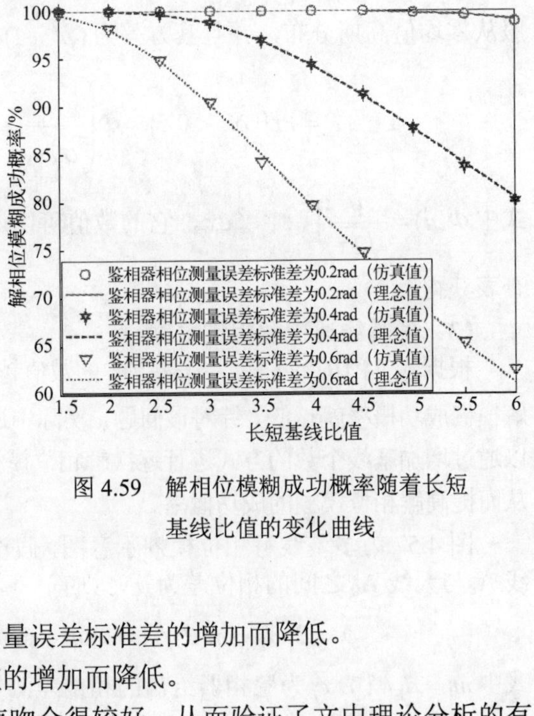

图 4.59　解相位模糊成功概率随着长短基线比值的变化曲线

从图 4.58 和图 4.59 中可以看出：

① 解相位模糊成功概率随着鉴相器相位测量误差标准差的增加而降低。

② 解相位模糊成功概率随着长短基线比值的增加而降低。

③ 解相位模糊成功概率的仿真值与理论值吻合得较好，从而验证了文中理论分析的有效性。

下面将通过数值实验证明，通过多基线逐次解相位模糊能够提高解相位模糊成功概率。假设信号方位为 45°，并有 5 根天线解相位模糊，短基线与信号波长比为$d_1/\lambda=0.45$，其它长基线与短基线的比值分别为$d_2/d_1=2$，$d_3/d_1=4$和$d_4/d_1=6$。现采用 3 种方式进行解相位模糊，第 1 种方式仅采用两基线解相位模糊（基线长度分别为d_1和d_4），第 2 种方式采用三基线逐次解相位模糊（基线长度分别为d_1，d_3和d_4），第 3 种方式采用四基线逐次解相位模糊（基线长度分别为d_1，d_2，d_3和d_4），图 4.60 给出了上述 3 种方式的解相位模糊成功概率随着鉴相器相位测量误差标准差的变化曲线。

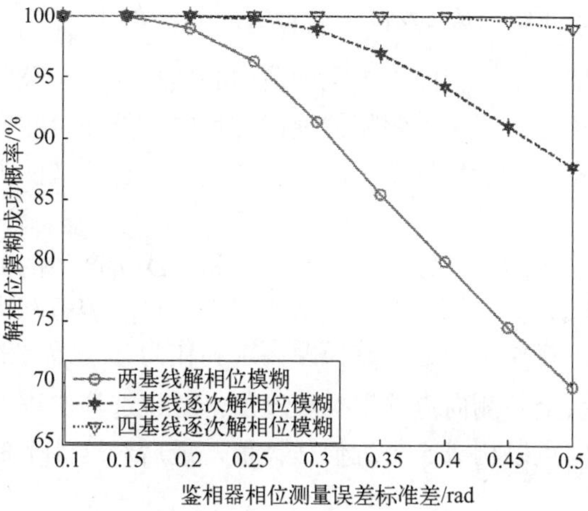

图 4.60　解相位模糊成功概率随着鉴相器相位测量误差标准差的变化曲线

从图 4.60 中可以看出：通过多基线逐次解相位模糊能够明显提高解相位模糊成功概率，并且基线个数越多，成功概率就越高。

（二）立体基线法

（1）基本原理

立体基线法就是采用多组长基线进行测向，并对所有可能的测向值进行综合比对，从中确定出信号的真实到达角度。根据前面的讨论可知，当所采取的测向基线均为长基线时，会使其解算出的信号到达角度出现多值现象，而信号的真实到达角度是利用每组基线测向时所共有的，因此通过综合比较各组基线的测向结果便可以得到信号的真实到达角度，从而达到解相位模糊的目的。

与长短基线法不同的是，立体基线法并不拘泥于测向阵列的布阵形式，可以根据设计要求以及空间限制灵活安排天线阵的摆放位置，下面仅以 5 元均匀圆阵为例阐述该方法的设计思想。

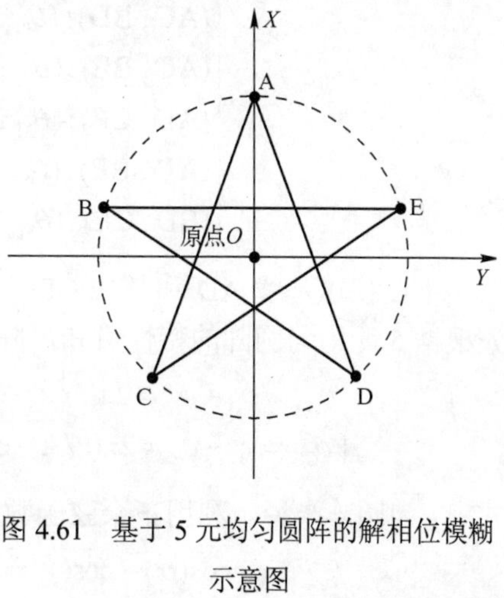

图 4.61　基于 5 元均匀圆阵的解相位模糊示意图

图 4.61 为基于 5 元均匀圆阵解相位模糊示意图，图中的 5 个阵元分别记为 A，B，C，D 和 E。为了进行二维测向，需要从该圆阵中挑选出三个阵元，并利用式（4.81）和式（4.82）计算信号方位角和仰角。为了提高测向精度，可以选取均匀圆阵的对角线作为测

向基线，如图 4.61 所示，如果该基线的长度大于信号的半倍波长，则可能会产生多个测向值（将其记为一组），因此当选取多组基线进行测向时，就会得到多组测向值。显然，对于 5 元均匀圆阵而言可以产生 5 组测向值，如下所示：

$$\begin{cases}(\mathrm{AC},\mathrm{AD}):(\theta_{11},\beta_{11}),(\theta_{12},\beta_{12}),(\theta_{13},\beta_{13}),\cdots;\\(\mathrm{BD},\mathrm{BE}):(\theta_{21},\beta_{21}),(\theta_{22},\beta_{22}),(\theta_{23},\beta_{23}),\cdots;\\(\mathrm{CA},\mathrm{CE}):(\theta_{31},\beta_{31}),(\theta_{32},\beta_{32}),(\theta_{33},\beta_{33}),\cdots;\\(\mathrm{DA},\mathrm{DB}):(\theta_{41},\beta_{41}),(\theta_{42},\beta_{42}),(\theta_{43},\beta_{43}),\cdots;\\(\mathrm{EB},\mathrm{EC}):(\theta_{51},\beta_{51}),(\theta_{52},\beta_{52}),(\theta_{53},\beta_{53}),\cdots.\end{cases} \tag{4.105}$$

在没有测向误差的情况下，上面 5 组测向值中必然包含一个公共的测向点，将其挑选出来作为信号的真实到达角度即可实现解相位模糊的目的。然而，在实际计算中上述测向值中还会包含一定的测向误差，这会导致 5 组测向值中无法包含公共的测向点，此时就需要通过聚类的方式进行筛选。

聚类筛选的过程可以描述为：假设以基线 AC 和 AD 所产生的测向值作为参考组，并选出其中第一个测向点 (θ_{11},β_{11})，依次挑选其它 4 组中与 (θ_{11},β_{11}) 欧氏距离最近的测向点，并计算所对应的欧氏距离，将 4 个最近的欧氏距离求和作为 (θ_{11},β_{11}) 的聚类程度值，按照类似的方法计算参考组中其余全部测向点的聚类程度值，并挑选聚类程度值最低的测向点及其所关联在其它四组中的测向点以构成 5 个近似估计值，最后对这 5 个估计值取均值运算作为信号到达角度的估计值。

最后还需要强调的是，对于每一对基线而言，其所能够产生的模糊解个数可由式（4.84）来确定，因为对于反余弦函数 $\arccos(\cdot)$ 而言，其自变量的绝对值不能大于 1，基于这一特性即可确定出模糊解的个数。

（2）改进方法

为了进一步提高测向精度，这里介绍文献[14]提出的一种二维相位干涉仪测向方法，该方法也是利用两条基线估计信号的二维到达角度，但与前面的方法不同的是，这里的两条基线需要涉及四个阵元。具体到 5 元均匀圆阵来说，就是利用基线 AC 和基线 BD、基线 AC 和基线 BE、基线 AD 和基线 CE、基线 AD 和基线 BE 以及基线 BD 和基线 CE 得到 5 组测向值，如下所示

$$\begin{cases}(\mathrm{AC},\mathrm{BD}):(\theta_{11},\beta_{11}),(\theta_{12},\beta_{12}),(\theta_{13},\beta_{13}),\cdots;\\(\mathrm{AC},\mathrm{BE}):(\theta_{21},\beta_{21}),(\theta_{22},\beta_{22}),(\theta_{23},\beta_{23}),\cdots;\\(\mathrm{AD},\mathrm{CE}):(\theta_{31},\beta_{31}),(\theta_{32},\beta_{32}),(\theta_{33},\beta_{33}),\cdots;\\(\mathrm{AD},\mathrm{BE}):(\theta_{41},\beta_{41}),(\theta_{42},\beta_{42}),(\theta_{43},\beta_{43}),\cdots;\\(\mathrm{BD},\mathrm{CE}):(\theta_{51},\beta_{51}),(\theta_{52},\beta_{52}),(\theta_{53},\beta_{53}),\cdots.\end{cases} \tag{4.106}$$

下面仅以基线 AD 和基线 CE 为例说明如何利用一对基线估计信号的二维到达角度。首先根据 5 元均匀圆阵的特性可知，阵元 A 和阵元 D 以及阵元 C 和阵元 E 的相位差分别为

$$\begin{cases}\phi_{\mathrm{DA}}=\phi_{\mathrm{D}}-\phi_{\mathrm{A}}=2\pi(r/\lambda)\cdot\cos(\beta)\cdot(\cos(\theta-4\pi/5)-\cos(\theta))\\\phi_{\mathrm{CE}}=\phi_{\mathrm{C}}-\phi_{\mathrm{E}}=2\pi(r/\lambda)\cdot\cos(\beta)\cdot(\cos(\theta-6\pi/5)-\cos(\theta-2\pi/5))\end{cases} \tag{4.107}$$

式中 r 为圆阵半径。利用正余弦函数的和差化积公式

$$\cos(\alpha)-\cos(\gamma)=-2\cdot\sin((\alpha+\gamma)/2)\cdot\sin((\alpha-\gamma)/2) \tag{4.108}$$

可以将式（4.107）改写为

$$\begin{cases}\phi_{\mathrm{DA}}=4\pi(r/\lambda)\cdot\cos(\beta)\cdot\sin(\theta-2\pi/5)\cdot\sin(2\pi/5)\\ \phi_{\mathrm{CE}}=4\pi(r/\lambda)\cdot\cos(\beta)\cdot\sin(\theta-4\pi/5)\cdot\sin(2\pi/5)\end{cases}\tag{4.109}$$

基于式（4.109）可以进一步推得

$$\begin{cases}\phi_{\mathrm{DA}}+\phi_{\mathrm{CE}}=4\pi(r/\lambda)\cdot\cos(\beta)\cdot\sin(2\pi/5)\cdot(\sin(\theta-2\pi/5)+\sin(\theta-4\pi/5))\\ \phi_{\mathrm{DA}}-\phi_{\mathrm{CE}}=4\pi(r/\lambda)\cdot\cos(\beta)\cdot\sin(2\pi/5)\cdot(\sin(\theta-2\pi/5)-\sin(\theta-4\pi/5))\end{cases}\tag{4.110}$$

再利用正余弦函数的和差化积公式

$$\begin{cases}\sin(\alpha)+\sin(\gamma)=2\cdot\sin((\alpha+\gamma)/2)\cdot\cos((\alpha-\gamma)/2)\\ \sin(\alpha)-\sin(\gamma)=2\cdot\cos((\alpha+\gamma)/2)\cdot\sin((\alpha-\gamma)/2)\end{cases}\tag{4.111}$$

可将式（4.110）改写为

$$\begin{cases}\phi_{\mathrm{DA}}+\phi_{\mathrm{CE}}=8\pi(r/\lambda)\cdot\cos(\beta)\cdot\sin(2\pi/5)\cdot\sin(\theta-3\pi/5)\cdot\cos(\pi/5)\\ \phi_{\mathrm{DA}}-\phi_{\mathrm{CE}}=8\pi(r/\lambda)\cdot\cos(\beta)\cdot\sin(2\pi/5)\cdot\cos(\theta-3\pi/5)\cdot\sin(\pi/5)\end{cases}\tag{4.112}$$

分别令

$$\begin{cases}a=\dfrac{\phi_{\mathrm{DA}}+\phi_{\mathrm{CE}}}{8\pi(r/\lambda)\cdot\sin(2\pi/5)\cdot\cos(\pi/5)}=\cos(\beta)\cdot\sin(\theta-3\pi/5)\\ b=\dfrac{\phi_{\mathrm{DA}}-\phi_{\mathrm{CE}}}{8\pi(r/\lambda)\cdot\sin(2\pi/5)\cdot\sin(\pi/5)}=\cos(\beta)\cdot\cos(\theta-3\pi/5)\end{cases}\tag{4.113}$$

并构造复数

$$z=(b+\mathrm{j}a)\cdot\exp\{\mathrm{j}3\pi/5\}=\cos(\beta)\cdot\exp\{\mathrm{j}\theta\}\tag{4.114}$$

由式（4.114）可以给出估计信号二维到达角度参数的计算公式为

$$\begin{cases}\beta=\arccos(|z|)\\ \theta=\arg\{z\}\end{cases}\tag{4.115}$$

利用类似的方法可以得到其它 4 组基线的测向值，并利用上述聚类筛选方法进行解相位模糊。

最后还需要强调的是，对于每一对基线而言，其所能够产生的模糊解个数可以由式（4.115）来决定，因为复数 z 的绝对值不能大于 1，基于这一特性即可确定模糊解的个数。

（3）数值实验

下面将通过数值实验比较上述两种二维相位干涉仪测向方法的性能。假设有 1 个窄带信号到达图 4.61 所示的 5 元均匀圆阵，方位角为 45°，仰角为 20°，鉴相器相位测量误差服从独立的零均值高斯分布。

首先，将圆阵半径与波长比固定为 $r/\lambda=1$，图 4.62 和图 4.63 分别给出了方位角和仰角估计均方根误差随着鉴相器相位测量误差标准差的变化曲线。

接着，将鉴相器相位测量误差标准差固定为 1°，图 4.64 和图 4.65 分别给出了方位角和仰角估计均方根误差随着圆阵半径与波长比 r/λ 的变化曲线。

需要指出的是，图中方法 1 是指每一对基线利用式（4.81）和式（4.82）估计信号的二维到达角度（涉及 3 个阵元），方法 2 是指每一对基线利用式（4.115）估计信号的二维到达角度（涉及 4 个阵元），此外，两种测向方法均利用上面给出的聚类筛选法进行解相位模糊。

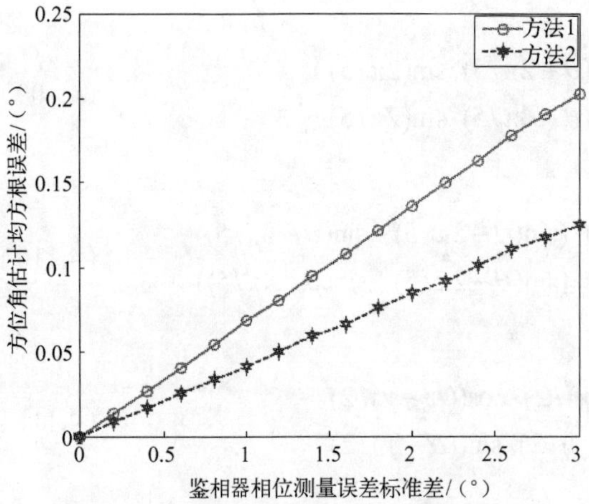

图 4.62　方位角估计均方根误差随着鉴相器相位测量误差标准差的变化曲线

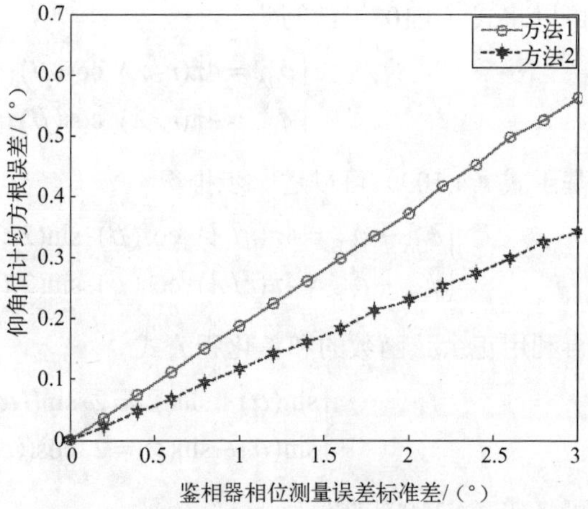

图 4.63　仰角估计均方根误差随着鉴相器相位测量误差标准差的变化曲线

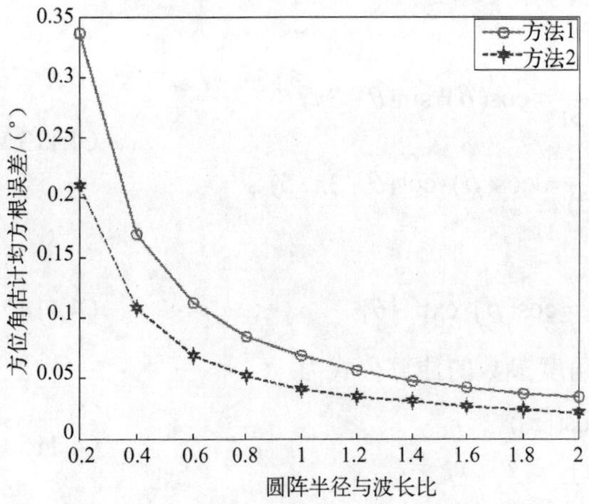

图 4.64　方位角估计均方根误差随着圆阵半径与波长比的变化曲线

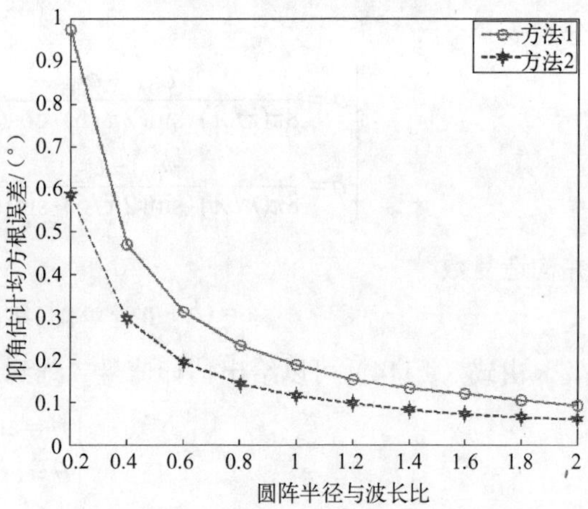

图 4.65　仰角估计均方根误差随着圆阵半径与波长比的变化曲线

从图 4.62 至图 4.65 中可以看出：

① 相位干涉仪的测向误差随着鉴相器相位测量误差标准差的增加而增大，随着圆阵半径与波长比的增加而减少。

② 方法 2 的测向精度要明显高于方法 1 的测向精度，这是因为前者的阵元数据利用率更高，因此抗噪声性能也更强。

4.5　相关干涉仪测向方法

根据 4.4 节对相位干涉仪测向方法的讨论可知，相位干涉仪计算简单，不需要迭代和搜索运算，但由于其中仅仅利用了阵列信号的相位信息，因此当阵元幅相误差存在时其性能是很差的，此外，其抗干扰和抗噪声能力也是较弱的。相关干涉仪则是从相位干涉仪测向体制中发展出来的[17-20]，它同时利用了阵列信号的幅度和相位信息，对阵列流形无特殊要求。由于它是利用复数据之间的相关性原理进行测向，因此，相关干涉仪不仅可以应用于较大孔径的天线阵列，而且在测向灵敏度、抗干扰性能以及抗幅相误差等方面都要优于相位干涉仪，是目前无线电测向系统中较多采用的一类测向方法。

4.5.1 相关干涉仪测向的基本原理

相关干涉仪测向是利用天线阵列输出的复响应与预先建立的数据样本之间的复相关性进行测向，其基本原理可以描述为：在测向天线阵列的工作频段内，从测向空域范围中选择 n 个离散均匀方位值 $\theta_i\ (1 \leqslant i \leqslant n)$，并针对每个方位值 θ_i 建立相应的数据样本 $\boldsymbol{v}(\theta_i)$（$\boldsymbol{v}(\theta_i)$ 反映了测向阵列对于方位 θ_i 的输出响应），该数据样本既可以根据理论值计算或根据阵列的复响应计算（适用于天线阵误差较小的场合），也可以通过实际测试获得（适用于天线阵误差与来波方位有关的场合）。当存在一个实际的待测信号到达该测向阵列时，测向系统将阵列响应与预先建立的数据样本进行复相关运算，并计算出它们的相关系数，相关系数最大值对应的方位即为信号方位估计值。

假设测向阵列对于实际待测信号的输出复响应为 $\boldsymbol{x}(\theta)$，则复相关运算的计算公式为

$$\rho_i = \frac{|\boldsymbol{v}^{\mathrm{H}}(\theta_i)\boldsymbol{x}(\theta)|}{\|\boldsymbol{x}(\theta)\|_2 \cdot \|\boldsymbol{v}(\theta_i)\|_2} = \frac{|\boldsymbol{v}^{\mathrm{H}}(\theta_i)\boldsymbol{x}(\theta)|}{\sqrt{\boldsymbol{x}^{\mathrm{H}}(\theta)\boldsymbol{x}(\theta)} \cdot \sqrt{\boldsymbol{v}^{\mathrm{H}}(\theta_i)\boldsymbol{v}(\theta_i)}} \quad (1 \leqslant i \leqslant n) \tag{4.116}$$

根据 Cauchy-Schwartz 不等式可知，ρ_i 的取值范围为 $0 \leqslant \rho_i \leqslant 1$，而 ρ_i 最大值对应的方向即认为是信号方位估计值。需要指出的是，式（4.116）的复相关计算公式既适用于时域数据，也适用于频域数据。

需要指出的是，在建立相关干涉仪测向系统的数据样本时，往往需要根据实际情况建立多维数据样本库。例如，在进行二维测向时，需要联合建立关于方位角和仰角的二维离散数据样本库，在进行宽频段测向时，则需要联合建立关于方位和频率的二维离散数据样本库。

4.5.2 相关干涉仪测向方法中的插值运算

对于相关干涉仪测向系统而言，其前期数据样本库的建立过程通常较为烦琐。在建立数据样本库时，相邻两个数据样本对应的角度间隔越小，则越有利于提高测向精度，但较小的角度间隔会带来较大的数据存储量和复相关运算量（尤其在进行二维测向时），因此在实际测向过程中，需要在相邻数据样本所对应的角度间隔与测向精度之间进行一定的折中。

另外，实际中还可以通过插值运算来弥补数据样本的角度间隔所带来的测向误差，这里将给出一种简单实用的二次插值方法，其基本原理是先利用二次函数逼近或拟合离散样本点，然后再基于该二次函数进行测向，其原理如图 4.66 所示。

如图 4.66 所示，假设复相关运算的最大值及其对应的方位为 $\rho_{\max}$ 和 $\theta_{\max}$，并且方位 $\theta_{\max}$ 的左右相邻两个方位值分别为 $\theta_{\max}-\Delta\theta$ 和 $\theta_{\max}+\Delta\theta$（其中 $\Delta\theta$ 表示相邻两个样本之间的方位间隔），而这两个方位所对应的相关值分别为 $\rho_{\max}^-$ 和 $\rho_{\max}^+$，现构造一个二次函数通过三个离散点 $(\theta_{\max}, \rho_{\max})$，$(\theta_{\max}-\Delta\theta, \rho_{\max}^-)$ 和 $(\theta_{\max}+\Delta\theta, \rho_{\max}^+)$，该二次函数可以表示为

$$\begin{aligned} y(x) = {} & \rho_{\max}^+ \cdot \frac{(x-\theta_{\max})(x-\theta_{\max}+\Delta\theta)}{2(\Delta\theta)^2} + \rho_{\max}^- \cdot \frac{(x-\theta_{\max})(x-\theta_{\max}-\Delta\theta)}{2(\Delta\theta)^2} \\ & - \rho_{\max} \cdot \frac{(x-\theta_{\max}-\Delta\theta)(x-\theta_{\max}+\Delta\theta)}{(\Delta\theta)^2} \end{aligned} \tag{4.117}$$

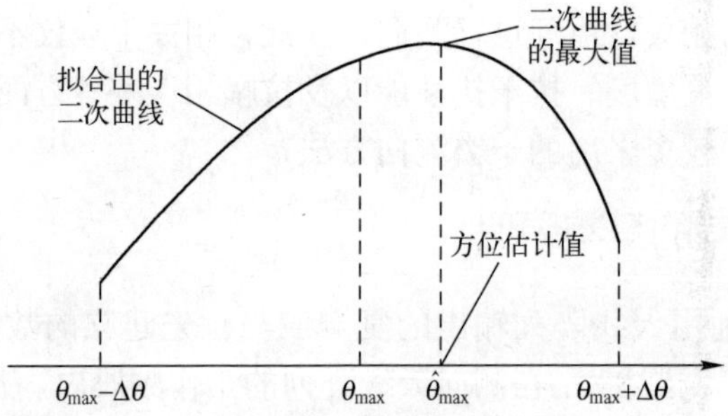

图 4.66　二次插值示意图

不难证明上述二次函数的极值点（即方位估计值）为

$$\hat{\theta}_{max} = \theta_{max} + \delta\theta_{max} = \theta_{max} + \frac{(\rho_{max}^{-} - \rho_{max}^{+})\Delta\theta}{2(\rho_{max}^{+} + \rho_{max}^{-} - 2\rho_{max})} \tag{4.118}$$

式中 $\delta\theta_{max} = \dfrac{(\rho_{max}^{-} - \rho_{max}^{+})\Delta\theta}{2(\rho_{max}^{+} + \rho_{max}^{-} - 2\rho_{max})}$ 表示由插值运算所带来的方位补偿值。

需要指出的是，当进行二维测向时，则需要构造二次曲面函数进行插值运算[20]，限于篇幅其具体原理这里不再阐述。

4.5.3　数值实验

下面将对相关干涉仪测向方法进行数值实验，从而较全面地说明其测向性能。

数值实验 1——单信号存在条件下的方位估计性能

这里以一维相关干涉仪为例说明其测向性能，事先假设在建立数据样本库时，相邻样本所对应的方位间隔为 2°，并利用式（4.118）进行插值运算。假设有 1 个窄带信号到达某 9 元均匀圆阵，方位为 85°。

首先，将测向所用的样本点数固定为 200，图 4.67 给出了测向均方根误差随着信噪比的变化曲线。

接着，将信噪比固定为 0dB，图 4.68 给出了测向均方根误差随着测向所用的样本点数的变化曲线。

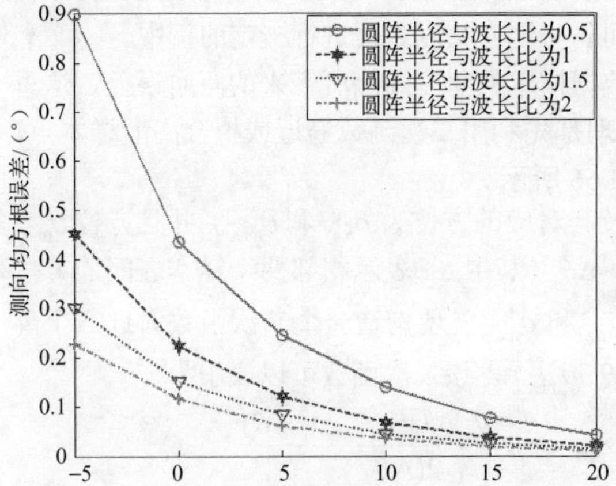

图 4.67　测向均方根误差随着信噪比的变化曲线

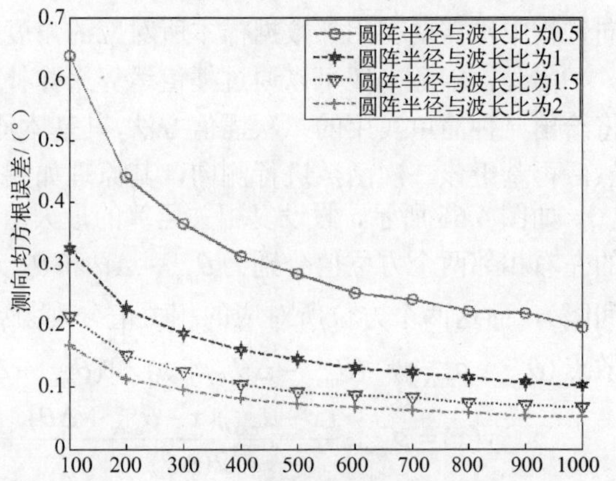

图 4.68　测向均方根误差随着测向所用的样本点数的变化曲线

从图 4.67 和图 4.68 中可以看出：相关干涉仪测向均方根误差随着信噪比、样本点数以及阵列孔径的增加而减少。

数值实验 2——两信号存在条件下的方位估计性能

相比于相位干涉仪测向方法，相关干涉仪能够在干扰信号存在条件下对期望（待测）信号进行测向，下面的数值实验将对此进行验证。

事先假设在建立数据样本库时，相邻样本所对应的方位间隔为 2°。假设有 1 个待测窄带信号到达某 9 元均匀圆阵，圆阵半径与波长比为 $r/\lambda=1.5$，待测信号方位为 80°，信噪比为 10dB，此外，还有 1 个同频干扰窄带信号到达该阵列，方位为 100°，测向所用的样本点数为 1000，图 4.69 给出了干扰信号信噪比为 5dB 和 8dB 时的复相关函数曲线，图 4.70 给出了干扰信号信噪比为 12dB 和 15dB 时的复相关函数曲线。

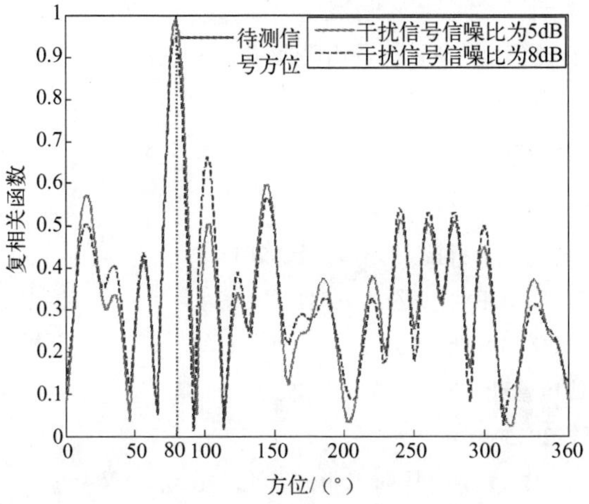

图 4.69 干扰信号信噪比为 5dB 和 8dB 时的复相关函数曲线

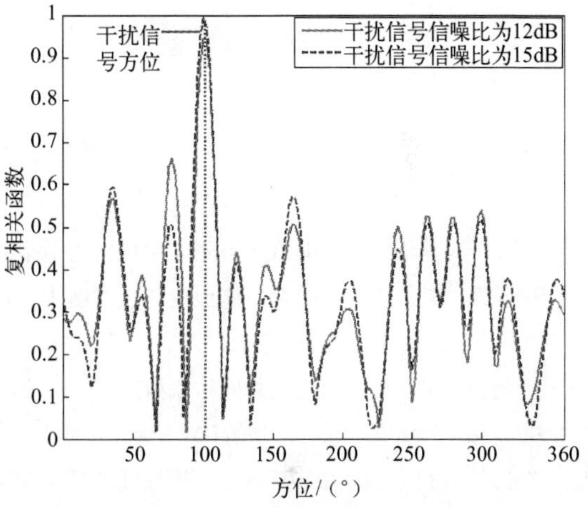

图 4.70 干扰信号信噪比为 12dB 和 15dB 时的复相关函数曲线

从图 4.69 和图 4.70 中可以看出：相关干涉仪测向方法的相关峰仅在信噪比最强的信号方位处产生主峰，也就是说它仅能对最强的信号进行测向，因此，只要干扰信号没有待测信号的功率强，相关干涉仪就可以对待测信号进行测向（图 4.69）。

事先假设在建立数据样本库时，相邻样本所对应的方位间隔为 2°。假设有 1 个待测窄带信号到达某 9 元均匀圆阵，圆阵半径与波长比为 $r/\lambda=1.5$，待测信号方位为 85°，此外，还有 1 个同频干扰窄带信号到达该阵列，方位为 105°，测向所用的样本点数为 1000，图 4.71 给出了测向均方根误差随着待测信号信噪比的变化曲线，图中的 3 条曲线分别对应干扰信号信噪比为 5dB，10dB 和 15dB 时的性能。

从图 4.71 中可以看出：当干扰信号信噪比低于待测信号信噪比时，相关干涉仪就能够对待测信号进行测向，并且其测向均方根误差随着待测信号信噪比的增加而减少。另一方面，比较图 4.52 和图 4.71 可知，相关干涉仪的抗干扰信号的能力要明显强于相位干涉仪。

最后还需要说明的是，相关干涉仪测向方法还可以抑制阵元幅相误差和互耦的影响，这是因为这些误差已经存入到“数据样本”中，因此通过复相关处理，实际上是弱化了它们对于测向精度的影响。

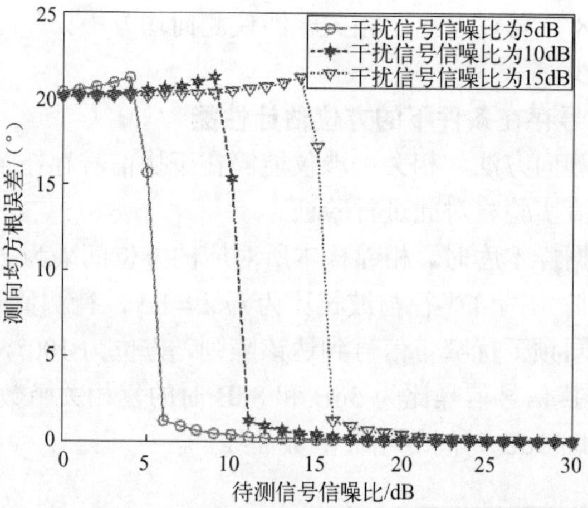

图 4.71　测向均方根误差随着待测信号信噪比的变化曲线

参 考 文 献

[1] 张洪顺，王磊．无线电监测与测向定位[M]．西安：西安电子科技大学出版社，2011．

[2] 田孝华，周义建．无线电定位理论与技术[M]．北京：国防工业出版社，2011．

[3] 刘聪锋．无源定位与跟踪[M]．西安：西安电子科技大学出版社，2011．

[4] 徐子久，韩俊英．无线电测向体制概述[J]．中国无线电管理，2002，3：29-35．

[5] 刘满超．无线电测向方法研究[D]．兰州：兰州大学，2013．

[6] 张小飞，汪飞，徐大专．阵列信号处理的理论和应用[M]．北京：国防工业出版社，2010．

[7] 杜龙先．瓦特森—瓦特测向系统原理[J]．中国无线电，2009，8：67-69．

[8] 陈瞻，王雪松，唐雪飞．瓦特森—瓦特的短波测向试验技术研究[J]．实验科学与技术，2006，2(1)：33-34．

[9] Capon J. High resolution frequency wave number spetrum analysisi[J]. Proceedings of the IEEE, 1969, 57(8): 1408-1418.

[10] Stoica P, Häandel P, Söoderströom T. Study of Capon method for array signal processing[J]. Circuits Systms and Signal Processing, 1995, 14(6): 749-770.

[11] Krim H, Forster P, Proakis J G. Operator approach to performance analysis of root-MUSIC and root-min-norm[J]. IEEE Transactions on Acoustics, Speech and Signal Processing, 1992, 40(7): 1687-1696.

[12] Zhang Q T. Probability of resolution of MUSIC algorithm[J]. IEEE Transactions on Signal Processing, 1995, 43(4): 978-987.

[13] 李兴华，顾尔顺．干涉仪解模糊技术研究[J]．现代防御技术，2008，36(3)：92-96．

[14] 王琦．圆阵干涉仪测向研究[J]．航天电子对抗，2009，25(5)：33-35．

[15] 韩广．干涉仪快速测向算法的研究与实现[D]．郑州：解放军信息工程大学，2010．

[16] 罗贤欣，刘光斌，王忠．干涉仪测向技术研究[J]．舰船电子工程，2012，32(8)：74-76．

[17] 杜龙先．单通道相关干涉仪测向原理[J]．中国无线电管理，2000，1：41-42．

[18] 王崇厚．相关干涉仪及其应用[J]．中国无线电管理，2001，8：28-30．

[19] 张清清．基于相关干涉的测向技术研究[D]．成都：电子科技大学，2013．

[20] 刘宝平，叶李超．干涉仪测向中二维拟合算法研究[J]．通信对抗，2014，33(3)：31-34．

第 5 章　超分辨率测向理论与方法 I——基础篇

总体而言，第 4 章的传统无线电测向方法在数学原理上并不复杂，计算过程也较为简单和直观。然而，无论是其测向精度还是角度分辨能力都存在较大的提升空间。现代超分辨率测向是在 20 世纪 70 年代末开始发展起来的一门新兴研究领域[1-4]，其中最具有里程碑意义的工作是由 R.O.Schmidt 提出的多重信号分类（MUSIC，Multiple Signal Classification）算法[5-9]，该算法不仅在参数估计方差上可以渐近逼近相应的克拉美罗界（CRB，Cramér-Rao Bound），而且其角度分辨能力也可以突破传统“瑞利限”的制约。事实上，之所以称其为超分辨率测向方法，也正是由于其角度分辨能力可以超越瑞利限。

MUSIC 算法的意义不仅仅在于提供了一种新型测向方法，更为重要的是它开辟了一类以线性子空间为基石的现代测向理论，其中首次提出了信号子空间和噪声子空间的概念。基于该思想，R.Roy 等人相继提出了基于旋转不变技术的信号参数估计（ESPRIT，Estimation Signal Parameter via Rotational Invariance Technique）算法[10-12]，M.Viberg 等人又提出了基于子空间拟合（SF，Subspace Fitting）的信号参数估计算法[13-15]，这些算法都可以统一到基于线性子空间的测向理论框架之下，因此也可称为子空间类测向方法。另一方面，最大似然估计（MLE，Maximum Likelihood Estimation）算法作为一类具有普适性的信号参数估计方法，在信号测向领域中也发挥着重要作用[16-19]，其参数估计方差一般可以渐近逼近相应的克拉美罗界。值得一提的是，在一些条件下最大似然估计算法与子空间类测向算法具有相同的渐近估计方差。

本章将讨论几类最为经典的超分辨率测向方法，其中主要包括多重信号分类算法、基于旋转不变技术的测向算法、基于子空间拟合的测向算法、最大似然估计测向算法。这些算法构成了现代超分辨率测向方法的理论基石，在它们的基础上，国内外相关学者相继提出了大量改进型和推广型测向算法，并且取得了诸多富有成效的研究成果。

5.1　阵列信号模型与方位估计方差的克拉美罗界

本节将描述阵列信号模型，并基于该模型推导方位估计方差的克拉美罗界，本节是本章后续内容的基础。

5.1.1　阵列信号模型

假设有 D 个窄带信号到达某个 $M(M>D)$ 元天线阵列，其中第 d 个信号的方位为 θ_d，则阵列输出响应可以表示为

$$\boldsymbol{x}(t)=\sum_{d=1}^{D}\boldsymbol{a}(\theta_d)s_d(t)+\boldsymbol{n}(t)=\boldsymbol{A}(\boldsymbol{\theta})\boldsymbol{s}(t)+\boldsymbol{n}(t) \tag{5.1}$$

式中：

① $s_d(t)$ 表示第 d 个信号的复包络，$\boldsymbol{s}(t)=[s_1(t)\ \ s_2(t)\ \ \cdots\ \ s_D(t)]^{\mathrm{T}}$ 表示信号复包络向量；

② $\boldsymbol{a}(\theta_d)$ 表示第 d 个信号的阵列流形向量，$\boldsymbol{A}(\boldsymbol{\theta})=[\boldsymbol{a}(\theta_1)\ \ \boldsymbol{a}(\theta_2)\ \ \cdots\ \ \boldsymbol{a}(\theta_D)]$ 表示阵列流形矩阵（假设它是列满秩矩阵），其中 $\boldsymbol{\theta}=[\theta_1\ \ \theta_2\ \ \cdots\ \ \theta_D]^{\mathrm{T}}$ 表示信号方位向量；

③ $\boldsymbol{n}(t)$ 表示阵元复高斯（空时）白噪声向量（假设它与信号统计独立）。

根据式（5.1）可知，阵列输出自相关矩阵为

$$\boldsymbol{R}_{xx}=\mathrm{E}[\boldsymbol{x}(t)\boldsymbol{x}^{\mathrm{H}}(t)]=\boldsymbol{A}(\boldsymbol{\theta})\boldsymbol{R}_{ss}\boldsymbol{A}^{\mathrm{H}}(\boldsymbol{\theta})+\sigma_n^2\boldsymbol{I}_M \tag{5.2}$$

式中 $\boldsymbol{R}_{ss}=\mathrm{E}[\boldsymbol{s}(t)\boldsymbol{s}^{\mathrm{H}}(t)]$ 表示信号自相关矩阵（假设它是满秩矩阵，即信号不完全相干），σ_n^2 表示噪声功率。

5.1.2 方位估计方差的克拉美罗界

若对阵列输出信号进行均匀采样，并且得到 K 个数据向量 $\{\boldsymbol{x}(t_k)\}_{1\leqslant k\leqslant K}$，下面将基于阵列信号模型式（5.1）推导方位估计方差的克拉美罗界，其中将考虑两种信号模型：第一种模型假设信号复包络 $\boldsymbol{s}(t)$ 为未知确定型参数[7, 8, 20]；第二种模型则假设信号复包络 $\boldsymbol{s}(t)$ 为零均值复高斯随机型参数[20-22]。

（一）信号复包络为未知确定型参数

当信号复包络 $\boldsymbol{s}(t)$ 为未知确定型参数时，方位估计方差的克拉美罗界可由下述命题给出。

命题 5.1： 基于阵列信号模型（5.1），在信号复包络 $\boldsymbol{s}(t)$ 为未知确定型参数条件下，方位估计方差的克拉美罗界矩阵可以表示为

$$\mathbf{CRB}(\boldsymbol{\theta})=\frac{\sigma_n^2}{2K}\cdot(\mathrm{Re}\{(\dot{\boldsymbol{A}}^{\mathrm{H}}(\boldsymbol{\theta})\cdot\boldsymbol{\Pi}^{\perp}[\boldsymbol{A}(\boldsymbol{\theta})]\cdot\dot{\boldsymbol{A}}(\boldsymbol{\theta}))\bullet\hat{\boldsymbol{R}}_{ss}^{\mathrm{T}}\})^{-1} \tag{5.3}$$

式中

$$\begin{cases}\dot{\boldsymbol{A}}(\boldsymbol{\theta})=\left[\dfrac{\mathrm{d}\boldsymbol{a}(\theta_1)}{\mathrm{d}\theta_1}\ \ \dfrac{\mathrm{d}\boldsymbol{a}(\theta_2)}{\mathrm{d}\theta_2}\ \ \cdots\ \ \dfrac{\mathrm{d}\boldsymbol{a}(\theta_D)}{\mathrm{d}\theta_D}\right]=[\dot{\boldsymbol{a}}(\theta_1)\ \ \dot{\boldsymbol{a}}(\theta_2)\ \ \cdots\ \ \dot{\boldsymbol{a}}(\theta_D)]\\ \hat{\boldsymbol{R}}_{ss}=\dfrac{1}{K}\cdot\displaystyle\sum_{k=1}^{K}\boldsymbol{s}(t_k)\boldsymbol{s}^{\mathrm{H}}(t_k)\end{cases} \tag{5.4}$$

证明： 首先定义下面两个数据向量

$$\begin{cases}\boldsymbol{x}=[\boldsymbol{x}^{\mathrm{H}}(t_1)\ \ \boldsymbol{x}^{\mathrm{H}}(t_2)\ \ \cdots\ \ \boldsymbol{x}^{\mathrm{H}}(t_K)]^{\mathrm{H}}\\ \boldsymbol{s}=[\boldsymbol{s}^{\mathrm{H}}(t_1)\ \ \boldsymbol{s}^{\mathrm{H}}(t_2)\ \ \cdots\ \ \boldsymbol{s}^{\mathrm{H}}(t_K)]^{\mathrm{H}}\end{cases} \tag{5.5}$$

则根据信号复包络的模型假设可知，数据向量 $\boldsymbol{x}$ 的数学期望为

$$\boldsymbol{\mu}_x=\mathrm{E}[\boldsymbol{x}]=[(\boldsymbol{A}(\boldsymbol{\theta})\boldsymbol{s}(t_1))^{\mathrm{H}}\ \ (\boldsymbol{A}(\boldsymbol{\theta})\boldsymbol{s}(t_2))^{\mathrm{H}}\ \ \cdots\ \ (\boldsymbol{A}(\boldsymbol{\theta})\boldsymbol{s}(t_K))^{\mathrm{H}}]^{\mathrm{H}} \tag{5.6}$$

根据式（2.171）可知，未知参量 $\boldsymbol{\theta}$ 和 $\boldsymbol{s}$ 联合估计方差的克拉美罗界矩阵可以表示为

$$\mathbf{CRB}\left(\begin{bmatrix}\mathrm{Re}\{\boldsymbol{s}\}\\ \mathrm{Im}\{\boldsymbol{s}\}\\ \boldsymbol{\theta}\end{bmatrix}\right)=\frac{\sigma_n^2}{2}\cdot(\mathrm{Re}\{\boldsymbol{\Omega}^{\mathrm{H}}\boldsymbol{\Omega}\})^{-1} \tag{5.7}$$

式中

$$\boldsymbol{\Omega}=\left[\frac{\partial\boldsymbol{\mu}_x}{\partial(\mathrm{Re}\{\boldsymbol{s}\})^{\mathrm{T}}}\;\middle|\;\frac{\partial\boldsymbol{\mu}_x}{\partial(\mathrm{Im}\{\boldsymbol{s}\})^{\mathrm{T}}}\;\middle|\;\frac{\partial\boldsymbol{\mu}_x}{\partial\boldsymbol{\theta}^{\mathrm{T}}}\right] \tag{5.8}$$

其中

$$\frac{\partial\boldsymbol{\mu}_x}{\partial(\mathrm{Re}\{\boldsymbol{s}\})^{\mathrm{T}}}=\left[\frac{\partial\boldsymbol{\mu}_x}{\partial(\mathrm{Re}\{\boldsymbol{s}(t_1)\})^{\mathrm{T}}}\ \frac{\partial\boldsymbol{\mu}_x}{\partial(\mathrm{Re}\{\boldsymbol{s}(t_2)\})^{\mathrm{T}}}\ \cdots\ \frac{\partial\boldsymbol{\mu}_x}{\partial(\mathrm{Re}\{\boldsymbol{s}(t_K)\})^{\mathrm{T}}}\right]=\boldsymbol{I}_K\otimes\boldsymbol{A}(\boldsymbol{\theta}) \tag{5.9}$$

$$\frac{\partial\boldsymbol{\mu}_x}{\partial(\mathrm{Im}\{\boldsymbol{s}\})^{\mathrm{T}}}=\left[\frac{\partial\boldsymbol{\mu}_x}{\partial(\mathrm{Im}\{\boldsymbol{s}(t_1)\})^{\mathrm{T}}}\ \frac{\partial\boldsymbol{\mu}_x}{\partial(\mathrm{Im}\{\boldsymbol{s}(t_2)\})^{\mathrm{T}}}\ \cdots\ \frac{\partial\boldsymbol{\mu}_x}{\partial(\mathrm{Im}\{\boldsymbol{s}(t_K)\})^{\mathrm{T}}}\right]=\mathrm{j}\cdot(\boldsymbol{I}_K\otimes\boldsymbol{A}(\boldsymbol{\theta}))=\mathrm{j}\cdot\frac{\partial\boldsymbol{\mu}_x}{\partial(\mathrm{Re}\{\boldsymbol{s}\})^{\mathrm{T}}} \tag{5.10}$$

$$\frac{\partial\boldsymbol{\mu}_x}{\partial\boldsymbol{\theta}^{\mathrm{T}}}=[(\dot{\boldsymbol{A}}(\boldsymbol{\theta})\cdot\mathrm{diag}[\boldsymbol{s}(t_1)])^{\mathrm{H}}\ \ (\dot{\boldsymbol{A}}(\boldsymbol{\theta})\cdot\mathrm{diag}[\boldsymbol{s}(t_2)])^{\mathrm{H}}\ \cdots\ (\dot{\boldsymbol{A}}(\boldsymbol{\theta})\cdot\mathrm{diag}[\boldsymbol{s}(t_K)])^{\mathrm{H}}]^{\mathrm{H}} \tag{5.11}$$

由于式（5.7）并不具备块状对角矩阵结构，因此难以从中直接得到关于方位向量$\boldsymbol{\theta}$估计方差的克拉美罗界。为此，下面将借鉴文献[23]中的分析方法，重新定义一个新的参数向量，新参数向量的克拉美罗界矩阵具有块状对角矩阵的形式，该向量可以定义为

$$\boldsymbol{\eta}=[(\mathrm{Re}\{\boldsymbol{s}\}+\mathrm{Re}\{\boldsymbol{W}\}\cdot\boldsymbol{\theta})^{\mathrm{T}}\ \ (\mathrm{Im}\{\boldsymbol{s}\}+\mathrm{Im}\{\boldsymbol{W}\}\cdot\boldsymbol{\theta})^{\mathrm{T}}\ \ \boldsymbol{\theta}^{\mathrm{T}}]^{\mathrm{T}} \tag{5.12}$$

式中

$$\boldsymbol{W}=\left(\frac{\partial\boldsymbol{\mu}_x}{\partial(\mathrm{Re}\{\boldsymbol{s}\})^{\mathrm{T}}}\right)^{\dagger}\cdot\frac{\partial\boldsymbol{\mu}_x}{\partial\boldsymbol{\theta}^{\mathrm{T}}}=(\boldsymbol{I}_K\otimes\boldsymbol{A}^{\dagger}(\boldsymbol{\theta}))\cdot\frac{\partial\boldsymbol{\mu}_x}{\partial\boldsymbol{\theta}^{\mathrm{T}}} \tag{5.13}$$

于是根据式（5.12）可得

$$\boldsymbol{\eta}=\boldsymbol{F}\cdot\begin{bmatrix}\mathrm{Re}\{\boldsymbol{s}\}\\ \mathrm{Im}\{\boldsymbol{s}\}\\ \boldsymbol{\theta}\end{bmatrix} \tag{5.14}$$

式中

$$\boldsymbol{F}=\begin{bmatrix}\boldsymbol{I} & \boldsymbol{O} & \mathrm{Re}\{\boldsymbol{W}\}\\ \boldsymbol{O} & \boldsymbol{I} & \mathrm{Im}\{\boldsymbol{W}\}\\ \boldsymbol{O} & \boldsymbol{O} & \boldsymbol{I}\end{bmatrix} \tag{5.15}$$

根据推论 2.13 可知，向量$\boldsymbol{\eta}$估计方差的克拉美罗界矩阵可以表示为

$$\mathbf{CRB}(\boldsymbol{\eta})=\frac{\sigma_n^2}{2}\cdot(\mathrm{Re}\{(\boldsymbol{\Omega}\boldsymbol{F}^{-1})^{\mathrm{H}}(\boldsymbol{\Omega}\boldsymbol{F}^{-1})\})^{-1} \tag{5.16}$$

式中

$$\boldsymbol{F}^{-1}=\begin{bmatrix}\boldsymbol{I} & \boldsymbol{O} & -\mathrm{Re}\{\boldsymbol{W}\}\\ \boldsymbol{O} & \boldsymbol{I} & -\mathrm{Im}\{\boldsymbol{W}\}\\ \boldsymbol{O} & \boldsymbol{O} & \boldsymbol{I}\end{bmatrix} \tag{5.17}$$

于是有

$$\boldsymbol{\Omega}\boldsymbol{F}^{-1}=\left[\boldsymbol{I}_K\otimes\boldsymbol{A}(\boldsymbol{\theta})\;\middle|\;\mathrm{j}\cdot(\boldsymbol{I}_K\otimes\boldsymbol{A}(\boldsymbol{\theta}))\;\middle|\;(\boldsymbol{I}_K\otimes\boldsymbol{\Pi}^{\perp}[\boldsymbol{A}(\boldsymbol{\theta})])\cdot\frac{\partial\boldsymbol{\mu}_x}{\partial\boldsymbol{\theta}^{\mathrm{T}}}\right] \tag{5.18}$$

将式（5.17）代入式（5.15）中可得

$$\mathbf{CRB}(\boldsymbol{\eta})=\frac{\sigma_n^2}{2}\cdot\begin{bmatrix}\boldsymbol{Q}_1 & \boldsymbol{O}\\ \boldsymbol{O} & \boldsymbol{Q}_2\end{bmatrix}^{-1} \tag{5.19}$$

式中

$$\begin{cases}\boldsymbol{Q}_1=\left[\begin{array}{c|c}\operatorname{Re}\{\boldsymbol{I}_K\otimes(\boldsymbol{A}^{\mathrm{H}}(\boldsymbol{\theta})\boldsymbol{A}(\boldsymbol{\theta}))\} & -\operatorname{Im}\{\boldsymbol{I}_K\otimes(\boldsymbol{A}^{\mathrm{H}}(\boldsymbol{\theta})\boldsymbol{A}(\boldsymbol{\theta}))\}\\ \hline \operatorname{Im}\{\boldsymbol{I}_K\otimes(\boldsymbol{A}^{\mathrm{H}}(\boldsymbol{\theta})\boldsymbol{A}(\boldsymbol{\theta}))\} & \operatorname{Re}\{\boldsymbol{I}_K\otimes(\boldsymbol{A}^{\mathrm{H}}(\boldsymbol{\theta})\boldsymbol{A}(\boldsymbol{\theta}))\}\end{array}\right]\\ \boldsymbol{Q}_2=\operatorname{Re}\left\{\left(\dfrac{\partial\boldsymbol{\mu}_x}{\partial\boldsymbol{\theta}^{\mathrm{T}}}\right)^{\mathrm{H}}\cdot(\boldsymbol{I}_K\otimes\boldsymbol{\Pi}^{\perp}[\boldsymbol{A}(\boldsymbol{\theta})])\cdot\dfrac{\partial\boldsymbol{\mu}_x}{\partial\boldsymbol{\theta}^{\mathrm{T}}}\right\}\end{cases} \tag{5.20}$$

式（5.19）具有块状对角矩阵的形式，从中可知关于方位向量$\boldsymbol{\theta}$估计方差的克拉美罗界矩阵为

$$\mathbf{CRB}(\boldsymbol{\theta})=\frac{\sigma_n^2}{2}\cdot\boldsymbol{Q}_2^{-1}=\frac{\sigma_n^2}{2}\cdot\left(\operatorname{Re}\left\{\left(\frac{\partial\boldsymbol{\mu}_x}{\partial\boldsymbol{\theta}^{\mathrm{T}}}\right)^{\mathrm{H}}\cdot(\boldsymbol{I}_K\otimes\boldsymbol{\Pi}^{\perp}[\boldsymbol{A}(\boldsymbol{\theta})])\cdot\frac{\partial\boldsymbol{\mu}_x}{\partial\boldsymbol{\theta}^{\mathrm{T}}}\right\}\right)^{-1} \tag{5.21}$$

将式（5.11）代入式（5.21）中可以进一步推得

$$\begin{aligned}\mathbf{CRB}(\boldsymbol{\theta})&=\frac{\sigma_n^2}{2}\cdot\left(\operatorname{Re}\left\{\sum_{k=1}^{K}\operatorname{diag}[\boldsymbol{s}^*(t_k)]\cdot\dot{\boldsymbol{A}}^{\mathrm{H}}(\boldsymbol{\theta})\cdot\boldsymbol{\Pi}^{\perp}[\boldsymbol{A}(\boldsymbol{\theta})]\cdot\dot{\boldsymbol{A}}(\boldsymbol{\theta})\cdot\operatorname{diag}[\boldsymbol{s}(t_k)]\right\}\right)^{-1}\\&=\frac{\sigma_n^2}{2K}\cdot\left(\operatorname{Re}\left\{(\dot{\boldsymbol{A}}^{\mathrm{H}}(\boldsymbol{\theta})\cdot\boldsymbol{\Pi}^{\perp}[\boldsymbol{A}(\boldsymbol{\theta})]\cdot\dot{\boldsymbol{A}}(\boldsymbol{\theta}))\bullet\left(\frac{1}{K}\sum_{k=1}^{K}\boldsymbol{s}^*(t_k)\boldsymbol{s}^{\mathrm{T}}(t_k)\right)\right\}\right)^{-1}\\&=\frac{\sigma_n^2}{2K}\cdot(\operatorname{Re}\{(\dot{\boldsymbol{A}}^{\mathrm{H}}(\boldsymbol{\theta})\cdot\boldsymbol{\Pi}^{\perp}[\boldsymbol{A}(\boldsymbol{\theta})]\cdot\dot{\boldsymbol{A}}(\boldsymbol{\theta}))\bullet\hat{\boldsymbol{R}}_{ss}^{\mathrm{T}}\})^{-1}\end{aligned} \tag{5.22}$$

命题 5.1 得证。 □

根据命题 5.1 可以得到如下 4 个推论。

推论 5.1： 若将式（5.3）给出的克拉美罗界矩阵看成是关于样本点数K的函数，并将其记为$\mathbf{CRB}_K(\boldsymbol{\theta})$，则有如下关系式

$$\mathbf{CRB}_K(\boldsymbol{\theta})\geqslant\mathbf{CRB}_{K+1}(\boldsymbol{\theta}) \tag{5.23}$$

证明： 根据式（5.3）可以推得

$$\begin{aligned}(\mathbf{CRB}_{K+1}(\boldsymbol{\theta}))^{-1}&=\frac{2}{\sigma_n^2}\cdot\operatorname{Re}\left\{(\dot{\boldsymbol{A}}^{\mathrm{H}}(\boldsymbol{\theta})\cdot\boldsymbol{\Pi}^{\perp}[\boldsymbol{A}(\boldsymbol{\theta})]\cdot\dot{\boldsymbol{A}}(\boldsymbol{\theta}))\bullet\left(\sum_{k=1}^{K}\boldsymbol{s}^*(t_k)\boldsymbol{s}^{\mathrm{T}}(t_k)\right)\right\}\\&\quad+\frac{2}{\sigma_n^2}\cdot\operatorname{Re}\left\{(\dot{\boldsymbol{A}}^{\mathrm{H}}(\boldsymbol{\theta})\cdot\boldsymbol{\Pi}^{\perp}[\boldsymbol{A}(\boldsymbol{\theta})]\cdot\dot{\boldsymbol{A}}(\boldsymbol{\theta}))\bullet(\boldsymbol{s}^*(t_{K+1})\boldsymbol{s}^{\mathrm{T}}(t_{K+1}))\right\}\\&=(\mathbf{CRB}_K(\boldsymbol{\theta}))^{-1}+\frac{2}{\sigma_n^2}\cdot\operatorname{Re}\{(\dot{\boldsymbol{A}}^{\mathrm{H}}(\boldsymbol{\theta})\cdot\boldsymbol{\Pi}^{\perp}[\boldsymbol{A}(\boldsymbol{\theta})]\cdot\dot{\boldsymbol{A}}(\boldsymbol{\theta}))\bullet(\boldsymbol{s}^*(t_{K+1})\boldsymbol{s}^{\mathrm{T}}(t_{K+1}))\}\end{aligned} \tag{5.24}$$

结合命题 2.4、命题 2.6 和命题 2.17 可知，式（5.24）右边第二项为半正定矩阵，于是有

$$(\mathbf{CRB}_{K+1}(\boldsymbol{\theta}))^{-1}\geqslant(\mathbf{CRB}_K(\boldsymbol{\theta}))^{-1}\Leftrightarrow\mathbf{CRB}_K(\boldsymbol{\theta})\geqslant\mathbf{CRB}_{K+1}(\boldsymbol{\theta}) \tag{5.25}$$

推论 5.1 得证。 □

推论 5.1 表明上述方位估计方差的克拉美罗界随着样本点数K的增加而降低。

推论 5.2：若将式（5.3）给出的克拉美罗界矩阵看成是关于阵元个数 M 的函数，并将其记为 $\mathbf{CRB}_M(\boldsymbol{\theta})$，则有如下关系式

$$\mathbf{CRB}_M(\boldsymbol{\theta}) \geqslant \mathbf{CRB}_{M+1}(\boldsymbol{\theta}) \tag{5.26}$$

证明：将阵元个数为 M 时的阵列流形矩阵 $\boldsymbol{A}(\boldsymbol{\theta})$ 及其导数矩阵 $\dot{\boldsymbol{A}}(\boldsymbol{\theta})$ 分别记为 $\boldsymbol{A}_M(\boldsymbol{\theta})$ 和 $\dot{\boldsymbol{A}}_M(\boldsymbol{\theta})$，相应地，将阵元个数为 $M+1$ 时的阵列流形矩阵 $\boldsymbol{A}(\boldsymbol{\theta})$ 及其导数矩阵 $\dot{\boldsymbol{A}}(\boldsymbol{\theta})$ 分别记为 $\boldsymbol{A}_{M+1}(\boldsymbol{\theta})$ 和 $\dot{\boldsymbol{A}}_{M+1}(\boldsymbol{\theta})$，于是有

$$\boldsymbol{A}_{M+1}(\boldsymbol{\theta}) = \begin{bmatrix} \boldsymbol{A}_M(\boldsymbol{\theta}) \\ \boldsymbol{u}^{\mathrm{H}} \end{bmatrix}, \ \dot{\boldsymbol{A}}_{M+1}(\boldsymbol{\theta}) = \begin{bmatrix} \dot{\boldsymbol{A}}_M(\boldsymbol{\theta}) \\ \boldsymbol{v}^{\mathrm{H}} \end{bmatrix} \tag{5.27}$$

利用式（5.27）可以进一步推得

$$\begin{aligned}
&\dot{\boldsymbol{A}}_{M+1}^{\mathrm{H}}(\boldsymbol{\theta}) \cdot \boldsymbol{\Pi}^{\perp}[\boldsymbol{A}_{M+1}(\boldsymbol{\theta})] \cdot \dot{\boldsymbol{A}}_{M+1}(\boldsymbol{\theta}) \\
&= \dot{\boldsymbol{A}}_{M+1}^{\mathrm{H}}(\boldsymbol{\theta})\dot{\boldsymbol{A}}_{M+1}(\boldsymbol{\theta}) - \dot{\boldsymbol{A}}_{M+1}^{\mathrm{H}}(\boldsymbol{\theta})\boldsymbol{A}_{M+1}(\boldsymbol{\theta})(\boldsymbol{A}_{M+1}^{\mathrm{H}}(\boldsymbol{\theta})\boldsymbol{A}_{M+1}(\boldsymbol{\theta}))^{-1}\boldsymbol{A}_{M+1}^{\mathrm{H}}(\boldsymbol{\theta})\dot{\boldsymbol{A}}_{M+1}(\boldsymbol{\theta}) \\
&= \dot{\boldsymbol{A}}_M^{\mathrm{H}}(\boldsymbol{\theta})\dot{\boldsymbol{A}}_M(\boldsymbol{\theta}) + \boldsymbol{v}\boldsymbol{v}^{\mathrm{H}} - (\dot{\boldsymbol{A}}_M^{\mathrm{H}}(\boldsymbol{\theta})\boldsymbol{A}_M(\boldsymbol{\theta}) + \boldsymbol{v}\boldsymbol{u}^{\mathrm{H}})(\boldsymbol{A}_M^{\mathrm{H}}(\boldsymbol{\theta})\boldsymbol{A}_M(\boldsymbol{\theta}) + \boldsymbol{u}\boldsymbol{u}^{\mathrm{H}})^{-1}(\boldsymbol{A}_M^{\mathrm{H}}(\boldsymbol{\theta})\dot{\boldsymbol{A}}_M(\boldsymbol{\theta}) + \boldsymbol{u}\boldsymbol{v}^{\mathrm{H}})
\end{aligned} \tag{5.28}$$

根据式（2.6）可知

$$(\boldsymbol{A}_M^{\mathrm{H}}(\boldsymbol{\theta})\boldsymbol{A}_M(\boldsymbol{\theta}) + \boldsymbol{u}\boldsymbol{u}^{\mathrm{H}})^{-1} = (\boldsymbol{A}_M^{\mathrm{H}}(\boldsymbol{\theta})\boldsymbol{A}_M(\boldsymbol{\theta}))^{-1} - \frac{(\boldsymbol{A}_M^{\mathrm{H}}(\boldsymbol{\theta})\boldsymbol{A}_M(\boldsymbol{\theta}))^{-1}\boldsymbol{u}\boldsymbol{u}^{\mathrm{H}}(\boldsymbol{A}_M^{\mathrm{H}}(\boldsymbol{\theta})\boldsymbol{A}_M(\boldsymbol{\theta}))^{-1}}{1 + \boldsymbol{u}^{\mathrm{H}}(\boldsymbol{A}_M^{\mathrm{H}}(\boldsymbol{\theta})\boldsymbol{A}_M(\boldsymbol{\theta}))^{-1}\boldsymbol{u}} \tag{5.29}$$

将式（5.29）代入式（5.28）中可得

$$\dot{\boldsymbol{A}}_{M+1}^{\mathrm{H}}(\boldsymbol{\theta}) \cdot \boldsymbol{\Pi}^{\perp}[\boldsymbol{A}_{M+1}(\boldsymbol{\theta})] \cdot \dot{\boldsymbol{A}}_{M+1}(\boldsymbol{\theta}) = \dot{\boldsymbol{A}}_M^{\mathrm{H}}(\boldsymbol{\theta}) \cdot \boldsymbol{\Pi}^{\perp}[\boldsymbol{A}_M(\boldsymbol{\theta})] \cdot \dot{\boldsymbol{A}}_M(\boldsymbol{\theta}) + \boldsymbol{Z} \tag{5.30}$$

式中

$$\begin{aligned}
\boldsymbol{Z} &= \frac{\boldsymbol{v}\boldsymbol{v}^{\mathrm{H}}}{1 + \boldsymbol{u}^{\mathrm{H}}(\boldsymbol{A}_M^{\mathrm{H}}(\boldsymbol{\theta})\boldsymbol{A}_M(\boldsymbol{\theta}))^{-1}\boldsymbol{u}} + \frac{\dot{\boldsymbol{A}}_M^{\mathrm{H}}(\boldsymbol{\theta})\boldsymbol{A}_M(\boldsymbol{\theta})(\boldsymbol{A}_M^{\mathrm{H}}(\boldsymbol{\theta})\boldsymbol{A}_M(\boldsymbol{\theta}))^{-1}\boldsymbol{u}\boldsymbol{u}^{\mathrm{H}}(\boldsymbol{A}_M^{\mathrm{H}}(\boldsymbol{\theta})\boldsymbol{A}_M(\boldsymbol{\theta}))^{-1}\boldsymbol{A}_M^{\mathrm{H}}(\boldsymbol{\theta})\dot{\boldsymbol{A}}_M(\boldsymbol{\theta})}{1 + \boldsymbol{u}^{\mathrm{H}}(\boldsymbol{A}_M^{\mathrm{H}}(\boldsymbol{\theta})\boldsymbol{A}_M(\boldsymbol{\theta}))^{-1}\boldsymbol{u}} \\
&\quad - \frac{\boldsymbol{v}\boldsymbol{u}^{\mathrm{H}}(\boldsymbol{A}_M^{\mathrm{H}}(\boldsymbol{\theta})\boldsymbol{A}_M(\boldsymbol{\theta}))^{-1}\boldsymbol{A}_M^{\mathrm{H}}(\boldsymbol{\theta})\dot{\boldsymbol{A}}_M(\boldsymbol{\theta})}{1 + \boldsymbol{u}^{\mathrm{H}}(\boldsymbol{A}_M^{\mathrm{H}}(\boldsymbol{\theta})\boldsymbol{A}_M(\boldsymbol{\theta}))^{-1}\boldsymbol{u}} - \frac{\dot{\boldsymbol{A}}_M^{\mathrm{H}}(\boldsymbol{\theta})\boldsymbol{A}_M(\boldsymbol{\theta})(\boldsymbol{A}_M^{\mathrm{H}}(\boldsymbol{\theta})\boldsymbol{A}_M(\boldsymbol{\theta}))^{-1}\boldsymbol{u}\boldsymbol{v}^{\mathrm{H}}}{1 + \boldsymbol{u}^{\mathrm{H}}(\boldsymbol{A}_M^{\mathrm{H}}(\boldsymbol{\theta})\boldsymbol{A}_M(\boldsymbol{\theta}))^{-1}\boldsymbol{u}} \\
&= \frac{(\boldsymbol{v} - \dot{\boldsymbol{A}}_M^{\mathrm{H}}(\boldsymbol{\theta})\boldsymbol{A}_M(\boldsymbol{\theta})(\boldsymbol{A}_M^{\mathrm{H}}(\boldsymbol{\theta})\boldsymbol{A}_M(\boldsymbol{\theta}))^{-1}\boldsymbol{u})(\boldsymbol{v} - \dot{\boldsymbol{A}}_M^{\mathrm{H}}(\boldsymbol{\theta})\boldsymbol{A}_M(\boldsymbol{\theta})(\boldsymbol{A}_M^{\mathrm{H}}(\boldsymbol{\theta})\boldsymbol{A}_M(\boldsymbol{\theta}))^{-1}\boldsymbol{u})^{\mathrm{H}}}{1 + \boldsymbol{u}^{\mathrm{H}}(\boldsymbol{A}_M^{\mathrm{H}}(\boldsymbol{\theta})\boldsymbol{A}_M(\boldsymbol{\theta}))^{-1}\boldsymbol{u}}
\end{aligned} \tag{5.31}$$

根据式（5.31）可知，$\boldsymbol{Z}$ 为半正定矩阵，于是有

$$\dot{\boldsymbol{A}}_{M+1}^{\mathrm{H}}(\boldsymbol{\theta}) \cdot \boldsymbol{\Pi}^{\perp}[\boldsymbol{A}_{M+1}(\boldsymbol{\theta})] \cdot \dot{\boldsymbol{A}}_{M+1}(\boldsymbol{\theta}) \geqslant \dot{\boldsymbol{A}}_M^{\mathrm{H}}(\boldsymbol{\theta}) \cdot \boldsymbol{\Pi}^{\perp}[\boldsymbol{A}_M(\boldsymbol{\theta})] \cdot \dot{\boldsymbol{A}}_M(\boldsymbol{\theta}) \tag{5.32}$$

由式（5.32）可以进一步推得

$$\begin{aligned}
(\mathbf{CRB}_{M+1}(\boldsymbol{\theta}))^{-1} &= \frac{2K}{\sigma_n^2} \cdot \mathrm{Re}\{(\dot{\boldsymbol{A}}_{M+1}^{\mathrm{H}}(\boldsymbol{\theta}) \cdot \boldsymbol{\Pi}^{\perp}[\boldsymbol{A}_{M+1}(\boldsymbol{\theta})] \cdot \dot{\boldsymbol{A}}_{M+1}(\boldsymbol{\theta})) \bullet \hat{\boldsymbol{R}}_{ss}^{\mathrm{T}}\} \\
&\geqslant \frac{2K}{\sigma_n^2} \cdot \mathrm{Re}\{(\dot{\boldsymbol{A}}_M^{\mathrm{H}}(\boldsymbol{\theta}) \cdot \boldsymbol{\Pi}^{\perp}[\boldsymbol{A}_M(\boldsymbol{\theta})] \cdot \dot{\boldsymbol{A}}_M(\boldsymbol{\theta})) \bullet \hat{\boldsymbol{R}}_{ss}^{\mathrm{T}}\} = (\mathbf{CRB}_M(\boldsymbol{\theta}))^{-1} \\
&\Leftrightarrow \mathbf{CRB}_M(\boldsymbol{\theta}) \geqslant \mathbf{CRB}_{M+1}(\boldsymbol{\theta})
\end{aligned} \tag{5.33}$$

推论 5.2 得证。 □

推论 5.2 表明上述方位估计方差的克拉美罗界随着阵元个数 M 的增加而降低。

推论 5.3：对于均匀线阵而言，在信号复包络 $s(t)$ 为未知确定型参数条件下，若仅有一个信号存在，并且其方位（指与线阵法线方向的夹角）为 θ_0 时，则方位估计方差的克拉美罗界为

$$\mathbf{CRB}(\theta_0)=\frac{6}{K(\kappa\cdot\cos(\theta_0))^2(M^3-M)\cdot\mathrm{SNR}} \tag{5.34}$$

式中 $\mathrm{SNR}=\sum_{k=1}^{K}|s(t_k)|^2/(K\sigma_n^2)$ 和 $\kappa=2\pi d/\lambda$。

证明：当信号方位为 θ_0 时，其阵列流形向量及其导数向量分别为

$$\begin{cases}\boldsymbol{a}(\theta_0)=[1\ \ \exp\{-\mathrm{j}\kappa\cdot\sin(\theta_0)\}\ \cdots\ \exp\{-\mathrm{j}(M-1)\kappa\cdot\sin(\theta_0)\}]^{\mathrm{T}}\\ \dot{\boldsymbol{a}}(\theta_0)=[0\ \ (-\mathrm{j}\kappa\cdot\cos(\theta_0))\cdot\exp\{-\mathrm{j}\kappa\cdot\sin(\theta_0)\}\ \cdots\ (-\mathrm{j}(M-1)\kappa\cdot\cos(\theta_0))\cdot\exp\{-\mathrm{j}(M-1)\kappa\cdot\sin(\theta_0)\}]^{\mathrm{T}}\end{cases} \tag{5.35}$$

根据式（5.35）可知

$$\begin{cases}\boldsymbol{a}^{\mathrm{H}}(\theta_0)\boldsymbol{a}(\theta_0)=M\\ \dot{\boldsymbol{a}}^{\mathrm{H}}(\theta_0)\boldsymbol{a}(\theta_0)=\mathrm{j}\kappa\cdot\cos(\theta_0)\cdot M(M-1)/2\\ \dot{\boldsymbol{a}}^{\mathrm{H}}(\theta_0)\dot{\boldsymbol{a}}(\theta_0)=(\kappa\cdot\cos(\theta_0))^2M(M-1)(2M-1)/6\end{cases} \tag{5.36}$$

基于式（5.36）可以进一步推得

$$\begin{aligned}&\dot{\boldsymbol{A}}^{\mathrm{H}}(\boldsymbol{\theta})\cdot\boldsymbol{\Pi}^{\perp}[\boldsymbol{A}(\boldsymbol{\theta})]\cdot\dot{\boldsymbol{A}}(\boldsymbol{\theta})=\dot{\boldsymbol{a}}^{\mathrm{H}}(\theta_0)\dot{\boldsymbol{a}}(\theta_0)-\dot{\boldsymbol{a}}^{\mathrm{H}}(\theta_0)\boldsymbol{a}(\theta_0)(\boldsymbol{a}^{\mathrm{H}}(\theta_0)\boldsymbol{a}(\theta_0))^{-1}\boldsymbol{a}^{\mathrm{H}}(\theta_0)\dot{\boldsymbol{a}}(\theta_0)\\&=(\kappa\cdot\cos(\theta_0))^2M(M-1)(2M-1)/6-(\kappa\cdot\cos(\theta_0))^2M(M-1)^2/4\\&=(\kappa\cdot\cos(\theta_0))^2(M^3-M)/12\end{aligned} \tag{5.37}$$

将式（5.37）代入式（5.3）中可知式（5.34）成立。

推论 5.3 得证。 □

从推论 5.3 中可以看出，信噪比 SNR、阵元个数 M 以及相邻阵元间距与波长比 d/λ 越大，方位估计方差的克拉美罗界越小（即可能获得的最优测向精度越高），此外，当信号方位越接近线阵法线方向时（即 $|\theta_0|$ 越小），其方位估计方差的克拉美罗界也越小。

推论 5.4：基于阵列信号模型（5.1），当信号复包络 $\boldsymbol{s}(t)$ 假设为未知确定型参数时，在大样本数条件下，方位估计方差的克拉美罗界矩阵可以表示为

$$\mathbf{CRB}(\boldsymbol{\theta})=\frac{\sigma_n^2}{2K}\cdot(\mathrm{Re}\{(\dot{\boldsymbol{A}}^{\mathrm{H}}(\boldsymbol{\theta})\cdot\boldsymbol{\Pi}^{\perp}[\boldsymbol{A}(\boldsymbol{\theta})]\cdot\dot{\boldsymbol{A}}(\boldsymbol{\theta}))\bullet\boldsymbol{R}_{ss}^{\mathrm{T}}\})^{-1} \tag{5.38}$$

式中 $\boldsymbol{R}_{ss}=\lim_{K\to+\infty}\frac{1}{K}\cdot\sum_{k=1}^{K}\boldsymbol{s}(t_k)\boldsymbol{s}^{\mathrm{H}}(t_k)$。

推论 5.4 可以直接由命题 5.1 证得，这里不再阐述。

（二）信号复包络为零均值复高斯随机型参数

当信号复包络 $\boldsymbol{s}(t)$ 为零均值复高斯随机型参数时，方位估计方差的克拉美罗界可由下述命题给出[21, 22]。

命题 5.2：基于阵列信号模型（5.1），在信号复包络 $\boldsymbol{s}(t)$ 为零均值复高斯随机型参数条件下，方位估计方差的克拉美罗界矩阵可以表示为

$$\mathbf{CRB}(\boldsymbol{\theta})=\frac{\sigma_n^2}{2K}\cdot(\mathrm{Re}\{(\dot{\boldsymbol{A}}^{\mathrm{H}}(\boldsymbol{\theta})\cdot\boldsymbol{\Pi}^{\perp}[\boldsymbol{A}(\boldsymbol{\theta})]\cdot\dot{\boldsymbol{A}}(\boldsymbol{\theta}))\bullet(\boldsymbol{R}_{ss}\boldsymbol{A}^{\mathrm{H}}(\boldsymbol{\theta})\boldsymbol{R}_{xx}^{-1}\boldsymbol{A}(\boldsymbol{\theta})\boldsymbol{R}_{ss})^{\mathrm{T}}\})^{-1} \tag{5.39}$$

证明：在信号复包络 $\boldsymbol{s}(t)$ 为零均值复高斯随机型参数条件下，全部的未知参量可以表示为

$$\boldsymbol{\eta}=[\boldsymbol{\theta}^{\mathrm{T}}\ \ \boldsymbol{\rho}^{\mathrm{T}}\ \ \sigma_n^2]^{\mathrm{T}} \tag{5.40}$$

式中向量 $\boldsymbol{\rho}$ 表示矩阵 $\boldsymbol{R}_{ss}$ 中的全部独立实参量（共包含 D^2 个参数）。根据式（2.175）可知，关于参数向量 $\boldsymbol{\eta}$ 的费希尔信息矩阵可以表示为

$$\mathbf{FISH}(\boldsymbol{\eta})=K\cdot\left(\frac{\partial\boldsymbol{r}_{xx}}{\partial\boldsymbol{\eta}^{\mathrm{T}}}\right)^{\mathrm{H}}\cdot(\boldsymbol{R}_{xx}^{-\mathrm{T}}\otimes\boldsymbol{R}_{xx}^{-1})\cdot\frac{\partial\boldsymbol{r}_{xx}}{\partial\boldsymbol{\eta}^{\mathrm{T}}} \tag{5.41}$$

式中

$$\begin{aligned}\boldsymbol{r}_{xx}&=\mathrm{vec}(\boldsymbol{R}_{xx})=\mathrm{vec}(\boldsymbol{A}(\boldsymbol{\theta})\boldsymbol{R}_{ss}\boldsymbol{A}^{\mathrm{H}}(\boldsymbol{\theta})+\sigma_n^2\boldsymbol{I}_M)\\&=(\boldsymbol{A}^*(\boldsymbol{\theta})\otimes\boldsymbol{A}(\boldsymbol{\theta}))\cdot\mathrm{vec}(\boldsymbol{R}_{ss})+\sigma_n^2\cdot\mathrm{vec}(\boldsymbol{I}_M)\end{aligned} \tag{5.42}$$

不妨将矩阵 $(\boldsymbol{R}_{xx}^{-\mathrm{T}/2}\otimes\boldsymbol{R}_{xx}^{-1/2})\cdot\dfrac{\partial\boldsymbol{r}_{xx}}{\partial\boldsymbol{\eta}^{\mathrm{T}}}$ 按列分块表示为

$$(\boldsymbol{R}_{xx}^{-\mathrm{T}/2}\otimes\boldsymbol{R}_{xx}^{-1/2})\cdot\frac{\partial\boldsymbol{r}_{xx}}{\partial\boldsymbol{\eta}^{\mathrm{T}}}=(\boldsymbol{R}_{xx}^{-\mathrm{T}/2}\otimes\boldsymbol{R}_{xx}^{-1/2})\cdot\left[\frac{\partial\boldsymbol{r}_{xx}}{\partial\boldsymbol{\theta}^{\mathrm{T}}}\ \vdots\ \frac{\partial\boldsymbol{r}_{xx}}{\partial\boldsymbol{\rho}^{\mathrm{T}}}\ \ \frac{\partial\boldsymbol{r}_{xx}}{\partial\sigma_n^2}\right]=[\boldsymbol{G}\ \vdots\ \boldsymbol{W}] \tag{5.43}$$

将式（5.43）代入式（5.41）中可得

$$\mathbf{FISH}(\boldsymbol{\eta})=K\cdot\begin{bmatrix}\boldsymbol{G}^{\mathrm{H}}\boldsymbol{G} & \boldsymbol{G}^{\mathrm{H}}\boldsymbol{W}\\ \boldsymbol{W}^{\mathrm{H}}\boldsymbol{G} & \boldsymbol{W}^{\mathrm{H}}\boldsymbol{W}\end{bmatrix} \tag{5.44}$$

根据命题 2.2 可知，方位向量 $\boldsymbol{\theta}$ 估计方差的克拉美罗界矩阵为

$$\mathbf{CRB}(\boldsymbol{\theta})=(\boldsymbol{G}^{\mathrm{H}}\boldsymbol{G}-\boldsymbol{G}^{\mathrm{H}}\boldsymbol{W}(\boldsymbol{W}^{\mathrm{H}}\boldsymbol{W})^{-1}\boldsymbol{W}^{\mathrm{H}}\boldsymbol{G})^{-1}/K=(\boldsymbol{G}^{\mathrm{H}}\cdot\boldsymbol{\Pi}^{\perp}[\boldsymbol{W}]\cdot\boldsymbol{G})^{-1}/K \tag{5.45}$$

为了得到最终结果，还需要将矩阵 $\boldsymbol{W}$ 按列分块表示为

$$\boldsymbol{W}=(\boldsymbol{R}_{xx}^{-\mathrm{T}/2}\otimes\boldsymbol{R}_{xx}^{-1/2})\cdot\left[\frac{\partial\boldsymbol{r}_{xx}}{\partial\boldsymbol{\rho}^{\mathrm{T}}}\ \vdots\ \frac{\partial\boldsymbol{r}_{xx}}{\partial\sigma_n^2}\right]=[\boldsymbol{U}\ \vdots\ \boldsymbol{w}] \tag{5.46}$$

根据推论 2.8 可知，矩阵 $\boldsymbol{W}$ 与 $[\boldsymbol{U}\ \vdots\ \boldsymbol{\Pi}^{\perp}[\boldsymbol{U}]\cdot\boldsymbol{w}]$ 具有相同的列空间，于是有

$$\begin{aligned}\boldsymbol{\Pi}^{\perp}[\boldsymbol{W}]&=\boldsymbol{I}_{M^2}-[\boldsymbol{U}\ \vdots\ \boldsymbol{\Pi}^{\perp}[\boldsymbol{U}]\cdot\boldsymbol{w}]\cdot\begin{bmatrix}\boldsymbol{U}^{\mathrm{H}}\boldsymbol{U} & \boldsymbol{O}_{D^2\times1}\\ \boldsymbol{O}_{1\times D^2} & \boldsymbol{w}^{\mathrm{H}}\cdot\boldsymbol{\Pi}^{\perp}[\boldsymbol{U}]\cdot\boldsymbol{w}\end{bmatrix}^{-1}\cdot\begin{bmatrix}\boldsymbol{U}^{\mathrm{H}}\\ \boldsymbol{w}^{\mathrm{H}}\cdot\boldsymbol{\Pi}^{\perp}[\boldsymbol{U}]\end{bmatrix}\\&=\boldsymbol{\Pi}^{\perp}[\boldsymbol{U}]-\frac{\boldsymbol{\Pi}^{\perp}[\boldsymbol{U}]\cdot\boldsymbol{w}\boldsymbol{w}^{\mathrm{H}}\cdot\boldsymbol{\Pi}^{\perp}[\boldsymbol{U}]}{\boldsymbol{w}^{\mathrm{H}}\cdot\boldsymbol{\Pi}^{\perp}[\boldsymbol{U}]\cdot\boldsymbol{w}}\end{aligned} \tag{5.47}$$

将式（5.47）代入式（5.45）中可得

$$\mathbf{CRB}(\boldsymbol{\theta})=\frac{1}{K}\cdot\left(\boldsymbol{G}^{\mathrm{H}}\cdot\boldsymbol{\Pi}^{\perp}[\boldsymbol{U}]\cdot\boldsymbol{G}-\frac{\boldsymbol{G}^{\mathrm{H}}\cdot\boldsymbol{\Pi}^{\perp}[\boldsymbol{U}]\cdot\boldsymbol{w}\boldsymbol{w}^{\mathrm{H}}\cdot\boldsymbol{\Pi}^{\perp}[\boldsymbol{U}]\cdot\boldsymbol{G}}{\boldsymbol{w}^{\mathrm{H}}\cdot\boldsymbol{\Pi}^{\perp}[\boldsymbol{U}]\cdot\boldsymbol{w}}\right)^{-1} \tag{5.48}$$

再分别将矩阵 $\boldsymbol{G}$ 和 $\boldsymbol{R}_{ss}$ 按列分块表示为

$$G=[g_1\ \ g_2\ \cdots g_D],\ R_{ss}=[\beta_1\ \ \beta_2\ \cdots\ \beta_D] \tag{5.49}$$

于是有

$$\begin{cases} g_d^{\mathrm{H}}\cdot \Pi^{\perp}[U]\cdot w=0 \\ g_{d_1}^{\mathrm{H}}\cdot \Pi^{\perp}[U]\cdot g_{d_2}=2\sigma_n^{-2}\cdot \mathrm{Re}\{(\dot{a}^{\mathrm{H}}(\theta_{d_1})\cdot \Pi^{\perp}[A(\theta)]\cdot \dot{a}(\theta_{d_2}))\cdot(\beta_{d_2}^{\mathrm{H}}A^{\mathrm{H}}(\theta)R_{xx}^{-1}A(\theta)\beta_{d_1})\} \end{cases} \tag{5.50}$$

式（5.50）的证明见附录B1，将式（5.50）代入式（5.48）中可知式（5.39）成立。命题5.2得证。 □

根据命题5.2可以得到如下3个推论。

推论5.5：若将式（5.39）给出的克拉美罗界矩阵看成是关于样本点数K的函数，并将其记为$\mathbf{CRB}_K(\theta)$，则有如下关系式

$$\mathbf{CRB}_K(\theta)\geqslant \mathbf{CRB}_{K+1}(\theta) \tag{5.51}$$

推论5.5的结论是显然的，推论5.5表明上述方位估计方差的克拉美罗界随着样本点数K的增加而降低。

推论 5.6：若将式（5.39）给出的克拉美罗界矩阵看成是关于阵元个数M的函数，并将其记为$\mathbf{CRB}_M(\theta)$，则有如下关系式

$$\mathbf{CRB}_M(\theta)\geqslant \mathbf{CRB}_{M+1}(\theta) \tag{5.52}$$

证明：首先在附录B2中将证明如下等式

$$R_{ss}A^{\mathrm{H}}(\theta)R_{xx}^{-1}A(\theta)R_{ss}=(R_{ss}^{-1}+\sigma_n^2R_{ss}^{-1}(A^{\mathrm{H}}(\theta)A(\theta))^{-1}R_{ss}^{-1})^{-1} \tag{5.53}$$

类似于推论5.2中的证明，这里同样将阵元个数为M时的阵列流形矩阵$A(\theta)$及其导数矩阵$\dot{A}(\theta)$分别记为$A_M(\theta)$和$\dot{A}_M(\theta)$，相应地，将阵元个数为$M+1$时的阵列流形矩阵$A(\theta)$及其导数矩阵$\dot{A}(\theta)$分别记为$A_{M+1}(\theta)$和$\dot{A}_{M+1}(\theta)$，于是利用推论5.2可知

$$\begin{cases} \dot{A}_{M+1}^{\mathrm{H}}(\theta)\cdot \Pi^{\perp}[A_{M+1}(\theta)]\cdot \dot{A}_{M+1}(\theta)\geqslant \dot{A}_M^{\mathrm{H}}(\theta)\cdot \Pi^{\perp}[A_M(\theta)]\cdot \dot{A}_M(\theta) \\ A_{M+1}^{\mathrm{H}}(\theta)A_{M+1}(\theta)\geqslant A_M^{\mathrm{H}}(\theta)A_M(\theta) \end{cases} \tag{5.54}$$

结合式（5.53）和式（5.54）中的第二式可以推得

$$R_{ss}A_{M+1}^{\mathrm{H}}(\theta)R_{xx}^{-1}A_{M+1}(\theta)R_{ss}\geqslant R_{ss}A_M^{\mathrm{H}}(\theta)R_{xx}^{-1}A_M(\theta)R_{ss} \tag{5.55}$$

再利用命题2.17可知

$$\begin{aligned} &(\dot{A}_{M+1}^{\mathrm{H}}(\theta)\cdot \Pi^{\perp}[A_{M+1}(\theta)]\cdot \dot{A}_{M+1}(\theta))\bullet(R_{ss}A_{M+1}^{\mathrm{H}}(\theta)R_{xx}^{-1}A_{M+1}(\theta)R_{ss})^{\mathrm{T}} \\ &\geqslant(\dot{A}_M^{\mathrm{H}}(\theta)\cdot \Pi^{\perp}[A_M(\theta)]\cdot \dot{A}_M(\theta))\bullet(R_{ss}A_{M+1}^{\mathrm{H}}(\theta)R_{xx}^{-1}A_{M+1}(\theta)R_{ss})^{\mathrm{T}} \\ &\geqslant(\dot{A}_M^{\mathrm{H}}(\theta)\cdot \Pi^{\perp}[A_M(\theta)]\cdot \dot{A}_M(\theta))\bullet(R_{ss}A_M^{\mathrm{H}}(\theta)R_{xx}^{-1}A_M(\theta)R_{ss})^{\mathrm{T}} \end{aligned} \tag{5.56}$$

根据式（5.39）和式（5.56）可以进一步推得

$$\begin{aligned} (\mathbf{CRB}_{M+1}(\theta))^{-1}&=\frac{2K}{\sigma_n^2}\cdot \mathrm{Re}\{(\dot{A}_{M+1}^{\mathrm{H}}(\theta)\cdot \Pi^{\perp}[A_{M+1}(\theta)]\cdot \dot{A}_{M+1}(\theta))\bullet(R_{ss}A_{M+1}^{\mathrm{H}}(\theta)R_{xx}^{-1}A_{M+1}(\theta)R_{ss})^{\mathrm{T}}\} \\ &\geqslant\frac{2K}{\sigma_n^2}\cdot \mathrm{Re}\{(\dot{A}_M^{\mathrm{H}}(\theta)\cdot \Pi^{\perp}[A_M(\theta)]\cdot \dot{A}_M(\theta))\bullet(R_{ss}A_M^{\mathrm{H}}(\theta)R_{xx}^{-1}A_M(\theta)R_{ss})^{\mathrm{T}}\}=(\mathbf{CRB}_M(\theta))^{-1} \\ &\Leftrightarrow \mathbf{CRB}_M(\theta)\geqslant \mathbf{CRB}_{M+1}(\theta) \end{aligned} \tag{5.57}$$

推论5.6得证。 □

推论 5.6 表明上述方位估计方差的克拉美罗界随着阵元个数 M 的增加而降低。

推论 5.7：对于均匀线阵而言，在信号复包络 $s(t)$ 为零均值复高斯随机型参数条件下，若仅有一个信号存在，并且其方位（指与线阵法线方向的夹角）为 θ_0 时，则方位估计方差的克拉美罗界为

$$\mathbf{CRB}(\theta_0)=\frac{6(1+(M\cdot \text{SNR})^{-1})}{K(\kappa\cdot\cos(\theta_0))^2(M^3-M)\cdot \text{SNR}} \tag{5.58}$$

式中 $\text{SNR}=\text{E}[|s(t_k)|^2]/\sigma_n^2=\sigma_s^2/\sigma_n^2$ 和 $\kappa=2\pi d/\lambda$。

证明：对于均匀线阵而言，当信号方位为 θ_0 时，根据式（5.37）可得

$$\dot{\boldsymbol{A}}^{\text{H}}(\boldsymbol{\theta})\cdot\boldsymbol{\Pi}^{\perp}[\boldsymbol{A}(\boldsymbol{\theta})]\cdot\dot{\boldsymbol{A}}(\boldsymbol{\theta})=(\kappa\cdot\cos(\theta_0))^2(M^3-M)/12 \tag{5.59}$$

再根据式（5.36）和式（5.53）可知

$$\boldsymbol{R}_{ss}\boldsymbol{A}^{\text{H}}(\boldsymbol{\theta})\boldsymbol{R}_{xx}^{-1}\boldsymbol{A}(\boldsymbol{\theta})\boldsymbol{R}_{ss}=(\sigma_s^{-2}+\sigma_n^2\sigma_s^{-2}M^{-1}\sigma_s^{-2})^{-1}=\frac{\sigma_s^2}{1+(M\cdot\text{SNR})^{-1}} \tag{5.60}$$

将式（5.59）和式（5.60）代入式（5.39）中可知式（5.58）成立。

推论 5.7 得证。 □

从推论 5.7 中可以看出，信噪比 SNR，阵元个数 M 以及相邻阵元间距与波长比 d/λ 越大，方位估计方差的克拉美罗界越小（即可能获得的最优测向精度越高），此外，当信号方位越接近线阵法线方向时（即 $|\theta_0|$ 越小），其方位估计方差的克拉美罗界也越小。

（三）两类克拉美罗界的定量比较

这里将定量比较上述两类克拉美罗界的大小。为了便于区分，下面将未知确定型信号模型下的克拉美罗界矩阵记为 $\mathbf{CRB}_{\text{d}}(\boldsymbol{\theta})$，将复高斯随机型信号模型下的克拉美罗界矩阵记为 $\mathbf{CRB}_{\text{s}}(\boldsymbol{\theta})$，于是可以得到如下命题。

命题 5.3：$\mathbf{CRB}_{\text{d}}(\boldsymbol{\theta})\leqslant\mathbf{CRB}_{\text{s}}(\boldsymbol{\theta})$。

证明：利用式（5.53）和推论 2.1 可得

$$\boldsymbol{R}_{ss}\boldsymbol{A}^{\text{H}}(\boldsymbol{\theta})\boldsymbol{R}_{xx}^{-1}\boldsymbol{A}(\boldsymbol{\theta})\boldsymbol{R}_{ss}=(\boldsymbol{R}_{ss}^{-1}+\sigma_n^2\boldsymbol{R}_{ss}^{-1}(\boldsymbol{A}^{\text{H}}(\boldsymbol{\theta})\boldsymbol{A}(\boldsymbol{\theta}))^{-1}\boldsymbol{R}_{ss}^{-1})^{-1}=\boldsymbol{R}_{ss}-(\sigma_n^{-2}\boldsymbol{A}^{\text{H}}(\boldsymbol{\theta})\boldsymbol{A}(\boldsymbol{\theta})+\boldsymbol{R}_{ss}^{-1})^{-1} \tag{5.61}$$

将式（5.61）代入式（5.39）中可知

$$\begin{aligned}(\mathbf{CRB}_{\text{s}}(\boldsymbol{\theta}))^{-1}&=\frac{2K}{\sigma_n^2}\cdot\text{Re}\{(\dot{\boldsymbol{A}}^{\text{H}}(\boldsymbol{\theta})\cdot\boldsymbol{\Pi}^{\perp}[\boldsymbol{A}(\boldsymbol{\theta})]\cdot\dot{\boldsymbol{A}}(\boldsymbol{\theta}))\bullet(\boldsymbol{R}_{ss}-(\sigma_n^{-2}\boldsymbol{A}^{\text{H}}(\boldsymbol{\theta})\boldsymbol{A}(\boldsymbol{\theta})+\boldsymbol{R}_{ss}^{-1})^{-1})^{\text{T}}\}\\&=\frac{2K}{\sigma_n^2}\cdot\text{Re}\{(\dot{\boldsymbol{A}}^{\text{H}}(\boldsymbol{\theta})\cdot\boldsymbol{\Pi}^{\perp}[\boldsymbol{A}(\boldsymbol{\theta})]\cdot\dot{\boldsymbol{A}}(\boldsymbol{\theta}))\bullet\boldsymbol{R}_{ss}^{\text{T}}\}\\&\quad-\frac{2K}{\sigma_n^2}\cdot\text{Re}\{(\dot{\boldsymbol{A}}^{\text{H}}(\boldsymbol{\theta})\cdot\boldsymbol{\Pi}^{\perp}[\boldsymbol{A}(\boldsymbol{\theta})]\cdot\dot{\boldsymbol{A}}(\boldsymbol{\theta}))\bullet(\sigma_n^{-2}\boldsymbol{A}^{\text{H}}(\boldsymbol{\theta})\boldsymbol{A}(\boldsymbol{\theta})+\boldsymbol{R}_{ss}^{-1})^{-\text{T}}\}\\&=(\mathbf{CRB}_{\text{d}}(\boldsymbol{\theta}))^{-1}-2K\cdot\text{Re}\{(\dot{\boldsymbol{A}}^{\text{H}}(\boldsymbol{\theta})\cdot\boldsymbol{\Pi}^{\perp}[\boldsymbol{A}(\boldsymbol{\theta})]\cdot\dot{\boldsymbol{A}}(\boldsymbol{\theta}))\bullet(\boldsymbol{A}^{\text{H}}(\boldsymbol{\theta})\boldsymbol{A}(\boldsymbol{\theta})+\sigma_n^2\boldsymbol{R}_{ss}^{-1})^{-\text{T}}\}\end{aligned} \tag{5.62}$$

结合命题 2.4、命题 2.6 和命题 2.17 可知，式（5.62）中的第三个等式右边第二项是半正定矩阵，于是有

$$(\mathbf{CRB}_{\text{s}}(\boldsymbol{\theta}))^{-1}\leqslant(\mathbf{CRB}_{\text{d}}(\boldsymbol{\theta}))^{-1}\Leftrightarrow\mathbf{CRB}_{\text{d}}(\boldsymbol{\theta})\leqslant\mathbf{CRB}_{\text{s}}(\boldsymbol{\theta}) \tag{5.63}$$

命题 5.3 得证。 □

命题 5.3 表明，未知确定型信号模型下的方位估计克拉美罗界小于复高斯随机型信号模型下的方位估计克拉美罗界。

5.2 多重信号分类算法的基本原理及其理论性能分析

在众多超分辨率测向算法中，多重信号分类（MUSIC，Multiple Signal Classification）算法最具有代表意义，它是 R.O.Schmidt 在 20 世纪 70 年代所提出的[5, 6]。该算法通过对阵列输出自相关矩阵进行特征值分解获得两种相互正交的子空间（分别称为信号子空间和噪声子空间），并利用信号方位对应的阵列流形向量与噪声子空间相互正交这一性质估计信号方位。之所以称其为超分辨率算法，是由于相比于诸多传统的测向算法，其角度分辨能力可以突破“瑞利限”的限制。目前，MUSIC 算法已经广泛应用于军事和工业测向系统中，其良好的测向性能也得到了实测数据的验证。本节将对 MUSIC 算法的基本原理进行介绍，并从数学上推导其理论性能。

5.2.1 多重信号分类算法的基本原理

MUSIC 算法利用了阵列输出自相关矩阵 $\boldsymbol{R}_{xx}$ 的代数特征以及 Hermitain 矩阵特征值分解的性质。由于 $\boldsymbol{R}_{xx}$ 是 Hermitain 矩阵，利用式（2.36）可以得到如下特征值分解：

$$\boldsymbol{R}_{xx}=\boldsymbol{A}(\boldsymbol{\theta})\boldsymbol{R}_{ss}\boldsymbol{A}^{\mathrm{H}}(\boldsymbol{\theta})+\sigma_n^2\boldsymbol{I}_M=\boldsymbol{U\Sigma U}^{\mathrm{H}}=\sum_{m=1}^{M}\lambda_m\boldsymbol{u}_m\boldsymbol{u}_m^{\mathrm{H}} \tag{5.64}$$

式中 $\boldsymbol{U}=[\boldsymbol{u}_1\ \ \boldsymbol{u}_2\ \ \cdots\ \ \boldsymbol{u}_M]$ 表示单位特征向量矩阵，$\boldsymbol{\Sigma}=\mathrm{diag}[\lambda_1\ \ \lambda_2\ \ \cdots\ \ \lambda_M]$ 表示特征值对角矩阵。根据 $\boldsymbol{R}_{xx}$ 的代数特征可将其特征值进行如下排序：

$$\lambda_1\geqslant\lambda_2\geqslant\cdots\geqslant\lambda_D>\lambda_{D+1}=\cdots=\lambda_M=\sigma_n^2 \tag{5.65}$$

根据式（5.65）可知，其最小的 $M-D$ 个特征值均等于噪声功率 σ_n^2，而最大的 D 个特征值均大于噪声功率 σ_n^2。若利用前面 D 个大特征值对应的单位特征向量构成矩阵 $\boldsymbol{U}_{\mathrm{S}}=[\boldsymbol{u}_1\ \ \boldsymbol{u}_2\ \ \cdots\ \ \boldsymbol{u}_D]$，再利用后面 $M-D$ 个小特征值对应的单位特征向量构成矩阵 $\boldsymbol{U}_{\mathrm{N}}=[\boldsymbol{u}_{D+1}\ \ \boldsymbol{u}_{D+2}\ \ \cdots\ \ \boldsymbol{u}_M]$，则可将式（5.64）进一步改写为

$$\boldsymbol{R}_{xx}=\boldsymbol{U}_{\mathrm{S}}\boldsymbol{\Sigma}_{\mathrm{S}}\boldsymbol{U}_{\mathrm{S}}^{\mathrm{H}}+\boldsymbol{U}_{\mathrm{N}}\boldsymbol{\Sigma}_{\mathrm{N}}\boldsymbol{U}_{\mathrm{N}}^{\mathrm{H}}=\boldsymbol{U}_{\mathrm{S}}\boldsymbol{\Sigma}_{\mathrm{S}}\boldsymbol{U}_{\mathrm{S}}^{\mathrm{H}}+\sigma_n^2\boldsymbol{U}_{\mathrm{N}}\boldsymbol{U}_{\mathrm{N}}^{\mathrm{H}} \tag{5.66}$$

式中 $\boldsymbol{\Sigma}_{\mathrm{S}}=\mathrm{diag}[\lambda_1\ \ \lambda_2\ \ \cdots\ \ \lambda_D]$ 和 $\boldsymbol{\Sigma}_{\mathrm{N}}=\mathrm{diag}[\lambda_{D+1}\ \ \lambda_{D+2}\ \ \cdots\ \ \lambda_M]=\sigma_n^2\boldsymbol{I}_{M-D}$。

基于上述分析，下面给出一系列数学性质，这些性质对于 MUSIC 算法的引出至关重要。

性质 5.1：矩阵 $\boldsymbol{U}_{\mathrm{N}}$ 的列空间和矩阵 $\boldsymbol{U}_{\mathrm{S}}$ 的列空间相互正交，并且与阵列流形矩阵 $\boldsymbol{A}(\boldsymbol{\theta})$ 的列空间也相互正交，即有如下关系式

$$\begin{cases}\mathrm{span}\{\boldsymbol{u}_{D+1},\boldsymbol{u}_{D+2},\cdots,\boldsymbol{u}_M\}\perp\mathrm{span}\{\boldsymbol{u}_1,\boldsymbol{u}_2,\cdots,\boldsymbol{u}_D\}\\ \mathrm{span}\{\boldsymbol{u}_{D+1},\boldsymbol{u}_{D+2},\cdots,\boldsymbol{u}_M\}\perp\mathrm{span}\{\boldsymbol{a}(\theta_1),\boldsymbol{a}(\theta_2),\cdots,\boldsymbol{a}(\theta_D)\}\end{cases} \tag{5.67}$$

证明：式（5.67）中的第一个正交关系可由 Hermitain 矩阵特征值分解的性质直接证得，这里仅需要证明第二个正交关系。根据矩阵特征值和特征向量的定义可得

$$\boldsymbol{R}_{xx}\boldsymbol{u}_m=\boldsymbol{A}(\boldsymbol{\theta})\boldsymbol{R}_{ss}\boldsymbol{A}^{\mathrm{H}}(\boldsymbol{\theta})\boldsymbol{u}_m+\sigma_n^2\boldsymbol{u}_m=\sigma_n^2\boldsymbol{u}_m\Leftrightarrow\boldsymbol{A}(\boldsymbol{\theta})\boldsymbol{R}_{ss}\boldsymbol{A}^{\mathrm{H}}(\boldsymbol{\theta})\boldsymbol{u}_m=\boldsymbol{O}_{M\times1}\quad(D+1\leqslant m\leqslant M) \tag{5.68}$$

由于 $\boldsymbol{A}(\boldsymbol{\theta})\boldsymbol{R}_{ss}$ 是列满秩矩阵，于是有

$$A^{H}(\theta)u_m = O_{D\times 1} \quad (D+1 \leqslant m \leqslant M) \tag{5.69}$$

根据式（5.69）可知，式（5.67）中的第二个正交关系式成立。

性质 5.2：矩阵 U_S 的列空间与阵列流形矩阵 $A(\theta)$ 的列空间相等，即有如下关系式

$$\text{span}\{u_1, u_2, \cdots, u_D\} = \text{span}\{a(\theta_1), a(\theta_2), \cdots, a(\theta_D)\} \tag{5.70}$$

性质 5.2 可以由性质 5.1 直接证得。正是由于性质 5.1 和性质 5.2，通常将矩阵 U_S 的列空间称为信号子空间，将矩阵 U_N 的列空间称为噪声子空间。

性质 5.3：矩阵 U_S 和矩阵 U_N 满足

$$\begin{cases} U_S U_S^H + U_N U_N^H = I_M \\ U_S^H U_S = I_D, U_N^H U_N = I_{M-D} \end{cases} \tag{5.71}$$

性质 5.3 可由 Hermitain 矩阵特征值分解的性质直接证得。

性质 5.4：关于矩阵 U_S，U_N 与 $A(\theta)$ 的正交投影矩阵满足如下关系式

$$\begin{cases} \Pi[U_S] = U_S U_S^H = A(\theta)(A^H(\theta)A(\theta))^{-1}A(\theta) = \Pi[A(\theta)] \\ \Pi[U_N] = U_N U_N^H = I_M - A(\theta)(A^H(\theta)A(\theta))^{-1}A(\theta) = \Pi^{\perp}[A(\theta)] = \Pi^{\perp}[U_S] \end{cases} \tag{5.72}$$

性质 5.4 可由正交投影矩阵的性质直接证得，其中 $\Pi[U_S] = \Pi[A(\theta)]$ 称为信号子空间上的正交投影矩阵，而 $\Pi[U_N] = \Pi^{\perp}[U_S] = \Pi^{\perp}[A(\theta)]$ 称为噪声子空间上的正交投影矩阵。

MUSIC 算法利用了信号方位所对应的阵列流形向量与噪声子空间相互正交这一性质，其方位估计的优化准则可以表示为

$$\min_{\theta} a^H(\theta)U_N U_N^H a(\theta) = \min_{\theta} a^H(\theta)(I_M - U_S U_S^H)a(\theta) = \min_{\theta} a^H(\theta)(I_M - \Pi[U_S])a(\theta) \tag{5.73}$$

需要强调的是，在实际计算过程中，阵列输出自相关矩阵 R_{xx} 是无法精确获得的（因为数据样本有限），它只能利用有限个数据样本进行近似计算，其最大似然估计值为

$$\hat{R}_{xx} = \frac{1}{K} \cdot \sum_{k=1}^{K} x(t_k)x^H(t_k) \tag{5.74}$$

式中 K 表示样本点数。若对矩阵 $\hat{R}_{xx}$ 进行特征值分解，则可以分别得到矩阵 U_S 和 U_N 的一致估计值 $\hat{U}_S$ 和 $\hat{U}_N$，即有

$$\begin{cases} \lim\limits_{K\to+\infty} \hat{U}_S = U_S \\ \lim\limits_{K\to+\infty} \hat{U}_N = U_N \end{cases} \tag{5.75}$$

因此，在实际计算过程中，仅能利用矩阵 $\hat{U}_S$ 和 $\hat{U}_N$ 代替式（5.73）中的矩阵 U_S 和 U_N，相应的方位估计优化准则将变为

$$\min_{\theta} a^H(\theta)\hat{U}_N \hat{U}_N^H a(\theta) = \min_{\theta} a^H(\theta)(I_M - \hat{U}_S \hat{U}_S^H)a(\theta) = \min_{\theta} a^H(\theta)(I_M - \Pi[\hat{U}_S])a(\theta) \tag{5.76}$$

基于上述讨论可以总结出 MUSIC 算法的基本步骤如下：

步骤 1：根据 K 个数据样本构造阵列输出自相关矩阵的最大似然估计值 $\hat{R}_{xx} = \frac{1}{K} \cdot \sum_{k=1}^{K} x(t_k)x^H(t_k)$。

步骤 2：对采样自相关矩阵 $\hat{R}_{xx}$ 进行特征值分解 $\hat{R}_{xx} = \hat{U}\hat{\Sigma}\hat{U}^H$，并利用其前面 D 个大特征

值对应的单位特征向量构造矩阵$\hat{\boldsymbol{U}}_{\mathrm{S}}$，利用其后面$M-D$个小特征值对应的单位特征向量构造矩阵$\hat{\boldsymbol{U}}_{\mathrm{N}}$。

步骤 3：搜索信号方位函数

$$\hat{f}_{\mathrm{MUSIC}}(\theta)=\boldsymbol{a}^{\mathrm{H}}(\theta)\hat{\boldsymbol{U}}_{\mathrm{N}}\hat{\boldsymbol{U}}_{\mathrm{N}}^{\mathrm{H}}\boldsymbol{a}(\theta)=\boldsymbol{a}^{\mathrm{H}}(\theta)(\boldsymbol{I}_M-\hat{\boldsymbol{U}}_{\mathrm{S}}\hat{\boldsymbol{U}}_{\mathrm{S}}^{\mathrm{H}})\boldsymbol{a}(\theta) \tag{5.77}$$

的D个极小值用以确定信号方位。

下面需要对上述 MUSIC 算法进行几点解释和说明。

注释 1：上述 MUSIC 算法假设信号个数D事先已知，在实际计算中可以利用矩阵$\hat{\boldsymbol{R}}_{xx}$的特征值大小进行判断，其判断依据可以是 AIC（Akaike's Information Criterion）准则或者 MDL（Minimum Description Length）准则[24]。

注释 2：由于有限样本的影响，矩阵$\hat{\boldsymbol{R}}_{xx}$的$M-D$个小特征值不会完全相等，其特征值通常满足下面的关系式

$$\hat{\lambda}_1>\hat{\lambda}_2>\cdots>\hat{\lambda}_D>\hat{\lambda}_{D+1}>\cdots>\hat{\lambda}_M \tag{5.78}$$

注释 3：为了便于显示，信号方位估计值也可以通过下式获得

$$\max_{\theta}\hat{p}_{\mathrm{MUSIC}}(\theta)=\max_{\theta}10\cdot\lg\left(\frac{1}{\boldsymbol{a}^{\mathrm{H}}(\theta)\hat{\boldsymbol{U}}_{\mathrm{N}}\hat{\boldsymbol{U}}_{\mathrm{N}}^{\mathrm{H}}\boldsymbol{a}(\theta)}\right)=\max_{\theta}10\cdot\lg\left(\frac{1}{\boldsymbol{a}^{\mathrm{H}}(\theta)(\boldsymbol{I}_M-\hat{\boldsymbol{U}}_{\mathrm{S}}\hat{\boldsymbol{U}}_{\mathrm{S}}^{\mathrm{H}})\boldsymbol{a}(\theta)}\right) \tag{5.79}$$

式中$\hat{p}_{\mathrm{MUSIC}}(\theta)$称为空间谱函数。当阵列流形向量$\boldsymbol{a}(\theta)$属于信号子空间时，$\boldsymbol{a}^{\mathrm{H}}(\theta)\hat{\boldsymbol{U}}_{\mathrm{N}}$是一个“接近零”的数值（但不会完全等于零），而当阵列流形向量$\boldsymbol{a}(\theta)$不属于信号子空间时，$\boldsymbol{a}^{\mathrm{H}}(\theta)\hat{\boldsymbol{U}}_{\mathrm{N}}$则不会“接近零”，所以空间谱函数通常会在信号真实方位附近形成较尖锐的谱峰，而在其它方位上则较为平坦。

注释 4：无论信号复包络为未知确定型参数还是复高斯随机型参数，都不会影响 MUSIC 算法的计算过程。

5.2.2 多重信号分类算法的若干推广形式

下面给出 MUSIC 算法的几种推广形式。对式（5.76）进行加权处理可以得到 MUSIC 算法的推广型算法——加权 MUSIC 算法，其方位估计的优化准则为

$$\min_{\theta}\boldsymbol{a}^{\mathrm{H}}(\theta)\hat{\boldsymbol{U}}_{\mathrm{N}}\hat{\boldsymbol{U}}_{\mathrm{N}}^{\mathrm{H}}\boldsymbol{W}\hat{\boldsymbol{U}}_{\mathrm{N}}\hat{\boldsymbol{U}}_{\mathrm{N}}^{\mathrm{H}}\boldsymbol{a}(\theta)=\min_{\theta}\boldsymbol{a}^{\mathrm{H}}(\theta)(\boldsymbol{I}_M-\hat{\boldsymbol{U}}_{\mathrm{S}}\hat{\boldsymbol{U}}_{\mathrm{S}}^{\mathrm{H}})\boldsymbol{W}(\boldsymbol{I}_M-\hat{\boldsymbol{U}}_{\mathrm{S}}\hat{\boldsymbol{U}}_{\mathrm{S}}^{\mathrm{H}})\boldsymbol{a}(\theta) \tag{5.80}$$

式中$\boldsymbol{W}\in\mathbf{C}^{M\times M}$表示加权矩阵。显然，不同的加权矩阵对应着不同形式的 MUSIC 算法。

当$\boldsymbol{W}=\boldsymbol{I}_M$时，由于$\hat{\boldsymbol{U}}_{\mathrm{N}}\hat{\boldsymbol{U}}_{\mathrm{N}}^{\mathrm{H}}\hat{\boldsymbol{U}}_{\mathrm{N}}\hat{\boldsymbol{U}}_{\mathrm{N}}^{\mathrm{H}}=\hat{\boldsymbol{U}}_{\mathrm{N}}\hat{\boldsymbol{U}}_{\mathrm{N}}^{\mathrm{H}}$，式（5.80）退化为标准的 MUSIC 算法。

当$\boldsymbol{W}=\boldsymbol{i}_M^{(1)}\boldsymbol{i}_M^{(1)\mathrm{H}}$时，式（5.80）可以转化为

$$\begin{aligned}&\min_{\theta}\boldsymbol{a}^{\mathrm{H}}(\theta)\hat{\boldsymbol{U}}_{\mathrm{N}}\hat{\boldsymbol{U}}_{\mathrm{N}}^{\mathrm{H}}\boldsymbol{i}_M^{(1)}\boldsymbol{i}_M^{(1)\mathrm{H}}\hat{\boldsymbol{U}}_{\mathrm{N}}\hat{\boldsymbol{U}}_{\mathrm{N}}^{\mathrm{H}}\boldsymbol{a}(\theta)\\&=\min_{\theta}\boldsymbol{a}^{\mathrm{H}}(\theta)\cdot[\|\hat{\boldsymbol{c}}\|_2^2\ \ \hat{\boldsymbol{c}}^{\mathrm{H}}\hat{\boldsymbol{E}}_{\mathrm{N}}^{\mathrm{H}}]^{\mathrm{H}}\cdot[\|\hat{\boldsymbol{c}}\|_2^2\ \ \hat{\boldsymbol{c}}^{\mathrm{H}}\hat{\boldsymbol{E}}_{\mathrm{N}}^{\mathrm{H}}]\cdot\boldsymbol{a}(\theta)\\&=\min_{\theta}\boldsymbol{a}^{\mathrm{H}}(\theta)\boldsymbol{d}\boldsymbol{d}^{\mathrm{H}}\boldsymbol{a}(\theta)\end{aligned} \tag{5.81}$$

式中

$$\hat{\boldsymbol{U}}_{\mathrm{N}}=\begin{bmatrix}\hat{\boldsymbol{c}}^{\mathrm{H}}\\\hat{\boldsymbol{E}}_{\mathrm{N}}\end{bmatrix},\ \boldsymbol{d}=\begin{bmatrix}\|\hat{\boldsymbol{c}}\|_2^2\\\hat{\boldsymbol{E}}_{\mathrm{N}}\hat{\boldsymbol{c}}\end{bmatrix} \tag{5.82}$$

式（5.81）称为最小范数法（MNM，Minimum Norm Method）。

当 $\hat{\boldsymbol{U}}_{\mathrm{N}}\hat{\boldsymbol{U}}_{\mathrm{N}}^{\mathrm{H}}\boldsymbol{W}\hat{\boldsymbol{U}}_{\mathrm{N}}\hat{\boldsymbol{U}}_{\mathrm{N}}^{\mathrm{H}} = \hat{\boldsymbol{R}}_{xx}^{-1}\boldsymbol{i}_M^{(1)}\boldsymbol{i}_M^{(1)\mathrm{T}}\hat{\boldsymbol{R}}_{xx}^{-1}$ 时，式（5.80）可以转化为

$$\min_{\theta} \boldsymbol{a}^{\mathrm{H}}(\theta)\hat{\boldsymbol{R}}_{xx}^{-1}\boldsymbol{i}_M^{(1)}\boldsymbol{i}_M^{(1)\mathrm{T}}\hat{\boldsymbol{R}}_{xx}^{-\mathrm{H}}\boldsymbol{a}(\theta) = \min_{\theta} |\boldsymbol{a}^{\mathrm{H}}(\theta)\hat{\boldsymbol{R}}_{xx}^{-1}\boldsymbol{i}_M^{(1)}|^2 \tag{5.83}$$

式（5.83）称为最大熵法（MEM，Maximum Entropy Method）。

当 $\hat{\boldsymbol{U}}_{\mathrm{N}}\hat{\boldsymbol{U}}_{\mathrm{N}}^{\mathrm{H}}\boldsymbol{W}\hat{\boldsymbol{U}}_{\mathrm{N}}\hat{\boldsymbol{U}}_{\mathrm{N}}^{\mathrm{H}} = \hat{\boldsymbol{R}}_{xx}^{-1}$ 时，式（5.80）可以转化为

$$\min_{\theta} \boldsymbol{a}^{\mathrm{H}}(\theta)\hat{\boldsymbol{R}}_{xx}^{-1}\boldsymbol{a}(\theta) \tag{5.84}$$

式（5.84）称为 Capon 最小方差法（MVM，Minimum Variance Method）。

5.2.3 多重信号分类算法的理论性能分析

由于标准 MUSIC 算法是加权 MUSIC 算法的一种特例，因此下面首先推导加权 MUSIC 算法的理论性能，令加权矩阵 $\boldsymbol{W}$ 等于单位矩阵即可得到标准 MUSIC 算法的理论性能。

命题 5.4：在大样本数条件下，加权 MUSIC 算法的估计误差服从零均值渐近高斯分布，并且其协方差矩阵等于

$$\boldsymbol{C}_{\mathrm{WMUSIC}} = \frac{\sigma_n^2}{2K}\cdot(\bar{\boldsymbol{H}}_W \bullet \boldsymbol{I}_D)^{-1}\cdot\mathrm{Re}\{\bar{\bar{\boldsymbol{H}}}_W \bullet (\boldsymbol{A}^{\mathrm{H}}(\theta)\boldsymbol{P}\boldsymbol{A}(\theta))^{\mathrm{T}}\}\cdot(\bar{\boldsymbol{H}}_W \bullet \boldsymbol{I}_D)^{-1} \tag{5.85}$$

式中

$$\begin{cases} \boldsymbol{P} = \boldsymbol{U}_{\mathrm{S}}\boldsymbol{\Sigma}_{\mathrm{S}}\bar{\boldsymbol{\Sigma}}_{\mathrm{S}}^{-2}\boldsymbol{U}_{\mathrm{S}}^{\mathrm{H}} = \sum\limits_{d=1}^{D}\lambda_d(\lambda_d - \sigma_n^2)^{-2}\boldsymbol{u}_d\boldsymbol{u}_d^{\mathrm{H}} \\ \bar{\boldsymbol{H}}_W = \dot{\boldsymbol{A}}^{\mathrm{H}}(\theta)\cdot\boldsymbol{\Pi}^{\perp}[\boldsymbol{A}(\theta)]\cdot\boldsymbol{W}\cdot\boldsymbol{\Pi}^{\perp}[\boldsymbol{A}(\theta)]\cdot\dot{\boldsymbol{A}}(\theta) \\ \bar{\bar{\boldsymbol{H}}}_W = \dot{\boldsymbol{A}}^{\mathrm{H}}(\theta)\cdot\boldsymbol{\Pi}^{\perp}[\boldsymbol{A}(\theta)]\cdot\boldsymbol{W}\cdot\boldsymbol{\Pi}^{\perp}[\boldsymbol{A}(\theta)]\cdot\boldsymbol{W}\cdot\boldsymbol{\Pi}^{\perp}[\boldsymbol{A}(\theta)]\cdot\dot{\boldsymbol{A}}(\theta) \end{cases} \tag{5.86}$$

其中 $\bar{\boldsymbol{\Sigma}}_{\mathrm{S}} = \boldsymbol{\Sigma}_{\mathrm{S}} - \sigma_n^2\boldsymbol{I}_D$。

证明：首先定义两个信号方位函数

$$\begin{cases} \hat{f}_{\mathrm{WMUSIC}}(\theta) = \boldsymbol{a}^{\mathrm{H}}(\theta)\hat{\boldsymbol{U}}_{\mathrm{N}}\hat{\boldsymbol{U}}_{\mathrm{N}}^{\mathrm{H}}\boldsymbol{W}\hat{\boldsymbol{U}}_{\mathrm{N}}\hat{\boldsymbol{U}}_{\mathrm{N}}^{\mathrm{H}}\boldsymbol{a}(\theta) \\ f_{\mathrm{WMUSIC}}(\theta) = \boldsymbol{a}^{\mathrm{H}}(\theta)\boldsymbol{U}_{\mathrm{N}}\boldsymbol{U}_{\mathrm{N}}^{\mathrm{H}}\boldsymbol{W}\boldsymbol{U}_{\mathrm{N}}\boldsymbol{U}_{\mathrm{N}}^{\mathrm{H}}\boldsymbol{a}(\theta) \end{cases} \tag{5.87}$$

则 $f_{\mathrm{WMUSIC}}(\theta)$ 与 $\hat{f}_{\mathrm{WMUSIC}}(\theta)$ 之间满足

$$f_{\mathrm{WMUSIC}}(\theta) = \lim_{K\to+\infty}\hat{f}_{\mathrm{WMUSIC}}(\theta) \tag{5.88}$$

根据式（5.80）可知，加权 MUSIC 算法的估计值满足

$$\hat{\theta}_d = \arg\min_{\theta}\hat{f}_{\mathrm{WMUSIC}}(\theta) = \arg\min_{\theta}\boldsymbol{a}^{\mathrm{H}}(\theta)\hat{\boldsymbol{U}}_{\mathrm{N}}\hat{\boldsymbol{U}}_{\mathrm{N}}^{\mathrm{H}}\boldsymbol{W}\hat{\boldsymbol{U}}_{\mathrm{N}}\hat{\boldsymbol{U}}_{\mathrm{N}}^{\mathrm{H}}\boldsymbol{a}(\theta) \quad (1 \leqslant d \leqslant D) \tag{5.89}$$

于是有

$$0 = \dot{\hat{f}}_{\mathrm{WMUSIC}}(\hat{\theta}_d) = \dot{\boldsymbol{a}}^{\mathrm{H}}(\hat{\theta}_d)\hat{\boldsymbol{U}}_{\mathrm{N}}\hat{\boldsymbol{U}}_{\mathrm{N}}^{\mathrm{H}}\boldsymbol{W}\hat{\boldsymbol{U}}_{\mathrm{N}}\hat{\boldsymbol{U}}_{\mathrm{N}}^{\mathrm{H}}\boldsymbol{a}(\hat{\theta}_d) + \boldsymbol{a}^{\mathrm{H}}(\hat{\theta}_d)\hat{\boldsymbol{U}}_{\mathrm{N}}\hat{\boldsymbol{U}}_{\mathrm{N}}^{\mathrm{H}}\boldsymbol{W}\hat{\boldsymbol{U}}_{\mathrm{N}}\hat{\boldsymbol{U}}_{\mathrm{N}}^{\mathrm{H}}\dot{\boldsymbol{a}}(\hat{\theta}_d) \tag{5.90}$$

利用一阶误差分析可得

$$\begin{aligned} 0 = \dot{\hat{f}}_{\mathrm{WMUSIC}}(\hat{\theta}_d) &= \dot{\hat{f}}_{\mathrm{WMUSIC}}(\theta_d) + \ddot{\hat{f}}_{\mathrm{WMUSIC}}(\theta_d)(\hat{\theta}_d - \theta_d) + o(1/\sqrt{K}) \\ &= \dot{\hat{f}}_{\mathrm{WMUSIC}}(\theta_d) + \ddot{f}_{\mathrm{WMUSIC}}(\theta_d)(\hat{\theta}_d - \theta_d) + o(1/\sqrt{K}) \end{aligned} \tag{5.91}$$

式中

$$\begin{aligned}\ddot{f}_{\mathrm{WMUSIC}}(\theta_d)&=\ddot{\boldsymbol{a}}^{\mathrm{H}}(\theta_d)\boldsymbol{U}_{\mathrm{N}}\boldsymbol{U}_{\mathrm{N}}^{\mathrm{H}}\boldsymbol{W}\boldsymbol{U}_{\mathrm{N}}\boldsymbol{U}_{\mathrm{N}}^{\mathrm{H}}\boldsymbol{a}(\theta_d)+\boldsymbol{a}^{\mathrm{H}}(\theta_d)\boldsymbol{U}_{\mathrm{N}}\boldsymbol{U}_{\mathrm{N}}^{\mathrm{H}}\boldsymbol{W}\boldsymbol{U}_{\mathrm{N}}\boldsymbol{U}_{\mathrm{N}}^{\mathrm{H}}\ddot{\boldsymbol{a}}(\theta_d)\\&\quad+2\dot{\boldsymbol{a}}^{\mathrm{H}}(\theta_d)\boldsymbol{U}_{\mathrm{N}}\boldsymbol{U}_{\mathrm{N}}^{\mathrm{H}}\boldsymbol{W}\boldsymbol{U}_{\mathrm{N}}\boldsymbol{U}_{\mathrm{N}}^{\mathrm{H}}\dot{\boldsymbol{a}}(\theta_d)\\&=2\dot{\boldsymbol{a}}^{\mathrm{H}}(\theta_d)\cdot\boldsymbol{\Pi}^{\perp}[\boldsymbol{A}(\boldsymbol{\theta})]\cdot\boldsymbol{W}\cdot\boldsymbol{\Pi}^{\perp}[\boldsymbol{A}(\boldsymbol{\theta})]\cdot\dot{\boldsymbol{a}}(\theta_d)\end{aligned}\tag{5.92}$$

式（5.92）中的第二个等式利用了等式$\boldsymbol{U}_{\mathrm{N}}\boldsymbol{U}_{\mathrm{N}}^{\mathrm{H}}\boldsymbol{a}(\theta_d)=\boldsymbol{O}_{M\times1}$。根据式（5.91）可以进一步推得

$$\delta\theta_d=\hat{\theta}_d-\theta_d\approx-\frac{\dot{\hat{f}}_{\mathrm{WMUSIC}}(\theta_d)}{\ddot{f}_{\mathrm{WMUSIC}}(\theta_d)}\tag{5.93}$$

式（5.93）忽略的项为$o(1/\sqrt{K})$（下面的近似均是如此）。

另一方面，根据式（5.90）可知

$$\begin{aligned}\dot{\hat{f}}_{\mathrm{WMUSIC}}(\theta_d)&=\dot{\boldsymbol{a}}^{\mathrm{H}}(\theta_d)\cdot\boldsymbol{\Pi}[\hat{\boldsymbol{U}}_{\mathrm{N}}]\cdot\boldsymbol{W}\cdot\boldsymbol{\Pi}[\hat{\boldsymbol{U}}_{\mathrm{N}}]\cdot\boldsymbol{a}(\theta_d)+\boldsymbol{a}^{\mathrm{H}}(\theta_d)\cdot\boldsymbol{\Pi}[\hat{\boldsymbol{U}}_{\mathrm{N}}]\cdot\boldsymbol{W}\cdot\boldsymbol{\Pi}[\hat{\boldsymbol{U}}_{\mathrm{N}}]\cdot\dot{\boldsymbol{a}}(\theta_d)\\&\approx\dot{\boldsymbol{a}}^{\mathrm{H}}(\theta_d)\cdot\boldsymbol{\Pi}[\boldsymbol{U}_{\mathrm{N}}]\cdot\boldsymbol{W}\cdot\boldsymbol{\delta\Pi}\cdot\boldsymbol{a}(\theta_d)+\boldsymbol{a}^{\mathrm{H}}(\theta_d)\cdot\boldsymbol{\delta\Pi}\cdot\boldsymbol{W}\cdot\boldsymbol{\Pi}[\boldsymbol{U}_{\mathrm{N}}]\cdot\dot{\boldsymbol{a}}(\theta_d)\\&=\dot{\boldsymbol{a}}^{\mathrm{H}}(\theta_d)\cdot\boldsymbol{\Pi}^{\perp}[\boldsymbol{A}(\boldsymbol{\theta})]\cdot\boldsymbol{W}\cdot\boldsymbol{\delta\Pi}\cdot\boldsymbol{a}(\theta_d)+\boldsymbol{a}^{\mathrm{H}}(\theta_d)\cdot\boldsymbol{\delta\Pi}\cdot\boldsymbol{W}\cdot\boldsymbol{\Pi}^{\perp}[\boldsymbol{A}(\boldsymbol{\theta})]\cdot\dot{\boldsymbol{a}}(\theta_d)\end{aligned}\tag{5.94}$$

式中$\boldsymbol{\delta\Pi}=\boldsymbol{\Pi}[\hat{\boldsymbol{U}}_{\mathrm{N}}]-\boldsymbol{\Pi}[\boldsymbol{U}_{\mathrm{N}}]$。根据文献[9]中的分析可知，误差矩阵$\boldsymbol{\delta\Pi}$可以近似表示为

$$\boldsymbol{\delta\Pi}\approx-\boldsymbol{\Pi}^{\perp}[\boldsymbol{A}(\boldsymbol{\theta})]\cdot\boldsymbol{\delta R}_{xx}\cdot\boldsymbol{S}-\boldsymbol{S}\cdot\boldsymbol{\delta R}_{xx}\cdot\boldsymbol{\Pi}^{\perp}[\boldsymbol{A}(\boldsymbol{\theta})]\tag{5.95}$$

式中

$$\begin{cases}\boldsymbol{S}=\boldsymbol{U}_{\mathrm{S}}\bar{\boldsymbol{\Sigma}}_{\mathrm{S}}^{-1}\boldsymbol{U}_{\mathrm{S}}^{\mathrm{H}}=\sum\limits_{d=1}^{D}(\lambda_d-\sigma_n^2)^{-1}\boldsymbol{u}_d\boldsymbol{u}_d^{\mathrm{H}}\\\boldsymbol{\delta R}_{xx}=\hat{\boldsymbol{R}}_{xx}-\boldsymbol{R}_{xx}=\hat{\boldsymbol{R}}_{xx}=\dfrac{1}{K}\cdot\sum\limits_{k=1}^{K}\boldsymbol{x}(t_k)\boldsymbol{x}^{\mathrm{H}}(t_k)-\boldsymbol{R}_{xx}\end{cases}\tag{5.96}$$

将式（5.95）代入式（5.94）中可得

$$\begin{aligned}\dot{\hat{f}}_{\mathrm{WMUSIC}}(\theta_d)&\approx-\dot{\boldsymbol{a}}^{\mathrm{H}}(\theta_d)\cdot\boldsymbol{\Pi}^{\perp}[\boldsymbol{A}(\boldsymbol{\theta})]\cdot\boldsymbol{W}\cdot\boldsymbol{\Pi}^{\perp}[\boldsymbol{A}(\boldsymbol{\theta})]\cdot\boldsymbol{\delta R}_{xx}\cdot\boldsymbol{S}\boldsymbol{a}(\theta_d)-\dot{\boldsymbol{a}}^{\mathrm{H}}(\theta_d)\cdot\boldsymbol{\Pi}^{\perp}[\boldsymbol{A}(\boldsymbol{\theta})]\cdot\boldsymbol{W}\boldsymbol{S}\cdot\boldsymbol{\delta R}_{xx}\cdot\boldsymbol{\Pi}^{\perp}[\boldsymbol{A}(\boldsymbol{\theta})]\cdot\boldsymbol{a}(\theta_d)\\&\quad-\boldsymbol{a}^{\mathrm{H}}(\theta_d)\cdot\boldsymbol{\Pi}^{\perp}[\boldsymbol{A}(\boldsymbol{\theta})]\cdot\boldsymbol{\delta R}_{xx}\cdot\boldsymbol{S}\boldsymbol{W}\cdot\boldsymbol{\Pi}^{\perp}[\boldsymbol{A}(\boldsymbol{\theta})]\cdot\dot{\boldsymbol{a}}(\theta_d)-\boldsymbol{a}^{\mathrm{H}}(\theta_d)\boldsymbol{S}\cdot\boldsymbol{\delta R}_{xx}\cdot\boldsymbol{\Pi}^{\perp}[\boldsymbol{A}(\boldsymbol{\theta})]\cdot\boldsymbol{W}\cdot\boldsymbol{\Pi}^{\perp}[\boldsymbol{A}(\boldsymbol{\theta})]\cdot\dot{\boldsymbol{a}}(\theta_d)\\&=-\dot{\boldsymbol{a}}^{\mathrm{H}}(\theta_d)\cdot\boldsymbol{\Pi}^{\perp}[\boldsymbol{A}(\boldsymbol{\theta})]\cdot\boldsymbol{W}\cdot\boldsymbol{\Pi}^{\perp}[\boldsymbol{A}(\boldsymbol{\theta})]\cdot\boldsymbol{\delta R}_{xx}\cdot\boldsymbol{S}\boldsymbol{a}(\theta_d)-\boldsymbol{a}^{\mathrm{H}}(\theta_d)\boldsymbol{S}\cdot\boldsymbol{\delta R}_{xx}\cdot\boldsymbol{\Pi}^{\perp}[\boldsymbol{A}(\boldsymbol{\theta})]\cdot\boldsymbol{W}\cdot\boldsymbol{\Pi}^{\perp}[\boldsymbol{A}(\boldsymbol{\theta})]\cdot\dot{\boldsymbol{a}}(\theta_d)\end{aligned}\tag{5.97}$$

利用中心极限定理，误差矩阵$\boldsymbol{\delta R}_{xx}$服从零均值渐近高斯分布，因此$\dot{\hat{f}}_{\mathrm{WMUSIC}}(\theta_d)$也服从零均值渐近高斯分布，再结合式（5.93）可知，方位估计误差$\delta\theta_d$也服从零均值渐近高斯分布。

基于式（5.92）、式（5.93）和式（5.97）可以推得

$$\begin{aligned}\mathrm{E}[\delta\theta_{d_1}\cdot\delta\theta_{d_2}]&=\frac{\mathrm{E}[\dot{\hat{f}}_{\mathrm{WMUSIC}}(\theta_{d_1})\dot{\hat{f}}_{\mathrm{WMUSIC}}(\theta_{d_2})]}{\ddot{f}_{\mathrm{WMUSIC}}(\theta_{d_1})\ddot{f}_{\mathrm{WMUSIC}}(\theta_{d_2})}\\&=\frac{\begin{pmatrix}\dot{\boldsymbol{a}}^{\mathrm{H}}(\theta_{d_1})\cdot\boldsymbol{\Pi}^{\perp}[\boldsymbol{A}(\boldsymbol{\theta})]\cdot\boldsymbol{W}\cdot\boldsymbol{\Pi}^{\perp}[\boldsymbol{A}(\boldsymbol{\theta})]\cdot\mathrm{E}[\boldsymbol{\delta R}_{xx}\cdot\boldsymbol{S}\boldsymbol{a}(\theta_{d_1})\dot{\boldsymbol{a}}^{\mathrm{H}}(\theta_{d_2})\cdot\boldsymbol{\Pi}^{\perp}[\boldsymbol{A}(\boldsymbol{\theta})]\cdot\boldsymbol{W}\cdot\boldsymbol{\Pi}^{\perp}[\boldsymbol{A}(\boldsymbol{\theta})]\cdot\boldsymbol{\delta R}_{xx}]\cdot\boldsymbol{S}\boldsymbol{a}(\theta_{d_2})\\+\dot{\boldsymbol{a}}^{\mathrm{H}}(\theta_{d_1})\cdot\boldsymbol{\Pi}^{\perp}[\boldsymbol{A}(\boldsymbol{\theta})]\cdot\boldsymbol{W}\cdot\boldsymbol{\Pi}^{\perp}[\boldsymbol{A}(\boldsymbol{\theta})]\cdot\mathrm{E}[\boldsymbol{\delta R}_{xx}\cdot\boldsymbol{S}\boldsymbol{a}(\theta_{d_1})\boldsymbol{a}^{\mathrm{H}}(\theta_{d_2})\boldsymbol{S}\cdot\boldsymbol{\delta R}_{xx}]\cdot\boldsymbol{\Pi}^{\perp}[\boldsymbol{A}(\boldsymbol{\theta})]\cdot\boldsymbol{W}\cdot\boldsymbol{\Pi}^{\perp}[\boldsymbol{A}(\boldsymbol{\theta})]\cdot\dot{\boldsymbol{a}}(\theta_{d_2})\\+\boldsymbol{a}^{\mathrm{H}}(\theta_{d_1})\boldsymbol{S}\cdot\mathrm{E}[\boldsymbol{\delta R}_{xx}\cdot\boldsymbol{\Pi}^{\perp}[\boldsymbol{A}(\boldsymbol{\theta})]\cdot\boldsymbol{W}\cdot\boldsymbol{\Pi}^{\perp}[\boldsymbol{A}(\boldsymbol{\theta})]\cdot\dot{\boldsymbol{a}}(\theta_{d_1})\dot{\boldsymbol{a}}^{\mathrm{H}}(\theta_{d_2})\cdot\boldsymbol{\Pi}^{\perp}[\boldsymbol{A}(\boldsymbol{\theta})]\cdot\mathbf{W}\cdot\boldsymbol{\Pi}^{\perp}[\boldsymbol{A}(\boldsymbol{\theta})]\cdot\boldsymbol{\delta R}_{xx}]\cdot\boldsymbol{S}\boldsymbol{a}(\theta_{d_2})\\+\boldsymbol{a}^{\mathrm{H}}(\theta_{d_1})\boldsymbol{S}\cdot\mathrm{E}[\boldsymbol{\delta R}_{xx}\cdot\boldsymbol{\Pi}^{\perp}[\boldsymbol{A}(\boldsymbol{\theta})]\cdot\boldsymbol{W}\cdot\boldsymbol{\Pi}^{\perp}[\boldsymbol{A}(\boldsymbol{\theta})]\cdot\dot{\boldsymbol{a}}(\theta_{d_1})\boldsymbol{a}^{\mathrm{H}}(\theta_{d_2})\boldsymbol{S}\cdot\boldsymbol{\delta R}_{xx}]\cdot\boldsymbol{\Pi}^{\perp}[\boldsymbol{A}(\boldsymbol{\theta})]\cdot\boldsymbol{W}\cdot\boldsymbol{\Pi}^{\perp}[\boldsymbol{A}(\boldsymbol{\theta})]\cdot\dot{\boldsymbol{a}}(\theta_{d_2})\end{pmatrix}}{4(\dot{\boldsymbol{a}}^{\mathrm{H}}(\theta_{d_1})\cdot\boldsymbol{\Pi}^{\perp}[\boldsymbol{A}(\boldsymbol{\theta})]\cdot\boldsymbol{W}\cdot\boldsymbol{\Pi}^{\perp}[\boldsymbol{A}(\boldsymbol{\theta})]\cdot\dot{\boldsymbol{a}}(\theta_{d_1}))(\dot{\boldsymbol{a}}^{\mathrm{H}}(\theta_{d_2})\cdot\boldsymbol{\Pi}^{\perp}[\mathbf{A}(\boldsymbol{\theta})]\cdot\mathbf{W}\cdot\boldsymbol{\Pi}^{\perp}[\boldsymbol{A}(\boldsymbol{\theta})]\cdot\dot{\boldsymbol{a}}(\theta_{d_2}))}\end{aligned}\tag{5.98}$$

利用文献[9]引用的结论可知

$$\mathrm{E}[\delta \boldsymbol{R}_{xx} \cdot \boldsymbol{X} \cdot \delta \boldsymbol{R}_{xx}] = \mathrm{tr}(\boldsymbol{R}_{xx}\boldsymbol{X}) \cdot \boldsymbol{R}_{xx} / K \tag{5.99}$$

于是有

$$\begin{aligned}
&\mathrm{E}[\delta\theta_{d_1} \cdot \delta\theta_{d_2}] \\
&= \frac{\begin{pmatrix} \dot{\boldsymbol{a}}^{\mathrm{H}}(\theta_{d_1}) \cdot \boldsymbol{\Pi}^{\perp}[\boldsymbol{A}(\boldsymbol{\theta})] \cdot \boldsymbol{W} \cdot \boldsymbol{\Pi}^{\perp}[\boldsymbol{A}(\boldsymbol{\theta})] \cdot \boldsymbol{R}_{xx}\boldsymbol{S}\boldsymbol{a}(\theta_{d_2}) \cdot \mathrm{tr}(\boldsymbol{R}_{xx}\boldsymbol{S}\boldsymbol{a}(\theta_{d_1})\dot{\boldsymbol{a}}^{\mathrm{H}}(\theta_{d_2}) \cdot \boldsymbol{\Pi}^{\perp}[\boldsymbol{A}(\boldsymbol{\theta})] \cdot \boldsymbol{W} \cdot \boldsymbol{\Pi}^{\perp}[\boldsymbol{A}(\boldsymbol{\theta})]) \\ +\dot{\boldsymbol{a}}^{\mathrm{H}}(\theta_{d_1}) \cdot \boldsymbol{\Pi}^{\perp}[\boldsymbol{A}(\boldsymbol{\theta})] \cdot \boldsymbol{W} \cdot \boldsymbol{\Pi}^{\perp}[\boldsymbol{A}(\boldsymbol{\theta})] \cdot \boldsymbol{R}_{xx} \cdot \boldsymbol{\Pi}^{\perp}[\boldsymbol{A}(\boldsymbol{\theta})] \cdot \boldsymbol{W} \cdot \boldsymbol{\Pi}^{\perp}[\boldsymbol{A}(\boldsymbol{\theta})] \cdot \dot{\boldsymbol{a}}(\theta_{d_2}) \cdot \mathrm{tr}(\boldsymbol{R}_{xx}\boldsymbol{S}\boldsymbol{a}(\theta_{d_1})\boldsymbol{a}^{\mathrm{H}}(\theta_{d_2})\boldsymbol{S}) \\ +\boldsymbol{a}^{\mathrm{H}}(\theta_{d_1})\boldsymbol{S}\boldsymbol{R}_{xx}\boldsymbol{S}\boldsymbol{a}(\theta_{d_2}) \cdot \mathrm{tr}(\boldsymbol{R}_{xx} \cdot \boldsymbol{\Pi}^{\perp}[\boldsymbol{A}(\boldsymbol{\theta})] \cdot \boldsymbol{W} \cdot \boldsymbol{\Pi}^{\perp}[\boldsymbol{A}(\boldsymbol{\theta})] \cdot \dot{\boldsymbol{a}}(\theta_{d_1})\dot{\boldsymbol{a}}^{\mathrm{H}}(\theta_{d_2}) \cdot \boldsymbol{\Pi}^{\perp}[\boldsymbol{A}(\boldsymbol{\theta})] \cdot \boldsymbol{W} \cdot \boldsymbol{\Pi}^{\perp}[\boldsymbol{A}(\boldsymbol{\theta})]) \\ +\boldsymbol{a}^{\mathrm{H}}(\theta_{d_1})\boldsymbol{S}\boldsymbol{R}_{xx} \cdot \boldsymbol{\Pi}^{\perp}[\boldsymbol{A}(\boldsymbol{\theta})] \cdot \boldsymbol{W} \cdot \boldsymbol{\Pi}^{\perp}[\boldsymbol{A}(\boldsymbol{\theta})] \cdot \dot{\boldsymbol{a}}(\theta_{d_2}) \cdot \mathrm{tr}(\boldsymbol{R}_{xx} \cdot \boldsymbol{\Pi}^{\perp}[\boldsymbol{A}(\boldsymbol{\theta})] \cdot \boldsymbol{W} \cdot \boldsymbol{\Pi}^{\perp}[\boldsymbol{A}(\boldsymbol{\theta})] \cdot \dot{\boldsymbol{a}}(\theta_{d_1})\boldsymbol{a}^{\mathrm{H}}(\theta_{d_2})\boldsymbol{S}) \end{pmatrix}}{4K(\dot{\boldsymbol{a}}^{\mathrm{H}}(\theta_{d_1}) \cdot \boldsymbol{\Pi}^{\perp}[\boldsymbol{A}(\boldsymbol{\theta})] \cdot \boldsymbol{W} \cdot \boldsymbol{\Pi}^{\perp}[\boldsymbol{A}(\boldsymbol{\theta})] \cdot \dot{\boldsymbol{a}}(\theta_{d_1}))(\dot{\boldsymbol{a}}^{\mathrm{H}}(\theta_{d_2}) \cdot \boldsymbol{\Pi}^{\perp}[\boldsymbol{A}(\boldsymbol{\theta})] \cdot \boldsymbol{W} \cdot \boldsymbol{\Pi}^{\perp}[\boldsymbol{A}(\boldsymbol{\theta})] \cdot \dot{\boldsymbol{a}}(\theta_{d_2}))} \\
&= \frac{\mathrm{Re}\{(\dot{\boldsymbol{a}}^{\mathrm{H}}(\theta_{d_1}) \cdot \boldsymbol{\Pi}^{\perp}[\boldsymbol{A}(\boldsymbol{\theta})] \cdot \boldsymbol{W} \cdot \boldsymbol{\Pi}^{\perp}[\boldsymbol{A}(\boldsymbol{\theta})] \cdot \boldsymbol{R}_{xx} \cdot \boldsymbol{\Pi}^{\perp}[\boldsymbol{A}(\boldsymbol{\theta})] \cdot \boldsymbol{W} \cdot \boldsymbol{\Pi}^{\perp}[\boldsymbol{A}(\boldsymbol{\theta})] \cdot \dot{\boldsymbol{a}}(\theta_{d_2})) \cdot (\boldsymbol{a}^{\mathrm{H}}(\theta_{d_2})\boldsymbol{S}\boldsymbol{R}_{xx}\boldsymbol{S}\boldsymbol{a}(\theta_{d_1}))\}}{2K(\dot{\boldsymbol{a}}^{\mathrm{H}}(\theta_{d_1}) \cdot \boldsymbol{\Pi}^{\perp}[\boldsymbol{A}(\boldsymbol{\theta})] \cdot \boldsymbol{W} \cdot \boldsymbol{\Pi}^{\perp}[\boldsymbol{A}(\boldsymbol{\theta})] \cdot \dot{\boldsymbol{a}}(\theta_{d_1}))(\dot{\boldsymbol{a}}^{\mathrm{H}}(\theta_{d_2}) \cdot \boldsymbol{\Pi}^{\perp}[\boldsymbol{A}(\boldsymbol{\theta})] \cdot \boldsymbol{W} \cdot \boldsymbol{\Pi}^{\perp}[\boldsymbol{A}(\boldsymbol{\theta})] \cdot \dot{\boldsymbol{a}}(\theta_{d_2}))} \\
&= \frac{\sigma_n^2 \cdot \mathrm{Re}\{(\dot{\boldsymbol{a}}^{\mathrm{H}}(\theta_{d_1}) \cdot \boldsymbol{\Pi}^{\perp}[\boldsymbol{A}(\boldsymbol{\theta})] \cdot \boldsymbol{W} \cdot \boldsymbol{\Pi}^{\perp}[\boldsymbol{A}(\boldsymbol{\theta})] \cdot \boldsymbol{W} \cdot \boldsymbol{\Pi}^{\perp}[\boldsymbol{A}(\boldsymbol{\theta})] \cdot \dot{\boldsymbol{a}}(\theta_{d_2})) \cdot (\boldsymbol{a}^{\mathrm{H}}(\theta_{d_2})\boldsymbol{S}\boldsymbol{R}_{xx}\boldsymbol{S}\boldsymbol{a}(\theta_{d_1}))\}}{2K(\dot{\boldsymbol{a}}^{\mathrm{H}}(\theta_{d_1}) \cdot \boldsymbol{\Pi}^{\perp}[\boldsymbol{A}(\boldsymbol{\theta})] \cdot \boldsymbol{W} \cdot \boldsymbol{\Pi}^{\perp}[\boldsymbol{A}(\boldsymbol{\theta})] \cdot \dot{\boldsymbol{a}}(\theta_{d_1}))(\dot{\boldsymbol{a}}^{\mathrm{H}}(\theta_{d_2}) \cdot \boldsymbol{\Pi}^{\perp}[\boldsymbol{A}(\boldsymbol{\theta})] \cdot \boldsymbol{W} \cdot \boldsymbol{\Pi}^{\perp}[\boldsymbol{A}(\boldsymbol{\theta})] \cdot \dot{\boldsymbol{a}}(\theta_{d_2}))}
\end{aligned} \tag{5.100}$$

式（5.100）中的第二个等式利用了性质$\boldsymbol{\Pi}^{\perp}[\boldsymbol{A}(\boldsymbol{\theta})] \cdot \boldsymbol{R}_{xx}\boldsymbol{S} = \boldsymbol{O}_{M \times M}$。基于式（5.100）可以进一步推得

$$\boldsymbol{C}_{\mathrm{WMUSIC}} = \frac{\sigma_n^2}{2K} \cdot (\bar{\boldsymbol{H}}_W \bullet \boldsymbol{I}_D)^{-1} \cdot \mathrm{Re}\{\bar{\bar{\boldsymbol{H}}}_W \bullet (\boldsymbol{A}^{\mathrm{H}}(\boldsymbol{\theta})\boldsymbol{S}\boldsymbol{R}_{xx}\boldsymbol{S}\boldsymbol{A}(\boldsymbol{\theta}))^{\mathrm{T}}\} \cdot (\bar{\boldsymbol{H}}_W \bullet \boldsymbol{I}_D)^{-1} \tag{5.101}$$

再利用式（5.66）和式（5.96）可知

$$\begin{aligned}
\boldsymbol{S}\boldsymbol{R}_{xx}\boldsymbol{S} &= \boldsymbol{U}_{\mathrm{S}}\bar{\boldsymbol{\Sigma}}_{\mathrm{S}}^{-1}\boldsymbol{U}_{\mathrm{S}}^{\mathrm{H}}(\boldsymbol{U}_{\mathrm{S}}\boldsymbol{\Sigma}_{\mathrm{S}}\boldsymbol{U}_{\mathrm{S}}^{\mathrm{H}} + \sigma_n^2\boldsymbol{U}_{\mathrm{N}}\boldsymbol{U}_{\mathrm{N}}^{\mathrm{H}})\boldsymbol{U}_{\mathrm{S}}\bar{\boldsymbol{\Sigma}}_{\mathrm{S}}^{-1}\boldsymbol{U}_{\mathrm{S}}^{\mathrm{H}} \\
&= \boldsymbol{U}_{\mathrm{S}}\boldsymbol{\Sigma}_{\mathrm{S}}\bar{\boldsymbol{\Sigma}}_{\mathrm{S}}^{-2}\boldsymbol{U}_{\mathrm{S}}^{\mathrm{H}} = \sum_{d=1}^{D}\lambda_d(\lambda_d - \sigma_n^2)^{-2}\boldsymbol{u}_d\boldsymbol{u}_d^{\mathrm{H}} = \boldsymbol{P}
\end{aligned} \tag{5.102}$$

将式（5.102）代入式（5.101）中可知式（5.85）成立。

命题 5.4 得证。 □

根据命题 5.4 可以得到如下 6 个推论。

推论 5.8： 在大样本数条件下，标准 MUSIC 算法的估计误差服从零均值渐近高斯分布，并且其协方差矩阵等于

$$\boldsymbol{C}_{\mathrm{MUSIC}} = \frac{\sigma_n^2}{2K} \cdot (\boldsymbol{H} \bullet \boldsymbol{I}_D)^{-1} \cdot \mathrm{Re}\{\boldsymbol{H} \bullet (\boldsymbol{A}^{\mathrm{H}}(\boldsymbol{\theta})\boldsymbol{P}\boldsymbol{A}(\boldsymbol{\theta}))^{\mathrm{T}}\} \cdot (\boldsymbol{H} \bullet \boldsymbol{I}_D)^{-1} \tag{5.103}$$

式中

$$\begin{cases} \boldsymbol{P} = \boldsymbol{U}_{\mathrm{S}}\boldsymbol{\Sigma}_{\mathrm{S}}\bar{\boldsymbol{\Sigma}}_{\mathrm{S}}^{-2}\boldsymbol{U}_{\mathrm{S}}^{\mathrm{H}} = \sum_{d=1}^{D}\lambda_d(\lambda_d - \sigma_n^2)^{-2}\boldsymbol{u}_d\boldsymbol{u}_d^{\mathrm{H}} \\ \boldsymbol{H} = \dot{\boldsymbol{A}}^{\mathrm{H}}(\boldsymbol{\theta}) \cdot \boldsymbol{\Pi}^{\perp}[\boldsymbol{A}(\boldsymbol{\theta})] \cdot \dot{\boldsymbol{A}}(\boldsymbol{\theta}) \end{cases} \tag{5.104}$$

推论 5.8 可以由命题 5.4 直接证得，只需要将式（5.85）中的加权矩阵$\boldsymbol{W}$设为单位矩阵即可。

推论 5.9： 在大样本数条件下，加权 MUSIC 算法与标准 MUSIC 算法的方位估计方差满足如下关系式

$$\mathrm{var}_{\mathrm{WMUSIC}}(\theta_d) \geqslant \mathrm{var}_{\mathrm{MUSIC}}(\theta_d) \quad (1 \leqslant d \leqslant D) \tag{5.105}$$

证明：式（5.105）等价于证明

$$\boldsymbol{C}_{\mathrm{WMUSIC}} \bullet \boldsymbol{I}_D \geqslant \boldsymbol{C}_{\mathrm{MUSIC}} \bullet \boldsymbol{I}_D \tag{5.106}$$

根据式（5.85）和式（5.103）可以分别推得

$$\boldsymbol{C}_{\mathrm{WMUSIC}} \bullet \boldsymbol{I}_D = \frac{\sigma_n^2}{2K} \cdot ((\bar{\boldsymbol{H}}_W \bullet \boldsymbol{I}_D)^{-1} \cdot (\bar{\bar{\boldsymbol{H}}}_W \bullet \boldsymbol{I}_D) \cdot (\bar{\boldsymbol{H}}_W \bullet \boldsymbol{I}_D)^{-1}) \bullet (\boldsymbol{A}^{\mathrm{H}}(\theta)\boldsymbol{P}\boldsymbol{A}(\theta))^{\mathrm{T}} \tag{5.107}$$

$$\boldsymbol{C}_{\mathrm{MUSIC}} \bullet \boldsymbol{I}_D = \frac{\sigma_n^2}{2K} \cdot (\boldsymbol{H} \bullet \boldsymbol{I}_D)^{-1} \bullet (\boldsymbol{A}^{\mathrm{H}}(\theta)\boldsymbol{P}\boldsymbol{A}(\theta))^{\mathrm{T}} \tag{5.108}$$

比较式（5.107）和式（5.108）可知，下面需要证明

$$\begin{aligned} &(\bar{\boldsymbol{H}}_W \bullet \boldsymbol{I}_D)^{-1} \cdot (\bar{\bar{\boldsymbol{H}}}_W \bullet \boldsymbol{I}_D) \cdot (\bar{\boldsymbol{H}}_W \bullet \boldsymbol{I}_D)^{-1} \geqslant (\boldsymbol{H} \bullet \boldsymbol{I}_D)^{-1} \\ \Leftrightarrow\ &\boldsymbol{H} \bullet \boldsymbol{I}_D \geqslant (\bar{\boldsymbol{H}}_W \bullet \boldsymbol{I}_D) \cdot (\bar{\bar{\boldsymbol{H}}}_W \bullet \boldsymbol{I}_D)^{-1} \cdot (\bar{\boldsymbol{H}}_W \bullet \boldsymbol{I}_D) \end{aligned} \tag{5.109}$$

利用命题 2.5 可知，仅需要证明

$$\begin{bmatrix} \boldsymbol{H} \bullet \boldsymbol{I}_D & \bar{\boldsymbol{H}}_W \bullet \boldsymbol{I}_D \\ \bar{\boldsymbol{H}}_W \bullet \boldsymbol{I}_D & \bar{\bar{\boldsymbol{H}}}_W \bullet \boldsymbol{I}_D \end{bmatrix} = \begin{bmatrix} \boldsymbol{H} & \bar{\boldsymbol{H}}_W \\ \bar{\boldsymbol{H}}_W & \bar{\bar{\boldsymbol{H}}}_W \end{bmatrix} \bullet \begin{bmatrix} \boldsymbol{I}_D & \boldsymbol{I}_D \\ \boldsymbol{I}_D & \boldsymbol{I}_D \end{bmatrix} \geqslant \boldsymbol{O} \tag{5.110}$$

又由于

$$\begin{aligned} \begin{bmatrix} \boldsymbol{H} & \bar{\boldsymbol{H}}_W \\ \bar{\boldsymbol{H}}_W & \bar{\bar{\boldsymbol{H}}}_W \end{bmatrix} &= \left[\begin{array}{c:c} \dot{\boldsymbol{A}}^{\mathrm{H}}(\theta) \cdot \boldsymbol{\Pi}^{\perp}[\boldsymbol{A}(\theta)] \cdot \dot{\boldsymbol{A}}(\theta) & \dot{\boldsymbol{A}}^{\mathrm{H}}(\theta) \cdot \boldsymbol{\Pi}^{\perp}[\boldsymbol{A}(\theta)] \cdot \boldsymbol{W} \cdot \boldsymbol{\Pi}^{\perp}[\boldsymbol{A}(\theta)] \cdot \dot{\boldsymbol{A}}(\theta) \\ \hdashline \dot{\boldsymbol{A}}^{\mathrm{H}}(\theta) \cdot \boldsymbol{\Pi}^{\perp}[\boldsymbol{A}(\theta)] \cdot \boldsymbol{W} \cdot \boldsymbol{\Pi}^{\perp}[\boldsymbol{A}(\theta)] \cdot \dot{\boldsymbol{A}}(\theta) & \dot{\boldsymbol{A}}^{\mathrm{H}}(\theta) \cdot \boldsymbol{\Pi}^{\perp}[\boldsymbol{A}(\theta)] \cdot \boldsymbol{W} \cdot \boldsymbol{\Pi}^{\perp}[\boldsymbol{A}(\theta)] \cdot \boldsymbol{W} \cdot \boldsymbol{\Pi}^{\perp}[\boldsymbol{A}(\theta)] \cdot \dot{\boldsymbol{A}}(\theta) \end{array}\right] \\ &= \begin{bmatrix} \dot{\boldsymbol{A}}^{\mathrm{H}}(\theta) \cdot \boldsymbol{\Pi}^{\perp}[\boldsymbol{A}(\theta)] \\ \dot{\boldsymbol{A}}^{\mathrm{H}}(\theta) \cdot \boldsymbol{\Pi}^{\perp}[\boldsymbol{A}(\theta)] \cdot \boldsymbol{W} \cdot \boldsymbol{\Pi}^{\perp}[\boldsymbol{A}(\theta)] \end{bmatrix} \cdot \left[\boldsymbol{\Pi}^{\perp}[\boldsymbol{A}(\theta)] \cdot \dot{\boldsymbol{A}}(\theta) \ \vdots\ \boldsymbol{\Pi}^{\perp}[\boldsymbol{A}(\theta)] \cdot \boldsymbol{W} \cdot \boldsymbol{\Pi}^{\perp}[\boldsymbol{A}(\theta)] \cdot \dot{\boldsymbol{A}}(\theta)\right] \geqslant \boldsymbol{O} \end{aligned} \tag{5.111}$$

$$\begin{bmatrix} \boldsymbol{I}_D & \boldsymbol{I}_D \\ \boldsymbol{I}_D & \boldsymbol{I}_D \end{bmatrix} = \begin{bmatrix} \boldsymbol{I}_D \\ \boldsymbol{I}_D \end{bmatrix} \cdot [\boldsymbol{I}_D \ \ \boldsymbol{I}_D] \geqslant \boldsymbol{O} \tag{5.112}$$

根据命题 2.17 可知式（5.110）成立。

推论 5.9 得证。 □

推论 5.9 表明，无法通过构造一种加权矩阵能够进一步降低标准 MUSIC 算法的方位估计方差。

推论 5.10：在大样本数条件下，标准 MUSIC 算法的估计协方差矩阵与未知确定型信号模型下的克拉美罗界矩阵之间满足如下关系式

$$\boldsymbol{C}_{\mathrm{MUSIC}} \geqslant \mathbf{CRB}_{\mathrm{d}}(\theta) \tag{5.113}$$

证明：首先在附录 B3 中将证明如下等式

$$\boldsymbol{A}^{\mathrm{H}}(\theta)\boldsymbol{P}\boldsymbol{A}(\theta) = \boldsymbol{R}_{ss}^{-1} + \sigma_n^2 \boldsymbol{R}_{ss}^{-1} (\boldsymbol{A}^{\mathrm{H}}(\theta)\boldsymbol{A}(\theta))^{-1} \boldsymbol{R}_{ss}^{-1} \tag{5.114}$$

将式（5.114）代入式（5.103）中可得

$$\begin{aligned} \boldsymbol{C}_{\mathrm{MUSIC}} &= \bar{\boldsymbol{C}}_{\mathrm{MUSIC}} + \bar{\bar{\boldsymbol{C}}}_{\mathrm{MUSIC}} \\ &= \frac{\sigma_n^2}{2K} \cdot (\boldsymbol{H} \bullet \boldsymbol{I}_D)^{-1} \cdot \mathrm{Re}\{\boldsymbol{H} \bullet \boldsymbol{R}_{ss}^{-\mathrm{T}}\} \cdot (\boldsymbol{H} \bullet \boldsymbol{I}_D)^{-1} \\ &\quad + \frac{\sigma_n^4}{2K} \cdot (\boldsymbol{H} \bullet \boldsymbol{I}_D)^{-1} \cdot \mathrm{Re}\{\boldsymbol{H} \bullet (\boldsymbol{R}_{ss}^{-1} (\boldsymbol{A}^{\mathrm{H}}(\theta)\boldsymbol{A}(\theta))^{-1} \boldsymbol{R}_{ss}^{-1})^{\mathrm{T}}\} \cdot (\boldsymbol{H} \bullet \boldsymbol{I}_D)^{-1} \end{aligned} \tag{5.115}$$

利用推论 2.11 可知

$$\bar{\boldsymbol{C}}_{\text{MUSIC}}=\frac{\sigma_n^2}{2K}\cdot(\boldsymbol{H}\bullet\boldsymbol{I}_D)^{-1}\cdot\text{Re}\{\boldsymbol{H}\bullet\boldsymbol{R}_{ss}^{-\text{T}}\}\cdot(\boldsymbol{H}\bullet\boldsymbol{I}_D)^{-1}\geqslant\frac{\sigma_n^2}{2K}\cdot(\text{Re}\{\boldsymbol{H}\bullet\boldsymbol{R}_{ss}^{\text{T}}\})^{-1}=\mathbf{CRB}_{\text{d}}(\boldsymbol{\theta})\quad(5.116)$$

再结合命题 2.4、命题 2.6 和命题 2.17 可得

$$\bar{\bar{\boldsymbol{C}}}_{\text{MUSIC}}=\frac{\sigma_n^4}{2K}\cdot(\boldsymbol{H}\bullet\boldsymbol{I}_D)^{-1}\cdot\text{Re}\{\boldsymbol{H}\bullet(\boldsymbol{R}_{ss}^{-1}(\boldsymbol{A}^{\text{H}}(\boldsymbol{\theta})\boldsymbol{A}(\boldsymbol{\theta}))^{-1}\boldsymbol{R}_{ss}^{-1})^{\text{T}}\}\cdot(\boldsymbol{H}\bullet\boldsymbol{I}_D)^{-1}\geqslant\boldsymbol{O}\quad(5.117)$$

结合式（5.115）至式（5.117）可知式（5.113）成立。

推论 5.10 得证。□

推论 5.11：在大样本数条件下，标准 MUSIC 算法的估计协方差矩阵与高斯随机型信号模型下的克拉美罗界矩阵之间满足如下关系式

$$\boldsymbol{C}_{\text{MUSIC}}\geqslant\mathbf{CRB}_{\text{s}}(\boldsymbol{\theta})\quad(5.118)$$

证明：结合式（5.61）和式（5.114）可知

$$\boldsymbol{A}^{\text{H}}(\boldsymbol{\theta})\boldsymbol{P}\boldsymbol{A}(\boldsymbol{\theta})=(\boldsymbol{R}_{ss}\boldsymbol{A}^{\text{H}}(\boldsymbol{\theta})\boldsymbol{R}_{xx}^{-1}\boldsymbol{A}(\boldsymbol{\theta})\boldsymbol{R}_{ss})^{-1}\quad(5.119)$$

利用推论 2.11 可知

$$\begin{aligned}\boldsymbol{C}_{\text{MUSIC}}&=\frac{\sigma_n^2}{2K}\cdot(\boldsymbol{H}\bullet\boldsymbol{I}_D)^{-1}\cdot\text{Re}\{\boldsymbol{H}\bullet(\boldsymbol{A}^{\text{H}}(\boldsymbol{\theta})\boldsymbol{P}\boldsymbol{A}(\boldsymbol{\theta}))^{\text{T}}\}\cdot(\boldsymbol{H}\bullet\boldsymbol{I}_D)^{-1}\\&\geqslant\frac{\sigma_n^2}{2K}\cdot(\text{Re}\{\boldsymbol{H}\bullet(\boldsymbol{A}^{\text{H}}(\boldsymbol{\theta})\boldsymbol{P}\boldsymbol{A}(\boldsymbol{\theta}))^{-\text{T}}\})^{-1}=\frac{\sigma_n^2}{2K}\cdot(\text{Re}\{\boldsymbol{H}\bullet(\boldsymbol{R}_{ss}\boldsymbol{A}^{\text{H}}(\boldsymbol{\theta})\boldsymbol{R}_{xx}^{-1}\boldsymbol{A}(\boldsymbol{\theta})\boldsymbol{R}_{ss})^{\text{T}}\})^{-1}\\&=\mathbf{CRB}_{\text{s}}(\boldsymbol{\theta})\end{aligned}\quad(5.120)$$

推论 5.11 得证。□

推论 5.10 和推论 5.11 联合表明，标准 MUSIC 算法的估计方差尚无法完全达到相应的克拉美罗界。然而，当信号在时域上相互独立时，随着信噪比和阵元个数的增大，标准 MUSIC 算法的估计方差可以渐近逼近相应的克拉美罗界，具体可见如下推论。

推论 5.12：在大样本数条件下，当信号在时域上相互独立时，标准 MUSIC 算法的估计协方差矩阵与未知确定型信号模型条件下的克拉美罗界矩阵满足

$$\frac{<\boldsymbol{C}_{\text{MUSIC}}>_{dd}}{<\mathbf{CRB}_{\text{d}}(\boldsymbol{\theta})>_{dd}}=1+\frac{<(\boldsymbol{A}^{\text{H}}(\boldsymbol{\theta})\boldsymbol{A}(\boldsymbol{\theta}))^{-1}>_{dd}}{\text{SNR}_d}\qquad(1\leqslant d\leqslant D)\quad(5.121)$$

式中 $\text{SNR}_d=<\boldsymbol{R}_{ss}>_{dd}/\sigma_n^2$。

证明：当信号在时域上相互独立时，$\boldsymbol{R}_{ss}$ 是对角矩阵，此时根据式（5.115）可得

$$\begin{aligned}<\boldsymbol{C}_{\text{MUSIC}}>_{dd}&=\frac{1}{2K\cdot\text{SNR}_d\cdot(\dot{\boldsymbol{a}}^{\text{H}}(\theta_d)\cdot\boldsymbol{\Pi}^{\perp}[\boldsymbol{A}(\boldsymbol{\theta})]\cdot\dot{\boldsymbol{a}}(\theta_d))}+\frac{<(\boldsymbol{A}^{\text{H}}(\boldsymbol{\theta})\boldsymbol{A}(\boldsymbol{\theta}))^{-1}>_{dd}}{2K\cdot\text{SNR}_d^2\cdot(\dot{\boldsymbol{a}}^{\text{H}}(\theta_d)\cdot\boldsymbol{\Pi}^{\perp}[\boldsymbol{A}(\boldsymbol{\theta})]\cdot\dot{\boldsymbol{a}}(\theta_d))}\\&=<\mathbf{CRB}_{\text{d}}(\boldsymbol{\theta})>_{dd}+\frac{<(\boldsymbol{A}^{\text{H}}(\boldsymbol{\theta})\boldsymbol{A}(\boldsymbol{\theta}))^{-1}>_{dd}}{2K\cdot\text{SNR}_d^2\cdot(\dot{\boldsymbol{a}}^{\text{H}}(\theta_d)\cdot\boldsymbol{\Pi}^{\perp}[\boldsymbol{A}(\boldsymbol{\theta})]\cdot\dot{\boldsymbol{a}}(\theta_d))}\end{aligned}$$

（5.122）

利用式（5.122）可以进一步推得

$$\frac{<\boldsymbol{C}_{\mathrm{MUSIC}}>_{dd}}{<\mathbf{CRB}_{\mathrm{d}}(\boldsymbol{\theta})>_{dd}}=1+\frac{<(\boldsymbol{A}^{\mathrm{H}}(\boldsymbol{\theta})\boldsymbol{A}(\boldsymbol{\theta}))^{-1}>_{dd}}{\mathrm{SNR}_d} \tag{5.123}$$

推论 5.12 得证。 □

显然，随着阵元个数的增大，$<(\boldsymbol{A}^{\mathrm{H}}(\boldsymbol{\theta})\boldsymbol{A}(\boldsymbol{\theta}))^{-1}>_{dd}$ 会逐渐减少，因此随着信噪比和阵元个数的增大，式（5.121）右边第二项会逐渐趋于零，此时 MUSIC 算法的估计方差也会渐近逼近相应的克拉美罗界。需要强调的是，推论 5.12 中的理论分析是假设信号在时域上相互独立，然而，随着信号的时域相关性增强，标准 MUSIC 算法的估计方差会逐渐偏离相应的克拉美罗界，这一点在文献[7]中有着较为细致的分析，限于篇幅这里不再阐述，后面的数值实验将对此进行验证。

推论 5.13： 对于均匀线阵而言，若仅有一个信号存在，并且其方位（指与线阵法线方向的夹角）为 θ_0 时，标准 MUSIC 算法的方位估计方差为

$$\mathrm{var}_{\mathrm{MUSIC}}(\theta_0)=\frac{6(1+M\cdot\mathrm{SNR})}{K\cdot\mathrm{SNR}^2\cdot(\kappa\cdot\cos(\theta_0))^2(M^4-M^2)} \tag{5.124}$$

式中 $\mathrm{SNR}=\mathrm{E}[|s(t_k)|^2]/\sigma_n^2=\sigma_s^2/\sigma_n^2$ 和 $\kappa=2\pi d/\lambda$。

证明： 对于均匀线阵而言，当信号入射方位为 θ_0 时，根据式（5.36）和式（5.37）可得

$$\begin{cases}\boldsymbol{a}^{\mathrm{H}}(\theta_0)\boldsymbol{a}(\theta_0)=M\\ \dot{\boldsymbol{A}}^{\mathrm{H}}(\boldsymbol{\theta})\cdot\boldsymbol{\Pi}^{\perp}[\boldsymbol{A}(\boldsymbol{\theta})]\cdot\dot{\boldsymbol{A}}(\boldsymbol{\theta})=(\kappa\cdot\cos(\theta_0))^2(M^3-M)/12\end{cases} \tag{5.125}$$

将式（5.125）代入式（5.122）中可得

$$\begin{aligned}\mathrm{var}_{\mathrm{MUSIC}}(\theta_0)&=\frac{6}{K\cdot\mathrm{SNR}\cdot(\kappa\cdot\cos(\theta_0))^2(M^3-M)}+\frac{6}{K\cdot\mathrm{SNR}^2\cdot(\kappa\cdot\cos(\theta_0))^2(M^4-M^2)}\\&=\frac{6(1+M\cdot\mathrm{SNR})}{K\cdot\mathrm{SNR}^2\cdot(\kappa\cdot\cos(\theta_0))^2(M^4-M^2)}\end{aligned} \tag{5.126}$$

推论 5.13 得证。 □

比较式（5.34）和式（5.124）可知

$$\frac{\mathrm{var}_{\mathrm{MUSIC}}(\theta_0)}{\mathrm{CRB}_{\mathrm{d}}(\theta_0)}=\frac{1+M\cdot\mathrm{SNR}}{M\cdot\mathrm{SNR}} \tag{5.127}$$

由式（5.127）可以进一步推得

$$\lim_{M\to+\infty}\frac{\mathrm{var}_{\mathrm{MUSIC}}(\theta_0)}{\mathrm{CRB}_{\mathrm{d}}(\theta_0)}=\frac{1+M\cdot\mathrm{SNR}}{M\cdot\mathrm{SNR}}=1 \tag{5.128}$$

$$\lim_{\mathrm{SNR}\to+\infty}\frac{\mathrm{var}_{\mathrm{MUSIC}}(\theta_0)}{\mathrm{CRB}_{\mathrm{d}}(\theta_0)}=\frac{1+M\cdot\mathrm{SNR}}{M\cdot\mathrm{SNR}}=1 \tag{5.129}$$

式（5.128）和式（5.129）表明，在未知确定型信号模型条件下，当且仅有 1 个信号存在时，随着信噪比和阵元个数的增大，标准 MUSIC 算法的估计方差可以渐近逼近相应的克拉美罗界。

比较式（5.58）和式（5.124）可得

$$\frac{\mathrm{var}_{\mathrm{MUSIC}}(\theta_0)}{\mathrm{CRB}_{\mathrm{s}}(\theta_0)}=\frac{(1+M\cdot\mathrm{SNR})}{M\cdot\mathrm{SNR}\cdot(1+(M\cdot\mathrm{SNR})^{-1})}=1 \tag{5.130}$$

式（5.130）表明，在复高斯随机型信号模型条件下，当且仅有 1 个信号存在时，标准 MUSIC 算法的估计方差等于相应的克拉美罗界。

5.2.4 数值实验

下面将通过若干数值实验说明标准 MUSIC 算法的参数估计精度和角度分辨能力，并将其与各种推广型算法的方位估计性能进行比较。需要指出的是，如无特殊说明，下面的 MUSIC 算法均是特指标准 MUSIC 算法。

数值实验 1——单信号存在条件下 MUSIC 算法的方位估计性能

先以均匀线阵为例进行数值实验，假设有 1 个窄带信号到达某 8 元均匀线阵。

首先，将相邻阵元间距与波长比固定为 $d/\lambda=0.5$，信号方位固定为 10°（指与线阵法线方向的夹角），样本点数固定为 200，图 5.1 给出了 MUSIC 算法的测向均方根误差随着信噪比的变化曲线。

接着，将相邻阵元间距与波长比固定为 $d/\lambda=0.5$，信号方位固定为 10°，信噪比固定为 0dB，图 5.2 给出了 MUSIC 算法的测向均方根误差随着样本点数的变化曲线。

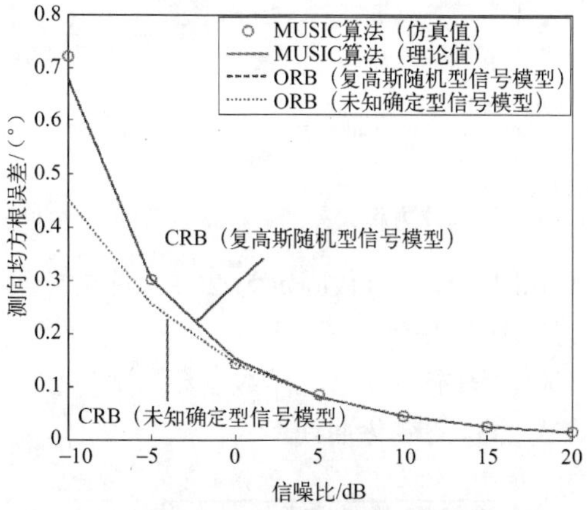

图 5.1 测向均方根误差随着信噪比的变化曲线

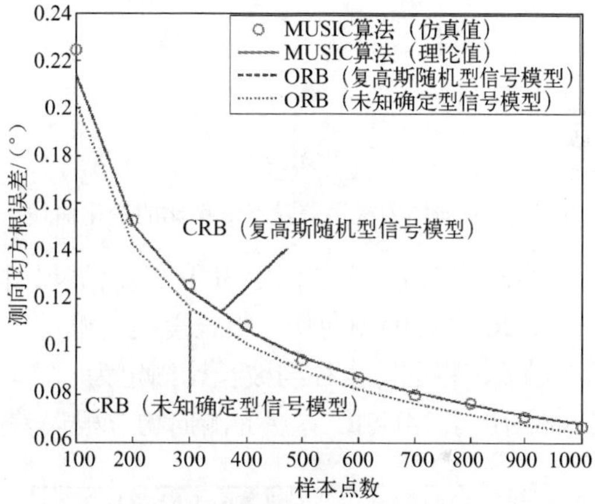

图 5.2 测向均方根误差随着样本点数的变化曲线

其次，将信号方位固定为 10°，信噪比固定为 0dB，样本点数固定为 200，图 5.3 给出了 MUSIC 算法的测向均方根误差随着相邻阵元间距与波长比的变化曲线。

最后，将相邻阵元间距与波长比固定为 $d/\lambda=0.5$，信噪比固定为 0dB，样本点数固定为 200，图 5.4 给出了 MUSIC 算法的测向均方根误差随着信号方位的变化曲线。

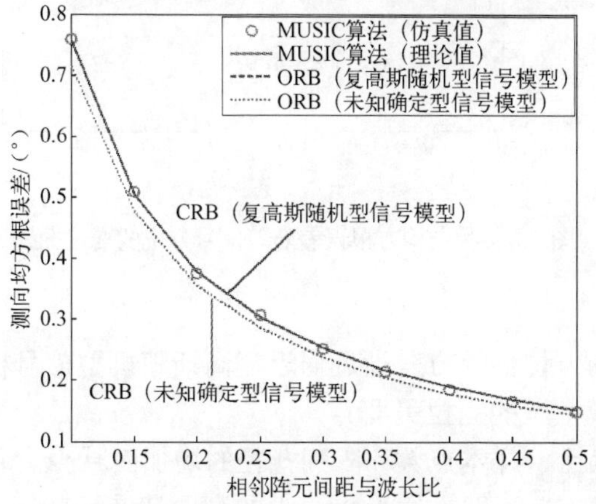

图 5.3 测向均方根误差随着相邻阵元间距与波长比的变化曲线

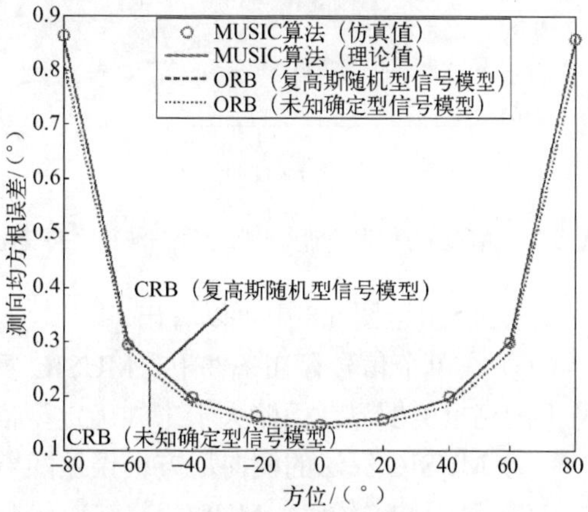

图 5.4 测向均方根误差随着信号方位的变化曲线

再以均匀圆阵为例进行数值实验，假设有 1 个窄带信号到达某 9 元均匀圆阵。

首先，将圆阵半径与波长比固定为$r/\lambda=1$，信号方位固定为 100°，样本点数固定为 200，图 5.5 给出了 MUSIC 算法的测向均方根误差随着信噪比的变化曲线。

接着，将圆阵半径与波长比固定为$r/\lambda=1$，信号方位固定为 100°，信噪比固定为 0dB，图 5.6 给出了 MUSIC 算法的测向均方根误差随着样本点数的变化曲线。

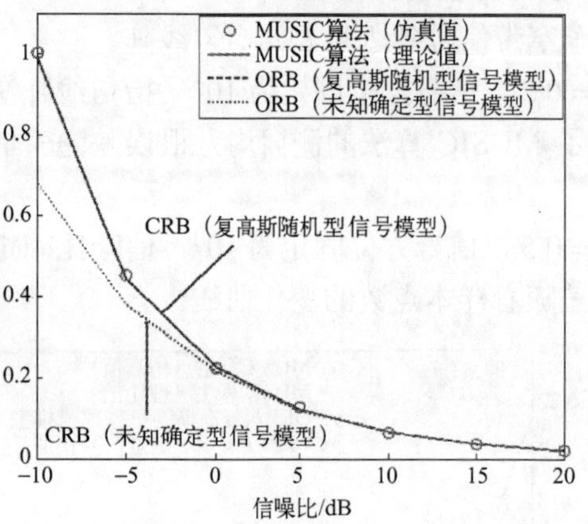

图 5.5　测向均方根误差随着信噪比的变化曲线

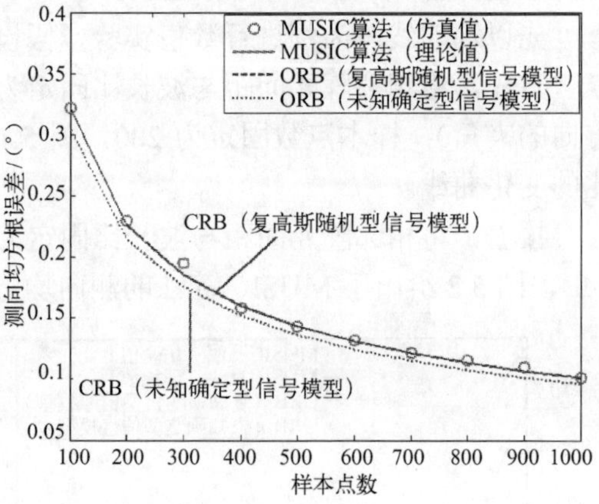

图 5.6　测向均方根误差随着样本点数的变化曲线

其次，将信号方位固定为 100°，信噪比固定为 0dB，样本点数固定为 200，图 5.7 给出了 MUSIC 算法的测向均方根误差随着圆阵半径与波长比的变化曲线。

最后，将圆阵半径与波长比固定为$r/\lambda=1$，信噪比固定为 0dB，样本点数固定为 200，图 5.8 给出了 MUSIC 算法的测向均方根误差随着信号方位的变化曲线。

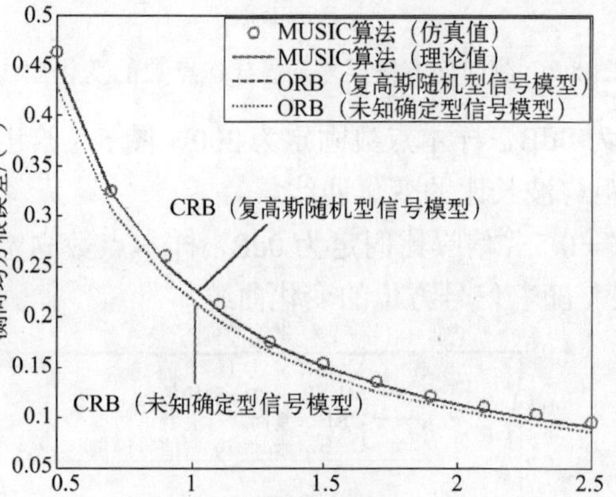

图 5.7　测向均方根误差随着圆阵半径与波长比的变化曲线

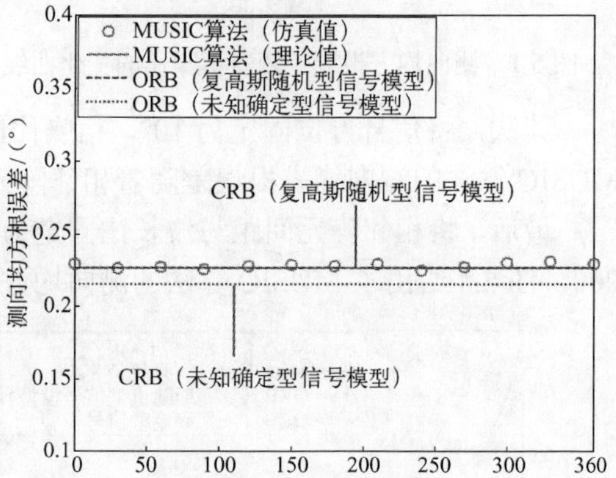

图 5.8　测向均方根误差随着信号方位的变化曲线

从图 5.1 至图 5.8 中可以看出：

① 在单个信号存在条件下，MUSIC 算法的方位估计方差渐近逼近复高斯随机型信号模型下的克拉美罗界，而略大于未知确定型信号模型下的克拉美罗界。

② MUSIC 算法的测向均方根误差随着信噪比、样本点数和阵列孔径的增加而减少。

③ 对于均匀线阵，MUSIC 算法对阵列法线方向（即方位为 0°）上的测向精度最高，对

阵列轴线方向（即方位为 90°）上的测向精度最低，如图 5.4 所示。

④ 对于均匀圆阵，MUSIC 算法的测向精度与信号方位基本无关，如图 5.8 所示。

数值实验 2——两信号存在条件下 MUSIC 算法的方位估计性能

先以均匀线阵为例进行数值实验，假设有 2 个等功率窄带信号到达某 8 元均匀线阵，相邻阵元间距与波长比为 $d/\lambda=0.5$，信号方位分别为 40°和 60°，信噪比为 0dB，样本点数为 200，图 5.9 给出了 MUSIC 算法的测向均方根误差随着两信号时域相关系数的变化曲线。

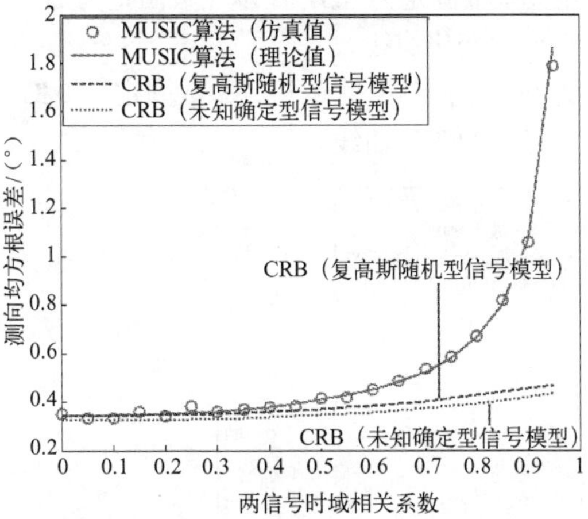

图 5.9　测向均方根误差随着两信号时域相关系数的变化曲线

再以均匀圆阵为例进行数值实验，假设有 2 个等功率窄带信号到达某 9 元均匀圆阵，圆阵半径与波长比为 $r/\lambda=1.5$，信号方位分别为 40°和 58°，信噪比为 0dB，样本点数为 200，图 5.10 给出了 MUSIC 算法的测向均方根误差随着两信号时域相关系数的变化曲线。

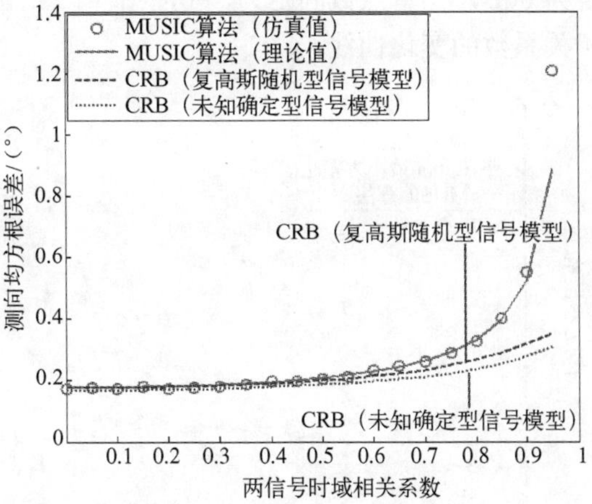

图 5.10　测向均方根误差随着两信号时域相关系数的变化曲线

从图 5.9 和图 5.10 中可以看出：

① 当两信号的时域相关性增加时，MUSIC 算法的方位估计方差会较大幅度的增长，而且会显著偏离两类克拉美罗界。

② 当两信号的时域相关性增加时，两类克拉美罗界也会增长，但是它们增加的幅度相

比于 MUSIC 算法估计方差的增加幅度而言是较小的。

数值实验 3——MUSIC 算法及其推广型算法的性能比较

这里将比较标准 MUSIC 算法、最小范数法、最大熵法以及 Capon 最小方差法的测向精度。

假设有 2 个等功率窄带信号到达某 8 元均匀线阵，相邻阵元间距与波长比为 $d/\lambda = 0.5$，信号方位分别为 40°和 60°。

首先，将两信号时域相关系数固定为 0.3，样本点数固定为 200，图 5.11 给出了 4 种算法的测向均方根误差随着信噪比的变化曲线。

接着，将信噪比固定为 0dB，两信号时域相关系数固定为 0.3，图 5.12 给出了 4 种算法的测向均方根误差随着样本点数的变化曲线。

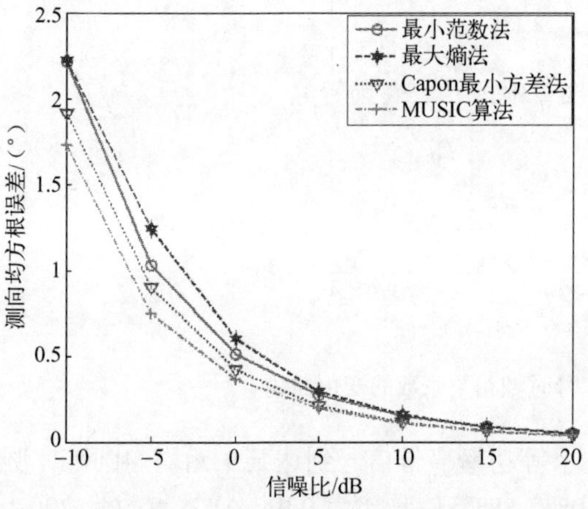

图 5.11　测向均方根误差随着信噪比的变化曲线

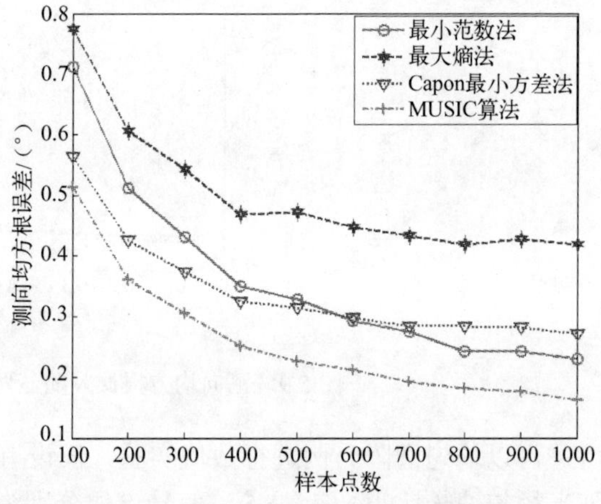

图 5.12　测向均方根误差随着样本点数的变化曲线

最后，将信噪比固定为 0dB，样本点数固定为 200，图 5.13 给出了 4 种算法的测向均方根误差随着两信号时域相关系数的变化曲线。

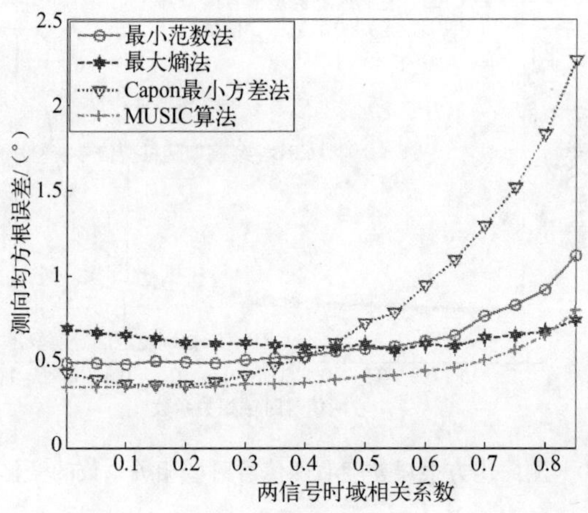

图 5.13　测向均方根误差随着两信号时域相关系数的变化曲线

从图 5.11 至图 5.13 中可以看出：

① MUSIC 算法的测向精度明显高于其它 3 种算法，并且 4 种算法的测向均方根误差均

随着信噪比和样本点数的增加而减少，随着两信号时域相关性的增加而增大。

② 当两信号时域相关性较小时，Capon 最小方差法的测向精度略高于最小范数法和最大熵法，但是随着两信号时域相关性的增加，Capon 最小方差法的性能损失是非常明显的，其测向精度会逐渐低于最小范数法和最大熵法。

数值实验 4——MUSIC 算法的角度分辨性能

先以均匀线阵为例进行数值实验，假设有 3 个等功率窄带独立信号到达某均匀线阵，信号方位分别为 10°，18°和 50°，信噪比为 5dB，样本点数为 500。

首先，将阵元个数固定为 8，图 5.14 给出了不同相邻阵元间距与波长比条件下 MUSIC 算法的空间谱曲线。

接着，将相邻阵元间距与波长比固定为 $d/\lambda = 0.5$，图 5.15 给出了不同阵元个数条件下 MUSIC 算法的空间谱曲线。

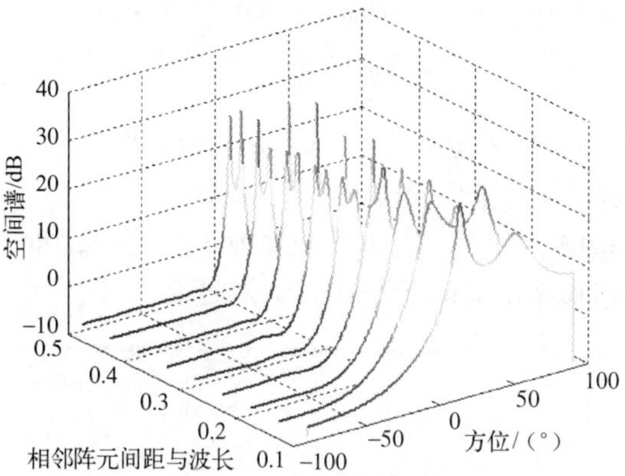

图 5.14 不同相邻阵元间距与波长比条件下 MUSIC 算法的空间谱曲线

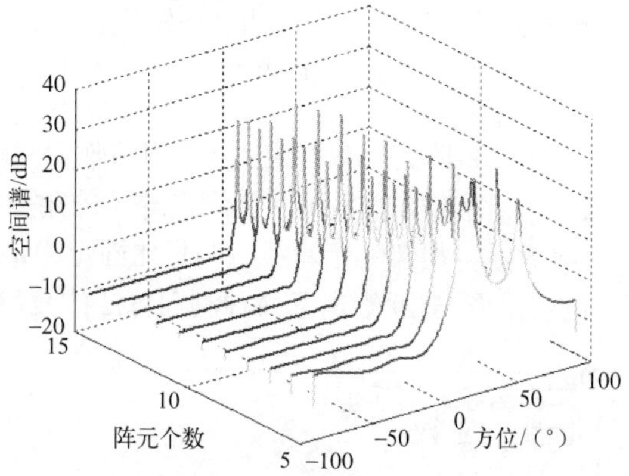

图 5.15 不同阵元个数条件下 MUSIC 算法的空间谱曲线

再以均匀圆阵为例进行数值实验，假设有 3 个等功率窄带独立信号到达某均匀圆阵，信号方位分别为 50°、60°和 150°，信噪比为 5dB，样本点数为 500。

首先，将阵元个数固定为 9，图 5.16 给出了不同圆阵半径与波长比条件下 MUSIC 算法的空间谱曲线。

接着，将圆阵半径与波长比固定为 $r/\lambda = 0.8$，图 5.17 给出了不同阵元个数条件下 MUSIC 算法的空间谱曲线。

从图 5.14 至图 5.17 中可以看出：

① 对于均匀线阵，MUSIC 算法的角度分辨能力随着相邻阵元间距与波长比以及阵元个数的增加而提高。

② 对于均匀圆阵，MUSIC 算法的角度分辨能力随着圆阵半径与波长比的增加而提高，但随着阵元个数的增加，其角度分辨能力并没有明显变化，如图 5.17 所示。

下面将比较 MUSIC 算法和 Capon 最小方差法的角度分辨性能，并以角度分辨概率为衡量指标，角度分辨概率的定义见文献[25]。

假设有 2 个等功率窄带独立信号到达某均匀线阵，其中信号 1 的方位为 40°，信号 2 的方位在数值上小于 40°，样本点数为 500。

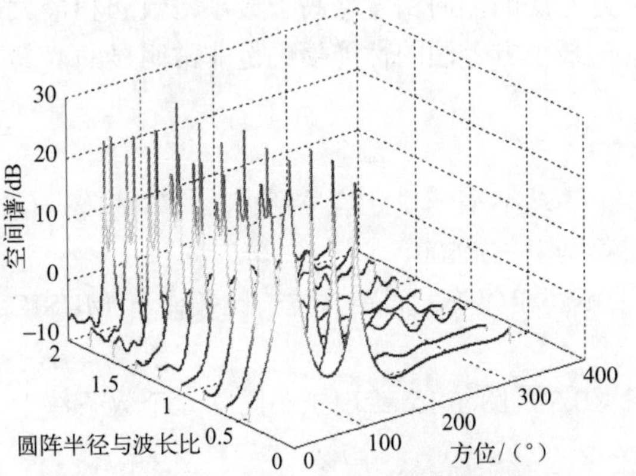

图 5.16　不同圆阵半径与波长比条件下 MUSIC 算法的空间谱曲线

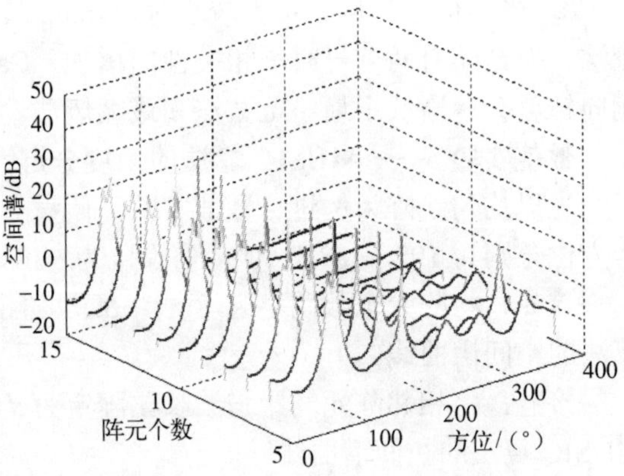

图 5.17　不同阵元个数条件下 MUSIC 算法的空间谱曲线

首先，将阵元个数固定为 8，相邻阵元间距与波长比固定为$d/\lambda=0.5$，信号 2 的方位固定为 34°，图 5.18 给出了两种测向算法的角度分辨概率随着信噪比的变化曲线。

接着，将相邻阵元间距与波长比固定为$d/\lambda=0.5$，信号 2 的方位固定为 34°，信噪比固定为 5dB，图 5.19 给出了两种测向算法的角度分辨概率随着阵元个数的变化曲线。

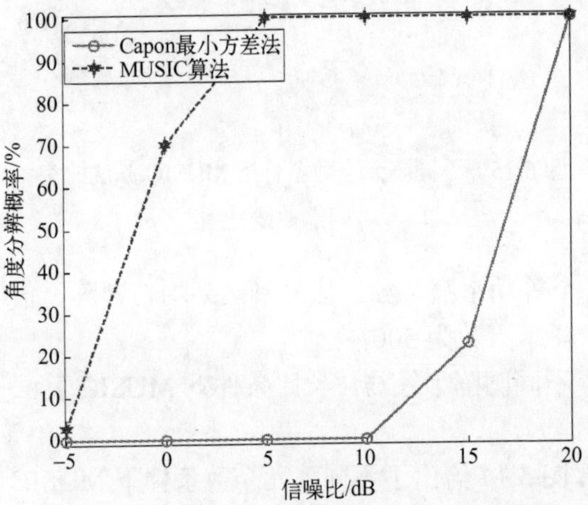

图 5.18　角度分辨概率随着信噪比的变化曲线

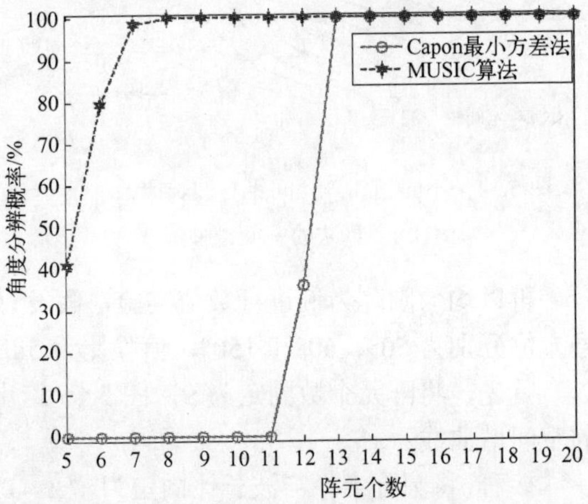

图 5.19　角度分辨概率随着阵元个数的变化曲线

其次，将阵元个数固定为 8，信号 2 的方位固定为 30°，信噪比固定为 5dB，图 5.20 给出了两种测向算法的角度分辨概率随着相邻阵元间距与波长比的变化曲线。

最后，将阵元个数固定为 8，相邻阵元间距与波长比固定为$d/\lambda=0.5$，信噪比固定为 5dB，图 5.21 给出了两种测向算法的角度分辨概率随着两信号方位间隔的变化曲线。

从图 5.18 至图 5.21 中可以看出：

① MUSIC 算法的角度分辨概率始终明显高于 Capon 最小方差法。

② 对于均匀线阵，两种测向算法的角度分辨概率均随着信噪比、阵元个数、相邻阵元间距与波长比以及方位间隔的增加而提高。

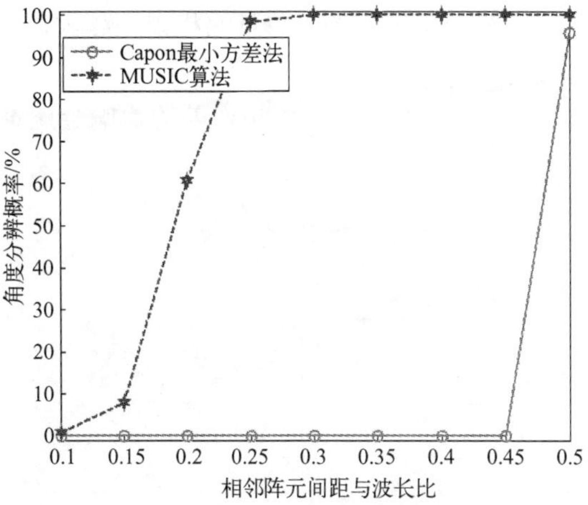

图 5.20 角度分辨概率随着相邻阵元间距与波长比的变化曲线

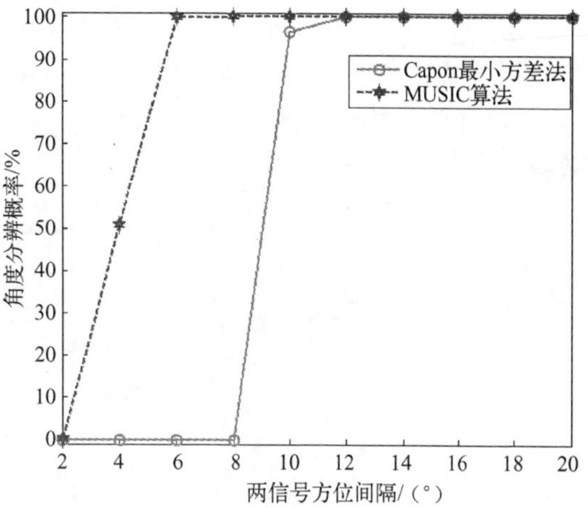

图 5.21 角度分辨概率随着两信号方位间隔的变化曲线

数值实验 5——阵元幅相误差存在条件下 MUSIC 算法的方位估计性能

这里将在阵元幅相误差存在条件下给出 MUSIC 算法的方位估计性能，并且设为较小幅相误差和较大幅相误差两种情况。较小幅相误差是指阵元相位误差在[−5º, 5º]之间服从均匀分布，幅度误差在[−0.05, 0.05]之间服从均匀分布，较大幅相误差是指阵元相位误差在[−20º, 20º]之间服从均匀分布，幅度误差在[−0.2, 0.2]之间服从均匀分布。

先以均匀线阵为例进行数值实验，假设有 1 个窄带信号到达某 8 元均匀线阵，方位为 10°，信噪比为 10dB，样本点数为 500，图 5.22 给出了 MUSIC 算法的测向均方根误差随着相邻阵元间距与波长比的变化曲线。

再以均匀圆阵为例进行数值实验，假设有 1 个窄带信号到达某 9 元均匀圆阵，方位为 100°，信噪比为 10dB，样本点数为 500，图 5.23 给出了 MUSIC 算法的测向均方根误差随着圆阵半径与波长比的变化曲线。

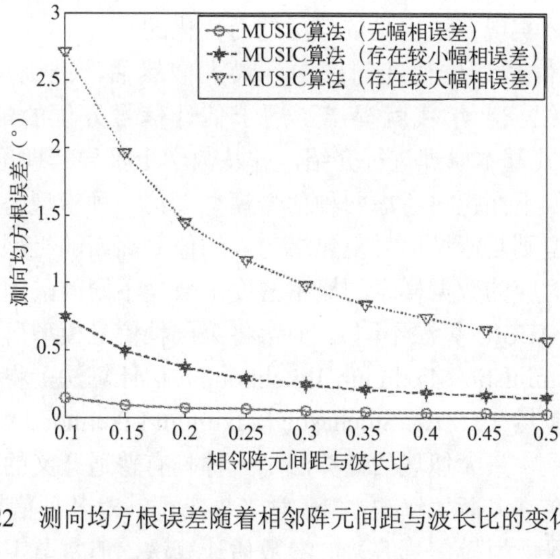

图 5.22 测向均方根误差随着相邻阵元间距与波长比的变化曲线

从图 5.22 和图 5.23 中可以看出：

① 幅相误差对于 MUSIC 算法的方位估计性能是有一定影响的，并且幅相误差越大，其测向误差就越大。

② 无论是均匀线阵还是均匀圆阵，随着阵列孔径的增大，其受幅相误差的影响会逐渐减弱。

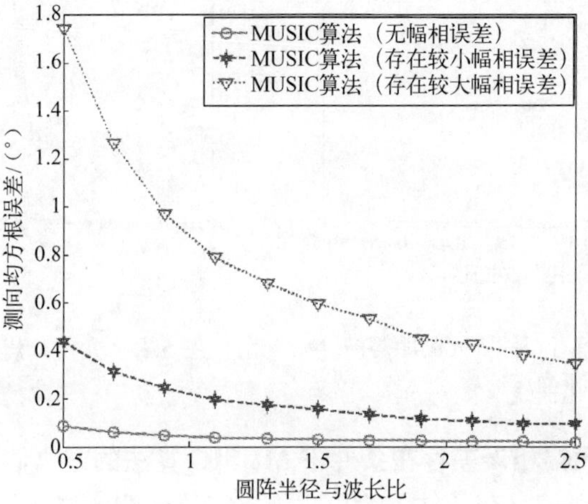

图 5.23 测向均方根误差随着圆阵半径与波长比的变化曲线

5.3 最大似然估计算法的基本原理及其理论性能分析

在信号参数估计领域，最具有普适性的方法是基于最大似然（ML，Maximum Likelihood）准则的估计方法，该类方法的基本思想是寻找能够使得当前数据样本出现概率最大的待估计参数，因此该类方法对于数据样本的概率密度函数的描述至关重要。根据命题 2.27 可知，当数据样本的概率密度函数满足“正则”条件时，最大似然估计方法的估计方差可以渐近逼近相应的克拉美罗界，这也是最大似然估计方法的一个重要优势。然而，该类方法通常需要较复杂的迭代运算，其具体实现算法也是依赖问题而变化的。

在基于阵列处理的信号方位估计问题中，最大似然估计准则与方法同样是适用的，P.Stoica 等人在 20 世纪 80 年代就提出了用于估计信号方位的最大似然准则及其实现算法[7, 8, 16-19]。本节将对其基本原理进行介绍，并从数学上推导其理论性能。

与 5.1 节类似的是，下面也将考虑两种信号模型：第一种模型是假设信号复包络为未知确定型参数；第二种模型则是假设信号复包络为零均值复高斯随机型参数。考虑两种信号模型的原因在于，它们所对应的数据样本的概率密度函数是不同的，因此相应的最大似然估计算法也不同（这一点与 MUSIC 算法不同）。通常将第一种信号模型所对应的算法称为确定型最大似然（DML，Deterministic Maximum Likelihood）估计算法，将第二种信号模型所对应的算法称为随机型最大似然（SML，Stochastic Maximum Likelihood）估计算法。

最后还需要指出的是，最大似然估计算法是一种具有普适意义的信号参数估计算法，在信号方位估计领域中存在许多衍生算法，相关学者提出了针对各种信号模型（例如相干信号、时域独立信号、非圆信号、恒模信号等）的参数估计算法，但本节主要介绍两种最基本的最大似然估计算法。

5.3.1 未知确定型信号模型下的最大似然估计算法及其理论性能分析

（一）未知确定型信号模型下的最大似然估计准则

在未知确定型信号模型条件下，未知参量包括 $\{\boldsymbol{s}(t_k)\}_{k=1}^{K}$，$\boldsymbol{\theta}$ 和 σ_n^2，于是关于这些未知参量的最大似然函数（亦即数据样本的概率密度函数）为

$$\begin{aligned}L_{\text{DML}}(\{\boldsymbol{s}(t_k)\}_{k=1}^{K},\boldsymbol{\theta},\sigma_n^2)&=\prod_{k=1}^{K}\frac{1}{(\pi\sigma_n^2)^M}\cdot\exp\left\{-\frac{1}{\sigma_n^2}\cdot\|\boldsymbol{x}(t_k)-\boldsymbol{A}(\boldsymbol{\theta})\boldsymbol{s}(t_k)\|_2^2\right\}\\&=\frac{1}{(\pi\sigma_n^2)^{MK}}\cdot\exp\left\{-\frac{1}{\sigma_n^2}\cdot\sum_{k=1}^{K}\|\boldsymbol{x}(t_k)-\boldsymbol{A}(\boldsymbol{\theta})\boldsymbol{s}(t_k)\|_2^2\right\}\end{aligned}\tag{5.131}$$

相应的对数似然函数为

$$\ln(L_{\text{DML}}(\{\boldsymbol{s}(t_k)\}_{k=1}^{K},\boldsymbol{\theta},\sigma_n^2))=C-MK\cdot\ln(\sigma_n^2)-\frac{1}{\sigma_n^2}\cdot\sum_{k=1}^{K}\|\boldsymbol{x}(t_k)-\boldsymbol{A}(\boldsymbol{\theta})\boldsymbol{s}(t_k)\|_2^2\tag{5.132}$$

式中 C 表示与未知参量无关的常数。将式（5.132）对 σ_n^2 求偏导，并令其等于零可得

$$\frac{\partial\ln(L_{\text{DML}}(\{\boldsymbol{s}(t_k)\}_{k=1}^{K},\boldsymbol{\theta},\sigma_n^2))}{\partial\sigma_n^2}=-\frac{MK}{\sigma_n^2}+\frac{1}{\sigma_n^4}\cdot\sum_{k=1}^{K}\|\boldsymbol{x}(t_k)-\boldsymbol{A}(\boldsymbol{\theta})\boldsymbol{s}(t_k)\|_2^2=0\tag{5.133}$$

根据式（5.133）可以推得

$$\hat{\sigma}_n^2=\frac{1}{MK}\cdot\sum_{k=1}^{K}\|\boldsymbol{x}(t_k)-\boldsymbol{A}(\boldsymbol{\theta})\boldsymbol{s}(t_k)\|_2^2\tag{5.134}$$

将式（5.134）代入式（5.133）中可以得到仅关于 $\{\boldsymbol{s}(t_k)\}_{k=1}^{K}$ 和 $\boldsymbol{\theta}$ 的优化模型

$$\min_{\{\boldsymbol{s}(t_k)\}_{k=1}^{K},\boldsymbol{\theta}}\sum_{k=1}^{K}\|\boldsymbol{x}(t_k)-\boldsymbol{A}(\boldsymbol{\theta})\boldsymbol{s}(t_k)\|_2^2\tag{5.135}$$

由于式（5.135）中的目标函数是关于向量 $\{\boldsymbol{s}(t_k)\}_{k=1}^{K}$ 的二次函数，基于该性质可以实现向量 $\{\boldsymbol{s}(t_k)\}_{k=1}^{K}$ 和 $\boldsymbol{\theta}$ 的解耦合估计（即可以各自独立的进行估计）。首先利用式(2.116）可知，向量 $\boldsymbol{s}(t_k)$ 的最优闭式解为

$$\hat{\boldsymbol{s}}(t_k)=\boldsymbol{A}^{\dagger}(\boldsymbol{\theta})\boldsymbol{x}(t_k)=(\boldsymbol{A}^{\text{H}}(\boldsymbol{\theta})\boldsymbol{A}(\boldsymbol{\theta}))^{-1}\boldsymbol{A}^{\text{H}}(\boldsymbol{\theta})\boldsymbol{x}(t_k)\qquad(1\leqslant k\leqslant K)\tag{5.136}$$

将式（5.136）代入式（5.135）中可以得到仅关于方位向量 $\boldsymbol{\theta}$ 的优化模型

$$\min_{\boldsymbol{\theta}}\frac{1}{K}\cdot\sum_{k=1}^{K}\boldsymbol{x}^{\text{H}}(t_k)\cdot\boldsymbol{\Pi}^{\perp}[\boldsymbol{A}(\boldsymbol{\theta})]\cdot\boldsymbol{x}(t_k)=\min_{\boldsymbol{\theta}}\text{tr}(\boldsymbol{\Pi}^{\perp}[\boldsymbol{A}(\boldsymbol{\theta})]\cdot\hat{\boldsymbol{R}}_{xx})\tag{5.137}$$

式（5.137）即为未知确定型信号模型条件下方位估计的最大似然准则。显然，它等价于下式

$$\max_{\boldsymbol{\theta}}\text{tr}(\boldsymbol{\Pi}[\boldsymbol{A}(\boldsymbol{\theta})]\cdot\hat{\boldsymbol{R}}_{xx})\tag{5.138}$$

式（5.138）是多维非线性优化问题，需要迭代求解，下面将给出一种求解式（5.138）的数值迭代算法。

（二）未知确定型信号模型下的最大似然估计算法

文献[16]提出的交替投影（AP，Alternating Projection）迭代算法是求解式（5.138）的一种有效数值算法，该算法的基本思想是在每轮迭代中进行 D 次一维优化，而每次优化仅针对

其中某单个信号方位进行，与此同时保持其它信号方位的数值不变，按照这种方式进行多轮迭代直至收敛为止。另一方面，算法在每次一维优化过程中均利用了正交投影矩阵的更新公式，从而起到简化计算的目的。

假设进行第 k 轮迭代，并且针对其中第 d 个信号方位 θ_d 进行优化，即有

$$\hat{\theta}_d^{(k)} = \arg\max_{\theta_d} \mathrm{tr}(\boldsymbol{\Pi}[\hat{\boldsymbol{A}}_d^{(k)} \mid \boldsymbol{a}(\theta_d)] \cdot \hat{\boldsymbol{R}}_{xx}) \tag{5.139}$$

式中

$$\hat{\boldsymbol{A}}_d^{(k)} = [\boldsymbol{a}(\hat{\theta}_1^{(k)}) \ \cdots \ \boldsymbol{a}(\hat{\theta}_{d-1}^{(k)}) \ \boldsymbol{a}(\hat{\theta}_{d+1}^{(k-1)}) \ \cdots \ \boldsymbol{a}(\hat{\theta}_D^{(k-1)})] \tag{5.140}$$

是根据当前迭代值获得的已知矩阵，而向量 $\boldsymbol{a}(\theta_d)$ 是未知的。根据推论 2.10 可知

$$\boldsymbol{\Pi}[\hat{\boldsymbol{A}}_d^{(k)} \mid \boldsymbol{a}(\theta_d)] = \boldsymbol{\Pi}[\hat{\boldsymbol{A}}_d^{(k)}] + \frac{\boldsymbol{\Pi}^{\perp}[\hat{\boldsymbol{A}}_d^{(k)}] \cdot \boldsymbol{a}(\theta_d)\boldsymbol{a}^{\mathrm{H}}(\theta_d) \cdot \boldsymbol{\Pi}^{\perp}[\hat{\boldsymbol{A}}_d^{(k)}]}{\boldsymbol{a}^{\mathrm{H}}(\theta_d) \cdot \boldsymbol{\Pi}^{\perp}[\hat{\boldsymbol{A}}_d^{(k)}] \cdot \boldsymbol{a}(\theta_d)} \tag{5.141}$$

将式（5.141）代入式（5.139）中可得

$$\begin{aligned}\hat{\theta}_d^{(k)} &= \arg\max_{\theta_d} \mathrm{tr}\left(\frac{\boldsymbol{\Pi}^{\perp}[\hat{\boldsymbol{A}}_d^{(k)}] \cdot \boldsymbol{a}(\theta_d)\boldsymbol{a}^{\mathrm{H}}(\theta_d) \cdot \boldsymbol{\Pi}^{\perp}[\hat{\boldsymbol{A}}_d^{(k)}] \cdot \hat{\boldsymbol{R}}_{xx}}{\boldsymbol{a}^{\mathrm{H}}(\theta_d) \cdot \boldsymbol{\Pi}^{\perp}[\hat{\boldsymbol{A}}_d^{(k)}] \cdot \boldsymbol{a}(\theta_d)}\right) \\ &= \arg\max_{\theta_d} \frac{\boldsymbol{a}^{\mathrm{H}}(\theta_d) \cdot \boldsymbol{\Pi}^{\perp}[\hat{\boldsymbol{A}}_d^{(k)}] \cdot \hat{\boldsymbol{R}}_{xx} \cdot \boldsymbol{\Pi}^{\perp}[\hat{\boldsymbol{A}}_d^{(k)}] \cdot \boldsymbol{a}(\theta_d)}{\boldsymbol{a}^{\mathrm{H}}(\theta_d) \cdot \boldsymbol{\Pi}^{\perp}[\hat{\boldsymbol{A}}_d^{(k)}] \cdot \boldsymbol{a}(\theta_d)}\end{aligned} \tag{5.142}$$

显然，式（5.142）是一个一维优化问题，可以直接通过一维搜索的方式进行数值寻优。此外，任何一个迭代算法要想收敛至全局最优解，通常需要一个良好的迭代初值，可以利用 MUSIC 算法的估计结果作为交替投影迭代算法的迭代初值。

基于上述讨论可以总结出交替投影迭代算法的基本步骤如下：

步骤 1：设置 ε 为迭代门限值，利用 MUSIC 算法计算初值 $\{\hat{\theta}_d^{(0)}\}_{d=1}^{D}$，并令 $k:=1$。

步骤 2：利用式（5.142）依次对 D 个信号方位进行一维数值寻优，从而完成一轮迭代运算，并获得最新的方位估计值 $\{\hat{\theta}_d^{(k)}\}_{d=1}^{D}$。

步骤 3：若 $\|\hat{\boldsymbol{\theta}}^{(k)} - \hat{\boldsymbol{\theta}}^{(k-1)}\|_2 < \varepsilon$，则停止计算；否则令 $k:=k+1$，并转至步骤 2。

上述交替投影迭代算法即为未知确定型信号模型下的最大似然估计算法。该算法利用了交替迭代算法的基本思想和投影矩阵递推公式，可以将相对复杂的多维优化问题转化为多个简单的一维寻优问题，能够有效降低运算量，不失为一种有效的方位估计算法，后面的数值实验也将对其方位估计性能进行验证。

（三）未知确定型信号模型下的最大似然估计算法的理论性能分析

下面将对未知确定型信号模型下的最大似然估计算法的理论性能进行数学分析，分析的前提是假设上述交替投影迭代算法能够给出式（5.137）或式（5.138）的全局最优解。首先给出下面的命题。

命题 5.5：在大样本数条件下，未知确定型信号模型下的最大似然估计器与下面的估计器渐近等价

$$\max_{\boldsymbol{\theta}} \mathrm{tr}(\boldsymbol{\Pi}[\boldsymbol{A}(\boldsymbol{\theta})] \cdot \hat{\boldsymbol{U}}_{\mathrm{S}} \bar{\boldsymbol{\Sigma}}_{\mathrm{S}} \hat{\boldsymbol{U}}_{\mathrm{S}}^{\mathrm{H}}) \tag{5.143}$$

式中 $\bar{\boldsymbol{\Sigma}}_{\mathrm{S}} = \boldsymbol{\Sigma}_{\mathrm{S}} - \sigma_n^2 \boldsymbol{I}_D$。

证明：将矩阵 $\hat{\boldsymbol{R}}_{xx}$ 的特征值分解代入式（5.138）中的目标函数可得

$$\mathrm{tr}(\mathbf{\Pi}[\boldsymbol{A}(\boldsymbol{\theta})]\cdot\hat{\boldsymbol{R}}_{xx})=\mathrm{tr}(\mathbf{\Pi}[\boldsymbol{A}(\boldsymbol{\theta})]\cdot\hat{\boldsymbol{U}}_{\mathrm{S}}\hat{\boldsymbol{\Sigma}}_{\mathrm{S}}\hat{\boldsymbol{U}}_{\mathrm{S}}^{\mathrm{H}})+\mathrm{tr}(\mathbf{\Pi}[\boldsymbol{A}(\boldsymbol{\theta})]\cdot\hat{\boldsymbol{U}}_{\mathrm{N}}\hat{\boldsymbol{\Sigma}}_{\mathrm{N}}\hat{\boldsymbol{U}}_{\mathrm{N}}^{\mathrm{H}}) \tag{5.144}$$

根据文献[13]中的分析可知，式（5.144）右边第二项中的 $\hat{\boldsymbol{\Sigma}}_{\mathrm{N}}$ 可以替换为 $\sigma_n^2\boldsymbol{I}_{M-D}$ 而不影响其渐近估计性能，于是可以将最大似然估计准则改写为

$$\max_{\boldsymbol{\theta}}\mathrm{tr}(\mathbf{\Pi}[\boldsymbol{A}(\boldsymbol{\theta})]\cdot\hat{\boldsymbol{U}}_{\mathrm{S}}(\hat{\boldsymbol{\Sigma}}_{\mathrm{S}}-\sigma_n^2)\hat{\boldsymbol{U}}_{\mathrm{S}}^{\mathrm{H}}) \tag{5.145}$$

类似地，根据文献[13]中的分析可知，式（5.145）右边的 $\hat{\boldsymbol{\Sigma}}_{\mathrm{S}}$ 也可以替换为 $\boldsymbol{\Sigma}_{\mathrm{S}}$ 而不影响其渐近估计性能，于是可以将最大似然估计准则进一步改写为

$$\max_{\boldsymbol{\theta}}\mathrm{tr}(\mathbf{\Pi}[\boldsymbol{A}(\boldsymbol{\theta})]\cdot\hat{\boldsymbol{U}}_{\mathrm{S}}\bar{\boldsymbol{\Sigma}}_{\mathrm{S}}\hat{\boldsymbol{U}}_{\mathrm{S}}^{\mathrm{H}}) \tag{5.146}$$

命题 5.5 得证。 □

需要指出的是，式（5.143）中的矩阵 $\bar{\boldsymbol{\Sigma}}_{\mathrm{S}}$ 可由其一致估计值 $\hat{\bar{\boldsymbol{\Sigma}}}_{\mathrm{S}}$ 替换而不影响其渐近估计性能。

命题 5.6： 在大样本数条件下，未知确定型信号模型下的最大似然估计算法的估计误差服从零均值渐近高斯分布，并且其协方差矩阵等于

$$\boldsymbol{C}_{\mathrm{DML}}=\frac{\sigma_n^2}{2K}\cdot(\mathrm{Re}\{\boldsymbol{H}\bullet\boldsymbol{R}_{ss}^{\mathrm{T}}\})^{-1}\cdot\mathrm{Re}\{\boldsymbol{H}\bullet(\boldsymbol{R}_{ss}\boldsymbol{A}^{\mathrm{H}}(\boldsymbol{\theta})\boldsymbol{P}\boldsymbol{A}(\boldsymbol{\theta})\boldsymbol{R}_{ss})^{\mathrm{T}}\}\cdot(\mathrm{Re}\{\boldsymbol{H}\bullet\boldsymbol{R}_{ss}^{\mathrm{T}}\})^{-1} \tag{5.147}$$

式中

$$\begin{cases}\boldsymbol{P}=\boldsymbol{U}_{\mathrm{S}}\boldsymbol{\Sigma}_{\mathrm{S}}\bar{\boldsymbol{\Sigma}}_{\mathrm{S}}^{-2}\boldsymbol{U}_{\mathrm{S}}^{\mathrm{H}}=\sum_{d=1}^{D}\lambda_d(\lambda_d-\sigma_n^2)^{-2}\boldsymbol{u}_d\boldsymbol{u}_d^{\mathrm{H}}\\ \boldsymbol{H}=\dot{\boldsymbol{A}}^{\mathrm{H}}(\boldsymbol{\theta})\cdot\mathbf{\Pi}^{\perp}[\boldsymbol{A}(\boldsymbol{\theta})]\cdot\dot{\boldsymbol{A}}(\boldsymbol{\theta})\end{cases} \tag{5.148}$$

证明： 首先定义两个信号方位函数

$$\begin{cases}\hat{f}_{\mathrm{DML}}(\boldsymbol{\theta})=\mathrm{tr}(\mathbf{\Pi}[\boldsymbol{A}(\boldsymbol{\theta})]\cdot\hat{\boldsymbol{U}}_{\mathrm{S}}\hat{\bar{\boldsymbol{\Sigma}}}_{\mathrm{S}}\hat{\boldsymbol{U}}_{\mathrm{S}}^{\mathrm{H}})\\ f_{\mathrm{DML}}(\boldsymbol{\theta})=\mathrm{tr}(\mathbf{\Pi}[\boldsymbol{A}(\boldsymbol{\theta})]\cdot\boldsymbol{U}_{\mathrm{S}}\bar{\boldsymbol{\Sigma}}_{\mathrm{S}}\boldsymbol{U}_{\mathrm{S}}^{\mathrm{H}})\end{cases} \tag{5.149}$$

$f_{\mathrm{DML}}(\boldsymbol{\theta})$ 与 $\hat{f}_{\mathrm{DML}}(\boldsymbol{\theta})$ 之间满足

$$f_{\mathrm{DML}}(\boldsymbol{\theta})=\lim_{K\to+\infty}\hat{f}_{\mathrm{DML}}(\boldsymbol{\theta}) \tag{5.150}$$

根据式（5.143）可知，最大似然估计算法的方位估计值满足

$$\hat{\boldsymbol{\theta}}_{\mathrm{DML}}=\arg\max_{\boldsymbol{\theta}}\hat{f}_{\mathrm{DML}}(\boldsymbol{\theta})=\arg\max_{\boldsymbol{\theta}}\mathrm{tr}(\mathbf{\Pi}[\boldsymbol{A}(\boldsymbol{\theta})]\cdot\hat{\boldsymbol{U}}_{\mathrm{S}}\hat{\bar{\boldsymbol{\Sigma}}}_{\mathrm{S}}\hat{\boldsymbol{U}}_{\mathrm{S}}^{\mathrm{H}}) \tag{5.151}$$

于是有

$$\boldsymbol{O}_{D\times1}=\left.\frac{\partial\hat{f}_{\mathrm{DML}}(\boldsymbol{\theta})}{\partial\boldsymbol{\theta}}\right|_{\boldsymbol{\theta}=\hat{\boldsymbol{\theta}}_{\mathrm{DML}}}=2\cdot\mathrm{Re}\{\mathrm{vecd}[\boldsymbol{A}^{\dagger}(\hat{\boldsymbol{\theta}}_{\mathrm{DML}})\hat{\boldsymbol{U}}_{\mathrm{S}}\hat{\bar{\boldsymbol{\Sigma}}}_{\mathrm{S}}\hat{\boldsymbol{U}}_{\mathrm{S}}^{\mathrm{H}}\cdot\mathbf{\Pi}^{\perp}[\boldsymbol{A}(\hat{\boldsymbol{\theta}}_{\mathrm{DML}})]\cdot\dot{\boldsymbol{A}}(\hat{\boldsymbol{\theta}}_{\mathrm{DML}})]\} \tag{5.152}$$

利用一阶误差分析可得

$$\begin{aligned}\boldsymbol{O}_{D\times1}=\left.\frac{\partial\hat{f}_{\mathrm{DML}}(\boldsymbol{\theta})}{\partial\boldsymbol{\theta}}\right|_{\boldsymbol{\theta}=\hat{\boldsymbol{\theta}}_{\mathrm{DML}}}&=\frac{\partial\hat{f}_{\mathrm{DML}}(\boldsymbol{\theta})}{\partial\boldsymbol{\theta}}+\frac{\partial^2\hat{f}_{\mathrm{DML}}(\boldsymbol{\theta})}{\partial\boldsymbol{\theta}\partial\boldsymbol{\theta}^{\mathrm{T}}}\cdot(\hat{\boldsymbol{\theta}}_{\mathrm{DML}}-\boldsymbol{\theta})+o(1/\sqrt{K})\\&=\frac{\partial\hat{f}_{\mathrm{DML}}(\boldsymbol{\theta})}{\partial\boldsymbol{\theta}}+\frac{\partial^2 f_{\mathrm{DML}}(\boldsymbol{\theta})}{\partial\boldsymbol{\theta}\partial\boldsymbol{\theta}^{\mathrm{T}}}\cdot(\hat{\boldsymbol{\theta}}_{\mathrm{DML}}-\boldsymbol{\theta})+o(1/\sqrt{K})\end{aligned} \tag{5.153}$$

式中

$$\frac{\partial^2 f_{\mathrm{DML}}(\boldsymbol{\theta})}{\partial\boldsymbol{\theta}\partial\boldsymbol{\theta}^{\mathrm{T}}}=-2\cdot\mathrm{Re}\{(\dot{\boldsymbol{A}}^{\mathrm{H}}(\boldsymbol{\theta})\cdot\boldsymbol{\Pi}^{\perp}[\boldsymbol{A}(\boldsymbol{\theta})]\cdot\dot{\boldsymbol{A}}(\boldsymbol{\theta}))\bullet(\boldsymbol{A}^{\dagger}(\boldsymbol{\theta})\boldsymbol{U}_{\mathrm{S}}\bar{\boldsymbol{\Sigma}}_{\mathrm{S}}\boldsymbol{U}_{\mathrm{S}}^{\mathrm{H}}\boldsymbol{A}^{\dagger\mathrm{H}}(\boldsymbol{\theta}))^{\mathrm{T}}\}$$
$$=-2\cdot\mathrm{Re}\{(\dot{\boldsymbol{A}}^{\mathrm{H}}(\boldsymbol{\theta})\cdot\boldsymbol{\Pi}^{\perp}[\boldsymbol{A}(\boldsymbol{\theta})]\cdot\dot{\boldsymbol{A}}(\boldsymbol{\theta}))\bullet\boldsymbol{R}_{ss}^{\mathrm{T}}\} \tag{5.154}$$

式（5.152）和式（5.154）的推导见附录 B4。根据式（5.153）可知

$$\boldsymbol{\delta\theta}_{\mathrm{DML}}=\hat{\boldsymbol{\theta}}_{\mathrm{DML}}-\boldsymbol{\theta}\approx-\left(\frac{\partial^2 f_{\mathrm{DML}}(\boldsymbol{\theta})}{\partial\boldsymbol{\theta}\partial\boldsymbol{\theta}^{\mathrm{T}}}\right)^{-1}\cdot\frac{\partial\hat{f}_{\mathrm{DML}}(\boldsymbol{\theta})}{\partial\boldsymbol{\theta}} \tag{5.155}$$

式（5.155）中忽略的项为$o(1/\sqrt{K})$（下面的近似均如此），于是有

$$\boldsymbol{C}_{\mathrm{DML}}=\mathrm{E}[\boldsymbol{\delta\theta}_{\mathrm{DML}}\cdot\boldsymbol{\delta\theta}_{\mathrm{DML}}^{\mathrm{T}}]=\left(\frac{\partial^2 f_{\mathrm{DML}}(\boldsymbol{\theta})}{\partial\boldsymbol{\theta}\partial\boldsymbol{\theta}^{\mathrm{T}}}\right)^{-1}\cdot\mathrm{E}\left[\frac{\partial\hat{f}_{\mathrm{DML}}(\boldsymbol{\theta})}{\partial\boldsymbol{\theta}}\cdot\frac{\partial\hat{f}_{\mathrm{DML}}(\boldsymbol{\theta})}{\partial\boldsymbol{\theta}^{\mathrm{T}}}\right]\cdot\left(\frac{\partial^2 f_{\mathrm{DML}}(\boldsymbol{\theta})}{\partial\boldsymbol{\theta}\partial\boldsymbol{\theta}^{\mathrm{T}}}\right)^{-1} \tag{5.156}$$

另一方面，根据式（5.152）可知

$$\frac{\partial\hat{f}_{\mathrm{DML}}(\boldsymbol{\theta})}{\partial\boldsymbol{\theta}}=2\cdot\mathrm{Re}\{\mathrm{vecd}[\dot{\boldsymbol{A}}^{\mathrm{H}}(\boldsymbol{\theta})\cdot\boldsymbol{\Pi}^{\perp}[\boldsymbol{A}(\boldsymbol{\theta})]\cdot\hat{\boldsymbol{U}}_{\mathrm{S}}\hat{\bar{\boldsymbol{\Sigma}}}_{\mathrm{S}}\hat{\boldsymbol{U}}_{\mathrm{S}}^{\mathrm{H}}\boldsymbol{A}^{\dagger\mathrm{H}}(\boldsymbol{\theta})]\}$$
$$\approx 2\cdot\mathrm{Re}\{\mathrm{vecd}[\dot{\boldsymbol{A}}^{\mathrm{H}}(\boldsymbol{\theta})\cdot\boldsymbol{\Pi}^{\perp}[\boldsymbol{A}(\boldsymbol{\theta})]\cdot\hat{\boldsymbol{U}}_{\mathrm{S}}\bar{\boldsymbol{\Sigma}}_{\mathrm{S}}\boldsymbol{U}_{\mathrm{S}}^{\mathrm{H}}\boldsymbol{A}^{\dagger\mathrm{H}}(\boldsymbol{\theta})]\} \tag{5.157}$$
$$=2\cdot\mathrm{Re}\{\mathrm{vecd}[\dot{\boldsymbol{A}}^{\mathrm{H}}(\boldsymbol{\theta})\cdot\boldsymbol{\Pi}^{\perp}[\boldsymbol{A}(\boldsymbol{\theta})]\cdot\boldsymbol{\delta U}_{\mathrm{S}}\cdot\bar{\boldsymbol{\Sigma}}_{\mathrm{S}}\boldsymbol{U}_{\mathrm{S}}^{\mathrm{H}}\boldsymbol{A}^{\dagger\mathrm{H}}(\boldsymbol{\theta})]\}$$

式中$\boldsymbol{\delta U}_{\mathrm{S}}=\hat{\boldsymbol{U}}_{\mathrm{S}}-\boldsymbol{U}_{\mathrm{S}}$，式（5.157）中的第二个近似等式是由于$\boldsymbol{\Pi}^{\perp}[\boldsymbol{A}(\boldsymbol{\theta})]\cdot\hat{\boldsymbol{U}}_{\mathrm{S}}=O(1/\sqrt{K})$，因此其省略的项为$o(1/\sqrt{K})$。利用文献[26]中的分析可知，误差矩阵$\boldsymbol{\delta U}_{\mathrm{S}}$服从零均值渐近高斯分布，于是根据式（5.155）可知，测向误差$\boldsymbol{\delta\theta}_{\mathrm{DML}}$也服从零均值渐近高斯分布。此外，基于式（5.157），附录 B5 中将证明如下等式

$$\mathrm{E}\left[\frac{\partial\hat{f}_{\mathrm{DML}}(\boldsymbol{\theta})}{\partial\boldsymbol{\theta}}\cdot\frac{\partial\hat{f}_{\mathrm{DML}}(\boldsymbol{\theta})}{\partial\boldsymbol{\theta}^{\mathrm{T}}}\right]=\frac{2\sigma_n^2}{K}\cdot\mathrm{Re}\{(\dot{\boldsymbol{A}}^{\mathrm{H}}(\boldsymbol{\theta})\cdot\boldsymbol{\Pi}^{\perp}[\boldsymbol{A}(\boldsymbol{\theta})]\cdot\dot{\boldsymbol{A}}(\boldsymbol{\theta}))\bullet(\boldsymbol{R}_{ss}\boldsymbol{A}^{\mathrm{H}}(\boldsymbol{\theta})\boldsymbol{P}\boldsymbol{A}(\boldsymbol{\theta})\boldsymbol{R}_{ss})^{\mathrm{T}}\} \tag{5.158}$$

将式（5.154）和式（5.158）代入式（5.156）中可知式（5.147）成立。

命题 5.6 得证。 □

根据命题 5.6 可以得到如下 3 个推论。

推论 5.14：在大样本数条件下，未知确定型信号模型条件下最大似然估计算法的估计协方差矩阵与未知确定型信号模型条件下的克拉美罗界矩阵满足如下关系式

$$\boldsymbol{C}_{\mathrm{DML}}\geqslant\mathbf{CRB}_{\mathrm{d}}(\boldsymbol{\theta}) \tag{5.159}$$

证明：根据附录 B 中式(B.34）可知

$$\boldsymbol{R}_{ss}\boldsymbol{A}^{\mathrm{H}}(\boldsymbol{\theta})\boldsymbol{P}\boldsymbol{A}(\boldsymbol{\theta})\boldsymbol{R}_{ss}=\boldsymbol{R}_{ss}+\sigma_n^2(\boldsymbol{A}^{\mathrm{H}}(\boldsymbol{\theta})\boldsymbol{A}(\boldsymbol{\theta}))^{-1} \tag{5.160}$$

将式（5.160）代入式（5.147）中可得

$$\boldsymbol{C}_{\mathrm{DML}}=\frac{\sigma_n^2}{2K}\cdot(\mathrm{Re}\{\boldsymbol{H}\bullet\boldsymbol{R}_{ss}^{\mathrm{T}}\})^{-1}\cdot\mathrm{Re}\{\boldsymbol{H}\bullet\boldsymbol{R}_{ss}^{\mathrm{T}}\}\cdot(\mathrm{Re}\{\boldsymbol{H}\bullet\boldsymbol{R}_{ss}^{\mathrm{T}}\})^{-1}$$
$$+\frac{\sigma_n^4}{2K}\cdot(\mathrm{Re}\{\boldsymbol{H}\bullet\boldsymbol{R}_{ss}^{\mathrm{T}}\})^{-1}\cdot\mathrm{Re}\{\boldsymbol{H}\bullet(\boldsymbol{A}^{\mathrm{H}}(\boldsymbol{\theta})\boldsymbol{A}(\boldsymbol{\theta}))^{-\mathrm{T}}\}\cdot(\mathrm{Re}\{\boldsymbol{H}\bullet\boldsymbol{R}_{ss}^{\mathrm{T}}\})^{-1} \tag{5.161}$$
$$=\mathbf{CRB}_{\mathrm{d}}(\boldsymbol{\theta})+\frac{\sigma_n^4}{2K}\cdot(\mathrm{Re}\{\boldsymbol{H}\bullet\boldsymbol{R}_{ss}^{\mathrm{T}}\})^{-1}\cdot\mathrm{Re}\{\boldsymbol{H}\bullet(\boldsymbol{A}^{\mathrm{H}}(\boldsymbol{\theta})\boldsymbol{A}(\boldsymbol{\theta}))^{-\mathrm{T}}\}\cdot(\mathrm{Re}\{\boldsymbol{H}\bullet\boldsymbol{R}_{ss}^{\mathrm{T}}\})^{-1}$$

结合命题 2.4、命题 2.6 和命题 2.17 可知，式（5.161）第二个等式右边第二项为半正定矩阵，于是式（5.159）成立。

推论 5.14 得证。 □

推论 5.15：在大样本数条件下，未知确定型信号模型条件下最大似然估计算法的估计协方差矩阵与复高斯随机型信号模型条件下的克拉美罗界矩阵满足如下关系式

$$\boldsymbol{C}_{\mathrm{DML}} \geqslant \mathbf{CRB}_{\mathrm{s}}(\boldsymbol{\theta}) \tag{5.162}$$

证明：根据推论 2.11 可得

$$\begin{aligned}\boldsymbol{C}_{\mathrm{DML}} &\geqslant \frac{\sigma_n^2}{2K}\cdot(\mathrm{Re}\{\boldsymbol{H}\bullet\boldsymbol{R}_{ss}^{\mathrm{T}}(\boldsymbol{R}_{ss}\boldsymbol{A}^{\mathrm{H}}(\boldsymbol{\theta})\boldsymbol{P}\boldsymbol{A}(\boldsymbol{\theta})\boldsymbol{R}_{ss})^{-\mathrm{T}}\boldsymbol{R}_{ss}^{\mathrm{T}}\})^{-1}\\ &=\frac{\sigma_n^2}{2K}\cdot(\mathrm{Re}\{\boldsymbol{H}\bullet(\boldsymbol{A}^{\mathrm{H}}(\boldsymbol{\theta})\boldsymbol{P}\boldsymbol{A}(\boldsymbol{\theta}))^{-\mathrm{T}}\})^{-1}\end{aligned} \tag{5.163}$$

再利用式（5.119）可知

$$\boldsymbol{C}_{\mathrm{DML}} \geqslant \frac{\sigma_n^2}{2K}\cdot(\mathrm{Re}\{\boldsymbol{H}\bullet(\boldsymbol{R}_{ss}\boldsymbol{A}^{\mathrm{H}}(\boldsymbol{\theta})\boldsymbol{R}_{xx}^{-1}\boldsymbol{A}(\boldsymbol{\theta})\boldsymbol{R}_{ss})^{\mathrm{T}}\})^{-1}=\mathbf{CRB}_{\mathrm{s}}(\boldsymbol{\theta}) \tag{5.164}$$

推论 5.15 得证。 □

推论 5.14 和推论 5.15 联合表明，未知确定型信号模型下最大似然估计算法的估计方差尚无法完全达到相应的克拉美罗界，这是因为其数据样本的概率密度函数不满足命题 2.27 中的正则条件，关于这一点在文献[7]中也有所讨论和分析。

推论 5.16：在大样本数条件下，当信号在时域上相互独立时（即自相关矩阵 $\boldsymbol{R}_{ss}$ 为对角矩阵），未知确定型信号模型下最大似然估计算法的估计协方差矩阵与 MUSIC 算法的估计协方差矩阵相同，即有

$$\boldsymbol{C}_{\mathrm{MUSIC}}=\boldsymbol{C}_{\mathrm{DML}} \tag{5.165}$$

推论 5.16 可以直接通过比较式（5.103）和式（5.147）证得。

（四）数值实验

下面将通过数值实验说明未知确定型信号模型下的最大似然估计算法的参数估计精度，并将其与 MUSIC 算法的方位估计性能进行比较。

假设有 2 个等功率窄带信号（未知但确定的调频信号）到达某 10 元均匀线阵，相邻阵元间距与波长比为 $d/\lambda=0.5$，信号方位（指与线阵法线方向的夹角）分别为 10°和 35°。

首先，将两信号时域相关系数固定为 0.6，样本点数固定为 200，图 5.24 给出了两种算法的测向均方根误差随着信噪比的变化曲线。

接着，将信噪比固定为 0dB，两信号时域相关系数固定为 0.6，图 5.25 给出了两种算法的测向均方根误差随着样本点数的变化曲线。

最后，将信噪比固定为 0dB，样本点数固定为 200，图 5.26 给出了两种算法的测向均方根误差随着两信号时域相关系数的变化曲线。

从图 5.24 至图 5.26 中可以看出：

① 确定型最大似然估计算法的方位估计方差接近复高斯随机型信号模型下的克拉美罗界，但与未知确定型信号模型下的克拉美罗界还有一定差距（尤其在低信噪比条件下）。

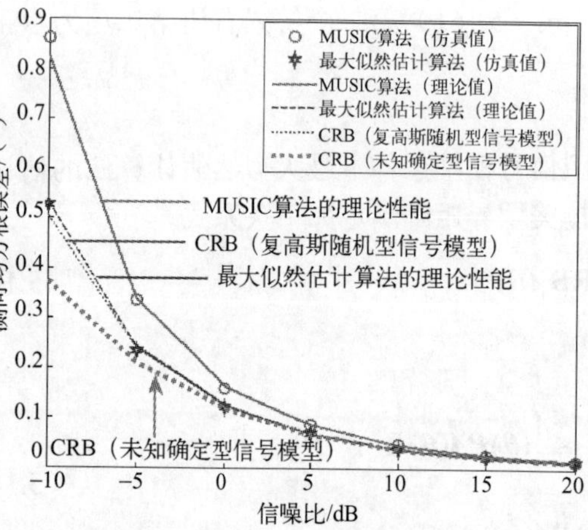

图 5.24　测向均方根误差随着信噪比的变化曲线

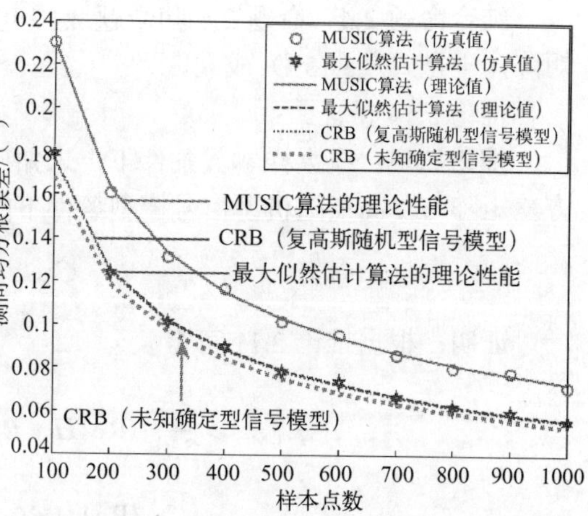

图 5.25　测向均方根误差随着样本点数的变化曲线

② 确定型最大似然估计算法的测向精度高于 MUSIC 算法，尤其当两信号的时域相关性增加时，前者的优势会更加明显。

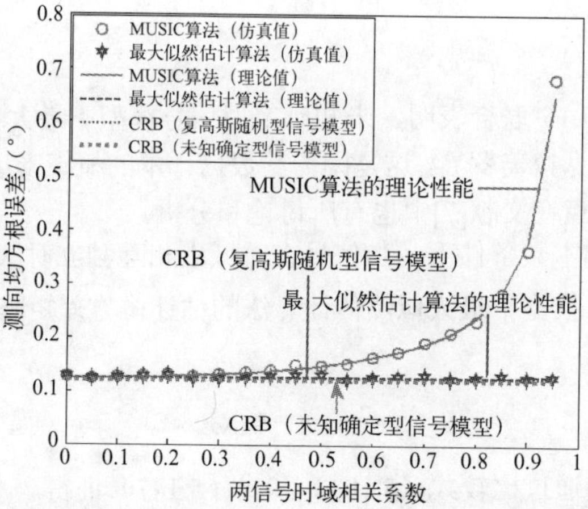

图 5.26　测向均方根误差随着两信号时域相关系数的变化曲线

5.3.2　复高斯随机型信号模型下的最大似然估计算法及其理论性能分析

（一）复高斯随机型信号模型下的最大似然估计准则

在复高斯随机型信号模型条件下，未知参量包括 $\boldsymbol{R}_{ss}$，$\boldsymbol{\theta}$ 和 σ_n^2，而关于这些未知参量的最大似然函数（亦即数据样本的概率密度函数）为

$$L_{\mathrm{SML}}(\boldsymbol{R}_{ss},\boldsymbol{\theta},\sigma_n^2)=\prod_{k=1}^{K}\frac{1}{\pi^M\cdot\det(\boldsymbol{R}_{xx})}\cdot\exp\{-\boldsymbol{x}^{\mathrm{H}}(t_k)\boldsymbol{R}_{xx}^{-1}\boldsymbol{x}(t_k)\}\tag{5.166}$$

相应的对数似然函数为

$$\begin{aligned}\ln(L_{\mathrm{SML}}(\boldsymbol{R}_{ss},\boldsymbol{\theta},\sigma_n^2))&=C-K\cdot\ln(\det(\boldsymbol{R}_{xx}))-\sum_{k=1}^{K}\boldsymbol{x}^{\mathrm{H}}(t_k)\boldsymbol{R}_{xx}^{-1}\boldsymbol{x}(t_k)\\&=C-K(\ln(\det(\boldsymbol{R}_{xx}))+\mathrm{tr}(\boldsymbol{R}_{xx}^{-1}\hat{\boldsymbol{R}}_{xx}))\end{aligned}\tag{5.167}$$

式中C表示与未知参量无关的常数。于是在复高斯随机型信号模型条件下，最大似然估计的优化模型为

$$\min_{\boldsymbol{R}_{ss},\boldsymbol{\theta},\sigma_n^2}\{\ln(\det(\boldsymbol{A}(\boldsymbol{\theta})\boldsymbol{R}_{ss}\boldsymbol{A}^{\mathrm{H}}(\boldsymbol{\theta})+\sigma_n^2\boldsymbol{I}_M)+\mathrm{tr}((\boldsymbol{A}(\boldsymbol{\theta})\boldsymbol{R}_{ss}\boldsymbol{A}^{\mathrm{H}}(\boldsymbol{\theta})+\sigma_n^2\boldsymbol{I}_M)^{-1}\hat{\boldsymbol{R}}_{xx})\} \tag{5.168}$$

文献[15, 17, 18]中证明矩阵$\boldsymbol{R}_{ss}$的最优闭式解为

$$\hat{\boldsymbol{R}}_{ss}^{(\mathrm{SML})}=\boldsymbol{A}^{\dagger}(\boldsymbol{\theta})(\hat{\boldsymbol{R}}_{xx}-\sigma_n^2\boldsymbol{I}_M)\boldsymbol{A}^{\dagger\mathrm{H}}(\boldsymbol{\theta}) \tag{5.169}$$

于是有

$$\begin{aligned}\boldsymbol{A}(\boldsymbol{\theta})\hat{\boldsymbol{R}}_{ss}^{(\mathrm{SML})}\boldsymbol{A}^{\mathrm{H}}(\boldsymbol{\theta})+\sigma_n^2\boldsymbol{I}_M&=\boldsymbol{A}(\boldsymbol{\theta})\boldsymbol{A}^{\dagger}(\boldsymbol{\theta})(\hat{\boldsymbol{R}}_{xx}-\sigma_n^2\boldsymbol{I}_M)\boldsymbol{A}^{\dagger\mathrm{H}}(\boldsymbol{\theta})\boldsymbol{A}^{\mathrm{H}}(\boldsymbol{\theta})+\sigma_n^2\boldsymbol{I}_M\\&=\boldsymbol{\Pi}[\boldsymbol{A}(\boldsymbol{\theta})]\cdot\hat{\boldsymbol{R}}_{xx}\cdot\boldsymbol{\Pi}[\boldsymbol{A}(\boldsymbol{\theta})]+\sigma_n^2\cdot\boldsymbol{\Pi}^{\perp}[\boldsymbol{A}(\boldsymbol{\theta})]\end{aligned} \tag{5.170}$$

另一方面，附录B6中还将证明下面的等式成立

$$(\boldsymbol{A}(\boldsymbol{\theta})\hat{\boldsymbol{R}}_{ss}^{(\mathrm{SML})}\boldsymbol{A}^{\mathrm{H}}(\boldsymbol{\theta})+\sigma_n^2\boldsymbol{I}_M)^{-1}=\sigma_n^{-2}\cdot\boldsymbol{\Pi}^{\perp}[\boldsymbol{A}(\boldsymbol{\theta})]+\boldsymbol{A}(\boldsymbol{\theta})(\boldsymbol{A}^{\mathrm{H}}(\boldsymbol{\theta})\hat{\boldsymbol{R}}_{xx}\boldsymbol{A}(\boldsymbol{\theta}))^{-1}\boldsymbol{A}^{\mathrm{H}}(\boldsymbol{\theta}) \tag{5.171}$$

将式（5.170）和式（5.171）代入式（5.168）中可以得到仅关于σ_n^2和$\boldsymbol{\theta}$的优化模型

$$\min_{\boldsymbol{\theta},\sigma_n^2}\{\ln(\det(\boldsymbol{\Pi}[\boldsymbol{A}(\boldsymbol{\theta})]\cdot\hat{\boldsymbol{R}}_{xx}\cdot\boldsymbol{\Pi}[\boldsymbol{A}(\boldsymbol{\theta})]+\sigma_n^2\cdot\boldsymbol{\Pi}^{\perp}[\boldsymbol{A}(\boldsymbol{\theta})])+\sigma_n^{-2}\cdot\mathrm{tr}(\boldsymbol{\Pi}^{\perp}[\boldsymbol{A}(\boldsymbol{\theta})]\cdot\hat{\boldsymbol{R}}_{xx})\} \tag{5.172}$$

式（5.172）可以通过Newton迭代法进行优化求解，限于篇幅这里不再阐述其计算过程。

（二）复高斯随机型信号模型下的最大似然估计算法的理论性能分析

关于复高斯随机型信号模型下的最大似然估计算法的理论性能可见如下命题。

命题 5.7：在大样本数条件下，复高斯随机型信号模型下的最大似然估计算法的估计误差服从零均值渐近高斯分布，并且其协方差矩阵等于

$$\boldsymbol{C}_{\mathrm{SML}}=\frac{\sigma_n^2}{2K}\cdot(\mathrm{Re}\{(\dot{\boldsymbol{A}}^{\mathrm{H}}(\boldsymbol{\theta})\cdot\boldsymbol{\Pi}^{\perp}[\boldsymbol{A}(\boldsymbol{\theta})]\cdot\dot{\boldsymbol{A}}(\boldsymbol{\theta}))\bullet(\boldsymbol{R}_{ss}\boldsymbol{A}^{\mathrm{H}}(\boldsymbol{\theta})\boldsymbol{R}_{xx}^{-1}\boldsymbol{A}(\boldsymbol{\theta})\boldsymbol{R}_{ss})^{\mathrm{T}}\})^{-1}=\mathbf{CRB}_{\mathrm{s}}(\boldsymbol{\theta}) \tag{5.173}$$

命题5.7的证明见文献[15]，限于篇幅这里不再阐述。从命题5.7中可以看出，在复高斯随机型信号模型下最大似然估计算法的估计方差等于相应的克拉美罗界，这是因为此时的数据样本概率密度函数满足命题2.27中的正则条件。

（三）数值实验

下面将通过数值实验说明复高斯随机型信号模型下的最大似然估计算法的参数估计精度，并将其与MUSIC算法的估计性能进行比较。

假设有 2 个等功率复高斯随机信号到达某 11 元均匀圆阵，圆阵半径与波长比为$r/\lambda=1.5$，信号方位分别为45°和70°。

首先，将两信号时域相关系数固定为0.6，样本点数固定为200，图5.27给出了两种算法的测向均方根误差随着信噪比的变化曲线。

接着，将信噪比固定为0dB，两信号时域相关系数固定为0.6，图5.28给出了两种算法的测向均方根误差随着样本点数的变化曲线。

最后，将信噪比固定为0dB，样本点数固定为200，图5.29给出了两种算法的测向均方根误差随着两信号时域相关系数的变化曲线。

从图5.27至图5.29中可以看出：

① 随机型最大似然估计算法的方位估计方差渐近逼近复高斯随机型信号模型下的克拉美罗界，并且略大于未知确定型信号模型下的克拉美罗界。

② 随机型最大似然估计算法的测向精度高于 MUSIC 算法，尤其当两信号的时域相关性增加时，前者的优势会更加明显。

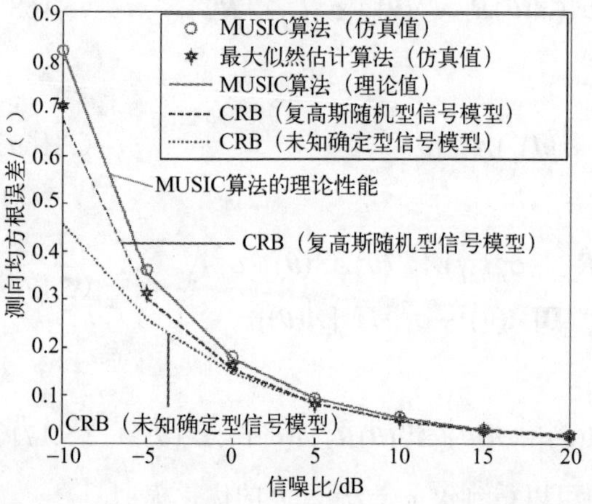

图 5.27 测向均方根误差随着信噪比的变化曲线

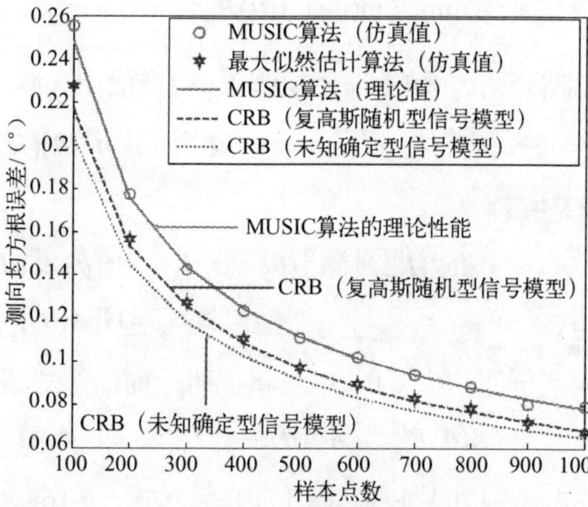

图 5.28 测向均方根误差随着样本点数的变化曲线

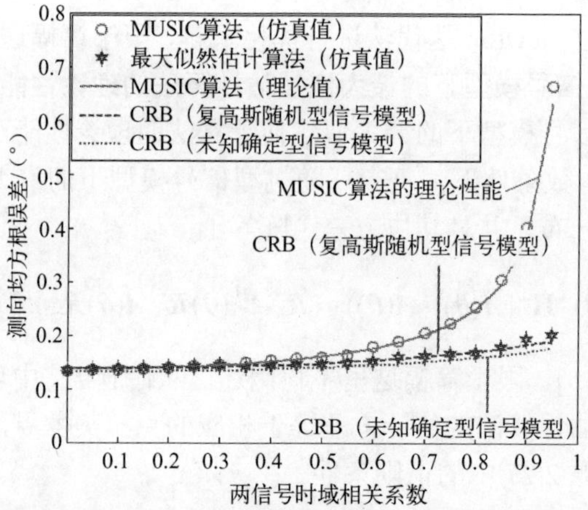

图 5.29 测向均方根误差随着两信号时域相关系数的变化曲线

5.4 子空间拟合估计算法的基本原理及其理论性能分析

子空间拟合估计算法是另一类基于子空间原理的超分辨率测向算法，它是由 M.Viberg 等人在 20 世纪 90 年代初所提出的[13-15]。该类算法与最大似然估计算法具有很多相似之处，最大似然估计算法相当于是在数据样本和观测模型之间进行拟合，而子空间拟合估计算法则是对子空间进行拟合，这两类算法都需要求解多维非线性优化问题。需要强调的是，这两类算法都可以归于到统一的理论框架之下，因此子空间拟合估计算法也可以认为是最大似然估计的实现算法。

本节将介绍子空间拟合估计算法的基本原理，并从数学上推导其理论性能。值得一提的是，子空间拟合估计算法可以分为信号子空间拟合估计算法和噪声子空间拟合估计算法两大类，而通过设置合理的加权矩阵可以使得这两类算法具有相同的渐近估计方差，并且估计方差都可以渐近逼近相应的克拉美罗界。

5.4.1 信号子空间拟合估计准则和算法

（一）信号子空间拟合估计准则

根据 5.2 节的分析可知，特征向量矩阵 $\boldsymbol{U}_{\mathrm{S}}$（对应 D 个大特征值）和阵列流形矩阵 $\boldsymbol{A}(\boldsymbol{\theta})$ 的列空间为同一个子空间，即有

$$\mathrm{range}\{\boldsymbol{A}(\boldsymbol{\theta})\}=\mathrm{range}\{\boldsymbol{U}_{\mathrm{S}}\} \tag{5.174}$$

则必然存在唯一的满秩矩阵 $\boldsymbol{T}$ 满足

$$\boldsymbol{U}_{\mathrm{S}}=\boldsymbol{A}(\boldsymbol{\theta})\boldsymbol{T} \tag{5.175}$$

下面推导矩阵 $\boldsymbol{T}$ 的表达式。根据式（5.2）和式（5.66）可得

$$\begin{aligned}\boldsymbol{R}_{xx}&=\boldsymbol{A}(\boldsymbol{\theta})\boldsymbol{R}_{ss}\boldsymbol{A}^{\mathrm{H}}(\boldsymbol{\theta})+\sigma_n^2\boldsymbol{I}_M=\boldsymbol{U}_{\mathrm{S}}\boldsymbol{\Sigma}_{\mathrm{S}}\boldsymbol{U}_{\mathrm{S}}^{\mathrm{H}}+\sigma_n^2\boldsymbol{U}_{\mathrm{N}}\boldsymbol{U}_{\mathrm{N}}^{\mathrm{H}}\\&=\boldsymbol{U}_{\mathrm{S}}\boldsymbol{\Sigma}_{\mathrm{S}}\boldsymbol{U}_{\mathrm{S}}^{\mathrm{H}}+\sigma_n^2(\boldsymbol{I}_M-\boldsymbol{U}_{\mathrm{S}}\boldsymbol{U}_{\mathrm{S}}^{\mathrm{H}})=\boldsymbol{U}_{\mathrm{S}}\bar{\boldsymbol{\Sigma}}_{\mathrm{S}}\boldsymbol{U}_{\mathrm{S}}^{\mathrm{H}}+\sigma_n^2\boldsymbol{I}_M\end{aligned} \tag{5.176}$$

式中 $\bar{\boldsymbol{\Sigma}}_{\mathrm{S}}=\boldsymbol{\Sigma}_{\mathrm{S}}-\sigma_n^2\boldsymbol{I}_D$。进一步可以推得

$$\boldsymbol{A}(\boldsymbol{\theta})\boldsymbol{R}_{ss}\boldsymbol{A}^{\mathrm{H}}(\boldsymbol{\theta})=\boldsymbol{U}_{\mathrm{S}}\bar{\boldsymbol{\Sigma}}_{\mathrm{S}}\boldsymbol{U}_{\mathrm{S}}^{\mathrm{H}} \tag{5.177}$$

由此可知

$$\boldsymbol{A}(\boldsymbol{\theta})\boldsymbol{R}_{ss}\boldsymbol{A}^{\mathrm{H}}(\boldsymbol{\theta})\boldsymbol{U}_{\mathrm{S}}\bar{\boldsymbol{\Sigma}}_{\mathrm{S}}^{-1}=\boldsymbol{U}_{\mathrm{S}} \tag{5.178}$$

比较式（5.175）和式（5.178）可知

$$\boldsymbol{T}=\boldsymbol{R}_{ss}\boldsymbol{A}^{\mathrm{H}}(\boldsymbol{\theta})\boldsymbol{U}_{\mathrm{S}}\bar{\boldsymbol{\Sigma}}_{\mathrm{S}}^{-1} \tag{5.179}$$

显然，在有限样本条件下获得的特征向量矩阵 $\hat{\boldsymbol{U}}_{\mathrm{S}}$ 与阵列流形矩阵 $\boldsymbol{A}(\boldsymbol{\theta})$ 的列空间并不相同，此时式（5.174）已不再严格成立。为了解决该问题，可以找到一个矩阵 $\boldsymbol{T}$ 使得式（5.175）两边在最小二乘意义下拟合得最好，从而构造如下优化模型

$$\min_{\boldsymbol{\theta},\boldsymbol{T}}\|\hat{\boldsymbol{U}}_{\mathrm{S}}\boldsymbol{W}_{\mathrm{SSF}}^{1/2}-\boldsymbol{A}(\boldsymbol{\theta})\boldsymbol{T}\|_{\mathrm{F}}^2 \tag{5.180}$$

式中 $\boldsymbol{W}_{\mathrm{SSF}}\in\mathbf{C}^{D\times D}$ 表示加权矩阵，其作用在于抑制噪声的影响。由于式（5.180）是关于矩阵 $\boldsymbol{T}$ 的二次优化问题，根据式(2.120）可知其最优闭式解为

$$\hat{\boldsymbol{T}}_{\mathrm{opt}}=\boldsymbol{A}^{\dagger}(\boldsymbol{\theta})\hat{\boldsymbol{U}}_{\mathrm{S}}\boldsymbol{W}_{\mathrm{SSF}}^{1/2}=(\boldsymbol{A}^{\mathrm{H}}(\boldsymbol{\theta})\boldsymbol{A}(\boldsymbol{\theta}))^{-1}\boldsymbol{A}^{\mathrm{H}}(\boldsymbol{\theta})\hat{\boldsymbol{U}}_{\mathrm{S}}\boldsymbol{W}_{\mathrm{SSF}}^{1/2} \tag{5.181}$$

将式（5.181）代入式（5.180）中可以得到仅关于方位向量 $\boldsymbol{\theta}$ 的优化模型

$$\min_{\boldsymbol{\theta}}\|\hat{\boldsymbol{U}}_{\mathrm{S}}\boldsymbol{W}_{\mathrm{SSF}}^{1/2}-\boldsymbol{A}(\boldsymbol{\theta})\boldsymbol{A}^{\dagger}(\boldsymbol{\theta})\hat{\boldsymbol{U}}_{\mathrm{S}}\boldsymbol{W}_{\mathrm{SSF}}^{1/2}\|_{\mathrm{F}}^2=\min_{\boldsymbol{\theta}}\mathrm{tr}(\boldsymbol{\Pi}^{\perp}[\boldsymbol{A}(\boldsymbol{\theta})]\cdot\hat{\boldsymbol{U}}_{\mathrm{S}}\boldsymbol{W}_{\mathrm{SSF}}\hat{\boldsymbol{U}}_{\mathrm{S}}^{\mathrm{H}}) \tag{5.182}$$

根据文献[13-15]中的分析，为了使式（5.182）具有最小的渐近估计方差，最优加权矩阵 $\boldsymbol{W}_{\mathrm{SSF}}$ 的表达式应设为

$$\boldsymbol{W}_{\mathrm{SSF}}=\bar{\boldsymbol{\Sigma}}_{\mathrm{S}}^2\boldsymbol{\Sigma}_{\mathrm{S}}^{-1} \tag{5.183}$$

需要指出的是，真实的特征值矩阵 $\boldsymbol{\Sigma}_{\mathrm{S}}$ 和噪声功率 σ_n^2 是无法获知的，只能够得到它们的渐近一致估计值 $\hat{\boldsymbol{\Sigma}}_{\mathrm{S}}$ 和 $\hat{\sigma}_n^2$，并用于构造加权矩阵 $\boldsymbol{W}_{\mathrm{SSF}}$ 的一致估计值

$$\hat{\boldsymbol{W}}_{\mathrm{SSF}}=\hat{\bar{\boldsymbol{\Sigma}}}_{\mathrm{S}}^2\hat{\boldsymbol{\Sigma}}_{\mathrm{S}}^{-1} \tag{5.184}$$

根据文献[13-15]中的分析可知，利用 $\hat{\boldsymbol{W}}_{\mathrm{SSF}}$ 替代 $\boldsymbol{W}_{\mathrm{SSF}}$ 并不会影响式（5.182）的渐近统计性能。基于上述分析可知，最终所得到的信号子空间拟合优化模型为

$$\min_{\boldsymbol{\theta}} \mathrm{tr}(\boldsymbol{\Pi}^{\perp}[\boldsymbol{A}(\boldsymbol{\theta})]\cdot\hat{\boldsymbol{U}}_{\mathrm{S}}\hat{\boldsymbol{W}}_{\mathrm{SSF}}\hat{\boldsymbol{U}}_{\mathrm{S}}^{\mathrm{H}}) \tag{5.185}$$

式（5.185）是个多维非线性优化问题，需要迭代求解，下面将给出两种求解式（5.185）的数值迭代算法。

（二）信号子空间拟合估计算法

（1）交替投影迭代算法

比较式（5.137）和式（5.185）可知，这两个目标函数具有相似的形式，因此 5.3.1 节的交替投影迭代算法可以直接应用于此。

根据 5.3.1 节可知，假设进行第 k 轮迭代，则针对其中第 d 个信号方位 θ_d 的优化模型为

$$\begin{aligned}\hat{\theta}_d^{(k)} &= \arg\max_{\theta_d} \mathrm{tr}\left(\frac{\boldsymbol{\Pi}^{\perp}[\hat{\boldsymbol{A}}_d^{(k)}]\cdot\boldsymbol{a}(\theta_d)\boldsymbol{a}^{\mathrm{H}}(\theta_d)\cdot\boldsymbol{\Pi}^{\perp}[\hat{\boldsymbol{A}}_d^{(k)}]\cdot\hat{\boldsymbol{U}}_{\mathrm{S}}\hat{\boldsymbol{W}}_{\mathrm{SSF}}\hat{\boldsymbol{U}}_{\mathrm{S}}^{\mathrm{H}}}{\boldsymbol{a}^{\mathrm{H}}(\theta_d)\cdot\boldsymbol{\Pi}^{\perp}[\hat{\boldsymbol{A}}_d^{(k)}]\cdot\boldsymbol{a}(\theta_d)}\right) \\ &= \arg\max_{\theta_d} \frac{\boldsymbol{a}^{\mathrm{H}}(\theta_d)\cdot\boldsymbol{\Pi}^{\perp}[\hat{\boldsymbol{A}}_d^{(k)}]\cdot\hat{\boldsymbol{U}}_{\mathrm{S}}\hat{\boldsymbol{W}}_{\mathrm{SSF}}\hat{\boldsymbol{U}}_{\mathrm{S}}^{\mathrm{H}}\cdot\boldsymbol{\Pi}^{\perp}[\hat{\boldsymbol{A}}_d^{(k)}]\cdot\boldsymbol{a}(\theta_d)}{\boldsymbol{a}^{\mathrm{H}}(\theta_d)\cdot\boldsymbol{\Pi}^{\perp}[\hat{\boldsymbol{A}}_d^{(k)}]\cdot\boldsymbol{a}(\theta_d)}\end{aligned} \tag{5.186}$$

式中

$$\hat{\boldsymbol{A}}_d^{(k)} = [\boldsymbol{a}(\hat{\theta}_1^{(k)})\ \cdots\ \boldsymbol{a}(\hat{\theta}_{d-1}^{(k)})\ \boldsymbol{a}(\hat{\theta}_{d+1}^{(k-1)})\ \cdots\ \boldsymbol{a}(\hat{\theta}_D^{(k-1)})] \tag{5.187}$$

基于上述讨论可以总结出交替投影迭代算法的基本步骤如下：

步骤 1：设置 ε 为迭代门限值，利用 MUSIC 算法计算初值 $\{\hat{\theta}_d^{(0)}\}_{d=1}^{D}$，并令 $k:=1$。

步骤 2：利用式（5.186）依次对 D 个信号方位进行一维寻优，从而完成一轮迭代运算，并获得最新的方位估计值 $\{\hat{\theta}_d^{(k)}\}_{d=1}^{D}$。

步骤 3：若 $\|\hat{\boldsymbol{\theta}}^{(k)}-\hat{\boldsymbol{\theta}}^{(k-1)}\|_2<\varepsilon$，则停止计算；否则令 $k:=k+1$，并转至步骤 2。

（2）**Gauss-Newton 迭代算法**

与交替投影迭代算法不同的是，Gauss-Newton 迭代算法则是同时对 D 个信号方位进行优化，它需要推导式（5.185）中的目标函数的梯度向量和 Hessian 矩阵，相应的迭代公式为

$$\hat{\boldsymbol{\theta}}^{(k+1)} = \hat{\boldsymbol{\theta}}^{(k)} - \mu^k(\boldsymbol{G}(\hat{\boldsymbol{\theta}}^{(k)}))^{-1}\boldsymbol{g}(\hat{\boldsymbol{\theta}}^{(k)}) \tag{5.188}$$

式中 $\mu(0<\mu<1)$ 表示步长因子，$\boldsymbol{g}(\hat{\boldsymbol{\theta}}^{(k)})$ 表示目标函数的梯度向量，$\boldsymbol{G}(\hat{\boldsymbol{\theta}}^{(k)})$ 表示目标函数的近似 Hessian 矩阵，它们的表达式分别为

$$\begin{cases}\boldsymbol{g}(\hat{\boldsymbol{\theta}}^{(k)}) = -2\cdot\mathrm{Re}\{\mathrm{vecd}[\boldsymbol{A}^{\dagger}(\hat{\boldsymbol{\theta}}^{(k)})\hat{\boldsymbol{U}}_{\mathrm{S}}\hat{\boldsymbol{W}}_{\mathrm{SSF}}\hat{\boldsymbol{U}}_{\mathrm{S}}^{\mathrm{H}}\cdot\boldsymbol{\Pi}^{\perp}[\boldsymbol{A}(\hat{\boldsymbol{\theta}}^{(k)})]\cdot\dot{\boldsymbol{A}}(\hat{\boldsymbol{\theta}}^{(k)})]\} \\ \boldsymbol{G}(\hat{\boldsymbol{\theta}}^{(k)}) = 2\cdot\mathrm{Re}\{(\dot{\boldsymbol{A}}^{\mathrm{H}}(\hat{\boldsymbol{\theta}}^{(k)})\cdot\boldsymbol{\Pi}^{\perp}[\boldsymbol{A}(\hat{\boldsymbol{\theta}}^{(k)})]\cdot\dot{\boldsymbol{A}}(\hat{\boldsymbol{\theta}}^{(k)}))\bullet(\boldsymbol{A}^{\dagger}(\hat{\boldsymbol{\theta}}^{(k)})\hat{\boldsymbol{U}}_{\mathrm{S}}\hat{\boldsymbol{W}}_{\mathrm{SSF}}\hat{\boldsymbol{U}}_{\mathrm{S}}^{\mathrm{H}}\boldsymbol{A}^{\dagger\mathrm{H}}(\hat{\boldsymbol{\theta}}^{(k)}))^{\mathrm{T}}\}\end{cases} \tag{5.189}$$

通过大量数值实验会发现，上述两种迭代算法都可以较快速地收敛到式（5.185）的全局最优解。此外，除了上面两种算法以外，相关学者还提出了其它有效的迭代算法（例如 MODE 算法[2-4]，IQML 算法[2-4]等），限于篇幅这里不再阐述。

5.4.2 噪声子空间拟合的优化准则和算法

与信号子空间拟合估计算法不同的是，噪声子空间拟合估计算法的基本出发点与 MUSIC

算法基本一致，也是利用特征向量矩阵$\boldsymbol{U}_{\mathrm{N}}$（对应$M-D$个小特征值）和阵列流形矩阵$\boldsymbol{A}(\boldsymbol{\theta})$之间的正交性，即有

$$\boldsymbol{U}_{\mathrm{N}}^{\mathrm{H}}\boldsymbol{A}(\boldsymbol{\theta})=\boldsymbol{O}_{(M-D)\times D} \tag{5.190}$$

显然，在有限样本条件下上述正交关系并不能严格成立，为了解决该问题，可以通过构造最小二乘准则进行方位估计，相应的优化模型为

$$\min_{\boldsymbol{\theta}}\|\hat{\boldsymbol{U}}_{\mathrm{N}}^{\mathrm{H}}\boldsymbol{A}(\boldsymbol{\theta})\boldsymbol{W}_{\mathrm{NSF}}^{1/2}\|_{\mathrm{F}}^{2}=\min_{\boldsymbol{\theta}}\mathrm{tr}(\boldsymbol{A}^{\mathrm{H}}(\boldsymbol{\theta})\hat{\boldsymbol{U}}_{\mathrm{N}}\hat{\boldsymbol{U}}_{\mathrm{N}}^{\mathrm{H}}\boldsymbol{A}(\boldsymbol{\theta})\boldsymbol{W}_{\mathrm{NSF}}) \tag{5.191}$$

式中$\boldsymbol{W}_{\mathrm{NSF}}\in\mathbf{C}^{D\times D}$表示加权矩阵，其作用在于抑制噪声的影响。根据文献[13-15]中的分析可知，为了使式（5.191）具有最小的渐近估计方差，最优加权矩阵$\boldsymbol{W}_{\mathrm{NSF}}$的表达式应设为

$$\boldsymbol{W}_{\mathrm{NSF}}=\boldsymbol{A}^{\dagger}(\boldsymbol{\theta})\boldsymbol{U}_{\mathrm{S}}\boldsymbol{W}_{\mathrm{SSF}}\boldsymbol{U}_{\mathrm{S}}^{\mathrm{H}}\boldsymbol{A}^{\dagger\mathrm{H}}(\boldsymbol{\theta}) \tag{5.192}$$

需要指出的是，真实的$\boldsymbol{U}_{\mathrm{S}}$，$\boldsymbol{W}_{\mathrm{NSF}}$和$\boldsymbol{\theta}$是无法获知的，仅能够得到它们的渐近一致估计值$\hat{\boldsymbol{U}}_{\mathrm{S}}$，$\hat{\boldsymbol{W}}_{\mathrm{NSF}}$和$\hat{\boldsymbol{\theta}}$，并利用它们构造加权矩阵$\boldsymbol{W}_{\mathrm{NSF}}$的一致估计值

$$\hat{\boldsymbol{W}}_{\mathrm{NSF}}=\boldsymbol{A}^{\dagger}(\hat{\boldsymbol{\theta}})\hat{\boldsymbol{U}}_{\mathrm{S}}\hat{\boldsymbol{W}}_{\mathrm{SSF}}\hat{\boldsymbol{U}}_{\mathrm{S}}^{\mathrm{H}}\boldsymbol{A}^{\dagger\mathrm{H}}(\hat{\boldsymbol{\theta}}) \tag{5.193}$$

根据文献[13-15]中的分析可知，利用$\hat{\boldsymbol{W}}_{\mathrm{NSF}}$替代$\boldsymbol{W}_{\mathrm{NSF}}$并不会影响式（5.191）的渐近估计性能。基于上述分析可知，最终所得到的噪声子空间拟合优化模型为

$$\min_{\boldsymbol{\theta}}\mathrm{tr}(\boldsymbol{A}^{\mathrm{H}}(\boldsymbol{\theta})\hat{\boldsymbol{U}}_{\mathrm{N}}\hat{\boldsymbol{U}}_{\mathrm{N}}^{\mathrm{H}}\boldsymbol{A}(\boldsymbol{\theta})\hat{\boldsymbol{W}}_{\mathrm{NSF}}) \tag{5.194}$$

式（5.194）可以通过Newton迭代法进行优化求解，限于篇幅这里不再阐述其计算过程。

最后还需要指出的是，上述两种子空间拟合估计算法既适用于未知确定型信号模型，又适用于复高斯随机型信号模型。

5.4.3 子空间拟合估计算法的理论性能分析

下面将对两种子空间拟合估计算法的理论性能进行数学分析，分析的前提是假设它们所对应的数值迭代算法能够分别给出式（5.185）和式（5.194）的全局最优解，主要结论可见如下两个命题。

命题 5.8：在大样本数条件下，信号子空间拟合估计算法和噪声子空间拟合估计算法具有相同的渐近估计方差。

证明：首先定义两个信号方位函数

$$\begin{cases}\hat{f}_{\mathrm{SSF}}(\boldsymbol{\theta})=\mathrm{tr}(\boldsymbol{\Pi}^{\perp}[\boldsymbol{A}(\boldsymbol{\theta})]\cdot\hat{\boldsymbol{U}}_{\mathrm{S}}\hat{\boldsymbol{W}}_{\mathrm{SSF}}\hat{\boldsymbol{U}}_{\mathrm{S}}^{\mathrm{H}})\\ \hat{f}_{\mathrm{NSF}}(\boldsymbol{\theta})=\mathrm{tr}(\boldsymbol{A}^{\mathrm{H}}(\boldsymbol{\theta})\hat{\boldsymbol{U}}_{\mathrm{N}}\hat{\boldsymbol{U}}_{\mathrm{N}}^{\mathrm{H}}\boldsymbol{A}(\boldsymbol{\theta})\hat{\boldsymbol{W}}_{\mathrm{NSF}})\end{cases} \tag{5.195}$$

根据文献[13-15]中的结论可知，下面仅需要证明如下两个关系式

$$\begin{cases}(\mathrm{I})\ \dfrac{\partial\hat{f}_{\mathrm{SSF}}(\boldsymbol{\theta})}{\partial\boldsymbol{\theta}}=\dfrac{\partial\hat{f}_{\mathrm{NSF}}(\boldsymbol{\theta})}{\partial\boldsymbol{\theta}}+o(1/\sqrt{K})\\ (\mathrm{II})\ \lim\limits_{K\to+\infty}\dfrac{\partial^{2}\hat{f}_{\mathrm{SSF}}(\boldsymbol{\theta})}{\partial\boldsymbol{\theta}\partial\boldsymbol{\theta}^{\mathrm{T}}}=\lim\limits_{K\to+\infty}\dfrac{\partial^{2}\hat{f}_{\mathrm{NSF}}(\boldsymbol{\theta})}{\partial\boldsymbol{\theta}\partial\boldsymbol{\theta}^{\mathrm{T}}}\end{cases} \tag{5.196}$$

首先根据式（5.195）中的第一式和式（2.100）可知

$$\frac{\partial \hat{f}_{\mathrm{SSF}}(\boldsymbol{\theta})}{\partial \theta_d}=\mathrm{tr}\left(\frac{\partial \boldsymbol{\Pi}^{\perp}[\boldsymbol{A}(\boldsymbol{\theta})]}{\partial \theta_d}\cdot \hat{\boldsymbol{U}}_{\mathrm{S}}\hat{\boldsymbol{W}}_{\mathrm{SSF}}\hat{\boldsymbol{U}}_{\mathrm{S}}^{\mathrm{H}}\right)=-2\cdot \mathrm{Re}\left\{\mathrm{tr}\left(\boldsymbol{\Pi}^{\perp}[\boldsymbol{A}(\boldsymbol{\theta})]\cdot \frac{\partial \boldsymbol{A}(\boldsymbol{\theta})}{\partial \theta_d}\cdot \boldsymbol{A}^{\dagger}(\boldsymbol{\theta})\hat{\boldsymbol{U}}_{\mathrm{S}}\hat{\boldsymbol{W}}_{\mathrm{SSF}}\hat{\boldsymbol{U}}_{\mathrm{S}}^{\mathrm{H}}\right)\right\} \quad (5.197)$$

根据式（5.195）中的第二式可得

$$\frac{\partial \hat{f}_{\mathrm{NSF}}(\boldsymbol{\theta})}{\partial \theta_d}=2\cdot \mathrm{Re}\left\{\mathrm{tr}\left(\frac{\partial \boldsymbol{A}^{\mathrm{H}}(\boldsymbol{\theta})}{\partial \theta_d}\cdot \hat{\boldsymbol{U}}_{\mathrm{N}}\hat{\boldsymbol{U}}_{\mathrm{N}}^{\mathrm{H}}\boldsymbol{A}(\boldsymbol{\theta})\hat{\boldsymbol{W}}_{\mathrm{NSF}}\right)\right\} \quad (5.198)$$

将式（5.193）代入式（5.197）中可知

$$\begin{aligned}\frac{\partial \hat{f}_{\mathrm{NSF}}(\boldsymbol{\theta})}{\partial \theta_d}&=2\cdot \mathrm{Re}\left\{\mathrm{tr}\left(\frac{\partial \boldsymbol{A}^{\mathrm{H}}(\boldsymbol{\theta})}{\partial \theta_d}\cdot \hat{\boldsymbol{U}}_{\mathrm{N}}\hat{\boldsymbol{U}}_{\mathrm{N}}^{\mathrm{H}}\boldsymbol{A}(\boldsymbol{\theta})\boldsymbol{A}^{\dagger}(\boldsymbol{\theta})\hat{\boldsymbol{U}}_{\mathrm{S}}\hat{\boldsymbol{W}}_{\mathrm{SSF}}\hat{\boldsymbol{U}}_{\mathrm{S}}^{\mathrm{H}}\boldsymbol{A}^{\dagger\mathrm{H}}(\boldsymbol{\theta})\right)\right\}\\
&=-2\cdot \mathrm{Re}\left\{\mathrm{tr}\left(\frac{\partial \boldsymbol{A}^{\mathrm{H}}(\boldsymbol{\theta})}{\partial \theta_d}\cdot \hat{\boldsymbol{U}}_{\mathrm{N}}\hat{\boldsymbol{U}}_{\mathrm{N}}^{\mathrm{H}}\cdot \boldsymbol{\Pi}^{\perp}[\boldsymbol{A}(\boldsymbol{\theta})]\cdot \hat{\boldsymbol{U}}_{\mathrm{S}}\hat{\boldsymbol{W}}_{\mathrm{SSF}}\hat{\boldsymbol{U}}_{\mathrm{S}}^{\mathrm{H}}\boldsymbol{A}^{\dagger\mathrm{H}}(\boldsymbol{\theta})\right)\right\}\\
&=-2\cdot \mathrm{Re}\left\{\mathrm{tr}\left(\frac{\partial \boldsymbol{A}^{\mathrm{H}}(\boldsymbol{\theta})}{\partial \theta_d}\cdot \boldsymbol{U}_{\mathrm{N}}\boldsymbol{U}_{\mathrm{N}}^{\mathrm{H}}\cdot \boldsymbol{\Pi}^{\perp}[\boldsymbol{A}(\boldsymbol{\theta})]\cdot \hat{\boldsymbol{U}}_{\mathrm{S}}\hat{\boldsymbol{W}}_{\mathrm{SSF}}\hat{\boldsymbol{U}}_{\mathrm{S}}^{\mathrm{H}}\boldsymbol{A}^{\dagger\mathrm{H}}(\boldsymbol{\theta})\right)\right\}+o(1/\sqrt{K})\\
&=-2\cdot \mathrm{Re}\left\{\mathrm{tr}\left(\boldsymbol{A}^{\dagger\mathrm{H}}(\boldsymbol{\theta})\cdot \frac{\partial \boldsymbol{A}^{\mathrm{H}}(\boldsymbol{\theta})}{\partial \theta_d}\cdot \boldsymbol{\Pi}^{\perp}[\boldsymbol{A}(\boldsymbol{\theta})]\cdot \hat{\boldsymbol{U}}_{\mathrm{S}}\hat{\boldsymbol{W}}_{\mathrm{SSF}}\hat{\boldsymbol{U}}_{\mathrm{S}}^{\mathrm{H}}\right)\right\}+o(1/\sqrt{K})\\
&=-2\cdot \mathrm{Re}\left\{\mathrm{tr}\left(\boldsymbol{\Pi}^{\perp}[\boldsymbol{A}(\boldsymbol{\theta})]\cdot \frac{\partial \boldsymbol{A}(\boldsymbol{\theta})}{\partial \theta_d}\cdot \boldsymbol{A}^{\dagger}(\boldsymbol{\theta})\hat{\boldsymbol{U}}_{\mathrm{S}}\hat{\boldsymbol{W}}_{\mathrm{SSF}}\hat{\boldsymbol{U}}_{\mathrm{S}}^{\mathrm{H}}\right)\right\}+o(1/\sqrt{K})\\
&=\frac{\partial \hat{f}_{\mathrm{SSF}}(\boldsymbol{\theta})}{\partial \theta_d}+o(1/\sqrt{K})\end{aligned} \quad (5.199)$$

式（5.199）中的第三个等式利用了关系式$\boldsymbol{\Pi}^{\perp}[\boldsymbol{A}(\boldsymbol{\theta})]\cdot \hat{\boldsymbol{U}}_{\mathrm{S}}=O(1/\sqrt{K})$，于是式（5.196）中的第一式成立。

另一方面，根据式（5.197）可以进一步推得

$$\begin{aligned}\lim_{K\to+\infty}\frac{\partial^2 \hat{f}_{\mathrm{SSF}}(\boldsymbol{\theta})}{\partial \theta_{d_1}\partial \theta_{d_2}}&=-\lim_{K\to+\infty}2\cdot \mathrm{Re}\left\{\mathrm{tr}\left(\frac{\partial \boldsymbol{\Pi}^{\perp}[\boldsymbol{A}(\boldsymbol{\theta})]}{\partial \theta_{d_2}}\cdot \frac{\partial \boldsymbol{A}(\boldsymbol{\theta})}{\partial \theta_{d_1}}\cdot \boldsymbol{A}^{\dagger}(\boldsymbol{\theta})\hat{\boldsymbol{U}}_{\mathrm{S}}\hat{\boldsymbol{W}}_{\mathrm{SSF}}\hat{\boldsymbol{U}}_{\mathrm{S}}^{\mathrm{H}}\right)\right\}\\
&\quad-\lim_{K\to+\infty}2\cdot \mathrm{Re}\left\{\mathrm{tr}\left(\boldsymbol{\Pi}^{\perp}[\boldsymbol{A}(\boldsymbol{\theta})]\cdot \frac{\partial^2 \boldsymbol{A}(\boldsymbol{\theta})}{\partial \theta_{d_1}\partial \theta_{d_2}}\cdot \boldsymbol{A}^{\dagger}(\boldsymbol{\theta})\hat{\boldsymbol{U}}_{\mathrm{S}}\hat{\boldsymbol{W}}_{\mathrm{SSF}}\hat{\boldsymbol{U}}_{\mathrm{S}}^{\mathrm{H}}\right)\right\}\\
&\quad-\lim_{K\to+\infty}2\cdot \mathrm{Re}\left\{\mathrm{tr}\left(\boldsymbol{\Pi}^{\perp}[\boldsymbol{A}(\boldsymbol{\theta})]\cdot \frac{\partial \boldsymbol{A}(\boldsymbol{\theta})}{\partial \theta_{d_1}}\cdot \frac{\partial \boldsymbol{A}^{\dagger}(\boldsymbol{\theta})}{\partial \theta_{d_2}}\cdot \hat{\boldsymbol{U}}_{\mathrm{S}}\hat{\boldsymbol{W}}_{\mathrm{SSF}}\hat{\boldsymbol{U}}_{\mathrm{S}}^{\mathrm{H}}\right)\right\}\\
&=2\cdot \mathrm{Re}\left\{\mathrm{tr}\left(\boldsymbol{A}^{\dagger\mathrm{H}}(\boldsymbol{\theta})\cdot \frac{\partial \boldsymbol{A}^{\mathrm{H}}(\boldsymbol{\theta})}{\partial \theta_{d_2}}\cdot \boldsymbol{\Pi}^{\perp}[\boldsymbol{A}(\boldsymbol{\theta})]\cdot \frac{\partial \boldsymbol{A}(\boldsymbol{\theta})}{\partial \theta_{d_1}}\cdot \boldsymbol{A}^{\dagger}(\boldsymbol{\theta})\boldsymbol{U}_{\mathrm{S}}\boldsymbol{W}_{\mathrm{SSF}}\boldsymbol{U}_{\mathrm{S}}^{\mathrm{H}}\right)\right\}\end{aligned} \quad (5.200)$$

式（5.200）中的第二个等式利用了关系式$\boldsymbol{\Pi}^{\perp}[\boldsymbol{A}(\boldsymbol{\theta})]\cdot \boldsymbol{U}_{\mathrm{S}}=\boldsymbol{O}_{M\times D}$。另一方面，由式（5.198）可知

$$\begin{aligned}\lim_{K\to+\infty}\frac{\partial^2 \hat{f}_{\mathrm{NSF}}(\boldsymbol{\theta})}{\partial \theta_{d_1}\partial \theta_{d_2}}&=\lim_{K\to+\infty}2\cdot \mathrm{Re}\left\{\mathrm{tr}\left(\frac{\partial \boldsymbol{A}^{\mathrm{H}}(\boldsymbol{\theta})}{\partial \theta_{d_1}}\cdot \hat{\boldsymbol{U}}_{\mathrm{N}}\hat{\boldsymbol{U}}_{\mathrm{N}}^{\mathrm{H}}\cdot \frac{\partial \boldsymbol{A}(\boldsymbol{\theta})}{\partial \theta_{d_2}}\cdot \hat{\boldsymbol{W}}_{\mathrm{NSF}}\right)\right\}\\
&\quad+\lim_{K\to+\infty}2\cdot \mathrm{Re}\left\{\mathrm{tr}\left(\frac{\partial^2 \boldsymbol{A}^{\mathrm{H}}(\boldsymbol{\theta})}{\partial \theta_{d_1}\partial \theta_{d_2}}\cdot \hat{\boldsymbol{U}}_{\mathrm{N}}\hat{\boldsymbol{U}}_{\mathrm{N}}^{\mathrm{H}}\boldsymbol{A}(\boldsymbol{\theta})\hat{\boldsymbol{W}}_{\mathrm{NSF}}\right)\right\}\\
&=2\cdot \mathrm{Re}\left\{\mathrm{tr}\left(\frac{\partial \boldsymbol{A}^{\mathrm{H}}(\boldsymbol{\theta})}{\partial \theta_{d_2}}\cdot \boldsymbol{\Pi}^{\perp}[\boldsymbol{A}(\boldsymbol{\theta})]\cdot \frac{\partial \boldsymbol{A}(\boldsymbol{\theta})}{\partial \theta_{d_1}}\cdot \boldsymbol{W}_{\mathrm{NSF}}\right)\right\}\end{aligned} \quad (5.201)$$

将式（5.192）代入式（5.201）中可得

$$\begin{aligned}\lim_{K\to+\infty}\frac{\partial^2\hat{f}_{\mathrm{NSF}}(\boldsymbol{\theta})}{\partial\theta_{d_1}\partial\theta_{d_2}}&=2\cdot\mathrm{Re}\left\{\mathrm{tr}\left(\frac{\partial\boldsymbol{A}^{\mathrm{H}}(\boldsymbol{\theta})}{\partial\theta_{d_2}}\cdot\boldsymbol{\Pi}^{\perp}[\boldsymbol{A}(\boldsymbol{\theta})]\cdot\frac{\partial\boldsymbol{A}(\boldsymbol{\theta})}{\partial\theta_{d_1}}\cdot\boldsymbol{A}^{\dagger}(\boldsymbol{\theta})\boldsymbol{U}_{\mathrm{S}}\boldsymbol{W}_{\mathrm{SSF}}\boldsymbol{U}_{\mathrm{S}}^{\mathrm{H}}\boldsymbol{A}^{\dagger\mathrm{H}}(\boldsymbol{\theta})\right)\right\}\\&=2\cdot\mathrm{Re}\left\{\mathrm{tr}\left(\boldsymbol{A}^{\dagger\mathrm{H}}(\boldsymbol{\theta})\cdot\frac{\partial\boldsymbol{A}^{\mathrm{H}}(\boldsymbol{\theta})}{\partial\theta_{d_2}}\cdot\boldsymbol{\Pi}^{\perp}[\boldsymbol{A}(\boldsymbol{\theta})]\cdot\frac{\partial\boldsymbol{A}(\boldsymbol{\theta})}{\partial\theta_{d_1}}\cdot\boldsymbol{A}^{\dagger}(\boldsymbol{\theta})\boldsymbol{U}_{\mathrm{S}}\boldsymbol{W}_{\mathrm{SSF}}\boldsymbol{U}_{\mathrm{S}}^{\mathrm{H}}\right)\right\}\\&=\lim_{K\to+\infty}\frac{\partial^2\hat{f}_{\mathrm{SSF}}(\boldsymbol{\theta})}{\partial\theta_{d_1}\partial\theta_{d_2}}\end{aligned}\qquad(5.202)$$

于是式（5.196）中的第二式成立。

命题 5.8 得证。 □

命题 5.9：在大样本数条件下，信号子空间拟合估计算法和噪声子空间拟合估计算法的估计误差均服从零均值渐近高斯分布，并且其协方差矩阵等于

$$\boldsymbol{C}_{\mathrm{SSF}}=\boldsymbol{C}_{\mathrm{NSF}}=\frac{\sigma_n^2}{2K}\cdot(\mathrm{Re}\{(\dot{\boldsymbol{A}}^{\mathrm{H}}(\boldsymbol{\theta})\cdot\boldsymbol{\Pi}^{\perp}[\boldsymbol{A}(\boldsymbol{\theta})]\cdot\dot{\boldsymbol{A}}(\boldsymbol{\theta}))\bullet(\boldsymbol{R}_{ss}\boldsymbol{A}^{\mathrm{H}}(\boldsymbol{\theta})\boldsymbol{R}_{xx}^{-1}\boldsymbol{A}(\boldsymbol{\theta})\boldsymbol{R}_{ss})^{\mathrm{T}}\})^{-1}=\mathbf{CRB}_{\mathrm{s}}(\boldsymbol{\theta})\qquad(5.203)$$

证明：根据命题 5.8 可知，下面仅需要推导信号子空间拟合估计算法的理论性能即可。假设信号子空间拟合估计算法的方位估计值为 $\hat{\boldsymbol{\theta}}_{\mathrm{SSF}}$，类似于命题 5.6 中的分析可知，其估计误差可以近似表示为

$$\boldsymbol{\delta\theta}_{\mathrm{SSF}}=\hat{\boldsymbol{\theta}}_{\mathrm{SSF}}-\boldsymbol{\theta}\approx-\left(\lim_{K\to+\infty}\frac{\partial^2\hat{f}_{\mathrm{SSF}}(\boldsymbol{\theta})}{\partial\boldsymbol{\theta}\partial\boldsymbol{\theta}^{\mathrm{T}}}\right)^{-1}\cdot\frac{\partial\hat{f}_{\mathrm{SSF}}(\boldsymbol{\theta})}{\partial\boldsymbol{\theta}}\qquad(5.204)$$

于是有

$$\boldsymbol{C}_{\mathrm{SSF}}=\boldsymbol{C}_{\mathrm{NSF}}=\mathrm{E}[\boldsymbol{\delta\theta}_{\mathrm{SSF}}\cdot\boldsymbol{\delta\theta}_{\mathrm{SSF}}^{\mathrm{T}}]=\left(\lim_{K\to+\infty}\frac{\partial^2\hat{f}_{\mathrm{SSF}}(\boldsymbol{\theta})}{\partial\boldsymbol{\theta}\partial\boldsymbol{\theta}^{\mathrm{T}}}\right)^{-1}\cdot\mathrm{E}\left[\frac{\partial\hat{f}_{\mathrm{SSF}}(\boldsymbol{\theta})}{\partial\boldsymbol{\theta}}\cdot\frac{\partial\hat{f}_{\mathrm{SSF}}(\boldsymbol{\theta})}{\partial\boldsymbol{\theta}^{\mathrm{T}}}\right]\cdot\left(\lim_{K\to+\infty}\frac{\partial^2\hat{f}_{\mathrm{SSF}}(\boldsymbol{\theta})}{\partial\boldsymbol{\theta}\partial\boldsymbol{\theta}^{\mathrm{T}}}\right)^{-1}\qquad(5.205)$$

附录 B7 中将证明 $\frac{\partial\hat{f}_{\mathrm{SSF}}(\boldsymbol{\theta})}{\partial\boldsymbol{\theta}}$ 服从零均值渐近高斯分布，并且下面两个等式成立

$$\begin{cases}\mathrm{E}\left[\frac{\partial\hat{f}_{\mathrm{SSF}}(\boldsymbol{\theta})}{\partial\boldsymbol{\theta}}\cdot\frac{\partial\hat{f}_{\mathrm{SSF}}(\boldsymbol{\theta})}{\partial\boldsymbol{\theta}^{\mathrm{T}}}\right]=\frac{2\sigma_n^2}{K}\cdot\mathrm{Re}\{(\dot{\boldsymbol{A}}^{\mathrm{H}}(\boldsymbol{\theta})\cdot\boldsymbol{\Pi}^{\perp}[\boldsymbol{A}(\boldsymbol{\theta})]\cdot\dot{\boldsymbol{A}}(\boldsymbol{\theta}))\bullet(\boldsymbol{A}^{\dagger}(\boldsymbol{\theta})\boldsymbol{U}_{\mathrm{S}}\bar{\boldsymbol{\Sigma}}_{\mathrm{S}}^2\boldsymbol{\Sigma}_{\mathrm{S}}^{-1}\boldsymbol{U}_{\mathrm{S}}^{\mathrm{H}}\boldsymbol{A}^{\dagger\mathrm{H}}(\boldsymbol{\theta}))^{\mathrm{T}}\}\\\lim\limits_{K\to+\infty}\frac{\partial^2\hat{f}_{\mathrm{SSF}}(\boldsymbol{\theta})}{\partial\boldsymbol{\theta}\partial\boldsymbol{\theta}^{\mathrm{T}}}=2\cdot\mathrm{Re}\{(\dot{\boldsymbol{A}}^{\mathrm{H}}(\boldsymbol{\theta})\cdot\boldsymbol{\Pi}^{\perp}[\boldsymbol{A}(\boldsymbol{\theta})]\cdot\dot{\boldsymbol{A}}(\boldsymbol{\theta}))\bullet(\boldsymbol{A}^{\dagger}(\boldsymbol{\theta})\boldsymbol{U}_{\mathrm{S}}\bar{\boldsymbol{\Sigma}}_{\mathrm{S}}^2\boldsymbol{\Sigma}_{\mathrm{S}}^{-1}\boldsymbol{U}_{\mathrm{S}}^{\mathrm{H}}\boldsymbol{A}^{\dagger\mathrm{H}}(\boldsymbol{\theta}))^{\mathrm{T}}\}\end{cases}\qquad(5.206)$$

将式（5.206）代入式（5.205）中可得

$$\boldsymbol{C}_{\mathrm{SSF}}=\boldsymbol{C}_{\mathrm{NSF}}=\frac{\sigma_n^2}{2K}\cdot(\mathrm{Re}\{(\dot{\boldsymbol{A}}^{\mathrm{H}}(\boldsymbol{\theta})\cdot\boldsymbol{\Pi}^{\perp}[\boldsymbol{A}(\boldsymbol{\theta})]\cdot\dot{\boldsymbol{A}}(\boldsymbol{\theta}))\bullet(\boldsymbol{A}^{\dagger}(\boldsymbol{\theta})\boldsymbol{U}_{\mathrm{S}}\bar{\boldsymbol{\Sigma}}_{\mathrm{S}}^2\boldsymbol{\Sigma}_{\mathrm{S}}^{-1}\boldsymbol{U}_{\mathrm{S}}^{\mathrm{H}}\boldsymbol{A}^{\dagger\mathrm{H}}(\boldsymbol{\theta}))^{\mathrm{T}}\})^{-1}\qquad(5.207)$$

附录 B8 中将证明下面的等式成立

$$\boldsymbol{R}_{ss}\boldsymbol{A}^{\mathrm{H}}(\boldsymbol{\theta})\boldsymbol{R}_{xx}^{-1}\boldsymbol{A}(\boldsymbol{\theta})\boldsymbol{R}_{ss}=\boldsymbol{A}^{\dagger}(\boldsymbol{\theta})\boldsymbol{U}_{\mathrm{S}}\bar{\boldsymbol{\Sigma}}_{\mathrm{S}}^2\boldsymbol{\Sigma}_{\mathrm{S}}^{-1}\boldsymbol{U}_{\mathrm{S}}^{\mathrm{H}}\boldsymbol{A}^{\dagger\mathrm{H}}(\boldsymbol{\theta})\qquad(5.208)$$

结合式（5.207）和式（5.208）可知式（5.203）成立。

命题 5.9 得证。 □

命题 5.9 表明，在复高斯随机型信号模型条件下，两种子空间拟合估计算法的估计方差等于相应的克拉美罗界，因此子空间拟合估计算法可以认为是随机型最大似然估计的实现算法。

5.4.4 数值实验

下面将通过数值实验说明两种子空间拟合估计算法的参数估计精度，并将其与 MUSIC 算法的方位估计性能进行比较。

假设有 2 个等功率复高斯随机信号到达某 9 元均匀线阵，相邻阵元间距与波长比为 $d/\lambda = 0.5$，信号方位（指与线阵法线方向的夹角）分别为 10°和 40°。

首先，将两信号时域相关系数固定为 0.5，样本点数固定为 200，图 5.30 给出了三种算法的测向均方根误差随着信噪比的变化曲线。

接着，将信噪比固定为 0dB，两信号时域相关系数固定为 0.5，图 5.31 给出了三种算法的测向均方根误差随着样本点数的变化曲线。

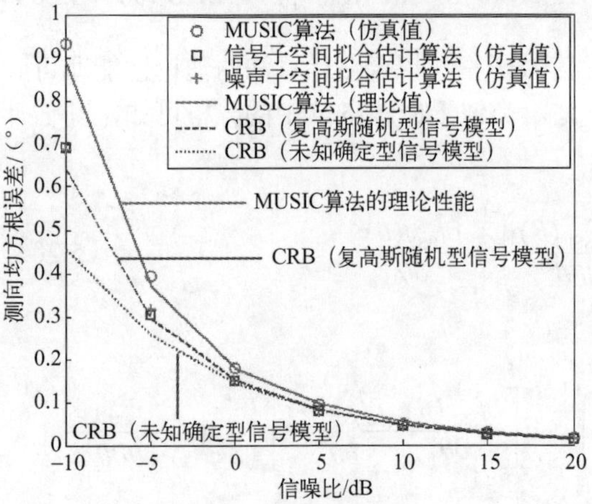

图 5.30 测向均方根误差随着信噪比的变化曲线

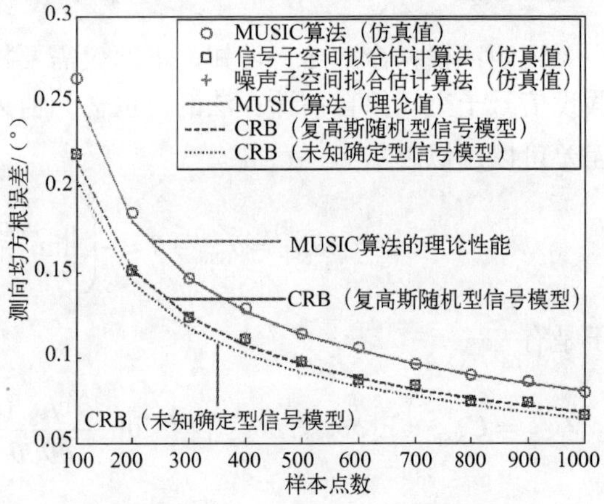

图 5.31 测向均方根误差随着样本点数的变化曲线

最后，将信噪比固定为 0dB，样本点数固定为 200，图 5.32 给出了三种算法的测向均方根误差随着两信号时域相关系数的变化曲线。

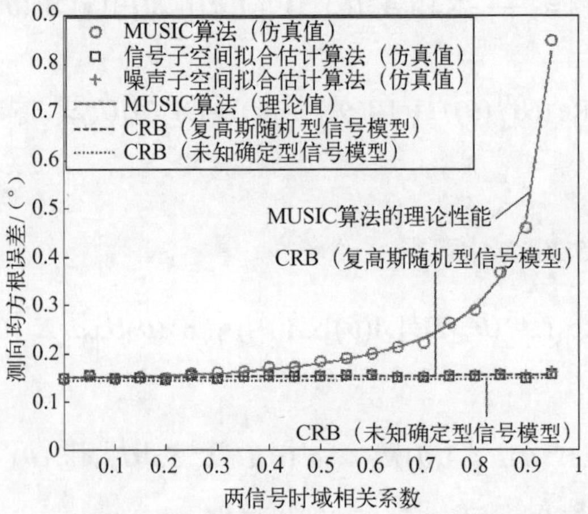

图 5.32 测向均方根误差随着两信号时域相关系数的变化曲线

从图 5.30 至图 5.32 中可以看出：

① 两种子空间拟合估计算法的方位估计方差相等，并且渐近逼近复高斯随机型信号模型下的克拉美罗界，略大于未知确定型信号模型下的克拉美罗界。

② 两种子空间拟合估计算法的测向精度均高于 MUSIC 算法，尤其当两信号的时域相关性增加时，前者的优势会更加明显。

5.5 基于旋转不变技术的测向算法的基本原理及其理论性能分析

通过比较上述几类超分辨率测向算法的计算量不难发现，MUSIC 算法具有相对较少的运算量，因为它无需多维迭代。然而，MUSIC 算法需要进行谱峰搜索，当要求较高的测向精度时，其搜索步长通常也较小，此时仍然会涉及到较多的计算量。

为了进一步降低运算量，R.Roy 等人在 20 世纪 80 年代提出了基于旋转不变技术的信号参数估计（ESPRIT，Estimation Signal Parameter via Rotational Invariance Technique）算法[10-12]，该类算法不仅避免了迭代运算，而且无需谱峰搜索，能够给出信号方位的解析表达式。然而，任何一种算法在获得好处的同时往往也会附带一些局限。以 ESPRIT 算法为例，虽然它计算较为简便，但是对阵型的几何结构有所限制，一般要求阵列结构存在平移不变性，满足这一特性最典型的阵型就是均匀线阵，这导致了该算法所能适用的信号频段相对较窄。此外，ESPRIT 算法的方位估计方差通常要大于其它几类超分辨率测向算法。

本节将对 ESPRIT 算法的基本原理进行介绍，并从数学上推导其理论性能。值得一提的是，近三十年来，国内外相关学者提出了很多 ESPRIT 算法的衍生算法，这里仅对其最为经典的算法形式进行讨论。

5.5.1 基于旋转不变技术的测向算法的基本原理

最适合 ESPRIT 算法的阵型之一是均匀线阵，下面仅以此阵型为例进行讨论。考虑一个 M 元均匀线阵，现有 D 个窄带信号到达该阵列，它们的方位为 $\{\theta_d\}_{1\le d\le D}$，于是相应的阵列流形矩阵为

$$\boldsymbol{A}(\boldsymbol{\theta})=\left[\begin{array}{c|c|c|c} 1 & 1 & \cdots & 1 \\ \exp\{-\mathrm{j}\kappa\cdot\sin(\theta_1)\} & \exp\{-\mathrm{j}\kappa\cdot\sin(\theta_2)\} & \cdots & \exp\{-\mathrm{j}\kappa\cdot\sin(\theta_D)\} \\ \vdots & \vdots & \vdots & \vdots \\ \exp\{-\mathrm{j}(M-2)\kappa\cdot\sin(\theta_1)\} & \exp\{-\mathrm{j}(M-2)\kappa\cdot\sin(\theta_2)\} & \cdots & \exp\{-\mathrm{j}(M-2)\kappa\cdot\sin(\theta_D)\} \\ \exp\{-\mathrm{j}(M-1)\kappa\cdot\sin(\theta_1)\} & \exp\{-\mathrm{j}(M-1)\kappa\cdot\sin(\theta_2)\} & \cdots & \exp\{-\mathrm{j}(M-1)\kappa\cdot\sin(\theta_D)\} \end{array}\right] \tag{5.209}$$

式中 $\kappa=2\pi d/\lambda$，而 d/λ 表示相邻阵元间距与波长的比值。

现将均匀线阵划分为两个子阵，如图 5.33 所示，第一个子阵是由第 1 个至第 $M-1$ 个阵元所组成，第二个子阵是由第 2 个至第 M 个阵元所组成，于是这两个子阵的阵列流形矩阵分别为

$$\begin{cases} \boldsymbol{A}_1(\boldsymbol{\theta})=[\boldsymbol{I}_{M-1}\ \ \boldsymbol{O}_{(M-1)\times 1}]\cdot\boldsymbol{A}(\boldsymbol{\theta}) \\ \boldsymbol{A}_2(\boldsymbol{\theta})=[\boldsymbol{O}_{(M-1)\times 1}\ \ \boldsymbol{I}_{M-1}]\cdot\boldsymbol{A}(\boldsymbol{\theta}) \end{cases} \tag{5.210}$$

根据式（5.209）和式（5.210）可知，矩阵 $\boldsymbol{A}_1(\boldsymbol{\theta})$ 和 $\boldsymbol{A}_2(\boldsymbol{\theta})$ 满足如下关系式

$$A_2(\boldsymbol{\theta}) = A_1(\boldsymbol{\theta})\boldsymbol{\Phi} \tag{5.211}$$

式中

$$\begin{aligned}\boldsymbol{\Phi} &= \mathrm{diag}[\exp\{-\mathrm{j}\kappa\cdot\sin(\theta_1)\}\ \exp\{-\mathrm{j}\kappa\cdot\sin(\theta_2)\}\ \cdots\ \exp\{-\mathrm{j}\kappa\cdot\sin(\theta_D)\}] \\ &= \mathrm{diag}[\exp\{-\mathrm{j}\omega_1\}\ \exp\{-\mathrm{j}\omega_2\}\ \cdots\ \exp\{-\mathrm{j}\omega_D\}]\end{aligned} \tag{5.212}$$

其中 $\omega_d = \kappa\cdot\sin(\theta_d)$ $(1\leqslant d\leqslant D)$。

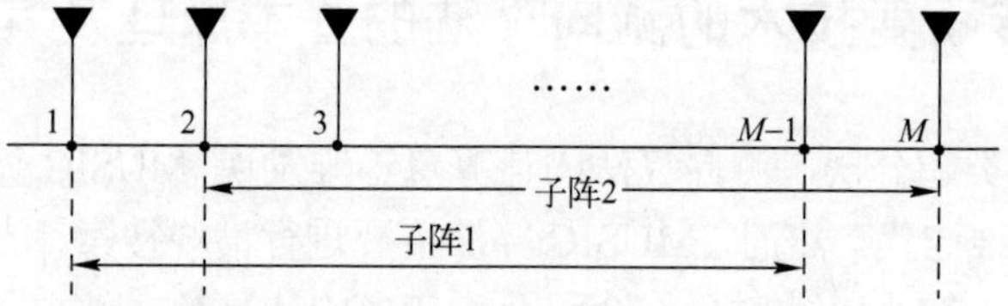

图 5.33 将均匀线阵划分成两子阵示意图

现对阵列输出自相关矩阵 $\boldsymbol{R}_{xx}$ 进行特征值分解可以得到特征向量矩阵 $\boldsymbol{U}_{\mathrm{S}}$（对应 D 个大特征值），于是存在唯一的满秩矩阵 $\boldsymbol{T}$ 满足

$$\boldsymbol{U}_{\mathrm{S}} = \boldsymbol{A}(\boldsymbol{\theta})\boldsymbol{T} \tag{5.213}$$

分别将矩阵 $\boldsymbol{A}(\boldsymbol{\theta})\boldsymbol{T}$ 和 $\boldsymbol{U}_{\mathrm{S}}$ 进行如下分块

$$\begin{cases}\boldsymbol{A}(\boldsymbol{\theta})\boldsymbol{T} = \begin{bmatrix}\boldsymbol{A}_1(\boldsymbol{\theta})\boldsymbol{T} \\ \text{最后一行}\end{bmatrix} = \begin{bmatrix}\text{第一行} \\ \boldsymbol{A}_2(\boldsymbol{\theta})\boldsymbol{T}\end{bmatrix} \\ \boldsymbol{U}_{\mathrm{S}} = \begin{bmatrix}\boldsymbol{U}_{\mathrm{S1}} \\ \text{最后一行}\end{bmatrix} = \begin{bmatrix}\text{第一行} \\ \boldsymbol{U}_{\mathrm{S2}}\end{bmatrix}\end{cases} \tag{5.214}$$

根据式（5.213）可知

$$\begin{cases}\boldsymbol{U}_{\mathrm{S1}} = \boldsymbol{A}_1(\boldsymbol{\theta})\boldsymbol{T} \\ \boldsymbol{U}_{\mathrm{S2}} = \boldsymbol{A}_2(\boldsymbol{\theta})\boldsymbol{T}\end{cases} \tag{5.215}$$

将式（5.211）代入式（5.215）中可得

$$\boldsymbol{U}_{\mathrm{S2}} = \boldsymbol{A}_2(\boldsymbol{\theta})\boldsymbol{T} = \boldsymbol{A}_1(\boldsymbol{\theta})\boldsymbol{\Phi}\boldsymbol{T} \tag{5.216}$$

比较式（5.215）和式（5.216）可知，矩阵 $\boldsymbol{U}_{\mathrm{S1}}$ 和 $\boldsymbol{U}_{\mathrm{S2}}$ 之间的闭式关系为

$$\boldsymbol{U}_{\mathrm{S2}} = \boldsymbol{U}_{\mathrm{S1}}\boldsymbol{T}^{-1}\boldsymbol{\Phi}\boldsymbol{T} = \boldsymbol{U}_{\mathrm{S1}}\boldsymbol{\Psi} \tag{5.217}$$

式中 $\boldsymbol{\Psi} = \boldsymbol{T}^{-1}\boldsymbol{\Phi}\boldsymbol{T}$。显然，矩阵 $\boldsymbol{\Psi}$ 和 $\boldsymbol{\Phi}$ 具有相同的特征值，并且特征值即为对角矩阵 $\boldsymbol{\Phi}$ 的对角元素，即有

$$\rho_d = \exp\{-\mathrm{j}\omega_d\} = \exp\{-\mathrm{j}\kappa\cdot\sin(\theta_d)\} \Rightarrow \theta_d = \arcsin(-\mathrm{angle}\{\rho_d\}/\kappa) \quad (1\leqslant d\leqslant D) \tag{5.218}$$

基于上述分析可知，只要能够求出矩阵 $\boldsymbol{\Psi}$，再利用其特征值即可获得信号方位的估计值。根据式（5.217）不难求得矩阵 $\boldsymbol{\Psi}$ 的表达式为

$$\boldsymbol{\Psi} = \boldsymbol{U}_{\mathrm{S1}}^{\dagger}\boldsymbol{U}_{\mathrm{S2}} = (\boldsymbol{U}_{\mathrm{S1}}^{\mathrm{H}}\boldsymbol{U}_{\mathrm{S1}})^{-1}\boldsymbol{U}_{\mathrm{S1}}^{\mathrm{H}}\boldsymbol{U}_{\mathrm{S2}} \tag{5.219}$$

需要指出的是，在有限样本条件下仅能够得到 $\boldsymbol{U}_{\mathrm{S1}}$ 和 $\boldsymbol{U}_{\mathrm{S2}}$ 的一致估计值 $\hat{\boldsymbol{U}}_{\mathrm{S1}}$ 和 $\hat{\boldsymbol{U}}_{\mathrm{S2}}$，此时为了求解 $\boldsymbol{\Psi}$ 需要合理设计优化准则，下面将给出基于最小二乘（LS，Least Square）估计准

则和基于总体最小二乘（TLS，Total Least Square）估计准则的求解方法，并分别衍生出LS-ESPRIT算法和TLS-ESPRIT算法。

5.5.2 LS-ESPRIT 算法

最小二乘估计准则仅考虑矩阵$\boldsymbol{U}_{\mathrm{S2}}$中的噪声扰动，其数学优化模型为

$$\begin{cases}\min\limits_{\boldsymbol{\Psi},\,\delta\boldsymbol{U}_{\mathrm{S2}}}\|\delta\boldsymbol{U}_{\mathrm{S2}}\|_{\mathrm{F}}^2\\ \text{s.t.}\ \ \hat{\boldsymbol{U}}_{\mathrm{S1}}\boldsymbol{\Psi}=\hat{\boldsymbol{U}}_{\mathrm{S2}}+\delta\boldsymbol{U}_{\mathrm{S2}}\end{cases} \tag{5.220}$$

显然，式（5.220）所示的约束优化问题可以直接转化为如下无约束优化问题

$$\min_{\boldsymbol{\Psi}}\|\hat{\boldsymbol{U}}_{\mathrm{S1}}\boldsymbol{\Psi}-\hat{\boldsymbol{U}}_{\mathrm{S2}}\|_{\mathrm{F}}^2 \tag{5.221}$$

根据式（2.120）可知，式（5.221）的最优闭式解为

$$\hat{\boldsymbol{\Psi}}_{\mathrm{LS}}=\hat{\boldsymbol{U}}_{\mathrm{S1}}^{\dagger}\hat{\boldsymbol{U}}_{\mathrm{S2}}=(\hat{\boldsymbol{U}}_{\mathrm{S1}}^{\mathrm{H}}\hat{\boldsymbol{U}}_{\mathrm{S1}})^{-1}\hat{\boldsymbol{U}}_{\mathrm{S1}}^{\mathrm{H}}\hat{\boldsymbol{U}}_{\mathrm{S2}} \tag{5.222}$$

基于上述讨论可以总结出LS-ESPRIT算法的基本步骤如下：

步骤 1： 根据K个数据样本构造阵列输出自相关矩阵的最大似然估计值$\hat{\boldsymbol{R}}_{xx}=\frac{1}{K}\cdot\sum\limits_{k=1}^{K}\boldsymbol{x}(t_k)\boldsymbol{x}^{\mathrm{H}}(t_k)$。

步骤 2： 对采样自相关矩阵$\hat{\boldsymbol{R}}_{xx}$进行特征值分解$\hat{\boldsymbol{R}}_{xx}=\hat{\boldsymbol{U}}\hat{\boldsymbol{\Sigma}}\hat{\boldsymbol{U}}^{\mathrm{H}}$，并利用其前面$D$个大特征值对应的单位特征向量构造矩阵$\hat{\boldsymbol{U}}_{\mathrm{S}}$。

步骤 3： 提取$\hat{\boldsymbol{U}}_{\mathrm{S}}$的前$M-1$行构成矩阵$\hat{\boldsymbol{U}}_{\mathrm{S1}}$，提取$\hat{\boldsymbol{U}}_{\mathrm{S}}$的后$M-1$行构成矩阵$\hat{\boldsymbol{U}}_{\mathrm{S2}}$，并计算矩阵$\hat{\boldsymbol{\Psi}}_{\mathrm{LS}}=(\hat{\boldsymbol{U}}_{\mathrm{S1}}^{\mathrm{H}}\hat{\boldsymbol{U}}_{\mathrm{S1}})^{-1}\hat{\boldsymbol{U}}_{\mathrm{S1}}^{\mathrm{H}}\hat{\boldsymbol{U}}_{\mathrm{S2}}$。

步骤 4： 计算矩阵$\hat{\boldsymbol{\Psi}}_{\mathrm{LS}}$的$D$个特征值$\{\hat{\rho}_d\}_{1\leqslant d\leqslant D}$，并估计信号方位$\hat{\theta}_d=\arcsin\ (-\mathrm{angle}\{\hat{\rho}_d\}/\kappa)$ $(1\leqslant d\leqslant D)$。

5.5.3 TLS-ESPRIT 算法

总体最小二乘估计准则需要同时考虑矩阵$\boldsymbol{U}_{\mathrm{S1}}$和$\boldsymbol{U}_{\mathrm{S2}}$中的噪声扰动，它考虑如下矩阵方程的解

$$(\hat{\boldsymbol{U}}_{\mathrm{S1}}+\delta\boldsymbol{U}_{\mathrm{S1}})\boldsymbol{\Psi}=\hat{\boldsymbol{U}}_{\mathrm{S2}}+\delta\boldsymbol{U}_{\mathrm{S2}}\Leftrightarrow[-\delta\boldsymbol{U}_{\mathrm{S2}}\ \ \delta\boldsymbol{U}_{\mathrm{S1}}]\cdot\begin{bmatrix}\boldsymbol{I}_D\\ \boldsymbol{\Psi}\end{bmatrix}+[-\hat{\boldsymbol{U}}_{\mathrm{S2}}\ \ \hat{\boldsymbol{U}}_{\mathrm{S1}}]\cdot\begin{bmatrix}\boldsymbol{I}_D\\ \boldsymbol{\Psi}\end{bmatrix}=\boldsymbol{O}_{(M-1)\times D} \tag{5.223}$$

相应的数学优化模型为

$$\begin{cases}\min\limits_{\boldsymbol{\Psi},\,\delta\boldsymbol{U}_{\mathrm{S1}},\,\delta\boldsymbol{U}_{\mathrm{S2}}}\|[-\delta\boldsymbol{U}_{\mathrm{S2}}\ \ \delta\boldsymbol{U}_{\mathrm{S1}}]\|_{\mathrm{F}}^2\\ \text{s.t.}\ \ [-\delta\boldsymbol{U}_{\mathrm{S2}}\ \ \delta\boldsymbol{U}_{\mathrm{S1}}]\cdot\begin{bmatrix}\boldsymbol{I}_D\\ \boldsymbol{\Psi}\end{bmatrix}+[-\hat{\boldsymbol{U}}_{\mathrm{S2}}\ \ \hat{\boldsymbol{U}}_{\mathrm{S1}}]\cdot\begin{bmatrix}\boldsymbol{I}_D\\ \boldsymbol{\Psi}\end{bmatrix}=\boldsymbol{O}_{(M-1)\times D}\end{cases} \tag{5.224}$$

若令$\hat{\boldsymbol{U}}_{\mathrm{S12}}=[\hat{\boldsymbol{U}}_{\mathrm{S1}}\ \ \hat{\boldsymbol{U}}_{\mathrm{S2}}]$，则式（5.224）的求解过程就是寻找矩阵$\boldsymbol{F}\in\mathbf{C}^{2D\times D}$使其与$\hat{\boldsymbol{U}}_{\mathrm{S12}}$尽可能正交，而矩阵$\boldsymbol{F}$可以从矩阵$\hat{\boldsymbol{U}}_{\mathrm{S12}}^{\mathrm{H}}\hat{\boldsymbol{U}}_{\mathrm{S12}}$的特征值分解中获得。假设矩阵$\hat{\boldsymbol{U}}_{\mathrm{S12}}^{\mathrm{H}}\hat{\boldsymbol{U}}_{\mathrm{S12}}$的特征值分解为

$$\hat{\boldsymbol{U}}_{\mathrm{S12}}^{\mathrm{H}}\hat{\boldsymbol{U}}_{\mathrm{S12}}=\hat{\boldsymbol{E}}\hat{\boldsymbol{\Lambda}}\hat{\boldsymbol{E}}^{\mathrm{H}} \tag{5.225}$$

式中对角矩阵 $\hat{\boldsymbol{\Lambda}}$ 的对角元素包含了 D 个大特征值和 D 个接近于零的小特征值，并令其特征值是按照由大到小的顺序进行排列。将矩阵 $\hat{\boldsymbol{E}}$ 进行如下分块

$$\hat{\boldsymbol{E}} = \begin{bmatrix} \underbrace{\hat{\boldsymbol{E}}_{11}}_{D\times D} & \underbrace{\hat{\boldsymbol{E}}_{12}}_{D\times D} \\ \underbrace{\hat{\boldsymbol{E}}_{21}}_{D\times D} & \underbrace{\hat{\boldsymbol{E}}_{22}}_{D\times D} \end{bmatrix} \tag{5.226}$$

若令 $\boldsymbol{F} = \begin{bmatrix} \hat{\boldsymbol{E}}_{12} \\ \hat{\boldsymbol{E}}_{22} \end{bmatrix}$，则有

$$\hat{\boldsymbol{U}}_{\text{S12}}\boldsymbol{F} = [\hat{\boldsymbol{U}}_{\text{S1}} \ \ \hat{\boldsymbol{U}}_{\text{S2}}] \cdot \begin{bmatrix} \hat{\boldsymbol{E}}_{12} \\ \hat{\boldsymbol{E}}_{22} \end{bmatrix} = \hat{\boldsymbol{U}}_{\text{S1}}\hat{\boldsymbol{E}}_{12} + \hat{\boldsymbol{U}}_{\text{S2}}\hat{\boldsymbol{E}}_{22} \approx \boldsymbol{O}_{(M-1)\times D} \Rightarrow \hat{\boldsymbol{U}}_{\text{S2}} \approx -\hat{\boldsymbol{U}}_{\text{S1}}\hat{\boldsymbol{E}}_{12}\hat{\boldsymbol{E}}_{22}^{-1} \tag{5.227}$$

比较式（5.217）和式（5.227）可以得到矩阵 $\boldsymbol{\varPsi}$ 的总体最小二乘估计值为

$$\hat{\boldsymbol{\varPsi}}_{\text{TLS}} = -\hat{\boldsymbol{E}}_{12}\hat{\boldsymbol{E}}_{22}^{-1} \tag{5.228}$$

基于上述讨论可以总结出 TLS-ESPRIT 算法的基本步骤如下：

步骤 1： 根据 K 个数据样本构造阵列输出自相关矩阵的最大似然估计值 $\hat{\boldsymbol{R}}_{xx} = \frac{1}{K} \cdot \sum_{k=1}^{K} \boldsymbol{x}(t_k)\boldsymbol{x}^{\text{H}}(t_k)$。

步骤 2： 对采样自相关矩阵 $\hat{\boldsymbol{R}}_{xx}$ 进行特征值分解 $\hat{\boldsymbol{R}}_{xx} = \hat{\boldsymbol{U}}\hat{\boldsymbol{\Sigma}}\hat{\boldsymbol{U}}^{\text{H}}$，并利用其前面 D 个大特征值对应的单位特征向量构造矩阵 $\hat{\boldsymbol{U}}_{\text{S}}$。

步骤 3： 提取 $\hat{\boldsymbol{U}}_{\text{S}}$ 的前 $M-1$ 行构成矩阵 $\hat{\boldsymbol{U}}_{\text{S1}}$，提取 $\hat{\boldsymbol{U}}_{\text{S}}$ 的后 $M-1$ 行构成矩阵 $\hat{\boldsymbol{U}}_{\text{S2}}$，并构造矩阵 $\hat{\boldsymbol{U}}_{\text{S12}} = [\hat{\boldsymbol{U}}_{\text{S1}} \ \ \hat{\boldsymbol{U}}_{\text{S2}}]$。

步骤 4： 对矩阵 $\hat{\boldsymbol{U}}_{\text{S12}}^{\text{H}}\hat{\boldsymbol{U}}_{\text{S12}}$ 进行特征值分解，求得矩阵 $\hat{\boldsymbol{E}}_{12}$ 和 $\hat{\boldsymbol{E}}_{22}$，并计算矩阵 $\hat{\boldsymbol{\varPsi}}_{\text{TLS}} = -\hat{\boldsymbol{E}}_{12}\hat{\boldsymbol{E}}_{22}^{-1}$。

步骤 5： 计算矩阵 $\hat{\boldsymbol{\varPsi}}_{\text{TLS}}$ 的 D 个特征值 $\{\hat{\rho}_d\}_{1\leqslant d\leqslant D}$，并估计信号方位 $\hat{\theta}_d = \arcsin(-\text{angle}\{\hat{\rho}_d\}/\kappa)$ $(1\leqslant d\leqslant D)$。

5.5.4 基于旋转不变技术的测向算法的理论性能分析

下面将对上述两种 ESPRIT 算法的理论性能进行数学分析，首先有如下命题。

命题 5.10： 在大样本数条件下，LS-ESPRIT 算法与 TLS-ESPRIT 算法具有渐近一致的估计方差。

命题 5.10 的证明见文献[11]。基于命题 5.10 中的结论，下面的性能分析中直接用 ESPRIT 算法来统一表征上述两种 ESPRIT 算法。另一方面，通过大量的数值实验会发现，在小样本数和低信噪比条件下，TLS-ESPRIT 算法的估计方差还是会略低一些，这主要是由于误差的高阶项所致，而这部分误差在性能分析时通常会被忽略掉。

命题 5.11： 在大样本数条件下，ESPRIT 算法的估计误差服从零均值渐近高斯分布，并且其估计误差的协方差满足

$$\text{E}[\delta\theta_{d_1} \cdot \delta\theta_{d_2}] = \frac{\sigma_n^2}{2K\kappa^2 \cdot \cos(\theta_{d_1}) \cdot \cos(\theta_{d_2})} \cdot \text{Re}\{\exp\{\text{j}(\omega_{d_1} - \omega_{d_2})\} \cdot (\boldsymbol{\gamma}_{d_1}^{\text{H}}\boldsymbol{\gamma}_{d_2})(\boldsymbol{a}^{\text{H}}(\theta_{d_2})\boldsymbol{P}\boldsymbol{a}(\theta_{d_1}))\} \tag{5.229}$$

式中

$$\begin{cases}\boldsymbol{\gamma}_d^{\mathrm{H}} = \boldsymbol{i}_D^{(d)\mathrm{H}}(\boldsymbol{A}_1^{\mathrm{H}}(\boldsymbol{\theta})\boldsymbol{A}_1(\boldsymbol{\theta}))^{-1}\boldsymbol{A}_1^{\mathrm{H}}(\boldsymbol{\theta})([\boldsymbol{O}_{(M-1)\times 1}\ \ \boldsymbol{I}_{M-1}] - \exp\{-\mathrm{j}\omega_d\}\cdot[\boldsymbol{I}_{M-1}\ \ \boldsymbol{O}_{(M-1)\times 1}]) \\ \boldsymbol{P} = \boldsymbol{U}_{\mathrm{S}}\boldsymbol{\Sigma}_{\mathrm{S}}\bar{\boldsymbol{\Sigma}}_{\mathrm{S}}^{-2}\boldsymbol{U}_{\mathrm{S}}^{\mathrm{H}} = \sum_{d=1}^{D}\lambda_d(\lambda_d - \sigma_n^2)^{-2}\boldsymbol{u}_d\boldsymbol{u}_d^{\mathrm{H}}\end{cases} \tag{5.230}$$

证明：第一步推导矩阵$\boldsymbol{\Psi}$的扰动量。根据一阶误差分析方法可得

$$\begin{aligned}\boldsymbol{U}_{\mathrm{S}2} + \boldsymbol{\delta U}_{\mathrm{S}2} = (\boldsymbol{U}_{\mathrm{S}1} + \boldsymbol{\delta U}_{\mathrm{S}1})(\boldsymbol{\Psi} + \boldsymbol{\delta\Psi}) &\Rightarrow \boldsymbol{\delta U}_{\mathrm{S}2} \approx \boldsymbol{U}_{\mathrm{S}1}\cdot\boldsymbol{\delta\Psi} + \boldsymbol{\delta U}_{\mathrm{S}1}\cdot\boldsymbol{\Psi} \\ &\Rightarrow \boldsymbol{\delta\Psi} \approx (\boldsymbol{U}_{\mathrm{S}1}^{\mathrm{H}}\boldsymbol{U}_{\mathrm{S}1})^{-1}\boldsymbol{U}_{\mathrm{S}1}^{\mathrm{H}}\cdot\boldsymbol{\delta U}_{\mathrm{S}2} - (\boldsymbol{U}_{\mathrm{S}1}^{\mathrm{H}}\boldsymbol{U}_{\mathrm{S}1})^{-1}\boldsymbol{U}_{\mathrm{S}1}^{\mathrm{H}}\cdot\boldsymbol{\delta U}_{\mathrm{S}1}\cdot\boldsymbol{\Psi} \\ &= (\boldsymbol{U}_{\mathrm{S}1}^{\mathrm{H}}\boldsymbol{U}_{\mathrm{S}1})^{-1}\boldsymbol{U}_{\mathrm{S}1}^{\mathrm{H}}([\boldsymbol{O}_{(M-1)\times 1}\ \ \boldsymbol{I}_{M-1}]\cdot\boldsymbol{\delta U}_{\mathrm{S}} - [\boldsymbol{I}_{M-1}\ \ \boldsymbol{O}_{(M-1)\times 1}]\cdot\boldsymbol{\delta U}_{\mathrm{S}}\cdot\boldsymbol{\Psi})\end{aligned} \tag{5.231}$$

第二步推导矩阵$\boldsymbol{\Psi}$的特征值的扰动量。设向量$\boldsymbol{\alpha}_d^{\mathrm{H}}$和$\boldsymbol{\beta}_d$是矩阵$\boldsymbol{\Psi}$关于特征值$\rho_d = \exp\{-\mathrm{j}\omega_d\}$的左、右特征向量，并且满足$\boldsymbol{\alpha}_d^{\mathrm{H}}\boldsymbol{\beta}_d = 1$，于是有

$$\begin{cases}\boldsymbol{\alpha}_d^{\mathrm{H}}\boldsymbol{\Psi} = \boldsymbol{\alpha}_d^{\mathrm{H}}\boldsymbol{T}^{-1}\boldsymbol{\Phi}\boldsymbol{T} = \rho_d\boldsymbol{\alpha}_d^{\mathrm{H}} \Rightarrow \boldsymbol{\alpha}_d^{\mathrm{H}}\boldsymbol{T}^{-1}\boldsymbol{\Phi} = \rho_d\boldsymbol{\alpha}_d^{\mathrm{H}}\boldsymbol{T}^{-1} \\ \boldsymbol{\Psi}\boldsymbol{\beta}_d = \boldsymbol{T}^{-1}\boldsymbol{\Phi}\boldsymbol{T}\boldsymbol{\beta}_d = \rho_d\boldsymbol{\beta}_d \Rightarrow \boldsymbol{\Phi}\boldsymbol{T}\boldsymbol{\beta}_d = \rho_d\boldsymbol{T}\boldsymbol{\beta}_d\end{cases} \tag{5.232}$$

根据式（5.232）不难验证，$\boldsymbol{\alpha}_d^{\mathrm{H}}$是矩阵$\boldsymbol{T}$的第$d$行向量（即$\boldsymbol{\alpha}_d^{\mathrm{H}} = \boldsymbol{i}_D^{(d)\mathrm{H}}\boldsymbol{T}$），$\boldsymbol{\beta}_d$是矩阵$\boldsymbol{T}^{-1}$的第$d$列向量（即$\boldsymbol{\beta}_d = \boldsymbol{T}^{-1}\boldsymbol{i}_D^{(d)}$）。根据文献[26]引用的矩阵特征值扰动理论可知

$$\delta\rho_d \approx \boldsymbol{\alpha}_d^{\mathrm{H}}\cdot\boldsymbol{\delta\Psi}\cdot\boldsymbol{\beta}_d \tag{5.233}$$

将式（5.231）代入式（5.233）中可得

$$\begin{aligned}\delta\rho_d &\approx \boldsymbol{\alpha}_d^{\mathrm{H}}(\boldsymbol{U}_{\mathrm{S}1}^{\mathrm{H}}\boldsymbol{U}_{\mathrm{S}1})^{-1}\boldsymbol{U}_{\mathrm{S}1}^{\mathrm{H}}([\boldsymbol{O}_{(M-1)\times 1}\ \ \boldsymbol{I}_{M-1}]\cdot\boldsymbol{\delta U}_{\mathrm{S}} - [\boldsymbol{I}_{M-1}\ \ \boldsymbol{O}_{(M-1)\times 1}]\cdot\boldsymbol{\delta U}_{\mathrm{S}}\cdot\boldsymbol{\Psi})\boldsymbol{\beta}_d \\ &= \boldsymbol{\alpha}_d^{\mathrm{H}}(\boldsymbol{U}_{\mathrm{S}1}^{\mathrm{H}}\boldsymbol{U}_{\mathrm{S}1})^{-1}\boldsymbol{U}_{\mathrm{S}1}^{\mathrm{H}}([\boldsymbol{O}_{(M-1)\times 1}\ \ \boldsymbol{I}_{M-1}] - \rho_d\cdot[\boldsymbol{I}_{M-1}\ \ \boldsymbol{O}_{(M-1)\times 1}])\cdot\boldsymbol{\delta U}_{\mathrm{S}}\cdot\boldsymbol{\beta}_d \\ &= \boldsymbol{\alpha}_d^{\mathrm{H}}(\boldsymbol{U}_{\mathrm{S}1}^{\mathrm{H}}\boldsymbol{U}_{\mathrm{S}1})^{-1}\boldsymbol{U}_{\mathrm{S}1}^{\mathrm{H}}\boldsymbol{F}_d\cdot\boldsymbol{\delta U}_{\mathrm{S}}\cdot\boldsymbol{\beta}_d\end{aligned} \tag{5.234}$$

式中

$$\boldsymbol{F}_d = [\boldsymbol{O}_{(M-1)\times 1}\ \ \boldsymbol{I}_{M-1}] - \rho_d\cdot[\boldsymbol{I}_{M-1}\ \ \boldsymbol{O}_{(M-1)\times 1}] \tag{5.235}$$

利用式（5.215）可知

$$\boldsymbol{\alpha}_d^{\mathrm{H}}(\boldsymbol{U}_{\mathrm{S}1}^{\mathrm{H}}\boldsymbol{U}_{\mathrm{S}1})^{-1}\boldsymbol{U}_{\mathrm{S}1}^{\mathrm{H}} = \boldsymbol{i}_D^{(d)\mathrm{H}}\boldsymbol{T}(\boldsymbol{T}^{\mathrm{H}}\boldsymbol{A}_1^{\mathrm{H}}(\boldsymbol{\theta})\boldsymbol{A}_1(\boldsymbol{\theta})\boldsymbol{T})^{-1}(\boldsymbol{A}_1(\boldsymbol{\theta})\boldsymbol{T})^{\mathrm{H}} = \boldsymbol{i}_D^{(d)\mathrm{H}}(\boldsymbol{A}_1^{\mathrm{H}}(\boldsymbol{\theta})\boldsymbol{A}_1(\boldsymbol{\theta}))^{-1}\boldsymbol{A}_1^{\mathrm{H}}(\boldsymbol{\theta}) \tag{5.236}$$

将式（5.236）代入式（5.234）中可以推得

$$\delta\rho_d \approx \boldsymbol{i}_D^{(d)\mathrm{H}}(\boldsymbol{A}_1^{\mathrm{H}}(\boldsymbol{\theta})\boldsymbol{A}_1(\boldsymbol{\theta}))^{-1}\boldsymbol{A}_1^{\mathrm{H}}(\boldsymbol{\theta})\boldsymbol{F}_d\cdot\boldsymbol{\delta U}_{\mathrm{S}}\cdot\boldsymbol{\beta}_d = \boldsymbol{\gamma}_d^{\mathrm{H}}\cdot\boldsymbol{\delta U}_{\mathrm{S}}\cdot\boldsymbol{\beta}_d = \sum_{k=1}^{D}<\boldsymbol{\beta}_d>_k\cdot\boldsymbol{\gamma}_d^{\mathrm{H}}\cdot\boldsymbol{\delta u}_k \tag{5.237}$$

式中

$$\boldsymbol{\gamma}_d^{\mathrm{H}} = \boldsymbol{i}_D^{(d)\mathrm{H}}(\boldsymbol{A}_1^{\mathrm{H}}(\boldsymbol{\theta})\boldsymbol{A}_1(\boldsymbol{\theta}))^{-1}\boldsymbol{A}_1^{\mathrm{H}}(\boldsymbol{\theta})\boldsymbol{F}_d \tag{5.238}$$

不难验证

$$\begin{aligned}\boldsymbol{\gamma}_d^{\mathrm{H}}\boldsymbol{A}(\boldsymbol{\theta}) &= \boldsymbol{i}_D^{(d)\mathrm{H}}(\boldsymbol{A}_1^{\mathrm{H}}(\boldsymbol{\theta})\boldsymbol{A}_1(\boldsymbol{\theta}))^{-1}\boldsymbol{A}_1^{\mathrm{H}}(\boldsymbol{\theta})([\boldsymbol{O}_{(M-1)\times 1}\ \ \boldsymbol{I}_{M-1}]\cdot\boldsymbol{A}(\boldsymbol{\theta}) - \rho_d\cdot[\boldsymbol{I}_{M-1}\ \ \boldsymbol{O}_{(M-1)\times 1}]\cdot\boldsymbol{A}(\boldsymbol{\theta})) \\ &= \boldsymbol{i}_D^{(d)\mathrm{H}}(\boldsymbol{A}_1^{\mathrm{H}}(\boldsymbol{\theta})\boldsymbol{A}_1(\boldsymbol{\theta}))^{-1}\boldsymbol{A}_1^{\mathrm{H}}(\boldsymbol{\theta})(\boldsymbol{A}_2(\boldsymbol{\theta}) - \rho_d\boldsymbol{A}_1(\boldsymbol{\theta})) \\ &= \boldsymbol{i}_D^{(d)\mathrm{H}}(\boldsymbol{A}_1^{\mathrm{H}}(\boldsymbol{\theta})\boldsymbol{A}_1(\boldsymbol{\theta}))^{-1}\boldsymbol{A}_1^{\mathrm{H}}(\boldsymbol{\theta})(\boldsymbol{A}_1(\boldsymbol{\theta})\boldsymbol{\Phi} - \rho_d\boldsymbol{A}_1(\boldsymbol{\theta})) \\ &= \boldsymbol{i}_D^{(d)\mathrm{H}}(\boldsymbol{\Phi} - \rho_d\boldsymbol{I}_D) = \boldsymbol{O}_{1\times D}\end{aligned} \tag{5.239}$$

进一步可得$\boldsymbol{\gamma}_d^{\mathrm{H}}\boldsymbol{U}_{\mathrm{S}} = \boldsymbol{\gamma}_d^{\mathrm{H}}\boldsymbol{A}(\boldsymbol{\theta})\boldsymbol{T} = \boldsymbol{O}_{1\times D}$。另一方面，根据文献[26]中的分析可知，误差矩阵$\boldsymbol{\delta U}_{\mathrm{S}}$服从零均值渐近高斯分布，因此由式（5.237）可知$\delta\rho_d$也服从零均值渐近高斯分布。

第三步推导方位估计的扰动量。对式（5.218）两边求微分可得

$$\delta\rho_d \approx \exp\{-\mathrm{j}\kappa\cdot\sin(\theta_d)\}\cdot(-\mathrm{j}\kappa\cdot\cos(\theta_d))\cdot\delta\theta_d = -\mathrm{j}\rho_d\kappa\cdot\cos(\theta_d)\cdot\delta\theta_d \Rightarrow \delta\theta_d = -\frac{\mathrm{Im}\{\delta\rho_d/\rho_d\}}{\kappa\cdot\cos(\theta_d)} \tag{5.240}$$

根据式（5.240）可知，$\delta\theta_d$ 服从零均值渐近高斯分布。

第四步推导方位估计的协方差。利用式（5.240）可知

$$\mathrm{E}[\delta\theta_{d_1}\cdot\delta\theta_{d_2}] = \frac{1}{\kappa^2\cdot\cos(\theta_{d_1})\cdot\cos(\theta_{d_2})}\cdot\mathrm{E}[\mathrm{Im}\{\delta\rho_{d_1}/\rho_{d_1}\}\cdot\mathrm{Im}\{\delta\rho_{d_2}/\rho_{d_2}\}] \tag{5.241}$$

基于恒等式

$$\mathrm{Im}\{z_1\}\cdot\mathrm{Im}\{z_2\} = \mathrm{Re}\{z_1 z_2^* - z_1 z_2\}/2 \tag{5.242}$$

可以进一步推得

$$\begin{aligned}\mathrm{E}[\delta\theta_{d_1}\cdot\delta\theta_{d_2}] = &\frac{1}{2\kappa^2\cdot\cos(\theta_{d_1})\cdot\cos(\theta_{d_2})}\cdot\mathrm{Re}\{\exp\{\mathrm{j}(\omega_{d_1}-\omega_{d_2})\}\cdot\mathrm{E}[\delta\rho_{d_1}\cdot\delta\rho_{d_2}^*]\} \\ &-\frac{1}{2\kappa^2\cdot\cos(\theta_{d_1})\cdot\cos(\theta_{d_2})}\cdot\mathrm{Re}\{\exp\{\mathrm{j}(\omega_{d_1}+\omega_{d_2})\}\cdot\mathrm{E}[\delta\rho_{d_1}\cdot\delta\rho_{d_2}]\}\end{aligned} \tag{5.243}$$

结合式（5.237）和附录 B 中的引理 B.1 可得

$$\mathrm{E}[\delta\rho_{d_1}\cdot\delta\rho_{d_2}] = \sum_{k_1=1}^{D}\sum_{k_2=1}^{D} <\boldsymbol{\beta}_{d_1}>_{k_1}\cdot<\boldsymbol{\beta}_{d_2}>_{k_2}\cdot\boldsymbol{\gamma}_{d_1}^{\mathrm{H}}\cdot\mathrm{E}[\boldsymbol{\delta u}_{k_1}\cdot\boldsymbol{\delta u}_{k_2}^{\mathrm{T}}]\cdot\boldsymbol{\gamma}_{d_2}^* = 0 \tag{5.244}$$

$$\begin{aligned}\mathrm{E}[\delta\rho_{d_1}\cdot\delta\rho_{d_2}^*] &= \sum_{k_1=1}^{D}\sum_{k_2=1}^{D} <\boldsymbol{\beta}_{d_1}>_{k_1}\cdot<\boldsymbol{\beta}_{d_2}^*>_{k_2}\cdot\boldsymbol{\gamma}_{d_1}^{\mathrm{H}}\cdot\mathrm{E}[\boldsymbol{\delta u}_{k_1}\cdot\boldsymbol{\delta u}_{k_2}^{\mathrm{H}}]\cdot\boldsymbol{\gamma}_{d_2} \\ &= \frac{\sigma_n^2}{K}(\boldsymbol{\gamma}_{d_1}^{\mathrm{H}}\cdot\boldsymbol{\Pi}^{\perp}[\boldsymbol{A}(\boldsymbol{\theta})]\cdot\boldsymbol{\gamma}_{d_2})\left(\sum_{k=1}^{D}\frac{\lambda_k\cdot<\boldsymbol{\beta}_{d_1}>_k\cdot<\boldsymbol{\beta}_{d_2}^*>_k}{(\lambda_k-\sigma_n^2)^2}\right) \\ &= \sigma_n^2(\boldsymbol{\gamma}_{d_1}^{\mathrm{H}}\cdot\boldsymbol{\Pi}^{\perp}[\boldsymbol{A}(\boldsymbol{\theta})]\cdot\boldsymbol{\gamma}_{d_2})(\boldsymbol{\beta}_{d_2}^{\mathrm{H}}\boldsymbol{\Sigma}_{\mathrm{S}}\bar{\boldsymbol{\Sigma}}_{\mathrm{S}}^{-2}\boldsymbol{\beta}_{d_1})/K\end{aligned} \tag{5.245}$$

式中 $\bar{\boldsymbol{\Sigma}}_{\mathrm{S}} = \boldsymbol{\Sigma}_{\mathrm{S}} - \sigma_n^2\boldsymbol{I}_D$。又因为

$$\boldsymbol{T}^{-1} = \boldsymbol{U}_{\mathrm{S}}^{\mathrm{H}}\boldsymbol{A}(\boldsymbol{\theta}) \Rightarrow \boldsymbol{\beta}_d = \boldsymbol{T}^{-1}\boldsymbol{i}_D^{(d)} = \boldsymbol{U}_{\mathrm{S}}^{\mathrm{H}}\boldsymbol{A}(\boldsymbol{\theta})\boldsymbol{i}_D^{(d)} = \boldsymbol{U}_{\mathrm{S}}^{\mathrm{H}}\boldsymbol{a}(\theta_d) \tag{5.246}$$

将式（5.246）代入式（5.245）中可得

$$\begin{aligned}\mathrm{E}[\delta\rho_{d_1}\cdot\delta\rho_{d_2}^*] &= \sigma_n^2(\boldsymbol{\gamma}_{d_1}^{\mathrm{H}}\cdot\boldsymbol{\Pi}^{\perp}[\boldsymbol{A}(\boldsymbol{\theta})]\cdot\boldsymbol{\gamma}_{d_2})(\boldsymbol{a}^{\mathrm{H}}(\theta_{d_2})\boldsymbol{U}_{\mathrm{S}}\boldsymbol{\Sigma}_{\mathrm{S}}\bar{\boldsymbol{\Sigma}}_{\mathrm{S}}^{-2}\boldsymbol{U}_{\mathrm{S}}^{\mathrm{H}}\boldsymbol{a}(\theta_{d_1}))/K \\ &= \sigma_n^2(\boldsymbol{\gamma}_{d_1}^{\mathrm{H}}\cdot\boldsymbol{\Pi}^{\perp}[\boldsymbol{A}(\boldsymbol{\theta})]\cdot\boldsymbol{\gamma}_{d_2})(\boldsymbol{a}^{\mathrm{H}}(\theta_{d_2})\boldsymbol{P}\boldsymbol{a}(\theta_{d_1}))/K\end{aligned} \tag{5.247}$$

又根据式（5.239）可知

$$\boldsymbol{\gamma}_{d_1}^{\mathrm{H}}\cdot\boldsymbol{\Pi}^{\perp}[\boldsymbol{A}(\boldsymbol{\theta})] = \boldsymbol{\gamma}_{d_1}^{\mathrm{H}} - \boldsymbol{\gamma}_{d_1}^{\mathrm{H}}\boldsymbol{A}(\boldsymbol{\theta})(\boldsymbol{A}^{\mathrm{H}}(\boldsymbol{\theta})\boldsymbol{A}(\boldsymbol{\theta}))^{-1}\boldsymbol{A}^{\mathrm{H}}(\boldsymbol{\theta}) = \boldsymbol{\gamma}_{d_1}^{\mathrm{H}} \tag{5.248}$$

将式（5.248）代入式（5.247）中可得

$$\mathrm{E}[\delta\rho_{d_1}\cdot\delta\rho_{d_2}^*] = \sigma_n^2(\boldsymbol{\gamma}_{d_1}^{\mathrm{H}}\boldsymbol{\gamma}_{d_2})(\boldsymbol{a}^{\mathrm{H}}(\theta_{d_2})\boldsymbol{P}\boldsymbol{a}(\theta_{d_1}))/K \tag{5.249}$$

将式（5.249）和式（5.244）代入式（5.243）中可知式（5.229）成立。

命题 5.11 得证。

□

推论 5.17： 在大样本数条件下，MUSIC 算法和 ESPRIT 算法的估计方差满足如下关系式

$$\frac{\mathrm{var}_{\mathrm{ESPRIT}}(\theta_d)}{\mathrm{var}_{\mathrm{MUSIC}}(\theta_d)} \geqslant 1 \qquad (1 \leqslant d \leqslant D) \tag{5.250}$$

证明： 根据式（5.103）和式（5.229）可知

$$\mathrm{var}_{\mathrm{ESPRIT}}(\theta_d) = \frac{\sigma_n^2(\boldsymbol{\gamma}_d^{\mathrm{H}}\boldsymbol{\gamma}_d)(\boldsymbol{a}^{\mathrm{H}}(\theta_d)\boldsymbol{P}\boldsymbol{a}(\theta_d))}{2K(\kappa \cdot \cos(\theta_d))^2} \tag{5.251}$$

$$\mathrm{var}_{\mathrm{MUSIC}}(\theta_d) = \frac{\sigma_n^2}{2K} \cdot \frac{\boldsymbol{a}^{\mathrm{H}}(\theta_d)\boldsymbol{P}\boldsymbol{a}(\theta_d)}{\dot{\boldsymbol{a}}^{\mathrm{H}}(\theta_d) \cdot \boldsymbol{\Pi}^{\perp}[\boldsymbol{A}(\boldsymbol{\theta})] \cdot \dot{\boldsymbol{a}}(\theta_d)} \tag{5.252}$$

于是有

$$\frac{\mathrm{var}_{\mathrm{ESPRIT}}(\theta_d)}{\mathrm{var}_{\mathrm{MUSIC}}(\theta_d)} = \frac{(\boldsymbol{\gamma}_d^{\mathrm{H}}\boldsymbol{\gamma}_d)(\dot{\boldsymbol{a}}^{\mathrm{H}}(\theta_d) \cdot \boldsymbol{\Pi}^{\perp}[\boldsymbol{A}(\boldsymbol{\theta})] \cdot \dot{\boldsymbol{a}}(\theta_d))}{(\kappa \cdot \cos(\theta_d))^2} \tag{5.253}$$

下面将证明式（5.253）右边大于等于 1。

根据 Cauchy-Schwarz 不等式可知

$$(\boldsymbol{\gamma}_d^{\mathrm{H}}\boldsymbol{\gamma}_d)(\dot{\boldsymbol{a}}^{\mathrm{H}}(\theta_d) \cdot \boldsymbol{\Pi}^{\perp}[\boldsymbol{A}(\boldsymbol{\theta})] \cdot \dot{\boldsymbol{a}}(\theta_d)) = \|\boldsymbol{\gamma}_d\|_2^2 \cdot \|\boldsymbol{\Pi}^{\perp}[\boldsymbol{A}(\boldsymbol{\theta})] \cdot \dot{\boldsymbol{a}}(\theta_d)\|_2^2 \geqslant |\boldsymbol{\gamma}_d^{\mathrm{H}} \cdot \boldsymbol{\Pi}^{\perp}[\boldsymbol{A}(\boldsymbol{\theta})] \cdot \dot{\boldsymbol{a}}(\theta_d)|^2 = |\boldsymbol{\gamma}_d^{\mathrm{H}}\dot{\boldsymbol{a}}(\theta_d)|^2 \tag{5.254}$$

式（5.254）中的最后一个等式利用了等式 $\boldsymbol{\gamma}_d^{\mathrm{H}}\boldsymbol{a}(\theta_d) = 0$，将该等式两边对 θ_d 求偏导可得

$$\dot{\boldsymbol{\gamma}}_d^{\mathrm{H}}\boldsymbol{a}(\theta_d) + \boldsymbol{\gamma}_d^{\mathrm{H}}\dot{\boldsymbol{a}}(\theta_d) = 0 \tag{5.255}$$

根据式（5.238）可知

$$\begin{aligned}\dot{\boldsymbol{\gamma}}_d^{\mathrm{H}}\boldsymbol{a}(\theta_d) &= \mathrm{j}\kappa \cdot \cos(\theta_d) \cdot \exp\{-\mathrm{j}\omega_d\} \cdot \boldsymbol{i}_D^{(d)\mathrm{H}}(\boldsymbol{A}_1^{\mathrm{H}}(\boldsymbol{\theta})\boldsymbol{A}_1(\boldsymbol{\theta}))^{-1}\boldsymbol{A}_1^{\mathrm{H}}(\boldsymbol{\theta}) \cdot [\boldsymbol{I}_{M-1} \;\; \boldsymbol{O}_{(M-1)\times 1}] \cdot \boldsymbol{a}(\theta_d) \\ &\quad + \boldsymbol{i}_D^{(d)\mathrm{H}} \cdot \frac{\partial(\boldsymbol{A}_1^{\mathrm{H}}(\boldsymbol{\theta})\boldsymbol{A}_1(\boldsymbol{\theta}))^{-1}\boldsymbol{A}_1^{\mathrm{H}}(\boldsymbol{\theta})}{\partial\theta_d} \cdot \boldsymbol{F}_d\boldsymbol{a}(\theta_d) \\ &= \mathrm{j}\kappa \cdot \cos(\theta_d) \cdot \exp\{-\mathrm{j}\omega_d\}\end{aligned} \tag{5.256}$$

式（5.256）中的第二个等号利用了等式 $\boldsymbol{F}_d\boldsymbol{a}(\theta_d) = \boldsymbol{O}_{(M-1)\times 1}$。将式（5.254）～式（5.256）代入式（5.253）中可得

$$\frac{\mathrm{var}_{\mathrm{ESPRIT}}(\theta_d)}{\mathrm{var}_{\mathrm{MUSIC}}(\theta_d)} \geqslant \frac{|\boldsymbol{\gamma}_d^{\mathrm{H}}\dot{\boldsymbol{a}}(\theta_d)|^2}{(\kappa \cdot \cos(\theta_d))^2} = \frac{|\dot{\boldsymbol{\gamma}}_d^{\mathrm{H}}\boldsymbol{a}(\theta_d)|^2}{(\kappa \cdot \cos(\theta_d))^2} = 1 \tag{5.257}$$

推论 5.17 得证。

□

推论 5.17 表明，ESPRIT 算法的方位估计方差会大于 MUSIC 算法。

推论 5.18： 对于均匀线阵而言，若仅有 1 个信号存在，并且其方位（指与线阵法线方向的夹角）为 θ_0 时，ESPRIT 算法的方位估计方差为

$$\mathrm{var}_{\mathrm{ESPRIT}}(\theta_0) = \frac{1 + (M \cdot \mathrm{SNR})^{-1}}{K \cdot \mathrm{SNR} \cdot (\kappa \cdot \cos(\theta_0))^2 (M-1)^2} \tag{5.258}$$

式中 $\mathrm{SNR} = \mathrm{E}[|s(t_k)|^2]/\sigma_n^2 = \sigma_s^2/\sigma_n^2$ 和 $\kappa = 2\pi d/\lambda$。

证明： 当信号方位为 θ_0 时，根据式（5.230）可以推得

$$\boldsymbol{\gamma}_d^{\mathrm{H}}\boldsymbol{\gamma}_d = (\boldsymbol{a}_1^{\mathrm{H}}(\theta_0)\boldsymbol{a}_1(\theta_0))^{-1}\boldsymbol{a}_1^{\mathrm{H}}(\theta_0)([\boldsymbol{O}_{(M-1)\times 1}\ \ \boldsymbol{I}_{M-1}] - \exp\{-\mathrm{j}\omega_0\}\cdot[\boldsymbol{I}_{M-1}\ \ \boldsymbol{O}_{(M-1)\times 1}])$$
$$\times\left(\begin{bmatrix}\boldsymbol{O}_{1\times(M-1)}\\ \boldsymbol{I}_{M-1}\end{bmatrix} - \exp\{\mathrm{j}\omega_0\}\cdot\begin{bmatrix}\boldsymbol{I}_{M-1}\\ \boldsymbol{O}_{1\times(M-1)}\end{bmatrix}\right)\boldsymbol{a}_1(\theta_0)(\boldsymbol{a}_1^{\mathrm{H}}(\theta_0)\boldsymbol{a}_1(\theta_0))^{-1}$$
$$= \frac{\boldsymbol{a}_1^{\mathrm{H}}(\theta_0)}{(M-1)^2}\cdot\left(2\boldsymbol{I}_{M-1} - \exp\{\mathrm{j}\omega_0\}\cdot\begin{bmatrix}\boldsymbol{O}_{(M-2)\times 1} & \boldsymbol{I}_{M-2}\\ 0 & \boldsymbol{O}_{1\times(M-2)}\end{bmatrix} - \exp\{-\mathrm{j}\omega_0\}\cdot\begin{bmatrix}\boldsymbol{O}_{1\times(M-2)} & 0\\ \boldsymbol{I}_{M-2} & \boldsymbol{O}_{(M-2)\times 1}\end{bmatrix}\right)\boldsymbol{a}_1(\theta_0)$$
$$= \frac{2(M-1)-2(M-2)}{(M-1)^2} = \frac{2}{(M-1)^2} \tag{5.259}$$

式中 $\omega_0 = \kappa\cdot\sin(\theta_0)$。利用式（5.60）和式（5.119）可知

$$\boldsymbol{a}^{\mathrm{H}}(\theta_0)\boldsymbol{P}\boldsymbol{a}(\theta_0) = \frac{1+(M\cdot\mathrm{SNR})^{-1}}{\sigma_s^2} \tag{5.260}$$

将式（5.259）和式（5.260）代入式（5.251）中可知式（5.258）成立。

推论 5.18 得证。 □

最后，比较式（5.124）和式（5.258）可知

$$\frac{\mathrm{var}_{\mathrm{ESPRIT}}(\theta_0)}{\mathrm{var}_{\mathrm{MUSIC}}(\theta_0)} = \frac{M(M+1)}{6(M-1)} \tag{5.261}$$

从式（5.261）中可以看出，在仅有 1 个信号存在的条件下，ESPRIT 算法与 MUSIC 算法的方位估计方差的比值会随着阵元个数的增加而逐渐增大。

5.5.5 数值实验

下面将通过若干数值实验说明两种 ESPRIT 算法的参数估计精度，并将其与 MUSIC 算法的方位估计性能进行比较。

数值实验 1——验证两种 ESPRIT 算法的有效性

假设有 2 个等功率窄带信号到达某 9 元均匀线阵，相邻阵元间距与波长比为 $d/\lambda = 0.5$，信号方位（指与线阵法线方向的夹角）分别为 20°和 40°，两信号的时域相关系数为 0.5，信噪比为 10dB，样本点数为 500，图 5.34 和图 5.35 分别给出了 LS-ESPRIT 算法和 TLS-ESPRIT 算法的测向结果（进行了 500 次蒙特卡洛实验）。

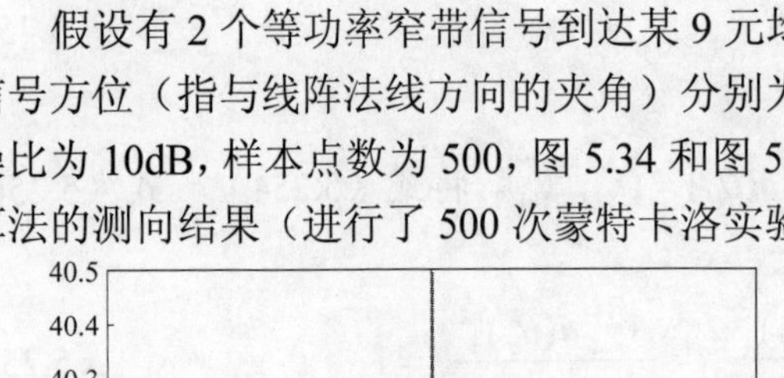

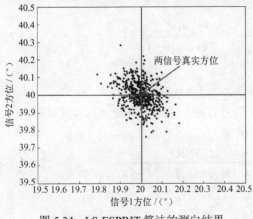

图 5.34 LS-ESPRIT 算法的测向结果

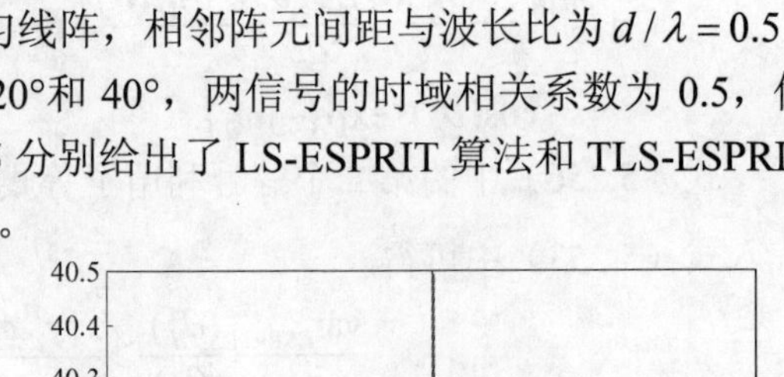

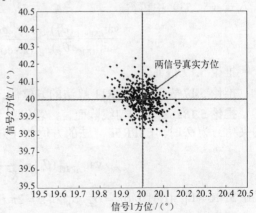

图 5.35 TLS-ESPRIT 算法的测向结果

从图 5.34 和图 5.35 中可以看出：两种 ESPRIT 算法均可以较准确地给出 2 个信号的方位估计值，从而验证了算法的有效性。

数值实验 2——单信号存在条件下两种 ESPRIT 算法与 MUSIC 算法的性能比较

假设有 1 个窄带信号到达某均匀线阵，相邻阵元间距与波长比为 $d/\lambda = 0.5$，方位为 30°。

首先，将阵元个数固定为 8，样本点数固定为 200，图 5.36 给出了三种算法的测向均方根误差随着信噪比的变化曲线。

接着，将阵元个数固定为 8，信噪比固定为 0dB，图 5.37 给出了三种算法的测向均方根误差随着样本点数的变化曲线。

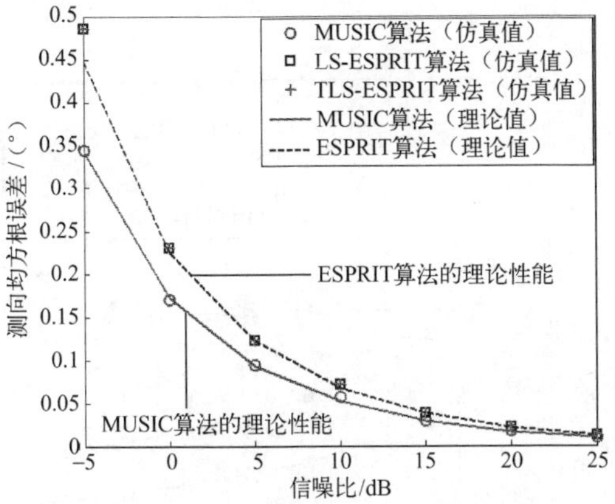

图 5.36　测向均方根误差随着信噪比的变化曲线

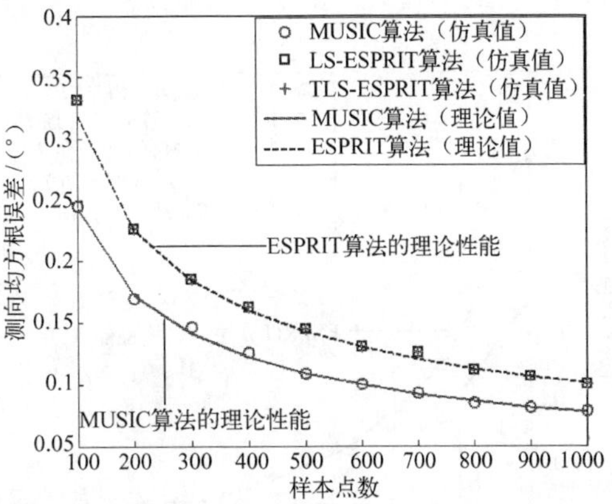

图 5.37　测向均方根误差随着样本点数的变化曲线

最后，将信噪比固定为 0dB，样本点数固定为 200，图 5.38 给出了三种算法的测向均方根误差随着阵元个数的变化曲线。

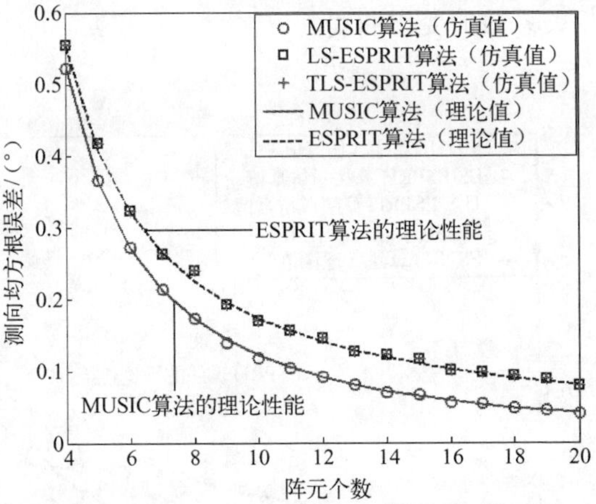

图 5.38　测向均方根误差随着阵元个数的变化曲线

从图 5.36 至图 5.38 中可以看出：

① 两种算法的测向均方根误差均随着信噪比、样本点数和阵元个数的增加而减少。

② MUSIC 算法的测向精度要优于 ESPRIT 算法，并且随着阵元个数的增加，前者的优势会更加明显（如图 5.38 所示）。

数值实验 3——两信号存在条件下两种 ESPRIT 算法与 MUSIC 算法的性能比较

假设有 2 个等功率窄带信号到达某 9 元均匀线阵，相邻阵元间距与波长比为 $d/\lambda=0.5$，信号方位分别为 10°和 35°。

首先，将两信号时域相关系数固定为 0.5，样本点数固定为 200，图 5.39 给出了三种算法的测向均方根误差随着信噪比的变化曲线。

接着，将信噪比固定为 0dB，两信号时域相关系数固定为 0.5，图 5.40 给出了三种算法的测向均方根误差随着样本点数的变化曲线。

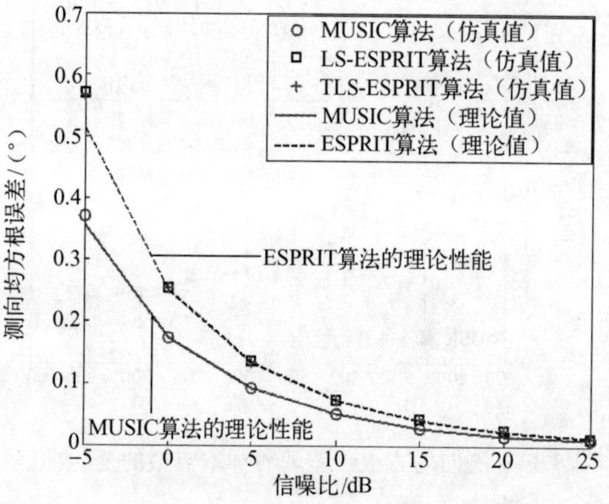

图 5.39　测向均方根误差随着信噪比的变化曲线

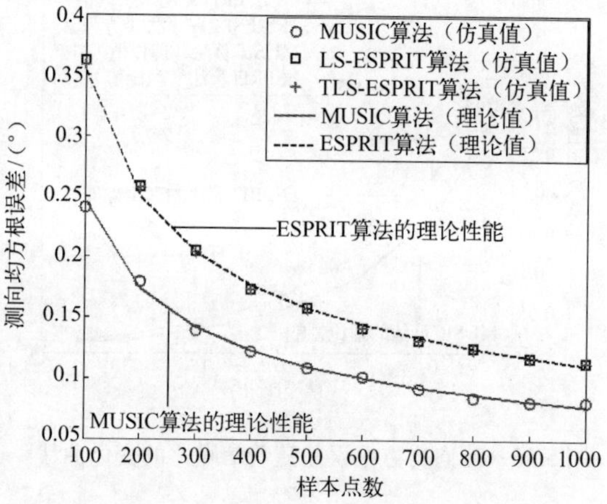

图 5.40　测向均方根误差随着样本点数的变化曲线

最后，将信噪比固定为 0dB，样本点数固定为 200，图 5.41 给出了三种算法的测向均方根误差随着两信号时域相关系数的变化曲线。

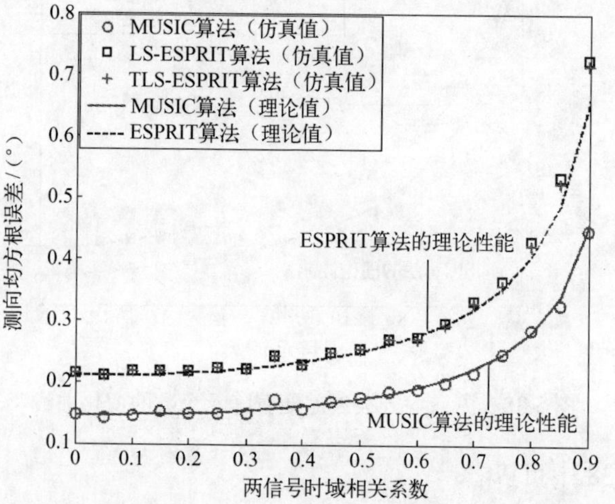

图 5.41　测向均方根误差随着两信号时域相关系数的变化曲线

从图 5.39～图 5.41 中可以看出：

① 三种算法的测向均方根误差均随着信噪比、样本点数的增加而减少，随着两信号时域相关性的增加而增大。

② MUSIC 算法的测向精度高于 ESPRIT 算法。

参考文献

[1] 刘德树．空间谱估计及其应用[M]．合肥：中国科学技术大学出版社，1997.

[2] 王永良，陈辉，彭应宁，等．空间谱估计理论与算法[M]．北京：清华大学出版社，2004.

[3] 张小飞，汪飞，徐大专．阵列信号处理的理论和应用[M]．北京：国防工业出版社，2010.

[4] 张小飞，陈华伟，仇小锋，等．阵列信号处理及 MATLAB 实现[M]．北京：电子工业出版社，2015.

[5] Schmidt R O. Multiple emitter location and signal parameter estimation[A]. Proceedings of RADC Spectral Estimation Workshop[C]. Rome: IEEE Press, 1979: 243-258.

[6] Schmidt R O. Multiple emitter location and signal parameter estimation[J]. IEEE Transactions on Antennas and Propagation, 1986, 34(3): 267-280.

[7] Stoica P, Nehorai A. MUSIC, Maximum likelihood, and Cramér-Rao bound[J]. IEEE Transactions on Acoustics, Speech and Signal Processing, 1989, 37(5): 720-741.

[8] Stoica P, Nehorai A. MUSIC, Maximum likelihood, and Cramér-Rao bound: further results and comparisons[J]. IEEE Transactions on Acoustics, Speech and Signal Processing, 1990, 38(12): 2140-2150.

[9] Krim H, Forster P, Proakis J G. Operator approach to performance analysis of root-MUSIC and root-min-norm[J]. IEEE Transactions on Acoustics, Speech and Signal Processing, 1992, 40(7): 1687-1696.

[10] Roy R, Kailath T. ESPRIT—estimation of signal parameters via rotational invariance techniques[J]. IEEE Transactions on Acoustics, Speech and Signal Processing, 1989, 37(7): 984-995.

[11] Rao B D, Hari K V S. Performance ananlysis of ESPRIT and TAM in determining the direction of arrival of plane waves in noise[J]. IEEE Transactions on Acoustics, Speech and Signal Processing, 1989, 40(12): 1990-1995.

[12] Stoica P, Nehorai A. Performance Comparison of Subspace Rotation and MUSIC Methods for Direction Estimation[J]. IEEE Transactions on Signal Processing, 1991, 39(2): 446–453.

[13] Viberg M, Ottersten B. Sensor array processing based on subspace fitting[J]. IEEE Transactions on Signal Processing, 1991, 39(5): 1110-1121.

[14] Viberg M, Ottersten B, Kailath T. Detection and estimation in sensor arrays using weighted subspace fitting[J]. IEEE Transactions on Signal Processing, 1991, 39(12): 2436-2449.

[15] Ottersten B, Viberg M, Kailath T. Analysis of subspace fitting and ML techniques for parameter estimation from sensor array data[J]. IEEE Transactions on Signal Processing, 1992, 40(3): 590-600.

[16] Ziskind T, Wax M. Maximum likelihood localization of multiple sources by alternating projections[J]. IEEE Transactions on Acoustics, Speech and Signal Processing, 1988, 36(10): 1553-1560.

[17] Jaffer A G. Maximum likelihood direction finding of stochastic sources: a separable solution[A]. Proceedings of the IEEE International Conference on Acoustics, Speech and Signal Processing[C]. New York: IEEE Press, April 1988: 2893-2896.

[18] Bresler Y. Maximum likelihood estimation of linearly structured convariance with application to antenna array processing[A]. Proceedings of Acoustics, Speech and Signal Processing Workshop Spectrum Estimation Modeling[C]. Minneapolis: IEEE Press, August 1988: 172-175.

[19] Stoica P, Sharman K C. Maximum likelihood methods for direction-of-arrival estimation[J]. IEEE Transactions on Acoustics, Speech and Signal Processing, 1990, 38(7): 1132-1143.

[20] Stoica P, Nehorai A. Performance study of conditional and unconditional direction-of-arrival estimation[J]. IEEE Transactions on Acoustics, Speech and Signal Processing, 1990, 38(10): 1783-1795.
[21] Stoica P, Larsson E G, Gershman A B. The stochastic CRB for array processing: a textbook derivation[J]. IEEE Signal Processing Letters, 2001, 8(5): 148-150.
[22] Weiss A, Friedlander B. On the Cramér-Rao bound for direction finding of correlated signals[J]. IEEE Transactions on Signal Processing, 1993, 41(1): 495–499.
[23] Pesavento M, Gershman A B, Wong K M. Direction finding in partly calibrated sensor arrays composed of multiple subarrays[J]. IEEE Transactions on Signal Processing, 2002, 50(9): 2103-2115.
[24] Wax M, Kailath T. Detection of signals by information theoretic criteria[J]. IEEE Transactions on Acoustics, Speech and Signal Processing, 1985, 33(2): 387-392.
[25] Zhang Q T. Probability of resolution of the MUSIC algorithm[J]. IEEE Transactions on Signal Processing, 1995, 43(4): 978-987.
[26] Kaveh M, Barabell A J. The statistical performance of the MUSIC and the minimum-norm algorithms in resolving plane waves in noise[J]. IEEE Transactions on Acoustics, Speech and Signal Processing, 1986, 34(2): 331-341.

附录 B　第 5 章所涉及的复杂数学推导

附录 B1　证明式（5.50）中的两个等式成立

首先利用式（5.42）和式（5.46）可知

$$\begin{aligned}\boldsymbol{U} &= (\boldsymbol{R}_{xx}^{-\mathrm{T}/2} \otimes \boldsymbol{R}_{xx}^{-1/2}) \cdot \frac{\partial \boldsymbol{r}_{xx}}{\partial \boldsymbol{\rho}^{\mathrm{T}}} = (\boldsymbol{R}_{xx}^{-\mathrm{T}/2} \otimes \boldsymbol{R}_{xx}^{-1/2})(\boldsymbol{A}^*(\boldsymbol{\theta}) \otimes \boldsymbol{A}(\boldsymbol{\theta})) \cdot \frac{\partial \mathrm{vec}(\boldsymbol{R}_{ss})}{\partial \boldsymbol{\rho}^{\mathrm{T}}} \\ &= ((\boldsymbol{R}_{xx}^{-\mathrm{T}/2} \boldsymbol{A}^*(\boldsymbol{\theta})) \otimes (\boldsymbol{R}_{xx}^{-1/2} \boldsymbol{A}(\boldsymbol{\theta}))) \cdot \frac{\partial \mathrm{vec}(\boldsymbol{R}_{ss})}{\partial \boldsymbol{\rho}^{\mathrm{T}}} \\ &= ((\boldsymbol{R}_{xx}^{-\mathrm{T}/2} \boldsymbol{A}^*(\boldsymbol{\theta})) \otimes (\boldsymbol{R}_{xx}^{-1/2} \boldsymbol{A}(\boldsymbol{\theta})))\boldsymbol{J}\end{aligned} \tag{B.1}$$

式中矩阵 $\boldsymbol{J}$ 满足 $\mathrm{vec}(\boldsymbol{R}_{ss}) = \boldsymbol{J}\boldsymbol{\rho}$，它是个 $D^2 \times D^2$ 阶可逆矩阵，因此矩阵 $\boldsymbol{U}$ 和 $(\boldsymbol{R}_{xx}^{-\mathrm{T}/2} \boldsymbol{A}^*(\boldsymbol{\theta})) \otimes (\boldsymbol{R}_{xx}^{-1/2} \boldsymbol{A}(\boldsymbol{\theta}))$ 具有相同的列空间，基于命题 2.18 可知

$$\begin{aligned}\boldsymbol{\Pi}^{\perp}[\boldsymbol{U}] &= \boldsymbol{\Pi}^{\perp}[(\boldsymbol{R}_{xx}^{-\mathrm{T}/2} \boldsymbol{A}^*(\boldsymbol{\theta})) \otimes (\boldsymbol{R}_{xx}^{-1/2} \boldsymbol{A}(\boldsymbol{\theta}))] \\ &= \boldsymbol{\Pi}^{\perp}[\boldsymbol{R}_{xx}^{-\mathrm{T}/2} \boldsymbol{A}^*(\boldsymbol{\theta})] \otimes \boldsymbol{I}_M + \boldsymbol{I}_M \otimes \boldsymbol{\Pi}^{\perp}[\boldsymbol{R}_{xx}^{-1/2} \boldsymbol{A}(\boldsymbol{\theta})] - \boldsymbol{\Pi}^{\perp}[\boldsymbol{R}_{xx}^{-\mathrm{T}/2} \boldsymbol{A}^*(\boldsymbol{\theta})] \otimes \boldsymbol{\Pi}^{\perp}[\boldsymbol{R}_{xx}^{-1/2} \boldsymbol{A}(\boldsymbol{\theta})]\end{aligned} \tag{B.2}$$

接着利用式（5.2）和式（5.49）可得

$$\frac{\partial \boldsymbol{R}_{xx}}{\partial \theta_d} = \frac{\partial \boldsymbol{A}(\boldsymbol{\theta})}{\partial \theta_d} \cdot \boldsymbol{R}_{ss} \boldsymbol{A}^{\mathrm{H}}(\boldsymbol{\theta}) + \boldsymbol{A}(\boldsymbol{\theta}) \boldsymbol{R}_{ss} \cdot \frac{\partial \boldsymbol{A}^{\mathrm{H}}(\boldsymbol{\theta})}{\partial \theta_d} = \dot{\boldsymbol{a}}(\theta_d) \boldsymbol{\beta}_d^{\mathrm{H}} \boldsymbol{A}^{\mathrm{H}}(\boldsymbol{\theta}) + \boldsymbol{A}(\boldsymbol{\theta}) \boldsymbol{\beta}_d \dot{\boldsymbol{a}}^{\mathrm{H}}(\theta_d) \tag{B.3}$$

再结合式（5.43）和式（5.49）可以推得向量 $\boldsymbol{g}_d$ 的表达式为

$$\begin{aligned}\boldsymbol{g}_d &= (\boldsymbol{R}_{xx}^{-\mathrm{T}/2} \otimes \boldsymbol{R}_{xx}^{-1/2}) \cdot \frac{\partial \boldsymbol{r}_{xx}}{\partial \theta_d} \\ &= (\boldsymbol{R}_{xx}^{-\mathrm{T}/2} \otimes \boldsymbol{R}_{xx}^{-1/2}) \cdot \frac{\partial \mathrm{vec}(\boldsymbol{R}_{xx})}{\partial \theta_d} = \mathrm{vec}\left(\boldsymbol{R}_{xx}^{-1/2} \cdot \frac{\partial \boldsymbol{R}_{xx}}{\partial \theta_d} \cdot \boldsymbol{R}_{xx}^{-1/2}\right) \\ &= \mathrm{vec}(\boldsymbol{R}_{xx}^{-1/2} \dot{\boldsymbol{a}}(\theta_d) \boldsymbol{\beta}_d^{\mathrm{H}} \boldsymbol{A}^{\mathrm{H}}(\boldsymbol{\theta}) \boldsymbol{R}_{xx}^{-1/2}) + (\boldsymbol{R}_{xx}^{-1/2} \boldsymbol{A}(\boldsymbol{\theta}) \boldsymbol{\beta}_d \dot{\boldsymbol{a}}^{\mathrm{H}}(\theta_d) \boldsymbol{R}_{xx}^{-1/2})\end{aligned} \tag{B.4}$$

式（B.4）中的第三个等式利用了命题 2.19。根据式（B.2）和式（B.4）可以推得

$$\begin{aligned}\boldsymbol{\Pi}^{\perp}[\boldsymbol{U}]\cdot\boldsymbol{g}_d=&\ \mathrm{vec}(\boldsymbol{R}_{xx}^{-1/2}\dot{\boldsymbol{a}}(\theta_d)\boldsymbol{\beta}_d^{\mathrm{H}}\boldsymbol{A}^{\mathrm{H}}(\boldsymbol{\theta})\boldsymbol{R}_{xx}^{-1/2}\cdot\boldsymbol{\Pi}^{\perp}[\boldsymbol{R}_{xx}^{-1/2}\boldsymbol{A}(\boldsymbol{\theta})])\\&+\mathrm{vec}(\boldsymbol{\Pi}^{\perp}[\boldsymbol{R}_{xx}^{-1/2}\boldsymbol{A}(\boldsymbol{\theta})]\cdot\boldsymbol{R}_{xx}^{-1/2}\dot{\boldsymbol{a}}(\theta_d)\boldsymbol{\beta}_d^{\mathrm{H}}\boldsymbol{A}^{\mathrm{H}}(\boldsymbol{\theta})\boldsymbol{R}_{xx}^{-1/2})\\&-\mathrm{vec}(\boldsymbol{\Pi}^{\perp}[\boldsymbol{R}_{xx}^{-1/2}\boldsymbol{A}(\boldsymbol{\theta})]\cdot\boldsymbol{R}_{xx}^{-1/2}\dot{\boldsymbol{a}}(\theta_d)\boldsymbol{\beta}_d^{\mathrm{H}}\boldsymbol{A}^{\mathrm{H}}(\boldsymbol{\theta})\boldsymbol{R}_{xx}^{-1/2}\cdot\boldsymbol{\Pi}^{\perp}[\boldsymbol{R}_{xx}^{-1/2}\boldsymbol{A}(\boldsymbol{\theta})])\\&+\mathrm{vec}(\boldsymbol{R}_{xx}^{-1/2}\boldsymbol{A}(\boldsymbol{\theta})\boldsymbol{\beta}_d\dot{\boldsymbol{a}}^{\mathrm{H}}(\theta_d)\boldsymbol{R}_{xx}^{-1/2}\cdot\boldsymbol{\Pi}^{\perp}[\boldsymbol{R}_{xx}^{-1/2}\boldsymbol{A}(\boldsymbol{\theta})])\\&+\mathrm{vec}(\boldsymbol{\Pi}^{\perp}[\boldsymbol{R}_{xx}^{-1/2}\boldsymbol{A}(\boldsymbol{\theta})]\cdot\boldsymbol{R}_{xx}^{-1/2}\boldsymbol{A}(\boldsymbol{\theta})\boldsymbol{\beta}_d\dot{\boldsymbol{a}}^{\mathrm{H}}(\theta_d)\boldsymbol{R}_{xx}^{-1/2})\\&-\mathrm{vec}(\boldsymbol{\Pi}^{\perp}[\boldsymbol{R}_{xx}^{-1/2}\boldsymbol{A}(\boldsymbol{\theta})]\cdot\boldsymbol{R}_{xx}^{-1/2}\boldsymbol{A}(\boldsymbol{\theta})\boldsymbol{\beta}_d\dot{\boldsymbol{a}}^{\mathrm{H}}(\theta_d)\boldsymbol{R}_{xx}^{-1/2}\cdot\boldsymbol{\Pi}^{\perp}[\boldsymbol{R}_{xx}^{-1/2}\boldsymbol{A}(\boldsymbol{\theta})])\\=&\ \mathrm{vec}(\boldsymbol{\Pi}^{\perp}[\boldsymbol{R}_{xx}^{-1/2}\boldsymbol{A}(\boldsymbol{\theta})]\cdot\boldsymbol{R}_{xx}^{-1/2}\dot{\boldsymbol{a}}(\theta_d)\boldsymbol{\beta}_d^{\mathrm{H}}\boldsymbol{A}^{\mathrm{H}}(\boldsymbol{\theta})\boldsymbol{R}_{xx}^{-1/2})\\&+\mathrm{vec}(\boldsymbol{R}_{xx}^{-1/2}\boldsymbol{A}(\boldsymbol{\theta})\boldsymbol{\beta}_d\dot{\boldsymbol{a}}^{\mathrm{H}}(\theta_d)\boldsymbol{R}_{xx}^{-1/2}\cdot\boldsymbol{\Pi}^{\perp}[\boldsymbol{R}_{xx}^{-1/2}\boldsymbol{A}(\boldsymbol{\theta})])\end{aligned}\tag{B.5}$$

式（B.5）中的第二个等式利用了等式 $\boldsymbol{\Pi}^{\perp}[\boldsymbol{R}_{xx}^{-1/2}\boldsymbol{A}(\boldsymbol{\theta})]\cdot\boldsymbol{R}_{xx}^{-1/2}\boldsymbol{A}(\boldsymbol{\theta})=\boldsymbol{O}_{M\times D}$。

此外，结合式（5.42）和式（5.46）可知

$$\boldsymbol{w}=(\boldsymbol{R}_{xx}^{-\mathrm{T}/2}\otimes\boldsymbol{R}_{xx}^{-1/2})\cdot\frac{\partial\boldsymbol{r}_{xx}}{\partial\sigma_n^2}=(\boldsymbol{R}_{xx}^{-\mathrm{T}/2}\otimes\boldsymbol{R}_{xx}^{-1/2})\cdot\mathrm{vec}(\boldsymbol{I}_M)=\mathrm{vec}(\boldsymbol{R}_{xx}^{-1})\tag{B.6}$$

利用式（B.5）和式（B.6），并利用式(2.94）可得

$$\begin{aligned}\boldsymbol{g}_d^{\mathrm{H}}\cdot\boldsymbol{\Pi}^{\perp}[\boldsymbol{U}]\cdot\boldsymbol{w}&=2\cdot\mathrm{Re}\{\mathrm{tr}[\boldsymbol{R}_{xx}^{-1}\cdot\boldsymbol{\Pi}^{\perp}[\boldsymbol{R}_{xx}^{-1/2}\boldsymbol{A}(\boldsymbol{\theta})]\cdot\boldsymbol{R}_{xx}^{-1/2}\dot{\boldsymbol{a}}(\theta_d)\boldsymbol{\beta}_d^{\mathrm{H}}\boldsymbol{A}^{\mathrm{H}}(\boldsymbol{\theta})\boldsymbol{R}_{xx}^{-1/2}]\}\\&=2\cdot\mathrm{Re}\{\mathrm{tr}[\boldsymbol{R}_{xx}^{-1/2}\dot{\boldsymbol{a}}(\theta_d)\boldsymbol{\beta}_d^{\mathrm{H}}\boldsymbol{A}^{\mathrm{H}}(\boldsymbol{\theta})\boldsymbol{R}_{xx}^{-1}\boldsymbol{R}_{xx}^{-1/2}\cdot\boldsymbol{\Pi}^{\perp}[\boldsymbol{R}_{xx}^{-1/2}\boldsymbol{A}(\boldsymbol{\theta})]]\}\end{aligned}\tag{B.7}$$

根据推论 2.1 可知

$$\begin{aligned}\boldsymbol{R}_{xx}^{-1}\boldsymbol{A}(\boldsymbol{\theta})&=(\boldsymbol{A}(\boldsymbol{\theta})\boldsymbol{R}_{ss}\boldsymbol{A}^{\mathrm{H}}(\boldsymbol{\theta})+\sigma_n^2\boldsymbol{I}_M)^{-1}\boldsymbol{A}(\boldsymbol{\theta})\\&=\sigma_n^{-2}\boldsymbol{A}(\boldsymbol{\theta})-\sigma_n^{-2}\boldsymbol{A}(\boldsymbol{\theta})(\sigma_n^2\boldsymbol{R}_{ss}^{-1}+\boldsymbol{A}^{\mathrm{H}}(\boldsymbol{\theta})\boldsymbol{A}(\boldsymbol{\theta}))^{-1}\boldsymbol{A}^{\mathrm{H}}(\boldsymbol{\theta})\boldsymbol{A}(\boldsymbol{\theta})\\&=\boldsymbol{A}(\boldsymbol{\theta})\boldsymbol{\Gamma}\end{aligned}\tag{B.8}$$

式中

$$\boldsymbol{\Gamma}=\sigma_n^{-2}\boldsymbol{I}_D-\sigma_n^{-2}(\sigma_n^2\boldsymbol{R}_{ss}^{-1}+\boldsymbol{A}^{\mathrm{H}}(\boldsymbol{\theta})\boldsymbol{A}(\boldsymbol{\theta}))^{-1}\boldsymbol{A}^{\mathrm{H}}(\boldsymbol{\theta})\boldsymbol{A}(\boldsymbol{\theta})\tag{B.9}$$

将式（B.8）代入式（B.7）中可得

$$\boldsymbol{g}_d^{\mathrm{H}}\cdot\boldsymbol{\Pi}^{\perp}[\boldsymbol{U}]\cdot\boldsymbol{w}=2\cdot\mathrm{Re}\{\mathrm{tr}[\boldsymbol{R}_{xx}^{-1/2}\dot{\boldsymbol{a}}(\theta_d)\boldsymbol{\beta}_d^{\mathrm{H}}\boldsymbol{\Gamma}^{\mathrm{H}}\boldsymbol{A}^{\mathrm{H}}(\boldsymbol{\theta})\boldsymbol{R}_{xx}^{-1/2}\cdot\boldsymbol{\Pi}^{\perp}[\boldsymbol{R}_{xx}^{-1/2}\boldsymbol{A}(\boldsymbol{\theta})]]\}=0\tag{B.10}$$

至此，式（5.50）中的第一式得证。

另一方面，根据式（B.5）可以进一步推得

$$\begin{aligned}\boldsymbol{g}_{d_1}^{\mathrm{H}}\cdot\boldsymbol{\Pi}^{\perp}[\boldsymbol{U}]\cdot\boldsymbol{g}_{d_2}=&\ \boldsymbol{g}_{d_1}^{\mathrm{H}}\cdot\boldsymbol{\Pi}^{\perp}[\boldsymbol{U}]\cdot\boldsymbol{\Pi}^{\perp}[\boldsymbol{U}]\cdot\boldsymbol{g}_{d_2}\\=&\ 2\cdot\mathrm{Re}\{\mathrm{tr}[\boldsymbol{\Pi}^{\perp}[\boldsymbol{R}_{xx}^{-1/2}\boldsymbol{A}(\boldsymbol{\theta})]\cdot\boldsymbol{R}_{xx}^{-1/2}\dot{\boldsymbol{a}}(\theta_{d_1})\boldsymbol{\beta}_{d_1}^{\mathrm{H}}\boldsymbol{A}^{\mathrm{H}}(\boldsymbol{\theta})\boldsymbol{R}_{xx}^{-1/2}\boldsymbol{R}_{xx}^{-1/2}\boldsymbol{A}(\boldsymbol{\theta})\boldsymbol{\beta}_{d_2}\dot{\boldsymbol{a}}^{\mathrm{H}}(\theta_{d_2})\boldsymbol{R}_{xx}^{-1/2}\cdot\boldsymbol{\Pi}^{\perp}[\boldsymbol{R}_{xx}^{-1/2}\boldsymbol{A}(\boldsymbol{\theta})]]\}\\&+2\cdot\mathrm{Re}\{\mathrm{tr}[\boldsymbol{R}_{xx}^{-1/2}\boldsymbol{A}(\boldsymbol{\theta})\boldsymbol{\beta}_{d_1}\dot{\boldsymbol{a}}^{\mathrm{H}}(\theta_{d_1})\boldsymbol{R}_{xx}^{-1/2}\cdot\boldsymbol{\Pi}^{\perp}[\boldsymbol{R}_{xx}^{-1/2}\boldsymbol{A}(\boldsymbol{\theta})]\cdot\boldsymbol{R}_{xx}^{-1/2}\boldsymbol{A}(\boldsymbol{\theta})\boldsymbol{\beta}_{d_2}\dot{\boldsymbol{a}}^{\mathrm{H}}(\theta_{d_2})\boldsymbol{R}_{xx}^{-1/2}\cdot\boldsymbol{\Pi}^{\perp}[\boldsymbol{R}_{xx}^{-1/2}\boldsymbol{A}(\boldsymbol{\theta})]]\}\\=&\ 2\cdot\mathrm{Re}\{(\dot{\boldsymbol{a}}^{\mathrm{H}}(\theta_{d_1})\boldsymbol{R}_{xx}^{-1/2}\cdot\boldsymbol{\Pi}^{\perp}[\boldsymbol{R}_{xx}^{-1/2}\boldsymbol{A}(\boldsymbol{\theta})]\cdot\boldsymbol{R}_{xx}^{-1/2}\dot{\boldsymbol{a}}(\theta_{d_2}))\cdot(\boldsymbol{\beta}_{d_2}^{\mathrm{H}}\boldsymbol{A}^{\mathrm{H}}(\boldsymbol{\theta})\boldsymbol{R}_{xx}^{-1}\boldsymbol{A}(\boldsymbol{\theta})\boldsymbol{\beta}_{d_1})\}\end{aligned}\tag{B.11}$$

式（B.11）中的第三个等式再次利用了等式 $\boldsymbol{\Pi}^{\perp}[\boldsymbol{R}_{xx}^{-1/2}\boldsymbol{A}(\boldsymbol{\theta})]\cdot\boldsymbol{R}_{xx}^{-1/2}\boldsymbol{A}(\boldsymbol{\theta})=\boldsymbol{O}_{M\times D}$。又由于

$$\begin{aligned}
\boldsymbol{R}_{xx}^{-1/2}\cdot\boldsymbol{\Pi}^{\perp}[\boldsymbol{R}_{xx}^{-1/2}\boldsymbol{A}(\boldsymbol{\theta})]\cdot\boldsymbol{R}_{xx}^{-1/2} &= \boldsymbol{R}_{xx}^{-1}-\boldsymbol{R}_{xx}^{-1}\boldsymbol{A}(\boldsymbol{\theta})(\boldsymbol{A}^{\mathrm{H}}(\boldsymbol{\theta})\boldsymbol{R}_{xx}^{-1}\boldsymbol{A}(\boldsymbol{\theta}))^{-1}\boldsymbol{A}^{\mathrm{H}}(\boldsymbol{\theta})\boldsymbol{R}_{xx}^{-1}\\
&= \boldsymbol{R}_{xx}^{-1}-\boldsymbol{A}(\boldsymbol{\theta})(\boldsymbol{A}^{\mathrm{H}}(\boldsymbol{\theta})\boldsymbol{A}(\boldsymbol{\theta}))^{-1}\boldsymbol{A}^{\mathrm{H}}(\boldsymbol{\theta})\boldsymbol{R}_{xx}^{-1}\\
&= \boldsymbol{\Pi}^{\perp}[\boldsymbol{A}(\boldsymbol{\theta})]\cdot\boldsymbol{R}_{xx}^{-1}=\sigma_n^{-2}\cdot\boldsymbol{\Pi}^{\perp}[\boldsymbol{A}(\boldsymbol{\theta})]
\end{aligned} \tag{B.12}$$

式（B.12）中的第二个等式利用了式（B.8）。将式（B.12）代入式（B.11）中可得

$$\boldsymbol{g}_{d_1}^{\mathrm{H}}\cdot\boldsymbol{\Pi}^{\perp}[\boldsymbol{U}]\cdot\boldsymbol{g}_{d_2}=2\sigma_n^{-2}\cdot\mathrm{Re}\{(\dot{\boldsymbol{a}}^{\mathrm{H}}(\theta_{d_1})\cdot\boldsymbol{\Pi}^{\perp}[\boldsymbol{A}(\boldsymbol{\theta})]\cdot\dot{\boldsymbol{a}}(\theta_{d_2}))\cdot(\boldsymbol{\beta}_{d_2}^{\mathrm{H}}\boldsymbol{A}^{\mathrm{H}}(\boldsymbol{\theta})\boldsymbol{R}_{xx}^{-1}\boldsymbol{A}(\boldsymbol{\theta})\boldsymbol{\beta}_{d_1})\} \tag{B.13}$$

至此，式（5.50）中的第二式得证。

附录 B2　证明式（5.53）

利用推论 2.1 可知

$$\begin{aligned}
\boldsymbol{R}_{xx}^{-1} &= (\boldsymbol{A}(\boldsymbol{\theta})\boldsymbol{R}_{ss}\boldsymbol{A}^{\mathrm{H}}(\boldsymbol{\theta})+\sigma_n^2\boldsymbol{I}_M)^{-1}\\
&= \sigma_n^{-2}\boldsymbol{I}_M-\sigma_n^{-2}\boldsymbol{A}(\boldsymbol{\theta})(\sigma_n^2\boldsymbol{R}_{ss}^{-1}+\boldsymbol{A}^{\mathrm{H}}(\boldsymbol{\theta})\boldsymbol{A}(\boldsymbol{\theta}))^{-1}\boldsymbol{A}^{\mathrm{H}}(\boldsymbol{\theta})
\end{aligned} \tag{B.14}$$

于是有

$$\begin{aligned}
&\boldsymbol{R}_{ss}\boldsymbol{A}^{\mathrm{H}}(\boldsymbol{\theta})\boldsymbol{R}_{xx}^{-1}\boldsymbol{A}(\boldsymbol{\theta})\boldsymbol{R}_{ss}\\
&= \sigma_n^{-2}\boldsymbol{R}_{ss}\boldsymbol{A}^{\mathrm{H}}(\boldsymbol{\theta})\boldsymbol{A}(\boldsymbol{\theta})\boldsymbol{R}_{ss}-\sigma_n^{-2}\boldsymbol{R}_{ss}\boldsymbol{A}^{\mathrm{H}}(\boldsymbol{\theta})\boldsymbol{A}(\boldsymbol{\theta})(\sigma_n^2\boldsymbol{R}_{ss}^{-1}+\boldsymbol{A}^{\mathrm{H}}(\boldsymbol{\theta})\boldsymbol{A}(\boldsymbol{\theta}))^{-1}\boldsymbol{A}^{\mathrm{H}}(\boldsymbol{\theta})\boldsymbol{A}(\boldsymbol{\theta})\boldsymbol{R}_{ss}
\end{aligned} \tag{B.15}$$

进一步可得

$$\begin{aligned}
&(\boldsymbol{R}_{ss}\boldsymbol{A}^{\mathrm{H}}(\boldsymbol{\theta})\boldsymbol{R}_{xx}^{-1}\boldsymbol{A}(\boldsymbol{\theta})\boldsymbol{R}_{ss})(\boldsymbol{R}_{ss}^{-1}+\sigma_n^2\boldsymbol{R}_{ss}^{-1}(\boldsymbol{A}^{\mathrm{H}}(\boldsymbol{\theta})\boldsymbol{A}(\boldsymbol{\theta}))^{-1}\boldsymbol{R}_{ss}^{-1})\\
&= \sigma_n^{-2}\boldsymbol{R}_{ss}\boldsymbol{A}^{\mathrm{H}}(\boldsymbol{\theta})\boldsymbol{A}(\boldsymbol{\theta})\boldsymbol{R}_{ss}\boldsymbol{R}_{ss}^{-1}-\sigma_n^{-2}\boldsymbol{R}_{ss}\boldsymbol{A}^{\mathrm{H}}(\boldsymbol{\theta})\boldsymbol{A}(\boldsymbol{\theta})(\sigma_n^2\boldsymbol{R}_{ss}^{-1}+\boldsymbol{A}^{\mathrm{H}}(\boldsymbol{\theta})\boldsymbol{A}(\boldsymbol{\theta}))^{-1}\boldsymbol{A}^{\mathrm{H}}(\boldsymbol{\theta})\boldsymbol{A}(\boldsymbol{\theta})\boldsymbol{R}_{ss}\boldsymbol{R}_{ss}^{-1}\\
&+\sigma_n^{-2}\sigma_n^2\boldsymbol{R}_{ss}\boldsymbol{A}^{\mathrm{H}}(\boldsymbol{\theta})\boldsymbol{A}(\boldsymbol{\theta})\boldsymbol{R}_{ss}\boldsymbol{R}_{ss}^{-1}(\boldsymbol{A}^{\mathrm{H}}(\boldsymbol{\theta})\boldsymbol{A}(\boldsymbol{\theta}))^{-1}\boldsymbol{R}_{ss}^{-1}\\
&-\sigma_n^{-2}\sigma_n^2\boldsymbol{R}_{ss}\boldsymbol{A}^{\mathrm{H}}(\boldsymbol{\theta})\boldsymbol{A}(\boldsymbol{\theta})(\sigma_n^2\boldsymbol{R}_{ss}^{-1}+\boldsymbol{A}^{\mathrm{H}}(\boldsymbol{\theta})\boldsymbol{A}(\boldsymbol{\theta}))^{-1}\boldsymbol{A}^{\mathrm{H}}(\boldsymbol{\theta})\boldsymbol{A}(\boldsymbol{\theta})\boldsymbol{R}_{ss}\boldsymbol{R}_{ss}^{-1}(\boldsymbol{A}^{\mathrm{H}}(\boldsymbol{\theta})\boldsymbol{A}(\boldsymbol{\theta}))^{-1}\boldsymbol{R}_{ss}^{-1}\\
&= \boldsymbol{I}_D+\sigma_n^{-2}\boldsymbol{R}_{ss}\boldsymbol{A}^{\mathrm{H}}(\boldsymbol{\theta})\boldsymbol{A}(\boldsymbol{\theta})-\sigma_n^{-2}\boldsymbol{R}_{ss}\boldsymbol{A}^{\mathrm{H}}(\boldsymbol{\theta})\boldsymbol{A}(\boldsymbol{\theta})(\sigma_n^2\boldsymbol{R}_{ss}^{-1}+\boldsymbol{A}^{\mathrm{H}}(\boldsymbol{\theta})\boldsymbol{A}(\boldsymbol{\theta}))^{-1}\boldsymbol{A}^{\mathrm{H}}(\boldsymbol{\theta})\boldsymbol{A}(\boldsymbol{\theta})\\
&-\boldsymbol{R}_{ss}\boldsymbol{A}^{\mathrm{H}}(\boldsymbol{\theta})\boldsymbol{A}(\boldsymbol{\theta})(\sigma_n^2\boldsymbol{R}_{ss}^{-1}+\boldsymbol{A}^{\mathrm{H}}(\boldsymbol{\theta})\boldsymbol{A}(\boldsymbol{\theta}))^{-1}\boldsymbol{R}_{ss}^{-1}\\
&= \boldsymbol{I}_D+\sigma_n^{-2}\boldsymbol{R}_{ss}\boldsymbol{A}^{\mathrm{H}}(\boldsymbol{\theta})\boldsymbol{A}(\boldsymbol{\theta})-\sigma_n^{-2}\boldsymbol{R}_{ss}\boldsymbol{A}^{\mathrm{H}}(\boldsymbol{\theta})\boldsymbol{A}(\boldsymbol{\theta})=\boldsymbol{I}_D
\end{aligned} \tag{B.16}$$

至此，式（5.53）得证。

附录 B3　证明式（5.114）

利用式（5.2）和式（5.66）可得

$$\boldsymbol{A}(\boldsymbol{\theta})\boldsymbol{R}_{ss}\boldsymbol{A}^{\mathrm{H}}(\boldsymbol{\theta})=\boldsymbol{R}_{xx}-\sigma_n^2\boldsymbol{I}_M=\boldsymbol{U}_{\mathrm{S}}\boldsymbol{\Sigma}_{\mathrm{S}}\boldsymbol{U}_{\mathrm{S}}^{\mathrm{H}}+\sigma_n^2\boldsymbol{U}_{\mathrm{N}}\boldsymbol{U}_{\mathrm{N}}^{\mathrm{H}}-\sigma_n^2\boldsymbol{I}_M=\boldsymbol{U}_{\mathrm{S}}\bar{\boldsymbol{\Sigma}}_{\mathrm{S}}\boldsymbol{U}_{\mathrm{S}}^{\mathrm{H}} \tag{B.17}$$

式中 $\bar{\boldsymbol{\Sigma}}_{\mathrm{S}}=\boldsymbol{\Sigma}_{\mathrm{S}}-\sigma_n^2\boldsymbol{I}_D$。进一步可知

$$\boldsymbol{A}(\boldsymbol{\theta})\boldsymbol{R}_{ss}\boldsymbol{A}^{\mathrm{H}}(\boldsymbol{\theta})\boldsymbol{A}(\boldsymbol{\theta})\boldsymbol{R}_{ss}\boldsymbol{A}^{\mathrm{H}}(\boldsymbol{\theta})=\boldsymbol{U}_{\mathrm{S}}\bar{\boldsymbol{\Sigma}}_{\mathrm{S}}\boldsymbol{U}_{\mathrm{S}}^{\mathrm{H}}\boldsymbol{U}_{\mathrm{S}}\bar{\boldsymbol{\Sigma}}_{\mathrm{S}}\boldsymbol{U}_{\mathrm{S}}^{\mathrm{H}}=\boldsymbol{U}_{\mathrm{S}}\bar{\boldsymbol{\Sigma}}_{\mathrm{S}}^2\boldsymbol{U}_{\mathrm{S}}^{\mathrm{H}} \tag{B.18}$$

根据式（B.17）和式（B.18）可以分别推得

$$\boldsymbol{U}_{\mathrm{S}}^{\mathrm{H}}\boldsymbol{A}(\boldsymbol{\theta})\boldsymbol{R}_{ss}\boldsymbol{A}^{\mathrm{H}}(\boldsymbol{\theta})\boldsymbol{U}_{\mathrm{S}}=\bar{\boldsymbol{\Sigma}}_{\mathrm{S}} \tag{B.19}$$

$$\boldsymbol{U}_{\mathrm{S}}^{\mathrm{H}}\boldsymbol{A}(\boldsymbol{\theta})\boldsymbol{R}_{ss}\boldsymbol{A}^{\mathrm{H}}(\boldsymbol{\theta})\boldsymbol{A}(\boldsymbol{\theta})\boldsymbol{R}_{ss}\boldsymbol{A}^{\mathrm{H}}(\boldsymbol{\theta})\boldsymbol{U}_{\mathrm{S}}=\bar{\boldsymbol{\Sigma}}_{\mathrm{S}}^2 \tag{B.20}$$

进一步可知

$$\boldsymbol{R}_{ss}^{-1}=\boldsymbol{A}^{\mathrm{H}}(\boldsymbol{\theta})\boldsymbol{U}_{\mathrm{S}}\bar{\boldsymbol{\Sigma}}_{\mathrm{S}}^{-1}\boldsymbol{U}_{\mathrm{S}}^{\mathrm{H}}\boldsymbol{A}(\boldsymbol{\theta}) \tag{B.21}$$

$$(\boldsymbol{R}_{ss}\boldsymbol{A}^{\mathrm{H}}(\boldsymbol{\theta})\boldsymbol{A}(\boldsymbol{\theta})\boldsymbol{R}_{ss})^{-1}=\boldsymbol{R}_{ss}^{-1}(\boldsymbol{A}^{\mathrm{H}}(\boldsymbol{\theta})\boldsymbol{A}(\boldsymbol{\theta}))^{-1}\boldsymbol{R}_{ss}^{-1}=\boldsymbol{A}^{\mathrm{H}}(\boldsymbol{\theta})\boldsymbol{U}_{\mathrm{S}}\bar{\boldsymbol{\Sigma}}_{\mathrm{S}}^{-2}\boldsymbol{U}_{\mathrm{S}}^{\mathrm{H}}\boldsymbol{A}(\boldsymbol{\theta}) \tag{B.22}$$

根据式（5.104）可以推得

$$\begin{aligned}\boldsymbol{A}^{\mathrm{H}}(\boldsymbol{\theta})\boldsymbol{P}\boldsymbol{A}(\boldsymbol{\theta})&=\boldsymbol{A}^{\mathrm{H}}(\boldsymbol{\theta})\boldsymbol{U}_{\mathrm{S}}\boldsymbol{\Sigma}_{\mathrm{S}}\bar{\boldsymbol{\Sigma}}_{\mathrm{S}}^{-2}\boldsymbol{U}_{\mathrm{S}}^{\mathrm{H}}\boldsymbol{A}(\boldsymbol{\theta})\\&=\boldsymbol{A}^{\mathrm{H}}(\boldsymbol{\theta})\boldsymbol{U}_{\mathrm{S}}\bar{\boldsymbol{\Sigma}}_{\mathrm{S}}^{-1}\boldsymbol{U}_{\mathrm{S}}^{\mathrm{H}}\boldsymbol{A}(\boldsymbol{\theta})+\sigma_n^2\boldsymbol{A}^{\mathrm{H}}(\boldsymbol{\theta})\boldsymbol{U}_{\mathrm{S}}\bar{\boldsymbol{\Sigma}}_{\mathrm{S}}^{-2}\boldsymbol{U}_{\mathrm{S}}^{\mathrm{H}}\boldsymbol{A}(\boldsymbol{\theta})\end{aligned} \tag{B.23}$$

将式（B.21）和式（B.22）代入式（B.23）中可知式（5.114）成立。

附录 B4　证明式（5.152）和式（5.154）

根据式(2.100）可以推得

$$\begin{aligned}\left.\frac{\partial\hat{f}_{\mathrm{DML}}(\boldsymbol{\theta})}{\partial<\boldsymbol{\theta}>_d}\right|_{\boldsymbol{\theta}=\hat{\boldsymbol{\theta}}_{\mathrm{DML}}}&=\mathrm{tr}\left(\left.\frac{\partial\boldsymbol{\Pi}[\boldsymbol{A}(\boldsymbol{\theta})]}{\partial<\boldsymbol{\theta}>_d}\right|_{\boldsymbol{\theta}=\hat{\boldsymbol{\theta}}_{\mathrm{DML}}}\cdot\hat{\boldsymbol{U}}_{\mathrm{S}}\hat{\bar{\boldsymbol{\Sigma}}}_{\mathrm{S}}\hat{\boldsymbol{U}}_{\mathrm{S}}^{\mathrm{H}}\right)\\&=2\cdot\mathrm{Re}\left\{\mathrm{tr}\left(\boldsymbol{\Pi}^{\perp}[\boldsymbol{A}(\hat{\boldsymbol{\theta}}_{\mathrm{DML}})]\cdot\left.\frac{\partial\boldsymbol{A}(\boldsymbol{\theta})}{\partial<\boldsymbol{\theta}>_d}\right|_{\boldsymbol{\theta}=\hat{\boldsymbol{\theta}}_{\mathrm{DML}}}\cdot\boldsymbol{A}^{\dagger}(\hat{\boldsymbol{\theta}}_{\mathrm{DML}})\hat{\boldsymbol{U}}_{\mathrm{S}}\hat{\bar{\boldsymbol{\Sigma}}}_{\mathrm{S}}\hat{\boldsymbol{U}}_{\mathrm{S}}^{\mathrm{H}}\right)\right\}\\&=2\cdot\mathrm{Re}\{\mathrm{tr}(\boldsymbol{\Pi}^{\perp}[\boldsymbol{A}(\hat{\boldsymbol{\theta}}_{\mathrm{DML}})]\cdot\dot{\boldsymbol{A}}(\hat{\boldsymbol{\theta}}_{\mathrm{DML}})\boldsymbol{i}_D^{(d)}\boldsymbol{i}_D^{(d)\mathrm{T}}\boldsymbol{A}^{\dagger}(\hat{\boldsymbol{\theta}}_{\mathrm{DML}})\hat{\boldsymbol{U}}_{\mathrm{S}}\hat{\bar{\boldsymbol{\Sigma}}}_{\mathrm{S}}\hat{\boldsymbol{U}}_{\mathrm{S}}^{\mathrm{H}})\}\\&=2\cdot\mathrm{Re}\{\boldsymbol{i}_D^{(d)\mathrm{T}}\boldsymbol{A}^{\dagger}(\hat{\boldsymbol{\theta}}_{\mathrm{DML}})\hat{\boldsymbol{U}}_{\mathrm{S}}\hat{\bar{\boldsymbol{\Sigma}}}_{\mathrm{S}}\hat{\boldsymbol{U}}_{\mathrm{S}}^{\mathrm{H}}\cdot\boldsymbol{\Pi}^{\perp}[\boldsymbol{A}(\hat{\boldsymbol{\theta}}_{\mathrm{DML}})]\cdot\dot{\boldsymbol{A}}(\hat{\boldsymbol{\theta}}_{\mathrm{DML}})\boldsymbol{i}_D^{(d)}\}\end{aligned} \tag{B.24}$$

于是有

$$\left.\frac{\partial\hat{f}_{\mathrm{DML}}(\boldsymbol{\theta})}{\partial\boldsymbol{\theta}}\right|_{\boldsymbol{\theta}=\hat{\boldsymbol{\theta}}_{\mathrm{DML}}}=2\cdot\mathrm{Re}\{\mathrm{vecd}[\boldsymbol{A}^{\dagger}(\hat{\boldsymbol{\theta}}_{\mathrm{DML}})\hat{\boldsymbol{U}}_{\mathrm{S}}\hat{\bar{\boldsymbol{\Sigma}}}_{\mathrm{S}}\hat{\boldsymbol{U}}_{\mathrm{S}}^{\mathrm{H}}\cdot\boldsymbol{\Pi}^{\perp}[\boldsymbol{A}(\hat{\boldsymbol{\theta}}_{\mathrm{DML}})]\cdot\dot{\boldsymbol{A}}(\hat{\boldsymbol{\theta}}_{\mathrm{DML}})]\} \tag{B.25}$$

利用式（2.101）可以推得

$$\begin{aligned}\frac{\partial^2 f_{\mathrm{DML}}(\boldsymbol{\theta})}{\partial<\boldsymbol{\theta}>_{d_1}\cdot\partial<\boldsymbol{\theta}>_{d_2}}&=\mathrm{tr}\left(\frac{\partial^2\boldsymbol{\Pi}[\boldsymbol{A}(\boldsymbol{\theta})]}{\partial<\boldsymbol{\theta}>_{d_1}\cdot\partial<\boldsymbol{\theta}>_{d_2}}\cdot\boldsymbol{U}_{\mathrm{S}}\bar{\boldsymbol{\Sigma}}_{\mathrm{S}}\boldsymbol{U}_{\mathrm{S}}^{\mathrm{H}}\right)\\&=-2\cdot\mathrm{Re}\left\{\mathrm{tr}\left(\boldsymbol{A}^{\dagger\mathrm{H}}(\boldsymbol{\theta})\cdot\frac{\partial\boldsymbol{A}^{\mathrm{H}}(\boldsymbol{\theta})}{\partial<\boldsymbol{\theta}>_{d_2}}\cdot\boldsymbol{\Pi}^{\perp}[\boldsymbol{A}(\boldsymbol{\theta})]\cdot\frac{\partial\boldsymbol{A}(\boldsymbol{\theta})}{\partial<\boldsymbol{\theta}>_{d_1}}\cdot\boldsymbol{A}^{\dagger}(\boldsymbol{\theta})\boldsymbol{U}_{\mathrm{S}}\bar{\boldsymbol{\Sigma}}_{\mathrm{S}}\boldsymbol{U}_{\mathrm{S}}^{\mathrm{H}}\right)\right\}\\&=-2\cdot\mathrm{Re}\{\mathrm{tr}(\boldsymbol{A}^{\dagger\mathrm{H}}(\boldsymbol{\theta})\boldsymbol{i}_D^{(d_2)}\boldsymbol{i}_D^{(d_2)\mathrm{T}}\dot{\boldsymbol{A}}^{\mathrm{H}}(\boldsymbol{\theta})\cdot\boldsymbol{\Pi}^{\perp}[\boldsymbol{A}(\boldsymbol{\theta})]\cdot\dot{\boldsymbol{A}}(\boldsymbol{\theta})\boldsymbol{i}_D^{(d_1)}\boldsymbol{i}_D^{(d_1)\mathrm{T}}\boldsymbol{A}^{\dagger}(\boldsymbol{\theta})\boldsymbol{U}_{\mathrm{S}}\bar{\boldsymbol{\Sigma}}_{\mathrm{S}}\boldsymbol{U}_{\mathrm{S}}^{\mathrm{H}})\}\\&=-2\cdot\mathrm{Re}\{(\boldsymbol{i}_D^{(d_2)\mathrm{T}}\dot{\boldsymbol{A}}^{\mathrm{H}}(\boldsymbol{\theta})\cdot\boldsymbol{\Pi}^{\perp}[\boldsymbol{A}(\boldsymbol{\theta})]\cdot\dot{\boldsymbol{A}}(\boldsymbol{\theta})\boldsymbol{i}_D^{(d_1)})(\boldsymbol{i}_D^{(d_1)\mathrm{T}}\boldsymbol{A}^{\dagger}(\boldsymbol{\theta})\boldsymbol{U}_{\mathrm{S}}\bar{\boldsymbol{\Sigma}}_{\mathrm{S}}\boldsymbol{U}_{\mathrm{S}}^{\mathrm{H}}\boldsymbol{A}^{\dagger\mathrm{H}}(\boldsymbol{\theta})\boldsymbol{i}_D^{(d_2)})\}\\&=-2\cdot\mathrm{Re}\{(\boldsymbol{i}_D^{(d_1)\mathrm{T}}\dot{\boldsymbol{A}}^{\mathrm{H}}(\boldsymbol{\theta})\cdot\boldsymbol{\Pi}^{\perp}[\boldsymbol{A}(\boldsymbol{\theta})]\cdot\dot{\boldsymbol{A}}(\boldsymbol{\theta})\boldsymbol{i}_D^{(d_2)})(\boldsymbol{i}_D^{(d_2)\mathrm{T}}\boldsymbol{A}^{\dagger}(\boldsymbol{\theta})\boldsymbol{U}_{\mathrm{S}}\bar{\boldsymbol{\Sigma}}_{\mathrm{S}}\boldsymbol{U}_{\mathrm{S}}^{\mathrm{H}}\boldsymbol{A}^{\dagger\mathrm{H}}(\boldsymbol{\theta})\boldsymbol{i}_D^{(d_1)})\}\end{aligned} \tag{B.26}$$

式（B.26）中的第二个等式利用了等式$\boldsymbol{U}_{\mathrm{S}}^{\mathrm{H}}\cdot\boldsymbol{\Pi}^{\perp}[\boldsymbol{A}(\boldsymbol{\theta})]=\boldsymbol{O}_{D\times M}$。基于式（B.26）可以进一步推得

$$\frac{\partial^2 f_{\mathrm{DML}}(\boldsymbol{\theta})}{\partial\boldsymbol{\theta}\partial\boldsymbol{\theta}^{\mathrm{T}}}=-2\cdot\mathrm{Re}\{(\dot{\boldsymbol{A}}^{\mathrm{H}}(\boldsymbol{\theta})\cdot\boldsymbol{\Pi}^{\perp}[\boldsymbol{A}(\boldsymbol{\theta})]\cdot\dot{\boldsymbol{A}}(\boldsymbol{\theta}))\bullet(\boldsymbol{A}^{\dagger}(\boldsymbol{\theta})\boldsymbol{U}_{\mathrm{S}}\bar{\boldsymbol{\Sigma}}_{\mathrm{S}}\boldsymbol{U}_{\mathrm{S}}^{\mathrm{H}}\boldsymbol{A}^{\dagger\mathrm{H}}(\boldsymbol{\theta}))^{\mathrm{T}}\} \tag{B.27}$$

再将式（B.19）代入式（B.27）中可得

$$\begin{aligned}\frac{\partial^2 f_{\mathrm{DML}}(\boldsymbol{\theta})}{\partial\boldsymbol{\theta}\partial\boldsymbol{\theta}^{\mathrm{T}}}&=-2\cdot\mathrm{Re}\{(\dot{\boldsymbol{A}}^{\mathrm{H}}(\boldsymbol{\theta})\cdot\boldsymbol{\Pi}^{\perp}[\boldsymbol{A}(\boldsymbol{\theta})]\cdot\dot{\boldsymbol{A}}(\boldsymbol{\theta}))\bullet(\boldsymbol{A}^{\dagger}(\boldsymbol{\theta})\boldsymbol{U}_{\mathrm{S}}\boldsymbol{U}_{\mathrm{S}}^{\mathrm{H}}\boldsymbol{A}(\boldsymbol{\theta})\boldsymbol{R}_{ss}\boldsymbol{A}^{\mathrm{H}}(\boldsymbol{\theta})\boldsymbol{U}_{\mathrm{S}}\boldsymbol{U}_{\mathrm{S}}^{\mathrm{H}}\boldsymbol{A}^{\dagger\mathrm{H}}(\boldsymbol{\theta}))^{\mathrm{T}}\}\\&=-2\cdot\mathrm{Re}\{(\dot{\boldsymbol{A}}^{\mathrm{H}}(\boldsymbol{\theta})\cdot\boldsymbol{\Pi}^{\perp}[\boldsymbol{A}(\boldsymbol{\theta})]\cdot\dot{\boldsymbol{A}}(\boldsymbol{\theta}))\bullet(\boldsymbol{A}^{\dagger}(\boldsymbol{\theta})\boldsymbol{A}(\boldsymbol{\theta})\boldsymbol{R}_{ss}\boldsymbol{A}^{\mathrm{H}}(\boldsymbol{\theta})\boldsymbol{A}^{\dagger\mathrm{H}}(\boldsymbol{\theta}))^{\mathrm{T}}\}\\&=-2\cdot\mathrm{Re}\{(\dot{\boldsymbol{A}}^{\mathrm{H}}(\boldsymbol{\theta})\cdot\boldsymbol{\Pi}^{\perp}[\boldsymbol{A}(\boldsymbol{\theta})]\cdot\dot{\boldsymbol{A}}(\boldsymbol{\theta}))\bullet\boldsymbol{R}_{ss}^{\mathrm{T}}\}\end{aligned} \tag{B.28}$$

式（B.28）中的第三个等式利用了等式$\boldsymbol{A}^{\dagger}(\boldsymbol{\theta})\boldsymbol{A}(\boldsymbol{\theta})=\boldsymbol{I}_D$。

附录B5 证明式（5.158）

为了证明式（5.158），这里首先引出第5章文献[26]中的一个重要结论，该结论给出了误差矩阵 $\boldsymbol{\delta U}_{\mathrm{S}}$ 的统计特性。

引理 B.1：若将误差矩阵 $\boldsymbol{\delta U}_{\mathrm{S}}$ 按列分块表示为 $\boldsymbol{\delta U}_{\mathrm{S}}=[\boldsymbol{\delta u}_1\ \ \boldsymbol{\delta u}_2\ \cdots\ \boldsymbol{\delta u}_D]$，则误差向量 $\{\boldsymbol{\delta u}_d\}_{1\leqslant d\leqslant D}$ 服从零均值渐近高斯分布，并且满足

$$\begin{cases}\mathrm{E}[\boldsymbol{\delta u}_{d_1}\boldsymbol{\delta u}_{d_2}^{\mathrm{H}}]=\dfrac{\delta_{d_1d_2}\lambda_{d_1}}{K}\cdot\left(\sum\limits_{\substack{d=1\\d\neq d_1}}^{D}\dfrac{\lambda_d}{(\lambda_d-\lambda_{d_1})^2}\cdot\boldsymbol{u}_d\boldsymbol{u}_d^{\mathrm{H}}+\dfrac{\sigma_n^2}{(\sigma_n^2-\lambda_{d_1})^2}\cdot\boldsymbol{U}_{\mathrm{N}}\boldsymbol{U}_{\mathrm{N}}^{\mathrm{H}}\right)\\ \mathrm{E}[\boldsymbol{\delta u}_{d_1}\boldsymbol{\delta u}_{d_2}^{\mathrm{T}}]=-\dfrac{(1-\delta_{d_1d_2})\lambda_{d_1}\lambda_{d_2}}{K(\lambda_{d_1}-\lambda_{d_2})^2}\cdot\boldsymbol{u}_{d_2}\boldsymbol{u}_{d_1}^{\mathrm{T}}\end{cases}\quad(1\leqslant d_1,d_2\leqslant D)\tag{B.29}$$

首先根据式（5.157）可知

$$\begin{aligned}&\mathrm{E}\left[\frac{\partial\hat{f}_{\mathrm{DML}}(\boldsymbol{\theta})}{\partial<\boldsymbol{\theta}>_{d_1}}\cdot\frac{\partial\hat{f}_{\mathrm{DML}}(\boldsymbol{\theta})}{\partial<\boldsymbol{\theta}>_{d_2}}\right]\\&=4\cdot\mathrm{E}[\mathrm{Re}\{\boldsymbol{i}_D^{(d_1)\mathrm{T}}\dot{\boldsymbol{A}}^{\mathrm{H}}(\boldsymbol{\theta})\cdot\boldsymbol{\Pi}^{\perp}[\boldsymbol{A}(\boldsymbol{\theta})]\cdot\boldsymbol{\delta U}_{\mathrm{S}}\cdot\bar{\boldsymbol{\Sigma}}_{\mathrm{S}}\boldsymbol{U}_{\mathrm{S}}^{\mathrm{H}}\boldsymbol{A}^{\dagger\mathrm{H}}(\boldsymbol{\theta})\boldsymbol{i}_D^{(d_1)}\}\cdot\mathrm{Re}\{\boldsymbol{i}_D^{(d_2)\mathrm{T}}\dot{\boldsymbol{A}}^{\mathrm{H}}(\boldsymbol{\theta})\cdot\boldsymbol{\Pi}^{\perp}[\boldsymbol{A}(\boldsymbol{\theta})]\cdot\boldsymbol{\delta U}_{\mathrm{S}}\cdot\bar{\boldsymbol{\Sigma}}_{\mathrm{S}}\boldsymbol{U}_{\mathrm{S}}^{\mathrm{H}}\boldsymbol{A}^{\dagger\mathrm{H}}(\boldsymbol{\theta})\boldsymbol{i}_D^{(d_2)}\}]\\&=2\cdot\mathrm{Re}\left\{\begin{aligned}&\sum_{k=1}^{D}\sum_{l=1}^{D}\mathrm{E}[\bar{\lambda}_k\bar{\lambda}_l\boldsymbol{i}_D^{(d_1)\mathrm{T}}\dot{\boldsymbol{A}}^{\mathrm{H}}(\boldsymbol{\theta})\cdot\boldsymbol{\Pi}^{\perp}[\boldsymbol{A}(\boldsymbol{\theta})]\cdot\boldsymbol{\delta u}_k\cdot\boldsymbol{u}_k^{\mathrm{H}}\boldsymbol{A}^{\dagger\mathrm{H}}(\boldsymbol{\theta})\boldsymbol{i}_D^{(d_1)}\boldsymbol{i}_D^{(d_2)\mathrm{T}}\dot{\boldsymbol{A}}^{\mathrm{H}}(\boldsymbol{\theta})\cdot\boldsymbol{\Pi}^{\perp}[\boldsymbol{A}(\boldsymbol{\theta})]\cdot\boldsymbol{\delta u}_l\cdot\boldsymbol{u}_l^{\mathrm{H}}\boldsymbol{A}^{\dagger\mathrm{H}}(\boldsymbol{\theta})\boldsymbol{i}_D^{(d_2)}]\\&+\sum_{k=1}^{D}\sum_{l=1}^{D}\mathrm{E}[\bar{\lambda}_k\bar{\lambda}_l\boldsymbol{i}_D^{(d_1)\mathrm{T}}\dot{\boldsymbol{A}}^{\mathrm{H}}(\boldsymbol{\theta})\cdot\boldsymbol{\Pi}^{\perp}[\boldsymbol{A}(\boldsymbol{\theta})]\cdot\boldsymbol{\delta u}_k\cdot\boldsymbol{u}_k^{\mathrm{H}}\boldsymbol{A}^{\dagger\mathrm{H}}(\boldsymbol{\theta})\boldsymbol{i}_D^{(d_1)}\boldsymbol{i}_D^{(d_2)\mathrm{T}}\boldsymbol{A}^{\dagger}(\boldsymbol{\theta})\boldsymbol{u}_l\cdot\boldsymbol{\delta u}_l^{\mathrm{H}}\cdot\boldsymbol{\Pi}^{\perp}[\boldsymbol{A}(\boldsymbol{\theta})]\cdot\dot{\boldsymbol{A}}(\boldsymbol{\theta})\boldsymbol{i}_D^{(d_2)}]\end{aligned}\right\}\end{aligned}\tag{B.30}$$

式中 $\bar{\lambda}_d=\lambda_d-\sigma_n^2\ (1\leqslant d\leqslant D)$，式（B.30）中的第二个等式利用了等式 $\mathrm{Re}\{z_1\}\cdot\mathrm{Re}\{z_2\}=(\mathrm{Re}\{z_1z_2\}+\mathrm{Re}\{z_1z_2^*\})/2$。再利用引理B.1中的结论可以进一步推得

$$\begin{aligned}&\mathrm{E}\left[\frac{\partial\hat{f}_{\mathrm{DML}}(\boldsymbol{\theta})}{\partial<\boldsymbol{\theta}>_{d_1}}\cdot\frac{\partial\hat{f}_{\mathrm{DML}}(\boldsymbol{\theta})}{\partial<\boldsymbol{\theta}>_{d_2}}\right]\\&=2\cdot\mathrm{Re}\left\{\sum_{k=1}^{D}\bar{\lambda}_k^2(\boldsymbol{i}_D^{(d_1)\mathrm{T}}\dot{\boldsymbol{A}}^{\mathrm{H}}(\boldsymbol{\theta})\cdot\boldsymbol{\Pi}^{\perp}[\boldsymbol{A}(\boldsymbol{\theta})]\cdot\mathrm{E}[\boldsymbol{\delta u}_k\boldsymbol{\delta u}_k^{\mathrm{H}}]\cdot\boldsymbol{\Pi}^{\perp}[\boldsymbol{A}(\boldsymbol{\theta})]\cdot\dot{\boldsymbol{A}}(\boldsymbol{\theta})\boldsymbol{i}_D^{(d_2)})(\boldsymbol{i}_D^{(d_2)\mathrm{T}}\boldsymbol{A}^{\dagger}(\boldsymbol{\theta})\boldsymbol{u}_k\boldsymbol{u}_k^{\mathrm{H}}\boldsymbol{A}^{\dagger\mathrm{H}}(\boldsymbol{\theta})\boldsymbol{i}_D^{(d_1)})\right\}\\&=\frac{2\sigma_n^2}{K}\cdot\mathrm{Re}\left\{(\boldsymbol{i}_D^{(d_1)\mathrm{T}}\dot{\boldsymbol{A}}^{\mathrm{H}}(\boldsymbol{\theta})\cdot\boldsymbol{\Pi}^{\perp}[\boldsymbol{A}(\boldsymbol{\theta})]\cdot\dot{\boldsymbol{A}}(\boldsymbol{\theta})\boldsymbol{i}_D^{(d_2)})\left(\boldsymbol{i}_D^{(d_2)\mathrm{T}}\boldsymbol{A}^{\dagger}(\boldsymbol{\theta})\left(\sum_{k=1}^{D}\lambda_k\boldsymbol{u}_k\boldsymbol{u}_k^{\mathrm{H}}\right)\boldsymbol{A}^{\dagger\mathrm{H}}(\boldsymbol{\theta})\boldsymbol{i}_D^{(d_1)}\right)\right\}\end{aligned}\tag{B.31}$$

于是有

$$\mathrm{E}\left[\frac{\partial\hat{f}_{\mathrm{DML}}(\boldsymbol{\theta})}{\partial\boldsymbol{\theta}}\cdot\frac{\partial\hat{f}_{\mathrm{DML}}(\boldsymbol{\theta})}{\partial\boldsymbol{\theta}^{\mathrm{T}}}\right]=\frac{2\sigma_n^2}{K}\cdot\mathrm{Re}\{(\dot{\boldsymbol{A}}^{\mathrm{H}}(\boldsymbol{\theta})\cdot\boldsymbol{\Pi}^{\perp}[\boldsymbol{A}(\boldsymbol{\theta})]\cdot\dot{\boldsymbol{A}}(\boldsymbol{\theta}))\bullet(\boldsymbol{A}^{\dagger}(\boldsymbol{\theta})\boldsymbol{U}_{\mathrm{S}}\boldsymbol{\Sigma}_{\mathrm{S}}\boldsymbol{U}_{\mathrm{S}}^{\mathrm{H}}\boldsymbol{A}^{\dagger\mathrm{H}}(\boldsymbol{\theta}))^{\mathrm{T}}\}\tag{B.32}$$

又由于

$$\begin{aligned}\boldsymbol{A}^{\dagger}(\boldsymbol{\theta})\boldsymbol{U}_{\mathrm{S}}\boldsymbol{\Sigma}_{\mathrm{S}}\boldsymbol{U}_{\mathrm{S}}^{\mathrm{H}}\boldsymbol{A}^{\dagger\mathrm{H}}(\boldsymbol{\theta})&=\boldsymbol{A}^{\dagger}(\boldsymbol{\theta})(\boldsymbol{R}_{xx}-\sigma_n^2\boldsymbol{U}_{\mathrm{N}}\boldsymbol{U}_{\mathrm{N}}^{\mathrm{H}})\boldsymbol{A}^{\dagger\mathrm{H}}(\boldsymbol{\theta})=\boldsymbol{A}^{\dagger}(\boldsymbol{\theta})(\boldsymbol{A}(\boldsymbol{\theta})\boldsymbol{R}_{ss}\boldsymbol{A}^{\mathrm{H}}(\boldsymbol{\theta})+\sigma_n^2\boldsymbol{I}_M)\boldsymbol{A}^{\dagger\mathrm{H}}(\boldsymbol{\theta})\\&=\boldsymbol{R}_{ss}+\sigma_n^2(\boldsymbol{A}^{\mathrm{H}}(\boldsymbol{\theta})\boldsymbol{A}(\boldsymbol{\theta}))^{-1}\end{aligned}\tag{B.33}$$

利用式（5.114）可知

$$\boldsymbol{R}_{ss}\boldsymbol{A}^{\mathrm{H}}(\boldsymbol{\theta})\boldsymbol{P}\boldsymbol{A}(\boldsymbol{\theta})\boldsymbol{R}_{ss}=\boldsymbol{R}_{ss}(\boldsymbol{R}_{ss}^{-1}+\sigma_n^2\boldsymbol{R}_{ss}^{-1}(\boldsymbol{A}^{\mathrm{H}}(\boldsymbol{\theta})\boldsymbol{A}(\boldsymbol{\theta}))^{-1}\boldsymbol{R}_{ss}^{-1})\boldsymbol{R}_{ss}=\boldsymbol{R}_{ss}+\sigma_n^2(\boldsymbol{A}^{\mathrm{H}}(\boldsymbol{\theta})\boldsymbol{A}(\boldsymbol{\theta}))^{-1}$$
$$=\boldsymbol{A}^{\dagger}(\boldsymbol{\theta})\boldsymbol{U}_{\mathrm{S}}\boldsymbol{\Sigma}_{\mathrm{S}}\boldsymbol{U}_{\mathrm{S}}^{\mathrm{H}}\boldsymbol{A}^{\dagger\mathrm{H}}(\boldsymbol{\theta}) \tag{B.34}$$

结合式（B.32）和式（B.34）可知式（5.158）成立。

附录 B6　证明式（5.171）

利用推论 2.1 可得

$$(\boldsymbol{A}(\boldsymbol{\theta})\hat{\boldsymbol{R}}_{ss}^{(\mathrm{SML})}\boldsymbol{A}^{\mathrm{H}}(\boldsymbol{\theta})+\sigma_n^2\boldsymbol{I}_M)^{-1}=\sigma_n^{-2}\boldsymbol{I}_M-\sigma_n^{-2}\boldsymbol{A}(\boldsymbol{\theta})(\sigma_n^2(\hat{\boldsymbol{R}}_{ss}^{(\mathrm{SML})})^{-1}+\boldsymbol{A}^{\mathrm{H}}(\boldsymbol{\theta})\boldsymbol{A}(\boldsymbol{\theta}))^{-1}\boldsymbol{A}^{\mathrm{H}}(\boldsymbol{\theta})$$
$$=\sigma_n^{-2}\boldsymbol{I}_M-\sigma_n^{-2}\boldsymbol{A}(\boldsymbol{\theta})(\sigma_n^2\boldsymbol{I}_D+\hat{\boldsymbol{R}}_{ss}^{(\mathrm{SML})}\boldsymbol{A}^{\mathrm{H}}(\boldsymbol{\theta})\boldsymbol{A}(\boldsymbol{\theta}))^{-1}\hat{\boldsymbol{R}}_{ss}^{(\mathrm{SML})}\boldsymbol{A}^{\mathrm{H}}(\boldsymbol{\theta}) \tag{B.35}$$

根据式（5.169）可知

$$\sigma_n^2\boldsymbol{I}_D+\hat{\boldsymbol{R}}_{ss}^{(\mathrm{SML})}\boldsymbol{A}^{\mathrm{H}}(\boldsymbol{\theta})\boldsymbol{A}(\boldsymbol{\theta})=\sigma_n^2\boldsymbol{I}_D+\boldsymbol{A}^{\dagger}(\boldsymbol{\theta})(\hat{\boldsymbol{R}}_{xx}-\sigma_n^2\boldsymbol{I}_M)\boldsymbol{A}^{\dagger\mathrm{H}}(\boldsymbol{\theta})\boldsymbol{A}^{\mathrm{H}}(\boldsymbol{\theta})\boldsymbol{A}(\boldsymbol{\theta})$$
$$=\sigma_n^2\boldsymbol{I}_D+\boldsymbol{A}^{\dagger}(\boldsymbol{\theta})(\hat{\boldsymbol{R}}_{xx}-\sigma_n^2\boldsymbol{I}_M)\boldsymbol{A}(\boldsymbol{\theta})$$
$$=(\boldsymbol{A}^{\mathrm{H}}(\boldsymbol{\theta})\boldsymbol{A}(\boldsymbol{\theta}))^{-1}\boldsymbol{A}^{\mathrm{H}}(\boldsymbol{\theta})\hat{\boldsymbol{R}}_{xx}\boldsymbol{A}(\boldsymbol{\theta}) \tag{B.36}$$

于是有

$$(\sigma_n^2\boldsymbol{I}_D+\hat{\boldsymbol{R}}_{ss}^{(\mathrm{SML})}\boldsymbol{A}^{\mathrm{H}}(\boldsymbol{\theta})\boldsymbol{A}(\boldsymbol{\theta}))^{-1}=(\boldsymbol{A}^{\mathrm{H}}(\boldsymbol{\theta})\hat{\boldsymbol{R}}_{xx}\boldsymbol{A}(\boldsymbol{\theta}))^{-1}\boldsymbol{A}^{\mathrm{H}}(\boldsymbol{\theta})\boldsymbol{A}(\boldsymbol{\theta}) \tag{B.37}$$

再将式（B.37）代入式（B.35）中，并利用式（5.169）可得

$$(\boldsymbol{A}(\boldsymbol{\theta})\hat{\boldsymbol{R}}_{ss}^{(\mathrm{SML})}\boldsymbol{A}^{\mathrm{H}}(\boldsymbol{\theta})+\sigma_n^2\boldsymbol{I}_M)^{-1}=\sigma_n^{-2}\boldsymbol{I}_M-\sigma_n^{-2}\boldsymbol{A}(\boldsymbol{\theta})(\boldsymbol{A}^{\mathrm{H}}(\boldsymbol{\theta})\hat{\boldsymbol{R}}_{xx}\boldsymbol{A}(\boldsymbol{\theta}))^{-1}\boldsymbol{A}^{\mathrm{H}}(\boldsymbol{\theta})\boldsymbol{A}(\boldsymbol{\theta})\hat{\boldsymbol{R}}_{ss}^{(\mathrm{SML})}\boldsymbol{A}^{\mathrm{H}}(\boldsymbol{\theta})$$
$$=\sigma_n^{-2}\boldsymbol{I}_M-\sigma_n^{-2}\boldsymbol{A}(\boldsymbol{\theta})(\boldsymbol{A}^{\mathrm{H}}(\boldsymbol{\theta})\hat{\boldsymbol{R}}_{xx}\boldsymbol{A}(\boldsymbol{\theta}))^{-1}\boldsymbol{A}^{\mathrm{H}}(\boldsymbol{\theta})\boldsymbol{A}(\boldsymbol{\theta})\boldsymbol{A}^{\dagger}(\boldsymbol{\theta})(\hat{\boldsymbol{R}}_{xx}-\sigma_n^2\boldsymbol{I}_M)\boldsymbol{A}^{\dagger\mathrm{H}}(\boldsymbol{\theta})\boldsymbol{A}^{\mathrm{H}}(\boldsymbol{\theta})$$
$$=\sigma_n^{-2}\boldsymbol{I}_M-\sigma_n^{-2}\boldsymbol{A}(\boldsymbol{\theta})(\boldsymbol{A}^{\mathrm{H}}(\boldsymbol{\theta})\hat{\boldsymbol{R}}_{xx}\boldsymbol{A}(\boldsymbol{\theta}))^{-1}\boldsymbol{A}^{\mathrm{H}}(\boldsymbol{\theta})(\hat{\boldsymbol{R}}_{xx}-\sigma_n^2\boldsymbol{I}_M)\boldsymbol{A}^{\dagger\mathrm{H}}(\boldsymbol{\theta})\boldsymbol{A}^{\mathrm{H}}(\boldsymbol{\theta})$$
$$=\sigma_n^{-2}\boldsymbol{I}_M-\sigma_n^{-2}\boldsymbol{A}(\boldsymbol{\theta})(\boldsymbol{A}^{\mathrm{H}}(\boldsymbol{\theta})\boldsymbol{A}(\boldsymbol{\theta}))^{-1}\boldsymbol{A}^{\mathrm{H}}(\boldsymbol{\theta})+\boldsymbol{A}(\boldsymbol{\theta})(\boldsymbol{A}^{\mathrm{H}}(\boldsymbol{\theta})\hat{\boldsymbol{R}}_{xx}\boldsymbol{A}(\boldsymbol{\theta}))^{-1}\boldsymbol{A}^{\mathrm{H}}(\boldsymbol{\theta})$$
$$=\sigma_n^{-2}\cdot\boldsymbol{\Pi}^{\perp}[\boldsymbol{A}(\boldsymbol{\theta})]+\boldsymbol{A}(\boldsymbol{\theta})(\boldsymbol{A}^{\mathrm{H}}(\boldsymbol{\theta})\hat{\boldsymbol{R}}_{xx}\boldsymbol{A}(\boldsymbol{\theta}))^{-1}\boldsymbol{A}^{\mathrm{H}}(\boldsymbol{\theta}) \tag{B.38}$$

至此，式（5.171）得证。

附录 B7　证明式（5.206）

首先利用式（5.195）中的第一式和式(2.100）可知

$$\frac{\partial\hat{f}_{\mathrm{SSF}}(\boldsymbol{\theta})}{\partial<\boldsymbol{\theta}>_d}=\mathrm{tr}\left(\frac{\partial\boldsymbol{\Pi}^{\perp}[\boldsymbol{A}(\boldsymbol{\theta})]}{\partial<\boldsymbol{\theta}>_d}\cdot\hat{\boldsymbol{U}}_{\mathrm{S}}\boldsymbol{W}_{\mathrm{SSF}}\hat{\boldsymbol{U}}_{\mathrm{S}}^{\mathrm{H}}\right)=-2\cdot\mathrm{Re}\left\{\mathrm{tr}\left(\boldsymbol{\Pi}^{\perp}[\boldsymbol{A}(\boldsymbol{\theta})]\cdot\frac{\partial\boldsymbol{A}(\boldsymbol{\theta})}{\partial<\boldsymbol{\theta}>_d}\cdot\boldsymbol{A}^{\dagger}(\boldsymbol{\theta})\hat{\boldsymbol{U}}_{\mathrm{S}}\boldsymbol{W}_{\mathrm{SSF}}\hat{\boldsymbol{U}}_{\mathrm{S}}^{\mathrm{H}}\right)\right\}$$
$$=-2\cdot\mathrm{Re}\{\mathrm{tr}(\boldsymbol{\Pi}^{\perp}[\boldsymbol{A}(\boldsymbol{\theta})]\cdot\dot{\boldsymbol{A}}(\boldsymbol{\theta})\boldsymbol{i}_D^{(d)}\boldsymbol{i}_D^{(d)\mathrm{T}}\boldsymbol{A}^{\dagger}(\boldsymbol{\theta})\hat{\boldsymbol{U}}_{\mathrm{S}}\boldsymbol{W}_{\mathrm{SSF}}\hat{\boldsymbol{U}}_{\mathrm{S}}^{\mathrm{H}})\}$$
$$=-2\cdot\mathrm{Re}\{\boldsymbol{i}_D^{(d)\mathrm{T}}\boldsymbol{A}^{\dagger}(\boldsymbol{\theta})\hat{\boldsymbol{U}}_{\mathrm{S}}\boldsymbol{W}_{\mathrm{SSF}}\hat{\boldsymbol{U}}_{\mathrm{S}}^{\mathrm{H}}\cdot\boldsymbol{\Pi}^{\perp}[\boldsymbol{A}(\boldsymbol{\theta})]\cdot\dot{\boldsymbol{A}}(\boldsymbol{\theta})\boldsymbol{i}_D^{(d)}\}$$
$$\approx-2\cdot\mathrm{Re}\{\boldsymbol{i}_D^{(d)\mathrm{T}}\dot{\boldsymbol{A}}^{\mathrm{H}}(\boldsymbol{\theta})\cdot\boldsymbol{\Pi}^{\perp}[\boldsymbol{A}(\boldsymbol{\theta})]\cdot\boldsymbol{\delta U}_{\mathrm{S}}\cdot\boldsymbol{W}_{\mathrm{SSF}}\boldsymbol{U}_{\mathrm{S}}^{\mathrm{H}}\boldsymbol{A}^{\dagger\mathrm{H}}(\boldsymbol{\theta})\boldsymbol{i}_D^{(d)}\}$$
$$=-2\cdot\mathrm{Re}\left\{\sum_{k=1}^{D}\boldsymbol{w}_{\mathrm{SSF},k}^{\mathrm{H}}\boldsymbol{U}_{\mathrm{S}}^{\mathrm{H}}\boldsymbol{A}^{\dagger\mathrm{H}}(\boldsymbol{\theta})\boldsymbol{i}_D^{(d)}\boldsymbol{i}_D^{(d)\mathrm{T}}\dot{\boldsymbol{A}}^{\mathrm{H}}(\boldsymbol{\theta})\cdot\boldsymbol{\Pi}^{\perp}[\boldsymbol{A}(\boldsymbol{\theta})]\cdot\boldsymbol{\delta u}_k\right\} \tag{B.39}$$

式中 $\boldsymbol{\delta U}_{\mathrm{S}}=\hat{\boldsymbol{U}}_{\mathrm{S}}-\boldsymbol{U}_{\mathrm{S}}$ ，$\boldsymbol{\delta u}_k$ 是该矩阵中的第 k 列向量，$\boldsymbol{w}_{\mathrm{SSF},k}^{\mathrm{H}}$ 是矩阵 $\boldsymbol{W}_{\mathrm{SSF}}$ 中的第 k 行向量，式（B.39）中忽略的项为 $o(1/\sqrt{K})$ 。根据第 5 章文献[26]中的结论可知，误差向量 $\boldsymbol{\delta u}_k$ 服从零均值渐近高斯分布，因此 $\dfrac{\partial\hat{f}_{\mathrm{SSF}}(\boldsymbol{\theta})}{\partial\boldsymbol{\theta}}$ 也服从零均值渐近高斯分布。

基于式（B.39）可以进一步推得

$$
\begin{aligned}
&\mathrm{E}\left[\frac{\partial\hat{f}_{\mathrm{SSF}}(\boldsymbol{\theta})}{\partial<\boldsymbol{\theta}>_{d_1}}\cdot\frac{\partial\hat{f}_{\mathrm{SSF}}(\boldsymbol{\theta})}{\partial<\boldsymbol{\theta}>_{d_2}}\right]\\
&=2\cdot\mathrm{Re}\left\{\begin{aligned}&\sum_{k=1}^{D}\sum_{l=1}^{D}\mathrm{E}[\boldsymbol{w}_{\mathrm{SSF},k}^{\mathrm{H}}\boldsymbol{U}_{\mathrm{S}}^{\mathrm{H}}\boldsymbol{A}^{\dagger\mathrm{H}}(\boldsymbol{\theta})\boldsymbol{i}_D^{(d_1)}\boldsymbol{i}_D^{(d_1)\mathrm{T}}\dot{\boldsymbol{A}}^{\mathrm{H}}(\boldsymbol{\theta})\cdot\boldsymbol{\Pi}^{\perp}[\boldsymbol{A}(\boldsymbol{\theta})]\cdot\boldsymbol{\delta u}_k\cdot\boldsymbol{w}_{\mathrm{SSF},l}^{\mathrm{H}}\boldsymbol{U}_{\mathrm{S}}^{\mathrm{H}}\boldsymbol{A}^{\dagger\mathrm{H}}(\boldsymbol{\theta})\boldsymbol{i}_D^{(d_2)}\boldsymbol{i}_D^{(d_2)\mathrm{T}}\dot{\boldsymbol{A}}^{\mathrm{H}}(\boldsymbol{\theta})\cdot\boldsymbol{\Pi}^{\perp}[\boldsymbol{A}(\boldsymbol{\theta})]\cdot\boldsymbol{\delta u}_l]\\
&+\sum_{k=1}^{D}\sum_{l=1}^{D}\mathrm{E}[\boldsymbol{\delta u}_k^{\mathrm{H}}\cdot\boldsymbol{\Pi}^{\perp}[\boldsymbol{A}(\boldsymbol{\theta})]\cdot\dot{\boldsymbol{A}}(\boldsymbol{\theta})\boldsymbol{i}_D^{(d_1)}\boldsymbol{i}_D^{(d_1)\mathrm{T}}\boldsymbol{A}^{\dagger}(\boldsymbol{\theta})\boldsymbol{U}_{\mathrm{S}}\boldsymbol{w}_{\mathrm{SSF},k}\boldsymbol{w}_{\mathrm{SSF},l}^{\mathrm{H}}\boldsymbol{U}_{\mathrm{S}}^{\mathrm{H}}\boldsymbol{A}^{\dagger\mathrm{H}}(\boldsymbol{\theta})\boldsymbol{i}_D^{(d_2)}\boldsymbol{i}_D^{(d_2)\mathrm{T}}\dot{\boldsymbol{A}}^{\mathrm{H}}(\boldsymbol{\theta})\cdot\boldsymbol{\Pi}^{\perp}[\boldsymbol{A}(\boldsymbol{\theta})]\cdot\boldsymbol{\delta u}_l]\end{aligned}\right\}
\end{aligned}
\tag{B.40}
$$

式（B.40）中利用了等式 $\mathrm{Re}\{z_1\}\cdot\mathrm{Re}\{z_2\}=(\mathrm{Re}\{z_1z_2\}+\mathrm{Re}\{z_1z_2^*\})/2$ 。根据引理 B.1 可得

$$
\begin{aligned}
&\mathrm{E}\left[\frac{\partial\hat{f}_{\mathrm{SSF}}(\boldsymbol{\theta})}{\partial<\boldsymbol{\theta}>_{d_1}}\cdot\frac{\partial\hat{f}_{\mathrm{SSF}}(\boldsymbol{\theta})}{\partial<\boldsymbol{\theta}>_{d_2}}\right]\\
&=2\cdot\mathrm{Re}\left\{\sum_{k=1}^{D}\mathrm{tr}(\dot{\boldsymbol{A}}(\boldsymbol{\theta})\boldsymbol{i}_D^{(d_1)}\boldsymbol{i}_D^{(d_1)\mathrm{T}}\boldsymbol{A}^{\dagger}(\boldsymbol{\theta})\boldsymbol{U}_{\mathrm{S}}\boldsymbol{w}_{\mathrm{SSF},k}\boldsymbol{w}_{\mathrm{SSF},k}^{\mathrm{H}}\boldsymbol{U}_{\mathrm{S}}^{\mathrm{H}}\boldsymbol{A}^{\dagger\mathrm{H}}(\boldsymbol{\theta})\boldsymbol{i}_D^{(d_2)}\boldsymbol{i}_D^{(d_2)\mathrm{T}}\dot{\boldsymbol{A}}^{\mathrm{H}}(\boldsymbol{\theta})\cdot\boldsymbol{\Pi}^{\perp}[\boldsymbol{A}(\boldsymbol{\theta})]\cdot\mathrm{E}[\boldsymbol{\delta u}_k\cdot\boldsymbol{\delta u}_k^{\mathrm{H}}]\cdot\boldsymbol{\Pi}^{\perp}[\boldsymbol{A}(\boldsymbol{\theta})])\right\}\\
&=\frac{2}{K}\cdot\mathrm{Re}\left\{\sum_{k=1}^{D}\frac{\lambda_k\sigma_n^2}{\bar{\lambda}_k^2}\mathrm{tr}(\dot{\boldsymbol{A}}(\boldsymbol{\theta})\boldsymbol{i}_D^{(d_1)}\boldsymbol{i}_D^{(d_1)\mathrm{T}}\boldsymbol{A}^{\dagger}(\boldsymbol{\theta})\boldsymbol{U}_{\mathrm{S}}\boldsymbol{w}_{\mathrm{SSF},k}\boldsymbol{w}_{\mathrm{SSF},k}^{\mathrm{H}}\boldsymbol{U}_{\mathrm{S}}^{\mathrm{H}}\boldsymbol{A}^{\dagger\mathrm{H}}(\boldsymbol{\theta})\boldsymbol{i}_D^{(d_2)}\boldsymbol{i}_D^{(d_2)\mathrm{T}}\dot{\boldsymbol{A}}^{\mathrm{H}}(\boldsymbol{\theta})\cdot\boldsymbol{\Pi}^{\perp}[\boldsymbol{A}(\boldsymbol{\theta})]\cdot\boldsymbol{U}_{\mathrm{N}}\boldsymbol{U}_{\mathrm{N}}^{\mathrm{H}}\cdot\boldsymbol{\Pi}^{\perp}[\boldsymbol{A}(\boldsymbol{\theta})])\right\}\\
&=\frac{2\sigma_n^2}{K}\cdot\mathrm{Re}\left\{\sum_{k=1}^{D}\frac{\lambda_k}{\bar{\lambda}_k^2}(\boldsymbol{i}_D^{(d_1)\mathrm{T}}\dot{\boldsymbol{A}}^{\mathrm{H}}(\boldsymbol{\theta})\cdot\boldsymbol{\Pi}^{\perp}[\boldsymbol{A}(\boldsymbol{\theta})]\cdot\dot{\boldsymbol{A}}(\boldsymbol{\theta})\boldsymbol{i}_D^{(d_2)})\cdot(\boldsymbol{i}_D^{(d_2)\mathrm{T}}\boldsymbol{A}^{\dagger}(\boldsymbol{\theta})\boldsymbol{U}_{\mathrm{S}}\boldsymbol{w}_{\mathrm{SSF},k}\boldsymbol{w}_{\mathrm{SSF},k}^{\mathrm{H}}\boldsymbol{U}_{\mathrm{S}}^{\mathrm{H}}\boldsymbol{A}^{\dagger\mathrm{H}}(\boldsymbol{\theta})\boldsymbol{i}_D^{(d_1)})\right\}\\
&=\frac{2\sigma_n^2}{K}\cdot\mathrm{Re}\{(\boldsymbol{i}_D^{(d_1)\mathrm{T}}\dot{\boldsymbol{A}}^{\mathrm{H}}(\boldsymbol{\theta})\cdot\boldsymbol{\Pi}^{\perp}[\boldsymbol{A}(\boldsymbol{\theta})]\cdot\dot{\boldsymbol{A}}(\boldsymbol{\theta})\boldsymbol{i}_D^{(d_2)})\cdot(\boldsymbol{i}_D^{(d_2)\mathrm{T}}\boldsymbol{A}^{\dagger}(\boldsymbol{\theta})\boldsymbol{U}_{\mathrm{S}}\boldsymbol{W}_{\mathrm{SSF}}\bar{\boldsymbol{\Sigma}}_{\mathrm{S}}^{-2}\boldsymbol{\Sigma}_{\mathrm{S}}\boldsymbol{W}_{\mathrm{SSF}}^{\mathrm{H}}\boldsymbol{U}_{\mathrm{S}}^{\mathrm{H}}\boldsymbol{A}^{\dagger\mathrm{H}}(\boldsymbol{\theta})\boldsymbol{i}_D^{(d_1)})\}\\
&=\frac{2\sigma_n^2}{K}\cdot\mathrm{Re}\{(\boldsymbol{i}_D^{(d_1)\mathrm{T}}\dot{\boldsymbol{A}}^{\mathrm{H}}(\boldsymbol{\theta})\cdot\boldsymbol{\Pi}^{\perp}[\boldsymbol{A}(\boldsymbol{\theta})]\cdot\dot{\boldsymbol{A}}(\boldsymbol{\theta})\boldsymbol{i}_D^{(d_2)})\cdot(\boldsymbol{i}_D^{(d_2)\mathrm{T}}\boldsymbol{A}^{\dagger}(\boldsymbol{\theta})\boldsymbol{U}_{\mathrm{S}}\bar{\boldsymbol{\Sigma}}_{\mathrm{S}}^{2}\boldsymbol{\Sigma}_{\mathrm{S}}^{-1}\boldsymbol{U}_{\mathrm{S}}^{\mathrm{H}}\boldsymbol{A}^{\dagger\mathrm{H}}(\boldsymbol{\theta})\boldsymbol{i}_D^{(d_1)})\}
\end{aligned}
\tag{B.41}
$$

至此，式（5.206）中的第一式得证。

另一方面，利用式（5.200）可知

$$
\begin{aligned}
\lim_{K\to+\infty}\frac{\partial^2\hat{f}_{\mathrm{SSF}}(\boldsymbol{\theta})}{\partial\theta_{d_1}\partial\theta_{d_2}}&=2\cdot\mathrm{Re}\left\{\mathrm{tr}\left(\boldsymbol{A}^{\dagger\mathrm{H}}(\boldsymbol{\theta})\cdot\frac{\partial\boldsymbol{A}^{\mathrm{H}}(\boldsymbol{\theta})}{\partial\theta_{d_2}}\cdot\boldsymbol{\Pi}^{\perp}[\boldsymbol{A}(\boldsymbol{\theta})]\cdot\frac{\partial\boldsymbol{A}(\boldsymbol{\theta})}{\partial\theta_{d_1}}\cdot\boldsymbol{A}^{\dagger}(\boldsymbol{\theta})\boldsymbol{U}_{\mathrm{S}}\boldsymbol{W}_{\mathrm{SSF}}\boldsymbol{U}_{\mathrm{S}}^{\mathrm{H}}\right)\right\}\\
&=2\cdot\mathrm{Re}\{\mathrm{tr}(\boldsymbol{A}^{\dagger\mathrm{H}}(\boldsymbol{\theta})\boldsymbol{i}_D^{(d_2)}\boldsymbol{i}_D^{(d_2)\mathrm{T}}\dot{\boldsymbol{A}}^{\mathrm{H}}(\boldsymbol{\theta})\cdot\boldsymbol{\Pi}^{\perp}[\boldsymbol{A}(\boldsymbol{\theta})]\cdot\dot{\boldsymbol{A}}(\boldsymbol{\theta})\boldsymbol{i}_D^{(d_1)}\boldsymbol{i}_D^{(d_1)\mathrm{T}}\boldsymbol{A}^{\dagger}(\boldsymbol{\theta})\boldsymbol{U}_{\mathrm{S}}\boldsymbol{W}_{\mathrm{SSF}}\boldsymbol{U}_{\mathrm{S}}^{\mathrm{H}})\}\\
&=2\cdot\mathrm{Re}\{\boldsymbol{i}_D^{(d_2)\mathrm{T}}\dot{\boldsymbol{A}}^{\mathrm{H}}(\boldsymbol{\theta})\cdot\boldsymbol{\Pi}^{\perp}[\boldsymbol{A}(\boldsymbol{\theta})]\cdot\dot{\boldsymbol{A}}(\boldsymbol{\theta})\boldsymbol{i}_D^{(d_1)}\boldsymbol{i}_D^{(d_1)\mathrm{T}}\boldsymbol{A}^{\dagger}(\boldsymbol{\theta})\boldsymbol{U}_{\mathrm{S}}\boldsymbol{W}_{\mathrm{SSF}}\boldsymbol{U}_{\mathrm{S}}^{\mathrm{H}}\boldsymbol{A}^{\dagger\mathrm{H}}(\boldsymbol{\theta})\boldsymbol{i}_D^{(d_2)}\}\\
&=2\cdot\mathrm{Re}\{(\boldsymbol{i}_D^{(d_1)\mathrm{T}}\dot{\boldsymbol{A}}^{\mathrm{H}}(\boldsymbol{\theta})\cdot\boldsymbol{\Pi}^{\perp}[\boldsymbol{A}(\boldsymbol{\theta})]\cdot\dot{\boldsymbol{A}}(\boldsymbol{\theta})\boldsymbol{i}_D^{(d_2)})\cdot(\boldsymbol{i}_D^{(d_2)\mathrm{T}}\boldsymbol{A}^{\dagger}(\boldsymbol{\theta})\boldsymbol{U}_{\mathrm{S}}\bar{\boldsymbol{\Sigma}}_{\mathrm{S}}^{2}\boldsymbol{\Sigma}_{\mathrm{S}}^{-1}\boldsymbol{U}_{\mathrm{S}}^{\mathrm{H}}\boldsymbol{A}^{\dagger\mathrm{H}}(\boldsymbol{\theta})\boldsymbol{i}_D^{(d_1)})\}
\end{aligned}
\tag{B.42}
$$

至此，式（5.206）中的第二式得证。

附录 B8 证明式（5.208）

利用式（5.177）可以推得

$$\boldsymbol{A}(\boldsymbol{\theta})\boldsymbol{R}_{ss}\boldsymbol{A}^{\mathrm{H}}(\boldsymbol{\theta})=\boldsymbol{U}_{\mathrm{S}}\bar{\boldsymbol{\Sigma}}_{\mathrm{S}}\boldsymbol{U}_{\mathrm{S}}^{\mathrm{H}}\Rightarrow\boldsymbol{R}_{ss}=\boldsymbol{A}^{\dagger}(\boldsymbol{\theta})\boldsymbol{A}(\boldsymbol{\theta})\boldsymbol{R}_{ss}\boldsymbol{A}^{\mathrm{H}}(\boldsymbol{\theta})\boldsymbol{A}^{\dagger\mathrm{H}}(\boldsymbol{\theta})=\boldsymbol{A}^{\dagger}(\boldsymbol{\theta})\boldsymbol{U}_{\mathrm{S}}\bar{\boldsymbol{\Sigma}}_{\mathrm{S}}\boldsymbol{U}_{\mathrm{S}}^{\mathrm{H}}\boldsymbol{A}^{\dagger\mathrm{H}}(\boldsymbol{\theta})\quad\text{(B.43)}$$

进一步可知

$$\begin{aligned}&\boldsymbol{R}_{ss}\boldsymbol{A}^{\mathrm{H}}(\boldsymbol{\theta})\boldsymbol{R}_{xx}^{-1}\boldsymbol{A}(\boldsymbol{\theta})\boldsymbol{R}_{ss}\\&=\boldsymbol{A}^{\dagger}(\boldsymbol{\theta})\boldsymbol{U}_{\mathrm{S}}\bar{\boldsymbol{\Sigma}}_{\mathrm{S}}\boldsymbol{U}_{\mathrm{S}}^{\mathrm{H}}\boldsymbol{A}^{\dagger\mathrm{H}}(\boldsymbol{\theta})\boldsymbol{A}^{\mathrm{H}}(\boldsymbol{\theta})(\boldsymbol{U}_{\mathrm{S}}\boldsymbol{\Sigma}_{\mathrm{S}}^{-1}\boldsymbol{U}_{\mathrm{S}}^{\mathrm{H}}+\sigma_n^{-2}\boldsymbol{U}_{\mathrm{N}}\boldsymbol{U}_{\mathrm{N}}^{\mathrm{H}})\boldsymbol{A}(\boldsymbol{\theta})\boldsymbol{A}^{\dagger}(\boldsymbol{\theta})\boldsymbol{U}_{\mathrm{S}}\bar{\boldsymbol{\Sigma}}_{\mathrm{S}}\boldsymbol{U}_{\mathrm{S}}^{\mathrm{H}}\boldsymbol{A}^{\dagger\mathrm{H}}(\boldsymbol{\theta})\\&=\boldsymbol{A}^{\dagger}(\boldsymbol{\theta})\boldsymbol{U}_{\mathrm{S}}\bar{\boldsymbol{\Sigma}}_{\mathrm{S}}\boldsymbol{U}_{\mathrm{S}}^{\mathrm{H}}\cdot\boldsymbol{\Pi}[\boldsymbol{A}(\boldsymbol{\theta})]\cdot(\boldsymbol{U}_{\mathrm{S}}\boldsymbol{\Sigma}_{\mathrm{S}}^{-1}\boldsymbol{U}_{\mathrm{S}}^{\mathrm{H}}+\sigma_n^{-2}\boldsymbol{U}_{\mathrm{N}}\boldsymbol{U}_{\mathrm{N}}^{\mathrm{H}})\cdot\boldsymbol{\Pi}[\boldsymbol{A}(\boldsymbol{\theta})]\cdot\boldsymbol{U}_{\mathrm{S}}\bar{\boldsymbol{\Sigma}}_{\mathrm{S}}\boldsymbol{U}_{\mathrm{S}}^{\mathrm{H}}\boldsymbol{A}^{\dagger\mathrm{H}}(\boldsymbol{\theta})\\&=\boldsymbol{A}^{\dagger}(\boldsymbol{\theta})\boldsymbol{U}_{\mathrm{S}}\bar{\boldsymbol{\Sigma}}_{\mathrm{S}}^{2}\boldsymbol{\Sigma}_{\mathrm{S}}^{-1}\boldsymbol{U}_{\mathrm{S}}^{\mathrm{H}}\boldsymbol{A}^{\dagger\mathrm{H}}(\boldsymbol{\theta})\end{aligned}\quad\text{(B.44)}$$

至此，式（5.208）得证。

第6章　超分辨率测向理论与方法Ⅱ——推广篇

第5章讨论了几种最为经典的超分辨率测向方法，本章将其中的若干典型方法推广应用于一些更为复杂的场景中。

场景1是考虑针对相干信号进行测向。所谓相干信号是指信号在时域上完全相关（复包络仅相差一个复常数），这一现象通常发生在信号多径传播的环境中。从数学上来说，相干信号会导致信号自相关矩阵 $\boldsymbol{R}_{ss}$ 出现秩亏损现象（即 $\mathrm{rank}[\boldsymbol{R}_{ss}]<D$），此时若直接利用第5章的子空间类测向方法将无法给出准确的测向结果。若想利用子空间类方法对相干信号进行测向，需要将信号自相关矩阵恢复成满秩矩阵，其中最具有代表性的方法是空间平滑预处理技术，其基本思想是对阵列输出自相关矩阵 $\boldsymbol{R}_{xx}$ 进行平滑预处理，以取得一个满秩的等效信号自相关矩阵，进而可以准确估计相干信号的到达方向。本章6.1节将对空间平滑预处理技术进行讨论。

场景2是考虑信号的二维到达角度估计。当对三维空间中的目标进行定位时，通常需要测向站同时测量信号方位角和仰角，即二维到达角度估计。除了ESPRIT算法以外，第5章的其它几类测向算法都可以直接推广于二维测向问题中，因此本章6.2节将主要讨论基于ESPRIT算法的二维到达角度估计方法。除此以外，对于MUSIC算法而言，其应用于二维测向中的最大瓶颈是二维搜索所导致的庞大运算量，针对该问题，本章6.2节还将结合均匀矩形阵的特点，给出一种估计信号二维到达角度的降维MUSIC算法，以降低运算量。

场景3是考虑阵列误差存在条件下的信号方位估计。常见的阵列误差包含三种，分别为幅相误差、互耦以及阵元位置误差，它们的存在会导致阵列流形向量偏离理想标称值，从而使得各类超分辨率测向方法失效。为了避免该问题，通常的处理方式是对阵列误差进行参数化建模，并将阵列误差参数和信号方位进行联合估计，国内外相关学者提出了许多的联合估计方法（称为阵列误差自校正方法）。此外，由于幅相误差和互耦对于阵列流形的影响都可以建模成某个误差矩阵左乘以阵列流形的形式，因此书中将这两种误差统称为乘性阵列误差，并在6.3节给出一种基于噪声子空间拟合准则的乘性阵列误差参数和信号方位解耦合估计方法。

场景4是考虑联合信号复包络先验信息的方位估计。在一些无线电信号测向定位环境中，人们可以获得一些关于信号复包络的先验信息。例如，在协作式信号定位条件下，信号复包络可以事先获得（可假设仅相差一个复常数），此外，对于相位调制类信号（模拟域的FM和PM信号等，数字域的FSK、PSK、4-QAM信号等），其复包络的模值具有恒定性，即通常所说的恒模信号。不难想象，若能够将信号复包络的先验信息融入到测向方法中，必将有助于提高测向精度。为了能够合理利用信号复包络的先验信息，通常需要采用最大似然准则进行参数估计，本章6.4节将分别给出一种信号复包络已知（仅相差一个复常数）条件下的最大似然方位估计方法和利用信号复包络恒模信息（针对相位调制类信号）的最大似然方位估计方法。

6.1 相干信号方位估计方法

相干信号是指信号在复包络上完全相关（仅相差一个复常数），相干信号通常发生在信号多径传播的环境中。相干信号会导致信号自相关矩阵 $\boldsymbol{R}_{ss}$ 出现秩亏损现象（即 $\mathrm{rank}[\boldsymbol{R}_{ss}]<D$），此时若直接利用第 5 章的子空间类测向方法将无法给出准确的测向结果。为了解决该问题，S.U.Pillai 等人提出了空间平滑预处理技术[1]，王布宏等人又在此基础上提出了加权空间平滑预处理技术[2]，其目的都是为了使（等效）信号自相关矩阵恢复成满秩矩阵。本节将首先讨论相干信号的数学模型及其对超分辨率测向算法的影响，然后对空间平滑预处理技术的基本原理进行介绍，并通过数值实验验证其性能。

6.1.1 相干信号的基本概念及其对超分辨率测向算法的影响

假设两个信号的复包络分别为 $s_1(t)$ 和 $s_2(t)$，如果 $\mathrm{E}[s_1(t)]=\mathrm{E}[s_2(t)]=0$，它们之间的时域相关系数定义为

$$\rho=\frac{\mathrm{E}[s_1(t)s_2^*(t)]}{\sqrt{\mathrm{E}[s_1(t)s_1^*(t)]\cdot\mathrm{E}[s_2(t)s_2^*(t)]}} \tag{6.1}$$

根据 Cauchy-Schwarz 不等式可知 $0\leqslant\rho\leqslant 1$。根据 ρ 的不同取值可将 $s_1(t)$ 和 $s_2(t)$ 之间的统计关系分为三种情形，分别为：

（1）若 $|\rho|=0$，则称 $s_1(t)$ 与 $s_2(t)$ 不相关（在复高斯信号假设条件下即为独立）；

（2）若 $0<|\rho|<1$，则称 $s_1(t)$ 与 $s_2(t)$ 相关；

（3）若 $|\rho|=1$，则称 $s_1(t)$ 与 $s_2(t)$ 相干或者完全相关。

需要指出的是，当 $s_1(t)$ 与 $s_2(t)$ 相干时，通常满足 $s_2(t)=\gamma s_1(t)$，其中 γ 为某个复常数。如果这两个窄带信号到达某个天线阵列，入射方位分别为 θ_1 和 θ_2，则阵列输出响应可以表示为

$$\begin{aligned}\boldsymbol{x}(t)&=\boldsymbol{A}(\boldsymbol{\theta})\cdot\begin{bmatrix}s_1(t)\\ s_2(t)\end{bmatrix}+\boldsymbol{n}(t)=\boldsymbol{a}(\theta_1)s_1(t)+\boldsymbol{a}(\theta_2)s_2(t)+\boldsymbol{n}(t)\\ &=(\boldsymbol{a}(\theta_1)+\gamma\boldsymbol{a}(\theta_2))s_1(t)+\boldsymbol{n}(t)=\boldsymbol{b}s_1(t)+\boldsymbol{n}(t)\end{aligned} \tag{6.2}$$

式中 $\boldsymbol{A}(\boldsymbol{\theta})=[\boldsymbol{a}(\theta_1)\ \boldsymbol{a}(\theta_2)]$ 表示阵列流形矩阵，$\boldsymbol{b}=\boldsymbol{a}(\theta_1)+\gamma\boldsymbol{a}(\theta_2)$ 可称为广义阵列流形向量，它是 $\boldsymbol{a}(\theta_1)$ 和 $\boldsymbol{a}(\theta_2)$ 的线性组合。从式（6.2）中不难看出，当两个相干信号到达天线阵列时，其输出响应可以等效为单个信号到达时的输出响应，只是其阵列流形向量不再与真实的阵列几何结构相对应，而是两个阵列流形向量的线性叠加。

若假设信号 $s_1(t)$ 的功率为 σ_s^2（即 $\sigma_s^2=\mathrm{E}[s_1^2(t)]$），则信号 $s_2(t)$ 的功率为 $|\gamma|^2\cdot\sigma_s^2$，并且有 $\mathrm{E}[s_1(t)s_2^*(t)]=\gamma^*\sigma_s^2$，此时的阵列输出自相关矩阵为

$$\boldsymbol{R}_{xx}=\mathrm{E}[\boldsymbol{x}(t)\boldsymbol{x}^{\mathrm{H}}(t)]=\boldsymbol{A}(\boldsymbol{\theta})\cdot\begin{bmatrix}\sigma_s^2 & \gamma^*\sigma_s^2\\ \gamma\sigma_s^2 & |\gamma|^2\cdot\sigma_s^2\end{bmatrix}\cdot\boldsymbol{A}^{\mathrm{H}}(\boldsymbol{\theta})+\sigma_n^2\boldsymbol{I}_M=\boldsymbol{A}(\boldsymbol{\theta})\boldsymbol{R}_{ss}\boldsymbol{A}^{\mathrm{H}}(\boldsymbol{\theta})+\sigma_n^2\boldsymbol{I}_M \tag{6.3}$$

式中

$$\boldsymbol{R}_{ss}=\begin{bmatrix}\sigma_s^2 & \gamma^*\sigma_s^2\\ \gamma\sigma_s^2 & |\gamma|^2\cdot\sigma_s^2\end{bmatrix}=\sigma_s^2\cdot\begin{bmatrix}1\\ \gamma\end{bmatrix}\cdot\begin{bmatrix}1\\ \gamma\end{bmatrix}^{\mathrm{H}}\Rightarrow\mathrm{rank}[\boldsymbol{R}_{ss}]=1 \tag{6.4}$$

根据式（6.4）可知，当两信号相干时，信号自相关矩阵 $\boldsymbol{R}_{ss}$ 会出现秩亏损现象，此时若对矩阵 $\boldsymbol{R}_{xx}$ 进行特征值分解，所得到的信号子空间维数已不再是二维，而仅仅是一维，并且该空间就是向量 $\boldsymbol{b}$ 所张成的子空间。

基于上述分析可知，当信号相干时，信号子空间已不再是阵列流形矩阵 $\boldsymbol{A}(\boldsymbol{\theta})$ 的列空间，而且矩阵 $\boldsymbol{A}(\boldsymbol{\theta})$ 的列空间也不再与噪声子空间相互正交，此时会导致第 5 章的子空间类测向方法失效。

6.1.2 空间平滑预处理技术

为了利用子空间类方法对相干信号进行测向，需要将信号自相关矩阵的秩恢复为满秩性，空间平滑预处理技术正是为了实现这一目标而被学者们所提出。经典的空间平滑预处理可以分为前向空间平滑，后向空间平滑以及前后向空间平滑三类，下面将分别对其进行介绍。

（一）前向空间平滑

假设有 D 个窄带相干信号到达某 M 元均匀线阵（如图 6.1 所示），它们的方位为 $\{\theta_d\}_{1\leqslant d\leqslant D}$。为了对这 D 个相干信号进行测向，需要将该均匀线阵划分成若干个子阵，每个子阵的阵元个数为 N，相邻两个子阵中有 $N-1$ 个阵元重合，于是一共可以得到 $L=M-N+1$ 个子阵。

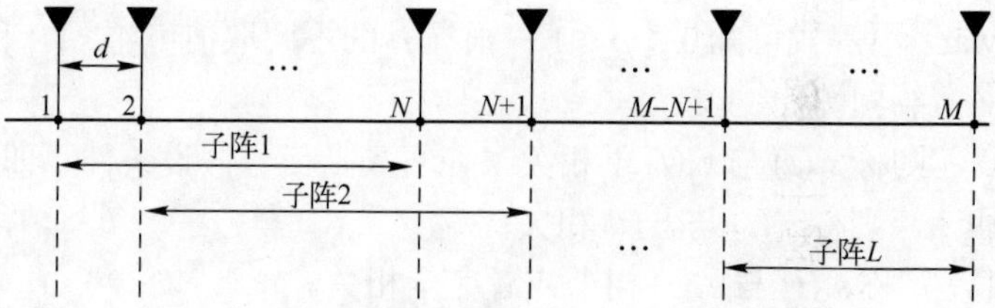

图 6.1　空间平滑阵列结构示意图

假设第 l 个子阵的阵列流形矩阵为 $\boldsymbol{A}_l(\boldsymbol{\theta})$（第 1 个子阵的阵列流形矩阵为 $\boldsymbol{A}_1(\boldsymbol{\theta})$），则根据均匀线阵的结构特点可知

$$\boldsymbol{A}_l(\boldsymbol{\theta})=\boldsymbol{A}_1(\boldsymbol{\theta})\boldsymbol{\Phi}^{l-1}\quad(1\leqslant l\leqslant L)\tag{6.5}$$

式中

$$\begin{cases}\boldsymbol{A}_1(\boldsymbol{\theta})=\left[\begin{array}{c|c|c|c}1 & 1 & \cdots & 1\\ \exp\{-\mathrm{j}\kappa\cdot\sin(\theta_1)\} & \exp\{-\mathrm{j}\kappa\cdot\sin(\theta_2)\} & \cdots & \exp\{-\mathrm{j}\kappa\cdot\sin(\theta_D)\}\\ \vdots & \vdots & \vdots & \vdots\\ \exp\{-\mathrm{j}(N-2)\kappa\cdot\sin(\theta_1)\} & \exp\{-\mathrm{j}(N-2)\kappa\cdot\sin(\theta_2)\} & \cdots & \exp\{-\mathrm{j}(N-2)\kappa\cdot\sin(\theta_D)\}\\ \exp\{-\mathrm{j}(N-1)\kappa\cdot\sin(\theta_1)\} & \exp\{-\mathrm{j}(N-1)\kappa\cdot\sin(\theta_2)\} & \cdots & \exp\{-\mathrm{j}(N-1)\kappa\cdot\sin(\theta_D)\}\end{array}\right]\\ \boldsymbol{\Phi}=\mathrm{diag}[\exp\{-\mathrm{j}\kappa\cdot\sin(\theta_1)\}\quad\exp\{-\mathrm{j}\kappa\cdot\sin(\theta_2)\}\quad\cdots\quad\exp\{-\mathrm{j}\kappa\cdot\sin(\theta_D)\}]\end{cases}\tag{6.6}$$

其中 $\kappa=2\pi d/\lambda$，而 d/λ 表示相邻阵元间距与波长的比值。根据式（6.5）可知，第 l 个子阵的输出自相关矩阵为

$$\boldsymbol{R}_{xx}^{(l)}=\boldsymbol{A}_l(\boldsymbol{\theta})\boldsymbol{R}_{ss}\boldsymbol{A}_l^{\mathrm{H}}(\boldsymbol{\theta})+\sigma_n^2\boldsymbol{I}_N=\boldsymbol{A}_1(\boldsymbol{\theta})\boldsymbol{\Phi}^{l-1}\boldsymbol{R}_{ss}(\boldsymbol{\Phi}^{l-1})^{\mathrm{H}}\boldsymbol{A}_1^{\mathrm{H}}(\boldsymbol{\theta})+\sigma_n^2\boldsymbol{I}_N\quad(1\leqslant l\leqslant L)\tag{6.7}$$

若将整个均匀线阵的阵列流形矩阵和阵列输出自相关矩阵分别记为 $\boldsymbol{A}(\boldsymbol{\theta})$ 和 $\boldsymbol{R}_{xx}$，则矩阵 $\boldsymbol{R}_{xx}^{(l)}$

和 $\boldsymbol{R}_{xx}$ 之间以及矩阵 $\boldsymbol{A}_l(\boldsymbol{\theta})$ 和 $\boldsymbol{A}(\boldsymbol{\theta})$ 之间满足如下关系式

$$\begin{cases}\boldsymbol{R}_{xx}^{(l)}=[\boldsymbol{O}_{N\times(l-1)}\ \ \boldsymbol{I}_N\ \ \boldsymbol{O}_{N\times(M-N-l+1)}]\cdot\boldsymbol{R}_{xx}\cdot[\boldsymbol{O}_{N\times(l-1)}\ \ \boldsymbol{I}_N\ \ \boldsymbol{O}_{N\times(M-N-l+1)}]^{\mathrm{H}}\\ \boldsymbol{A}_l(\boldsymbol{\theta})=[\boldsymbol{O}_{N\times(l-1)}\ \ \boldsymbol{I}_N\ \ \boldsymbol{O}_{N\times(M-N-l+1)}]\cdot\boldsymbol{A}(\boldsymbol{\theta})\end{cases}\quad(1\leqslant l\leqslant L)\tag{6.8}$$

将上述 L 个子阵的输出自相关矩阵进行算术平均可得

$$\boldsymbol{R}_{xx}^{(\mathrm{f})}=\frac{1}{L}\cdot\sum_{l=1}^{L}\boldsymbol{R}_{xx}^{(l)}=\boldsymbol{A}_1(\boldsymbol{\theta})\left(\frac{1}{L}\cdot\sum_{l=1}^{L}\boldsymbol{\Phi}^{l-1}\boldsymbol{R}_{ss}(\boldsymbol{\Phi}^{l-1})^{\mathrm{H}}\right)\boldsymbol{A}_1^{\mathrm{H}}(\boldsymbol{\theta})+\sigma_n^2\boldsymbol{I}_N=\boldsymbol{A}_1(\boldsymbol{\theta})\boldsymbol{R}_{ss}^{(\mathrm{f})}\boldsymbol{A}_1^{\mathrm{H}}(\boldsymbol{\theta})+\sigma_n^2\boldsymbol{I}_N\tag{6.9}$$

式中 $\boldsymbol{R}_{ss}^{(\mathrm{f})}$ 表示前向空间平滑所产生的（等效）信号自相关矩阵，其表达式为

$$\boldsymbol{R}_{ss}^{(\mathrm{f})}=\frac{1}{L}\cdot\sum_{l=1}^{L}\boldsymbol{\Phi}^{l-1}\boldsymbol{R}_{ss}(\boldsymbol{\Phi}^{l-1})^{\mathrm{H}}\tag{6.10}$$

为了利用自相关矩阵 $\boldsymbol{R}_{xx}^{(\mathrm{f})}$ 进行测向，需要将矩阵 $\boldsymbol{R}_{ss}^{(\mathrm{f})}$ 恢复成满秩性，根据 6.1.1 小节的分析可知，当信号相干时，$\boldsymbol{R}_{ss}$ 为秩 1 矩阵，于是可将其表示为 $\boldsymbol{R}_{ss}=\boldsymbol{\alpha}\boldsymbol{\alpha}^{\mathrm{H}}$，将该式代入式（6.10）中可得

$$\boldsymbol{R}_{ss}^{(\mathrm{f})}=\frac{1}{L}\cdot\sum_{l=1}^{L}\boldsymbol{\Phi}^{l-1}\boldsymbol{\alpha}\boldsymbol{\alpha}^{\mathrm{H}}(\boldsymbol{\Phi}^{l-1})^{\mathrm{H}}=\frac{1}{L}\cdot[\boldsymbol{\alpha}\ \ \boldsymbol{\Phi}\boldsymbol{\alpha}\ \cdots\ \boldsymbol{\Phi}^{L-1}\boldsymbol{\alpha}]\cdot[\boldsymbol{\alpha}\ \ \boldsymbol{\Phi}\boldsymbol{\alpha}\ \cdots\ \boldsymbol{\Phi}^{L-1}\boldsymbol{\alpha}]^{\mathrm{H}}\tag{6.11}$$

根据式（6.11）可知

$$\mathrm{rank}[\boldsymbol{R}_{ss}^{(\mathrm{f})}]=\mathrm{rank}[\boldsymbol{\alpha}\ \ \boldsymbol{\Phi}\boldsymbol{\alpha}\ \cdots\ \boldsymbol{\Phi}^{L-1}\boldsymbol{\alpha}]\tag{6.12}$$

由式（6.12）可知，当 $L=M-N+1\geqslant D$ 时，满足 $\mathrm{rank}[\boldsymbol{R}_{ss}^{(\mathrm{f})}]=D$，此时 $\boldsymbol{R}_{ss}^{(\mathrm{f})}$ 就恢复为满秩矩阵，从而可以进一步利用矩阵 $\boldsymbol{R}_{xx}^{(\mathrm{f})}$ 对相干信号进行测向。

（二）后向空间平滑

后向空间平滑是将阵列数据进行反向共轭重排，并将重排后的阵列数据划分为若干个子阵进行空间平滑处理。记 $\tilde{\boldsymbol{I}}_M$ 为 $M\times M$ 阶反向单位矩阵（即仅有斜对角线上的元素为 1，其余元素均为零），则不难验证均匀线阵的阵列流形矩阵满足

$$\tilde{\boldsymbol{I}}_M\boldsymbol{A}^*(\boldsymbol{\theta})=\boldsymbol{A}(\boldsymbol{\theta})\boldsymbol{\Phi}^{1-M}\tag{6.13}$$

若将均匀线阵的输出响应 $\boldsymbol{x}(t)$ 进行反向共轭重排可得 $\bar{\boldsymbol{x}}(t)=\tilde{\boldsymbol{I}}_M\boldsymbol{x}^*(t)$，利用式（6.13）可知，数据向量 $\bar{\boldsymbol{x}}(t)$ 的自相关矩阵为

$$\begin{aligned}\bar{\boldsymbol{R}}_{xx}&=\mathrm{E}[\bar{\boldsymbol{x}}(t)\bar{\boldsymbol{x}}^{\mathrm{H}}(t)]=\tilde{\boldsymbol{I}}_M\boldsymbol{A}^*(\boldsymbol{\theta})\boldsymbol{R}_{ss}^*\boldsymbol{A}^{\mathrm{T}}(\boldsymbol{\theta})\tilde{\boldsymbol{I}}_M+\sigma_n^2\boldsymbol{I}_M\\&=\boldsymbol{A}(\boldsymbol{\theta})\boldsymbol{\Phi}^{1-M}\boldsymbol{R}_{ss}^*\boldsymbol{\Phi}^{M-1}\boldsymbol{A}^{\mathrm{H}}(\boldsymbol{\theta})+\sigma_n^2\boldsymbol{I}_M=\boldsymbol{A}(\boldsymbol{\theta})\bar{\boldsymbol{R}}_{ss}\boldsymbol{A}^{\mathrm{H}}(\boldsymbol{\theta})+\sigma_n^2\boldsymbol{I}_M\end{aligned}\tag{6.14}$$

式中 $\bar{\boldsymbol{R}}_{ss}=\boldsymbol{\Phi}^{1-M}\boldsymbol{R}_{ss}^*\boldsymbol{\Phi}^{M-1}$。根据式（6.14）可知，阵列反向共轭重排的第 l 个子阵的输出自相关矩阵为

$$\begin{aligned}\bar{\boldsymbol{R}}_{xx}^{(l)}&=[\boldsymbol{O}_{N\times(l-1)}\ \ \boldsymbol{I}_N\ \ \boldsymbol{O}_{N\times(M-N-l+1)}]\cdot\bar{\boldsymbol{R}}_{xx}\cdot[\boldsymbol{O}_{N\times(l-1)}\ \ \boldsymbol{I}_N\ \ \boldsymbol{O}_{N\times(M-N-l+1)}]^{\mathrm{H}}\\&=\boldsymbol{A}_l(\boldsymbol{\theta})\bar{\boldsymbol{R}}_{ss}\boldsymbol{A}_l^{\mathrm{H}}(\boldsymbol{\theta})+\sigma_n^2\boldsymbol{I}_N=\boldsymbol{A}_1(\boldsymbol{\theta})\boldsymbol{\Phi}^{l-1}\bar{\boldsymbol{R}}_{ss}(\boldsymbol{\Phi}^{l-1})^{\mathrm{H}}\boldsymbol{A}_1^{\mathrm{H}}(\boldsymbol{\theta})+\sigma_n^2\boldsymbol{I}_N\quad(1\leqslant l\leqslant L)\end{aligned}\tag{6.15}$$

将上述 L 个子阵的输出自相关矩阵进行算术平均可得

$$\boldsymbol{R}_{xx}^{(\mathrm{b})}=\frac{1}{L}\cdot\sum_{l=1}^{L}\bar{\boldsymbol{R}}_{xx}^{(l)}=\boldsymbol{A}_1(\boldsymbol{\theta})\left(\frac{1}{L}\cdot\sum_{l=1}^{L}\boldsymbol{\Phi}^{l-1}\bar{\boldsymbol{R}}_{ss}(\boldsymbol{\Phi}^{l-1})^{\mathrm{H}}\right)\boldsymbol{A}_1^{\mathrm{H}}(\boldsymbol{\theta})+\sigma_n^2\boldsymbol{I}_N=\boldsymbol{A}_1(\boldsymbol{\theta})\boldsymbol{R}_{ss}^{(\mathrm{b})}\boldsymbol{A}_1^{\mathrm{H}}(\boldsymbol{\theta})+\sigma_n^2\boldsymbol{I}_N\tag{6.16}$$

式中 $\boldsymbol{R}_{ss}^{(\mathrm{b})}$ 表示后向空间平滑所产生的（等效）信号自相关矩阵，其表达式为

$$\boldsymbol{R}_{ss}^{(\mathrm{b})}=\frac{1}{L}\cdot\sum_{l=1}^{L}\boldsymbol{\Phi}^{l-1}\overline{\boldsymbol{R}}_{ss}(\boldsymbol{\Phi}^{l-1})^{\mathrm{H}}=\frac{1}{L}\cdot\sum_{l=1}^{L}\boldsymbol{\Phi}^{l-M}\boldsymbol{R}_{ss}^{*}(\boldsymbol{\Phi}^{l-M})^{\mathrm{H}} \tag{6.17}$$

为了利用自相关矩阵 $\boldsymbol{R}_{xx}^{(\mathrm{b})}$ 进行测向，需要将矩阵 $\boldsymbol{R}_{ss}^{(\mathrm{b})}$ 恢复成满秩性，将 $\boldsymbol{R}_{ss}=\boldsymbol{\alpha}\boldsymbol{\alpha}^{\mathrm{H}}$ 代入式（6.17）中可得

$$\boldsymbol{R}_{ss}^{(\mathrm{b})}=\frac{1}{L}\cdot\sum_{l=1}^{L}\boldsymbol{\Phi}^{l-M}\boldsymbol{\alpha}^{*}\boldsymbol{\alpha}^{\mathrm{T}}(\boldsymbol{\Phi}^{l-M})^{\mathrm{H}}=\frac{1}{L}\cdot[\boldsymbol{\Phi}^{1-M}\boldsymbol{\alpha}^{*}\ \ \boldsymbol{\Phi}^{2-M}\boldsymbol{\alpha}^{*}\ \cdots\ \boldsymbol{\Phi}^{L-M}\boldsymbol{\alpha}^{*}]\cdot[\boldsymbol{\Phi}^{1-M}\boldsymbol{\alpha}^{*}\ \ \boldsymbol{\Phi}^{2-M}\boldsymbol{\alpha}^{*}\ \cdots\ \boldsymbol{\Phi}^{L-M}\boldsymbol{\alpha}^{*}]^{\mathrm{H}} \tag{6.18}$$

根据式（6.18）可知

$$\mathrm{rank}[\boldsymbol{R}_{ss}^{(\mathrm{b})}]=\mathrm{rank}[\boldsymbol{\Phi}^{1-M}\boldsymbol{\alpha}^{*}\ \ \boldsymbol{\Phi}^{2-M}\boldsymbol{\alpha}^{*}\ \cdots\ \boldsymbol{\Phi}^{L-M}\boldsymbol{\alpha}^{*}] \tag{6.19}$$

由式（6.19）可知，当 $L=M-N+1\geqslant D$ 时，满足 $\mathrm{rank}[\boldsymbol{R}_{ss}^{(\mathrm{b})}]=D$，此时 $\boldsymbol{R}_{ss}^{(\mathrm{b})}$ 就恢复为满秩矩阵，从而可以进一步利用矩阵 $\boldsymbol{R}_{xx}^{(\mathrm{b})}$ 对相干信号进行测向。

（三）前后向空间平滑

根据上述分析可知，为了能够对相干信号进行测向，无论是前向还是后向空间平滑都需要满足如下条件

$$\begin{cases}L=M-N+1\geqslant D\\ N>D\end{cases}\Rightarrow M\geqslant 2D \tag{6.20}$$

由式（6.20）可知，前向或者后向空间平滑虽然都可以对相干信号进行测向，但是都牺牲了较多的有效阵元，为了减少牺牲的有效阵元个数，可以将两者结合起来形成前后向空间平滑。

前后向空间平滑所得到的阵列输出自相关矩阵为

$$\begin{aligned}\boldsymbol{R}_{xx}^{(\mathrm{bf})}&=\frac{1}{2}\cdot(\boldsymbol{R}_{xx}^{(\mathrm{f})}+\boldsymbol{R}_{xx}^{(\mathrm{b})})=\frac{1}{2L}\cdot\left(\sum_{l=1}^{L}(\boldsymbol{R}_{xx}^{(l)}+\overline{\boldsymbol{R}}_{xx}^{(l)})\right)\\&=\boldsymbol{A}_{1}(\boldsymbol{\theta})\left(\frac{1}{2L}\cdot\sum_{l=1}^{L}(\boldsymbol{\Phi}^{l-1}\boldsymbol{R}_{ss}(\boldsymbol{\Phi}^{l-1})^{\mathrm{H}}+\boldsymbol{\Phi}^{l-M}\boldsymbol{R}_{ss}^{*}(\boldsymbol{\Phi}^{l-M})^{\mathrm{H}})\right)\boldsymbol{A}_{1}^{\mathrm{H}}(\boldsymbol{\theta})+\sigma_{n}^{2}\boldsymbol{I}_{N}=\boldsymbol{A}_{1}(\boldsymbol{\theta})\boldsymbol{R}_{ss}^{(\mathrm{bf})}\boldsymbol{A}_{1}^{\mathrm{H}}(\boldsymbol{\theta})+\sigma_{n}^{2}\boldsymbol{I}_{N}\end{aligned} \tag{6.21}$$

式中

$$\boldsymbol{R}_{ss}^{(\mathrm{bf})}=\frac{1}{2L}\cdot\sum_{l=1}^{L}(\boldsymbol{\Phi}^{l-1}\boldsymbol{R}_{ss}(\boldsymbol{\Phi}^{l-1})^{\mathrm{H}}+\boldsymbol{\Phi}^{l-M}\boldsymbol{R}_{ss}^{*}(\boldsymbol{\Phi}^{l-M})^{\mathrm{H}}) \tag{6.22}$$

表示前后向空间平滑所产生的（等效）信号自相关矩阵。

类似地，为了利用自相关矩阵 $\boldsymbol{R}_{xx}^{(\mathrm{bf})}$ 进行测向，需要将矩阵 $\boldsymbol{R}_{ss}^{(\mathrm{bf})}$ 恢复成满秩性，将 $\boldsymbol{R}_{ss}=\boldsymbol{\alpha}\boldsymbol{\alpha}^{\mathrm{H}}$ 代入式（6.22）中可得

$$\begin{aligned}\boldsymbol{R}_{ss}^{(\mathrm{bf})}&=\frac{1}{2L}\cdot\sum_{l=1}^{L}(\boldsymbol{\Phi}^{l-1}\boldsymbol{\alpha}\boldsymbol{\alpha}^{\mathrm{H}}(\boldsymbol{\Phi}^{l-1})^{\mathrm{H}}+\boldsymbol{\Phi}^{l-M}\boldsymbol{\alpha}^{*}\boldsymbol{\alpha}^{\mathrm{T}}(\boldsymbol{\Phi}^{l-M})^{\mathrm{H}})\\&=\frac{1}{2L}\cdot[\boldsymbol{\alpha}\ \boldsymbol{\Phi}\boldsymbol{\alpha}\ \cdots\ \boldsymbol{\Phi}^{L-1}\boldsymbol{\alpha}\mid\boldsymbol{\Phi}^{1-M}\boldsymbol{\alpha}^{*}\ \ \boldsymbol{\Phi}^{2-M}\boldsymbol{\alpha}^{*}\ \cdots\ \boldsymbol{\Phi}^{L-M}\boldsymbol{\alpha}^{*}]\cdot[\boldsymbol{\alpha}\ \boldsymbol{\Phi}\boldsymbol{\alpha}\ \cdots\ \boldsymbol{\Phi}^{L-1}\boldsymbol{\alpha}\mid\boldsymbol{\Phi}^{1-M}\boldsymbol{\alpha}^{*}\ \ \boldsymbol{\Phi}^{2-M}\boldsymbol{\alpha}^{*}\ \cdots\ \boldsymbol{\Phi}^{L-M}\boldsymbol{\alpha}^{*}]^{\mathrm{H}}\end{aligned} \tag{6.23}$$

根据式（6.23）可知

$$\operatorname{rank}[\boldsymbol{R}_{ss}^{(\mathrm{bf})}]=\operatorname{rank}[\boldsymbol{\alpha}\ \ \boldsymbol{\Phi\alpha}\ \cdots\ \boldsymbol{\Phi}^{L-1}\boldsymbol{\alpha}\ \big|\ \boldsymbol{\Phi}^{1-M}\boldsymbol{\alpha}^{*}\ \ \boldsymbol{\Phi}^{2-M}\boldsymbol{\alpha}^{*}\ \cdots\ \boldsymbol{\Phi}^{L-M}\boldsymbol{\alpha}^{*}] \tag{6.24}$$

由式（6.24）可知，当$2L=2(M-N+1)\geqslant D$时，满足$\operatorname{rank}[\boldsymbol{R}_{ss}^{(\mathrm{bf})}]=D$，此时$\boldsymbol{R}_{ss}^{(\mathrm{bf})}$就恢复为满秩矩阵，从而可以进一步利用矩阵$\boldsymbol{R}_{xx}^{(\mathrm{bf})}$对相干信号进行测向。

根据上述分析可知，利用矩阵$\boldsymbol{R}_{xx}^{(\mathrm{bf})}$对相干信号进行测向需要满足

$$\begin{cases}L=M-N+1\geqslant D/2\\ N>D\end{cases}\Rightarrow M\geqslant 3D/2 \tag{6.25}$$

比较式（6.20）和式（6.25）可知，相比于前向或者后向空间平滑，前后向空间平滑提高了阵元利用率。

最后还需要指出的是，无论是哪种空间平滑技术都是对阵列输出自相关矩阵进行预处理，然后再利用各类子空间方法对相干信号进行测向。另一方面，根据上述数学分析过程可知，空间平滑预处理技术需要阵列流形具有平移不变性，因此并不是所有的阵型都能适用。

（四）数值实验

下面将通过若干数值实验说明经空间平滑预处理后的子空间类测向算法的参数估计精度，并以 MUSIC 算法和 ESPRIT 算法为例进行数值实验。

数值实验 1——空间平滑预处理的有效性

假设有 3 个等功率窄带相干信号到达某 7 元均匀线阵，相邻阵元间距与波长比为$d/\lambda=0.5$，信噪比为 15dB，信号方位（指与线阵法线方向的夹角）分别为 10°、30°和 50°，另一方面，空间平滑的子阵阵元个数设为 5（此时共有 3 个子阵），样本点数为 1000，图 6.2 给出了经过前向空间平滑，后向空间平滑以及未进行空间平滑三种情况下的空间谱曲线（由 MUSIC 算法给出）。

数值实验条件基本不变，仅将相干信号个数增至 4 个，信号方位分别为 10°、30°、50°和 70°，图 6.3 给出了经过前向空间平滑、后向空间平滑以及前后向空间平滑三种情况下的空间谱曲线（由 MUSIC 算法给出）。

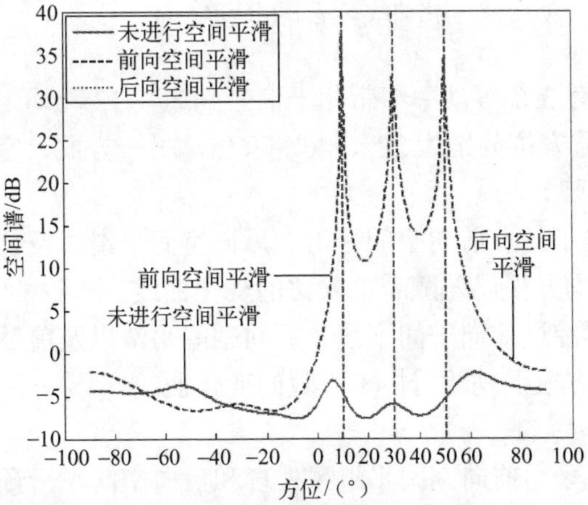

图 6.2 MUSIC 算法空间谱曲线（3 个相干信号）

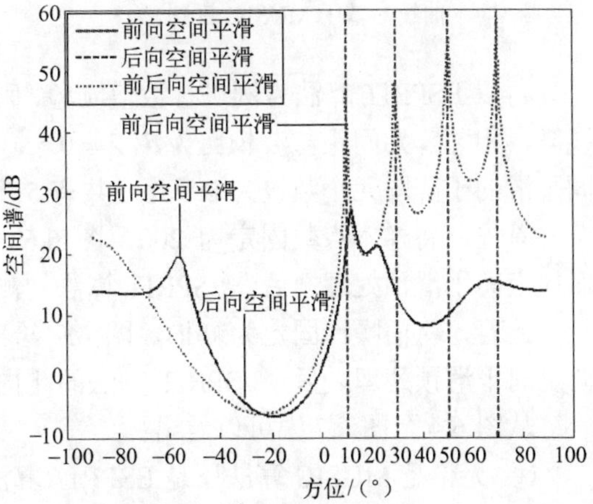

图 6.3 MUSIC 算法空间谱曲线（4 个相干信号）

从图 6.2 和图 6.3 中可以看出：

① 若不做空间平滑预处理，MUSIC 算法对于相干信号而言基本是失效的。

② 当有 3 个相干信号时，由于子阵个数为 3，因此无论是经过前向空间平滑预处理还是后向空间平滑预处理，MUSIC 算法均可以对 3 个相干信号进行测向。

③ 当有 4 个相干信号时，由于子阵个数仅为 3，因此无论是经过前向空间平滑预处理还是后向空间平滑预处理，MUSIC 算法仍然是失效的，但是经过前后向空间平滑预处理，MUSIC 算法就可以对 4 个相干信号进行测向了。

数值实验 2——空间平滑预处理之后的超分辨率测向算法的性能

先以 MUSIC 算法为例进行数值实验，假设有 3 个等功率窄带相干信号到达某 10 元均匀线阵，相邻阵元间距与波长比为 $d/\lambda = 0.5$，信号方位分别为 10°、30°和 50°，另一方面，空间平滑的子阵阵元个数设为 7（此时共有 4 个子阵）。

首先，将样本点数固定为 200，图 6.4 给出了经过前向空间平滑，后向空间平滑以及前后向空间平滑预处理之后，MUSIC 算法的测向均方根误差随着信噪比的变化曲线。

接着，将信噪比固定为 0dB，图 6.5 给出了经过前向空间平滑、后向空间平滑以及前后向空间平滑预处理之后，MUSIC 算法的测向均方根误差随着样本点数的变化曲线。

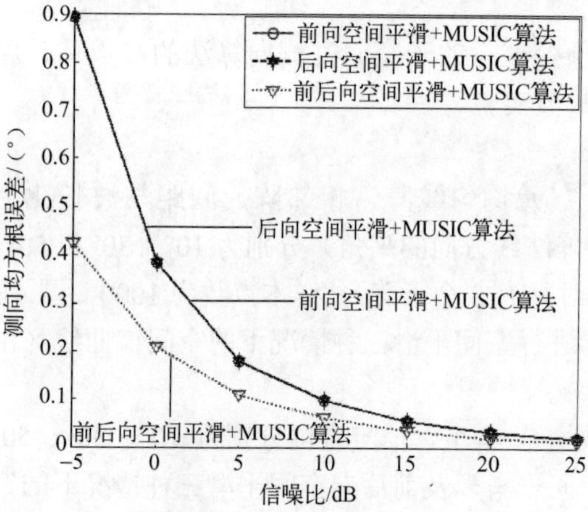

图 6.4　测向均方根误差随着信噪比的变化曲线（基于 MUSIC 算法）

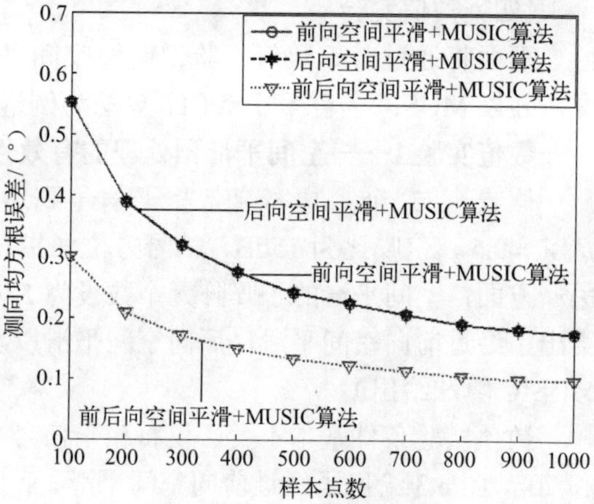

图 6.5　测向均方根误差随着样本点数的变化曲线（基于 MUSIC 算法）

再以 ESPRIT 算法为例进行数值实验，假设有 3 个等功率窄带相干信号到达某 12 元均匀线阵，相邻阵元间距与波长比为 $d/\lambda = 0.5$，信号方位分别为 20°、40°和 60°，另一方面，空间平滑的子阵阵元个数设为 8（此时共有 5 个子阵）。

首先，将样本点数固定为 200，图 6.6 给出了经过前向空间平滑、后向空间平滑以及前后向空间平滑预处理之后，ESPRIT 算法的测向均方根误差随着信噪比的变化曲线。

接着，将信噪比固定为 0dB，图 6.7 给出了经过前向空间平滑、后向空间平滑以及前后向空间平滑预处理之后，ESPRIT 算法的测向均方根误差随着样本点数的变化曲线。

从图 6.4 至图 6.7 中可以看出：

① 无论是 MUSIC 算法还是 ESPRIT 算法，采用前向空间平滑预处理和后向空间平滑预处理的测向精度基本一致。

② 无论是 MUSIC 算法还是 ESPRIT 算法，采用前后向空间平滑预处理的测向精度要高于仅采用前向或后向空间平滑预处理的测向精度。

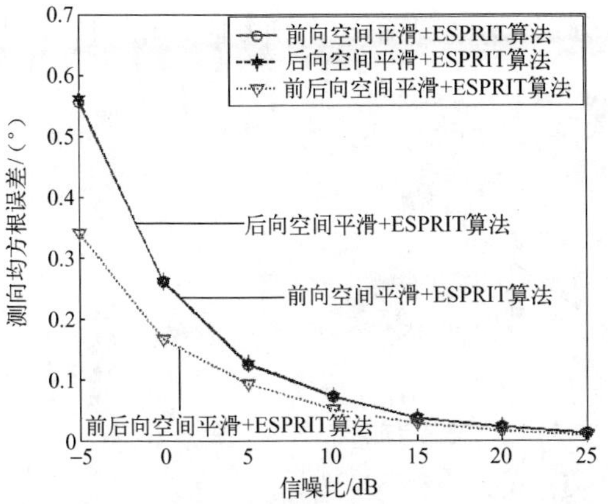

图 6.6 测向均方根误差随着信噪比的变化曲线（基于 ESPRIT 算法）

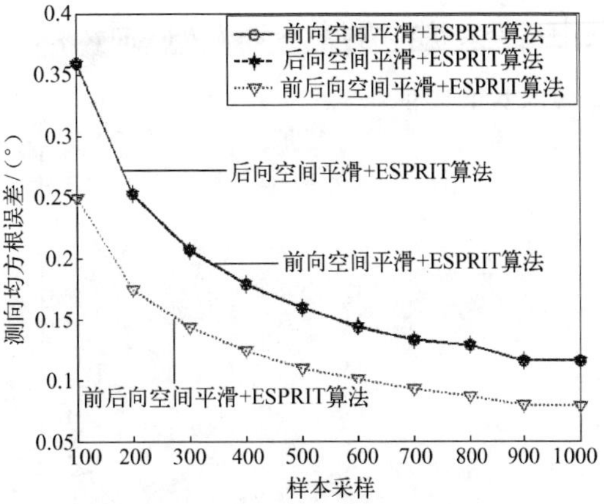

图 6.7 测向均方根误差随着样本点数的变化曲线（基于 ESPRIT 算法）

6.2 信号二维到达角度估计方法

当对三维空间中的目标进行定位时，需要测向站同时测量信号的方位角和仰角，即二维到达角度估计。对于第 5 章的各类测向算法而言，除了 ESPRIT 算法外，其余算法都可以直接推广于信号的二维到达角度估计中，因此本节将主要讨论基于 ESPRIT 算法的二维到达角度估计方法。除此以外，对于 MUSIC 算法而言，其在二维到达角度估计中的最大问题是二维搜索所导致的庞大运算量，针对该问题，本章还将结合均匀矩形阵列的特点，给出一种估计信号二维到达角度的降维 MUSIC 算法[3]，该算法可以实现二维参数的解耦合估计，从而避免二维搜索运算。

6.2.1 基于多重信号分类算法的二维到达角度估计方法

本小节将以均匀矩形阵列为例讨论二维 MUSIC 算法，为了避免二维搜索所导致的庞大运算量，文中将给出一种降维形式的 MUSIC 算法[3]。

（一）均匀矩形阵的阵列信号模型

假设有 D 个窄带信号到达某 $M_x \times M_y$ 阶均匀矩形阵，如图 6.8 所示，其中第 d 个信号的方位角为 θ_d，仰角为 β_d。现沿着 Y 轴将该矩形阵划分成 M_y 个子阵，则第 m 个子阵的输出响应可以表示为

$$\boldsymbol{x}_m(t) = \boldsymbol{A}_x(\boldsymbol{\theta},\boldsymbol{\beta})\boldsymbol{\Phi}_y^{m-1}\boldsymbol{s}(t) + \boldsymbol{n}_m(t) \quad (1 \leqslant m \leqslant M_y) \tag{6.26}$$

式中

$$\begin{cases} \boldsymbol{A}_x(\boldsymbol{\theta},\boldsymbol{\beta}) \\ = \left[\begin{array}{c:c:c:c} 1 & 1 & \cdots & 1 \\ \exp\{\mathrm{j}\kappa_x \cdot \cos(\theta_1)\cdot\cos(\beta_1)\} & \exp\{\mathrm{j}\kappa_x \cdot \cos(\theta_2)\cdot\cos(\beta_2)\} & \cdots & \exp\{\mathrm{j}\kappa_x \cdot \cos(\theta_D)\cdot\cos(\beta_D)\} \\ \vdots & \vdots & \vdots & \vdots \\ \exp\{\mathrm{j}(M_x-2)\kappa_x \cdot \cos(\theta_1)\cdot\cos(\beta_1)\} & \exp\{\mathrm{j}(M_x-2)\kappa_x \cdot \cos(\theta_2)\cdot\cos(\beta_2)\} & \cdots & \exp\{\mathrm{j}(M_x-2)\kappa_x \cdot \cos(\theta_D)\cdot\cos(\beta_D)\} \\ \exp\{\mathrm{j}(M_x-1)\kappa_x \cdot \cos(\theta_1)\cdot\cos(\beta_1)\} & \exp\{\mathrm{j}(M_x-1)\kappa_x \cdot \cos(\theta_2)\cdot\cos(\beta_2)\} & \cdots & \exp\{\mathrm{j}(M_x-1)\kappa_x \cdot \cos(\theta_D)\cdot\cos(\beta_D)\} \end{array}\right] \\ \boldsymbol{\Phi}_y = \mathrm{diag}[\exp\{\mathrm{j}\kappa_y \cdot \sin(\theta_1)\cdot\cos(\beta_1)\} \quad \exp\{\mathrm{j}\kappa_y \cdot \sin(\theta_2)\cdot\cos(\beta_2)\} \quad \cdots \quad \exp\{\mathrm{j}\kappa_y \cdot \sin(\theta_D)\cdot\cos(\beta_D)\}] \\ \boldsymbol{\theta} = [\theta_1 \ \theta_2 \ \cdots \ \theta_D]^{\mathrm{T}},\ \boldsymbol{\beta} = [\beta_1 \ \beta_2 \ \cdots \ \beta_D]^{\mathrm{T}} \end{cases} \tag{6.27}$$

其中$\kappa_x = 2\pi d_x / \lambda$和$\kappa_y = 2\pi d_y / \lambda$，而$d_x / \lambda$和$d_y / \lambda$分别表示在$X$轴和$Y$轴方向上相邻阵元间距与波长的比值。

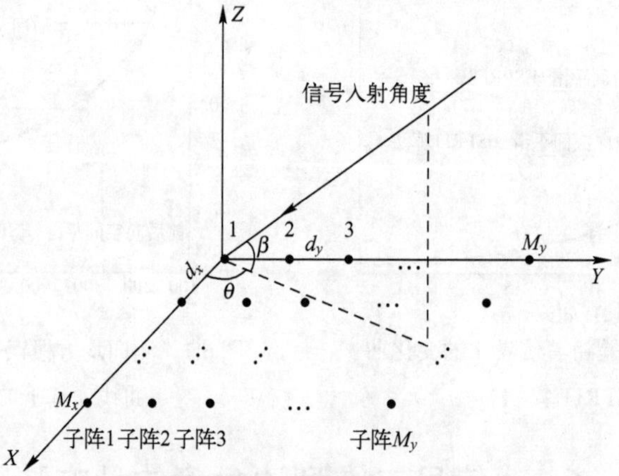

图 6.8　均匀矩形阵示意图

现将M_y个子阵的输出进行堆栈排列可得

$$\boldsymbol{x}(t)=\begin{bmatrix}\boldsymbol{x}_1(t)\\ \boldsymbol{x}_2(t)\\ \vdots \\ \boldsymbol{x}_{M_y}(t)\end{bmatrix}=\begin{bmatrix}\boldsymbol{A}_x(\boldsymbol{\theta},\boldsymbol{\beta})\\ \boldsymbol{A}_x(\boldsymbol{\theta},\boldsymbol{\beta})\boldsymbol{\Phi}_y\\ \vdots \\ \boldsymbol{A}_x(\boldsymbol{\theta},\boldsymbol{\beta})\boldsymbol{\Phi}_y^{M_y-1}\end{bmatrix}\cdot\boldsymbol{s}(t)+\begin{bmatrix}\boldsymbol{n}_1(t)\\ \boldsymbol{n}_2(t)\\ \vdots \\ \boldsymbol{n}_{M_y}(t)\end{bmatrix}=\boldsymbol{A}(\boldsymbol{\theta},\boldsymbol{\beta})\boldsymbol{s}(t)+\boldsymbol{n}(t) \tag{6.28}$$

式中

$$\begin{aligned}\boldsymbol{A}(\boldsymbol{\theta},\boldsymbol{\beta})&=\begin{bmatrix}\boldsymbol{A}_x(\boldsymbol{\theta},\boldsymbol{\beta})\\ \boldsymbol{A}_x(\boldsymbol{\theta},\boldsymbol{\beta})\boldsymbol{\Phi}_y\\ \vdots \\ \boldsymbol{A}_x(\boldsymbol{\theta},\boldsymbol{\beta})\boldsymbol{\Phi}_y^{M_y-1}\end{bmatrix}\\ &=[\boldsymbol{a}_y(\theta_1,\beta_1)\otimes\boldsymbol{a}_x(\theta_1,\beta_1)\ \ \boldsymbol{a}_y(\theta_2,\beta_2)\otimes\boldsymbol{a}_x(\theta_2,\beta_2)\ \ \cdots\ \ \boldsymbol{a}_y(\theta_D,\beta_D)\otimes\boldsymbol{a}_x(\theta_D,\beta_D)]\end{aligned} \tag{6.29}$$

其中

$$\begin{cases}\boldsymbol{a}_x(\theta,\beta)=[1\ \ \exp\{\mathrm{j}\kappa_x\cdot\cos(\theta)\cdot\cos(\beta)\}\ \ \cdots\ \ \exp\{\mathrm{j}(M_x-1)\kappa_x\cdot\cos(\theta)\cdot\cos(\beta)\}]^{\mathrm{T}}\\ \boldsymbol{a}_y(\theta,\beta)=[1\ \ \exp\{\mathrm{j}\kappa_y\cdot\sin(\theta)\cdot\cos(\beta)\}\ \ \cdots\ \ \exp\{\mathrm{j}(M_y-1)\kappa_y\cdot\sin(\theta)\cdot\cos(\beta)\}]^{\mathrm{T}}\end{cases} \tag{6.30}$$

根据式（6.28）可知，阵列输出自相关矩阵为

$$\boldsymbol{R}_{xx}=\mathrm{E}[\boldsymbol{x}(t)\boldsymbol{x}^{\mathrm{H}}(t)]=\boldsymbol{A}(\boldsymbol{\theta},\boldsymbol{\beta})\boldsymbol{R}_{ss}\boldsymbol{A}^{\mathrm{H}}(\boldsymbol{\theta},\boldsymbol{\beta})+\sigma_n^2\boldsymbol{I}_{M_xM_y} \tag{6.31}$$

式中$\boldsymbol{R}_{ss}=\mathrm{E}[\boldsymbol{s}(t)\boldsymbol{s}^{\mathrm{H}}(t)]$表示信号自相关矩阵（假设它是满秩矩阵，即信号不完全相干）。

（二）二维多重信号分类算法的基本原理

二维 MUSIC 算法的基本原理和 5.2 节的一维 MUSIC 算法一致，都是利用了噪声子空间与阵列流形矩阵相互正交的性质构造角度估计准则，只是二维 MUSIC 算法需要进行二维搜索。

首先对式（6.28）中的阵列输出信号进行均匀采样，并且得到K个数据向量$\{\boldsymbol{x}(t_k)\}_{1\leqslant k\leqslant K}$，

然后利用这K个数据样本构造阵列输出自相关矩阵的最大似然估计值$\hat{\boldsymbol{R}}_{xx}=\frac{1}{K}\cdot\sum_{k=1}^{K}\boldsymbol{x}(t_k)\boldsymbol{x}^{\mathrm{H}}(t_k)$。

现对采样自相关矩阵$\hat{\boldsymbol{R}}_{xx}$进行特征值分解，则可以得到特征向量矩阵$\boldsymbol{U}_{\mathrm{S}}$（对应$D$个大特征值）和$\boldsymbol{U}_{\mathrm{N}}$（对应$M_xM_y-D$个小特征值）的一致估计值$\hat{\boldsymbol{U}}_{\mathrm{S}}$和$\hat{\boldsymbol{U}}_{\mathrm{N}}$，于是信号二维到达角度估计的优化准则可以描述为

$$\begin{aligned}&\min_{\theta,\beta}(\boldsymbol{a}_y(\theta,\beta)\otimes\boldsymbol{a}_x(\theta,\beta))^{\mathrm{H}}\cdot\hat{\boldsymbol{U}}_{\mathrm{N}}\hat{\boldsymbol{U}}_{\mathrm{N}}^{\mathrm{H}}\cdot(\boldsymbol{a}_y(\theta,\beta)\otimes\boldsymbol{a}_x(\theta,\beta))\\&=\min_{\theta,\beta}(\boldsymbol{a}_y(\theta,\beta)\otimes\boldsymbol{a}_x(\theta,\beta))^{\mathrm{H}}\cdot(\boldsymbol{I}_{M_xM_y}-\hat{\boldsymbol{U}}_{\mathrm{S}}\hat{\boldsymbol{U}}_{\mathrm{S}}^{\mathrm{H}})\cdot(\boldsymbol{a}_y(\theta,\beta)\otimes\boldsymbol{a}_x(\theta,\beta))\\&=\min_{\theta,\beta}(\boldsymbol{a}_y(\theta,\beta)\otimes\boldsymbol{a}_x(\theta,\beta))^{\mathrm{H}}\cdot(\boldsymbol{I}_{M_xM_y}-\boldsymbol{\Pi}[\hat{\boldsymbol{U}}_{\mathrm{S}}])\cdot(\boldsymbol{a}_y(\theta,\beta)\otimes\boldsymbol{a}_x(\theta,\beta))\end{aligned}\tag{6.32}$$

显然，式（6.32）需要进行二维搜索，这可能会导致较大的运算量，为此下面将给出一种降维形式的MUSIC算法，该算法可以实现二维参数的解耦合估计，从而避免二维搜索运算。

（三）降维多重信号分类算法的基本原理与步骤

降维 MUSIC 算法的基本思想是将二维到达角度参数映射成一组新的二维参量，而新的二维参量可以进行解耦合估计，从而避免二维联合估计。新的二维参量定义为

$$\begin{cases}v=\cos(\theta)\cdot\cos(\beta)\\u=\sin(\theta)\cdot\cos(\beta)\end{cases}\tag{6.33}$$

并记

$$\begin{cases}\boldsymbol{a}_x(v)=[1\quad\exp\{\mathrm{j}\kappa_xv\}\quad\cdots\quad\exp\{\mathrm{j}(M_x-1)\kappa_xv\}]^{\mathrm{T}}\\\boldsymbol{a}_y(u)=[1\quad\exp\{\mathrm{j}\kappa_yu\}\quad\cdots\quad\exp\{\mathrm{j}(M_y-1)\kappa_yu\}]^{\mathrm{T}}\end{cases}\tag{6.34}$$

对比式（6.30）、式（6.33）和式（6.34）可知

$$\begin{cases}\boldsymbol{a}_x(v)=\boldsymbol{a}_x(\theta,\beta)\\\boldsymbol{a}_y(u)=\boldsymbol{a}_y(\theta,\beta)\end{cases}\tag{6.35}$$

下面首先考虑对二维参量v和u进行解耦合估计，然后再利用式（6.33）解算出二维角度参数θ和β。

首先利用 Kronecker 积的性质可将向量$\boldsymbol{a}_y(u)\otimes\boldsymbol{a}_x(v)$表示为

$$\boldsymbol{a}_y(u)\otimes\boldsymbol{a}_x(v)=(\boldsymbol{a}_y(u)\otimes\boldsymbol{I}_{M_x})\boldsymbol{a}_x(v)\tag{6.36}$$

结合式（6.32）可以给出估计二维参量v和u的优化准则为

$$\begin{aligned}&\min_{v,u}(\boldsymbol{a}_y(u)\otimes\boldsymbol{a}_x(v))^{\mathrm{H}}\cdot\hat{\boldsymbol{U}}_{\mathrm{N}}\hat{\boldsymbol{U}}_{\mathrm{N}}^{\mathrm{H}}\cdot(\boldsymbol{a}_y(u)\otimes\boldsymbol{a}_x(v))\\&=\min_{v,u}\boldsymbol{a}_x^{\mathrm{H}}(v)\cdot(\boldsymbol{a}_y(u)\otimes\boldsymbol{I}_{M_x})^{\mathrm{H}}\cdot\hat{\boldsymbol{U}}_{\mathrm{N}}\hat{\boldsymbol{U}}_{\mathrm{N}}^{\mathrm{H}}\cdot(\boldsymbol{a}_y(u)\otimes\boldsymbol{I}_{M_x})\cdot\boldsymbol{a}_x(v)\\&=\min_{v,u}\boldsymbol{a}_x^{\mathrm{H}}(v)\boldsymbol{Q}(u)\boldsymbol{a}_x(v)\end{aligned}\tag{6.37}$$

式中

$$\boldsymbol{Q}(u)=(\boldsymbol{a}_y(u)\otimes\boldsymbol{I}_{M_x})^{\mathrm{H}}\cdot\hat{\boldsymbol{U}}_{\mathrm{N}}\hat{\boldsymbol{U}}_{\mathrm{N}}^{\mathrm{H}}\cdot(\boldsymbol{a}_y(u)\otimes\boldsymbol{I}_{M_x})\tag{6.38}$$

由于向量$\boldsymbol{a}_x(v)$中的第一个元素为 1，在不考虑$\boldsymbol{a}_x(v)$数值结构的条件下，$\boldsymbol{a}_x(v)$的最优解为

$$\hat{\boldsymbol{a}}_{x,\mathrm{opt}}(v) = \boldsymbol{t}_{\min}\{\boldsymbol{Q}(u)\} \tag{6.39}$$

式中 $\boldsymbol{t}_{\min}\{\cdot\}$ 表示求矩阵最小特征值对应的首一特征向量。将式（6.39）代入式（6.37）中可以得到仅关于参量 u 的优化问题

$$\min_{u} \lambda_{\min}\{\boldsymbol{Q}(u)\} \tag{6.40}$$

式中 $\lambda_{\min}\{\cdot\}$ 表示求矩阵的最小特征值。假设式（6.40）的 D 个极小值为 $\{\hat{u}_d\}_{1 \leqslant d \leqslant D}$，将其代入式（6.39）中就可以得到 D 个估计向量 $\{\hat{\boldsymbol{a}}_x(v_d)\}_{1 \leqslant d \leqslant D}$，下面再考虑如何利用向量 $\hat{\boldsymbol{a}}_x(v_d)$ 估计参量 v_d。

不妨将 $\hat{\boldsymbol{a}}_x(v_d)$ 的相位向量记为 $\hat{\boldsymbol{g}}_d$（即 $\hat{\boldsymbol{g}}_d = \mathrm{angle}\{\hat{\boldsymbol{a}}_x(v_d)\}$），于是可以建立关于参量 v_d 的最小二乘估计准则

$$\min_{v_d} \| \hat{\boldsymbol{g}}_d - [0\ \kappa_x\ 2\kappa_x\ \cdots\ (M_x - 1)\kappa_x]^{\mathrm{T}} \cdot v_d \|_2 \quad (1 \leqslant d \leqslant D) \tag{6.41}$$

根据式（6.41）可知，参量 v_d 的最优闭式解为

$$\hat{v}_{d,\mathrm{opt}} = \frac{6 \cdot [0\ \kappa_x\ 2\kappa_x\ \cdots\ (M_x - 1)\kappa_x] \cdot \hat{\boldsymbol{g}}_d}{\kappa_x^2 M_x (M_x - 1)(2M_x - 1)} \quad (1 \leqslant d \leqslant D) \tag{6.42}$$

最后，基于估计值 $\hat{v}_d$ 和 $\hat{u}_d$ 可以给出估计信号二维到达角度参数的计算公式为

$$\begin{cases} \hat{\beta}_d = \arccos(|\hat{v}_d + \mathrm{j}\hat{u}_d|) \\ \hat{\theta}_d = \mathrm{angle}\{\hat{v}_d + \mathrm{j}\hat{u}_d\} \end{cases} \quad (1 \leqslant d \leqslant D) \tag{6.43}$$

基于上述讨论可以总结出降维 MUSIC 算法的基本步骤如下：

步骤 1：根据 K 个数据样本构造阵列输出自相关矩阵的最大似然估计值 $\hat{\boldsymbol{R}}_{xx} = \frac{1}{K} \cdot \sum_{k=1}^{K} \boldsymbol{x}(t_k)\boldsymbol{x}^{\mathrm{H}}(t_k)$。

步骤 2：对采样自相关矩阵 $\hat{\boldsymbol{R}}_{xx}$ 进行特征值分解 $\hat{\boldsymbol{R}}_{xx} = \hat{\boldsymbol{U}}\hat{\boldsymbol{\Sigma}}\hat{\boldsymbol{U}}^{\mathrm{H}}$，并利用其前面 D 个大特征值对应的单位特征向量构造矩阵 $\hat{\boldsymbol{U}}_{\mathrm{S}}$，利用其后面 $M_x M_y - D$ 个小特征值对应的单位特征向量构造矩阵 $\hat{\boldsymbol{U}}_{\mathrm{N}}$。

步骤 3：搜索目标函数

$$\hat{f}(u) = \lambda_{\min}\{\boldsymbol{Q}(u)\} = \lambda_{\min}\{(\boldsymbol{a}_y(u) \otimes \boldsymbol{I}_{M_x})^{\mathrm{H}} \cdot \hat{\boldsymbol{U}}_{\mathrm{N}}\hat{\boldsymbol{U}}_{\mathrm{N}}^{\mathrm{H}} \cdot (\boldsymbol{a}_y(u) \otimes \boldsymbol{I}_{M_x})\} \tag{6.44}$$

的 D 个极小值 $\{\hat{u}_d\}_{1 \leqslant d \leqslant D}$。

步骤 4：计算矩阵 $\{\boldsymbol{Q}(\hat{u}_d)\}_{1 \leqslant d \leqslant D}$ 的最小特征值对应的首一特征向量 $\{\hat{\boldsymbol{a}}_x(v_d)\}_{1 \leqslant d \leqslant D}$，并取其相位向量 $\{\hat{\boldsymbol{g}}_d\}_{1 \leqslant d \leqslant D}$。

步骤 5：利用式（6.42）计算 $\{\hat{v}_d\}_{1 \leqslant d \leqslant D}$。

步骤 6：利用式（6.43）计算信号的二维到达角度估计值 $\{\hat{\theta}_d\}_{1 \leqslant d \leqslant D}$ 和 $\{\hat{\beta}_d\}_{1 \leqslant d \leqslant D}$。

（四）数值实验

下面将通过数值实验说明降维 MUSIC 算法的参数估计精度，并将其与二维 MUSIC 算法的角度估计性能进行比较。

假设有 2 个等功率窄带独立信号到达某 4×6 阶均匀矩形阵，在 X 轴方向和 Y 轴方向上相邻阵元间距与波长比均为 $d_x / \lambda = d_y / \lambda = 0.5$，信号方位角分别为 60°和 100°，仰角分别为 50°和 35°。

首先，将样本点数固定为 500，图 6.9 和图 6.10 分别给出了两种算法的方位角和仰角估计均方根误差随着信噪比的变化曲线。

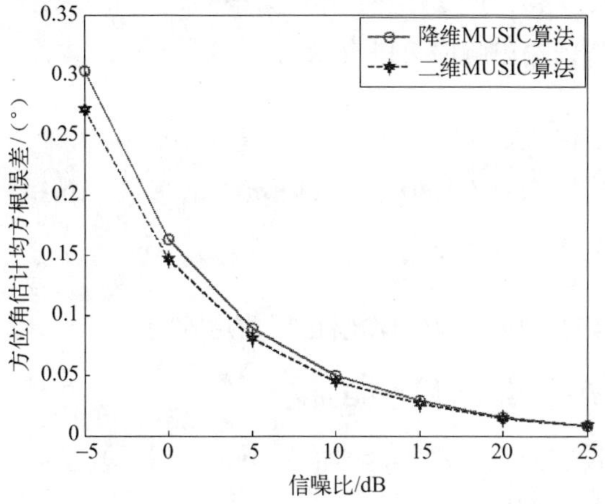

图 6.9 方位角估计均方根误差随着信噪比的变化曲线

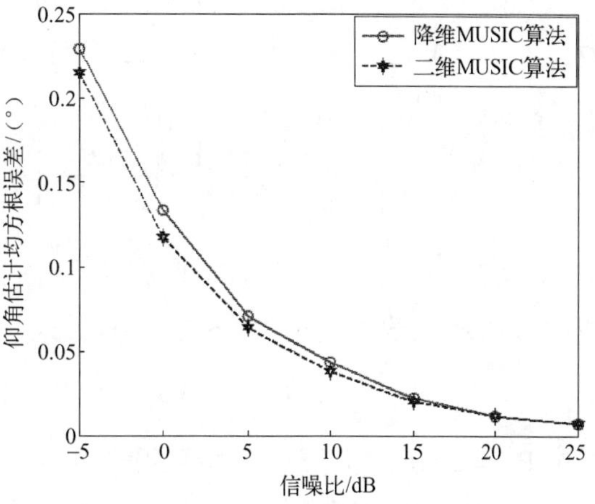

图 6.10 仰角估计均方根误差随着信噪比的变化曲线

接着，将信噪比固定为 5dB，图 6.11 和图 6.12 分别给出了两种算法的方位角和仰角估计均方根误差随着样本点数的变化曲线。

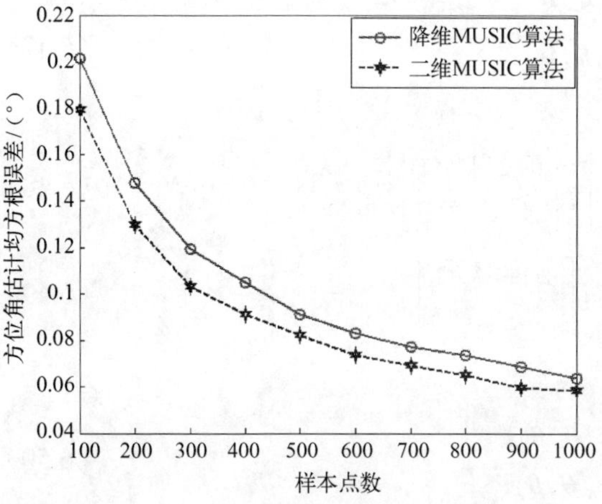

图 6.11 方位角估计均方根误差随着样本点数的变化曲线

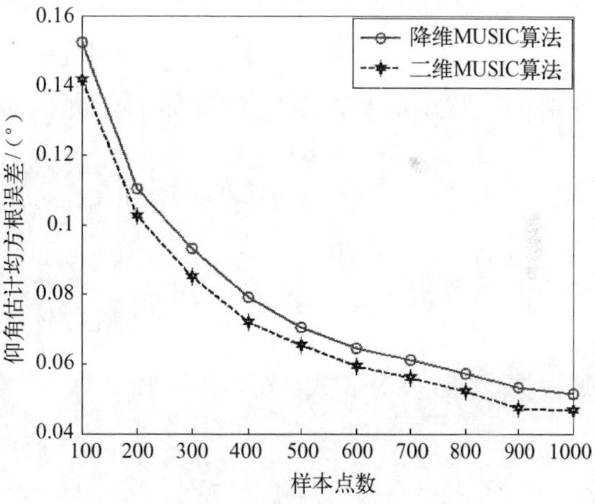

图 6.12 仰角估计均方根误差随着样本点数的变化曲线

从图 6.9 至图 6.12 中可以看出：

① 两种算法的角度估计均方根误差均随着信噪比和样本点数的增加而减少。

② 降维 MUSIC 算法的测向精度要略低于二维 MUSIC 算法，这是由于在求解式（6.37）时所采用的解耦合方法忽略了向量 $\boldsymbol{a}_x(v)$ 的内在数值结构，因此在性能上是有一定损失的，但是随着信噪比的增加，两种算法的角度估计精度还是会逐渐逼近的。

6.2.2 基于 ESPRIT 算法的二维到达角度估计方法

本小节将分别以均匀矩形阵，双排均匀线阵以及均匀圆阵为例给出三种不同形式的二维 ESPRIT 算法。

（一）基于均匀矩形阵的二维 ESPRIT 算法

（1）基于均匀矩形阵的阵列信号模型

假设有 D 个窄带信号到达如图 6.8 所示的 $M_x \times M_y$ 阶均匀矩形阵，其中第 d 个信号的方位角为 θ_d，仰角为 β_d。利用式（6.28）可知，阵列输出响应可以表示为

$$\boldsymbol{x}(t)=\begin{bmatrix}\boldsymbol{x}_1(t)\\\boldsymbol{x}_2(t)\\\vdots\\\boldsymbol{x}_{M_y}(t)\end{bmatrix}=\begin{bmatrix}\boldsymbol{A}_x(\boldsymbol{\theta},\boldsymbol{\beta})\\\boldsymbol{A}_x(\boldsymbol{\theta},\boldsymbol{\beta})\boldsymbol{\Phi}_y\\\vdots\\\boldsymbol{A}_x(\boldsymbol{\theta},\boldsymbol{\beta})\boldsymbol{\Phi}_y^{M_y-1}\end{bmatrix}\cdot\boldsymbol{s}(t)+\begin{bmatrix}\boldsymbol{n}_1(t)\\\boldsymbol{n}_2(t)\\\vdots\\\boldsymbol{n}_{M_y}(t)\end{bmatrix}=\boldsymbol{A}(\boldsymbol{\theta},\boldsymbol{\beta})\boldsymbol{s}(t)+\boldsymbol{n}(t) \tag{6.45}$$

式中 $\boldsymbol{A}(\boldsymbol{\theta},\boldsymbol{\beta})$ 的表达式见式（6.29）。根据式（6.45）可知，阵列输出自相关矩阵为

$$\boldsymbol{R}_{xx}=\mathrm{E}[\boldsymbol{x}(t)\boldsymbol{x}^{\mathrm{H}}(t)]=\boldsymbol{A}(\boldsymbol{\theta},\boldsymbol{\beta})\boldsymbol{R}_{ss}\boldsymbol{A}^{\mathrm{H}}(\boldsymbol{\theta},\boldsymbol{\beta})+\sigma_n^2\boldsymbol{I}_{M_xM_y} \tag{6.46}$$

式中 $\boldsymbol{R}_{ss}=\mathrm{E}[\boldsymbol{s}(t)\boldsymbol{s}^{\mathrm{H}}(t)]$ 表示信号自相关矩阵（假设它是满秩矩阵，即信号不完全相干）。

（2）基于均匀矩形阵的二维 ESPRIT 算法的基本原理

与一维 ESPRIT 算法不同的是，二维 ESPRIT 算法需要阵列至少在两个方向上存在平移不变性。

首先对阵列输出自相关矩阵 $\boldsymbol{R}_{xx}$ 进行特征值分解，可以得到单位特征向量矩阵 $\boldsymbol{U}_{\mathrm{S}}$（对应 D 个大特征值），于是存在唯一的满秩矩阵 $\boldsymbol{T}$ 满足

$$\boldsymbol{U}_{\mathrm{S}}=\boldsymbol{A}(\boldsymbol{\theta},\boldsymbol{\beta})\boldsymbol{T} \tag{6.47}$$

分别将矩阵 $\boldsymbol{A}(\boldsymbol{\theta},\boldsymbol{\beta})\boldsymbol{T}$ 和 $\boldsymbol{U}_{\mathrm{S}}$ 进行如下分块

$$\boldsymbol{A}(\boldsymbol{\theta},\boldsymbol{\beta})\boldsymbol{T}=\begin{bmatrix}\boldsymbol{A}_1(\boldsymbol{\theta},\boldsymbol{\beta})\boldsymbol{T}\\\text{最后}M_x\text{行}\end{bmatrix}=\begin{bmatrix}\text{前面}M_x\text{行}\\\boldsymbol{A}_2(\boldsymbol{\theta},\boldsymbol{\beta})\boldsymbol{T}\end{bmatrix} \tag{6.48}$$

$$\boldsymbol{U}_{\mathrm{S}}=\begin{bmatrix}\boldsymbol{U}_{\mathrm{S1}}\\\text{最后}M_x\text{行}\end{bmatrix}=\begin{bmatrix}\text{前面}M_x\text{行}\\\boldsymbol{U}_{\mathrm{S2}}\end{bmatrix} \tag{6.49}$$

则根据式（6.48）和式（6.49）可知

$$\begin{cases}\boldsymbol{U}_{\mathrm{S1}}=\boldsymbol{A}_1(\boldsymbol{\theta},\boldsymbol{\beta})\boldsymbol{T}\\\boldsymbol{U}_{\mathrm{S2}}=\boldsymbol{A}_2(\boldsymbol{\theta},\boldsymbol{\beta})\boldsymbol{T}\end{cases} \tag{6.50}$$

再利用式（6.29）可得

$$\boldsymbol{A}_2(\boldsymbol{\theta},\boldsymbol{\beta})=\boldsymbol{A}_1(\boldsymbol{\theta},\boldsymbol{\beta})\boldsymbol{\Phi}_y \tag{6.51}$$

将式（6.51）代入式（6.50）中可知

$$\boldsymbol{U}_{\mathrm{S2}}=\boldsymbol{A}_2(\boldsymbol{\theta},\boldsymbol{\beta})\boldsymbol{T}=\boldsymbol{A}_1(\boldsymbol{\theta},\boldsymbol{\beta})\boldsymbol{\Phi}_y\boldsymbol{T} \tag{6.52}$$

比较式（6.50）和式（6.52）可知，矩阵 $\boldsymbol{U}_{\mathrm{S1}}$ 和 $\boldsymbol{U}_{\mathrm{S2}}$ 之间的闭式关系为

$$\boldsymbol{U}_{\mathrm{S2}}=\boldsymbol{U}_{\mathrm{S1}}\boldsymbol{T}^{-1}\boldsymbol{\Phi}_y\boldsymbol{T}=\boldsymbol{U}_{\mathrm{S1}}\boldsymbol{\Psi}_y \tag{6.53}$$

式中 $\boldsymbol{\Psi}_y=\boldsymbol{T}^{-1}\boldsymbol{\Phi}_y\boldsymbol{T}$，由该式可知，矩阵 $\boldsymbol{\Psi}_y$ 和 $\boldsymbol{\Phi}_y$ 具有相同的特征值，并且特征值即为对角矩阵 $\boldsymbol{\Phi}_y$ 的对角元素，即有

$$\rho_{yd}=\exp\{\mathrm{j}\kappa_y\cdot\sin(\theta_d)\cdot\cos(\beta_d)\}\Rightarrow\sin(\theta_d)\cdot\cos(\beta_d)=\mathrm{angle}\{\rho_{yd}\}/\kappa_y\quad(1\leqslant d\leqslant D) \tag{6.54}$$

另一方面，基于式（6.53）不难求得矩阵$\boldsymbol{\Psi}_y$的表达式为

$$\boldsymbol{\Psi}_y=\boldsymbol{U}_{\mathrm{S1}}^{\dagger}\boldsymbol{U}_{\mathrm{S2}}=(\boldsymbol{U}_{\mathrm{S1}}^{\mathrm{H}}\boldsymbol{U}_{\mathrm{S1}})^{-1}\boldsymbol{U}_{\mathrm{S1}}^{\mathrm{H}}\boldsymbol{U}_{\mathrm{S2}} \tag{6.55}$$

显然，仅由式（6.54）无法同时求解出信号的二维到达角度参数，还需要再建立一个方程。为此不妨记置换矩阵$\boldsymbol{J}_{M_x\cdot M_y}$满足

$$\boldsymbol{J}_{M_x\cdot M_y}(\boldsymbol{a}_y(\theta,\beta)\otimes\boldsymbol{a}_x(\theta,\beta))=\boldsymbol{a}_x(\theta,\beta)\otimes\boldsymbol{a}_y(\theta,\beta) \tag{6.56}$$

于是有

$$\begin{aligned}\boldsymbol{B}(\boldsymbol{\theta},\boldsymbol{\beta})=\boldsymbol{J}_{M_x\cdot M_y}\boldsymbol{A}(\boldsymbol{\theta},\boldsymbol{\beta})&=\begin{bmatrix}\boldsymbol{A}_y(\boldsymbol{\theta},\boldsymbol{\beta})\\ \boldsymbol{A}_y(\boldsymbol{\theta},\boldsymbol{\beta})\boldsymbol{\Phi}_x\\ \vdots\\ \boldsymbol{A}_y(\boldsymbol{\theta},\boldsymbol{\beta})\boldsymbol{\Phi}_x^{M_x-1}\end{bmatrix}\\&=[\boldsymbol{a}_x(\theta_1,\beta_1)\otimes\boldsymbol{a}_y(\theta_1,\beta_1)\quad \boldsymbol{a}_x(\theta_2,\beta_2)\otimes\boldsymbol{a}_y(\theta_2,\beta_2)\quad\cdots\quad \boldsymbol{a}_x(\theta_D,\beta_D)\otimes\boldsymbol{a}_y(\theta_D,\beta_D)]\end{aligned} \tag{6.57}$$

式中

$$\begin{cases}\boldsymbol{A}_y(\boldsymbol{\theta},\boldsymbol{\beta})\\ =\left[\begin{array}{c|c|c|c}1 & 1 & \cdots & 1\\ \exp\{\mathrm{j}\kappa_y\cdot\sin(\theta_1)\cdot\cos(\beta_1)\} & \exp\{\mathrm{j}\kappa_y\cdot\sin(\theta_2)\cdot\cos(\beta_2)\} & \cdots & \exp\{\mathrm{j}\kappa_y\cdot\sin(\theta_D)\cdot\cos(\beta_D)\}\\ \vdots & \vdots & \vdots & \vdots\\ \exp\{\mathrm{j}(M_y-2)\kappa_y\cdot\sin(\theta_1)\cdot\cos(\beta_1)\} & \exp\{\mathrm{j}(M_y-2)\kappa_y\cdot\sin(\theta_2)\cdot\cos(\beta_2)\} & \cdots & \exp\{\mathrm{j}(M_y-2)\kappa_y\cdot\sin(\theta_D)\cdot\cos(\beta_D)\}\\ \exp\{\mathrm{j}(M_y-1)\kappa_y\cdot\sin(\theta_1)\cdot\cos(\beta_1)\} & \exp\{\mathrm{j}(M_y-1)\kappa_y\cdot\sin(\theta_2)\cdot\cos(\beta_2)\} & \cdots & \exp\{\mathrm{j}(M_y-1)\kappa_y\cdot\sin(\theta_D)\cdot\cos(\beta_D)\}\end{array}\right]\\ \boldsymbol{\Phi}_x=\mathrm{diag}[\exp\{\mathrm{j}\kappa_x\cdot\cos(\theta_1)\cdot\cos(\beta_1)\}\quad \exp\{\mathrm{j}\kappa_x\cdot\cos(\theta_2)\cdot\cos(\beta_2)\}\quad\cdots\quad \exp\{\mathrm{j}\kappa_x\cdot\cos(\theta_D)\cdot\cos(\beta_D)\}]\end{cases} \tag{6.58}$$

对式（6.49）两边左乘矩阵$\boldsymbol{J}_{M_x\cdot M_y}$可得

$$\boldsymbol{V}_{\mathrm{S}}=\boldsymbol{J}_{M_x\cdot M_y}\boldsymbol{U}_{\mathrm{S}}=\boldsymbol{J}_{M_x\cdot M_y}\boldsymbol{A}(\boldsymbol{\theta},\boldsymbol{\beta})\boldsymbol{T}=\boldsymbol{B}(\boldsymbol{\theta},\boldsymbol{\beta})\boldsymbol{T} \tag{6.59}$$

分别将矩阵$\boldsymbol{B}(\boldsymbol{\theta},\boldsymbol{\beta})\boldsymbol{T}$和$\boldsymbol{V}_{\mathrm{S}}$进行如下分块

$$\boldsymbol{B}(\boldsymbol{\theta},\boldsymbol{\beta})\boldsymbol{T}=\begin{bmatrix}\boldsymbol{B}_1(\boldsymbol{\theta},\boldsymbol{\beta})\boldsymbol{T}\\ \text{最后}M_y\text{行}\end{bmatrix}=\begin{bmatrix}\text{前面}M_y\text{行}\\ \boldsymbol{B}_2(\boldsymbol{\theta},\boldsymbol{\beta})\boldsymbol{T}\end{bmatrix} \tag{6.60}$$

$$\boldsymbol{V}_{\mathrm{S}}=\begin{bmatrix}\boldsymbol{V}_{\mathrm{S1}}\\ \text{最后}M_y\text{行}\end{bmatrix}=\begin{bmatrix}\text{前面}M_y\text{行}\\ \boldsymbol{V}_{\mathrm{S2}}\end{bmatrix} \tag{6.61}$$

则根据式（6.60）和式（6.61）可知

$$\begin{cases}\boldsymbol{V}_{\mathrm{S1}}=\boldsymbol{B}_1(\boldsymbol{\theta},\boldsymbol{\beta})\boldsymbol{T}\\ \boldsymbol{V}_{\mathrm{S2}}=\boldsymbol{B}_2(\boldsymbol{\theta},\boldsymbol{\beta})\boldsymbol{T}\end{cases} \tag{6.62}$$

再利用式（6.57）可得

$$\boldsymbol{B}_2(\boldsymbol{\theta},\boldsymbol{\beta})=\boldsymbol{B}_1(\boldsymbol{\theta},\boldsymbol{\beta})\boldsymbol{\Phi}_x \tag{6.63}$$

将式（6.63）代入式（6.62）中可得

$$V_{S2} = B_2(\theta,\beta)T = B_1(\theta,\beta)\Phi_x T \tag{6.64}$$

比较式（6.62）和式（6.64）可知，矩阵V_{S1}和V_{S2}之间的闭式关系为

$$V_{S2} = V_{S1}T^{-1}\Phi_x T = V_{S1}\Psi_x \tag{6.65}$$

式中$\Psi_x = T^{-1}\Phi_x T$，由该式可知，矩阵Ψ_x和Φ_x具有相同的特征值，并且特征值即为对角矩阵Φ_x的对角元素，即有

$$\rho_{xd} = \exp\{\mathrm{j}\kappa_x \cdot \cos(\theta_d)\cdot\cos(\beta_d)\} \Rightarrow \cos(\theta_d)\cdot\cos(\beta_d) = \mathrm{angle}\{\rho_{xd}\}/\kappa_x \quad (1 \leqslant d \leqslant D) \tag{6.66}$$

另一方面，基于式（6.65）不难求得矩阵Ψ_x的表达式为

$$\Psi_x = V_{S1}^{\dagger}V_{S2} = (V_{S1}^{H}V_{S1})^{-1}V_{S1}^{H}V_{S2} \tag{6.67}$$

最后，利用式（6.54）和式（6.66）可以给出估计信号二维到达角度参数的计算公式为

$$\begin{cases}\beta_d = \arccos(|\,\mathrm{angle}\{\rho_{xd}\}/\kappa_x + \mathrm{j}\cdot\mathrm{angle}\{\rho_{yd}\}/\kappa_y\,|) \\ \theta_d = \mathrm{angle}\{\mathrm{angle}\{\rho_{xd}\}/\kappa_x + \mathrm{j}\cdot\mathrm{angle}\{\rho_{yd}\}/\kappa_y\}\end{cases} \quad (1 \leqslant d \leqslant D) \tag{6.68}$$

（3）基于均匀矩形阵的二维 ESPRIT 算法的基本步骤

基于上述讨论可以总结出基于均匀矩形阵的二维 ESPRIT 算法的基本步骤如下：

步骤 1：根据K个数据样本构造阵列输出自相关矩阵的最大似然估计值$\hat{R}_{xx} = \frac{1}{K}\cdot\sum_{k=1}^{K}x(t_k)x^{H}(t_k)$。

步骤 2：对采样自相关矩阵$\hat{R}_{xx}$进行特征值分解$\hat{R}_{xx} = \hat{U}\hat{\Sigma}\hat{U}^{H}$，并利用其前面$D$个大特征值对应的单位特征向量构造矩阵$\hat{U}_{S}$，然后再利用置换矩阵$J_{M_x \cdot M_y}$得到矩阵$\hat{V}_{S}$。

步骤 3：提取$\hat{U}_{S}$的前$(M_y-1)M_x$行构成矩阵$\hat{U}_{S1}$，提取$\hat{U}_{S}$的后$(M_y-1)M_x$行构成矩阵$\hat{U}_{S2}$，计算矩阵$\hat{\Psi}_{y,LS} = (\hat{U}_{S1}^{H}\hat{U}_{S1})^{-1}\hat{U}_{S1}^{H}\hat{U}_{S2}$，并求得该矩阵的$D$个特征值$\{\hat{\rho}_{yd}\}_{1\leqslant d\leqslant D}$。

步骤 4：提取$\hat{V}_{S}$的前$(M_x-1)M_y$行构成矩阵$\hat{V}_{S1}$，提取$\hat{V}_{S}$的后$(M_x-1)M_y$行构成矩阵$\hat{V}_{S2}$，计算矩阵$\hat{\Psi}_{x,LS} = (\hat{V}_{S1}^{H}\hat{V}_{S1})^{-1}\hat{V}_{S1}^{H}\hat{V}_{S2}$，并求得该矩阵的$D$个特征值$\{\hat{\rho}_{xd}\}_{1\leqslant d\leqslant D}$。

步骤 5：利用式（6.68）计算信号的二维到达角度估计值$\{\hat{\theta}_d\}_{1\leqslant d\leqslant D}$和$\{\hat{\beta}_d\}_{1\leqslant d\leqslant D}$。

需要指出的是，由于二维 ESPRIT 算法中的步骤 3 和步骤 4 是分别进行的，因此其所获得的D个特征值需要进行参数配对，以确保步骤 5 中利用的两个特征值来自于同一个信号。特征值配对利用了矩阵Ψ_x和Ψ_y的特征向量矩阵均为T这一性质，由于特征向量通常具有模糊性（即相差标量因子），因此需要构造一个排序矩阵。假设矩阵Ψ_x和Ψ_y的单位特征向量矩阵分别为T_x和T_y，则排序矩阵可以构造为

$$G = T_x^{H}T_y \tag{6.69}$$

对于同一个信号而言，矩阵T_x中的某个列向量与矩阵T_y中的某个列向量会有着较强的相关性，因此可以利用G中每行（或列）中绝对值最大元素的矩阵坐标来调整特征值的匹配顺序。

（4）数值实验

下面将通过若干数值实验说明二维 ESPRIT 算法的参数估计精度，并将其与二维 MUSIC 算法的角度估计性能进行比较。

数值实验 1——验证二维 ESPRIT 算法的有效性

假设有 3 个等功率窄带独立信号到达某 5×6 阶均匀矩形阵，在X轴方向和Y轴方向上相

邻阵元间距与波长比均为 $d_x/\lambda = d_y/\lambda = 0.5$，信号方位角分别为 50°、80°和 100°，仰角分别为 20°、40°和 30°，信噪比为 0dB，样本点数为 500，图 6.13 给出了二维 ESPRIT 算法的测向结果（进行了 1000 次蒙特卡洛实验）。

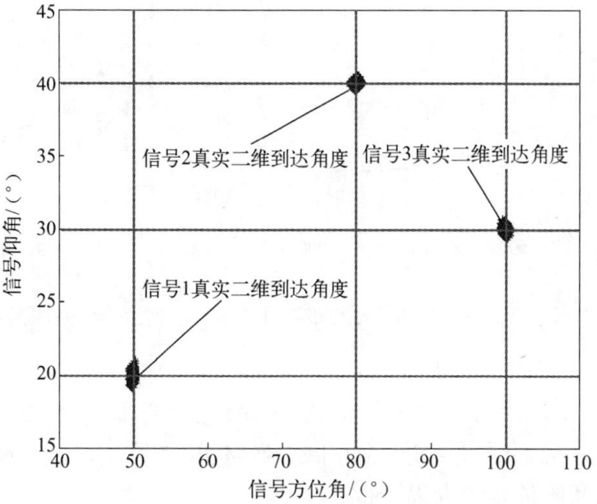

图 6.13　二维 ESPRIT 算法的测向结果

从图 6.13 中可以看出：二维 ESPRIT 算法可以较准确地给出 3 个信号的二维到达角度估计值，从而验证了该算法的有效性。

数值实验 2——二维 ESPRIT 算法与二维 MUSIC 算法的性能比较

假设有 2 个等功率窄带独立信号到达某 5×6 阶均匀矩形阵，在 X 轴方向和 Y 轴方向上相邻阵元间距与波长比均为 $d_x/\lambda = d_y/\lambda = 0.5$，信号方位角分别为 100°和 120°，仰角分别为 20°和 40°。

首先，将样本点数固定为 500，图 6.14 和图 6.15 分别给出了两种算法的方位角和仰角估计均方根误差随着信噪比的变化曲线。

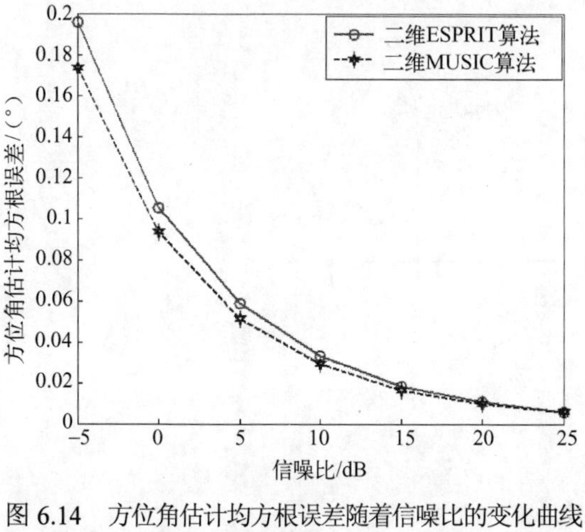

图 6.14　方位角估计均方根误差随着信噪比的变化曲线

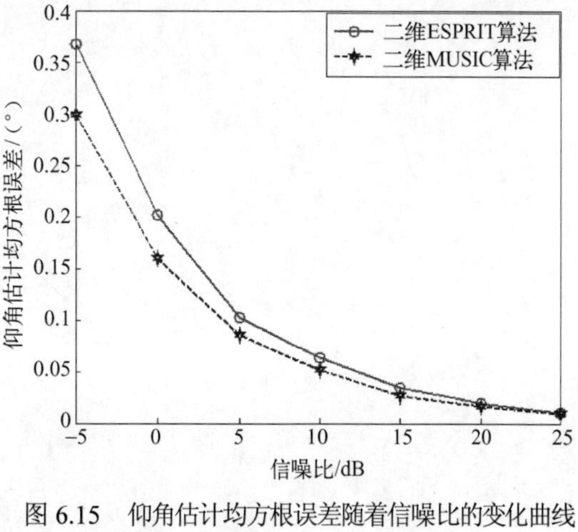

图 6.15　仰角估计均方根误差随着信噪比的变化曲线

接着，将信噪比固定为 5dB，图 6.16 和图 6.17 分别给出了两种算法的方位角和仰角估计均方根误差随着样本点数的变化曲线。

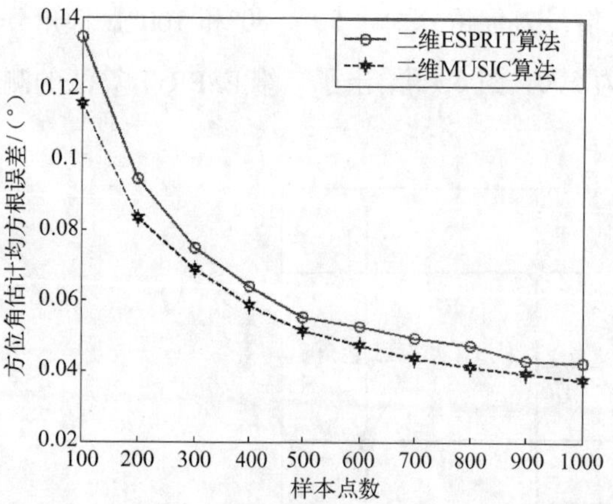

图 6.16　方位角估计均方根误差随着样本点数的变化曲线

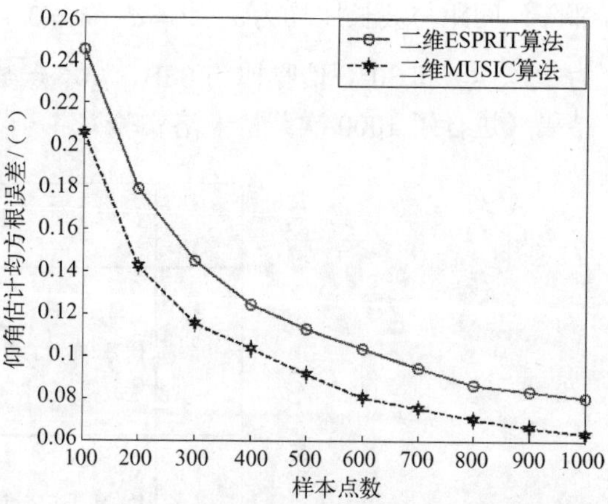

图 6.17　仰角估计均方根误差随着样本点数的变化曲线

从图 6.14 至图 6.17 中可以看出：

① 两种算法的角度估计均方根误差均随着信噪比和样本点数的增加而减少。

② 二维 ESPRIT 算法的测向精度要低于二维 MUSIC 算法，但是随着信噪比的增加，两种算法的角度估计精度还是会逐渐逼近的。

（二）基于双排均匀线阵的 DOA 矩阵算法

基于双排均匀线阵的 DOA 矩阵算法是由殷勤业等人首先提出的[4]，随后金梁等人又对其进行了推广[5]。该算法可以认为是二维 ESPRIT 算法的变形，它的一个重要优势在于可以避免参数配对，下面将对其基本原理进行讨论。

（1）基于双排均匀线阵的阵列信号模型

假设有 D 个窄带信号到达某双排 M 元均匀线阵，如图 6.18 所示，其中第 d 个信号的方位角为 θ_d，仰角为 β_d，则子阵 1 和子阵 2 的阵列输出响应可以分别表示为

$$\begin{cases} \boldsymbol{x}_1(t) = \boldsymbol{A}_x(\boldsymbol{\theta},\boldsymbol{\beta})\boldsymbol{s}(t) + \boldsymbol{n}_1(t) \\ \boldsymbol{x}_2(t) = \boldsymbol{A}_x(\boldsymbol{\theta},\boldsymbol{\beta})\boldsymbol{\Phi}_y\boldsymbol{s}(t) + \boldsymbol{n}_2(t) \end{cases} \tag{6.70}$$

式中 $\boldsymbol{A}_x(\boldsymbol{\theta},\boldsymbol{\beta})$ 和 $\boldsymbol{\Phi}_y$ 的表达式分别见式（6.27）。

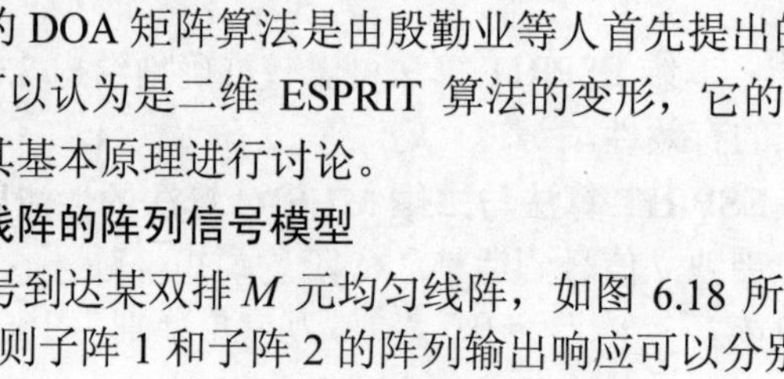

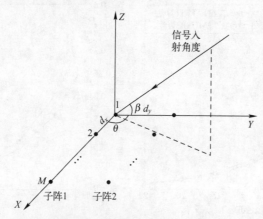

图 6.18　双排均匀线阵示意图

根据式（6.70）可知，子阵 1 的阵列输出自相关矩阵为

$$\boldsymbol{R}_{x_1x_1} = \mathrm{E}[\boldsymbol{x}_1(t)\boldsymbol{x}_1^{\mathrm{H}}(t)] = \boldsymbol{A}_x(\boldsymbol{\theta},\boldsymbol{\beta})\boldsymbol{R}_{ss}\boldsymbol{A}_x^{\mathrm{H}}(\boldsymbol{\theta},\boldsymbol{\beta}) + \sigma_n^2\boldsymbol{I}_M \tag{6.71}$$

子阵 2 与子阵 1 的阵列输出互相关矩阵为

$$\boldsymbol{R}_{x_2x_1}=\mathrm{E}[\boldsymbol{x}_2(t)\boldsymbol{x}_1^{\mathrm{H}}(t)]=\boldsymbol{A}_x(\boldsymbol{\theta},\boldsymbol{\beta})\boldsymbol{\Phi}_y\boldsymbol{R}_{ss}\boldsymbol{A}_x^{\mathrm{H}}(\boldsymbol{\theta},\boldsymbol{\beta}) \tag{6.72}$$

式中 $\boldsymbol{R}_{ss}=\mathrm{E}[\boldsymbol{s}(t)\boldsymbol{s}^{\mathrm{H}}(t)]$ 表示信号自相关矩阵（假设它是满秩矩阵，即信号不完全相干）。

（2）DOA 矩阵算法的基本原理

DOA 矩阵算法需要构造 DOA 矩阵。首先令

$$\overline{\boldsymbol{R}}_{x_1x_1}=\boldsymbol{R}_{x_1x_1}-\sigma_n^2\boldsymbol{I}_M=\boldsymbol{A}_x(\boldsymbol{\theta},\boldsymbol{\beta})\boldsymbol{R}_{ss}\boldsymbol{A}_x^{\mathrm{H}}(\boldsymbol{\theta},\boldsymbol{\beta}) \tag{6.73}$$

则可将 DOA 矩阵定义为

$$\boldsymbol{R}_{\mathrm{DOA}}=\boldsymbol{R}_{x_2x_1}\overline{\boldsymbol{R}}_{x_1x_1}^{\dagger} \tag{6.74}$$

将 $\boldsymbol{R}_{\mathrm{DOA}}$ 称为 DOA 矩阵的原因在于，利用该矩阵的特征向量和特征值可以直接求解出信号的二维到达角度，具体可见下述命题。

命题 6.1： 若 $\boldsymbol{A}_x(\boldsymbol{\theta},\boldsymbol{\beta})$ 是列满秩矩阵，$\boldsymbol{R}_{ss}$ 是正定矩阵，则有如下等式

$$\boldsymbol{R}_{\mathrm{DOA}}\boldsymbol{A}_x(\boldsymbol{\theta},\boldsymbol{\beta})=\boldsymbol{A}_x(\boldsymbol{\theta},\boldsymbol{\beta})\boldsymbol{\Phi}_y \tag{6.75}$$

证明： 首先根据式（6.73）可以证明如下等式

$$\boldsymbol{R}_{ss}\boldsymbol{A}_x^{\mathrm{H}}(\boldsymbol{\theta},\boldsymbol{\beta})=(\boldsymbol{A}_x^{\mathrm{H}}(\boldsymbol{\theta},\boldsymbol{\beta})\boldsymbol{A}_x(\boldsymbol{\theta},\boldsymbol{\beta}))^{-1}\boldsymbol{A}_x^{\mathrm{H}}(\boldsymbol{\theta},\boldsymbol{\beta})\overline{\boldsymbol{R}}_{x_1x_1} \tag{6.76}$$

将式（6.76）代入式（6.72）中可得

$$\boldsymbol{R}_{x_2x_1}=\boldsymbol{A}_x(\boldsymbol{\theta},\boldsymbol{\beta})\boldsymbol{\Phi}_y(\boldsymbol{A}_x^{\mathrm{H}}(\boldsymbol{\theta},\boldsymbol{\beta})\boldsymbol{A}_x(\boldsymbol{\theta},\boldsymbol{\beta}))^{-1}\boldsymbol{A}_x^{\mathrm{H}}(\boldsymbol{\theta},\boldsymbol{\beta})\overline{\boldsymbol{R}}_{x_1x_1} \tag{6.77}$$

由于 $\boldsymbol{R}_{ss}$ 是正定矩阵，结合式（6.73）以及推论 2.7 可知

$$\overline{\boldsymbol{R}}_{x_1x_1}\overline{\boldsymbol{R}}_{x_1x_1}^{\dagger}=\boldsymbol{A}_x(\boldsymbol{\theta},\boldsymbol{\beta})\boldsymbol{A}_x^{\dagger}(\boldsymbol{\theta},\boldsymbol{\beta})=\boldsymbol{\Pi}[\boldsymbol{A}_x(\boldsymbol{\theta},\boldsymbol{\beta})] \tag{6.78}$$

再利用式（6.74）和式（6.77）可以进一步推得

$$\begin{aligned}\boldsymbol{R}_{\mathrm{DOA}}\boldsymbol{A}_x(\boldsymbol{\theta},\boldsymbol{\beta})&=\boldsymbol{R}_{x_2x_1}\overline{\boldsymbol{R}}_{x_1x_1}^{\dagger}\boldsymbol{A}_x(\boldsymbol{\theta},\boldsymbol{\beta})=\boldsymbol{A}_x(\boldsymbol{\theta},\boldsymbol{\beta})\boldsymbol{\Phi}_y(\boldsymbol{A}_x^{\mathrm{H}}(\boldsymbol{\theta},\boldsymbol{\beta})\boldsymbol{A}_x(\boldsymbol{\theta},\boldsymbol{\beta}))^{-1}\boldsymbol{A}_x^{\mathrm{H}}(\boldsymbol{\theta},\boldsymbol{\beta})\overline{\boldsymbol{R}}_{x_1x_1}\overline{\boldsymbol{R}}_{x_1x_1}^{\dagger}\boldsymbol{A}_x(\boldsymbol{\theta},\boldsymbol{\beta})\\&=\boldsymbol{A}_x(\boldsymbol{\theta},\boldsymbol{\beta})\boldsymbol{\Phi}_y(\boldsymbol{A}_x^{\mathrm{H}}(\boldsymbol{\theta},\boldsymbol{\beta})\boldsymbol{A}_x(\boldsymbol{\theta},\boldsymbol{\beta}))^{-1}\boldsymbol{A}_x^{\mathrm{H}}(\boldsymbol{\theta},\boldsymbol{\beta})\cdot\boldsymbol{\Pi}[\boldsymbol{A}_x(\boldsymbol{\theta},\boldsymbol{\beta})]\cdot\boldsymbol{A}_x(\boldsymbol{\theta},\boldsymbol{\beta})\end{aligned} \tag{6.79}$$

又因为 $\boldsymbol{\Pi}[\boldsymbol{A}_x(\boldsymbol{\theta},\boldsymbol{\beta})]\cdot\boldsymbol{A}_x(\boldsymbol{\theta},\boldsymbol{\beta})=\boldsymbol{A}_x(\boldsymbol{\theta},\boldsymbol{\beta})$，将该式代入式（6.79）中可知式（6.75）成立。

命题 6.1 得证。 □

命题 6.1 表明，矩阵 $\boldsymbol{\Phi}_y$ 的对角元素和 $\boldsymbol{A}_x(\boldsymbol{\theta},\boldsymbol{\beta})$ 的列向量分别是 DOA 矩阵 $\boldsymbol{R}_{\mathrm{DOA}}$ 的一组特征值和首一特征向量，基于该性质就可以估计出信号的二维到达角度。假设 DOA 矩阵 $\boldsymbol{R}_{\mathrm{DOA}}$ 的一组特征值及其首一特征向量分别为 λ_d 和 $\boldsymbol{t}_d$，并令 $v_d=\cos(\theta_d)\cdot\cos(\beta_d)$ 和 $u_d=\sin(\theta_d)\cdot\cos(\beta_d)$，则 v_d 和 u_d 可以分别由下式获得

$$\begin{cases}v_d=\dfrac{6\cdot[0\ \kappa_x\ 2\kappa_x\ \cdots\ (M-1)\kappa_x]\cdot\mathrm{angle}\{\boldsymbol{t}_d\}}{\kappa_x^2M(M-1)(2M-1)}\\u_d=\mathrm{angle}\{\lambda_d\}/\kappa_y\end{cases}\quad(1\leqslant d\leqslant D) \tag{6.80}$$

利用 v_d 和 u_d 可以给出估计信号二维到达角度参数的计算公式为

$$\begin{cases}\beta_d=\arccos(|v_d+\mathrm{j}u_d|)\\\theta_d=\mathrm{angle}\{v_d+\mathrm{j}u_d\}\end{cases}\quad(1\leqslant d\leqslant D) \tag{6.81}$$

（3）**DOA 矩阵算法的基本步骤**

基于上述讨论可以总结出基于双排均匀线阵的 DOA 矩阵算法的基本步骤如下：

步骤 1：根据 K 个数据样本构造子阵 1 的阵列输出自相关矩阵的最大似然估计值 $\hat{\boldsymbol{R}}_{x_1x_1}=\frac{1}{K}\cdot\sum_{k=1}^{K}\boldsymbol{x}_1(t_k)\boldsymbol{x}_1^{\mathrm{H}}(t_k)$，并基于该矩阵获得噪声功率的估计值 $\hat{\sigma}_n^2$，然后计算 $\hat{\bar{\boldsymbol{R}}}_{x_1x_1}=\hat{\boldsymbol{R}}_{x_1x_1}-\hat{\sigma}_n^2\boldsymbol{I}_M$。

步骤 2：根据 K 个数据样本构造子阵 2 与子阵 1 的阵列输出互相关矩阵的最大似然估计值 $\hat{\boldsymbol{R}}_{x_2x_1}=\frac{1}{K}\cdot\sum_{k=1}^{K}\boldsymbol{x}_2(t_k)\boldsymbol{x}_1^{\mathrm{H}}(t_k)$。

步骤 3：计算矩阵 $\hat{\bar{\boldsymbol{R}}}_{x_1x_1}$ 的 Moore-Penrose 广义逆矩阵 $\hat{\bar{\boldsymbol{R}}}_{x_1x_1}^{\dagger}$，然后构造 DOA 矩阵 $\hat{\boldsymbol{R}}_{\mathrm{DOA}}=\hat{\boldsymbol{R}}_{x_2x_1}\hat{\bar{\boldsymbol{R}}}_{x_1x_1}^{\dagger}$。

步骤 4：对矩阵 $\hat{\boldsymbol{R}}_{\mathrm{DOA}}$ 进行特征值分解得到 D 组特征值 $\{\hat{\lambda}_d\}_{1\leqslant d\leqslant D}$ 及其所对应的首一特征向量 $\{\hat{\boldsymbol{t}}_d\}_{1\leqslant d\leqslant D}$。

步骤 5：利用式（6.80）计算 $\{\hat{v}_d\}_{1\leqslant d\leqslant D}$ 和 $\{\hat{u}_d\}_{1\leqslant d\leqslant D}$。

步骤 6：利用式（6.81）计算信号的二维到达角度估计值 $\{\hat{\theta}_d\}_{1\leqslant d\leqslant D}$ 和 $\{\hat{\beta}_d\}_{1\leqslant d\leqslant D}$。

（4）**数值实验**

下面将通过若干数值实验验证 DOA 矩阵算法的有效性。

先假设有 2 个等功率窄带独立信号到达某 8×2 阶双排均匀线阵，在 X 轴方向和 Y 轴方向上相邻阵元间距与波长比均为 $d_x/\lambda=d_y/\lambda=0.5$，信号方位角分别为 100°和 80°，仰角分别为 40°和 50°，信噪比为 15dB，样本点数为 1000，图 6.19 给出了 DOA 矩阵算法的测向结果（进行了 1000 次蒙特卡洛实验）。

再假设有 2 个等功率窄带独立信号到达某 6×2 阶双排均匀线阵，在 X 轴方向和 Y 轴方向上相邻阵元间距与波长比均为 $d_x/\lambda=d_y/\lambda=0.5$，信号方位角分别为 125°和 75°，仰角分别为 70°和 50°，信噪比为 15dB，样本点数为 1000，图 6.20 给出了 DOA 矩阵算法的测向结果（进行了 1000 次蒙特卡洛实验）。

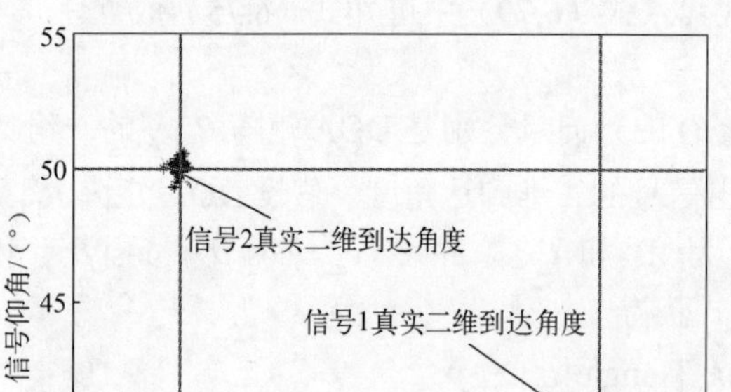

图 6.19　DOA 矩阵算法的测向结果（8×2 阶双排均匀线阵）

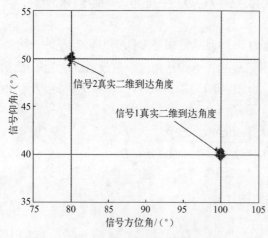

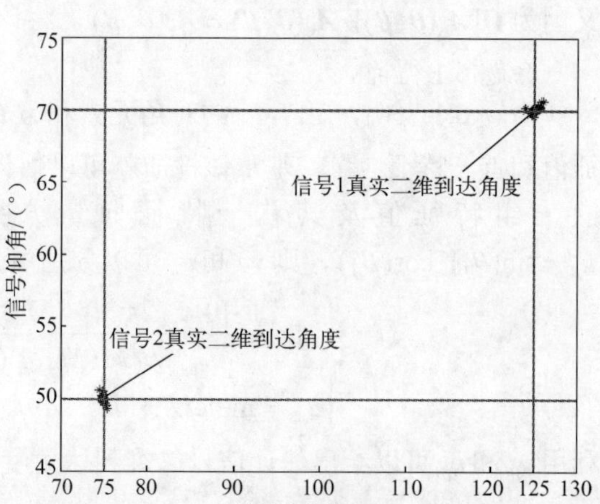

图 6.20　DOA 矩阵算法的测向结果（6×2 阶双排均匀线阵）

从图 6.19 和图 6.20 中可以看出：DOA 矩阵算法可以较准确的给出 2 个信号的二维到达角度估计值，从而验证了该算法的有效性。

需要指出的是，通过进一步的数值实验会发现 DOA 矩阵算法的测向精度与二维 MUSIC 算法相比还是有些差距，但是 DOA 矩阵算法需要更少的运算量，并且很好地解决了参数配对问题。

（三）基于均匀圆阵的二维 ESPRIT 算法

ESPRIT 算法不仅可以应用于均匀线阵、均匀矩形阵等具有平移不变性的阵型，还可以应用于均匀圆阵。这是因为模式空间转换能够将均匀圆阵的阵列流形向量转化为具有 Vandermonde 结构的形式。C.P.Mathews 等人最早提出了基于均匀圆阵的二维 ESPRIT 算法[6, 7]（称为 UCA-ESPRIT 算法）。下面将对其基本原理进行讨论。

（1）基于均匀圆阵的阵列信号模型

如图 6.21 所示，假设有 D 个窄带信号到达某 M 元均匀圆阵，其中第 d 个信号的方位角为 θ_d，仰角为 β_d，则阵列输出响应可以表示为

$$\boldsymbol{x}(t)=\boldsymbol{A}_{\mathrm{c}}(\boldsymbol{\theta},\boldsymbol{\beta})\boldsymbol{s}(t)+\boldsymbol{n}(t) \tag{6.82}$$

式中

$$\begin{aligned}\boldsymbol{A}_{\mathrm{c}}(\boldsymbol{\theta},\boldsymbol{\beta})&=[\boldsymbol{a}_{\mathrm{c}}(\theta_1,\beta_1)\ \boldsymbol{a}_{\mathrm{c}}(\theta_2,\beta_2)\ \cdots\ \boldsymbol{a}_{\mathrm{c}}(\theta_D,\beta_D)]\\&=\left[\begin{array}{c:c:c:c}\exp\{\mathrm{j}\kappa_{\mathrm{c}}\cdot\cos(\beta_1)\cdot\cos(\theta_1-\phi_0)\} & \exp\{\mathrm{j}\kappa_{\mathrm{c}}\cdot\cos(\beta_2)\cdot\cos(\theta_2-\phi_0)\} & \cdots & \exp\{\mathrm{j}\kappa_{\mathrm{c}}\cdot\cos(\beta_D)\cdot\cos(\theta_D-\phi_0)\}\\ \exp\{\mathrm{j}\kappa_{\mathrm{c}}\cdot\cos(\beta_1)\cdot\cos(\theta_1-\phi_1)\} & \exp\{\mathrm{j}\kappa_{\mathrm{c}}\cdot\cos(\beta_2)\cdot\cos(\theta_2-\phi_1)\} & \cdots & \exp\{\mathrm{j}\kappa_{\mathrm{c}}\cdot\cos(\beta_D)\cdot\cos(\theta_D-\phi_1)\}\\ \vdots & \vdots & \vdots & \vdots\\ \exp\{\mathrm{j}\kappa_{\mathrm{c}}\cdot\cos(\beta_1)\cdot\cos(\theta_1-\phi_{M-1})\} & \exp\{\mathrm{j}\kappa_{\mathrm{c}}\cdot\cos(\beta_2)\cdot\cos(\theta_2-\phi_{M-1})\} & \cdots & \exp\{\mathrm{j}\kappa_{\mathrm{c}}\cdot\cos(\beta_D)\cdot\cos(\theta_D-\phi_{M-1})\}\end{array}\right]\end{aligned} \tag{6.83}$$

其中 $\kappa_{\mathrm{c}}=2\pi r/\lambda$ 和 $\phi_m=2\pi m/M$，而 r/λ 表示圆阵半径与波长的比值。

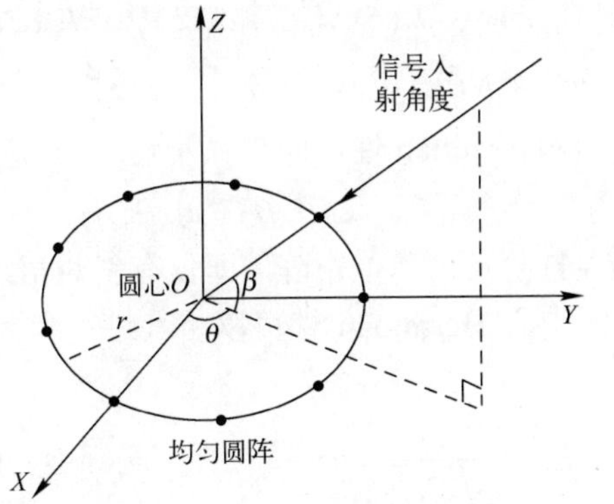

图 6.21　均匀圆阵示意图

根据式（6.82）可知，阵列输出自相关矩阵为

$$\boldsymbol{R}_{xx}=\mathrm{E}[\boldsymbol{x}(t)\boldsymbol{x}^{\mathrm{H}}(t)]=\boldsymbol{A}_{\mathrm{c}}(\boldsymbol{\theta},\boldsymbol{\beta})\boldsymbol{R}_{ss}\boldsymbol{A}_{\mathrm{c}}^{\mathrm{H}}(\boldsymbol{\theta},\boldsymbol{\beta})+\sigma_n^2\boldsymbol{I}_M \tag{6.84}$$

式中 $\boldsymbol{R}_{ss}=\mathrm{E}[\boldsymbol{s}(t)\boldsymbol{s}^{\mathrm{H}}(t)]$ 表示信号自相关矩阵（假设它是满秩矩阵，即信号不完全相干）。

（2）基于均匀圆阵的模式空间转换

模式空间转换能够将均匀圆阵的阵列流形向量转化为具有 Vandermonde 结构的形式，下

面给出其转化过程。在模式空间转换中，第 n 个模式的激励向量定义为

$$\begin{aligned}\boldsymbol{w}_n^{\mathrm{H}} &= \frac{1}{M}\cdot[\exp\{\mathrm{j}n\phi_0\}\ \exp\{\mathrm{j}n\phi_1\}\ \cdots\ \exp\{\mathrm{j}n\phi_{M-1}\}] \\ &= \frac{1}{M}\cdot[1\ \ \exp\{\mathrm{j}2\pi n/M\}\ \ \cdots\ \ \exp\{\mathrm{j}2\pi n(M-1)/M\}]\end{aligned} \tag{6.85}$$

而第 n 个相位模式的方向图为

$$\begin{aligned}g_n(\theta,\beta) &= \boldsymbol{w}_n^{\mathrm{H}}\boldsymbol{a}_{\mathrm{c}}(\theta,\beta) = \mathrm{j}^n J_n(\xi)\mathrm{e}^{\mathrm{j}n\theta} + \sum_{q=1}^{+\infty}(\mathrm{j}^g J_g(\xi)\mathrm{e}^{-\mathrm{j}g\theta} + \mathrm{j}^h J_h(\xi)\mathrm{e}^{\mathrm{j}h\theta}) \\ &= \mathrm{j}^n J_n(\xi)\mathrm{e}^{\mathrm{j}n\theta} + \varepsilon_n \quad (-N \leqslant n \leqslant N)\end{aligned} \tag{6.86}$$

式中 $J_n(\xi)$ 表示第一类 n 阶贝塞尔函数，$\xi = 2\pi r\cdot\cos(\beta)/\lambda$，$g = Mq - n$，$h = Mq + n$，$N$ 表示最大模式数，其取值为 $N = \lfloor 2\pi r/\lambda \rfloor$[6, 7]。式（6.86）中右边第一项 $\mathrm{j}^n J_n(\xi)\mathrm{e}^{\mathrm{j}n\theta}$ 为主项，第二项 ε_n 为残余项。为了使主项在数值上占主导地位，需要满足条件 $M > 2N$，而当 $M = 2N + 6$ 时通常已经可以满足要求了[6, 7]。

基于上述分析可以将模式空间转换矩阵定义为

$$\boldsymbol{F}_{\mathrm{e}}^{\mathrm{H}} = \boldsymbol{C}_{\mathrm{e}}\boldsymbol{W}^{\mathrm{H}} \tag{6.87}$$

式中

$$\begin{cases}\boldsymbol{C}_{\mathrm{e}} = \mathrm{diag}[\mathrm{j}^{-N}\ \cdots\ \mathrm{j}^{-1}\ \mathrm{j}^{0}\ \mathrm{j}^{-1}\ \cdots\ \mathrm{j}^{-N}] \\ \boldsymbol{W}^{\mathrm{H}} = \sqrt{M}\cdot[\boldsymbol{w}_{-N}\ \cdots\ \boldsymbol{w}_{-1}\ \boldsymbol{w}_0\ \boldsymbol{w}_1\ \cdots\ \boldsymbol{w}_N]^{\mathrm{H}}\end{cases} \tag{6.88}$$

不难证明矩阵 $\boldsymbol{F}_{\mathrm{e}}^{\mathrm{H}}$ 满足 $\boldsymbol{F}_{\mathrm{e}}^{\mathrm{H}}\boldsymbol{F}_{\mathrm{e}} = \boldsymbol{I}_{2N+1}$。根据式（6.86）以及等式 $J_{-n}(\xi) = (-1)^n J_n(\xi)$ 可得

$$\boldsymbol{a}_{\mathrm{e}}(\theta,\beta) = \boldsymbol{F}_{\mathrm{e}}^{\mathrm{H}}\boldsymbol{a}_{\mathrm{c}}(\theta,\beta) \approx \sqrt{M}\boldsymbol{J}_{\xi}\boldsymbol{a}_0(\theta) \tag{6.89}$$

式中

$$\begin{cases}\boldsymbol{J}_{\xi} = \mathrm{diag}[J_N(\xi)\ \cdots\ J_1(\xi)\ J_0(\xi)\ J_1(\xi)\ \cdots\ J_N(\xi)] \\ \boldsymbol{a}_0(\theta) = [\exp\{-\mathrm{j}N\theta\}\ \cdots\ \exp\{-\mathrm{j}\theta\}\ 1\ \exp\{\mathrm{j}\theta\}\ \cdots\ \exp\{\mathrm{j}N\theta\}]^{\mathrm{T}}\end{cases} \tag{6.90}$$

显然，向量 $\boldsymbol{a}_{\mathrm{e}}(\theta,\beta)$ 满足中心 Hermitian 性，即有

$$\tilde{\boldsymbol{I}}_{2N+1}\boldsymbol{a}_{\mathrm{e}}(\theta,\beta) = \boldsymbol{a}_{\mathrm{e}}^{*}(\theta,\beta) \tag{6.91}$$

式中 $\tilde{\boldsymbol{I}}_{2N+1}$ 为 $(2N+1)\times(2N+1)$ 阶反向单位矩阵（即仅有斜对角线上的元素为 1，其余元素均为零）。利用向量 $\boldsymbol{a}_{\mathrm{e}}(\theta,\beta)$ 的中心 Hermitian 性可以将其进一步转化为实向量，为此可以定义如下酉矩阵

$$\boldsymbol{V}^{\mathrm{H}} = \frac{1}{\sqrt{2N+1}}\cdot[\boldsymbol{v}_{-N}\ \cdots\ \boldsymbol{v}_{-1}\ \boldsymbol{v}_0\ \boldsymbol{v}_1\ \cdots\ \boldsymbol{v}_N]^{\mathrm{H}} \tag{6.92}$$

其中

$$\boldsymbol{v}_n = [\exp\{-\mathrm{j}2\pi nN/(2N+1)\}\ \cdots\ \exp\{-\mathrm{j}2\pi n/(2N+1)\}\ 1\ \exp\{\mathrm{j}2\pi n/(2N+1)\}\ \cdots\ \exp\{\mathrm{j}2\pi nN/(2N+1)\}]^{\mathrm{T}} \tag{6.93}$$

不难验证 $\boldsymbol{a}_{\mathrm{r}}(\theta,\beta) = \boldsymbol{V}^{\mathrm{H}}\boldsymbol{a}_{\mathrm{e}}(\theta,\beta)$ 是实向量。

（3）UCA-ESPRIT 算法的基本原理

首先构造矩阵 $\boldsymbol{F}_{\mathrm{r}}^{\mathrm{H}} = \boldsymbol{V}^{\mathrm{H}}\boldsymbol{F}_{\mathrm{e}}^{\mathrm{H}} = \boldsymbol{V}^{\mathrm{H}}\boldsymbol{C}_{\mathrm{e}}\boldsymbol{W}^{\mathrm{H}}$，则有 $\boldsymbol{F}_{\mathrm{r}}^{\mathrm{H}}\boldsymbol{F}_{\mathrm{r}} = \boldsymbol{I}_{2N+1}$。将该矩阵左乘以阵列输出响

应可得

$$\boldsymbol{x}_{\mathrm{r}}(t)=\boldsymbol{F}_{\mathrm{r}}^{\mathrm{H}}\boldsymbol{x}(t)=\boldsymbol{F}_{\mathrm{r}}^{\mathrm{H}}\boldsymbol{A}_{\mathrm{c}}(\boldsymbol{\theta},\boldsymbol{\beta})\boldsymbol{s}(t)+\boldsymbol{F}_{\mathrm{r}}^{\mathrm{H}}\boldsymbol{n}(t)=\boldsymbol{A}_{\mathrm{r}}(\boldsymbol{\theta},\boldsymbol{\beta})\boldsymbol{s}(t)+\boldsymbol{n}_{\mathrm{r}}(t) \tag{6.94}$$

式中 $\boldsymbol{A}_{\mathrm{r}}(\boldsymbol{\theta},\boldsymbol{\beta})=\boldsymbol{F}_{\mathrm{r}}^{\mathrm{H}}\boldsymbol{A}_{\mathrm{c}}(\boldsymbol{\theta},\boldsymbol{\beta})$（根据上述分析可知它是实矩阵），$\boldsymbol{n}_{\mathrm{r}}(t)=\boldsymbol{F}_{\mathrm{r}}^{\mathrm{H}}\boldsymbol{n}(t)$。式（6.94）表示波束空间域的阵列输出响应，其自相关矩阵为

$$\boldsymbol{R}_{x_{\mathrm{r}}x_{\mathrm{r}}}=\mathrm{E}[\boldsymbol{x}_{\mathrm{r}}(t)\boldsymbol{x}_{\mathrm{r}}^{\mathrm{H}}(t)]=\boldsymbol{A}_{\mathrm{r}}(\boldsymbol{\theta},\boldsymbol{\beta})\boldsymbol{R}_{ss}\boldsymbol{A}_{\mathrm{r}}^{\mathrm{T}}(\boldsymbol{\theta},\boldsymbol{\beta})+\sigma_n^2\boldsymbol{I}_{2N+1} \tag{6.95}$$

对式（6.95）两边取实部运算可得

$$\boldsymbol{R}_{x_{\mathrm{r}}x_{\mathrm{r}}}^{(\mathrm{r})}=\mathrm{Re}\{\boldsymbol{R}_{x_{\mathrm{r}}x_{\mathrm{r}}}\}=\boldsymbol{A}_{\mathrm{r}}(\boldsymbol{\theta},\boldsymbol{\beta})\boldsymbol{R}_{ss}^{(\mathrm{r})}\boldsymbol{A}_{\mathrm{r}}^{\mathrm{T}}(\boldsymbol{\theta},\boldsymbol{\beta})+\sigma_n^2\boldsymbol{I}_{2N+1} \tag{6.96}$$

式中 $\boldsymbol{R}_{ss}^{(\mathrm{r})}=\mathrm{Re}\{\boldsymbol{R}_{ss}\}$。对实矩阵 $\boldsymbol{R}_{x_{\mathrm{r}}x_{\mathrm{r}}}^{(\mathrm{r})}$ 进行特征值分解，并利用其最大的 D 个特征值对应的实单位特征向量构成实矩阵 $\boldsymbol{U}_{\mathrm{r}}$，于是存在可逆实矩阵 $\boldsymbol{T}$ 满足

$$\boldsymbol{U}_{\mathrm{r}}=\boldsymbol{A}_{\mathrm{r}}(\boldsymbol{\theta},\boldsymbol{\beta})\boldsymbol{T} \tag{6.97}$$

接着构造酉矩阵 $\boldsymbol{Q}_{\mathrm{t}}=\boldsymbol{C}_{\mathrm{t}}\boldsymbol{V}$，其中 $\boldsymbol{C}_{\mathrm{t}}=\mathrm{diag}[(-1)^N\ \cdots\ (-1)^1\ 1\ 1\cdots 1]$，并将其左乘以式（6.97）两边可得

$$\boldsymbol{U}_{\mathrm{t}}=\boldsymbol{Q}_{\mathrm{t}}\boldsymbol{U}_{\mathrm{r}}=\boldsymbol{Q}_{\mathrm{t}}\boldsymbol{A}_{\mathrm{r}}(\boldsymbol{\theta},\boldsymbol{\beta})\boldsymbol{T}=\boldsymbol{A}_{\mathrm{t}}(\boldsymbol{\theta},\boldsymbol{\beta})\boldsymbol{T} \tag{6.98}$$

式中

$$\begin{aligned}\boldsymbol{A}_{\mathrm{t}}(\boldsymbol{\theta},\boldsymbol{\beta})&=\boldsymbol{Q}_{\mathrm{t}}\boldsymbol{A}_{\mathrm{r}}(\boldsymbol{\theta},\boldsymbol{\beta})=\boldsymbol{C}_{\mathrm{t}}\boldsymbol{V}\boldsymbol{V}^{\mathrm{H}}\boldsymbol{F}_{\mathrm{e}}^{\mathrm{H}}\boldsymbol{A}_{\mathrm{c}}(\boldsymbol{\theta},\boldsymbol{\beta})=\boldsymbol{C}_{\mathrm{t}}\boldsymbol{F}_{\mathrm{e}}^{\mathrm{H}}\boldsymbol{A}_{\mathrm{c}}(\boldsymbol{\theta},\boldsymbol{\beta})\\&=\sqrt{M}\cdot[\bar{\boldsymbol{J}}_{\xi_1}\boldsymbol{a}_0(\theta_1)\ \bar{\boldsymbol{J}}_{\xi_2}\boldsymbol{a}_0(\theta_2)\ \cdots\ \bar{\boldsymbol{J}}_{\xi_D}\boldsymbol{a}_0(\theta_D)]\end{aligned} \tag{6.99}$$

其中

$$\bar{\boldsymbol{J}}_{\xi_d}=\mathrm{diag}[J_{-N}(\xi_d)\ \cdots\ J_{-1}(\xi_d)\ J_0(\xi_d)\ J_1(\xi_d)\ \cdots\ J_N(\xi_d)]\quad(1\leqslant d\leqslant D) \tag{6.100}$$

式中 $\xi_d=2\pi r\cdot\cos(\beta_d)/\lambda$。

然后再定义下面三个选择矩阵

$$\begin{cases}\boldsymbol{\varPi}^{(-1)}=[\boldsymbol{I}_{2N-1}\ \ \boldsymbol{O}_{(2N-1)\times 2}]\\\boldsymbol{\varPi}^{(0)}=[\boldsymbol{O}_{(2N-1)\times 1}\ \ \boldsymbol{I}_{2N-1}\ \ \boldsymbol{O}_{(2N-1)\times 1}]\\\boldsymbol{\varPi}^{(1)}=[\boldsymbol{O}_{(2N-1)\times 2}\ \ \boldsymbol{I}_{2N-1}]\end{cases} \tag{6.101}$$

并令

$$\begin{cases}\boldsymbol{U}_{\mathrm{t}}^{(-1)}=\boldsymbol{\varPi}^{(-1)}\boldsymbol{U}_{\mathrm{t}}\ ,\ \boldsymbol{U}_{\mathrm{t}}^{(0)}=\boldsymbol{\varPi}^{(0)}\boldsymbol{U}_{\mathrm{t}}\ ,\ \boldsymbol{U}_{\mathrm{t}}^{(1)}=\boldsymbol{\varPi}^{(1)}\boldsymbol{U}_{\mathrm{t}}\\\boldsymbol{A}_{\mathrm{t}}^{(-1)}(\boldsymbol{\theta},\boldsymbol{\beta})=\boldsymbol{\varPi}^{(-1)}\boldsymbol{A}_{\mathrm{t}}(\boldsymbol{\theta},\boldsymbol{\beta})\ ,\ \boldsymbol{A}_{\mathrm{t}}^{(0)}(\boldsymbol{\theta},\boldsymbol{\beta})=\boldsymbol{\varPi}^{(0)}\boldsymbol{A}_{\mathrm{t}}(\boldsymbol{\theta},\boldsymbol{\beta})\ ,\ \boldsymbol{A}_{\mathrm{t}}^{(1)}(\boldsymbol{\theta},\boldsymbol{\beta})=\boldsymbol{\varPi}^{(1)}\boldsymbol{A}_{\mathrm{t}}(\boldsymbol{\theta},\boldsymbol{\beta})\end{cases} \tag{6.102}$$

则有

$$\begin{cases}\boldsymbol{\varGamma}\boldsymbol{A}_{\mathrm{t}}^{(0)}(\boldsymbol{\theta},\boldsymbol{\beta})=\boldsymbol{A}_{\mathrm{t}}^{(-1)}(\boldsymbol{\theta},\boldsymbol{\beta})\boldsymbol{\varPhi}+\boldsymbol{A}_{\mathrm{t}}^{(1)}(\boldsymbol{\theta},\boldsymbol{\beta})\boldsymbol{\varPhi}^*\\\boldsymbol{A}_{\mathrm{t}}^{(1)}(\boldsymbol{\theta},\boldsymbol{\beta})=\boldsymbol{\varLambda}\tilde{\boldsymbol{I}}_{2K-1}(\boldsymbol{A}_{\mathrm{t}}^{(-1)}(\boldsymbol{\theta},\boldsymbol{\beta}))^*\end{cases} \tag{6.103}$$

式中

$$\begin{cases}\boldsymbol{\varGamma}=\dfrac{\lambda}{\pi r}\cdot\mathrm{diag}[-(N-1)\ \cdots\ -1\ \ 0\ \ 1\ \cdots\ N-1]\\\boldsymbol{\varPhi}=\mathrm{diag}[\mu_1\ \ \mu_2\ \cdots\ \mu_D]\\\quad=\mathrm{diag}[\cos(\beta_1)\cdot\exp\{\mathrm{j}\theta_1\}\ \ \cos(\beta_2)\cdot\exp\{\mathrm{j}\theta_2\}\ \ \cdots\ \ \cos(\beta_D)\cdot\exp\{\mathrm{j}\theta_D\}]\\\boldsymbol{\varLambda}=\mathrm{diag}[(-1)^{N-2}\ \cdots\ (-1)^1\ \ (-1)^0\ \ (-1)^1\ \cdots\ (-1)^N]\end{cases} \tag{6.104}$$

式（6.103）利用了关系式

$$\begin{cases} J_{-n}(\xi) = (-1)^n J_n(\xi) \\ J_{n-1}(\xi) + J_{n+1}(\xi) = (2n/\xi) J_n(\xi) \end{cases} \tag{6.105}$$

结合式（6.98）、式（6.102）和式（6.103）可知

$$\begin{cases} \boldsymbol{\Gamma} \boldsymbol{U}_{\mathrm{t}}^{(0)} \boldsymbol{T}^{-1} = \boldsymbol{U}_{\mathrm{t}}^{(-1)} \boldsymbol{T}^{-1} \boldsymbol{\Phi} + \boldsymbol{U}_{\mathrm{t}}^{(1)} \boldsymbol{T}^{-1} \boldsymbol{\Phi}^* \\ \boldsymbol{U}_{\mathrm{t}}^{(1)} = \boldsymbol{\Lambda} \tilde{\boldsymbol{I}}_{2N-1} (\boldsymbol{U}_{\mathrm{t}}^{(-1)})^* \end{cases} \tag{6.106}$$

将式（6.106）中的第二式代入第一式中可得

$$\begin{aligned} \boldsymbol{\Gamma} \boldsymbol{U}_{\mathrm{t}}^{(0)} &= \boldsymbol{U}_{\mathrm{t}}^{(-1)} \boldsymbol{T}^{-1} \boldsymbol{\Phi} \boldsymbol{T} + \boldsymbol{\Lambda} \tilde{\boldsymbol{I}}_{2N-1} (\boldsymbol{U}_{\mathrm{t}}^{(-1)})^* \boldsymbol{T}^{-1} \boldsymbol{\Phi}^* \boldsymbol{T} \\ &= \boldsymbol{U}_{\mathrm{t}}^{(-1)} \boldsymbol{\Psi} + \boldsymbol{\Lambda} \tilde{\boldsymbol{I}}_{2N-1} (\boldsymbol{U}_{\mathrm{t}}^{(-1)})^* \boldsymbol{\Psi}^* \end{aligned} \tag{6.107}$$

式中$\boldsymbol{\Psi} = \boldsymbol{T}^{-1} \boldsymbol{\Phi} \boldsymbol{T}$，由该式可知，矩阵$\boldsymbol{\Psi}$和$\boldsymbol{\Phi}$具有相同的特征值，并且特征值即为对角矩阵$\boldsymbol{\Phi}$的对角元素，即有

$$\rho_d = \cos(\beta_d) \cdot \exp\{\mathrm{j}\theta_d\} \Rightarrow \begin{cases} \theta_d = \mathrm{angle}\{\rho_d\} \\ \beta_d = \arccos(|\rho_d|) \end{cases} \quad (1 \leqslant d \leqslant D) \tag{6.108}$$

下面考虑矩阵$\boldsymbol{\Psi}$的计算公式。首先将式（6.107）按照实部和虚部分别建立如下两个矩阵方程

$$\begin{cases} \mathrm{Re}\{\boldsymbol{\Gamma} \boldsymbol{U}_{\mathrm{t}}^{(0)}\} = \mathrm{Re}\{\boldsymbol{U}_{\mathrm{t}}^{(-1)}\} \cdot \mathrm{Re}\{\boldsymbol{\Psi}\} - \mathrm{Im}\{\boldsymbol{U}_{\mathrm{t}}^{(-1)}\} \cdot \mathrm{Im}\{\boldsymbol{\Psi}\} \\ \qquad + \mathrm{Re}\{\boldsymbol{\Lambda} \tilde{\boldsymbol{I}}_{2N-1} (\boldsymbol{U}_{\mathrm{t}}^{(-1)})^*\} \cdot \mathrm{Re}\{\boldsymbol{\Psi}\} + \mathrm{Im}\{\boldsymbol{\Lambda} \tilde{\boldsymbol{I}}_{2N-1} (\boldsymbol{U}_{\mathrm{t}}^{(-1)})^*\} \cdot \mathrm{Im}\{\boldsymbol{\Psi}\} \\ \mathrm{Im}\{\boldsymbol{\Gamma} \boldsymbol{U}_{\mathrm{t}}^{(0)}\} = \mathrm{Re}\{\boldsymbol{U}_{\mathrm{t}}^{(-1)}\} \cdot \mathrm{Im}\{\boldsymbol{\Psi}\} + \mathrm{Im}\{\boldsymbol{U}_{\mathrm{t}}^{(-1)}\} \cdot \mathrm{Re}\{\boldsymbol{\Psi}\} \\ \qquad - \mathrm{Re}\{\boldsymbol{\Lambda} \tilde{\boldsymbol{I}}_{2N-1} (\boldsymbol{U}_{\mathrm{t}}^{(-1)})^*\} \cdot \mathrm{Im}\{\boldsymbol{\Psi}\} + \mathrm{Im}\{\boldsymbol{\Lambda} \tilde{\boldsymbol{I}}_{2N-1} (\boldsymbol{U}_{\mathrm{t}}^{(-1)})^*\} \cdot \mathrm{Re}\{\boldsymbol{\Psi}\} \end{cases} \tag{6.109}$$

然后将式（6.109）中的两个矩阵方程合并成如下具有更高维度的实矩阵方程

$$\begin{bmatrix} \mathrm{Re}\{\boldsymbol{\Gamma} \boldsymbol{U}_{\mathrm{t}}^{(0)}\} \\ \mathrm{Im}\{\boldsymbol{\Gamma} \boldsymbol{U}_{\mathrm{t}}^{(0)}\} \end{bmatrix} = \left[\begin{array}{c|c} \mathrm{Re}\{\boldsymbol{U}_{\mathrm{t}}^{(-1)} + \boldsymbol{\Lambda} \tilde{\boldsymbol{I}}_{2N-1} (\boldsymbol{U}_{\mathrm{t}}^{(-1)})^*\} & \mathrm{Im}\{\boldsymbol{\Lambda} \tilde{\boldsymbol{I}}_{2N-1} (\boldsymbol{U}_{\mathrm{t}}^{(-1)})^* - \boldsymbol{U}_{\mathrm{t}}^{(-1)}\} \\ \hline \mathrm{Im}\{\boldsymbol{U}_{\mathrm{t}}^{(-1)} + \boldsymbol{\Lambda} \tilde{\boldsymbol{I}}_{2N-1} (\boldsymbol{U}_{\mathrm{t}}^{(-1)})^*\} & \mathrm{Re}\{\boldsymbol{U}_{\mathrm{t}}^{(-1)} - \boldsymbol{\Lambda} \tilde{\boldsymbol{I}}_{2N-1} (\boldsymbol{U}_{\mathrm{t}}^{(-1)})^*\} \end{array}\right] \cdot \begin{bmatrix} \mathrm{Re}\{\boldsymbol{\Psi}\} \\ \mathrm{Im}\{\boldsymbol{\Psi}\} \end{bmatrix} \tag{6.110}$$

若令

$$\begin{cases} \boldsymbol{P}_1 = \left[\begin{array}{c|c} \mathrm{Re}\{\boldsymbol{U}_{\mathrm{t}}^{(-1)} + \boldsymbol{\Lambda} \tilde{\boldsymbol{I}}_{2N-1} (\boldsymbol{U}_{\mathrm{t}}^{(-1)})^*\} & \mathrm{Im}\{\boldsymbol{\Lambda} \tilde{\boldsymbol{I}}_{2N-1} (\boldsymbol{U}_{\mathrm{t}}^{(-1)})^* - \boldsymbol{U}_{\mathrm{t}}^{(-1)}\} \\ \hline \mathrm{Im}\{\boldsymbol{U}_{\mathrm{t}}^{(-1)} + \boldsymbol{\Lambda} \tilde{\boldsymbol{I}}_{2N-1} (\boldsymbol{U}_{\mathrm{t}}^{(-1)})^*\} & \mathrm{Re}\{\boldsymbol{U}_{\mathrm{t}}^{(-1)} - \boldsymbol{\Lambda} \tilde{\boldsymbol{I}}_{2N-1} (\boldsymbol{U}_{\mathrm{t}}^{(-1)})^*\} \end{array}\right] \\ \boldsymbol{P}_2 = \begin{bmatrix} \mathrm{Re}\{\boldsymbol{\Gamma} \boldsymbol{U}_{\mathrm{t}}^{(0)}\} \\ \mathrm{Im}\{\boldsymbol{\Gamma} \boldsymbol{U}_{\mathrm{t}}^{(0)}\} \end{bmatrix}, \ \bar{\boldsymbol{\Psi}} = \begin{bmatrix} \mathrm{Re}\{\boldsymbol{\Psi}\} \\ \mathrm{Im}\{\boldsymbol{\Psi}\} \end{bmatrix} \end{cases} \tag{6.111}$$

则矩阵$\bar{\boldsymbol{\Psi}}$的计算公式为

$$\bar{\boldsymbol{\Psi}} = \boldsymbol{P}_1^{\dagger} \boldsymbol{P}_2 = (\boldsymbol{P}_1^{\mathrm{H}} \boldsymbol{P}_1)^{-1} \boldsymbol{P}_1^{\mathrm{H}} \boldsymbol{P}_2 \tag{6.112}$$

将矩阵$\bar{\boldsymbol{\Psi}}$的前D行和后D行分别作为矩阵$\boldsymbol{\Psi}$的实部和虚部，然后利用其特征值和式（6.108）即可求解出信号的二维到达角度。由于利用一个特征值就可以同时估计信号的二维到达角度，因此并不需要参数配对。

（4）UCA-ESPRIT 算法的基本步骤

基于上述讨论可以总结出基于均匀圆阵的 UCA-ESPRIT 算法的基本步骤如下：

步骤 1：利用式（6.87）和式（6.92）构造矩阵$\boldsymbol{F}_{\mathrm{r}}^{\mathrm{H}} = \boldsymbol{V}^{\mathrm{H}} \boldsymbol{F}_{\mathrm{e}}^{\mathrm{H}}$，然后再构造酉矩阵$\boldsymbol{Q}_{\mathrm{t}} = \boldsymbol{C}_{\mathrm{t}} \boldsymbol{V}$。

步骤 2：根据 K 个数据样本构造阵列输出自相关矩阵的最大似然估计值 $\hat{\boldsymbol{R}}_{xx}=\frac{1}{K}\cdot\sum_{k=1}^{K}\boldsymbol{x}(t_k)\boldsymbol{x}^{\mathrm{H}}(t_k)$，然后再计算波束域的阵列输出自相关矩阵 $\hat{\boldsymbol{R}}_{x_r x_r}=\boldsymbol{F}_{\mathrm{r}}^{\mathrm{H}}\hat{\boldsymbol{R}}_{xx}\boldsymbol{F}_{\mathrm{r}}$，并取其实部得到 $\hat{\boldsymbol{R}}_{x_r x_r}^{(\mathrm{r})}=\mathrm{Re}\{\hat{\boldsymbol{R}}_{x_r x_r}\}$。

步骤 3：对矩阵 $\hat{\boldsymbol{R}}_{x_r x_r}^{(\mathrm{r})}$ 进行实特征值分解 $\hat{\boldsymbol{R}}_{x_r x_r}^{(\mathrm{r})}=\hat{\boldsymbol{U}}\hat{\boldsymbol{\Sigma}}\hat{\boldsymbol{U}}^{\mathrm{T}}$，利用其最大的 D 个特征值对应的实单位特征向量构造实矩阵 $\hat{\boldsymbol{U}}_{\mathrm{r}}$。

步骤 4：计算 $\hat{\boldsymbol{U}}_{\mathrm{t}}=\boldsymbol{Q}_{\mathrm{t}}\hat{\boldsymbol{U}}_{\mathrm{r}}$，并提取其前面 $2N-1$ 行和中间 $2N-1$ 行构成矩阵 $\hat{\boldsymbol{U}}_{\mathrm{t}}^{(-1)}$ 和 $\hat{\boldsymbol{U}}_{\mathrm{t}}^{(0)}$，然后利用式（6.111）计算矩阵 $\hat{\boldsymbol{P}}_1$ 和 $\hat{\boldsymbol{P}}_2$。

步骤 5：计算矩阵 $\hat{\bar{\boldsymbol{\Psi}}}=(\hat{\boldsymbol{P}}_1^{\mathrm{H}}\hat{\boldsymbol{P}}_1)^{-1}\hat{\boldsymbol{P}}_1^{\mathrm{H}}\hat{\boldsymbol{P}}_2$，并利用该矩阵的前 D 行和后 D 行作为实部和虚部用以构成矩阵 $\hat{\boldsymbol{\Psi}}$。

步骤 6：计算矩阵 $\hat{\boldsymbol{\Psi}}$ 的 D 个特征值 $\{\hat{\rho}_d\}_{1\leqslant d\leqslant D}$。

步骤 7：利用式（6.108）计算信号的二维到达角度估计值 $\{\hat{\theta}_d\}_{1\leqslant d\leqslant D}$ 和 $\{\hat{\beta}_d\}_{1\leqslant d\leqslant D}$。

（5）数值实验

下面将通过若干数值实验说明UCA-ESPRIT算法的参数估计精度，并将其与二维MUSIC算法的角度估计性能进行比较。

数值实验 1——验证 UCA-ESPRIT 算法的有效性

假设有 3 个等功率窄带独立信号到达某 20 元均匀圆阵，圆阵半径与波长比为 $r/\lambda=1$，最大模式数为 $N=6$，信号方位角分别为 60°、90°和 120°，仰角分别为 20°、40°和 30°，信噪比为 15dB，样本点数为 500，图 6.22 给出了 UCA-ESPRIT 算法的测向结果（进行了 1000 次蒙特卡洛实验）。

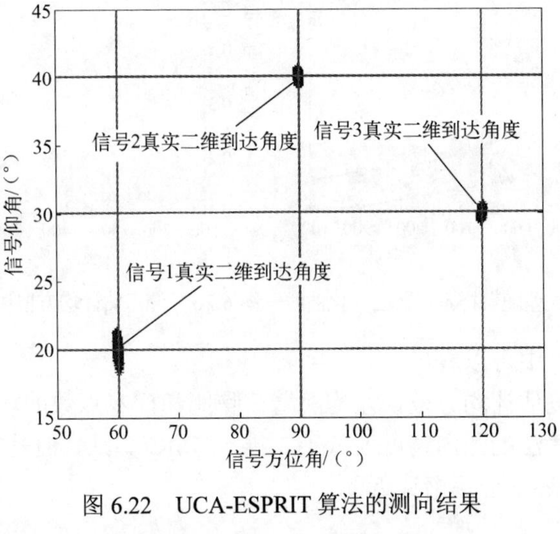

图 6.22　UCA-ESPRIT 算法的测向结果

从图 6.22 中可以看出：UCA-ESPRIT 算法可以较准确地给出 3 个信号的二维到达角度估计值，从而验证了该算法的有效性。

数值实验 2——UCA-ESPRIT 算法与二维 MUSIC 算法的性能比较

假设有 2 个等功率窄带独立信号到达某 15 元均匀圆阵，圆阵半径与波长比为 $r/\lambda=0.8$，最大模式数为 $N=5$，信号方位角分别为 80°和 100°，仰角分别为 40°和 60°。

首先，将样本点数固定为 500，图 6.23 和图 6.24 分别给出了两种算法的方位角和仰角估计均方根误差随着信噪比的变化曲线。

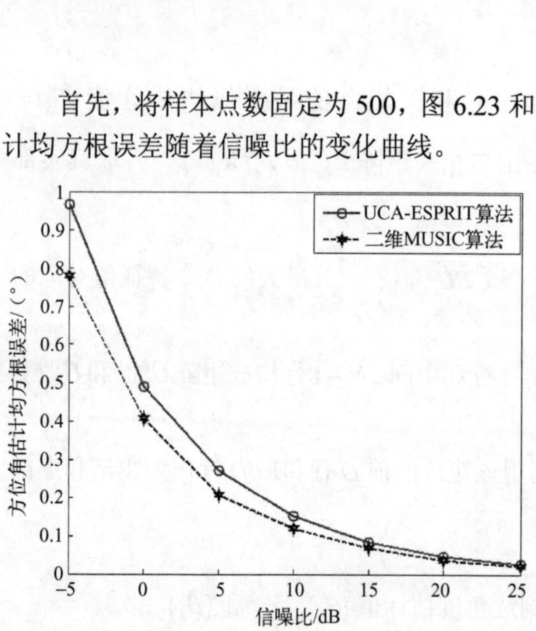

图 6.23　方位角估计均方根误差随着信噪比的变化曲线

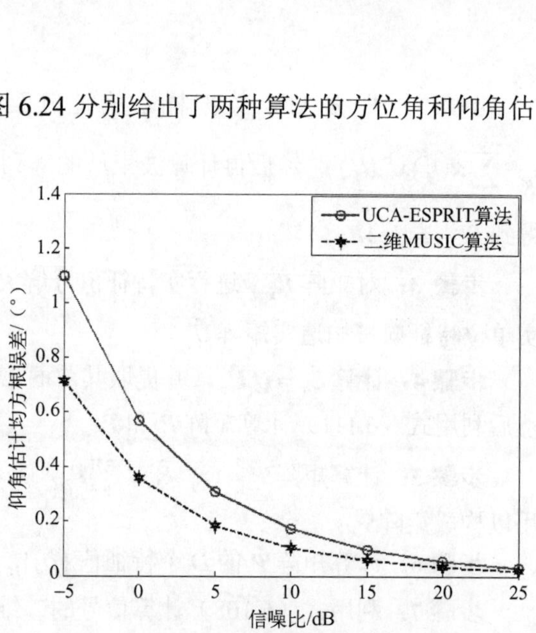

图 6.24　仰角估计均方根误差随着信噪比的变化曲线

接着，将信噪比固定为 5dB，图 6.25 和图 6.26 分别给出了两种算法的方位角和仰角估计均方根误差随着样本点数的变化曲线。

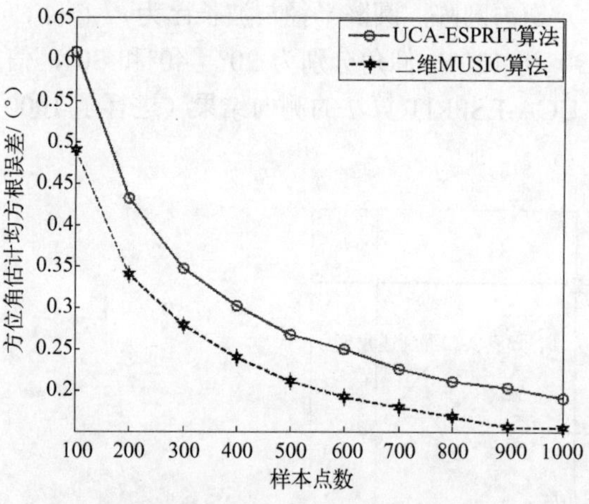

图 6.25　方位角估计均方根误差随着样本点数的变化曲线

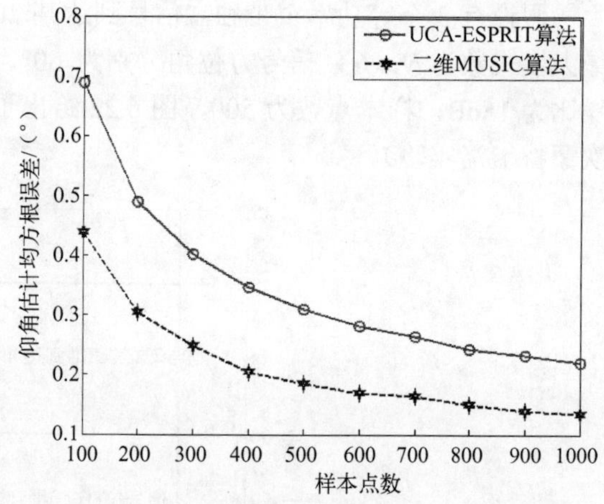

图 6.26　仰角估计均方根误差随着样本点数的变化曲线

从图 6.23 至图 6.26 中可以看出：

① 两种算法的角度估计均方根误差均随着信噪比和样本点数的增加而减少。

② UCA-ESPRIT 算法的测向精度要低于二维 MUSIC 算法，但是随着信噪比的增加，两种算法的角度估计精度还是会逐渐逼近的。

6.3　乘性阵列误差存在条件下的信号方位估计方法

众所周知，常见的阵列误差形式有三种，分别为幅相误差（可以是阵元幅相误差或是通道幅相误差）、互耦以及阵元位置误差，它们的存在会导致阵列流形向量偏离理想标称值，从而使得各类超分辨率测向算法失效。为了避免该问题，通常的处理方式是对阵列误差进行参数化建模，然后将阵列误差参数和信号方位进行联合估计，该类参数估计方法也称为阵列误差自校正方法。近些年来，国内外相关学者提出了大量阵列误差自校正方法，本节将给出一种基于噪声子空间拟合准则的乘性阵列误差参数和信号方位解耦合估计方法。这里的乘性阵列误差特指幅相误差或者互耦，之所以称它们为乘性阵列误差，是由于它们对阵列流形的影响都可以统一建模成某个误差矩阵左乘以阵列流形的形式。

6.3.1 乘性阵列误差存在条件下的阵列信号模型

假设有 D 个窄带信号到达某个 M 元天线阵列，其中第 d 个信号的方位为 θ_d，当乘性阵列误差存在时，阵列输出响应可以表示为

$$\boldsymbol{x}(t)=\sum_{d=1}^{D}\boldsymbol{E}\boldsymbol{a}(\theta_d)s_d(t)+\boldsymbol{n}(t)=\boldsymbol{E}\boldsymbol{A}(\boldsymbol{\theta})\boldsymbol{s}(t)+\boldsymbol{n}(t) \tag{6.113}$$

式中 $\boldsymbol{A}(\boldsymbol{\theta})=[\boldsymbol{a}(\theta_1)\ \ \boldsymbol{a}(\theta_2)\ \ \cdots\ \ \boldsymbol{a}(\theta_D)]$ 表示阵列流形矩阵的理想标称值，$\boldsymbol{E}$ 表示阵列误差矩阵。当考虑幅相误差时，$\boldsymbol{E}$ 是对角矩阵，其中第 m 个对角元素 $<\boldsymbol{E}>_{mm}$ 表示第 m 个阵元的幅相响应。当考虑互耦时，$\boldsymbol{E}$ 则为互耦矩阵，根据互易原理可将其建模成复对称矩阵[8, 9]，而对于一些特殊的阵列结构，该矩阵还具备一些更为特殊的性质，例如，对于均匀线阵而言，$\boldsymbol{E}$ 可以建模成复对称 Toeplitz 矩阵[10, 11]，对于均匀圆阵而言，$\boldsymbol{E}$ 可以建模成复对称 Toeplitz 循环矩阵[10, 12]，对于均匀矩形阵而言，$\boldsymbol{E}$ 可以建模成复对称块状 Toeplitz 矩阵[13]。

需要指出的是，尽管矩阵 $\boldsymbol{E}$ 中共包含有 M^2 个元素，但是其中独立参量个数（即自由度）却远小于 M^2。若将其中全部独立参量按照某种规则排列成向量 $\boldsymbol{e}$，则对于任意的 M 维向量 $\boldsymbol{z}$，存在某个函数矩阵 $\boldsymbol{F}[\cdot]$ 满足如下关系式

$$\boldsymbol{E}\boldsymbol{z}=\boldsymbol{F}[\boldsymbol{z}]\cdot\boldsymbol{e} \tag{6.114}$$

显然，函数 $\boldsymbol{F}[\cdot]$ 的代数形式与矩阵 $\boldsymbol{E}$ 的数学模型紧密相关，文献[10-13]都对此进行了详细分析，限于篇幅这里不再阐述。利用式（6.114）可以将矩阵 $\boldsymbol{E}$ 的估计问题转化为向量 $\boldsymbol{e}$ 的估计问题，不失一般性，通常可以假设 $\boldsymbol{e}$ 为首一向量，并将其维数记为 L。

根据式（6.113）可知，阵列输出自相关矩阵为

$$\boldsymbol{R}_{xx}=\mathrm{E}[\boldsymbol{x}(t)\boldsymbol{x}^{\mathrm{H}}(t)]=\boldsymbol{E}\boldsymbol{A}(\boldsymbol{\theta})\boldsymbol{R}_{ss}\boldsymbol{A}^{\mathrm{H}}(\boldsymbol{\theta})\boldsymbol{E}^{\mathrm{H}}+\sigma_n^2\boldsymbol{I}_M \tag{6.115}$$

式中 $\boldsymbol{R}_{ss}=\mathrm{E}[\boldsymbol{s}(t)\boldsymbol{s}^{\mathrm{H}}(t)]$ 表示信号自相关矩阵（假设它是满秩矩阵，即信号不完全相干）。

6.3.2 乘性阵列误差参数和信号方位联合估计方差的克拉美罗界

若对阵列输出信号进行均匀采样，并且得到 K 个数据向量 $\{\boldsymbol{x}(t_k)\}_{1\leqslant k\leqslant K}$，下面将基于阵列信号模型式（6.113）推导乘性阵列误差参数和信号方位联合估计方差的克拉美罗界。为了便于分析，这里假设信号复包络 $\boldsymbol{s}(t)$ 为零均值复高斯随机型参数。另一方面，无论是哪一种阵列误差参数都会“嵌入”在阵列流形矩阵中，因此下面将包含阵列误差参数的阵列流形矩阵记为

$$\boldsymbol{B}(\boldsymbol{\eta})=\boldsymbol{E}\boldsymbol{A}(\boldsymbol{\theta}) \tag{6.116}$$

式中 $\boldsymbol{\eta}$ 表示阵列流形矩阵中的全部未知参量所构成的向量，其中既包括乘性阵列误差参数，又包含信号方位参数。

基于上述假设，乘性阵列误差参数和信号方位联合估计方差的克拉美罗界可由下述命题给出。

命题 6.2： 在信号复包络 $\boldsymbol{s}(t)$ 为零均值复高斯随机型参数条件下，向量 $\boldsymbol{\eta}$ 的估计方差的克拉美罗界矩阵可以表示为

$$\mathbf{CRB}(\boldsymbol{\eta})=\frac{\sigma_n^2}{2K}\cdot\left(\mathrm{Re}\left\{\left(\frac{\partial\boldsymbol{b}(\boldsymbol{\eta})}{\partial\boldsymbol{\eta}^{\mathrm{T}}}\right)^{\mathrm{H}}\cdot(\boldsymbol{W}_{\mathrm{NSF}}^{\mathrm{T}}\otimes\boldsymbol{\Pi}^{\perp}[\boldsymbol{B}(\boldsymbol{\eta})])\cdot\frac{\partial\boldsymbol{b}(\boldsymbol{\eta})}{\partial\boldsymbol{\eta}^{\mathrm{T}}}\right\}\right)^{-1} \tag{6.117}$$

式中 $\boldsymbol{b}(\boldsymbol{\eta})=\mathrm{vec}(\boldsymbol{B}(\boldsymbol{\eta}))$，矩阵 $\boldsymbol{W}_{\mathrm{NSF}}$ 的表达式为

$$\boldsymbol{W}_{\mathrm{NSF}}=\boldsymbol{B}^{\dagger}(\boldsymbol{\eta})\boldsymbol{U}_{\mathrm{S}}\boldsymbol{W}_{\mathrm{SSF}}\boldsymbol{U}_{\mathrm{S}}^{\mathrm{H}}\boldsymbol{B}^{\dagger\mathrm{H}}(\boldsymbol{\eta})=\boldsymbol{B}^{\dagger}(\boldsymbol{\eta})\boldsymbol{U}_{\mathrm{S}}\bar{\boldsymbol{\Sigma}}_{\mathrm{S}}^2\boldsymbol{\Sigma}_{\mathrm{S}}^{-1}\boldsymbol{U}_{\mathrm{S}}^{\mathrm{H}}\boldsymbol{B}^{\dagger\mathrm{H}}(\boldsymbol{\eta}) \tag{6.118}$$

式中 $\boldsymbol{W}_{\mathrm{SSF}}=\bar{\boldsymbol{\Sigma}}_{\mathrm{S}}^2\boldsymbol{\Sigma}_{\mathrm{S}}^{-1}$，矩阵 $\boldsymbol{U}_{\mathrm{S}}$ 表示矩阵 $\boldsymbol{R}_{xx}$ 的 D 个大特征值对应的单位特征向量矩阵，$\boldsymbol{\Sigma}_{\mathrm{S}}$ 表示由矩阵 $\boldsymbol{R}_{xx}$ 的 D 个大特征值构成的对角矩阵，而 $\bar{\boldsymbol{\Sigma}}_{\mathrm{S}}=\boldsymbol{\Sigma}_{\mathrm{S}}-\sigma_n^2\boldsymbol{I}_D$。

证明： 根据命题 5.9 可知，在复高斯随机型信号模型条件下，信号子空间拟合估计算法的渐近估计方差等于相应的克拉美罗界，因此下面仅需要证明信号子空间拟合估计算法的渐近估计方差矩阵等于式（6.117）即可。根据 5.4 节可知，信号子空间拟合估计算法的优化模型为

$$\min_{\eta}\hat{f}_{\mathrm{SSF}}(\boldsymbol{\eta})=\min_{\eta}\mathrm{tr}(\boldsymbol{\Pi}^{\perp}[\boldsymbol{B}(\boldsymbol{\eta})]\cdot\hat{\boldsymbol{U}}_{\mathrm{S}}\hat{\boldsymbol{W}}_{\mathrm{SSF}}\hat{\boldsymbol{U}}_{\mathrm{S}}^{\mathrm{H}}) \tag{6.119}$$

式中 $\hat{\boldsymbol{U}}_{\mathrm{S}}$ 和 $\hat{\boldsymbol{W}}_{\mathrm{SSF}}$ 分别是 $\boldsymbol{U}_{\mathrm{S}}$ 和 $\boldsymbol{W}_{\mathrm{SSF}}$ 的一致估计值。假设式（6.119）的估计值为 $\hat{\boldsymbol{\eta}}_{\mathrm{SSF}}$，则类似于命题 5.6 中的分析可知，其估计误差可以近似表示为

$$\boldsymbol{\delta\eta}_{\mathrm{SSF}}=\hat{\boldsymbol{\eta}}_{\mathrm{SSF}}-\boldsymbol{\eta}\approx-\left(\lim_{K\to+\infty}\frac{\partial^2\hat{f}_{\mathrm{SSF}}(\boldsymbol{\eta})}{\partial\boldsymbol{\eta}\partial\boldsymbol{\eta}^{\mathrm{T}}}\right)^{-1}\cdot\frac{\partial\hat{f}_{\mathrm{SSF}}(\boldsymbol{\eta})}{\partial\boldsymbol{\eta}} \tag{6.120}$$

于是有

$$\mathbf{CRB}(\boldsymbol{\eta})=\mathrm{E}[\boldsymbol{\delta\eta}_{\mathrm{SSF}}\cdot\boldsymbol{\delta\eta}_{\mathrm{SSF}}^{\mathrm{T}}]=\left(\lim_{K\to+\infty}\frac{\partial^2\hat{f}_{\mathrm{SSF}}(\boldsymbol{\eta})}{\partial\boldsymbol{\eta}\partial\boldsymbol{\eta}^{\mathrm{T}}}\right)^{-1}\cdot\mathrm{E}\left[\frac{\partial\hat{f}_{\mathrm{SSF}}(\boldsymbol{\eta})}{\partial\boldsymbol{\eta}}\cdot\frac{\partial\hat{f}_{\mathrm{SSF}}(\boldsymbol{\eta})}{\partial\boldsymbol{\eta}^{\mathrm{T}}}\right]\cdot\left(\lim_{K\to+\infty}\frac{\partial^2\hat{f}_{\mathrm{SSF}}(\boldsymbol{\eta})}{\partial\boldsymbol{\eta}\partial\boldsymbol{\eta}^{\mathrm{T}}}\right)^{-1} \tag{6.121}$$

附录 C1 中将证明下面两个等式

$$\begin{cases}\mathrm{E}\left[\dfrac{\partial\hat{f}_{\mathrm{SSF}}(\boldsymbol{\eta})}{\partial\boldsymbol{\eta}}\cdot\dfrac{\partial\hat{f}_{\mathrm{SSF}}(\boldsymbol{\eta})}{\partial\boldsymbol{\eta}^{\mathrm{T}}}\right]=\dfrac{2\sigma_n^2}{K}\cdot\mathrm{Re}\left\{\left(\dfrac{\partial\boldsymbol{b}(\boldsymbol{\eta})}{\partial\boldsymbol{\eta}^{\mathrm{T}}}\right)^{\mathrm{H}}\cdot(\boldsymbol{W}_{\mathrm{NSF}}^{\mathrm{T}}\otimes\boldsymbol{\Pi}^{\perp}[\boldsymbol{B}(\boldsymbol{\eta})])\cdot\dfrac{\partial\boldsymbol{b}(\boldsymbol{\eta})}{\partial\boldsymbol{\eta}^{\mathrm{T}}}\right\}\\ \lim\limits_{K\to+\infty}\dfrac{\partial^2\hat{f}_{\mathrm{SSF}}(\boldsymbol{\eta})}{\partial\boldsymbol{\eta}\partial\boldsymbol{\eta}^{\mathrm{T}}}=2\cdot\mathrm{Re}\left\{\left(\dfrac{\partial\boldsymbol{b}(\boldsymbol{\eta})}{\partial\boldsymbol{\eta}^{\mathrm{T}}}\right)^{\mathrm{H}}\cdot(\boldsymbol{W}_{\mathrm{NSF}}^{\mathrm{T}}\otimes\boldsymbol{\Pi}^{\perp}[\boldsymbol{B}(\boldsymbol{\eta})])\cdot\dfrac{\partial\boldsymbol{b}(\boldsymbol{\eta})}{\partial\boldsymbol{\eta}^{\mathrm{T}}}\right\}\end{cases} \tag{6.122}$$

将式（6.122）代入式（6.121）中可知式（6.117）成立。

命题 6.2 得证。 □

6.3.3 乘性阵列误差参数和信号方位联合估计方法

阵列误差参数和信号方位联合估计方法非常之多，为了能够获得最小的渐近估计方差，下面将结合乘性阵列误差参数的特点，给出一种基于噪声子空间拟合准则的参数估计方法，该方法可以实现乘性阵列误差参数和信号方位的解耦合估计。

根据 5.4 节可知，噪声子空间拟合准则为

$$\min_{\boldsymbol{\theta},\boldsymbol{e}}\hat{f}_{\mathrm{NSF}}(\boldsymbol{\theta},\boldsymbol{e})=\min_{\boldsymbol{\theta},\boldsymbol{e}}\mathrm{tr}(\boldsymbol{A}^{\mathrm{H}}(\boldsymbol{\theta})\boldsymbol{E}^{\mathrm{H}}\hat{\boldsymbol{U}}_{\mathrm{N}}\hat{\boldsymbol{U}}_{\mathrm{N}}^{\mathrm{H}}\boldsymbol{E}\boldsymbol{A}(\boldsymbol{\theta})\hat{\boldsymbol{W}}_{\mathrm{NSF}})=\min_{\boldsymbol{\theta},\boldsymbol{e}}\mathrm{tr}(\hat{\boldsymbol{U}}_{\mathrm{N}}\hat{\boldsymbol{U}}_{\mathrm{N}}^{\mathrm{H}}\boldsymbol{E}\boldsymbol{A}(\boldsymbol{\theta})\hat{\boldsymbol{W}}_{\mathrm{NSF}}\boldsymbol{A}^{\mathrm{H}}(\boldsymbol{\theta})\boldsymbol{E}^{\mathrm{H}}) \tag{6.123}$$

式中$\hat{\boldsymbol{W}}_{\text{NSF}}$表示加权矩阵$\boldsymbol{W}_{\text{NSF}}$的一致估计，$\hat{\boldsymbol{U}}_{\text{N}}$表示采样自相关矩阵$\hat{\boldsymbol{R}}_{xx}$的$M-D$个小特征值对应的单位特征向量矩阵。基于式（6.114）可以得到如下等式

$$\begin{aligned}\boldsymbol{E}\boldsymbol{A}(\boldsymbol{\theta})\hat{\boldsymbol{W}}_{\text{NSF}}\boldsymbol{A}^{\text{H}}(\boldsymbol{\theta})\boldsymbol{E}^{\text{H}} &= \sum_{d_1=1}^{D}\sum_{d_2=1}^{D} < \hat{\boldsymbol{W}}_{\text{NSF}} >_{d_1 d_2} \cdot \boldsymbol{E}\boldsymbol{a}(\theta_{d_1})\boldsymbol{a}^{\text{H}}(\theta_{d_2})\boldsymbol{E}^{\text{H}} \\ &= \sum_{d_1=1}^{D}\sum_{d_2=1}^{D} < \hat{\boldsymbol{W}}_{\text{NSF}} >_{d_1 d_2} \cdot \boldsymbol{F}[\boldsymbol{a}(\theta_{d_1})] \cdot \boldsymbol{e}\boldsymbol{e}^{\text{H}} \cdot \boldsymbol{F}^{\text{H}}[\boldsymbol{a}(\theta_{d_2})]\end{aligned} \tag{6.124}$$

将式（6.124）代入式（6.123）中可得

$$\min_{\boldsymbol{\theta},\boldsymbol{e}} \hat{f}_{\text{NSF}}(\boldsymbol{\theta},\boldsymbol{e}) = \min_{\boldsymbol{\theta},\boldsymbol{e}} \boldsymbol{e}^{\text{H}} \left(\sum_{d_1=1}^{D}\sum_{d_2=1}^{D} < \hat{\boldsymbol{W}}_{\text{NSF}} >_{d_1 d_2} \cdot \boldsymbol{F}^{\text{H}}[\boldsymbol{a}(\theta_{d_2})] \cdot \hat{\boldsymbol{U}}_{\text{N}}\hat{\boldsymbol{U}}_{\text{N}}^{\text{H}} \cdot \boldsymbol{F}[\boldsymbol{a}(\theta_{d_1})] \right) \boldsymbol{e} \tag{6.125}$$

根据式（6.125）可知，目标函数$f_{\text{NSF}}(\boldsymbol{\theta},\boldsymbol{e})$是关于向量$\boldsymbol{e}$的二次型，基于该性质可以实现向量$\boldsymbol{e}$和$\boldsymbol{\theta}$的解耦合估计。

首先根据式（6.125）可知，向量$\boldsymbol{e}$的最优解为

$$\hat{\boldsymbol{e}} = \boldsymbol{t}_{\min} \left\{ \sum_{d_1=1}^{D}\sum_{d_2=1}^{D} < \hat{\boldsymbol{W}}_{\text{NSF}} >_{d_1 d_2} \cdot \boldsymbol{F}^{\text{H}}[\boldsymbol{a}(\theta_{d_2})] \cdot \hat{\boldsymbol{U}}_{\text{N}}\hat{\boldsymbol{U}}_{\text{N}}^{\text{H}} \cdot \boldsymbol{F}[\boldsymbol{a}(\theta_{d_1})] \right\} \tag{6.126}$$

式中$\boldsymbol{t}_{\min}\{\cdot\}$表示求矩阵最小特征值对应的首一特征向量。将式（6.126）代入式（6.125）中可以得到仅关于方位向量$\boldsymbol{\theta}$的优化模型

$$\min_{\boldsymbol{\theta}} \hat{J}_{\text{NSF}}(\boldsymbol{\theta}) = \min_{\boldsymbol{\theta}} \lambda_{\min}\{\boldsymbol{Z}(\boldsymbol{\theta})\} = \min_{\boldsymbol{\theta}} \lambda_{\min} \left\{ \sum_{d_1=1}^{D}\sum_{d_2=1}^{D} < \hat{\boldsymbol{W}}_{\text{NSF}} >_{d_1 d_2} \cdot \boldsymbol{F}^{\text{H}}[\boldsymbol{a}(\theta_{d_2})] \cdot \hat{\boldsymbol{U}}_{\text{N}}\hat{\boldsymbol{U}}_{\text{N}}^{\text{H}} \cdot \boldsymbol{F}[\boldsymbol{a}(\theta_{d_1})] \right\} \tag{6.127}$$

式中$\lambda_{\min}\{\cdot\}$表示求矩阵的最小特征值，矩阵$\boldsymbol{Z}(\boldsymbol{\theta})$等于

$$\boldsymbol{Z}(\boldsymbol{\theta}) = \sum_{d_1=1}^{D}\sum_{d_2=1}^{D} < \hat{\boldsymbol{W}}_{\text{NSF}} >_{d_1 d_2} \cdot \boldsymbol{F}^{\text{H}}[\boldsymbol{a}(\theta_{d_2})] \cdot \hat{\boldsymbol{U}}_{\text{N}}\hat{\boldsymbol{U}}_{\text{N}}^{\text{H}} \cdot \boldsymbol{F}[\boldsymbol{a}(\theta_{d_1})] \in \mathbf{C}^{L\times L} \tag{6.128}$$

式（6.127）可以通过 Newton 迭代法进行优化求解，根据 2.2.2 节可知其迭代公式为

$$\hat{\boldsymbol{\theta}}^{(k+1)} = \hat{\boldsymbol{\theta}}^{(k)} - \mu^k (\boldsymbol{G}(\hat{\boldsymbol{\theta}}^{(k)}))^{-1} \boldsymbol{g}(\hat{\boldsymbol{\theta}}^{(k)}) \tag{6.129}$$

式中$\mu(0<\mu<1)$表示步长因子，$\boldsymbol{g}(\hat{\boldsymbol{\theta}}^{(k)})$表示目标函数的梯度向量，$\boldsymbol{G}(\hat{\boldsymbol{\theta}}^{(k)})$表示目标函数的 Hessian 矩阵，它们的表达式分别为

$$\begin{cases} \boldsymbol{g}(\hat{\boldsymbol{\theta}}^{(k)}) = [\boldsymbol{z}_{\min}^{(k)\text{H}}\dot{\boldsymbol{Z}}_1(\hat{\boldsymbol{\theta}}^{(k)})\boldsymbol{z}_{\min}^{(k)} \quad \boldsymbol{z}_{\min}^{(k)\text{H}}\dot{\boldsymbol{Z}}_2(\hat{\boldsymbol{\theta}}^{(k)})\boldsymbol{z}_{\min}^{(k)} \quad \cdots \quad \boldsymbol{z}_{\min}^{(k)\text{H}}\dot{\boldsymbol{Z}}_D(\hat{\boldsymbol{\theta}}^{(k)})\boldsymbol{z}_{\min}^{(k)}]^{\text{T}} \\ \boldsymbol{G}(\hat{\boldsymbol{\theta}}^{(k)}) = \begin{bmatrix} \boldsymbol{z}_{\min}^{(k)\text{H}}\ddot{\boldsymbol{Z}}_{11}(\hat{\boldsymbol{\theta}}^{(k)})\boldsymbol{z}_{\min}^{(k)} & \boldsymbol{z}_{\min}^{(k)\text{H}}\ddot{\boldsymbol{Z}}_{12}(\hat{\boldsymbol{\theta}}^{(k)})\boldsymbol{z}_{\min}^{(k)} & \cdots & \boldsymbol{z}_{\min}^{(k)\text{H}}\ddot{\boldsymbol{Z}}_{1D}(\hat{\boldsymbol{\theta}}^{(k)})\boldsymbol{z}_{\min}^{(k)} \\ \boldsymbol{z}_{\min}^{(k)\text{H}}\ddot{\boldsymbol{Z}}_{21}(\hat{\boldsymbol{\theta}}^{(k)})\boldsymbol{z}_{\min}^{(k)} & \boldsymbol{z}_{\min}^{(k)\text{H}}\ddot{\boldsymbol{Z}}_{22}(\hat{\boldsymbol{\theta}}^{(k)})\boldsymbol{z}_{\min}^{(k)} & \cdots & \boldsymbol{z}_{\min}^{(k)\text{H}}\ddot{\boldsymbol{Z}}_{2D}(\hat{\boldsymbol{\theta}}^{(k)})\boldsymbol{z}_{\min}^{(k)} \\ \vdots & \vdots & \ddots & \vdots \\ \boldsymbol{z}_{\min}^{(k)\text{H}}\ddot{\boldsymbol{Z}}_{D1}(\hat{\boldsymbol{\theta}}^{(k)})\boldsymbol{z}_{\min}^{(k)} & \boldsymbol{z}_{\min}^{(k)\text{H}}\ddot{\boldsymbol{Z}}_{D2}(\hat{\boldsymbol{\theta}}^{(k)})\boldsymbol{z}_{\min}^{(k)} & \cdots & \boldsymbol{z}_{\min}^{(k)\text{H}}\ddot{\boldsymbol{Z}}_{DD}(\hat{\boldsymbol{\theta}}^{(k)})\boldsymbol{z}_{\min}^{(k)} \end{bmatrix} \\ \qquad +2\cdot[\dot{\boldsymbol{Z}}_1(\hat{\boldsymbol{\theta}}^{(k)})\boldsymbol{z}_{\min}^{(k)} \quad \dot{\boldsymbol{Z}}_2(\hat{\boldsymbol{\theta}}^{(k)})\boldsymbol{z}_{\min}^{(k)} \quad \cdots \quad \dot{\boldsymbol{Z}}_D(\hat{\boldsymbol{\theta}}^{(k)})\boldsymbol{z}_{\min}^{(k)}]^{\text{H}} \cdot \boldsymbol{Z}_0^{(k)} \\ \qquad \times[\dot{\boldsymbol{Z}}_1(\hat{\boldsymbol{\theta}}^{(k)})\boldsymbol{z}_{\min}^{(k)} \quad \dot{\boldsymbol{Z}}_2(\hat{\boldsymbol{\theta}}^{(k)})\boldsymbol{z}_{\min}^{(k)} \quad \cdots \quad \dot{\boldsymbol{Z}}_D(\hat{\boldsymbol{\theta}}^{(k)})\boldsymbol{z}_{\min}^{(k)}] \end{cases} \tag{6.130}$$

式中$\dot{\boldsymbol{Z}}_d(\hat{\boldsymbol{\theta}}^{(k)}) = \left.\dfrac{\partial \boldsymbol{Z}(\boldsymbol{\theta})}{\partial \theta_d}\right|_{\boldsymbol{\theta}=\hat{\boldsymbol{\theta}}^{(k)}}$，$\ddot{\boldsymbol{Z}}_{d_1 d_1}(\hat{\boldsymbol{\theta}}^{(k)}) = \left.\dfrac{\partial^2 \boldsymbol{Z}(\boldsymbol{\theta})}{\partial \theta_{d_1}\partial \theta_{d_2}}\right|_{\boldsymbol{\theta}=\hat{\boldsymbol{\theta}}^{(k)}}$（其具体表达式见附录 C2），$\boldsymbol{z}_{\min}^{(k)}$表示

矩阵 $\boldsymbol{Z}(\hat{\boldsymbol{\theta}}^{(k)})$ 最小特征值 $\lambda_{\min}^{(k)}$ 对应的单位特征向量，而矩阵 $\boldsymbol{Z}_0^{(k)}$ 的表达式为

$$\boldsymbol{Z}_0^{(k)} = \sum_{l=1}^{L-1} \frac{\boldsymbol{z}_l^{(k)} \boldsymbol{z}_l^{(k)\mathrm{H}}}{\lambda_{\min}^{(k)} - \lambda_l^{(k)}} \tag{6.131}$$

其中 $\{\lambda_l^{(k)}\}_{1\leqslant l\leqslant L-1}$ 和 $\{\boldsymbol{z}_l^{(k)}\}_{1\leqslant l\leqslant L-1}$ 分别表示矩阵 $\boldsymbol{Z}(\hat{\boldsymbol{\theta}}^{(k)})$ 除去最小特征值 $\lambda_{\min}^{(k)}$ 以外的其余特征值和相应的单位特征向量。式（6.130）和式（6.131）的推导见附录 C2。

利用式（6.129）获得方位向量 $\boldsymbol{\theta}$ 的估计值以后，将其代入式（6.126）中即可得到向量 $\boldsymbol{e}$ 的估计值，从而实现了向量 $\boldsymbol{e}$ 和 $\boldsymbol{\theta}$ 的解耦合估计。

6.3.4 数值实验

下面将通过若干数值实验说明上述阵列误差自校正算法的参数估计精度，并将其与未考虑阵列误差的 MUSIC 算法的方位估计性能进行比较。另一方面，除了测向均方根误差以外，这里还用阵列误差参数估计均方根误差作为衡量指标，其定义为

$$e_E = \sqrt{\frac{1}{N} \cdot \sum_{n=1}^{N} \| \hat{\boldsymbol{e}}^{(n)} - \boldsymbol{e} \|_2^2} \tag{6.132}$$

式中 $\hat{\boldsymbol{e}}^{(n)}$ 表示第 n 次蒙特卡洛独立实验的估计结果，N 表示实验次数。

先以幅相误差为例进行数值实验，假设有 2 个等功率复高斯随机信号到达某 8 元均匀圆阵，圆阵半径与波长比为 $r/\lambda=1.5$，该阵列存在幅相误差，相应的数值见表 6.1，信号方位分别为 40°和 80°。

表 6.1　阵列幅相误差数值表

阵元	1	2	3	4	5	6	7	8
阵元幅度数值	1.00	1.19	0.85	1.08	1.22	0.86	1.13	0.82
阵元相位数值	0.00°	15.12°	−17.56°	18.29°	−14.23°	21.43°	−16.32°	23.56°

首先，将两信号时域相关系数固定为 0.3，样本点数固定为 500，图 6.27 和图 6.28 分别给出了幅相误差估计均方根误差和测向均方根误差随着信噪比的变化曲线。

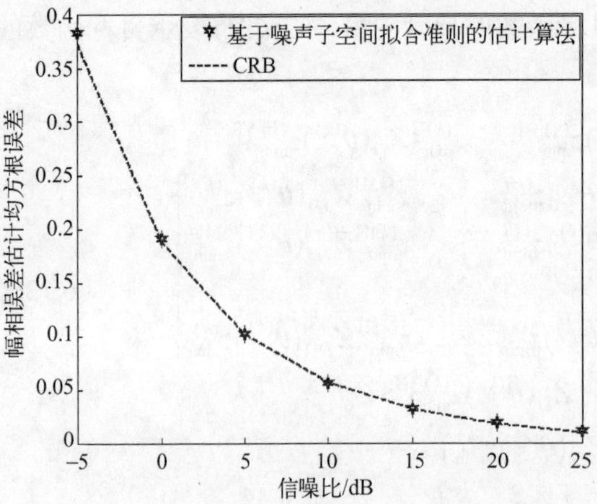

图 6.27　幅相误差估计均方根误差随着信噪比的变化曲线

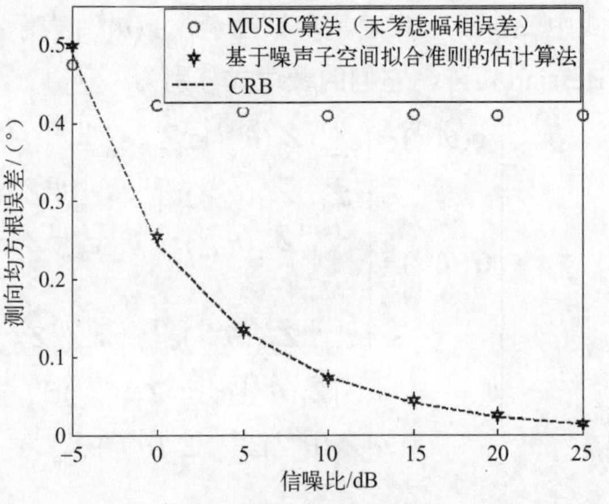

图 6.28　测向均方根误差随着信噪比的变化曲线

接着，将信噪比固定为 5dB，两信号时域相关系数固定为 0.3，图 6.29 和图 6.30 分别给出了幅相误差估计均方根误差和测向均方根误差随着样本点数的变化曲线。

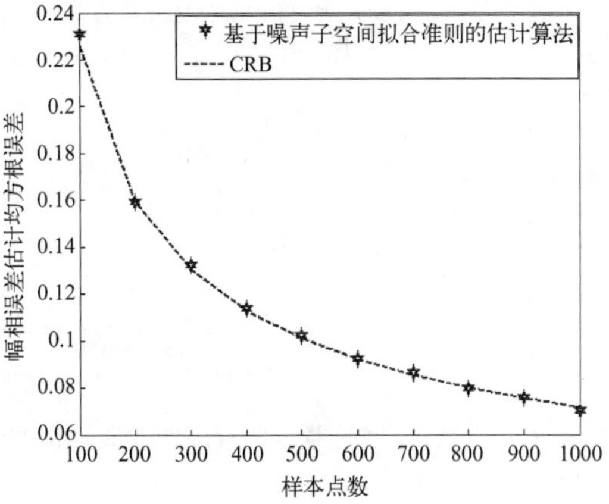

图 6.29　幅相误差估计均方根误差随着样本点数的变化曲线

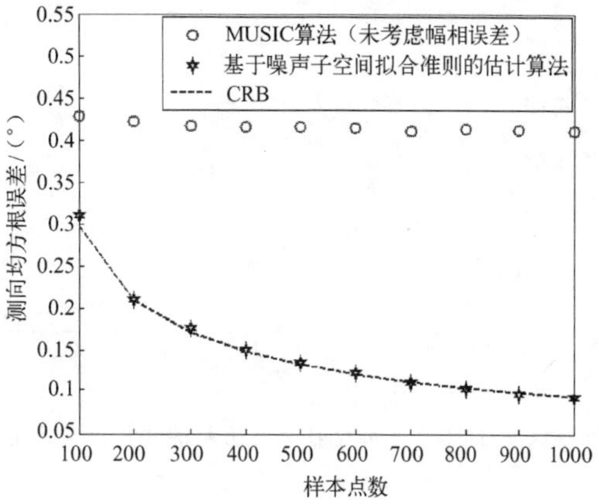

图 6.30　测向均方根误差随着样本点数的变化曲线

最后，将信噪比固定为 5dB，样本点数固定为 500，图 6.31 和图 6.32 分别给出了幅相误差估计均方根误差和测向均方根误差随着两信号时域相关系数的变化曲线。

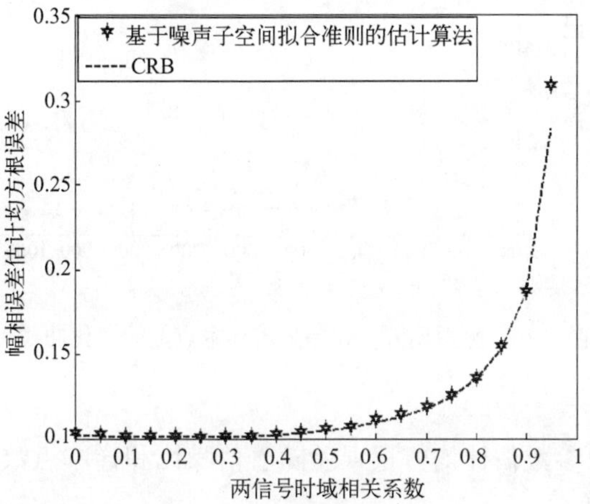

图 6.31　幅相误差估计均方根误差随着两信号时域相关系数的变化曲线

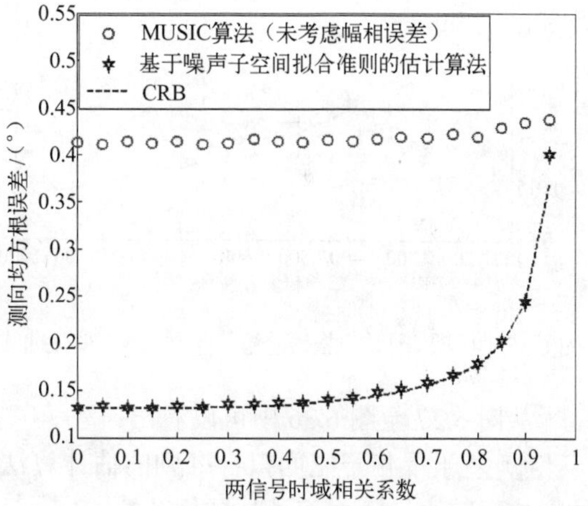

图 6.32　测向均方根误差随着两信号时域相关系数的变化曲线

再以互耦为例进行数值实验，假设有 3 个等功率复高斯随机信号到达某 10 元均匀线阵，相邻阵元间距与波长比为 $d/\lambda = 0.5$，阵元之间存在互耦效应，并且仅在相邻 3 个阵元之间存在互耦效应，互耦系数分别为 1.00，−0.32−0.38j 和 0.12−0.10j，信号方位（指与线阵法线方向的夹角）分别为 10°，40°和 70°。

首先，将样本点数固定为 500，图 6.33 和图 6.34 分别给出了互耦估计均方根误差和测向均方根误差随着信噪比的变化曲线。

接着，将信噪比固定为 5dB，图 6.35 和图 6.36 分别给出了互耦估计均方根误差和测向均方根误差随着样本点数的变化曲线。

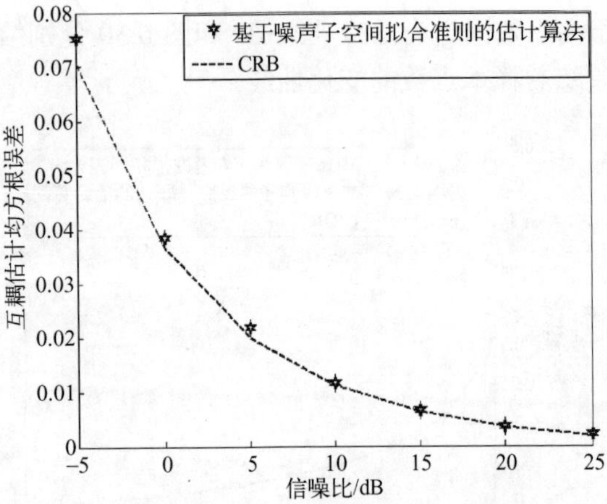

图 6.33　互耦估计均方根误差随着信噪比的变化曲线

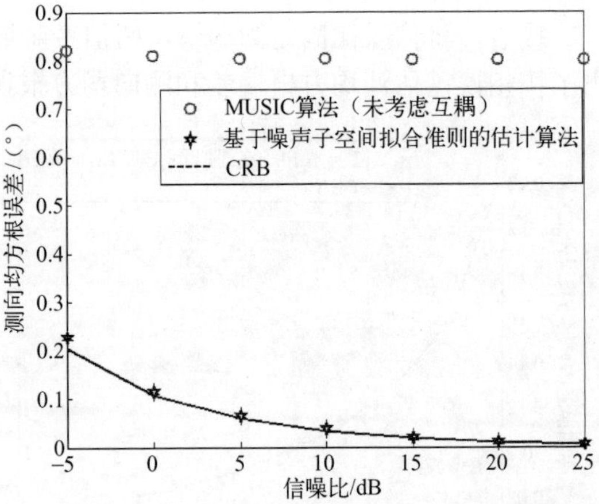

图 6.34　测向均方根误差随着信噪比的变化曲线

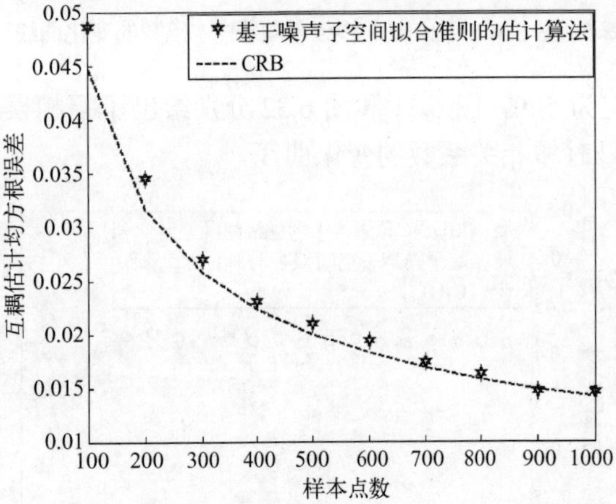

图 6.35　互耦估计均方根误差随着样本点数的变化曲线

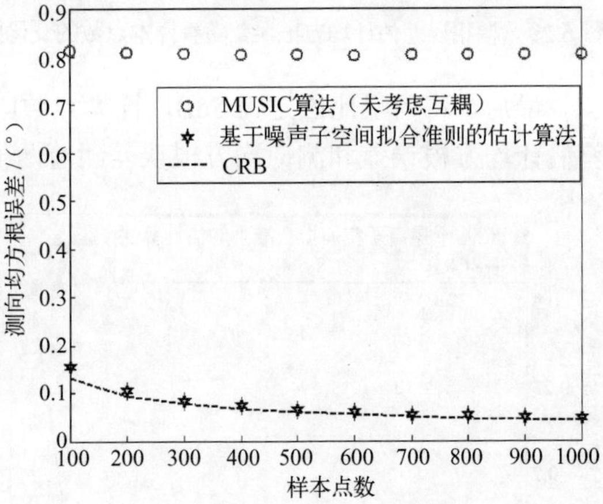

图 6.36　测向均方根误差随着样本点数的变化曲线

从图 6.27 至图 6.36 中可以看出：

① 基于噪声子空间拟合准则的估计算法的参数估计均方根误差随着信噪比和样本点数的增加而减少，随着信号时域相关性的增加而增大。

② 基于噪声子空间拟合准则的估计算法的参数估计方差渐近逼近相应的克拉美罗界。

③ 对于未考虑阵列误差的 MUSIC 算法而言，其测向精度会明显恶化，并且出现了较大的测向偏置（即测向误差的数学期望），对于特定的乘性阵列误差参数而言，该偏置是确定的，不会随着信噪比的增加而消除。

6.4　联合信号复包络先验信息的方位估计方法

在一些无线电信号测向定位场景下，人们可以获得一些关于信号复包络的先验信息。例如，在协作式信号定位条件下，信号的复包络可以事先获得（通常仅相差一个复常数[14, 15]），此外，对于相位调制类信号（模拟域的 FM 和 PM 信号等，数字域的 FSK、PSK、4-QAM 信号等），其复包络的模值具有恒定性，即通常所说的恒模信号[16, 17]。不难想象，若能够将信号复包络的先验信息融入到测向过程中，则将有助于提高对信号的测向精度。为了能够合理利用信号复包络的先验信息，一般需要采用最大似然准则进行参数估计，本节将分别讨论信号复包络已知（仅相差一个复常数）条件下的最大似然方位估计方法和利用信号复包络恒模信息（针对相位调制信号）的最大似然方位估计方法。

6.4.1 信号复包络已知条件下的方位估计方法

（一）阵列信号模型和方位估计方差的克拉美罗界

（1）阵列信号模型

假设有 D 个窄带信号到达某个 M 元天线阵列，其中第 d 个信号的方位为 θ_d，则阵列输出响应可以表示为

$$\begin{aligned}\boldsymbol{x}(t)&=\sum_{d=1}^{D}\boldsymbol{a}(\theta_d)s_d(t)+\boldsymbol{n}(t)=\sum_{d=1}^{D}\gamma_d\boldsymbol{a}(\theta_d)s_{d0}(t)+\boldsymbol{n}(t)\\&=\boldsymbol{A}(\boldsymbol{\theta})\boldsymbol{s}(t)+\boldsymbol{n}(t)=\boldsymbol{A}(\boldsymbol{\theta})\boldsymbol{P}\boldsymbol{s}_0(t)+\boldsymbol{n}(t)\end{aligned} \tag{6.133}$$

式中

① $s_d(t)=\gamma_d s_{d0}(t)$ 表示第 d 个信号的复包络，其中 $s_{d0}(t)$ 表示信号复包络中已知的部分，而 γ_d 表示其中的未知参数。

② $\boldsymbol{s}(t)=\boldsymbol{P}\boldsymbol{s}_0(t)$，其中 $\boldsymbol{P}=\mathrm{diag}[\gamma_1\ \gamma_2\ \cdots\ \gamma_D]=\mathrm{diag}[\boldsymbol{\gamma}]$ 包含了信号复包络中的全部未知参数。

③ $\boldsymbol{A}(\boldsymbol{\theta})=[\boldsymbol{a}(\theta_1)\ \boldsymbol{a}(\theta_2)\ \cdots\ \boldsymbol{a}(\theta_D)]$ 表示阵列流形矩阵。

④ $\boldsymbol{n}(t)$ 表示阵元复高斯（空时）白噪声向量（假设它与信号统计独立），并且其功率为 σ_n^2。

（2）方位估计方差的克拉美罗界

若对阵列输出信号进行均匀采样，并且得到 K 个数据向量 $\{\boldsymbol{x}(t_k)\}_{1\leqslant k\leqslant K}$，下面将基于阵列信号模型式（6.133）推导方位估计方差的克拉美罗界，具体可见下述命题。

命题 6.3：基于阵列信号模型式（6.133），方位估计方差的克拉美罗界矩阵可以表示为

$$\mathbf{CRB}(\boldsymbol{\theta})=\frac{\sigma_n^2}{2K}\cdot(\mathrm{Re}\{(\dot{\boldsymbol{A}}^{\mathrm{H}}(\boldsymbol{\theta})\dot{\boldsymbol{A}}(\boldsymbol{\theta}))\bullet\hat{\boldsymbol{R}}_{ss}^{*}-((\dot{\boldsymbol{A}}^{\mathrm{H}}(\boldsymbol{\theta})\boldsymbol{A}(\boldsymbol{\theta}))\bullet\hat{\boldsymbol{R}}_{ss_0}^{*})\cdot((\boldsymbol{A}^{\mathrm{H}}(\boldsymbol{\theta})\boldsymbol{A}(\boldsymbol{\theta}))\bullet\hat{\boldsymbol{R}}_{s_0s_0}^{*})^{-1}\cdot((\boldsymbol{A}^{\mathrm{H}}(\boldsymbol{\theta})\dot{\boldsymbol{A}}(\boldsymbol{\theta}))\bullet\hat{\boldsymbol{R}}_{s_0s}^{*})\})^{-1} \tag{6.134}$$

式中

$$\begin{cases}\dot{\boldsymbol{A}}(\boldsymbol{\theta})=\left[\dfrac{\mathrm{d}\boldsymbol{a}(\theta_1)}{\mathrm{d}\theta_1}\ \dfrac{\mathrm{d}\boldsymbol{a}(\theta_2)}{\mathrm{d}\theta_2}\ \cdots\ \dfrac{\mathrm{d}\boldsymbol{a}(\theta_D)}{\mathrm{d}\theta_D}\right]=[\dot{\boldsymbol{a}}(\theta_1)\ \dot{\boldsymbol{a}}(\theta_2)\ \cdots\ \dot{\boldsymbol{a}}(\theta_D)]\\ \hat{\boldsymbol{R}}_{ss}=\dfrac{1}{K}\cdot\displaystyle\sum_{k=1}^{K}\boldsymbol{s}(t_k)\boldsymbol{s}^{\mathrm{H}}(t_k)\ ,\ \hat{\boldsymbol{R}}_{s_0s_0}=\dfrac{1}{K}\cdot\sum_{k=1}^{K}\boldsymbol{s}_0(t_k)\boldsymbol{s}_0^{\mathrm{H}}(t_k)\\ \hat{\boldsymbol{R}}_{s_0s}=\dfrac{1}{K}\cdot\displaystyle\sum_{k=1}^{K}\boldsymbol{s}_0(t_k)\boldsymbol{s}^{\mathrm{H}}(t_k)\ ,\ \hat{\boldsymbol{R}}_{ss_0}=\dfrac{1}{K}\cdot\sum_{k=1}^{K}\boldsymbol{s}(t_k)\boldsymbol{s}_0^{\mathrm{H}}(t_k)\end{cases} \tag{6.135}$$

证明：首先定义下面两个数据向量

$$\begin{cases}\boldsymbol{x}=[\boldsymbol{x}^{\mathrm{H}}(t_1)\ \boldsymbol{x}^{\mathrm{H}}(t_2)\ \cdots\ \boldsymbol{x}^{\mathrm{H}}(t_K)]^{\mathrm{H}}\\ \boldsymbol{s}=[\boldsymbol{s}^{\mathrm{H}}(t_1)\ \boldsymbol{s}^{\mathrm{H}}(t_2)\ \cdots\ \boldsymbol{s}^{\mathrm{H}}(t_K)]^{\mathrm{H}}\end{cases} \tag{6.136}$$

则根据式（6.133）可知，数据向量$\boldsymbol{x}$的数学期望为

$$\boldsymbol{\mu}_x=\mathrm{E}[\boldsymbol{x}]=[(\boldsymbol{A}(\boldsymbol{\theta})\boldsymbol{P}\boldsymbol{s}_0(t_1))^{\mathrm{H}}\ \ (\boldsymbol{A}(\boldsymbol{\theta})\boldsymbol{P}\boldsymbol{s}_0(t_2))^{\mathrm{H}}\ \cdots\ (\boldsymbol{A}(\boldsymbol{\theta})\boldsymbol{P}\boldsymbol{s}_0(t_K))^{\mathrm{H}}]^{\mathrm{H}} \tag{6.137}$$

利用式（2.171）可知，未知参量$\boldsymbol{\theta}$和$\boldsymbol{\gamma}$联合估计方差的克拉美罗界矩阵可以表示为

$$\mathbf{CRB}\left(\begin{bmatrix}\mathrm{Re}\{\boldsymbol{\gamma}\}\\ \mathrm{Im}\{\boldsymbol{\gamma}\}\\ \boldsymbol{\theta}\end{bmatrix}\right)=\frac{\sigma_n^2}{2}\cdot(\mathrm{Re}\{\boldsymbol{\Omega}^{\mathrm{H}}\boldsymbol{\Omega}\})^{-1} \tag{6.138}$$

式中

$$\boldsymbol{\Omega}=\left[\frac{\partial\boldsymbol{\mu}_x}{\partial(\mathrm{Re}\{\boldsymbol{\gamma}\})^{\mathrm{T}}}\ \vdots\ \frac{\partial\boldsymbol{\mu}_x}{\partial(\mathrm{Im}\{\boldsymbol{\gamma}\})^{\mathrm{T}}}\ \vdots\ \frac{\partial\boldsymbol{\mu}_x}{\partial\boldsymbol{\theta}^{\mathrm{T}}}\right] \tag{6.139}$$

其中

$$\frac{\partial\boldsymbol{\mu}_x}{\partial(\mathrm{Re}\{\boldsymbol{\gamma}\})^{\mathrm{T}}}=[(\boldsymbol{A}(\boldsymbol{\theta})\cdot\mathrm{diag}[\boldsymbol{s}_0(t_1)])^{\mathrm{H}}\ \ (\boldsymbol{A}(\boldsymbol{\theta})\cdot\mathrm{diag}[\boldsymbol{s}_0(t_2)])^{\mathrm{H}}\ \cdots\ (\boldsymbol{A}(\boldsymbol{\theta})\cdot\mathrm{diag}[\boldsymbol{s}_0(t_K)])^{\mathrm{H}}]^{\mathrm{H}} \tag{6.140}$$

$$\frac{\partial\boldsymbol{\mu}_x}{\partial(\mathrm{Im}\{\boldsymbol{\gamma}\})^{\mathrm{T}}}=\mathrm{j}\cdot[(\boldsymbol{A}(\boldsymbol{\theta})\cdot\mathrm{diag}[\boldsymbol{s}_0(t_1)])^{\mathrm{H}}\ \ (\boldsymbol{A}(\boldsymbol{\theta})\cdot\mathrm{diag}[\boldsymbol{s}_0(t_2)])^{\mathrm{H}}\ \cdots\ (\boldsymbol{A}(\boldsymbol{\theta})\cdot\mathrm{diag}[\boldsymbol{s}_0(t_K)])^{\mathrm{H}}]^{\mathrm{H}}=\mathrm{j}\cdot\frac{\partial\boldsymbol{\mu}_x}{\partial(\mathrm{Re}\{\boldsymbol{\gamma}\})^{\mathrm{T}}} \tag{6.141}$$

$$\frac{\partial\boldsymbol{\mu}_x}{\partial\boldsymbol{\theta}^{\mathrm{T}}}=[(\dot{\boldsymbol{A}}(\boldsymbol{\theta})\cdot\mathrm{diag}[\boldsymbol{s}(t_1)])^{\mathrm{H}}\ \ (\dot{\boldsymbol{A}}(\boldsymbol{\theta})\cdot\mathrm{diag}[\boldsymbol{s}(t_2)])^{\mathrm{H}}\ \cdots\ (\dot{\boldsymbol{A}}(\boldsymbol{\theta})\cdot\mathrm{diag}[\boldsymbol{s}(t_K)])^{\mathrm{H}}]^{\mathrm{H}} \tag{6.142}$$

由于式（6.138）并不具备块状对角矩阵结构，因此难以从中直接得到关于方位向量$\boldsymbol{\theta}$估计方差的克拉美罗界。为此，下面将借鉴文献[18]中的分析方法，重新定义一个新的参数向量，新参数向量的克拉美罗界矩阵具有块状对角矩阵的形式，该向量可以定义为

$$\boldsymbol{\eta}=[(\mathrm{Re}\{\boldsymbol{\gamma}\}+\mathrm{Re}\{\boldsymbol{W}\}\cdot\boldsymbol{\theta})^{\mathrm{T}}\ \ (\mathrm{Im}\{\boldsymbol{\gamma}\}+\mathrm{Im}\{\boldsymbol{W}\}\cdot\boldsymbol{\theta})^{\mathrm{T}}\ \ \boldsymbol{\theta}^{\mathrm{T}}]^{\mathrm{T}} \tag{6.143}$$

式中

$$\boldsymbol{W}=\left(\frac{\partial\boldsymbol{\mu}_x}{\partial(\mathrm{Re}\{\boldsymbol{\gamma}\})^{\mathrm{T}}}\right)^{\dagger}\cdot\frac{\partial\boldsymbol{\mu}_x}{\partial\boldsymbol{\theta}^{\mathrm{T}}} \tag{6.144}$$

于是根据式（6.143）可得

$$\boldsymbol{\eta}=\boldsymbol{F}\cdot\begin{bmatrix}\mathrm{Re}\{\boldsymbol{\gamma}\}\\ \mathrm{Im}\{\boldsymbol{\gamma}\}\\ \boldsymbol{\theta}\end{bmatrix} \tag{6.145}$$

式中

$$\boldsymbol{F}=\begin{bmatrix}\boldsymbol{I} & \boldsymbol{O} & \mathrm{Re}\{\boldsymbol{W}\}\\ \boldsymbol{O} & \boldsymbol{I} & \mathrm{Im}\{\boldsymbol{W}\}\\ \boldsymbol{O} & \boldsymbol{O} & \boldsymbol{I}\end{bmatrix} \tag{6.146}$$

根据推论 2.13 可知，向量$\boldsymbol{\eta}$估计方差的克拉美罗界矩阵可以表示为

$$\mathbf{CRB}(\boldsymbol{\eta})=\frac{\sigma_n^2}{2}\cdot(\mathrm{Re}\{(\boldsymbol{\Omega}\boldsymbol{F}^{-1})^{\mathrm{H}}\cdot(\boldsymbol{\Omega}\boldsymbol{F}^{-1})\})^{-1} \tag{6.147}$$

式中

$$\boldsymbol{F}^{-1}=\begin{bmatrix}\boldsymbol{I} & \boldsymbol{O} & -\mathrm{Re}\{\boldsymbol{W}\}\\ \boldsymbol{O} & \boldsymbol{I} & -\mathrm{Im}\{\boldsymbol{W}\}\\ \boldsymbol{O} & \boldsymbol{O} & \boldsymbol{I}\end{bmatrix} \tag{6.148}$$

于是有

$$\boldsymbol{\Omega F}^{-1}=\left[\frac{\partial\boldsymbol{\mu}_x}{\partial(\mathrm{Re}\{\boldsymbol{\gamma}\})^{\mathrm{T}}}\ \vdots\ \frac{\partial\boldsymbol{\mu}_x}{\partial(\mathrm{Im}\{\boldsymbol{\gamma}\})^{\mathrm{T}}}\ \vdots\ \boldsymbol{\Pi}^{\perp}\left[\frac{\partial\boldsymbol{\mu}_x}{\partial(\mathrm{Re}\{\boldsymbol{\gamma}\})^{\mathrm{T}}}\right]\cdot\frac{\partial\boldsymbol{\mu}_x}{\partial\boldsymbol{\theta}^{\mathrm{T}}}\right] \tag{6.149}$$

将式（6.149）代入式（6.147）中可得

$$\mathbf{CRB}(\boldsymbol{\eta})=\frac{\sigma_n^2}{2}\cdot\begin{bmatrix}\boldsymbol{Q}_1 & \boldsymbol{O}\\ \boldsymbol{O} & \boldsymbol{Q}_2\end{bmatrix}^{-1} \tag{6.150}$$

式中

$$\begin{cases}\boldsymbol{Q}_1=\left[\begin{array}{c:c}\mathrm{Re}\left\{\left(\dfrac{\partial\boldsymbol{\mu}_x}{\partial(\mathrm{Re}\{\boldsymbol{\gamma}\})^{\mathrm{T}}}\right)^{\mathrm{H}}\cdot\dfrac{\partial\boldsymbol{\mu}_x}{\partial(\mathrm{Re}\{\boldsymbol{\gamma}\})^{\mathrm{T}}}\right\} & -\mathrm{Im}\left\{\left(\dfrac{\partial\boldsymbol{\mu}_x}{\partial(\mathrm{Re}\{\boldsymbol{\gamma}\})^{\mathrm{T}}}\right)^{\mathrm{H}}\cdot\dfrac{\partial\boldsymbol{\mu}_x}{\partial(\mathrm{Re}\{\boldsymbol{\gamma}\})^{\mathrm{T}}}\right\}\\ \hdashline \mathrm{Im}\left\{\left(\dfrac{\partial\boldsymbol{\mu}_x}{\partial(\mathrm{Re}\{\boldsymbol{\gamma}\})^{\mathrm{T}}}\right)^{\mathrm{H}}\cdot\dfrac{\partial\boldsymbol{\mu}_x}{\partial(\mathrm{Re}\{\boldsymbol{\gamma}\})^{\mathrm{T}}}\right\} & \mathrm{Re}\left\{\left(\dfrac{\partial\boldsymbol{\mu}_x}{\partial(\mathrm{Re}\{\boldsymbol{\gamma}\})^{\mathrm{T}}}\right)^{\mathrm{H}}\cdot\dfrac{\partial\boldsymbol{\mu}_x}{\partial(\mathrm{Re}\{\boldsymbol{\gamma}\})^{\mathrm{T}}}\right\}\end{array}\right]\\ \boldsymbol{Q}_2=\mathrm{Re}\left\{\left(\dfrac{\partial\boldsymbol{\mu}_x}{\partial\boldsymbol{\theta}^{\mathrm{T}}}\right)^{\mathrm{H}}\cdot\boldsymbol{\Pi}^{\perp}\left[\dfrac{\partial\boldsymbol{\mu}_x}{\partial(\mathrm{Re}\{\boldsymbol{\gamma}\})^{\mathrm{T}}}\right]\cdot\dfrac{\partial\boldsymbol{\mu}_x}{\partial\boldsymbol{\theta}^{\mathrm{T}}}\right\}\end{cases} \tag{6.151}$$

由于式（6.150）具有块状对角矩阵的形式，从中可知关于方位向量$\boldsymbol{\theta}$估计方差的克拉美罗界矩阵为

$$\mathbf{CRB}(\boldsymbol{\theta})=\frac{\sigma_n^2}{2}\cdot\boldsymbol{Q}_2^{-1}=\frac{\sigma_n^2}{2}\cdot\left(\mathrm{Re}\left\{\left(\frac{\partial\boldsymbol{\mu}_x}{\partial\boldsymbol{\theta}^{\mathrm{T}}}\right)^{\mathrm{H}}\cdot\boldsymbol{\Pi}^{\perp}\left[\frac{\partial\boldsymbol{\mu}_x}{\partial(\mathrm{Re}\{\boldsymbol{\gamma}\})^{\mathrm{T}}}\right]\cdot\frac{\partial\boldsymbol{\mu}_x}{\partial\boldsymbol{\theta}^{\mathrm{T}}}\right\}\right)^{-1} \tag{6.152}$$

将式（6.140）和式（6.142）代入式（6.152）中可知式（6.134）成立。

命题 6.3 得证。 □

（二）信号复包络已知条件下的最大似然方位估计方法

为了利用已知的信号复包络信息获得渐近最优的估计性能，需要利用最大似然准则进行参数估计，下面将给出其估计方法。

（1）最大似然估计准则的建立

在信号复包络已知的条件下，未知参量包括$\boldsymbol{\gamma}$，$\boldsymbol{\theta}$和σ_n^2，于是关于这些未知参量的最大似然函数（亦即数据样本的概率密度函数）为

$$\begin{aligned}L_{\mathrm{ML}}(\boldsymbol{\gamma},\boldsymbol{\theta},\sigma_n^2)&=\prod_{k=1}^{K}\frac{1}{(\pi\sigma_n^2)^M}\cdot\exp\left\{-\frac{1}{\sigma_n^2}\cdot\|\boldsymbol{x}(t_k)-\boldsymbol{A}(\boldsymbol{\theta})\boldsymbol{P}\boldsymbol{s}_0(t_k)\|_2^2\right\}\\ &=\frac{1}{(\pi\sigma_n^2)^{MK}}\cdot\exp\left\{-\frac{1}{\sigma_n^2}\cdot\sum_{k=1}^{K}\|\boldsymbol{x}(t_k)-\boldsymbol{A}(\boldsymbol{\theta})\boldsymbol{P}\boldsymbol{s}_0(t_k)\|_2^2\right\}\end{aligned} \tag{6.153}$$

相应的对数似然函数为

$$\ln(L_{\mathrm{ML}}(\boldsymbol{\gamma},\boldsymbol{\theta},\sigma_n^2)) = C - MK\cdot\ln(\sigma_n^2) - \frac{1}{\sigma_n^2}\cdot\sum_{k=1}^{K}\|\boldsymbol{x}(t_k)-\boldsymbol{A}(\boldsymbol{\theta})\boldsymbol{P}\boldsymbol{s}_0(t_k)\|_2^2 \tag{6.154}$$

式中C表示与未知参量无关的常数。将式（6.154）对σ_n^2求偏导，并令其等于零可得

$$\frac{\partial\ln(L_{\mathrm{ML}}(\boldsymbol{\gamma},\boldsymbol{\theta},\sigma_n^2))}{\partial\sigma_n^2} = -\frac{MK}{\sigma_n^2} + \frac{1}{\sigma_n^4}\cdot\sum_{k=1}^{K}\|\boldsymbol{x}(t_k)-\boldsymbol{A}(\boldsymbol{\theta})\boldsymbol{P}\boldsymbol{s}_0(t_k)\|_2^2 = 0 \tag{6.155}$$

根据式（6.155）可以推得

$$\hat{\sigma}_n^2 = \frac{1}{MK}\cdot\sum_{k=1}^{K}\|\boldsymbol{x}(t_k)-\boldsymbol{A}(\boldsymbol{\theta})\boldsymbol{P}\boldsymbol{s}_0(t_k)\|_2^2 \tag{6.156}$$

将式（6.156）代入式（6.154）中可以得到仅关于向量$\boldsymbol{\gamma}$和$\boldsymbol{\theta}$的优化模型

$$\begin{aligned}\min_{\boldsymbol{\gamma},\boldsymbol{\theta}}\sum_{k=1}^{K}\|\boldsymbol{x}(t_k)-\boldsymbol{A}(\boldsymbol{\theta})\boldsymbol{P}\boldsymbol{s}_0(t_k)\|_2^2 &= \min_{\boldsymbol{\gamma},\boldsymbol{\theta}}\sum_{k=1}^{K}\|\boldsymbol{x}(t_k)-\boldsymbol{A}(\boldsymbol{\theta})\cdot\mathrm{diag}[\boldsymbol{s}_0(t_k)]\cdot\boldsymbol{\gamma}\|_2^2 \\ &= \min_{\boldsymbol{\gamma},\boldsymbol{\theta}}\|\boldsymbol{x}-\overline{\boldsymbol{A}}(\boldsymbol{\theta})\boldsymbol{\gamma}\|_2^2\end{aligned} \tag{6.157}$$

式中

$$\overline{\boldsymbol{A}}(\boldsymbol{\theta}) = [(\boldsymbol{A}(\boldsymbol{\theta})\cdot\mathrm{diag}[\boldsymbol{s}_0(t_1)])^{\mathrm{H}}\ \ (\boldsymbol{A}(\boldsymbol{\theta})\cdot\mathrm{diag}[\boldsymbol{s}_0(t_2)])^{\mathrm{H}}\ \cdots\ (\boldsymbol{A}(\boldsymbol{\theta})\cdot\mathrm{diag}[\boldsymbol{s}_0(t_K)])^{\mathrm{H}}]^{\mathrm{H}} \tag{6.158}$$

（2）数值优化算法

下面将考虑式（6.157）的优化求解。由于式（6.157）中的目标函数是关于向量$\boldsymbol{\gamma}$的二次函数，基于该性质可以实现向量$\boldsymbol{\gamma}$和$\boldsymbol{\theta}$的解耦合估计。首先根据式（2.116）可知，向量$\boldsymbol{\gamma}$的最优闭式解为

$$\begin{aligned}\hat{\boldsymbol{\gamma}}_{\mathrm{opt}} &= \overline{\boldsymbol{A}}^{\dagger}(\boldsymbol{\theta})\boldsymbol{x} = (\overline{\boldsymbol{A}}^{\mathrm{H}}(\boldsymbol{\theta})\overline{\boldsymbol{A}}(\boldsymbol{\theta}))^{-1}\overline{\boldsymbol{A}}^{\mathrm{H}}(\boldsymbol{\theta})\boldsymbol{x} \\ &= ((\boldsymbol{A}^{\mathrm{H}}(\boldsymbol{\theta})\boldsymbol{A}(\boldsymbol{\theta}))\bullet\hat{\boldsymbol{R}}_{s_0s_0}^{*})^{-1}\cdot\mathrm{vecd}[\boldsymbol{A}^{\mathrm{H}}(\boldsymbol{\theta})\hat{\boldsymbol{R}}_{xs_0}]\end{aligned} \tag{6.159}$$

式中$\hat{\boldsymbol{R}}_{xs_0} = \frac{1}{K}\cdot\sum_{k=1}^{K}\boldsymbol{x}(t_k)\boldsymbol{s}_0^{\mathrm{H}}(t_k)$。将式（6.159）代入式（6.157）中可以得到仅关于方位向量$\boldsymbol{\theta}$的优化模型

$$\min_{\boldsymbol{\theta}}\hat{J}_{\mathrm{ML}}(\boldsymbol{\theta}) = \min_{\boldsymbol{\theta}}\mathrm{tr}(\boldsymbol{\Pi}^{\perp}[\overline{\boldsymbol{A}}(\boldsymbol{\theta})]\cdot\boldsymbol{x}\boldsymbol{x}^{\mathrm{H}}) = \min_{\boldsymbol{\theta}}\boldsymbol{x}^{\mathrm{H}}\cdot\boldsymbol{\Pi}^{\perp}[\overline{\boldsymbol{A}}(\boldsymbol{\theta})]\cdot\boldsymbol{x} \tag{6.160}$$

式（6.160）可以通过 Newton 迭代法进行优化求解，根据 2.2.2 节可知其迭代公式为

$$\hat{\boldsymbol{\theta}}^{(k+1)} = \hat{\boldsymbol{\theta}}^{(k)} - \mu^k(\boldsymbol{G}(\hat{\boldsymbol{\theta}}^{(k)}))^{-1}\boldsymbol{g}(\hat{\boldsymbol{\theta}}^{(k)}) \tag{6.161}$$

式中$\mu(0<\mu<1)$表示步长因子，$\boldsymbol{g}(\hat{\boldsymbol{\theta}}^{(k)})$表示目标函数的梯度向量，$\boldsymbol{G}(\hat{\boldsymbol{\theta}}^{(k)})$表示目标函数的 Hessian 矩阵，它们的表达式分别为

$$\begin{cases}\boldsymbol{g}(\hat{\boldsymbol{\theta}}^{(k)}) = -2K\cdot\mathrm{Re}\{\mathrm{vecd}[\mathrm{diag}[\boldsymbol{z}(\hat{\boldsymbol{\theta}}^{(k)})]\cdot\hat{\boldsymbol{R}}_{s_0x}\dot{\boldsymbol{A}}(\hat{\boldsymbol{\theta}}^{(k)})]\} + 2K\cdot\mathrm{Re}\{\mathrm{vecd}[((\boldsymbol{z}(\hat{\boldsymbol{\theta}}^{(k)})\boldsymbol{z}^{\mathrm{H}}(\hat{\boldsymbol{\theta}}^{(k)}))\bullet\hat{\boldsymbol{R}}_{s_0s_0})\boldsymbol{A}^{\mathrm{H}}(\hat{\boldsymbol{\theta}}^{(k)})\dot{\boldsymbol{A}}(\hat{\boldsymbol{\theta}}^{(k)})]\} \\ \boldsymbol{G}(\hat{\boldsymbol{\theta}}^{(k)}) = 2K\cdot\mathrm{Re}\{((\boldsymbol{z}(\hat{\boldsymbol{\theta}}^{(k)})\boldsymbol{z}^{\mathrm{H}}(\hat{\boldsymbol{\theta}}^{(k)}))\bullet\hat{\boldsymbol{R}}_{s_0s_0})\bullet(\dot{\boldsymbol{A}}^{\mathrm{H}}(\hat{\boldsymbol{\theta}}^{(k)})\dot{\boldsymbol{A}}(\hat{\boldsymbol{\theta}}^{(k)}))^{\mathrm{T}}\} \\ -2K^2\cdot\mathrm{Re}\left\{\sum_{d=1}^{D}\mathrm{vecd}[((\boldsymbol{z}(\hat{\boldsymbol{\theta}}^{(k)})\boldsymbol{v}_d^{\mathrm{H}}(\hat{\boldsymbol{\theta}}^{(k)}))\bullet\hat{\boldsymbol{R}}_{s_0s_0})\boldsymbol{A}^{\mathrm{H}}(\hat{\boldsymbol{\theta}}^{(k)})\dot{\boldsymbol{A}}(\hat{\boldsymbol{\theta}}^{(k)})]\cdot(\mathrm{vecd}[((\boldsymbol{z}(\hat{\boldsymbol{\theta}}^{(k)})\boldsymbol{v}_d^{\mathrm{H}}(\hat{\boldsymbol{\theta}}^{(k)}))\bullet\hat{\boldsymbol{R}}_{s_0s_0})\boldsymbol{A}^{\mathrm{H}}(\hat{\boldsymbol{\theta}}^{(k)})\dot{\boldsymbol{A}}(\hat{\boldsymbol{\theta}}^{(k)})])^{\mathrm{H}}\right\}\end{cases} \tag{6.162}$$

式中

$$\begin{cases} \hat{\boldsymbol{R}}_{s_0 x} = \dfrac{1}{K} \cdot \sum\limits_{k=1}^{K} \boldsymbol{s}_0(t_k) \boldsymbol{x}^{\mathrm{H}}(t_k) \\ \boldsymbol{z}(\hat{\boldsymbol{\theta}}^{(k)}) = \overline{\boldsymbol{A}}^{\dagger}(\hat{\boldsymbol{\theta}}^{(k)}) \boldsymbol{x} = ((\boldsymbol{A}^{\mathrm{H}}(\hat{\boldsymbol{\theta}}^{(k)}) \boldsymbol{A}(\hat{\boldsymbol{\theta}}^{(k)})) \bullet \hat{\boldsymbol{R}}_{s_0 s_0}^{*})^{-1} \cdot \mathrm{vecd}[\boldsymbol{A}^{\mathrm{H}}(\hat{\boldsymbol{\theta}}^{(k)}) \hat{\boldsymbol{R}}_{x s_0}] \end{cases} \tag{6.163}$$

此外，$\{\boldsymbol{v}_d(\hat{\boldsymbol{\theta}}^{(k)})\}_{1 \leqslant d \leqslant D}$ 是矩阵 $(\overline{\boldsymbol{A}}^{\mathrm{H}}(\hat{\boldsymbol{\theta}}^{(k)}) \overline{\boldsymbol{A}}(\hat{\boldsymbol{\theta}}^{(k)}))^{-1}$ 秩 1 分解所得到的向量组，即有

$$(\overline{\boldsymbol{A}}^{\mathrm{H}}(\hat{\boldsymbol{\theta}}^{(k)}) \overline{\boldsymbol{A}}(\hat{\boldsymbol{\theta}}^{(k)}))^{-1} = \sum_{d=1}^{D} \boldsymbol{v}_d(\hat{\boldsymbol{\theta}}^{(k)}) \boldsymbol{v}_d^{\mathrm{H}}(\hat{\boldsymbol{\theta}}^{(k)}) \tag{6.164}$$

式（6.162）至式（6.164）的推导见附录 C3。

利用式（6.161）获得方位向量 $\boldsymbol{\theta}$ 的估计值之后，将其代入式（6.159）中即可得到向量 $\boldsymbol{\gamma}$ 的估计值，从而实现了向量 $\boldsymbol{\gamma}$ 和 $\boldsymbol{\theta}$ 的解耦合估计。

（三）数值实验

下面将通过数值实验说明信号复包络已知条件下的最大似然估计算法的参数估计精度，并将其与 MUSIC 算法的方位估计性能进行比较。

假设有 2 个等功率窄带独立信号到达某均匀圆阵，信号方位分别为 40°和 60°。

首先，将阵元个数固定为 9，圆阵半径与波长比固定为 $r/\lambda = 1$，样本点数固定为 200，图 6.37 给出了两种算法的测向均方根误差随着信噪比的变化曲线。

接着，将阵元个数固定为 9，圆阵半径与波长比固定为 $r/\lambda = 1$，信噪比固定为 5dB，图 6.38 给出了两种算法的测向均方根误差随着样本点数的变化曲线。

其次，将阵元个数固定为 9，信噪比固定为 5dB，样本点数固定为 200，图 6.39 给出了两种算法的测向均方根误差随着圆阵半径与波长比的变化曲线。

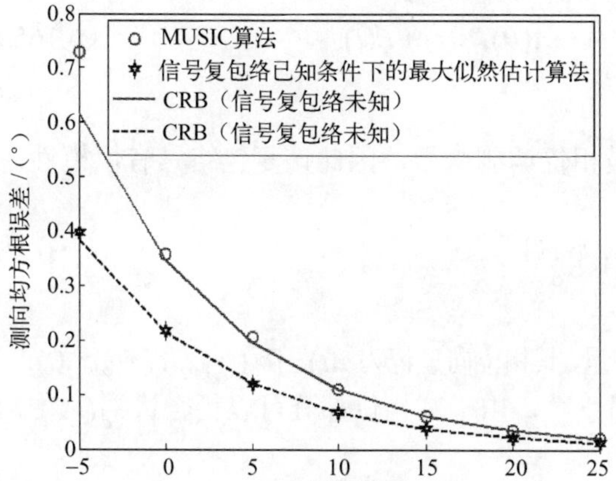

图 6.37　测向均方根误差随着信噪比的变化曲线

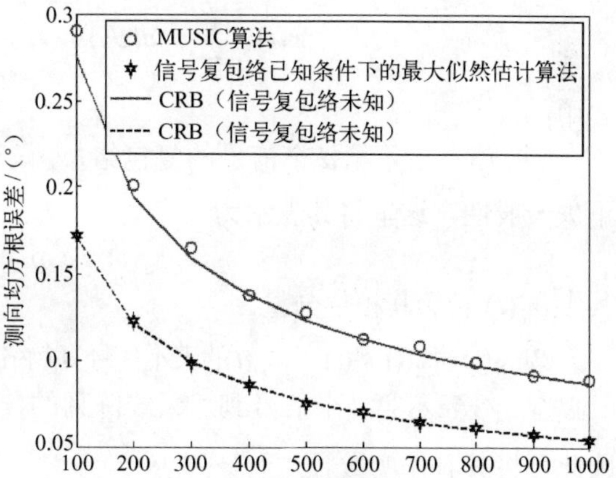

图 6.38　测向均方根误差随着样本点数的变化曲线

最后，将圆阵半径与波长比固定为 $r/\lambda = 1$，信噪比固定为 5dB，样本点数固定为 200，图 6.40 给出了两种算法的测向均方根误差随着阵元个数的变化曲线。

从图 6.37 至图 6.40 中可以看出：

① 信号复包络已知条件下的克拉美罗界要明显小于信号复包络未知条件下的克拉美罗界。

② 信号复包络已知条件下的最大似然估计算法的测向精度明显高于 MUSIC 算法的测向精度，这是因为算法所利用的先验信息量越多，其测向精度就会越高。

③ 信号复包络已知条件下的最大似然估计算法的方位估计方差渐近逼近相应的克拉美罗界。

④ 阵列孔径越小，利用信号复包络先验信息所带来的测向精度的改善就越明显，如图 6.39 所示。

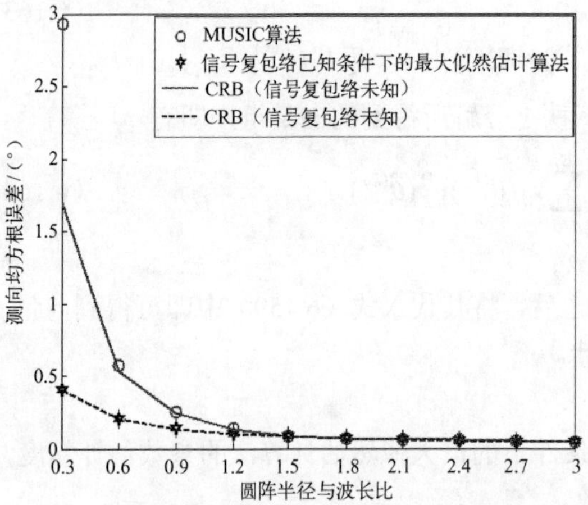

图 6.39 测向均方根误差随着圆阵半径与波长比的变化曲线

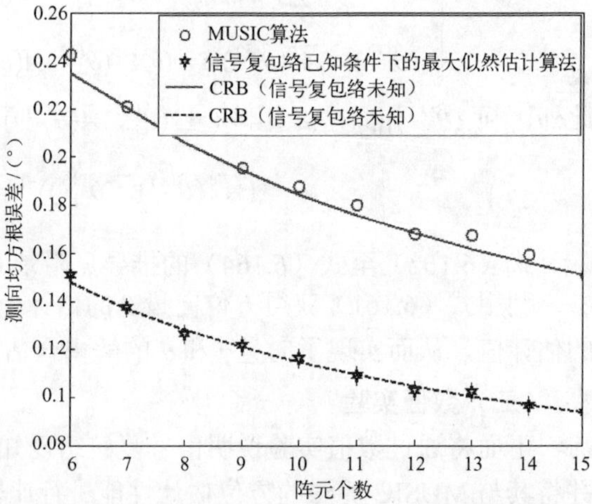

图 6.40 测向均方根误差随着阵元个数的变化曲线

6.4.2 利用信号复包络恒模信息的方位估计方法

（一）阵列信号模型和方位估计方差的克拉美罗界

（1）阵列信号模型

假设有 D 个窄带相位调制信号（信号复包络具有恒定值）到达某个 M 元天线阵列，其中第 d 个信号的方位为 θ_d，则阵列输出响应可以表示为

$$\boldsymbol{x}(t)=\sum_{d=1}^{D}\gamma_d\boldsymbol{a}(\theta_d)s_d(t)+\boldsymbol{n}(t)=\boldsymbol{A}(\boldsymbol{\theta})\boldsymbol{P}\boldsymbol{s}(t)+\boldsymbol{n}(t) \tag{6.165}$$

式中：

① $s_d(t)$ 表示第 d 个信号的复包络，由于是相位调制信号，因此该复包络具有恒模性，不失一般性，这里将其表示为

$$s_d(t)=\exp\{\mathrm{j}\alpha_d(t)\} \tag{6.166}$$

其中 $\alpha_d(t)$ 表示其相位分量。

② $\boldsymbol{s}(t)=[s_1(t)\ s_2(t)\ \cdots\ s_D(t)]^{\mathrm{T}}$ 表示信号复包络向量，其相位向量记为 $\boldsymbol{\alpha}(t)=[\alpha_1(t)\ \alpha_2(t)\ \cdots\ \alpha_D(t)]^{\mathrm{T}}$。

③ γ_d 表示第 d 个信号到达天线阵列的传播系数，由于其相位部分可以耦合进 $s_d(t)$ 中，因此可将其看作实数。

④ $\boldsymbol{P}=\mathrm{diag}[\gamma_1\ \gamma_2\ \cdots\ \gamma_D]=\mathrm{diag}[\boldsymbol{\gamma}]$ 表示信号到达天线阵列的信道传播系数矩阵。

⑤ $\boldsymbol{n}(t)$ 表示阵元复高斯（空时）白噪声向量（假设它与信号统计独立），并且其功率为 σ_n^2。

（2）方位估计方差的克拉美罗界

若对阵列输出信号进行均匀采样，并且得到 K 个数据向量 $\{\boldsymbol{x}(t_k)\}_{1\leqslant k\leqslant K}$，下面将基于阵列信号模型式（6.165）推导方位估计方差的克拉美罗界。

首先定义下面两个数据向量

$$\begin{cases}\boldsymbol{x}=[\boldsymbol{x}^{\mathrm{H}}(t_1)\ \boldsymbol{x}^{\mathrm{H}}(t_2)\ \cdots\ \boldsymbol{x}^{\mathrm{H}}(t_K)]^{\mathrm{H}}\\ \boldsymbol{\alpha}=[\boldsymbol{\alpha}^{\mathrm{H}}(t_1)\ \boldsymbol{\alpha}^{\mathrm{H}}(t_2)\ \cdots\ \boldsymbol{\alpha}^{\mathrm{H}}(t_K)]^{\mathrm{H}}\end{cases} \tag{6.167}$$

则根据式（6.165）可知，数据向量 $\boldsymbol{x}$ 的数学期望为

$$\boldsymbol{\mu}_x = \mathrm{E}[\boldsymbol{x}] = [(\boldsymbol{A}(\boldsymbol{\theta})\boldsymbol{P}\boldsymbol{s}(t_1))^{\mathrm{H}} \quad (\boldsymbol{A}(\boldsymbol{\theta})\boldsymbol{P}\boldsymbol{s}(t_2))^{\mathrm{H}} \quad \cdots \quad (\boldsymbol{A}(\boldsymbol{\theta})\boldsymbol{P}\boldsymbol{s}(t_K))^{\mathrm{H}}]^{\mathrm{H}} \tag{6.168}$$

根据式(2.171）可知，未知参量 $\boldsymbol{\alpha}$ ，$\boldsymbol{\gamma}$ 和 $\boldsymbol{\theta}$ 联合估计方差的克拉美罗界矩阵可以表示为

$$\mathbf{CRB}\left(\begin{bmatrix}\boldsymbol{\alpha}\\ \boldsymbol{\gamma}\\ \boldsymbol{\theta}\end{bmatrix}\right) = \frac{\sigma_n^2}{2}\cdot(\mathrm{Re}\{\boldsymbol{\Omega}^{\mathrm{H}}\boldsymbol{\Omega}\})^{-1} \tag{6.169}$$

式中

$$\boldsymbol{\Omega} = [\boldsymbol{\Omega}_\alpha \mid \boldsymbol{\Omega}_\gamma \mid \boldsymbol{\Omega}_\theta] = \left[\frac{\partial\boldsymbol{\mu}_x}{\partial\boldsymbol{\alpha}^{\mathrm{T}}} \,\middle|\, \frac{\partial\boldsymbol{\mu}_x}{\partial\boldsymbol{\gamma}^{\mathrm{T}}} \,\middle|\, \frac{\partial\boldsymbol{\mu}_x}{\partial\boldsymbol{\theta}^{\mathrm{T}}}\right] \tag{6.170}$$

式（6.170）中各个子矩阵的表达式为

$$\begin{cases}\boldsymbol{\Omega}_\alpha = \dfrac{\partial\boldsymbol{\mu}_x}{\partial\boldsymbol{\alpha}^{\mathrm{T}}} = \mathrm{j}\cdot\mathrm{blkdiag}[\boldsymbol{A}(\boldsymbol{\theta})\boldsymbol{P}\cdot\mathrm{diag}[\boldsymbol{s}(t_1)] \quad \boldsymbol{A}(\boldsymbol{\theta})\boldsymbol{P}\cdot\mathrm{diag}[\boldsymbol{s}(t_2)] \quad \cdots \quad \boldsymbol{A}(\boldsymbol{\theta})\boldsymbol{P}\cdot\mathrm{diag}[\boldsymbol{s}(t_K)]] \\ \boldsymbol{\Omega}_\gamma = \dfrac{\partial\boldsymbol{\mu}_x}{\partial\boldsymbol{\gamma}^{\mathrm{T}}} = [(\boldsymbol{A}(\boldsymbol{\theta})\cdot\mathrm{diag}[\boldsymbol{s}(t_1)])^{\mathrm{H}} \quad (\boldsymbol{A}(\boldsymbol{\theta})\cdot\mathrm{diag}[\boldsymbol{s}(t_2)])^{\mathrm{H}} \quad \cdots \quad (\boldsymbol{A}(\boldsymbol{\theta})\cdot\mathrm{diag}[\boldsymbol{s}(t_K)])^{\mathrm{H}}]^{\mathrm{H}} \\ \boldsymbol{\Omega}_\theta = \dfrac{\partial\boldsymbol{\mu}_x}{\partial\boldsymbol{\theta}^{\mathrm{T}}} = \begin{bmatrix}(\boldsymbol{s}^{\mathrm{T}}(t_1)\boldsymbol{P})\otimes\boldsymbol{I}_M \\ (\boldsymbol{s}^{\mathrm{T}}(t_2)\boldsymbol{P})\otimes\boldsymbol{I}_M \\ \vdots \\ (\boldsymbol{s}^{\mathrm{T}}(t_K)\boldsymbol{P})\otimes\boldsymbol{I}_M\end{bmatrix}\cdot\dfrac{\partial\mathrm{vec}(\boldsymbol{A}(\boldsymbol{\theta}))}{\partial\boldsymbol{\theta}^{\mathrm{T}}}\end{cases} \tag{6.171}$$

将式（6.170）代入式（6.169）中可得

$$\mathbf{CRB}\left(\begin{bmatrix}\boldsymbol{\alpha}\\ \boldsymbol{\gamma}\\ \boldsymbol{\theta}\end{bmatrix}\right) = \frac{\sigma_n^2}{2}\cdot\left(\mathrm{Re}\left\{\begin{bmatrix}\boldsymbol{\Omega}_\alpha^{\mathrm{H}}\boldsymbol{\Omega}_\alpha & \boldsymbol{\Omega}_\alpha^{\mathrm{H}}\boldsymbol{\Omega}_\gamma & \boldsymbol{\Omega}_\alpha^{\mathrm{H}}\boldsymbol{\Omega}_\theta \\ \boldsymbol{\Omega}_\gamma^{\mathrm{H}}\boldsymbol{\Omega}_\alpha & \boldsymbol{\Omega}_\gamma^{\mathrm{H}}\boldsymbol{\Omega}_\gamma & \boldsymbol{\Omega}_\gamma^{\mathrm{H}}\boldsymbol{\Omega}_\theta \\ \boldsymbol{\Omega}_\theta^{\mathrm{H}}\boldsymbol{\Omega}_\alpha & \boldsymbol{\Omega}_\theta^{\mathrm{H}}\boldsymbol{\Omega}_\gamma & \boldsymbol{\Omega}_\theta^{\mathrm{H}}\boldsymbol{\Omega}_\theta\end{bmatrix}\right\}\right)^{-1} = \frac{\sigma_n^2}{2}\cdot\left[\begin{array}{cccc:c:c}\boldsymbol{Q}_1 & & & & \boldsymbol{\Delta}_1^{\mathrm{T}} & \boldsymbol{\Gamma}_1^{\mathrm{T}} \\ & \boldsymbol{Q}_2 & & & \boldsymbol{\Delta}_2^{\mathrm{T}} & \boldsymbol{\Gamma}_2^{\mathrm{T}} \\ & & \ddots & & \vdots & \vdots \\ & & & \boldsymbol{Q}_K & \boldsymbol{\Delta}_K^{\mathrm{T}} & \boldsymbol{\Gamma}_K^{\mathrm{T}} \\ \hdashline \boldsymbol{\Delta}_1 & \boldsymbol{\Delta}_2 & \cdots & \boldsymbol{\Delta}_K & \boldsymbol{\Sigma} & \boldsymbol{\Psi}^{\mathrm{T}} \\ \hdashline \boldsymbol{\Gamma}_1 & \boldsymbol{\Gamma}_2 & \cdots & \boldsymbol{\Gamma}_K & \boldsymbol{\Psi} & \boldsymbol{\Phi}\end{array}\right]^{-1} \tag{6.172}$$

式中

$$\begin{cases}\boldsymbol{Q}_k = \mathrm{Re}\{\mathrm{diag}[\boldsymbol{s}^*(t_k)]\cdot\boldsymbol{P}\boldsymbol{A}^{\mathrm{H}}(\boldsymbol{\theta})\boldsymbol{A}(\boldsymbol{\theta})\boldsymbol{P}\cdot\mathrm{diag}[\boldsymbol{s}(t_k)]\} \\ \boldsymbol{\Delta}_k = -\mathrm{Im}\{\mathrm{diag}[\boldsymbol{s}^*(t_k)]\cdot\boldsymbol{A}^{\mathrm{H}}(\boldsymbol{\theta})\boldsymbol{A}(\boldsymbol{\theta})\boldsymbol{P}\cdot\mathrm{diag}[\boldsymbol{s}(t_k)]\} \\ \boldsymbol{\Gamma}_k = -\mathrm{Im}\left\{\left(\dfrac{\partial\mathrm{vec}(\boldsymbol{A}(\boldsymbol{\theta}))}{\partial\boldsymbol{\theta}^{\mathrm{T}}}\right)^{\mathrm{H}}\cdot((\boldsymbol{P}\boldsymbol{s}^*(t_k))\otimes\boldsymbol{I}_M)\boldsymbol{A}(\boldsymbol{\theta})\boldsymbol{P}\cdot\mathrm{diag}[\boldsymbol{s}(t_k)]\right\} \\ \boldsymbol{\Sigma} = \mathrm{Re}\left\{\displaystyle\sum_{k=1}^{K}\mathrm{diag}[\boldsymbol{s}^*(t_k)]\cdot\boldsymbol{A}^{\mathrm{H}}(\boldsymbol{\theta})\boldsymbol{A}(\boldsymbol{\theta})\cdot\mathrm{diag}[\boldsymbol{s}(t_k)]\right\} \\ \boldsymbol{\Psi} = \mathrm{Re}\left\{\displaystyle\sum_{k=1}^{K}\left(\dfrac{\partial\mathrm{vec}(\boldsymbol{A}(\boldsymbol{\theta}))}{\partial\boldsymbol{\theta}^{\mathrm{T}}}\right)^{\mathrm{H}}\cdot((\boldsymbol{P}\boldsymbol{s}^*(t_k))\otimes\boldsymbol{I}_M)\boldsymbol{A}(\boldsymbol{\theta})\cdot\mathrm{diag}[\boldsymbol{s}(t_k)]\right\} \\ \boldsymbol{\Phi} = \mathrm{Re}\left\{\displaystyle\sum_{k=1}^{K}\left(\dfrac{\partial\mathrm{vec}(\boldsymbol{A}(\boldsymbol{\theta}))}{\partial\boldsymbol{\theta}^{\mathrm{T}}}\right)^{\mathrm{H}}\cdot((\boldsymbol{P}\boldsymbol{s}^*(t_k)\boldsymbol{s}^{\mathrm{T}}(t_k)\boldsymbol{P})\otimes\boldsymbol{I}_M)\cdot\dfrac{\partial\mathrm{vec}(\boldsymbol{A}(\boldsymbol{\theta}))}{\partial\boldsymbol{\theta}^{\mathrm{T}}}\right\}\end{cases} \tag{6.173}$$

于是有

$$\mathbf{CRB}\left(\begin{bmatrix}\boldsymbol{\gamma}\\ \boldsymbol{\theta}\end{bmatrix}\right)=\frac{\sigma_n^2}{2}\cdot\left[\begin{array}{c:c}\boldsymbol{\Sigma}-\sum_{k=1}^{K}\boldsymbol{\varDelta}_k\boldsymbol{Q}_k^{-1}\boldsymbol{\varDelta}_k^{\mathrm{T}} & \boldsymbol{\Psi}^{\mathrm{T}}-\sum_{k=1}^{K}\boldsymbol{\varDelta}_k\boldsymbol{Q}_k^{-1}\boldsymbol{\Gamma}_k^{\mathrm{T}}\\ \hdashline \boldsymbol{\Psi}-\sum_{k=1}^{K}\boldsymbol{\Gamma}_k\boldsymbol{Q}_k^{-1}\boldsymbol{\varDelta}_k^{\mathrm{T}} & \boldsymbol{\Phi}-\sum_{k=1}^{K}\boldsymbol{\Gamma}_k\boldsymbol{Q}_k^{-1}\boldsymbol{\Gamma}_k^{\mathrm{T}}\end{array}\right]^{-1} \tag{6.174}$$

利用命题 2.2 可以进一步推得

$$\mathbf{CRB}(\boldsymbol{\gamma})=\frac{\sigma_n^2}{2}\cdot\left(\left(\boldsymbol{\Sigma}-\sum_{k=1}^{K}\boldsymbol{\varDelta}_k\boldsymbol{Q}_k^{-1}\boldsymbol{\varDelta}_k^{\mathrm{T}}\right)-\left(\boldsymbol{\Psi}^{\mathrm{T}}-\sum_{k=1}^{K}\boldsymbol{\varDelta}_k\boldsymbol{Q}_k^{-1}\boldsymbol{\Gamma}_k^{\mathrm{T}}\right)\cdot\left(\boldsymbol{\Phi}-\sum_{k=1}^{K}\boldsymbol{\Gamma}_k\boldsymbol{Q}_k^{-1}\boldsymbol{\Gamma}_k^{\mathrm{T}}\right)^{-1}\cdot\left(\boldsymbol{\Psi}-\sum_{k=1}^{K}\boldsymbol{\Gamma}_k\boldsymbol{Q}_k^{-1}\boldsymbol{\varDelta}_k^{\mathrm{T}}\right)\right)^{-1} \tag{6.175}$$

$$\mathbf{CRB}(\boldsymbol{\theta})=\frac{\sigma_n^2}{2}\cdot\left(\left(\boldsymbol{\Phi}-\sum_{k=1}^{K}\boldsymbol{\Gamma}_k\boldsymbol{Q}_k^{-1}\boldsymbol{\Gamma}_k^{\mathrm{T}}\right)-\left(\boldsymbol{\Psi}-\sum_{k=1}^{K}\boldsymbol{\Gamma}_k\boldsymbol{Q}_k^{-1}\boldsymbol{\varDelta}_k^{\mathrm{T}}\right)\cdot\left(\boldsymbol{\Sigma}-\sum_{k=1}^{K}\boldsymbol{\varDelta}_k\boldsymbol{Q}_k^{-1}\boldsymbol{\varDelta}_k^{\mathrm{T}}\right)^{-1}\cdot\left(\boldsymbol{\Psi}^{\mathrm{T}}-\sum_{k=1}^{K}\boldsymbol{\varDelta}_k\boldsymbol{Q}_k^{-1}\boldsymbol{\Gamma}_k^{\mathrm{T}}\right)\right)^{-1} \tag{6.176}$$

式（6.176）给出了基于信号复包络恒模特性的方位估计方差的克拉美罗界。

（二）利用信号复包络恒模信息的最大似然估计方法

为了利用信号复包络的恒模信息获得渐近最优的估计性能，需要利用最大似然准则进行参数估计，下面将给出其估计方法。

（1）最大似然估计准则的建立

在信号复包络具有恒模特征的条件下，未知参量包括$\boldsymbol{\gamma}$，$\boldsymbol{\theta}$，$\boldsymbol{\alpha}$和σ_n^2，于是关于这些未知参量的最大似然函数（亦即数据样本的概率密度函数）为

$$\begin{aligned}L_{\mathrm{ML}}(\boldsymbol{\gamma},\boldsymbol{\theta},\boldsymbol{\alpha},\sigma_n^2)&=\prod_{k=1}^{K}\frac{1}{(\pi\sigma_n^2)^M}\cdot\exp\left\{-\frac{1}{\sigma_n^2}\cdot\|\boldsymbol{x}(t_k)-\boldsymbol{A}(\boldsymbol{\theta})\boldsymbol{P}\boldsymbol{s}(t_k)\|_2^2\right\}\\ &=\frac{1}{(\pi\sigma_n^2)^{MK}}\cdot\exp\left\{-\frac{1}{\sigma_n^2}\cdot\sum_{k=1}^{K}\|\boldsymbol{x}(t_k)-\boldsymbol{A}(\boldsymbol{\theta})\boldsymbol{P}\boldsymbol{s}(t_k)\|_2^2\right\}\end{aligned} \tag{6.177}$$

相应的对数似然函数为

$$\ln(L_{\mathrm{ML}}(\boldsymbol{\gamma},\boldsymbol{\theta},\boldsymbol{\alpha},\sigma_n^2))=C-MK\cdot\ln(\sigma_n^2)-\frac{1}{\sigma_n^2}\cdot\sum_{k=1}^{K}\|\boldsymbol{x}(t_k)-\boldsymbol{A}(\boldsymbol{\theta})\boldsymbol{P}\boldsymbol{s}(t_k)\|_2^2 \tag{6.178}$$

式中C表示与未知参量无关的常数。将式（6.178）对σ_n^2求偏导，并令其等于零可得

$$\frac{\partial\ln(L_{\mathrm{ML}}(\boldsymbol{\gamma},\boldsymbol{\theta},\boldsymbol{\alpha},\sigma_n^2))}{\partial\sigma_n^2}=-\frac{MK}{\sigma_n^2}+\frac{1}{\sigma_n^4}\cdot\sum_{k=1}^{K}\|\boldsymbol{x}(t_k)-\boldsymbol{A}(\boldsymbol{\theta})\boldsymbol{P}\boldsymbol{s}(t_k)\|_2^2=0 \tag{6.179}$$

根据式（6.179）可以推得

$$\hat{\sigma}_n^2=\frac{1}{MK}\cdot\sum_{k=1}^{K}\|\boldsymbol{x}(t_k)-\boldsymbol{A}(\boldsymbol{\theta})\boldsymbol{P}\boldsymbol{s}(t_k)\|_2^2 \tag{6.180}$$

将式（6.180）代入式（6.178）中可以得到仅关于向量$\boldsymbol{\gamma}$，$\boldsymbol{\theta}$和$\boldsymbol{\alpha}$的优化模型

$$\min_{\boldsymbol{\gamma},\boldsymbol{\theta},\boldsymbol{\alpha}}\sum_{k=1}^{K}\|\boldsymbol{x}(t_k)-\boldsymbol{A}(\boldsymbol{\theta})\boldsymbol{P}\boldsymbol{s}(t_k)\|_2^2 \tag{6.181}$$

下面将考虑求解式（6.181）的数值优化算法。

（2）数值优化算法

显然，式（6.181）是一个多参量（共三类参量）、多模非线性优化问题，其中未知参量的闭式解难以获得，仅能够通过数值迭代的方式进行优化求解。基于三类参量（即$\boldsymbol{\gamma}$，$\boldsymbol{\theta}$和$\boldsymbol{\alpha}$）在目标函数中所呈现的不同代数形式，下面将给出一种交替迭代算法进行优化计算。根据目标函数的特征，不妨将未知参量分成两大类，第一类是由$\boldsymbol{\gamma}$和$\boldsymbol{\theta}$构成，第二类仅由$\boldsymbol{\alpha}$构成。算法在每一轮迭代中都需要对这两类参量进行交替优化，即首先在保持$\boldsymbol{\alpha}$不变的情况下，完成对$\boldsymbol{\gamma}$和$\boldsymbol{\theta}$的联合优化，然后在保持$\boldsymbol{\gamma}$和$\boldsymbol{\theta}$不变的情况下，实现对$\boldsymbol{\alpha}$的优化，如此反复迭代直至收敛为止。

① 向量$\boldsymbol{\gamma}$和$\boldsymbol{\theta}$的联合优化。

这里将未知参量$\boldsymbol{\alpha}$固定为$\hat{\boldsymbol{\alpha}}$，而由其确定的信号复包络$\boldsymbol{s}(t_k)$固定为$\hat{\boldsymbol{s}}(t_k)$，基于此下面考虑$\boldsymbol{\gamma}$和$\boldsymbol{\theta}$的联合优化。由于式（6.181）中的目标函数是关于向量$\boldsymbol{\gamma}$的二次函数，基于该性质可以实现向量$\boldsymbol{\gamma}$和$\boldsymbol{\theta}$的解耦合估计。

首先可将式（6.181）中的目标函数重新表示为

$$\begin{aligned}\sum_{k=1}^{K}\|\boldsymbol{x}(t_k)-\boldsymbol{A}(\boldsymbol{\theta})\boldsymbol{P}\hat{\boldsymbol{s}}(t_k)\|_2^2&=\sum_{k=1}^{K}\|\boldsymbol{x}(t_k)-\boldsymbol{A}(\boldsymbol{\theta})\cdot\mathrm{diag}[\hat{\boldsymbol{s}}(t_k)]\cdot\boldsymbol{\gamma}\|_2^2=\|\boldsymbol{x}-\boldsymbol{B}(\boldsymbol{\theta},\hat{\boldsymbol{\alpha}})\boldsymbol{\gamma}\|_2^2\\&=\|\overline{\boldsymbol{x}}-\overline{\boldsymbol{B}}(\boldsymbol{\theta},\hat{\boldsymbol{\alpha}})\boldsymbol{\gamma}\|_2^2\end{aligned}\tag{6.182}$$

式中

$$\begin{cases}\boldsymbol{B}(\boldsymbol{\theta},\hat{\boldsymbol{\alpha}})=[(\boldsymbol{A}(\boldsymbol{\theta})\cdot\mathrm{diag}[\hat{\boldsymbol{s}}(t_1)])^{\mathrm{H}}\ \ (\boldsymbol{A}(\boldsymbol{\theta})\cdot\mathrm{diag}[\hat{\boldsymbol{s}}(t_2)])^{\mathrm{H}}\ \cdots\ (\boldsymbol{A}(\boldsymbol{\theta})\cdot\mathrm{diag}[\hat{\boldsymbol{s}}(t_K)])^{\mathrm{H}}]^{\mathrm{H}}\\ \overline{\boldsymbol{B}}(\boldsymbol{\theta},\hat{\boldsymbol{\alpha}})=\begin{bmatrix}\mathrm{Re}\{\boldsymbol{B}(\boldsymbol{\theta},\hat{\boldsymbol{\alpha}})\}\\ \mathrm{Im}\{\boldsymbol{B}(\boldsymbol{\theta},\hat{\boldsymbol{\alpha}})\}\end{bmatrix},\ \overline{\boldsymbol{x}}=\begin{bmatrix}\mathrm{Re}\{\boldsymbol{x}\}\\ \mathrm{Im}\{\boldsymbol{x}\}\end{bmatrix}\end{cases}\tag{6.183}$$

根据式（2.113）可知，向量$\boldsymbol{\gamma}$的最优闭式解为

$$\begin{aligned}\hat{\boldsymbol{\gamma}}_{\mathrm{opt}}&=\overline{\boldsymbol{B}}^{\dagger}(\boldsymbol{\theta},\hat{\boldsymbol{\alpha}})\overline{\boldsymbol{x}}=(\mathrm{Re}\{\boldsymbol{B}^{\mathrm{H}}(\boldsymbol{\theta},\hat{\boldsymbol{\alpha}})\boldsymbol{B}(\boldsymbol{\theta},\hat{\boldsymbol{\alpha}})\})^{-1}\cdot\mathrm{Re}\{\boldsymbol{B}^{\mathrm{H}}(\boldsymbol{\theta},\hat{\boldsymbol{\alpha}})\boldsymbol{x}\}\\&=(\mathrm{Re}\{(\boldsymbol{A}^{\mathrm{H}}(\boldsymbol{\theta})\boldsymbol{A}(\boldsymbol{\theta}))\bullet\hat{\boldsymbol{R}}_{ss}^{*}\})^{-1}\cdot\mathrm{Re}\{\mathrm{vecd}[\boldsymbol{A}^{\mathrm{H}}(\boldsymbol{\theta})\hat{\boldsymbol{R}}_{xs}]\}\end{aligned}\tag{6.184}$$

式中

$$\hat{\boldsymbol{R}}_{ss}=\frac{1}{K}\cdot\sum_{k=1}^{K}\hat{\boldsymbol{s}}(t_k)\hat{\boldsymbol{s}}^{\mathrm{H}}(t_k)\ ,\ \hat{\boldsymbol{R}}_{xs}=\frac{1}{K}\cdot\sum_{k=1}^{K}\boldsymbol{x}(t_k)\hat{\boldsymbol{s}}^{\mathrm{H}}(t_k)\tag{6.185}$$

将式（6.184）代入式（6.182）中可以得到仅关于方位向量$\boldsymbol{\theta}$的优化模型

$$\min_{\boldsymbol{\theta}}\hat{J}_{\mathrm{ML}}(\boldsymbol{\theta},\hat{\boldsymbol{\alpha}})=\min_{\boldsymbol{\theta}}\mathrm{tr}(\boldsymbol{\Pi}^{\perp}[\overline{\boldsymbol{B}}(\boldsymbol{\theta},\hat{\boldsymbol{\alpha}})]\cdot\overline{\boldsymbol{x}}\overline{\boldsymbol{x}}^{\mathrm{T}})=\min_{\boldsymbol{\theta}}\overline{\boldsymbol{x}}^{\mathrm{T}}\cdot\boldsymbol{\Pi}^{\perp}[\overline{\boldsymbol{B}}(\boldsymbol{\theta},\hat{\boldsymbol{\alpha}})]\cdot\overline{\boldsymbol{x}}\tag{6.186}$$

式（6.185）可以通过 Newton 迭代法进行优化求解，根据 2.2.2 节可知其迭代公式为

$$\hat{\boldsymbol{\theta}}^{(k+1)}=\hat{\boldsymbol{\theta}}^{(k)}-\mu^{k}(\boldsymbol{G}(\hat{\boldsymbol{\theta}}^{(k)},\hat{\boldsymbol{\alpha}}))^{-1}\boldsymbol{g}(\hat{\boldsymbol{\theta}}^{(k)},\hat{\boldsymbol{\alpha}})\tag{6.187}$$

式中$\mu(0<\mu<1)$表示步长因子，$\boldsymbol{g}(\hat{\boldsymbol{\theta}}^{(k)},\hat{\boldsymbol{\alpha}})$表示目标函数的梯度向量，$\boldsymbol{G}(\hat{\boldsymbol{\theta}}^{(k)},\hat{\boldsymbol{\alpha}})$表示目标函数的 Hessian 矩阵，它们的表达式分别为

$$\begin{cases}\boldsymbol{g}(\hat{\boldsymbol{\theta}}^{(k)},\hat{\boldsymbol{\alpha}})=-2K\cdot\mathrm{Re}\{\mathrm{vecd}[\mathrm{diag}[\overline{\boldsymbol{z}}(\hat{\boldsymbol{\theta}}^{(k)},\hat{\boldsymbol{\alpha}})]\cdot\hat{\boldsymbol{R}}_{sx}\dot{\boldsymbol{A}}(\hat{\boldsymbol{\theta}}^{(k)})\}\\ \qquad\qquad +2K\cdot\mathrm{Re}\{\mathrm{vecd}[(\overline{\boldsymbol{z}}(\hat{\boldsymbol{\theta}}^{(k)},\hat{\boldsymbol{\alpha}})\overline{\boldsymbol{z}}^{\mathrm{T}}(\hat{\boldsymbol{\theta}}^{(k)},\hat{\boldsymbol{\alpha}}))\bullet\hat{\boldsymbol{R}}_{ss})\boldsymbol{A}^{\mathrm{H}}(\hat{\boldsymbol{\theta}}^{(k)})\dot{\boldsymbol{A}}(\hat{\boldsymbol{\theta}}^{(k)})]\}\\ \boldsymbol{G}(\hat{\boldsymbol{\theta}}^{(k)},\hat{\boldsymbol{\alpha}})=2K\cdot\mathrm{Re}\{((\overline{\boldsymbol{z}}(\hat{\boldsymbol{\theta}}^{(k)},\hat{\boldsymbol{\alpha}})\overline{\boldsymbol{z}}^{\mathrm{T}}(\hat{\boldsymbol{\theta}}^{(k)},\hat{\boldsymbol{\alpha}}))\bullet\hat{\boldsymbol{R}}_{ss})\bullet(\dot{\boldsymbol{A}}^{\mathrm{H}}(\hat{\boldsymbol{\theta}}^{(k)})\dot{\boldsymbol{A}}(\hat{\boldsymbol{\theta}}^{(k)}))^{\mathrm{T}}\}\\ \qquad\qquad -2K^{2}\cdot\displaystyle\sum_{d=1}^{D}\begin{pmatrix}\mathrm{vecd}[\mathrm{Re}\{((\overline{\boldsymbol{z}}(\hat{\boldsymbol{\theta}}^{(k)},\hat{\boldsymbol{\alpha}})\overline{\boldsymbol{v}}_d^{\mathrm{T}}(\hat{\boldsymbol{\theta}}^{(k)},\hat{\boldsymbol{\alpha}}))\bullet\hat{\boldsymbol{R}}_{ss})\boldsymbol{A}^{\mathrm{H}}(\hat{\boldsymbol{\theta}}^{(k)})\dot{\boldsymbol{A}}(\hat{\boldsymbol{\theta}}^{(k)})\}]\\ \times(\mathrm{vecd}[\mathrm{Re}\{((\overline{\boldsymbol{z}}(\hat{\boldsymbol{\theta}}^{(k)},\hat{\boldsymbol{\alpha}})\overline{\boldsymbol{v}}_d^{\mathrm{T}}(\hat{\boldsymbol{\theta}}^{(k)},\hat{\boldsymbol{\alpha}}))\bullet\hat{\boldsymbol{R}}_{ss})\boldsymbol{A}^{\mathrm{H}}(\hat{\boldsymbol{\theta}}^{(k)})\dot{\boldsymbol{A}}(\hat{\boldsymbol{\theta}}^{(k)})\}])^{\mathrm{T}}\end{pmatrix}\end{cases}\tag{6.188}$$

式中

$$\begin{cases}\hat{\boldsymbol{R}}_{sx}=\dfrac{1}{K}\cdot\sum\limits_{k=1}^{K}\hat{\boldsymbol{s}}(t_k)\boldsymbol{x}^{\mathrm{H}}(t_k)\\ \overline{\boldsymbol{z}}(\hat{\boldsymbol{\theta}}^{(k)},\hat{\boldsymbol{\alpha}})=\overline{\boldsymbol{B}}^{\dagger}(\hat{\boldsymbol{\theta}}^{(k)},\hat{\boldsymbol{\alpha}})\overline{\boldsymbol{x}}=(\mathrm{Re}\{(\boldsymbol{A}^{\mathrm{H}}(\hat{\boldsymbol{\theta}}^{(k)})\boldsymbol{A}(\hat{\boldsymbol{\theta}}^{(k)}))\bullet\hat{\boldsymbol{R}}_{ss}^{*}\})^{-1}\cdot\mathrm{Re}\{\mathrm{vecd}[\boldsymbol{A}^{\mathrm{H}}(\hat{\boldsymbol{\theta}}^{(k)})\hat{\boldsymbol{R}}_{xs}]\}\end{cases}\tag{6.189}$$

此外，$\{\overline{\boldsymbol{v}}_d(\hat{\boldsymbol{\theta}}^{(k)},\hat{\boldsymbol{\alpha}})\}_{1\leqslant d\leqslant D}$ 是矩阵 $(\overline{\boldsymbol{B}}^{\mathrm{T}}(\hat{\boldsymbol{\theta}}^{(k)},\hat{\boldsymbol{\alpha}})\overline{\boldsymbol{B}}(\hat{\boldsymbol{\theta}}^{(k)},\hat{\boldsymbol{\alpha}}))^{-1}$ 秩 1 分解所得到的向量组，即有

$$(\overline{\boldsymbol{B}}^{\mathrm{T}}(\hat{\boldsymbol{\theta}}^{(k)},\hat{\boldsymbol{\alpha}})\overline{\boldsymbol{B}}(\hat{\boldsymbol{\theta}}^{(k)},\hat{\boldsymbol{\alpha}}))^{-1}=\sum_{d=1}^{D}\overline{\boldsymbol{v}}_d(\hat{\boldsymbol{\theta}}^{(k)},\hat{\boldsymbol{\alpha}})\overline{\boldsymbol{v}}_d^{\mathrm{T}}(\hat{\boldsymbol{\theta}}^{(k)},\hat{\boldsymbol{\alpha}})\tag{6.190}$$

式（6.188）至式（6.190）的推导见附录 C4。

利用式（6.187）获得方位向量 $\boldsymbol{\theta}$ 的估计值之后，将其代入式（6.184）中即可得到向量 $\boldsymbol{\gamma}$ 的估计值，从而实现了向量 $\boldsymbol{\gamma}$ 和 $\boldsymbol{\theta}$ 的解耦合估计。

② 向量 $\boldsymbol{\alpha}$ 的优化。

这里将未知参量 $\boldsymbol{\gamma}$ 和 $\boldsymbol{\theta}$ 分别固定为 $\hat{\boldsymbol{\gamma}}$ 和 $\hat{\boldsymbol{\theta}}$，而由 $\hat{\boldsymbol{\gamma}}$ 确定的矩阵 $\boldsymbol{P}$ 固定为 $\hat{\boldsymbol{P}}$，基于此下面将考虑 $\boldsymbol{\alpha}$ 的优化。

根据式（6.181）可知，K 个实向量 $\{\boldsymbol{\alpha}(t_k)\}_{1\leqslant k\leqslant K}$ 可以进行分离估计。不妨将复包络 $\boldsymbol{s}(t_k)$ 看成是关于 $\boldsymbol{\alpha}(t_k)$ 的向量函数，并将其表示为

$$\boldsymbol{s}(t_k)=\boldsymbol{h}(\boldsymbol{\alpha}(t_k))=\exp\{\mathrm{j}\boldsymbol{\alpha}(t_k)\}\tag{6.191}$$

于是可以建立仅关于未知参量 $\boldsymbol{\alpha}(t_k)$ 的非线性最小二乘优化模型

$$\min_{\boldsymbol{\alpha}(t_k)}\hat{f}_k(\boldsymbol{\alpha}(t_k))=\min_{\boldsymbol{\alpha}(t_k)}\|\boldsymbol{A}(\hat{\boldsymbol{\theta}})\hat{\boldsymbol{P}}\boldsymbol{h}(\boldsymbol{\alpha}(t_k))-\boldsymbol{x}(t_k)\|_2^2=\min_{\boldsymbol{\alpha}(t_k)}\|\boldsymbol{w}_k(\boldsymbol{\alpha}(t_k))\|_2^2\tag{6.192}$$

式中

$$\boldsymbol{w}_k(\boldsymbol{\alpha}(t_k))=\boldsymbol{A}(\hat{\boldsymbol{\theta}})\hat{\boldsymbol{P}}\boldsymbol{h}(\boldsymbol{\alpha}(t_k))-\boldsymbol{x}(t_k)\tag{6.193}$$

式（6.192）可以通过 Gauss-Newton 迭代法进行优化求解，其迭代公式为

$$\hat{\boldsymbol{\alpha}}^{(n+1)}(t_k)=\hat{\boldsymbol{\alpha}}^{(n)}(t_k)-\mu^{n}\cdot(\mathrm{Re}\{\boldsymbol{W}_k^{\mathrm{H}}(\hat{\boldsymbol{\alpha}}^{(n)}(t_k))\boldsymbol{W}_k(\hat{\boldsymbol{\alpha}}^{(n)}(t_k))\})^{-1}\cdot\mathrm{Re}\{\boldsymbol{W}_k^{\mathrm{H}}(\hat{\boldsymbol{\alpha}}^{(n)}(t_k))\boldsymbol{w}_k(\hat{\boldsymbol{\alpha}}^{(n)}(t_k))\}\ (1\leqslant k\leqslant K)\tag{6.194}$$

式中 $\mu(0<\mu<1)$ 表示步长因子，而 $\boldsymbol{W}_k(\hat{\boldsymbol{\alpha}}^{(n)}(t_k))$ 表示向量函数 $\boldsymbol{w}_k(\hat{\boldsymbol{\alpha}}^{(n)}(t_k))$ 关于 $\hat{\boldsymbol{\alpha}}^{(n)}(t_k)$ 的 Jacobi 矩阵，利用式（6.191）和式（6.193）可以推得其表达式为

$$\boldsymbol{W}_k(\boldsymbol{\alpha}^{(n)}(t_k))=\frac{\partial\boldsymbol{w}_k(\boldsymbol{\alpha}^{(n)}(t_k))}{\partial\boldsymbol{\alpha}^{(n)\mathrm{T}}(t_k)}=\mathrm{j}\cdot\boldsymbol{A}(\hat{\boldsymbol{\theta}})\hat{\boldsymbol{P}}\cdot\mathrm{diag}[\boldsymbol{h}(\boldsymbol{\alpha}^{(n)}(t_k))]\tag{6.195}$$

③ 算法的基本步骤。

基于上述讨论可以总结出利用信号复包络恒模信息的最大似然估计算法的基本步骤如下：

步骤 1：设置迭代收敛门限 ε，确定未知参量 $\boldsymbol{\theta}$ 和 $\boldsymbol{\alpha}$ 的初值 $\hat{\boldsymbol{\theta}}^{(0)}$ 和 $\hat{\boldsymbol{\alpha}}^{(0)}$，令 $n:=1$，并根据式（6.186）计算目标函数的数值 $\hat{J}_{\mathrm{ML}}^{(n)}$。

步骤 2：利用式（6.187）计算未知参量 $\boldsymbol{\theta}$ 的估计值 $\hat{\boldsymbol{\theta}}^{(n)}$。

步骤 3：利用式（6.184）计算未知参量 $\boldsymbol{\gamma}$ 的估计值 $\hat{\boldsymbol{\gamma}}^{(n)}$。

步骤 4：利用式（6.194）求解未知参量 $\boldsymbol{\alpha}$ 的估计值 $\hat{\boldsymbol{\alpha}}^{(n)}$。

步骤 5：令 $n:=n+1$，并利用式（6.186）计算目标函数的数值 $\hat{J}_{\mathrm{ML}}^{(n)}$，若 $|\hat{J}_{\mathrm{ML}}^{(n)}-\hat{J}_{\mathrm{ML}}^{(n-1)}|<\varepsilon$ 则停止计算，否则转至步骤 2。

下面需要对上述算法进行几点解释和说明。

注释 1：由于 $\{\hat{J}_{\mathrm{ML}}^{(n)}\}_{1\leqslant n\leqslant+\infty}$ 是个有界的递减序列（即 $\hat{J}_{\mathrm{ML}}^{(1)}>\hat{J}_{\mathrm{ML}}^{(2)}>\cdots>\hat{J}_{\mathrm{ML}}^{(n)}>\hat{J}_{\mathrm{ML}}^{(n+1)}>\cdots\geqslant 0$），因此上述迭代算法的收敛性能够得到保证，但能否达到全局最优解尚无严格的数学证明，仿真实验表明这通常需要较好的迭代初值才可以达到全局最优解。

注释 2：未知参量 $\boldsymbol{\theta}$ 的迭代初值可以利用第 5 章的子空间类测向算法（例如 MUSIC 算法）来获得。

注释 3：未知参量 $\boldsymbol{\alpha}$ 的迭代初值可以先计算 $\boldsymbol{s}(t_k)$ 的近似估计值，然后再利用其相位获得，为此可令 $\boldsymbol{P}$ 为单位矩阵，然后基于式（6.181）可以给出向量 $\boldsymbol{s}(t_k)$ 的近似估计值为

$$\hat{\boldsymbol{s}}(t_k)=\boldsymbol{A}^{\dagger}(\hat{\boldsymbol{\theta}}^{(0)})\boldsymbol{x}(t_k)=(\boldsymbol{A}^{\mathrm{H}}(\hat{\boldsymbol{\theta}}^{(0)})\boldsymbol{A}(\hat{\boldsymbol{\theta}}^{(0)}))^{-1}\boldsymbol{A}^{\mathrm{H}}(\hat{\boldsymbol{\theta}}^{(0)})\boldsymbol{x}(t_k)\quad(1\leqslant k\leqslant K) \tag{6.196}$$

式中 $\hat{\boldsymbol{\theta}}^{(0)}$ 是由注释 2 中所描述的方法获得的迭代初值。

（三）数值实验

下面将通过数值实验说明利用信号复包络恒模信息的最大似然估计算法的参数估计精度，并将其与 MUSIC 算法以及 6.4.1 节的信号复包络已知条件下的最大似然估计算法的方位估计性能进行比较。为了便于描述，这里将 MUSIC 算法记为算法 a，将利用信号复包络恒模信息的最大似然估计算法记为算法 b，将信号复包络已知条件下的最大似然估计算法记为算法 c，将式(5.3)给出的克拉美罗界记为 CRB-a，将式（6.176）给出的克拉美罗界记为 CRB-b，将式（6.134）给出的克拉美罗界记为 CRB-c。

假设有 2 个等功率窄带独立恒模信号（调频信号）到达某均匀线阵，相邻阵元间距与波长比为 $d/\lambda=0.5$，信号到达该阵列的信道传播系数设为 1 和 0.95，其中信号 1 的方位（指与线阵法线方向的夹角）为 50°，信号 2 的方位在数值上小于信号 1 的方位。

首先，将样本点数固定为 200，信号 2 的方位固定为 36°，阵元个数固定为 8，图 6.41 给出了三种算法的测向均方根误差随着信噪比的变化曲线。

接着，将信噪比固定为 5dB，信号 2 的方位固定为 36°，阵元个数固定为 8，图 6.42 给出了三种算法的测向均方根误差随着样本点数的变化曲线。

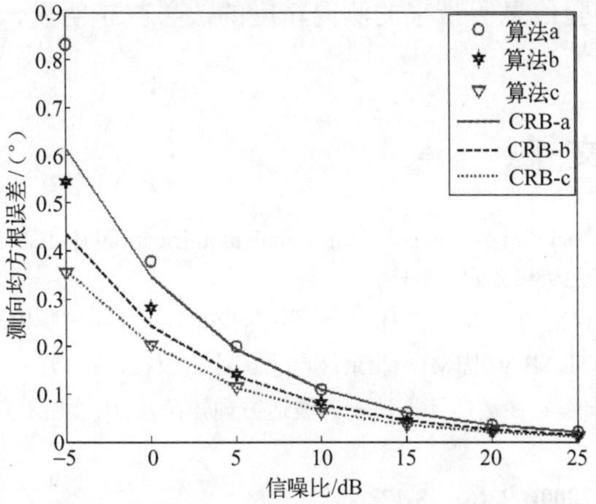

图 6.41　测向均方根误差随着信噪比的变化曲线

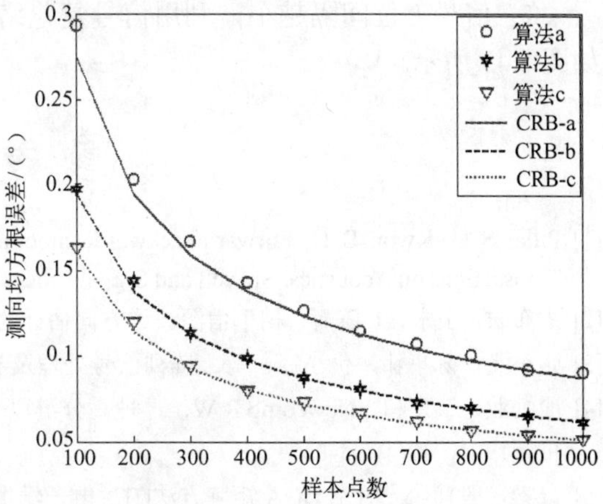

图 6.42　测向均方根误差随着样本点数的变化曲线

其次，将信噪比固定为 5dB，样本点数固定为 200，阵元个数固定为 8，图 6.43 给出了三种算法的测向均方根误差随着两信号方位间隔的变化曲线。

最后，将信噪比固定为 5dB，样本点数固定为 200，信号 2 的方位固定为 36°，图 6.44 给出了三种算法的测向均方根误差随着阵元个数的变化曲线。

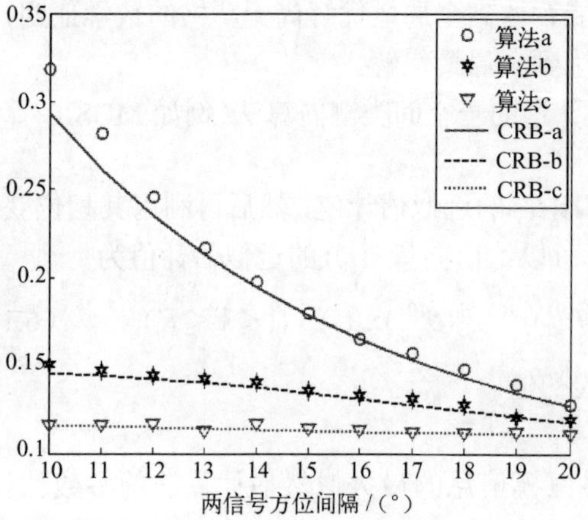

图 6.43　测向均方根误差随着两信号方位间隔的变化曲线

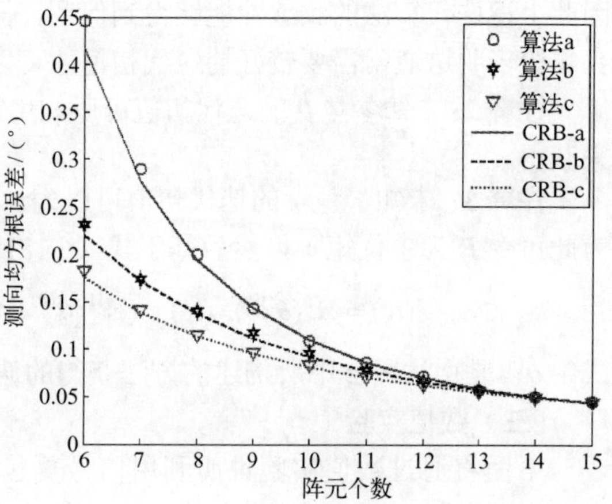

图 6.44　测向均方根误差随着阵元个数的变化曲线

从图 6.41 至图 6.44 中可以看出：

① 信号复包络已知条件下的克拉美罗界最小，其次是利用信号复包络恒模信息的克拉美罗界，而没有信号复包络先验信息的克拉美罗界最大。

② 测向精度最高的是信号复包络已知条件下的最大似然估计算法，其次是利用信号复包络恒模信息的最大似然估计算法，而 MUSIC 算法的测向精度最差，这说明了算法所利用的信号复包络的先验信息越充分，其测向精度就会越高。

③ 利用信号复包络恒模信息的最大似然估计算法的方位估计方差渐近逼近相应的克拉美罗界。

④ 阵列孔径越小，利用信号复包络先验信息所带来的测向精度的改善就越明显，如图 6.44 所示。

⑤ 信号方位间隔越小，利用信号复包络先验信息所带来的测向精度的改善就越明显，如图 6.43 所示。

参 考 文 献

[1] Pillai S U, Kwon B H. Forward/backward smoothing techniques for coherent signal identification[J]. IEEE Transactions on Acoustics, Speech and Signal Processing, 1989, 37(1): 8-15.

[2] 王布宏，王永良，陈辉．相干信源波达方向估计的加权空间平滑算法[J]．通信学报，2003，24(4)：31-40.

[3] 张小飞，陈华伟，仇小锋，等．阵列信号处理及 MATLAB 实现[M]．北京：电子工业出版社，2015.

[4] 殷勤业，邹理和，Newcomb R W．一种高分辨率二维信号参量估计方法——波达方向矩阵法[J]．通信学报，1991，12(4)：1-8.

[5] 金梁，殷勤业．时空 DOA 矩阵方法[J]．电子学报，2000，28(6)：8-12.

[6] Mathews C P, Zoltowski M D. Eigenstructure techniques for 2D angle estimation with uniform circular arrays[J]. IEEE Transactions on Signal Processing, 1994, 42(9): 2395-2407.

[7] Mathews C P, Zoltowski M D. Performance analysis of the UCA-ESPRIT algorithm for circular ring arrays[J]. IEEE Transactions on Signal Processing, 1994, 42(9): 2535-2539.
[8] Wang B, Wang Y, Guo Y. Mutual coupling calibration with instrumental sensors[J]. Electronics Letters, 2004, 40(7): 373-374.
[9] Wang L, Dai X C. Joint estimation of array calibration parameters[A]. Proceedings of the International Conference on Communications, Circuits and Systems[C]. Hong Kong, China: IEEE Press, 2005: 467-471.
[10] Friedlander B, Weiss A J. Direction finding in the presence of mutual coupling[J]. IEEE Transactions Antennas and Propagation, 1991, 39(3): 273-284.
[11] 王布宏，王永良，陈辉．均匀线阵互耦条件下的鲁棒 DOA 估计及互耦自校正[J]．中国科学 E 辑：信息科学，2004，34(2)：229-235.
[12] Qi C, Wang Y, Zhang Y, et al. DOA estimation and self-calibration algorithm for uniform circular array[J]. Electronics Letters, 2005, 41(20): 1092-1094.
[13] Ye Z F, Liu C. 2-D DOA estimation in the presence of mutual coupling[J]. IEEE Transactions on Antennas and Propagation, 2008, 56(11): 3150-3158.
[14] Li J, Compton R T. Maximum likelihood angle estimation for signals with known waveforms[J]. IEEE Transactions on Signal Processing, 1993, 41(9): 2850-2862.
[15] Li J, Halder B, Stoica P, et al. Computationally efficient angle estimation for signals with known waveforms[J]. IEEE Transactions on Signal Processing, 1995, 43(9): 2154–2163.
[16] Stoica P, Besson O. Maximum likelihood DOA estimation for constant-modulus signal[J]. Electronic Letter, 2000, 36(9): 849-851.
[17] Leshem A, Veen A J. Direction-of-arrival estimation for constant modulus signals[J]. IEEE Transactions on Signal Processing, 1999, 47, (11): 3125-3129.
[18] Pesavento M, Gershman A B, Wong K M. Direction finding in partly calibrated sensor arrays composed of multiple subarrays[J]. IEEE Transactions on Signal Processing, 2002, 50(9): 2103-2115.
[19] Kaveh M, Barabell A J. The statistical performance of the MUSIC and the minimum-norm algorithms in resolving plane waves in noise[J]. IEEE Transactions on Acoustics, Speech and Signal Processing, 1986, 34(2): 331-341.

附录 C　第 6 章所涉及的复杂数学推导

附录 C1　证明式（6.122）中的两个等式

首先根据式（6.119）和式（2.100）可知

$$\begin{aligned}\frac{\partial \hat{f}_{\mathrm{SSF}}(\boldsymbol{\eta})}{\partial <\boldsymbol{\eta}>_d} &= \mathrm{tr}\left(\frac{\partial \boldsymbol{\Pi}^{\perp}[\boldsymbol{B}(\boldsymbol{\eta})]}{\partial <\boldsymbol{\eta}>_d}\cdot \hat{\boldsymbol{U}}_{\mathrm{S}}\boldsymbol{W}_{\mathrm{SSF}}\hat{\boldsymbol{U}}_{\mathrm{S}}^{\mathrm{H}}\right) = -2\cdot \mathrm{Re}\left\{\mathrm{tr}\left(\boldsymbol{\Pi}^{\perp}[\boldsymbol{B}(\boldsymbol{\eta})]\cdot \frac{\partial \boldsymbol{B}(\boldsymbol{\eta})}{\partial <\boldsymbol{\eta}>_d}\cdot \boldsymbol{B}^{\dagger}(\boldsymbol{\eta})\hat{\boldsymbol{U}}_{\mathrm{S}}\boldsymbol{W}_{\mathrm{SSF}}\hat{\boldsymbol{U}}_{\mathrm{S}}^{\mathrm{H}}\right)\right\} \\ &\approx -2\cdot \mathrm{Re}\left\{\mathrm{tr}\left(\boldsymbol{\Pi}^{\perp}[\boldsymbol{B}(\boldsymbol{\eta})]\cdot \frac{\partial \boldsymbol{B}(\boldsymbol{\eta})}{\partial <\boldsymbol{\eta}>_d}\cdot \boldsymbol{B}^{\dagger}(\boldsymbol{\eta})\boldsymbol{U}_{\mathrm{S}}\boldsymbol{W}_{\mathrm{SSF}}\cdot \boldsymbol{\delta U}_{\mathrm{S}}^{\mathrm{H}}\right)\right\} \\ &= -2\cdot \mathrm{Re}\left\{\mathrm{tr}\left(\boldsymbol{\Pi}^{\perp}[\boldsymbol{B}(\boldsymbol{\eta})]\cdot \boldsymbol{\delta U}_{\mathrm{S}}\cdot \boldsymbol{W}_{\mathrm{SSF}}\boldsymbol{U}_{\mathrm{S}}^{\mathrm{H}}\boldsymbol{B}^{\dagger\mathrm{H}}(\boldsymbol{\eta})\cdot \frac{\partial \boldsymbol{B}^{\mathrm{H}}(\boldsymbol{\eta})}{\partial <\boldsymbol{\eta}>_d}\right)\right\}\end{aligned} \tag{C.1}$$

式中 $\boldsymbol{\delta U}_{\mathrm{S}} = \hat{\boldsymbol{U}}_{\mathrm{S}} - \boldsymbol{U}_{\mathrm{S}}$，式（C.1)中忽略的项为 $o(1/\sqrt{K})$。利用推论 2.12 可以进一步推得

$$\frac{\partial \hat{f}_{\mathrm{SSF}}(\boldsymbol{\eta})}{\partial <\boldsymbol{\eta}>_d} \approx -2\cdot \mathrm{Re}\left\{\left(\frac{\partial \boldsymbol{b}(\boldsymbol{\eta})}{\partial <\boldsymbol{\eta}>_d}\right)^{\mathrm{H}}\cdot ((\boldsymbol{W}_{\mathrm{SSF}}\boldsymbol{U}_{\mathrm{S}}^{\mathrm{H}}\boldsymbol{B}^{\dagger\mathrm{H}}(\boldsymbol{\eta}))^{\mathrm{T}} \otimes \boldsymbol{\Pi}^{\perp}[\boldsymbol{B}(\boldsymbol{\eta})])\cdot \boldsymbol{\delta u}_{\mathrm{S}}\right\} \tag{C.2}$$

式中 $\boldsymbol{\delta u}_{\mathrm{S}}=\mathrm{vec}(\boldsymbol{\delta U}_{\mathrm{S}})$。于是有

$$\frac{\partial \hat{f}_{\mathrm{SSF}}(\boldsymbol{\eta})}{\partial \boldsymbol{\eta}} \approx -2\cdot\mathrm{Re}\left\{\left(\frac{\partial \boldsymbol{b}(\boldsymbol{\eta})}{\partial \boldsymbol{\eta}^{\mathrm{T}}}\right)^{\mathrm{H}}\cdot((\boldsymbol{W}_{\mathrm{SSF}}\boldsymbol{U}_{\mathrm{S}}^{\mathrm{H}}\boldsymbol{B}^{\dagger\mathrm{H}}(\boldsymbol{\eta}))^{\mathrm{T}}\otimes\boldsymbol{\Pi}^{\perp}[\boldsymbol{B}(\boldsymbol{\eta})])\cdot\boldsymbol{\delta u}_{\mathrm{S}}\right\} \tag{C.3}$$

基于式（C.3）可知

$$\begin{aligned}
&\mathrm{E}\left[\frac{\partial \hat{f}_{\mathrm{SSF}}(\boldsymbol{\eta})}{\partial \boldsymbol{\eta}}\cdot\frac{\partial \hat{f}_{\mathrm{SSF}}(\boldsymbol{\eta})}{\partial \boldsymbol{\eta}^{\mathrm{T}}}\right]\\
&=2\cdot\mathrm{Re}\left\{\left(\frac{\partial \boldsymbol{b}(\boldsymbol{\eta})}{\partial \boldsymbol{\eta}^{\mathrm{T}}}\right)^{\mathrm{H}}\cdot((\boldsymbol{W}_{\mathrm{SSF}}\boldsymbol{U}_{\mathrm{S}}^{\mathrm{H}}\boldsymbol{B}^{\dagger\mathrm{H}}(\boldsymbol{\eta}))^{\mathrm{T}}\otimes\boldsymbol{\Pi}^{\perp}[\boldsymbol{B}(\boldsymbol{\eta})])\cdot\mathrm{E}[\boldsymbol{\delta u}_{\mathrm{S}}\cdot\boldsymbol{\delta u}_{\mathrm{S}}^{\mathrm{H}}]\cdot((\boldsymbol{W}_{\mathrm{SSF}}\boldsymbol{U}_{\mathrm{S}}^{\mathrm{H}}\boldsymbol{B}^{\dagger\mathrm{H}}(\boldsymbol{\eta}))^{*}\otimes\boldsymbol{\Pi}^{\perp}[\boldsymbol{B}(\boldsymbol{\eta})])\cdot\frac{\partial \boldsymbol{b}(\boldsymbol{\eta})}{\partial \boldsymbol{\eta}^{\mathrm{T}}}\right\}\\
&+2\cdot\mathrm{Re}\left\{\left(\frac{\partial \boldsymbol{b}(\boldsymbol{\eta})}{\partial \boldsymbol{\eta}^{\mathrm{T}}}\right)^{\mathrm{H}}\cdot((\boldsymbol{W}_{\mathrm{SSF}}\boldsymbol{U}_{\mathrm{S}}^{\mathrm{H}}\boldsymbol{B}^{\dagger\mathrm{H}}(\boldsymbol{\eta}))^{\mathrm{T}}\otimes\boldsymbol{\Pi}^{\perp}[\boldsymbol{B}(\boldsymbol{\eta})])\cdot\mathrm{E}[\boldsymbol{\delta u}_{\mathrm{S}}\cdot\boldsymbol{\delta u}_{\mathrm{S}}^{\mathrm{T}}]\cdot((\boldsymbol{W}_{\mathrm{SSF}}\boldsymbol{U}_{\mathrm{S}}^{\mathrm{H}}\boldsymbol{B}^{\dagger\mathrm{H}}(\boldsymbol{\eta}))\otimes\boldsymbol{\Pi}^{\perp}[\boldsymbol{B}^{*}(\boldsymbol{\eta})])\cdot\frac{\partial \boldsymbol{b}^{*}(\boldsymbol{\eta})}{\partial \boldsymbol{\eta}^{\mathrm{T}}}\right\}
\end{aligned} \tag{C.4}$$

再利用附录 B 中的引理 B.1 可得

$$\begin{aligned}
&\mathrm{E}\left[\frac{\partial \hat{f}_{\mathrm{SSF}}(\boldsymbol{\eta})}{\partial \boldsymbol{\eta}}\cdot\frac{\partial \hat{f}_{\mathrm{SSF}}(\boldsymbol{\eta})}{\partial \boldsymbol{\eta}^{\mathrm{T}}}\right]\\
&=\frac{2\sigma_n^2}{K}\cdot\mathrm{Re}\left\{\left(\frac{\partial \boldsymbol{b}(\boldsymbol{\eta})}{\partial \boldsymbol{\eta}^{\mathrm{T}}}\right)^{\mathrm{H}}\cdot((\boldsymbol{\Sigma}_{\mathrm{S}}\tilde{\boldsymbol{\Sigma}}_{\mathrm{S}}^{-2}\boldsymbol{W}_{\mathrm{SSF}}\boldsymbol{U}_{\mathrm{S}}^{\mathrm{H}}\boldsymbol{B}^{\dagger\mathrm{H}}(\boldsymbol{\eta}))^{\mathrm{T}}\otimes\boldsymbol{\Pi}^{\perp}[\boldsymbol{B}(\boldsymbol{\eta})])\cdot((\boldsymbol{W}_{\mathrm{SSF}}\boldsymbol{U}_{\mathrm{S}}^{\mathrm{H}}\boldsymbol{B}^{\dagger\mathrm{H}}(\boldsymbol{\eta}))^{*}\otimes\boldsymbol{\Pi}^{\perp}[\boldsymbol{B}(\boldsymbol{\eta})])\cdot\frac{\partial \boldsymbol{b}(\boldsymbol{\eta})}{\partial \boldsymbol{\eta}^{\mathrm{T}}}\right\}\\
&=\frac{2\sigma_n^2}{K}\cdot\mathrm{Re}\left\{\left(\frac{\partial \boldsymbol{b}(\boldsymbol{\eta})}{\partial \boldsymbol{\eta}^{\mathrm{T}}}\right)^{\mathrm{H}}\cdot((\boldsymbol{B}^{\dagger}(\boldsymbol{\eta})\boldsymbol{U}_{\mathrm{S}}\boldsymbol{W}_{\mathrm{SSF}}\boldsymbol{U}_{\mathrm{S}}^{\mathrm{H}}\boldsymbol{B}^{\dagger\mathrm{H}}(\boldsymbol{\eta}))^{\mathrm{T}}\otimes\boldsymbol{\Pi}^{\perp}[\boldsymbol{B}(\boldsymbol{\eta})])\cdot\frac{\partial \boldsymbol{b}(\boldsymbol{\eta})}{\partial \boldsymbol{\eta}^{\mathrm{T}}}\right\}\\
&=\frac{2\sigma_n^2}{K}\cdot\mathrm{Re}\left\{\left(\frac{\partial \boldsymbol{b}(\boldsymbol{\eta})}{\partial \boldsymbol{\eta}^{\mathrm{T}}}\right)^{\mathrm{H}}\cdot(\boldsymbol{W}_{\mathrm{NSF}}^{\mathrm{T}}\otimes\boldsymbol{\Pi}^{\perp}[\boldsymbol{B}(\boldsymbol{\eta})])\cdot\frac{\partial \boldsymbol{b}(\boldsymbol{\eta})}{\partial \boldsymbol{\eta}^{\mathrm{T}}}\right\}
\end{aligned} \tag{C.5}$$

至此，式（6.122）中的第一式得证。

另一方面，利用式（C.1）和式（2.101）可以进一步推得

$$\begin{aligned}
\lim_{K\to+\infty}\frac{\partial^2 \hat{f}_{\mathrm{SSF}}(\boldsymbol{\eta})}{\partial<\boldsymbol{\eta}>_{d_1}\partial<\boldsymbol{\eta}>_{d_2}}&=2\cdot\mathrm{Re}\left\{\mathrm{tr}\left(\boldsymbol{B}^{\dagger\mathrm{H}}(\boldsymbol{\eta})\cdot\frac{\partial \boldsymbol{B}^{\mathrm{H}}(\boldsymbol{\eta})}{\partial<\boldsymbol{\eta}>_{d_2}}\cdot\boldsymbol{\Pi}^{\perp}[\boldsymbol{B}(\boldsymbol{\eta})]\cdot\frac{\partial \boldsymbol{B}(\boldsymbol{\eta})}{\partial<\boldsymbol{\eta}>_{d_1}}\cdot\boldsymbol{B}^{\dagger}(\boldsymbol{\eta})\boldsymbol{U}_{\mathrm{S}}\boldsymbol{W}_{\mathrm{SSF}}\boldsymbol{U}_{\mathrm{S}}^{\mathrm{H}}\right)\right\}\\
&=2\cdot\mathrm{Re}\left\{\mathrm{tr}\left(\boldsymbol{\Pi}^{\perp}[\boldsymbol{B}(\boldsymbol{\eta})]\cdot\frac{\partial \boldsymbol{B}(\boldsymbol{\eta})}{\partial<\boldsymbol{\eta}>_{d_1}}\cdot\boldsymbol{W}_{\mathrm{NSF}}\cdot\frac{\partial \boldsymbol{B}^{\mathrm{H}}(\boldsymbol{\eta})}{\partial<\boldsymbol{\eta}>_{d_2}}\right)\right\}
\end{aligned} \tag{C.6}$$

再结合推论 2.12 可得

$$\lim_{K\to+\infty}\frac{\partial^2 \hat{f}_{\text{SSF}}(\boldsymbol{\eta})}{\partial<\boldsymbol{\eta}>_{d_1}\partial<\boldsymbol{\eta}>_{d_2}}=2\cdot\text{Re}\left\{\frac{\partial\boldsymbol{b}^{\text{H}}(\boldsymbol{\eta})}{\partial<\boldsymbol{\eta}>_{d_2}}\cdot(\boldsymbol{W}_{\text{NSF}}^{\text{T}}\otimes\boldsymbol{\Pi}^{\perp}[\boldsymbol{B}(\boldsymbol{\eta})])\cdot\frac{\partial\boldsymbol{b}(\boldsymbol{\eta})}{\partial<\boldsymbol{\eta}>_{d_1}}\right\}$$
$$=2\cdot\text{Re}\left\{\frac{\partial\boldsymbol{b}^{\text{H}}(\boldsymbol{\eta})}{\partial<\boldsymbol{\eta}>_{d_1}}\cdot(\boldsymbol{W}_{\text{NSF}}^{\text{T}}\otimes\boldsymbol{\Pi}^{\perp}[\boldsymbol{B}(\boldsymbol{\eta})])\cdot\frac{\partial\boldsymbol{b}(\boldsymbol{\eta})}{\partial<\boldsymbol{\eta}>_{d_2}}\right\} \tag{C.7}$$

于是有

$$\lim_{K\to+\infty}\frac{\partial^2 \hat{f}_{\text{SSF}}(\boldsymbol{\eta})}{\partial\boldsymbol{\eta}\partial\boldsymbol{\eta}^{\text{T}}}=2\cdot\text{Re}\left\{\left(\frac{\partial\boldsymbol{b}(\boldsymbol{\eta})}{\partial\boldsymbol{\eta}^{\text{T}}}\right)^{\text{H}}\cdot(\boldsymbol{W}_{\text{NSF}}^{\text{T}}\otimes\boldsymbol{\Pi}^{\perp}[\boldsymbol{B}(\boldsymbol{\eta})])\cdot\frac{\partial\boldsymbol{b}(\boldsymbol{\eta})}{\partial\boldsymbol{\eta}^{\text{T}}}\right\} \tag{C.8}$$

至此，式（6.122）中的第二式得证。

附录 C2　证明式（6.130）和式（6.131）

为了推导式（6.130）和式（6.131），首先给出如下一个引理。

引理 C.1：现有任意 n 阶半正定矩阵 $\boldsymbol{X}$，它的特征值和单位特征向量分别为 $\lambda_1,\lambda_2,\cdots,\lambda_n$ 和 $\boldsymbol{v}_1,\boldsymbol{v}_2,\cdots,\boldsymbol{v}_n$，若矩阵 $\boldsymbol{X}$ 受到某个 Hermitian 矩阵 $\boldsymbol{\delta X}$ 的加性扰动，扰动后的矩阵记为 $\hat{\boldsymbol{X}}=\boldsymbol{X}+\boldsymbol{\delta X}$，并且矩阵 $\hat{\boldsymbol{X}}$ 的特征值为 $\hat{\lambda}_1,\hat{\lambda}_2,\cdots,\hat{\lambda}_n$，则 $\hat{\lambda}_k$ 和 λ_k 之间满足如下关系式

$$\hat{\lambda}_k=\lambda_k+\boldsymbol{v}_k^{\text{H}}\cdot\boldsymbol{\delta X}\cdot\boldsymbol{v}_k+\boldsymbol{v}_k^{\text{H}}\cdot\boldsymbol{\delta X}\cdot\boldsymbol{V}_k\cdot\boldsymbol{\delta X}\cdot\boldsymbol{v}_k+o(\|\boldsymbol{\delta X}\|_2^2)\quad(1\leqslant k\leqslant n) \tag{C.9}$$

式中

$$\boldsymbol{V}_k=\sum_{\substack{i=1\\i\neq k}}^{n}\frac{\boldsymbol{v}_i\boldsymbol{v}_i^{\text{H}}}{\lambda_k-\lambda_i}\quad(1\leqslant k\leqslant n) \tag{C.10}$$

证明：假设矩阵 $\hat{\boldsymbol{X}}$ 的单位特征向量分别为 $\hat{\boldsymbol{v}}_1,\hat{\boldsymbol{v}}_2,\cdots,\hat{\boldsymbol{v}}_n$，根据第 6 章文献[19]给出的关于矩阵特征扰动结论可得

$$\begin{cases}\hat{\lambda}_k=\lambda_k+\delta\lambda_k^{(1)}+\delta\lambda_k^{(2)}+\cdots\\ \hat{\boldsymbol{v}}_k=\left(1-\dfrac{1}{2}\sum\limits_{\substack{i=1\\i\neq k}}^{n}|\delta\varepsilon_{ki}^{(1)}|^2\right)\boldsymbol{v}_k+\sum\limits_{\substack{i=1\\i\neq k}}^{n}\delta\varepsilon_{ki}^{(1)}\cdot\boldsymbol{v}_i+\sum\limits_{\substack{i=1\\i\neq k}}^{n}\delta\varepsilon_{ki}^{(2)}\cdot\boldsymbol{v}_i+\cdots\end{cases}\quad(1\leqslant k\leqslant n) \tag{C.11}$$

式中 $\delta\lambda_k^{(1)}$ 和 $\delta\varepsilon_{ki}^{(1)}$ 表示扰动矩阵 $\boldsymbol{\delta X}$ 的一阶项（即有 $\delta\lambda_k^{(1)}=O(\|\boldsymbol{\delta X}\|_2)$ 和 $\delta\varepsilon_{ki}^{(1)}=O(\|\boldsymbol{\delta X}\|_2)$），$\delta\lambda_k^{(2)}$ 和 $\delta\varepsilon_{ki}^{(2)}$ 表示扰动矩阵 $\boldsymbol{\delta X}$ 的二阶项（即有 $\delta\lambda_k^{(2)}=O(\|\boldsymbol{\delta X}\|_2^2)$ 和 $\delta\varepsilon_{ki}^{(2)}=O(\|\boldsymbol{\delta X}\|_2^2)$）。根据矩阵特征等式和式（C.11)可得

$$\hat{\boldsymbol{X}}\hat{\boldsymbol{v}}_k=\hat{\lambda}_k\hat{\boldsymbol{v}}_k\Leftrightarrow(\boldsymbol{X}+\boldsymbol{\delta X})\cdot\left(\left(1-\frac{1}{2}\sum_{\substack{i=1\\i\neq k}}^{n}|\delta\varepsilon_{ki}^{(1)}|^2\right)\boldsymbol{v}_k+\sum_{\substack{i=1\\i\neq k}}^{n}\delta\varepsilon_{ki}^{(1)}\cdot\boldsymbol{v}_i+\sum_{\substack{i=1\\i\neq k}}^{n}\delta\varepsilon_{ki}^{(2)}\cdot\boldsymbol{v}_i+\cdots\right)$$
$$=(\lambda_k+\delta\lambda_k^{(1)}+\delta\lambda_k^{(2)}+\cdots)\cdot\left(\left(1-\frac{1}{2}\sum_{\substack{i=1\\i\neq k}}^{n}|\delta\varepsilon_{ki}^{(1)}|^2\right)\boldsymbol{v}_k+\sum_{\substack{i=1\\i\neq k}}^{n}\delta\varepsilon_{ki}^{(1)}\cdot\boldsymbol{v}_i+\sum_{\substack{i=1\\i\neq k}}^{n}\delta\varepsilon_{ki}^{(2)}\cdot\boldsymbol{v}_i+\cdots\right) \tag{C.12}$$

比较式（C.12）两边关于扰动矩阵 $\boldsymbol{\delta X}$ 的一阶项可知

$$\sum_{\substack{i=1\\i\neq k}}^{n}\delta\varepsilon_{ki}^{(1)}\cdot\boldsymbol{X}\boldsymbol{v}_i+\boldsymbol{\delta X}\cdot\boldsymbol{v}_k=\sum_{\substack{i=1\\i\neq k}}^{n}\delta\varepsilon_{ki}^{(1)}\cdot\lambda_k\boldsymbol{v}_i+\delta\lambda_k^{(1)}\cdot\boldsymbol{v}_k\Leftrightarrow\sum_{\substack{i=1\\i\neq k}}^{n}\delta\varepsilon_{ki}^{(1)}\cdot\lambda_i\boldsymbol{v}_i+\boldsymbol{\delta X}\cdot\boldsymbol{v}_k=\sum_{\substack{i=1\\i\neq k}}^{n}\delta\varepsilon_{ki}^{(1)}\cdot\lambda_k\boldsymbol{v}_i+\delta\lambda_k^{(1)}\cdot\boldsymbol{v}_k \tag{C.13}$$

对式（C.13）两边左乘以 $\boldsymbol{v}_k^{\mathrm{H}}$ 和 $\boldsymbol{v}_i^{\mathrm{H}}(i\neq k)$ 可以分别推得

$$\begin{cases}\delta\lambda_k^{(1)}=\boldsymbol{v}_k^{\mathrm{H}}\cdot\boldsymbol{\delta X}\cdot\boldsymbol{v}_k\\ \delta\varepsilon_{ki}^{(1)}=\dfrac{\boldsymbol{v}_i^{\mathrm{H}}\cdot\boldsymbol{\delta X}\cdot\boldsymbol{v}_k}{\lambda_k-\lambda_i}\end{cases} \tag{C.14}$$

再比较式（C.12）两边关于扰动矩阵 $\boldsymbol{\delta X}$ 的二阶项可知

$$\sum_{\substack{i=1\\i\neq k}}^{n}\delta\varepsilon_{ki}^{(2)}\cdot\lambda_i\boldsymbol{v}_i+\sum_{\substack{i=1\\i\neq k}}^{n}\delta\varepsilon_{ki}^{(1)}\cdot\boldsymbol{\delta X}\cdot\boldsymbol{v}_i=\sum_{\substack{i=1\\i\neq k}}^{n}\delta\varepsilon_{ki}^{(2)}\cdot\lambda_k\boldsymbol{v}_i+\sum_{\substack{i=1\\i\neq k}}^{n}\delta\varepsilon_{ki}^{(1)}\cdot\delta\lambda_k^{(1)}\boldsymbol{v}_i+\delta\lambda_k^{(2)}\cdot\boldsymbol{v}_k \tag{C.15}$$

对式（C.15）两边左乘以 $\boldsymbol{v}_k^{\mathrm{H}}$ 可以推得

$$\delta\lambda_k^{(2)}=\sum_{\substack{i=1\\i\neq k}}^{n}\delta\varepsilon_{ki}^{(1)}\cdot\boldsymbol{v}_k^{\mathrm{H}}\cdot\boldsymbol{\delta X}\cdot\boldsymbol{v}_i=\boldsymbol{v}_k^{\mathrm{H}}\cdot\boldsymbol{\delta X}\cdot\left(\sum_{\substack{i=1\\i\neq k}}^{n}\frac{\boldsymbol{v}_i\boldsymbol{v}_i^{\mathrm{H}}}{\lambda_k-\lambda_i}\right)\cdot\boldsymbol{\delta X}\cdot\boldsymbol{v}_k=\boldsymbol{v}_k^{\mathrm{H}}\cdot\boldsymbol{\delta X}\cdot\boldsymbol{V}_k\cdot\boldsymbol{\delta X}\cdot\boldsymbol{v}_k \tag{C.16}$$

综合式（C.11）、式（C.14）和式（C.16）可知，引理 C.1 中的结论成立。

引理 C.1 得证。 □

为了推导式（6.130）和式（6.131），需要首先给出矩阵函数 $\boldsymbol{Z}(\boldsymbol{\theta})$ 关于 $\boldsymbol{\theta}$ 的二阶 Taylor 级数展开。根据式（6.128）可知

$$\begin{aligned}\dot{\boldsymbol{Z}}_d(\boldsymbol{\theta})=\frac{\partial\boldsymbol{Z}(\boldsymbol{\theta})}{\partial\theta_d}&=\sum_{k=1}^{D}<\hat{\boldsymbol{W}}_{\mathrm{NSF}}>_{kd}\cdot\boldsymbol{F}^{\mathrm{H}}[\dot{\boldsymbol{a}}(\theta_d)]\cdot\hat{\boldsymbol{U}}_{\mathrm{N}}\hat{\boldsymbol{U}}_{\mathrm{N}}^{\mathrm{H}}\cdot\boldsymbol{F}[\boldsymbol{a}(\theta_k)]\\&+\sum_{k=1}^{D}<\hat{\boldsymbol{W}}_{\mathrm{NSF}}>_{dk}\cdot\boldsymbol{F}^{\mathrm{H}}[\boldsymbol{a}(\theta_k)]\cdot\hat{\boldsymbol{U}}_{\mathrm{N}}\hat{\boldsymbol{U}}_{\mathrm{N}}^{\mathrm{H}}\cdot\boldsymbol{F}[\dot{\boldsymbol{a}}(\theta_d)]\end{aligned} \tag{C.17}$$

在式（C.17）的基础上可以进一步推得

$$\begin{cases}\ddot{\boldsymbol{Z}}_{d_1d_2}(\boldsymbol{\theta})=\dfrac{\partial^2\boldsymbol{Z}(\boldsymbol{\theta})}{\partial\theta_{d_1}\partial\theta_{d_2}}=<\hat{\boldsymbol{W}}_{\mathrm{NSF}}>_{d_2d_1}\cdot\boldsymbol{F}^{\mathrm{H}}[\dot{\boldsymbol{a}}(\theta_{d_1})]\cdot\hat{\boldsymbol{U}}_{\mathrm{N}}\hat{\boldsymbol{U}}_{\mathrm{N}}^{\mathrm{H}}\cdot\boldsymbol{F}[\dot{\boldsymbol{a}}(\theta_{d_2})]\\ \qquad+<\hat{\boldsymbol{W}}_{\mathrm{NSF}}>_{d_1d_2}\cdot\boldsymbol{F}^{\mathrm{H}}[\dot{\boldsymbol{a}}(\theta_{d_2})]\cdot\hat{\boldsymbol{U}}_{\mathrm{N}}\hat{\boldsymbol{U}}_{\mathrm{N}}^{\mathrm{H}}\cdot\boldsymbol{F}[\dot{\boldsymbol{a}}(\theta_{d_1})]\qquad(d_1\neq d_2)\\ \ddot{\boldsymbol{Z}}_{d_1d_2}(\boldsymbol{\theta})=\dfrac{\partial^2\boldsymbol{Z}(\boldsymbol{\theta})}{\partial\theta_{d_1}\partial\theta_{d_2}}=\displaystyle\sum_{k=1}^{D}<\hat{\boldsymbol{W}}_{\mathrm{NSF}}>_{kd}\cdot\boldsymbol{T}^{\mathrm{H}}[\ddot{\boldsymbol{a}}(\theta_d)]\cdot\hat{\boldsymbol{U}}_{\mathrm{N}}\hat{\boldsymbol{U}}_{\mathrm{N}}^{\mathrm{H}}\cdot\boldsymbol{T}[\boldsymbol{a}(\theta_k)]\\ \qquad+\displaystyle\sum_{k=1}^{D}<\hat{\boldsymbol{W}}_{\mathrm{NSF}}>_{dk}\cdot\boldsymbol{T}^{\mathrm{H}}[\boldsymbol{a}(\theta_k)]\cdot\hat{\boldsymbol{U}}_{\mathrm{N}}\hat{\boldsymbol{U}}_{\mathrm{N}}^{\mathrm{H}}\cdot\boldsymbol{T}[\ddot{\boldsymbol{a}}(\theta_d)]\\ \qquad+2\cdot<\hat{\boldsymbol{W}}_{\mathrm{NSF}}>_{dd}\cdot\boldsymbol{F}^{\mathrm{H}}[\dot{\boldsymbol{a}}(\theta_d)]\cdot\hat{\boldsymbol{U}}_{\mathrm{N}}\hat{\boldsymbol{U}}_{\mathrm{N}}^{\mathrm{H}}\cdot\boldsymbol{F}[\dot{\boldsymbol{a}}(\theta_d)]\qquad(d_1=d_2=d)\end{cases} \tag{C.18}$$

若令向量 $\hat{\boldsymbol{\theta}}$ 是在 $\boldsymbol{\theta}$ 的某个邻域范围内，并且有 $\hat{\boldsymbol{\theta}}=\boldsymbol{\theta}+\boldsymbol{\delta\theta}$，则根据式（C.18）可将 $\boldsymbol{Z}(\hat{\boldsymbol{\theta}})$ 在 $\boldsymbol{\theta}$ 处进行如下二阶 Taylor 级数展开

$$\begin{aligned}\boldsymbol{Z}(\hat{\boldsymbol{\theta}})&\approx\boldsymbol{Z}(\boldsymbol{\theta})+\sum_{d=1}^{D}<\boldsymbol{\delta\theta}>_d\cdot\dot{\boldsymbol{Z}}_d(\boldsymbol{\theta})+\frac{1}{2}\cdot\sum_{d_1=1}^{D}\sum_{d_2=1}^{D}<\boldsymbol{\delta\theta}>_{d_1}\cdot<\boldsymbol{\delta\theta}>_{d_2}\cdot\ddot{\boldsymbol{Z}}_{d_1d_2}(\boldsymbol{\theta})\\&=\boldsymbol{Z}(\boldsymbol{\theta})+\boldsymbol{\delta Z}(\boldsymbol{\theta})\end{aligned} \tag{C.19}$$

式中

$$\boldsymbol{\delta Z}(\boldsymbol{\theta})=\sum_{d=1}^{D}<\boldsymbol{\delta\theta}>_d\cdot\dot{\boldsymbol{Z}}_d(\boldsymbol{\theta})+\frac{1}{2}\cdot\sum_{d_1=1}^{D}\sum_{d_2=1}^{D}<\boldsymbol{\delta\theta}>_{d_1}\cdot<\boldsymbol{\delta\theta}>_{d_2}\cdot\ddot{\boldsymbol{Z}}_{d_1d_2}(\boldsymbol{\theta}) \tag{C.20}$$

式（C.19）中忽略的项为 $o(\|\boldsymbol{\delta\theta}\|_2^2)$ 。

利用引理 C.1 中的结论可得

$$\hat{J}_{\mathrm{NSF}}(\hat{\boldsymbol{\theta}})=\lambda_{\min}\{\boldsymbol{Z}(\hat{\boldsymbol{\theta}})\}\approx\hat{J}_{\mathrm{NSF}}(\boldsymbol{\theta})+\boldsymbol{z}_{\min}^{\mathrm{H}}\cdot\boldsymbol{\delta Z}(\boldsymbol{\theta})\cdot\boldsymbol{z}_{\min}+\boldsymbol{z}_{\min}^{\mathrm{H}}\cdot\boldsymbol{\delta Z}(\boldsymbol{\theta})\cdot\boldsymbol{Z}_0\cdot\boldsymbol{\delta Z}(\boldsymbol{\theta})\cdot\boldsymbol{z}_{\min} \tag{C.21}$$

式中 $\boldsymbol{z}_{\min}$ 表示矩阵 $\boldsymbol{Z}(\boldsymbol{\theta})$ 的最小特征值 $\lambda_{\min}$ 对应的单位特征向量，而矩阵 $\boldsymbol{Z}_0$ 的表达式为

$$\boldsymbol{Z}_0=\sum_{l=1}^{L-1}\frac{\boldsymbol{z}_l\boldsymbol{z}_l^{\mathrm{H}}}{\lambda_{\min}-\lambda_l} \tag{C.22}$$

其中 $\{\lambda_l\}_{1\leqslant l\leqslant L-1}$ 和 $\{\boldsymbol{z}_l\}_{1\leqslant l\leqslant L-1}$ 分别表示矩阵 $\boldsymbol{Z}_0$ 除去最小特征值 $\lambda_{\min}$ 以外的其余特征值和相应的单位特征向量。将式（C.20）代入式（C.21）中可得

$$\begin{aligned}\hat{J}_{\mathrm{NSF}}(\hat{\boldsymbol{\theta}})=\lambda_{\min}\{\boldsymbol{Z}(\hat{\boldsymbol{\theta}})\}&\approx\hat{J}_{\mathrm{NSF}}(\boldsymbol{\theta})+\sum_{d=1}^{D}<\boldsymbol{\delta\theta}>_d\cdot(\boldsymbol{z}_{\min}^{\mathrm{H}}\dot{\boldsymbol{Z}}_d(\boldsymbol{\theta})\boldsymbol{z}_{\min})\\&+\frac{1}{2}\cdot\sum_{d_1=1}^{D}\sum_{d_2=1}^{D}<\boldsymbol{\delta\theta}>_{d_1}\cdot<\boldsymbol{\delta\theta}>_{d_2}\cdot(\boldsymbol{z}_{\min}^{\mathrm{H}}\ddot{\boldsymbol{Z}}_{d_1d_2}(\boldsymbol{\theta})\boldsymbol{z}_{\min}+2\boldsymbol{z}_{\min}^{\mathrm{H}}\dot{\boldsymbol{Z}}_{d_1}(\boldsymbol{\theta})\boldsymbol{Z}_0\dot{\boldsymbol{Z}}_{d_2}(\boldsymbol{\theta})\boldsymbol{z}_{\min})\end{aligned} \tag{C.23}$$

由式（C.23）可知，函数 $\hat{J}_{\mathrm{NSF}}(\boldsymbol{\theta})$ 关于 $\boldsymbol{\theta}$ 的梯度向量和 Hessian 矩阵分别为

$$\begin{cases}\boldsymbol{g}(\boldsymbol{\theta})=[\boldsymbol{z}_{\min}^{\mathrm{H}}\dot{\boldsymbol{Z}}_1(\boldsymbol{\theta})\boldsymbol{z}_{\min}\quad\boldsymbol{z}_{\min}^{\mathrm{H}}\dot{\boldsymbol{Z}}_2(\boldsymbol{\theta})\boldsymbol{z}_{\min}\quad\cdots\quad\boldsymbol{z}_{\min}^{\mathrm{H}}\dot{\boldsymbol{Z}}_D(\boldsymbol{\theta})\boldsymbol{z}_{\min}]^{\mathrm{T}}\\\boldsymbol{G}(\boldsymbol{\theta})=\boldsymbol{G}_1(\boldsymbol{\theta})+\boldsymbol{G}_2(\boldsymbol{\theta})\end{cases} \tag{C.24}$$

式中

$$\boldsymbol{G}_1(\boldsymbol{\theta})=\begin{bmatrix}\boldsymbol{z}_{\min}^{\mathrm{H}}\ddot{\boldsymbol{Z}}_{11}(\boldsymbol{\theta})\boldsymbol{z}_{\min}&\boldsymbol{z}_{\min}^{\mathrm{H}}\ddot{\boldsymbol{Z}}_{12}(\boldsymbol{\theta})\boldsymbol{z}_{\min}&\cdots&\boldsymbol{z}_{\min}^{\mathrm{H}}\ddot{\boldsymbol{Z}}_{1D}(\boldsymbol{\theta})\boldsymbol{z}_{\min}\\\boldsymbol{z}_{\min}^{\mathrm{H}}\ddot{\boldsymbol{Z}}_{21}(\boldsymbol{\theta})\boldsymbol{z}_{\min}&\boldsymbol{z}_{\min}^{\mathrm{H}}\ddot{\boldsymbol{Z}}_{22}(\boldsymbol{\theta})\boldsymbol{z}_{\min}&\cdots&\boldsymbol{z}_{\min}^{\mathrm{H}}\ddot{\boldsymbol{Z}}_{2D}(\boldsymbol{\theta})\boldsymbol{z}_{\min}\\\vdots&\vdots&\ddots&\vdots\\\boldsymbol{z}_{\min}^{\mathrm{H}}\ddot{\boldsymbol{Z}}_{D1}(\boldsymbol{\theta})\boldsymbol{z}_{\min}&\boldsymbol{z}_{\min}^{\mathrm{H}}\ddot{\boldsymbol{Z}}_{D2}(\boldsymbol{\theta})\boldsymbol{z}_{\min}&\cdots&\boldsymbol{z}_{\min}^{\mathrm{H}}\ddot{\boldsymbol{Z}}_{DD}(\boldsymbol{\theta})\boldsymbol{z}_{\min}\end{bmatrix} \tag{C.25}$$

$$\boldsymbol{G}_2(\boldsymbol{\theta})=2\cdot[\dot{\boldsymbol{Z}}_1(\boldsymbol{\theta})\boldsymbol{z}_{\min}\;\;\dot{\boldsymbol{Z}}_2(\boldsymbol{\theta})\boldsymbol{z}_{\min}\;\cdots\;\dot{\boldsymbol{Z}}_D(\boldsymbol{\theta})\boldsymbol{z}_{\min}]^{\mathrm{H}}\cdot\boldsymbol{Z}_0\cdot[\dot{\boldsymbol{Z}}_1(\boldsymbol{\theta})\boldsymbol{z}_{\min}\;\;\dot{\boldsymbol{Z}}_2(\boldsymbol{\theta})\boldsymbol{z}_{\min}\;\cdots\;\dot{\boldsymbol{Z}}_D(\boldsymbol{\theta})\boldsymbol{z}_{\min}] \tag{C.26}$$

至此，式（6.130）和式（6.131）得证。

附录 C3　证明式（6.162）至式（6.164）

首先根据式（6.160）和式（2.100）可知

$$\begin{aligned}\frac{\partial\hat{J}_{\mathrm{ML}}(\boldsymbol{\theta})}{\partial<\boldsymbol{\theta}>_d}&=-2\cdot\mathrm{Re}\left\{\mathrm{tr}\left(\boldsymbol{\Pi}^{\perp}[\bar{\boldsymbol{A}}(\boldsymbol{\theta})]\cdot\frac{\partial\bar{\boldsymbol{A}}(\boldsymbol{\theta})}{\partial<\boldsymbol{\theta}>_d}\cdot\bar{\boldsymbol{A}}^{\dagger}(\boldsymbol{\theta})\boldsymbol{x}\boldsymbol{x}^{\mathrm{H}}\right)\right\}\\&=-2\cdot\mathrm{Re}\left\{\boldsymbol{x}^{\mathrm{H}}\cdot\boldsymbol{\Pi}^{\perp}[\bar{\boldsymbol{A}}(\boldsymbol{\theta})]\cdot\frac{\partial\bar{\boldsymbol{A}}(\boldsymbol{\theta})}{\partial<\boldsymbol{\theta}>_d}\cdot\bar{\boldsymbol{A}}^{\dagger}(\boldsymbol{\theta})\boldsymbol{x}\right\}\\&=-2\cdot\mathrm{Re}\left\{\boldsymbol{x}^{\mathrm{H}}\cdot\frac{\partial\bar{\boldsymbol{A}}(\boldsymbol{\theta})}{\partial<\boldsymbol{\theta}>_d}\cdot\bar{\boldsymbol{A}}^{\dagger}(\boldsymbol{\theta})\boldsymbol{x}\right\}+2\cdot\mathrm{Re}\left\{\boldsymbol{x}^{\mathrm{H}}\bar{\boldsymbol{A}}^{\dagger\mathrm{H}}(\boldsymbol{\theta})\bar{\boldsymbol{A}}^{\mathrm{H}}(\boldsymbol{\theta})\cdot\frac{\partial\bar{\boldsymbol{A}}(\boldsymbol{\theta})}{\partial<\boldsymbol{\theta}>_d}\cdot\bar{\boldsymbol{A}}^{\dagger}(\boldsymbol{\theta})\boldsymbol{x}\right\}\end{aligned} \tag{C.27}$$

若令 $\boldsymbol{z}(\boldsymbol{\theta})=\bar{\boldsymbol{A}}^{\dagger}(\boldsymbol{\theta})\boldsymbol{x}$ ，并将式（6.158）代入式（C.27）中可得

$$\frac{\partial \hat{J}_{\mathrm{ML}}(\boldsymbol{\theta})}{\partial <\boldsymbol{\theta}>_d} = -2\cdot\mathrm{Re}\left\{\boldsymbol{x}^{\mathrm{H}}\cdot\frac{\partial \overline{\boldsymbol{A}}(\boldsymbol{\theta})}{\partial <\boldsymbol{\theta}>_d}\cdot\boldsymbol{z}(\boldsymbol{\theta})\right\} + 2\cdot\mathrm{Re}\left\{\boldsymbol{z}^{\mathrm{H}}(\boldsymbol{\theta})\overline{\boldsymbol{A}}^{\mathrm{H}}(\boldsymbol{\theta})\cdot\frac{\partial \overline{\boldsymbol{A}}(\boldsymbol{\theta})}{\partial <\boldsymbol{\theta}>_d}\cdot\boldsymbol{z}(\boldsymbol{\theta})\right\}$$
$$= -2\cdot\mathrm{Re}\left\{\sum_{k=1}^{K}\boldsymbol{x}^{\mathrm{H}}(t_k)\dot{\boldsymbol{A}}(\boldsymbol{\theta})\boldsymbol{i}_D^{(d)}\boldsymbol{i}_D^{(d)\mathrm{T}}\cdot\mathrm{diag}[\boldsymbol{s}_0(t_k)]\cdot\boldsymbol{z}(\boldsymbol{\theta})\right\}$$
$$+2\cdot\mathrm{Re}\left\{\sum_{k=1}^{K}\boldsymbol{z}^{\mathrm{H}}(\boldsymbol{\theta})\cdot\mathrm{diag}[\boldsymbol{s}_0^*(t_k)]\cdot\boldsymbol{A}^{\mathrm{H}}(\boldsymbol{\theta})\dot{\boldsymbol{A}}(\boldsymbol{\theta})\boldsymbol{i}_D^{(d)}\boldsymbol{i}_D^{(d)\mathrm{T}}\cdot\mathrm{diag}[\boldsymbol{s}_0(t_k)]\cdot\boldsymbol{z}(\boldsymbol{\theta})\right\}$$
$$= -2\cdot\mathrm{Re}\left\{\sum_{k=1}^{K}\boldsymbol{i}_D^{(d)\mathrm{T}}\cdot\mathrm{diag}[\boldsymbol{s}_0(t_k)]\cdot\boldsymbol{z}(\boldsymbol{\theta})\boldsymbol{x}^{\mathrm{H}}(t_k)\dot{\boldsymbol{A}}(\boldsymbol{\theta})\boldsymbol{i}_D^{(d)}\right\}$$
$$+2\cdot\mathrm{Re}\left\{\sum_{k=1}^{K}\boldsymbol{i}_D^{(d)\mathrm{T}}\cdot\mathrm{diag}[\boldsymbol{s}_0(t_k)]\cdot\boldsymbol{z}(\boldsymbol{\theta})\boldsymbol{z}^{\mathrm{H}}(\boldsymbol{\theta})\cdot\mathrm{diag}[\boldsymbol{s}_0^*(t_k)]\cdot\boldsymbol{A}^{\mathrm{H}}(\boldsymbol{\theta})\dot{\boldsymbol{A}}(\boldsymbol{\theta})\boldsymbol{i}_D^{(d)}\right\}$$
$$= -2K\cdot\mathrm{Re}\{\boldsymbol{i}_D^{(d)\mathrm{T}}\cdot\mathrm{diag}[\boldsymbol{z}(\boldsymbol{\theta})]\cdot\hat{\boldsymbol{R}}_{s_0x}\dot{\boldsymbol{A}}(\boldsymbol{\theta})\boldsymbol{i}_D^{(d)}\} + 2K\cdot\mathrm{Re}\{\boldsymbol{i}_D^{(d)\mathrm{T}}((\boldsymbol{z}(\boldsymbol{\theta})\boldsymbol{z}^{\mathrm{H}}(\boldsymbol{\theta}))\bullet\hat{\boldsymbol{R}}_{s_0s_0})\boldsymbol{A}^{\mathrm{H}}(\boldsymbol{\theta})\dot{\boldsymbol{A}}(\boldsymbol{\theta})\boldsymbol{i}_D^{(d)}\}$$

（C.28）

基于式（C.28）可以进一步推得

$$\frac{\partial \hat{J}_{\mathrm{ML}}(\boldsymbol{\theta})}{\partial \boldsymbol{\theta}} = -2K\cdot\mathrm{Re}\{\mathrm{vecd}[\mathrm{diag}[\boldsymbol{z}(\boldsymbol{\theta})]\cdot\hat{\boldsymbol{R}}_{s_0x}\dot{\boldsymbol{A}}(\boldsymbol{\theta})]\} + 2K\cdot\mathrm{Re}\{\mathrm{vecd}[((\boldsymbol{z}(\boldsymbol{\theta})\boldsymbol{z}^{\mathrm{H}}(\boldsymbol{\theta}))\bullet\hat{\boldsymbol{R}}_{s_0s_0})\boldsymbol{A}^{\mathrm{H}}(\boldsymbol{\theta})\dot{\boldsymbol{A}}(\boldsymbol{\theta})]\}$$

（C.29）

另一方面，根据式（C.27）和式（2.101）可以进一步推得

$$\frac{\partial^2 \hat{J}_{\mathrm{ML}}(\boldsymbol{\theta})}{\partial <\boldsymbol{\theta}>_{d_1}\partial <\boldsymbol{\theta}>_{d_2}} \approx 2\cdot\mathrm{Re}\left\{\mathrm{tr}\left(\overline{\boldsymbol{A}}^{\dagger\mathrm{H}}(\boldsymbol{\theta})\cdot\frac{\partial \overline{\boldsymbol{A}}^{\mathrm{H}}(\boldsymbol{\theta})}{\partial <\boldsymbol{\theta}>_{d_2}}\cdot\boldsymbol{\Pi}^{\perp}[\overline{\boldsymbol{A}}(\boldsymbol{\theta})]\cdot\frac{\partial \overline{\boldsymbol{A}}(\boldsymbol{\theta})}{\partial <\boldsymbol{\theta}>_{d_1}}\cdot\overline{\boldsymbol{A}}^{\dagger}(\boldsymbol{\theta})\boldsymbol{x}\boldsymbol{x}^{\mathrm{H}}\right)\right\}$$
$$= 2\cdot\mathrm{Re}\left\{\boldsymbol{x}^{\mathrm{H}}\overline{\boldsymbol{A}}^{\dagger\mathrm{H}}(\boldsymbol{\theta})\cdot\frac{\partial \overline{\boldsymbol{A}}^{\mathrm{H}}(\boldsymbol{\theta})}{\partial <\boldsymbol{\theta}>_{d_2}}\cdot\boldsymbol{\Pi}^{\perp}[\overline{\boldsymbol{A}}(\boldsymbol{\theta})]\cdot\frac{\partial \overline{\boldsymbol{A}}(\boldsymbol{\theta})}{\partial <\boldsymbol{\theta}>_{d_1}}\cdot\overline{\boldsymbol{A}}^{\dagger}(\boldsymbol{\theta})\boldsymbol{x}\right\}$$
$$= 2\cdot\mathrm{Re}\left\{\boldsymbol{z}^{\mathrm{H}}(\boldsymbol{\theta})\cdot\frac{\partial \overline{\boldsymbol{A}}^{\mathrm{H}}(\boldsymbol{\theta})}{\partial <\boldsymbol{\theta}>_{d_2}}\cdot\frac{\partial \overline{\boldsymbol{A}}(\boldsymbol{\theta})}{\partial <\boldsymbol{\theta}>_{d_1}}\cdot\boldsymbol{z}(\boldsymbol{\theta})\right\}$$
$$-2\cdot\mathrm{Re}\left\{\boldsymbol{z}^{\mathrm{H}}(\boldsymbol{\theta})\cdot\frac{\partial \overline{\boldsymbol{A}}^{\mathrm{H}}(\boldsymbol{\theta})}{\partial <\boldsymbol{\theta}>_{d_2}}\cdot\overline{\boldsymbol{A}}(\boldsymbol{\theta})(\overline{\boldsymbol{A}}^{\mathrm{H}}(\boldsymbol{\theta})\overline{\boldsymbol{A}}(\boldsymbol{\theta}))^{-1}\overline{\boldsymbol{A}}^{\mathrm{H}}(\boldsymbol{\theta})\cdot\frac{\partial \overline{\boldsymbol{A}}(\boldsymbol{\theta})}{\partial <\boldsymbol{\theta}>_{d_1}}\cdot\boldsymbol{z}(\boldsymbol{\theta})\right\}$$

（C.30）

将式（6.158）代入式（C.30）中可得

$$\frac{\partial^2 \hat{J}_{\mathrm{ML}}(\boldsymbol{\theta})}{\partial <\boldsymbol{\theta}>_{d_1}\partial <\boldsymbol{\theta}>_{d_2}} = 2\cdot\mathrm{Re}\left\{\sum_{k=1}^{K}\boldsymbol{z}^{\mathrm{H}}(\boldsymbol{\theta})\cdot\mathrm{diag}[\boldsymbol{s}_0^*(t_k)]\cdot\boldsymbol{i}_D^{(d_2)}\boldsymbol{i}_D^{(d_2)\mathrm{T}}\dot{\boldsymbol{A}}^{\mathrm{H}}(\boldsymbol{\theta})\dot{\boldsymbol{A}}(\boldsymbol{\theta})\boldsymbol{i}_D^{(d_1)}\boldsymbol{i}_D^{(d_1)\mathrm{T}}\cdot\mathrm{diag}[\boldsymbol{s}_0(t_k)]\cdot\boldsymbol{z}(\boldsymbol{\theta})\right\}$$
$$-2\cdot\mathrm{Re}\left\{\begin{array}{l}\boldsymbol{z}^{\mathrm{H}}(\boldsymbol{\theta})\left(\displaystyle\sum_{k=1}^{K}\mathrm{diag}[\boldsymbol{s}_0^*(t_k)]\cdot\boldsymbol{i}_D^{(d_2)}\boldsymbol{i}_D^{(d_2)\mathrm{T}}\dot{\boldsymbol{A}}^{\mathrm{H}}(\boldsymbol{\theta})\boldsymbol{A}(\boldsymbol{\theta})\cdot\mathrm{diag}[\boldsymbol{s}_0(t_k)]\right)(\overline{\boldsymbol{A}}^{\mathrm{H}}(\boldsymbol{\theta})\overline{\boldsymbol{A}}(\boldsymbol{\theta}))^{-1}\\ \times\left(\displaystyle\sum_{k=1}^{K}\mathrm{diag}[\boldsymbol{s}_0^*(t_k)]\cdot\boldsymbol{A}^{\mathrm{H}}(\boldsymbol{\theta})\dot{\boldsymbol{A}}(\boldsymbol{\theta})\boldsymbol{i}_D^{(d_1)}\boldsymbol{i}_D^{(d_1)\mathrm{T}}\cdot\mathrm{diag}[\boldsymbol{s}_0(t_k)]\right)\boldsymbol{z}(\boldsymbol{\theta})\end{array}\right\}$$
$$= 2K\cdot\mathrm{Re}\{<(\boldsymbol{z}(\boldsymbol{\theta})\boldsymbol{z}^{\mathrm{H}}(\boldsymbol{\theta}))\bullet\hat{\boldsymbol{R}}_{s_0s_0}>_{d_1d_2}\cdot<\dot{\boldsymbol{A}}^{\mathrm{H}}(\boldsymbol{\theta})\dot{\boldsymbol{A}}(\boldsymbol{\theta})>_{d_2d_1}\}$$
$$-2K^2\cdot\mathrm{Re}\left\{\sum_{d=1}^{D}<((\boldsymbol{z}(\boldsymbol{\theta})\boldsymbol{v}_d^{\mathrm{H}}(\boldsymbol{\theta}))\bullet\hat{\boldsymbol{R}}_{s_0s_0})\boldsymbol{A}^{\mathrm{H}}(\boldsymbol{\theta})\dot{\boldsymbol{A}}(\boldsymbol{\theta})>_{d_1d_1}\cdot<\dot{\boldsymbol{A}}^{\mathrm{H}}(\boldsymbol{\theta})\boldsymbol{A}(\boldsymbol{\theta})((\boldsymbol{v}_d(\boldsymbol{\theta})\boldsymbol{z}^{\mathrm{H}}(\boldsymbol{\theta}))\bullet\hat{\boldsymbol{R}}_{s_0s_0})>_{d_2d_2}\right\}$$

（C.31）

式中$\{\boldsymbol{v}_d(\boldsymbol{\theta})\}_{1\leqslant d\leqslant D}$是矩阵$(\bar{\boldsymbol{A}}^{\mathrm{H}}(\boldsymbol{\theta})\bar{\boldsymbol{A}}(\boldsymbol{\theta}))^{-1}$秩 1 分解所得到的向量组，即有

$$(\bar{\boldsymbol{A}}^{\mathrm{H}}(\boldsymbol{\theta})\bar{\boldsymbol{A}}(\boldsymbol{\theta}))^{-1}=\sum_{d=1}^{D}\boldsymbol{v}_d(\boldsymbol{\theta})\boldsymbol{v}_d^{\mathrm{H}}(\boldsymbol{\theta}) \tag{C.32}$$

根据式（C.31）可以进一步推得

$$\begin{aligned}\frac{\partial^2\hat{J}_{\mathrm{ML}}(\boldsymbol{\theta})}{\partial\boldsymbol{\theta}\partial\boldsymbol{\theta}^{\mathrm{T}}}&=2K\cdot\mathrm{Re}\{((\boldsymbol{z}(\boldsymbol{\theta})\boldsymbol{z}^{\mathrm{H}}(\boldsymbol{\theta}))\bullet\hat{\boldsymbol{R}}_{s_0s_0})\bullet(\dot{\boldsymbol{A}}^{\mathrm{H}}(\boldsymbol{\theta})\dot{\boldsymbol{A}}(\boldsymbol{\theta}))^{\mathrm{T}}\}\\&-2K^2\cdot\mathrm{Re}\left\{\sum_{d=1}^{D}\mathrm{vecd}[((\boldsymbol{z}(\boldsymbol{\theta})\boldsymbol{v}_d^{\mathrm{H}}(\boldsymbol{\theta}))\bullet\hat{\boldsymbol{R}}_{s_0s_0})\boldsymbol{A}^{\mathrm{H}}(\boldsymbol{\theta})\dot{\boldsymbol{A}}(\boldsymbol{\theta})]\cdot(\mathrm{vecd}[((\boldsymbol{z}(\boldsymbol{\theta})\boldsymbol{v}_d^{\mathrm{H}}(\boldsymbol{\theta}))\bullet\hat{\boldsymbol{R}}_{s_0s_0})\boldsymbol{A}^{\mathrm{H}}(\boldsymbol{\theta})\dot{\boldsymbol{A}}(\boldsymbol{\theta})])^{\mathrm{H}}\right\}\end{aligned} \tag{C.33}$$

至此，式（6.162）至式（6.164）得证。

附录 C4　证明式（6.188）至式（6.190）

首先根据式（6.186）和式（2.100）可知

$$\begin{aligned}\frac{\partial\hat{J}_{\mathrm{ML}}(\boldsymbol{\theta},\hat{\boldsymbol{\alpha}})}{\partial<\boldsymbol{\theta}>_d}&=-2\cdot\mathrm{tr}\left(\boldsymbol{\Pi}^{\perp}[\bar{\boldsymbol{B}}(\boldsymbol{\theta},\hat{\boldsymbol{\alpha}})]\cdot\frac{\partial\bar{\boldsymbol{B}}(\boldsymbol{\theta},\hat{\boldsymbol{\alpha}})}{\partial<\boldsymbol{\theta}>_d}\cdot\bar{\boldsymbol{B}}^{\dagger}(\boldsymbol{\theta},\hat{\boldsymbol{\alpha}})\bar{\boldsymbol{x}}\bar{\boldsymbol{x}}^{\mathrm{T}}\right)\\&=-2\bar{\boldsymbol{x}}^{\mathrm{T}}\cdot\boldsymbol{\Pi}^{\perp}[\bar{\boldsymbol{B}}(\boldsymbol{\theta},\hat{\boldsymbol{\alpha}})]\cdot\frac{\partial\bar{\boldsymbol{B}}(\boldsymbol{\theta},\hat{\boldsymbol{\alpha}})}{\partial<\boldsymbol{\theta}>_d}\cdot\bar{\boldsymbol{B}}^{\dagger}(\boldsymbol{\theta},\hat{\boldsymbol{\alpha}})\bar{\boldsymbol{x}}\\&=-2\bar{\boldsymbol{x}}^{\mathrm{T}}\cdot\frac{\partial\bar{\boldsymbol{B}}(\boldsymbol{\theta},\hat{\boldsymbol{\alpha}})}{\partial<\boldsymbol{\theta}>_d}\cdot\bar{\boldsymbol{B}}^{\dagger}(\boldsymbol{\theta},\hat{\boldsymbol{\alpha}})\bar{\boldsymbol{x}}+2\bar{\boldsymbol{x}}^{\mathrm{T}}\bar{\boldsymbol{B}}^{\dagger\mathrm{T}}(\boldsymbol{\theta},\hat{\boldsymbol{\alpha}})\bar{\boldsymbol{B}}^{\mathrm{T}}(\boldsymbol{\theta},\hat{\boldsymbol{\alpha}})\cdot\frac{\partial\bar{\boldsymbol{B}}(\boldsymbol{\theta},\hat{\boldsymbol{\alpha}})}{\partial<\boldsymbol{\theta}>_d}\cdot\bar{\boldsymbol{B}}^{\dagger}(\boldsymbol{\theta},\hat{\boldsymbol{\alpha}})\bar{\boldsymbol{x}}\end{aligned} \tag{C.34}$$

若令$\bar{\boldsymbol{z}}(\boldsymbol{\theta},\hat{\boldsymbol{\alpha}})=\bar{\boldsymbol{B}}^{\dagger}(\boldsymbol{\theta},\hat{\boldsymbol{\alpha}})\bar{\boldsymbol{x}}$，并将式（6.183）代入式（C.34）中可得

$$\begin{aligned}\frac{\partial\hat{J}_{\mathrm{ML}}(\boldsymbol{\theta},\hat{\boldsymbol{\alpha}})}{\partial<\boldsymbol{\theta}>_d}&=-2\bar{\boldsymbol{x}}^{\mathrm{T}}\cdot\frac{\partial\bar{\boldsymbol{B}}(\boldsymbol{\theta},\hat{\boldsymbol{\alpha}})}{\partial<\boldsymbol{\theta}>_d}\cdot\bar{\boldsymbol{z}}(\boldsymbol{\theta},\hat{\boldsymbol{\alpha}})+2\bar{\boldsymbol{z}}^{\mathrm{T}}(\boldsymbol{\theta},\hat{\boldsymbol{\alpha}})\bar{\boldsymbol{B}}^{\mathrm{T}}(\boldsymbol{\theta},\hat{\boldsymbol{\alpha}})\cdot\frac{\partial\bar{\boldsymbol{B}}(\boldsymbol{\theta},\hat{\boldsymbol{\alpha}})}{\partial<\boldsymbol{\theta}>_d}\cdot\bar{\boldsymbol{z}}(\boldsymbol{\theta},\hat{\boldsymbol{\alpha}})\\&=-2\cdot\mathrm{Re}\left\{\sum_{k=1}^{K}\boldsymbol{x}^{\mathrm{H}}(t_k)\dot{\boldsymbol{A}}(\boldsymbol{\theta})\boldsymbol{i}_D^{(d)}\boldsymbol{i}_D^{(d)\mathrm{T}}\cdot\mathrm{diag}[\hat{\boldsymbol{s}}(t_k)]\cdot\bar{\boldsymbol{z}}(\boldsymbol{\theta},\hat{\boldsymbol{\alpha}})\right\}\\&+2\cdot\mathrm{Re}\left\{\sum_{k=1}^{K}\bar{\boldsymbol{z}}^{\mathrm{T}}(\boldsymbol{\theta},\hat{\boldsymbol{\alpha}})\cdot\mathrm{diag}[\hat{\boldsymbol{s}}^*(t_k)]\cdot\boldsymbol{A}^{\mathrm{H}}(\boldsymbol{\theta})\dot{\boldsymbol{A}}(\boldsymbol{\theta})\boldsymbol{i}_D^{(d)}\boldsymbol{i}_D^{(d)\mathrm{T}}\cdot\mathrm{diag}[\hat{\boldsymbol{s}}(t_k)]\cdot\bar{\boldsymbol{z}}(\boldsymbol{\theta},\hat{\boldsymbol{\alpha}})\right\}\\&=-2\cdot\mathrm{Re}\left\{\sum_{k=1}^{K}\boldsymbol{i}_D^{(d)\mathrm{T}}\cdot\mathrm{diag}[\hat{\boldsymbol{s}}(t_k)]\cdot\bar{\boldsymbol{z}}(\boldsymbol{\theta},\hat{\boldsymbol{\alpha}})\boldsymbol{x}^{\mathrm{H}}(t_k)\dot{\boldsymbol{A}}(\boldsymbol{\theta})\boldsymbol{i}_D^{(d)}\right\}\\&+2\cdot\mathrm{Re}\left\{\sum_{k=1}^{K}\boldsymbol{i}_D^{(d)\mathrm{T}}\cdot\mathrm{diag}[\hat{\boldsymbol{s}}(t_k)]\cdot\bar{\boldsymbol{z}}(\boldsymbol{\theta},\hat{\boldsymbol{\alpha}})\bar{\boldsymbol{z}}^{\mathrm{T}}(\boldsymbol{\theta},\hat{\boldsymbol{\alpha}})\cdot\mathrm{diag}[\hat{\boldsymbol{s}}^*(t_k)]\cdot\boldsymbol{A}^{\mathrm{H}}(\boldsymbol{\theta})\dot{\boldsymbol{A}}(\boldsymbol{\theta})\boldsymbol{i}_D^{(d)}\right\}\\&=-2K\cdot\mathrm{Re}\{\boldsymbol{i}_D^{(d)\mathrm{T}}\cdot\mathrm{diag}[\bar{\boldsymbol{z}}(\boldsymbol{\theta},\hat{\boldsymbol{\alpha}})]\cdot\hat{\boldsymbol{R}}_{sx}\dot{\boldsymbol{A}}(\boldsymbol{\theta})\boldsymbol{i}_D^{(d)}\}+2K\cdot\mathrm{Re}\{\boldsymbol{i}_D^{(d)\mathrm{T}}(\bar{\boldsymbol{z}}(\boldsymbol{\theta},\hat{\boldsymbol{\alpha}})\bar{\boldsymbol{z}}^{\mathrm{T}}(\boldsymbol{\theta},\hat{\boldsymbol{\alpha}}))\bullet\hat{\boldsymbol{R}}_{ss})\boldsymbol{A}^{\mathrm{H}}(\boldsymbol{\theta})\dot{\boldsymbol{A}}(\boldsymbol{\theta})\boldsymbol{i}_D^{(d)}\}\end{aligned} \tag{C.35}$$

基于式（C.35）可以进一步推得

$$\begin{aligned}\frac{\partial\hat{J}_{\mathrm{ML}}(\boldsymbol{\theta},\hat{\boldsymbol{\alpha}})}{\partial\boldsymbol{\theta}}&=-2K\cdot\mathrm{Re}\{\mathrm{vecd}[\mathrm{diag}[\bar{\boldsymbol{z}}(\boldsymbol{\theta},\hat{\boldsymbol{\alpha}})]\cdot\hat{\boldsymbol{R}}_{sx}\dot{\boldsymbol{A}}(\boldsymbol{\theta})\}\\&+2K\cdot\mathrm{Re}\{\mathrm{vecd}[(\bar{\boldsymbol{z}}(\boldsymbol{\theta},\hat{\boldsymbol{\alpha}})\bar{\boldsymbol{z}}^{\mathrm{T}}(\boldsymbol{\theta},\hat{\boldsymbol{\alpha}}))\bullet\hat{\boldsymbol{R}}_{ss})\boldsymbol{A}^{\mathrm{H}}(\boldsymbol{\theta})\dot{\boldsymbol{A}}(\boldsymbol{\theta})]\}\end{aligned} \tag{C.36}$$

另一方面，根据式（C.34）和式（2.101）可以进一步推得

$$\begin{aligned}\frac{\partial^2 \hat{J}_{\mathrm{ML}}(\boldsymbol{\theta},\hat{\boldsymbol{\alpha}})}{\partial<\boldsymbol{\theta}>_{d_1}\partial<\boldsymbol{\theta}>_{d_2}} &\approx 2\cdot\mathrm{tr}\left(\overline{\boldsymbol{B}}^{\dagger\mathrm{T}}(\boldsymbol{\theta},\hat{\boldsymbol{\alpha}})\cdot\frac{\partial\overline{\boldsymbol{B}}^{\mathrm{T}}(\boldsymbol{\theta},\hat{\boldsymbol{\alpha}})}{\partial<\boldsymbol{\theta}>_{d_2}}\cdot\boldsymbol{\Pi}^{\perp}[\overline{\boldsymbol{B}}(\boldsymbol{\theta},\hat{\boldsymbol{\alpha}})]\cdot\frac{\partial\overline{\boldsymbol{B}}(\boldsymbol{\theta},\hat{\boldsymbol{\alpha}})}{\partial<\boldsymbol{\theta}>_{d_1}}\cdot\overline{\boldsymbol{B}}^{\dagger}(\boldsymbol{\theta},\hat{\boldsymbol{\alpha}})\overline{\boldsymbol{x}}\overline{\boldsymbol{x}}^{\mathrm{T}}\right)\\
&=2\overline{\boldsymbol{x}}^{\mathrm{T}}\overline{\boldsymbol{B}}^{\dagger\mathrm{T}}(\boldsymbol{\theta},\hat{\boldsymbol{\alpha}})\cdot\frac{\partial\overline{\boldsymbol{B}}^{\mathrm{T}}(\boldsymbol{\theta},\hat{\boldsymbol{\alpha}})}{\partial<\boldsymbol{\theta}>_{d_2}}\cdot\boldsymbol{\Pi}^{\perp}[\overline{\boldsymbol{B}}(\boldsymbol{\theta},\hat{\boldsymbol{\alpha}})]\cdot\frac{\partial\overline{\boldsymbol{B}}(\boldsymbol{\theta},\hat{\boldsymbol{\alpha}})}{\partial<\boldsymbol{\theta}>_{d_1}}\cdot\overline{\boldsymbol{B}}^{\dagger}(\boldsymbol{\theta},\hat{\boldsymbol{\alpha}})\overline{\boldsymbol{x}}\\
&=2\overline{\boldsymbol{z}}^{\mathrm{T}}(\boldsymbol{\theta},\hat{\boldsymbol{\alpha}})\cdot\frac{\partial\overline{\boldsymbol{B}}^{\mathrm{T}}(\boldsymbol{\theta},\hat{\boldsymbol{\alpha}})}{\partial<\boldsymbol{\theta}>_{d_2}}\cdot\frac{\partial\overline{\boldsymbol{B}}(\boldsymbol{\theta},\hat{\boldsymbol{\alpha}})}{\partial<\boldsymbol{\theta}>_{d_1}}\cdot\overline{\boldsymbol{z}}(\boldsymbol{\theta},\hat{\boldsymbol{\alpha}})\\
&\quad-2\overline{\boldsymbol{z}}^{\mathrm{T}}(\boldsymbol{\theta},\hat{\boldsymbol{\alpha}})\cdot\frac{\partial\overline{\boldsymbol{B}}^{\mathrm{T}}(\boldsymbol{\theta},\hat{\boldsymbol{\alpha}})}{\partial<\boldsymbol{\theta}>_{d_2}}\cdot\overline{\boldsymbol{B}}(\boldsymbol{\theta},\hat{\boldsymbol{\alpha}})(\overline{\boldsymbol{B}}^{\mathrm{T}}(\boldsymbol{\theta},\hat{\boldsymbol{\alpha}})\overline{\boldsymbol{B}}(\boldsymbol{\theta},\hat{\boldsymbol{\alpha}}))^{-1}\overline{\boldsymbol{B}}^{\mathrm{T}}(\boldsymbol{\theta},\hat{\boldsymbol{\alpha}})\cdot\frac{\partial\overline{\boldsymbol{B}}(\boldsymbol{\theta},\hat{\boldsymbol{\alpha}})}{\partial<\boldsymbol{\theta}>_{d_1}}\cdot\overline{\boldsymbol{z}}(\boldsymbol{\theta},\hat{\boldsymbol{\alpha}})\end{aligned}\tag{C.37}$$

将式（6.183）代入式（C.37）中可得

$$\begin{aligned}&\frac{\partial^2 \hat{J}_{\mathrm{ML}}(\boldsymbol{\theta},\hat{\boldsymbol{\alpha}})}{\partial<\boldsymbol{\theta}>_{d_1}\partial<\boldsymbol{\theta}>_{d_2}}=2\cdot\mathrm{Re}\left\{\sum_{k=1}^{K}\overline{\boldsymbol{z}}^{\mathrm{T}}(\boldsymbol{\theta},\hat{\boldsymbol{\alpha}})\cdot\mathrm{diag}[\boldsymbol{s}^*(t_k)]\cdot\boldsymbol{i}_D^{(d_2)}\boldsymbol{i}_D^{(d_2)\mathrm{T}}\dot{\boldsymbol{A}}^{\mathrm{H}}(\boldsymbol{\theta})\dot{\boldsymbol{A}}(\boldsymbol{\theta})\boldsymbol{i}_D^{(d_1)}\boldsymbol{i}_D^{(d_1)\mathrm{T}}\cdot\mathrm{diag}[\boldsymbol{s}(t_k)]\cdot\overline{\boldsymbol{z}}(\boldsymbol{\theta},\hat{\boldsymbol{\alpha}})\right\}\\
&-2\cdot\left(\begin{aligned}&\overline{\boldsymbol{z}}^{\mathrm{T}}(\boldsymbol{\theta},\hat{\boldsymbol{\alpha}})\cdot\mathrm{Re}\left\{\sum_{k=1}^{K}\mathrm{diag}[\boldsymbol{s}^*(t_k)]\cdot\boldsymbol{i}_D^{(d_2)}\boldsymbol{i}_D^{(d_2)\mathrm{T}}\dot{\boldsymbol{A}}^{\mathrm{H}}(\boldsymbol{\theta})\boldsymbol{A}(\boldsymbol{\theta})\cdot\mathrm{diag}[\boldsymbol{s}(t_k)]\right\}\cdot(\overline{\boldsymbol{B}}^{\mathrm{T}}(\boldsymbol{\theta},\hat{\boldsymbol{\alpha}})\overline{\boldsymbol{B}}(\boldsymbol{\theta},\hat{\boldsymbol{\alpha}}))^{-1}\\
&\times\mathrm{Re}\left\{\sum_{k=1}^{K}\mathrm{diag}[\boldsymbol{s}^*(t_k)]\cdot\boldsymbol{A}^{\mathrm{H}}(\boldsymbol{\theta})\dot{\boldsymbol{A}}(\boldsymbol{\theta})\boldsymbol{i}_D^{(d_1)}\boldsymbol{i}_D^{(d_1)\mathrm{T}}\cdot\mathrm{diag}[\boldsymbol{s}(t_k)]\right\}\cdot\overline{\boldsymbol{z}}(\boldsymbol{\theta},\hat{\boldsymbol{\alpha}})\end{aligned}\right)\\
&=2K\cdot\mathrm{Re}\{<(\overline{\boldsymbol{z}}(\boldsymbol{\theta},\hat{\boldsymbol{\alpha}})\overline{\boldsymbol{z}}^{\mathrm{T}}(\boldsymbol{\theta},\hat{\boldsymbol{\alpha}}))\bullet\hat{\boldsymbol{R}}_{ss}>_{d_1d_2}\cdot<\dot{\boldsymbol{A}}^{\mathrm{H}}(\boldsymbol{\theta})\dot{\boldsymbol{A}}(\boldsymbol{\theta})>_{d_2d_1}\}\\
&-2K^2\cdot\sum_{d=1}^{D}<\mathrm{Re}\{((\overline{\boldsymbol{z}}(\boldsymbol{\theta},\hat{\boldsymbol{\alpha}})\overline{\boldsymbol{v}}_d^{\mathrm{T}}(\boldsymbol{\theta},\hat{\boldsymbol{\alpha}}))\bullet\hat{\boldsymbol{R}}_{ss})\boldsymbol{A}^{\mathrm{H}}(\boldsymbol{\theta})\dot{\boldsymbol{A}}(\boldsymbol{\theta})\}>_{d_1d_1}\cdot<\mathrm{Re}\{\dot{\boldsymbol{A}}^{\mathrm{H}}(\boldsymbol{\theta})\boldsymbol{A}(\boldsymbol{\theta})((\overline{\boldsymbol{v}}_d(\boldsymbol{\theta},\hat{\boldsymbol{\alpha}})\overline{\boldsymbol{z}}^{\mathrm{T}}(\boldsymbol{\theta},\hat{\boldsymbol{\alpha}}))\bullet\hat{\boldsymbol{R}}_{ss})\}>_{d_2d_2}\end{aligned}\tag{C.38}$$

式中 $\{\overline{\boldsymbol{v}}_d(\boldsymbol{\theta},\boldsymbol{\alpha})\}_{1\leqslant d\leqslant D}$ 是矩阵 $(\overline{\boldsymbol{B}}^{\mathrm{T}}(\boldsymbol{\theta},\boldsymbol{\alpha})\overline{\boldsymbol{B}}(\boldsymbol{\theta},\boldsymbol{\alpha}))^{-1}$ 秩 1 分解所得到的向量组，即有

$$(\overline{\boldsymbol{B}}^{\mathrm{T}}(\boldsymbol{\theta},\boldsymbol{\alpha})\overline{\boldsymbol{B}}(\boldsymbol{\theta},\boldsymbol{\alpha}))^{-1}=\sum_{d=1}^{D}\overline{\boldsymbol{v}}_d(\boldsymbol{\theta},\boldsymbol{\alpha})\overline{\boldsymbol{v}}_d^{\mathrm{T}}(\boldsymbol{\theta},\boldsymbol{\alpha})\tag{C.39}$$

根据式（C.38）可以进一步推得

$$\begin{aligned}\frac{\partial^2 \hat{J}_{\mathrm{ML}}(\boldsymbol{\theta},\hat{\boldsymbol{\alpha}})}{\partial\boldsymbol{\theta}\partial\boldsymbol{\theta}^{\mathrm{T}}}&=2K\cdot\mathrm{Re}\{((\overline{\boldsymbol{z}}(\boldsymbol{\theta},\hat{\boldsymbol{\alpha}})\overline{\boldsymbol{z}}^{\mathrm{T}}(\boldsymbol{\theta},\hat{\boldsymbol{\alpha}}))\bullet\hat{\boldsymbol{R}}_{ss})\bullet(\dot{\boldsymbol{A}}^{\mathrm{H}}(\boldsymbol{\theta})\dot{\boldsymbol{A}}(\boldsymbol{\theta}))^{\mathrm{T}}\}\\
&-2K^2\cdot\sum_{d=1}^{D}\mathrm{vecd}[\mathrm{Re}\{((\overline{\boldsymbol{z}}(\boldsymbol{\theta},\hat{\boldsymbol{\alpha}})\overline{\boldsymbol{v}}_d^{\mathrm{T}}(\boldsymbol{\theta},\hat{\boldsymbol{\alpha}}))\bullet\hat{\boldsymbol{R}}_{ss})\boldsymbol{A}^{\mathrm{H}}(\boldsymbol{\theta})\dot{\boldsymbol{A}}(\boldsymbol{\theta})\}]\cdot(\mathrm{vecd}[\mathrm{Re}\{((\overline{\boldsymbol{z}}(\boldsymbol{\theta},\hat{\boldsymbol{\alpha}})\overline{\boldsymbol{v}}_d^{\mathrm{T}}(\boldsymbol{\theta},\hat{\boldsymbol{\alpha}}))\bullet\hat{\boldsymbol{R}}_{ss})\boldsymbol{A}^{\mathrm{H}}(\boldsymbol{\theta})\dot{\boldsymbol{A}}(\boldsymbol{\theta})\}])^{\mathrm{T}}\end{aligned}\tag{C.40}$$

至此，式（6.188）至式（6.190）得证。

第 7 章　基于测向信息的静止目标定位理论与方法

基于测向信息的目标定位技术是无线电信号定位领域中的一个重要研究方向，也是最常见的定位手段之一[1-3]。当目标与测向站位于同一平面时（即考虑二维空间时），需要利用测向站获得的方位信息估计目标的二维位置坐标，但当目标与测向站不在同一平面时（即考虑三维空间时），则需要同时利用测向站获得的方位角和仰角信息估计目标的三维位置坐标。

利用测向结果实现对目标的定位方式有很多，其中最为常见的是多站交汇定位，它利用了不同测向站所获得的角度定位线进行交汇定位，可以应用于包括短波（3~30MHz）和超短波（30~300MHz）在内的多种通信频段。在双站二维定位场景下，直接解算出两条定位直线的交点即可确定目标的位置坐标，但在多站（多于两站）定位问题中，则需要合理设计优化准则，并进行优化计算以取得统计最优的定位精度。

除了多站交汇定位以外，单站测向定位也是一种较为常见的定位方式。不难想象，仅仅利用单个测向站给出的一次测向结果是难以实现目标定位的，因此，单站测向定位通常要求测向站或者目标处于（相对）运动状态，通过利用测向站在不同时刻所获得的序列测向结果就可以实现目标定位。除此之外，还有另一种单站定位体制是专门针对天波超视距信号所设计的，它主要应用于短波频段（3~30MHz），这种定位方式可以利用单个测向站给出的一次二维测向结果（包括方位角和仰角）实现目标的位置估计，但是还需要信号反射点的电离层高度的先验信息。

鉴于测向定位方式的多样性，本章主要讨论静止测向站对静止目标的定位问题，当两者处于相对运动状态时，其定位问题将在第 8 章和第 9 章进行讨论。下面将依次给出（短波）单站定位、双站二维交汇定位以及多站（多于两站）交汇定位的观测模型，目标位置解算方法以及定位误差分析。

7.1　基于电离层反射的单站定位理论与方法

本节将介绍短波单站定位的基本原理，其中包括定位模型、目标位置计算公式以及定位误差分析。

7.1.1　不考虑地球曲率影响的近距离单站定位

（一）单径模式下的单站定位

图 7.1 是单径模式下基于电离层反射的单站定位原理示意图，假设地面测向站与目标辐射源的直线距离为 d，测向站可以同时测得反射信号的方位角和仰角（分别记为 θ 和 β），反射点的电离层高度为 h，并且反射点位于目标和测向站的中点。

基于上述假设可以直接获得距离 d 的表达式为

$$\frac{2h}{d}=\tan(\beta)\Rightarrow d=\frac{2h}{\tan(\beta)} \tag{7.1}$$

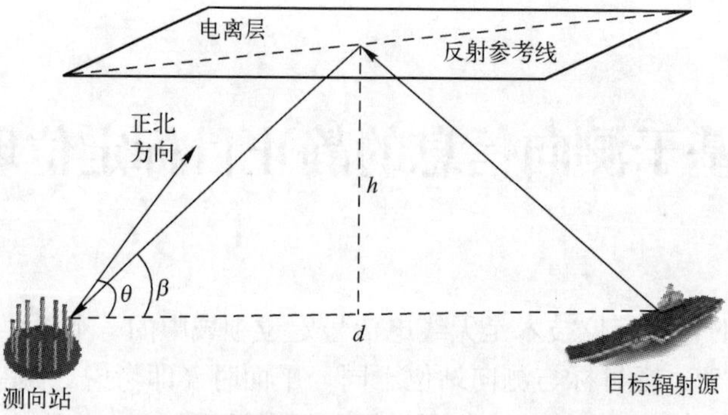

图 7.1　单径模式下的单站测向定位原理示意图

若假设地面测向站在定位平面上的位置坐标为$(x^{(r)}, y^{(r)})$，则目标在该平面上的二维位置坐标为

$$\begin{cases} x^{(t)} = x^{(r)} + d \cdot \sin(\theta) = x^{(r)} + \dfrac{2h \cdot \sin(\theta)}{\tan(\beta)} \\ y^{(t)} = y^{(r)} + d \cdot \cos(\theta) = y^{(r)} + \dfrac{2h \cdot \cos(\theta)}{\tan(\beta)} \end{cases} \tag{7.2}$$

根据上述分析可知，通过测向站测得信号的方位角和仰角，再结合电离层高度就可以解算出目标的位置参数。

（二）多径模式下的单站定位

图 7.2 是多径模式下基于电离层反射的单站定位原理示意图，其中信号会从不同的反射点到达测向站，从而产生多径传播效应。在这种情况下，如果地面测向站能够获得不同传播路径的信号到达测向站的时间差，则在无需测量电离层高度的情况下也能够计算出目标的位置坐标。

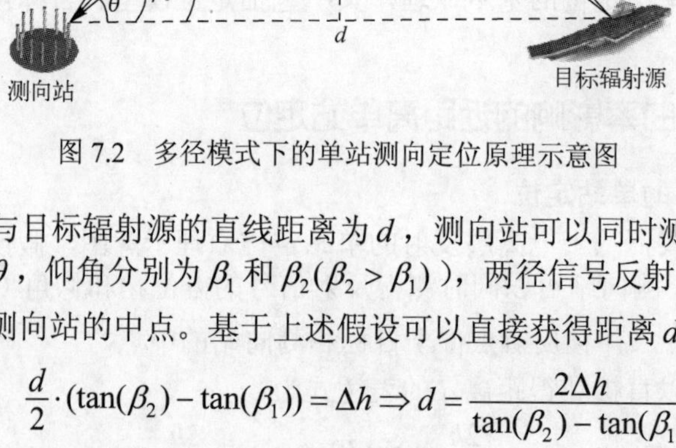

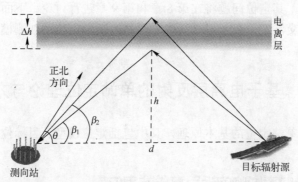

图 7.2　多径模式下的单站测向定位原理示意图

假设地面测向站与目标辐射源的直线距离为d，测向站可以同时测得两径信号的方位角和仰角（方位角均为θ，仰角分别为β_1和$\beta_2(\beta_2 > \beta_1)$），两径信号反射点的高度差为$\Delta h$，并且反射点位于目标和测向站的中点。基于上述假设可以直接获得距离d的表达式为

$$\frac{d}{2} \cdot (\tan(\beta_2) - \tan(\beta_1)) = \Delta h \Rightarrow d = \frac{2\Delta h}{\tan(\beta_2) - \tan(\beta_1)} \tag{7.3}$$

如果地面测向站可以获得两径信号到达测向站的时间差（记为τ），则可以建立Δh与τ之

间的闭式关系式，其中的几何关系如图 7.3 所描述。图中，△CED 是一个等腰三角形，点 A 和点 E 之间的距离等于两径信号传播距离差的一半，即 $|AE| = c\tau/2$（其中 c 表示电磁波传播速度）。在△AED 中，∠AED 和∠ADE 分别等于

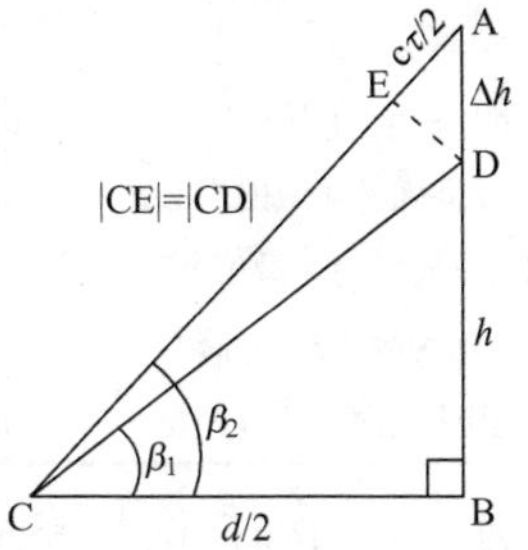

图 7.3　多径反射几何示意图

$$\begin{cases}\angle \text{AED} = \pi - (\pi - \beta_2 + \beta_1)/2 = \pi/2 + (\beta_2 - \beta_1)/2 \\ \angle \text{ADE} = \pi - (\pi - \beta_2 + \beta_1)/2 - (\pi/2 - \beta_1) = (\beta_1 + \beta_2)/2\end{cases} \tag{7.4}$$

于是根据三角形正弦定理可得

$$\frac{\Delta h}{\sin(\angle \text{AED})} = \frac{c\tau/2}{\sin(\angle \text{ADE})} \Rightarrow \frac{\Delta h}{\sin(\pi/2 + (\beta_2 - \beta_1)/2)} = \frac{c\tau/2}{\sin((\beta_1 + \beta_2)/2)} \tag{7.5}$$

进一步可知

$$\Delta h = \frac{c\tau}{2} \cdot \frac{\sin(\pi/2 + (\beta_2 - \beta_1)/2)}{\sin((\beta_1 + \beta_2)/2)} = \frac{c\tau}{2} \cdot \frac{\cos((\beta_2 - \beta_1)/2)}{\sin((\beta_1 + \beta_2)/2)} \tag{7.6}$$

将式（7.6）代入式（7.3）中可得

$$d = \frac{c\tau}{\tan(\beta_2) - \tan(\beta_1)} \cdot \frac{\cos((\beta_2 - \beta_1)/2)}{\sin((\beta_1 + \beta_2)/2)} \tag{7.7}$$

最后将式（7.7）代入式（7.2）中就可以得到目标的二维位置坐标。

需要指出的是，上述定位过程均假设目标与测向站之间的地球表面为平面，这就要求目标与测向站之间的距离不能太大，否则会导致较大的定位偏差，此时就需要考虑地球曲率的影响。

7.1.2　考虑地球曲率影响的远距离单站定位

当目标与地面测向站的距离较远时（通常可达几百甚至上千公里），就不能假设目标与测向站在地球同一平面上，必须要考虑地球曲率的影响，其定位原理如图 7.4 所示，图中各个物理参量的数学符号定义见表 7.1。

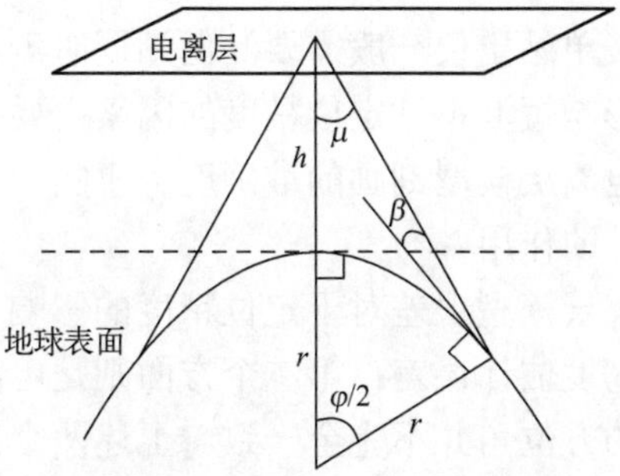

图 7.4　考虑地球曲率的单站测向定位原理示意图

表 7.1 物理参量的数学符号定义

物 理 参 量	数 学 符 号
地球半径	$\boldsymbol{r}$
电离层高度	$\boldsymbol{h}$
目标与测向站间的球面弧长	$\boldsymbol{s}$
目标与测向站间弧长对应的中心角	$\boldsymbol{\varphi}$
信号到达电离层的入射角度	$\boldsymbol{\mu}$
反射信号到达测向站的仰角	$\boldsymbol{\beta}$
反射信号到达测向站的方位角	$\boldsymbol{\theta}$

为了获得目标的位置参数，需要首先明确目标与测向站间弧长对应的中心角 φ。根据三角形的内角关系可知

$$\beta+\varphi/2+\mu=\pi/2 \tag{7.8}$$

利用三角形正弦定理可得

$$\frac{r}{\sin(\mu)}=\frac{r}{\cos(\beta+\varphi/2)}=\frac{r+h}{\sin(\beta+\pi/2)} \tag{7.9}$$

进一步可以推得

$$\cos(\beta+\varphi/2)=\frac{r}{r+h}\cdot\sin(\beta+\pi/2)=\frac{r}{r+h}\cdot\cos(\beta)\Rightarrow\varphi=2\cdot\arccos\left(\frac{r}{r+h}\cdot\cos(\beta)\right)-2\beta \tag{7.10}$$

于是目标与测向站之间的球面弧长为

$$s=r\varphi=2r\left(\arccos\left(\frac{r}{r+h}\cdot\cos(\beta)\right)-\beta\right) \tag{7.11}$$

若假设测向站位于地球表面的经度和纬度分别为 $\omega^{(\mathrm{r})}$ 和 $\rho^{(\mathrm{r})}$，则目标在地球表面的经度和纬度分别等于[4, 5]

$$\begin{cases}\omega^{(\mathrm{t})}=\omega^{(\mathrm{r})}+\dfrac{\arcsin(\sin(\varphi)\cdot\sin(\theta))}{\cos\left(\rho^{(\mathrm{r})}+\arccos\left(\dfrac{\cos(\varphi)}{\cos(\arcsin(\sin(\varphi)\cdot\sin(\theta)))}\right)\right)}\\ \rho^{(\mathrm{t})}=\rho^{(\mathrm{r})}+\arccos\left(\dfrac{\cos(\varphi)}{\cos(\arcsin(\sin(\varphi)\cdot\sin(\theta)))}\right)\end{cases} \tag{7.12}$$

7.1.3 单站定位中的误差分析

根据上述讨论可知，短波单站定位一般需要测向站同时测得信号方位角、仰角以及信号反射点的电离层高度，因此影响短波单站定位精度的因素主要有两个：第一个因素是角度估计精度；第二个因素则是对电离层模型刻画的准确度。事实上，第二个因素对于单站定位精度的影响往往具有更加决定性的作用。

在实际定位过程中，电离层模型误差对于定位精度的影响主要表现在两个方面：第一个方面是信号反射点的电离层高度估计误差；第二个方面则是电离层的倾斜导致测向站测得的方位角与平面模型下所对应的方位角并不完全一致。上述两个问题在工程中都不容易解决，需要对电离层进行更加精细化的建模，由此也衍生出一些新型定位技术(例如射线追踪技术)。

总体而言，短波单站定位的定位精度并不理想，高精度的短波单站定位系统的定位精度可达观测距离的 5%左右，这意味着 1000km 远的目标定位误差约为 50km。

7.2　双站二维交汇定位理论与方法

双站二维交汇定位是最简单的一类多站交汇定位体制，其基本原理是利用两个测向站各自确定的角度定位线的交点获得目标的位置参数，本节将介绍其基本原理，并对其定位误差进行分析。

7.2.1　双站二维交汇定位基本原理

双站二维交汇定位原理如图 7.5 所示。

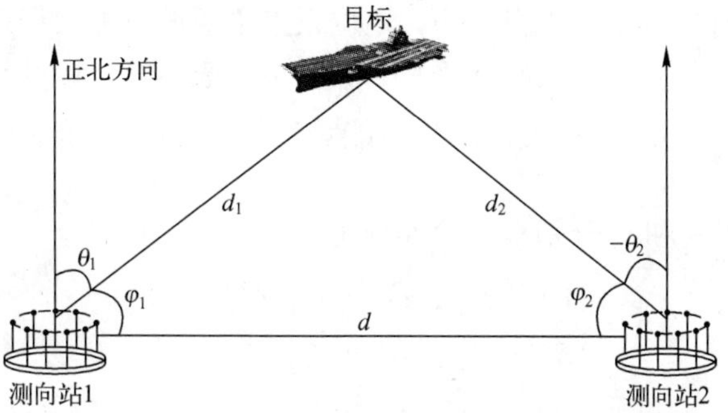

图 7.5　双站二维交汇定位原理示意图

假设目标与两个测向站位于同一平面，目标的位置坐标为 $(x^{(\mathrm{t})},y^{(\mathrm{t})})$，两个测向站的位置坐标分别为 $(x_1^{(\mathrm{r})},y_1^{(\mathrm{r})})$ 和 $(x_2^{(\mathrm{r})},y_2^{(\mathrm{r})})$，它们测得目标的方位分别为 θ_1 和 θ_2（均以正北方向为基准），于是可以得到如下代数关系式

$$\begin{cases}\tan(\theta_1)=\dfrac{x^{(\mathrm{t})}-x_1^{(\mathrm{r})}}{y^{(\mathrm{t})}-y_1^{(\mathrm{r})}}\\[2ex]\tan(\theta_2)=\dfrac{x^{(\mathrm{t})}-x_2^{(\mathrm{r})}}{y^{(\mathrm{t})}-y_2^{(\mathrm{r})}}\end{cases}\tag{7.13}$$

联立上述两个方程组就可以得到目标位置坐标的计算公式为

$$\begin{cases}x^{(\mathrm{t})}=\dfrac{(y_1^{(\mathrm{r})}-y_2^{(\mathrm{r})})\cdot\tan(\theta_1)\cdot\tan(\theta_2)-x_1^{(\mathrm{r})}\cdot\tan(\theta_2)+x_2^{(\mathrm{r})}\cdot\tan(\theta_1)}{\tan(\theta_1)-\tan(\theta_2)}\\[2ex]y^{(\mathrm{t})}=\dfrac{x_2^{(\mathrm{r})}-x_1^{(\mathrm{r})}-y_2^{(\mathrm{r})}\cdot\tan(\theta_2)+y_1^{(\mathrm{r})}\cdot\tan(\theta_1)}{\tan(\theta_1)-\tan(\theta_2)}\end{cases}\tag{7.14}$$

另一方面，利用方位信息 θ_1 和 θ_2 还可以直接确定目标与两个测向站之间的距离 d_1 和 d_2。假设两个测向站的距离为 d（该值可以精确获得），当确定 θ_1 和 θ_2 时，就可以同时获得 ϕ_1 和 ϕ_2，并且有 $\phi_1=\pi/2-\theta_1$ 和 $\phi_2=\pi/2+\theta_2$，于是根据三角形正弦定理可知

$$\frac{d_1}{\sin(\phi_2)}=\frac{d_2}{\sin(\phi_1)}=\frac{d}{\sin(\pi-\phi_1-\phi_2)}=\frac{d}{\sin(\phi_1+\phi_2)}\tag{7.15}$$

进一步可以推得

$$d_1 = \frac{d \cdot \sin(\phi_2)}{\sin(\phi_1 + \phi_2)}, d_2 = \frac{d \cdot \sin(\phi_1)}{\sin(\phi_1 + \phi_2)} \tag{7.16}$$

7.2.2 定位误差分析

根据测向误差模型和应用场景的不同，实际中所采取的定位误差分析方法也不相同。刻画定位误差最常用的参数包括目标位置估计均方根误差、定位模糊区域面积和定位误差椭圆面积等。由于定位误差椭圆面积这一参数的推导更具有普适性，因此将其放在 7.3 节多站（多于两站）交汇定位中进行讨论，这里仅考虑目标位置估计均方根误差和定位模糊区域面积的推导。

（一）目标位置估计均方根误差的推导

在测向站位置坐标精确已知的条件下，定位误差主要源自测向误差，即 θ_1 和 θ_2 的估计误差。由于式（7.14）给出了目标位置坐标关于 θ_1 和 θ_2 的表达式，因此通过微分法就可以给出测向误差与定位误差之间的闭式关系，从而能够进一步推导目标位置估计均方根误差的表达式。

对式（7.14）关于 θ_1 和 θ_2 分别求一阶偏导可得

$$\begin{cases} \delta x^{(\mathrm{t})} = f_{x1} \cdot \delta\theta_1 + f_{x2} \cdot \delta\theta_2 \\ \delta y^{(\mathrm{t})} = f_{y1} \cdot \delta\theta_1 + f_{y2} \cdot \delta\theta_2 \end{cases} \tag{7.17}$$

式中

$$\begin{cases} f_{x1} = \dfrac{(x_1^{(\mathrm{r})} - x_2^{(\mathrm{r})}) \cdot \tan(\theta_2) + (y_2^{(\mathrm{r})} - y_1^{(\mathrm{r})})(\tan(\theta_2))^2}{(\tan(\theta_1) - \tan(\theta_2))^2 (\cos(\theta_1))^2} \\ f_{x2} = \dfrac{(x_2^{(\mathrm{r})} - x_1^{(\mathrm{r})}) \cdot \tan(\theta_1) + (y_1^{(\mathrm{r})} - y_2^{(\mathrm{r})})(\tan(\theta_1))^2}{(\tan(\theta_1) - \tan(\theta_2))^2 (\cos(\theta_2))^2} \end{cases} \tag{7.18}$$

$$\begin{cases} f_{y1} = \dfrac{x_1^{(\mathrm{r})} - x_2^{(\mathrm{r})} + (y_2^{(\mathrm{r})} - y_1^{(\mathrm{r})}) \cdot \tan(\theta_2)}{(\tan(\theta_1) - \tan(\theta_2))^2 (\cos(\theta_1))^2} \\ f_{y2} = \dfrac{x_2^{(\mathrm{r})} - x_1^{(\mathrm{r})} + (y_1^{(\mathrm{r})} - y_2^{(\mathrm{r})}) \cdot \tan(\theta_1)}{(\tan(\theta_1) - \tan(\theta_2))^2 (\cos(\theta_2))^2} \end{cases} \tag{7.19}$$

假设测向误差 $\delta\theta_1$ 和 $\delta\theta_2$ 为相互独立的零均值随机变量，并且其方差均为 σ_θ^2（按弧度计），则目标位置估计均方根误差可以表示为

$$\begin{aligned} \mathbf{RMSE}\left(\begin{bmatrix} x^{(\mathrm{t})} \\ y^{(\mathrm{t})} \end{bmatrix}\right) &= \sqrt{\mathrm{E}[(\delta x^{(\mathrm{t})})^2 + (\delta y^{(\mathrm{t})})^2]} = \sigma_\theta \cdot \sqrt{f_{x1}^2 + f_{x2}^2 + f_{y1}^2 + f_{y2}^2} \\ &= \sigma_\theta \cdot \frac{\sqrt{\begin{pmatrix} (x_1^{(\mathrm{r})} - x_2^{(\mathrm{r})})^2((\cos(\theta_1))^2 + (\cos(\theta_2))^2) + (y_1^{(\mathrm{r})} - y_2^{(\mathrm{r})})^2((\sin(\theta_1))^2 + (\sin(\theta_2))^2) \\ -(x_1^{(\mathrm{r})} - x_2^{(\mathrm{r})})(y_1^{(\mathrm{r})} - y_2^{(\mathrm{r})})(\sin(2\theta_1) + \sin(2\theta_2)) \end{pmatrix}}}{(\sin(\theta_1) \cdot \cos(\theta_2) - \sin(\theta_2) \cdot \cos(\theta_1))^2} \end{aligned} \tag{7.20}$$

（二）定位模糊区域面积的推导

假设两个测向站的最大测向误差为 $\delta\theta_{\max}$，则目标位置估计值一定会集中在图 7.6 所示的

四边形 ABCD 之内，下面将推导该四边形的面积。显然，该面积越大，定位误差就会越大，反之则定位误差会越小。

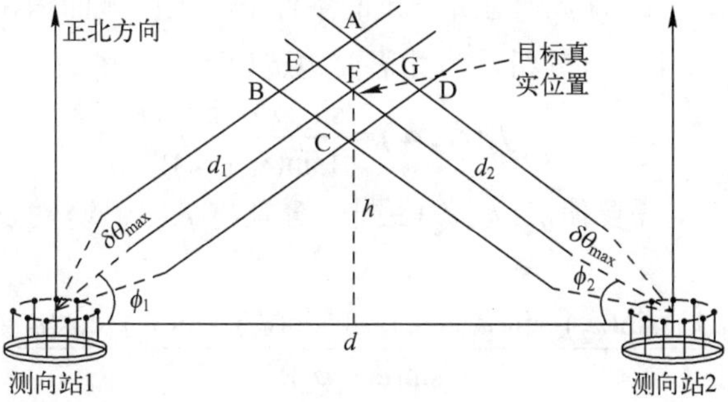

图 7.6　双站二维交汇定位模糊区域分析示意图

对于远距离目标来说，四边形 ABCD 的边长相对于 d_1 和 d_2 来说非常小，此时四边形 ABCD 可以近似认为是平行四边形。因此，四边形 ABCD 的面积是四边形 AEFG 面积的 4 倍，而四边形 AEFG 两边对应的高可以用一段圆弧来近似表示，相应的表达式分别为

$$\begin{cases} h_1 = \delta\theta_{\max} \cdot d_1 = \dfrac{\delta\theta_{\max} \cdot h}{\sin(\phi_1)} = \dfrac{\delta\theta_{\max} \cdot d \cdot \sin(\phi_2)}{\sin(\phi_1 + \phi_2)} \\ h_2 = \delta\theta_{\max} \cdot d_2 = \dfrac{\delta\theta_{\max} \cdot h}{\sin(\phi_2)} = \dfrac{\delta\theta_{\max} \cdot d \cdot \sin(\phi_1)}{\sin(\phi_1 + \phi_2)} \end{cases} \tag{7.21}$$

另一方面，边长 AG 的长度可以表示为

$$l_{AG} = \frac{h_1}{\sin(\phi_1 + \phi_2)} = \frac{\delta\theta_{\max} \cdot h}{\sin(\phi_1) \cdot \sin(\phi_1 + \phi_2)} = \frac{\delta\theta_{\max} \cdot d \cdot \sin(\phi_2)}{(\sin(\phi_1 + \phi_2))^2} \tag{7.22}$$

于是可得四边形 ABCD 的面积为

$$S_{ABCD} = 4S_{AEFG} = 4l_{AG}h_2 = \frac{4h^2(\delta\theta_{\max})^2}{\sin(\phi_1) \cdot \sin(\phi_2) \cdot \sin(\phi_1 + \phi_2)} = \frac{4d^2 \cdot \sin(\phi_1) \cdot \sin(\phi_2) \cdot (\delta\theta_{\max})^2}{(\sin(\phi_1 + \phi_2))^3} \tag{7.23}$$

从式（7.23）中不难看出，定位模糊区域面积 S_{ABCD} 与 $\delta\theta_{\max}$，h，d，ϕ_1 和 ϕ_2 等诸多参数有关系，其中 $\delta\theta_{\max}$ 主要取决于测向系统的性能，这里不加以讨论，而 h，d，ϕ_1 和 ϕ_2 则取决于测向站的位置分布以及目标与测向站之间的相对位置关系，这四个参数之间本身也是相互制约的。下面将分别讨论在 h 一定的条件下和在 d 一定的条件下，ϕ_1 和 ϕ_2 如何取值可以使得测向模糊面积最小化。

首先在 h 一定的条件下进行分析，为此需要构造如下二元函数

$$f_1(\phi_1, \phi_2) = \sin(\phi_1) \cdot \sin(\phi_2) \cdot \sin(\phi_1 + \phi_2) \tag{7.24}$$

为了使 S_{ABCD} 最小化，需要使 $f_1(\phi_1, \phi_2)$ 最大，分别将 $f_1(\phi_1, \phi_2)$ 对 ϕ_1 和 ϕ_2 求偏导并令其等于零可得

$$\begin{cases} \dfrac{\partial f_1(\phi_1, \phi_2)}{\partial \phi_1} = \cos(\phi_1) \cdot \sin(\phi_2) \cdot \sin(\phi_1 + \phi_2) + \sin(\phi_1) \cdot \sin(\phi_2) \cdot \cos(\phi_1 + \phi_2) = 0 \\ \dfrac{\partial f_1(\phi_1, \phi_2)}{\partial \phi_2} = \sin(\phi_1) \cdot \cos(\phi_2) \cdot \sin(\phi_1 + \phi_2) + \sin(\phi_1) \cdot \sin(\phi_2) \cdot \cos(\phi_1 + \phi_2) = 0 \end{cases} \tag{7.25}$$

式（7.25）可以简化为

$$\begin{cases}\tan(\phi_1) = -\tan(\phi_1 + \phi_2) \\ \tan(\phi_2) = -\tan(\phi_1 + \phi_2)\end{cases} \tag{7.26}$$

式（7.26）的解为 $\phi_1 = \phi_2 = \pi/3$，此时在 h 一定的条件下模糊区域面积 S_{ABCD} 最小。

接着在 d 一定的条件下进行分析，为此需要构造如下二元函数

$$f_2(\phi_1, \phi_2) = \frac{\sin(\phi_1)\cdot\sin(\phi_2)}{(\sin(\phi_1+\phi_2))^3} \tag{7.27}$$

为了使 S_{ABCD} 最小化，需要使 $f_2(\phi_1, \phi_2)$ 最小，分别将 $f_2(\phi_1, \phi_2)$ 对 ϕ_1 和 ϕ_2 求偏导数并令其等于零可得

$$\begin{cases}\dfrac{\partial f_2(\phi_1, \phi_2)}{\partial \phi_1} = \dfrac{\cos(\phi_1)\cdot\sin(\phi_2)\cdot\sin(\phi_1+\phi_2) - 3\cdot\sin(\phi_1)\cdot\sin(\phi_2)\cdot\cos(\phi_1+\phi_2)}{(\sin(\phi_1+\phi_2))^4} = 0 \\ \dfrac{\partial f_2(\phi_1, \phi_2)}{\partial \phi_2} = \dfrac{\sin(\phi_1)\cdot\cos(\phi_2)\cdot\sin(\phi_1+\phi_2) - 3\cdot\sin(\phi_1)\cdot\sin(\phi_2)\cdot\cos(\phi_1+\phi_2)}{(\sin(\phi_1+\phi_2))^4} = 0\end{cases} \tag{7.28}$$

式（7.28）可以简化为

$$\tan(\phi_1) = \tan(\phi_2) = \tan(\phi_1+\phi_2)/3 \tag{7.29}$$

式（7.29）的解为 $\phi_1 = \phi_2 = \pi/6$，此时在 d 一定的条件下模糊区域面积 S_{ABCD} 最小。

7.2.3 数值实验

下面将通过若干数值实验说明双站二维交汇定位的参数估计精度，这里用目标位置估计均方根误差作为衡量指标，其定义为

$$e_s = \sqrt{\frac{1}{K}\cdot\sum_{k=1}^{K}((\hat{x}_k^{(\text{t})} - x^{(\text{t})})^2 + (\hat{y}_k^{(\text{t})} - y^{(\text{t})})^2)} \tag{7.30}$$

式中 $(\hat{x}_k^{(\text{t})}, \hat{y}_k^{(\text{t})})$ 表示第 k 次蒙特卡洛独立实验的估计结果，K 表示实验次数。

数值实验 1——目标位置估计均方根误差的性能分析

假设 2 个测向站的位置坐标分别为（−1km，0km）和（1km，0km），测向站的测向误差服从独立的零均值高斯分布，目标的位置坐标设置为 3 种情况（图 7.7），分别为（0km，1km），（0km，2km）和（0km，3km），图 7.8 给出了双站二维交汇定位的目标位置估计均方根误差随着测向误差标准差 σ_θ 的变化曲线。

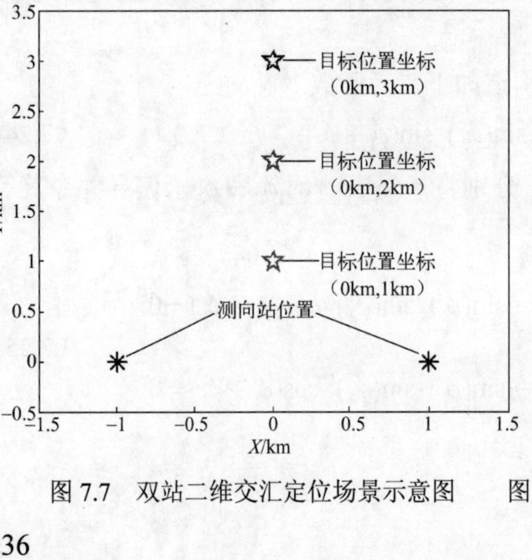

图 7.7 双站二维交汇定位场景示意图

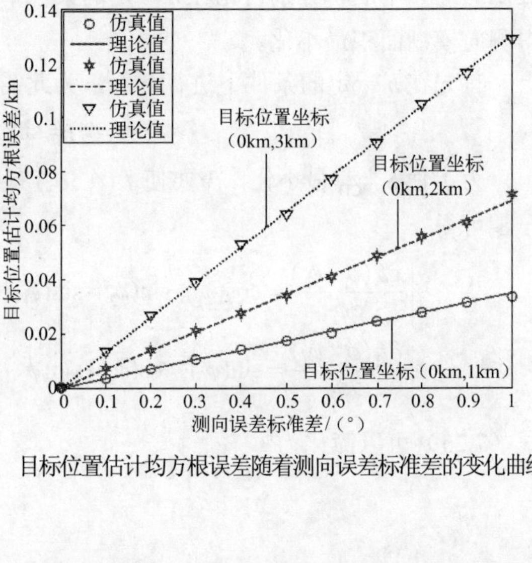

图 7.8 目标位置估计均方根误差随着测向误差标准差的变化曲线

从图 7.8 中可以看出：

① 目标位置估计均方根误差随着测向误差标准差的增加呈线性增长。

② 目标距离测向站越远，其定位误差越大；目标距离测向站越近，其定位误差越小。

测向站的位置坐标保持不变，将测向误差标准差固定为 0.5°，图 7.9 给出了双站二维交汇定位的目标位置估计均方根误差等高线示意图。为了更加清晰地观察定位误差随目标位置的分布情况，图 7.10 还给出了更小区域的等高线示意图。

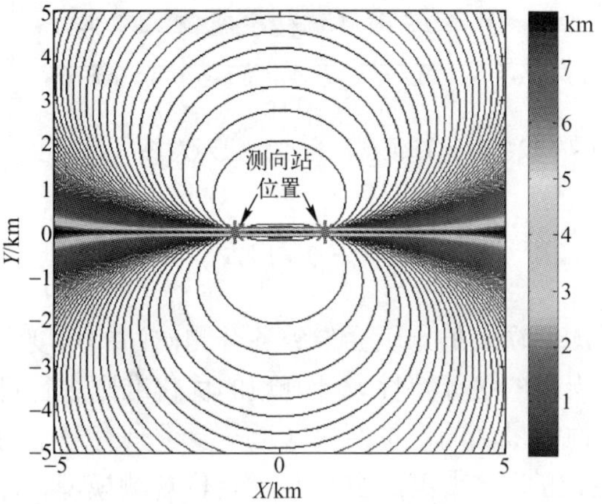

图 7.9　目标位置估计均方根误差等高线示意图

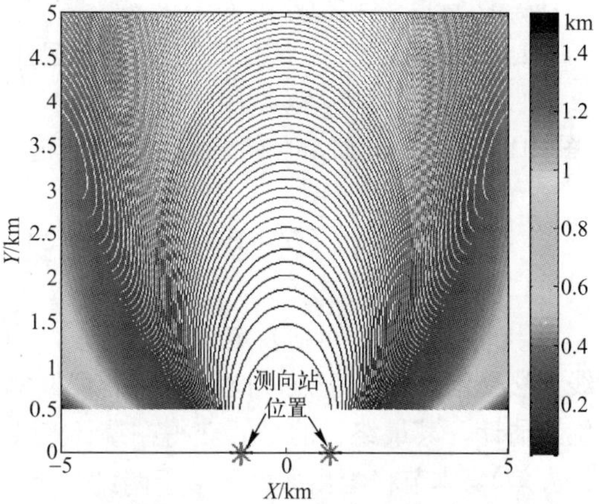

图 7.10　目标位置估计均方根误差等高线示意图(更小区域)

从图 7.9 和图 7.10 中可以看出：

① 在测向站基线方向具有较大的定位误差。

② 在测向站法线方向具有较高的定位精度。

③ 对远区域目标的定位精度要低于对近区域目标的定位精度。

数值实验 2——定位模糊区域面积的性能分析

首先，将目标位置坐标固定为（0km，$3\sqrt{3}$ km），2 个测向站的位置坐标设置为 3 种情况，分别为（−1km，0km）和（1km，0km），（−3km，0km）和（3km，0km），（−5km，0km）和（5km，0km），此时 h 一定，并且当 2 个测向站的位置坐标为（−3km，0km）和（3km，0km）时，满足条件 $\phi_1=\phi_2=\pi/3$，图 7.11 给出了 1000 次蒙特卡洛实验的定位结果。

接着，将 2 个测向站的位置坐标固定为（−3km，0km）和（3km，0km），此时 d 一定，目标的位置坐标设置为 3 种情况，分别为（0km，$\sqrt{3}/3$ km）（目标 1），（0km，$\sqrt{3}$ km）（目标 2），（0km，$3\sqrt{3}$ km）（目标 3），并且当目标的位置坐标为（0km，$\sqrt{3}$ km）时（即目标 2），满足条件 $\phi_1=\phi_2=\pi/6$，图 7.12 给出了 1000 次蒙特卡洛实验的定位结果。

从图 7.11 和图 7.12 中可以看出：

① 在 h 一定的条件下，当满足条件 $\phi_1=\phi_2=\pi/3$ 时（对应两个测向站的位置坐标为（−3km，0km）和（3km，0km）），定位模糊区域面积最小，相应的定位误差也最小。

② 在 d 一定的条件下，当满足条件 $\phi_1=\phi_2=\pi/6$ 时（对应目标的位置坐标为（0km，$\sqrt{3}$ km）），定位模糊区域面积最小，相应的定位误差也最小。

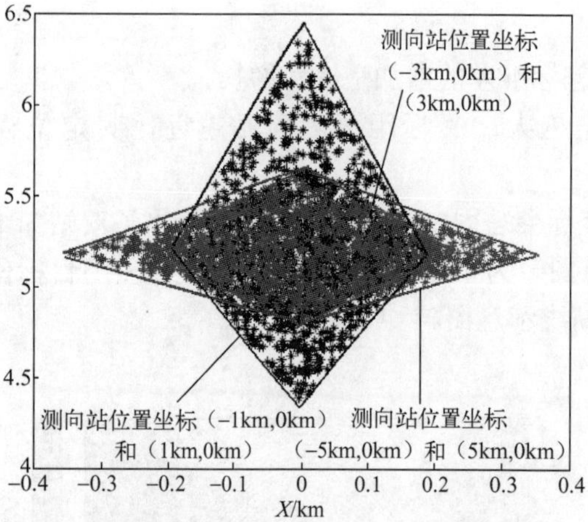

图 7.11　双站二维交汇定位结果示意图（h 一定）

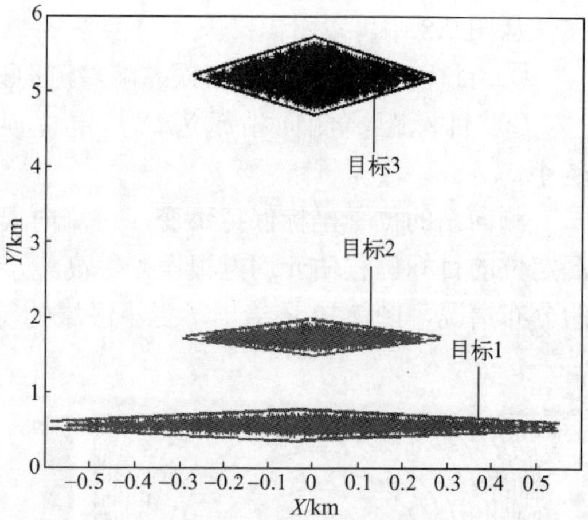

图 7.12　双站二维交汇定位结果示意图（d 一定）

7.3　多站（多于两站）交汇定位理论与方法

对于多站（多于两站）定位问题而言，由于测向误差的原因会导致各个测向站的角度定位线无法交汇到同一个点，此时就需要根据测向误差的统计特性设计合理的优化准则进行目标位置估计，其最终目的是要获得在统计意义上性能最优的定位结果（通常要求具有最小的估计方差）。本节将给出多站（多于两站）交汇定位的基本原理，其中包括定位观测模型、目标位置解算方法以及定位误差分析。

7.3.1　定位观测模型和目标位置估计方差的克拉美罗界

（一）非线性观测模型及其伪线性化观测模型

图 7.13 是基于测向信息的多站定位示意图，假设目标的位置向量为 $\boldsymbol{s}^{(\mathrm{t})}=[x^{(\mathrm{t})}\ \ y^{(\mathrm{t})}\ \ z^{(\mathrm{t})}]^{\mathrm{T}}$，现有 N 个测向站对目标信号源进行测向，其中第 n 个测向站的位置向量为 $\boldsymbol{s}_n^{(\mathrm{r})}=[x_n^{(\mathrm{r})}\ \ y_n^{(\mathrm{r})}\ \ z_n^{(\mathrm{r})}]^{\mathrm{T}}$，目标相对于该测向站的真实方位角和仰角分别为 θ_n 和 β_n，相应的观测值分别为 $\hat{\theta}_n$ 和 $\hat{\beta}_n$，于是根据空间几何关系可以构建如下观测方程

$$\begin{cases}\hat{\theta}_n=\theta_n+\varepsilon_{n1}=\arctan\left(\dfrac{x^{(\mathrm{t})}-x_n^{(\mathrm{r})}}{y^{(\mathrm{t})}-y_n^{(\mathrm{r})}}\right)+\varepsilon_{n1}\\ \hat{\beta}_n=\beta_n+\varepsilon_{n2}=\arctan\left(\dfrac{z^{(\mathrm{t})}-z_n^{(\mathrm{r})}}{\sqrt{(x^{(\mathrm{t})}-x_n^{(\mathrm{r})})^2+(y^{(\mathrm{t})}-y_n^{(\mathrm{r})})^2}}\right)+\varepsilon_{n2}\end{cases}\quad (n=1,2,\cdots,N)\qquad(7.31)$$

式中 ε_{n1} 和 ε_{n2} 分别表示方位角和仰角的观测误差。

为了便于下文描述，这里将全部的角度真实值、角度观测量以及观测误差合并成如下向量

$$\begin{cases}\boldsymbol{r}=[\theta_1\ \ \beta_1\ \ \theta_2\ \ \beta_2\ \ \cdots\ \ \theta_N\ \ \beta_N]^{\mathrm{T}}\\ \hat{\boldsymbol{r}}=[\hat{\theta}_1\ \ \hat{\beta}_1\ \ \hat{\theta}_2\ \ \hat{\beta}_2\ \ \cdots\ \ \hat{\theta}_N\ \ \hat{\beta}_N]^{\mathrm{T}}\\ \boldsymbol{\varepsilon}=[\varepsilon_{11}\ \ \varepsilon_{12}\ \ \varepsilon_{21}\ \ \varepsilon_{22}\ \ \cdots\ \ \varepsilon_{N1}\ \ \varepsilon_{N2}]^{\mathrm{T}}\end{cases}\qquad(7.32)$$

式中 $\boldsymbol{r}$ 表示角度真实向量，$\hat{\boldsymbol{r}}$ 表示角度观测向量，$\boldsymbol{\varepsilon}$ 表示观测误差向量（假设它服从零均值高斯分布，并且其协方差矩阵为 $\boldsymbol{R}_{\varepsilon\varepsilon}=\mathrm{E}[\boldsymbol{\varepsilon}\boldsymbol{\varepsilon}^{\mathrm{T}}]$）。另一方面，从式（7.31）中不难发现，角度

观测方程是关于目标位置向量 $\boldsymbol{s}$ 的非线性函数，不失一般性，这里将该非线性函数记为 $\boldsymbol{f}(\cdot)$，于是可以建立如下向量形式的观测方程

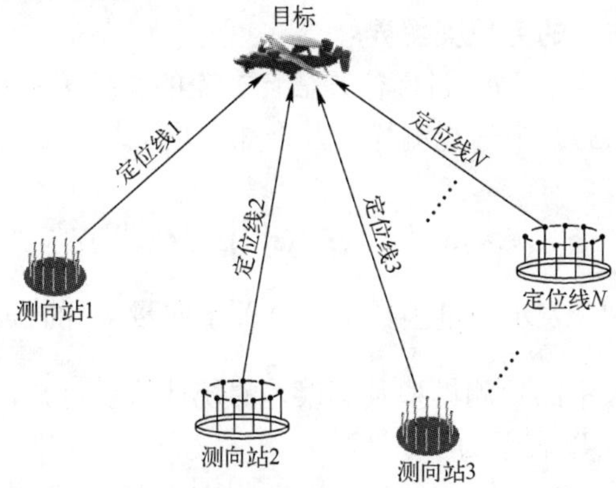

图 7.13 基于测向信息的多站（多于两站）定位示意图

$$\hat{\boldsymbol{r}} = \boldsymbol{r} + \boldsymbol{\varepsilon} = \boldsymbol{f}(\boldsymbol{s}^{(\mathrm{t})}) + \boldsymbol{\varepsilon} \tag{7.33}$$

式中 $\boldsymbol{r} = \boldsymbol{f}(\boldsymbol{s}^{(\mathrm{t})})$。

需要指出的是，虽然角度观测方程是关于目标位置向量 $\boldsymbol{s}^{(\mathrm{t})}$ 的非线性函数，但它是一种特殊的非线性函数，其特殊性在于，通过等价的代数转换可以将其转化为如下线性方程

$$\begin{cases} \cos(\theta_n)\cdot x^{(\mathrm{t})} - \sin(\theta_n)\cdot y^{(\mathrm{t})} = x_n^{(\mathrm{r})}\cdot\cos(\theta_n) - y_n^{(\mathrm{r})}\cdot\sin(\theta_n) \\ \sin(\theta_n)\cdot\sin(\beta_n)\cdot x^{(\mathrm{t})} + \cos(\theta_n)\cdot\sin(\beta_n)\cdot y^{(\mathrm{t})} - \cos(\beta_n)\cdot z^{(\mathrm{t})} \\ = x_n^{(\mathrm{r})}\cdot\sin(\theta_n)\cdot\sin(\beta_n) + y_n^{(\mathrm{r})}\cdot\cos(\theta_n)\cdot\sin(\beta_n) - z_n^{(\mathrm{r})}\cdot\cos(\beta_n) \end{cases} \quad (n=1,2,\cdots,N) \tag{7.34}$$

式（7.34）的矩阵形式可以表示为

$$\boldsymbol{B}(\boldsymbol{r})\boldsymbol{s}^{(\mathrm{t})} = \boldsymbol{a}(\boldsymbol{r}) \tag{7.35}$$

式中

$$\boldsymbol{B}(\boldsymbol{r}) = \left[\begin{array}{c:c:c} \cos(\theta_1) & -\sin(\theta_1) & 0 \\ \sin(\theta_1)\cdot\sin(\beta_1) & \cos(\theta_1)\cdot\sin(\beta_1) & -\cos(\beta_1) \\ \cos(\theta_2) & -\sin(\theta_2) & 0 \\ \sin(\theta_2)\cdot\sin(\beta_2) & \cos(\theta_2)\cdot\sin(\beta_2) & -\cos(\beta_2) \\ \vdots & \vdots & \vdots \\ \cos(\theta_N) & -\sin(\theta_N) & 0 \\ \sin(\theta_N)\cdot\sin(\beta_N) & \cos(\theta_N)\cdot\sin(\beta_N) & -\cos(\beta_N) \end{array}\right] \tag{7.36}$$

$$\boldsymbol{a}(\boldsymbol{r}) = \begin{bmatrix} x_1^{(\mathrm{r})}\cdot\cos(\theta_1) - y_1^{(\mathrm{r})}\cdot\sin(\theta_1) \\ x_1^{(\mathrm{r})}\cdot\sin(\theta_1)\cdot\sin(\beta_1) + y_1^{(\mathrm{r})}\cdot\cos(\theta_1)\cdot\sin(\beta_1) - z_1^{(\mathrm{r})}\cdot\cos(\beta_1) \\ x_2^{(\mathrm{r})}\cdot\cos(\theta_2) - y_2^{(\mathrm{r})}\cdot\sin(\theta_2) \\ x_2^{(\mathrm{r})}\cdot\sin(\theta_2)\cdot\sin(\beta_2) + y_2^{(\mathrm{r})}\cdot\cos(\theta_2)\cdot\sin(\beta_2) - z_2^{(\mathrm{r})}\cdot\cos(\beta_2) \\ \vdots \\ x_N^{(\mathrm{r})}\cdot\cos(\theta_N) - y_N^{(\mathrm{r})}\cdot\sin(\theta_N) \\ x_N^{(\mathrm{r})}\cdot\sin(\theta_N)\cdot\sin(\beta_N) + y_N^{(\mathrm{r})}\cdot\cos(\theta_N)\cdot\sin(\beta_N) - z_N^{(\mathrm{r})}\cdot\cos(\beta_N) \end{bmatrix} \tag{7.37}$$

虽然式（7.35）是关于目标位置向量 $\boldsymbol{s}^{(\mathrm{t})}$ 的线性方程，但由于其系数矩阵 $\boldsymbol{B}(\boldsymbol{r})$ 和观测向量 $\boldsymbol{a}(\boldsymbol{r})$ 都是关于观测向量 $\boldsymbol{r}$ 的连续可导函数，因此也称该线性方程为伪线性观测方程。

（二）目标位置估计方差的克拉美罗界

基于式（7.31）中的观测模型，目标位置估计方差的克拉美罗界可由下述命题给出。

命题 7.1：基于式（7.33）中的观测模型，未知参量 $\boldsymbol{s}^{(\mathrm{t})}$ 的估计方差的克拉美罗界矩阵可以表示为

$$\mathbf{CRB}(\boldsymbol{s}^{(\mathrm{t})})=(\boldsymbol{F}^{\mathrm{T}}(\boldsymbol{s}^{(\mathrm{t})})\boldsymbol{R}_{\varepsilon\varepsilon}^{-1}\boldsymbol{F}(\boldsymbol{s}^{(\mathrm{t})}))^{-1} \tag{7.38}$$

式中 $\boldsymbol{F}(\boldsymbol{s}^{(\mathrm{t})})=\dfrac{\partial \boldsymbol{f}(\boldsymbol{s}^{(\mathrm{t})})}{\partial \boldsymbol{s}^{(\mathrm{t})\mathrm{T}}}\in\mathbf{R}^{2N\times 3}$ 表示向量函数 $\boldsymbol{f}(\boldsymbol{s}^{(\mathrm{t})})$ 关于向量 $\boldsymbol{s}^{(\mathrm{t})}$ 的 Jacobi 矩阵。

证明：根据式（7.33）中的观测模型及其误差的统计假设可知，对于特定的向量 $\boldsymbol{s}^{(\mathrm{t})}$，观测向量 $\hat{\boldsymbol{r}}$ 的最大似然函数可以表示为

$$p_{\hat{\boldsymbol{r}}}(\boldsymbol{z})=(2\pi)^{-N}\cdot(\det[\boldsymbol{R}_{\varepsilon\varepsilon}])^{-1/2}\cdot\exp\{-(\boldsymbol{z}-\boldsymbol{f}(\boldsymbol{s}^{(\mathrm{t})}))^{\mathrm{T}}\boldsymbol{R}_{\varepsilon\varepsilon}^{-1}(\boldsymbol{z}-\boldsymbol{f}(\boldsymbol{s}^{(\mathrm{t})}))/2\} \tag{7.39}$$

相应的对数似然函数为

$$\ln(p_{\hat{\boldsymbol{r}}}(\boldsymbol{z}))=-N\cdot\ln(2\pi)-\ln(\det[\boldsymbol{R}_{\varepsilon\varepsilon}])/2-(\boldsymbol{z}-\boldsymbol{f}(\boldsymbol{s}^{(\mathrm{t})}))^{\mathrm{T}}\boldsymbol{R}_{\varepsilon\varepsilon}^{-1}(\boldsymbol{z}-\boldsymbol{f}(\boldsymbol{s}^{(\mathrm{t})}))/2 \tag{7.40}$$

于是对数似然函数 $\ln(p_{\hat{\boldsymbol{r}}}(\boldsymbol{z}))$ 关于向量 $\boldsymbol{s}^{(\mathrm{t})}$ 的梯度向量可以表示为

$$\frac{\partial\ln(p_{\hat{\boldsymbol{r}}}(\boldsymbol{z}))}{\partial\boldsymbol{s}^{(\mathrm{t})}}=\boldsymbol{F}^{\mathrm{T}}(\boldsymbol{s}^{(\mathrm{t})})\boldsymbol{R}_{\varepsilon\varepsilon}^{-1}(\boldsymbol{z}-\boldsymbol{f}(\boldsymbol{s}^{(\mathrm{t})}))=\boldsymbol{F}^{\mathrm{T}}(\boldsymbol{s}^{(\mathrm{t})})\boldsymbol{R}_{\varepsilon\varepsilon}^{-1}\boldsymbol{\varepsilon} \tag{7.41}$$

根据命题 2.24 可知，未知参量 $\boldsymbol{s}^{(\mathrm{t})}$ 的费希尔信息矩阵可以表示为

$$\begin{aligned}\mathbf{FISH}(\boldsymbol{s}^{(\mathrm{t})})&=\mathrm{E}\left[\frac{\partial\ln(p_{\hat{\boldsymbol{r}}}(\boldsymbol{z}))}{\partial\boldsymbol{s}^{(\mathrm{t})}}\cdot\left(\frac{\partial\ln(p_{\hat{\boldsymbol{r}}}(\boldsymbol{z}))}{\partial\boldsymbol{s}^{(\mathrm{t})}}\right)^{\mathrm{T}}\right]=\boldsymbol{F}^{\mathrm{T}}(\boldsymbol{s}^{(\mathrm{t})})\boldsymbol{R}_{\varepsilon\varepsilon}^{-1}\cdot\mathrm{E}[\boldsymbol{\varepsilon}\boldsymbol{\varepsilon}^{\mathrm{T}}]\cdot\boldsymbol{R}_{\varepsilon\varepsilon}^{-1}\boldsymbol{F}(\boldsymbol{s}^{(\mathrm{t})})\\&=\boldsymbol{F}^{\mathrm{T}}(\boldsymbol{s}^{(\mathrm{t})})\boldsymbol{R}_{\varepsilon\varepsilon}^{-1}\boldsymbol{F}(\boldsymbol{s}^{(\mathrm{t})})\end{aligned} \tag{7.42}$$

于是未知参量 $\boldsymbol{s}^{(\mathrm{t})}$ 的估计方差的克拉美罗界矩阵等于

$$\mathbf{CRB}(\boldsymbol{s}^{(\mathrm{t})})=(\mathbf{FISH}(\boldsymbol{s}^{(\mathrm{t})}))^{-1}=(\boldsymbol{F}^{\mathrm{T}}(\boldsymbol{s}^{(\mathrm{t})})\boldsymbol{R}_{\varepsilon\varepsilon}^{-1}\boldsymbol{F}(\boldsymbol{s}^{(\mathrm{t})}))^{-1} \tag{7.43}$$

命题 7.1 得证。 □

根据式（7.31）不难推出 Jacobi 矩阵 $\boldsymbol{F}(\boldsymbol{s}^{(\mathrm{t})})$ 的表达式为

$$\boldsymbol{F}(\boldsymbol{s}^{(\mathrm{t})})=\frac{\partial\boldsymbol{f}(\boldsymbol{s}^{(\mathrm{t})})}{\partial\boldsymbol{s}^{(\mathrm{t})\mathrm{T}}}=\left[\begin{array}{c:c:c}\dfrac{\cos(\theta_1)}{\|\bar{\boldsymbol{I}}_3(\boldsymbol{s}^{(\mathrm{t})}-\boldsymbol{s}_1^{(\mathrm{r})})\|_2} & -\dfrac{\sin(\theta_1)}{\|\bar{\boldsymbol{I}}_3(\boldsymbol{s}^{(\mathrm{t})}-\boldsymbol{s}_1^{(\mathrm{r})})\|_2} & 0\\ -\dfrac{\sin(\theta_1)\cdot\sin(\beta_1)}{\|\boldsymbol{s}^{(\mathrm{t})}-\boldsymbol{s}_1^{(\mathrm{r})}\|_2} & -\dfrac{\cos(\theta_1)\cdot\sin(\beta_1)}{\|\boldsymbol{s}^{(\mathrm{t})}-\boldsymbol{s}_1^{(\mathrm{r})}\|_2} & \dfrac{\cos(\beta_1)}{\|\boldsymbol{s}^{(\mathrm{t})}-\boldsymbol{s}_1^{(\mathrm{r})}\|_2}\\ \dfrac{\cos(\theta_2)}{\|\bar{\boldsymbol{I}}_3(\boldsymbol{s}^{(\mathrm{t})}-\boldsymbol{s}_2^{(\mathrm{r})})\|_2} & -\dfrac{\sin(\theta_2)}{\|\bar{\boldsymbol{I}}_3(\boldsymbol{s}^{(\mathrm{t})}-\boldsymbol{s}_2^{(\mathrm{r})})\|_2} & 0\\ -\dfrac{\sin(\theta_2)\cdot\sin(\beta_2)}{\|\boldsymbol{s}^{(\mathrm{t})}-\boldsymbol{s}_2^{(\mathrm{r})}\|_2} & -\dfrac{\cos(\theta_2)\cdot\sin(\beta_2)}{\|\boldsymbol{s}^{(\mathrm{t})}-\boldsymbol{s}_2^{(\mathrm{r})}\|_2} & \dfrac{\cos(\beta_2)}{\|\boldsymbol{s}^{(\mathrm{t})}-\boldsymbol{s}_2^{(\mathrm{r})}\|_2}\\ \vdots & \vdots & \vdots\\ \dfrac{\cos(\theta_N)}{\|\bar{\boldsymbol{I}}_3(\boldsymbol{s}^{(\mathrm{t})}-\boldsymbol{s}_N^{(\mathrm{r})})\|_2} & -\dfrac{\sin(\theta_N)}{\|\bar{\boldsymbol{I}}_3(\boldsymbol{s}^{(\mathrm{t})}-\boldsymbol{s}_N^{(\mathrm{r})})\|_2} & 0\\ -\dfrac{\sin(\theta_N)\cdot\sin(\beta_N)}{\|\boldsymbol{s}^{(\mathrm{t})}-\boldsymbol{s}_N^{(\mathrm{r})}\|_2} & -\dfrac{\cos(\theta_N)\cdot\sin(\beta_N)}{\|\boldsymbol{s}^{(\mathrm{t})}-\boldsymbol{s}_N^{(\mathrm{r})}\|_2} & \dfrac{\cos(\beta_N)}{\|\boldsymbol{s}^{(\mathrm{t})}-\boldsymbol{s}_N^{(\mathrm{r})}\|_2}\end{array}\right] \tag{7.44}$$

当 $\boldsymbol{F}(\boldsymbol{s}^{(\mathrm{t})})$ 为列满秩矩阵时，则说明该定位问题存在唯一解，而这一条件在绝大多数条件下是能够得到满足的（进一步讨论可参见 8.1 节）。

7.3.2　定位误差椭圆概率，误差椭圆面积与误差概率圆环

D.J.Torrieri 首次建立了无源定位误差的统计分析理论与方法[6]，其中提出了误差椭圆概率和误差概率圆环的概念，下面将对其进行讨论。

（一）定位误差椭圆概率

若目标位置向量 $\boldsymbol{s}^{(\mathrm{t})}$ 的估计向量 $\hat{\boldsymbol{s}}^{(\mathrm{t})}$ 是其无偏估计，并且其估计误差服从零均值高斯分布，协方差矩阵为 $\boldsymbol{R}_{ss}$（即 $\boldsymbol{R}_{ss}=\mathrm{E}[(\hat{\boldsymbol{s}}^{(\mathrm{t})}-\boldsymbol{s}^{(\mathrm{t})})(\hat{\boldsymbol{s}}^{(\mathrm{t})}-\boldsymbol{s}^{(\mathrm{t})})^{\mathrm{T}}]$），则观测向量 $\hat{\boldsymbol{s}}^{(\mathrm{t})}$ 的概率密度函数为

$$p_{\hat{\boldsymbol{s}}^{(\mathrm{t})}}(\boldsymbol{\xi})=(2\pi)^{-n/2}(\det[\boldsymbol{R}_{ss}])^{-1/2}\cdot\exp\{-(\boldsymbol{\xi}-\boldsymbol{s}^{(\mathrm{t})})^{\mathrm{T}}\boldsymbol{R}_{ss}^{-1}(\boldsymbol{\xi}-\boldsymbol{s}^{(\mathrm{t})})/2\} \tag{7.45}$$

式中 n 表示向量 $\boldsymbol{s}^{(\mathrm{t})}$ 的维数。概率密度函数的等值曲线可以描述为

$$(\boldsymbol{\xi}-\boldsymbol{s}^{(\mathrm{t})})^{\mathrm{T}}\boldsymbol{R}_{ss}^{-1}(\boldsymbol{\xi}-\boldsymbol{s}^{(\mathrm{t})})=\kappa \tag{7.46}$$

式中 κ 为任意正常数，由它可以确定曲线表面所包围的 n 维区域的大小。当 $n=2$ 时，其表面为椭圆；当 $n=3$ 时，其表面为椭圆体；当 $n>3$ 时，其表面为超椭圆体。需要指出的是，若 $\boldsymbol{R}_{ss}$ 不为对角矩阵，则超椭圆体的主轴不会与坐标轴平行。

观测向量 $\hat{\boldsymbol{s}}^{(\mathrm{t})}$ 位于式（7.46）所给出的超椭圆体内部的概率为

$$\Pr(\kappa)=\iint_{\boldsymbol{\Omega}}\cdots\int p_{\hat{\boldsymbol{s}}}(\boldsymbol{\xi})\cdot\mathrm{d}\xi_1\mathrm{d}\xi_2\cdots\mathrm{d}\xi_n \tag{7.47}$$

式中的积分区域 $\boldsymbol{\Omega}$ 为

$$\boldsymbol{\Omega}=\{\boldsymbol{\xi}\,|\,(\boldsymbol{\xi}-\boldsymbol{s}^{(\mathrm{t})})^{\mathrm{T}}\boldsymbol{R}_{ss}^{-1}(\boldsymbol{\xi}-\boldsymbol{s}^{(\mathrm{t})})\leqslant\kappa\} \tag{7.48}$$

下面将式（7.47）所示的多重积分转化为单重积分。首先引入变量 $\boldsymbol{\gamma}=\boldsymbol{\xi}-\boldsymbol{s}^{(\mathrm{t})}$，则可将式（7.47）转化为

$$\Pr(\kappa)=\alpha\cdot\iint_{\boldsymbol{\Omega}_1}\cdots\int\exp\{-\boldsymbol{\gamma}^{\mathrm{T}}\boldsymbol{R}_{ss}^{-1}\boldsymbol{\gamma}/2\}\cdot\mathrm{d}\gamma_1\mathrm{d}\gamma_2\cdots\mathrm{d}\gamma_n \tag{7.49}$$

式中 $\alpha=(2\pi)^{-n/2}(\det[\boldsymbol{R}_{ss}])^{-1/2}$，积分区域 $\boldsymbol{\Omega}_1$ 为

$$\boldsymbol{\Omega}_1=\{\boldsymbol{\gamma}\,|\,\boldsymbol{\gamma}^{\mathrm{T}}\boldsymbol{R}_{ss}^{-1}\boldsymbol{\gamma}\leqslant\kappa\} \tag{7.50}$$

为了简化式（7.49），可以旋转坐标轴使其与超椭圆体的主轴平行。由于 $\boldsymbol{R}_{ss}^{-1}$ 是对称正定矩阵，则一定存在正交矩阵 $\boldsymbol{U}$ 满足

$$\boldsymbol{U}^{\mathrm{T}}\boldsymbol{R}_{ss}^{-1}\boldsymbol{U}=\mathrm{diag}[\lambda_1^{-1}\ \ \lambda_2^{-1}\ \ \cdots\ \ \lambda_n^{-1}]=\boldsymbol{\Sigma}^{-1}\Leftrightarrow\boldsymbol{R}_{ss}^{-1}=\boldsymbol{U}\boldsymbol{\Sigma}^{-1}\boldsymbol{U}^{\mathrm{T}} \tag{7.51}$$

式中 $\lambda_1,\lambda_2,\cdots,\lambda_n$ 是矩阵 $\boldsymbol{R}_{ss}$ 的 n 个正特征值。若令 $\boldsymbol{\mu}=\boldsymbol{U}^{\mathrm{T}}\boldsymbol{\gamma}$，则可将式（7.49）转化为

$$\begin{aligned}\Pr(\kappa)&=\alpha\cdot\iint_{\boldsymbol{\Omega}_2}\cdots\int\exp\{-\boldsymbol{\mu}^{\mathrm{T}}\boldsymbol{\Sigma}^{-1}\boldsymbol{\mu}/2\}\cdot\mathrm{d}\mu_1\mathrm{d}\mu_2\cdots\mathrm{d}\mu_n\\&=\alpha\cdot\iint_{\boldsymbol{\Omega}_2}\cdots\int\exp\left\{-\frac{1}{2}\cdot\sum_{i=1}^{n}\frac{\mu_i^2}{\lambda_i}\right\}\cdot\mathrm{d}\mu_1\mathrm{d}\mu_2\cdots\mathrm{d}\mu_n\end{aligned} \tag{7.52}$$

式中

$$\mathbf{\Omega}_2=\left\{\boldsymbol{\mu}\left|\sum_{i=1}^{n}\frac{\mu_i^2}{\lambda_i}\leqslant\kappa\right.\right\} \tag{7.53}$$

若再令 $\boldsymbol{\eta}=\boldsymbol{\Sigma}^{-1/2}\boldsymbol{\mu}$，则可将式（7.52）进一步转化为

$$\begin{aligned}\Pr(\kappa)&=\alpha(\det[\boldsymbol{\Sigma}])^{1/2}\cdot\iint\limits_{\mathbf{\Omega}_3}\cdots\int\exp\left\{-\frac{1}{2}\cdot\sum_{i=1}^{n}\eta_i^2\right\}\cdot\mathrm{d}\eta_1\mathrm{d}\eta_2\cdots\mathrm{d}\eta_n\\&=\frac{1}{(2\pi)^{n/2}}\cdot\iint\limits_{\mathbf{\Omega}_3}\cdots\int\exp\left\{-\frac{1}{2}\cdot\sum_{i=1}^{n}\eta_i^2\right\}\cdot\mathrm{d}\eta_1\mathrm{d}\eta_2\cdots\mathrm{d}\eta_n\end{aligned} \tag{7.54}$$

式中

$$\mathbf{\Omega}_3=\left\{\boldsymbol{\eta}\left|\sum_{i=1}^{n}\eta_i^2\leqslant\kappa\right.\right\} \tag{7.55}$$

附录 D1 中将证明，对于半径为 ρ 的超球体 $\mathbf{S}_n=\left\{\boldsymbol{\eta}\left|\sqrt{\sum_{i=1}^{n}\eta_i^2}\leqslant\rho\right.\right\}$，其体积等于

$$V_n(\rho)=\frac{\pi^{n/2}\rho^n}{\Gamma(n/2+1)} \tag{7.56}$$

式中 $\Gamma(\cdot)$ 为伽马函数。由式（7.56）可知，超球体的体积微分与半径微分之间的关系式为

$$\mathrm{d}V_n(\rho)=\frac{n\pi^{n/2}\rho^{n-1}}{\Gamma(n/2+1)}\cdot\mathrm{d}\rho \tag{7.57}$$

于是式（7.54）可以简化为

$$\Pr(\kappa)=\frac{n}{2^{n/2}\cdot\Gamma(n/2+1)}\cdot\int_0^{\sqrt{\kappa}}\rho^{n-1}\cdot\exp\{-\rho^2/2\}\cdot\mathrm{d}\rho \tag{7.58}$$

不难证明，当 $n=1,2,3$ 时，式（7.58）所示的积分式可以变成如下更为简单的形式

$$\begin{cases}\Pr(\kappa)=\mathrm{erf}(\sqrt{\kappa/2})\quad(n=1)\\\Pr(\kappa)=1-\exp\{-\kappa/2\}\quad(n=2)\\\Pr(\kappa)=\mathrm{erf}(\sqrt{\kappa/2})-\sqrt{2\kappa/\pi}\cdot\exp\{-\kappa/2\}\quad(n=3)\end{cases} \tag{7.59}$$

式中 $\mathrm{erf}(\cdot)$ 为误差函数，其定义为 $\mathrm{erf}(x)=\frac{2}{\sqrt{\pi}}\cdot\int_0^x\exp\{-t^2\}\cdot\mathrm{d}t$。

图 7.14 是 4 站测向交汇定位场景示意图，其中 d 设为 5km，测向站的测向误差服从独立的零均值高斯分布，并且测向误差标准差均设为 1°，采用 7.3.3 节的 Taylor 级数迭代法进行目标定位（该算法的参数估计方差可以达到克拉美罗界），图 7.15 给出了误差椭圆概率 $\Pr(\kappa)$ 随着参数 κ 的变化曲线。需要指出的是，图中的仿真值曲线是根据 2000 次蒙特卡洛独立实验计算所得，而理论值曲线则是根据式（7.59）计算所得。

从图 7.15 中可以看出：

① 误差椭圆概率 $\Pr(\kappa)$ 随着参数 κ 的增加而增大。

② 误差椭圆概率 $\Pr(\kappa)$ 的仿真值与理论值吻合的较好，从而验证了文中理论分析的有效性。

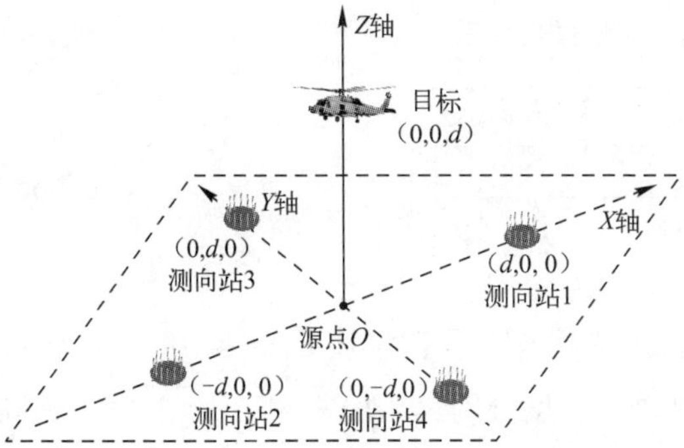

图 7.14　4 站测向交汇定位场景示意图

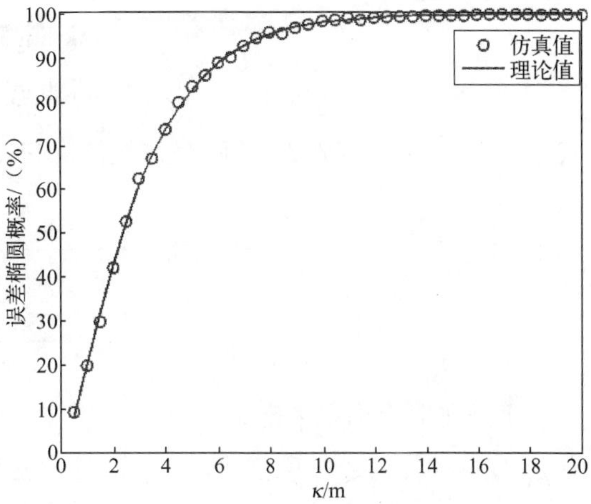

图 7.15　误差椭圆概率随着 κ 的变化曲线

（二）定位误差椭圆面积

下面将在 $\Pr(\kappa_0)=P_0$ 一定的条件下，推导定位误差椭圆 $T=\{\boldsymbol{\gamma}\,|\,\boldsymbol{\gamma}^{\mathrm{T}}\boldsymbol{R}_{ss}^{-1}\boldsymbol{\gamma}\leqslant\kappa_0\}$ 的面积，该面积的大小反映了定位精度的高低，对于恒定的 P_0 而言，定位误差椭圆面积越小则定位精度越高。

为了简化问题的推导，这里仅以 $n=2$ 为例进行分析，此时根据式（7.59）可知 $\kappa_0=-2\cdot\ln(1-P_0)$。首先将二维协方差矩阵设为

$$\boldsymbol{R}_{ss}=\begin{bmatrix}\sigma_1^2 & \sigma_{12}\\ \sigma_{12} & \sigma_2^2\end{bmatrix}\Leftrightarrow\boldsymbol{R}_{ss}^{-1}=\frac{1}{\sigma_1^2\sigma_2^2-\sigma_{12}^2}\cdot\begin{bmatrix}\sigma_2^2 & -\sigma_{12}\\ -\sigma_{12} & \sigma_1^2\end{bmatrix}\tag{7.60}$$

为了推导椭圆 T 的面积，需要进行坐标轴旋转使得坐标轴方向与椭圆的主轴方向一致。对于二维坐标系，其旋转矩阵可以设置为

$$\boldsymbol{\mu}=\boldsymbol{U}^{\mathrm{T}}\boldsymbol{\gamma}=\begin{bmatrix}\cos(\theta) & -\sin(\theta)\\ \sin(\theta) & \cos(\theta)\end{bmatrix}^{\mathrm{T}}\cdot\boldsymbol{\gamma}=\begin{bmatrix}\cos(\theta) & \sin(\theta)\\ -\sin(\theta) & \cos(\theta)\end{bmatrix}\cdot\boldsymbol{\gamma}\tag{7.61}$$

式中 θ 的选择是为了使 $\boldsymbol{U}^{\mathrm{T}}\boldsymbol{R}_{ss}^{-1}\boldsymbol{U}$ 为对角矩阵。结合式（7.60）和式（7.61）可以推得

$$\begin{aligned}\boldsymbol{U}^{\mathrm{T}}\boldsymbol{R}_{ss}^{-1}\boldsymbol{U}&=\frac{1}{\sigma_1^2\sigma_2^2-\sigma_{12}^2}\cdot\begin{bmatrix}\cos(\theta) & \sin(\theta)\\ -\sin(\theta) & \cos(\theta)\end{bmatrix}\cdot\begin{bmatrix}\sigma_2^2 & -\sigma_{12}\\ -\sigma_{12} & \sigma_1^2\end{bmatrix}\cdot\begin{bmatrix}\cos(\theta) & -\sin(\theta)\\ \sin(\theta) & \cos(\theta)\end{bmatrix}\\&=\frac{1}{\sigma_1^2\sigma_2^2-\sigma_{12}^2}\cdot\left[\begin{array}{c:c}(\sigma_1\cdot\sin(\theta))^2+(\sigma_2\cdot\cos(\theta))^2-\sigma_{12}\cdot\sin(2\theta) & (\sigma_1^2-\sigma_2^2)\cdot\sin(2\theta)/2-\sigma_{12}\cdot\cos(2\theta)\\ \hdashline (\sigma_1^2-\sigma_2^2)\cdot\sin(2\theta)/2-\sigma_{12}\cdot\cos(2\theta) & (\sigma_1\cdot\cos(\theta))^2+(\sigma_2\cdot\sin(\theta))^2+\sigma_{12}\cdot\sin(2\theta)\end{array}\right]\end{aligned}\tag{7.62}$$

为了使 $\boldsymbol{U}^{\mathrm{T}}\boldsymbol{R}_{ss}^{-1}\boldsymbol{U}$ 为对角矩阵，需要满足

$$(\sigma_1^2-\sigma_2^2)\cdot\sin(2\theta)/2-\sigma_{12}\cdot\cos(2\theta)=0\Rightarrow\theta=\frac{1}{2}\cdot\arctan\left(\frac{2\sigma_{12}}{\sigma_1^2-\sigma_2^2}\right)\tag{7.63}$$

当 θ 满足式（7.63）时，矩阵 $\boldsymbol{U}^{\mathrm{T}}\boldsymbol{R}_{ss}^{-1}\boldsymbol{U}$ 的表达式为

$$U^{\mathrm{T}} R_{ss}^{-1} U = \begin{cases} \mathrm{blkdiag}[\lambda_1^{-1} \quad \lambda_2^{-1}] & (\sigma_1^2 \geqslant \sigma_2^2) \\ \mathrm{blkdiag}[\lambda_2^{-1} \quad \lambda_1^{-1}] & (\sigma_2^2 \geqslant \sigma_1^2) \end{cases} \tag{7.64}$$

式中 λ_1 和 λ_2 表示矩阵 R_{ss} 的两个特征值，其表达式分别为

$$\begin{cases} \lambda_1 = \dfrac{(\sigma_1^2 + \sigma_2^2) + \sqrt{(\sigma_1^2 - \sigma_2^2)^2 + 4\sigma_{12}^2}}{2} \\ \lambda_2 = \dfrac{(\sigma_1^2 + \sigma_2^2) - \sqrt{(\sigma_1^2 - \sigma_2^2)^2 + 4\sigma_{12}^2}}{2} \end{cases} \tag{7.65}$$

于是在旧坐标系中由 $\gamma^{\mathrm{T}} R_{ss}^{-1} \gamma \leqslant \kappa_0$ 所定义的椭圆在新坐标系中将由 $\mu_1^2/\lambda_1 + \mu_2^2/\lambda_2 \leqslant \kappa_0$ 或者 $\mu_1^2/\lambda_2 + \mu_2^2/\lambda_1 \leqslant \kappa_0$ 所描述，该椭圆的主轴和副轴的长度分别为 $2\sqrt{\kappa_0\lambda_1}$ 和 $2\sqrt{\kappa_0\lambda_2}$，于是椭圆 T 的面积为

$$S = \pi \cdot \sqrt{\kappa_0\lambda_1} \cdot \sqrt{\kappa_0\lambda_2} = \pi\kappa_0 \cdot \sqrt{\lambda_1\lambda_2} = -2\pi \cdot \ln(1 - P_0) \cdot \sqrt{\sigma_1^2\sigma_2^2 - \sigma_{12}^2} \tag{7.66}$$

需要指出的是，定位误差椭圆面积和形状不仅与测向站的测向精度有关，还与目标和测向站之间的相对位置有关。图 7.16 给出了 3 站测向交汇定位条件下（测向误差标准差均为 1.5°），当目标处于不同位置时的定位结果分布情况，其中给出了 5000 次蒙特卡洛独立实验的定位结果（采用 7.3.3 节的 Taylor 级数迭代法），从中不难看出定位误差呈椭圆状分布，并且定位误差椭圆面积和形状与目标位置有关，显然，椭圆面积越小，定位精度越高。图 7.17 至图 7.19 分别将目标坐标为（5km, −10km），（−2.5km, 10km）和（5km, 2km）时的定位结果分布进行了显示放大，图中还给出了不同误差椭圆概率所对应的椭圆曲线。此外，图 7.20 和图 7.21 分别给出了定位误差椭圆面积（对应于 $\Pr(\kappa_0) = 0.5$）和目标位置估计均方根误差的克拉美罗界随着测向误差标准差的变化曲线，图中的 3 条曲线分别对应上述 3 种目标位置坐标。

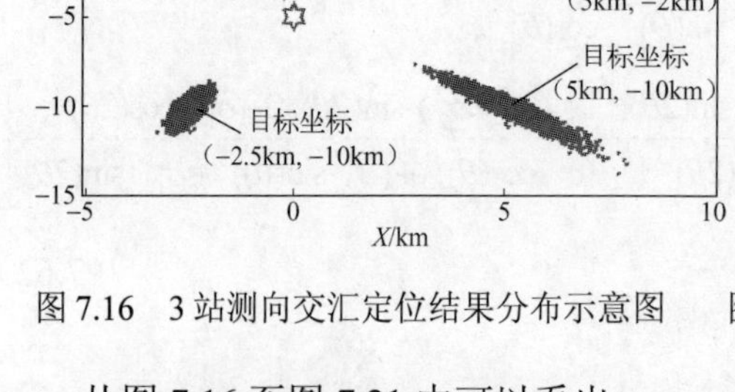

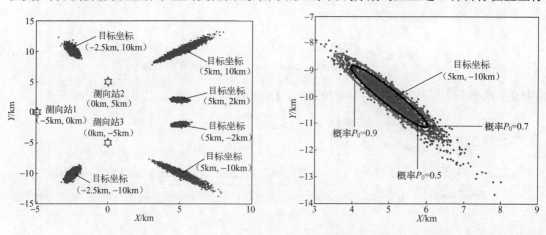

图 7.16　3 站测向交汇定位结果分布示意图

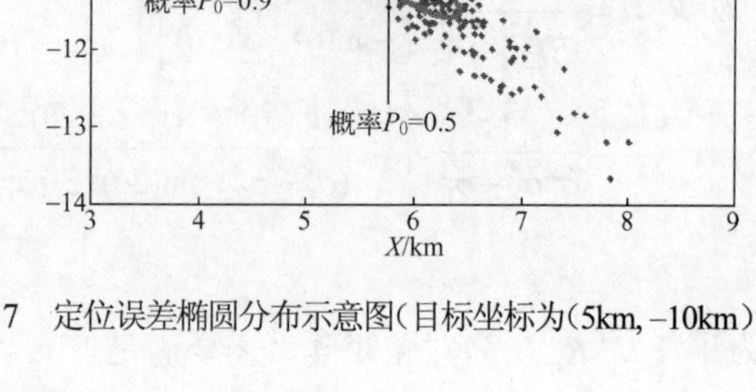

图 7.17　定位误差椭圆分布示意图（目标坐标为（5km, −10km））

从图 7.16 至图 7.21 中可以看出：

① 定位误差椭圆面积和形状随着目标位置的变化而改变。

② 定位误差椭圆面积随着定位误差的增加而增大。

③ 定位误差椭圆面积和定位误差均随着测向误差标准差的增加而增大。

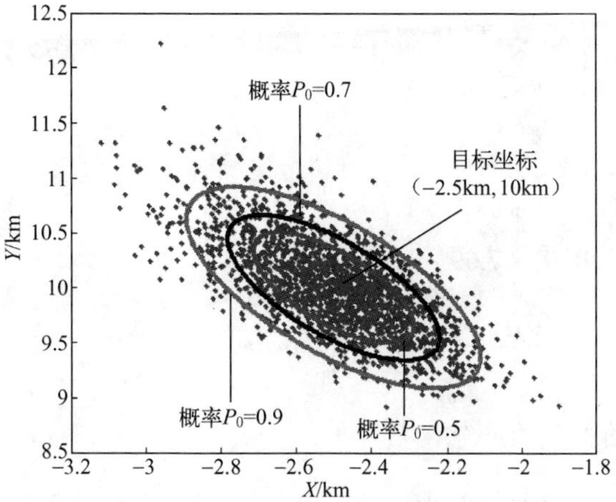

图 7.18　定位误差椭圆分布示意图（目标坐标为（−2.5km, 10km））

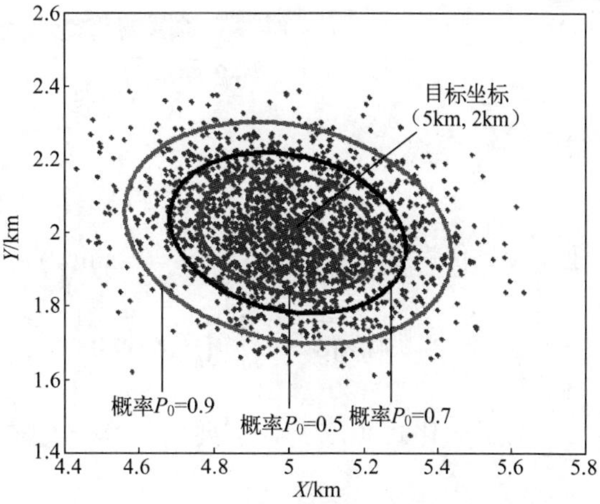

图 7.19　定位误差椭圆分布示意图（目标坐标为（5km, 2km））

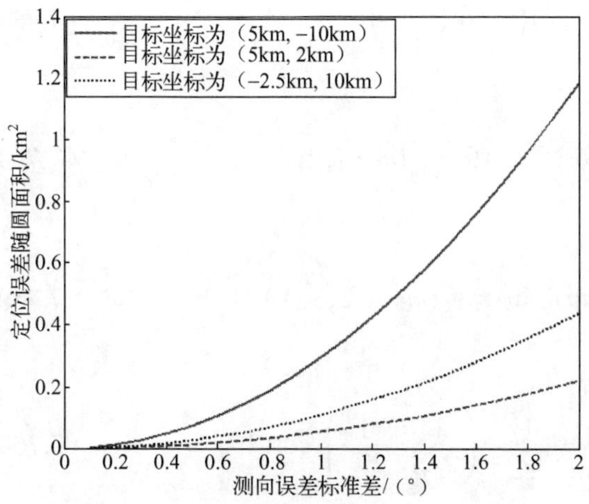

图 7.20　定位误差椭圆面积随着测向误差标准差的变化曲线

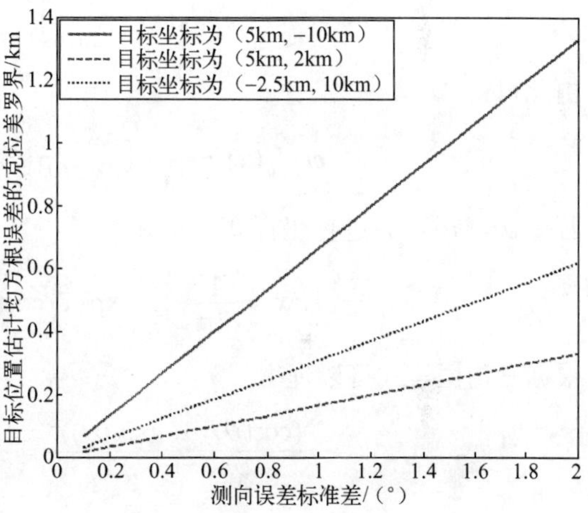

图 7.21　目标位置估计均方根误差的克拉美罗界随着测向误差标准差的变化曲线

（三）误差概率圆环

另一种相对粗糙但却简单的刻画定位精度的度量标准为误差概率圆环（CEP，Circular Error Probable）。误差概率圆环定义了一个圆，该圆的圆心位于估计值的均值（对于无偏估计而言就是目标位置的真实值），半径的选取是保证每个估计值均以 0.5 的概率落入圆内。

为了简化问题的推导，下面仍以 $n=2$ 为例进行分析。根据上述定义可知，若将误差概率圆环的半径记为 r_{CEP}，则有

$$\frac{1}{2}=\iint\limits_{C} p_{\hat{s}^{(t)}}(\boldsymbol{\xi})\cdot \mathrm{d}\xi_1\mathrm{d}\xi_2 \tag{7.67}$$

式中

$$C=\{\boldsymbol{\xi}\mid \|\boldsymbol{\xi}-\boldsymbol{s}^{(t)}\|_2\leqslant r_{\text{CEP}}\} \tag{7.68}$$

下面将基于式（7.67）推导半径 r_{CEP} 的表达式。

类似于前面的数学分析可知

$$\frac{1}{2}=\frac{1}{2\pi\sqrt{\lambda_1\lambda_2}}\cdot\iint_{C_1}\exp\left\{-\frac{1}{2}\sum_{i=1}^{2}\frac{\xi_i^2}{\lambda_i}\right\}\cdot\mathrm{d}\xi_1\mathrm{d}\xi_2 \tag{7.69}$$

式中

$$C_1=\{\xi\,|\,\|\xi\|_2\leqslant r_{\mathrm{CEP}}\} \tag{7.70}$$

通过变量代换 $\xi_1=r\cdot\cos(\theta)$ 和 $\xi_2=r\cdot\sin(\theta)$ 可以将式（7.69）转化为

$$\pi\sqrt{\lambda_1\lambda_2}=\int_0^{2\pi}\int_0^{r_{\mathrm{CEP}}}r\cdot\exp\left\{-\frac{r^2}{2}\cdot\left(\frac{(\cos(\theta))^2}{\lambda_1}+\frac{(\sin(\theta))^2}{\lambda_2}\right)\right\}\cdot\mathrm{d}r\mathrm{d}\theta \tag{7.71}$$

为了简化式（7.71），需要引入第一类零阶修正贝塞尔函数

$$I_0(x)=\frac{1}{2\pi}\cdot\int_0^{2\pi}\exp\{x\cdot\cos(\theta)\}\cdot\mathrm{d}\theta \tag{7.72}$$

根据积分的周期性，对于任意的正整数 n 都有

$$I_0(x)=\frac{1}{2\pi}\cdot\int_{2n\pi}^{2(n+1)\pi}\exp\{x\cdot\cos(\theta)\}\cdot\mathrm{d}\theta \tag{7.73}$$

由此可得

$$m\cdot I_0(x)=\frac{1}{2\pi}\cdot\int_0^{2m\pi}\exp\{x\cdot\cos(\theta)\}\cdot\mathrm{d}\theta\qquad(m=1,2,3,\cdots) \tag{7.74}$$

若令 $\theta=m\phi$，并进行坐标变换可知

$$I_0(x)=\frac{1}{2\pi}\cdot\int_0^{2\pi}\exp\{x\cdot\cos(m\phi)\}\cdot\mathrm{d}\phi\qquad(m=1,2,3,\cdots) \tag{7.75}$$

根据三角恒等式可以证得

$$\frac{(\cos(\theta))^2}{\lambda_1}+\frac{(\sin(\theta))^2}{\lambda_2}=\frac{1}{2\lambda_1}+\frac{1}{2\lambda_2}+\left(\frac{1}{2\lambda_1}-\frac{1}{2\lambda_2}\right)\cdot\cos(2\theta) \tag{7.76}$$

将式（7.76）代入式（7.71）中可知

$$\frac{\sqrt{\lambda_1\lambda_2}}{2}=\int_0^{r_{\mathrm{CEP}}}r\cdot\exp\left\{-\left(\frac{1}{4\lambda_1}+\frac{1}{4\lambda_2}\right)r^2\right\}\cdot I_0\left(\left(\frac{1}{4\lambda_2}-\frac{1}{4\lambda_1}\right)r^2\right)\cdot\mathrm{d}r \tag{7.77}$$

通过坐标变换可以进一步推得

$$\frac{1+\gamma^2}{4\gamma^2}=\int_0^{(r_{\mathrm{CEP}}^2/4\lambda_2)\cdot(1+\gamma^2)}\exp\{-x\}\cdot I_0\left(\frac{1-\gamma^2}{1+\gamma^2}x\right)\cdot\mathrm{d}x \tag{7.78}$$

式中 $\gamma^2=\lambda_2/\lambda_1$。

从式（7.78）中不难看出，r_{CEP} 应具有的表达形式为 $r_{\mathrm{CEP}}=\sqrt{\lambda_2}\cdot f(\gamma)$，其中 $f(\cdot)$ 是某个确定但未知的函数。如果式（7.60）中的 $\sigma_{12}=0$ 以及 $\sigma_1=\sigma_2=\sigma$，则有 $\lambda_1=\lambda_2=\sigma^2$，此时通过式（7.78）可以解得 $r_{\mathrm{CEP}}=1.177\sigma$。然而，在绝大多数情况下 $\lambda_1\neq\lambda_2$，此时就必须利用数值积分求解 r_{CEP}。文献[6]给出了一个计算 r_{CEP} 的简单公式

$$r_{\mathrm{CEP}}\approx 0.563\cdot\sqrt{\lambda_1}+0.614\cdot\sqrt{\lambda_2} \tag{7.79}$$

式（7.79）的误差取决于 γ 的数值大小。除了式（7.79）以外，还存在另一种简化的计算公式

$$r_{\text{CEP}} \approx 0.75 \cdot \sqrt{\lambda_1 + \lambda_2} = 0.75 \cdot \sqrt{\sigma_1^2 + \sigma_2^2} \tag{7.80}$$

基于图 7.16 所描述的定位场景，图 7.22 至图 7.24 分别给出了目标坐标为（5km, −10km），（−2.5km, 10km）和（5km, 2km）时的误差概率圆环分布，图中给出的 3 个圆环半径分别由式（7.79）、式（7.80）以及数值积分所计算出。

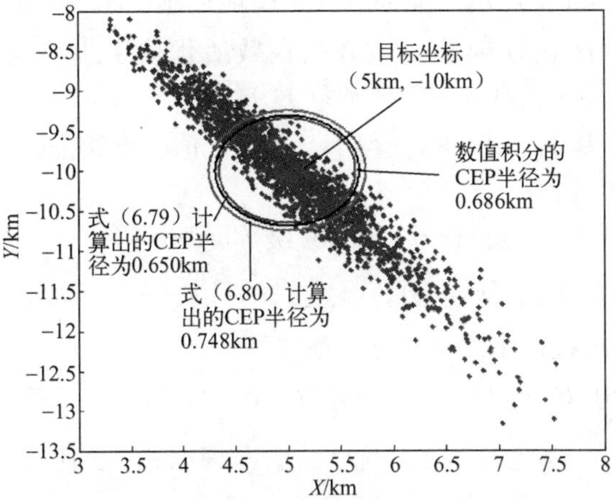

图 7.22　误差概率圆环分布示意图（目标坐标（5km, −10km））

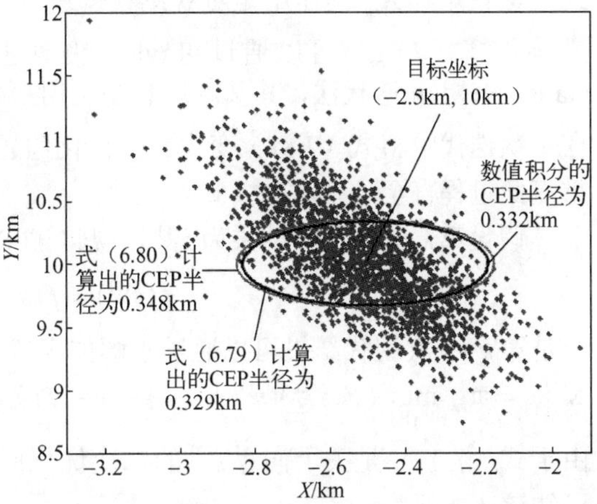

图 7.23　误差概率圆环分布示意图（目标坐标（−2.5km, 10km））

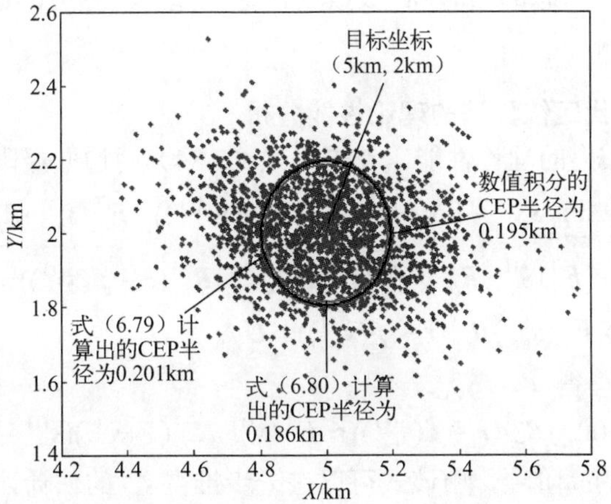

图 7.24　误差概率圆环分布示意图（目标坐标（5km, 2km））

7.3.3　三种目标位置解算方法及其理论性能分析

本小节将给出 3 种基于测向信息的目标位置估计算法，分别为 Taylor 级数迭代定位算法、伪线性加权最小二乘定位闭式解以及约束总体最小二乘定位算法。为了便于区分，下面将这 3 种算法给出的定位解分别记为 $\hat{\boldsymbol{s}}_{\text{a}}^{(\text{t})}$，$\hat{\boldsymbol{s}}_{\text{b}}^{(\text{t})}$ 和 $\hat{\boldsymbol{s}}_{\text{c}}^{(\text{t})}$。此外，文中还将推导每种算法的理论估计方差，并将其与相应的克拉美罗界进行比较。

（一）Taylor 级数迭代定位算法及其理论性能分析

在所有的定位算法中，Taylor 级数迭代定位算法最具有普适性[7-9]，其对定位观测方程没有任何特殊的要求。

（1）Taylor 级数迭代定位算法

根据观测方程式（7.33）可知，目标位置向量 $\boldsymbol{s}^{(\mathrm{t})}$ 的估计可以通过求解非线性加权最小二乘优化模型获得，相应的数学模型为

$$\min_{\boldsymbol{s}^{(\mathrm{t})}\in\mathbf{R}^3}(\hat{\boldsymbol{r}}-\boldsymbol{f}(\boldsymbol{s}^{(\mathrm{t})}))^{\mathrm{T}}\boldsymbol{R}_{\varepsilon\varepsilon}^{-1}(\hat{\boldsymbol{r}}-\boldsymbol{f}(\boldsymbol{s}^{(\mathrm{t})})) \tag{7.81}$$

式中加权矩阵 $\boldsymbol{R}_{\varepsilon\varepsilon}^{-1}$ 的作用是对观测误差进行合理加权，从而能够最大程度地抑制观测误差的影响。式（7.81）可以通过 Taylor 级数迭代法进行求解，该方法在数值优化中也称为 Gauss-Newton 迭代法，其基本思想是利用最新的迭代值对非线性函数 $\boldsymbol{f}(\cdot)$ 作线性近似，从而在每次迭代中将式（7.81）变成二次优化问题，基于此就可以获得下一次迭代值的更新公式，重复此过程直至迭代收敛。

假设第 k 次迭代的结果为 $\hat{\boldsymbol{s}}_{\mathrm{a},k}^{(\mathrm{t})}$，现将 $\boldsymbol{f}(\boldsymbol{s})$ 在 $\hat{\boldsymbol{s}}_{\mathrm{a},k}^{(\mathrm{t})}$ 处进行一阶 Taylor 级数展开可得

$$\boldsymbol{f}(\boldsymbol{s}^{(\mathrm{t})})\approx\boldsymbol{f}(\hat{\boldsymbol{s}}_{\mathrm{a},k}^{(\mathrm{t})})+\boldsymbol{F}(\hat{\boldsymbol{s}}_{\mathrm{a},k}^{(\mathrm{t})})(\boldsymbol{s}^{(\mathrm{t})}-\hat{\boldsymbol{s}}_{\mathrm{a},k}^{(\mathrm{t})}) \tag{7.82}$$

于是第 $k+1$ 次迭代结果可以通过求解如下线性加权最小二乘优化模型获得

$$\hat{\boldsymbol{s}}_{\mathrm{a},k+1}^{(\mathrm{t})}=\arg\min_{\boldsymbol{s}^{(\mathrm{t})}\in\mathbf{R}^{3\times1}}(\boldsymbol{F}(\hat{\boldsymbol{s}}_{\mathrm{a},k}^{(\mathrm{t})})(\boldsymbol{s}^{(\mathrm{t})}-\hat{\boldsymbol{s}}_{\mathrm{a},k}^{(\mathrm{t})})-(\hat{\boldsymbol{r}}-\boldsymbol{f}(\hat{\boldsymbol{s}}_{\mathrm{a},k}^{(\mathrm{t})})))^{\mathrm{T}}\boldsymbol{R}_{\varepsilon\varepsilon}^{-1}(\boldsymbol{F}(\hat{\boldsymbol{s}}_{\mathrm{a},k}^{(\mathrm{t})})(\boldsymbol{s}^{(\mathrm{t})}-\hat{\boldsymbol{s}}_{\mathrm{a},k}^{(\mathrm{t})})-(\hat{\boldsymbol{r}}-\boldsymbol{f}(\hat{\boldsymbol{s}}_{\mathrm{a},k}^{(\mathrm{t})}))) \tag{7.83}$$

由于式（7.83）是关于向量 $\boldsymbol{s}^{(\mathrm{t})}$ 的二次优化问题，因此其存在最优闭式解，根据式（2.193）可知该闭式解为

$$\hat{\boldsymbol{s}}_{\mathrm{a},k+1}^{(\mathrm{t})}=\hat{\boldsymbol{s}}_{\mathrm{a},k}^{(\mathrm{t})}+(\boldsymbol{F}^{\mathrm{T}}(\hat{\boldsymbol{s}}_{\mathrm{a},k}^{(\mathrm{t})})\boldsymbol{R}_{\varepsilon\varepsilon}^{-1}\boldsymbol{F}(\hat{\boldsymbol{s}}_{\mathrm{a},k}^{(\mathrm{t})}))^{-1}\boldsymbol{F}^{\mathrm{T}}(\hat{\boldsymbol{s}}_{\mathrm{a},k}^{(\mathrm{t})})\boldsymbol{R}_{\varepsilon\varepsilon}^{-1}(\hat{\boldsymbol{r}}-\boldsymbol{f}(\hat{\boldsymbol{s}}_{\mathrm{a},k}^{(\mathrm{t})})) \tag{7.84}$$

式（7.84）即为基于测向信息的 Taylor 级数迭代定位算法，相应的迭代收敛值记为 $\hat{\boldsymbol{s}}_{\mathrm{a}}^{(\mathrm{t})}$（即 $\hat{\boldsymbol{s}}_{\mathrm{a}}^{(\mathrm{t})}=\lim\limits_{k\to+\infty}\hat{\boldsymbol{s}}_{\mathrm{a},k}^{(\mathrm{t})}$）。

（2）Taylor 级数迭代定位算法的理论性能分析

下面将推导定位解 $\hat{\boldsymbol{s}}_{\mathrm{a}}^{(\mathrm{t})}$ 的理论性能。首先对式（7.84）两边取极限可得

$$\begin{aligned}&\lim_{k\to+\infty}\hat{\boldsymbol{s}}_{\mathrm{a},k+1}^{(\mathrm{t})}=\lim_{k\to+\infty}\hat{\boldsymbol{s}}_{\mathrm{a},k}^{(\mathrm{t})}+\lim_{k\to+\infty}(\boldsymbol{F}^{\mathrm{T}}(\hat{\boldsymbol{s}}_{\mathrm{a},k}^{(\mathrm{t})})\boldsymbol{R}_{\varepsilon\varepsilon}^{-1}\boldsymbol{F}(\hat{\boldsymbol{s}}_{\mathrm{a},k}^{(\mathrm{t})}))^{-1}\boldsymbol{F}^{\mathrm{T}}(\hat{\boldsymbol{s}}_{\mathrm{a},k}^{(\mathrm{t})})\boldsymbol{R}_{\varepsilon\varepsilon}^{-1}(\hat{\boldsymbol{r}}-\boldsymbol{f}(\hat{\boldsymbol{s}}_{\mathrm{a},k}^{(\mathrm{t})}))\\&\Rightarrow(\boldsymbol{F}^{\mathrm{T}}(\hat{\boldsymbol{s}}_{\mathrm{a}}^{(\mathrm{t})})\boldsymbol{R}_{\varepsilon\varepsilon}^{-1}\boldsymbol{F}(\hat{\boldsymbol{s}}_{\mathrm{a}}^{(\mathrm{t})}))^{-1}\boldsymbol{F}^{\mathrm{T}}(\hat{\boldsymbol{s}}_{\mathrm{a}}^{(\mathrm{t})})\boldsymbol{R}_{\varepsilon\varepsilon}^{-1}(\hat{\boldsymbol{r}}-\boldsymbol{f}(\hat{\boldsymbol{s}}_{\mathrm{a}}^{(\mathrm{t})}))=\boldsymbol{O}_{3\times1}\\&\Rightarrow\boldsymbol{F}^{\mathrm{T}}(\hat{\boldsymbol{s}}_{\mathrm{a}}^{(\mathrm{t})})\boldsymbol{R}_{\varepsilon\varepsilon}^{-1}(\hat{\boldsymbol{r}}-\boldsymbol{f}(\hat{\boldsymbol{s}}_{\mathrm{a}}^{(\mathrm{t})}))=\boldsymbol{O}_{3\times1}\end{aligned} \tag{7.85}$$

利用一阶误差分析方法可得

$$\boldsymbol{O}_{3\times1}=\boldsymbol{F}^{\mathrm{T}}(\hat{\boldsymbol{s}}_{\mathrm{a}}^{(\mathrm{t})})\boldsymbol{R}_{\varepsilon\varepsilon}^{-1}(\hat{\boldsymbol{r}}-\boldsymbol{f}(\hat{\boldsymbol{s}}_{\mathrm{a}}^{(\mathrm{t})}))\approx\boldsymbol{F}^{\mathrm{T}}(\boldsymbol{s}^{(\mathrm{t})})\boldsymbol{R}_{\varepsilon\varepsilon}^{-1}(\boldsymbol{F}(\boldsymbol{s}^{(\mathrm{t})})(\boldsymbol{s}^{(\mathrm{t})}-\hat{\boldsymbol{s}}_{\mathrm{a}}^{(\mathrm{t})})+\boldsymbol{\varepsilon}) \tag{7.86}$$

式（7.86）忽略了误差的高阶项，由该式可以进一步推得 $\hat{\boldsymbol{s}}_{\mathrm{a}}^{(\mathrm{t})}$ 的估计误差为

$$\boldsymbol{\delta s}_{\mathrm{a}}^{(\mathrm{t})}=\hat{\boldsymbol{s}}_{\mathrm{a}}^{(\mathrm{t})}-\boldsymbol{s}^{(\mathrm{t})}\approx(\boldsymbol{F}^{\mathrm{T}}(\boldsymbol{s}^{(\mathrm{t})})\boldsymbol{R}_{\varepsilon\varepsilon}^{-1}\boldsymbol{F}(\boldsymbol{s}^{(\mathrm{t})}))^{-1}\boldsymbol{F}^{\mathrm{T}}(\boldsymbol{s}^{(\mathrm{t})})\boldsymbol{R}_{\varepsilon\varepsilon}^{-1}\boldsymbol{\varepsilon} \tag{7.87}$$

利用式（7.87）可知，定位解 $\hat{\boldsymbol{s}}_{\mathrm{a}}^{(\mathrm{t})}$ 的协方差矩阵为

$$\mathbf{cov}(\hat{\boldsymbol{s}}_{\mathrm{a}}^{(\mathrm{t})})=\mathrm{E}[\boldsymbol{\delta s}_{\mathrm{a}}^{(\mathrm{t})}\cdot(\boldsymbol{\delta s}_{\mathrm{a}}^{(\mathrm{t})})^{\mathrm{T}}]=(\boldsymbol{F}^{\mathrm{T}}(\boldsymbol{s}^{(\mathrm{t})})\boldsymbol{R}_{\varepsilon\varepsilon}^{-1}\boldsymbol{F}(\boldsymbol{s}^{(\mathrm{t})}))^{-1}=\mathbf{CRB}(\boldsymbol{s}^{(\mathrm{t})}) \tag{7.88}$$

式（7.88）表明定位解 $\hat{\boldsymbol{s}}_{\mathrm{a}}^{(\mathrm{t})}$ 的渐近统计最优性。

（二）伪线性加权最小二乘定位闭式解及其理论性能分析

伪线性加权最小二乘定位闭式解是根据伪线性观测方程式（7.35）所推导出的[9-11]，与 Taylor 级数迭代定位算法相比，该方法无需迭代运算，具有更少的运算量。

（1）伪线性加权最小二乘定位闭式解

在实际计算中，函数 $\boldsymbol{a}(\cdot)$ 和 $\boldsymbol{B}(\cdot)$ 的闭式形式是可知的，但是向量 $\boldsymbol{r}$ 却不可获知，只能用带误差的观测向量 $\hat{\boldsymbol{r}}$ 来代替。显然，若用 $\hat{\boldsymbol{r}}$ 直接代替 $\boldsymbol{r}$，式（7.35）已经无法成立，为此需要

引入误差向量

$$\boldsymbol{e}=\boldsymbol{a}(\hat{\boldsymbol{r}})-\boldsymbol{B}(\hat{\boldsymbol{r}})\boldsymbol{s}^{(\mathrm{t})} \tag{7.89}$$

为了合理估计 $\boldsymbol{s}^{(\mathrm{t})}$，需要分析误差向量 $\boldsymbol{e}$ 的二阶统计特性，为此可以利用一阶 Taylor 级数展开将 $\boldsymbol{e}$ 表示成关于观测误差 $\boldsymbol{\varepsilon}$ 的线性函数，即有

$$\boldsymbol{e}\approx(\boldsymbol{A}(\boldsymbol{r})-[\dot{\boldsymbol{B}}_{11}(\boldsymbol{r})\boldsymbol{s}^{(\mathrm{t})}\ \ \dot{\boldsymbol{B}}_{12}(\boldsymbol{r})\boldsymbol{s}^{(\mathrm{t})}\ \ \dot{\boldsymbol{B}}_{21}(\boldsymbol{r})\boldsymbol{s}^{(\mathrm{t})}\ \ \dot{\boldsymbol{B}}_{22}(\boldsymbol{r})\boldsymbol{s}^{(\mathrm{t})}\ \ \cdots\ \ \dot{\boldsymbol{B}}_{N1}(\boldsymbol{r})\boldsymbol{s}^{(\mathrm{t})}\ \ \dot{\boldsymbol{B}}_{N2}(\boldsymbol{r})\boldsymbol{s}^{(\mathrm{t})}])\boldsymbol{\varepsilon}=\boldsymbol{C}(\boldsymbol{s}^{(\mathrm{t})},\boldsymbol{r})\boldsymbol{\varepsilon} \tag{7.90}$$

式中

$$\boldsymbol{C}(\boldsymbol{s}^{(\mathrm{t})},\boldsymbol{r})=\boldsymbol{A}(\boldsymbol{r})-[\dot{\boldsymbol{B}}_{11}(\boldsymbol{r})\boldsymbol{s}^{(\mathrm{t})}\ \ \dot{\boldsymbol{B}}_{12}(\boldsymbol{r})\boldsymbol{s}^{(\mathrm{t})}\ \ \dot{\boldsymbol{B}}_{21}(\boldsymbol{r})\boldsymbol{s}^{(\mathrm{t})}\ \ \dot{\boldsymbol{B}}_{22}(\boldsymbol{r})\boldsymbol{s}^{(\mathrm{t})}\ \ \cdots\ \ \dot{\boldsymbol{B}}_{N1}(\boldsymbol{r})\boldsymbol{s}^{(\mathrm{t})}\ \ \dot{\boldsymbol{B}}_{N2}(\boldsymbol{r})\boldsymbol{s}^{(\mathrm{t})}]\in\mathbf{R}^{2N\times 2N} \tag{7.91}$$

其中

$$\begin{cases}\boldsymbol{A}(\boldsymbol{r})=\dfrac{\partial\boldsymbol{a}(\boldsymbol{r})}{\partial\boldsymbol{r}^{\mathrm{T}}}=\mathrm{blkdiag}[\boldsymbol{A}_1(\boldsymbol{r})\ \ \boldsymbol{A}_2(\boldsymbol{r})\ \ \cdots\ \ \boldsymbol{A}_N(\boldsymbol{r})]\\ \dot{\boldsymbol{B}}_{n1}(\boldsymbol{r})=\dfrac{\partial\boldsymbol{B}(\boldsymbol{r})}{\partial\theta_n},\dot{\boldsymbol{B}}_{n2}(\boldsymbol{r})=\dfrac{\partial\boldsymbol{B}(\boldsymbol{r})}{\partial\beta_n}\quad(1\leqslant n\leqslant N)\end{cases} \tag{7.92}$$

式中 $\boldsymbol{A}_n(\boldsymbol{r}),\dot{\boldsymbol{B}}_{n1}(\boldsymbol{r}),\dot{\boldsymbol{B}}_{n2}(\boldsymbol{r})$ 的表达式见附录 D2。根据式（7.90）可知，误差向量 $\boldsymbol{e}$ 近似服从零均值高斯分布，并且其协方差矩阵为

$$\boldsymbol{E}=\mathbf{cov}(\boldsymbol{e})=\mathrm{E}[\boldsymbol{e}\boldsymbol{e}^{\mathrm{T}}]=\boldsymbol{C}(\boldsymbol{s}^{(\mathrm{t})},\boldsymbol{r})\boldsymbol{R}_{\varepsilon\varepsilon}\boldsymbol{C}^{\mathrm{T}}(\boldsymbol{s}^{(\mathrm{t})},\boldsymbol{r}) \tag{7.93}$$

联合式（7.89）和式（7.93）可以建立如下伪线性加权最小二乘优化模型

$$\min_{\boldsymbol{s}^{(\mathrm{t})}\in\mathbf{R}^{3\times 1}}(\boldsymbol{a}(\hat{\boldsymbol{r}})-\boldsymbol{B}(\hat{\boldsymbol{r}})\boldsymbol{s}^{(\mathrm{t})})^{\mathrm{T}}\boldsymbol{E}^{-1}(\boldsymbol{a}(\hat{\boldsymbol{r}})-\boldsymbol{B}(\hat{\boldsymbol{r}})\boldsymbol{s}^{(\mathrm{t})}) \tag{7.94}$$

由于式（7.94）是关于向量 $\boldsymbol{s}^{(\mathrm{t})}$ 的二次优化问题，因此其存在最优闭式解，根据式(2.193）可知该闭式解为

$$\hat{\boldsymbol{s}}_{\mathrm{b}}^{(\mathrm{t})}=(\boldsymbol{B}^{\mathrm{T}}(\hat{\boldsymbol{r}})\boldsymbol{E}^{-1}\boldsymbol{B}(\hat{\boldsymbol{r}}))^{-1}\boldsymbol{B}^{\mathrm{T}}(\hat{\boldsymbol{r}})\boldsymbol{E}^{-1}\boldsymbol{a}(\hat{\boldsymbol{r}}) \tag{7.95}$$

需要指出的是，矩阵 $\boldsymbol{E}$ 的表达式中的 $\boldsymbol{r}$ 和 $\boldsymbol{s}^{(\mathrm{t})}$ 均无法获知，其中 $\boldsymbol{r}$ 可用其观测向量 $\hat{\boldsymbol{r}}$ 来代替，而 $\boldsymbol{s}^{(\mathrm{t})}$ 可用其非加权形式的最小二乘估计值 $\hat{\boldsymbol{s}}_{\mathrm{ls}}^{(\mathrm{t})}=\boldsymbol{B}^{\dagger}(\hat{\boldsymbol{r}})\boldsymbol{a}(\hat{\boldsymbol{r}})$ 来代替，不妨将由 $\hat{\boldsymbol{r}}$ 和 $\hat{\boldsymbol{s}}_{\mathrm{ls}}^{(\mathrm{t})}$ 计算出的矩阵 $\boldsymbol{E}$ 记为 $\hat{\boldsymbol{E}}$，则有

$$\hat{\boldsymbol{s}}_{\mathrm{b}}^{(\mathrm{t})}=(\boldsymbol{B}^{\mathrm{T}}(\hat{\boldsymbol{r}})\hat{\boldsymbol{E}}^{-1}\boldsymbol{B}(\hat{\boldsymbol{r}}))^{-1}\boldsymbol{B}^{\mathrm{T}}(\hat{\boldsymbol{r}})\hat{\boldsymbol{E}}^{-1}\boldsymbol{a}(\hat{\boldsymbol{r}}) \tag{7.96}$$

式（7.96）即为基于测向信息的伪线性加权最小二乘定位闭式解。

（2）伪线性加权最小二乘定位闭式解的理论性能分析

下面将推导定位解 $\hat{\boldsymbol{s}}_{\mathrm{b}}^{(\mathrm{t})}$ 的理论性能。根据式（7.96）可得

$$\begin{aligned}&\boldsymbol{B}^{\mathrm{T}}(\hat{\boldsymbol{r}})\hat{\boldsymbol{E}}^{-1}\boldsymbol{B}(\hat{\boldsymbol{r}})\hat{\boldsymbol{s}}_{\mathrm{b}}^{(\mathrm{t})}=\boldsymbol{B}^{\mathrm{T}}(\hat{\boldsymbol{r}})\hat{\boldsymbol{E}}^{-1}\boldsymbol{a}(\hat{\boldsymbol{r}})\\&\Rightarrow(\boldsymbol{B}^{\mathrm{T}}(\boldsymbol{r})\boldsymbol{E}^{-1}\boldsymbol{B}(\boldsymbol{r})+(\delta\boldsymbol{B})^{\mathrm{T}}\boldsymbol{E}^{-1}\boldsymbol{B}(\boldsymbol{r})+\boldsymbol{B}^{\mathrm{T}}(\boldsymbol{r})\cdot\delta\boldsymbol{E}\cdot\boldsymbol{B}(\boldsymbol{r})+\boldsymbol{B}^{\mathrm{T}}(\boldsymbol{r})\boldsymbol{E}^{-1}\cdot\delta\boldsymbol{B})(\boldsymbol{s}^{(\mathrm{t})}+\delta\boldsymbol{s}_{\mathrm{b}}^{(\mathrm{t})})\\&\approx\boldsymbol{B}^{\mathrm{T}}(\boldsymbol{r})\boldsymbol{E}^{-1}\boldsymbol{a}(\boldsymbol{r})+(\delta\boldsymbol{B})^{\mathrm{T}}\boldsymbol{E}^{-1}\boldsymbol{a}(\boldsymbol{r})+\boldsymbol{B}^{\mathrm{T}}(\boldsymbol{r})\cdot\delta\boldsymbol{E}\cdot\boldsymbol{a}(\boldsymbol{r})+\boldsymbol{B}^{\mathrm{T}}(\boldsymbol{r})\boldsymbol{E}^{-1}\cdot\delta\boldsymbol{a}\\&\Rightarrow\boldsymbol{B}^{\mathrm{T}}(\boldsymbol{r})\boldsymbol{E}^{-1}\boldsymbol{B}(\boldsymbol{r})\cdot\delta\boldsymbol{s}_{\mathrm{b}}^{(\mathrm{t})}\approx\boldsymbol{B}^{\mathrm{T}}(\boldsymbol{r})\boldsymbol{E}^{-1}\boldsymbol{e}\\&\Rightarrow\delta\boldsymbol{s}_{\mathrm{b}}^{(\mathrm{t})}\approx(\boldsymbol{B}^{\mathrm{T}}(\boldsymbol{r})\boldsymbol{E}^{-1}\boldsymbol{B}(\boldsymbol{r}))^{-1}\boldsymbol{B}^{\mathrm{T}}(\boldsymbol{r})\boldsymbol{E}^{-1}\boldsymbol{e}\end{aligned} \tag{7.97}$$

式中

$$\begin{cases}\delta\boldsymbol{s}_{\mathrm{b}}^{(\mathrm{t})}=\hat{\boldsymbol{s}}_{\mathrm{b}}^{(\mathrm{t})}-\boldsymbol{s},\delta\boldsymbol{E}=\hat{\boldsymbol{E}}^{-1}-\boldsymbol{E}^{-1}\\ \delta\boldsymbol{a}=\boldsymbol{a}(\hat{\boldsymbol{z}})-\boldsymbol{a}(\boldsymbol{z}),\delta\boldsymbol{B}=\boldsymbol{B}(\hat{\boldsymbol{z}})-\boldsymbol{B}(\boldsymbol{z})\end{cases} \tag{7.98}$$

式（7.97）中省略的是关于全部误差的高阶项。根据式（7.97）可以推得定位解 $\hat{s}_{\mathrm{b}}^{(\mathrm{t})}$ 的协方差矩阵为

$$\begin{aligned}\mathbf{cov}(\hat{s}_{\mathrm{b}}^{(\mathrm{t})})&=\mathrm{E}[\delta s_{\mathrm{b}}^{(\mathrm{t})}\cdot(\delta s_{\mathrm{b}}^{(\mathrm{t})})^{\mathrm{T}}]=(B^{\mathrm{T}}(r)E^{-1}B(r))^{-1}B^{\mathrm{T}}(r)E^{-1}\cdot\mathrm{E}[ee^{\mathrm{T}}]\cdot E^{-1}B(r)(B^{\mathrm{T}}(r)E^{-1}B(r))^{-1}\\&=(B^{\mathrm{T}}(r)E^{-1}B(r))^{-1}\end{aligned}\tag{7.99}$$

通过进一步的数学分析可以证明，定位解 $\hat{s}_{\mathrm{b}}^{(\mathrm{t})}$ 的理论估计方差等于相应的克拉美罗界，具体可见下述命题。

命题 7.2：$\mathbf{cov}(\hat{s}_{\mathrm{b}}^{(\mathrm{t})})=(F^{\mathrm{T}}(s^{(\mathrm{t})})R_{\varepsilon\varepsilon}^{-1}F(s^{(\mathrm{t})}))^{-1}=\mathbf{CRB}(s^{(\mathrm{t})})$。

证明：将等式 $r=f(s^{(\mathrm{t})})$ 代入伪线性观测方程式（7.35）中可得

$$B(f(s^{(\mathrm{t})}))s^{(\mathrm{t})}=a(f(s^{(\mathrm{t})}))\tag{7.100}$$

计算式（7.100）两边关于向量 $s^{(\mathrm{t})}$ 的 Jacobi 矩阵，并利用命题 2.23 可知

$$\begin{aligned}&A(r)F(s^{(\mathrm{t})})=[\dot{B}_{11}(r)s^{(\mathrm{t})}\ \ \dot{B}_{12}(r)s^{(\mathrm{t})}\ \ \dot{B}_{21}(r)s^{(\mathrm{t})}\ \ \dot{B}_{22}(r)s^{(\mathrm{t})}\ \cdots\ \dot{B}_{N1}(r)s^{(\mathrm{t})}\ \ \dot{B}_{N2}(r)s^{(\mathrm{t})}]\cdot F(s^{(\mathrm{t})})+B(r)\\&\quad\Rightarrow C(s^{(\mathrm{t})},r)F(s^{(\mathrm{t})})=B(r)\end{aligned}\tag{7.101}$$

将式（7.101）代入式（7.99）中可得

$$\mathbf{cov}(\hat{s}_{\mathrm{b}}^{(\mathrm{t})})=(F^{\mathrm{T}}(s^{(\mathrm{t})})C^{\mathrm{T}}(s^{(\mathrm{t})},r)E^{-1}C(s^{(\mathrm{t})},r)F(s^{(\mathrm{t})}))^{-1}\tag{7.102}$$

再将式（7.93）代入式（7.102）中可得

$$\mathbf{cov}(\hat{s}_{\mathrm{b}}^{(\mathrm{t})})=(F^{\mathrm{T}}(s^{(\mathrm{t})})R_{\varepsilon\varepsilon}^{-1}F(s^{(\mathrm{t})}))^{-1}=\mathbf{CRB}(s^{(\mathrm{t})})\tag{7.103}$$

命题 7.2 得证。 □

命题 7.2 表明定位解 $\hat{s}_{\mathrm{b}}^{(\mathrm{t})}$ 的渐近统计最优性。

（三）约束总体最小二乘定位算法及其理论性能分析

约束总体最小二乘定位算法是在伪线性观测方程式（7.35）的基础上所推导的迭代型定位算法[9, 12-14]。

（1）约束总体最小二乘定位算法

为了建立约束总体最小二乘优化模型，需要将函数向量 $a(r)$ 和函数矩阵 $B(r)$ 分别在向量 $\hat{r}$ 处进行一阶 Taylor 级数展开，可得

$$\begin{cases}a(r)\approx a(\hat{r})+A(\hat{r})(r-\hat{r})=a(\hat{r})-A(\hat{r})\varepsilon\\B(r)\approx B(\hat{r})+\dot{B}_{11}(\hat{r})\cdot\langle r-\hat{r}\rangle_1+\dot{B}_{12}(\hat{r})\cdot\langle r-\hat{r}\rangle_2+\cdots+\dot{B}_{N1}(\hat{r})\cdot\langle r-\hat{r}\rangle_{2N-1}+\dot{B}_{N2}(\hat{r})\cdot\langle r-\hat{r}\rangle_{2N}\\\quad=B(\hat{r})-\sum\limits_{n=1}^{N}(\varepsilon_{n1}\dot{B}_{n1}(\hat{r})+\varepsilon_{n2}\dot{B}_{n2}(\hat{r}))\end{cases}\tag{7.104}$$

将式（7.104）代入式（7.35）中可以得到如下（近似）等式

$$a(\hat{r})-A(\hat{r})\varepsilon\approx(B(\hat{r})-\sum_{n=1}^{N}(\varepsilon_{n1}\dot{B}_{n1}(\hat{r})+\varepsilon_{n2}\dot{B}_{n2}(\hat{r})))s^{(\mathrm{t})}\Rightarrow a(\hat{r})-B(\hat{r})s^{(\mathrm{t})}\approx C(s^{(\mathrm{t})},\hat{r})\varepsilon\tag{7.105}$$

基于式（7.105）和观测误差 ε 的二阶统计特性可以建立如下约束总体最小二乘优化模型

$$\begin{cases}\min\limits_{\substack{s^{(\mathrm{t})}\in\mathbf{R}^{3\times1}\\\varepsilon\in\mathbf{R}^{2N\times1}}}\ \varepsilon^{\mathrm{T}}R_{\varepsilon\varepsilon}^{-1}\varepsilon\\\text{s.t.}\ a(\hat{r})-B(\hat{r})s^{(\mathrm{t})}=C(s^{(\mathrm{t})},\hat{r})\varepsilon\end{cases}\tag{7.106}$$

显然，式（7.106）是含有等式约束的优化问题，通过进一步数学分析可以将其转化为无约束优化问题，具体可见下述命题。

命题 7.3： 若 $\boldsymbol{C}(\boldsymbol{s}^{(\mathrm{t})},\hat{\boldsymbol{r}})$ 是行满秩矩阵，则约束优化问题（7.106）可以转化为如下无约束优化问题

$$\min_{\boldsymbol{s}^{(\mathrm{t})}\in\mathbf{R}^{3\times1}}(\boldsymbol{B}(\hat{\boldsymbol{r}})\boldsymbol{s}^{(\mathrm{t})}-\boldsymbol{a}(\hat{\boldsymbol{r}}))^{\mathrm{T}}(\boldsymbol{C}(\boldsymbol{s}^{(\mathrm{t})},\hat{\boldsymbol{r}})\boldsymbol{R}_{\varepsilon\varepsilon}\boldsymbol{C}^{\mathrm{T}}(\boldsymbol{s}^{(\mathrm{t})},\hat{\boldsymbol{r}}))^{-1}(\boldsymbol{B}(\hat{\boldsymbol{r}})\boldsymbol{s}^{(\mathrm{t})}-\boldsymbol{a}(\hat{\boldsymbol{r}})) \tag{7.107}$$

证明： 若令 $\overline{\boldsymbol{\varepsilon}}=\boldsymbol{R}_{\varepsilon\varepsilon}^{-1/2}\boldsymbol{\varepsilon}$，即 $\boldsymbol{\varepsilon}=\boldsymbol{R}_{\varepsilon\varepsilon}^{1/2}\overline{\boldsymbol{\varepsilon}}$，则式（7.106）可以改写为

$$\begin{cases}\min\limits_{\substack{\boldsymbol{s}^{(\mathrm{t})}\in\mathbf{R}^{3\times1}\\ \overline{\boldsymbol{\varepsilon}}\in\mathbf{R}^{2N\times1}}}\|\overline{\boldsymbol{\varepsilon}}\|_2^2\\ \text{s.t. } \boldsymbol{a}(\hat{\boldsymbol{r}})-\boldsymbol{B}(\hat{\boldsymbol{r}})\boldsymbol{s}^{(\mathrm{t})}=\boldsymbol{C}(\boldsymbol{s}^{(\mathrm{t})},\hat{\boldsymbol{r}})\boldsymbol{R}_{\varepsilon\varepsilon}^{1/2}\overline{\boldsymbol{\varepsilon}}\end{cases} \tag{7.108}$$

根据命题 2.22 可知，在满足等式（7.108）的约束条件下，向量 $\overline{\boldsymbol{\varepsilon}}$ 的最小 2-范数解可以表示为

$$\overline{\boldsymbol{\varepsilon}}_{\mathrm{opt}}=-(\boldsymbol{C}(\boldsymbol{s}^{(\mathrm{t})},\hat{\boldsymbol{r}})\boldsymbol{R}_{\varepsilon\varepsilon}^{1/2})^{\dagger}(\boldsymbol{B}(\hat{\boldsymbol{r}})\boldsymbol{s}^{(\mathrm{t})}-\boldsymbol{a}(\hat{\boldsymbol{r}})) \tag{7.109}$$

根据矩阵 $\boldsymbol{C}(\boldsymbol{s}^{(\mathrm{t})},\hat{\boldsymbol{r}})$ 的行满秩性可知，矩阵 $\boldsymbol{C}(\boldsymbol{s}^{(\mathrm{t})},\hat{\boldsymbol{r}})\boldsymbol{R}_{\varepsilon\varepsilon}^{1/2}$ 也是行满秩的，再利用命题 2.14 可得

$$\overline{\boldsymbol{\varepsilon}}_{\mathrm{opt}}=-\boldsymbol{R}_{\varepsilon\varepsilon}^{1/2}\boldsymbol{C}^{\mathrm{T}}(\boldsymbol{s}^{(\mathrm{t})},\hat{\boldsymbol{r}})(\boldsymbol{C}(\boldsymbol{s}^{(\mathrm{t})},\hat{\boldsymbol{r}})\boldsymbol{R}_{\varepsilon\varepsilon}\boldsymbol{C}^{\mathrm{T}}(\boldsymbol{s}^{(\mathrm{t})},\hat{\boldsymbol{r}}))^{-1}(\boldsymbol{B}(\hat{\boldsymbol{r}})\boldsymbol{s}^{(\mathrm{t})}-\boldsymbol{a}(\hat{\boldsymbol{r}})) \tag{7.110}$$

将式（7.110）代入式（7.108）中即可得到式（7.107）所给出的无约束优化问题。

命题 7.3 得证。 □

下面将给出式（7.107）的求解算法。显然，式（7.107）的闭式解难以获得，只能通过数值迭代的方式进行优化计算。为了获得较快的收敛速度，可以利用 2.2.2 节的 Newton 迭代法进行数值计算。

首先将式（7.107）中的目标函数记为

$$\begin{aligned}J(\boldsymbol{s}^{(\mathrm{t})})&=(\boldsymbol{B}(\hat{\boldsymbol{r}})\boldsymbol{s}^{(\mathrm{t})}-\boldsymbol{a}(\hat{\boldsymbol{r}}))^{\mathrm{T}}(\boldsymbol{C}(\boldsymbol{s}^{(\mathrm{t})},\hat{\boldsymbol{r}})\boldsymbol{R}_{\varepsilon\varepsilon}\boldsymbol{C}^{\mathrm{T}}(\boldsymbol{s}^{(\mathrm{t})},\hat{\boldsymbol{r}}))^{-1}(\boldsymbol{B}(\hat{\boldsymbol{r}})\boldsymbol{s}^{(\mathrm{t})}-\boldsymbol{a}(\hat{\boldsymbol{r}}))\\&=\boldsymbol{\varphi}^{\mathrm{T}}(\boldsymbol{s}^{(\mathrm{t})},\hat{\boldsymbol{r}})\boldsymbol{\Phi}^{-1}(\boldsymbol{s}^{(\mathrm{t})},\hat{\boldsymbol{r}})\boldsymbol{\varphi}(\boldsymbol{s}^{(\mathrm{t})},\hat{\boldsymbol{r}})\end{aligned} \tag{7.111}$$

式中

$$\begin{cases}\boldsymbol{\varphi}(\boldsymbol{s}^{(\mathrm{t})},\hat{\boldsymbol{r}})=\boldsymbol{B}(\hat{\boldsymbol{r}})\boldsymbol{s}^{(\mathrm{t})}-\boldsymbol{a}(\hat{\boldsymbol{r}})\\ \boldsymbol{\Phi}(\boldsymbol{s}^{(\mathrm{t})},\hat{\boldsymbol{r}})=\boldsymbol{C}(\boldsymbol{s}^{(\mathrm{t})},\hat{\boldsymbol{r}})\boldsymbol{R}_{\varepsilon\varepsilon}\boldsymbol{C}^{\mathrm{T}}(\boldsymbol{s}^{(\mathrm{t})},\hat{\boldsymbol{r}})\end{cases} \tag{7.112}$$

为了给出 Newton 迭代公式，需要推导函数 $J(\boldsymbol{s}^{(\mathrm{t})})$ 关于向量 $\boldsymbol{s}^{(\mathrm{t})}$ 的梯度向量和 Hessian 矩阵。根据式（7.111）可以首先推得其梯度向量为

$$\boldsymbol{h}(\boldsymbol{s}^{(\mathrm{t})})=\frac{\partial J(\boldsymbol{s}^{(\mathrm{t})})}{\partial\boldsymbol{s}^{(\mathrm{t})}}=\boldsymbol{h}_1(\boldsymbol{s}^{(\mathrm{t})})+\boldsymbol{h}_2(\boldsymbol{s}^{(\mathrm{t})}) \tag{7.113}$$

式中

$$\begin{cases}\boldsymbol{h}_1(\boldsymbol{s}^{(\mathrm{t})})=2\left(\dfrac{\partial\boldsymbol{\varphi}(\boldsymbol{s}^{(\mathrm{t})},\hat{\boldsymbol{r}})}{\partial\boldsymbol{s}^{(\mathrm{t})\mathrm{T}}}\right)^{\mathrm{T}}\boldsymbol{\Phi}^{-1}(\boldsymbol{s}^{(\mathrm{t})},\hat{\boldsymbol{r}})\boldsymbol{\varphi}(\boldsymbol{s}^{(\mathrm{t})},\hat{\boldsymbol{r}})\\ \boldsymbol{h}_2(\boldsymbol{s}^{(\mathrm{t})})=\left(\dfrac{\partial\mathrm{vec}(\boldsymbol{\Phi}^{-1}(\boldsymbol{s}^{(\mathrm{t})},\hat{\boldsymbol{r}}))}{\partial\boldsymbol{s}^{(\mathrm{t})\mathrm{T}}}\right)^{\mathrm{T}}(\boldsymbol{\varphi}(\boldsymbol{s}^{(\mathrm{t})},\hat{\boldsymbol{r}})\otimes\boldsymbol{\varphi}(\boldsymbol{s}^{(\mathrm{t})},\hat{\boldsymbol{r}}))\end{cases} \tag{7.114}$$

再利用式（7.113）和式（7.114）可以推得其 Hessian 矩阵为

$$\boldsymbol{H}(\boldsymbol{s}^{(\mathrm{t})})=\frac{\partial^2 J(\boldsymbol{s}^{(\mathrm{t})})}{\partial \boldsymbol{s}^{(\mathrm{t})}\partial \boldsymbol{s}^{(\mathrm{t})\mathrm{T}}}=\boldsymbol{H}_1(\boldsymbol{s}^{(\mathrm{t})})+\boldsymbol{H}_2(\boldsymbol{s}^{(\mathrm{t})})=\frac{\partial \boldsymbol{h}_1(\boldsymbol{s}^{(\mathrm{t})})}{\partial \boldsymbol{s}^{(\mathrm{t})\mathrm{T}}}+\frac{\partial \boldsymbol{h}_2(\boldsymbol{s}^{(\mathrm{t})})}{\partial \boldsymbol{s}^{(\mathrm{t})\mathrm{T}}} \tag{7.115}$$

式中

$$\begin{aligned}\boldsymbol{H}_1(\boldsymbol{s}^{(\mathrm{t})})=\frac{\partial \boldsymbol{h}_1(\boldsymbol{s}^{(\mathrm{t})})}{\partial \boldsymbol{s}^{(\mathrm{t})\mathrm{T}}}&=2((\boldsymbol{\varphi}^{\mathrm{T}}(\boldsymbol{s}^{(\mathrm{t})},\hat{\boldsymbol{r}})\boldsymbol{\Phi}^{-1}(\boldsymbol{s}^{(\mathrm{t})},\hat{\boldsymbol{r}}))\otimes \boldsymbol{I}_3)\left(\frac{\partial}{\partial \boldsymbol{s}^{(\mathrm{t})\mathrm{T}}}\mathrm{vec}\left(\left(\frac{\partial \boldsymbol{\varphi}(\boldsymbol{s}^{(\mathrm{t})},\hat{\boldsymbol{r}})}{\partial \boldsymbol{s}^{(\mathrm{t})\mathrm{T}}}\right)^{\mathrm{T}}\right)\right)\\&+2\left(\boldsymbol{\varphi}(\boldsymbol{s}^{(\mathrm{t})},\hat{\boldsymbol{r}})\otimes\frac{\partial \boldsymbol{\varphi}(\boldsymbol{s}^{(\mathrm{t})},\hat{\boldsymbol{r}})}{\partial \boldsymbol{s}^{(\mathrm{t})\mathrm{T}}}\right)^{\mathrm{T}}\cdot\frac{\partial \mathrm{vec}(\boldsymbol{\Phi}^{-1}(\boldsymbol{s}^{(\mathrm{t})},\hat{\boldsymbol{r}}))}{\partial \boldsymbol{s}^{(\mathrm{t})\mathrm{T}}}+2\left(\frac{\partial \boldsymbol{\varphi}(\boldsymbol{s}^{(\mathrm{t})},\hat{\boldsymbol{r}})}{\partial \boldsymbol{s}^{(\mathrm{t})\mathrm{T}}}\right)^{\mathrm{T}}\cdot\boldsymbol{\Phi}^{-1}(\boldsymbol{s}^{(\mathrm{t})},\hat{\boldsymbol{r}})\cdot\frac{\partial \boldsymbol{\varphi}(\boldsymbol{s}^{(\mathrm{t})},\hat{\boldsymbol{r}})}{\partial \boldsymbol{s}^{(\mathrm{t})\mathrm{T}}}\end{aligned} \tag{7.116}$$

$$\boldsymbol{H}_2(\boldsymbol{s}^{(\mathrm{t})})=\frac{\partial \boldsymbol{h}_2\left(\boldsymbol{s}^{(\mathrm{t})}\right)}{\partial \boldsymbol{s}^{(\mathrm{t})\mathrm{T}}}\approx\left(\frac{\partial \mathrm{vec}(\boldsymbol{\Phi}^{-1}(\boldsymbol{s}^{(\mathrm{t})},\hat{\boldsymbol{r}}))}{\partial \boldsymbol{s}^{(\mathrm{t})\mathrm{T}}}\right)^{\mathrm{T}}\left((\boldsymbol{I}_{2N}\otimes\boldsymbol{\varphi}(\boldsymbol{s}^{(\mathrm{t})},\hat{\boldsymbol{r}}))\cdot\frac{\partial \boldsymbol{\varphi}(\boldsymbol{s}^{(\mathrm{t})},\hat{\boldsymbol{r}})}{\partial \boldsymbol{s}^{(\mathrm{t})\mathrm{T}}}+\boldsymbol{\varphi}(\boldsymbol{s}^{(\mathrm{t})},\hat{\boldsymbol{r}})\otimes\frac{\partial \boldsymbol{\varphi}(\boldsymbol{s}^{(\mathrm{t})},\hat{\boldsymbol{r}})}{\partial \boldsymbol{s}^{(\mathrm{t})\mathrm{T}}}\right) \tag{7.117}$$

需要指出的是，式（7.117）中省略的项为

$$\boldsymbol{H}_0=((\boldsymbol{\varphi}(\boldsymbol{s}^{(\mathrm{t})},\hat{\boldsymbol{r}})\otimes\boldsymbol{\varphi}(\boldsymbol{s}^{(\mathrm{t})},\hat{\boldsymbol{r}}))^{\mathrm{T}}\otimes\boldsymbol{I}_3)\left(\frac{\partial}{\partial \boldsymbol{s}^{(\mathrm{t})\mathrm{T}}}\mathrm{vec}\left(\left(\frac{\partial \mathrm{vec}(\boldsymbol{\Phi}^{-1}(\boldsymbol{s}^{(\mathrm{t})},\hat{\boldsymbol{r}}))}{\partial \boldsymbol{s}^{(\mathrm{t})\mathrm{T}}}\right)^{\mathrm{T}}\right)\right) \tag{7.118}$$

省略该项的原因在于：①计算过于复杂；②当迭代收敛时，$\boldsymbol{\varphi}(\boldsymbol{s}^{(\mathrm{t})},\hat{\boldsymbol{r}})$ 是关于观测误差 $\boldsymbol{\varepsilon}$ 的一阶项，此时省略项 $\boldsymbol{H}_0$ 是误差的二阶项，而该项在 Hessian 矩阵中可以忽略而基本不影响迭代的收敛性和解的统计性能。

根据上述分析可以得到相应的 Newton 迭代公式。假设第 k 次迭代结果为 $\hat{\boldsymbol{s}}_{\mathrm{c},k}^{(\mathrm{t})}$，根据 2.2.2 节可以得到第 $k+1$ 次迭代更新公式为

$$\hat{\boldsymbol{s}}_{\mathrm{c},k+1}^{(\mathrm{t})}=\hat{\boldsymbol{s}}_{\mathrm{c},k}^{(\mathrm{t})}-\mu^k\boldsymbol{H}^{-1}(\hat{\boldsymbol{s}}_{\mathrm{c},k}^{(\mathrm{t})})\boldsymbol{h}(\hat{\boldsymbol{s}}_{\mathrm{c},k}^{(\mathrm{t})}) \tag{7.119}$$

式中 $\mu(0<\mu<1)$ 表示步长因子。针对迭代公式（7.119），下面有 3 点解释和说明。

注释 1： 上述迭代初值可以通过非加权形式的最小二乘定位闭式解获得。

注释 2： 迭代收敛条件可以设为 $\|\boldsymbol{h}(\hat{\boldsymbol{s}}_{\mathrm{c},k}^{(\mathrm{t})})\|_2\leqslant e$，即梯度向量的 2-范数足够小。

注释 3： 梯度向量和 Hessian 矩阵中涉及到 3 个需要进一步推导的矩阵运算单元，分别包括

$$\begin{cases}\boldsymbol{X}_1=\dfrac{\partial \boldsymbol{\varphi}(\boldsymbol{s}^{(\mathrm{t})},\hat{\boldsymbol{r}})}{\partial \boldsymbol{s}^{(\mathrm{t})\mathrm{T}}}=\boldsymbol{B}(\hat{\boldsymbol{r}})\\ \boldsymbol{X}_2=\dfrac{\partial}{\partial \boldsymbol{s}^{(\mathrm{t})\mathrm{T}}}\mathrm{vec}\left(\left(\dfrac{\partial \boldsymbol{\varphi}(\boldsymbol{s}^{(\mathrm{t})},\hat{\boldsymbol{r}})}{\partial \boldsymbol{s}^{(\mathrm{t})\mathrm{T}}}\right)^{\mathrm{T}}\right)=\boldsymbol{O}_{6N\times 3}\\ \boldsymbol{X}_3=\dfrac{\partial \mathrm{vec}(\boldsymbol{\Phi}^{-1}(\boldsymbol{s}^{(\mathrm{t})},\hat{\boldsymbol{r}}))}{\partial \boldsymbol{s}^{(\mathrm{t})\mathrm{T}}}=-((\boldsymbol{\Phi}^{-1}(\boldsymbol{s}^{(\mathrm{t})},\hat{\boldsymbol{r}})\boldsymbol{C}(\boldsymbol{s}^{(\mathrm{t})},\hat{\boldsymbol{r}})\boldsymbol{R}_{\varepsilon\varepsilon})\otimes\boldsymbol{\Phi}^{-1}(\boldsymbol{s}^{(\mathrm{t})},\hat{\boldsymbol{r}}))\cdot\dfrac{\partial \mathrm{vec}(\boldsymbol{C}(\boldsymbol{s}^{(\mathrm{t})},\hat{\boldsymbol{r}}))}{\partial \boldsymbol{s}^{(\mathrm{t})\mathrm{T}}}\\ \qquad -(\boldsymbol{\Phi}^{-1}(\boldsymbol{s}^{(\mathrm{t})},\hat{\boldsymbol{r}})\otimes(\boldsymbol{\Phi}^{-1}(\boldsymbol{s}^{(\mathrm{t})},\hat{\boldsymbol{r}})\boldsymbol{C}(\boldsymbol{s}^{(\mathrm{t})},\hat{\boldsymbol{r}})\boldsymbol{R}_{\varepsilon\varepsilon}))\cdot\dfrac{\partial \mathrm{vec}(\boldsymbol{C}^{\mathrm{T}}(\boldsymbol{s}^{(\mathrm{t})},\hat{\boldsymbol{r}}))}{\partial \boldsymbol{s}^{(\mathrm{t})\mathrm{T}}}\end{cases} \tag{7.120}$$

式中

$$\begin{cases}\dfrac{\partial \mathrm{vec}(\boldsymbol{C}(\boldsymbol{s}^{(\mathrm{t})},\hat{\boldsymbol{r}}))}{\partial \boldsymbol{s}^{(\mathrm{t})\mathrm{T}}}=-[\dot{\boldsymbol{B}}_{11}^{\mathrm{T}}(\hat{\boldsymbol{r}})\ \ \dot{\boldsymbol{B}}_{12}^{\mathrm{T}}(\hat{\boldsymbol{r}})\ \ \dot{\boldsymbol{B}}_{21}^{\mathrm{T}}(\hat{\boldsymbol{r}})\ \ \dot{\boldsymbol{B}}_{22}^{\mathrm{T}}(\hat{\boldsymbol{r}})\ \cdots\ \dot{\boldsymbol{B}}_{N1}^{\mathrm{T}}(\hat{\boldsymbol{r}})\ \ \dot{\boldsymbol{B}}_{N2}^{\mathrm{T}}(\hat{\boldsymbol{r}})]^{\mathrm{T}}\\ \dfrac{\partial \mathrm{vec}(\boldsymbol{C}^{\mathrm{T}}(\boldsymbol{s}^{(\mathrm{t})},\hat{\boldsymbol{r}}))}{\partial \boldsymbol{s}^{(\mathrm{t})\mathrm{T}}}=\boldsymbol{\Pi}_{2N\bullet 2N}\cdot\dfrac{\partial \mathrm{vec}(\boldsymbol{C}(\boldsymbol{s}^{(\mathrm{t})},\hat{\boldsymbol{r}}))}{\partial \boldsymbol{s}^{(\mathrm{t})\mathrm{T}}}\end{cases} \tag{7.121}$$

式中 $\boldsymbol{\Pi}_{2N\bullet 2N}$ 表示置换矩阵。

式（7.119）即为基于测向信息的约束总体最小二乘定位算法，相应的迭代收敛值记为 $\hat{\boldsymbol{s}}_{\mathrm{c}}^{(\mathrm{t})}$（即 $\hat{\boldsymbol{s}}_{\mathrm{c}}^{(\mathrm{t})}=\lim\limits_{k\to+\infty}\hat{\boldsymbol{s}}_{\mathrm{c},k}^{(\mathrm{t})}$）。

（2）约束总体最小二乘定位算法的理论性能分析

下面将推导定位解 $\hat{\boldsymbol{s}}_{\mathrm{c}}^{(\mathrm{t})}$ 的理论性能。首先根据 Newton 迭代的收敛条件可知

$$\lim_{k\to+\infty}\boldsymbol{h}(\hat{\boldsymbol{s}}_{\mathrm{c},k}^{(\mathrm{t})})=\boldsymbol{h}(\hat{\boldsymbol{s}}_{\mathrm{c}}^{(\mathrm{t})})=\left.\frac{\partial J(\boldsymbol{s}^{(\mathrm{t})})}{\partial\boldsymbol{s}^{(\mathrm{t})}}\right|_{\boldsymbol{s}=\hat{\boldsymbol{s}}_{\mathrm{c}}^{(\mathrm{t})}}=\boldsymbol{O}_{3\times1} \tag{7.122}$$

将式（7.113）和式（7.114）代入式（7.122）中可以推得

$$\begin{aligned}\boldsymbol{O}_{3\times1}=\boldsymbol{h}(\hat{\boldsymbol{s}}_{\mathrm{c}}^{(\mathrm{t})})&=2\left(\left.\frac{\partial\boldsymbol{\varphi}(\boldsymbol{s},\hat{\boldsymbol{r}})}{\partial\boldsymbol{s}^{\mathrm{T}}}\right|_{\boldsymbol{s}=\hat{\boldsymbol{s}}_{\mathrm{c}}^{(\mathrm{t})}}\right)^{\mathrm{T}}\cdot\boldsymbol{\Phi}^{-1}(\hat{\boldsymbol{s}}_{\mathrm{c}}^{(\mathrm{t})},\hat{\boldsymbol{r}})\boldsymbol{\varphi}(\hat{\boldsymbol{s}}_{\mathrm{c}}^{(\mathrm{t})},\hat{\boldsymbol{r}})\\&+\left(\left.\frac{\partial\mathrm{vec}(\boldsymbol{\Phi}^{-1}(\boldsymbol{s},\hat{\boldsymbol{r}}))}{\partial\boldsymbol{s}^{\mathrm{T}}}\right|_{\boldsymbol{s}=\hat{\boldsymbol{s}}_{\mathrm{c}}^{(\mathrm{t})}}\right)^{\mathrm{T}}\cdot(\boldsymbol{\varphi}(\hat{\boldsymbol{s}}_{\mathrm{c}}^{(\mathrm{t})},\hat{\boldsymbol{r}})\otimes\boldsymbol{\varphi}(\hat{\boldsymbol{s}}_{\mathrm{c}}^{(\mathrm{t})},\hat{\boldsymbol{r}}))\end{aligned} \tag{7.123}$$

将 $\boldsymbol{\varphi}(\hat{\boldsymbol{s}}_{\mathrm{c}}^{(\mathrm{t})},\hat{\boldsymbol{r}})$ 在点 $\boldsymbol{s}^{(\mathrm{t})}$ 和 $\boldsymbol{r}$ 处进行一阶 Taylor 级数展开，并忽略误差二阶及其以上各项可知

$$\begin{aligned}\boldsymbol{\varphi}(\hat{\boldsymbol{s}}_{\mathrm{c}}^{(\mathrm{t})},\hat{\boldsymbol{r}})&\approx\boldsymbol{B}(\boldsymbol{r})\boldsymbol{s}^{(\mathrm{t})}-\boldsymbol{a}(\boldsymbol{r})+\boldsymbol{B}(\boldsymbol{r})(\hat{\boldsymbol{s}}_{\mathrm{c}}^{(\mathrm{t})}-\boldsymbol{s}^{(\mathrm{t})})-\boldsymbol{C}(\boldsymbol{s}^{(\mathrm{t})},\boldsymbol{r})\boldsymbol{\varepsilon}\\&=\boldsymbol{B}(\boldsymbol{r})\cdot\boldsymbol{\delta s}_{\mathrm{c}}^{(\mathrm{t})}-\boldsymbol{C}(\boldsymbol{s}^{(\mathrm{t})},\boldsymbol{r})\boldsymbol{\varepsilon}\end{aligned} \tag{7.124}$$

式中 $\boldsymbol{\delta s}_{\mathrm{c}}^{(\mathrm{t})}\approx\hat{\boldsymbol{s}}_{\mathrm{c}}^{(\mathrm{t})}-\boldsymbol{s}^{(\mathrm{t})}$ 表示定位解 $\hat{\boldsymbol{s}}_{\mathrm{c}}^{(\mathrm{t})}$ 的估计误差。将式（7.124）代入式（7.123）中，并忽略误差二阶及其以上各项可得

$$\boldsymbol{O}_{3\times1}\approx\boldsymbol{B}^{\mathrm{T}}(\boldsymbol{r})\boldsymbol{\Phi}^{-1}(\boldsymbol{s}^{(\mathrm{t})},\boldsymbol{r})(\boldsymbol{B}(\boldsymbol{r})\cdot\boldsymbol{\delta s}_{\mathrm{c}}^{(\mathrm{t})}-\boldsymbol{C}(\boldsymbol{s}^{(\mathrm{t})},\boldsymbol{r})\boldsymbol{\varepsilon}) \tag{7.125}$$

进一步可以推得

$$\boldsymbol{\delta s}_{\mathrm{c}}^{(\mathrm{t})}\approx(\boldsymbol{B}^{\mathrm{T}}(\boldsymbol{r})\boldsymbol{\Phi}^{-1}(\boldsymbol{s}^{(\mathrm{t})},\boldsymbol{r})\boldsymbol{B}(\boldsymbol{r}))^{-1}\boldsymbol{B}^{\mathrm{T}}(\boldsymbol{r})\boldsymbol{\Phi}^{-1}(\boldsymbol{s}^{(\mathrm{t})},\boldsymbol{r})\boldsymbol{C}(\boldsymbol{s}^{(\mathrm{t})},\boldsymbol{r})\boldsymbol{\varepsilon} \tag{7.126}$$

由式（7.126）可知，定位解 $\hat{\boldsymbol{s}}_{\mathrm{c}}^{(\mathrm{t})}$ 的协方差矩阵为

$$\begin{aligned}\mathbf{cov}(\hat{\boldsymbol{s}}_{\mathrm{c}}^{(\mathrm{t})})&=\mathrm{E}[\boldsymbol{\delta s}_{\mathrm{c}}^{(\mathrm{t})}\cdot(\boldsymbol{\delta s}_{\mathrm{c}}^{(\mathrm{t})})^{\mathrm{T}}]=(\boldsymbol{B}^{\mathrm{T}}(\boldsymbol{r})\boldsymbol{\Phi}^{-1}(\boldsymbol{s}^{(\mathrm{t})},\boldsymbol{r})\boldsymbol{B}(\boldsymbol{r}))^{-1}\\&=(\boldsymbol{B}^{\mathrm{T}}(\boldsymbol{r})(\boldsymbol{C}(\boldsymbol{s}^{(\mathrm{t})},\boldsymbol{r})\boldsymbol{R}_{\varepsilon\varepsilon}\boldsymbol{C}^{\mathrm{T}}(\boldsymbol{s}^{(\mathrm{t})},\boldsymbol{r}))^{-1}\boldsymbol{B}(\boldsymbol{r}))^{-1}\end{aligned} \tag{7.127}$$

通过进一步的数学分析可以证明，定位解 $\hat{\boldsymbol{s}}_{\mathrm{c}}^{(\mathrm{t})}$ 的理论估计方差等于相应的克拉美罗界，具体可见下述命题。

命题 7.4： $\mathbf{cov}(\hat{\boldsymbol{s}}_{\mathrm{c}}^{(\mathrm{t})})=(\boldsymbol{F}^{\mathrm{T}}(\boldsymbol{s}^{(\mathrm{t})})\boldsymbol{R}_{\varepsilon\varepsilon}^{-1}\boldsymbol{F}(\boldsymbol{s}^{(\mathrm{t})}))^{-1}=\mathbf{CRB}(\boldsymbol{s}^{(\mathrm{t})})$。

命题 7.4 的证明与命题 7.2 类似，限于篇幅这里不再阐述。命题 7.4 表明定位解 $\hat{\boldsymbol{s}}_{\mathrm{c}}^{(\mathrm{t})}$ 的渐近统计最优性。

最后需要指出的是，虽然通过数学分析证明上述 3 种定位算法的理论估计方差都可以达到相应的克拉美罗界，但其中的数学分析均忽略了观测误差的高阶项，因此这只能说明 3 种算法在较小观测误差条件下的统计最优性。随着观测误差逐渐增加到某个数值时，它们的估计性能曲线都会突然偏离克拉美罗界（即 2.3.2 节所指出的门限效应）。然而，不同算法产生门限效应的误差阈值是不同的，通常迭代类算法（假设其收敛至全局最优解）的观测误差阈值要大于闭式类算法的观测误差阈值。

7.3.4 数值实验

下面将通过若干数值实验说明上述三种目标定位算法的参数估计精度，这里仍用目标位置估计均方根误差作为衡量指标，其定义为

$$e_s = \sqrt{\frac{1}{K} \cdot \sum_{k=1}^{K} \| \hat{\boldsymbol{s}}_k^{(\mathrm{t})} - \boldsymbol{s}^{(\mathrm{t})} \|_2^2} \tag{7.128}$$

式中 $\hat{\boldsymbol{s}}_k^{(\mathrm{t})}$ 表示第 k 次蒙特卡洛独立实验的估计结果，K 表示实验次数。

数值实验 1——Taylor 级数迭代定位算法与伪线性加权最小二乘定位闭式解的性能比较

假设共有 6 个测向站可以同时对目标辐射源进行测向，相应的三维位置坐标的数值见表 7.2，测向站的测向误差服从独立的零均值高斯分布。

首先，将目标的三维位置坐标固定为（8000m，6800m，3000m），图 7.25 给出了两种算法的目标位置估计均方根误差随着测向误差标准差的变化曲线。

接着，将测向误差标准差固定为 1.2°，并且将目标三维位置坐标设置为（4000m，3000m，1000m）$+d$×250m，其中 d 称为距离参数（该值越大说明目标距离测向站越远），图 7.26 给出了两种算法的目标位置估计均方根误差随着距离参数 d 的变化曲线。

需要指出的是，下面的数值实验中将 Taylor 级数迭代定位算法的初值设置为在真实值基础上产生微小的扰动，其目的在于保证该迭代算法能够收敛至全局最优解。

表 7.2 测向站三维位置坐标数值表

测向站序号	1	2	3	4	5	6
$x_n^{(\mathrm{r})}$	1200m	−1500m	1400m	−800m	1300m	−1000m
$y_n^{(\mathrm{r})}$	1800m	−800m	−600m	1200m	−800m	1600m
$z_n^{(\mathrm{r})}$	200m	150m	−200m	120m	−250m	−150m

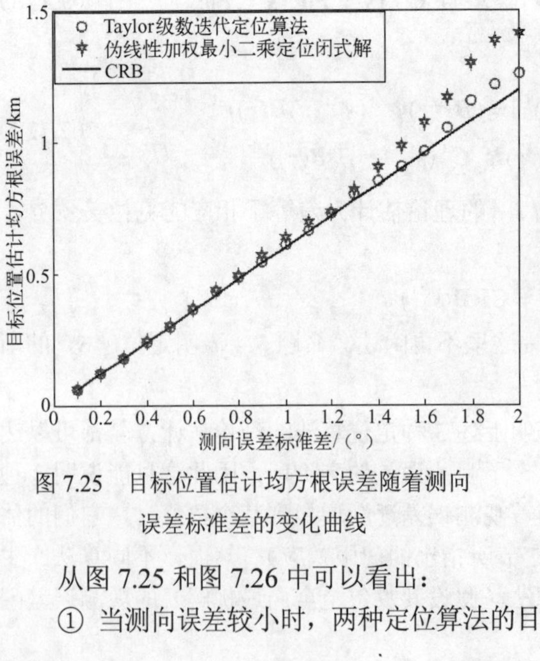

图 7.25 目标位置估计均方根误差随着测向误差标准差的变化曲线

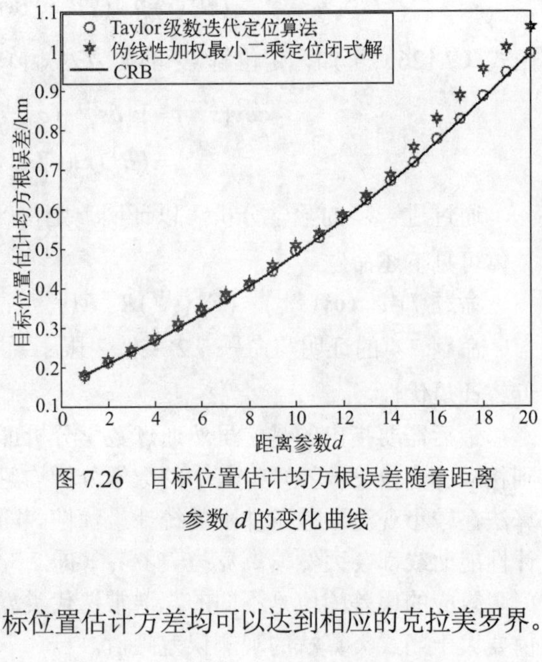

图 7.26 目标位置估计均方根误差随着距离参数 d 的变化曲线

从图 7.25 和图 7.26 中可以看出：

① 当测向误差较小时，两种定位算法的目标位置估计方差均可以达到相应的克拉美罗界。

② 当测向误差逐渐增大时，与 Taylor 级数迭代定位算法相比，伪线性加权最小二乘定位闭式解的性能曲线会率先出现“陡增”现象（即 2.3.2 节所指出的门限效应），此时一阶误差分析方法将会失效，其性能曲线会偏离相应的克拉美罗界。事实上，随着观测误差的增加，Taylor 级数迭代定位算法的性能也会出现门限效应，但是其产生门限效应的误差阈值通常要大于伪线性加权最小二乘定位闭式解产生门限效应的误差阈值。

最后还需要强调的是，尽管在大观测误差条件下，Taylor 级数迭代定位算法的性能要优于伪线性加权最小二乘定位闭式解，但前提条件是要保证其能够收敛至全局最优解，当迭代初值距离真实值较远时，该算法也有可能出现发散现象，此时的性能将无法与伪线性加权最小二乘定位闭式解的性能进行比较。

数值实验 2——约束总体最小二乘定位算法与伪线性加权最小二乘定位闭式解的性能比较

假设共有 6 个测向站可以同时对目标辐射源进行测向，相应的三维位置坐标的数值见表 7.3，测向站的测向误差服从独立的零均值高斯分布。

首先，将目标的三维位置坐标固定为（6000m，6000m，2000m），图 7.27 给出了两种算法的目标位置估计均方根误差随着测向误差标准差的变化曲线。

接着，将测向误差标准差固定为 1.2°，并且将目标三维位置坐标设置为（4000m，4000m，1000m）+d×200m，其中 d 称为距离参数（该值越大说明目标距离测向站越远），图 7.28 给出了两种算法的目标位置估计均方根误差随着距离参数 d 的变化曲线。

表 7.3　测向站三维位置坐标数值表

测向站序号	1	2	3	4	5	6
$x_n^{(\mathrm{r})}$	−1600m	1800m	1200m	−1000m	1400m	−800m
$y_n^{(\mathrm{r})}$	1400m	−1200m	−1000m	1400m	1200m	−1200m
$z_n^{(\mathrm{r})}$	300m	250m	−300m	180m	280m	−250m

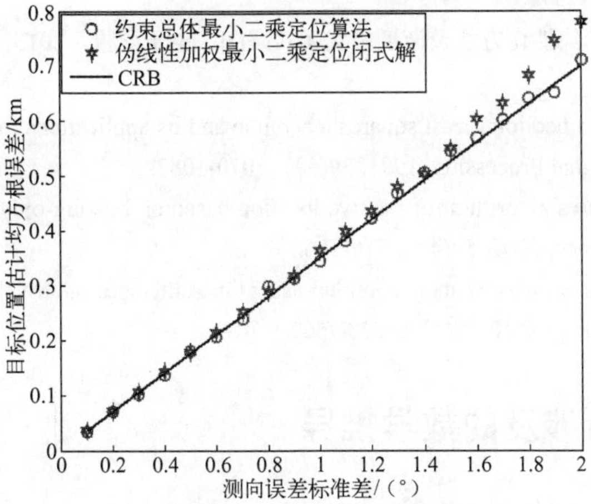

图 7.27　目标位置估计均方根误差随着测向误差标准差的变化曲线

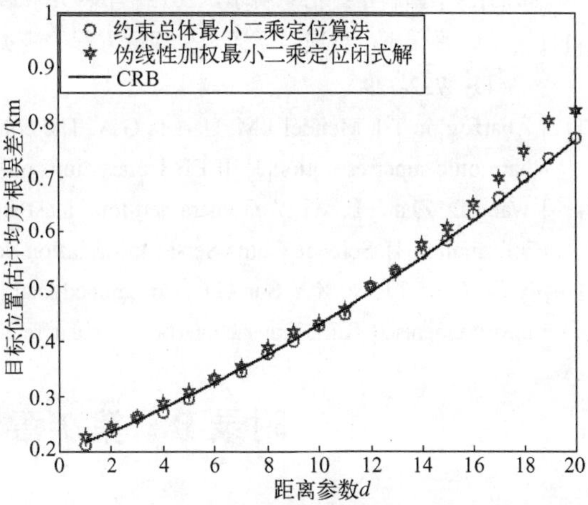

图 7.28　目标位置估计均方根误差随着距离参数 d 的变化曲线

从图 7.27 和图 7.28 中可以看出：

① 当测向误差较小时，两种定位算法的目标位置估计方差均可以达到相应的克拉美罗界。

② 当测向误差逐渐增大时，与约束总体最小二乘定位算法相比，伪线性加权最小二乘

定位闭式解的性能曲线会率先出现“陡增”现象（即 2.3.2 节所指出的门限效应），此时一阶误差分析方法将失效，其性能曲线会偏离相应的克拉美罗界。事实上，随着观测误差的增加，约束总体最小二乘定位算法的性能也会出现门限效应，但是其产生门限效应的误差阈值通常要大于伪线性加权最小二乘定位闭式解产生门限效应的误差阈值。

最后还需要强调的是，通过更多的数值实验会发现，在大观测误差条件下，约束总体最小二乘定位算法与 Taylor 级数迭代定位算法的性能基本相当（当两者都能够收敛至全局最优解时），但由于约束总体最小二乘定位算法是基于伪线性观测方程所推导出的，因此其迭代初值相对较容易确定，然而 Taylor 级数迭代定位算法的优势则在于它可以适用于任意的定位观测量，而不仅仅局限于基于测向信息的定位问题中。

参考文献

[1] 张洪顺，王磊．无线电监测与测向定位[M]．西安：西安电子科技大学出版社，2011.

[2] 刘聪锋．无源定位与跟踪[M]．西安：西安电子科技大学出版社，2011.

[3] 田孝华，周义建．无线电定位理论与技术[M]．国防工业出版社，2011.

[4] 张君毅．短波单站定位[J]．无线电定位技术，2000，26(5)：20-21.

[5] 吴川，吴瑛．短波单站定位原理及其软件实现[J]．微计算机信息，2008，24(12)：150-151.

[6] Torrieri D J. Statistical theory of passive location systems[J]. IEEE Transactions on Aerospace and Electronic Systems, 1984, 20(2)：183-198.

[7] Foy W H. Position-location solution by Taylor-series estimation[J]. IEEE Transactions on Aerospace and Electronic Systems, 1976, 12(2)：187-194.

[8] 李莉，邓平，刘林．Taylor 级数展开法定位及其性能分析[J]．西南交通大学学报，2002，37(6)：684-688.

[9] 王鼎．无源定位中的广义最小二乘估计理论与方法[M]．北京：科学出版社，2015.

[10] 王鼎，李长胜，张瑞杰．基于无源定位观测方程的一类伪线性加权最小二乘定位闭式解及其理论性能分析[J]．中国科学：信息科学，2015，45(9)：1197-1217.

[11] 王鼎，张瑞杰，吴瑛．无源定位观测方程的两类伪线性化方法及渐近最优闭式解[J]．电子学报，2015，43(4)：722-729.

[12] Abatzoglou T J, Mendel J M, Harada G A. The constrained total least squares technique and its applications to harmonic superresolution[J]. IEEE Transactions on Signal Processing, 1991, 39(5)：1070-1087.

[13] Wang D, Zhang L, Wu Y. Constrained total least squares algorithm for passive location based on bearing-only information[J]. Science China Ser-F: Information Science, 2007, 50(4)：576-586.

[14] Yang K, An J P, Bu X Y, Sun G C. Constrained total least-squares location algorithm using time-difference-of-arrival measurements[J]. IEEE Transactions on Vehicular Technology, 2010, 59(3)：1558-1562.

附录 D　第 7 章所涉及的数学推导

附录 D1　证明式（7.56）

半径为 ρ 的 n 维超球面的体积为

$$V_n(\rho) = \underset{\sqrt{\sum_{i=1}^{n} x_i^2} \leqslant \rho}{\iint \cdots \int} 1 \cdot \mathrm{d}x_1 \mathrm{d}x_2 \cdots \mathrm{d}x_n \tag{D.1}$$

根据坐标变换可知

$$V_n(\rho) = \rho^n \cdot V_n(1) \tag{D.2}$$

式中$V_n(1)$表示单位超球面的体积，不难证明

$$V_1(1) = 2\ ,\ V_2(1) = \pi \tag{D.3}$$

再分别定义如下两个集合

$$\begin{cases} A = \{(x_1, x_2) | x_1^2 + x_2^2 \leqslant 1\} \\ B = \left\{(x_3, x_4, \cdots, x_n) \middle| \sum_{i=3}^{n} x_i^2 \leqslant 1 - x_1^2 - x_2^2 \right\} \end{cases} \tag{D.4}$$

当$n \geqslant 3$时，根据 Fubini 定理可以交换积分次序，于是有

$$V_n(1) = \iint_A 1 \cdot \mathrm{d}x_1 \mathrm{d}x_2 \iint_B \cdots \int 1 \cdot \mathrm{d}x_3 \mathrm{d}x_4 \cdots \mathrm{d}x_n = \iint_A V_{n-2}(\sqrt{1 - x_1^2 - x_2^2}) \cdot \mathrm{d}x_1 \mathrm{d}x_2 \tag{D.5}$$

将式（D.2）代入式（D.5）中可得

$$\begin{aligned} V_n(1) &= V_{n-2}(1) \cdot \iint_A (1 - x_1^2 - x_2^2)^{(n-2)/2} \cdot \mathrm{d}x_1 \mathrm{d}x_2 = V_{n-2}(1) \cdot \int_0^{2\pi} \int_0^1 (1 - r^2)^{(n-2)/2} r \cdot \mathrm{d}r \mathrm{d}\theta \\ &= \pi \cdot V_{n-2}(1) \cdot \int_0^1 x^{(n-2)/2} \cdot \mathrm{d}x = \frac{2\pi}{n} \cdot V_{n-2}(1) \end{aligned} \tag{D.6}$$

利用数学归纳法不难证得

$$\begin{cases} V_{2m}(1) = \dfrac{(2\pi)^m}{2 \cdot 4 \cdot 6 \cdot \cdots \cdot (2m)} \\ V_{2m-1}(1) = \dfrac{2(2\pi)^{m-1}}{1 \cdot 3 \cdot 5 \cdot \cdots \cdot (2m-1)} \end{cases} \tag{D.7}$$

根据伽马函数的性质

$$\Gamma(t+1) = t \cdot \Gamma(t)\ ,\ \Gamma(1) = 1\ ,\ \Gamma(1/2) = \sqrt{\pi} \tag{D.8}$$

可将$V_n(1)$表示成如下更为紧凑的形式

$$V_n(1) = \frac{\pi^{n/2}}{\Gamma(n/2+1)} \quad (n = 1, 2, 3, \cdots) \tag{D.9}$$

综合式（D.2）和式（D.9）可知式（7.56）成立。

附录 D2　矩阵 $\boldsymbol{A}_n(\boldsymbol{r}), \dot{\boldsymbol{B}}_{n1}(\boldsymbol{r}), \dot{\boldsymbol{B}}_{n2}(\boldsymbol{r})$ 的表达式

根据式（7.36）和式（7.37）可得

$$\boldsymbol{A}_n(\boldsymbol{r}) = \left[\begin{array}{c:c} -x_n^{(\mathrm{r})} \cdot \sin(\theta_n) - y_n^{(\mathrm{r})} \cdot \cos(\theta_n) & 0 \\ \hdashline x_n^{(\mathrm{r})} \cdot \cos(\theta_n) \cdot \sin(\beta_n) - y_n^{(\mathrm{r})} \cdot \sin(\theta_n) \cdot \sin(\beta_n) & \begin{pmatrix} x_n^{(\mathrm{r})} \cdot \sin(\theta_n) \cdot \cos(\beta_n) + y_n^{(\mathrm{r})} \cdot \cos(\theta_n) \cdot \cos(\beta_n) \\ +z_n^{(\mathrm{r})} \cdot \sin(\beta_n) \end{pmatrix} \end{array}\right]$$

（D.10）

$$\dot{\boldsymbol{B}}_{n1}(\boldsymbol{r})=\frac{\partial \boldsymbol{B}(\boldsymbol{r})}{\partial \theta_n}=\begin{bmatrix}\boldsymbol{O}_{2(n-1)\times 2}\\ \boldsymbol{I}_2\\ \boldsymbol{O}_{2(N-n)\times 2}\end{bmatrix}\cdot\left[\begin{array}{c|c|c}-\sin(\theta_n) & -\cos(\theta_n) & 0\\ \hline \cos(\theta_n)\cdot\sin(\beta_n) & -\sin(\theta_n)\cdot\sin(\beta_n) & 0\end{array}\right] \tag{D.11}$$

$$\dot{\boldsymbol{B}}_{n2}(\boldsymbol{r})=\frac{\partial \boldsymbol{B}(\boldsymbol{r})}{\partial \beta_n}=\begin{bmatrix}\boldsymbol{O}_{2(n-1)\times 2}\\ \boldsymbol{I}_2\\ \boldsymbol{O}_{2(N-n)\times 2}\end{bmatrix}\cdot\left[\begin{array}{c|c|c}0 & 0 & 0\\ \hline \sin(\theta_n)\cdot\cos(\beta_n) & \cos(\theta_n)\cdot\cos(\beta_n) & \sin(\beta_n)\end{array}\right] \tag{D.12}$$

第 8 章　基于测向信息的运动目标跟踪理论与方法

第 7 章重点讨论了静止目标的定位问题，对于运动目标而言，利用测向信息也可以实现其定位和跟踪。但需要强调的是，对于运动目标跟踪问题，还需要研究其可观测性[1-5]，即能否利用测向信息唯一地确定目标的运动航迹，这是因为在一些定位场景下（尤其在单站定位条件下），仅仅利用测向信息有时无法唯一地确定目标航迹。对于非线性观测系统，其可观测性可以由微分流形和李代数作为数学工具进行讨论，而对于线性观测系统，其可观测性分析会变得较容易些，因为可以将其转化为线性方程组的唯一解问题。幸运的是，虽然测向观测方程是关于目标位置参数的非线性函数，但是通过伪线性化处理可以很容易将其转化为线性函数，因此有理由将其看作是线性观测系统进行讨论。

除了可观测性问题，如何实现对运动目标的高精度定位和跟踪也是需要研究的问题。扩展卡尔曼滤波（EKF，Extended Karlman Filter）算法[6-8]是解决非线性观测系统最为经典的方法之一，但是由于其对非线性问题的处理过于简单，使得滤波算法的精度和收敛性都难以得到有效保证。伪线性卡尔曼滤波（PLKF，Pseudo Linear Karlman Filter）算法[9, 10]是抑制扩展卡尔曼滤波算法发散的改进型算法，它主要应用于能够对观测方程进行伪线性化处理的定位场景中（最典型的就是测向定位），然而伪线性卡尔曼滤波算法存在估计有偏性问题。事实上，除了伪线性卡尔曼滤波算法以外，国内外相关学者还提出了其它一些改进型非线性滤波算法，例如迭代型扩展卡尔曼滤波算法[2, 6]、二阶扩展卡尔曼滤波算法[6, 7]、无迹卡尔曼滤波算法[11, 12]、粒子滤波算法[13]等。除了上述滤波型算法以外，K.C.Ho 等人还提出了针对匀速运动目标的渐近无偏跟踪算法[14, 15]。

本章首先研究了基于测向信息的运动目标可观测性问题，其中既讨论了单站测向跟踪问题，又讨论了多站测向跟踪问题。然后，文中给出了单站基于纯测向信息的目标跟踪方法，其中包括扩展卡尔曼滤波算法，伪线性卡尔曼滤波算法，迭代型扩展卡尔曼滤波算法以及无迹卡尔曼滤波算法。最后，文中还介绍了一种多站基于测向信息的渐近无偏跟踪算法。

8.1　基于测向信息的运动目标可观测性分析

本节将针对基于测向信息的运动目标可观测性问题展开分析[1-5]，为了简化推导下面均假设目标做匀速直线运动，这也是一种较为常见的假设。需要指出的是，运动目标的可观测性分析可以在没有观测误差的条件下进行，因为此时重点关心解的存在性和唯一性，而不是其估计精度。

8.1.1　静止单站对匀速直线运动目标的可观测性分析

如图 8.1 所示，静止测向站位于坐标系原点，目标做匀速直线运动，其初始位置向量为 $\boldsymbol{s}_0^{(\mathrm{t})}=[x_0^{(\mathrm{t})}\ \ y_0^{(\mathrm{t})}]^{\mathrm{T}}$，速度向量为 $\boldsymbol{v}^{(\mathrm{t})}=[v_x^{(\mathrm{t})}\ \ v_y^{(\mathrm{t})}]^{\mathrm{T}}$，设初始观测时刻为零时刻，而此时测向站测

得目标的方位为 θ_0，在第 k 个观测时刻 t_k 目标的位置向量为 $\boldsymbol{s}_k^{(\mathrm{t})}=\boldsymbol{s}_0^{(\mathrm{t})}+t_k\boldsymbol{v}^{(\mathrm{t})}$，并且测向站测得目标的方位为 θ_k，则有如下关系式

$$\begin{aligned}&\tan(\theta_k)=\frac{\sin(\theta_k)}{\cos(\theta_k)}=\frac{<\boldsymbol{s}_k^{(\mathrm{t})}>_1}{<\boldsymbol{s}_k^{(\mathrm{t})}>_2}\\&\Rightarrow \boldsymbol{w}_k^{\mathrm{T}}\boldsymbol{s}_k^{(\mathrm{t})}=[-\cos(\theta_k)\ \ \sin(\theta_k)]\cdot\boldsymbol{s}_k^{(\mathrm{t})}=0\end{aligned} \tag{8.1}$$

式中 $\boldsymbol{w}_k=[-\cos(\theta_k)\ \ \sin(\theta_k)]^{\mathrm{T}}$。

显然，若能够确定向量 $\boldsymbol{s}_0^{(\mathrm{t})}$ 和 $\boldsymbol{v}^{(\mathrm{t})}$，就可以唯一刻画目标的运动航迹。然而，由于假设在初始时刻测得目标方位 θ_0，若再令初始时刻目标与测向站之间的距离为 d_0，则向量 $\boldsymbol{s}_0^{(\mathrm{t})}$ 可以表示为

$$\boldsymbol{s}_0^{(\mathrm{t})}=[d_0\cdot\sin(\theta_0)\ \ \ d_0\cdot\cos(\theta_0)]^{\mathrm{T}} \tag{8.2}$$

因此，只需要确定出 d_0 和 $\boldsymbol{v}^{(\mathrm{t})}$ 共计 3 个参数，就可以获得目标的运动航迹。下面的问题在于，在得到序列方位值 $\{\theta_k\}_{k\geqslant 1}$ 的前提条件下，能否唯一地确定出 d_0 和 $\boldsymbol{v}^{(\mathrm{t})}$。

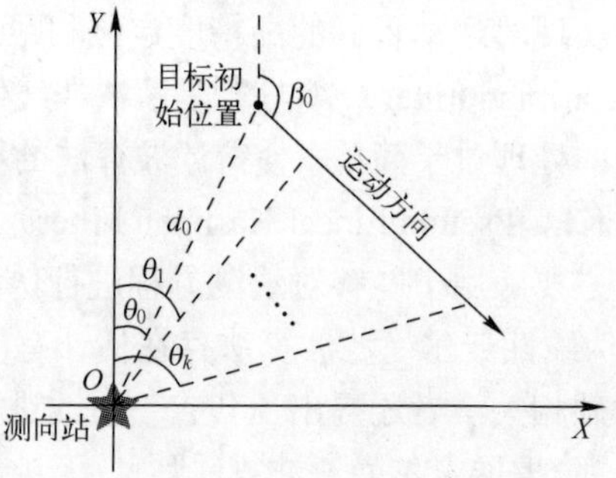

图 8.1　静止单站对匀速直线运动目标定位示意图

为了回答该问题，需要将式（8.1）进一步扩展可得

$$\begin{aligned}&[-\cos(\theta_k)\ \ \sin(\theta_k)]\cdot\boldsymbol{s}_0^{(\mathrm{t})}+t_k\cdot[-\cos(\theta_k)\ \ \sin(\theta_k)]\cdot\boldsymbol{v}^{(\mathrm{t})}=0\\&\Rightarrow d_0\cdot\sin(\theta_k-\theta_0)+t_k\cdot[-\cos(\theta_k)\ \ \sin(\theta_k)]\cdot\boldsymbol{v}^{(\mathrm{t})}=0\end{aligned} \tag{8.3}$$

若一共进行了 $K(K\geqslant 2)$ 次观测，则可将式（8.3）联立表示成如下线性方程组

$$\left[\begin{array}{c:c:c}\sin(\theta_1-\theta_0) & -t_1\cdot\cos(\theta_1) & t_1\cdot\sin(\theta_1)\\ \sin(\theta_2-\theta_0) & -t_2\cdot\cos(\theta_2) & t_2\cdot\sin(\theta_2)\\ \vdots & \vdots & \vdots\\ \sin(\theta_K-\theta_0) & -t_K\cdot\cos(\theta_K) & t_K\cdot\sin(\theta_K)\end{array}\right]\cdot\begin{bmatrix}d_0\\ \boldsymbol{v}^{(\mathrm{t})}\end{bmatrix}=\boldsymbol{O}_{K\times 1} \tag{8.4}$$

对于任意齐次线性方程组 $\boldsymbol{Ax}=\boldsymbol{O}$，其存在唯一解的充要条件是 $\boldsymbol{A}$ 为列满秩矩阵，并且该唯一解就是零解。由于式（8.4）中的 d_0 和 $\boldsymbol{v}^{(\mathrm{t})}$ 均不为零，因此该式中的系数矩阵一定不会是列满秩矩阵，该线性方程组必然存在无穷多组解，此时目标的运动状态是不可观测的。

需要指出的是，尽管 d_0 和 $\boldsymbol{v}^{(\mathrm{t})}$ 无法同时唯一解出，但却能唯一地确定其中部分未知参量。根据式（8.4）可知

$$\left[\begin{array}{c:c} t_1\cdot\cos(\theta_1) & -t_1\cdot\sin(\theta_1) \\ t_2\cdot\cos(\theta_2) & -t_2\cdot\sin(\theta_2) \\ \vdots & \vdots \\ t_K\cdot\cos(\theta_K) & -t_K\cdot\sin(\theta_K) \end{array}\right]\cdot\frac{\boldsymbol{v}^{(\mathrm{t})}}{d_0}=\begin{bmatrix} \sin(\theta_1-\theta_0) \\ \sin(\theta_2-\theta_0) \\ \vdots \\ \sin(\theta_K-\theta_0) \end{bmatrix} \tag{8.5}$$

若令式（8.5）左边的系数矩阵为 $\boldsymbol{B}$，如果它是列满秩矩阵，则利用式（8.5）就可以唯一地求解出 $\boldsymbol{v}^{(\mathrm{t})}/d_0$。不难证明，当且仅当

$$\det[\boldsymbol{B}^{\mathrm{T}}\boldsymbol{B}]=\det\left[\begin{array}{c:c} \sum\limits_{k=1}^{K}(t_k\cdot\cos(\theta_k))^2 & -\sum\limits_{k=1}^{K}t_k^2\cdot\sin(\theta_k)\cdot\cos(\theta_k) \\ \hdashline -\sum\limits_{k=1}^{K}t_k^2\cdot\sin(\theta_k)\cdot\cos(\theta_k) & \sum\limits_{k=1}^{K}(t_k\cdot\sin(\theta_k))^2 \end{array}\right]=\frac{1}{2}\cdot\sum_{k_1=1}^{K}\sum_{k_2=1}^{K}(t_{k_1}t_{k_2}\cdot\sin(\theta_{k_1}-\theta_{k_2}))^2\neq 0 \tag{8.6}$$

矩阵 $\boldsymbol{B}$ 是列满秩的。式（8.6）的证明见附录 E1，由该式可知，当且仅当 $\theta_1=\theta_2=\cdots=\theta_K$ 时（即目标沿着测向站的径向方向运动），满足 $\det[\boldsymbol{B}^{\mathrm{T}}\boldsymbol{B}]=0$，此时不能唯一地解出 $\boldsymbol{v}^{(\mathrm{t})}/d_0$，反之则可以唯一地解出 $\boldsymbol{v}^{(\mathrm{t})}/d_0$，并且该解的表达式为

$$\frac{\boldsymbol{v}^{(\mathrm{t})}}{d_0}=\begin{bmatrix} v_x^{(\mathrm{t})}/d_0 \\ v_y^{(\mathrm{t})}/d_0 \end{bmatrix}=\left[\begin{array}{c:c} \sum\limits_{k=1}^{K}(t_k\cdot\cos(\theta_k))^2 & -\sum\limits_{k=1}^{K}t_k^2\cdot\sin(\theta_k)\cdot\cos(\theta_k) \\ \hdashline -\sum\limits_{k=1}^{K}t_k^2\cdot\sin(\theta_k)\cdot\cos(\theta_k) & \sum\limits_{k=1}^{K}(t_k\cdot\sin(\theta_k))^2 \end{array}\right]^{-1}\cdot\left[\begin{array}{c} \sum\limits_{k=1}^{K}t_k\cdot\cos(\theta_k)\cdot\sin(\theta_k-\theta_0) \\ \hdashline -\sum\limits_{k=1}^{K}t_k\cdot\sin(\theta_k)\cdot\sin(\theta_k-\theta_0) \end{array}\right] \tag{8.7}$$

需要指出的是，向量 $\boldsymbol{v}^{(\mathrm{t})}/d_0$ 中包含着许多重要的目标运动态势信息，其中包括以下参数：

①目标航向（图 8.1 中的 β_0）

$$\beta_0=\pi/2-\arctan\frac{v_y^{(\mathrm{t})}/d_0}{v_x^{(\mathrm{t})}/d_0} \tag{8.8}$$

②目标速度的绝对值与初始距离的比值

$$\frac{\|\boldsymbol{v}^{(t)}\|_2}{d_0}=\sqrt{(v_x^{(\mathrm{t})}/d_0)^2+(v_y^{(\mathrm{t})}/d_0)^2} \tag{8.9}$$

③目标与测向站距离最近的时刻

$$t_{\mathrm{near}}=\frac{|\cos(\theta_0-\beta_0)|}{\sqrt{(v_x^{(\mathrm{t})}/d_0)^2+(v_y^{(\mathrm{t})}/d_0)^2}} \tag{8.10}$$

式（8.10）的推导见附录 E2。

8.1.2 匀速直线运动单站对匀速直线运动目标的可观测性分析

如图 8.2 所示，测向站和目标都做匀速直线运动，测向站的初始位置位于坐标系原点，速度向量为 $\boldsymbol{v}^{(\mathrm{r})}=[v_x^{(\mathrm{r})}\ \ v_y^{(\mathrm{r})}]^{\mathrm{T}}$，目标的初始位置向量为 $\boldsymbol{s}_0^{(\mathrm{t})}=[x_0^{(\mathrm{t})}\ \ y_0^{(\mathrm{t})}]^{\mathrm{T}}$，速度向量为 $\boldsymbol{v}^{(\mathrm{t})}=[v_x^{(\mathrm{t})}\ \ v_y^{(\mathrm{t})}]^{\mathrm{T}}$，设初始观测时刻为零时刻，而此时测向站测得目标的方位为 θ_0，则在第 k 个

观测时刻t_k测向站和目标的位置向量分别为$\boldsymbol{s}_k^{(\mathrm{r})}=t_k\boldsymbol{v}^{(\mathrm{r})}$和$\boldsymbol{s}_k^{(\mathrm{t})}=\boldsymbol{s}_0^{(\mathrm{t})}+t_k\boldsymbol{v}^{(\mathrm{t})}$，并且测向站测得目标的方位为$\theta_k$，于是有如下关系式

$$\begin{aligned}&\tan(\theta_k)=\frac{\sin(\theta_k)}{\cos(\theta_k)}=\frac{<\boldsymbol{s}_k^{(\mathrm{t})}-\boldsymbol{s}_k^{(\mathrm{r})}>_1}{<\boldsymbol{s}_k^{(\mathrm{t})}-\boldsymbol{s}_k^{(\mathrm{r})}>_2}\\&\Rightarrow\boldsymbol{w}_k^{\mathrm{T}}(\boldsymbol{s}_k^{(\mathrm{t})}-\boldsymbol{s}_k^{(\mathrm{r})})=[-\cos(\theta_k)\ \sin(\theta_k)]\cdot(\boldsymbol{s}_k^{(\mathrm{t})}-\boldsymbol{s}_k^{(\mathrm{r})})=0\end{aligned}\tag{8.11}$$

式中$\boldsymbol{w}_k=[-\cos(\theta_k)\ \sin(\theta_k)]^{\mathrm{T}}$。

类似地，只需要确定出d_0和$\boldsymbol{v}^{(\mathrm{t})}$共计 3 个参数，就可以获得目标的运动航迹。下面的问题在于，在得到序列方位值$\{\theta_k\}_{k\geqslant1}$的前提条件下，能否唯一地确定出$d_0$和$\boldsymbol{v}^{(\mathrm{t})}$。

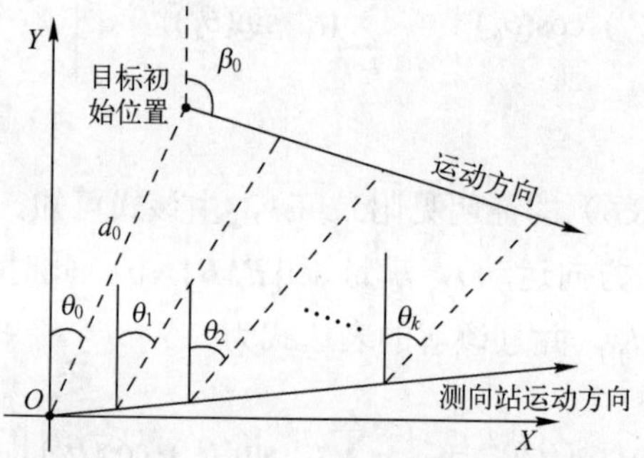

图 8.2　匀速直线运动单站对匀速直线运动目标定位示意图

为了回答该问题，需要将式（8.11）进一步扩展可得

$$\begin{aligned}&[-\cos(\theta_k)\ \sin(\theta_k)]\cdot\boldsymbol{s}_0^{(\mathrm{t})}+t_k\cdot[-\cos(\theta_k)\ \sin(\theta_k)]\cdot(\boldsymbol{v}^{(\mathrm{t})}-\boldsymbol{v}^{(\mathrm{r})})=0\\&\Rightarrow d_0\cdot\sin(\theta_k-\theta_0)+t_k\cdot[-\cos(\theta_k)\ \sin(\theta_k)]\cdot(\boldsymbol{v}^{(\mathrm{t})}-\boldsymbol{v}^{(\mathrm{r})})=0\end{aligned}\tag{8.12}$$

若一共进行了$K(K\geqslant2)$次观测，则可将式（8.12）联立表示成如下线性方程组

$$\begin{bmatrix}\sin(\theta_1-\theta_0) & -t_1\cdot\cos(\theta_1) & t_1\cdot\sin(\theta_1)\\ \sin(\theta_2-\theta_0) & -t_2\cdot\cos(\theta_2) & t_2\cdot\sin(\theta_2)\\ \vdots & \vdots & \vdots\\ \sin(\theta_K-\theta_0) & -t_K\cdot\cos(\theta_K) & t_K\cdot\sin(\theta_K)\end{bmatrix}\cdot\begin{bmatrix}d_0\\ \boldsymbol{v}^{(\mathrm{t})}-\boldsymbol{v}^{(\mathrm{r})}\end{bmatrix}=\boldsymbol{O}_{K\times1}\tag{8.13}$$

与式（8.4）类似，式（8.13）也必然存在无穷多组解，因此目标的运动状态也是不可观测的。

需要指出的是，尽管d_0和$\boldsymbol{v}^{(\mathrm{t})}$无法同时唯一解出，但却能唯一确定其中部分未知参量。根据式（8.13）可知

$$\begin{bmatrix}t_1\cdot\cos(\theta_1) & -t_1\cdot\sin(\theta_1)\\ t_2\cdot\cos(\theta_2) & -t_2\cdot\sin(\theta_2)\\ \vdots & \vdots\\ t_K\cdot\cos(\theta_K) & -t_K\cdot\sin(\theta_K)\end{bmatrix}\cdot\frac{\boldsymbol{v}^{(\mathrm{t})}-\boldsymbol{v}^{(\mathrm{r})}}{d_0}=\begin{bmatrix}\sin(\theta_1-\theta_0)\\ \sin(\theta_2-\theta_0)\\ \vdots\\ \sin(\theta_K-\theta_0)\end{bmatrix}\tag{8.14}$$

类似于 8.1.1 节的分析，当且仅当$\theta_1=\theta_2=\cdots=\theta_K$时（即目标沿着测向站的径向方向运动），不能唯一地解出$(\boldsymbol{v}^{(\mathrm{t})}-\boldsymbol{v}^{(\mathrm{r})})/d_0$，否则就可以唯一地解出$(\boldsymbol{v}^{(\mathrm{t})}-\boldsymbol{v}^{(\mathrm{r})})/d_0$，并且该解的表达式为

$$\frac{\boldsymbol{v}^{(\mathrm{t})}-\boldsymbol{v}^{(\mathrm{r})}}{d_0}=\begin{bmatrix}(v_x^{(\mathrm{t})}-v_x^{(\mathrm{r})})/d_0\\(v_y^{(\mathrm{t})}-v_y^{(\mathrm{r})})/d_0\end{bmatrix}$$

$$=\left[\begin{array}{c:c}\sum_{k=1}^{K}(t_k\cdot\cos(\theta_k))^2 & -\sum_{k=1}^{K}t_k^2\cdot\sin(\theta_k)\cdot\cos(\theta_k)\\ \hdashline -\sum_{k=1}^{K}t_k^2\cdot\sin(\theta_k)\cdot\cos(\theta_k) & \sum_{k=1}^{K}(t_k\cdot\sin(\theta_k))^2\end{array}\right]^{-1}\cdot\left[\begin{array}{c}\sum_{k=1}^{K}t_k\cdot\cos(\theta_k)\cdot\sin(\theta_k-\theta_0)\\ \hdashline -\sum_{k=1}^{K}t_k\cdot\sin(\theta_k)\cdot\sin(\theta_k-\theta_0)\end{array}\right]$$

（8.15）

从式（8.15）中同样可以得到上述重要的目标运动态势信息，限于篇幅这里不再阐述。

8.1.3 匀加速直线运动单站对匀速直线运动目标的可观测性分析

如图 8.3 所示，测向站做匀加速直线运动，目标做匀速直线运动，测向站的初始位置位于坐标系原点，速度向量为 $\boldsymbol{v}^{(\mathrm{r})}=[v_x^{(\mathrm{r})}\ \ v_y^{(\mathrm{r})}]^{\mathrm{T}}$，加速度向量为 $\boldsymbol{a}^{(\mathrm{r})}=[a_x^{(\mathrm{r})}\ \ a_y^{(\mathrm{r})}]^{\mathrm{T}}$，目标的初始位置向量为 $\boldsymbol{s}_0^{(\mathrm{t})}=[x_0^{(\mathrm{t})}\ \ y_0^{(\mathrm{t})}]^{\mathrm{T}}$，速度向量为 $\boldsymbol{v}^{(\mathrm{t})}=[v_x^{(\mathrm{t})}\ \ v_y^{(\mathrm{t})}]^{\mathrm{T}}$，设初始观测时刻为零时刻，而此时测向站测得目标的方位为 θ_0，则在第 k 个观测时刻 t_k 测向站和目标的位置向量分别为 $\boldsymbol{s}_k^{(\mathrm{r})}=t_k\boldsymbol{v}^{(\mathrm{r})}+t_k^2\boldsymbol{a}^{(\mathrm{r})}/2$ 和 $\boldsymbol{s}_k^{(\mathrm{t})}=\boldsymbol{s}_0^{(\mathrm{t})}+t_k\boldsymbol{v}^{(\mathrm{t})}$，并且测向站测得目标的方位为 θ_k，于是有如下关系式

$$\tan(\theta_k)=\frac{\sin(\theta_k)}{\cos(\theta_k)}=\frac{<\boldsymbol{s}_k^{(\mathrm{t})}-\boldsymbol{s}_k^{(\mathrm{r})}>_1}{<\boldsymbol{s}_k^{(\mathrm{t})}-\boldsymbol{s}_k^{(\mathrm{r})}>_2}$$
$$\Rightarrow \boldsymbol{w}_k^{\mathrm{T}}(\boldsymbol{s}_k^{(\mathrm{t})}-\boldsymbol{s}_k^{(\mathrm{r})})=[-\cos(\theta_k)\ \ \sin(\theta_k)]\cdot(\boldsymbol{s}_k^{(\mathrm{t})}-\boldsymbol{s}_k^{(\mathrm{r})})=0 \tag{8.16}$$

式中 $\boldsymbol{w}_k=[-\cos(\theta_k)\ \ \sin(\theta_k)]^{\mathrm{T}}$。

类似地，只需要确定出 d_0 和 $\boldsymbol{v}^{(\mathrm{t})}$ 共计 3 个参数，就可以获得目标的运动航迹。下面的问题在于，在得到序列方位值 $\{\theta_k\}_{k\geqslant 1}$ 的前提条件下，能否唯一地确定 d_0 和 $\boldsymbol{v}^{(\mathrm{t})}$。

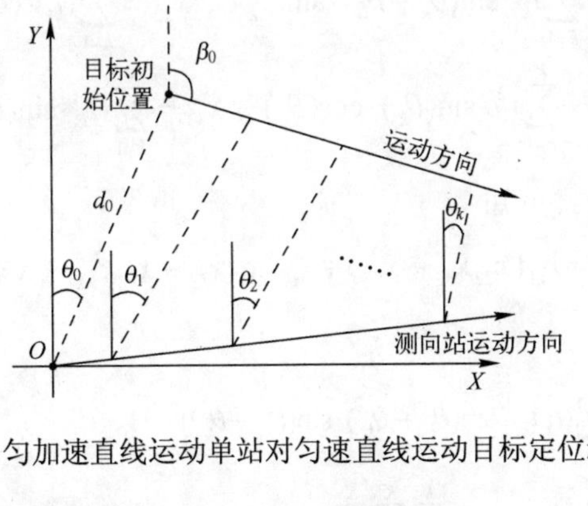

图 8.3 匀加速直线运动单站对匀速直线运动目标定位示意图

为了回答该问题，需要将式（8.16）进一步扩展可得

$$[-\cos(\theta_k)\ \ \sin(\theta_k)]\cdot\boldsymbol{s}_0^{(\mathrm{t})}+t_k\cdot[-\cos(\theta_k)\ \ \sin(\theta_k)]\cdot(\boldsymbol{v}^{(\mathrm{t})}-\boldsymbol{v}^{(\mathrm{r})})-(t_k^2/2)\cdot[-\cos(\theta_k)\ \ \sin(\theta_k)]\cdot\boldsymbol{a}^{(\mathrm{r})}=0$$
$$\Rightarrow d_0\cdot\sin(\theta_k-\theta_0)+t_k\cdot[-\cos(\theta_k)\ \ \sin(\theta_k)]\cdot(\boldsymbol{v}^{(\mathrm{t})}-\boldsymbol{v}^{(\mathrm{r})})=(t_k^2/2)\cdot[-\cos(\theta_k)\ \ \sin(\theta_k)]\cdot\boldsymbol{a}^{(\mathrm{r})}$$

（8.17）

若一共进行了 $K(K\geqslant 2)$ 次观测，则可将式（8.17）联立成如下线性方程组

$$\begin{bmatrix} \sin(\theta_1-\theta_0) & -t_1\cdot\cos(\theta_1) & t_1\cdot\sin(\theta_1) \\ \sin(\theta_2-\theta_0) & -t_2\cdot\cos(\theta_2) & t_2\cdot\sin(\theta_2) \\ \vdots & \vdots & \vdots \\ \sin(\theta_K-\theta_0) & -t_K\cdot\cos(\theta_K) & t_K\cdot\sin(\theta_K) \end{bmatrix}\cdot\begin{bmatrix} d_0 \\ \boldsymbol{v}^{(\mathrm{t})}-\boldsymbol{v}^{(\mathrm{r})} \end{bmatrix}=\begin{bmatrix} -(t_1^2/2)\cdot\cos(\theta_1) & (t_1^2/2)\cdot\sin(\theta_1) \\ -(t_2^2/2)\cdot\cos(\theta_2) & (t_2^2/2)\cdot\sin(\theta_2) \\ \vdots & \vdots \\ -(t_K^2/2)\cdot\cos(\theta_K) & (t_K^2/2)\cdot\sin(\theta_K) \end{bmatrix}\cdot\boldsymbol{a}^{(\mathrm{r})} \tag{8.18}$$

与式（8.4）和式（8.13）不同的是，式（8.18）已不再是齐次线性方程组，因此有可能存在唯一非零解，只要系数矩阵列满秩即可，此时的目标运动状态就是可观测的。令式（8.18）中的系数矩阵为 $\boldsymbol{C}$，其右边向量为 $\boldsymbol{c}$，则当 $\boldsymbol{C}$ 是列满秩矩阵时，式（8.18）的唯一非零解为

$$\begin{bmatrix} d_0 \\ \boldsymbol{v}^{(\mathrm{t})}-\boldsymbol{v}^{(\mathrm{r})} \end{bmatrix}=(\boldsymbol{C}^{\mathrm{T}}\boldsymbol{C})^{-1}\boldsymbol{C}^{\mathrm{T}}\boldsymbol{c} \tag{8.19}$$

在大多数情况下，$\boldsymbol{C}$ 都是列满秩矩阵，这意味着定位系统通常都是可观测的，下面将推导一些能使定位系统变成不可观测的条件。可以从两个角度进行分析，第一个角度是判断满足等式 $\det[\boldsymbol{C}^{\mathrm{T}}\boldsymbol{C}]=0$ 的条件，第二个角度是判断满足等式 $\boldsymbol{C}^{\mathrm{T}}\boldsymbol{c}=\boldsymbol{O}_{3\times 1}$ 的条件（因为零解一定不会是定位系统的解）。

首先令

$$\boldsymbol{C}^{\mathrm{T}}\boldsymbol{C}=\begin{bmatrix} x_{11} & x_{12} & x_{13} \\ x_{12} & x_{22} & x_{23} \\ x_{13} & x_{23} & x_{33} \end{bmatrix} \tag{8.20}$$

根据式（8.18）可得

$$\begin{cases} x_{11}=\sum\limits_{k=1}^{K}(\sin(\theta_k-\theta_0))^2\,,\ x_{12}=-\sum\limits_{k=1}^{K}t_k\cdot\sin(\theta_k-\theta_0)\cdot\cos(\theta_k) \\ x_{13}=\sum\limits_{k=1}^{K}t_k\cdot\sin(\theta_k-\theta_0)\cdot\sin(\theta_k)\,,\ x_{22}=\sum\limits_{k=1}^{K}(t_k\cdot\cos(\theta_k))^2 \\ x_{23}=-\sum\limits_{k=1}^{K}t_k^2\cdot\sin(\theta_k)\cdot\cos(\theta_k)\,,\ x_{33}=\sum\limits_{k=1}^{K}(t_k\cdot\sin(\theta_k))^2 \end{cases} \tag{8.21}$$

根据矩阵行列式的计算公式可知

$$\det[\boldsymbol{C}^{\mathrm{T}}\boldsymbol{C}]=x_{11}(x_{22}x_{33}-x_{23}^2)+x_{12}(x_{13}x_{23}-x_{12}x_{33})+x_{13}(x_{12}x_{23}-x_{13}x_{22}) \tag{8.22}$$

其中

$$\begin{cases} x_{11}(x_{22}x_{33}-x_{23}^2)=\dfrac{1}{2}\cdot\sum\limits_{k_1=1}^{K}\sum\limits_{k_2=1}^{K}\sum\limits_{k_3=1}^{K}(t_{k_1}t_{k_2}\cdot\sin(\theta_{k_2}-\theta_{k_1})\cdot\sin(\theta_{k_3}-\theta_0))^2 \\ x_{12}(x_{13}x_{23}-x_{12}x_{33})+x_{13}(x_{12}x_{23}-x_{13}x_{22})=\sum\limits_{k_1=1}^{K}\sum\limits_{k_2=1}^{K}\sum\limits_{k_3=1}^{K}t_{k_1}t_{k_2}t_{k_3}^2\cdot\sin(\theta_{k_1}-\theta_0)\cdot\sin(\theta_{k_2}-\theta_0)\cdot\sin(\theta_{k_2}-\theta_{k_3})\cdot\sin(\theta_{k_3}-\theta_{k_1}) \end{cases} \tag{8.23}$$

式（8.23）的证明见附录 E3。将式（8.23）代入式（8.22）中可得

$$\begin{aligned}\det[\boldsymbol{C}^{\mathrm{T}}\boldsymbol{C}]=&\frac{1}{2}\cdot\sum_{k_1=1}^{K}\sum_{k_2=1}^{K}\sum_{k_3=1}^{K}(t_{k_1}t_{k_2}\cdot\sin(\theta_{k_2}-\theta_{k_1})\cdot\sin(\theta_{k_3}-\theta_0))^2\\&+\sum_{k_1=1}^{K}\sum_{k_2=1}^{K}\sum_{k_3=1}^{K}t_{k_1}t_{k_2}t_{k_3}^2\cdot\sin(\theta_{k_1}-\theta_0)\cdot\sin(\theta_{k_2}-\theta_0)\cdot\sin(\theta_{k_2}-\theta_{k_3})\cdot\sin(\theta_{k_3}-\theta_{k_1})\end{aligned}\tag{8.24}$$

根据式（8.24）可知，当 $\theta_1=\theta_2=\cdots=\theta_k$ 时，满足 $\det[\boldsymbol{C}^{\mathrm{T}}\boldsymbol{C}]=0$，此时的定位系统就是不可观测的。

接着再令

$$\boldsymbol{C}^{\mathrm{T}}\boldsymbol{c}=\begin{bmatrix}y_1\\y_2\\y_3\end{bmatrix}\tag{8.25}$$

根据式（8.18）可得

$$\begin{cases}y_1=\sum_{k=1}^{K}(t_k^2/2)\cdot\sin(\theta_k-\theta_0)\cdot(a_y^{(\mathrm{r})}\cdot\sin(\theta_k)-a_x^{(\mathrm{r})}\cdot\cos(\theta_k))\\y_2=-\sum_{k=1}^{K}(t_k^3/2)\cdot\cos(\theta_k)\cdot(a_y^{(\mathrm{r})}\cdot\sin(\theta_k)-a_x^{(\mathrm{r})}\cdot\cos(\theta_k))\\y_3=\sum_{k=1}^{K}(t_k^3/2)\cdot\sin(\theta_k)\cdot(a_y^{(\mathrm{r})}\cdot\sin(\theta_k)-a_x^{(\mathrm{r})}\cdot\cos(\theta_k))\end{cases}\tag{8.26}$$

若令 $\alpha=\arctan(a_x^{(\mathrm{r})}/a_y^{(\mathrm{r})})$，则有

$$\begin{cases}a_x^{(\mathrm{r})}=\|\boldsymbol{a}^{(\mathrm{r})}\|_2\cdot\sin(\alpha)\\a_y^{(\mathrm{r})}=\|\boldsymbol{a}^{(\mathrm{r})}\|_2\cdot\cos(\alpha)\end{cases}\tag{8.27}$$

将式（8.27）代入式（8.26）中可知

$$\begin{cases}y_1=\sum_{k=1}^{K}(t_k^2/2)\cdot\|\boldsymbol{a}^{(\mathrm{r})}\|_2\cdot\sin(\theta_k-\theta_0)\cdot\sin(\theta_k-\alpha)\\y_2=-\sum_{k=1}^{K}(t_k^3/2)\cdot\|\boldsymbol{a}^{(\mathrm{r})}\|_2\cdot\cos(\theta_k)\cdot\sin(\theta_k-\alpha)\\y_3=\sum_{k=1}^{K}(t_k^3/2)\cdot\|\boldsymbol{a}^{(\mathrm{r})}\|_2\cdot\sin(\theta_k)\cdot\sin(\theta_k-\alpha)\end{cases}\tag{8.28}$$

根据式（8.28）可知，当 $\|\boldsymbol{a}^{(\mathrm{r})}\|_2=0$ 或者 $\theta_1=\theta_2=\cdots=\theta_k=\alpha$ 时，满足 $\boldsymbol{C}^{\mathrm{T}}\boldsymbol{c}=\boldsymbol{O}_{3\times1}$，此时定位系统就是不可观测的。

结合上面的分析可以得到两个能够使定位系统变成不可观测的条件：

（1）$\theta_1=\theta_2=\cdots=\theta_k$（即目标沿着测向站的径向方向运动）；

（2）$\|\boldsymbol{a}^{(\mathrm{r})}\|_2=0$（即测向站的运动状态退化为匀速直线运动）。

基于上述分析，下面可以得到一个基于单站测向信息的目标可观测的必要条件。

命题 8.1：假设目标和测向站的运动阶次分别为 m 和 n，目标位置向量 $\boldsymbol{s}_k^{(\mathrm{t})}$ 和测向站位置向量 $\boldsymbol{s}_k^{(\mathrm{r})}$ 在观测时刻 t_k 可以分别表示为

$$\begin{cases} \boldsymbol{s}_k^{(\mathrm{t})} = \boldsymbol{s}_0^{(\mathrm{t})} + t_k \boldsymbol{v}_1^{(\mathrm{t})} + t_k^2 \boldsymbol{v}_2^{(\mathrm{t})} + \cdots + t_k^m \boldsymbol{v}_m^{(\mathrm{t})} \\ \boldsymbol{s}_k^{(\mathrm{r})} = \boldsymbol{s}_0^{(\mathrm{r})} + t_k \boldsymbol{v}_1^{(\mathrm{r})} + t_k^2 \boldsymbol{v}_2^{(\mathrm{r})} + \cdots + t_k^n \boldsymbol{v}_n^{(\mathrm{r})} \end{cases} \tag{8.29}$$

其中 $\boldsymbol{s}_0^{(\mathrm{t})} \neq \boldsymbol{s}_0^{(\mathrm{r})}$，如果 $m \geqslant n$，则该单站测向定位系统无法唯一的求解出 $\boldsymbol{s}_0^{(\mathrm{t})}, \boldsymbol{v}_1^{(\mathrm{t})}, \boldsymbol{v}_2^{(\mathrm{t})}, \cdots, \boldsymbol{v}_m^{(\mathrm{t})}$。

证明：假设在观测时刻 t_k 目标相对于测向站的方位为 θ_k，则有如下关系式

$$\boldsymbol{w}_k^{\mathrm{T}}(\boldsymbol{s}_k^{(\mathrm{t})} - \boldsymbol{s}_k^{(\mathrm{r})}) = [-\cos(\theta_k)\ \ \sin(\theta_k)] \cdot (\boldsymbol{s}_k^{(\mathrm{t})} - \boldsymbol{s}_k^{(\mathrm{r})}) = 0 \tag{8.30}$$

式中 $\boldsymbol{w}_k = [-\cos(\theta_k)\ \ \sin(\theta_k)]^{\mathrm{T}}$。将式（8.29）代入式（8.30）中可得

$$\boldsymbol{w}_k^{\mathrm{T}}(\boldsymbol{s}_k^{(\mathrm{t})} - \boldsymbol{s}_k^{(\mathrm{r})}) = \boldsymbol{w}_k^{\mathrm{T}} \cdot [\boldsymbol{s}_0^{(\mathrm{t})} - \boldsymbol{s}_0^{(\mathrm{r})}\ \ t_k(\boldsymbol{v}_1^{(\mathrm{t})} - \boldsymbol{v}_1^{(\mathrm{r})}) \cdots t_k^n(\boldsymbol{v}_n^{(\mathrm{t})} - \boldsymbol{v}_n^{(\mathrm{r})})\ \ t_k^{n+1}\boldsymbol{v}_{n+1}^{(\mathrm{t})}\ \ t_k^{n+2}\boldsymbol{v}_{n+2}^{(\mathrm{t})}\ \cdots\ t_k^m \boldsymbol{v}_m^{(\mathrm{t})}] \cdot \boldsymbol{1}_{(m+1)\times 1} = 0 \tag{8.31}$$

若令

$$\boldsymbol{z} = [(\boldsymbol{s}_0^{(\mathrm{t})} - \boldsymbol{s}_0^{(\mathrm{r})})^{\mathrm{T}}\ \ (\boldsymbol{v}_1^{(\mathrm{t})} - \boldsymbol{v}_1^{(\mathrm{r})})^{\mathrm{T}}\ \cdots\ (\boldsymbol{v}_n^{(\mathrm{t})} - \boldsymbol{v}_n^{(\mathrm{r})})^{\mathrm{T}}\ \ \boldsymbol{v}_{n+1}^{(\mathrm{t})\mathrm{T}}\ \ \boldsymbol{v}_{n+2}^{(\mathrm{t})\mathrm{T}}\ \cdots\ \boldsymbol{v}_m^{(\mathrm{t})\mathrm{T}}]^{\mathrm{T}} \tag{8.32}$$

则可将式（8.31）改写为

$$\boldsymbol{w}_k^{\mathrm{T}} \cdot [\boldsymbol{I}_2\ \ t_k\boldsymbol{I}_2\ \cdots\ t_k^n\boldsymbol{I}_2\ \ t_k^{n+1}\boldsymbol{I}_2\ \ t_k^{n+2}\boldsymbol{I}_2\ \cdots\ t_k^m\boldsymbol{I}_2] \cdot \boldsymbol{z} = 0 \tag{8.33}$$

若一共进行了 $K(K \geqslant 2)$ 次观测，则可以得到如下齐次线性方程组

$$\boldsymbol{Q}_K \boldsymbol{z} = \boldsymbol{O}_{K\times 1} \tag{8.34}$$

式中

$$\boldsymbol{Q}_K = \begin{bmatrix} \boldsymbol{w}_1^{\mathrm{T}} \cdot [\boldsymbol{I}_2\ \ t_1\boldsymbol{I}_2\ \cdots\ t_1^n\boldsymbol{I}_2\ \ t_1^{n+1}\boldsymbol{I}_2\ \ t_1^{n+2}\boldsymbol{I}_2\ \cdots\ t_1^m\boldsymbol{I}_2] \\ \boldsymbol{w}_2^{\mathrm{T}} \cdot [\boldsymbol{I}_2\ \ t_2\boldsymbol{I}_2\ \cdots\ t_2^n\boldsymbol{I}_2\ \ t_2^{n+1}\boldsymbol{I}_2\ \ t_2^{n+2}\boldsymbol{I}_2\ \cdots\ t_2^m\boldsymbol{I}_2] \\ \vdots \\ \boldsymbol{w}_K^{\mathrm{T}} \cdot [\boldsymbol{I}_2\ \ t_K\boldsymbol{I}_2\ \cdots\ t_K^n\boldsymbol{I}_2\ \ t_K^{n+1}\boldsymbol{I}_2\ \ t_K^{n+2}\boldsymbol{I}_2\ \cdots\ t_K^m\boldsymbol{I}_2] \end{bmatrix} \tag{8.35}$$

由于该定位系统存在唯一解的充要条件是齐次线性方程组式（8.34）存在唯一解，而式（8.34）的唯一解只能是零解，即 $\boldsymbol{z} = \boldsymbol{O}$，但这与 $\boldsymbol{s}_0^{(\mathrm{t})} \neq \boldsymbol{s}_0^{(\mathrm{r})}$ 矛盾。因此式（8.34）会有无穷多组解，所以该定位系统是不可观测的。

命题 8.1 得证。 □

当命题 8.1 中的 $m < n$ 时，式（8.31）将修改为

$$\boldsymbol{w}_k^{\mathrm{T}}(\boldsymbol{s}_k^{(\mathrm{t})} - \boldsymbol{s}_k^{(\mathrm{r})}) = \boldsymbol{w}_k^{\mathrm{T}} \cdot [\boldsymbol{s}_0^{(\mathrm{t})} - \boldsymbol{s}_0^{(\mathrm{r})}\ t_k(\boldsymbol{v}_1^{(\mathrm{t})} - \boldsymbol{v}_1^{(\mathrm{r})}) \cdots t_k^m(\boldsymbol{v}_m^{(\mathrm{t})} - \boldsymbol{v}_m^{(\mathrm{r})})\ -t_k^{m+1}\boldsymbol{v}_{m+1}^{(\mathrm{r})} - t_k^{m+2}\boldsymbol{v}_{m+2}^{(\mathrm{r})} \cdots - t_k^n\boldsymbol{v}_n^{(\mathrm{r})}] \cdot \boldsymbol{1}_{(n+1)\times 1} = 0 \tag{8.36}$$

若再令

$$\overline{\boldsymbol{z}} = [(\boldsymbol{s}_0^{(\mathrm{t})} - \boldsymbol{s}_0^{(\mathrm{r})})^{\mathrm{T}}\ \ (\boldsymbol{v}_1^{(\mathrm{t})} - \boldsymbol{v}_1^{(\mathrm{r})})^{\mathrm{T}}\ \ (\boldsymbol{v}_2^{(\mathrm{t})} - \boldsymbol{v}_2^{(\mathrm{r})})^{\mathrm{T}}\ \cdots\ (\boldsymbol{v}_m^{(\mathrm{t})} - \boldsymbol{v}_m^{(\mathrm{r})})^{\mathrm{T}}]^{\mathrm{T}} \tag{8.37}$$

则可将式（8.36）改写为

$$\boldsymbol{w}_k^{\mathrm{T}} \cdot [\boldsymbol{I}_2\ \ t_k\boldsymbol{I}_2\ \cdots\ t_k^m\boldsymbol{I}_2] \cdot \overline{\boldsymbol{z}} = \sum_{p=m+1}^{n} t_k^p(\boldsymbol{w}_k^{\mathrm{T}}\boldsymbol{v}_p^{(\mathrm{r})})$$

若一共进行了 $K(K \geqslant 2)$ 次观测，则可以得到如下非齐次线性方程组

$$\overline{\boldsymbol{Q}}_K \overline{\boldsymbol{z}} = \overline{\boldsymbol{q}}_K \tag{8.38}$$

式中

$$\bar{\boldsymbol{Q}}_K=\begin{bmatrix}\boldsymbol{w}_1^{\mathrm{T}}\cdot[\boldsymbol{I}_2 \quad t_1\boldsymbol{I}_2 \quad \cdots \quad t_1^m\boldsymbol{I}_2]\\ \boldsymbol{w}_2^{\mathrm{T}}\cdot[\boldsymbol{I}_2 \quad t_2\boldsymbol{I}_2 \quad \cdots \quad t_2^m\boldsymbol{I}_2]\\ \vdots \\ \boldsymbol{w}_K^{\mathrm{T}}\cdot[\boldsymbol{I}_2 \quad t_K\boldsymbol{I}_2 \quad \cdots \quad t_K^m\boldsymbol{I}_2]\end{bmatrix},\quad \bar{\boldsymbol{q}}_K=\begin{bmatrix}\sum\limits_{p=m+1}^{n} t_1^p(\boldsymbol{w}_1^{\mathrm{T}}\boldsymbol{v}_p^{(\mathrm{r})})\\ \sum\limits_{p=m+1}^{n} t_2^p(\boldsymbol{w}_2^{\mathrm{T}}\boldsymbol{v}_p^{(\mathrm{r})})\\ \vdots \\ \sum\limits_{p=m+1}^{n} t_K^p(\boldsymbol{w}_K^{\mathrm{T}}\boldsymbol{v}_p^{(\mathrm{r})})\end{bmatrix} \tag{8.39}$$

当 $\bar{\boldsymbol{Q}}_K$ 是列满秩矩阵，并且 $\bar{\boldsymbol{q}}_K$ 为非零向量时，根据式（8.38）可以唯一解出向量 $\bar{\boldsymbol{z}}$，从而确定目标的运动状态。

根据上面的分析可知，对于单站测向定位系统而言，只有当测向站的运动阶次 n 大于目标的运动阶次 m 时，才有可能唯一地确定出目标的运动状态，此时的定位系统就是可观测的。

8.1.4 静止多站对匀速直线运动目标的可观测性分析

相比于单站测向定位系统，多站测向定位系统在绝大多数情况下都是可观测的，因此下面仅分析多站测向定位系统的不可观测条件，并且仅讨论静止多站场景，因为运动多站更容易满足可观测性。另一方面，这里将利用 2.4.2 节的线性连续时间系统的可观测性结论进行分析。

如图 8.4 所示，假设有 N 个静止测向站对匀速直线运动目标进行定位，第 n 个测向站的位置向量为 $\boldsymbol{s}_n^{(\mathrm{r})}=[x_n^{(\mathrm{r})} \ \ y_n^{(\mathrm{r})}]^{\mathrm{T}}$，目标在时间 t 的位置向量和速度向量分别为 $\boldsymbol{s}^{(\mathrm{t})}(t)=[x^{(\mathrm{t})}(t) \ \ y^{(\mathrm{t})}(t)]^{\mathrm{T}}$ 和 $\boldsymbol{v}^{(\mathrm{t})}(t)=[v_x^{(\mathrm{t})}(t) \ \ v_y^{(\mathrm{t})}(t)]^{\mathrm{T}}$，对于匀速运动目标而言，$\boldsymbol{v}^{(\mathrm{t})}(t)$ 是一个常数向量，此外，第 n 个测向站在时间 t 测得目标的方位为 $\theta_n(t)$。定义连续系统的状态向量为

$$\boldsymbol{x}(t)=[\boldsymbol{s}^{(\mathrm{t})\mathrm{T}}(t) \ \ \boldsymbol{v}^{(\mathrm{t})\mathrm{T}}(t)]^{\mathrm{T}}=[x^{(\mathrm{t})}(t) \ \ y^{(\mathrm{t})}(t) \ \ v_x^{(\mathrm{t})}(t) \ \ v_y^{(\mathrm{t})}(t)]^{\mathrm{T}} \tag{8.40}$$

对于匀速直线运动目标而言，其状态向量满足

$$\dot{\boldsymbol{x}}(t)=\begin{bmatrix}0&0&1&0\\0&0&0&1\\0&0&0&0\\0&0&0&0\end{bmatrix}\cdot\boldsymbol{x}(t) \tag{8.41}$$

根据式（8.41）可得系统状态方程为

$$\boldsymbol{x}(t)=\boldsymbol{\Phi}(t,t_0)\boldsymbol{x}(t_0)=\begin{bmatrix}1&0&t-t_0&0\\0&1&0&t-t_0\\0&0&1&0\\0&0&0&1\end{bmatrix}\cdot\boldsymbol{x}(t_0) \tag{8.42}$$

另一方面，经过伪线性处理之后，可以得到如下观测方程

$$\boldsymbol{z}(t)=\begin{bmatrix}x_1^{(\mathrm{r})}\cdot\cos(\theta_1(t))-y_1^{(\mathrm{r})}\cdot\sin(\theta_1(t))\\ x_2^{(\mathrm{r})}\cdot\cos(\theta_2(t))-y_2^{(\mathrm{r})}\cdot\sin(\theta_2(t))\\ \vdots \\ x_N^{(\mathrm{r})}\cdot\cos(\theta_N(t))-y_N^{(\mathrm{r})}\cdot\sin(\theta_N(t))\end{bmatrix}=\left[\begin{array}{c:c:c:c}\cos(\theta_1(t)) & -\sin(\theta_1(t)) & 0 & 0\\ \cos(\theta_2(t)) & -\sin(\theta_2(t)) & 0 & 0\\ \vdots & \vdots & \vdots & \vdots\\ \cos(\theta_N(t)) & -\sin(\theta_N(t)) & 0 & 0\end{array}\right]\cdot\boldsymbol{x}(t)=\boldsymbol{H}(t)\boldsymbol{x}(t) \tag{8.43}$$

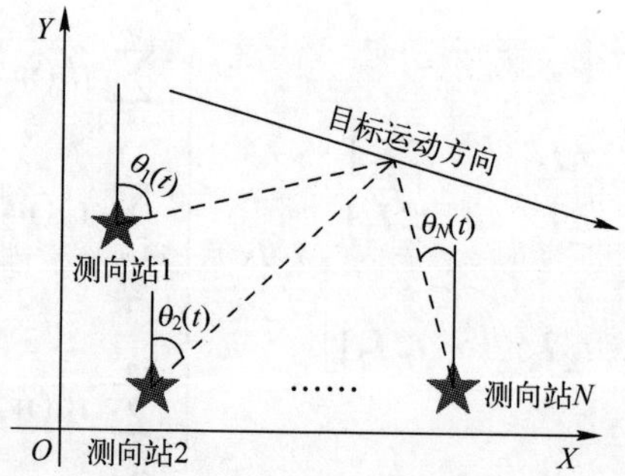

图 8.4　静止多站对匀速直线运动目标定位示意图

下面将依据命题 2.32 的条件判断系统的可观测性。首先令 $\boldsymbol{y}=[y_1\ \ y_2\ \ y_3\ \ y_4]^{\mathrm{T}}$，利用式（8.42）和式（8.43）可将方程组 $\boldsymbol{H}(t)\boldsymbol{\Phi}(t,t_0)\boldsymbol{y}=\boldsymbol{O}_{N\times 1}$ 展开表示为

$$\begin{cases}(y_1+(t-t_0)y_3)\cdot\cos(\theta_1(t))-(y_2+(t-t_0)y_4)\cdot\sin(\theta_1(t))=0\\(y_1+(t-t_0)y_3)\cdot\cos(\theta_2(t))-(y_2+(t-t_0)y_4)\cdot\sin(\theta_2(t))=0\\\qquad\vdots\\(y_1+(t-t_0)y_3)\cdot\cos(\theta_N(t))-(y_2+(t-t_0)y_4)\cdot\sin(\theta_N(t))=0\end{cases}\tag{8.44}$$

式（8.44）可以表示成如下矩阵形式

$$\begin{bmatrix}\cos(\theta_1(t)) & -\sin(\theta_1(t))\\\cos(\theta_2(t)) & -\sin(\theta_2(t))\\\vdots & \vdots\\\cos(\theta_N(t)) & -\sin(\theta_N(t))\end{bmatrix}\cdot\begin{bmatrix}y_1+(t-t_0)y_3\\y_2+(t-t_0)y_4\end{bmatrix}=\boldsymbol{O}_{N\times 1}\tag{8.45}$$

令式（8.45）中的系数矩阵为 $\boldsymbol{E}$，若该矩阵对于 $\forall t\in[t_0,t_1]$ 都是列满秩的，于是有

$$y_1+(t-t_0)y_3=y_2+(t-t_0)y_4=0\quad(\forall t\in[t_0,t_1])\tag{8.46}$$

由式（8.46）可得 $y_1=y_2=y_3=y_4=0$（即 $\boldsymbol{y}=\boldsymbol{O}_{4\times 1}$），此时根据命题 2.32 可知，该定位系统是可观测的。矩阵 $\boldsymbol{E}$ 是否列满秩取决于 $\det[\boldsymbol{E}^{\mathrm{T}}\boldsymbol{E}]$ 是否为零，根据式（8.45）可知

$$\begin{aligned}\det[\boldsymbol{E}^{\mathrm{T}}\boldsymbol{E}]&=\det\begin{bmatrix}\sum\limits_{n=1}^{N}(\cos(\theta_n(t)))^2 & -\sum\limits_{n=1}^{N}\sin(\theta_n(t))\cdot\cos(\theta_n(t))\\-\sum\limits_{n=1}^{N}\sin(\theta_n(t))\cdot\cos(\theta_n(t)) & \sum\limits_{n=1}^{N}(\sin(\theta_n(t)))^2\end{bmatrix}\\&=\sum_{n_1=1}^{N}\sum_{n_2=1}^{N}(\cos(\theta_{n_1}(t)))^2\cdot(\sin(\theta_{n_2}(t)))^2-\cos(\theta_{n_1}(t))\cdot\sin(\theta_{n_1}(t))\cdot\cos(\theta_{n_2}(t))\cdot\sin(\theta_{n_2}(t))\\&=\frac{1}{2}\cdot\sum_{n_1=1}^{N}\sum_{n_2=1}^{N}(\sin(\theta_{n_1}(t)-\theta_{n_2}(t)))^2\end{aligned}\tag{8.47}$$

显然，当且仅当 $\theta_1(t)+k_1\pi=\theta_2(t)+k_2\pi=\cdots=\theta_N(t)+k_N\pi$ 时（其中 $\{k_n\}_{1\leqslant n\leqslant N}$ 均为整数），满足 $\det[\boldsymbol{E}^{\mathrm{T}}\boldsymbol{E}]=0$，只要存在 n_1 和 n_2 使得 $\theta_{n_1}(t)\neq\theta_{n_2}(t)+k\pi$，则有 $\det[\boldsymbol{E}^{\mathrm{T}}\boldsymbol{E}]\neq 0$，此时定位系统就是可观测的。不难证明，$\theta_1(t)+k_1\pi=\theta_2(t)+k_2\pi=\cdots=\theta_N(t)+k_N\pi$ 意味着测向站共线，并且目标在其连线上运动。

综合上述讨论可知，当测向站不全部共线，或者测向站共线但是目标并不在该连线上运动时，就可以确保定位系统是可观测的。

8.2 基于单站测向信息的运动目标跟踪方法

本节将给出基于单站测向信息的运动目标跟踪方法，其中包括观测模型、目标运动状态向量估计的克拉美罗界以及用于目标运动状态向量估计的 3 种典型卡尔曼滤波算法。

8.2.1 目标运动模型和观测模型

如图 8.5 所示，测向站做机动运行（运动阶次大于一阶），目标做有微弱扰动的匀速直线运动，假设初始观测时刻为零时刻，每隔周期 T 进行一次观测，在第 k 个观测时刻 $t_k = kT$ 测向站的位置向量为 $\boldsymbol{s}_k^{(\mathrm{r})} = [x_k^{(\mathrm{r})} \ \ y_k^{(\mathrm{r})}]^{\mathrm{T}}$，目标的位置和速度向量分别为 $\boldsymbol{s}_k^{(\mathrm{t})} = [x_k^{(\mathrm{t})} \ \ y_k^{(\mathrm{t})}]^{\mathrm{T}}$ 和 $\boldsymbol{v}_k^{(\mathrm{t})} = [v_{xk}^{(\mathrm{t})} \ \ v_{yk}^{(\mathrm{t})}]^{\mathrm{T}}$，并且测向站测得目标的方位为 θ_k，则有如下关系式

$$\theta_k = \arctan\left(\frac{x_k^{(\mathrm{t})} - x_k^{(\mathrm{r})}}{y_k^{(\mathrm{t})} - y_k^{(\mathrm{r})}}\right) \Leftrightarrow \tan(\theta_k) = \frac{\sin(\theta_k)}{\cos(\theta_k)} = \frac{x_k^{(\mathrm{t})} - x_k^{(\mathrm{r})}}{y_k^{(\mathrm{t})} - y_k^{(\mathrm{r})}} \tag{8.48}$$

式（8.48）又可以转化为如下伪线性观测方程

$$\sin(\theta_k)\cdot(y_k^{(\mathrm{t})} - y_k^{(\mathrm{r})}) = \cos(\theta_k)\cdot(x_k^{(\mathrm{t})} - x_k^{(\mathrm{r})}) \Leftrightarrow \cos(\theta_k)\cdot x_k^{(\mathrm{t})} - \sin(\theta_k)\cdot y_k^{(\mathrm{t})} = x_k^{(\mathrm{r})}\cdot\cos(\theta_k) - y_k^{(\mathrm{r})}\cdot\sin(\theta_k) \tag{8.49}$$

定义目标运动状态向量 $\boldsymbol{x}_k = [\boldsymbol{s}_k^{(\mathrm{t})\mathrm{T}} \ \ \boldsymbol{v}_k^{(\mathrm{t})\mathrm{T}}]^{\mathrm{T}} = [x_k^{(\mathrm{t})} \ \ y_k^{(\mathrm{t})} \ \ v_{xk}^{(\mathrm{t})} \ \ v_{yk}^{(\mathrm{t})}]^{\mathrm{T}}$，当目标做有微弱扰动的匀速直线运动时，目标运动状态向量满足

$$\boldsymbol{x}_k = \boldsymbol{\Phi}_{k,k-1}\boldsymbol{x}_{k-1} + \boldsymbol{\varepsilon}_{k-1} \tag{8.50}$$

式中 $\boldsymbol{\varepsilon}_{k-1}$ 表示状态扰动向量，假设其服从零均值高斯分布，并且协方差矩阵为 $\boldsymbol{P}_{k-1} = \mathrm{E}[\boldsymbol{\varepsilon}_{k-1}\boldsymbol{\varepsilon}_{k-1}^{\mathrm{T}}]$，$\boldsymbol{\Phi}_{k,k-1}$ 表示状态转移矩阵，它等于

$$\boldsymbol{\Phi}_{k,k-1} = \begin{bmatrix} 1 & 0 & T & 0 \\ 0 & 1 & 0 & T \\ 0 & 0 & 1 & 0 \\ 0 & 0 & 0 & 1 \end{bmatrix} \tag{8.51}$$

另一方面，实际中测向站获得的方位估计值中总是含有误差，其观测值可以表示为

$$z_k = \hat{\theta}_k = \theta_k + \xi_k = \arctan\left(\frac{x_k^{(\mathrm{t})} - x_k^{(\mathrm{r})}}{y_k^{(\mathrm{t})} - y_k^{(\mathrm{r})}}\right) + \xi_k = h_k(\boldsymbol{x}_k) + \xi_k \tag{8.52}$$

式中 $h_k(\boldsymbol{x}_k) = \arctan\left(\dfrac{x_k^{(\mathrm{t})} - x_k^{(\mathrm{r})}}{y_k^{(\mathrm{t})} - y_k^{(\mathrm{r})}}\right)$，$\xi_k$ 表示观测误差，假设它服从零均值高斯分布，并且方差为 $Q_k = \mathrm{E}[\xi_k^2]$。

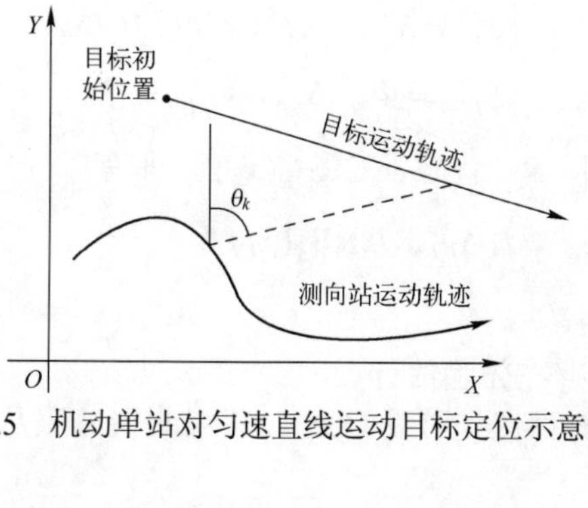

图 8.5　机动单站对匀速直线运动目标定位示意图

8.2.2 目标运动状态向量估计的克拉美罗界

下面将基于观测信息 $\boldsymbol{Z}_k=\{z_1,z_2,\cdots,z_k\}$，推导目标运动状态向量 $\boldsymbol{x}_k$ 的估计方差的克拉美罗界。为了简化分析，这里假设式（8.50）中的扰动向量 $\boldsymbol{\varepsilon}_{k-1}$ 等于零，此时由状态向量 $\boldsymbol{x}_l$ 到达状态向量 $\boldsymbol{x}_k$ 的过程可以递推表示为

$$\boldsymbol{x}_k=\boldsymbol{\Phi}_{k,k-1}\boldsymbol{x}_{k-1}=\boldsymbol{\Phi}_{k,k-1}\boldsymbol{\Phi}_{k-1,k-2}\boldsymbol{x}_{k-2}=\cdots=\boldsymbol{\Phi}_{k,k-1}\boldsymbol{\Phi}_{k-1,k-2}\cdots\boldsymbol{\Phi}_{l+2,l+1}\boldsymbol{\Phi}_{l+1,l}\boldsymbol{x}_l=\boldsymbol{\Phi}_{k,l}\boldsymbol{x}_l\Leftrightarrow\boldsymbol{x}_l=\boldsymbol{\Phi}_{k,l}^{-1}\boldsymbol{x}_k \tag{8.53}$$

式中

$$\boldsymbol{\Phi}_{k,l}=\boldsymbol{\Phi}_{k,k-1}\boldsymbol{\Phi}_{k-1,k-2}\cdots\boldsymbol{\Phi}_{l+2,l+1}\boldsymbol{\Phi}_{l+1,l} \tag{8.54}$$

下面将分别在初始状态向量 $\boldsymbol{x}_0$ 没有先验知识和存在先验知识两种情况下推导相应的克拉美罗界。

（一）初始状态向量 $\boldsymbol{x}_0$ 没有先验估计

首先根据前 k 个时刻的观测量建立关于目标运动状态向量 $\boldsymbol{x}_k$ 的观测方程

$$\bar{z}_k=\begin{bmatrix} z_1 \\ z_2 \\ \vdots \\ z_{k-1} \\ z_k \end{bmatrix}=\begin{bmatrix} h_1(\boldsymbol{x}_1) \\ h_2(\boldsymbol{x}_2) \\ \vdots \\ h_{k-1}(\boldsymbol{x}_{k-1}) \\ h_k(\boldsymbol{x}_k) \end{bmatrix}+\bar{\xi}_k=\begin{bmatrix} h_1(\boldsymbol{\Phi}_{k,1}^{-1}\boldsymbol{x}_k) \\ h_2(\boldsymbol{\Phi}_{k,2}^{-1}\boldsymbol{x}_k) \\ \vdots \\ h_{k-1}(\boldsymbol{\Phi}_{k,k-1}^{-1}\boldsymbol{x}_k) \\ h_k(\boldsymbol{x}_k) \end{bmatrix}+\bar{\xi}_k=\bar{\boldsymbol{h}}_k(\boldsymbol{x}_k)+\bar{\xi}_k \tag{8.55}$$

非线性向量函数 $\bar{\boldsymbol{h}}_k(\boldsymbol{x}_k)$ 关于向量 $\boldsymbol{x}_k$ 的 Jacobi 矩阵为

$$\bar{\boldsymbol{H}}_k(\boldsymbol{x}_k)=\frac{\partial\bar{\boldsymbol{h}}_k(\boldsymbol{x}_k)}{\partial\boldsymbol{x}_k^{\mathrm{T}}}=\begin{bmatrix} \boldsymbol{H}_1(\boldsymbol{x}_1)\boldsymbol{\Phi}_{k,1}^{-1} \\ \boldsymbol{H}_2(\boldsymbol{x}_2)\boldsymbol{\Phi}_{k,2}^{-1} \\ \vdots \\ \boldsymbol{H}_{k-1}(\boldsymbol{x}_{k-1})\boldsymbol{\Phi}_{k,k-1}^{-1} \\ \boldsymbol{H}_k(\boldsymbol{x}_k)\boldsymbol{\Phi}_{k,k}^{-1} \end{bmatrix} \tag{8.56}$$

式中 $\boldsymbol{\Phi}_{k,k}=\boldsymbol{I}_4$。根据命题 7.1 可知，关于向量 $\boldsymbol{x}_k$ 的估计方差的克拉美罗界为

$$\mathbf{CRB}_{\mathrm{a}}(\boldsymbol{x}_k)=\left(\sum_{l=1}^{k}\boldsymbol{\Phi}_{k,l}^{-\mathrm{T}}\boldsymbol{H}_l^{\mathrm{T}}(\boldsymbol{x}_l)Q_l^{-1}\boldsymbol{H}_l(\boldsymbol{x}_l)\boldsymbol{\Phi}_{k,l}^{-1}\right)^{-1} \tag{8.57}$$

需要指出的是，矩阵 $\mathbf{CRB}_{\mathrm{a}}(\boldsymbol{x}_k)$ 可以通过递推的形式进行计算。

首先假设初始条件 $\boldsymbol{S}_{1,1}^{-1}=\boldsymbol{H}_1^{\mathrm{T}}(\boldsymbol{x}_1)Q_1^{-1}\boldsymbol{H}_1(\boldsymbol{x}_1)$，然后进行如下递推计算

$$\begin{cases} \boldsymbol{S}_{l,l}^{-1}=\boldsymbol{S}_{l,l-1}^{-1}+\boldsymbol{H}_l^{\mathrm{T}}(\boldsymbol{x}_l)Q_l^{-1}\boldsymbol{H}_l(\boldsymbol{x}_l) \\ \boldsymbol{S}_{l,l-1}^{-1}=\boldsymbol{\Phi}_{l,l-1}^{-\mathrm{T}}\boldsymbol{S}_{l-1,l-1}^{-1}\boldsymbol{\Phi}_{l,l-1}^{-1} \end{cases} \tag{8.58}$$

利用式（8.58）计算出的矩阵 $\boldsymbol{S}_{k,k}$ 就等于 $\mathbf{CRB}_{\mathrm{a}}(\boldsymbol{x}_k)$，即有

$$\boldsymbol{S}_{k,k}=\mathbf{CRB}_{\mathrm{a}}(\boldsymbol{x}_k) \tag{8.59}$$

式（8.59）的证明见附录 E4。

（二）初始状态向量 $\boldsymbol{x}_0$ 存在先验估计

假设对初始状态向量 $\boldsymbol{x}_0$ 存在先验观测 $\hat{\boldsymbol{x}}_0$，其观测误差服从零均值高斯分布，并且其协

方差矩阵为 $\boldsymbol{S}_{0,0}$，则关于向量 $\boldsymbol{x}_k$ 的先验观测误差的协方差矩阵为 $\boldsymbol{\Phi}_{k,0}\boldsymbol{S}_{0,0}\boldsymbol{\Phi}_{k,0}^{\mathrm{T}}$，进一步可以推得状态向量 $\boldsymbol{x}_k$ 的估计方差的克拉美罗界矩阵等于

$$\mathbf{CRB}_{\mathrm{b}}(\boldsymbol{x}_k)=\left(\sum_{l=1}^{k}\boldsymbol{\Phi}_{k,l}^{-\mathrm{T}}\boldsymbol{H}_l^{\mathrm{T}}(\boldsymbol{x}_l)Q_l^{-1}\boldsymbol{H}_l(\boldsymbol{x}_l)\boldsymbol{\Phi}_{k,l}^{-1}+\boldsymbol{\Phi}_{k,0}^{-\mathrm{T}}\boldsymbol{S}_{0,0}^{-1}\boldsymbol{\Phi}_{k,0}^{-1}\right)^{-1} \tag{8.60}$$

需要指出的是，矩阵 $\mathbf{CRB}_{\mathrm{b}}(\boldsymbol{x}_k)$ 也可以通过递推的形式进行计算。

假设初始条件为 $\boldsymbol{S}_{0,0}^{-1}$，然后进行如下递推计算

$$\begin{cases}\boldsymbol{S}_{l,l}^{-1}=\boldsymbol{S}_{l,l-1}^{-1}+\boldsymbol{H}_l^{\mathrm{T}}(\boldsymbol{x}_l)Q_l^{-1}\boldsymbol{H}_l(\boldsymbol{x}_l)\\ \boldsymbol{S}_{l,l-1}^{-1}=\boldsymbol{\Phi}_{l,l-1}^{-\mathrm{T}}\boldsymbol{S}_{l-1,l-1}^{-1}\boldsymbol{\Phi}_{l,l-1}^{-1}\end{cases} \tag{8.61}$$

利用式（8.61）计算出的矩阵 $\boldsymbol{S}_{k,k}$ 就等于 $\mathbf{CRB}_{\mathrm{b}}(\boldsymbol{x}_k)$，即有

$$\boldsymbol{S}_{k,k}=\mathbf{CRB}_{\mathrm{b}}(\boldsymbol{x}_k) \tag{8.62}$$

式（8.62）的证明见附录 E5。

8.2.3 扩展卡尔曼滤波算法和伪线性卡尔曼滤波算法

虽然式（8.50）给出的目标运动状态方程是线性的，但是式（8.52）给出的测向观测方程却是非线性的。因此，基于单站测向信息的目标跟踪问题本质上属于非线性估计问题，命题 2.31 的标准卡尔曼滤波算法难以直接应用于此，需要对其进行修正。扩展卡尔曼滤波算法和伪线性卡尔曼滤波算法是两类具有代表性的非线性滤波算法，下面将描述其基本原理和滤波过程。

（一）扩展卡尔曼滤波算法

扩展卡尔曼滤波算法是最为经典的非线性滤波算法，其基本的思想是将观测方程在一步预测值 $\hat{\boldsymbol{x}}_{k,k-1}$ 处进行一阶 Taylor 级数展开，从而将非线性观测方程近似转化为线性观测方程，并且该线性方程中的观测矩阵即为非线性观测方程在向量 $\hat{\boldsymbol{x}}_{k,k-1}$ 处的 Jacobi 矩阵。具体到式（8.52）中，由于其观测量是标量，因此观测矩阵就是个行向量，而且该行向量就是函数 $h_k(\boldsymbol{x}_k)$ 在 $\hat{\boldsymbol{x}}_{k,k-1}$ 处的梯度向量的转置，即有

$$\boldsymbol{H}_k(\hat{\boldsymbol{x}}_{k,k-1})=\left[\frac{\hat{y}_{k,k-1}^{(\mathrm{t})}-y_k^{(\mathrm{r})}}{(\hat{x}_{k,k-1}^{(\mathrm{t})}-x_k^{(\mathrm{r})})^2+(\hat{y}_{k,k-1}^{(\mathrm{t})}-y_k^{(\mathrm{r})})^2}\quad\frac{x_k^{(\mathrm{r})}-\hat{x}_{k,k-1}^{(\mathrm{t})}}{(\hat{x}_{k,k-1}^{(\mathrm{t})}-x_k^{(\mathrm{r})})^2+(\hat{y}_{k,k-1}^{(\mathrm{t})}-y_k^{(\mathrm{r})})^2}\quad 0\quad 0\right] \tag{8.63}$$

式中 $\hat{\boldsymbol{x}}_{k,k-1}=[\hat{x}_{k,k-1}^{(\mathrm{t})}\ \ \hat{y}_{k,k-1}^{(\mathrm{t})}\ \ \hat{v}_{xk,k-1}^{(\mathrm{t})}\ \ \hat{v}_{yk,k-1}^{(\mathrm{t})}]^{\mathrm{T}}$。

结合上述讨论和命题 2.31 的标准卡尔曼滤波算法，下面给出扩展卡尔曼滤波算法的递推公式

$$\begin{cases}\hat{\boldsymbol{x}}_{k,k-1}=\boldsymbol{\Phi}_{k,k-1}\hat{\boldsymbol{x}}_{k-1,k-1}\\ \boldsymbol{S}_{k,k-1}=\boldsymbol{\Phi}_{k,k-1}\boldsymbol{S}_{k-1,k-1}\boldsymbol{\Phi}_{k,k-1}^{\mathrm{T}}+\boldsymbol{P}_{k-1}\\ \boldsymbol{K}_k=\dfrac{\boldsymbol{S}_{k,k-1}\boldsymbol{H}_k^{\mathrm{T}}(\hat{\boldsymbol{x}}_{k,k-1})}{\boldsymbol{H}_k(\hat{\boldsymbol{x}}_{k,k-1})\boldsymbol{S}_{k,k-1}\boldsymbol{H}_k^{\mathrm{T}}(\hat{\boldsymbol{x}}_{k,k-1})+Q_k}\\ \hat{\boldsymbol{x}}_{k,k}=\hat{\boldsymbol{x}}_{k,k-1}+\boldsymbol{K}_k(z_k-h_k(\hat{\boldsymbol{x}}_{k,k-1}))\\ \boldsymbol{S}_{k,k}=(\boldsymbol{I}-\boldsymbol{K}_k\boldsymbol{H}_k(\hat{\boldsymbol{x}}_{k,k-1}))\boldsymbol{S}_{k,k-1}\end{cases} \tag{8.64}$$

显然，扩展卡尔曼滤波算法的滤波精度受到线性化误差的影响较大，为了减少线性化误差的影响，相关学者提出了迭代型扩展卡尔曼滤波算法[2, 6]。事实上，之所以将 $h_k(\boldsymbol{x}_k)$ 在向量 $\hat{\boldsymbol{x}}_{k,k-1}$ 处进行一阶 Taylor 级数展开，其根本原因在于 $\hat{\boldsymbol{x}}_{k,k-1}$ 是在获得第 k 个观测量 z_k 之前最好

的估计值，但在获得 z_k 之后还可以得到更好的估计值 $\hat{\boldsymbol{x}}_k$。因此，若将 $h_k(\boldsymbol{x}_k)$ 在向量 $\hat{\boldsymbol{x}}_k$ 处进行一阶 Taylor 级数展开就可以在一定程度上减少线性化误差，从而有利于后续取得更好的状态估计值。将该过程进行迭代运算即可得到迭代型扩展卡尔曼滤波算法，相应的递推公式为

$$\begin{cases}\hat{\boldsymbol{x}}_{k,k-1}=\boldsymbol{\Phi}_{k,k-1}\hat{\boldsymbol{x}}_{k-1,k-1}\\ \boldsymbol{S}_{k,k-1}=\boldsymbol{\Phi}_{k,k-1}\boldsymbol{S}_{k-1,k-1}\boldsymbol{\Phi}_{k,k-1}^{\mathrm{T}}+\boldsymbol{P}_{k-1}\\ \text{令}\hat{\boldsymbol{x}}_k^{(0)}=\hat{\boldsymbol{x}}_{k,k-1},\text{对于}i=1,2,\cdots,M\text{依次计算(a)\sim(b)}\\ \qquad\text{(a)}\boldsymbol{K}_k^{(i)}=\dfrac{\boldsymbol{S}_{k,k-1}\boldsymbol{H}_k^{\mathrm{T}}(\hat{\boldsymbol{x}}_k^{(i)})}{\boldsymbol{H}_k(\hat{\boldsymbol{x}}_k^{(i)})\boldsymbol{S}_{k,k-1}\boldsymbol{H}_k^{\mathrm{T}}(\hat{\boldsymbol{x}}_k^{(i)})+Q_k}\\ \qquad\text{(b)}\hat{\boldsymbol{x}}_k^{(i+1)}=\hat{\boldsymbol{x}}_{k,k-1}+\boldsymbol{K}_k^{(i)}(z_k-h_k(\hat{\boldsymbol{x}}_k^{(i)})-\boldsymbol{H}_k(\hat{\boldsymbol{x}}_k^{(i)})(\hat{\boldsymbol{x}}_{k,k-1}-\hat{\boldsymbol{x}}_k^{(i)}))\\ \qquad\text{(c)}\boldsymbol{S}_k^{(i+1)}=(\boldsymbol{I}-\boldsymbol{K}_k^{(i)}\boldsymbol{H}_k(\hat{\boldsymbol{x}}_k^{(i)}))\boldsymbol{S}_{k,k-1}\\ \hat{\boldsymbol{x}}_{k,k}=\hat{\boldsymbol{x}}_k^{(M+1)}\\ \boldsymbol{S}_{k,k}=\boldsymbol{S}_k^{(M+1)}\end{cases}\tag{8.65}$$

式中 M 表示每一步递推运算中的迭代次数，通常迭代 10 次就可以收敛了。

（二）伪线性卡尔曼滤波算法

扩展卡尔曼滤波算法虽然是解决非线性问题成熟而又经典的滤波方法，但是对于单站测向跟踪问题还是经常会出现滤波发散现象，一方面原因在于观测方程的弱可观测性，另一方面原因则在于其初值误差难以得到有效控制。针对扩展卡尔曼滤波算法的滤波发散问题，相关学者提出了伪线性卡尔曼滤波算法，其基本思想是利用伪线性观测量和伪线性观测方程代替原始观测量和非线性观测方程进行目标跟踪。

根据式（8.49）可将伪线性观测量表示为

$$z_k^{(\mathrm{pl})}=x_k^{(\mathrm{r})}\cdot\cos(\hat{\theta}_k)-y_k^{(\mathrm{r})}\cdot\sin(\hat{\theta}_k)\tag{8.66}$$

相应的伪线性观测方程可以表示为

$$\begin{aligned}z_k^{(\mathrm{pl})}&=\cos(\hat{\theta}_k)\cdot x_k^{(\mathrm{t})}-\sin(\hat{\theta}_k)\cdot y_k^{(\mathrm{t})}+\xi_k^{(\mathrm{pl})}\\&=[\cos(\hat{\theta}_k)\ \ -\sin(\hat{\theta}_k)\ \ 0\ \ 0]\cdot\boldsymbol{x}_k+\xi_k^{(\mathrm{pl})}\\&=\boldsymbol{H}_k^{(\mathrm{pl})}\boldsymbol{x}_k+\xi_k^{(\mathrm{pl})}\end{aligned}\tag{8.67}$$

式中 $\xi_k^{(\mathrm{pl})}$ 表示伪线性观测方程中的观测误差，观测矩阵 $\boldsymbol{H}_k^{(\mathrm{pl})}$ 的表达式为

$$\boldsymbol{H}_k^{(\mathrm{pl})}=[\cos(\hat{\theta}_k)\ \ -\sin(\hat{\theta}_k)\ \ 0\ \ 0]\tag{8.68}$$

显然，为了进行后续的滤波过程，需要首先确定 $\xi_k^{(\mathrm{pl})}$ 的统计特性。利用一阶误差分析方法可将 $\xi_k^{(\mathrm{pl})}$ 近似表示为

$$\begin{aligned}\xi_k^{(\mathrm{pl})}&=(x_k^{(\mathrm{r})}-x_k^{(\mathrm{t})})\cdot\cos(\hat{\theta}_k)-(y_k^{(\mathrm{r})}-y_k^{(\mathrm{t})})\cdot\sin(\hat{\theta}_k)\\&\approx((x_k^{(\mathrm{t})}-x_k^{(\mathrm{r})})\cdot\sin(\theta_k)+(y_k^{(\mathrm{t})}-y_k^{(\mathrm{r})})\cdot\cos(\theta_k))\xi_k\\&=\|\boldsymbol{s}_k^{(\mathrm{t})}-\boldsymbol{s}_k^{(\mathrm{r})}\|_2\cdot\xi_k\\&=d_k\xi_k\end{aligned}\tag{8.69}$$

式中 $d_k=\|\boldsymbol{s}_k^{(\mathrm{t})}-\boldsymbol{s}_k^{(\mathrm{r})}\|_2$ 表示在第 k 个观测时刻测向站与目标之间的距离。由式（8.69）可知，伪线性观测误差 $\xi_k^{(\mathrm{pl})}$ 近似服从零均值高斯分布，并且其方差为 $Q_k^{(\mathrm{pl})}=\mathrm{E}[\xi_k^{(\mathrm{pl})2}]=d_k^2Q_k$。

结合上述讨论和命题 2.31 的标准卡尔曼滤波算法，下面给出伪线性卡尔曼滤波算法的递

推公式

$$\begin{cases}\hat{\boldsymbol{x}}_{k,k-1}=\boldsymbol{\Phi}_{k,k-1}\hat{\boldsymbol{x}}_{k-1,k-1}\\ \boldsymbol{S}_{k,k-1}=\boldsymbol{\Phi}_{k,k-1}\boldsymbol{S}_{k-1,k-1}\boldsymbol{\Phi}_{k,k-1}^{\mathrm{T}}+\boldsymbol{P}_{k-1}\\ \boldsymbol{K}_k=\dfrac{\boldsymbol{S}_{k,k-1}\boldsymbol{H}_k^{(\mathrm{pl})\mathrm{T}}}{\boldsymbol{H}_k^{(\mathrm{pl})}\boldsymbol{S}_{k,k-1}\boldsymbol{H}_k^{(\mathrm{pl})\mathrm{T}}+Q_k^{(\mathrm{pl})}}\\ \hat{\boldsymbol{x}}_{k,k}=\hat{\boldsymbol{x}}_{k,k-1}+\boldsymbol{K}_k(z_k^{(\mathrm{pl})}-\boldsymbol{H}_k^{(\mathrm{pl})}\hat{\boldsymbol{x}}_{k,k-1})\\ \boldsymbol{S}_{k,k}=(\boldsymbol{I}-\boldsymbol{K}_k\boldsymbol{H}_k^{(\mathrm{pl})})\boldsymbol{S}_{k,k-1}\end{cases} \tag{8.70}$$

需要指出的是，由于在滤波过程中 $Q_k^{(\mathrm{pl})}$ 所包含的 d_k 是无法准确预知的，只能利用一步预测值 $\hat{\boldsymbol{x}}_{k,k-1}=[\hat{x}_{k,k-1}^{(\mathrm{t})}\ \ \hat{y}_{k,k-1}^{(\mathrm{t})}\ \ \hat{v}_{xk,k-1}^{(\mathrm{t})}\ \ \hat{v}_{yk,k-1}^{(\mathrm{t})}]^{\mathrm{T}}$ 代入进行计算。

最后还需要强调的是，相比于扩展卡尔曼滤波算法，伪线性卡尔曼滤波算法可以更好地抑制滤波发散现象，但是当两种算法均收敛时，伪线性卡尔曼滤波算法未必能够提高滤波精度，事实上当观测误差较大时，伪线性卡尔曼滤波算法通常是有偏估计。

（三）数值实验

下面将通过若干数值实验比较上述各种滤波算法的参数估计性能，这里用目标航迹跟踪均方根误差作为衡量指标，其定义为

$$e_k=\sqrt{\frac{1}{L}\cdot\sum_{l=1}^{L}\|[\boldsymbol{I}_2\ \ \boldsymbol{O}_{2\times 2}]\cdot(\hat{\boldsymbol{x}}_{k,k}^{(l)}-\boldsymbol{x}_k)\|_2^2} \tag{8.71}$$

式中 $\hat{\boldsymbol{x}}_{k,k}^{(l)}$ 表示第 l 次蒙特卡洛独立实验的估计结果，L 表示实验次数。

数值实验 1——扩展卡尔曼滤波算法与迭代型扩展卡尔曼滤波算法的性能比较

目标与测向站的运动航迹如图 8.6 所示，其中测向站做机动运行，目标做带微弱扰动的匀速直线运动，目标的初始位置坐标为（2km，0.5km），其在 X 轴方向和 Y 轴方向上的速度分量分别为 10m/s 和 2m/s，测向站的观测周期为 1s，测向误差服从零均值高斯分布，测向误差标准差为 0.5°，目标运动状态方程扰动量的协方差矩阵设为 $\boldsymbol{P}_{k-1}=\mathrm{diag}[1\times10^{-6}\ \ 1\times10^{-6}\ \ 1\times10^{-12}\ \ 1\times10^{-12}]$，目标初始状态估计误差服从零均值高斯分布，其协方差矩阵设为 $\boldsymbol{S}_{0,0}=\mathrm{diag}\ [0.16\ \ 0.16\ \ 1.6\times10^{-7}\ \ 1.6\times10^{-7}]$。图 8.7 给出了两种算法的目标航迹跟踪均方根误差曲线，这里将迭代型扩展卡尔曼滤波算法中每一步递推运算的迭代次数均设为 10 次。

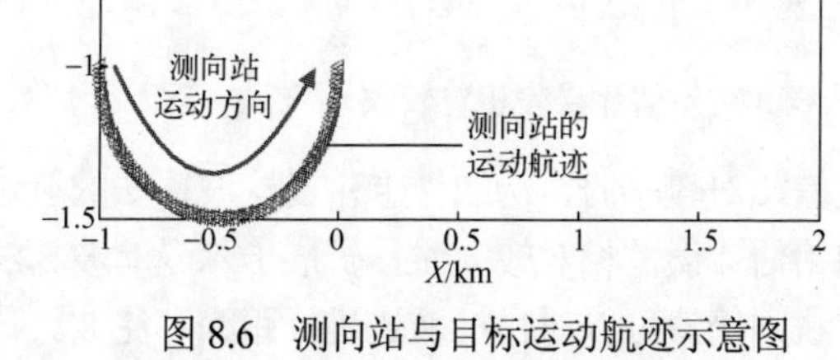

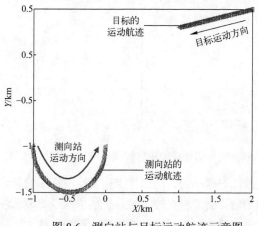

图 8.6　测向站与目标运动航迹示意图

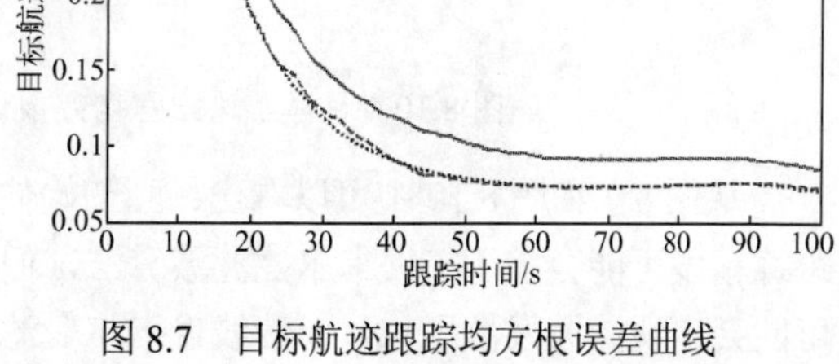

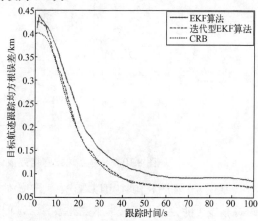

图 8.7　目标航迹跟踪均方根误差曲线

从图 8.7 中可以看出：迭代型扩展卡尔曼滤波算法的航迹跟踪精度要高于扩展卡尔曼滤波算法的航迹跟踪精度，并且其跟踪性能曲线可以逼近相应的克拉美罗界。

数值实验 2——扩展卡尔曼滤波算法与伪线性卡尔曼滤波算法的性能比较

目标与测向站的运动航迹如图 8.8 所示，其中测向站做机动运行，目标做带微弱扰动的匀速直线运动，目标的初始位置坐标为（2km，1km），其在 X 轴方向和 Y 轴方向上的速度分量分别为 10m/s 和 5m/s，测向站的观测周期为 1s，测向误差服从零均值高斯分布，测向误差标准差为 0.4°，目标的运动状态方程扰动量的协方差矩阵设为 $\boldsymbol{P}_{k-1}=\mathrm{diag}[1\times10^{-6}\ \ 1\times10^{-6}\ \ 1\times10^{-12}\ \ 1\times10^{-12}]$，目标初始状态估计误差服从零均值高斯分布，其协方差矩阵的数值设为两种情形，分别为 $\boldsymbol{S}_{0,0}=\mathrm{diag}[0.04\ \ 0.04\ \ 4\times10^{-8}\ \ 4\times10^{-8}]$（初始估计误差相对较小）和 $\boldsymbol{S}_{0,0}=\mathrm{diag}[0.64\ \ 0.64\ \ 6.4\times10^{-7}\ \ 6.4\times10^{-7}]$（初始估计误差相对较大）。图 8.9 和图 8.10 给出了这两种情形下两种算法的目标航迹跟踪均方根误差曲线。

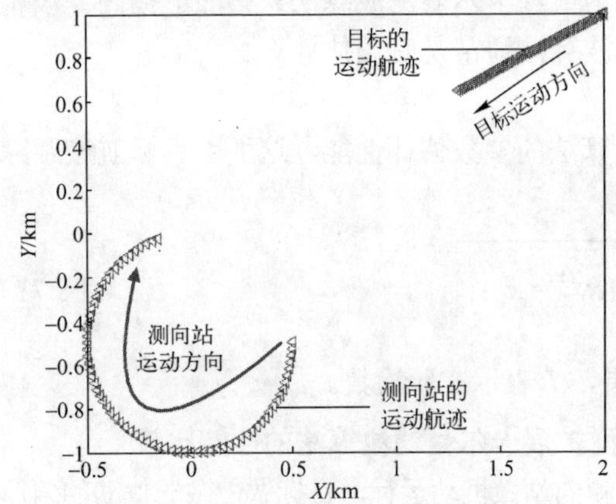

图 8.8　测向站与目标运动航迹示意图

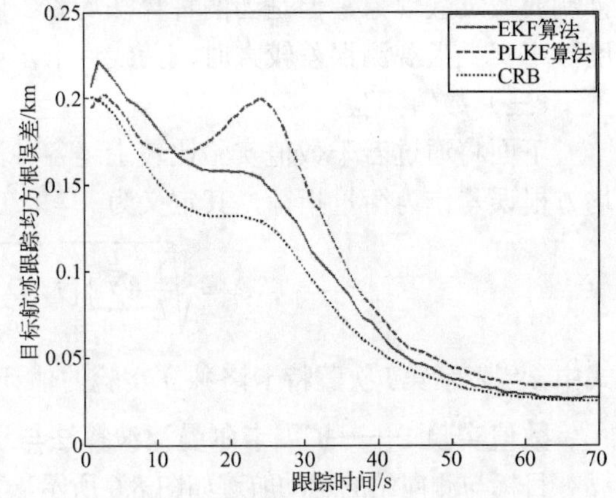

图 8.9　目标航迹跟踪均方根误差曲线
（初始估计误差相对较小）

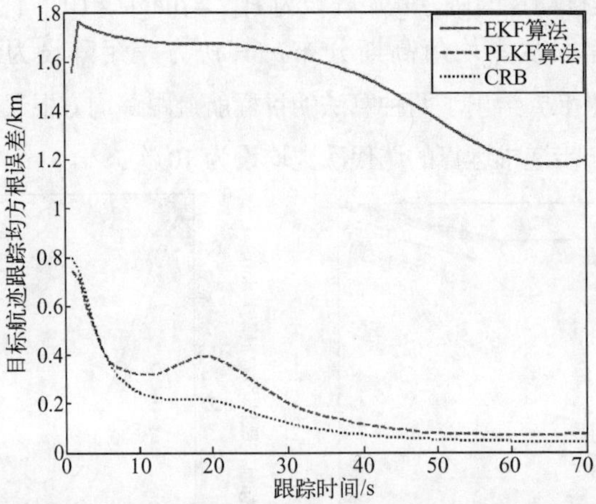

图 8.10　目标航迹跟踪均方根误差曲线（初始估计误差相对较大）

从图 8.9 和图 8.10 中可以看出：当初始估计误差相对较小时，伪线性卡尔曼滤波算法的航迹跟踪精度可能会差于扩展卡尔曼滤波算法，但当初始估计误差相对较大时，扩展卡尔曼滤波算法可能会出现滤波发散现象，而伪线性卡尔曼滤波算法则仍然可以对目标航迹进行跟踪和滤波。

8.2.4 无迹卡尔曼滤波算法

当观测方程的非线性化程度较严重时，扩展卡尔曼滤波算法的估计精度和收敛性能都会受到较大的影响，这是因为它是利用一阶线性化来传播状态向量的均值和协方差。为了降低线性化所带来的误差，S .J .Julier 等人提出了无迹卡尔曼滤波（UKF，Unscented Karlman Filter）算法[11, 12]，该算法对于提高非线性问题的滤波精度是十分有效的。

（一）无迹变换的基本原理

无迹变换是无迹卡尔曼滤波算法的基础，下面将对其基本原理进行介绍。

假设某个 n 维向量 $\boldsymbol{x}$，其均值为 $\bar{\boldsymbol{x}}$，协方差矩阵为 $\boldsymbol{R}_{xx}$，现对其进行非线性变换得到 $\boldsymbol{y}=\boldsymbol{f}(\boldsymbol{x})$，函数 $\boldsymbol{f}(\cdot)$ 的非线性特征会导致向量 $\boldsymbol{y}$ 的均值和协方差矩阵难以精确获得。无迹变换的基本思想就是找到一组确定的向量（称为 Sigma 点），使得这一组向量经过非线性函数 $\boldsymbol{f}(\cdot)$ 变换之后，得到另一组向量的均值和协方差矩阵能够很好的近似向量 $\boldsymbol{y}$ 的均值及其协方差矩阵。

最为经典的 Sigma 点选取办法是

$$\begin{cases}\boldsymbol{x}_k=\bar{\boldsymbol{x}}+(n\boldsymbol{R}_{xx})^{1/2}\boldsymbol{i}_n^{(k)} & (1\leqslant k\leqslant n)\\ \boldsymbol{x}_k=\bar{\boldsymbol{x}}-(n\boldsymbol{R}_{xx})^{1/2}\boldsymbol{i}_n^{(k)} & (n+1\leqslant k\leqslant 2n)\end{cases}\tag{8.72}$$

再令 $\boldsymbol{y}_k=\boldsymbol{f}(\boldsymbol{x}_k)\ (1\leqslant k\leqslant 2n)$，则可将向量 $\boldsymbol{y}=\boldsymbol{f}(\boldsymbol{x})$ 的均值和协方差矩阵近似表示为

$$\begin{cases}\bar{\boldsymbol{y}}_{\mathrm{u}}=\dfrac{1}{2n}\cdot\sum\limits_{k=1}^{2n}\boldsymbol{y}_k\\ \boldsymbol{R}_{\mathrm{uu}}=\dfrac{1}{2n}\cdot\sum\limits_{k=1}^{2n}(\boldsymbol{y}_k-\bar{\boldsymbol{y}}_{\mathrm{u}})(\boldsymbol{y}_k-\bar{\boldsymbol{y}}_{\mathrm{u}})^{\mathrm{T}}\end{cases}\tag{8.73}$$

附录 E6 中将证明，向量 $\bar{\boldsymbol{y}}_{\mathrm{u}}$ 可以看成是向量 $\boldsymbol{y}$ 真实均值 $\bar{\boldsymbol{y}}$ 的很好近似，并且可以近似到三阶项。附录 E7 中将证明，矩阵 $\boldsymbol{R}_{\mathrm{uu}}$ 可以看成是向量 $\boldsymbol{y}$ 真实协方差矩阵 $\boldsymbol{R}_{yy}$ 的很好近似，并且同样可以近似到三阶项。

需要指出的是，为了减少均值和协方差矩阵中的高阶误差项，还存在另一种 Sigma 点的选取方式，其中共有 $2n+1$ 个点，选取办法如下

$$\begin{cases}\boldsymbol{x}_0=\bar{\boldsymbol{x}}\\ \boldsymbol{x}_k=\bar{\boldsymbol{x}}+((n+m)\boldsymbol{R}_{xx})^{1/2}\boldsymbol{i}_n^{(k)} & (1\leqslant k\leqslant n)\\ \boldsymbol{x}_k=\bar{\boldsymbol{x}}-((n+m)\boldsymbol{R}_{xx})^{1/2}\boldsymbol{i}_n^{(k)} & (n+1\leqslant k\leqslant 2n)\end{cases}\tag{8.74}$$

若令 $\boldsymbol{y}_k=\boldsymbol{f}(\boldsymbol{x}_k)\ (0\leqslant k\leqslant 2n)$，则可将向量 $\boldsymbol{y}=\boldsymbol{f}(\boldsymbol{x})$ 的均值和协方差矩阵近似表示为

$$\begin{cases}\bar{\boldsymbol{y}}_{\mathrm{u}}=\dfrac{m}{n+m}\cdot\boldsymbol{y}_0+\dfrac{1}{2(n+m)}\cdot\sum\limits_{k=1}^{2n}\boldsymbol{y}_k\\ \boldsymbol{R}_{\mathrm{uu}}=\dfrac{m}{n+m}\cdot(\boldsymbol{y}_0-\bar{\boldsymbol{y}}_{\mathrm{u}})(\boldsymbol{y}_0-\bar{\boldsymbol{y}}_{\mathrm{u}})^{\mathrm{T}}+\dfrac{1}{2(n+m)}\cdot\sum\limits_{k=1}^{2n}(\boldsymbol{y}_k-\bar{\boldsymbol{y}}_{\mathrm{u}})(\boldsymbol{y}_k-\bar{\boldsymbol{y}}_{\mathrm{u}})^{\mathrm{T}}\end{cases}\tag{8.75}$$

式（8.75）能够给出与式（8.73）具有相同阶次精度的均值和协方差矩阵估计值，m 的优化选取可以用来减少均值和协方差矩阵近似中的高阶误差（大于三阶）。例如，对于高斯随机向量而言，如果 $m=3-n$，则会使得其均值和协方差矩阵中的某些四阶项最小。

（二）无迹卡尔曼滤波算法

类似于单站测向跟踪问题的数学模型，这里考虑如下非线性离散时间随机系统

$$\begin{cases} \boldsymbol{x}_k = \boldsymbol{\Phi}_{k,k-1}\boldsymbol{x}_{k-1} + \boldsymbol{\varepsilon}_{k-1} \\ \boldsymbol{z}_k = \boldsymbol{h}_k(\boldsymbol{x}_k) + \boldsymbol{\xi}_k \end{cases} \tag{8.76}$$

式中 $\boldsymbol{x}_k$ 表示第 k 个观测时刻的状态向量；$\boldsymbol{\Phi}_{k,k-1}$ 表示状态转移矩阵；$\boldsymbol{\varepsilon}_{k-1}$ 表示状态扰动向量，假设其服从零均值高斯分布，并且其协方差矩阵为 $\boldsymbol{P}_{k-1} = \mathrm{E}[\boldsymbol{\varepsilon}_{k-1}\boldsymbol{\varepsilon}_{k-1}^{\mathrm{T}}]$；$\boldsymbol{z}_k$ 表示第 k 个观测时刻的观测向量；$\boldsymbol{h}_k(\cdot)$ 表示非线性观测方程；$\boldsymbol{\xi}_k$ 表示观测误差向量，假设其服从零均值高斯分布，并且其协方差矩阵为 $\boldsymbol{Q}_k = \mathrm{E}[\boldsymbol{\xi}_k\boldsymbol{\xi}_k^{\mathrm{T}}]$。下面将给出对式（8.76）进行状态估计的无迹卡尔曼滤波算法。

假设已经获得第 $k-1$ 个观测时刻的状态向量 $\hat{\boldsymbol{x}}_{k-1,k-1}$ 及其协方差矩阵 $\boldsymbol{S}_{k-1,k-1}$，下面给出估计第 k 个观测时刻的状态向量 $\hat{\boldsymbol{x}}_{k,k}$ 及其协方差矩阵 $\boldsymbol{S}_{k,k}$ 的递推过程。

步骤 1：根据已经估计出的 $\hat{\boldsymbol{x}}_{k-1,k-1}$ 和 $\boldsymbol{S}_{k-1,k-1}$，利用无迹变换求状态一步预测值 $\hat{\boldsymbol{x}}_{k,k-1}$ 及其协方差矩阵 $\boldsymbol{S}_{k,k-1}$。

① 按照下面的公式计算 sigma 点 $\{\boldsymbol{\mu}_{k-1}^{(i)}\}_{0\leqslant i\leqslant 2n}$

$$\begin{cases} \boldsymbol{\mu}_{k-1}^{(0)} = \hat{\boldsymbol{x}}_{k-1,k-1} \\ \boldsymbol{\mu}_{k-1}^{(i)} = \hat{\boldsymbol{x}}_{k-1,k-1} + ((n+m)\boldsymbol{S}_{k-1,k-1})^{1/2}\boldsymbol{i}_n^{(k)} \quad (1\leqslant i\leqslant n) \\ \boldsymbol{\mu}_{k-1}^{(i)} = \hat{\boldsymbol{x}}_{k-1,k-1} - ((n+m)\boldsymbol{S}_{k-1,k-1})^{1/2}\boldsymbol{i}_n^{(k)} \quad (n+1\leqslant i\leqslant 2n) \end{cases} \tag{8.77}$$

② 计算 sigma 点的时间更新 $\{\boldsymbol{\mu}_{k,k-1}^{(i)}\}_{0\leqslant i\leqslant 2n}$

$$\boldsymbol{\mu}_{k,k-1}^{(i)} = \boldsymbol{\Phi}_{k,k-1}\boldsymbol{\mu}_{k-1}^{(i)} \quad (0\leqslant i\leqslant 2n) \tag{8.78}$$

③ 计算 $\hat{\boldsymbol{x}}_{k,k-1}$ 和 $\boldsymbol{S}_{k,k-1}$

$$\begin{cases} \hat{\boldsymbol{x}}_{k,k-1} = \dfrac{m}{n+m}\cdot\boldsymbol{\mu}_{k,k-1}^{(0)} + \dfrac{1}{2(n+m)}\cdot\sum\limits_{i=1}^{2n}\boldsymbol{\mu}_{k,k-1}^{(i)} \\ \boldsymbol{S}_{k,k-1} = \dfrac{m}{n+m}\cdot(\boldsymbol{\mu}_{k,k-1}^{(0)} - \hat{\boldsymbol{x}}_{k,k-1})(\boldsymbol{\mu}_{k,k-1}^{(0)} - \hat{\boldsymbol{x}}_{k,k-1})^{\mathrm{T}} \\ \qquad\qquad + \dfrac{1}{2(n+m)}\cdot\sum\limits_{i=1}^{2n}(\boldsymbol{\mu}_{k,k-1}^{(i)} - \hat{\boldsymbol{x}}_{k,k-1})(\boldsymbol{\mu}_{k,k-1}^{(i)} - \hat{\boldsymbol{x}}_{k,k-1})^{\mathrm{T}} + \boldsymbol{P}_{k-1} \end{cases} \tag{8.79}$$

步骤 2：计算观测向量 z_k 的预测值 $\hat{z}_{k,k-1}$ 及其协方差矩阵 $\boldsymbol{R}_{k,k-1}$。

① 按照下面的公式计算 sigma 点 $\{\boldsymbol{\eta}_{k,k-1}^{(i)}\}_{0\leqslant i\leqslant 2n}$

$$\begin{cases} \boldsymbol{\eta}_{k,k-1}^{(0)} = \hat{\boldsymbol{x}}_{k,k-1} \\ \boldsymbol{\eta}_{k,k-1}^{(i)} = \hat{\boldsymbol{x}}_{k,k-1} + ((n+m)\boldsymbol{S}_{k,k-1})^{1/2}\boldsymbol{i}_n^{(k)} \quad (1\leqslant i\leqslant n) \\ \boldsymbol{\eta}_{k,k-1}^{(i)} = \hat{\boldsymbol{x}}_{k,k-1} - ((n+m)\boldsymbol{S}_{k,k-1})^{1/2}\boldsymbol{i}_n^{(k)} \quad (n+1\leqslant i\leqslant 2n) \end{cases} \tag{8.80}$$

② 计算 sigma 点的非线性变换 $\{\boldsymbol{\eta}_k^{(i)}\}_{0\leqslant i\leqslant 2n}$

$$\boldsymbol{\eta}_k^{(i)} = \boldsymbol{h}_k(\boldsymbol{\eta}_{k,k-1}^{(i)}) \quad (0\leqslant i\leqslant 2n) \tag{8.81}$$

③ 计算 $\hat{z}_{k,k-1}$ 和 $\boldsymbol{R}_{k,k-1}$

$$\begin{cases}\hat{z}_{k,k-1}=\dfrac{m}{n+m}\cdot\boldsymbol{\eta}_k^{(0)}+\dfrac{1}{2(n+m)}\cdot\sum\limits_{i=1}^{2n}\boldsymbol{\eta}_k^{(i)}\\ \boldsymbol{R}_{k,k-1}=\dfrac{m}{n+m}\cdot(\boldsymbol{\eta}_k^{(0)}-\hat{z}_{k,k-1})(\boldsymbol{\eta}_k^{(0)}-\hat{z}_{k,k-1})^{\mathrm{T}}+\dfrac{1}{2(n+m)}\cdot\sum\limits_{i=1}^{2n}(\boldsymbol{\eta}_k^{(i)}-\hat{z}_{k,k-1})(\boldsymbol{\eta}_k^{(i)}-\hat{z}_{k,k-1})^{\mathrm{T}}+\boldsymbol{Q}_k\end{cases}\tag{8.82}$$

步骤 3：估计状态向量 $\hat{\boldsymbol{x}}_{k,k}$ 及其协方差矩阵 $\boldsymbol{S}_{k,k}$。

① 计算预测值 $\hat{\boldsymbol{x}}_{k,k-1}$ 与 $\hat{z}_{k,k-1}$ 之间的协方差矩阵 $\boldsymbol{W}_{k,k-1}$；

$$\boldsymbol{W}_{k,k-1}=\frac{m}{n+m}\cdot(\boldsymbol{\eta}_{k,k-1}^{(0)}-\hat{\boldsymbol{x}}_{k,k-1})(\boldsymbol{\eta}_k^{(0)}-\hat{z}_{k,k-1})^{\mathrm{T}}+\frac{1}{2(n+m)}\cdot\sum_{i=1}^{2n}(\boldsymbol{\eta}_{k,k-1}^{(i)}-\hat{\boldsymbol{x}}_{k,k-1})(\boldsymbol{\eta}_k^{(i)}-\hat{z}_{k,k-1})^{\mathrm{T}}\tag{8.83}$$

② 计算 $\hat{\boldsymbol{x}}_{k,k}$ 和 $\boldsymbol{S}_{k,k}$

$$\begin{cases}\hat{\boldsymbol{x}}_{k,k}=\hat{\boldsymbol{x}}_{k,k-1}+\boldsymbol{W}_{k,k-1}\boldsymbol{R}_{k,k-1}^{-1}(z_k-\hat{z}_{k,k-1})\\ \boldsymbol{S}_{k,k}=\boldsymbol{S}_{k,k-1}-\boldsymbol{W}_{k,k-1}\boldsymbol{R}_{k,k-1}^{-1}\boldsymbol{W}_{k,k-1}^{\mathrm{T}}\end{cases}\tag{8.84}$$

需要指出的是，在高斯随机误差条件下，上述滤波过程中的参数 m 应设为 $m=3-n$。

（三）数值实验

下面将通过数值实验比较扩展卡尔曼滤波算法与无迹卡尔曼滤波算法的参数估计性能，这里仍用目标航迹跟踪均方根误差作为衡量指标。

目标与测向站的运动航迹如图 8.11 所示，其中测向站做机动运行，目标做带微弱扰动的匀速直线运动，目标的初始位置坐标为（0.8km，0.8km），其在 X 轴方向和 Y 轴方向上的速度分量分别为 8m/s 和 8m/s，测向站的观测周期为 1s，测向误差服从零均值高斯分布，目标初始状态估计误差服从零均值高斯分布，目标运动状态方程扰动量的协方差矩阵设为 $\boldsymbol{P}_{k-1}=\mathrm{diag}[1\times10^{-6}\ \ 1\times10^{-6}\ \ 1\times10^{-12}\ \ 1\times10^{-12}]$。

首先，将测向误差标准差固定为 0.5°，目标初始状态估计协方差矩阵固定为 $\boldsymbol{S}_{0,0}=\mathrm{diag}[0.01\ \ 0.01\ \ 1\times10^{-8}\ \ 1\times10^{-8}]$， 图 8.12 给出了两种算法的目标航迹跟踪均方根误差曲线。

接着，将测向误差标准差固定为 1°，目标初始状态估计协方差矩阵固定为 $\boldsymbol{S}_{0,0}=\mathrm{diag}[0.09\ \ 0.09\ \ 9\times10^{-8}\ \ 9\times10^{-8}]$，图 8.13 给出了两种算法的目标航迹跟踪均方根误差曲线。

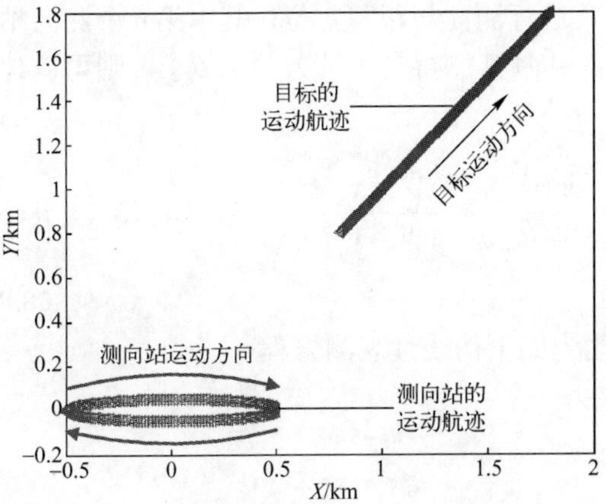

图 8.11 测向站与目标运动航迹示意

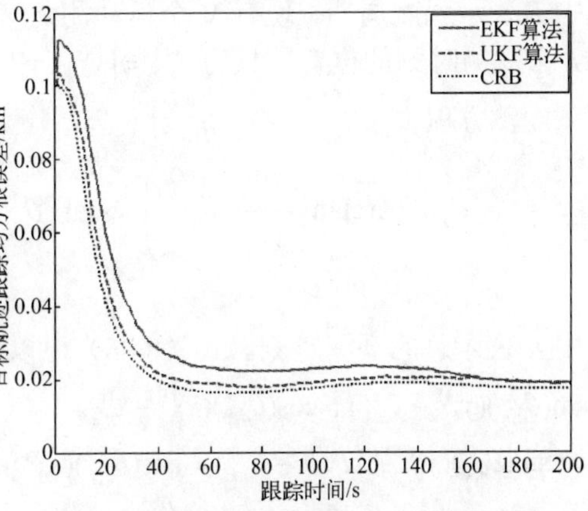

图 8.12 目标航迹跟踪均方根误差曲线（测向误差和初始估计误差相对较小）

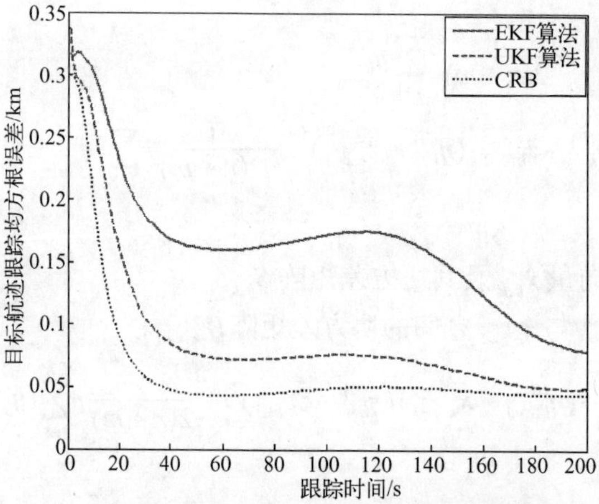

图 8.13　目标航迹跟踪均方根误差曲线（测向误差和初始估计误差相对较大）

从图 8.12 和图 8.13 中可以看出：无论在哪种参数设置条件下，无迹卡尔曼滤波算法的航迹跟踪精度都要高于扩展卡尔曼滤波算法的航迹跟踪精度。

8.3　基于多站测向信息的渐近无偏跟踪方法

本节将介绍一种由 K. C. Ho 提出的渐近无偏跟踪方法[14]，该方法不仅能够克服非线性滤波算法中存在的迭代发散现象，而且可以提供具有渐近无偏性的估计值。值得一提的是，该方法可以应用于观测方程能够转化为伪线性方程的定位场景中，因此适用于多站测向定位场景中。

8.3.1　目标运动模型和观测模型

假设目标做匀速直线运动，其初始位置向量为 $\boldsymbol{s}_0^{(\mathrm{t})}=[x_0^{(\mathrm{t})}\ \ y_0^{(\mathrm{t})}]^{\mathrm{T}}$，速度向量为 $\boldsymbol{v}^{(\mathrm{t})}=[v_x^{(\mathrm{t})}\ \ v_y^{(\mathrm{t})}]^{\mathrm{T}}$，于是目标在第 k 个观测时刻的位置向量为

$$\boldsymbol{s}_k^{(\mathrm{t})}=[x_k^{(\mathrm{t})}\ \ y_k^{(\mathrm{t})}]^{\mathrm{T}}=[x_0^{(\mathrm{t})}+kTv_x^{(\mathrm{t})}\ \ y_0^{(\mathrm{t})}+kTv_y^{(\mathrm{t})}]^{\mathrm{T}} \tag{8.85}$$

式中 T 表示观测周期。现有 N 个运动测向站对其进行测向与跟踪定位，其中第 n 个测向站在第 k 个观测时刻的位置向量为 $\boldsymbol{s}_{n,k}^{(\mathrm{r})}=[x_{n,k}^{(\mathrm{r})}\ \ y_{n,k}^{(\mathrm{r})}]^{\mathrm{T}}$，并且其测得目标的方位为 $\theta_{n,k}$，则可以建立如下观测方程

$$\theta_{n,k}=\arctan\left(\frac{x_k^{(\mathrm{t})}-x_{n,k}^{(\mathrm{r})}}{y_k^{(\mathrm{t})}-y_{n,k}^{(\mathrm{r})}}\right)\Leftrightarrow\tan(\theta_{n,k})=\frac{\sin(\theta_{n,k})}{\cos(\theta_{n,k})}=\frac{x_k^{(\mathrm{t})}-x_{n,k}^{(\mathrm{r})}}{y_k^{(\mathrm{t})}-y_{n,k}^{(\mathrm{r})}}\qquad(1\leqslant k\leqslant K;1\leqslant n\leqslant N) \tag{8.86}$$

式中 K 表示总的观测时刻。式（8.86）可以转化为如下伪线性观测方程

$$\begin{aligned}&\sin(\theta_{n,k})(y_k^{(\mathrm{t})}-y_{n,k}^{(\mathrm{r})})=\cos(\theta_{n,k})(x_k^{(\mathrm{t})}-x_{n,k}^{(\mathrm{r})})\\&\Rightarrow\sin(\theta_{n,k})(y_0^{(\mathrm{t})}+kTv_y^{(\mathrm{t})}-y_{n,k}^{(\mathrm{r})})=\cos(\theta_{n,k})(x_0^{(\mathrm{t})}+kTv_x^{(\mathrm{t})}-x_{n,k}^{(\mathrm{r})})\\&\Rightarrow\cos(\theta_{n,k})\cdot x_0^{(\mathrm{t})}+kT\cdot\cos(\theta_{n,k})\cdot v_x^{(\mathrm{t})}-\sin(\theta_{n,k})\cdot y_0^{(\mathrm{t})}-kT\cdot\sin(\theta_{n,k})\cdot v_y^{(\mathrm{t})}=x_{n,k}^{(\mathrm{r})}\cdot\cos(\theta_{n,k})-y_{n,k}^{(\mathrm{r})}\cdot\sin(\theta_{n,k})\end{aligned} \tag{8.87}$$

基于式（8.87）可以在第 k 个观测时刻得到如下伪线性方程

$$\boldsymbol{B}_k\boldsymbol{u}=\boldsymbol{a}_k \quad (1\leqslant k\leqslant K) \tag{8.88}$$

式中 $\boldsymbol{u}=[x_0^{(\mathrm{t})}\ \ v_x^{(\mathrm{t})}\ \ y_0^{(\mathrm{t})}\ \ v_y^{(\mathrm{t})}]^{\mathrm{T}}$ 表示用于刻画目标运动状态的未知参量（包含了全部待估计参量），系数矩阵 $\boldsymbol{B}_k$ 和伪线性观测向量 $\boldsymbol{a}_k$ 的表达式分别为

$$\boldsymbol{B}_k=\left[\begin{array}{c|c|c|c}\cos(\theta_{1,k}) & kT\cdot\cos(\theta_{1,k}) & -\sin(\theta_{1,k}) & -kT\cdot\sin(\theta_{1,k})\\ \cos(\theta_{2,k}) & kT\cdot\cos(\theta_{2,k}) & -\sin(\theta_{2,k}) & -kT\cdot\sin(\theta_{2,k})\\ \vdots & \vdots & \vdots & \vdots\\ \cos(\theta_{N,k}) & kT\cdot\cos(\theta_{N,k}) & -\sin(\theta_{N,k}) & -kT\cdot\sin(\theta_{N,k})\end{array}\right],\ \boldsymbol{a}_k=\begin{bmatrix}x_{1,k}^{(\mathrm{r})}\cdot\cos(\theta_{1,k})-y_{1,k}^{(\mathrm{r})}\cdot\sin(\theta_{1,k})\\ x_{2,k}^{(\mathrm{r})}\cdot\cos(\theta_{2,k})-y_{2,k}^{(\mathrm{r})}\cdot\sin(\theta_{2,k})\\ \vdots\\ x_{N,k}^{(\mathrm{r})}\cdot\cos(\theta_{N,k})-y_{N,k}^{(\mathrm{r})}\cdot\sin(\theta_{N,k})\end{bmatrix} \tag{8.89}$$

若将全部 K 个观测时刻的伪线性方程进行合并，则可以得到如下具有更高维数的伪线性方程

$$\boldsymbol{B}\boldsymbol{u}=\boldsymbol{a} \tag{8.90}$$

式中

$$\begin{cases}\boldsymbol{B}=[\boldsymbol{B}_1^{\mathrm{T}}\ \ \boldsymbol{B}_2^{\mathrm{T}}\ \ \cdots\ \ \boldsymbol{B}_K^{\mathrm{T}}]^{\mathrm{T}}\\ \boldsymbol{a}=[\boldsymbol{a}_1^{\mathrm{T}}\ \ \boldsymbol{a}_2^{\mathrm{T}}\ \ \cdots\ \ \boldsymbol{a}_K^{\mathrm{T}}]^{\mathrm{T}}\end{cases} \tag{8.91}$$

由于向量 $\boldsymbol{a}$ 属于矩阵 $\boldsymbol{B}$ 的列空间，当矩阵 $\boldsymbol{B}$ 列满秩时，式（8.91）存在唯一解，并且其表达式为

$$\boldsymbol{u}=\boldsymbol{B}^{\dagger}\boldsymbol{a}=(\boldsymbol{B}^{\mathrm{T}}\boldsymbol{B})^{-1}\boldsymbol{B}^{\mathrm{T}}\boldsymbol{a}=\left(\sum_{k=1}^{K}\boldsymbol{B}_k^{\mathrm{T}}\boldsymbol{B}_k\right)^{-1}\cdot\left(\sum_{k=1}^{K}\boldsymbol{B}_k^{\mathrm{T}}\boldsymbol{a}_k\right) \tag{8.92}$$

若定义增广矩阵 $\boldsymbol{C}=[-\boldsymbol{a}\ \ \boldsymbol{B}]$，则向量 $\boldsymbol{\mu}=[1\ \ \boldsymbol{u}^{\mathrm{T}}]^{\mathrm{T}}$ 是矩阵 $\boldsymbol{C}$ 的零奇异值对应的右（首一）奇异向量，同时也是矩阵 $\boldsymbol{C}^{\mathrm{T}}\boldsymbol{C}$ 的零特征值对应的（首一）特征向量，于是向量 $\boldsymbol{\mu}$ 满足

$$\begin{cases}\min\limits_{\boldsymbol{\mu}}\boldsymbol{\mu}^{\mathrm{T}}\boldsymbol{C}^{\mathrm{T}}\boldsymbol{C}\boldsymbol{\mu}=\min\limits_{\boldsymbol{\mu}}\boldsymbol{\mu}^{\mathrm{T}}\left(\sum\limits_{k=1}^{K}\boldsymbol{C}_k^{\mathrm{T}}\boldsymbol{C}_k\right)\boldsymbol{\mu}\\ \text{s.t.}\ \ \boldsymbol{i}_5^{(1)\mathrm{T}}\boldsymbol{\mu}=1\end{cases} \tag{8.93}$$

式中 $\boldsymbol{C}_k=[-\boldsymbol{a}_k\ \ \boldsymbol{B}_k]$。

需要指出的是，实际中获得的方位估计值中都是含有测量误差的，不妨记 $\theta_{n,k}$ 的估计值为 $\hat{\theta}_{n,k}$，则其估计误差为 $\delta\theta_{n,k}=\hat{\theta}_{n,k}-\theta_{n,k}$。假设 $\delta\theta_{n,k}$ 服从相互独立的零均值高斯分布，并且其方差均为 σ_θ^2，下面的问题在于，如何在获得序列方位观测量 $\{\hat{\theta}_{n,k}\}_{1\leqslant n\leqslant N}^{1\leqslant k\leqslant K}$ 的基础上实现对运动目标的高精度定位与跟踪。

8.3.2 参数估计方差的克拉美罗界

（一）参数向量 $\boldsymbol{u}$ 的估计方差的克拉美罗界

根据命题 7.1，在获得 K 个时刻方位观测量 $\{\hat{\theta}_{n,k}\}_{1\leqslant n\leqslant N}^{1\leqslant k\leqslant K}$ 的条件下，未知参量 $\boldsymbol{u}$ 的估计方差的克拉美罗界矩阵可以表示为

$$\mathbf{CRB}(\boldsymbol{u})=\sigma_\theta^2(\boldsymbol{F}^{\mathrm{T}}(\boldsymbol{u})\boldsymbol{F}(\boldsymbol{u}))^{-1}=\sigma_\theta^2\left(\sum_{k=1}^{K}\boldsymbol{F}_k^{\mathrm{T}}(\boldsymbol{u})\boldsymbol{F}_k(\boldsymbol{u})\right)^{-1} \tag{8.94}$$

式中

$$\boldsymbol{F}(\boldsymbol{u})=[\boldsymbol{F}_1^{\mathrm{T}}(\boldsymbol{u})\ \ \boldsymbol{F}_2^{\mathrm{T}}(\boldsymbol{u})\ \cdots\ \boldsymbol{F}_K^{\mathrm{T}}(\boldsymbol{u})]^{\mathrm{T}} \tag{8.95}$$

其中

$$\boldsymbol{F}_k(\boldsymbol{u})=\left[\begin{array}{c:c:c:c} \dfrac{\cos(\theta_{1,k})}{\|\boldsymbol{s}_k^{(\mathrm{t})}-\boldsymbol{s}_{1,k}^{(\mathrm{r})}\|_2} & \dfrac{kT\cdot\cos(\theta_{1,k})}{\|\boldsymbol{s}_k^{(\mathrm{t})}-\boldsymbol{s}_{1,k}^{(\mathrm{r})}\|_2} & -\dfrac{\sin(\theta_{1,k})}{\|\boldsymbol{s}_k^{(\mathrm{t})}-\boldsymbol{s}_{1,k}^{(\mathrm{r})}\|_2} & -\dfrac{kT\cdot\sin(\theta_{1,k})}{\|\boldsymbol{s}_k^{(\mathrm{t})}-\boldsymbol{s}_{1,k}^{(\mathrm{r})}\|_2} \\ \dfrac{\cos(\theta_{2,k})}{\|\boldsymbol{s}_k^{(\mathrm{t})}-\boldsymbol{s}_{2,k}^{(\mathrm{r})}\|_2} & \dfrac{kT\cdot\cos(\theta_{2,k})}{\|\boldsymbol{s}_k^{(\mathrm{t})}-\boldsymbol{s}_{2,k}^{(\mathrm{r})}\|_2} & -\dfrac{\sin(\theta_{2,k})}{\|\boldsymbol{s}_k^{(\mathrm{t})}-\boldsymbol{s}_{2,k}^{(\mathrm{r})}\|_2} & -\dfrac{kT\cdot\sin(\theta_{2,k})}{\|\boldsymbol{s}_k^{(\mathrm{t})}-\boldsymbol{s}_{2,k}^{(\mathrm{r})}\|_2} \\ \vdots & \vdots & \vdots & \vdots \\ \dfrac{\cos(\theta_{N,k})}{\|\boldsymbol{s}_k^{(\mathrm{t})}-\boldsymbol{s}_{N,k}^{(\mathrm{r})}\|_2} & \dfrac{kT\cdot\cos(\theta_{N,k})}{\|\boldsymbol{s}_k^{(\mathrm{t})}-\boldsymbol{s}_{N,k}^{(\mathrm{r})}\|_2} & -\dfrac{\sin(\theta_{N,k})}{\|\boldsymbol{s}_k^{(\mathrm{t})}-\boldsymbol{s}_{N,k}^{(\mathrm{r})}\|_2} & -\dfrac{kT\cdot\sin(\theta_{N,k})}{\|\boldsymbol{s}_k^{(\mathrm{t})}-\boldsymbol{s}_{N,k}^{(\mathrm{r})}\|_2} \end{array}\right] \tag{8.96}$$

（二）目标当前时刻位置向量 $\boldsymbol{s}_k^{(\mathrm{t})}$ 的估计方差的克拉美罗界

下面在获得 k 个时刻方位观测量 $\{\hat{\theta}_{n,l}\}_{1\leqslant n\leqslant N}^{1\leqslant l\leqslant k}$ 的条件下，推导目标位置向量 $\boldsymbol{s}_k^{(\mathrm{t})}$ 的估计方差的克拉美罗界矩阵。根据式（8.85）可知，向量 $\boldsymbol{s}_k^{(\mathrm{t})}$ 与向量 $\boldsymbol{u}$ 之间满足如下线性关系

$$\boldsymbol{s}_k^{(\mathrm{t})}=[x_0^{(\mathrm{t})}+kTv_x^{(\mathrm{t})}\ \ y_0^{(\mathrm{t})}+kTv_y^{(\mathrm{t})}]^{\mathrm{T}}=\begin{bmatrix}1 & kT & 0 & 0\\ 0 & 0 & 1 & kT\end{bmatrix}\cdot\boldsymbol{u} \tag{8.97}$$

于是目标位置向量 $\boldsymbol{s}_k^{(\mathrm{t})}$ 的估计方差的克拉美罗界矩阵可以表示为

$$\begin{aligned}\mathbf{CRB}(\boldsymbol{s}_k^{(\mathrm{t})})&=\begin{bmatrix}1 & kT & 0 & 0\\ 0 & 0 & 1 & kT\end{bmatrix}\cdot\mathbf{CRB}(\boldsymbol{u})\cdot\begin{bmatrix}1 & 0\\ kT & 0\\ 0 & 1\\ 0 & kT\end{bmatrix}\\ &=\sigma_\theta^2\cdot\begin{bmatrix}1 & kT & 0 & 0\\ 0 & 0 & 1 & kT\end{bmatrix}\cdot\left(\sum_{l=1}^{k}\boldsymbol{F}_l^{\mathrm{T}}(\boldsymbol{u})\boldsymbol{F}_l(\boldsymbol{u})\right)^{-1}\cdot\begin{bmatrix}1 & 0\\ kT & 0\\ 0 & 1\\ 0 & kT\end{bmatrix}\end{aligned} \tag{8.98}$$

8.3.3 渐近无偏跟踪方法

（一）渐近无偏估计准则

根据式（8.88）至式（8.91）可知，矩阵 $\boldsymbol{B}$ 和向量 $\boldsymbol{a}$ 中均含有目标的真实方位值，因此在实际计算中无法精确获得，仅能够得到估计值 $\hat{\boldsymbol{B}}$ 和 $\hat{\boldsymbol{a}}$（即利用方位估计值代替方位真实值），此时关于向量 $\boldsymbol{u}$ 的最小二乘估计值为

$$\hat{\boldsymbol{u}}_{\mathrm{LS}}=(\hat{\boldsymbol{B}}^{\mathrm{T}}\hat{\boldsymbol{B}})^{-1}\hat{\boldsymbol{B}}^{\mathrm{T}}\hat{\boldsymbol{a}}=\left(\sum_{k=1}^{K}\hat{\boldsymbol{B}}_k^{\mathrm{T}}\hat{\boldsymbol{B}}_k\right)^{-1}\cdot\left(\sum_{k=1}^{K}\hat{\boldsymbol{B}}_k^{\mathrm{T}}\hat{\boldsymbol{a}}_k\right) \tag{8.99}$$

式中矩阵 $\hat{\boldsymbol{B}}_k$ 和向量 $\hat{\boldsymbol{a}}_k$ 也是利用方位估计值计算所得。容易证明，上面的最小二乘估计值是有偏估计（即 $\mathrm{E}[\hat{\boldsymbol{u}}_{\mathrm{LS}}]\neq\boldsymbol{u}$），并且其估计误差的二阶项是较大的，为此，下面将引出一种渐近无偏跟踪方法。

首先利用一阶 Taylor 级数展开可得

$$\begin{cases}\cos(\hat{\theta}_{n,k}) \approx \cos(\theta_{n,k}) - \sin(\theta_{n,k}) \cdot \delta\theta_{n,k} \\ \sin(\hat{\theta}_{n,k}) \approx \sin(\theta_{n,k}) + \cos(\theta_{n,k}) \cdot \delta\theta_{n,k}\end{cases} \tag{8.100}$$

结合式（8.89）和式（8.100）可以将矩阵 $\hat{\boldsymbol{B}}_k$ 和向量 $\hat{\boldsymbol{a}}_k$ 近似表示为

$$\begin{cases}\hat{\boldsymbol{B}}_k \approx \boldsymbol{B}_k + \boldsymbol{\delta B}_k = \boldsymbol{B}_k + \mathrm{diag}[\delta\theta_{1,k} \ \ \delta\theta_{2,k} \ \cdots \ \delta\theta_{N,k}] \cdot \bar{\boldsymbol{B}}_k \\ \hat{\boldsymbol{a}}_k \approx \boldsymbol{a}_k + \boldsymbol{\delta a}_k = \boldsymbol{a}_k + \mathrm{diag}[\delta\theta_{1,k} \ \ \delta\theta_{2,k} \ \cdots \ \delta\theta_{N,k}] \cdot \bar{\boldsymbol{a}}_k\end{cases} \tag{8.101}$$

式中

$$\bar{\boldsymbol{B}}_k = \left[\begin{array}{c:c:c:c} -\sin(\theta_{1,k}) & -kT \cdot \sin(\theta_{1,k}) & -\cos(\theta_{1,k}) & -kT \cdot \cos(\theta_{1,k}) \\ -\sin(\theta_{2,k}) & -kT \cdot \sin(\theta_{2,k}) & -\cos(\theta_{2,k}) & -kT \cdot \cos(\theta_{2,k}) \\ \vdots & \vdots & \vdots & \vdots \\ -\sin(\theta_{N,k}) & -kT \cdot \sin(\theta_{N,k}) & -\cos(\theta_{N,k}) & -kT \cdot \cos(\theta_{N,k}) \end{array}\right], \ \bar{\boldsymbol{a}}_k = \begin{bmatrix} -x_{1,k}^{(\mathrm{r})} \cdot \sin(\theta_{1,k}) - y_{1,k}^{(\mathrm{r})} \cdot \cos(\theta_{1,k}) \\ -x_{2,k}^{(\mathrm{r})} \cdot \sin(\theta_{2,k}) - y_{2,k}^{(\mathrm{r})} \cdot \cos(\theta_{2,k}) \\ \vdots \\ -x_{N,k}^{(\mathrm{r})} \cdot \sin(\theta_{N,k}) - y_{N,k}^{(\mathrm{r})} \cdot \cos(\theta_{N,k}) \end{bmatrix} \tag{8.102}$$

若令 $\hat{\boldsymbol{C}}_k = [-\hat{\boldsymbol{a}}_k \ \ \hat{\boldsymbol{B}}_k]$，则根据式（8.101）可得

$$\begin{aligned}\hat{\boldsymbol{C}}_k &\approx \boldsymbol{C}_k + \boldsymbol{\delta C}_k = \boldsymbol{C}_k + \mathrm{diag}[\delta\theta_{1,k} \ \ \delta\theta_{2,k} \ \cdots \ \delta\theta_{N,k}] \cdot [-\bar{\boldsymbol{a}}_k \ \ \bar{\boldsymbol{B}}_k] \\ &= \boldsymbol{C}_k + \mathrm{diag}[\delta\theta_{1,k} \ \ \delta\theta_{2,k} \ \cdots \ \delta\theta_{N,k}] \cdot \bar{\boldsymbol{C}}_k\end{aligned} \tag{8.103}$$

式中 $\bar{\boldsymbol{C}}_k = [-\bar{\boldsymbol{a}}_k \ \ \bar{\boldsymbol{B}}_k]$。若进一步令

$$\begin{cases}\hat{\boldsymbol{C}} = [\hat{\boldsymbol{C}}_1^{\mathrm{T}} \ \ \hat{\boldsymbol{C}}_2^{\mathrm{T}} \ \cdots \ \hat{\boldsymbol{C}}_K^{\mathrm{T}}]^{\mathrm{T}} \\ \bar{\boldsymbol{C}} = [\bar{\boldsymbol{C}}_1^{\mathrm{T}} \ \ \bar{\boldsymbol{C}}_2^{\mathrm{T}} \ \cdots \ \bar{\boldsymbol{C}}_K^{\mathrm{T}}]^{\mathrm{T}} \\ \boldsymbol{\delta C} = [\boldsymbol{\delta C}_1^{\mathrm{T}} \ \ \boldsymbol{\delta C}_2^{\mathrm{T}} \ \cdots \ \boldsymbol{\delta C}_K^{\mathrm{T}}]^{\mathrm{T}}\end{cases} \tag{8.104}$$

则有

$$\hat{\boldsymbol{C}} \approx \boldsymbol{C} + \boldsymbol{\delta C} = \boldsymbol{C} + \mathrm{diag}[\delta\theta_{1,1} \ \ \delta\theta_{2,1} \ \cdots \ \cdots \ \delta\theta_{N-1,K} \ \ \delta\theta_{N,K}] \cdot \bar{\boldsymbol{C}} \tag{8.105}$$

式（8.105）中的误差矩阵 $\boldsymbol{\delta C}$ 的自相关矩阵为 $\mathrm{E}[\boldsymbol{\delta C}^{\mathrm{T}} \cdot \boldsymbol{\delta C}] = \sigma_\theta^2 \bar{\boldsymbol{C}}^{\mathrm{T}} \bar{\boldsymbol{C}}$。

为了引出渐近无偏跟踪方法，需要定义如下新的参量

$$\boldsymbol{\eta} = \alpha \boldsymbol{\mu} = \alpha \cdot [1 \ \ \boldsymbol{u}^{\mathrm{T}}]^{\mathrm{T}} \tag{8.106}$$

式中 α 是个标量因子，其作用将在下面进行讨论。基于上述分析，渐近无偏跟踪的估计准则可以由下式给出

$$\begin{cases}\min\limits_{\boldsymbol{\eta}} \boldsymbol{\eta}^{\mathrm{T}} \hat{\boldsymbol{C}}^{\mathrm{T}} \hat{\boldsymbol{C}} \boldsymbol{\eta} = \min\limits_{\boldsymbol{\eta}} \boldsymbol{\eta}^{\mathrm{T}} \hat{\boldsymbol{M}} \boldsymbol{\eta} \\ \mathrm{s.t.} \ \ \boldsymbol{\eta}^{\mathrm{T}} \bar{\boldsymbol{C}}^{\mathrm{T}} \bar{\boldsymbol{C}} \boldsymbol{\eta} = \boldsymbol{\eta}^{\mathrm{T}} \bar{\boldsymbol{M}} \boldsymbol{\eta} = 1\end{cases} \tag{8.107}$$

式中 $\hat{\boldsymbol{M}} = \hat{\boldsymbol{C}}^{\mathrm{T}} \hat{\boldsymbol{C}}$ 和 $\bar{\boldsymbol{M}} = \bar{\boldsymbol{C}}^{\mathrm{T}} \bar{\boldsymbol{C}}$。假设式（8.107）的最优解为 $\hat{\boldsymbol{\eta}}_{\mathrm{opt}}$，则根据向量 $\boldsymbol{u}$ 和 $\boldsymbol{\eta}$ 之间的关系可知，向量 $\boldsymbol{u}$ 的最优解应为

$$\hat{\boldsymbol{u}}_{\mathrm{opt}} = \frac{[\boldsymbol{O}_{4\times 1} \ \ \boldsymbol{I}_4] \cdot \hat{\boldsymbol{\eta}}_{\mathrm{opt}}}{< \hat{\boldsymbol{\eta}}_{\mathrm{opt}} >_1} \tag{8.108}$$

（二）关于渐近无偏估计准则的若干讨论及其实现步骤

下面将针对式（8.107）给出的渐近无偏估计准则做出若干解释和说明。

注释 1： 式（8.107）中的等式约束“1”可以替换成任意正数，因为仅需要改变向量 $\boldsymbol{\eta}$ 中

的标量因子 α 即可。

注释 2：式（8.107）中的等式约束是必要的，因为标量因子 α 的引入会使得未知参量的自由度增加至“5”，此时通过等式约束可以将未知参量的自由度又降回“4”。

注释 3：在方位估计没有误差的情况下满足 $\hat{\boldsymbol{C}}^{\mathrm{T}}\hat{\boldsymbol{C}}=\boldsymbol{C}^{\mathrm{T}}\boldsymbol{C}$，此时式（8.107）的最优解会使得目标函数等于零，并且不难证明其最优解为

$$\hat{\boldsymbol{\eta}}_{\mathrm{opt}}=\frac{1}{\sqrt{[1\ \ \boldsymbol{u}^{\mathrm{T}}]\cdot\overline{\boldsymbol{C}}^{\mathrm{T}}\overline{\boldsymbol{C}}\cdot[1\ \ \boldsymbol{u}^{\mathrm{T}}]^{\mathrm{T}}}}\cdot\begin{bmatrix}1\\ \boldsymbol{u}\end{bmatrix} \tag{8.109}$$

然后利用式（8.108）即可获得向量 $\boldsymbol{u}$ 的真实值。

注释 4：在方位估计存在误差的情况下近似满足 $\hat{\boldsymbol{C}}^{\mathrm{T}}\hat{\boldsymbol{C}}\approx\boldsymbol{C}^{\mathrm{T}}\boldsymbol{C}+\sigma_{\theta}^{2}\overline{\boldsymbol{C}}^{\mathrm{T}}\overline{\boldsymbol{C}}$（在大观测样本条件下），此时式（8.107）中的等式约束可以限制噪声项对目标函数的影响，从而间接使 $\boldsymbol{\eta}^{\mathrm{T}}\boldsymbol{C}^{\mathrm{T}}\boldsymbol{C}\boldsymbol{\eta}$ 最小化。

注释 5：计算矩阵 $\overline{\boldsymbol{C}}$ 需要方位的真实值，在实际中无法获得，可以将方位估计值代入进行计算，这并不会影响其渐近估计性能。

注释 6：式（8.107）可以通过拉格朗日乘子法进行求解，首先构造拉格朗日函数为

$$L(\boldsymbol{\eta},\lambda)=\boldsymbol{\eta}^{\mathrm{T}}\hat{\boldsymbol{C}}^{\mathrm{T}}\hat{\boldsymbol{C}}\boldsymbol{\eta}+\lambda(1-\boldsymbol{\eta}^{\mathrm{T}}\overline{\boldsymbol{C}}^{\mathrm{T}}\overline{\boldsymbol{C}}\boldsymbol{\eta})=\boldsymbol{\eta}^{\mathrm{T}}\hat{\boldsymbol{M}}\boldsymbol{\eta}+\lambda(1-\boldsymbol{\eta}^{\mathrm{T}}\overline{\boldsymbol{M}}\boldsymbol{\eta}) \tag{8.110}$$

对向量 $\boldsymbol{\eta}$ 求偏导并令其等于零可得

$$\frac{\partial L(\boldsymbol{\eta},\boldsymbol{\lambda})}{\partial\boldsymbol{\eta}}=2\hat{\boldsymbol{M}}\boldsymbol{\eta}-2\lambda\overline{\boldsymbol{M}}\boldsymbol{\eta}=\boldsymbol{O}_{4\times1}\Rightarrow\hat{\boldsymbol{M}}\boldsymbol{\eta}=\lambda\overline{\boldsymbol{M}}\boldsymbol{\eta} \tag{8.111}$$

根据式（8.111）可知，λ 和 $\boldsymbol{\eta}$ 是矩阵束 $[\hat{\boldsymbol{M}},\overline{\boldsymbol{M}}]$ 的一对广义特征值和特征向量。结合式（8.107）中的等式约束可以进一步推得 $\lambda=\boldsymbol{\eta}^{\mathrm{T}}\hat{\boldsymbol{M}}\boldsymbol{\eta}$，由于该值是要最小化的，所以 λ 和 $\boldsymbol{\eta}$ 应取矩阵束 $[\hat{\boldsymbol{M}},\overline{\boldsymbol{M}}]$ 的最小特征值及其所对应的特征向量。

注释 7：基于上述讨论可以总结出求解向量 $\boldsymbol{u}$ 的计算步骤：

步骤 1：利用方位估计值计算矩阵 $\hat{\boldsymbol{C}}$ 和 $\overline{\boldsymbol{C}}$。

步骤 2：计算矩阵束 $[\hat{\boldsymbol{M}},\overline{\boldsymbol{M}}]$ 的广义特征分解。

步骤 3：选取矩阵束 $[\hat{\boldsymbol{M}},\overline{\boldsymbol{M}}]$ 的最小特征值对应的广义特征向量。

步骤 4：利用式（8.108）获得向量 $\boldsymbol{u}$ 的估计值。

（三）数值实验

下面将通过若干数值实验说明上述渐近无偏跟踪方法的参数估计精度，并将其与式（8.99）给出的最小二乘解以及克拉美罗界进行比较。需要指出的是，这里除了比较参数估计均方根误差以外，还比较参数估计偏置（即估计误差的数学期望）。

假设有 2 个运动测向站对同一个匀速运动目标进行测向和跟踪定位，2 个测向站的运动速度均为 20m/s，其运动航迹如图 8.14 所示，目标的初始位置坐标为（8km，10km），其在 X 轴方向和 Y 轴方向上的速度分量均为 5m/s，测向站的观测周期为 10s。

首先，将观测时刻总数固定为 30，图 8.15 给出了目标初始位置估计均方根误差随着测向误差标准差的变化曲线，图 8.16 给出了目标运动速度估计均方根误差随着测向误差标准差的变化曲线，图 8.17 给出了目标在 X 轴方向上的初始位置估计偏置随着测向误差标准差的变化曲线，图 8.18 给出了目标在 X 轴方向上的速度分量估计偏置随着测向误差标准差的变化曲线。

接着，将测向误差标准差固定为 1.5°，图 8.19 给出了目标初始位置估计均方根误差随着观测时刻总数的变化曲线，图 8.20 给出了目标运动速度估计均方根误差随着观测时刻总数的变化曲线，图 8.21 给出了目标在 X 轴方向上的初始位置估计偏置随着观测时刻总数的变化曲

线，图 8.22 给出了目标在 X 轴方向上的速度分量估计偏置随着观测时刻总数的变化曲线。此外，图 8.23 还给出了目标航迹跟踪均方根误差随着跟踪时间的变化曲线。

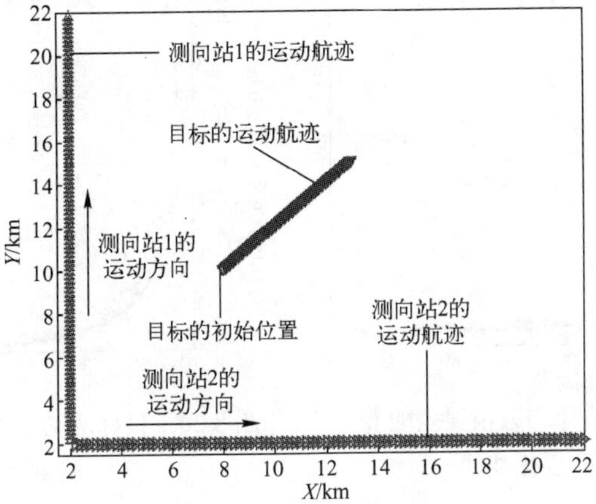

图 8.14　测向站与目标运动航迹示意图

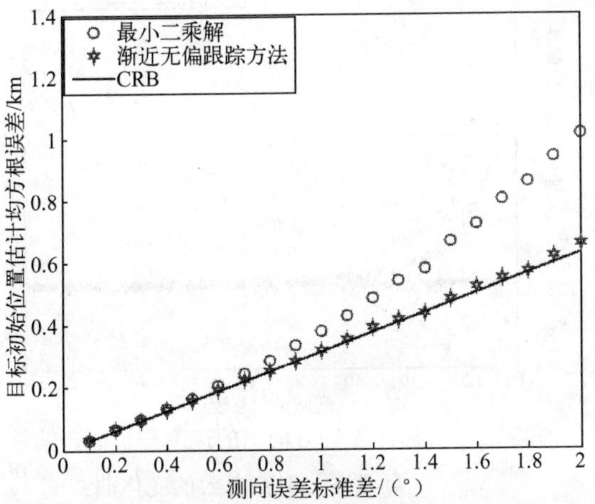

图 8.15　目标初始位置估计均方根误差随着测向误差标准差的变化曲线

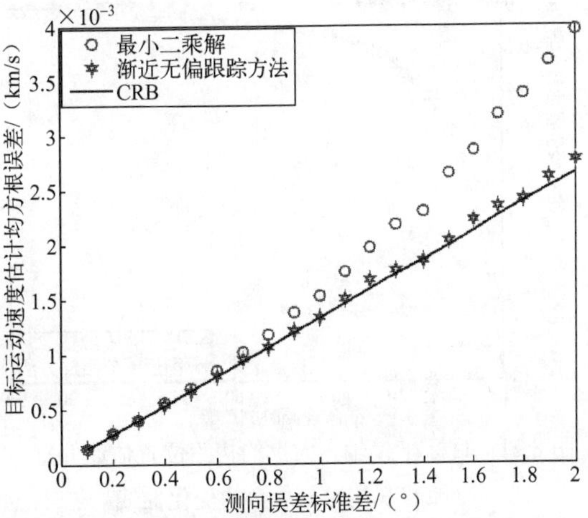

图 8.16　目标运动速度估计均方根误差随着测向误差标准差的变化曲线

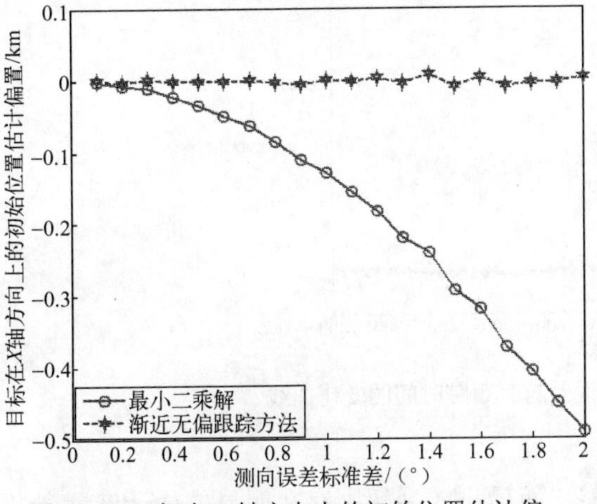

图 8.17　目标在 X 轴方向上的初始位置估计偏置随着测向误差标准差的变化曲线

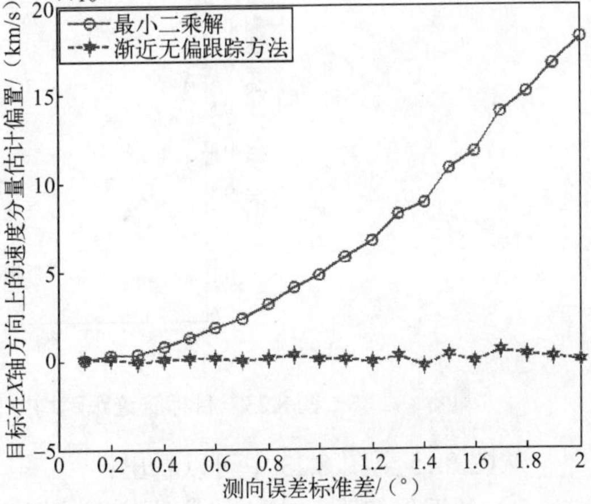

图 8.18　目标在 X 轴方向上的速度分量估计偏置随着测向误差标准差的变化曲线

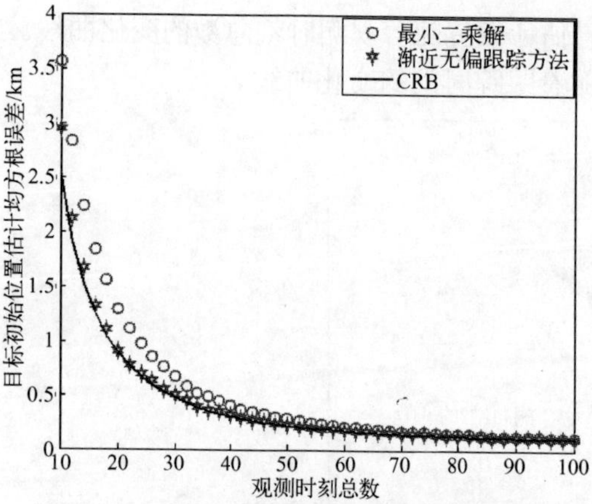

图 8.19　目标初始位置估计均方根误差随着观测时刻总数的变化曲线

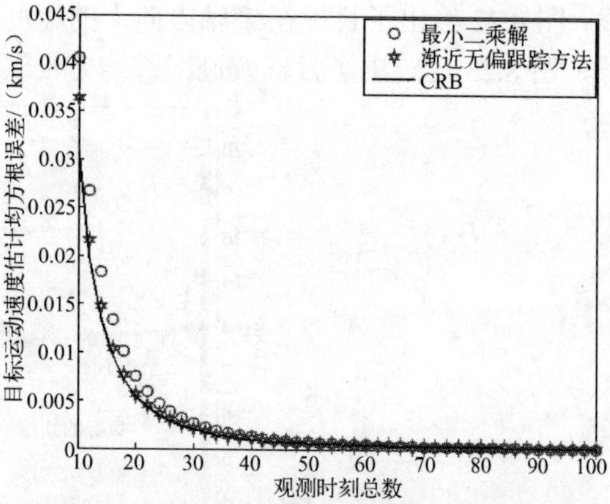

图 8.20　目标运动速度估计均方根误差随着观测时刻总数的变化曲线

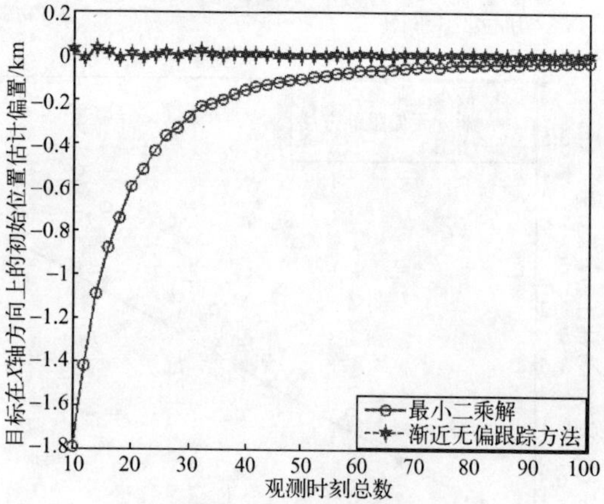

图 8.21　目标在 X 轴方向上的初始位置估计偏置随着观测时刻总数的变化曲线

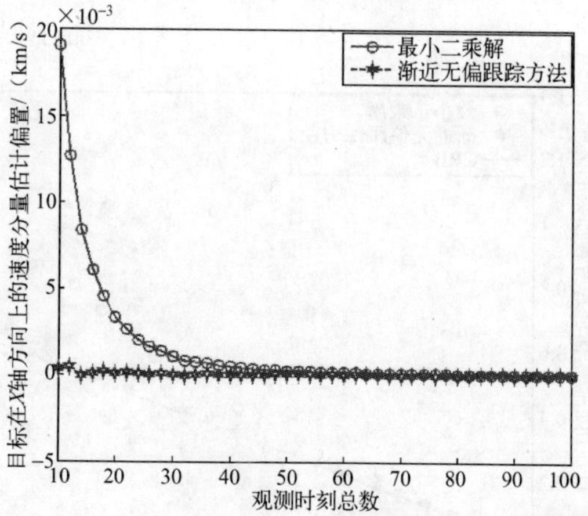

图 8.22　目标在 X 轴方向上的速度分量估计偏置随着观测时刻总数的变化曲线

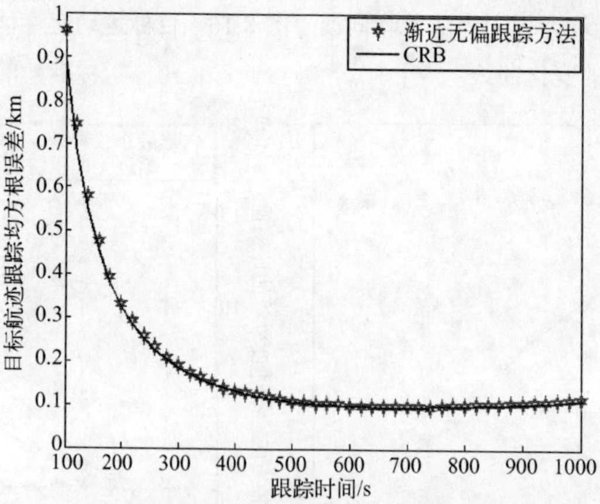

图 8.23　目标航迹跟踪均方根误差随着跟踪时间的变化曲线

从图 8.15 至图 8.23 中可以看出：

① 渐近无偏跟踪方法的估计偏置接近于零，而最小二乘解则存在明显的估计偏置，并且其估计偏置随着测向误差标准差的增加而增大，随着观测时刻总数的增加而减少。

② 渐近无偏跟踪方法的参数估计精度要高于最小二乘解的参数估计精度，并且前者的估计方差可以渐近逼近相应的克拉美罗界。

8.3.4 序贯渐近无偏跟踪方法

（一）序贯渐近无偏跟踪方法的基本原理及其实现步骤

上述渐近无偏跟踪方法需要利用全部时刻的方位观测量对向量 $\boldsymbol{u}$ 进行估计，当新的方位观测量出现时，无法在向量 $\boldsymbol{u}$ 的前一时刻估计值的基础上直接更新计算，不得不重新累积观测数据以计算广义特征值分解。显然，这种计算方式的效率并不高，下面将给出一种序贯渐近无偏跟踪方法，它能够在向量 $\boldsymbol{u}$ 的当前估计值的基础上更新下一时刻的估计值。

首先假设更新至第 k 个观测时刻向量 $\boldsymbol{\eta}$ 的估计值为 $\hat{\boldsymbol{\eta}}^{(k)}$，并将矩阵 $\hat{\boldsymbol{M}}$ 和 $\bar{\boldsymbol{M}}$ 分别记为 $\hat{\boldsymbol{M}}^{(k)}$ 和 $\bar{\boldsymbol{M}}^{(k)}$。当 N 个测向站获得第 $k+1$ 个观测时刻的方位观测量 $\{\hat{\theta}_{n,k+1}\}_{1\leqslant n\leqslant N}$ 时，矩阵 $\hat{\boldsymbol{M}}$ 和 $\bar{\boldsymbol{M}}$ 的更新公式为

$$\hat{\boldsymbol{M}}^{(k+1)}=\hat{\boldsymbol{M}}^{(k)}+\hat{\boldsymbol{C}}_{k+1}^{\mathrm{T}}\hat{\boldsymbol{C}}_{k+1}=\hat{\boldsymbol{M}}^{(k)}+\begin{bmatrix}\hat{\boldsymbol{a}}_{k+1}^{\mathrm{T}}\hat{\boldsymbol{a}}_{k+1} & -\hat{\boldsymbol{a}}_{k+1}^{\mathrm{T}}\hat{\boldsymbol{B}}_{k+1}\\ -\hat{\boldsymbol{B}}_{k+1}^{\mathrm{T}}\hat{\boldsymbol{a}}_{k+1} & \hat{\boldsymbol{B}}_{k+1}^{\mathrm{T}}\hat{\boldsymbol{B}}_{k+1}\end{bmatrix} \tag{8.112}$$

$$\bar{\boldsymbol{M}}^{(k+1)}=\bar{\boldsymbol{M}}^{(k)}+\bar{\boldsymbol{C}}_{k+1}^{\mathrm{T}}\bar{\boldsymbol{C}}_{k+1}=\bar{\boldsymbol{M}}^{(k)}+\begin{bmatrix}\bar{\boldsymbol{a}}_{k+1}^{\mathrm{T}}\bar{\boldsymbol{a}}_{k+1} & -\bar{\boldsymbol{a}}_{k+1}^{\mathrm{T}}\bar{\boldsymbol{B}}_{k+1}\\ -\bar{\boldsymbol{B}}_{k+1}^{\mathrm{T}}\bar{\boldsymbol{a}}_{k+1} & \bar{\boldsymbol{B}}_{k+1}^{\mathrm{T}}\bar{\boldsymbol{B}}_{k+1}\end{bmatrix} \tag{8.113}$$

根据式（8.111）可知，第 $k+1$ 个观测时刻的估计值 $\hat{\boldsymbol{\eta}}^{(k+1)}$ 应该满足

$$\hat{\boldsymbol{M}}^{(k+1)}\hat{\boldsymbol{\eta}}^{(k+1)}=\lambda^{(k+1)}\bar{\boldsymbol{M}}^{(k+1)}\hat{\boldsymbol{\eta}}^{(k+1)}\Leftrightarrow\hat{\boldsymbol{\eta}}^{(k+1)}=\lambda^{(k+1)}(\hat{\boldsymbol{M}}^{(k+1)})^{-1}\bar{\boldsymbol{M}}^{(k+1)}\hat{\boldsymbol{\eta}}^{(k+1)} \tag{8.114}$$

为了得到序贯估计的形式，可以将式（8.114）中的 $\hat{\boldsymbol{\eta}}^{(k+1)}$ 替换为 $\hat{\boldsymbol{\eta}}^{(k)}$，从而得到如下递推公式

$$\hat{\boldsymbol{\eta}}^{(k+1)}=\lambda^{(k+1)}(\hat{\boldsymbol{M}}^{(k+1)})^{-1}\bar{\boldsymbol{M}}^{(k+1)}\hat{\boldsymbol{\eta}}^{(k)} \tag{8.115}$$

为了保证 $\hat{\boldsymbol{\eta}}^{(k+1)\mathrm{T}}\bar{\boldsymbol{M}}^{(k+1)}\hat{\boldsymbol{\eta}}^{(k+1)}=1$，还需要将 $\hat{\boldsymbol{\eta}}^{(k+1)}$ 进行如下归一化处理

$$\hat{\boldsymbol{\eta}}^{(k+1)}:=\frac{\hat{\boldsymbol{\eta}}^{(k+1)}}{\sqrt{\hat{\boldsymbol{\eta}}^{(k+1)\mathrm{T}}\bar{\boldsymbol{M}}^{(k+1)}\hat{\boldsymbol{\eta}}^{(k+1)}}} \tag{8.116}$$

需要指出的是，为了保证解的稳定性和估计精度，通常需要对式（8.115）和式（8.116）进行多次迭代，其迭代过程可以描述为

$$\begin{cases}\text{初值：}\boldsymbol{\gamma}_1=\hat{\boldsymbol{\eta}}^{(k)}\\ \text{迭代：}\boldsymbol{\gamma}_{n+1}=(\hat{\boldsymbol{M}}^{(k+1)})^{-1}\bar{\boldsymbol{M}}^{(k+1)}\boldsymbol{\gamma}_n\\ \qquad\quad \boldsymbol{\gamma}_{n+1}:=\dfrac{\boldsymbol{\gamma}_{n+1}}{\sqrt{\boldsymbol{\gamma}_{n+1}^{\mathrm{T}}\bar{\boldsymbol{M}}^{(k+1)}\boldsymbol{\gamma}_{n+1}}}\\ \qquad\quad n=1,2,\cdots\end{cases} \tag{8.117}$$

基于上述讨论可以总结出序贯渐近无偏跟踪方法的实现步骤：

步骤 1：根据 k_0 个时刻的方位观测量计算矩阵 $\hat{\boldsymbol{M}}^{(k_0)}$ 和 $\bar{\boldsymbol{M}}^{(k_0)}$。

步骤 2：计算矩阵束 $[\hat{\boldsymbol{M}}^{(k_0)},\bar{\boldsymbol{M}}^{(k_0)}]$ 的最小广义特征值对应的广义特征向量得到 $\hat{\boldsymbol{\eta}}^{(k_0)}$。

步骤 3：计算 $\hat{\boldsymbol{u}}^{(k_0)}=\dfrac{[\boldsymbol{O}_{4\times1}\ \boldsymbol{I}_4]\cdot\hat{\boldsymbol{\eta}}^{(k_0)}}{<\hat{\boldsymbol{\eta}}^{(k_0)}>_1}$。

步骤 4：（序贯跟踪）对于 $k=k_0,k_0+1,k_0+2,\cdots$ 执行以下步骤：

步骤(1)：令 $\boldsymbol{\gamma}_1=\hat{\boldsymbol{\eta}}^{(k)}$；

计算 $\hat{\boldsymbol{M}}^{(k+1)}=\hat{\boldsymbol{M}}^{(k)}+\begin{bmatrix}\hat{\boldsymbol{a}}_{k+1}^{\mathrm{T}}\hat{\boldsymbol{a}}_{k+1} & -\hat{\boldsymbol{a}}_{k+1}^{\mathrm{T}}\hat{\boldsymbol{B}}_{k+1}\\ -\hat{\boldsymbol{B}}_{k+1}^{\mathrm{T}}\hat{\boldsymbol{a}}_{k+1} & \hat{\boldsymbol{B}}_{k+1}^{\mathrm{T}}\hat{\boldsymbol{B}}_{k+1}\end{bmatrix}$；

计算 $\bar{\boldsymbol{M}}^{(k+1)}=\bar{\boldsymbol{M}}^{(k)}+\begin{bmatrix}\bar{\boldsymbol{a}}_{k+1}^{\mathrm{T}}\bar{\boldsymbol{a}}_{k+1} & -\bar{\boldsymbol{a}}_{k+1}^{\mathrm{T}}\bar{\boldsymbol{B}}_{k+1}\\ -\bar{\boldsymbol{B}}_{k+1}^{\mathrm{T}}\bar{\boldsymbol{a}}_{k+1} & \bar{\boldsymbol{B}}_{k+1}^{\mathrm{T}}\bar{\boldsymbol{B}}_{k+1}\end{bmatrix}$。

步骤(2)：对于 $n=1,2,3,\cdots$ 执行以下步骤：

步骤(a)：计算 $\boldsymbol{\gamma}_{n+1}=(\hat{\boldsymbol{M}}^{(k+1)})^{-1}\bar{\boldsymbol{M}}^{(k+1)}\boldsymbol{\gamma}_n$；

步骤(b)：计算 $\boldsymbol{\gamma}_{n+1}:=\dfrac{\boldsymbol{\gamma}_{n+1}}{\sqrt{\boldsymbol{\gamma}_{n+1}^{\mathrm{T}}\bar{\boldsymbol{M}}^{(k+1)}\boldsymbol{\gamma}_{n+1}}}$；

步骤(c)：若 $\|\boldsymbol{\gamma}_n-\boldsymbol{\gamma}_{n+1}\|_2>\varepsilon$，转至步骤(a)，否则转至步骤(d)；

步骤(d)：令 $\hat{\boldsymbol{\eta}}^{(k+1)}=\boldsymbol{\gamma}_{n+1}$，计算 $\hat{\boldsymbol{u}}^{(k+1)}=\dfrac{[\boldsymbol{O}_{4\times 1}\ \boldsymbol{I}_4]\cdot\hat{\boldsymbol{\eta}}^{(k+1)}}{<\hat{\boldsymbol{\eta}}^{(k+1)}>_1}$。

（二）数值实验

下面将通过若干数值实验说明上述序贯型渐近无偏跟踪方法的参数估计精度，并将其与式（8.99）给出的最小二乘解、非序贯型渐近无偏跟踪方法以及克拉美罗界进行比较。需要指出的是，这里除了比较参数估计均方根误差以外，还比较参数估计偏置（即估计误差的数学期望）。

假设有 2 个运动测向站对同一个匀速运动目标进行测向和跟踪定位，2 个测向站的运动速度均为 20m/s，其运动航迹如图 8.24 所示，目标的初始位置坐标为（8km，8km），其在 X 轴方向和 Y 轴方向上的速度分量均为 12m/s，测向站的观测周期为 10s。

首先，将观测时刻总数固定为 30，图 8.25 给出了目标初始位置估计均方根误差随着测向误差标准差的变化曲线，图 8.26 给出了目标运动速度估计均方根误差随着测向误差标准差的变化曲线，图 8.27 给出了目标在 X 轴方向上的初始位置估计偏置随着测向误差标准差的变化曲线，图 8.28 给出了目标在 X 轴方向上的速度分量估计偏置随着测向误差标准差的变化曲线。

接着，将测向误差标准差固定为 1.5°，图 8.29 给出了目标初始位置估计均方根误差随着观测时刻总数的变化曲线，图 8.30 给出了目标运动速度估计均方根误差随着观测时刻总数的变化曲线，图 8.31 给出了目标在 X 轴方向上的初始位置估计偏置随着观测时刻总数的变化曲线，图 8.32 给出了目标在 X 轴方向上的速度分量估计偏置随着观测时刻总数的变化曲线。此外，图 8.33 还给出了目标航迹跟踪均方根误差随着观测时刻的变化曲线。

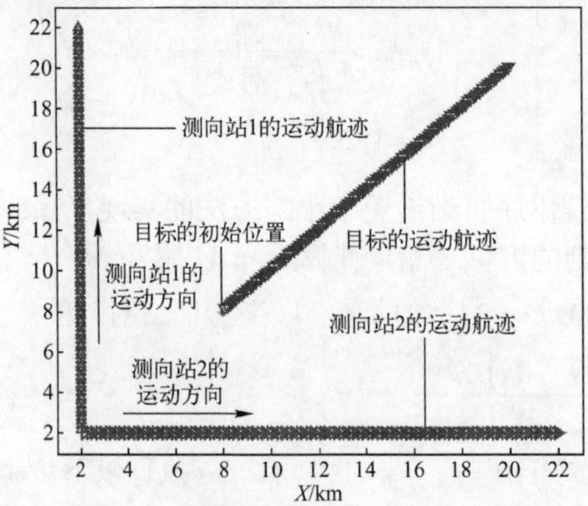

图 8.24　测向站与目标运动航迹示意图

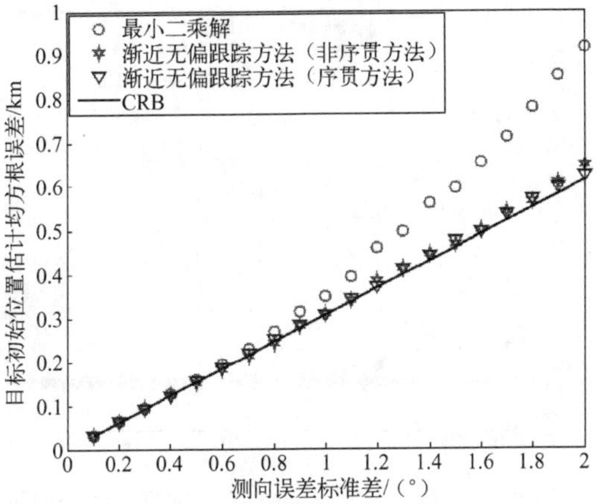

图 8.25　目标初始位置估计均方根误差随着测向误差标准差的变化曲线

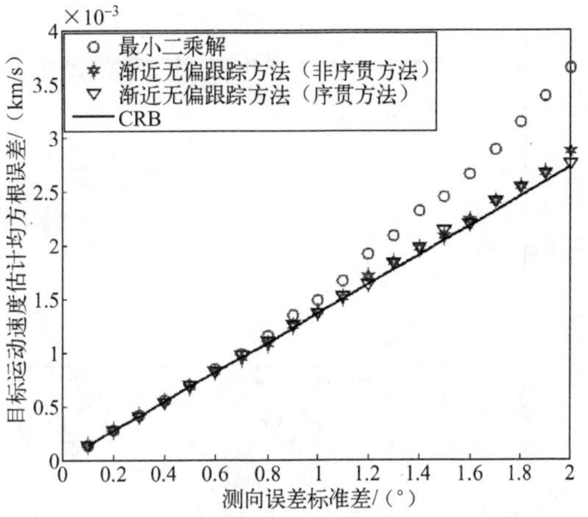

图 8.26　目标运动速度估计均方根误差随着测向误差标准差的变化曲线

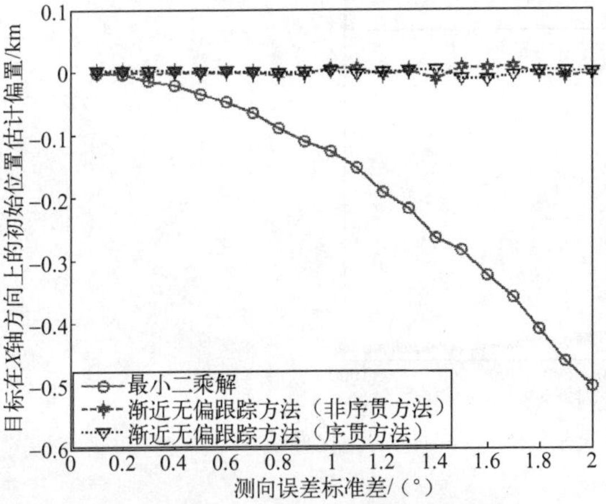

图 8.27　目标在 X 轴方向上的初始位置估计偏置随着测向误差标准差的变化曲线

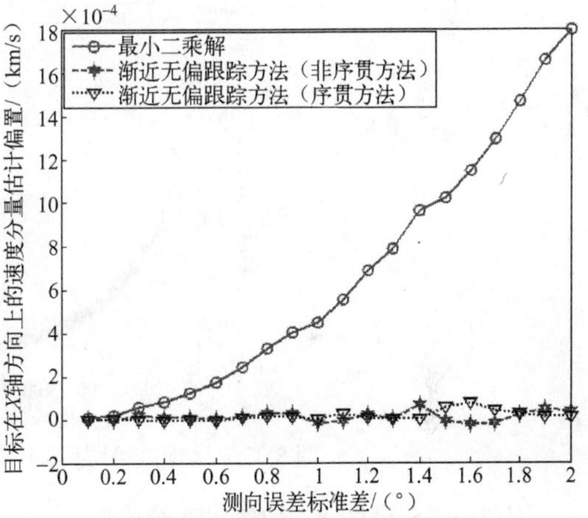

图 8.28　目标在 X 轴方向上的速度分量估计偏置随着测向误差标准差的变化曲线

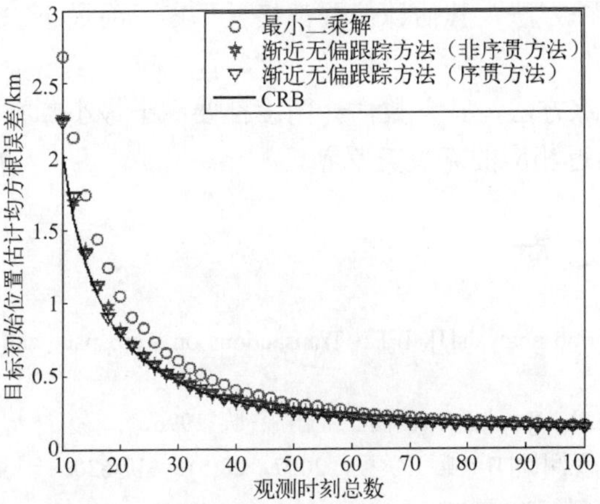

图 8.29　目标初始位置估计均方根误差随着观测时刻总数的变化曲线

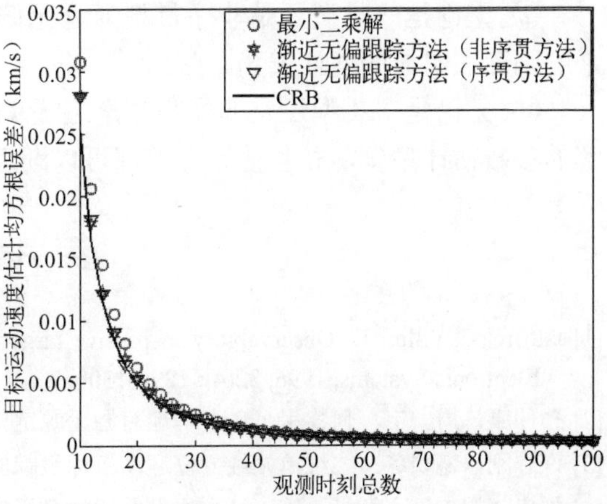

图 8.30　目标运动速度估计均方根误差随着观测时刻总数的变化曲线

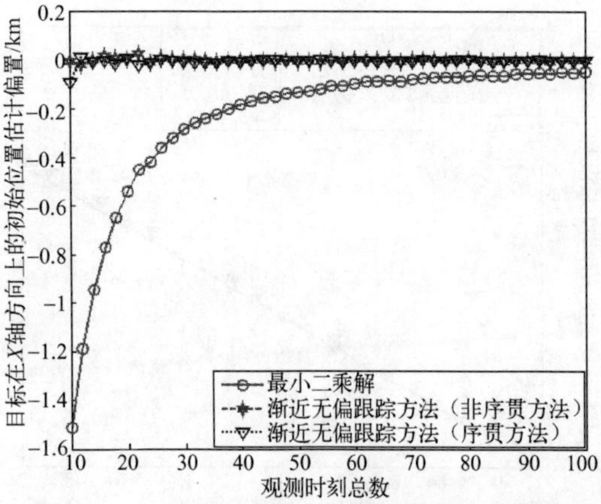

图 8.31　目标在 X 轴方向上的初始位置估计偏置随着观测时刻总数的变化曲线

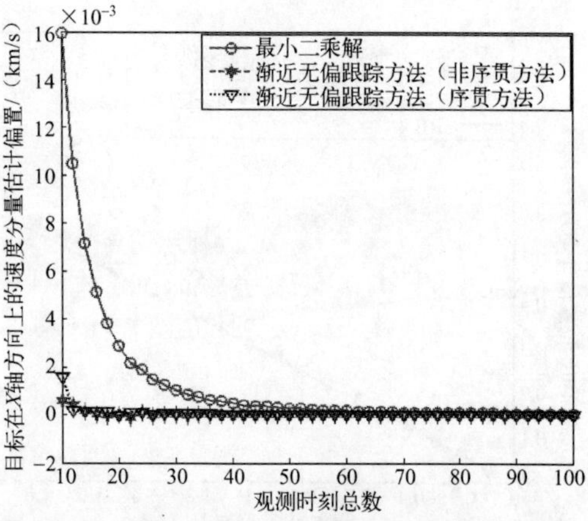

图 8.32　目标在 X 轴方向上的速度分量估计偏置随着观测时刻总数的变化曲线

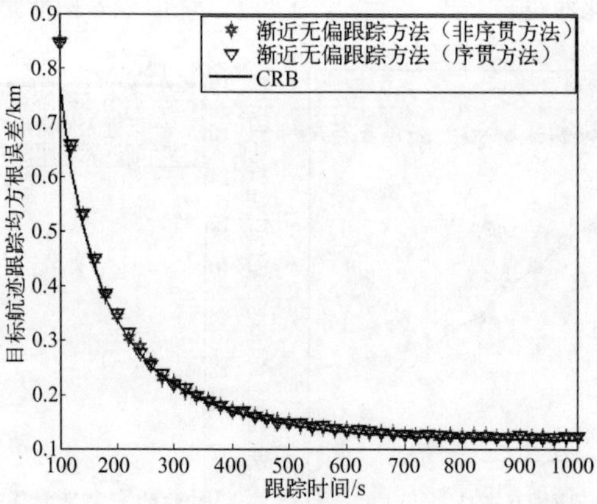

图 8.33　目标航迹跟踪均方根误差随着跟踪时间的变化曲线

从图 8.25 至图 8.33 中可以看出：

① 序贯型渐近无偏跟踪方法的参数估计性能与非序贯型渐近无偏跟踪方法基本一致，但是前者的计算量更少。

② 无论是序贯型还是非序贯型渐近无偏跟踪方法，其估计偏置都接近于零，而最小二乘解则存在明显的估计偏置。

③ 无论是序贯型还是非序贯型渐近无偏跟踪方法，其参数估计精度都要高于最小二乘解的参数估计精度，并且估计方差都可以渐近逼近相应的克拉美罗界。

参 考 文 献

[1] Jauffret C, Pillon D. Observability in passive target motion analysis[J]. IEEE Transactions on Aerospace and Electronic Systems, 1996, 32(4): 1290-1300.

[2] 孙仲康，周一宇，何黎星．单多基地有源无源定位技术[M]．北京：国防工业出版社，1996.

[3] 许志刚，盛安冬．二维单站纯方位运动目标跟踪的可观测性[J]．兵工学报，2007，28(5)：617-620.

[4] 刘忠，周丰，石章松，等．纯方位目标运动分析[M]．北京：国防工业出版社，2009.

[5] 许兆鹏，韩树平．多基阵纯方位非机动目标跟踪可观测性研究[J]．传感器与微系统，2011，30(12): 57-59.

[6] Dan Simon．最优状态估计——卡尔曼，H_∞及非线性滤波[M]．张勇刚，李宁，奔粤阳，译．北京：国防

工业出版社，2013.
[7] 韩崇昭，朱洪艳，段战胜. 多源信息融合[M]. 北京：清华大学出版社，2006.
[8] 李炳荣，丁善荣，马强. 扩展卡尔曼滤波在无源定位中的应用研究[J]. 中国电子科学研究院学报，2011，6(6)：622-625.
[9] 郭福成，孙仲康，安玮. 对运动辐射源的单站无源伪线性定位跟踪算法[J]. 宇航学报，2002，23(5): 28-31.
[10] 詹艳梅，孙进才. 纯方位目标运动分析的卡尔曼滤波算法[J]. 应用声学，2003，22(1)：16-21.
[11] Julier S J, Uhlmann J K, Durrant-Whyte H F. A new method for the nonlinear transformation of means and covariances in filters and estimators[J]. IEEE Transactions on Automatic Control, 2000, 45(3): 477-482.
[12] Julier S J, Uhlmann J K. Unscented filtering and nonlinear estimation[J]. Proceedings of the IEEE, 2004, 92(3): 401-422.
[13] 胡士强，敬忠良. 粒子滤波算法综述[J]. 控制与决策，2005，20(4)：361-365.
[14] Ho K C, Chan Y T. An asymptotically unbiased estimator for bearings-only and Doppler-bearing target motion analysis[J]. IEEE Transactions on Signal Processing, 2006, 54(3): 809-822.
[15] Yang L, Sun M, Ho K C. Doppler-bearing tracking in the presence of observer location error[J]. IEEE Transactions on Signal Processing, 2008, 56(8): 4082-4087.

附录 E　第 8 章所涉及的复杂数学推导

附录 E1　证明式（8.6）

根据矩阵行列式的定义可知

$$\begin{aligned}\det[\boldsymbol{B}^{\mathrm{T}}\boldsymbol{B}]&=\sum_{k_1=1}^{K}\sum_{k_2=1}^{K}t_{k_1}^2t_{k_2}^2(\cos(\theta_{k_1})\cdot\sin(\theta_{k_2}))^2-\sum_{k_1=1}^{K}\sum_{k_2=1}^{K}t_{k_1}^2t_{k_2}^2\cdot\sin(\theta_{k_1})\cdot\cos(\theta_{k_1})\cdot\sin(\theta_{k_2})\cdot\cos(\theta_{k_2})\\&=\sum_{k_1=1}^{K}\sum_{k_2=1}^{K}t_{k_1}^2t_{k_2}^2\cdot\cos(\theta_{k_1})\cdot\sin(\theta_{k_2})\cdot(\cos(\theta_{k_1})\cdot\sin(\theta_{k_2})-\sin(\theta_{k_1})\cdot\cos(\theta_{k_2}))\\&=\sum_{k_1=1}^{K}\sum_{k_2=1}^{K}t_{k_1}^2t_{k_2}^2\cdot\cos(\theta_{k_1})\cdot\sin(\theta_{k_2})\cdot\sin(\theta_{k_2}-\theta_{k_1})\end{aligned} \tag{E.1}$$

类似地也可以推得

$$\begin{aligned}\det[\boldsymbol{B}^{\mathrm{T}}\boldsymbol{B}]&=\sum_{k_1=1}^{K}\sum_{k_2=1}^{K}t_{k_1}^2t_{k_2}^2\cdot\cos(\theta_{k_2})\cdot\sin(\theta_{k_1})\cdot\sin(\theta_{k_1}-\theta_{k_2})\\&=-\sum_{k_1=1}^{K}\sum_{k_2=1}^{K}t_{k_1}^2t_{k_2}^2\cdot\sin(\theta_{k_1})\cdot\cos(\theta_{k_2})\cdot\sin(\theta_{k_2}-\theta_{k_1})\end{aligned} \tag{E.2}$$

结合式（E.1）和式（E.2）可知

$$\begin{aligned}\det[\boldsymbol{B}^{\mathrm{T}}\boldsymbol{B}]&=\frac{1}{2}\sum_{k_1=1}^{K}\sum_{k_2=1}^{K}t_{k_1}^2t_{k_2}^2(\cos(\theta_{k_1})\cdot\sin(\theta_{k_2})\cdot\sin(\theta_{k_2}-\theta_{k_1})-\sin(\theta_{k_1})\cdot\cos(\theta_{k_2})\cdot\sin(\theta_{k_2}-\theta_{k_1}))\\&=\frac{1}{2}\sum_{k_1=1}^{K}\sum_{k_2=1}^{K}t_{k_1}^2t_{k_2}^2(\sin(\theta_{k_1}-\theta_{k_2}))^2=\frac{1}{2}\sum_{k_1=1}^{K}\sum_{k_2=1}^{K}(t_{k_1}t_{k_2}\cdot\sin(\theta_{k_1}-\theta_{k_2}))^2\end{aligned} \tag{E.3}$$

至此，式（8.6）得证。

附录 E2 证明式（8.10）

在任意观测时间 t，目标距离测向站的距离为

$$d(t)=\|\boldsymbol{s}_0^{(\mathrm{t})}+t\boldsymbol{v}^{(\mathrm{t})}\|_2^2=d_0^2+2t(\boldsymbol{s}_0^{(\mathrm{t})\mathrm{T}}\boldsymbol{v}^{(\mathrm{t})})+t^2\cdot\|\boldsymbol{v}^{(\mathrm{t})}\|_2^2 \tag{E.4}$$

对时间 t 求导数可得

$$\frac{\mathrm{d}d(t)}{\mathrm{d}t}=2(\boldsymbol{s}_0^{(\mathrm{t})\mathrm{T}}\boldsymbol{v}^{(\mathrm{t})})+2t\cdot\|\boldsymbol{v}^{(\mathrm{t})}\|_2^2=0\Rightarrow t_{\mathrm{near}}=-\frac{\boldsymbol{s}_0^{(\mathrm{t})\mathrm{T}}\boldsymbol{v}^{(\mathrm{t})}}{\|\boldsymbol{v}^{(\mathrm{t})}\|_2^2}=\frac{|\boldsymbol{s}_0^{(\mathrm{t})\mathrm{T}}\boldsymbol{v}^{(\mathrm{t})}|}{\|\boldsymbol{v}^{(\mathrm{t})}\|_2^2} \tag{E.5}$$

式（E.5）中的最后一个等式是因为 t_{near} 一定是正数。将式（8.2）代入式（E.5）中可得

$$t_{\mathrm{near}}=\frac{|[\sin(\theta_0)\ \cos(\theta_0)]\cdot(\boldsymbol{v}^{(\mathrm{t})}/d_0)|}{\|\boldsymbol{v}^{(\mathrm{t})}/d_0\|_2^2}=\frac{|\sin(\theta_0)\cdot(v_x^{(\mathrm{t})}/d_0)+\cos(\theta_0)\cdot(v_y^{(\mathrm{t})}/d_0)|}{(v_x^{(\mathrm{t})}/d_0)^2+(v_y^{(\mathrm{t})}/d_0)^2} \tag{E.6}$$

又因为

$$\begin{aligned}|\cos(\theta_0-\beta_0)|&=\left|\cos\left(\theta_0+\arctan\frac{v_y^{(\mathrm{t})}/d_0}{v_x^{(\mathrm{t})}/d_0}-\pi/2\right)\right|=\left|\sin\left(\theta_0+\arctan\frac{v_y^{(\mathrm{t})}/d_0}{v_x^{(\mathrm{t})}/d_0}\right)\right|\\&=\left|\sin(\theta_0)\cdot\cos\left(\arctan\frac{v_y^{(\mathrm{t})}/d_0}{v_x^{(\mathrm{t})}/d_0}\right)+\cos(\theta_0)\cdot\sin\left(\arctan\frac{v_y^{(\mathrm{t})}/d_0}{v_x^{(\mathrm{t})}/d_0}\right)\right|\\&=\frac{|\sin(\theta_0)\cdot(v_x^{(\mathrm{t})}/d_0)+\cos(\theta_0)\cdot(v_y^{(\mathrm{t})}/d_0)|}{\sqrt{(v_x^{(\mathrm{t})}/d_0)^2+(v_y^{(\mathrm{t})}/d_0)^2}}\end{aligned} \tag{E.7}$$

将式（E.7）代入式（E.6）中可知式（8.10）成立。

附录 E3 证明式（8.23）

根据式（8.21）可得

$$\begin{aligned}x_{11}(x_{22}x_{33}-x_{23}^2)&=\sum_{k_1=1}^{K}\sum_{k_2=1}^{K}\sum_{k_3=1}^{K}t_{k_1}^2t_{k_2}^2(\cos(\theta_{k_1})\cdot\sin(\theta_{k_2})\cdot\sin(\theta_{k_3}-\theta_0))^2\\&\quad-\sum_{k_1=1}^{K}\sum_{k_2=1}^{K}\sum_{k_3=1}^{K}t_{k_1}^2t_{k_2}^2\cdot\sin(\theta_{k_1})\cdot\cos(\theta_{k_1})\cdot\sin(\theta_{k_2})\cdot\cos(\theta_{k_2})\cdot(\sin(\theta_{k_3}-\theta_0))^2\\&=\sum_{k_1=1}^{K}\sum_{k_2=1}^{K}\sum_{k_3=1}^{K}t_{k_1}^2t_{k_2}^2(\sin(\theta_{k_3}-\theta_0))^2\cdot\cos(\theta_{k_1})\cdot\sin(\theta_{k_2})\cdot\sin(\theta_{k_2}-\theta_{k_1})\end{aligned} \tag{E.8}$$

类似地也可以推得

$$\begin{aligned}x_{11}(x_{22}x_{33}-x_{23}^2)&=\sum_{k_1=1}^{K}\sum_{k_2=1}^{K}\sum_{k_3=1}^{K}t_{k_1}^2t_{k_2}^2(\sin(\theta_{k_3}-\theta_0))^2\cdot\cos(\theta_{k_2})\cdot\sin(\theta_{k_1})\cdot\sin(\theta_{k_1}-\theta_{k_2})\\&=-\sum_{k_1=1}^{K}\sum_{k_2=1}^{K}\sum_{k_3=1}^{K}t_{k_1}^2t_{k_2}^2(\sin(\theta_{k_3}-\theta_0))^2\cdot\sin(\theta_{k_1})\cdot\cos(\theta_{k_2})\cdot\sin(\theta_{k_2}-\theta_{k_1})\end{aligned} \tag{E.9}$$

结合式（E.8）和式（E.9）可知

$$
\begin{aligned}
x_{11}(x_{22}x_{33}-x_{23}^2) &= \frac{1}{2}\sum_{k_1=1}^{K}\sum_{k_2=1}^{K}\sum_{k_3=1}^{K} t_{k_1}^2 t_{k_2}^2 (\sin(\theta_{k_3}-\theta_0))^2 \cdot (\cos(\theta_{k_1})\cdot\sin(\theta_{k_2})-\sin(\theta_{k_1})\cdot\cos(\theta_{k_2}))\cdot\sin(\theta_{k_2}-\theta_{k_1}) \\
&= \frac{1}{2}\sum_{k_1=1}^{K}\sum_{k_2=1}^{K}\sum_{k_3=1}^{K} t_{k_1}^2 t_{k_2}^2 (\sin(\theta_{k_2}-\theta_{k_1}))^2 \cdot (\sin(\theta_{k_3}-\theta_0))^2 \\
&= \frac{1}{2}\sum_{k_1=1}^{K}\sum_{k_2=1}^{K}\sum_{k_3=1}^{K} (t_{k_1} t_{k_2} \cdot \sin(\theta_{k_2}-\theta_{k_1})\cdot\sin(\theta_{k_3}-\theta_0))^2
\end{aligned}
\tag{E.10}
$$

再次利用式（8.21）可得

$$
\begin{aligned}
& x_{12}(x_{13}x_{23}-x_{12}x_{33})+x_{13}(x_{12}x_{23}-x_{13}x_{22}) \\
&= 2\cdot\sum_{k_1=1}^{K}\sum_{k_2=1}^{K}\sum_{k_3=1}^{K} t_{k_1}t_{k_2}t_{k_3}^2\cdot\sin(\theta_{k_1}-\theta_0)\cdot\cos(\theta_{k_1})\cdot\sin(\theta_{k_2}-\theta_0)\cdot\sin(\theta_{k_2})\cdot\sin(\theta_{k_3})\cdot\cos(\theta_{k_3}) \\
&\quad -\sum_{k_1=1}^{K}\sum_{k_2=1}^{K}\sum_{k_3=1}^{K} t_{k_1}t_{k_2}t_{k_3}^2\cdot\sin(\theta_{k_1}-\theta_0)\cdot\cos(\theta_{k_1})\cdot\sin(\theta_{k_2}-\theta_0)\cdot\cos(\theta_{k_2})\cdot(\sin(\theta_{k_3}))^2 \\
&\quad -\sum_{k_1=1}^{K}\sum_{k_2=1}^{K}\sum_{k_3=1}^{K} t_{k_1}t_{k_2}t_{k_3}^2\cdot\sin(\theta_{k_1}-\theta_0)\cdot\sin(\theta_{k_1})\cdot\sin(\theta_{k_2}-\theta_0)\cdot\sin(\theta_{k_2})\cdot(\cos(\theta_{k_3}))^2 \\
&= \sum_{k_1=1}^{K}\sum_{k_2=1}^{K}\sum_{k_3=1}^{K} t_{k_1}t_{k_2}t_{k_3}^2\cdot\sin(\theta_{k_1}-\theta_0)\cdot\sin(\theta_{k_2}-\theta_0)\cdot\sin(\theta_{k_2}-\theta_{k_3})\cdot\cos(\theta_{k_1})\cdot\sin(\theta_{k_3}) \\
&\quad +\sum_{k_1=1}^{K}\sum_{k_2=1}^{K}\sum_{k_3=1}^{K} t_{k_1}t_{k_2}t_{k_3}^2\cdot\sin(\theta_{k_1}-\theta_0)\cdot\sin(\theta_{k_2}-\theta_0)\cdot\sin(\theta_{k_3}-\theta_{k_1})\cdot\sin(\theta_{k_2})\cdot\cos(\theta_{k_3}) \\
&= \sum_{k_1=1}^{K}\sum_{k_2=1}^{K}\sum_{k_3=1}^{K} t_{k_1}t_{k_2}t_{k_3}^2\cdot\sin(\theta_{k_1}-\theta_0)\cdot\sin(\theta_{k_2}-\theta_0)\cdot\sin(\theta_{k_2}-\theta_{k_3})\cdot\cos(\theta_{k_1})\cdot\sin(\theta_{k_3}) \\
&\quad -\sum_{k_1=1}^{K}\sum_{k_2=1}^{K}\sum_{k_3=1}^{K} t_{k_1}t_{k_2}t_{k_3}^2\cdot\sin(\theta_{k_1}-\theta_0)\cdot\sin(\theta_{k_2}-\theta_0)\cdot\sin(\theta_{k_2}-\theta_{k_3})\cdot\sin(\theta_{k_1})\cdot\cos(\theta_{k_3}) \\
&= \sum_{k_1=1}^{K}\sum_{k_2=1}^{K}\sum_{k_3=1}^{K} t_{k_1}t_{k_2}t_{k_3}^2\cdot\sin(\theta_{k_1}-\theta_0)\cdot\sin(\theta_{k_2}-\theta_0)\cdot\sin(\theta_{k_2}-\theta_{k_3})\cdot\sin(\theta_{k_3}-\theta_{k_1})
\end{aligned}
\tag{E.11}
$$

至此，式（8.23）得证。

附录 E4　证明式（8.59）

采用数学归纳法进行证明。当$k=1$时可知

$$
\boldsymbol{S}_{1,1}=(\boldsymbol{H}_1^{\mathrm{T}}(\boldsymbol{x}_1)Q_1^{-1}\boldsymbol{H}_1(\boldsymbol{x}_1))^{-1}=\mathbf{CRB}_{\mathrm{a}}(\boldsymbol{x}_1) \tag{E.12}
$$

假设当$k=n$时满足$\boldsymbol{S}_{n,n}=\mathbf{CRB}_{\mathrm{a}}(\boldsymbol{x}_n)$，则当$k=n+1$时，根据式（8.58）可得

$$
\begin{aligned}
\boldsymbol{S}_{n+1,n+1}^{-1} &= \boldsymbol{S}_{n+1,n}^{-1}+\boldsymbol{H}_{n+1}^{\mathrm{T}}(\boldsymbol{x}_{n+1})Q_{n+1}^{-1}\boldsymbol{H}_{n+1}(\boldsymbol{x}_{n+1}) \\
&= \boldsymbol{\Phi}_{n+1,n}^{-\mathrm{T}}\boldsymbol{S}_{n,n}^{-1}\boldsymbol{\Phi}_{n+1,n}^{-1}+\boldsymbol{H}_{n+1}^{\mathrm{T}}(\boldsymbol{x}_{n+1})Q_{n+1}^{-1}\boldsymbol{H}_{n+1}(\boldsymbol{x}_{n+1})
\end{aligned}
\tag{E.13}
$$

将$\boldsymbol{S}_{n,n}=\mathbf{CRB}_{\mathrm{a}}(\boldsymbol{x}_n)$的表达式代入式（E.13）中可以推得

$$
\begin{aligned}
\boldsymbol{S}_{n+1,n+1}^{-1} &= \boldsymbol{\Phi}_{n+1,n}^{-\mathrm{T}}\boldsymbol{S}_{n,n}^{-1}\boldsymbol{\Phi}_{n+1,n}^{-1} + \boldsymbol{H}_{n+1}^{\mathrm{T}}(\boldsymbol{x}_{n+1})Q_{n+1}^{-1}\boldsymbol{H}_{n+1}(\boldsymbol{x}_{n+1}) \\
&= \sum_{p=1}^{n}\boldsymbol{\Phi}_{n+1,n}^{-\mathrm{T}}\boldsymbol{\Phi}_{n,p}^{-\mathrm{T}}\boldsymbol{H}_p^{\mathrm{T}}(\boldsymbol{x}_p)Q_p^{-1}\boldsymbol{H}_p(\boldsymbol{x}_p)\boldsymbol{\Phi}_{n,p}^{-1}\boldsymbol{\Phi}_{n+1,n}^{-1} + \boldsymbol{H}_{n+1}^{\mathrm{T}}(\boldsymbol{x}_{n+1})Q_{n+1}^{-1}\boldsymbol{H}_{n+1}(\boldsymbol{x}_{n+1}) \\
&= \sum_{p=1}^{n}\boldsymbol{\Phi}_{n+1,p}^{-\mathrm{T}}\boldsymbol{H}_p^{\mathrm{T}}(\boldsymbol{x}_p)Q_p^{-1}\boldsymbol{H}_p(\boldsymbol{x}_p)\boldsymbol{\Phi}_{n+1,p}^{-1} + \boldsymbol{H}_{n+1}^{\mathrm{T}}(\boldsymbol{x}_{n+1})Q_{n+1}^{-1}\boldsymbol{H}_{n+1}(\boldsymbol{x}_{n+1}) \\
&= \sum_{p=1}^{n+1}\boldsymbol{\Phi}_{n+1,p}^{-\mathrm{T}}\boldsymbol{H}_p^{\mathrm{T}}(\boldsymbol{x}_p)Q_p^{-1}\boldsymbol{H}_p(\boldsymbol{x}_p)\boldsymbol{\Phi}_{n+1,p}^{-1} \\
&= (\mathbf{CRB}_{\mathrm{a}}(\boldsymbol{x}_{n+1}))^{-1}
\end{aligned} \tag{E.14}
$$

根据式（E.14）可得 $\boldsymbol{S}_{n+1,n+1} = \mathbf{CRB}_{\mathrm{a}}(\boldsymbol{x}_{n+1})$。至此，式（8.59）得证。

附录 E5　证明式（8.62）

采用数学归纳法进行证明。当 $k=1$ 时可知

$$
\begin{aligned}
\boldsymbol{S}_{1,1}^{-1} &= \boldsymbol{S}_{1,0}^{-1} + \boldsymbol{H}_1^{\mathrm{T}}(\boldsymbol{x}_1)Q_1^{-1}\boldsymbol{H}_1(\boldsymbol{x}_1) = \boldsymbol{\Phi}_{1,0}^{-\mathrm{T}}\boldsymbol{S}_{0,0}^{-1}\boldsymbol{\Phi}_{1,0}^{-1} + \boldsymbol{H}_1^{\mathrm{T}}(\boldsymbol{x}_1)Q_1^{-1}\boldsymbol{H}_1(\boldsymbol{x}_1) \\
&= (\mathbf{CRB}_{\mathrm{b}}(\boldsymbol{x}_1))^{-1}
\end{aligned} \tag{E.15}
$$

假设当 $k=n$ 时满足 $\boldsymbol{S}_{n,n} = \mathbf{CRB}_{\mathrm{b}}(\boldsymbol{x}_n)$，则当 $k=n+1$ 时，根据式（8.61)可得

$$
\begin{aligned}
\boldsymbol{S}_{n+1,n+1}^{-1} &= \boldsymbol{S}_{n+1,n}^{-1} + \boldsymbol{H}_{n+1}^{\mathrm{T}}(\boldsymbol{x}_{n+1})Q_{n+1}^{-1}\boldsymbol{H}_{n+1}(\boldsymbol{x}_{n+1}) \\
&= \boldsymbol{\Phi}_{n+1,n}^{-\mathrm{T}}\boldsymbol{S}_{n,n}^{-1}\boldsymbol{\Phi}_{n+1,n}^{-1} + \boldsymbol{H}_{n+1}^{\mathrm{T}}(\boldsymbol{x}_{n+1})Q_{n+1}^{-1}\boldsymbol{H}_{n+1}(\boldsymbol{x}_{n+1})
\end{aligned} \tag{E.16}
$$

将 $\boldsymbol{S}_{n,n} = \mathbf{CRB}_{\mathrm{b}}(\boldsymbol{x}_n)$ 的表达式代入式（E.16）中可以推得

$$
\begin{aligned}
\boldsymbol{S}_{n+1,n+1}^{-1} &= \boldsymbol{\Phi}_{n+1,n}^{-\mathrm{T}}\boldsymbol{S}_{n,n}^{-1}\boldsymbol{\Phi}_{n+1,n}^{-1} + \boldsymbol{H}_{n+1}^{\mathrm{T}}(\boldsymbol{x}_{n+1})Q_{n+1}^{-1}\boldsymbol{H}_{n+1}(\boldsymbol{x}_{n+1}) \\
&= \sum_{p=1}^{n}\boldsymbol{\Phi}_{n+1,n}^{-\mathrm{T}}\boldsymbol{\Phi}_{n,p}^{-\mathrm{T}}\boldsymbol{H}_p^{\mathrm{T}}(\boldsymbol{x}_p)Q_p^{-1}\boldsymbol{H}_p(\boldsymbol{x}_p)\boldsymbol{\Phi}_{n,p}^{-1}\boldsymbol{\Phi}_{n+1,n}^{-1} + \boldsymbol{\Phi}_{n+1,n}^{-\mathrm{T}}\boldsymbol{\Phi}_{n,0}^{-\mathrm{T}}\boldsymbol{S}_{0,0}^{-1}\boldsymbol{\Phi}_{n,0}^{-1}\boldsymbol{\Phi}_{n+1,n}^{-1} \\
&\quad + \boldsymbol{H}_{n+1}^{\mathrm{T}}(\boldsymbol{x}_{n+1})Q_{n+1}^{-1}\boldsymbol{H}_{n+1}(\boldsymbol{x}_{n+1}) \\
&= \sum_{p=1}^{n}\boldsymbol{\Phi}_{n+1,p}^{-\mathrm{T}}\boldsymbol{H}_p^{\mathrm{T}}(\boldsymbol{x}_p)Q_p^{-1}\boldsymbol{H}_p(\boldsymbol{x}_p)\boldsymbol{\Phi}_{n+1,p}^{-1} + \boldsymbol{H}_{n+1}^{\mathrm{T}}(\boldsymbol{x}_{n+1})Q_{n+1}^{-1}\boldsymbol{H}_{n+1}(\boldsymbol{x}_{n+1}) + \boldsymbol{\Phi}_{n+1,n}^{-\mathrm{T}}\boldsymbol{\Phi}_{n,0}^{-\mathrm{T}}\boldsymbol{S}_{0,0}^{-1}\boldsymbol{\Phi}_{n,0}^{-1}\boldsymbol{\Phi}_{n+1,n}^{-1} \\
&= \sum_{p=1}^{n+1}\boldsymbol{\Phi}_{n+1,p}^{-\mathrm{T}}\boldsymbol{H}_p^{\mathrm{T}}(\boldsymbol{x}_p)Q_p^{-1}\boldsymbol{H}_p(\boldsymbol{x}_p)\boldsymbol{\Phi}_{n+1,p}^{-1} + \boldsymbol{\Phi}_{n+1,0}^{-\mathrm{T}}\boldsymbol{S}_{0,0}^{-1}\boldsymbol{\Phi}_{n+1,0}^{-1} \\
&= (\mathbf{CRB}_{\mathrm{b}}(\boldsymbol{x}_{n+1}))^{-1}
\end{aligned} \tag{E.17}
$$

根据式（E.17）可得 $\boldsymbol{S}_{n+1,n+1} = \mathbf{CRB}_{\mathrm{b}}(\boldsymbol{x}_{n+1})$。至此，式（8.62）得证。

附录 E6

根据式（2.124）可知

$$
\boldsymbol{y}_k = \boldsymbol{f}(\boldsymbol{x}_k) = \boldsymbol{f}(\overline{\boldsymbol{x}}) + D_{\delta x_k}\boldsymbol{f}(\overline{\boldsymbol{x}}) + \frac{1}{2!}\cdot D_{\delta x_k}^2\boldsymbol{f}(\overline{\boldsymbol{x}}) + \frac{1}{3!}\cdot D_{\delta x_k}^3\boldsymbol{f}(\overline{\boldsymbol{x}}) + \cdots \qquad (1 \leqslant k \leqslant 2n) \tag{E.18}
$$

式中 $\boldsymbol{\delta x}_k = \boldsymbol{x}_k - \overline{\boldsymbol{x}} = \pm(n\boldsymbol{R}_{xx})^{1/2}\boldsymbol{i}_n^{(k)}$。于是有

$$\begin{aligned}\bar{\boldsymbol{y}}_{\mathrm{u}} &= \frac{1}{2n}\cdot\sum_{k=1}^{2n}\boldsymbol{y}_k = \frac{1}{2n}\cdot\sum_{k=1}^{2n}\left(\boldsymbol{f}(\bar{\boldsymbol{x}}) + D_{\delta x_k}\boldsymbol{f}(\bar{\boldsymbol{x}}) + \frac{1}{2!}\cdot D_{\delta x_k}^2\boldsymbol{f}(\bar{\boldsymbol{x}}) + \frac{1}{3!}\cdot D_{\delta x_k}^3\boldsymbol{f}(\bar{\boldsymbol{x}}) + \cdots\right) \\ &= \boldsymbol{f}(\bar{\boldsymbol{x}}) + \frac{1}{2n}\cdot\sum_{k=1}^{2n}\left(D_{\delta x_k}\boldsymbol{f}(\bar{\boldsymbol{x}}) + \frac{1}{2!}\cdot D_{\delta x_k}^2\boldsymbol{f}(\bar{\boldsymbol{x}}) + \frac{1}{3!}\cdot D_{\delta x_k}^3\boldsymbol{f}(\bar{\boldsymbol{x}}) + \cdots\right)\end{aligned} \tag{E.19}$$

对于任意奇数 m，根据式（8.72）不难验证如下关系式

$$D_{\delta x_k}^m\boldsymbol{f}(\bar{\boldsymbol{x}}) = -D_{\delta x_{k+n}}^m\boldsymbol{f}(\bar{\boldsymbol{x}}) \quad (1 \leqslant k \leqslant n) \tag{E.20}$$

于是有

$$\frac{1}{2n}\cdot\sum_{k=1}^{2n}\frac{1}{m!}\cdot D_{\delta x_k}^m\boldsymbol{f}(\bar{\boldsymbol{x}}) = \boldsymbol{O} \tag{E.21}$$

利用式（E.21）可将式（E.19）简写为

$$\bar{\boldsymbol{y}}_{\mathrm{u}} = \boldsymbol{f}(\bar{\boldsymbol{x}}) + \frac{1}{2n}\cdot\sum_{k=1}^{2n}\left(\frac{1}{2!}\cdot D_{\delta x_k}^2\boldsymbol{f}(\bar{\boldsymbol{x}}) + \frac{1}{4!}\cdot D_{\delta x_k}^4\boldsymbol{f}(\bar{\boldsymbol{x}}) + \frac{1}{6!}\cdot D_{\delta x_k}^6\boldsymbol{f}(\bar{\boldsymbol{x}}) + \cdots\right) \tag{E.22}$$

考虑式（E.22）大括号里的第一项，并将其进行展开可得

$$\begin{aligned}\frac{1}{2n}\cdot\sum_{k=1}^{2n}\frac{1}{2!}\cdot D_{\delta x_k}^2\boldsymbol{f}(\bar{\boldsymbol{x}}) &= \frac{1}{4n}\cdot\sum_{k=1}^{2n}\left(\sum_{i=1}^{n}<\boldsymbol{\delta x}_k>_i\cdot\frac{\partial}{\partial<\boldsymbol{x}>_i}\right)^2\boldsymbol{f}(\boldsymbol{x})\Bigg|_{x=\bar{x}} \\ &= \frac{1}{4n}\cdot\sum_{k=1}^{2n}\sum_{i=1}^{n}\sum_{j=1}^{n}<\boldsymbol{\delta x}_k>_i\cdot<\boldsymbol{\delta x}_k>_j\cdot\frac{\partial^2\boldsymbol{f}(\boldsymbol{x})}{\partial<\boldsymbol{x}>_i\partial<\boldsymbol{x}>_j}\Bigg|_{x=\bar{x}} \\ &= \frac{1}{2n}\cdot\sum_{i=1}^{n}\sum_{j=1}^{n}\sum_{k=1}^{n}<\boldsymbol{\delta x}_k>_i\cdot<\boldsymbol{\delta x}_k>_j\cdot\frac{\partial^2\boldsymbol{f}(\boldsymbol{x})}{\partial<\boldsymbol{x}>_i\partial<\boldsymbol{x}>_j}\Bigg|_{x=\bar{x}}\end{aligned} \tag{E.23}$$

式（E.23）中的第三个等式利用了式（8.72）。将式（8.72）代入式（E.23）中可得

$$\begin{aligned}\frac{1}{2n}\cdot\sum_{k=1}^{2n}\frac{1}{2!}\cdot D_{\delta x_k}^2\boldsymbol{f}(\bar{\boldsymbol{x}}) &= \frac{1}{2n}\cdot\sum_{i=1}^{n}\sum_{j=1}^{n}\sum_{k=1}^{n}<(n\boldsymbol{R}_{xx})^{1/2}>_{ik}\cdot<(n\boldsymbol{R}_{\mathbf{xx}})^{1/2}>_{jk}\cdot\frac{\partial^2\boldsymbol{f}(\boldsymbol{x})}{\partial<\boldsymbol{x}>_i\partial<\boldsymbol{x}>_j}\Bigg|_{x=\bar{x}} \\ &= \frac{1}{2}\cdot\sum_{i=1}^{n}\sum_{j=1}^{n}<\boldsymbol{R}_{xx}>_{ij}\cdot\frac{\partial^2\boldsymbol{f}(\boldsymbol{x})}{\partial<\boldsymbol{x}>_i\partial<\boldsymbol{x}>_j}\Bigg|_{x=\bar{x}}\end{aligned} \tag{E.24}$$

将式（E.24）代入式（E.22）中可得

$$\bar{\boldsymbol{y}}_{\mathrm{u}} = \boldsymbol{f}(\bar{\boldsymbol{x}}) + \frac{1}{2}\cdot\sum_{i=1}^{n}\sum_{j=1}^{n}<\boldsymbol{R}_{xx}>_{ij}\cdot\frac{\partial^2\boldsymbol{f}(\boldsymbol{x})}{\partial<\boldsymbol{x}>_i\partial<\boldsymbol{x}>_j}\Bigg|_{x=\bar{x}} + \frac{1}{2n}\cdot\sum_{k=1}^{2n}\left(\frac{1}{4!}\cdot D_{\delta x_k}^4\boldsymbol{f}(\bar{\boldsymbol{x}}) + \frac{1}{6!}\cdot D_{\delta x_k}^6\boldsymbol{f}(\bar{\boldsymbol{x}}) + \cdots\right) \tag{E.25}$$

利用式（2.126）可知

$$\bar{\boldsymbol{y}} = \mathrm{E}[\boldsymbol{y}] = \mathrm{E}[\boldsymbol{f}(\boldsymbol{x})] = \boldsymbol{f}(\bar{\boldsymbol{x}}) + \frac{1}{2!}\cdot\mathrm{E}[D_{\delta x}^2\boldsymbol{f}(\bar{\boldsymbol{x}})] + \frac{1}{4!}\cdot\mathrm{E}[D_{\delta x}^4\boldsymbol{f}(\bar{\boldsymbol{x}})] + \cdots \tag{E.26}$$

式（E.26）中等式右边第二项为

$$
\begin{aligned}
\frac{1}{2!}\cdot \mathrm{E}[D_{\delta x}^2 \boldsymbol{f}(\overline{\boldsymbol{x}})] &= \frac{1}{2}\cdot \mathrm{E}\left[\left(\sum_{i=1}^{n} <\boldsymbol{\delta x}>_i \cdot \frac{\partial}{\partial <\boldsymbol{x}>_i}\right)^2 \boldsymbol{f}(\boldsymbol{x})\Bigg|_{x=\overline{x}}\right] \\
&= \frac{1}{2}\cdot \sum_{i=1}^{n}\sum_{j=1}^{n} \mathrm{E}[<\boldsymbol{\delta x}>_i \cdot <\boldsymbol{\delta x}>_j]\cdot \frac{\partial^2 \boldsymbol{f}(\boldsymbol{x})}{\partial <\boldsymbol{x}>_i \partial <\boldsymbol{x}>_j}\Bigg|_{x=\overline{x}} \\
&= \frac{1}{2}\cdot \sum_{i=1}^{n}\sum_{j=1}^{n} <\boldsymbol{R}_{xx}>_{ij} \cdot \frac{\partial^2 \boldsymbol{f}(\boldsymbol{x})}{\partial <\boldsymbol{x}>_i \partial <\boldsymbol{x}>_j}\Bigg|_{x=\overline{x}}
\end{aligned} \tag{E.27}
$$

将式（E.27）代入式（E.26）中可得

$$
\overline{\boldsymbol{y}} = \mathrm{E}[\boldsymbol{y}] = \mathrm{E}[\boldsymbol{f}(\boldsymbol{x})] = \boldsymbol{f}(\overline{\boldsymbol{x}}) + \frac{1}{2}\cdot \sum_{i=1}^{n}\sum_{j=1}^{n} <\boldsymbol{R}_{xx}>_{ij} \cdot \frac{\partial^2 \boldsymbol{f}(\boldsymbol{x})}{\partial <\boldsymbol{x}>_i \partial <\boldsymbol{x}>_j}\Bigg|_{x=\overline{x}} + \frac{1}{4!}\cdot \mathrm{E}[D_{\delta x}^4 \boldsymbol{f}(\overline{\boldsymbol{x}})] + \cdots \tag{E.28}
$$

比较式（E.25）和式（E.28）可知，向量 $\overline{\boldsymbol{y}}_{\mathrm{u}}$ 可以看成是向量 $\boldsymbol{y}$ 真实均值 $\overline{\boldsymbol{y}}$ 的很好近似，并且可以近似到三阶项。

附录 E7

根据式（E.18）和式（E.22）可得

$$
\begin{aligned}
\boldsymbol{y}_k - \overline{\boldsymbol{y}}_{\mathrm{u}} = &\left(D_{\delta x_k}\boldsymbol{f}(\overline{\boldsymbol{x}}) + \frac{1}{2!}\cdot D_{\delta x_k}^2 \boldsymbol{f}(\overline{\boldsymbol{x}}) + \frac{1}{3!}\cdot D_{\delta x_k}^3 \boldsymbol{f}(\overline{\boldsymbol{x}}) + \cdots\right) \\
&- \frac{1}{2n}\cdot \sum_{k=1}^{2n}\left(\frac{1}{2!}\cdot D_{\delta x_k}^2 \boldsymbol{f}(\overline{\boldsymbol{x}}) + \frac{1}{4!}\cdot D_{\delta x_k}^4 \boldsymbol{f}(\overline{\boldsymbol{x}}) + \frac{1}{6!}\cdot D_{\delta x_k}^6 \boldsymbol{f}(\overline{\boldsymbol{x}}) + \cdots\right)
\end{aligned} \tag{E.29}
$$

于是有

$$
\begin{aligned}
\boldsymbol{R}_{\mathrm{uu}} &= \frac{1}{2n}\cdot \sum_{k=1}^{2n}(\boldsymbol{y}_k - \overline{\boldsymbol{y}}_{\mathrm{u}})(\boldsymbol{y}_k - \overline{\boldsymbol{y}}_{\mathrm{u}})^{\mathrm{T}} \\
&= \frac{1}{2n}\cdot \sum_{k=1}^{2n}\Bigg\{D_{\delta x_k}\boldsymbol{f}(\overline{\boldsymbol{x}})\cdot (D_{\delta x_k}\boldsymbol{f}(\overline{\boldsymbol{x}}))^{\mathrm{T}} + \frac{1}{2}\cdot D_{\delta x_k}\boldsymbol{f}(\overline{\boldsymbol{x}})\cdot (D_{\delta x_k}^2\boldsymbol{f}(\overline{\boldsymbol{x}}))^{\mathrm{T}} + \frac{1}{2}\cdot D_{\delta x_k}^2\boldsymbol{f}(\overline{\boldsymbol{x}})\cdot (D_{\delta x_k}\boldsymbol{f}(\overline{\boldsymbol{x}}))^{\mathrm{T}} \\
&\quad + \frac{1}{6}\cdot D_{\delta x_k}\boldsymbol{f}(\overline{\boldsymbol{x}})\cdot (D_{\delta x_k}^3\boldsymbol{f}(\overline{\boldsymbol{x}}))^{\mathrm{T}} + \frac{1}{6}\cdot D_{\delta x_k}^3\boldsymbol{f}(\overline{\boldsymbol{x}})\cdot (D_{\delta x_k}\boldsymbol{f}(\overline{\boldsymbol{x}}))^{\mathrm{T}} + \frac{1}{4}\cdot D_{\delta x_k}^2\boldsymbol{f}(\overline{\boldsymbol{x}})\cdot (D_{\delta x_k}^2\boldsymbol{f}(\overline{\boldsymbol{x}}))^{\mathrm{T}} + \cdots \\
&\quad - \frac{1}{4n}\cdot D_{\delta x_k}\boldsymbol{f}(\overline{\boldsymbol{x}})\cdot\left(\sum_{l=1}^{2n} D_{\delta x_l}^2\boldsymbol{f}(\overline{\boldsymbol{x}})\right)^{\mathrm{T}} - \frac{1}{4n}\cdot\left(\sum_{l=1}^{2n} D_{\delta x_l}^2\boldsymbol{f}(\overline{\boldsymbol{x}})\right)\cdot (D_{\delta x_k}\boldsymbol{f}(\overline{\boldsymbol{x}}))^{\mathrm{T}} \\
&\quad - \frac{1}{8n}\cdot D_{\delta x_k}^2\boldsymbol{f}(\overline{\boldsymbol{x}})\cdot\left(\sum_{l=1}^{2n} D_{\delta x_l}^2\boldsymbol{f}(\overline{\boldsymbol{x}})\right)^{\mathrm{T}} - \frac{1}{8n}\cdot\left(\sum_{l=1}^{2n} D_{\delta x_l}^2\boldsymbol{f}(\overline{\boldsymbol{x}})\right)\cdot (D_{\delta x_k}^2\boldsymbol{f}(\overline{\boldsymbol{x}}))^{\mathrm{T}} - \cdots \\
&\quad + \frac{1}{16n^2}\cdot\left(\sum_{l=1}^{2n} D_{\delta x_l}^2\boldsymbol{f}(\overline{\boldsymbol{x}})\right)\cdot\left(\sum_{l=1}^{2n} D_{\delta x_l}^2\boldsymbol{f}(\overline{\boldsymbol{x}})\right)^{\mathrm{T}} + \cdots\Bigg\}
\end{aligned} \tag{E.30}
$$

根据式（8.72）可知，式（E.30）中的三阶项均为零，由此可将式（E.30）简化为

$$\boldsymbol{R}_{\mathrm{uu}}=\frac{1}{2n}\cdot\sum_{k=1}^{2n}(\boldsymbol{y}_k-\overline{\boldsymbol{y}}_{\mathrm{u}})(\boldsymbol{y}_k-\overline{\boldsymbol{y}}_{\mathrm{u}})^{\mathrm{T}}=\frac{1}{2n}\cdot\sum_{k=1}^{2n}D_{\delta x_k}\boldsymbol{f}(\overline{\boldsymbol{x}})\cdot(D_{\delta x_k}\boldsymbol{f}(\overline{\boldsymbol{x}}))^{\mathrm{T}}+\mathrm{HOT} \tag{E.31}$$

式中 HOT 表示高阶项（包括四阶及其以上各项）。式（E.31）中右边第一项为

$$\begin{aligned}\frac{1}{2n}\cdot\sum_{k=1}^{2n}D_{\delta x_k}\boldsymbol{f}(\overline{\boldsymbol{x}})\cdot(D_{\delta x_k}\boldsymbol{f}(\overline{\boldsymbol{x}}))^{\mathrm{T}}&=\frac{1}{n}\cdot\sum_{k=1}^{n}\sum_{i=1}^{n}\sum_{j=1}^{n}<\boldsymbol{\delta x}_k>_i\cdot<\boldsymbol{\delta x}_k>_j\cdot\left.\frac{\partial\boldsymbol{f}(\boldsymbol{x})}{\partial<\boldsymbol{x}>_i}\right|_{x=\overline{x}}\cdot\left.\frac{\partial\boldsymbol{f}^{\mathrm{T}}(\boldsymbol{x})}{\partial<\boldsymbol{x}>_j}\right|_{x=\overline{x}}\\&=\frac{1}{n}\cdot\sum_{k=1}^{n}\sum_{i=1}^{n}\sum_{j=1}^{n}<(n\boldsymbol{R}_{xx})^{1/2}>_{ik}\cdot<(n\boldsymbol{R}_{xx})^{1/2}>_{jk}\cdot\left.\frac{\partial\boldsymbol{f}(\boldsymbol{x})}{\partial<\boldsymbol{x}>_i}\right|_{x=\overline{x}}\cdot\left.\frac{\partial\boldsymbol{f}^{\mathrm{T}}(\boldsymbol{x})}{\partial<\boldsymbol{x}>_j}\right|_{x=\overline{x}}\\&=\sum_{i=1}^{n}\sum_{j=1}^{n}<\boldsymbol{R}_{xx}>_{ij}\cdot\left.\frac{\partial\boldsymbol{f}(\boldsymbol{x})}{\partial<\boldsymbol{x}>_i}\right|_{x=\overline{x}}\cdot\left.\frac{\partial\boldsymbol{f}^{\mathrm{T}}(\boldsymbol{x})}{\partial<\boldsymbol{x}>_j}\right|_{x=\overline{x}}\\&=\boldsymbol{F}(\overline{\boldsymbol{x}})\boldsymbol{R}_{xx}\boldsymbol{F}^{\mathrm{T}}(\overline{\boldsymbol{x}})\end{aligned} \tag{E.32}$$

式中 $\boldsymbol{F}(\boldsymbol{x})=\dfrac{\partial\boldsymbol{f}(\boldsymbol{x})}{\partial\boldsymbol{x}^{\mathrm{T}}}$ 表示向量函数 $\boldsymbol{f}(\boldsymbol{x})$ 的 Jacobi 矩阵。将式（E.32）代入式（E.31）中可得

$$\boldsymbol{R}_{\mathrm{uu}}=\boldsymbol{F}(\overline{\boldsymbol{x}})\boldsymbol{R}_{xx}\boldsymbol{F}^{\mathrm{T}}(\overline{\boldsymbol{x}})+\mathrm{HOT} \tag{E.33}$$

再根据式（2.128）可知

$$\begin{aligned}\boldsymbol{R}_{yy}&=\mathrm{E}[(\boldsymbol{y}-\overline{\boldsymbol{y}})(\boldsymbol{y}-\overline{\boldsymbol{y}})^{\mathrm{T}}]=\mathrm{E}[(\boldsymbol{y}-\mathrm{E}[\boldsymbol{y}])(\boldsymbol{y}-\mathrm{E}[\boldsymbol{y}])^{\mathrm{T}}]\\&=\mathrm{E}[D_{\delta x}\boldsymbol{f}(\overline{\boldsymbol{x}})\cdot(D_{\delta x}\boldsymbol{f}(\overline{\boldsymbol{x}}))^{\mathrm{T}}]+\overline{\mathrm{HOT}}\end{aligned} \tag{E.34}$$

式中 $\overline{\mathrm{HOT}}$ 表示高阶项（包括四阶及其以上各项）。式（E.34）中第三个等式右边第一项为

$$\begin{aligned}\mathrm{E}[D_{\delta x}\boldsymbol{f}(\overline{\boldsymbol{x}})\cdot(D_{\delta x}\boldsymbol{f}(\overline{\boldsymbol{x}}))^{\mathrm{T}}]&=\sum_{i=1}^{n}\sum_{j=1}^{n}\mathrm{E}[<\boldsymbol{\delta x}>_i\cdot<\boldsymbol{\delta x}>_j]\cdot\left.\frac{\partial\boldsymbol{f}(\boldsymbol{x})}{\partial<\boldsymbol{x}>_i}\right|_{x=\overline{x}}\cdot\left.\frac{\partial\boldsymbol{f}^{\mathrm{T}}(\boldsymbol{x})}{\partial<\boldsymbol{x}>_j}\right|_{x=\overline{x}}\\&=\sum_{i=1}^{n}\sum_{j=1}^{n}<\boldsymbol{R}_{xx}>_{ij}\cdot\left.\frac{\partial\boldsymbol{f}(\boldsymbol{x})}{\partial<\boldsymbol{x}>_i}\right|_{x=\overline{x}}\cdot\left.\frac{\partial\boldsymbol{f}^{\mathrm{T}}(\boldsymbol{x})}{\partial<\boldsymbol{x}>_j}\right|_{x=\overline{x}}\\&=\boldsymbol{F}(\overline{\boldsymbol{x}})\boldsymbol{R}_{xx}\boldsymbol{F}^{\mathrm{T}}(\overline{\boldsymbol{x}})\end{aligned} \tag{E.35}$$

将式（E.35）代入式（E.34）中可得

$$\boldsymbol{R}_{yy}=\boldsymbol{F}(\overline{\boldsymbol{x}})\boldsymbol{R}_{xx}\boldsymbol{F}^{\mathrm{T}}(\overline{\boldsymbol{x}})+\overline{\mathrm{HOT}} \tag{E.36}$$

比较式（E.33）和式（E.36）可知，矩阵 $\boldsymbol{R}_{\mathrm{uu}}$ 可以看成是向量 $\boldsymbol{y}$ 真实协方差矩阵 $\boldsymbol{R}_{yy}$ 的很好近似，并且可以近似到三阶项。

第 9 章 基于阵列信号数据域的目标位置直接估计理论与方法

无论现有的无线电测向定位系统采用何种测向算法和定位算法，其定位过程都可以归纳成两步估计方式，即每个测向站先独立地进行测向（第一步），然后再将测向结果传送至中心站进行交汇定位（第二步）。从整个定位过程中不难看出，测向往往并不是最终目的，而仅仅给出中间参数，目标位置估计才是最终所要的结果。因此，一种很自然的想法就是，能否避免测向这一环节，而从信号数据域中直接提取目标的位置参数，即单步估计（这里也称为直接估计）方式。基于这一理念，A. J. Weiss 等人针对现有的各种无线电定位体制，提出了相对应的目标位置直接估计（PDE，Position Direct Estimation）方法，其中主要包括基于宽带信号时/频差信息的目标位置直接估计方法[1]，基于窄带信号多普勒频偏信息的目标位置直接估计方法[2]，基于信号方位和时差信息的目标位置直接估计方法[3-7]等。此外，M. O ispuu 等人提出了基于单个运动阵列的目标位置直接估计方法[8]，张敏等人提出了基于单个运动长基线干涉仪的目标位置直接估计方法[9, 10]。

需要指出的是，无论是两步定位方式还是单步定位方式都有其优缺点。两步定位方式的优势主要表现在计算过程简单，对测向站之间的通信带宽和同步精度要求不高，便于工程实现，而其不足之处则可以归纳为以下四点：首先，从信息论的角度来看，两步定位方式难以获得渐近最优的估计精度，这是因为从原始数据到最终估计结果之间每增加一步处理环节，就会损失掉一部分信息，从而影响最终的定位精度（在低信噪比和小样本数条件下该现象更为明显）；接着，两步定位方式存在门限效应，以测向交汇定位体制为例，当两个信号的方位间隔小于某个测向站的角度分辨门限时，该测向站会将其错判为单一信号，如果该测向站将这一错误信息传送至中心站时很可能导致中心站的误判；其次，两步定位方式中的第一步往往是各个测向站利用其采集到的信号数据独立的进行参数估计，这很容易损失掉各个站采集数据之间的相关性，而丢失掉的这部分信息在第二步定位环节中是无法得到弥补的；最后，当有多个目标同时存在时，两步定位方式存在“目标—量测”数据关联问题，即如何将信号测量参数和目标进行正确关联，从而完成后续的多目标定位。需要指出的是，单步定位方式则可以较好的解决上述四点不足，但是它需要更高的通信带宽和更多的计算量。

综合以上讨论，有理由相信，随着通信带宽和计算能力的提升，目标位置直接估计方式（即单步定位方式）将会在实际工程应用中发挥着重要作用。本章将讨论基于测向阵列信号数据域的目标位置直接估计方法，文中将分别给出基于单个可移动阵列的信号数据域目标位置直接估计方法，以及基于多个静止阵列的信号数据域目标位置直接估计方法。

9.1 基于单个可移动阵列的信号数据域目标位置直接估计方法

根据第 8 章的分析可知，为了利用单个测向站对目标进行定位，需要测向站能够在不同的空间位置采集信号，并且利用不同时刻的（序列）观测量估计目标的位置参数，这就要求测向阵列安装在可移动的平台上。本节将给出基于单个可移动阵列的信号数据域目标位置直接估计方法。

9.1.1 阵列信号模型

假设某个 M 元天线阵列安装在一个可移动平台上（例如舰载或机载平台），现利用该天线阵列对 D 个静止的窄带信号源进行定位，其中第 d 个信号的位置向量为 $\boldsymbol{p}_d$。为了实现目标定位，需要天线阵列在不同时隙段（假设共有 N 个时隙段）内采集目标辐射的信号，如图 9.1 所示。由于同一个信号在不同时隙段到达阵列的方位是不同的，从而会产生不同的阵列流形响应，不妨将第 d 个信号在第 n 个时隙段内所产生的阵列流形响应记为 $\boldsymbol{a}_n(\boldsymbol{p}_d)$，于是在该时隙段内阵列输出响应可以表示为

$$\boldsymbol{x}_n(t)=\sum_{d=1}^{D}\boldsymbol{a}_n(\boldsymbol{p}_d)s_{nd}(t)+\boldsymbol{\varepsilon}_n(t)=\boldsymbol{A}_n(\boldsymbol{p})\boldsymbol{s}_n(t)+\boldsymbol{\varepsilon}_n(t)\qquad(1\leqslant n\leqslant N)\tag{9.1}$$

式中

（1）$s_{nd}(t)$ 表示第 d 个信号在第 n 个时隙段的复包络，$\boldsymbol{s}_n(t)=[s_{n1}(t)\ \ s_{n2}(t)\ \ \cdots\ \ s_{nD}(t)]^{\mathrm{T}}$ 表示第 n 个时隙段的信号复包络向量（这里假设它是未知确定型参数）。

（2）$\boldsymbol{a}_n(\boldsymbol{p}_d)$ 表示第 n 个时隙段第 d 个信号的阵列流形向量，$\boldsymbol{A}_n(\boldsymbol{p})=[\boldsymbol{a}_n(\boldsymbol{p}_1)\ \ \boldsymbol{a}_n(\boldsymbol{p}_2)\cdots\ \ \boldsymbol{a}_n(\boldsymbol{p}_D)]$ 表示第 n 个时隙段的阵列流形矩阵，其中 $\boldsymbol{p}=[\boldsymbol{p}_1^{\mathrm{T}}\ \ \boldsymbol{p}_2^{\mathrm{T}}\ \ \cdots\ \ \boldsymbol{p}_D^{\mathrm{T}}]^{\mathrm{T}}$ 表示由全部目标的位置向量所构成的高维位置向量（若向量 $\boldsymbol{p}_d$ 的维数为 L，则向量 $\boldsymbol{p}$ 的维数为 DL）。

（3）$\boldsymbol{\varepsilon}_n(t)$ 表示第 n 个时隙段的阵元复高斯（空时）白噪声向量（假设它与信号统计独立）。

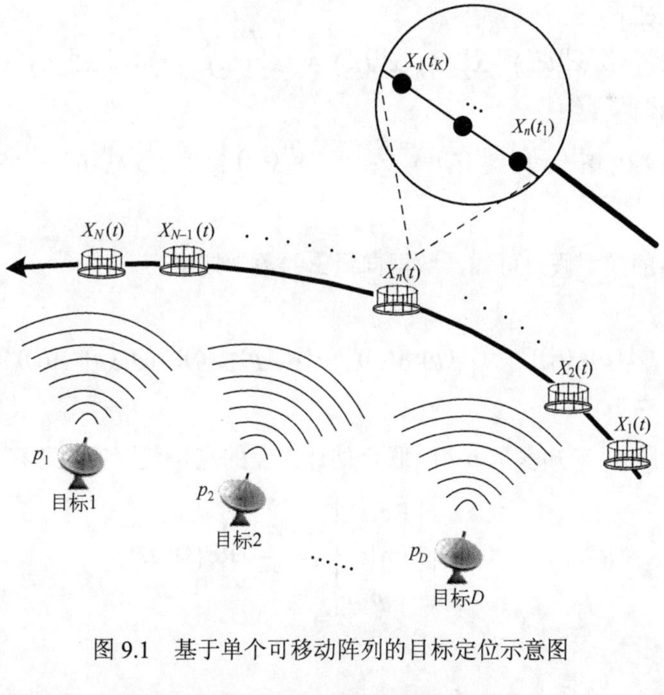

图 9.1　基于单个可移动阵列的目标定位示意图

根据式（9.1）可知，第 n 个时隙段的阵列输出自相关矩阵为

$$\boldsymbol{R}_{x_nx_n}=\mathrm{E}[\boldsymbol{x}_n(t)\boldsymbol{x}_n^{\mathrm{H}}(t)]=\boldsymbol{A}_n(\boldsymbol{p})\boldsymbol{R}_{s_ns_n}\boldsymbol{A}_n^{\mathrm{H}}(\boldsymbol{p})+\sigma_\varepsilon^2\boldsymbol{I}_M\tag{9.2}$$

式中 $\boldsymbol{R}_{s_ns_n}=\mathrm{E}[\boldsymbol{s}_n(t)\boldsymbol{s}_n^{\mathrm{H}}(t)]$ 表示第 n 个时隙段的信号自相关矩阵（假设它是满秩矩阵），σ_ε^2 表示噪声功率。

假设在每个时隙段对阵列输出信号进行均匀采样，并且能够得到K个数据向量$\{\boldsymbol{x}_n(t_k)\}_{1\leqslant k\leqslant K}$，下面的问题在于，如何在获得$N$个时隙段共记$NK$个阵列信号数据样本的基础上，直接估计目标的位置参数。

9.1.2 目标位置估计方差的克拉美罗界

本小节将基于阵列信号模型式（9.1）推导目标位置估计方差的克拉美罗界，具体可见下述命题。

命题 9.1：基于阵列信号模型（9.1），目标位置估计方差的克拉美罗界矩阵可以表示为

$$\mathbf{CRB}(\boldsymbol{p})=\frac{\sigma_\varepsilon^2}{2K}\cdot\left(\mathrm{Re}\left\{\sum_{n=1}^{N}(\dot{\boldsymbol{A}}_n^{\mathrm{H}}(\boldsymbol{p})\cdot\boldsymbol{\Pi}^{\perp}[\boldsymbol{A}_n(\boldsymbol{p})]\cdot\dot{\boldsymbol{A}}_n(\boldsymbol{p}))\bullet(\hat{\boldsymbol{R}}_{s_n s_n}^{\mathrm{T}}\otimes\boldsymbol{I}_{L\times L})\right\}\right)^{-1}\tag{9.3}$$

式中

$$\begin{cases}\dot{\boldsymbol{A}}_n(\boldsymbol{p})=\left[\dfrac{\partial\boldsymbol{a}_n(\boldsymbol{p}_1)}{\partial\boldsymbol{p}_1^{\mathrm{T}}}\ \dfrac{\partial\boldsymbol{a}_n(\boldsymbol{p}_2)}{\partial\boldsymbol{p}_2^{\mathrm{T}}}\ \cdots\ \dfrac{\partial\boldsymbol{a}_n(\boldsymbol{p}_D)}{\partial\boldsymbol{p}_D^{\mathrm{T}}}\right] \\ \hat{\boldsymbol{R}}_{s_n s_n}=\dfrac{1}{K}\cdot\displaystyle\sum_{k=1}^{K}\boldsymbol{s}_n(t_k)\boldsymbol{s}_n^{\mathrm{H}}(t_k)\end{cases}\quad(1\leqslant n\leqslant N)\tag{9.4}$$

证明：首先定义下面两个数据向量

$$\begin{cases}\boldsymbol{x}=[\boldsymbol{x}_1^{\mathrm{H}}\ \ \boldsymbol{x}_2^{\mathrm{H}}\ \cdots\ \boldsymbol{x}_N^{\mathrm{H}}]^{\mathrm{H}} \\ \quad=[\boldsymbol{x}_1^{\mathrm{H}}(t_1)\ \boldsymbol{x}_1^{\mathrm{H}}(t_2)\ \cdots\ \boldsymbol{x}_1^{\mathrm{H}}(t_K)\ \vdots\ \boldsymbol{x}_2^{\mathrm{H}}(t_1)\ \boldsymbol{x}_2^{\mathrm{H}}(t_2)\ \cdots\ \boldsymbol{x}_2^{\mathrm{H}}(t_K)\ \vdots\ \cdots\cdots\ \vdots\ \boldsymbol{x}_N^{\mathrm{H}}(t_1)\ \boldsymbol{x}_N^{\mathrm{H}}(t_2)\ \cdots\ \boldsymbol{x}_N^{\mathrm{H}}(t_K)]^{\mathrm{H}} \\ \boldsymbol{s}=[\boldsymbol{s}_1^{\mathrm{H}}\ \ \boldsymbol{s}_2^{\mathrm{H}}\ \cdots\ \boldsymbol{s}_N^{\mathrm{H}}]^{\mathrm{H}} \\ \quad=[\boldsymbol{s}_1^{\mathrm{H}}(t_1)\ \boldsymbol{s}_1^{\mathrm{H}}(t_2)\ \cdots\ \boldsymbol{s}_1^{\mathrm{H}}(t_K)\ \vdots\ \boldsymbol{s}_2^{\mathrm{H}}(t_1)\ \boldsymbol{s}_2^{\mathrm{H}}(t_2)\ \cdots\ \boldsymbol{s}_2^{\mathrm{H}}(t_K)\ \vdots\ \cdots\cdots\ \vdots\ \boldsymbol{s}_N^{\mathrm{H}}(t_1)\ \boldsymbol{s}_N^{\mathrm{H}}(t_2)\ \cdots\ \boldsymbol{s}_N^{\mathrm{H}}(t_K)]^{\mathrm{H}}\end{cases}\tag{9.5}$$

则根据信号复包络的模型假设可知，数据向量$\boldsymbol{x}$的数学期望为

$$\begin{aligned}\boldsymbol{\mu}_x&=\mathrm{E}[\boldsymbol{x}]\\&=[(\boldsymbol{A}_1(\boldsymbol{p})\boldsymbol{s}_1(t_1))^{\mathrm{H}}\ (\boldsymbol{A}_1(\boldsymbol{p})\boldsymbol{s}_1(t_2))^{\mathrm{H}}\cdots(\boldsymbol{A}_1(\boldsymbol{p})\boldsymbol{s}_1(t_K))^{\mathrm{H}}\cdots(\boldsymbol{A}_N(\boldsymbol{p})\boldsymbol{s}_N(t_1))^{\mathrm{H}}\ (\boldsymbol{A}_N(\boldsymbol{p})\boldsymbol{s}_N(t_2))^{\mathrm{H}}\cdots(\boldsymbol{A}_N(\boldsymbol{p})\boldsymbol{s}_N(t_K))^{\mathrm{H}}]^{\mathrm{H}}\end{aligned}\tag{9.6}$$

根据式（2.171）可知，未知参量$\boldsymbol{p}$和$\boldsymbol{s}$联合估计方差的克拉美罗界矩阵可以表示为

$$\mathbf{CRB}\left(\begin{bmatrix}\mathrm{Re}\{\boldsymbol{s}\}\\ \mathrm{Im}\{\boldsymbol{s}\}\\ \boldsymbol{p}\end{bmatrix}\right)=\frac{\sigma_\varepsilon^2}{2}\cdot(\mathrm{Re}\{\boldsymbol{\Omega}^{\mathrm{H}}\boldsymbol{\Omega}\})^{-1}\tag{9.7}$$

式中

$$\boldsymbol{\Omega}=\left[\frac{\partial\boldsymbol{\mu}_x}{\partial(\mathrm{Re}\{\boldsymbol{s}\})^{\mathrm{T}}}\ \vdots\ \frac{\partial\boldsymbol{\mu}_x}{\partial(\mathrm{Im}\{\boldsymbol{s}\})^{\mathrm{T}}}\ \vdots\ \frac{\partial\boldsymbol{\mu}_x}{\partial\boldsymbol{p}^{\mathrm{T}}}\right]\tag{9.8}$$

其中

$$\frac{\partial \boldsymbol{\mu}_x}{\partial(\mathrm{Re}\{\boldsymbol{s}\})^{\mathrm{T}}}=\left[\frac{\partial \boldsymbol{\mu}_x}{\partial(\mathrm{Re}\{\boldsymbol{s}_1(t_1)\})^{\mathrm{T}}}\ \frac{\partial \boldsymbol{\mu}_x}{\partial(\mathrm{Re}\{\boldsymbol{s}_1(t_2)\})^{\mathrm{T}}}\ \cdots\cdots\ \frac{\partial \boldsymbol{\mu}_x}{\partial(\mathrm{Re}\{\boldsymbol{s}_N(t_{K-1})\})^{\mathrm{T}}}\ \frac{\partial \boldsymbol{\mu}_x}{\partial(\mathrm{Re}\{\boldsymbol{s}_N(t_K)\})^{\mathrm{T}}}\right]$$
$$=\mathrm{blkdiag}[\boldsymbol{I}_K\otimes\boldsymbol{A}_1(\boldsymbol{p})\ \ \boldsymbol{I}_K\otimes\boldsymbol{A}_2(\boldsymbol{p})\ \cdots\ \boldsymbol{I}_K\otimes\boldsymbol{A}_N(\boldsymbol{p})] \tag{9.9}$$

$$\frac{\partial \boldsymbol{\mu}_x}{\partial(\mathrm{Im}\{\boldsymbol{s}\})^{\mathrm{T}}}=\left[\frac{\partial \boldsymbol{\mu}_x}{\partial(\mathrm{Im}\{\boldsymbol{s}_1(t_1)\})^{\mathrm{T}}}\ \frac{\partial \boldsymbol{\mu}_x}{\partial(\mathrm{Im}\{\boldsymbol{s}_1(t_2)\})^{\mathrm{T}}}\ \cdots\cdots\ \frac{\partial \boldsymbol{\mu}_x}{\partial(\mathrm{Im}\{\boldsymbol{s}_N(t_{K-1})\})^{\mathrm{T}}}\ \frac{\partial \boldsymbol{\mu}_x}{\partial(\mathrm{Im}\{\boldsymbol{s}_N(t_K)\})^{\mathrm{T}}}\right]$$
$$=\mathrm{j}\cdot\mathrm{blkdiag}[\boldsymbol{I}_K\otimes\boldsymbol{A}_1(\boldsymbol{p})\ \ \boldsymbol{I}_K\otimes\boldsymbol{A}_2(\boldsymbol{p})\ \cdots\ \boldsymbol{I}_K\otimes\boldsymbol{A}_N(\boldsymbol{p})]=\mathrm{j}\cdot\frac{\partial \boldsymbol{\mu}_x}{\partial(\mathrm{Re}\{\boldsymbol{s}\})^{\mathrm{T}}} \tag{9.10}$$

$$\frac{\partial \boldsymbol{\mu}_x}{\partial \boldsymbol{p}^{\mathrm{T}}}=[(\dot{\boldsymbol{A}}_1(\boldsymbol{p})\cdot(\mathrm{diag}[\boldsymbol{s}_1(t_1)]\otimes\boldsymbol{I}_L))^{\mathrm{H}}\ (\dot{\boldsymbol{A}}_1(\boldsymbol{p})\cdot(\mathrm{diag}[\boldsymbol{s}_1(t_2)]\otimes\boldsymbol{I}_L))^{\mathrm{H}}\cdots(\dot{\boldsymbol{A}}_N(\boldsymbol{p})\cdot(\mathrm{diag}[\boldsymbol{s}_N(t_K)]\otimes\boldsymbol{I}_L))^{\mathrm{H}}]^{\mathrm{H}} \tag{9.11}$$

由于式（9.7）并不具备块状对角矩阵结构，因此难以从中直接得到关于目标位置向量 $\boldsymbol{p}$ 的估计方差的克拉美罗界。为此，下面将借鉴文献[11]中的分析方法，重新定义一个新的参数向量，新参数向量的克拉美罗界矩阵具有块状对角矩阵的形式，该向量可以定义为

$$\boldsymbol{\eta}=[(\mathrm{Re}\{\boldsymbol{s}\}+\mathrm{Re}\{\boldsymbol{W}\}\cdot\boldsymbol{p})^{\mathrm{T}}\ \ (\mathrm{Im}\{\boldsymbol{s}\}+\mathrm{Im}\{\boldsymbol{W}\}\cdot\boldsymbol{p})^{\mathrm{T}}\ \ \boldsymbol{p}^{\mathrm{T}}]^{\mathrm{T}} \tag{9.12}$$

式中

$$\boldsymbol{W}=\left(\frac{\partial \boldsymbol{\mu}_x}{\partial(\mathrm{Re}\{\boldsymbol{s}\})^{\mathrm{T}}}\right)^{\dagger}\cdot\frac{\partial \boldsymbol{\mu}_x}{\partial \boldsymbol{p}^{\mathrm{T}}}=\mathrm{blkdiag}[\boldsymbol{I}_K\otimes\boldsymbol{A}_1^{\dagger}(\boldsymbol{p})\ \ \boldsymbol{I}_K\otimes\boldsymbol{A}_2^{\dagger}(\boldsymbol{p})\ \cdots\ \boldsymbol{I}_K\otimes\boldsymbol{A}_N^{\dagger}(\boldsymbol{p})]\cdot\frac{\partial \boldsymbol{\mu}_x}{\partial \boldsymbol{p}^{\mathrm{T}}} \tag{9.13}$$

于是根据式（9.12）可得

$$\boldsymbol{\eta}=\boldsymbol{F}\cdot\begin{bmatrix}\mathrm{Re}\{\boldsymbol{s}\}\\ \mathrm{Im}\{\boldsymbol{s}\}\\ \boldsymbol{p}\end{bmatrix} \tag{9.14}$$

式中

$$\boldsymbol{F}=\begin{bmatrix}\boldsymbol{I} & \boldsymbol{O} & \mathrm{Re}\{\boldsymbol{W}\}\\ \boldsymbol{O} & \boldsymbol{I} & \mathrm{Im}\{\boldsymbol{W}\}\\ \boldsymbol{O} & \boldsymbol{O} & \boldsymbol{I}\end{bmatrix} \tag{9.15}$$

利用推论 2.13 可知，关于向量 $\boldsymbol{\eta}$ 的估计方差的克拉美罗界矩阵可以表示为

$$\mathbf{CRB}(\boldsymbol{\eta})=\frac{\sigma_{\varepsilon}^2}{2}\cdot(\mathrm{Re}\{(\boldsymbol{\Omega}\boldsymbol{F}^{-1})^{\mathrm{H}}(\boldsymbol{\Omega}\boldsymbol{F}^{-1})\})^{-1} \tag{9.16}$$

式中

$$\boldsymbol{F}^{-1}=\begin{bmatrix}\boldsymbol{I} & \boldsymbol{O} & -\mathrm{Re}\{\boldsymbol{W}\}\\ \boldsymbol{O} & \boldsymbol{I} & -\mathrm{Im}\{\boldsymbol{W}\}\\ \boldsymbol{O} & \boldsymbol{O} & \boldsymbol{I}\end{bmatrix} \tag{9.17}$$

于是有

$$\boldsymbol{\Omega F}^{-1}=\left[\frac{\partial \boldsymbol{\mu}_x}{\partial(\mathrm{Re}\{\boldsymbol{s}\})^{\mathrm{T}}}\ \vdots\ \mathrm{j}\cdot\frac{\partial \boldsymbol{\mu}_x}{\partial(\mathrm{Re}\{\boldsymbol{s}\})^{\mathrm{T}}}\ \vdots\ \boldsymbol{\Pi}^{\perp}\left[\frac{\partial \boldsymbol{\mu}_x}{\partial(\mathrm{Re}\{\boldsymbol{s}\})^{\mathrm{T}}}\right]\cdot\frac{\partial \boldsymbol{\mu}_x}{\partial \boldsymbol{p}^{\mathrm{T}}}\right] \tag{9.18}$$

将式（9.18）代入式（9.16）中可得

$$\mathbf{CRB}(\boldsymbol{\eta})=\frac{\sigma_{\varepsilon}^2}{2}\cdot\begin{bmatrix}\boldsymbol{Q}_1 & \boldsymbol{O}\\ \boldsymbol{O} & \boldsymbol{Q}_2\end{bmatrix}^{-1} \tag{9.19}$$

式中

$$\begin{cases}\boldsymbol{Q}_1=\left[\begin{array}{c|c}\mathrm{Re}\left\{\left(\dfrac{\partial \boldsymbol{\mu}_x}{\partial(\mathrm{Re}\{\boldsymbol{s}\})^{\mathrm{T}}}\right)^{\mathrm{H}}\cdot\dfrac{\partial \boldsymbol{\mu}_x}{\partial(\mathrm{Re}\{\boldsymbol{s}\})^{\mathrm{T}}}\right\} & -\mathrm{Im}\left\{\left(\dfrac{\partial \boldsymbol{\mu}_x}{\partial(\mathrm{Re}\{\boldsymbol{s}\})^{\mathrm{T}}}\right)^{\mathrm{H}}\cdot\dfrac{\partial \boldsymbol{\mu}_x}{\partial(\mathrm{Re}\{\boldsymbol{s}\})^{\mathrm{T}}}\right\}\\ \hline \mathrm{Im}\left\{\left(\dfrac{\partial \boldsymbol{\mu}_x}{\partial(\mathrm{Re}\{\boldsymbol{s}\})^{\mathrm{T}}}\right)^{\mathrm{H}}\cdot\dfrac{\partial \boldsymbol{\mu}_x}{\partial(\mathrm{Re}\{\boldsymbol{s}\})^{\mathrm{T}}}\right\} & \mathrm{Re}\left\{\left(\dfrac{\partial \boldsymbol{\mu}_x}{\partial(\mathrm{Re}\{\boldsymbol{s}\})^{\mathrm{T}}}\right)^{\mathrm{H}}\cdot\dfrac{\partial \boldsymbol{\mu}_x}{\partial(\mathrm{Re}\{\boldsymbol{s}\})^{\mathrm{T}}}\right\}\end{array}\right]\\ \boldsymbol{Q}_2=\mathrm{Re}\left\{\left(\dfrac{\partial \boldsymbol{\mu}_x}{\partial \boldsymbol{p}^{\mathrm{T}}}\right)^{\mathrm{H}}\cdot\boldsymbol{\Pi}^{\perp}\left[\dfrac{\partial \boldsymbol{\mu}_x}{\partial(\mathrm{Re}\{\boldsymbol{s}\})^{\mathrm{T}}}\right]\cdot\dfrac{\partial \boldsymbol{\mu}_x}{\partial \boldsymbol{p}^{\mathrm{T}}}\right\}\end{cases} \tag{9.20}$$

由于式（9.19）具有块状对角矩阵的形式，从中可知关于目标位置向量 $\boldsymbol{p}$ 的估计方差的克拉美罗界矩阵为

$$\mathbf{CRB}(\boldsymbol{p})=\frac{\sigma_{\varepsilon}^2}{2}\cdot\boldsymbol{Q}_2^{-1}=\frac{\sigma_{\varepsilon}^2}{2}\cdot\left(\mathrm{Re}\left\{\left(\frac{\partial \boldsymbol{\mu}_x}{\partial \boldsymbol{p}^{\mathrm{T}}}\right)^{\mathrm{H}}\cdot\boldsymbol{\Pi}^{\perp}\left[\frac{\partial \boldsymbol{\mu}_x}{\partial(\mathrm{Re}\{\boldsymbol{s}\})^{\mathrm{T}}}\right]\cdot\frac{\partial \boldsymbol{\mu}_x}{\partial \boldsymbol{p}^{\mathrm{T}}}\right\}\right)^{-1} \tag{9.21}$$

将式（9.9）和式（9.11）代入式（9.21）中可以进一步推得

$$\begin{aligned}\mathbf{CRB}(\boldsymbol{p})&=\frac{\sigma_{\varepsilon}^2}{2}\cdot\left(\mathrm{Re}\left\{\sum_{k=1}^{K}\sum_{n=1}^{N}\mathrm{diag}[\boldsymbol{s}_n^*(t_k)\otimes\boldsymbol{I}_{L\times1}]\cdot\dot{\boldsymbol{A}}_n^{\mathrm{H}}(\boldsymbol{p})\cdot\boldsymbol{\Pi}^{\perp}[\boldsymbol{A}_n(\boldsymbol{p})]\cdot\dot{\boldsymbol{A}}_n(\boldsymbol{p})\cdot\mathrm{diag}[\boldsymbol{s}_n(t_k)\otimes\boldsymbol{I}_{L\times1}]\right\}\right)^{-1}\\&=\frac{\sigma_{\varepsilon}^2}{2K}\cdot\left(\mathrm{Re}\left\{\sum_{n=1}^{N}(\dot{\boldsymbol{A}}_n^{\mathrm{H}}(\boldsymbol{p})\cdot\boldsymbol{\Pi}^{\perp}[\boldsymbol{A}_n(\boldsymbol{p})]\cdot\dot{\boldsymbol{A}}_n(\boldsymbol{p}))\bullet\left(\left(\frac{1}{K}\cdot\sum_{k=1}^{K}\boldsymbol{s}_n^*(t_k)\boldsymbol{s}_n^{\mathrm{T}}(t_k)\right)\otimes\boldsymbol{I}_{L\times L}\right)\right\}\right)^{-1}\\&=\frac{\sigma_{\varepsilon}^2}{2K}\cdot\left(\mathrm{Re}\left\{\sum_{n=1}^{N}(\dot{\boldsymbol{A}}_n^{\mathrm{H}}(\boldsymbol{p})\cdot\boldsymbol{\Pi}^{\perp}[\boldsymbol{A}_n(\boldsymbol{p})]\cdot\dot{\boldsymbol{A}}_n(\boldsymbol{p}))\bullet(\hat{\boldsymbol{R}}_{s_ns_n}^{\mathrm{T}}\otimes\boldsymbol{I}_{L\times L})\right\}\right)^{-1}\end{aligned} \tag{9.22}$$

命题 9.1 得证。 □

根据命题 9.1 可以得到如下 3 个推论。

推论 9.1：若将式（9.3）给出的克拉美罗界矩阵看成是关于样本点数 K 的函数，并将其记为 $\mathbf{CRB}_K(\boldsymbol{p})$，则有如下关系式

$$\mathbf{CRB}_K(\boldsymbol{p})\geqslant\mathbf{CRB}_{K+1}(\boldsymbol{p}) \tag{9.23}$$

推论 9.1 的证明类似于推论 5.1，限于篇幅这里不再阐述。

推论 9.2：若将式（9.3）给出的克拉美罗界矩阵看成是关于阵元个数 M 的函数，并将其记为 $\mathbf{CRB}_M(\boldsymbol{p})$，则有如下关系式

$$\mathbf{CRB}_M(\boldsymbol{p}) \geqslant \mathbf{CRB}_{M+1}(\boldsymbol{p}) \tag{9.24}$$

推论 9.2 的证明类似于推论 5.2，限于篇幅这里不再阐述。

推论 9.3： 基于阵列信号模型(9.1)，在大样本数条件下，目标位置估计方差的克拉美罗界矩阵可以表示为

$$\mathbf{CRB}(\boldsymbol{p}) = \frac{\sigma_\varepsilon^2}{2K} \cdot \left(\mathrm{Re}\left\{ \sum_{n=1}^{N} (\dot{\boldsymbol{A}}_n^{\mathrm{H}}(\boldsymbol{p}) \cdot \boldsymbol{\Pi}^{\perp}[\boldsymbol{A}_n(\boldsymbol{p})] \cdot \dot{\boldsymbol{A}}_n(\boldsymbol{p})) \bullet (\boldsymbol{R}_{s_n s_n}^{\mathrm{T}} \otimes \boldsymbol{1}_{L\times L}) \right\} \right)^{-1} \tag{9.25}$$

式中 $\boldsymbol{R}_{s_n s_n} = \lim\limits_{K\to+\infty} \dfrac{1}{K} \cdot \sum\limits_{k=1}^{K} \boldsymbol{s}_n(t_k)\boldsymbol{s}_n^{\mathrm{H}}(t_k)$。

推论 9.3 可以直接由命题 9.1 证得，这里不再阐述。

9.1.3 两种目标位置直接估计算法

本小节将给出两种目标位置直接估计算法，第一种是基于 MUSIC 算法优化准则的目标位置直接估计算法；第二种是基于最大似然准则的目标位置直接估计算法，这两种定位算法都是超分辨率测向方法的直接推广与应用。

（一）基于 MUSIC 算法优化准则的目标位置直接估计算法

根据 5.2 节可知，阵列输出自相关矩阵 $\boldsymbol{R}_{x_n x_n}$ 具有如下特征值分解形式

$$\boldsymbol{R}_{x_n x_n} = \boldsymbol{U}_{\mathrm{S},n}\boldsymbol{\Sigma}_{\mathrm{S},n}\boldsymbol{U}_{\mathrm{S},n}^{\mathrm{H}} + \boldsymbol{U}_{\mathrm{N},n}\boldsymbol{\Sigma}_{\mathrm{N},n}\boldsymbol{U}_{\mathrm{N},n}^{\mathrm{H}} = \boldsymbol{U}_{\mathrm{S},n}\boldsymbol{\Sigma}_{\mathrm{S},n}\boldsymbol{U}_{\mathrm{S},n}^{\mathrm{H}} + \sigma_\varepsilon^2 \boldsymbol{U}_{\mathrm{N},n}\boldsymbol{U}_{\mathrm{N},n}^{\mathrm{H}} \tag{9.26}$$

式中 $\boldsymbol{U}_{\mathrm{S},n}$ 的列向量是矩阵 $\boldsymbol{R}_{x_n x_n}$ 的 D 个大特征值对应的单位特征向量，其列空间即为信号子空间，$\boldsymbol{U}_{\mathrm{N},n}$ 的列向量是矩阵 $\boldsymbol{R}_{x_n x_n}$ 的 $M-D$ 个小特征值对应的单位特征向量，其列空间即为噪声子空间，$\boldsymbol{\Sigma}_{\mathrm{S},n} = \mathrm{diag}[\lambda_{n,1}\ \lambda_{n,2}\ \cdots\ \lambda_{n,D}]$ 是矩阵 $\boldsymbol{R}_{x_n x_n}$ 的 D 个大特征值所构成的对角矩阵。

依据 5.2 节 MUSIC 算法的基本原理可知，矩阵 $\boldsymbol{U}_{\mathrm{N},n}$ 的列空间与阵列流形矩阵 $\boldsymbol{A}_n(\boldsymbol{p})$ 的列空间相互正交，于是可以得到直接估计目标位置参数的优化准则为

$$\begin{aligned} &\min_{\boldsymbol{p}_d} \sum_{n=1}^{N} \boldsymbol{a}_n^{\mathrm{H}}(\boldsymbol{p}_d)\boldsymbol{U}_{\mathrm{N},n}\boldsymbol{U}_{\mathrm{N},n}^{\mathrm{H}}\boldsymbol{a}_n(\boldsymbol{p}_d) = \min_{\boldsymbol{p}_d} \sum_{n=1}^{N} \boldsymbol{a}_n^{\mathrm{H}}(\boldsymbol{p}_d)(\boldsymbol{I}_M - \boldsymbol{U}_{\mathrm{S},n}\boldsymbol{U}_{\mathrm{S},n}^{\mathrm{H}})\boldsymbol{a}_n(\boldsymbol{p}_d) \\ &= \min_{\boldsymbol{p}_d} \sum_{n=1}^{N} \boldsymbol{a}_n^{\mathrm{H}}(\boldsymbol{p}_d) \cdot \boldsymbol{\Pi}^{\perp}[\boldsymbol{U}_{\mathrm{S},n}] \cdot \boldsymbol{a}_n(\boldsymbol{p}_d) \quad (1 \leqslant d \leqslant D) \end{aligned} \tag{9.27}$$

需要强调的是，在实际计算过程中，阵列输出自相关矩阵 $\boldsymbol{R}_{x_n x_n}$ 无法精确获得（因为数据样本有限），它只能利用有限个数据样本进行近似计算，其最大似然估计值为

$$\hat{\boldsymbol{R}}_{x_n x_n} = \frac{1}{K} \cdot \sum_{k=1}^{K} \boldsymbol{x}_n(t_k)\boldsymbol{x}_n^{\mathrm{H}}(t_k) \tag{9.28}$$

式中 K 表示样本点数。若对矩阵 $\hat{\boldsymbol{R}}_{x_n x_n}$ 进行特征值分解，则可以分别得到矩阵 $\boldsymbol{U}_{\mathrm{S},n}$ 和 $\boldsymbol{U}_{\mathrm{N},n}$ 的一致估计值 $\hat{\boldsymbol{U}}_{\mathrm{S},n}$ 和 $\hat{\boldsymbol{U}}_{\mathrm{N},n}$，即有

$$\begin{cases} \lim\limits_{K\to+\infty} \hat{\boldsymbol{U}}_{\mathrm{S},n} = \boldsymbol{U}_{\mathrm{S},n} \\ \lim\limits_{K\to+\infty} \hat{\boldsymbol{U}}_{\mathrm{N},n} = \boldsymbol{U}_{\mathrm{N},n} \end{cases} \tag{9.29}$$

因此，在实际计算过程中，仅能利用矩阵 $\hat{\boldsymbol{U}}_{\mathrm{S},n}$ 和 $\hat{\boldsymbol{U}}_{\mathrm{N},n}$ 代替式（9.27）中的矩阵 $\boldsymbol{U}_{\mathrm{S},n}$ 和 $\boldsymbol{U}_{\mathrm{N},n}$，

相应的目标位置估计优化准则应变为

$$\begin{aligned}&\min_{\boldsymbol{p}_d}\sum_{n=1}^{N}\boldsymbol{a}_n^{\mathrm{H}}(\boldsymbol{p}_d)\hat{\boldsymbol{U}}_{\mathrm{N},n}\hat{\boldsymbol{U}}_{\mathrm{N},n}^{\mathrm{H}}\boldsymbol{a}_n(\boldsymbol{p}_d)=\min_{\boldsymbol{p}_d}\sum_{n=1}^{N}\boldsymbol{a}_n^{\mathrm{H}}(\boldsymbol{p}_d)(\boldsymbol{I}_M-\hat{\boldsymbol{U}}_{\mathrm{S},n}\hat{\boldsymbol{U}}_{\mathrm{S},n}^{\mathrm{H}})\boldsymbol{a}_n(\boldsymbol{p}_d)\\&=\min_{\boldsymbol{p}_d}\sum_{n=1}^{N}\boldsymbol{a}_n^{\mathrm{H}}(\boldsymbol{p}_d)\cdot\boldsymbol{\Pi}^{\perp}[\hat{\boldsymbol{U}}_{\mathrm{S},n}]\cdot\boldsymbol{a}_n(\boldsymbol{p}_d)\quad(1\leqslant d\leqslant D)\end{aligned}\tag{9.30}$$

基于上述讨论可以总结出基于 MUSIC 算法优化准则的目标位置直接估计算法（文中称为 MUSIC—PDE 算法）的基本步骤如下：

步骤 1：根据每个时隙段内的 K 个数据样本构造阵列输出自相关矩阵的最大似然估计值 $\hat{\boldsymbol{R}}_{x_nx_n}=\frac{1}{K}\cdot\sum_{k=1}^{K}\boldsymbol{x}_n(t_k)\boldsymbol{x}_n^{\mathrm{H}}(t_k)$（$1\leqslant n\leqslant N$）；

步骤 2：对每个时隙段的采样自相关矩阵 $\hat{\boldsymbol{R}}_{x_nx_n}$ 进行特征值分解 $\hat{\boldsymbol{R}}_{x_nx_n}=\hat{\boldsymbol{U}}_n\hat{\boldsymbol{\Sigma}}_n\hat{\boldsymbol{U}}_n^{\mathrm{H}}$，并利用其前面 D 个大特征值对应的单位特征向量构造矩阵 $\hat{\boldsymbol{U}}_{\mathrm{S},n}$，利用其后面 $M-D$ 个小特征值对应的单位特征向量构造矩阵 $\hat{\boldsymbol{U}}_{\mathrm{N},n}$；

步骤 3：搜索目标位置函数

$$\hat{f}_{\text{MUSIC-PDE}}(\boldsymbol{p}_d)=\sum_{n=1}^{N}\boldsymbol{a}_n^{\mathrm{H}}(\boldsymbol{p}_d)\hat{\boldsymbol{U}}_{\mathrm{N},n}\hat{\boldsymbol{U}}_{\mathrm{N},n}^{\mathrm{H}}\boldsymbol{a}_n(\boldsymbol{p}_d)=\sum_{n=1}^{N}\boldsymbol{a}_n^{\mathrm{H}}(\boldsymbol{p}_d)(\boldsymbol{I}_M-\hat{\boldsymbol{U}}_{\mathrm{S},n}\hat{\boldsymbol{U}}_{\mathrm{S},n}^{\mathrm{H}})\boldsymbol{a}_n(\boldsymbol{p}_d)\tag{9.31}$$

的 D 个极小值用以确定目标位置。

需要指出的是，为了便于显示，目标位置估计值也可以通过下式获得

$$\begin{aligned}\max_{\boldsymbol{p}_d}\hat{J}_{\text{MUSIC-PDE}}(\boldsymbol{p}_d)&=\max_{\boldsymbol{p}_d}10\cdot\lg\left(\frac{1}{\sum_{n=1}^{N}\boldsymbol{a}_n^{\mathrm{H}}(\boldsymbol{p}_d)\hat{\boldsymbol{U}}_{\mathrm{N},n}\hat{\boldsymbol{U}}_{\mathrm{N},n}^{\mathrm{H}}\boldsymbol{a}_n(\boldsymbol{p}_d)}\right)\\&=\max_{\boldsymbol{p}_d}10\cdot\lg\left(\frac{1}{\sum_{n=1}^{N}\boldsymbol{a}_n^{\mathrm{H}}(\boldsymbol{p}_d)(\boldsymbol{I}_M-\hat{\boldsymbol{U}}_{\mathrm{S},n}\hat{\boldsymbol{U}}_{\mathrm{S},n}^{\mathrm{H}})\boldsymbol{a}_n(\boldsymbol{p}_d)}\right)\end{aligned}\tag{9.32}$$

式中 $\hat{J}_{\text{MUSIC-PDE}}(\boldsymbol{p}_d)$ 称为位置谱函数。当阵列流形向量 $\boldsymbol{a}_n(\boldsymbol{p}_d)$ 属于信号子空间时，$\boldsymbol{a}_n^{\mathrm{H}}(\boldsymbol{p}_d)\hat{\boldsymbol{U}}_{\mathrm{N},n}$ 是一个“接近零”的数值(但不会完全等于零)，而当阵列流形向量 $\boldsymbol{a}_n(\boldsymbol{p}_d)$ 不属于信号子空间时，$\boldsymbol{a}_n^{\mathrm{H}}(\boldsymbol{p}_d)\hat{\boldsymbol{U}}_{\mathrm{N},n}$ 则不会“接近零”，所以位置谱函数通常会在目标真实位置附近形成较尖锐的谱峰，而在其它位置上较为平坦。

（二）基于最大似然准则的目标位置直接估计算法

假设信号复包络为未知确定型参数，则未知参量包括 $\{\boldsymbol{s}_n(t_k)\}_{1\leqslant k\leqslant K}^{1\leqslant n\leqslant N}$，$\boldsymbol{p}$ 和 σ_ε^2，而关于这些未知参量的最大似然函数（亦即数据样本的概率密度函数）为

$$\begin{aligned}L_{\mathrm{DML}}(\{\boldsymbol{s}_n(t_k)\}_{1\leqslant k\leqslant K}^{1\leqslant n\leqslant N},\boldsymbol{p},\sigma_\varepsilon^2)&=\prod_{n=1}^{N}\prod_{k=1}^{K}\frac{1}{(\pi\sigma_\varepsilon^2)^M}\cdot\exp\left\{-\frac{1}{\sigma_\varepsilon^2}\cdot\|\boldsymbol{x}_n(t_k)-\boldsymbol{A}_n(\boldsymbol{p})\boldsymbol{s}_n(t_k)\|_2^2\right\}\\&=\frac{1}{(\pi\sigma_\varepsilon^2)^{MNK}}\cdot\exp\left\{-\frac{1}{\sigma_\varepsilon^2}\cdot\sum_{n=1}^{N}\sum_{k=1}^{K}\|\boldsymbol{x}_n(t_k)-\boldsymbol{A}_n(\boldsymbol{p})\boldsymbol{s}_n(t_k)\|_2^2\right\}\end{aligned}\tag{9.33}$$

相应的对数似然函数为

$$\ln(L_{\mathrm{DML}}(\{\boldsymbol{s}_n(t_k)\}_{1\leqslant k\leqslant K}^{1\leqslant n\leqslant N},\boldsymbol{p},\sigma_\varepsilon^2))=C-MNK\cdot\ln(\sigma_\varepsilon^2)-\frac{1}{\sigma_\varepsilon^2}\cdot\sum_{n=1}^{N}\sum_{k=1}^{K}\|\boldsymbol{x}_n(t_k)-\boldsymbol{A}_n(\boldsymbol{p})\boldsymbol{s}_n(t_k)\|_2^2 \tag{9.34}$$

式中 C 表示与未知参量无关的常数。将式（9.34）对 σ_n^2 求偏导，并令其等于零可得

$$\frac{\partial\ln(L_{\mathrm{DML}}(\{\boldsymbol{s}_n(t_k)\}_{1\leqslant k\leqslant K}^{1\leqslant n\leqslant N},\boldsymbol{p},\sigma_\varepsilon^2))}{\partial\sigma_\varepsilon^2}=-\frac{MNK}{\sigma_\varepsilon^2}+\frac{1}{\sigma_\varepsilon^4}\cdot\sum_{n=1}^{N}\sum_{k=1}^{K}\|\boldsymbol{x}_n(t_k)-\boldsymbol{A}_n(\boldsymbol{p})\boldsymbol{s}_n(t_k)\|_2^2=0 \tag{9.35}$$

根据式（9.35）可以推得

$$\hat{\sigma}_\varepsilon^2=\frac{1}{MNK}\cdot\sum_{n=1}^{N}\sum_{k=1}^{K}\|\boldsymbol{x}_n(t_k)-\boldsymbol{A}_n(\boldsymbol{p})\boldsymbol{s}_n(t_k)\|_2^2 \tag{9.36}$$

将式（9.36）代入式（9.34）中可以得到仅关于 $\{\boldsymbol{s}_n(t_k)\}_{1\leqslant k\leqslant K}^{1\leqslant n\leqslant N}$ 和 $\boldsymbol{p}$ 的优化模型

$$\min_{\{\boldsymbol{s}_n(t_k)\}_{1\leqslant k\leqslant K}^{1\leqslant n\leqslant N},\boldsymbol{p}}\sum_{n=1}^{N}\sum_{k=1}^{K}\|\boldsymbol{x}_n(t_k)-\boldsymbol{A}_n(\boldsymbol{p})\boldsymbol{s}_n(t_k)\|_2^2 \tag{9.37}$$

由于式（9.37）中的目标函数是关于向量 $\{\boldsymbol{s}_n(t_k)\}_{1\leqslant k\leqslant K}^{1\leqslant n\leqslant N}$ 的二次函数，基于该性质可以实现向量 $\{\boldsymbol{s}_n(t_k)\}_{1\leqslant k\leqslant K}^{1\leqslant n\leqslant N}$ 和 $\boldsymbol{p}$ 的解耦合估计。首先利用式（2.116）可知，向量 $\boldsymbol{s}_n(t_k)$ 的最优闭式解为

$$\hat{\boldsymbol{s}}_n(t_k)=\boldsymbol{A}_n^{\dagger}(\boldsymbol{p})\boldsymbol{x}_n(t_k)=(\boldsymbol{A}_n^{\mathrm{H}}(\boldsymbol{p})\boldsymbol{A}_n(\boldsymbol{p}))^{-1}\boldsymbol{A}_n^{\mathrm{H}}(\boldsymbol{p})\boldsymbol{x}_n(t_k)\qquad(1\leqslant k\leqslant K;1\leqslant n\leqslant N) \tag{9.38}$$

将式（9.38）代入式（9.37）中可以得到仅关于目标位置向量 $\boldsymbol{p}$ 的优化模型

$$\min_{\boldsymbol{p}}\sum_{n=1}^{N}\left(\frac{1}{K}\cdot\sum_{k=1}^{K}\boldsymbol{x}_n^{\mathrm{H}}(t_k)\cdot\boldsymbol{\Pi}^{\perp}[\boldsymbol{A}_n(\boldsymbol{p})]\cdot\boldsymbol{x}_n(t_k)\right)=\min_{\boldsymbol{p}}\sum_{n=1}^{N}\mathrm{tr}(\boldsymbol{\Pi}^{\perp}[\boldsymbol{A}_n(\boldsymbol{p})]\cdot\hat{\boldsymbol{R}}_{x_nx_n}) \tag{9.39}$$

式（9.39）即为直接估计目标位置的最大似然准则。显然，它等价于下式

$$\max_{\boldsymbol{p}}\sum_{n=1}^{N}\mathrm{tr}(\boldsymbol{\Pi}[\boldsymbol{A}_n(\boldsymbol{p})]\cdot\hat{\boldsymbol{R}}_{x_nx_n}) \tag{9.40}$$

类似于式（5.138）的求解过程，式（9.40）也可以通过交替投影迭代算法进行优化求解。假设进行第 k 轮迭代，并且针对其中第 d 个目标位置向量 $\boldsymbol{p}_d$ 进行优化，即有

$$\hat{\boldsymbol{p}}_d^{(k)}=\arg\max_{\boldsymbol{p}_d}\sum_{n=1}^{N}\mathrm{tr}(\boldsymbol{\Pi}[\hat{\boldsymbol{A}}_{n,d}^{(k)}\;|\;\boldsymbol{a}_n(\boldsymbol{p}_d)]\cdot\hat{\boldsymbol{R}}_{x_nx_n}) \tag{9.41}$$

式中

$$\hat{\boldsymbol{A}}_{n,d}^{(k)}=[\boldsymbol{a}_n(\hat{\boldsymbol{p}}_1^{(k)})\ \cdots\ \boldsymbol{a}_n(\hat{\boldsymbol{p}}_{d-1}^{(k)})\ \boldsymbol{a}_n(\hat{\boldsymbol{p}}_{d+1}^{(k-1)})\ \cdots\ \boldsymbol{a}_n(\hat{\boldsymbol{p}}_D^{(k-1)})] \tag{9.42}$$

是根据当前迭代值获得的已知矩阵，而向量 $\boldsymbol{a}_n(\boldsymbol{p}_d)$ 是未知的。根据推论 2.10 可知

$$\boldsymbol{\Pi}[\hat{\boldsymbol{A}}_{n,d}^{(k)}\;|\;\boldsymbol{a}_n(\boldsymbol{p}_d)]=\boldsymbol{\Pi}[\hat{\boldsymbol{A}}_{n,d}^{(k)}]+\frac{\boldsymbol{\Pi}^{\perp}[\hat{\boldsymbol{A}}_{n,d}^{(k)}]\cdot\boldsymbol{a}_n(\boldsymbol{p}_d)\boldsymbol{a}_n^{\mathrm{H}}(\boldsymbol{p}_d)\cdot\boldsymbol{\Pi}^{\perp}[\hat{\boldsymbol{A}}_{n,d}^{(k)}]}{\boldsymbol{a}_n^{\mathrm{H}}(\boldsymbol{p}_d)\cdot\boldsymbol{\Pi}^{\perp}[\hat{\boldsymbol{A}}_{n,d}^{(k)}]\cdot\boldsymbol{a}_n(\boldsymbol{p}_d)} \tag{9.43}$$

将式（9.43）代入式（9.41）中可得

$$\begin{aligned}\hat{\boldsymbol{p}}_d^{(k)}&=\arg\max_{\boldsymbol{p}_d}\sum_{n=1}^{N}\mathrm{tr}\left(\frac{\boldsymbol{\Pi}^{\perp}[\hat{\boldsymbol{A}}_{n,d}^{(k)}]\cdot\boldsymbol{a}_n(\boldsymbol{p}_d)\boldsymbol{a}_n^{\mathrm{H}}(\boldsymbol{p}_d)\cdot\boldsymbol{\Pi}^{\perp}[\hat{\boldsymbol{A}}_{n,d}^{(k)}]\cdot\hat{\boldsymbol{R}}_{x_nx_n}}{\boldsymbol{a}_n^{\mathrm{H}}(\boldsymbol{p}_d)\cdot\boldsymbol{\Pi}^{\perp}[\hat{\boldsymbol{A}}_{n,d}^{(k)}]\cdot\boldsymbol{a}_n(\boldsymbol{p}_d)}\right)\\&=\arg\max_{\boldsymbol{p}_d}\sum_{n=1}^{N}\frac{\boldsymbol{a}_n^{\mathrm{H}}(\boldsymbol{p}_d)\cdot\boldsymbol{\Pi}^{\perp}[\hat{\boldsymbol{A}}_{n,d}^{(k)}]\cdot\hat{\boldsymbol{R}}_{x_nx_n}\cdot\boldsymbol{\Pi}^{\perp}[\hat{\boldsymbol{A}}_{n,d}^{(k)}]\cdot\boldsymbol{a}_n(\boldsymbol{p}_d)}{\boldsymbol{a}_n^{\mathrm{H}}(\boldsymbol{p}_d)\cdot\boldsymbol{\Pi}^{\perp}[\hat{\boldsymbol{A}}_{n,d}^{(k)}]\cdot\boldsymbol{a}_n(\boldsymbol{p}_d)}\end{aligned} \tag{9.44}$$

需要指出的是，上述交替投影迭代算法的初值可以由 MUSIC-PDE 算法给出。

基于上述讨论可以总结出基于最大似然准则的目标位置直接估计算法（文中称为 MDL-PDE 算法）的基本步骤如下：

步骤 1：设置 ε 为迭代门限值，利用 MUSIC-PDE 算法获得初值 $\{\hat{\boldsymbol{p}}_d^{(0)}\}_{d=1}^D$，并令 $k:=1$。

步骤 2：利用式（9.44）依次对 D 个目标位置向量进行数值寻优，从而完成一轮迭代运算，并获得最新的目标位置向量估计值 $\{\hat{\boldsymbol{p}}_d^{(k)}\}_{d=1}^D$。

步骤 3：若 $\|\hat{\boldsymbol{p}}^{(k)}-\hat{\boldsymbol{p}}^{(k-1)}\|_2<\varepsilon$，则停止计算；否则令 $k:=k+1$，并转至步骤 2。

显然，MDL-PDE 算法比 MUSIC-PDE 算法需要更多的计算量，但是其定位精度会更高，尤其当信号时域相关性较强时。

9.1.4 数值实验

下面将通过若干数值实验说明 MUSIC-PDE 算法和 DML-PDE 算法的参数估计精度，并将其与传统两步定位算法的目标位置估计性能进行比较，两步定位算法特指先利用 MUSIC 算法进行测向，再利用第 7 章 Taylor 级数迭代定位算法进行目标位置估计。另一方面，这里用目标位置估计均方根误差作为衡量指标，其定义为

$$e_p=\sqrt{\frac{1}{L}\cdot\sum_{l=1}^{L}\|\hat{\boldsymbol{p}}^{(l)}-\boldsymbol{p}\|_2^2} \tag{9.45}$$

式中 $\hat{\boldsymbol{p}}^{(l)}$ 表示第 l 次蒙特卡洛独立实验的估计结果，L 表示实验次数。

数值实验 1——验证 MUSIC-PDE 算法的有效性

假设存在 2 个待定位目标，其位置坐标分别为（0km，0km）和（0km，2km），它们发射的窄带信号（未知确定的调频信号）被某个可移动的测向站接收，测向站安装天线阵列，其运动点迹如图 9.2 所示。测向阵列共在 11 个时隙段采集信号，每个时隙段采集的样本点数为 200，并利用这些采集数据实现对目标位置的有效估计，信噪比为 10dB。

首先，将阵列流形设为 9 元均匀圆阵，圆阵半径与波长比为 $r/\lambda=1.5$，图 9.3 给出了 MUSIC-PDE 算法的位置谱曲面。

接着，将阵列流形设为 8 元均匀线阵，相邻阵元间距与波长比为 $d/\lambda=0.5$，图 9.4 给出了 MUSIC-PDE 算法的位置谱曲面。

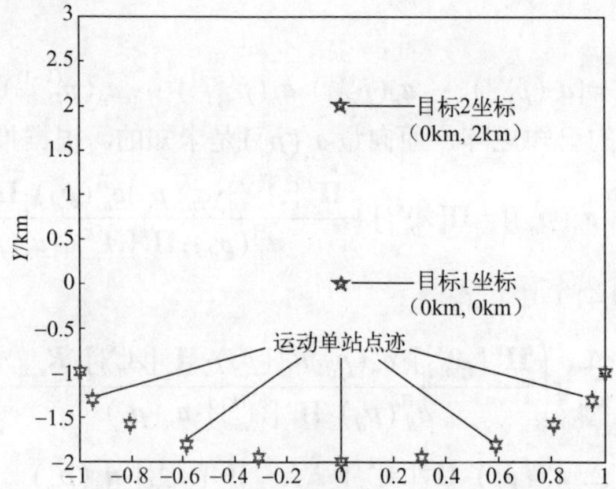

图 9.2 基于可移动单站的定位场景示意图

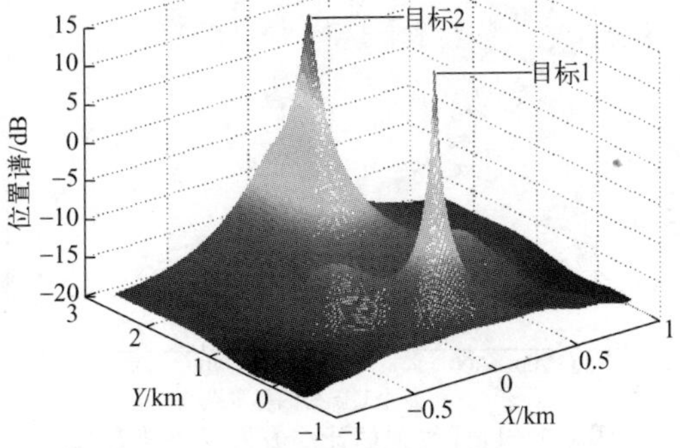

图 9.3 MUSIC-PDE 算法的位置谱曲面（基于均匀圆阵）

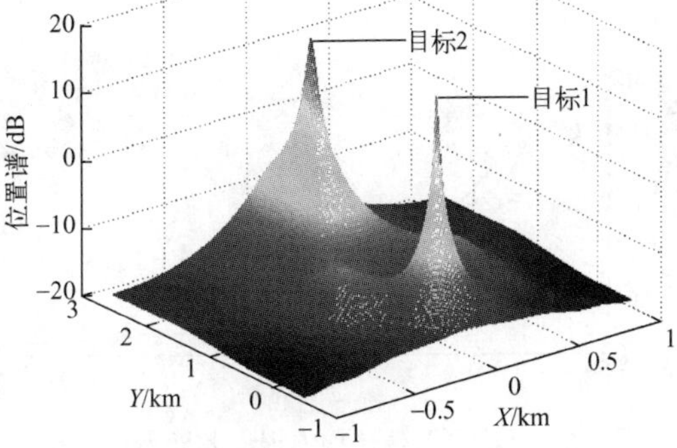

图 9.4 MUSIC-PDE 算法的位置谱曲面（基于均匀线阵）

从图 9.3 和图 9.4 中可以看出：MUSIC-PDE 算法的位置谱曲面在两目标的位置处会形成较尖锐的谱峰，从而验证了该算法的有效性。

数值实验 2——不同定位算法的性能比较

假设存在 2 个待定位目标，其位置坐标分别为（−0.6km，2.5km）和（0.6km，2.5km），它们发射的窄带信号（未知确定的调频信号）被某个可移动的测向站接收，测向站安装 6 元均匀圆阵，圆阵半径与波长比为 $r/\lambda = 1.5$，其运动点迹如图 9.5 所示，下面将比较 MUSIC-PDE 算法，DML-PDE 算法以及两步定位算法的目标位置估计性能。

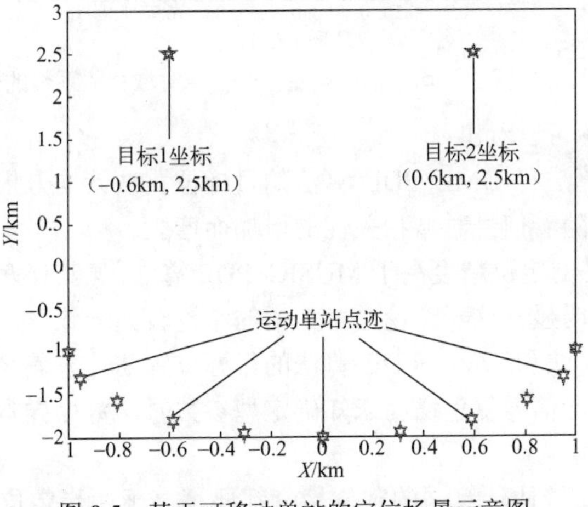

图 9.5 基于可移动单站的定位场景示意图

首先，将两信号时域相关系数固定为 0.6，每个时隙段的样本点数固定为 200，图 9.6 给出了三种算法的目标位置估计均方根误差随着信噪比的变化曲线。

其次，将信噪比固定为 0dB，两信号时域相关系数固定为 0.6，图 9.7 给出了三种算法的目标位置估计均方根误差随着每个时隙段的样本点数的变化曲线。

最后，将信噪比固定为 0dB，每个时隙段的样本点数固定为 200，图 9.8 给出了三种算法的目标位置估计均方根误差随着两信号时域相关系数的变化曲线。

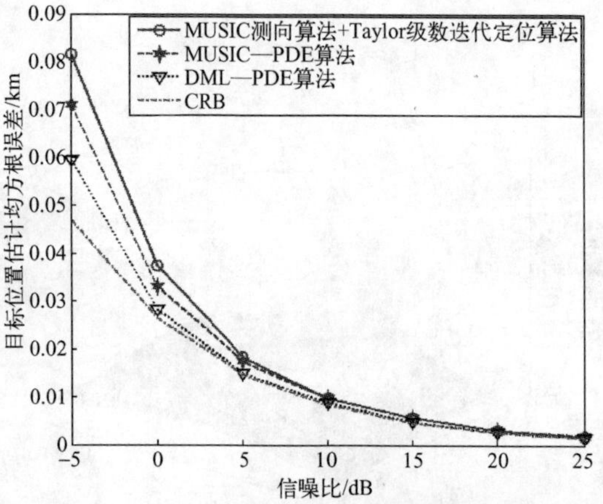

图 9.6　目标位置估计均方根误差随着信噪比的变化曲线

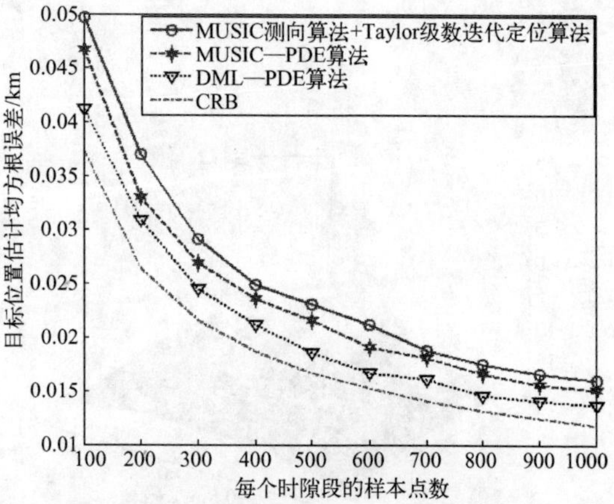

图 9.7　目标位置估计均方根误差随着每个时隙段的样本点数的变化曲线

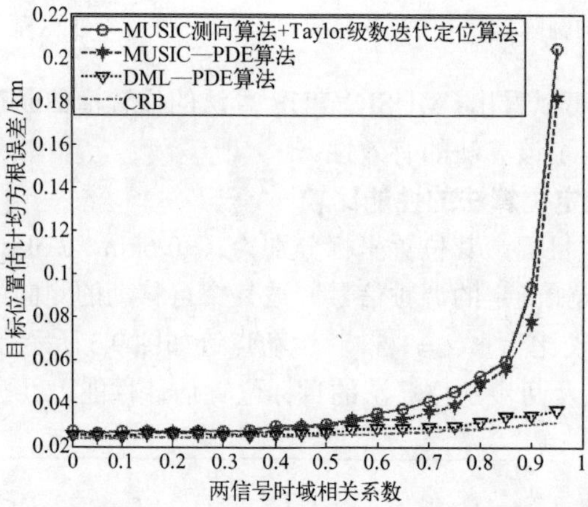

图 9.8　目标位置估计均方根误差随着两信号时域相关系数的变化曲线

从图 9.6 至图 9.8 中可以看出：

① MUSIC-PDE 算法和 DML-PDE 算法的目标位置估计均方根误差均随着信噪比和样本点数的增加而减少，随着信号时域相关性的增加而增大。

② DML-PDE 算法的定位精度高于 MUSIC-PDE 算法，尤其当两信号的时域相关性增加时，前者的优势会更加明显，这一结论与第 5 章的结论较为一致。

③ MUSIC-PDE 算法和 DML-PDE 算法的目标位置估计方差难以完全达到相应的克拉美罗界，其原因在于，当信号复包络为未知确定型参数时，数据样本的概率密度函数不满足命题 2.27 中的正则条件。

④ 两种目标位置直接估计算法的定位精度都要稍高于两步定位算法，其原因在本章引言中已进行过论述。

9.2　基于多个静止阵列的信号数据域目标位置直接估计方法

本节将讨论基于多个静止阵列的信号数据域目标位置直接估计方法，与传统的两步定位方法相比，该类方法可以充分利用不同测向站采集信号数据之间的相关性（这种相关性可以转化为信号到达不同测向站的时延信息），能够更显著的提高传统两步定位方法的参数估计精度。该类定位方法最初是由 A. J. Weiss 等人在本世纪初提出的[3]，后来又衍生出一些改进型算法[4-7]。

9.2.1 阵列信号模型

（一）阵列信号时域模型

假设有N个静止且处于于不同空间位置的M元天线阵列对D个目标进行测向定位，其中第d个目标的位置向量为$\boldsymbol{p}_d$，其发射信号的时间为$t_d^{(0)}$，于是第n个天线阵列的输出响应可以表示为

$$\boldsymbol{x}_n(t)=\sum_{d=1}^{D}\beta_{nd}\boldsymbol{a}_n(\boldsymbol{p}_d)s_d(t-\tau_n(\boldsymbol{p}_d)-t_d^{(0)})+\boldsymbol{\varepsilon}_n(t) \qquad (1 \leqslant n \leqslant N) \tag{9.46}$$

式中

① $s_d(t)$表示第d个信号的复包络。

② $\boldsymbol{a}_n(\boldsymbol{p}_d)$表示第$d$个信号相对于第$n$个天线阵列的阵列流形向量。

③ $\tau_n(\boldsymbol{p}_d)$表示第d个信号到达第n个天线阵列的传播时延。

④ β_{nd}表示第d个信号到达第n个天线阵列的复传播系数。

⑤ $\boldsymbol{\varepsilon}_n(t)$表示第$n$个天线阵列的阵元复高斯（空时）白噪声向量（假设它与信号统计独立），其功率为σ_ε^2。

为了引出后续的阵列信号频域模型，这里需要将信号均匀划分成K个子段，而每一段信号的采集时间为T/K（其中T表示信号总的持续时间），并且需要满足$T/K >> \max\{\tau_n(\boldsymbol{p}_d)\}$。此外，为了便于算法推导，下面将第$k$个子段的阵列信号，信号复包络以及阵列加性噪声分别记为$\boldsymbol{x}_n^{(k)}(t)$，$s_d^{(k)}(t)$和$\boldsymbol{\varepsilon}_n^{(k)}(t)$。

（二）阵列信号频域模型

对第n个天线阵列的第k个子段进行傅里叶变换可以得到如下频域模型

$$\begin{aligned}\tilde{\boldsymbol{x}}_n^{(k)}(\omega_q)&=\sum_{d=1}^{D}\beta_{nd}\boldsymbol{a}_n(\boldsymbol{p}_d)\tilde{s}_d^{(k)}(\omega_q)\cdot\exp\{-\mathrm{j}\omega_q(\tau_n(\boldsymbol{p}_d)+t_d^{(0)})\}+\tilde{\boldsymbol{\varepsilon}}_n^{(k)}(\omega_q)\\&=\sum_{d=1}^{D}\boldsymbol{b}_n(\boldsymbol{p}_d,\beta_{nd},\omega_q)\tilde{r}_d^{(k)}(\omega_q)+\tilde{\boldsymbol{\varepsilon}}_n^{(k)}(\omega_q) \quad (1\leqslant n\leqslant N;1\leqslant k\leqslant K;1\leqslant q\leqslant Q)\end{aligned} \tag{9.47}$$

式中$\tilde{s}_d^{(k)}(\omega)$和$\tilde{\boldsymbol{\varepsilon}}_n^{(k)}(\omega)$分别表示$s_d^{(k)}(t)$和$\boldsymbol{\varepsilon}_n^{(k)}(t)$的频域形式，而$\tilde{r}_d^{(k)}(\omega_q)$和$\boldsymbol{b}_n(\boldsymbol{p}_d,\beta_{nd},\omega_q)$的表达式分别为

$$\begin{cases}\tilde{r}_d^{(k)}(\omega_q)=\tilde{s}_d^{(k)}(\omega_q)\cdot\exp\{-\mathrm{j}\omega_q t_d^{(0)}\}\\ \boldsymbol{b}_n(\boldsymbol{p}_d,\beta_{nd},\omega_q)=\beta_{nd}\boldsymbol{a}_n(\boldsymbol{p}_d)\cdot\exp\{-\mathrm{j}\omega_q\tau_n(\boldsymbol{p}_d)\}\end{cases} \tag{9.48}$$

现将N个天线阵列的频域数据进行合并可得

$$\tilde{\boldsymbol{x}}^{(k)}(\omega_q)=\sum_{d=1}^{D}\bar{\boldsymbol{b}}(\boldsymbol{p}_d,\boldsymbol{\beta}_d,\omega_q)\tilde{r}_d^{(k)}(\omega_q)+\tilde{\boldsymbol{\varepsilon}}^{(k)}(\omega_q)=\bar{\boldsymbol{B}}(\boldsymbol{p},\boldsymbol{\beta},\omega_q)\tilde{\boldsymbol{r}}^{(k)}(\omega_q)+\tilde{\boldsymbol{\varepsilon}}^{(k)}(\omega_q) \tag{9.49}$$

式中

$$\begin{cases}\bar{\boldsymbol{B}}(\boldsymbol{p},\boldsymbol{\beta},\omega_q)=[\bar{\boldsymbol{b}}(\boldsymbol{p}_1,\boldsymbol{\beta}_1,\omega_q)\ \bar{\boldsymbol{b}}(\boldsymbol{p}_2,\boldsymbol{\beta}_2,\omega_q)\ \cdots\ \bar{\boldsymbol{b}}(\boldsymbol{p}_D,\boldsymbol{\beta}_D,\omega_q)]\\ \tilde{\boldsymbol{r}}^{(k)}(\omega_q)=[\tilde{r}_1^{(k)}(\omega_q)\ \tilde{r}_2^{(k)}(\omega_q)\ \cdots\ \tilde{r}_D^{(k)}(\omega_q)]^{\mathrm{T}}\\ \tilde{\boldsymbol{\varepsilon}}^{(k)}(\omega_q)=[\tilde{\boldsymbol{\varepsilon}}_1^{(k)\mathrm{H}}(\omega_q)\ \tilde{\boldsymbol{\varepsilon}}_2^{(k)\mathrm{H}}(\omega_q)\ \cdots\ \tilde{\boldsymbol{\varepsilon}}_N^{(k)\mathrm{H}}(\omega_q)]^{\mathrm{H}}\\ \boldsymbol{\beta}=[\boldsymbol{\beta}_1^{\mathrm{T}}\ \boldsymbol{\beta}_2^{\mathrm{T}}\ \cdots\ \boldsymbol{\beta}_D^{\mathrm{T}}]^{\mathrm{T}}\ ,\ \boldsymbol{\beta}_d=[\beta_{1d}\ \beta_{2d}\ \cdots\ \beta_{Nd}]^{\mathrm{T}}\\ \boldsymbol{p}=[\boldsymbol{p}_1^{\mathrm{T}}\ \boldsymbol{p}_2^{\mathrm{T}}\ \cdots\ \boldsymbol{p}_D^{\mathrm{T}}]^{\mathrm{T}}\end{cases} \tag{9.50}$$

其中

$$\begin{cases}\bar{\boldsymbol{b}}(\boldsymbol{p}_d,\boldsymbol{\beta}_d,\omega_q)=\mathrm{diag}[\boldsymbol{a}_1^{\mathrm{T}}(\boldsymbol{p}_d)\cdot\exp\{-\mathrm{j}\omega_q\tau_1(\boldsymbol{p}_d)\}\ \cdots\ \boldsymbol{a}_N^{\mathrm{T}}(\boldsymbol{p}_d)\cdot\exp\{-\mathrm{j}\omega_q\tau_N(\boldsymbol{p}_d)\}]\cdot(\boldsymbol{I}_N\otimes\boldsymbol{1}_{M\times1})\boldsymbol{\beta}_d\\ \qquad=\boldsymbol{A}(\boldsymbol{p}_d,\omega_q)\boldsymbol{\Pi}\boldsymbol{\beta}_d\\ \boldsymbol{A}(\boldsymbol{p}_d,\omega_q)=\mathrm{diag}[\boldsymbol{a}_1^{\mathrm{T}}(\boldsymbol{p}_d)\cdot\exp\{-\mathrm{j}\omega_q\tau_1(\boldsymbol{p}_d)\}\ \cdots\ \boldsymbol{a}_N^{\mathrm{T}}(\boldsymbol{p}_d)\cdot\exp\{-\mathrm{j}\omega_q\tau_N(\boldsymbol{p}_d)\}]\ ,\ \boldsymbol{\Pi}=\boldsymbol{I}_N\otimes\boldsymbol{1}_{M\times1}\end{cases}\tag{9.51}$$

若对 k 取平均可以得到关于频率 ω_q 的阵列输出自相关矩阵为

$$\tilde{\boldsymbol{R}}_{xx}(\omega_q)=\mathrm{E}[\tilde{\boldsymbol{x}}^{(k)}(\omega_q)\tilde{\boldsymbol{x}}^{(k)\mathrm{H}}(\omega_q)]=\bar{\boldsymbol{B}}(\boldsymbol{p},\boldsymbol{\beta},\omega_q)\tilde{\boldsymbol{R}}_{rr}(\omega_q)\bar{\boldsymbol{B}}^{\mathrm{H}}(\boldsymbol{p},\boldsymbol{\beta},\omega_q)+\tilde{\boldsymbol{R}}_{\varepsilon\varepsilon}(\omega_q)\tag{9.52}$$

式中 $\tilde{\boldsymbol{R}}_{rr}(\omega_q)=\mathrm{E}[\tilde{\boldsymbol{r}}^{(k)}(\omega_q)\tilde{\boldsymbol{r}}^{(k)\mathrm{H}}(\omega_q)]$ 表示信号（频域）自相关矩阵，$\tilde{\boldsymbol{R}}_{\varepsilon\varepsilon}(\omega_q)=\mathrm{E}[\tilde{\boldsymbol{\varepsilon}}^{(k)}(\omega_q)\tilde{\boldsymbol{\varepsilon}}^{(k)\mathrm{H}}(\omega_q)]$ 表示噪声（频域）自相关矩阵，根据上述假设可知 $\tilde{\boldsymbol{R}}_{\varepsilon\varepsilon}(\omega_q)=\sigma_\varepsilon^2\boldsymbol{I}_{MN}$。

9.2.2 目标位置估计方差的克拉美罗界

下面将基于阵列信号频域模型式（9.49）推导目标位置估计方差的克拉美罗界，其中将考虑两种情况：第一种情况假设目标辐射信号的复包络完全未知；第二种情况则假设目标辐射信号的复包络精确已知。显然，第一种情况较为普遍，第二种情况则在一些合作式无线电定位场景下是可能出现的[6, 12, 13]。

（一）信号复包络完全未知条件下的克拉美罗界

假设信号复包络服从零均值复高斯分布，并且在时域上统计独立，则全部未知参量可以定义为

$$\boldsymbol{\eta}^{(\mathrm{a})}=[\boldsymbol{p}^{\mathrm{T}}\ \ \mathrm{Re}^{\mathrm{T}}\{\boldsymbol{\beta}\}\ \ \mathrm{Im}^{\mathrm{T}}\{\boldsymbol{\beta}\}\ \ \boldsymbol{\rho}^{\mathrm{T}}\ \ \sigma_\varepsilon^2]^{\mathrm{T}}\tag{9.53}$$

式中

$$\boldsymbol{\rho}=[(\mathrm{vecd}[\tilde{\boldsymbol{R}}_{ss}(\omega_1)])^{\mathrm{T}}\ \ (\mathrm{vecd}[\tilde{\boldsymbol{R}}_{ss}(\omega_2)])^{\mathrm{T}}\ \cdots\ (\mathrm{vecd}[\tilde{\boldsymbol{R}}_{ss}(\omega_Q)])^{\mathrm{T}}]^{\mathrm{T}}\tag{9.54}$$

根据式（2.175）可知，关于参数向量 $\boldsymbol{\eta}^{(\mathrm{a})}$ 的费希尔信息矩阵可以表示为

$$\mathbf{FISH}(\boldsymbol{\eta}^{(\mathrm{a})})=K\cdot\sum_{q=1}^{Q}\left(\frac{\partial\tilde{\boldsymbol{r}}_{xx}(\omega_q)}{\partial\boldsymbol{\eta}^{(\mathrm{a})\mathrm{T}}}\right)^{\mathrm{H}}\cdot(\tilde{\boldsymbol{R}}_{xx}^{-\mathrm{T}}(\omega_q)\otimes\tilde{\boldsymbol{R}}_{xx}^{-1}(\omega_q))\cdot\frac{\partial\tilde{\boldsymbol{r}}_{xx}(\omega_q)}{\partial\boldsymbol{\eta}^{(\mathrm{a})\mathrm{T}}}\tag{9.55}$$

式中

$$\begin{aligned}\tilde{\boldsymbol{r}}_{xx}(\omega_q)&=\mathrm{vec}(\tilde{\boldsymbol{R}}_{xx}(\omega_q))=\mathrm{vec}(\bar{\boldsymbol{B}}(\boldsymbol{p},\boldsymbol{\beta},\omega_q)\tilde{\boldsymbol{R}}_{ss}(\omega_q)\bar{\boldsymbol{B}}^{\mathrm{H}}(\boldsymbol{p},\boldsymbol{\beta},\omega_q)+\tilde{\boldsymbol{R}}_{\varepsilon\varepsilon}(\omega_q))\\&=(\bar{\boldsymbol{B}}^{*}(\boldsymbol{p},\boldsymbol{\beta},\omega_q)\otimes\bar{\boldsymbol{B}}(\boldsymbol{p},\boldsymbol{\beta},\omega_q))\cdot\mathrm{vec}(\tilde{\boldsymbol{R}}_{ss}(\omega_q))+\sigma_\varepsilon^2\cdot\mathrm{vec}(\boldsymbol{I}_{MN})\end{aligned}\tag{9.56}$$

为了给出克拉美罗界矩阵的闭式形式，需要定义如下矩阵

$$\begin{aligned}\tilde{\boldsymbol{E}}^{(\mathrm{a})}(\omega_q)&=\left[\frac{\partial\tilde{\boldsymbol{r}}_{xx}(\omega_q)}{\partial\boldsymbol{p}^{\mathrm{T}}}\ \ \frac{\partial\tilde{\boldsymbol{r}}_{xx}(\omega_q)}{\partial\mathrm{Re}^{\mathrm{T}}\{\boldsymbol{\beta}\}}\ \ \frac{\partial\tilde{\boldsymbol{r}}_{xx}(\omega_q)}{\partial\mathrm{Im}^{\mathrm{T}}\{\boldsymbol{\beta}\}}\ \ \frac{\partial\tilde{\boldsymbol{r}}_{xx}(\omega_q)}{\partial\boldsymbol{\rho}^{\mathrm{T}}}\ \ \frac{\partial\tilde{\boldsymbol{r}}_{xx}(\omega_q)}{\partial\sigma_\varepsilon^2}\right]\\&=[\tilde{\boldsymbol{E}}_1^{(\mathrm{a})}(\omega_q)\ \ \tilde{\boldsymbol{E}}_2^{(\mathrm{a})}(\omega_q)\ \ \tilde{\boldsymbol{E}}_3^{(\mathrm{a})}(\omega_q)\ \ \tilde{\boldsymbol{E}}_4^{(\mathrm{a})}(\omega_q)\ \ \tilde{\boldsymbol{E}}_5^{(\mathrm{a})}(\omega_q)]\end{aligned}\tag{9.57}$$

式中

$$\begin{aligned}\tilde{\boldsymbol{E}}_1^{(\mathrm{a})}(\omega_q)&=\frac{\partial\tilde{\boldsymbol{r}}_{xx}(\omega_q)}{\partial\boldsymbol{p}^{\mathrm{T}}}=((\bar{\boldsymbol{B}}^*(\boldsymbol{p},\boldsymbol{\beta},\omega_q)\tilde{\boldsymbol{R}}_{ss}^*(\omega_q))\otimes\boldsymbol{I}_{MN})\cdot\frac{\partial\mathrm{vec}(\bar{\boldsymbol{B}}(\boldsymbol{p},\boldsymbol{\beta},\omega_q))}{\partial\boldsymbol{p}^{\mathrm{T}}}\\&\quad+(\boldsymbol{I}_{MN}\otimes(\bar{\boldsymbol{B}}(\boldsymbol{p},\boldsymbol{\beta},\omega_q)\tilde{\boldsymbol{R}}_{ss}(\omega_q)))\cdot\frac{\partial\mathrm{vec}(\bar{\boldsymbol{B}}^{\mathrm{H}}(\boldsymbol{p},\boldsymbol{\beta},\omega_q))}{\partial\boldsymbol{p}^{\mathrm{T}}}\\&=((\bar{\boldsymbol{B}}^*(\boldsymbol{p},\boldsymbol{\beta},\omega_q)\tilde{\boldsymbol{R}}_{ss}^*(\omega_q))\otimes\boldsymbol{I}_{MN})\cdot\frac{\partial\mathrm{vec}(\bar{\boldsymbol{B}}(\boldsymbol{p},\boldsymbol{\beta},\omega_q))}{\partial\boldsymbol{p}^{\mathrm{T}}}\\&\quad+(\boldsymbol{I}_{MN}\otimes(\bar{\boldsymbol{B}}(\boldsymbol{p},\boldsymbol{\beta},\omega_q)\tilde{\boldsymbol{R}}_{ss}(\omega_q)))\boldsymbol{J}_{MN\bullet D}\cdot\frac{\partial\mathrm{vec}(\bar{\boldsymbol{B}}^*(\boldsymbol{p},\boldsymbol{\beta},\omega_q))}{\partial\boldsymbol{p}^{\mathrm{T}}}\end{aligned}\tag{9.58}$$

$$\begin{aligned}\tilde{\boldsymbol{E}}_2^{(\mathrm{a})}(\omega_q)&=\frac{\partial\tilde{\boldsymbol{r}}_{xx}(\omega_q)}{\partial\,\mathrm{Re}^{\mathrm{T}}\{\boldsymbol{\beta}\}}=((\bar{\boldsymbol{B}}^*(\boldsymbol{p},\boldsymbol{\beta},\omega_q)\tilde{\boldsymbol{R}}_{ss}^*(\omega_q))\otimes\boldsymbol{I}_{MN})\cdot\frac{\partial\mathrm{vec}(\bar{\boldsymbol{B}}(\boldsymbol{p},\boldsymbol{\beta},\omega_q))}{\partial\,\mathrm{Re}^{\mathrm{T}}\{\boldsymbol{\beta}\}}\\&\quad+(\boldsymbol{I}_{MN}\otimes(\bar{\boldsymbol{B}}(\boldsymbol{p},\boldsymbol{\beta},\omega_q)\tilde{\boldsymbol{R}}_{ss}(\omega_q)))\cdot\frac{\partial\mathrm{vec}(\bar{\boldsymbol{B}}^{\mathrm{H}}(\boldsymbol{p},\boldsymbol{\beta},\omega_q))}{\partial\,\mathrm{Re}^{\mathrm{T}}\{\boldsymbol{\beta}\}}\\&=((\bar{\boldsymbol{B}}^*(\boldsymbol{p},\boldsymbol{\beta},\omega_q)\tilde{\boldsymbol{R}}_{ss}^*(\omega_q))\otimes\boldsymbol{I}_{MN})\cdot\frac{\partial\mathrm{vec}(\bar{\boldsymbol{B}}(\boldsymbol{p},\boldsymbol{\beta},\omega_q))}{\partial\,\mathrm{Re}^{\mathrm{T}}\{\boldsymbol{\beta}\}}\\&\quad+(\boldsymbol{I}_{MN}\otimes(\bar{\boldsymbol{B}}(\boldsymbol{p},\boldsymbol{\beta},\omega_q)\tilde{\boldsymbol{R}}_{ss}(\omega_q)))\boldsymbol{J}_{MN\bullet D}\cdot\frac{\partial\mathrm{vec}(\bar{\boldsymbol{B}}^*(\boldsymbol{p},\boldsymbol{\beta},\omega_q))}{\partial\,\mathrm{Re}^{\mathrm{T}}\{\boldsymbol{\beta}\}}\end{aligned}\tag{9.59}$$

$$\begin{aligned}\tilde{\boldsymbol{E}}_3^{(\mathrm{a})}(\omega_q)&=\frac{\partial\tilde{\boldsymbol{r}}_{xx}(\omega_q)}{\partial\,\mathrm{Im}^{\mathrm{T}}\{\boldsymbol{\beta}\}}=((\bar{\boldsymbol{B}}^*(\boldsymbol{p},\boldsymbol{\beta},\omega_q)\tilde{\boldsymbol{R}}_{ss}^*(\omega_q))\otimes\boldsymbol{I}_{MN})\cdot\frac{\partial\mathrm{vec}(\bar{\boldsymbol{B}}(\boldsymbol{p},\boldsymbol{\beta},\omega_q))}{\partial\,\mathrm{Im}^{\mathrm{T}}\{\boldsymbol{\beta}\}}\\&\quad+(\boldsymbol{I}_{MN}\otimes(\bar{\boldsymbol{B}}(\boldsymbol{p},\boldsymbol{\beta},\omega_q)\tilde{\boldsymbol{R}}_{ss}(\omega_q)))\cdot\frac{\partial\mathrm{vec}(\bar{\boldsymbol{B}}^{\mathrm{H}}(\boldsymbol{p},\boldsymbol{\beta},\omega_q))}{\partial\,\mathrm{Im}^{\mathrm{T}}\{\boldsymbol{\beta}\}}\\&=\mathrm{j}\cdot((\bar{\boldsymbol{B}}^*(\boldsymbol{p},\boldsymbol{\beta},\omega_q)\tilde{\boldsymbol{R}}_{ss}^*(\omega_q))\otimes\boldsymbol{I}_{MN})\cdot\frac{\partial\mathrm{vec}(\bar{\boldsymbol{B}}(\boldsymbol{p},\boldsymbol{\beta},\omega_q))}{\partial\,\mathrm{Re}^{\mathrm{T}}\{\boldsymbol{\beta}\}}\\&\quad-\mathrm{j}\cdot(\boldsymbol{I}_{MN}\otimes(\bar{\boldsymbol{B}}(\boldsymbol{p},\boldsymbol{\beta},\omega_q)\tilde{\boldsymbol{R}}_{ss}(\omega_q)))\boldsymbol{J}_{MN\bullet D}\cdot\frac{\partial\mathrm{vec}(\bar{\boldsymbol{B}}^*(\boldsymbol{p},\boldsymbol{\beta},\omega_q))}{\partial\,\mathrm{Re}^{\mathrm{T}}\{\boldsymbol{\beta}\}}\end{aligned}\tag{9.60}$$

$$\begin{aligned}\tilde{\boldsymbol{E}}_4^{(\mathrm{a})}(\omega_q)&=\frac{\partial\tilde{\boldsymbol{r}}_{xx}(\omega_q)}{\partial\boldsymbol{\rho}^{\mathrm{T}}}=(\bar{\boldsymbol{B}}^*(\boldsymbol{p},\boldsymbol{\beta},\omega_q)\circ\bar{\boldsymbol{B}}(\boldsymbol{p},\boldsymbol{\beta},\omega_q))\cdot\frac{\partial\mathrm{vecd}[\tilde{\boldsymbol{R}}_{ss}(\omega_q)]}{\partial\boldsymbol{\rho}^{\mathrm{T}}}\\&=(\bar{\boldsymbol{B}}^*(\boldsymbol{p},\boldsymbol{\beta},\omega_q)\circ\bar{\boldsymbol{B}}(\boldsymbol{p},\boldsymbol{\beta},\omega_q))(\boldsymbol{i}_Q^{(q)\mathrm{T}}\otimes\boldsymbol{I}_D)\end{aligned}\tag{9.61}$$

$$\tilde{\boldsymbol{E}}_5^{(\mathrm{a})}(\omega_q)=\frac{\partial\tilde{\boldsymbol{r}}_{xx}(\omega_q)}{\partial\sigma_\varepsilon^2}=\mathrm{vec}(\boldsymbol{I}_{MN})\tag{9.62}$$

其中选择矩阵 $\boldsymbol{J}_{MN\bullet D}$ 满足如下等式

$$\mathrm{vec}(\bar{\boldsymbol{B}}^{\mathrm{T}}(\boldsymbol{p},\boldsymbol{\beta},\omega_q))=\boldsymbol{J}_{MN\bullet D}\cdot\mathrm{vec}(\bar{\boldsymbol{B}}(\boldsymbol{p},\boldsymbol{\beta},\omega_q))\tag{9.63}$$

根据式（9.55）和式（9.57）可知，未知参量 $\boldsymbol{\eta}^{(\mathrm{a})}$ 估计方差的费希尔信息矩阵和克拉美罗界矩阵可以分别表示为

$$\begin{cases}\mathbf{FISH}(\boldsymbol{\eta}^{(\mathrm{a})})=K\cdot\sum\limits_{q=1}^{Q}\tilde{\boldsymbol{E}}^{(\mathrm{a})\mathrm{H}}(\omega_q)(\tilde{\boldsymbol{R}}_{xx}^{-\mathrm{T}}(\omega_q)\otimes\tilde{\boldsymbol{R}}_{xx}^{-1}(\omega_q))\tilde{\boldsymbol{E}}^{(\mathrm{a})}(\omega_q)\\\mathbf{CRB}(\boldsymbol{\eta}^{(\mathrm{a})})=(\mathbf{FISH}(\boldsymbol{\eta}^{(\mathrm{a})}))^{-1}=\dfrac{1}{K}\cdot\left(\sum\limits_{q=1}^{Q}\tilde{\boldsymbol{E}}^{(\mathrm{a})\mathrm{H}}(\omega_q)(\tilde{\boldsymbol{R}}_{xx}^{-\mathrm{T}}(\omega_q)\otimes\tilde{\boldsymbol{R}}_{xx}^{-1}(\omega_q))\tilde{\boldsymbol{E}}^{(\mathrm{a})}(\omega_q)\right)^{-1}\end{cases}\tag{9.64}$$

（二）信号复包络精确已知条件下的克拉美罗界

当信号复包络精确已知时，未知参量仅包括 $\boldsymbol{p}$ ，$\boldsymbol{\beta}$ 和 σ_{ε}^{2} 。为了推导目标位置估计方差的克拉美罗界，首先定义如下数据向量

$$\begin{aligned}\tilde{\boldsymbol{x}}&=[\tilde{\boldsymbol{x}}^{(1)\mathrm{H}}\ \ \tilde{\boldsymbol{x}}^{(2)\mathrm{H}}\ \ \cdots\ \ \tilde{\boldsymbol{x}}^{(K)\mathrm{H}}]^{\mathrm{H}}\\&=[\tilde{\boldsymbol{x}}^{(1)\mathrm{H}}(\omega_1)\cdots\ \tilde{\boldsymbol{x}}^{(1)\mathrm{H}}(\omega_Q)\ \vdots\ \tilde{\boldsymbol{x}}^{(2)\mathrm{H}}(\omega_1)\ \cdots\ \tilde{\boldsymbol{x}}^{(2)\mathrm{H}}(\omega_Q)\ \vdots\ \cdots\ \cdots\ \vdots\ \tilde{\boldsymbol{x}}^{(K)\mathrm{H}}(\omega_1)\cdots\ \tilde{\boldsymbol{x}}^{(K)\mathrm{H}}(\omega_Q)]^{\mathrm{H}}\end{aligned}\tag{9.65}$$

则数据向量 $\tilde{\boldsymbol{x}}$ 的数学期望为

$$\begin{aligned}\boldsymbol{\mu}_{\tilde{x}}&=\mathrm{E}[\tilde{\boldsymbol{x}}]\\&=[(\bar{\boldsymbol{B}}(\boldsymbol{p},\boldsymbol{\beta},\omega_1)\tilde{\boldsymbol{r}}^{(1)}(\omega_1))^{\mathrm{T}}\cdots(\bar{\boldsymbol{B}}(\boldsymbol{p},\boldsymbol{\beta},\omega_Q)\tilde{\boldsymbol{r}}^{(1)}(\omega_Q))^{\mathrm{T}}\ \vdots\ (\bar{\boldsymbol{B}}(\boldsymbol{p},\boldsymbol{\beta},\omega_1)\tilde{\boldsymbol{r}}^{(2)}(\omega_1))^{\mathrm{T}}\cdots(\bar{\boldsymbol{B}}(\boldsymbol{p},\boldsymbol{\beta},\omega_Q)\tilde{\boldsymbol{r}}^{(2)}(\omega_Q))^{\mathrm{T}}\\&\quad\vdots\cdots\vdots(\bar{\boldsymbol{B}}(\boldsymbol{p},\boldsymbol{\beta},\omega_1)\tilde{\boldsymbol{r}}^{(K)}(\omega_1))^{\mathrm{T}}\cdots(\bar{\boldsymbol{B}}(\boldsymbol{p},\boldsymbol{\beta},\omega_Q)\tilde{\boldsymbol{r}}^{(K)}(\omega_Q))^{\mathrm{T}}]^{\mathrm{T}}\end{aligned}\tag{9.66}$$

根据式（2.171）可知，未知参量 $\boldsymbol{p}$ 和 $\boldsymbol{\beta}$ 联合估计方差的克拉美罗界矩阵可以表示为

$$\mathbf{CRB}\left(\begin{bmatrix}\mathrm{Re}\{\boldsymbol{\beta}\}\\\mathrm{Im}\{\boldsymbol{\beta}\}\\\boldsymbol{p}\end{bmatrix}\right)=\frac{\sigma_{\varepsilon}^{2}}{2}\cdot(\mathrm{Re}\{\tilde{\boldsymbol{E}}^{(\mathrm{b})\mathrm{H}}\tilde{\boldsymbol{E}}^{(\mathrm{b})}\})^{-1}\tag{9.67}$$

式中

$$\tilde{\boldsymbol{E}}^{(\mathrm{b})}=[\tilde{\boldsymbol{E}}_1^{(\mathrm{b})}\ \ \tilde{\boldsymbol{E}}_2^{(\mathrm{b})}\ \ \tilde{\boldsymbol{E}}_3^{(\mathrm{b})}]=\left[\frac{\partial\boldsymbol{\mu}_{\tilde{x}}}{\partial(\mathrm{Re}\{\boldsymbol{\beta}\})^{\mathrm{T}}}\ \vdots\ \frac{\partial\boldsymbol{\mu}_{\tilde{x}}}{\partial(\mathrm{Im}\{\boldsymbol{\beta}\})^{\mathrm{T}}}\ \vdots\ \frac{\partial\boldsymbol{\mu}_{\tilde{x}}}{\partial\boldsymbol{p}^{\mathrm{T}}}\right]\tag{9.68}$$

其中

$$\tilde{\boldsymbol{E}}_1^{(\mathrm{b})}=\frac{\partial\boldsymbol{\mu}_{\tilde{x}}}{\partial\mathrm{Re}^{\mathrm{T}}\{\boldsymbol{\beta}\}}=\begin{bmatrix}\tilde{\boldsymbol{T}}^{(1)}\\\tilde{\boldsymbol{T}}^{(2)}\\\vdots\\\tilde{\boldsymbol{T}}^{(K)}\end{bmatrix}\cdot\begin{bmatrix}\dfrac{\partial\mathrm{vec}(\bar{\boldsymbol{B}}(\boldsymbol{p},\boldsymbol{\beta},\omega_1))}{\partial\mathrm{Re}^{\mathrm{T}}\{\boldsymbol{\beta}\}}\\\dfrac{\partial\mathrm{vec}(\bar{\boldsymbol{B}}(\boldsymbol{p},\boldsymbol{\beta},\omega_2))}{\partial\mathrm{Re}^{\mathrm{T}}\{\boldsymbol{\beta}\}}\\\vdots\\\dfrac{\partial\mathrm{vec}(\bar{\boldsymbol{B}}(\boldsymbol{p},\boldsymbol{\beta},\omega_Q))}{\partial\mathrm{Re}^{\mathrm{T}}\{\boldsymbol{\beta}\}}\end{bmatrix}\tag{9.69}$$

$$\tilde{\boldsymbol{E}}_2^{(\mathrm{b})}=\frac{\partial\boldsymbol{\mu}_{\tilde{x}}}{\partial\mathrm{Im}^{\mathrm{T}}\{\boldsymbol{\beta}\}}=\mathrm{j}\cdot\frac{\partial\boldsymbol{\mu}_{\tilde{x}}}{\partial\mathrm{Re}^{\mathrm{T}}\{\boldsymbol{\beta}\}}=\mathrm{j}\cdot\begin{bmatrix}\tilde{\boldsymbol{T}}^{(1)}\\\tilde{\boldsymbol{T}}^{(2)}\\\vdots\\\tilde{\boldsymbol{T}}^{(K)}\end{bmatrix}\cdot\begin{bmatrix}\dfrac{\partial\mathrm{vec}(\bar{\boldsymbol{B}}(\boldsymbol{p},\boldsymbol{\beta},\omega_1))}{\partial\mathrm{Re}^{\mathrm{T}}\{\boldsymbol{\beta}\}}\\\dfrac{\partial\mathrm{vec}(\bar{\boldsymbol{B}}(\boldsymbol{p},\boldsymbol{\beta},\omega_2))}{\partial\mathrm{Re}^{\mathrm{T}}\{\boldsymbol{\beta}\}}\\\vdots\\\dfrac{\partial\mathrm{vec}(\bar{\boldsymbol{B}}(\boldsymbol{p},\boldsymbol{\beta},\omega_Q))}{\partial\mathrm{Re}^{\mathrm{T}}\{\boldsymbol{\beta}\}}\end{bmatrix}=\mathrm{j}\cdot\tilde{\boldsymbol{E}}_1^{(\mathrm{b})}\tag{9.70}$$

$$\tilde{\boldsymbol{E}}_3^{(\mathrm{b})}=\frac{\partial \boldsymbol{\mu}_{\tilde{x}}}{\partial \boldsymbol{p}^{\mathrm{T}}}=\begin{bmatrix}\tilde{\boldsymbol{T}}^{(1)}\\ \tilde{\boldsymbol{T}}^{(2)}\\ \vdots\\ \tilde{\boldsymbol{T}}^{(K)}\end{bmatrix}\cdot\begin{bmatrix}\dfrac{\partial \mathrm{vec}(\bar{\boldsymbol{B}}(\boldsymbol{p},\boldsymbol{\beta},\omega_1))}{\partial \boldsymbol{p}^{\mathrm{T}}}\\ \dfrac{\partial \mathrm{vec}(\bar{\boldsymbol{B}}(\boldsymbol{p},\boldsymbol{\beta},\omega_2))}{\partial \boldsymbol{p}^{\mathrm{T}}}\\ \vdots\\ \dfrac{\partial \mathrm{vec}(\bar{\boldsymbol{B}}(\boldsymbol{p},\boldsymbol{\beta},\omega_Q))}{\partial \boldsymbol{p}^{\mathrm{T}}}\end{bmatrix} \tag{9.71}$$

其中

$$\tilde{\boldsymbol{T}}^{(k)}=\mathrm{blkdiag}[\tilde{\boldsymbol{r}}^{(k)\mathrm{T}}(\omega_1)\otimes \boldsymbol{I}_{MN}\ \ \tilde{\boldsymbol{r}}^{(k)\mathrm{T}}(\omega_2)\otimes \boldsymbol{I}_{MN}\ \cdots\ \tilde{\boldsymbol{r}}^{(k)\mathrm{T}}(\omega_Q)\otimes \boldsymbol{I}_{MN}]\qquad (1\leqslant k\leqslant K) \tag{9.72}$$

由于式(9.67)并不具备块状对角矩阵结构，因此难以从中直接得到关于目标位置向量 $\boldsymbol{p}$ 估计方差的克拉美罗界。为此，下面将借鉴文献[11]中的分析方法，重新定义一个新的参数向量，新参数向量的克拉美罗界矩阵具有块状对角矩阵的形式，该向量可以定义为

$$\boldsymbol{\eta}^{(\mathrm{b})}=[(\mathrm{Re}\{\boldsymbol{\beta}\}+\mathrm{Re}\{\tilde{\boldsymbol{W}}\}\cdot\boldsymbol{p})^{\mathrm{T}}\ \ (\mathrm{Im}\{\boldsymbol{\beta}\}+\mathrm{Im}\{\tilde{\boldsymbol{W}}\}\cdot\boldsymbol{p})^{\mathrm{T}}\ \ \boldsymbol{p}^{\mathrm{T}}]^{\mathrm{T}} \tag{9.73}$$

式中

$$\tilde{\boldsymbol{W}}=(\tilde{\boldsymbol{E}}_1^{(\mathrm{b})})^{\dagger}\tilde{\boldsymbol{E}}_3^{(\mathrm{b})} \tag{9.74}$$

于是根据式（9.73）可得

$$\boldsymbol{\eta}^{(\mathrm{b})}=\tilde{\boldsymbol{F}}\cdot\begin{bmatrix}\mathrm{Re}\{\boldsymbol{\beta}\}\\ \mathrm{Im}\{\boldsymbol{\beta}\}\\ \boldsymbol{p}\end{bmatrix} \tag{9.75}$$

式中

$$\tilde{\boldsymbol{F}}=\begin{bmatrix}\boldsymbol{I} & \boldsymbol{O} & \mathrm{Re}\{\tilde{\boldsymbol{W}}\}\\ \boldsymbol{O} & \boldsymbol{I} & \mathrm{Im}\{\tilde{\boldsymbol{W}}\}\\ \boldsymbol{O} & \boldsymbol{O} & \boldsymbol{I}\end{bmatrix} \tag{9.76}$$

根据推论 2.13 可知，未知参量 $\boldsymbol{\eta}^{(\mathrm{b})}$ 估计方差的克拉美罗界矩阵可以表示为

$$\mathbf{CRB}(\boldsymbol{\eta}^{(\mathrm{b})})=\frac{\sigma_\varepsilon^2}{2}\cdot(\mathrm{Re}\{(\tilde{\boldsymbol{E}}^{(\mathrm{b})}\tilde{\boldsymbol{F}}^{-1})^{\mathrm{H}}(\tilde{\boldsymbol{E}}^{(\mathrm{b})}\tilde{\boldsymbol{F}}^{-1})\})^{-1} \tag{9.77}$$

式中

$$\tilde{\boldsymbol{F}}^{-1}=\begin{bmatrix}\boldsymbol{I} & \boldsymbol{O} & -\mathrm{Re}\{\tilde{\boldsymbol{W}}\}\\ \boldsymbol{O} & \boldsymbol{I} & -\mathrm{Im}\{\tilde{\boldsymbol{W}}\}\\ \boldsymbol{O} & \boldsymbol{O} & \boldsymbol{I}\end{bmatrix} \tag{9.78}$$

于是有

$$\tilde{\boldsymbol{E}}^{(\mathrm{b})}\tilde{\boldsymbol{F}}^{-1}=[\tilde{\boldsymbol{E}}_1^{(\mathrm{b})}\ \ \mathrm{j}\cdot\tilde{\boldsymbol{E}}_1^{(\mathrm{b})}\ \ \boldsymbol{\Pi}^{\perp}[\tilde{\boldsymbol{E}}_1^{(\mathrm{b})}]\cdot\tilde{\boldsymbol{E}}_3^{(\mathrm{b})}] \tag{9.79}$$

将式（9.79）代入式（9.77）中可得

$$\mathbf{CRB}(\boldsymbol{\eta}^{(\mathrm{b})})=\frac{\sigma_\varepsilon^2}{2}\cdot\begin{bmatrix}\tilde{\boldsymbol{Q}}_1 & \boldsymbol{O}\\ \boldsymbol{O} & \tilde{\boldsymbol{Q}}_2\end{bmatrix}^{-1} \tag{9.80}$$

式中

$$\begin{cases}\tilde{\boldsymbol{Q}}_1=\left[\begin{array}{c:c}\mathrm{Re}\{\tilde{\boldsymbol{E}}_1^{(\mathrm{b})\mathrm{H}}\tilde{\boldsymbol{E}}_1^{(\mathrm{b})}\} & -\mathrm{Im}\{\tilde{\boldsymbol{E}}_1^{(\mathrm{b})\mathrm{H}}\tilde{\boldsymbol{E}}_1^{(\mathrm{b})}\} \\ \hdashline \mathrm{Im}\{\tilde{\boldsymbol{E}}_1^{(\mathrm{b})\mathrm{H}}\tilde{\boldsymbol{E}}_1^{(\mathrm{b})}\} & \mathrm{Re}\{\tilde{\boldsymbol{E}}_1^{(\mathrm{b})\mathrm{H}}\tilde{\boldsymbol{E}}_1^{(\mathrm{b})}\}\end{array}\right] \\ \tilde{\boldsymbol{Q}}_2=\mathrm{Re}\{\tilde{\boldsymbol{E}}_3^{(\mathrm{b})\mathrm{H}}\cdot\boldsymbol{\Pi}^{\perp}[\tilde{\boldsymbol{E}}_1^{(\mathrm{b})}]\cdot\tilde{\boldsymbol{E}}_3^{(\mathrm{b})}\}\end{cases} \tag{9.81}$$

由于式（9.80）具有块状对角矩阵的形式，从中可知关于目标位置向量 $\boldsymbol{p}$ 的估计方差的克拉美罗界矩阵为

$$\mathbf{CRB}(\boldsymbol{p})=\frac{\sigma_\varepsilon^2}{2}\cdot\tilde{\boldsymbol{Q}}_2^{-1}=\frac{\sigma_\varepsilon^2}{2}\cdot(\mathrm{Re}\{\tilde{\boldsymbol{E}}_3^{(\mathrm{b})\mathrm{H}}\tilde{\boldsymbol{E}}_3^{(\mathrm{b})}-\tilde{\boldsymbol{E}}_3^{(\mathrm{b})\mathrm{H}}\tilde{\boldsymbol{E}}_1^{(\mathrm{b})}(\tilde{\boldsymbol{E}}_1^{(\mathrm{b})\mathrm{H}}\tilde{\boldsymbol{E}}_1^{(\mathrm{b})})^{-1}\tilde{\boldsymbol{E}}_1^{(\mathrm{b})\mathrm{H}}\tilde{\boldsymbol{E}}_3^{(\mathrm{b})}\})^{-1} \tag{9.82}$$

9.2.3 两种目标位置直接估计算法

本小节将分别在信号复包络完全未知和精确已知两种条件下推导目标位置直接估计算法。

（一）信号复包络完全未知条件下的目标位置直接估计算法

当信号复包络完全未知时，可以利用 5.2 节 MUSIC 算法的基本原理构造参数估计优化准则。对阵列输出自相关矩阵 $\tilde{\boldsymbol{R}}_{xx}(\omega_q)$ 进行特征值分解，根据 5.2 节可知，该矩阵存在 D 个大特征值和 $MN-D$ 个小特征值（均为 σ_ε^2），若利用 $MN-D$ 个小特征值对应的单位特征向量构造矩阵 $\tilde{\boldsymbol{U}}_{\mathrm{N}}(\omega_q)$，则根据子空间正交性可以得到直接估计目标位置参数的优化准则为

$$\begin{aligned}&\min_{\boldsymbol{p}_d,\boldsymbol{\beta}_d}\sum_{q=1}^{Q}\bar{\boldsymbol{b}}^{\mathrm{H}}(\boldsymbol{p}_d,\boldsymbol{\beta}_d,\omega_q)\tilde{\boldsymbol{U}}_{\mathrm{N}}(\omega_q)\tilde{\boldsymbol{U}}_{\mathrm{N}}^{\mathrm{H}}(\omega_q)\bar{\boldsymbol{b}}(\boldsymbol{p}_d,\boldsymbol{\beta}_d,\omega_q)\\&=\min_{\boldsymbol{p}_d,\boldsymbol{\beta}_d}\boldsymbol{\beta}_d^{\mathrm{H}}\left(\sum_{q=1}^{Q}\boldsymbol{\Pi}^{\mathrm{H}}\boldsymbol{A}^{\mathrm{H}}(\boldsymbol{p}_d,\omega_q)\tilde{\boldsymbol{U}}_{\mathrm{N}}(\omega_q)\tilde{\boldsymbol{U}}_{\mathrm{N}}^{\mathrm{H}}(\omega_q)\boldsymbol{A}(\boldsymbol{p}_d,\omega_q)\boldsymbol{\Pi}\right)\boldsymbol{\beta}_d\end{aligned} \tag{9.83}$$

式中的目标函数是关于向量 $\boldsymbol{\beta}_d$ 的二次型，基于该性质可以实现向量 $\boldsymbol{p}_d$ 和 $\boldsymbol{\beta}_d$ 的解耦合估计。首先向量 $\boldsymbol{\beta}_d$ 的最优解可以表示为

$$\hat{\boldsymbol{\beta}}_{d,\mathrm{opt}}=\boldsymbol{u}_{\min}\left\{\sum_{q=1}^{Q}\boldsymbol{\Pi}^{\mathrm{H}}\boldsymbol{A}^{\mathrm{H}}(\boldsymbol{p}_d,\omega_q)\tilde{\boldsymbol{U}}_{\mathrm{N}}(\omega_q)\tilde{\boldsymbol{U}}_{\mathrm{N}}^{\mathrm{H}}(\omega_q)\boldsymbol{A}(\boldsymbol{p}_d,\omega_q)\boldsymbol{\Pi}\right\} \tag{9.84}$$

式中 $\boldsymbol{u}_{\min}\{\cdot\}$ 表示求矩阵最小特征值对应的单位特征向量。将式（9.84）代入式（9.83）中可知，向量 $\boldsymbol{p}_d$ 的最优解可以通过下式获得

$$\hat{\boldsymbol{p}}_d=\arg\min_{\boldsymbol{p}_d}\lambda_{\min}\left\{\sum_{q=1}^{Q}\boldsymbol{\Pi}^{\mathrm{H}}\boldsymbol{A}^{\mathrm{H}}(\boldsymbol{p}_d,\omega_q)\tilde{\boldsymbol{U}}_{\mathrm{N}}(\omega_q)\tilde{\boldsymbol{U}}_{\mathrm{N}}^{\mathrm{H}}(\omega_q)\boldsymbol{A}(\boldsymbol{p}_d,\omega_q)\boldsymbol{\Pi}\right\} \tag{9.85}$$

式中 $\lambda_{\min}\{\cdot\}$ 表示求矩阵的最小特征值。需要指出的是，由于实际中仅能够得到有限样本，因此矩阵 $\tilde{\boldsymbol{U}}_{\mathrm{N}}(\omega_q)$ 的真实值无法精确获得，只能够得到其一致估计值 $\hat{\tilde{\boldsymbol{U}}}_{\mathrm{N}}(\omega_q)$，于是目标位置估计值应由下式获得

$$\hat{\boldsymbol{p}}_d=\arg\min_{\boldsymbol{p}_d}\lambda_{\min}\left\{\sum_{q=1}^{Q}\boldsymbol{\Pi}^{\mathrm{H}}\boldsymbol{A}^{\mathrm{H}}(\boldsymbol{p}_d,\omega_q)\hat{\tilde{\boldsymbol{U}}}_{\mathrm{N}}(\omega_q)\hat{\tilde{\boldsymbol{U}}}_{\mathrm{N}}^{\mathrm{H}}(\omega_q)\boldsymbol{A}(\boldsymbol{p}_d,\omega_q)\boldsymbol{\Pi}\right\} \tag{9.86}$$

式（9.86）可以通过直接搜索或者 Newton 迭代算法进行优化求解，其求解过程类似于式（6.127）的求解过程，限于篇幅这里不再阐述。将式（9.86）得到的最优解 $\hat{\boldsymbol{p}}_d$ 代入式（9.84）中即可得到向量 $\boldsymbol{\beta}_d$ 的最优解 $\hat{\boldsymbol{\beta}}_d$。

（二）信号复包络精确已知条件下的目标位置直接估计算法

当信号复包络精确已知时，为了获得渐近最优的估计性能，可以利用最大似然准则进行参数估计，其中的未知参量包括 $\boldsymbol{p}$，$\boldsymbol{\beta}$ 和 σ_{ε}^2，而关于这些未知参量的最大似然函数（亦即数据样本的概率密度函数）为

$$\begin{aligned}L_{\mathrm{ML}}(\boldsymbol{p},\boldsymbol{\beta},\sigma_{\varepsilon}^2)&=\prod_{k=1}^{K}\prod_{q=1}^{Q}\frac{1}{(\pi\sigma_{\varepsilon}^2)^{MN}}\cdot\exp\left\{-\frac{1}{\sigma_{\varepsilon}^2}\cdot\|\tilde{\boldsymbol{x}}^{(k)}(\omega_q)-\bar{\boldsymbol{B}}(\boldsymbol{p},\boldsymbol{\beta},\omega_q)\tilde{\boldsymbol{r}}^{(k)}(\omega_q)\|_2^2\right\}\\&=\frac{1}{(\pi\sigma_{\varepsilon}^2)^{KQMN}}\cdot\exp\left\{-\frac{1}{\sigma_{\varepsilon}^2}\cdot\sum_{k=1}^{K}\sum_{q=1}^{Q}\|\tilde{\boldsymbol{x}}^{(k)}(\omega_q)-\bar{\boldsymbol{B}}(\boldsymbol{p},\boldsymbol{\beta},\omega_q)\tilde{\boldsymbol{r}}^{(k)}(\omega_q)\|_2^2\right\}\end{aligned}\tag{9.87}$$

相应的对数似然函数为

$$\ln(L_{\mathrm{ML}}(\boldsymbol{p},\boldsymbol{\beta},\sigma_{\varepsilon}^2))=C-KQMN\cdot\ln(\sigma_{\varepsilon}^2)-\frac{1}{\sigma_{\varepsilon}^2}\cdot\sum_{k=1}^{K}\sum_{q=1}^{Q}\|\tilde{\boldsymbol{x}}^{(k)}(\omega_q)-\bar{\boldsymbol{B}}(\boldsymbol{p},\boldsymbol{\beta},\omega_q)\tilde{\boldsymbol{r}}^{(k)}(\omega_q)\|_2^2\tag{9.88}$$

式中 C 表示与未知参量无关的常数。将式（9.88）对 σ_{ε}^2 求偏导，并令其等于零可得

$$\frac{\partial\ln(L_{\mathrm{ML}}(\boldsymbol{p},\boldsymbol{\beta},\sigma_{\varepsilon}^2))}{\partial\sigma_{\varepsilon}^2}=-\frac{KQMN}{\sigma_{\varepsilon}^2}+\frac{1}{\sigma_{\varepsilon}^4}\cdot\sum_{k=1}^{K}\sum_{q=1}^{Q}\|\tilde{\boldsymbol{x}}^{(k)}(\omega_q)-\bar{\boldsymbol{B}}(\boldsymbol{p},\boldsymbol{\beta},\omega_q)\tilde{\boldsymbol{r}}^{(k)}(\omega_q)\|_2^2=0\tag{9.89}$$

根据式（9.89）可以推得

$$\sigma_{\varepsilon}^2=\frac{1}{KQMN}\cdot\sum_{k=1}^{K}\sum_{q=1}^{Q}\|\tilde{\boldsymbol{x}}^{(k)}(\omega_q)-\bar{\boldsymbol{B}}(\boldsymbol{p},\boldsymbol{\beta},\omega_q)\tilde{\boldsymbol{r}}^{(k)}(\omega_q)\|_2^2\tag{9.90}$$

将式（9.90）代入式（9.88）中可以得到仅关于向量 $\boldsymbol{p}$ 和 $\boldsymbol{\beta}$ 的优化模型

$$\min_{\boldsymbol{p},\boldsymbol{\beta}}f_{\mathrm{a}}(\boldsymbol{p},\boldsymbol{\beta})=\min_{\boldsymbol{p},\boldsymbol{\beta}}\sum_{k=1}^{K}\sum_{q=1}^{Q}\|\tilde{\boldsymbol{x}}^{(k)}(\omega_q)-\bar{\boldsymbol{B}}(\boldsymbol{p},\boldsymbol{\beta},\omega_q)\tilde{\boldsymbol{r}}^{(k)}(\omega_q)\|_2^2\tag{9.91}$$

为了对式（9.91）进行求解，需要将 $f_{\mathrm{a}}(\boldsymbol{p},\boldsymbol{\beta})$ 进一步表示成如下形式

$$\begin{aligned}f_{\mathrm{a}}(\boldsymbol{p},\boldsymbol{\beta})&=\sum_{k=1}^{K}\sum_{q=1}^{Q}\|\tilde{\boldsymbol{x}}^{(k)}(\omega_q)\|_2^2+\sum_{k=1}^{K}\sum_{q=1}^{Q}\tilde{\boldsymbol{r}}^{(k)\mathrm{H}}(\omega_q)\bar{\boldsymbol{B}}^{\mathrm{H}}(\boldsymbol{p},\boldsymbol{\beta},\omega_q)\bar{\boldsymbol{B}}(\boldsymbol{p},\boldsymbol{\beta},\omega_q)\tilde{\boldsymbol{r}}^{(k)}(\omega_q)\\&\quad-\sum_{k=1}^{K}\sum_{q=1}^{Q}\tilde{\boldsymbol{x}}^{(k)\mathrm{H}}(\omega_q)\bar{\boldsymbol{B}}(\boldsymbol{p},\boldsymbol{\beta},\omega_q)\tilde{\boldsymbol{r}}^{(k)}(\omega_q)-\sum_{k=1}^{K}\sum_{q=1}^{Q}\tilde{\boldsymbol{r}}^{(k)\mathrm{H}}(\omega_q)\bar{\boldsymbol{B}}^{\mathrm{H}}(\boldsymbol{p},\boldsymbol{\beta},\omega_q)\tilde{\boldsymbol{x}}^{(k)}(\omega_q)\end{aligned}\tag{9.92}$$

忽略 $f_{\mathrm{a}}(\boldsymbol{p},\boldsymbol{\beta})$ 中与未知参量 $\boldsymbol{p}$ 和 $\boldsymbol{\beta}$ 无关的项（仅第一项），可以得到如下目标函数

$$\begin{aligned}f_{\mathrm{b}}(\boldsymbol{p},\boldsymbol{\beta})&=\mathrm{tr}\left(\sum_{q=1}^{Q}\bar{\boldsymbol{B}}^{\mathrm{H}}(\boldsymbol{p},\boldsymbol{\beta},\omega_q)\bar{\boldsymbol{B}}(\boldsymbol{p},\boldsymbol{\beta},\omega_q)\left(\sum_{k=1}^{K}\tilde{\boldsymbol{r}}^{(k)}(\omega_q)\tilde{\boldsymbol{r}}^{(k)\mathrm{H}}(\omega_q)\right)\right)\\&\quad-\mathrm{tr}\left(\sum_{q=1}^{Q}\bar{\boldsymbol{B}}(\boldsymbol{p},\boldsymbol{\beta},\omega_q)\left(\sum_{k=1}^{K}\tilde{\boldsymbol{r}}^{(k)}(\omega_q)\tilde{\boldsymbol{x}}^{(k)\mathrm{H}}(\omega_q)\right)\right)-\mathrm{tr}\left(\sum_{q=1}^{Q}\bar{\boldsymbol{B}}^{\mathrm{H}}(\boldsymbol{p},\boldsymbol{\beta},\omega_q)\left(\sum_{k=1}^{K}\tilde{\boldsymbol{x}}^{(k)}(\omega_q)\tilde{\boldsymbol{r}}^{(k)\mathrm{H}}(\omega_q)\right)\right)\\&=\mathrm{tr}\left(\sum_{q=1}^{Q}\begin{pmatrix}\bar{\boldsymbol{B}}^{\mathrm{H}}(\boldsymbol{p},\boldsymbol{\beta},\omega_q)\bar{\boldsymbol{B}}(\boldsymbol{p},\boldsymbol{\beta},\omega_q)-\tilde{\boldsymbol{Z}}_1^{-1}(\omega_q)\tilde{\boldsymbol{Z}}_2(\omega_q)\bar{\boldsymbol{B}}(\boldsymbol{p},\boldsymbol{\beta},\omega_q)\\-\bar{\boldsymbol{B}}^{\mathrm{H}}(\boldsymbol{p},\boldsymbol{\beta},\omega_q)\tilde{\boldsymbol{Z}}_2^{\mathrm{H}}(\omega_q)\tilde{\boldsymbol{Z}}_1^{-1}(\omega_q)\end{pmatrix}\tilde{\boldsymbol{Z}}_1(\omega_q)\right)\end{aligned}\tag{9.93}$$

式中

$$\begin{cases} \tilde{\boldsymbol{Z}}_1(\omega_q) = \sum_{k=1}^{K} \tilde{\boldsymbol{r}}^{(k)}(\omega_q) \tilde{\boldsymbol{r}}^{(k)\mathrm{H}}(\omega_q) \\ \tilde{\boldsymbol{Z}}_2(\omega_q) = \sum_{k=1}^{K} \tilde{\boldsymbol{r}}^{(k)}(\omega_q) \tilde{\boldsymbol{x}}^{(k)\mathrm{H}}(\omega_q) \end{cases} \tag{9.94}$$

基于式（9.93）可以得到关于向量 $\boldsymbol{p}$ 和 $\boldsymbol{\beta}$ 更为简洁的优化模型

$$\min_{\boldsymbol{p},\boldsymbol{\beta}} f_{\mathrm{c}}(\boldsymbol{p},\boldsymbol{\beta}) = \min_{\boldsymbol{p},\boldsymbol{\beta}} \mathrm{tr}\left(\sum_{q=1}^{Q} (\bar{\boldsymbol{B}}(\boldsymbol{p},\boldsymbol{\beta},\omega_q) - \tilde{\boldsymbol{Z}}(\omega_q))^{\mathrm{H}} (\bar{\boldsymbol{B}}(\boldsymbol{p},\boldsymbol{\beta},\omega_q) - \tilde{\boldsymbol{Z}}(\omega_q)) \tilde{\boldsymbol{Z}}_1(\omega_q) \right) \tag{9.95}$$

式中

$$\tilde{\boldsymbol{Z}}(\omega_q) = \tilde{\boldsymbol{Z}}_2^{\mathrm{H}}(\omega_q) \tilde{\boldsymbol{Z}}_1^{-1}(\omega_q) \tag{9.96}$$

需要指出的是，$f_{\mathrm{b}}(\boldsymbol{p},\boldsymbol{\beta})$ 和 $f_{\mathrm{c}}(\boldsymbol{p},\boldsymbol{\beta})$ 之间仅相差一个常数项 $\mathrm{tr}\left(\sum_{q=1}^{Q} \tilde{\boldsymbol{Z}}^{\mathrm{H}}(\omega_q) \tilde{\boldsymbol{Z}}(\omega_q) \tilde{\boldsymbol{Z}}_1(\omega_q) \right)$。

若假设信号在时域上相互独立，则由式（9.94）可知 $\tilde{\boldsymbol{Z}}_1(\omega_q)$ 是渐近对角矩阵，此时可以将式（9.95）分解成如下 D 个优化模型

$$\min_{\boldsymbol{p}_d,\boldsymbol{\beta}_d} \sum_{q=1}^{Q} \| \bar{\boldsymbol{b}}(\boldsymbol{p}_d,\boldsymbol{\beta}_d,\omega_q) - \tilde{\boldsymbol{z}}_d(\omega_q) \|_2^2 = \min_{\boldsymbol{p}_d,\boldsymbol{\beta}_d} \sum_{q=1}^{Q} \| \boldsymbol{A}(\boldsymbol{p}_d,\omega_q) \boldsymbol{\Pi} \boldsymbol{\beta}_d - \tilde{\boldsymbol{z}}_d(\omega_q) \|_2^2 \tag{9.97}$$

式中 $\tilde{\boldsymbol{z}}_d(\omega_q)$ 表示矩阵 $\tilde{\boldsymbol{Z}}(\omega_q)$ 的第 d 列向量。式（9.97）实质上是独立的（并行）估计 D 个目标的位置向量 $\boldsymbol{p}_d$ 及其复传播系数向量 $\boldsymbol{\beta}_d$，从而将高维参数分解成 D 个低维参数进行估计，其计算复杂度是可以有效降低的。

与式（9.83）类似的是，式（9.97）中的未知参量 $\boldsymbol{p}_d$ 和 $\boldsymbol{\beta}_d$ 也可以通过解耦合的方式进行求解。首先利用式（2.116）可知，向量 $\boldsymbol{\beta}_d$ 的最优闭式解可以表示为

$$\begin{aligned} \hat{\boldsymbol{\beta}}_{d,\mathrm{opt}} &= \left(\sum_{q=1}^{Q} \boldsymbol{\Pi}^{\mathrm{H}} \boldsymbol{A}^{\mathrm{H}}(\boldsymbol{p}_d,\omega_q) \boldsymbol{A}(\boldsymbol{p}_d,\omega_q) \boldsymbol{\Pi} \right)^{-1} \cdot \left(\sum_{q=1}^{Q} \boldsymbol{\Pi}^{\mathrm{H}} \boldsymbol{A}^{\mathrm{H}}(\boldsymbol{p}_d,\omega_q) \tilde{\boldsymbol{z}}_d(\omega_q) \right) \\ &= \frac{1}{MQ} \cdot \sum_{q=1}^{Q} \boldsymbol{\Pi}^{\mathrm{H}} \boldsymbol{A}^{\mathrm{H}}(\boldsymbol{p}_d,\omega_q) \tilde{\boldsymbol{z}}_d(\omega_q) \end{aligned} \tag{9.98}$$

式（9.98）中的第二个等式利用了如下等式

$$\sum_{q=1}^{Q} \boldsymbol{\Pi}^{\mathrm{H}} \boldsymbol{A}^{\mathrm{H}}(\boldsymbol{p}_d,\omega_q) \boldsymbol{A}(\boldsymbol{p}_d,\omega_q) \boldsymbol{\Pi} = (MQ) \cdot \boldsymbol{I}_N \tag{9.99}$$

将式（9.98）代入式（9.97）中可知，向量 $\boldsymbol{p}_d$ 的最优解可以通过下式获得

$$\hat{\boldsymbol{p}}_d = \arg\max_{\boldsymbol{p}_d} \left\| \sum_{q=1}^{Q} \boldsymbol{\Pi}^{\mathrm{H}} \boldsymbol{A}^{\mathrm{H}}(\boldsymbol{p}_d,\omega_q) \tilde{\boldsymbol{z}}_d(\omega_q) \right\|_2^2 \tag{9.100}$$

式（9.100）可以通过直接搜索或 Newton 迭代算法进行优化求解。将式（9.100）得到的最优解 $\hat{\boldsymbol{p}}_d$ 代入式（9.98）中即可得到向量 $\boldsymbol{\beta}_d$ 的最优解 $\hat{\boldsymbol{\beta}}_d$。

9.2.4 数值实验

下面将通过若干数值实验说明上述两种目标位置直接估计算法的参数估计精度，并将其

与传统两步定位算法的目标位置估计性能进行比较，两步定位算法仍是指先利用 MUSIC 算法进行测向，再利用第 7 章 Taylor 级数迭代定位算法进行目标位置估计。

数值实验 1——单目标存在条件下的定位性能

假设仅有 1 个待定位目标，其位置坐标为（0km，0km），现有 3 个测向站对其进行定位，其位置坐标分别为（5km，5km），（5km，-5km）和（-5km，5km），每个测向站均安装均匀线阵，相邻阵元间距与波长比为 $d/\lambda=0.5$，信号复包络服从零均值复高斯分布，信号到达 3 个测向站的复传播系数分别为 0.9848+0.1736j，0.6428+0.7660j 和 0.1736+0.9848j（由不同的传播路径所产生），对信号进行傅里叶变换采用 FFT 算法，点数为 512 点，下面将比较信号复包络完全未知条件下的目标位置直接估计算法和两步定位算法的性能。

首先，将每个测向站的阵元个数固定为 4，每个频点累积的样本点数固定为 20，图 9.9 给出了两种算法的目标位置估计均方根误差随着信噪比的变化曲线。

其次，将每个测向站的阵元个数固定为 4，信噪比固定为 0dB，图 9.10 给出了两种算法的的目标位置估计均方根误差随着每个频点累积的样本点数的变化曲线。

最后，将信噪比固定为 0dB，每个频点累积的样本点数固定为 20，图 9.11 给出了两种算法的目标位置估计均方根误差随着每个测向站的阵元个数的变化曲线。

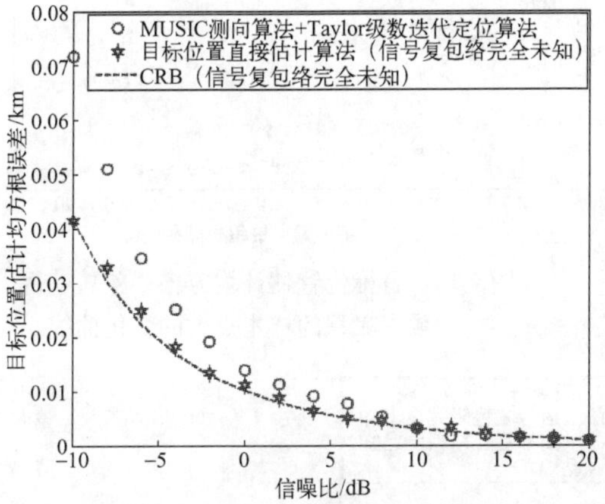

图 9.9　目标位置估计均方根误差随着信噪比的变化曲线

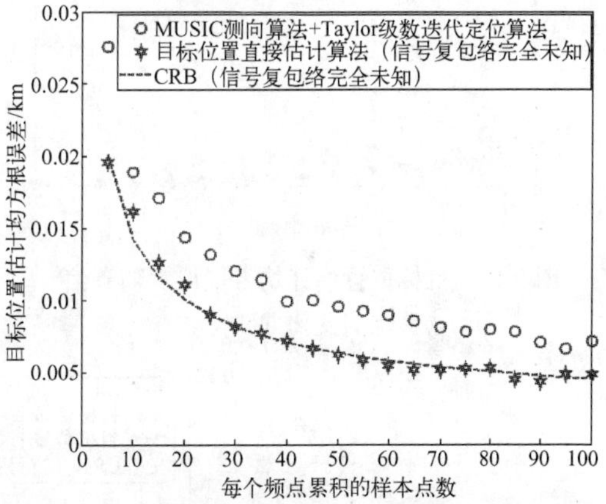

图 9.10　目标位置估计均方根误差随着每个频点累积的样本点数的变化曲线

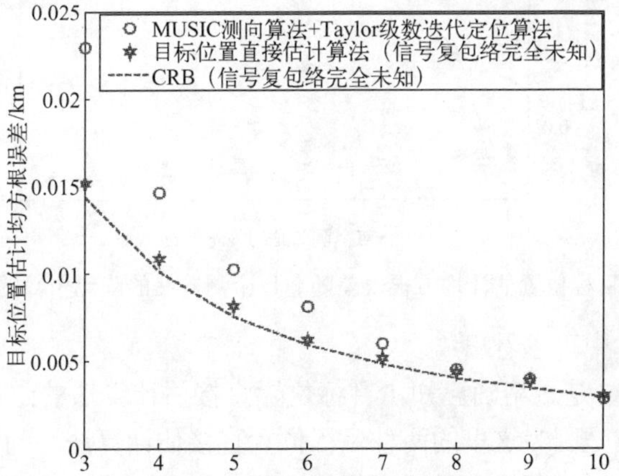

图 9.11　目标位置估计均方根误差随着每个测向站的阵元个数的变化曲线

数值实验条件基本不变，将目标位置坐标改为（10km，10km），并且信号到达 3 个测向站的复传播系数分别设为 0.8660+0.5000j，0.5000+0.8660j 和 0.3420+0.9397j（由不同的传播路径所产生），下面将比较信号复包络完全未知和精确已知两种条件下的目标位置直接估计算法以及两步定位算法的性能。

首先，将每个测向站的阵元个数固定为 4，每个频点累积的样本点数固定为 20，图 9.12 给出了三种算法的目标位置估计均方根误差随着信噪比的变化曲线。

接着，将每个测向站的阵元个数固定为 4，信噪比固定为 0dB，图 9.13 给出了三种算法的的目标位置估计均方根误差随着每个频点累积的样本点数的变化曲线。

最后，将信噪比固定为 0dB，每个频点累积的样本点数固定为 20，图 9.14 给出了三种算法的目标位置估计均方根误差随着每个测向站的阵元个数的变化曲线。

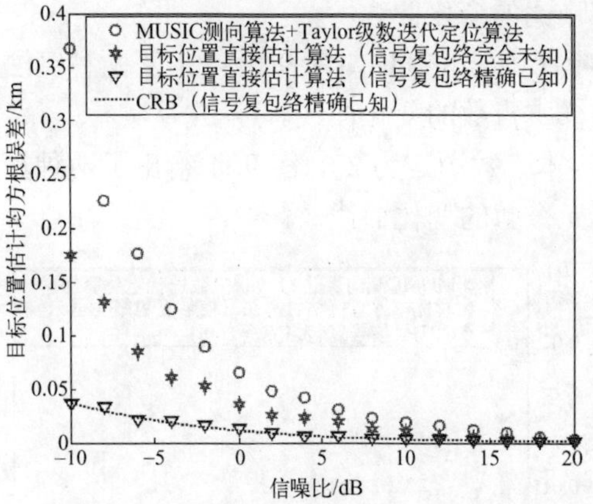

图 9.12 目标位置估计均方根误差随着信噪比的变化曲线

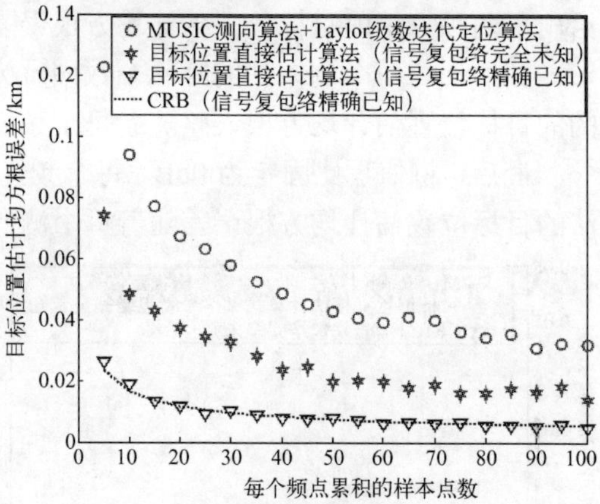

图 9.13 目标位置估计均方根误差随着每个频点累积的样本点数的变化曲线

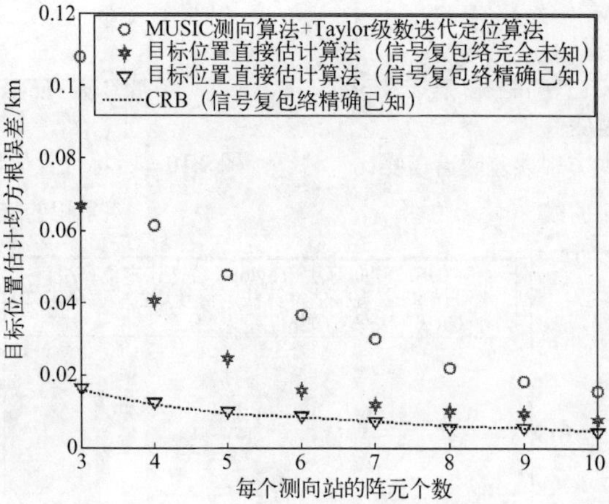

图 9.14 目标位置估计均方根误差随着每个测向站的阵元个数的变化曲线

从图 9.9 至图 9.14 中可以看出：

① 无论信号复包络是否精确已知，目标位置直接估计算法的定位精度都要明显高于传统的两步定位算法，这是因为这里的两种目标位置直接估计算法均利用了信号到达不同测向站的时差信息，因此可以显著提高目标定位精度。

② 信号复包络精确已知条件下的定位精度要明显高于信号复包络未知条件下的定位精

度，这是因为算法利用的先验信息越充分，其参数估计精度就越高。

③ 两种目标位置直接估计算法的估计方差都可以渐近逼近相应的克拉美罗界。

数值实验 2——两目标存在条件下的定位性能

假设存在 2 个待定位目标，其位置坐标分别为（2km，2km）和（4km，4km），现有 3 个测向站对其进行定位，其位置坐标分别为（6km，6km），（6km，-6km）和（-6km，6km），每个测向站均安装 5 元均匀线阵，相邻阵元间距与波长比为 $d/\lambda = 0.5$，信号复包络服从零均值复高斯分布，目标 1 的辐射信号到达 3 个测向站的复传播系数分别为 0.6428+0.7660j，0.5736+0.8192j 和-0.1392+0.9903j，目标 2 的辐射信号到达 3 个测向站的复传播系数分别为 0.3420+0.9397j，0.1736+0.9848j 和-0.5000+0.8660j（由不同的传播路径所产生），对信号进行傅里叶变换采用 FFT 算法，点数为 512 点，下面将比较信号复包络完全未知和精确已知两种条件下的目标位置直接估计算法以及两步定位算法的性能。

首先，将每个频点累积的样本点数固定为 20，图 9.15 和图 9.16 给出了三种算法的目标位置估计均方根误差随着信噪比的变化曲线。

接着，将信噪比固定为 5dB，图 9.17 和图 9.18 给出了三种算法的目标位置估计均方根误差随着每个频点累积的样本点数的变化曲线。

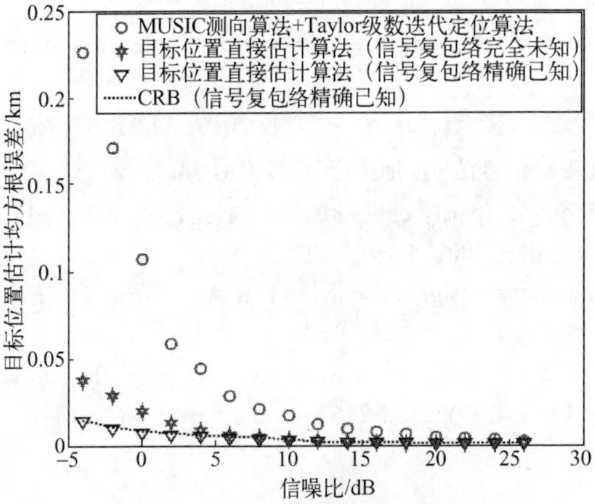

图 9.15　目标 1 位置估计均方根误差随着信噪比的变化曲线

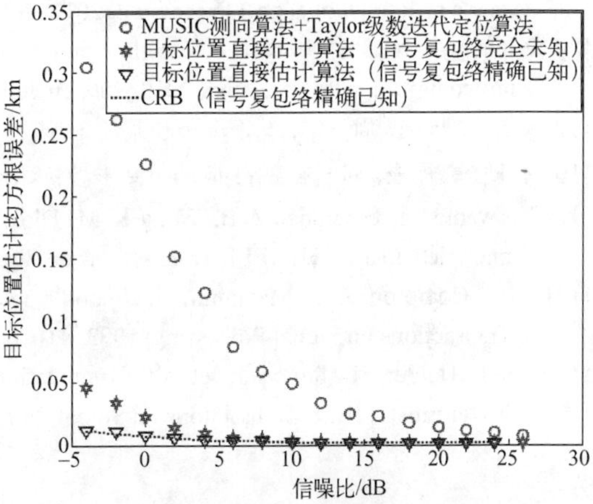

图 9.16　目标 2 位置估计均方根误差随着信噪比的变化曲线

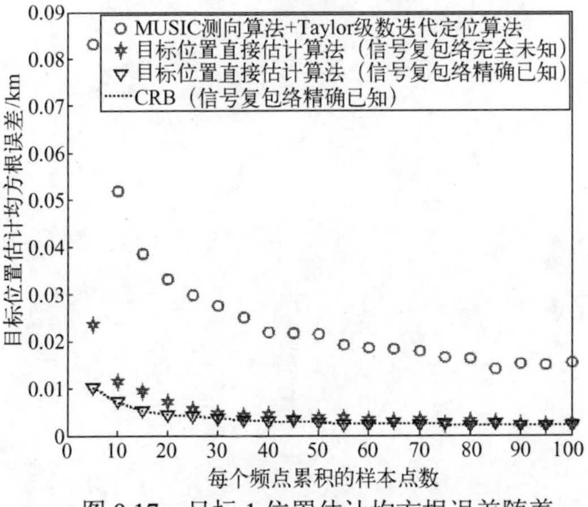

图 9.17　目标 1 位置估计均方根误差随着每个频点累积的样本点数的变化曲线

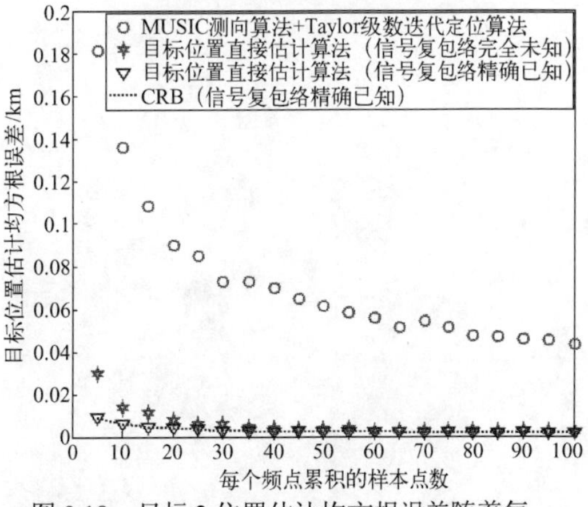

图 9.18　目标 2 位置估计均方根误差随着每个频点累积的样本点数的变化曲线

从图 9.15 至图 9.18 中可以得到类似于图 9.9 至图 9.14 中的结论，限于篇幅这里不再阐述。

参考文献

[1] Weiss A J. Direct geolocation of wideband emitters based on delay and Doppler[J]. IEEE Transactions on Signal Processing, 2011, 59(6): 2513-5520.

[2] Amar A, Weiss A J. Localization of narrowband radio emitters based on Doppler frequency shifts[J]. IEEE Transactions on Signal Processing, 2008, 56(11): 5500-5508.

[3] Weiss A J. Direct position determination of narrowband radio frequency transmitters[J]. IEEE Signal Processing Letters, 2004, 11(5): 513-516.

[4] Amar A, Weiss A J. Advances in direct position determination[A]. Proceeding of third IEEE Sensor Array Multichannel Signal Processing Workshop[C]. Barcelona, Spain: IEEE Press, July 2004: 584-588.

[5] Amar A, Weiss A J. Direct position determination of multiple radio signals[J]. EURASIP Journal on Applied Signal Processing, 2005, 1: 37-49.

[6] Amar A, Weiss A J. Direct position determination in the presence of model errors—known waveforms[J]. Digital Signal Processing, 2006, 16(1): 52-83.

[7] Huang L, Lu Y L. Performance analysis of direct position determination for emitter source positioning[J]. American Journal of Signal Processing, 2012, 2(3): 41-45.

[8] Oispuu M, Nickel U. Direct detection and position determination of multiple sources with intermittent emission[J]. Signal Processing, 2010, 90(12): 3056-3064.

[9] 张敏，郭福成，周一宇. 基于单个长基线干涉仪的运动单站直接定位[J]. 航空学报，2013，34(2)：378-386.

[10] 张敏，郭福成，周一宇，等. 运动单站干涉仪相位差直接定位方法[J]. 航空学报，2013，34(9)：2185-2193.

[11] Pesavento M, Gershman A B, Wong K M. Direction finding in partly calibrated sensor arrays composed of multiple subarrays[J]. IEEE Transactions on Signal Processing, 2002, 50(9): 2103-2115.

[12] Li J, Compton R T. Maximum likelihood angle estimation for signals with known waveforms[J]. IEEE Transactions on Signal Processing, 1993, 41(9): 2850-2862.

[13] Li J, Halder B, Stoica P, et al. Computationally efficient angle estimation for signals with known waveforms[J].IEEE Transactions on Signal Processing, 1995, 43(9): 2154-2163.